ELETROMAGNETISMO

Teoria e Aplicações

gen
Grupo
Editorial
Nacional

ELETROMAGNETISMO
Teoria e Aplicações

Nilson Antunes de Oliveira

Professor Titular do Instituto de Física da Universidade
do Estado do Rio de Janeiro (UERJ)
Pós-doutorado pela Rutgers/The State University of New Jersey (EUA)
Doutor em Física pelo Centro Brasileiro de Pesquisas Físicas (CBPF)
Mestre em Física pela Universidade de São Paulo (USP)
Bacharel e Licenciado em Física pela Universidade Federal Fluminense (UFF)

Apesar dos melhores esforços do autor, do editor e dos revisores, é inevitável que surjam erros no texto. Assim, são bem-vindas as comunicações de usuários sobre correções ou sugestões referentes ao conteúdo ou ao nível pedagógico que auxiliem o aprimoramento de edições futuras. Os comentários dos leitores podem ser encaminhados à **LTC — Livros Técnicos e Científicos Editora** pelo e-mail faleconosco@grupogen.com.br.

Travessa do Ouvidor, 11
Rio de Janeiro, RJ — CEP 20040-040
Tels.: 21-3543-0770 / 11-5080-0770
Fax: 21-3543-0896
faleconosco@grupogen.com.br
www.grupogen.com.br

Designer de capa: Hermes Gandolfo
Imagem de capa: © Pobytov | iStockphoto.com
Editoração eletrônica: Triall Editorial Ltda.

CIP-BRASIL. CATALOGAÇÃO NA PUBLICAÇÃO
SINDICATO NACIONAL DOS EDITORES DE LIVROS, RJ

O48e

Oliveira, Nilson Antunes de
Eletromagnetismo : teoria e aplicações / Nilson Antunes de Oliveira. - 1. ed. - Rio de Janeiro : LTC, 2019.
; 28 cm.

Apêndice
Inclui bibliografia e índice
ISBN 978-85-216-3560-4

1. Eletromagnetismo. 2. Física. I. Título.

18-50906 CDD: 538

Meri Gleice Rodrigues de Souza - Bibliotecária CRB-7/6439 CDU: 537.6/.8

À minha esposa Regina,
e aos meus filhos Larissa e Diego.

Prefácio

Este livro *Eletromagnetismo – Teoria e Aplicações* é baseado em cursos ministrados ao longo dos últimos anos pelo Professor Nilson Antunes de Oliveira a estudantes de cursos avançados de graduação, bem como a nível inicial de pós-graduação em Física e Engenharia (Ciências dos Materiais e Engenharia Metalúrgica). O pré-requisito básico para a compreensão deste livro é um conhecimento geral de física fundamental ministrado no ciclo básico da universidade. O livro está escrito de uma forma compreensiva e autoconsistente, incentivando inclusive o leitor a fazer *per si* um estudo independente.

A narrativa do livro está construída em uma forma clássica tradicional: o capítulo introdutório fornece a matemática necessária para acompanhar o texto e os demais quinze capítulos cobrem praticamente todo o eletromagnetismo, desde a eletrostática e a magnetostática, até a eletrodinâmica relativística. Cada capítulo é ilustrado por exercícios resolvidos e complementares.

O texto introduz tópicos de Física Moderna, como por exemplo monopolos magnéticos, ondas eletromagnéticas em cristais anisotrópicos, efeito Doppler relativístico, efeito fotoelétrico, princípios básicos de aceleradores de partículas, a fim de que o estudante seja apresentado e enfronhado em problemas correntes de Física e tecnologia contemporâneos. O eletromagnetismo, como toda a ciência fundamental, não trata de descrever o efêmero, como um pássaro detido em uma gaiola, mas nos ilumina para aprendermos o real.

O autor, além de ser um dedicado professor universitário, preocupado com a formação científica dos estudantes, é um eminente pesquisador, focado em problemas da física da matéria condensada e suas aplicações tecnológicas, tais como magnetismo em sistema metálicos e efeito magnetocalórico. Possui também uma profunda compreensão da importância do eletromagnetismo na descrição do nosso mundo físico real, o que é evidente neste seu livro.

Em suma, eis uma pequena apresentação de uma grande obra.

Amós Troper

Professor Emérito do Centro Brasileiro de Pesquisas Físicas (CBPF)

Membro Titular da Academia Brasileira de Ciências

Apresentação

Este livro é fruto da minha experiência de muitos anos, lecionando a disciplina de eletromagnetismo nos cursos de graduação e pós-graduação do Instituto de Física da Universidade do Estado do Rio de Janeiro (UERJ). O texto aborda os principais temas sobre a teoria eletromagnética, considerando tanto a parte conceitual quanto os cálculos matemáticos para a obtenção das expressões que descrevem as grandezas físicas de interesse. Durante o desenvolvimento da teoria, são fornecidos alguns exemplos simples de aplicação, que têm como objetivo solidificar o aprendizado do conteúdo discutido. Além disso, no final de cada capítulo, são apresentados alguns exercícios resolvidos e uma lista de exercícios complementares.

Os problemas de eletromagnetismo geralmente apresentados nos livros didáticos e discutidos em sala de aula apresentam soluções analíticas, entretanto, muitos só podem ser solucionados com o auxílio do cálculo numérico. Neste livro também abordamos esse aspecto, apresentando no corpo do texto a solução numérica para alguns problemas de complexidade simples. No final de cada capítulo são propostos problemas mais complexos, que podem ser utilizados como tema para monografia de conclusão de curso, a serem resolvidos por meio da utilização de métodos de cálculo numérico.

A numeração das fórmulas matemáticas é feita de forma sequencial dentro de cada capítulo. Nos exemplos e exercícios resolvidos, as equações são numeradas de forma diferente. Para os exemplos usamos a notação (E*j*.*k*), em que "*j*" representa o número do capitulo e "*k*" o número da equação. Para os exercícios resolvidos usamos uma notação semelhante na forma (R*j*.*k*).

A obra distribui-se ao longo de 16 capítulos da seguinte forma: no Capítulo 1 apresentamos uma breve introdução sobre cálculo integral e diferencial de funções escalares e vetoriais. No Capítulo 2 discutimos os campos elétricos gerados por distribuições estáticas de cargas elétricas. No Capítulo 3 apresentamos alguns métodos para resolver problemas com condições de contorno. No Capítulo 4 estudamos os campos elétricos gerados por meios materiais. O Capítulo 5 trata dos campos magnéticos gerados por correntes elétricas estacionárias, enquanto o Capítulo 6 dedica-se aos campos magnéticos gerados por materiais magnéticos. O Capítulo 7, por sua vez, apresenta a lei de indução eletromagnética de Faraday e a energia magnética. No Capítulo 8 discutimos as equações de Maxwell, as leis de conservação de carga e energia e as equações de onda para os campos eletromagnéticos, e no Capítulo 9 estudamos a propagação de ondas eletromagnéticas no vácuo e em meios materiais. O Capítulo 10 descreve a reflexão e refração de ondas eletromagnéticas em interfaces de meios materiais, enquanto no Capítulo 11 é discutida a propagação de ondas eletromagnéticas em guias de ondas com simetria cartesiana e cilíndrica. No Capítulo 12 são apresentados os fenômenos de interferência e difração. O Capítulo 13 dedica-se ao estudo da radiação eletromagnética emitida por fontes simples, como: dipolo elétrico, dipolo magnético, quadrupolo elétrico e antenas. Já o Capítulo 14 estuda a radiação eletromagnética emitida por cargas elétricas pontuais em movimento, ao passo que o Capítulo

15 introduz brevemente a teoria da relatividade especial e uma discussão sobre a formulação covariante do eletromagnetismo. Finalmente, o Capítulo 16 apresenta uma discussão sobre o movimento de partículas carregadas em campos elétricos e magnéticos. Neste capítulo também é feita uma breve introdução sobre a formulação lagrangiana do eletromagnetismo.

O conteúdo deste livro pode ser ensinado nos cursos de graduação em Física em três disciplinas, com duração de um semestre cada: duas disciplinas de caráter obrigatório, Eletromagnetismo I e Eletromagnetismo II, e uma disciplina de caráter optativo, Eletromagnetismo III. Para a primeira disciplina obrigatória podem ser ensinados os conteúdos do Capítulo 1 ao Capítulo 4, em que os tópicos sobre método das imagens eletrostáticas, funções de Green e equação de Laplace em coordenadas esféricas e cilíndricas no caso tridimensional podem ser omitidos. Já para a segunda disciplina obrigatória podem ser abordados os conteúdos do Capítulo 5 ao Capítulo 10. O conteúdo dos Capítulos 11 ao 16, por sua vez, pode ser abordado em uma disciplina optativa.

Para um curso de eletromagnetismo na pós-graduação, o conteúdo deste livro pode ser abordado em apenas um semestre, com as seguintes restrições: [1] o Capítulo 1 sobre introdução à matemática deve ser omitido. [2] Os tópicos sobre atividade óptica, efeito Faraday, guias de onda, interferência, difração e movimento de partículas em campos podem ser omitidos ou discutidos por meio de seminários apresentados pelos estudantes.

Espero que este livro possa contribuir para a formação dos alunos do curso de Física, solidificando os seus conhecimentos a respeito da teoria eletromagnética e despertando o seu interesse para a pesquisa científica.

O Autor

Agradecimentos

Agradeço a Carlos Roberto F. de Castro (UFRJ/COPPE) pela leitura completa do manuscrito, pelas discussões que fizemos nos últimos meses e pelas sugestões que contribuíram para melhorar a clareza e facilitar a leitura de alguns tópicos do livro. Igualmente, quero agradecer aos colegas Pedro J. von Ranke (UERJ), Amós Troper (CBPF), Mucio A. Continentino (CBPF), Francisco Caruso (CBPF/UERJ), Jose A. Helayël Neto (CBPF), Sebastião A. Dias (CBPF), Carlos Maurício Chaves (CBPF), Edson P. Caetano (UFES), Armando Takeuchi (UFES), Vinicius da Silva R. de Souza (UERJ), Eduardo P. Nóbrega (UERJ), José R. P. Mahon (UERJ), Luciano G. de Medeiros Jr. (UFF), Bruno P. Alho (UERJ), Sergio G. Magalhães (UFRGS), Airton Caldas (UNIMBS), Cláudio Elias (UERJ), Arnaldo Santiago (UERJ), Armando D. Tavares Jr. (UERJ), Roberto L. Moreira (UFMG), Alexandre Magnus G. Carvalho (CNPEM), Alexandre L. de Oliveira (IFRJ), João P. Sinecker (CBPF), Marcus Vinicius T. Costa (UERJ), Vitor Oguri (UERJ), Walter Líbero (USP, Campus São Carlos) e Adilson Jesus A. de Oliveira (UFSCAR) pela leitura parcial do manuscrito e pelos comentários e críticas que aprimoraram a qualidade do conteúdo aqui presente.

Gostaria de registrar, também, o meu agradecimento ao Professor Affonso Augusto Guidão Gomes, com quem tive a honra e o prazer de trabalhar durante muitos anos. O conhecimento científico e os métodos de trabalho que eu aprendi com o Affonso me ajudaram a escrever esta obra. Por fim, agradeço à minha esposa Regina, companheira de todas as horas e aos meus filhos Larissa e Diego, que também contribuíram para a realização deste livro.

O Autor

Material Suplementar

Este livro conta com os seguintes materiais suplementares:

- Apresentações em PowerPoint para uso em sala de aula (acesso restrito a docentes);
- Ilustrações da obra em formato de apresentação (acesso restrito a docentes).

O acesso aos materiais suplementares é gratuito. Basta que o leitor se cadastre em nosso *site* (www.grupogen.com.br), faça seu *login* e clique em GEN-IO, no menu superior do lado direito. É rápido e fácil.

Caso haja alguma mudança no sistema ou dificuldade de acesso, entre em contato conosco (gendigital@grupogen.com.br).

GEN-IO (GEN | Informação Online) é o ambiente virtual de aprendizagem do GEN | Grupo Editorial Nacional, maior conglomerado brasileiro de editoras do ramo científico-técnico-profissional, composto por Guanabara Koogan, Santos, Roca, AC Farmacêutica, Forense, Método, Atlas, LTC, E.P.U. e Forense Universitária.

Os materiais suplementares ficam disponíveis para acesso durante a vigência das edições atuais dos livros a que eles correspondem.

Sumário

ELETROMAGNETISMO

Teoria e Aplicações

CAPÍTULO 1

Introdução à Matemática

1.1 Introdução

Neste capítulo, é feita uma breve introdução sobre alguns tópicos de matemática, que são fundamentais para a formulação da teoria eletromagnética. Os sistemas de eixos coordenados retangulares, cilíndricos e esféricos para a representação de um ponto no espaço tridimensional; derivadas e integrais de funções escalares e vetoriais; os operadores diferenciais como gradiente, divergente, rotacional e laplaciano; a função delta de Dirac e a série de Fourier são os principais pontos discutidos. Para uma abordagem mais detalhada sobre esses temas, recomendamos a leitura de livros específicos sobre cálculo e métodos matemáticos aplicados à Física.

1.2 Funções Escalares e Vetoriais

Grandezas escalares são aquelas que podem ser completamente determinadas por um número. O volume de um sólido, a massa e a carga de uma partícula, a corrente elétrica e o potencial elétrico são exemplos de grandezas escalares. Grandezas vetoriais são aquelas em que há a necessidade do conhecimento do módulo, direção e sentido para determiná-las completamente. Por exemplo, a velocidade e a aceleração de uma partícula, os campos elétrico e magnético são grandezas vetoriais.

Vamos definir algumas operações básicas entre vetores. O produto escalar entre os vetores $\vec{a}$ e $\vec{b}$ é definido como $\vec{a}\cdot\vec{b} = ab\cos\theta$, em que θ é o ângulo entre eles. No produto escalar, a ordem dos vetores não altera o resultado, isto é, $\vec{a}\cdot\vec{b} = \vec{b}\cdot\vec{a} = ab\cos\theta$. A Figura 1.1(a) mostra uma representação geométrica do produto escalar. Dessa figura, podemos observar que o termo $b\cos\theta$ representa a projeção do vetor $\vec{b}$ sobre o vetor $\vec{a}$. Portanto, o produto escalar $\vec{a}\cdot\vec{b}$ pode ser interpretado como a projeção do vetor $\vec{b}$ sobre o vetor $\vec{a}$ multiplicado pelo módulo do vetor $\vec{a}$. No caso particular envolvendo um vetor qualquer $\vec{a}$ e um vetor unitário $\hat{u}$, o produto escalar fornece exatamente a projeção desse vetor sobre o eixo que contém o vetor unitário. Por exemplo, o produto escalar $\vec{a}\cdot\hat{i}$ fornece a projeção do vetor $\vec{a}$ sobre o vetor $\hat{i}$.

O produto vetorial entre $\vec{a}$ e $\vec{b}$ é um vetor $\vec{c}$ perpendicular tanto ao vetor $\vec{a}$ quanto ao vetor $\vec{b}$. O produto vetorial é matematicamente definido como $\vec{c} = \vec{a}\times\vec{b}$. Uma inversão na ordem do produto vetorial troca o sinal do resultado, isto é, $\vec{c} = \vec{a} \times \vec{b} = -\vec{b} \times \vec{a}$. O módulo do produto vetorial é definido como $|\vec{c}| = |\vec{a} \times \vec{b}| = ab \operatorname{sen} \theta$, em que θ é o ângulo entre os vetores $\vec{a}$ e $\vec{b}$. A Figura 1.1(b) mostra a representação geométrica do produto vetorial.

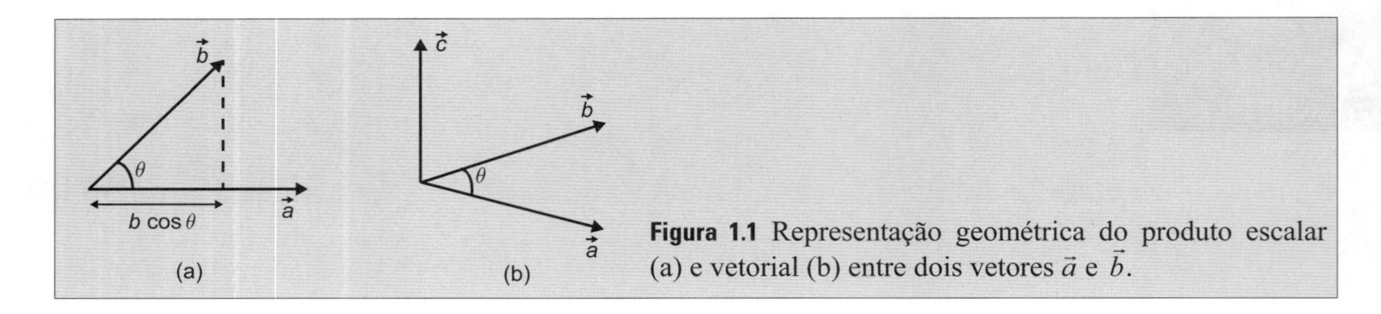

Figura 1.1 Representação geométrica do produto escalar (a) e vetorial (b) entre dois vetores $\vec{a}$ e $\vec{b}$.

O produto misto entre os vetores $\vec{a}$, $\vec{b}$ e $\vec{c}$ é definido como $d = (\vec{a} \times \vec{b}) \cdot \vec{c}$. Note que esse produto misto é um escalar. Usando as propriedades do produto escalar e vetorial, podemos escrever a relação anterior como $d = -(\vec{b} \times \vec{a}) \cdot \vec{c}$ ou $d = \vec{a} \cdot (\vec{b} \times \vec{c})$.

A área de uma superfície e o volume de um sólido podem ser representados em termos de vetores. Como uma ilustração, vamos considerar o paralelogramo mostrado na Figura 1.2. De acordo com essa figura, a área do paralelogramo é $s = ab \operatorname{sen} \theta$. Note que essa área é o módulo do produto vetorial entre os vetores $\vec{a}$ e $\vec{b}$ que definem a superfície do paralelogramo. Portanto, um vetor $\vec{s}$ pode ser definido como:

$$\vec{s} = \vec{a} \times \vec{b}. \tag{1.1}$$

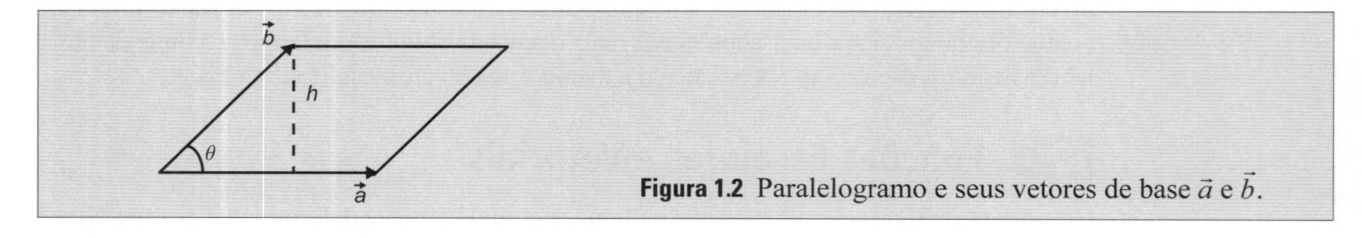

Figura 1.2 Paralelogramo e seus vetores de base $\vec{a}$ e $\vec{b}$.

Pela definição do produto vetorial, temos que o vetor $\vec{s}$ é perpendicular à superfície que ele define.

Para mostrar como o volume de um sólido pode ser escrito em termos de vetores, vamos considerar o prisma retangular mostrado na Figura 1.3.

O volume desse prisma é o produto da área da base pela sua altura, isto é, $\mathrm{v} = abc$. Matematicamente, podemos escrever esse volume como o produto misto entre os vetores $\vec{a}$, $\vec{b}$ e $\vec{c}$ que o define:

$$\mathrm{v} = (\vec{a} \times \vec{b}) \cdot \vec{c}. \tag{1.2}$$

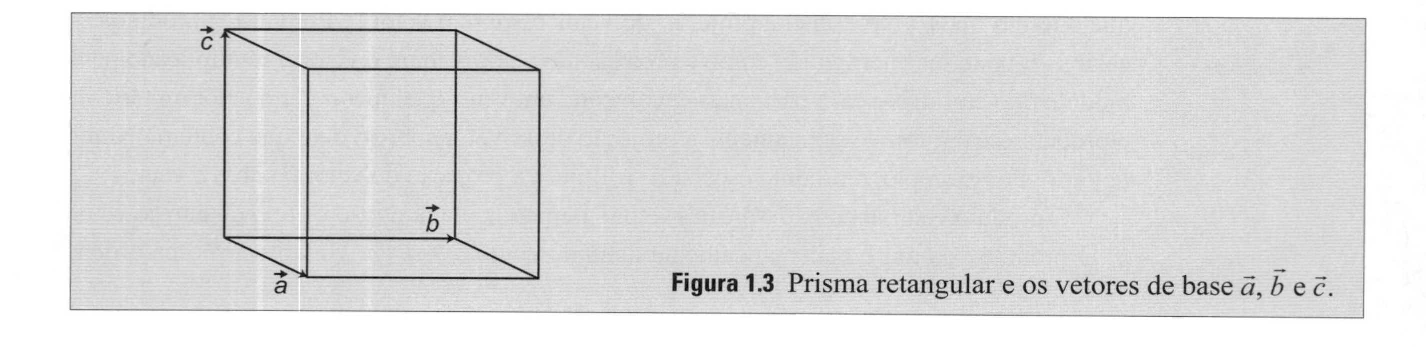

Figura 1.3 Prisma retangular e os vetores de base $\vec{a}$, $\vec{b}$ e $\vec{c}$.

1.3 Derivada de uma Função

Nesta seção, faremos uma breve introdução sobre o cálculo diferencial. Primeiramente, vamos considerar uma função escalar de uma única variável $y = f(x)$. A variação dessa função quando x sofre um incremento Δx pode ser escrita como:

$$\Delta y = \Delta f(x) = f(x + \Delta x) - f(x). \tag{1.3}$$

Dividindo por Δx, temos:

$$\frac{\Delta y}{\Delta x} = \frac{\Delta f(x)}{\Delta x} = \frac{f(x+\Delta x) - f(x)}{\Delta x}. \tag{1.4}$$

Tomando o limite diferencial em que $\Delta x \to 0$, podemos escrever:

$$\frac{dy}{dx} = \frac{df(x)}{dx} = \lim_{\Delta x \to 0} \frac{f(x+\Delta x) - f(x)}{\Delta x}. \tag{1.5}$$

Esta é a definição da derivada da função $f(x)$. Ela mede a taxa de variação da função em relação à variável x.

A derivada de uma função em um determinado ponto pode ser interpretada geometricamente como o coeficiente angular da reta tangente à função neste ponto, conforme mostra a Figura 1.4. Da relação (1.5), temos que a diferencial dy é definida como:

$$dy = \frac{df(x)}{dx} dx. \tag{1.6}$$

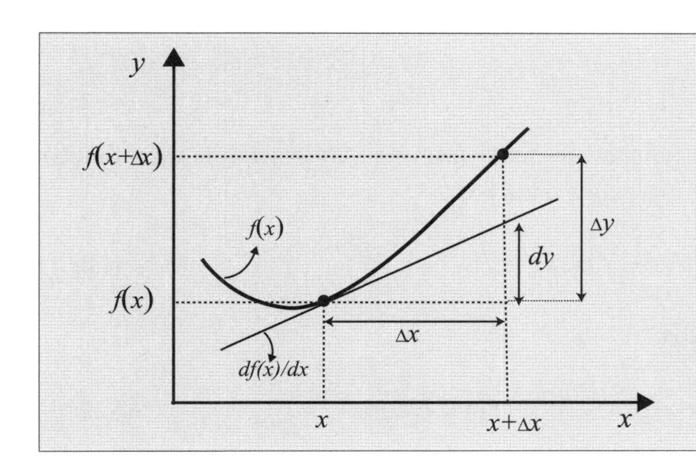

Figura 1.4 Representação geométrica da derivada de uma função de uma variável. A reta tangente à curva no ponto x representa a derivada da função $f(x)$ neste ponto.

Como um simples exemplo de aplicação, vamos calcular a derivada da função $f(x) = x^2$. Utilizando a definição de derivada, temos que $df(x)/dx = \lim_{\Delta x \to 0}[(x+\Delta x)^2 - (x)^2]/\Delta x$. Efetuando a operação algébrica e tomando o limite $\Delta x \to 0$, obtemos que $df(x)/dx = 2x$. Portanto, a derivada da função $f(x) = x^2$ é a função $g(x) = 2x$. De modo geral, a derivada de uma função polinomial é $dx^n / dx = nx^{n-1}$.

Como outro exemplo, vamos calcular a derivada da função $f(x) = \text{sen}(x)$. Utilizando a definição de derivada, temos que $df(x)/dx = \lim_{\Delta x \to 0}[\text{sen}(x+\Delta x) - \text{sen}(x)]/\Delta x$. Usando a identidade trigonométrica $\text{sen}(a+b) = \text{sen}(a)\cos(b) + \text{sen}(b)\cos(a)$, podemos escrever que: $df(x)/dx = \lim_{\Delta x \to 0}[\text{sen}(x)\cos(\Delta x) + \text{sen}(\Delta x)$ $\cos(x) - \text{sen}(x)]/\Delta x$. No limite em que $\Delta x \to 0$, temos que $\cos(x) \simeq 1$ e $\text{sen}(\Delta x) \simeq \Delta x$, de modo que $df(x)/dx = \cos(x)$. Portanto, a derivada da função $f(x) = \text{sen}(x)$ é a função $g(x) = \cos(x)$.

Um teorema importante no cálculo diferencial é o teorema do valor médio. Ele estabelece que existe um valor x_1 localizado no intervalo entre x e $x + \Delta x$, no qual a reta tangente à uma função $f(x)$ (derivada da função no ponto x_1) é paralela à reta que passa pelos pontos $[x, f(x)]$ e $[x + \Delta x,\ f(x + \Delta x)]$ (veja a Figura 1.5).

Vale lembrar que duas retas representadas pelas funções $y_1 = a_1 x + b_1$ e $y_2 = a_2 x + b_2$ são paralelas quando elas têm o mesmo coeficiente angular, $a_1 = a_2$. O coeficiente angular da reta r_1 que passa pelos pontos $[x + \Delta x,\ f(x + \Delta x)]$ e $[x,\ f(x)]$ é $[f(x + \Delta x) - f(x)] / \Delta x$, enquanto o coeficiente angular da reta r_2 que passa pelo ponto $[x_1,\ f(x_1)]$ é dado pela derivada $df(x)/dx\big|_{x=x_1}$ (veja a Figura 1.5). Portanto, o teorema do valor médio estabelece matematicamente que:

$$\frac{f(x+\Delta x) - f(x)}{\Delta x} = \left.\frac{df(x)}{dx}\right|_{x=x_1}. \quad \textbf{(1.7)}$$

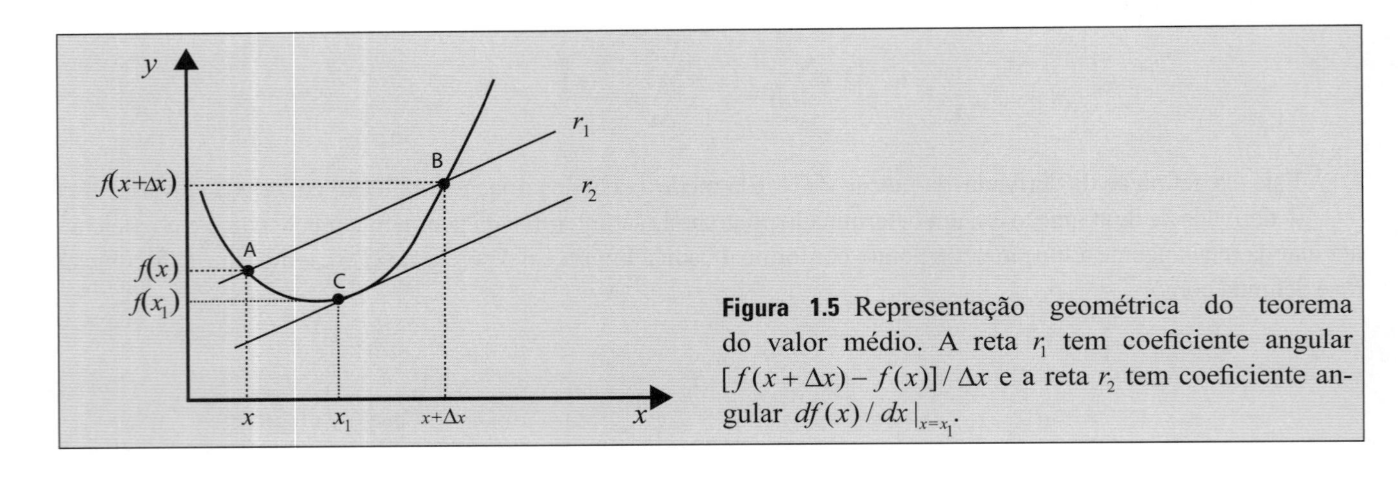

Figura 1.5 Representação geométrica do teorema do valor médio. A reta r_1 tem coeficiente angular $[f(x + \Delta x) - f(x)] / \Delta x$ e a reta r_2 tem coeficiente angular $df(x)/dx\,|_{x=x_1}$.

1.3.1 Função de Mais de uma Variável

Vamos estender o conceito de derivada para o caso de funções de duas variáveis. A variação de uma função $f(x, y)$ quando as coordenadas x e y variam para $x + \Delta x$, e $y + \Delta y$ é dada por:

$$\Delta f(x, y) = f(x + \Delta x, y + \Delta y) - f(x, y). \quad \textbf{(1.8)}$$

Somando e subtraindo o termo $f(x + \Delta x, y)$, obtemos:

$$\Delta f(x, y) = f(x + \Delta x, y) - f(x, y) + f(x + \Delta x, y + \Delta y) - f(x + \Delta x, y). \quad \textbf{(1.9)}$$

Usando o teorema do valor médio do cálculo fundamental, relação (1.7), podemos escrever que:

$$\left[f(x + \Delta x, y) - f(x, y)\right] = f'(x_1, y)\Delta x \quad \textbf{(1.10)}$$

$$\left[f(x + \Delta x, y + \Delta y) - f(x + \Delta x, y)\right] = f'(x, y_1)\Delta y. \quad \textbf{(1.11)}$$

Nessas relações, $f'(x_1, y) = \partial f(x, y) / \partial x\big|_{x=x_1}$ representa a derivada da função $f(x, y)$ em relação à coordenada x, (calculada no ponto $x = x_1$) mantendo y constante. Analogamente, $f'(x, y_1) = \partial f(x, y) / \partial y\big|_{y=y_1}$ representa a derivada da função $f(x, y)$ em relação à coordenada y (calculada no ponto $y = y_1$), mantendo x constante. Esse tipo de derivada de uma função de mais de uma variável é chamada de derivada parcial, sendo representada pelo símbolo "∂" (em vez da letra "d", como no caso da derivada de funções de um única variável). Substituindo (1.10) e (1.11) em (1.9), obtemos:

$$\Delta f(x,y) = f'(x_1,y)\Delta x + f'(x,y_1)\Delta y. \tag{1.12}$$

Vamos supor que a derivada $f'(x_1,y)$ difira da derivada $f'(x,y)$ por um fator ε_x, isto é, $f'(x_1,y) = f'(x,y)+\varepsilon_x$. Analogamente, vamos supor que para a coordenada y vale a relação $f'(x,y_1) = f'(x,y)+\varepsilon_y$. Com essa consideração, a relação (1.12) pode ser escrita na forma:

$$\Delta f(x,y) = \left[\frac{\partial f(x,y)}{\partial x} + \varepsilon_x\right]\Delta x + \left[\frac{\partial f(x,y)}{\partial y} + \varepsilon_y\right]\Delta y. \tag{1.13}$$

Considerando que a função $f(x,y)$ é contínua e derivável em todos os pontos, temos que os incrementos ε_x e ε_y são desprezíveis quando Δx e Δy tendem a zero. Nesse caso, podemos escrever a relação (1.13) no limite diferencial, em que $\Delta x \to dx$ e $\Delta y \to dy$, como:

$$df(x,y) = \frac{\partial f(x,y)}{\partial x}dx + \frac{\partial f(x,y)}{\partial y}dy. \tag{1.14}$$

Essa relação fornece a diferencial total da função $f(x,y)$, em que o primeiro termo no lado direito é a derivada parcial da função $f(x,y)$ em relação à variável x e o segundo termo é a derivada parcial da função $f(x,y)$ em relação à variável y.

Generalizando esse resultado para uma função de três variáveis $f(x,y,z)$, temos que a diferencial total $df(x,y,z)$ é:

$$\boxed{df(x,y,z) = \frac{\partial f(x,y,z)}{\partial x}dx + \frac{\partial f(x,y,z)}{\partial y}dy + \frac{\partial f(x,y,z)}{\partial z}dz.} \tag{1.15}$$

1.4 Integral de uma Função

Nesta seção, faremos uma breve introdução sobre o cálculo integral. Usando a definição de derivada, $df(x)/dx = g(x)$, podemos escrever a seguinte equação diferencial

$$df(x) = g(x)dx. \tag{1.16}$$

A integral representada pelo símbolo "$\int$" pode ser interpretada como a operação inversa da derivada. Efetuando uma integração em ambos os lados da equação anterior, podemos escrever que:

$$\int df(x) = \int g(x)dx. \tag{1.17}$$

A integral da diferencial de uma função $\int df(x)$ é a própria função $f(x)$. Logo, a equação (1.17) mostra como obter a função $f(x)$ a partir do conhecimento de sua derivada $g(x)$. Por exemplo, para encontrar a função $f(x)$ cuja derivada é a função $g(x) = 2x$, temos que resolver a seguinte equação integral $\int df(x) = \int 2x dx$. Portanto, a integral da função $g(x) = 2x$ é a função $f(x) = x^2$. De uma forma geral, a integral de uma função polinomial é $\int x^n dx = x^{n+1}/n+1$.

Para mostrar a interpretação geométrica da integral, vamos considerar, por simplicidade, uma função constante conforme mostra a Figura 1.6. Essa função constante projetada no eixo x define no intervalo entre x_0 e x_1 um retângulo de lados $f(x)$ e $(x_1 - x_0)$, cuja área é

$$s = f(x)(x_1 - x_0) = f(x)\Delta x, \tag{1.18}$$

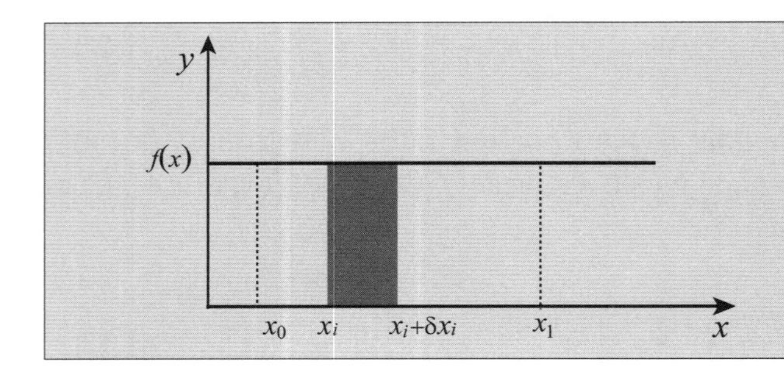

Figura 1.6 A integral de uma função constante entre os pontos x_0 e x_1 representa a área do retângulo definido pela função e o eixo das abscissas.

em que $\Delta x = (x_1 - x_0)$.

Note que o retângulo definido entre os pontos x_0 e x_1 pode ser construído como a soma de pequenos retângulos de lados $f(x)$ e δx_i, cuja área é $\Delta s_i = f(x)\delta x_i$. Portanto, a área do retângulo maior definido no intervalo entre x_0 e x_1 pode ser escrita como a soma das áreas desses retângulos menores, $s = \sum_i \Delta s_i$. Usando $\Delta s_i = f(x)\delta x_i$, temos que:

$$s = \sum_i f(x)\delta x_i. \tag{1.19}$$

Fazendo os retângulos bem pequenos, de modo que o seu lado se torne um elemento diferencial, isto é, $\delta x_i \to dx$, temos que a área de cada retângulo infinitesimal se escreve como: $ds = f(x)dx$. Integrando essa relação no intervalo $[x_0, x_1]$, temos $\int_{x_0}^{x_1} ds = \int_{x_0}^{x_1} f(x)dx$. A integral do lado esquerdo é a area total do retângulo maior no intervalo entre x_0 e x_1. Portanto

$$s = \int_{x_0}^{x_1} f(x)dx. \tag{1.20}$$

Logo, podemos concluir que a integral de uma função fornece a área da figura delimitada por ela e o eixo x. Apesar de a relação (1.20) ter sido demonstrada para uma função constante, ela é completamente geral e se aplica a qualquer função de uma única variável. Na realidade, a área da figura delimitada por uma função qualquer e o eixo x (a integral da função) é representada por uma soma de trapézios infinitesimais em vez de uma soma de retângulos.

Comparando as equações (1.19) e (1.20), podemos fazer uma equivalência entre o símbolo de integral "$\int$" e o símbolo de somatório "$\sum$". De fato, a integral de uma função em um dado intervalo representa a soma de "*infinitos*" termos nesse intervalo.

1.4.1 Função de Mais de uma Variável

Para estender o conceito de integral para funções de mais de uma variável, vamos considerar a função $z = f(x, y)$. Essa função projetada no plano xy define uma figura tridimensional, cuja base está no plano xy. Como a integral de uma função de uma única variável fornece a área da figura plana formada pela função e o eixo x, podemos imaginar que a integral de uma função de duas variáveis $z = f(x, y)$ fornece o volume da figura tridimensional formada por ela e sua projeção no plano xy. O volume dessa figura pode ser calculado considerando a soma dos volumes de pequenos prismas infinitesimais, cujo volume é $\mathrm{v}_i = f(x, y)\Delta s_i$, em que Δs_i é a área de sua base. Portanto, o volume total, calculado por $\mathrm{v} = \sum_i \mathrm{v}_i$, é:

$$\mathrm{v} = \sum_i f(x, y)\Delta s_i. \tag{1.21}$$

No limite diferencial, em que $\Delta s_i \rightarrow ds$ e $\sum_i \rightarrow \int$, temos:

$$v = \iint f(x, y)ds, \tag{1.22}$$

em que ds é um elemento infinitesimal de área. Para um sistema de coordenadas retangulares em que $ds = dxdy$, temos:

$$v = \int_{x_a}^{x_b}\int_{y_a}^{y_b} f(x, y)dxdy, \tag{1.23}$$

em que $[x_a, x_b]$ e $[y_a, y_b]$ são os limites de integração. Para uma função de n variáveis, podemos definir a integral múltipla como:

$$v = \int \cdots \int f(x_1, x_2, \ldots x_n)dx_1 dx_2 \ldots dx_n. \tag{1.24}$$

1.5 Sistemas de Coordenadas

Para localizar um ponto no espaço tridimensional, é necessário um conjunto de três coordenadas espaciais. Existem diversos sistemas de eixos coordenados que são úteis para a localização de um ponto no espaço. Por exemplo, podemos citar os sistemas retangular, cilíndrico e esférico.

1.5.1 Coordenadas Retangulares

O sistema de coordenadas retangulares é formado por três eixos ortogonais entre si que se cruzam na origem, conforme mostra a Figura 1.7.

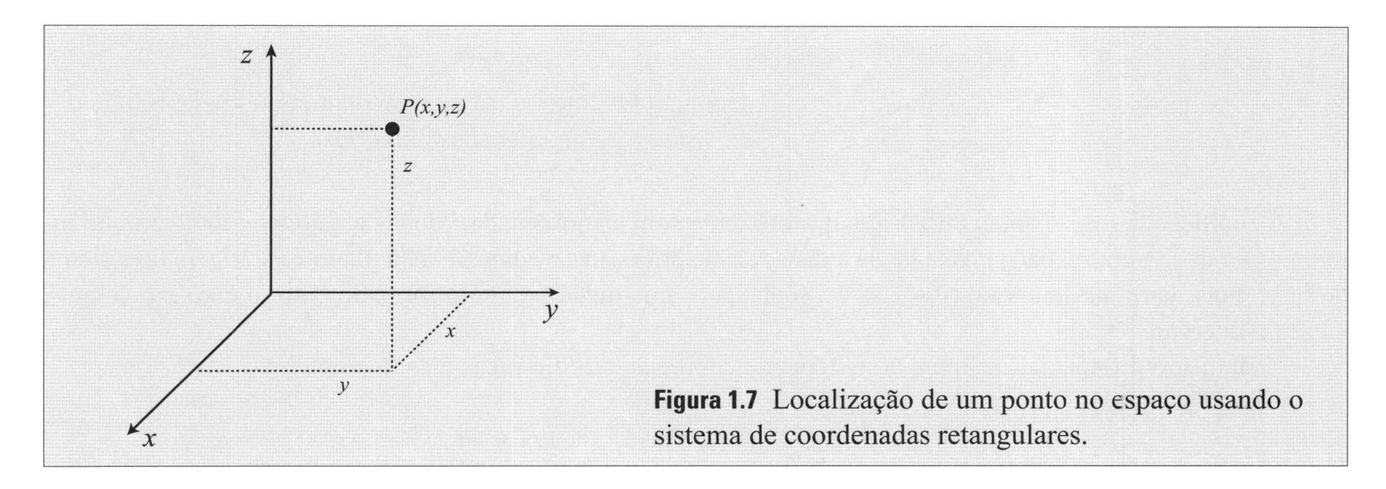

Figura 1.7 Localização de um ponto no espaço usando o sistema de coordenadas retangulares.

Neste sistema de coordenadas, um ponto é completamente localizado no espaço pelas coordenadas x, y, z. Essas três coordenadas, que medem distâncias em relação à uma origem fixa, variam no intervalo $[-\infty, \infty]$. Um vetor posição $\vec{l}$ que une um ponto no espaço à origem do sistema de coordenadas é dado por:

$$\vec{l}(x, y, z) = \hat{i}x + \hat{j}y + \hat{k}z, \tag{1.25}$$

em que $\hat{i}$, $\hat{j}$ e $\hat{k}$ são os vetores unitários ao longo dos eixos coordenados x, y e z, respectivamente. O elemento diferencial de linha $d\vec{l}$ nesse sistema é dado por $d\vec{l} = \hat{i}dx + \hat{j}dy + \hat{k}dz$. Os elementos diferenciais de superfície são obtidos tomando o produto vetorial das diferenciais ao longo de cada direção que define a superfície, isto é:

$$d\vec{s}_x = d\vec{y} \times d\vec{z}, \quad d\vec{s}_y = d\vec{z} \times d\vec{x}, \quad d\vec{s}_z = d\vec{x} \times d\vec{y}. \tag{1.26}$$

Note que os vetores $d\vec{s}_x$, $d\vec{s}_y$ e $d\vec{s}_z$ são perpendiculares aos planos yz, xz e xy, respectivamente. O elemento diferencial de volume é obtido tomando o produto misto dos elementos diferenciais em cada direção:

$$dv = (d\vec{x} \times d\vec{y}) \cdot d\vec{z} = dxdydz. \tag{1.27}$$

1.5.2 Coordenadas Cilíndricas

No sistema de coordenadas cilíndricas, um ponto é completamente localizado no espaço pelas coordenadas r, θ, z, conforme mostra a Figura 1.8.

As coordenadas cilíndricas (r, θ, z) se relacionam com as coordenadas retangulares (x, y, z) por:

$$x = r\cos\theta, \quad y = r\,\text{sen}\,\theta, \quad z = z. \tag{1.28}$$

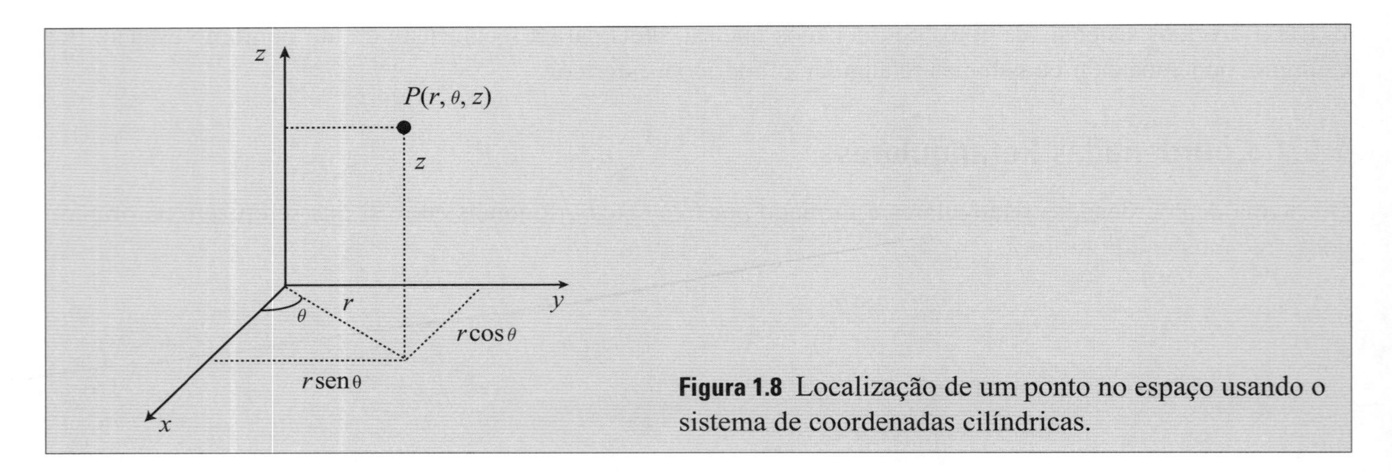

Figura 1.8 Localização de um ponto no espaço usando o sistema de coordenadas cilíndricas.

A coordenada z do sistema cilíndrico, que coincide com a coordenada z do sistema retangular, varia no intervalo $[-\infty, \infty]$. A coordenada r, que mede a distância da projeção do ponto sobre o plano xy à origem do sistema de referência, varia no intervalo $[0, \infty]$. A coordenada θ, que mede o ângulo formado entre o eixo x e vetor $\vec{r}$, varia no intervalo $[0, 2\pi]$.

O elemento diferencial de linha no sistema de coordenadas cilíndricas é dado por:

$$d\vec{l}(r,\theta,z) = \frac{\partial \vec{l}(r,\theta,z)}{\partial r}dr + \frac{\partial \vec{l}(r,\theta,z)}{\partial \theta}d\theta + \frac{\partial \vec{l}(r,\theta,z)}{\partial z}dz. \tag{1.29}$$

Multiplicando e dividindo os termos dessa relação por $|\partial \vec{l}(r,\theta,z)/\partial r|$, $|\partial \vec{l}(r,\theta,z)/\partial \theta|$ e $|\partial \vec{l}(r,\theta,z)/\partial z|$, respectivamente, temos:

$$d\vec{l}(r,\theta,z) = \left|\frac{\partial \vec{l}(r,\theta,z)}{\partial r}\right|\hat{r}dr + \left|\frac{\partial \vec{l}(r,\theta,z)}{\partial \theta}\right|\hat{\theta}d\theta + \left|\frac{\partial \vec{l}(r,\theta,z)}{\partial z}\right|\hat{k}dz, \tag{1.30}$$

em que $\hat{r}, \hat{\theta}, \hat{k}$ são os vetores unitários dados por:

$$\hat{r} = \frac{1}{\left|\frac{\partial \vec{l}(r,\theta,z)}{\partial r}\right|}\frac{\partial \vec{l}(r,\theta,z)}{\partial r}, \quad \hat{\theta} = \frac{1}{\left|\frac{\partial \vec{l}(r,\theta,z)}{\partial \theta}\right|}\frac{\partial \vec{l}(r,\theta,z)}{\partial \theta}, \quad \hat{k} = \frac{1}{\left|\frac{\partial \vec{l}(r,\theta,z)}{\partial z}\right|}\frac{\partial \vec{l}(r,\theta,z)}{\partial z}. \quad \textbf{(1.31)}$$

Por outro lado, usando a relação (1.28), podemos escrever o vetor posição $\vec{l}(x,y,z) = \hat{i}x + \hat{j}y + \hat{k}z$ como:

$$\vec{l}(r,\theta,z) = \hat{i}r\cos\theta + \hat{j}r\,\text{sen}\,\theta + \hat{k}z. \quad \textbf{(1.32)}$$

Assim, temos que:

$$\frac{\partial \vec{l}(r,\theta,z)}{\partial r} = \hat{i}\cos\theta + \hat{j}\,\text{sen}\,\theta, \quad \frac{\partial \vec{l}(r,\theta,z)}{\partial \theta} = r\left(-\hat{i}\,\text{sen}\,\theta + \hat{j}\cos\theta\right), \quad \frac{\partial \vec{l}(r,\theta,z)}{\partial z} = \vec{k}. \quad \textbf{(1.33)}$$

Os módulos desses vetores são:

$$\left|\frac{\partial \vec{l}(r,\theta,z)}{\partial r}\right| = 1, \quad \left|\frac{\partial \vec{l}(r,\theta,z)}{\partial \theta}\right| = r, \quad \left|\frac{\partial \vec{l}(r,\theta,z)}{\partial z}\right| = 1. \quad \textbf{(1.34)}$$

Substituindo (1.33) e (1.34) em (1.31), obtemos:

$$\boxed{\hat{r} = \hat{i}\cos\theta + \hat{j}\,\text{sen}\,\theta, \quad \hat{\theta} = \left(-\hat{i}\,\text{sen}\,\theta + \hat{j}\cos\theta\right), \quad \hat{k} = \hat{k}.} \quad \textbf{(1.35)}$$

Essas relações fornecem os vetores unitários em coordenadas cilíndricas em função dos vetores em coordenadas retangulares. Elas podem ser escritas em uma forma matricial, como:

$$\begin{bmatrix} \hat{r} \\ \hat{\theta} \\ \hat{k} \end{bmatrix} = \begin{bmatrix} \cos\theta & \text{sen}\,\theta & 0 \\ -\text{sen}\,\theta & \cos\theta & 0 \\ 0 & 0 & 0 \end{bmatrix} \begin{bmatrix} \hat{i} \\ \hat{j} \\ \hat{k} \end{bmatrix}. \quad \textbf{(1.36)}$$

Invertendo essa relação, obtemos:

$$\boxed{\hat{i} = \hat{r}\cos\theta - \hat{\theta}\,\text{sen}\,\theta, \quad \hat{j} = \hat{r}\,\text{sen}\,\theta + \hat{\theta}\cos\theta, \quad \hat{k} = \hat{k}.} \quad \textbf{(1.37)}$$

No caso particular em que o ponto está localizado sobre o plano xy, temos que $z = 0$, de modo que o sistema de coordenadas cilíndricas se reduz ao sistema de coordenadas polares. Usando a relação (1.35), podemos escrever o vetor $\vec{l}$ em coordenadas cilíndricas como $\vec{l}(r,z) = r\hat{r} + \hat{k}z$.

Substituindo (1.34) em (1.30), temos que o elemento diferencial de linha no sistema de coordenadas cilíndricas é:

$$d\vec{l} = \hat{r}dr + \hat{\theta}rd\theta + \hat{k}dz. \quad \textbf{(1.38)}$$

O elemento diferencial de uma superfície cilíndrica de raio constante r é obtido tomando o produto vetorial dos vetores diferenciais ao longo das direções $\vec{k}$ e $\vec{\theta}$, isto é:

$$d\vec{s}_r = \hat{\theta}rd\theta \times \hat{k}dz. \quad \textbf{(1.39)}$$

Integrando o módulo dessa relação nos limites das variáveis de integração, temos que a área lateral de uma superfície cilíndrica de altura z e raio R é $s_L = \int_0^{2\pi}\int_0^{z} Rd\theta dz = 2\pi Rz$.

O elemento diferencial de volume é obtido tomando o produto misto dos elementos diferenciais em cada direção:

$$dv = (\hat{r}dr)\cdot(\hat{\theta}rd\theta)\times(\hat{k}dz) = rdrd\theta dz. \quad \textbf{(1.40)}$$

Integrando essa relação, obtemos que o volume de um cilindro de raio R e altura z é $v = \int_0^R \int_0^{2\pi} \int_0^z rdrd\theta dz = \pi R^2 z$.

1.5.3 Coordenadas Esféricas

No sistema de coordenadas esféricas, um ponto é completamente localizado no espaço pelas coordenadas (r,θ,ϕ), conforme mostra a Figura 1.9. As coordenadas esféricas (r,θ,ϕ) se relacionam com as coordenadas retangulares (x,y,z) por:

$$x = r\,\text{sen}\,\theta\cos\phi, \quad y = r\,\text{sen}\,\theta\,\text{sen}\,\phi, \quad z = r\cos\theta. \quad \textbf{(1.41)}$$

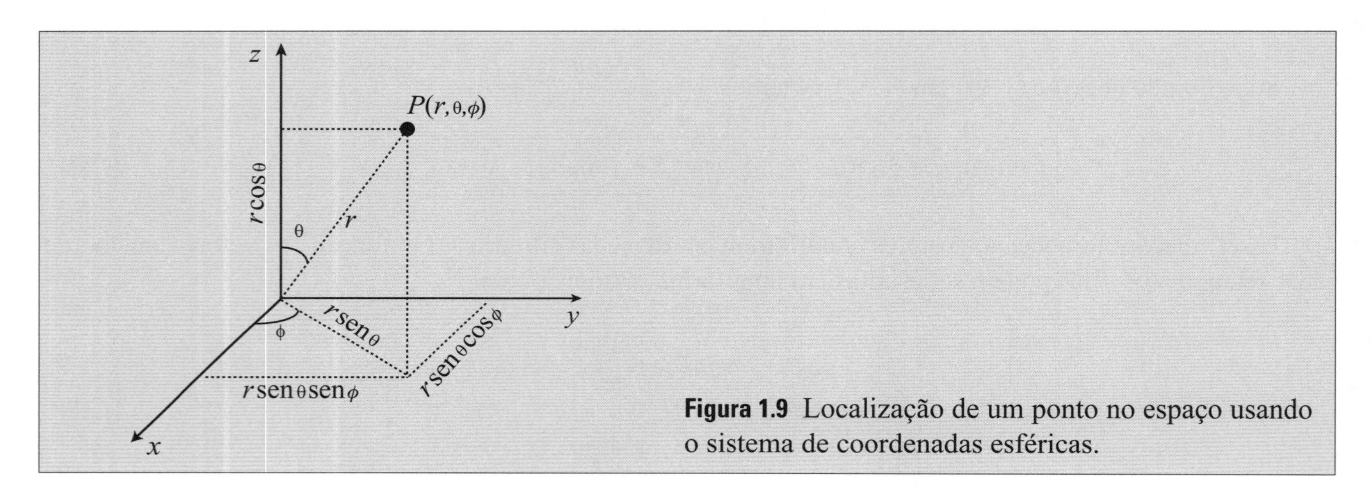

Figura 1.9 Localização de um ponto no espaço usando o sistema de coordenadas esféricas.

É importante ressaltar que as coordenadas r e θ do sistema esférico são diferentes das coordenadas r e θ utilizadas no sistema cilíndrico.[1] No sistema esférico, a coordenada r, que mede a distância do ponto de observação à origem do sistema de referência, varia no intervalo $[0,\infty]$. A coordenada θ, que mede o ângulo formado entre o vetor posição $\vec{r}$ e o eixo cartesiano z, varia no intervalo $[0,\pi]$. A coordenada ϕ, que mede o ângulo formado entre o eixo cartesiano x e a projeção do vetor $\vec{r}$ sobre o plano xy, varia no intervalo $[0,2\pi]$.

O elemento diferencial de linha no sistema de coordenadas esféricas é dado por:

$$d\vec{l}(r,\theta,\phi) = \frac{\partial \vec{l}(r,\theta,\phi)}{\partial r}dr + \frac{\partial \vec{l}(r,\theta,\phi)}{\partial \theta}d\theta + \frac{\partial \vec{l}(r,\theta,\phi)}{\partial \phi}d\phi. \quad \textbf{(1.42)}$$

Essa relação pode ser escrita como:

$$d\vec{l}(r,\theta,\phi) = \left|\frac{\partial \vec{l}(r,\theta,\phi)}{\partial r}\right|\hat{r}dr + \left|\frac{\partial \vec{l}(r,\theta,\phi)}{\partial \theta}\right|\hat{\theta}d\theta + \left|\frac{\partial \vec{l}(r,\theta,\phi)}{\partial \phi}\right|\hat{\phi}d\phi, \quad \textbf{(1.43)}$$

[1] No sistema cilíndrico, r e θ representam uma posição e um ângulo no plano xy, respectivamente.

em que os vetores unitários $(\hat{r},\hat{\theta},\hat{\phi})$ são dados por:

$$\hat{r}=\frac{1}{\left|\frac{\partial\vec{l}(r,\theta,\phi)}{\partial r}\right|}\frac{\partial\vec{l}(r,\theta,\phi)}{\partial r}\quad \hat{\theta}=\frac{1}{\left|\frac{\partial\vec{l}(r,\theta,\phi)}{\partial \theta}\right|}\frac{\partial\vec{l}(r,\theta,\phi)}{\partial \theta}\quad \hat{\phi}=\frac{1}{\left|\frac{\partial\vec{l}(r,\theta,\phi)}{\partial \phi}\right|}\frac{\partial\vec{l}(r,\theta,\phi)}{\partial \phi}. \tag{1.44}$$

Por outro lado, usando a relação (1.41), podemos escrever o vetor posição $\vec{l}(x,y,z)=\hat{i}x+\hat{j}y+\hat{k}z$ como:

$$\vec{l}(\hat{r},\hat{\theta},\hat{\phi})=\hat{i}r\,\text{sen}\,\theta\cos\phi+\hat{j}r\,\text{sen}\,\theta\,\text{sen}\,\phi+\hat{k}r\cos\theta. \tag{1.45}$$

Desta relação, temos que:

$$\begin{cases}\frac{\partial\vec{l}(r,\theta,\phi)}{\partial r}=\hat{i}\,\text{sen}\,\theta\cos\phi+\hat{j}\,\text{sen}\,\theta\,\text{sen}\,\phi+\hat{k}\cos\theta\\ \frac{\partial\vec{l}(r,\theta,\phi)}{\partial \theta}=r(\hat{i}\cos\theta\cos\phi+\hat{j}\cos\theta\,\text{sen}\,\phi-\hat{k}\,\text{sen}\,\theta)\\ \frac{\partial\vec{l}(r,\theta,\phi)}{\partial \phi}=-\hat{i}r\,\text{sen}\,\theta\,\text{sen}\,\phi+\hat{j}r\,\text{sen}\,\theta\cos\phi.\end{cases} \tag{1.46}$$

Os módulos destes vetores são:

$$\left|\frac{\partial\vec{l}(r,\theta,\phi)}{\partial r}\right|=1,\quad \left|\frac{\partial\vec{l}(r,\theta,\phi)}{\partial \theta}\right|=r,\quad \left|\frac{\partial\vec{l}(r,\theta,\phi)}{\partial \phi}\right|=r\,\text{sen}\,\theta. \tag{1.47}$$

Substituindo (1.46), (1.47) em (1.44), temos que os vetores unitários em coordenadas esféricas são escritos em função do vetores unitários em coordenadas retangulares como:

$$\begin{cases}\hat{r}=\hat{i}\,\text{sen}\,\theta\cos\phi+\hat{j}\,\text{sen}\,\theta\,\text{sen}\,\phi+\hat{k}\cos\theta\\ \hat{\theta}=\hat{i}\cos\theta\cos\phi+\hat{j}\cos\theta\,\text{sen}\,\phi-\hat{k}\,\text{sen}\,\theta\\ \hat{\phi}=-\hat{i}\,\text{sen}\,\phi+\hat{j}\cos\phi.\end{cases} \tag{1.48}$$

Escrevendo na forma matricial, temos:

$$\begin{bmatrix}\hat{r}\\ \hat{\theta}\\ \hat{\phi}\end{bmatrix}=\begin{bmatrix}\text{sen}\,\theta\cos\phi & \text{sen}\theta\,\text{sen}\phi & \cos\theta\\ \cos\theta\cos\phi & \cos\theta\,\text{sen}\phi & -\text{sen}\,\theta\\ -\text{sen}\phi & \cos\phi & 0\end{bmatrix}\begin{bmatrix}\hat{i}\\ \hat{j}\\ \hat{k}\end{bmatrix}. \tag{1.49}$$

Invertendo essa relação, obtemos os vetores unitários em coordenadas retangulares em termos dos vetores unitários em coordenadas esféricas:

$$\begin{cases}\hat{i}=\hat{r}\,\text{sen}\,\theta\cos\phi+\hat{\theta}\cos\theta\cos\phi-\hat{\phi}\,\text{sen}\,\phi\\ \hat{j}=\hat{r}\,\text{sen}\,\theta\,\text{sen}\phi+\hat{\theta}\cos\theta\,\text{sen}\,\phi+\hat{\phi}\cos\phi\\ \hat{k}=\hat{r}\cos\theta-\hat{\theta}\,\text{sen}\,\theta.\end{cases} \tag{1.50}$$

Substituindo (1.47) em (1.43), temos que o elemento diferencial de linha no sistema de coordenadas esféricas é:

$$d\vec{l} = \hat{r}dr + \hat{\theta}rd\theta + \hat{\phi}r\,\text{sen}\,\theta d\phi. \quad \textbf{(1.51)}$$

O elemento diferencial de uma superfície esférica de raio R é obtido tomando o produto vetorial dos elementos diferenciais ao longo das direções angulares, isto é:

$$d\vec{s}_r = (Rd\theta)\hat{\theta} \times (R\,\text{sen}\,\theta d\phi)\hat{\phi} = \hat{r}R^2\,\text{sen}\,\theta d\theta d\phi. \quad \textbf{(1.52)}$$

O elemento diferencial de volume no sistema de coordenadas esféricas, obtido tomando o produto misto dos elementos diferenciais em cada direção, é:

$$dv = (dr)\hat{r} \cdot (rd\theta)\hat{\theta} \times (r\,\text{sen}\,\theta d\phi)\hat{\phi} = r^2\,\text{sen}\,\theta drd\theta d\phi. \quad \textbf{(1.53)}$$

1.6 Vetor Gradiente

Nesta seção, definiremos o operador gradiente nos sistemas de coordenadas retangulares, esféricas e cilíndricas.

1.6.1 Coordenadas Retangulares

Para definir o vetor gradiente em coordenadas retangulares, vamos considerar uma função escalar qualquer $f(x,y,z)$. Na Seção 1.3, foi mostrado que a diferencial total desta função é:

$$df(x,y,z) = \frac{\partial f(x,y,z)}{\partial x}dx + \frac{\partial f(x,y,z)}{\partial y}dy + \frac{\partial f(x,y,z)}{\partial z}dz. \quad \textbf{(1.54)}$$

Essa diferencial pode ser escrita na forma:

$$df(x,y,z) = \overbrace{\left[\hat{\imath}\frac{\partial f(x,y,z)}{\partial x} + \hat{\jmath}\frac{\partial f(x,y,z)}{\partial y} + \hat{k}\frac{\partial f(x,y,z)}{\partial z}\right]}^{\vec{\nabla} f(x,y,z)} \cdot \overbrace{\left[\hat{\imath}dx + \hat{\jmath}dy + \hat{k}dz\right]}^{d\vec{l}}. \quad \textbf{(1.55)}$$

O vetor que aparece no segundo colchete é o vetor unitário $d\vec{l}$ em coordenadas retangulares. Definindo o vetor "*nabla*", representado pelo símbolo "$\vec{\nabla}$", como:

$$\vec{\nabla} = \hat{\imath}\frac{\partial}{\partial x} + \hat{\jmath}\frac{\partial}{\partial y} + \hat{k}\frac{\partial}{\partial z}, \quad \textbf{(1.56)}$$

podemos escrever o primeiro termo entre colchetes na relação (1.55) como $\vec{\nabla} f(x,y,z)$. Esse produto do vetor $\vec{\nabla}$ com uma função escalar é definido como o vetor *gradiente*. Portanto, em coordenadas retangulares, o gradiente de uma função escalar é:

$$\boxed{\vec{\nabla} f(x,y,z) = \hat{\imath}\frac{\partial f(x,y,z)}{\partial x} + \hat{\jmath}\frac{\partial f(x,y,z)}{\partial y} + \hat{k}\frac{\partial f(x,y,z)}{\partial z}.} \quad \textbf{(1.57)}$$

Note que o resultado da aplicação do operador gradiente em uma função escalar é um vetor. Os campos vetoriais gerados como o gradiente de funções escalares apresentam características importantes. Os campos elétrico e gravitacional estão incluídos nessa classe de campos vetoriais, enquanto o campo magnético não. O campo elétrico será estudado no próximo capítulo e o campo magnético, no Capítulo 5. O campo gravitacional não será discutido neste livro.

Usando a definição do vetor gradiente, podemos escrever expressão (1.55) na forma:

$$df(x,y,z) = \vec{\nabla} f(x,y,z) \cdot d\vec{l}. \tag{1.58}$$

Efetuando o produto escalar, obtemos:

$$\frac{df(x,y,z)}{dl} = \left|\vec{\nabla} f(x,y,z)\right| \cdot \cos\theta, \tag{1.59}$$

em que θ é o ângulo entre o vetor gradiente e o vetor $d\vec{l}$. Essa relação fornece a derivada da função $f(x,y,z)$ ao longo da direção dl. Vamos analisar dois casos:

(1) No caso em que os vetores $\vec{\nabla} f(x,y)$ e $d\vec{l}$ são paralelos, o ângulo entre eles é 0º, de modo que a relação (1.59) fica:

$$\frac{df(x,y,z)}{dl} = \left|\vec{\nabla} f(x,y,z)\right|. \tag{1.60}$$

Essa relação mostra que a derivada da função $f(x,y,z)$ é máxima ao longo da direção do vetor gradiente e que sua magnitude é igual ao módulo desse vetor.

(2) No caso em que os vetores $\vec{\nabla} f(x,y)$ e $d\vec{l}$ são perpendiculares entre si, o ângulo entre eles é 90º, de modo que a relação (1.59) se torna:

$$\frac{df(x,y,z)}{dl} = 0. \tag{1.61}$$

Essa relação, mostra que, em uma direção perpendicular à direção do vetor gradiente, a função $f(x,y,z)$ permanece constante. Uma curva (ou uma superfície) sobre a qual uma função permanece constante é chamada de curva de nível ou superfície equipotencial.

Portanto, podemos concluir que o vetor gradiente é perpendicular às superfícies equipotenciais. Dessa forma, podemos utilizá-lo para determinar um vetor unitário perpendicular à uma superfície equipotencial na forma:

$$\hat{n} = \frac{\vec{\nabla} f(x,y,z)}{\left|\vec{\nabla} f(x,y,z)\right|}. \tag{1.62}$$

1.6.2 Coordenadas Cilíndricas

O conceito do operador gradiente definido anteriormente pode ser facilmente estendido para o sistema de coordenadas cilíndricas. Por analogia com a expressão (1.54), podemos escrever a diferencial total da função $f(r,\theta,z)$ como:

$$df(r,\theta,z)=\frac{\partial f(r,\theta,z)}{\partial r}dr+\frac{\partial f(r,\theta,z)}{\partial \theta}d\theta+\frac{\partial f(r,\theta,z)}{\partial z}dz. \quad (1.63)$$

Essa relação pode ser escrita como o produto escalar de dois vetores:

$$df(r,\theta,z)=\left[\hat{r}\frac{\partial f(r,\theta,z)}{\partial r}+\hat{\theta}\frac{\partial f(r,\theta,z)}{\partial \theta}+\hat{k}\frac{\partial f(r,\theta,z)}{\partial z}\right]\cdot\left[\hat{r}dr+\hat{\theta}d\theta+\hat{k}dz\right]. \quad (1.64)$$

Note que, diferentemente do caso de coordenadas retangulares, o termo no segundo colchete não é o elemento diferencial de linha em coordenadas cilíndricas. Para que esse termo seja o elemento diferencial de linha, devemos multiplicar a direção $\hat{\theta}$ por r. Entretanto, para não alterar a igualdade, também devemos multiplicar a direção $\hat{\theta}$ no primeiro colchete por $1/r$. Assim, temos:

$$df(r,\theta,z)=\overbrace{\left[\hat{r}\frac{\partial f(r,\theta,z)}{\partial r}+\hat{\theta}\frac{1}{r}\frac{\partial f(r,\theta,z)}{\partial \theta}+\hat{k}\frac{\partial f(r,\theta,z)}{\partial z}\right]}^{\vec{\nabla}f(r,\theta,z)}\cdot\overbrace{\left[\hat{r}dr+\hat{\theta}rd\theta+\hat{k}dz\right]}^{d\vec{l}}. \quad (1.65)$$

Seguindo o mesmo procedimento da seção anterior, podemos escrever essa relação na forma:

$$df(r,\theta,z)=\vec{\nabla}f(r,\theta,z)\cdot d\vec{l}, \quad (1.66)$$

definindo-se que:

$$\boxed{\vec{\nabla}f(r,\theta,z)=\hat{r}\left[\frac{\partial f(r,\theta,z)}{\partial r}\right]+\hat{\theta}\frac{1}{r}\left[\frac{\partial f(r,\theta,z)}{\partial \theta}\right]+\hat{k}\left[\frac{\partial f(r,\theta,z)}{\partial z}\right].} \quad (1.67)$$

Essa relação fornece o gradiente de uma função $f(r,\theta,z)$ em coordenadas cilíndricas. Portanto, o operador "*nabla*" em coordenadas cilíndricas é definido como:

$$\vec{\nabla}=\hat{r}\frac{\partial}{\partial r}+\hat{\theta}\frac{1}{r}\frac{\partial}{\partial \theta}+\hat{k}\frac{\partial}{\partial z}. \quad (1.68)$$

1.6.3 Coordenadas Esféricas

Por analogia à relação (1.54), podemos escrever a diferencial total de uma função escalar $f(r,\theta,\phi)$ como:

$$df(r,\theta,\phi)=\frac{\partial f(r,\theta,\phi)}{\partial r}dr+\frac{\partial f(r,\theta,\phi)}{\partial \theta}d\theta+\frac{\partial f(r,\theta,\phi)}{\partial \phi}d\phi. \quad (1.69)$$

Escrevendo essa relação como o produto escalar entre dois vetores, temos:

$$df(r,\theta,\phi)=\left[\hat{r}\frac{\partial f(r,\theta,\phi)}{\partial r}+\hat{\theta}\frac{\partial f(r,\theta,\phi)}{\partial \theta}+\hat{\phi}\frac{\partial f(r,\theta,\phi)}{\partial \phi}\right]\cdot\left[\hat{r}dr+\hat{\theta}d\theta+\hat{\phi}d\phi\right]. \quad (1.70)$$

Para que o termo no segundo colchete seja o elemento diferencial de linha em coordenadas esféricas, é necessário multiplicar a direção $\hat{\theta}$ por r e a direção $\hat{\phi}$ por $r\,\text{sen}\,\theta$. Entretanto, para não alterar a igualdade, devemos dividir as direções $\hat{\theta}$ e $\hat{\phi}$ no primeiro colchete por r e $r\text{sen}\,\theta$, respectivamente. Assim, temos:

$$df(r,\theta,\phi)=\overbrace{\left[\hat{r}\frac{\partial f(r,\theta,\phi)}{\partial r}+\hat{\theta}\frac{1}{r}\frac{\partial f(r,\theta,\phi)}{\partial \theta}+\hat{\phi}\frac{1}{r\,\text{sen}\,\theta}\frac{\partial f(r,\theta,\phi)}{\partial \phi}\right]}^{\vec{\nabla}f(r,\theta,\phi)}\cdot\overbrace{\left[\hat{r}dr+\hat{\theta}rd\theta+\hat{\phi}r\,\text{sen}\,\theta d\phi\right]}^{d\vec{l}}. \quad \textbf{(1.71)}$$

Logo, o elemento diferencial $df(r,\theta,\phi)$ pode ser escrito na forma:

$$df(r,\theta,\phi)=\vec{\nabla}f(r,\theta,\phi)\cdot d\vec{l}, \quad \textbf{(1.72)}$$

em que $\vec{\nabla}f(r,\theta,\phi)$ definido como

$$\vec{\nabla}f(r,\theta,\phi)=\left[\hat{r}\frac{\partial f(r,\theta,\phi)}{\partial r}+\hat{\theta}\frac{1}{r}\frac{\partial f(r,\theta,\phi)}{\partial \theta}+\hat{\phi}\frac{1}{r\,\text{sen}\,\theta}\frac{\partial f(r,\theta,\phi)}{\partial \phi}\right], \quad \textbf{(1.73)}$$

representa o vetor gradiente em coordenadas esféricas. Portanto, o operador "*nabla*" $\vec{\nabla}$ em coordenadas esféricas é definido como:

$$\boxed{\vec{\nabla}=\hat{r}\frac{\partial}{\partial r}+\hat{\theta}\frac{1}{r}\frac{\partial}{\partial \theta}+\hat{\phi}\frac{1}{r\,\text{sen}\,\theta}\frac{\partial}{\partial \phi}}. \quad \textbf{(1.74)}$$

EXEMPLO 1.1

Encontre a direção de máxima variação da função $f(r)=1/r$ e a direção na qual ela permanece constante.

SOLUÇÃO

Essa função, que depende somente da coordenada radial r, define superfícies esféricas concêntricas conforme mostra a Figura 1.10.

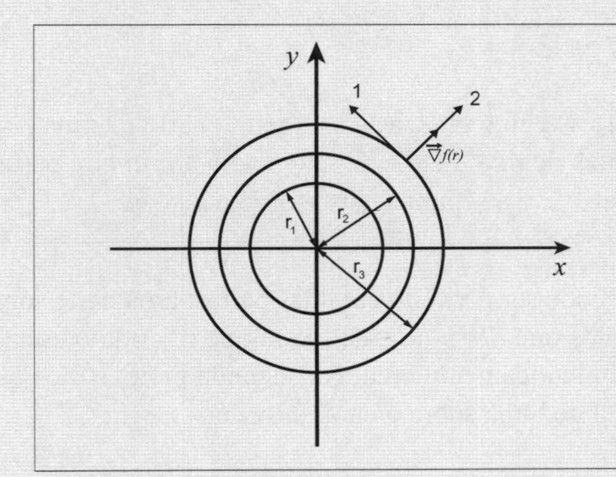

Figura 1.10 Representação da função para alguns valores de r. As setas 1 e 2 representam as direções em que a função permanece constante e tem máxima variação, respectivamente.

Utilizando a definição do operador nabla em coordenadas esféricas, temos que o gradiente da função $f(r) = 1/r$ é:

$$\vec{\nabla} f(r) = \hat{r}\frac{\partial}{\partial r}\left(\frac{1}{r}\right) = -\left(\frac{1}{r^2}\right)\hat{r} = -\left(\frac{\vec{r}}{r^3}\right).$$

Note que o gradiente da função $f(r) = 1/r$ é um vetor radial perpendicular às superfícies esféricas, conforme mostra a direção indicada pela seta 2 na Figura 1.10. Por outro lado, ao longo da direção 1, que é perpendicular ao vetor gradiente, a função permanece constante. Portanto, para a função $f(r) = 1/r$ as superfícies equipotenciais são uma família de esferas (ou circunferências, no caso bidimensional) concêntricas.

1.7 Integração de Linha, Superfície e Volume

Nesta seção, introduziremos o cálculo integral de funções vetoriais. Os leitores interessados em mais detalhes sobre esse tema devem procurar livros específicos sobre física matemática. Algumas sugestões são apresentadas na bibliografia.

Primeiramente, vamos discutir a integração de um vetor qualquer $\vec{F}$ sobre um caminho c. Essa integral de linha é representada pela equação $\int_c \vec{F} \cdot d\vec{l}$. Como uma ilustração, vamos calcular a integral do vetor $\vec{F} = \hat{j}ky$ nos percursos c_1 e c_2 indicados na Figura 1.11. Sobre o caminho c_1, que representa um quarto de uma circunferência de raio a, o elemento de linha é $d\vec{l} = \hat{\theta} a d\theta$, em que θ varia no intervalo entre 0 e $\pi/2$. Usando as relações $y = a \operatorname{sen}\theta$ e $\hat{j} = \hat{r}\operatorname{sen}\theta + \hat{\theta}\cos\theta$, temos que $\vec{F} \cdot d\vec{l} = ka^2 \operatorname{sen}\theta \cos\theta d\theta$. Com essas considerações, podemos escrever que

$$\int_{c_1} \vec{F} \cdot d\vec{l} = \int_0^{\pi/2} ka^2 \operatorname{sen}\theta \cos\theta d\theta = \frac{1}{2}ka^2. \tag{1.75}$$

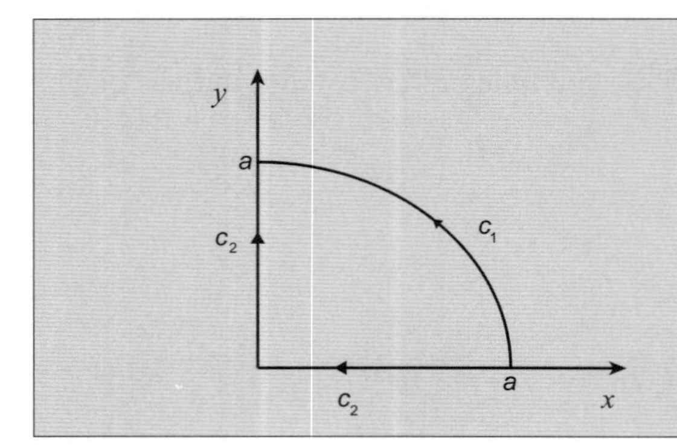

Figura 1.11 O caminho c_1 está sobre um quarto de uma circunferência de raio a e o caminho c_2 tem a primeira parte sobre o eixo x e a segunda parte sobre o eixo y.

Agora, vamos calcular a integral para o caminho c_2, que pode ser dividido em duas partes: uma parte sobre o eixo x e a outra parte sobre o eixo y. Na primeira parte, temos que $d\vec{l} = -\hat{i}dx$, de modo que o produto escalar $\vec{F} \cdot d\vec{l}$ é nulo. Logo, a integral sobre essa parte do caminho é identicamente nula. Na segunda parte, temos que $d\vec{l} = \hat{j}dy$, $x = 0$ e y varia no intervalo $[0, a]$. Portanto, a integral de linha sobre o caminho c_2 é:

$$\int_{c_2} \vec{F} \cdot d\vec{l} = \int_0^a kydy = \frac{1}{2}ka^2. \tag{1.76}$$

Os resultados (1.75) e (1.76) mostram que as integrais do campo vetorial $\vec{F} = \hat{j}ky$ sobre os caminhos c_1 e c_2, representados na Figura 1.11, são iguais. Por que isso ocorre? Para responder essa pergunta, vamos considerar um caso no qual o campo vetorial $\vec{F}$ possa ser obtido como o gradiente de uma função escalar, isto é, $\vec{F} = \vec{\nabla} f$. Nesse caso, a integral de linha $\int_c \vec{F} \cdot d\vec{l}$ se escreve como:

$$\int_c \vec{F} \cdot d\vec{l} = \int_a^b \vec{\nabla} f \cdot d\vec{l}. \qquad \textbf{(1.77)}$$

Pela relação (1.58), temos que $df = \vec{\nabla} f \cdot d\vec{l}$. Assim, podemos escrever que:

$$\int_c \vec{F} \cdot d\vec{l} = \int_a^b df. \qquad \textbf{(1.78)}$$

Integrando o lado direito, obtemos:

$$\int_c \vec{F} \cdot d\vec{l} = f(b) - f(a). \qquad \textbf{(1.79)}$$

Esse resultado mostra que a integração de campos vetoriais obtidos como o gradiente de funções escalares depende somente dos pontos extremos da trajetória. Portanto, essa é a razão pela qual as integrais do campo vetorial $\vec{F} = \hat{j}ky$ ao longo dos caminhos c_1 e c_2, mostrados na Figura 1.11, são iguais.

Neste ponto, podemos colocar as seguintes perguntas: (1) Qualquer campo vetorial pode ser obtido como o gradiente de uma função escalar? (2) Qual a condição para que um campo vetorial possa ser obtido por meio do gradiente de uma função escalar? Essas perguntas serão respondidas na próxima seção, quando for introduzido o rotacional de um vetor.

Da relação (1.79), podemos concluir que a integral de linha em percurso fechado (isto é, o percurso cujo ponto inicial é o mesmo que o ponto final) de um campo vetorial obtido como o gradiente de um função escalar é nula.

$$\oint_c \vec{F} \cdot d\vec{l} = 0. \qquad \textbf{(1.80)}$$

O campo elétrico é um exemplo desse tipo de campo vetorial.[2] Portanto, podemos escrever que $\oint_c \vec{E} \cdot d\vec{l} = 0$. Esta relação, que é uma das equações de Maxwell, será discutida em mais detalhes no próximo capítulo.

Agora, vamos discutir a integral de superfície. A integral de um elemento diferencial de superfície fornece a área da superfície que ele define. Por exemplo, no caso das coordenadas esféricas em que o elemento diferencial de área é $ds = R^2 \operatorname{sen}\theta d\theta d\phi$, temos que:

$$s = \iint ds = \int_0^{2\pi}\int_0^{\pi} R^2 \operatorname{sen}\theta d\theta d\phi = 4\pi R^2. \qquad \textbf{(1.81)}$$

Esse resultado fornece a área de uma superfície esférica de raio constante.

A integral de um vetor sobre uma superfície fornece o fluxo desse vetor sobre a superfície considerada. Para exemplificar esse tipo de cálculo, muito importante na Física, vamos considerar a integral do vetor $\vec{F} = F_0\hat{i}$ sobre uma superfície retangular de lados a e b, colocada sobre o plano xy. Nesse caso, em que o vetor diferencial de superfície é $d\vec{s} = \hat{k}dxdy$, temos:

[2] No capítulo seguinte é mostrado que o campo elétrico é $\vec{E}(\vec{r}) = -\vec{\nabla} V(\vec{r})$, em que $V(\vec{r})$ é o potencial escalar elétrico.

$$\int_s \vec{F}\cdot d\vec{s} = \int_0^a\int_0^b \left(F_0\hat{i}\right)\cdot(\hat{k}dxdy) = 0. \tag{1.82}$$

Portanto, o fluxo do vetor $\vec{F} = F_0\hat{i}$ sobre a superfície considerada é zero. Isso implica que não existem linhas do campo vetorial $\vec{F}$ atravessando a superfície. Por outro lado, a integral do campo vetorial $\vec{F} = F_0\hat{k}$ sobre a mesma superfície é:

$$\int_s \vec{F}\cdot d\vec{s} = \int_0^a\int_0^b \left(F_0\hat{k}\right)\cdot(\hat{k}dxdy) = F_0\int_0^a dx\int_0^b dy = F_0 ab. \tag{1.83}$$

Esse resultado mostra que existem linhas do campo vetorial $\vec{F}$ atravessando a superfície.

A integral de um elemento diferencial de volume fornece o volume do sólido que ele define. Por exemplo, no caso das coordenadas esféricas em que o elemento diferencial de volume é $dv = r^2 \,\text{sen}\,\theta dr d\theta d\phi$, temos que

$$\text{v}=\iiint dv = \int_0^R\int_0^{2\pi}\int_0^{\pi} r^2 \,\text{sen}\ \theta dr d\theta d\phi = \frac{4}{3}\pi R^3, \tag{1.84}$$

que é o volume de uma esfera de raio R.

A integral de uma função escalar sobre um volume também é importante na Física. Por exemplo, a integral de volume de uma densidade de cargas elétricas $\rho(r)$ fornece a carga elétrica total contida no volume, isto é, $Q = \iiint \rho(r)dv$. No caso de uma densidade constante de cargas elétricas ρ_0, distribuídas uniformemente sobre um volume esférico, temos que

$$Q = \int_0^R\int_0^{2\pi}\int_0^{\pi} \rho_0 r^2 \,\text{sen}\ \theta dr d\theta d\phi = \left(\frac{4}{3}\pi R^3\right)\rho_0. \tag{1.85}$$

Note que, neste caso, a carga elétrica total é simplesmente ρ_0v, sendo v o volume da esfera.

1.8 Rotacional

Para introduzir o operador rotacional, vamos calcular a integral de um campo vetorial $\vec{F}$ sobre um caminho fechado. Por simplicidade, vamos considerar o sistema de coordenadas retangulares e um caminho fechado no plano xy, conforme mostra a Figura 1.12. A integral de um campo vetorial $\vec{F} = \hat{i}F_x + \hat{j}F_y + \hat{k}F_z$ sobre um caminho localizado no plano xy se escreve como:

$$\oint \vec{F}\cdot d\vec{l}_{xy} = \oint \left(\hat{i}F_x + \hat{j}F_y + \hat{k}F_z\right)\cdot d\vec{l}_{xy}, \tag{1.86}$$

em que dl_{xy} é um caminho fechado no plano xy, constituído de duas partes paralelas ao eixo x e duas partes paralelas ao eixo y, e percorrido no sentido anti-horário. Como o caminho está no plano xy, ele não possui a componente z. Efetuando o produto escalar, obtemos:

$$\oint \vec{F}\cdot d\vec{l}_{xy} = \oint \hat{i}F_x\cdot d\vec{l}_{xy} + \oint \hat{j}F_y\cdot d\vec{l}_{xy}. \tag{1.87}$$

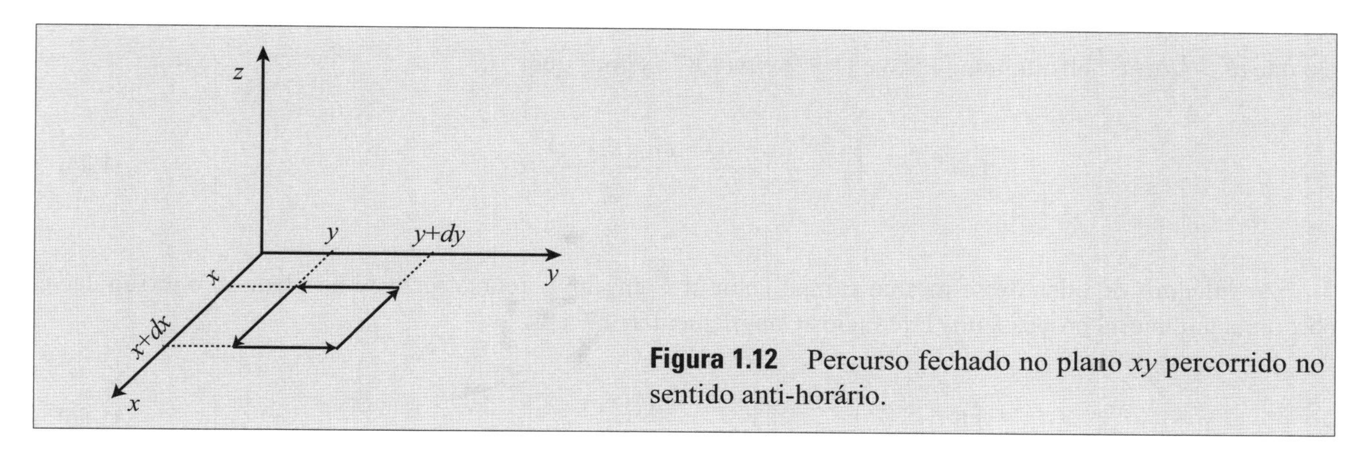

Figura 1.12 Percurso fechado no plano xy percorrido no sentido anti-horário.

Como os vetores unitários $\hat{i}$ e $\hat{j}$ são ortogonais entre si, a primeira integral envolvendo a componente F_x tem somente termos na direção x. Então:

$$\oint \hat{i}F_x \cdot d\vec{l}_{xy} = \int F_x(x,y,z)dx - \int F_x(x,y+dy,z)dx. \tag{1.88}$$

Expandindo, em série de Taylor, o termo no segundo integrando em torno do ponto y, temos:

$$\oint \hat{i}F_x \cdot d\vec{l}_{xy} = \int F_x(x,y,z)dx - \int \left[F_x(x,y,z) + \frac{\partial F_x(x,y,z)}{\partial y}dy \right] dx. \tag{1.89}$$

Os dois primeiros termos se cancelam, de modo que

$$\oint \hat{i}F_x \cdot d\vec{l}_{xy} = -\int \frac{\partial F_x(x,y,z)}{\partial y} ds_z, \tag{1.90}$$

em que $ds_z = dxdy$ é a área da superfíce delimitada pelo caminho dl_{xy} no plano xy.

De forma análoga, a integral $\oint \hat{j}F_y \cdot d\vec{l}_{xy}$ tem somente termos na direção y. Assim,

$$\oint \hat{j}F_y \cdot d\vec{l}_{xy} = -\int F_y(x,y,z)dy + \int F_y(x+dx,y,z)dy. \tag{1.91}$$

Expandindo o termo no segundo integrando em torno do ponto x, obtemos:

$$\oint \hat{j}F_y \cdot d\vec{l}_{xy} = -\int F_y(x,y,z)dy + \int \left[F_y(x,y,z) + \frac{\partial F_y(x,y,z)}{\partial x}dx \right] dy. \tag{1.92}$$

Após uma simplificação, temos:

$$\oint \hat{j}F_y \cdot d\vec{l}_{xy} = \int \frac{\partial F_y(x,y,z)}{\partial x} ds_z, \tag{1.93}$$

em que $ds_z = dxdy$. Substituindo (1.90) e (1.93) em (1.87), temos que:

$$\oint \vec{F} \cdot d\vec{l}_{xy} = \int \left[\frac{\partial F_y(x,y,z)}{\partial x} - \frac{\partial F_x(x,y,z)}{\partial y} \right] ds_z. \quad \textbf{(1.94)}$$

As integrais de linha desse mesmo campo vetorial $\vec{F}$ em um percurso fechado no plano xz e yz são dadas por: (essa tarefa está proposta nos Exercícios Complementares 7 e 8.)

$$\oint \vec{F} \cdot d\vec{l}_{xz} = \int \left[\frac{\partial F_x(x,y,z)}{\partial z} - \frac{\partial F_z(x,y,z)}{\partial x} \right] ds_y \quad \textbf{(1.95)}$$

$$\oint \vec{F} \cdot d\vec{l}_{yz} = \int \left[\frac{\partial F_z(x,y,z)}{\partial y} - \frac{\partial F_y(x,y,z)}{\partial z} \right] ds_x. \quad \textbf{(1.96)}$$

No caso mais geral em que o caminho fechado está no espaço tridimensional, podemos escrever a integral de linha de um campo vetorial como $\oint \vec{F} \cdot d\vec{l} = \oint \vec{F} \cdot d\vec{l}_{xy} + \oint \vec{F} \cdot d\vec{l}_{xz} + \oint \vec{F} \cdot d\vec{l}_{yz}$ em que $d\vec{l}_{xy}$, $d\vec{l}_{xz}$ e $d\vec{l}_{yz}$ são percursos fechados sobre os planos xy, xz e yz, respectivamente.

Utilizando os resultados (1.94), (1.95) e (1.96), podemos escrever que:

$$\begin{aligned} \oint \vec{F} \cdot d\vec{l} = & \int \left[\frac{\partial F_y(x,y,z)}{\partial x} - \frac{\partial F_x(x,y,z)}{\partial y} \right] ds_z + \int \left[\frac{\partial F_x(x,y,z)}{\partial z} - \frac{\partial F_z(x,y,z)}{\partial x} \right] ds_y \\ & + \int \left[\frac{\partial F_z(x,y,z)}{\partial y} - \frac{\partial F_y(x,y,z)}{\partial z} \right] ds_x. \end{aligned} \quad \textbf{(1.97)}$$

Essa relação pode ser escrita como o produto escalar de dois vetores na forma:

$$\begin{aligned} \oint \vec{F} \cdot d\vec{l} = \int \Bigg\{ & \hat{i} \left[\frac{\partial F_z(x,y,z)}{\partial y} - \frac{\partial F_y(x,y,z)}{\partial z} \right] + \hat{j} \left[\frac{\partial F_x(x,y,z)}{\partial z} - \frac{\partial F_z(x,y,z)}{\partial x} \right] \\ & + \hat{k} \left[\frac{\partial F_y(x,y,z)}{\partial x} - \frac{\partial F_x(x,y,z)}{\partial y} \right] \Bigg\} . \left[\hat{i} ds_x + \hat{j} ds_y + \hat{k} ds_z \right]. \end{aligned} \quad \textbf{(1.98)}$$

Nessa expressão, o segundo vetor é o elemento diferencial da superfície delimitada pelo caminho fechado. O primeiro vetor é definido como o rotacional do campo vetorial $\vec{F}$, isto é:

$$\begin{aligned} \vec{\nabla} \times \vec{F}(x,y,z) = & \, \hat{i} \left[\frac{\partial F_z(x,y,z)}{\partial y} - \frac{\partial F_y(x,y,z)}{\partial z} \right] + \hat{j} \left[\frac{\partial F_x(x,y,z)}{\partial z} - \frac{\partial F_z(x,y,z)}{\partial x} \right] \\ & + \hat{k} \left[\frac{\partial F_y(x,y,z)}{\partial x} - \frac{\partial F_x(x,y,z)}{\partial y} \right]. \end{aligned} \quad \textbf{(1.99)}$$

Pela sua definição, temos que o rotacional de um campo vetorial $\vec{F}$ é o produto vetorial do operador nabla com o campo vetorial $\vec{F}$. Usando essa definição de rotacional, podemos escrever a relação (1.98) na forma:

$$\boxed{\oint \vec{F}\cdot d\vec{l} = \int (\vec{\nabla}\times\vec{F})\cdot d\vec{s}.} \tag{1.100}$$

Essa relação, conhecida como *Teorema de Stokes*,[3] mostra que a integração de um vetor sobre um percurso fechado é equivalente ao cálculo da integral do rotacional do vetor sobre a superfície delimitada pelo percurso. Supondo que o elemento diferencial de área na relação (1.100) seja bem pequeno, o termo $\vec{\nabla}\times\vec{F}$ pode ser considerado aproximadamente constante. Neste caso, podemos retirá-lo da integral, de modo que:

$$\vec{\nabla}\times\vec{F} = \lim_{s\to 0}\frac{1}{S}\oint \vec{F}\cdot d\vec{l}. \tag{1.101}$$

Apesar de essa expressão, que define o operador rotacional, ter sido obtida utilizando coordenadas retangulares, ela tem validade geral.

Um procedimento análogo pode ser empregado para determinar o rotacional em coordenadas cilíndricas e esféricas. O rotacional em coordenadas cilíndricas é: (veja o Exercício Complementar 10)

$$\begin{aligned}\vec{\nabla}\times\vec{F}(r,\theta,z) &= \hat{r}\left\{\frac{1}{r}\frac{\partial F_z(r,\theta,z)}{\partial\theta} - \frac{\partial F_\theta(r,\theta,z)}{\partial z}\right\} + \hat{\theta}\left\{\frac{\partial F_r(r,\theta,z)}{\partial z} - \frac{\partial F_z(r,\theta,z)}{\partial r}\right\}\\ &+\hat{k}\frac{1}{r}\left\{\frac{\partial\left[rF_\theta(r,\theta,z)\right]}{\partial r} - \frac{\partial F_r(r,\theta,z)}{\partial\theta}\right\}.\end{aligned} \tag{1.102}$$

O rotacional em coordenadas esféricas é: (veja o Exercício Complementar 10)

$$\begin{aligned}\vec{\nabla}\times\vec{F}(r,\theta,\phi) &= \hat{r}\frac{1}{r\operatorname{sen}\theta}\left\{\frac{\partial\left[\operatorname{sen}\theta F_\phi(r,\theta,\phi)\right]}{\partial\theta} - \frac{\partial F_\theta(r,\theta,\phi)}{\partial\phi}\right\}\\ &+\hat{\theta}\frac{1}{r}\left\{\frac{1}{\operatorname{sen}\theta}\frac{\partial F_r(r,\theta,\phi)}{\partial\phi} - \frac{\partial\left[rF_\phi(r,\theta,\phi)\right]}{\partial r}\right\}\\ &+\hat{\phi}\frac{1}{r}\left\{\frac{\partial\left[rF_\theta(r,\theta,\phi)\right]}{\partial r} - \frac{\partial F_r(r,\theta,\phi)}{\partial\theta}\right\}.\end{aligned} \tag{1.103}$$

Antes de terminar esta seção, vamos responder às questões colocadas na Seção 1.7 sobre as condições que um campo vetorial deve satisfazer para que ele seja escrito como o gradiente de uma função escalar. Para campos vetoriais obtidos a partir do gradiente de uma função escalar, o teorema de Stokes dado em (1.100) se escreve como:

$$\oint_c \vec{\nabla}V\cdot d\vec{l} = \int (\vec{\nabla}\times\vec{F})\cdot d\vec{s}. \tag{1.104}$$

Uma vez que $\vec{\nabla}V\cdot d\vec{l} = dV$ (como já demonstrado na Seção 1.6), podemos escrever que:

[3] George Gabriel Stokes (13/8/1819-1/2/1903), matemático e físico irlandês.

$$\oint_c dV = \int (\vec{\nabla} \times \vec{F}) \cdot d\vec{s}. \tag{1.105}$$

Como a integral de um elemento diferencial total em um percurso fechado é identicamente nula, temos que:

$$\int (\vec{\nabla} \times \vec{F}) \cdot d\vec{s} = 0. \tag{1.106}$$

Para que essa relação seja sempre verdadeira, é necessário que $\vec{\nabla} \times \vec{F} = 0$, uma vez que nem o elemento de área $d\vec{s}$ nem seu produto escalar com o vetor $\vec{\nabla} \times \vec{F}$ são identicamente nulos. Portanto, para que um campo vetorial possa ser obtido como o gradiente de uma função escalar é necessário que seu rotacional seja nulo. Em outras palavras, se $\vec{\nabla} \times \vec{F} = 0$ implica que $\vec{F} = \vec{\nabla} V$. Se o rotacional de um campo de força é nulo, diz-se que este campo é irrotacional e conservativo. Fisicamente, isso significa que a energia total (cinética mais potencial) de uma partícula se movendo sob a ação desse campo se conserva. Esses são os casos dos campos gravitacional e elétrico.

1.9 Divergente

Para introduzir o conceito de divergente, vamos efetuar o cálculo da integral do campo vetorial $\vec{F}(x, y, z)$ sobre uma superfície cúbica, conforme mostra a Figura 1.13. A integral sobre a superfície fechada de um cubo pode ser escrita como a soma de seis integrais abertas sobre as faces que o formam. Assim, efetuando o produto escalar para a superfície cúbica mostrada na Figura 1.13, temos:

$$\oint \vec{F} \cdot d\vec{s} = -\int F_x(x,y,z) ds_{x_1} + \int F_x(x+dx,y,z) ds_{x_2} - \int F_y(x,y,z) ds_{y_1}$$
$$+ \int F_y(x,y+dy,z) ds_{y_2} - \int F_z(x,y,z) ds_{z_1} + \int F_z(x,y,z+dz) ds_{z_2}.$$

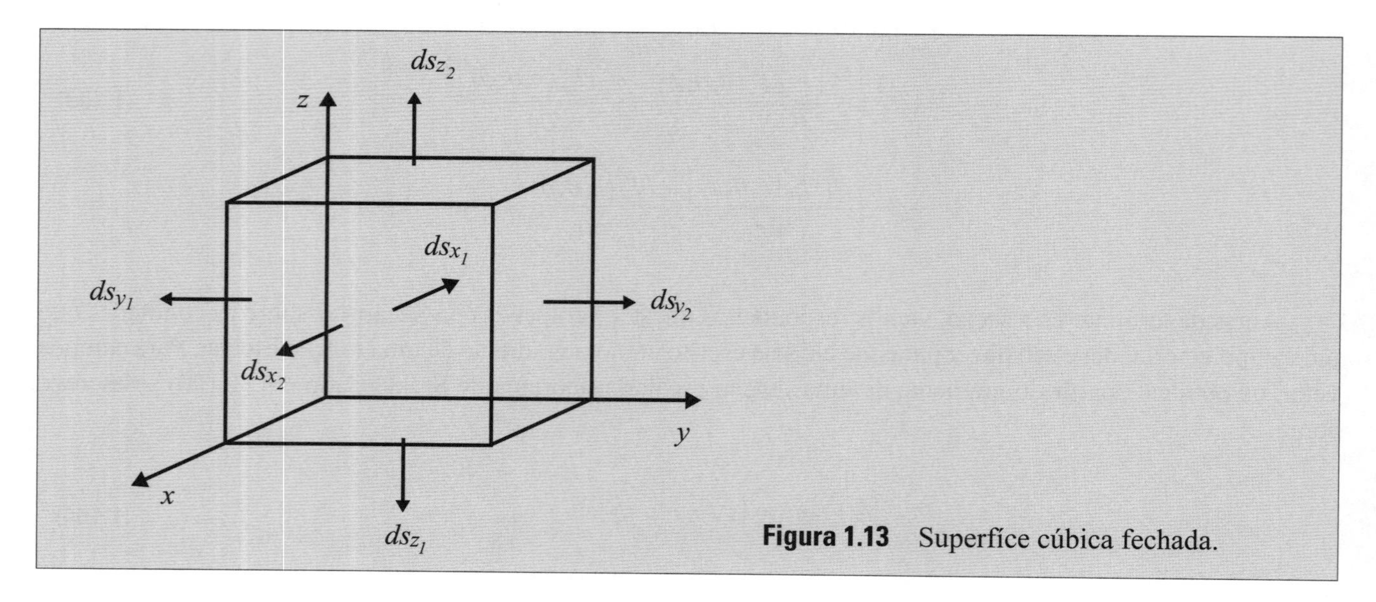

Figura 1.13 Superfíce cúbica fechada.

Expandindo, em série de Taylor, o termo $F_x(x+dx,y,z)$ em torno de x, $F_y(x,y+dy,z)$ em torno de y e $F_z(x,y,z+dz)$ em torno de z, e levando em consideração que $ds_{x_1} = ds_{x_2} = ds_x$; $ds_{y_1} = ds_{y_2} = ds_y$ e $ds_{z_1} = ds_{z_2} = ds_z$ temos:

$$\begin{aligned}\oint \vec{F}\cdot d\vec{s} &= \int \left\{ -F_x(x,y,z) + \left[F_x(x,y,z) + \frac{\partial F_x(x,y,z)}{\partial x} dx \right] \right\} ds_x \\ &+ \int \left\{ -F_y(x,y,z) + \left[F_y(x,y,z) + \frac{\partial F_y(x,y,z)}{\partial y} dy \right] \right\} ds_y \\ &+ \int \left\{ -F_z(x,y,z) + \left[F_z(x,y,z) + \frac{\partial F_z(x,y,z)}{\partial z} dz \right] \right\} ds_z .\end{aligned} \quad \textbf{(1.107)}$$

Após uma simplificação e lembrando que $ds_x = dydz$, $ds_y = dxdz$ e $ds_z = dxdy$, obtemos:

$$\oint_S \vec{F}\cdot d\vec{s} = \int \left[\frac{\partial F_x(x,y,z)}{\partial x} + \frac{\partial F_y(x,y,z)}{\partial y} + \frac{\partial F_z(x,y,z)}{\partial z} \right] d\text{v}, \quad \textbf{(1.108)}$$

em que $d\text{v} = dxdydz$ é o elemento de volume em coordenadas retangulares. Nesse ponto, vamos definir o divergente do campo vetorial $\vec{F}$ como:

$$\boxed{\vec{\nabla}\cdot\vec{F}(x,y,z) = \frac{\partial F_x(x,y,z)}{\partial x} + \frac{\partial F_y(x,y,z)}{\partial y} + \frac{\partial F_z(x,y,z)}{\partial z}.} \quad \textbf{(1.109)}$$

Com essa definição do divergente, podemos escrever a equação (1.108) na forma:

$$\boxed{\oint_S \vec{F}\cdot d\vec{s} = \int (\vec{\nabla}\cdot\vec{F}) d\text{v}.} \quad \textbf{(1.110)}$$

Essa expressão é conhecida como o *teorema do divergente* ou *teorema de Gauss*. Fazendo o volume v bem pequeno, de modo que o termo $\vec{\nabla}\cdot\vec{F}$ seja aproximadamente constante, podemos integrar o lado direito e reescrever a equação anterior na forma:

$$\vec{\nabla}\cdot\vec{F} = \lim_{\text{v}\to 0} \frac{1}{\text{v}} \oint_S \vec{F}\cdot d\vec{s}. \quad \textbf{(1.111)}$$

Essa expressão define, de uma forma geral, o operador divergente. Embora ela tenha sido obtida para o caso particular do sistema de coordenadas retangulares, sua validade é completamente geral.

O divergente em coordenadas cilíndricas é: (veja o Exercício Complementar 9)

$$\boxed{\vec{\nabla}\cdot\vec{F}(r,\theta,z) = \frac{1}{r}\frac{\partial}{\partial r}\left[rF_r(r,\theta,z)\right] + \frac{1}{r}\frac{\partial}{\partial \theta}\left[F_\theta(r,\theta,z)\right] + \frac{\partial}{\partial z}\left[F_z(r,\theta,z)\right].} \quad \textbf{(1.112)}$$

O divergente em coordenadas esféricas é: (veja o Exercício Complementar 9)

$$\boxed{\vec{\nabla}\cdot\vec{F}(r,\theta,\phi) = \frac{1}{r^2}\frac{\partial}{\partial r}\left[r^2F_r(r,\theta,\phi)\right] + \frac{1}{r\,\text{sen}\,\theta}\frac{\partial}{\partial \theta}\left[\text{sen}\,\theta F_\theta(r,\theta,\phi)\right] + \frac{1}{r\,\text{sen}\,\theta}\frac{\partial}{\partial \phi}\left[F_\phi(r,\theta,\phi)\right].} \quad \textbf{(1.113)}$$

1.10 Laplaciano

O operador laplaciano, comumente representado por ∇^2, é um escalar e pode ser aplicado tanto a uma função escalar V quanto a um campo vetorial $\vec{F}$. A seguir vamos descrever este operador nos três sistemas de coordenadas:

1.10.1 Coordenadas Retangulares

Para determinar o operador laplaciano em coordenadas retangulares, vamos considerar uma função escalar $V(x,y,z)$. O gradiente dessa função define uma grandeza vetorial, isto é, $\vec{F}(x,y,z)=\vec{\nabla}V(x,y,z)$. Multiplicando esta expressão escalarmente pelo vetor $\vec{\nabla}$, temos $\vec{\nabla}\cdot\vec{F}(x,y,z)=\nabla^2 V(x,y,z)$. Usando a relação (1.109) para o divergente do campo vetorial $\vec{F}(x,y,z)$, podemos escrever:

$$\nabla^2 V(x,y,z)=\left[\frac{\partial F_x(x,y,z)}{\partial x}+\frac{\partial F_y(x,y,z)}{\partial y}+\frac{\partial F_z(x,y,z)}{\partial z}\right]. \quad \textbf{(1.114)}$$

Como o campo vetorial $\vec{F}(x,y,z)$ é o gradiente da função escalar $V(x,y,z)$, temos que $F_x=\partial V(x,y,z)/\partial x$, $F_y=\partial V(x,y,z)/\partial y$ e $F_z=\partial V(x,y,z)/\partial z$. Assim, a equação anterior pode ser escrita como:

$$\nabla^2 V(x,y,z)=\left[\frac{\partial^2 V(x,y,z)}{\partial x^2}+\frac{\partial^2 V(x,y,z)}{\partial y^2}+\frac{\partial^2 V(x,y,z)}{\partial z^2}\right]. \quad \textbf{(1.115)}$$

Portanto, o operador laplaciano em coordenadas retangulares tem a forma:

$$\boxed{\nabla^2=\frac{\partial^2}{\partial x^2}+\frac{\partial^2}{\partial y^2}+\frac{\partial^2}{\partial z^2}.} \quad \textbf{(1.116)}$$

1.10.2 Coordenadas Cilíndricas

Para determinar o laplaciano em coordenadas cilíndricas, vamos considerar a função escalar $V(r,\theta,z)$. O gradiente desta função é o campo vetorial $\vec{F}$ dado por:

$$\vec{F}(r,\theta,z)=\vec{\nabla}V(r,\theta,z)=\hat{r}\frac{\partial V(r,\theta,z)}{\partial r}+\hat{\theta}\frac{1}{r}\frac{\partial V(r,\theta,z)}{\partial \theta}+\hat{k}\frac{\partial V(r,\theta,z)}{\partial z}. \quad \textbf{(1.117)}$$

Dessa relação, temos que as componentes do vetor $\vec{F}$ são dadas por:

$$F_r=\frac{\partial V(r,\theta,z)}{\partial r},\quad F_\theta=\frac{1}{r}\frac{\partial V(r,\theta,z)}{\partial \theta},\quad F_z=\frac{\partial V(r,\theta,z)}{\partial z}. \quad \textbf{(1.118)}$$

Substituindo essas componentes na relação (1.112) e usando o fato de que $\vec{\nabla}\cdot\vec{F}=\nabla^2 V$, conforme mostrado na subseção anterior, temos:

$$\nabla^2 V(r,\theta,z)=\frac{1}{r}\frac{\partial}{\partial r}\left[r\frac{\partial V(r,\theta,z)}{\partial r}\right]+\frac{1}{r}\frac{\partial}{\partial \theta}\left[\frac{1}{r}\frac{\partial V(r,\theta,z)}{\partial \theta}\right]+\frac{\partial}{\partial z}\left[\frac{\partial V(r,\theta,z)}{\partial z}\right]. \quad \textbf{(1.119)}$$

Portanto, o laplaciano em coordenadas cilíndricas é dado por:

$$\boxed{\nabla^2 = \frac{1}{r}\frac{\partial}{\partial r}\left(r\frac{\partial}{\partial r}\right) + \frac{1}{r^2}\frac{\partial^2}{\partial \theta^2} + \left(\frac{\partial^2}{\partial z^2}\right).} \quad \textbf{(1.120)}$$

1.10.3 Coordenadas Esféricas

Para calcular o laplaciano em coordenadas esféricas, vamos considerar a função escalar $V(r,\theta,\phi)$. O gradiente desta função é o campo vetorial dado por:

$$\vec{F}(r,\theta,\phi) = \vec{\nabla}V(r,\theta,\phi) = \hat{r}\frac{\partial V(r,\theta,\phi)}{\partial r} + \hat{\theta}\frac{1}{r}\frac{\partial V(r,\theta,\phi)}{\partial \theta} + \hat{\phi}\frac{1}{r\,\text{sen}\,\theta}\frac{\partial V(r,\theta,\phi)}{\partial \phi}. \quad \textbf{(1.121)}$$

Desta relação, temos que:

$$F_r = \frac{\partial V(r,\theta,\phi)}{\partial r}, \quad F_\theta = \frac{1}{r}\frac{\partial V(r,\theta,\phi)}{\partial \theta}, \quad F_\phi = \frac{1}{r\,\text{sen}\,\theta}\frac{\partial V(r,\theta,\phi)}{\partial \phi}. \quad \textbf{(1.122)}$$

Substituindo estas componentes em (1.113) e usando a relação $\vec{\nabla}\cdot\vec{F} = \nabla^2 V$, temos:

$$\begin{aligned}\nabla^2 V(r,\theta,\phi) &= \frac{1}{r^2}\frac{\partial}{\partial r}\left[r^2\frac{\partial V(r,\theta,\phi)}{\partial r}\right] + \frac{1}{r\,\text{sen}\,\theta}\frac{\partial}{\partial \theta}\left[\frac{1}{r}s\,\text{sen}\,\theta\frac{\partial V(r,\theta,\phi)}{\partial \theta}\right] \\ &+ \frac{1}{r\,\text{sen}\,\theta}\frac{\partial}{\partial \phi}\left[\frac{1}{r\,\text{sen}\,\theta}\frac{\partial V(r,\theta,\phi)}{\partial \phi}\right].\end{aligned} \quad \textbf{(1.123)}$$

Portanto, o operador laplaciano em coordenadas esféricas é dado por:

$$\boxed{\nabla^2 = \frac{1}{r^2}\frac{\partial}{\partial r}\left(r^2\frac{\partial}{\partial r}\right) + \frac{1}{r^2\,\text{sen}\,\theta}\frac{\partial}{\partial \theta}\left(\text{sen}\theta\frac{\partial}{\partial \theta}\right) + \frac{1}{r^2\,\text{sen}^2\,\theta}\left(\frac{\partial^2}{\partial \phi^2}\right).} \quad \textbf{(1.124)}$$

1.11 Distribuição Delta de Dirac

A distribuição delta de Dirac é definida como $\delta(x-a) = \infty$ se $x = a$ e $\delta(x-a) = 0$ se $x \neq a$. A integral da função delta de Dirac satisfaz à seguinte condição:

$$\int_{-\infty}^{\infty} \delta(x-a)dx = 1. \quad \textbf{(1.125)}$$

Alternativamente, a função delta de Dirac pode ser definida como:

$$\delta(x-a) = \frac{1}{2\pi}\int_{-\infty}^{\infty} e^{ik(x-a)}dk. \quad \textbf{(1.126)}$$

Uma relação interessante envolvendo a função delta de Dirac é

$$\int_{-\infty}^{\infty} f(x)\delta(x-a)dx = f(a). \quad (1.127)$$

No espaço tridimensional, temos que $\int_{-\infty}^{\infty} \delta(\vec{r}-\vec{a})dv = 1$, de modo que vale a relação

$$\int_{-\infty}^{\infty} f(\vec{r})\delta(\vec{r}-\vec{a})dv = f(\vec{a}). \quad (1.128)$$

1.12 Série de Fourier

Uma função periódica pode ser expandida em uma série de funções seno e cosseno na forma:

$$f(x) = \frac{1}{2}a_0 + \sum_{m=1}^{\infty} a_m \cos(mx) + \sum_{m=1}^{\infty} b_m \text{sen}(mx) \quad (1.129)$$

Essa expansão é chamada de série de Fourier,[4] em que a_0, a_m e b_m são coeficientes a serem determinados. Para determinar o coeficiente a_0, integramos essa série sobre o período da função. Assim, temos:

$$\int_0^T f(x) = \int_0^T \frac{1}{2}a_0 dx + \sum_{m=1}^{\infty}\int_0^T a_m \cos(mx)dx + \sum_{m=1}^{\infty}\int_0^T b_m \text{sen}(mx)dx. \quad (1.130)$$

As duas últimas integrais no lado direito se anulam, de modo que

$$\boxed{a_0 = \frac{2}{T}\int_0^T f(x)dx.} \quad (1.131)$$

Para determinar o coeficiente a_m, multiplicamos a série (1.129) por $\cos(nx)$ e integramos sobre o período da função. Logo, temos:

$$\int_0^T f(x)\cos(nx)dx = \int_0^T \frac{1}{2}a_0 \cos(nx)dx + \sum_{m=1}^{\infty}\int_0^T a_m \cos(mx)\cos(nx)dx + \sum_{m=1}^{\infty}\int_0^T b_m \text{sen}(mx)\cos(nx)dx. \quad (1.132)$$

A primeira integral do lado direito é nula. Usando as relações

$$\int_0^T \cos(mx)\cos(nx)dx = \begin{cases} 0 & \text{se } m \neq n \\ \frac{T}{2} & \text{se } m = n \end{cases} \quad (1.133)$$

[4] Jean Baptiste Joseph Fourier (21/3/1768-16/5/1830), matemático francês.

e

$$\int_0^T \text{sen}(mx)\cos(nx)dx = 0 \quad \forall m. \tag{1.134}$$

obtemos:

$$\boxed{a_m = \frac{2}{T}\int_0^T f(x)\cos(mx)dx.} \tag{1.135}$$

Para determinar o coeficiente b_m, multiplicamos a série (1.129) por $\text{sen}(nx)$ e integramos sobre o período da função. Dessa forma, temos:

$$\begin{aligned}\int_0^T f(x)\text{sen}(nx)dx &= \int_0^T \frac{1}{2}a_0\text{sen}(nx)dx + \sum_{m=1}^{\infty}\int_0^T a_m\cos(mx)\text{sen}(nx)dx \\ &+\sum_{m=1}^{\infty}\int_0^T b_m\text{sen}(mx)\text{sen}(nx)dx.\end{aligned} \tag{1.136}$$

A primeira e a segunda integrais do lado direito são nulas. Usando a relação

$$\int_0^T \text{sen}(mx)\text{sen}(nx)dx = \begin{cases} 0 & \text{se } m \neq n \\ \frac{T}{2} & \text{se } m = n \end{cases} \tag{1.137}$$

temos que:

$$\boxed{b_m = \frac{2}{T}\int_0^T f(x)\text{sen}(mx)dx.} \tag{1.138}$$

A série de Fourier pode ser escrita em termos de exponenciais complexas. De fato, usando a relação $\cos(mx) = (e^{imx} + e^{-imx})/2$, podemos escrever a série de Fourier em função dos cossenos como:

$$f(x) = \frac{1}{2}a_0 + \frac{1}{2}\sum_m a_m e^{imx} + a_{-m}e^{-imx}. \tag{1.139}$$

Essa expressão pode ser escrita na forma:

$$f(x) = \frac{1}{2}\sum_{m=-\infty}^{\infty} a_m e^{imx}. \tag{1.140}$$

Para determinar os coeficientes a_m, multiplicamos a expressão anterior por e^{-inx} e integramos sobre o período da função. Assim, temos:

$$\int_0^T f(x)e^{-inx}dx = \frac{1}{2}\sum_{m=-\infty}^{\infty}\int_0^T a_m e^{i(m-n)x}dx. \quad (1.141)$$

Com exceção de $m = n$, a integral do lado direito é nula. Assim, o coeficiente a_m é

$$a_m = \frac{2}{T}\int_0^T f(x)e^{-inx}dx. \quad (1.142)$$

1.13 Transformada de Fourier

A série de Fourier é uma expansão de uma função $f(x)$ que se repete em um determinado período $T = 2\pi / m$ com frequência $f = 1/T$. A série escrita em termos de um somatório considera um conjunto de frequências discretas. Para o caso no qual o espectro de frequências é contínuo, podemos escrever a série de Fourier da função $f(x)$ como uma integral em vez de um somatório, isto é:

$$\boxed{f(x) = \int_{-\infty}^{\infty} g(\alpha)e^{i\alpha x}d\alpha,} \quad (1.143)$$

em que $g(\alpha)$ é uma função a ser determinada. A função $f(x)$ é, em geral, chamada de transformada de Fourier inversa da função $g(\alpha)$. Para determinar a função $g(\alpha)$, multiplicamos a expressão anterior por $e^{-i\beta x}$ e integramos em dx. Assim, temos:

$$\int_{-\infty}^{\infty} f(x)e^{-i\beta x}dx = \int_{-\infty}^{\infty} g(\alpha)\left[\int_{-\infty}^{\infty} e^{i(\alpha-\beta)x}dx\right]d\alpha. \quad (1.144)$$

De acordo com a relação (1.126), o termo entre colchetes é igual a $2\pi\delta(\alpha-\beta)$, em que $\delta(\alpha-\beta)$ é função delta de Dirac. Logo,

$$\int_{-\infty}^{\infty} f(x)e^{-i\beta x}dx = 2\pi\int_{-\infty}^{\infty} g(\alpha)\delta(\alpha-\beta)d\alpha. \quad (1.145)$$

Usando a relação (1.127), temos que $\int_{-\infty}^{\infty} g(\alpha)\delta(\alpha-\beta)d\alpha = g(\alpha)$. Logo, obtemos:

$$\boxed{g(\alpha) = \frac{1}{2\pi}\int_{-\infty}^{\infty} f(x)e^{-i\alpha x}dx.} \quad (1.146)$$

Essa função $g(\alpha)$ é chamada de transformada de Fourier da função $f(x)$.

1.14 Exercícios Resolvidos

EXERCÍCIO 1.1

Mostre que $\vec{\nabla}\cdot[(\vec{r}-\vec{r}\,')/|\vec{r}-\vec{r}\,'|^3]=4\pi\delta(\vec{r}-\vec{r}\,')$ e $\nabla^2[1/|\vec{r}-\vec{r}\,'|]=-4\pi\delta(\vec{r}-\vec{r}\,')$.

SOLUÇÃO

Para calcular o termo $\vec{\nabla}\cdot[(\vec{r}-\vec{r}\,')/|\vec{r}-\vec{r}\,'|^3]$, vamos integrá-lo sobre o volume esférico mostrado na Figura 1.14. Usando o teorema do divergente, podemos escrever que:

$$\int\left[\vec{\nabla}\cdot\frac{(\vec{r}-\vec{r}\,')}{|\vec{r}-\vec{r}\,'|^3}\right]d\mathrm{v}=\oint\frac{(\vec{r}-\vec{r}\,')}{|\vec{r}-\vec{r}\,'|^3}\cdot d\vec{s}.$$

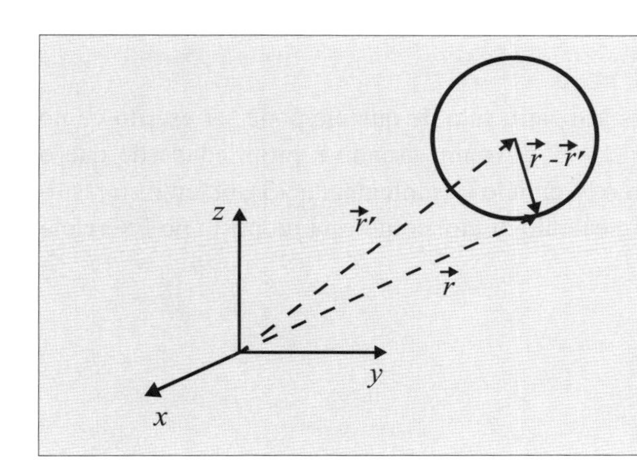

Figura 1.14 Volume esférico para a integração do termo $\vec{\nabla}\cdot(\vec{r}-\vec{r}\,')/|\vec{r}-\vec{r}\,'|^3$.

Efetuando o produto escalar no lado direito, temos:

$$\int\left[\vec{\nabla}\cdot\frac{(\vec{r}-\vec{r}\,')}{|\vec{r}-\vec{r}\,'|^3}\right]d\mathrm{v}=\oint\frac{ds}{|\vec{r}-\vec{r}\,'|^2}.$$

Como o elemento diferencial de área em coordenadas esféricas é $ds=|\vec{r}-\vec{r}\,'|^2\operatorname{sen}\theta d\theta d\phi$, temos que:

$$\int\left[\vec{\nabla}\cdot\frac{(\vec{r}-\vec{r}\,')}{|\vec{r}-\vec{r}\,'|^3}\right]d\mathrm{v}=\int_0^{2\pi}\int_0^{\pi}\frac{|\vec{r}-\vec{r}\,'|^2\operatorname{sen}\theta d\theta d\phi}{|\vec{r}-\vec{r}\,'|^2}.$$

Integrando o lado direito, obtemos:

$$\int\left[\vec{\nabla}\cdot\frac{(\vec{r}-\vec{r}\,')}{|\vec{r}-\vec{r}\,'|^3}\right]d\mathrm{v}=4\pi.$$

Usando a propriedade da função delta de Dirac, $\int f(\vec{r}\,')\delta(\vec{r}-\vec{r}\,')d\mathrm{v}=f(\vec{r})$, podemos reescrever a relação anterior na forma:

$$\int\left[\vec{\nabla}\cdot\frac{(\vec{r}-\vec{r}\,')}{|\vec{r}-\vec{r}\,'|^3}\right]d\mathrm{v}=\int 4\pi\delta(\vec{r}-\vec{r}\,')d\mathrm{v}.$$

Para que essa relação seja sempre verdadeira, é necessário que os integrandos sejam iguais. Portanto, podemos escrever:

$$\boxed{\vec{\nabla}\cdot\left[\frac{(\vec{r}-\vec{r}\,')}{|\vec{r}-\vec{r}\,'|^3}\right]=4\pi\delta(\vec{r}-\vec{r}\,').}$$

Usando a relação $(\vec{r}-\vec{r}\,')/|\vec{r}-\vec{r}\,'|^3=-\vec{\nabla}(1/|\vec{r}-\vec{r}\,'|)$, temos:

$$\boxed{\nabla^2\left[\frac{1}{|\vec{r}-\vec{r}\,'|}\right]=-4\pi\delta(\vec{r}-\vec{r}\,').}$$

EXERCÍCIO 1.2

Mostre que $\vec{\nabla}\times[(\vec{r}-\vec{r}\,')/|\vec{r}-\vec{r}\,'|^3]=0$.

SOLUÇÃO

Para calcular o rotacional do termo $[(\vec{r}-\vec{r}\,')/|\vec{r}-\vec{r}\,'|^3]$, vamos utilizar o fato de que ele pode ser escrito como o gradiente de uma função escalar, $(\vec{r}-\vec{r}\,')/|\vec{r}-\vec{r}\,'|^3=-\vec{\nabla}(1/|\vec{r}-\vec{r}\,'|)$. Assim, usando a propriedade de que o rotacional do gradiente de qualquer função escalar é nulo (veja o Exercício Complementar 13), obtemos o resultado procurado. Esse resultado também pode ser obtido por um cálculo direto, como está proposto no Exercício Complementar 15.

1.15 Exercícios Complementares

1. Mostre que $\vec{a}\times(\vec{b}\times\vec{c})=\vec{b}(\vec{a}\cdot\vec{c})-\vec{c}(\vec{a}\cdot\vec{b})$.
2. Mostre que $(\vec{a}\times\vec{b})\times\vec{c}=\vec{b}(\vec{a}\cdot\vec{c})-\vec{a}(\vec{b}\cdot\vec{c})$.
3. Calcule as seguintes integrais de linha: (a) $\int[2x^2y\hat{i}+(y+z)\hat{k}]\cdot d\vec{l}$, em que $d\vec{l}$ é o caminho formado pelo segmento de reta que une os pontos (0;0) e (1;3). (b) $\int[(x^2+2y)\hat{i}+(x-5y^2)\hat{j}]\cdot d\vec{l}$, em que $d\vec{l}$ é o caminho formado pelo segmento de reta que une os pontos (0;0) e (1;0) e pelo segmento de reta que une os pontos (1;0) e (1;3).
4. Calcule a integral do vetor $\vec{F}=(\hat{i}+2\hat{j}+3\hat{k})$ sobre a superfície limitada pelos segmentos de reta que unem os pontos (0;0;0); (2;0;0); (0;2;1) e (2;2;1).
5. Calcule o fluxo do vetor $\vec{F}=x^2\hat{i}+yz\hat{j}+xy\hat{k}$ sobre superfície delimitada pelos segmentos de retas que passa pelos pontos (0; 0; 4), (3; 0; 4) (0; 1; 4) e (0; 2; 4).
6. Mostre que o campo vetorial $\vec{F}=\hat{j}ky$ pode ser escrito como o gradiente de uma função escalar. Encontre essa função escalar.
7. Calcule a integral de linha $\oint\vec{F}\cdot d\vec{l}$, em que $\vec{F}$ é um vetor qualquer e $d\vec{l}$ é um percurso retangular fechado no plano xz percorrido no sentido anti-horário.
8. Calcule a integral de linha $\oint\vec{F}\cdot d\vec{l}$, em que $\vec{F}$ é um vetor qualquer e $d\vec{l}$ é um percurso retangular fechado no plano yz percorrido no sentido anti-horário.
9. Encontre a forma do operador divergente em coordenadas cilíndricas e esféricas.
10. Encontre a forma do operador rotacional em coordenadas cilíndricas e esféricas.
11. Encontre um vetor normal a uma circunferência e a uma elipse definida no plano xy.
12. Encontre um vetor normal ao elipsoide descrito pela função $V=ax^2+by^2+cz^2$.
13. Demonstre as relações: (a) $\vec{\nabla}\cdot(\vec{\nabla}\times\vec{E})=0$, (b) $\vec{\nabla}\times(\vec{\nabla}V)=0$.
14. Demonstre as relações: (a) $\vec{\nabla}\cdot\vec{r}=3$, (b) $\vec{\nabla}(\vec{E}\cdot\vec{r})=\vec{E}$, (c) $(\vec{u}\cdot\vec{\nabla})\vec{r}=\vec{u}$.

15. Demonstre por cálculo direto que $\vec{\nabla}\times(\vec{r}-\vec{r}'/|\vec{r}-\vec{r}'|^3)=0$. [Este problema foi resolvido no Exercício 1.2 utilizando a propriedade $\vec{\nabla}\times(\vec{\nabla}V)=0$.]

16. Demonstre a relação $\vec{\nabla}\times\vec{\nabla}\times\vec{E}=\vec{\nabla}(\vec{\nabla}.\vec{E})-\nabla^2\vec{E}$.

17. Demonstre a relação $\vec{\nabla}\times(V\vec{E})=(\vec{\nabla}V)\times\vec{E}+V(\vec{\nabla}\times\vec{E})$.

18. Demonstre a relação $\vec{\nabla}\cdot(V\vec{E})=V(\vec{\nabla}\cdot\vec{E})+\vec{E}\cdot(\vec{\nabla}V)$.

19. Demonstre a relação $\vec{\nabla}\cdot(\vec{E}\times\vec{H})=(\vec{\nabla}\times\vec{E})\cdot\vec{H}-(\vec{\nabla}\times\vec{H})\cdot\vec{E}$.

20. Demonstre a relação $\vec{\nabla}\times(\vec{E}\times\vec{H})=(\vec{H}\cdot\vec{\nabla})\vec{E}-(\vec{E}\cdot\vec{\nabla})\vec{H}+\vec{E}(\vec{\nabla}\cdot\vec{H})-\vec{H}(\vec{\nabla}\cdot\vec{E})$.

21. Demonstre a relação $\vec{\nabla}(\vec{E}\cdot\vec{H})=(\vec{H}\cdot\vec{\nabla})\vec{E}-\vec{E}\times(\vec{\nabla}\times\vec{H})+(\vec{E}\cdot\vec{\nabla})\vec{H}-\vec{H}\times(\vec{\nabla}\times\vec{E})$.

22. Demonstre a relação $\int_{-\infty}^{\infty} f(x)\delta(x-a)dx=f(a)$.

23. Escreva uma rotina computacional para calcular a integral de uma função $f(x)$, no intervalo $[x_1,x_2]$. Faça uma aplicação para avaliar a integral da função $f(x)=x^2$, no intervalo [0,5].

24. Escreva uma rotina computacional para calcular a integral de uma função $f(x,y)$, nos intervalos $[x_1,x_2]$ e $[y_1,y_2]$. Utilize essa rotina para avaliar a integral da função $f(x,y)=x^2+y^2$, nos intervalos $-1\leq x\leq 1$ e $-1\leq y\leq 1$.

25. Escreva uma rotina computacional para calcular a integral de uma função $f(x,y,z)$, nos intervalos $[x_1,x_2]$, $[y_1,y_2]$ e $[z_1,z_2]$. Utilize essa rotina para calcular a integral da função $f(x,y,z)=x^2+y^2+z^2$, nos intervalos $-1\leq x\leq 1$, $-1\leq y\leq 1$ e $-1\leq z\leq 1$.

26. Escreva uma rotina computacional para calcular a área de: (a) um paralelogramo, (b) um círculo, (c) um triângulo e (d) um hexágono.

27. Escreva uma rotina computacional para calcular o volume de: (a) uma esfera, (b) um cilindro, (c) um prisma retangular, (d) uma pirâmide e (e) um cone.

28. Escreva uma rotina computacional para calcular a derivada de uma função de uma variável.

29. Escreva uma rotina computacional para calcular: (a) as derivadas parciais de uma função de duas variáveis e (b) a derivada direcional em uma direção qualquer.

30. Escreva uma rotina computacional para calcular a função delta de Dirac $\delta(x-a)=\frac{1}{2\pi}\int_{-\infty}^{\infty}e^{ik(x-a)}dk$.

CAPÍTULO 2

Eletrostática no Vácuo

2.1 Introdução

No modelo atômico de Bohr,[1] os átomos são constituídos de elétrons, prótons e nêutrons. Os prótons com carga elétrica positiva e os nêutrons sem carga elétrica formam o núcleo do átomo, enquanto os elétrons com carga elétrica negativa descrevem órbitas em torno deste núcleo. Um material sólido cristalino com dimensões macroscópicas é constituído de vários átomos distribuídos em uma estrutura geométrica e mantidos próximos por algum tipo de ligação química.

Para carregar eletricamente um material, é necessário produzir um desequilíbrio entre o número de elétrons e prótons. Do ponto de vista energético, é muito mais fácil retirar ou colocar elétrons do que prótons, uma vez que os prótons estão ligados no núcleo atômico pela força nuclear, que é muito maior que a força elétrica que atua sobre os elétrons. A retirada (ou inserção) de elétrons de um material pode ser feita mediante um processo de eletrização como atrito, contato e indução.

Um material carregado eletricamente gera ao seu redor um campo elétrico. Neste capítulo, estudaremos os campos elétricos gerados por distribuições de cargas elétricas estáticas no vácuo. Os campos elétricos gerados por cargas elétricas de polarização, presente nos materiais não condutores, serão tratados no Capítulo 4. Os campos elétricos gerados por cargas elétricas em movimento serão discutidos no Capítulo 14.

2.2 Força entre Cargas Elétricas

Um corpo com massa m_1 e outro corpo com massa m_2 separados por uma distância d, interagem entre si pela força gravitacional matematicamente escrita na forma $F_g = -Gm_1m_2 / d^2$, em que G é a constante gravitacional, que, no sistema internacional de unidades (SI), tem o valor $G = 6,67 \times 10^{-11}\,\mathrm{m^3 / (s^2 kg)}$. A força gravitacional entre dois corpos, que depende de suas massas e do inverso do quadrado da distância entre eles, é sempre atrativa.

[1] Niels Henrick David Bohr (7/10/1885-18/11/1962), físico dinamarquês.

Se os corpos estiverem carregados eletricamente com cargas q_1 e q_2, além da força de interação gravitacional, também existe a força de interação elétrica. A Figura 2.1 representa duas cargas elétricas pontuais de massa m_1 e m_2 e cargas elétricas q_1 e q_2. Nesta figura, os vetores $\vec{r}_1$ e $\vec{r}_2$ representam as distâncias das cargas pontuais q_1 e q_2 à origem do sistema de coordenadas. O vetor $\vec{r}_2 - \vec{r}_1$ representa a distância entre as duas cargas elétricas.

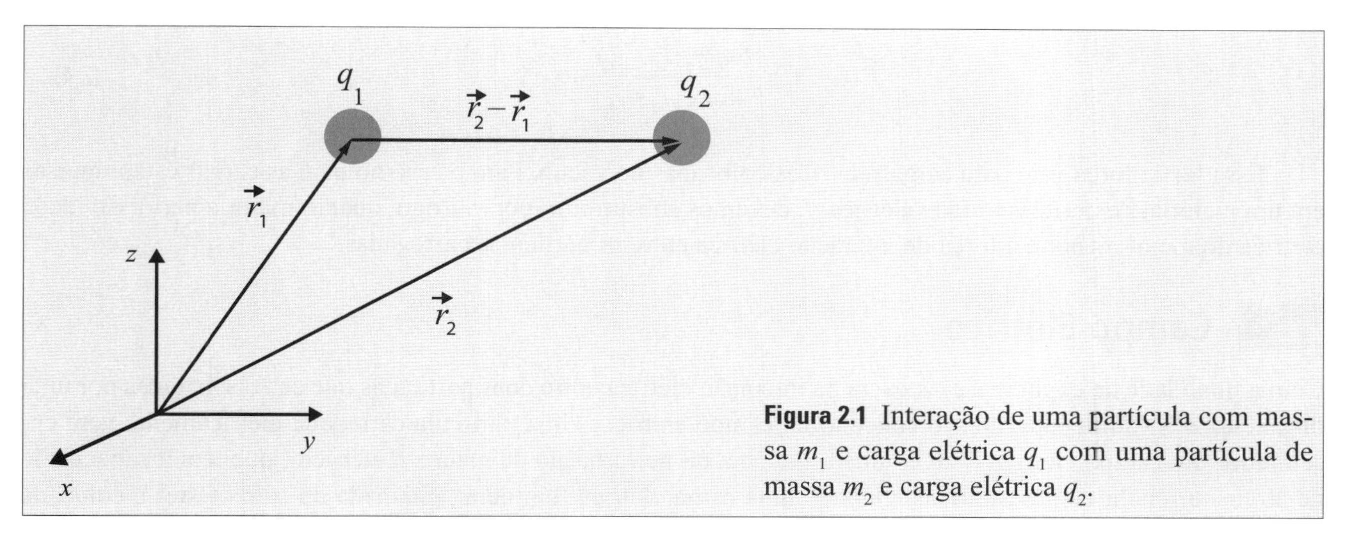

Figura 2.1 Interação de uma partícula com massa m_1 e carga elétrica q_1 com uma partícula de massa m_2 e carga elétrica q_2.

Foi determinado, experimentalmente, que a força elétrica entre duas cargas elétricas pontuais tem a direção da reta que passa pelas cargas. A sua magnitude é diretamente proporcional aos módulos das cargas elétricas e inversamente proporcional ao quadrado da distância que as separa. Portanto, a lei da força elétrica entre duas cargas pontuais, conhecida como lei de *Coulomb*,[2] é expressa matematicamente pela seguinte relação:

$$\vec{F} = k\frac{q_1 q_2}{|\vec{r}_2 - \vec{r}_1|^2}\hat{r}_{21} \tag{2.1}$$

em que $\hat{r}_{21} = \vec{r}_2 - \vec{r}_1 / |\vec{r}_2 - \vec{r}_1|$ é um vetor unitário que tem a direção da reta que passa pelas duas cargas elétricas e k é uma constante de proporcionalidade, que depende do meio no qual a experiência está sendo realizada e do sistema de unidades adotado. No sistema internacional de unidades o seu valor no vácuo é $k = 8{,}9874 \times 10^9\,\text{N} \cdot \text{m}^2 / \text{C}^2$. Note que a expressão matemática da força elétrica é semelhante à da força gravitacional. Vamos estimar o valor das forças gravitacional e elétrica entre um elétron de massa $m_e = 9{,}11 \times 10^{-31}$ kg e carga elétrica $q_e = -1{,}6 \times 10^{-19}$ C e um próton de massa $m_p = 1{,}67 \times 10^{-27}$ kg e carga elétrica $q_p = 1{,}6 \times 10^{-19}$ C, no átomo de hidrogênio, cujo raio de Bohr é $r = 5{,}29 \times 10^{-11}$ m. A magnitude da força gravitacional entre o elétron e o próton é

$$F_g = -\frac{Gm_e m_p}{r^2} = \frac{6{,}67 \times 10^{-11}\left(9{,}11 \times 10^{-31}\right)\left(1{,}67 \times 10^{-27}\right)}{\left(5{,}29 \times 10^{-11}\right)^2} = -3{,}62 \times 10^{-47}\,\text{N}. \tag{2.2}$$

A força elétrica entre o elétron e o próton é

$$F = \frac{kq_e q_p}{r^2} = \frac{\left(8{,}9874 \times 10^9\right)\left(-1{,}6 \times 10^{-19}\right)\left(1{,}6 \times 10^{-19}\right)}{\left(5{,}29 \times 10^{-11}\right)^2} = -8{,}24 \times 10^{-8}\,\text{N}. \tag{2.3}$$

[2] Charles Augustin de Coulomb (14/6/1736-23/8/1806), engenheiro e físico francês.

Note que, nessa escala de massa, carga elétrica e comprimento, a força elétrica é cerca de 10^{39} vezes maior que a força gravitacional. No sistema internacional, a constante k é usualmente representada como $k = 1/4\pi\varepsilon_0$, em que $\varepsilon_0 = 8{,}854 \times 10^{-12}\,\mathrm{C^2/Nm^2}$ é a permissividade elétrica do espaço livre.[3] Com essas definições e usando $\hat{r}_{21} = \vec{r}_2 - \vec{r}_1 / |\vec{r}_2 - \vec{r}_1|$, podemos escrever a lei da força elétrica entre duas cargas pontuais como:

$$\vec{F}(\vec{r}_2 - \vec{r}_1) = \frac{q_1 q_2 (\vec{r}_2 - \vec{r}_1)}{4\pi\varepsilon_0 |\vec{r}_2 - \vec{r}_1|^3}. \tag{2.4}$$

Essa lei de força vale para cargas elétricas colocadas no vácuo. Para o caso no qual as cargas estão imersas em um material de permissividade elétrica ε, devemos substituir ε_0 por ε. Logo, quanto maior a permissividade elétrica do meio[4] menor é a força de interação elétrica entre as partículas carregadas.

2.3 Campo Elétrico

Com a finalidade de explicar a existência da interação elétrica entre duas partículas que estão separadas por uma distância "d", vamos introduzir o conceito de campo elétrico. Uma partícula carregada eletricamente gera em seu redor um campo elétrico (isto é, uma influência ou perturbação de natureza elétrica), que tem a capacidade de atrair ou repelir cargas elétricas. Quando uma carga elétrica (em geral, chamada de carga teste) é colocada dentro da região em que existe um campo elétrico, ela interage com esse campo. Nesse cenário, a força elétrica entre duas cargas pode ser descrita em termos da interação de uma carga com o campo elétrico gerado pela outra. Logo, a força elétrica entre as duas cargas pode ser escrita como $\vec{F}(\vec{r}) = q_t \vec{E}(\vec{r})$, em que q_t representa uma carga elétrica (carga teste) e $\vec{E}(\vec{r})$ o campo elétrico gerado pela outra carga. Com essa consideração, podemos definir matematicamente o campo elétrico como:

$$\vec{E}(\vec{r}) = \lim_{q_t \to 0} \frac{\vec{F}(\vec{r})}{q_t}. \tag{2.5}$$

Portanto, o campo elétrico é definido como força elétrica por unidade de carga. No sistema internacional, a sua unidade é N/C.

Utilizando a definição de campo elétrico e a força de interação entre duas cargas elétricas pontuais q_1 e q_2, equação (2.4), podemos escrever o campo elétrico produzido pela carga elétrica pontual q_1 em um ponto qualquer r_2 como: $\vec{E}(\vec{r}_2) = q_1(\vec{r}_2 - \vec{r}_1)/4\pi\varepsilon_0 |\vec{r}_2 - \vec{r}_1|^3$.

Nesse momento, é conveniente utilizar a notação na qual $\vec{r}$ representa o vetor que localiza o ponto de observação no espaço em que se quer calcular o campo elétrico e $\vec{r}\,'$ o vetor que localiza a fonte do campo elétrico em relação a um referencial qualquer. Assim, o campo elétrico gerado por uma carga pontual pode ser escrito como:

$$\vec{E}(\vec{r}) = \frac{q(\vec{r} - \vec{r}\,')}{4\pi\varepsilon_0 |\vec{r} - \vec{r}\,'|^3}. \tag{2.6}$$

A Figura 2.2 (a) e (b) mostra uma representação das linhas de campo elétrico (linhas sólidas com setas) e das superfícies equipotenciais (circunferências de linhas tracejadas) de uma carga elétrica pontual positiva e negativa.

---

[3] Como espaço livre consideramos o vácuo ou o laboratório em que são feitas as medidas experimentais.

[4] Na Seção 4.5 é mostrado que $\varepsilon \geq \varepsilon_0$.

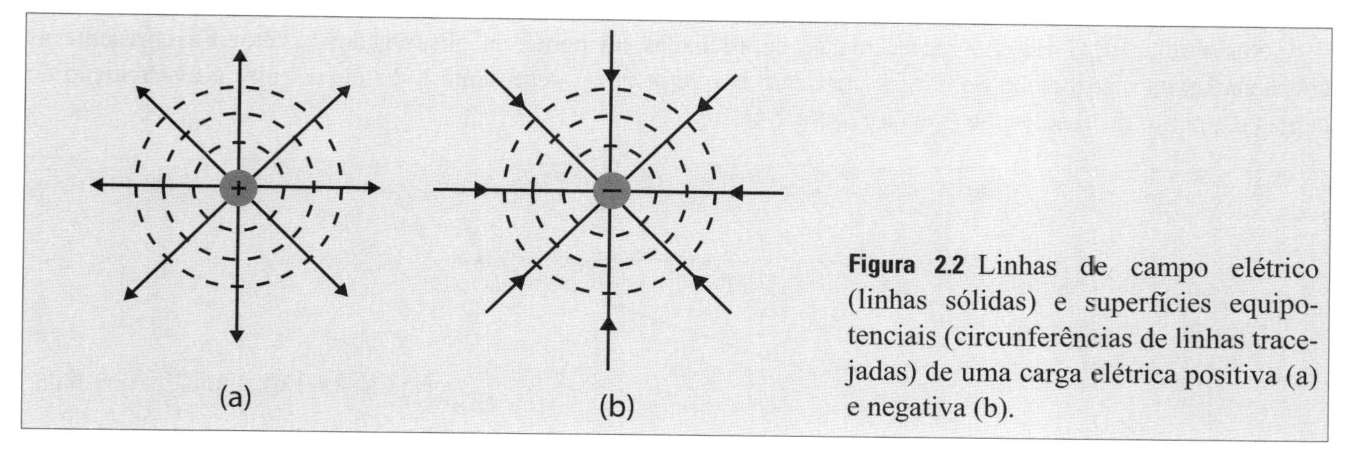

Figura 2.2 Linhas de campo elétrico (linhas sólidas) e superfícies equipotenciais (circunferências de linhas tracejadas) de uma carga elétrica positiva (a) e negativa (b).

No caso de um sistema formado por duas cargas elétricas pontuais q_1 e q_2, o campo elétrico resultante é:

$$\vec{E}(\vec{r}) = \frac{1}{4\pi\varepsilon_0}\left[\frac{q_1(\vec{r}-\vec{r}_1')}{|\vec{r}-\vec{r}_1'|^3} + \frac{q_2(\vec{r}-\vec{r}_2')}{|\vec{r}-\vec{r}_2'|^3}\right] \tag{2.7}$$

em que $\vec{r}_1'$ e $\vec{r}_2'$ representam as coordenadas das cargas q_1 e q_2.

A Figura 2.3 (a) e (b) mostra as linhas de campo elétrico (linhas sólidas) e as superfícies equipotenciais (linhas tracejadas) para os casos em que $q_2 = q_1$ e $q_2 = -q_1$, respectivamente.

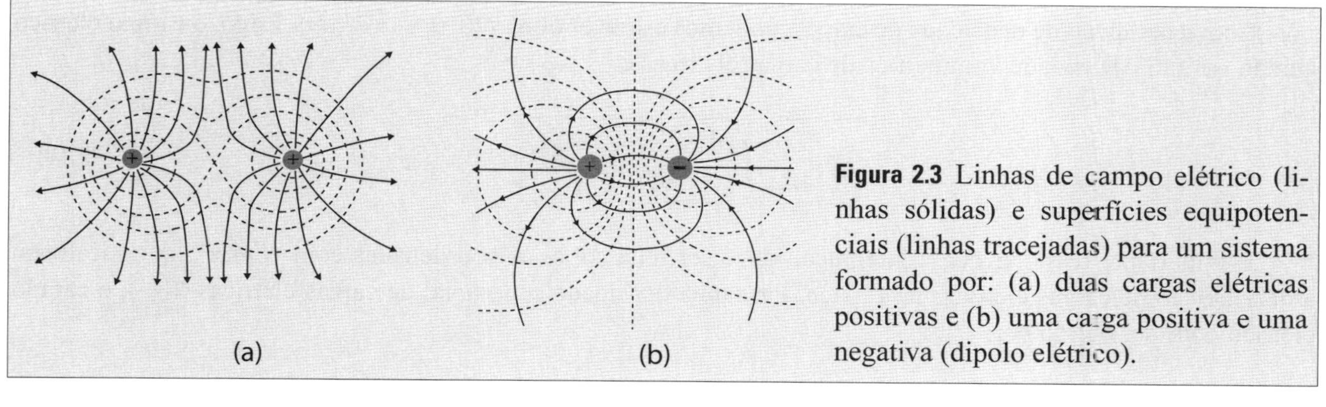

Figura 2.3 Linhas de campo elétrico (linhas sólidas) e superfícies equipotenciais (linhas tracejadas) para um sistema formado por: (a) duas cargas elétricas positivas e (b) uma carga positiva e uma negativa (dipolo elétrico).

No caso geral de uma distribuição discreta formada por N cargas pontuais, o campo elétrico total é obtido pela superposição dos campos elétricos gerados por cada carga. Logo,

$$\vec{E}(\vec{r}) = \frac{1}{4\pi\varepsilon_0}\sum_i^N \frac{q_i(\vec{r}-\vec{r}_i')}{|\vec{r}-\vec{r}_i'|^3}. \tag{2.8}$$

Para descrever o campo elétrico gerado por uma distribuição contínua de cargas elétricas, vamos estender o raciocínio utilizado para cargas pontuais. De fato, uma distribuição contínua de cargas elétricas pode ser vista como uma coleção de "*infinitas*" cargas pontuais. Com essa consideração, temos que um elemento diferencial de cargas elétricas dQ gera um diferencial de campo elétrico, que tem a mesma forma matemática do campo elétrico de uma carga pontual. Assim, de acordo com (2.6), podemos escrever que:

$$d\vec{E}(\vec{r}) = \frac{1}{4\pi\varepsilon_0}\frac{dQ(\vec{r}\,')(\vec{r}-\vec{r}\,')}{|\vec{r}-\vec{r}\,'|^3}. \tag{2.9}$$

Nessa relação, o vetor $\vec{r}$ representa as coordenadas do ponto de observação; o vetor $\vec{r}\,'$ representa as coordenadas da distribuição de cargas elétricas; e o vetor $\vec{r}-\vec{r}\,'$ representa a distância entre a distribuição de cargas e o ponto de observação (veja a Figura 2.4).

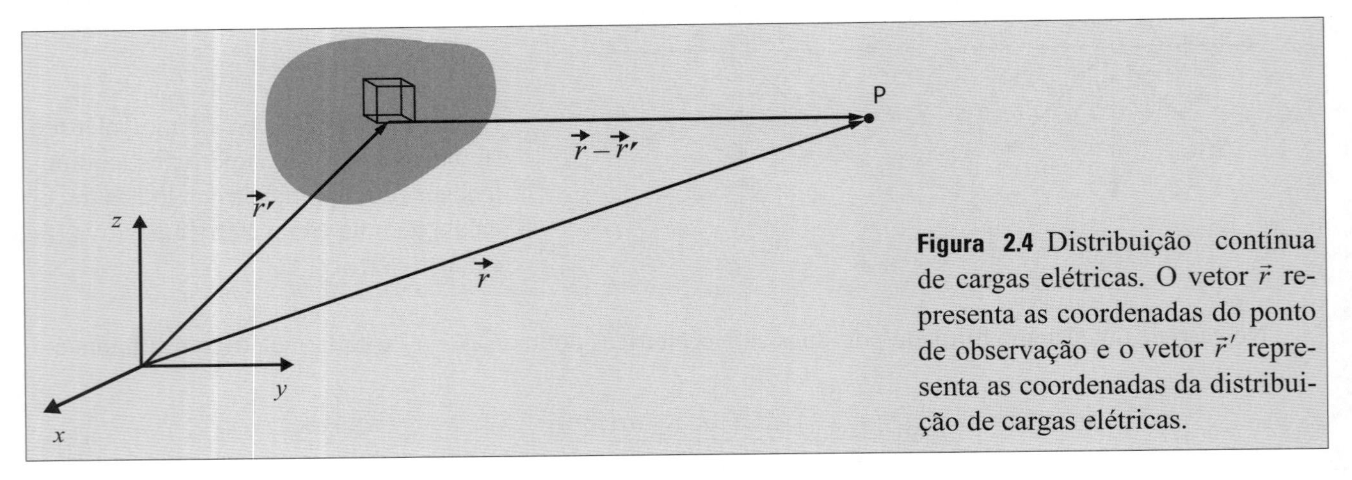

Figura 2.4 Distribuição contínua de cargas elétricas. O vetor $\vec{r}$ representa as coordenadas do ponto de observação e o vetor $\vec{r}\,'$ representa as coordenadas da distribuição de cargas elétricas.

Nesse momento, é conveniente introduzir o conceito de densidade de cargas elétricas. Uma densidade volumétrica de cargas elétricas é definida como o número de cargas elétricas por unidade de volume, $\rho = \lim\limits_{\Delta v \to 0} \Delta Q / \Delta v = dQ / dv$. A carga elétrica total é $Q = \int \rho dv$. Relações análogas podem ser escritas para uma densidade superficial (σ) e para uma densidade linear (λ) de cargas elétricas, isto é: $\sigma = dQ / ds$ e $\lambda = dQ / dl$, em que ds é um elemento diferencial de área e dl é um elemento diferencial de linha.

Com a definição de densidade de cargas, podemos escrever que $dQ(\vec{r}\,') = \rho(\vec{r}\,')dv'$. Logo, o campo elétrico gerado por uma densidade volumétrica de cargas elétricas é:[5]

$$\boxed{\vec{E}(\vec{r}) = \frac{1}{4\pi\varepsilon_0}\int \frac{(\vec{r}-\vec{r}\,')\rho(\vec{r}\,')}{|\vec{r}-\vec{r}\,'|^3}dv'.} \tag{2.10}$$

É importante ressaltar que a integração deve ser feita sobre as coordenadas com "*linha*", que localizam a distribuição de cargas elétricas no espaço. Para uma densidade superficial de cargas elétricas $\sigma(\vec{r}\,')$, o campo elétrico pode ser obtido por:

$$\boxed{\vec{E}(\vec{r}) = \frac{1}{4\pi\varepsilon_0}\int \frac{(\vec{r}-\vec{r}\,')\sigma(\vec{r}\,')}{|\vec{r}-\vec{r}\,'|^3}ds'.} \tag{2.11}$$

Para uma densidade linear de cargas elétricas $\lambda(\vec{r}\,')$, o campo elétrico é:

$$\boxed{\vec{E}(\vec{r}) = \frac{1}{4\pi\varepsilon_0}\int \frac{(\vec{r}-\vec{r}\,')\lambda(\vec{r}\,')}{|\vec{r}-\vec{r}\,'|^3}dl'.} \tag{2.12}$$

A força de interação elétrica entre uma carga elétrica pontual e um campo elétrico gerado por uma distribuição volumétrica de cargas elétricas é:

[5] Neste livro, usamos a letra v minúscula para representar volume para não confundir com a letra V maiúscula, utilizada para representar o potencial elétrico.

$$\vec{F}(\vec{r}) = q\left[\frac{1}{4\pi\varepsilon_0}\int\frac{(\vec{r}-\vec{r}\,')\rho(\vec{r}\,')}{|\vec{r}-\vec{r}\,'|^3}dv'\right]. \tag{2.13}$$

Relações análogas valem para a interação de uma carga com o campo elétrico gerado por densidades superficial e linear de cargas elétricas.

EXEMPLO 2.1

Considere cargas elétricas uniformemente distribuídas ao longo de uma linha de comprimento l. Utilize argumentos de simetria e a expressão do campo elétrico de uma carga pontual para determinar o campo elétrico gerado em pontos localizados sobre a mediatriz da linha de cargas.

SOLUÇÃO

Podemos supor que essa distribuição de cargas é formada por uma *infinidade* de cargas pontuais distribuídas uniformemente ao longo de uma linha, conforme mostra a Figura 2.5. No caso de uma densidade de cargas elétricas constante e pontos de observação localizados sobre a mediatriz da linha de cargas, podemos fazer algumas considerações para simplificar o cálculo do campo elétrico.

Uma carga elétrica situada na metade superior gera, em um ponto de observação situado sobre a mediatriz, um campo elétrico $\vec{E}_1$, conforme mostra a Figura 2.5. Pela simetria da distribuição de cargas elétricas, existe outra carga elétrica na metade inferior que gera, no mesmo ponto de observação, o campo elétrico $\vec{E}_2$, indicado na Figura 2.5. Esses campos elétricos podem ser decompostos em uma componente paralela e uma perpendicular à linha de cargas elétricas. As componentes paralelas se anulam, de forma que o campo elétrico resultante tem a direção perpendicular à linha de cargas. Portanto, um elemento diferencial de cargas dQ gera um campo elétrico cujo módulo é $dE = dE\cos\alpha$. Assim, usando a expressão (2.6) do campo de uma carga pontual, podemos escrever:

$$dE(r) = \frac{dQ\cos\alpha}{4\pi\varepsilon_0 x^2}$$

em que x e α estão definidos na Figura 2.5. Dessa figura, temos que $\cos\alpha = r/x$, em que r é a distância perpendicular do ponto de observação à linha de cargas elétricas. Ainda pela Figura 2.5, temos que $x = (r^2 + z^2)^{1/2}$. Com essas considerações e usando $dQ = \lambda dz$, podemos escrever que:

$$E(r) = \int_{-l/2}^{l/2}\frac{\lambda r dz}{4\pi\varepsilon_0(r^2+z^2)^{3/2}}.$$

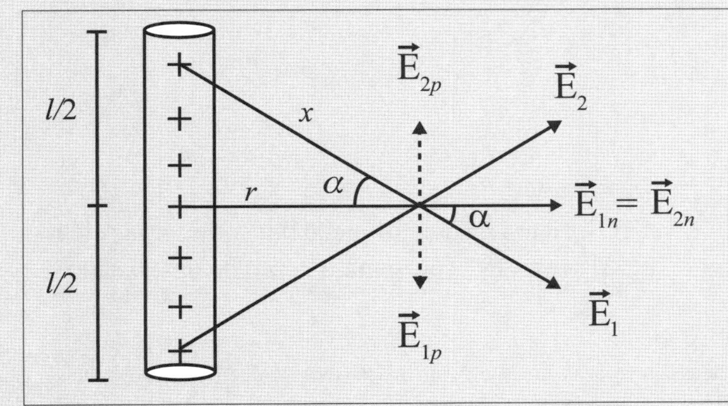

Figura 2.5 Cargas elétricas uniformemente distribuídas sobre uma linha de comprimento l.

Integrando, temos que o módulo do campo elétrico é:

$$E(r)=\frac{\lambda l}{4\pi\varepsilon_0 r}\left[\frac{1}{r^2+l^2/4^{1/2}}\right]. \quad \textbf{(E.2.1)}$$

A direção e o sentido do vetor campo elétrico foram determinados usando argumentos qualitativos devido à simetria do problema.

O procedimento de cálculo utilizado neste exemplo é muito limitado e pode ser aplicado somente no caso em que a densidade de cargas elétricas é constante e os pontos de observação estão situados sobre a mediatriz da linha de cargas. No exemplo seguinte, este mesmo problema é abordado de uma forma mais geral a partir da solução da equação integral do campo elétrico.

EXEMPLO 2.2

Utilize a relação (2.12) para calcular o campo elétrico gerado por uma densidade de cargas elétricas $\lambda(r')$ distribuídas sobre uma linha de comprimento l.

SOLUÇÃO

Vamos colocar o sistema de referência de forma que o eixo z coincida com a linha de cargas elétricas, conforme mostra a Figura 2.6. Com esta escolha, o vetor posição[6] que representa um ponto de observação é $\vec{r}_p=\hat{i}x+\hat{j}y+\hat{k}z$. Como a linha de cargas elétricas está localizada sobre o eixo z, temos que $x'=y'=0$, de modo que $\vec{r}'=\hat{k}z'$. Portanto, temos que $(\vec{r}_p-\vec{r}')=\hat{i}x+\hat{j}y+\hat{k}(z-z')$ e o seu módulo é $|\vec{r}_p-\vec{r}'|=[x^2+y^2+(z-z')^2]^{1/2}$. O elemento de linha da distribuição de cargas elétricas é $dl'=dz'$. Com essas considerações, a relação (2.12) se escreve como:

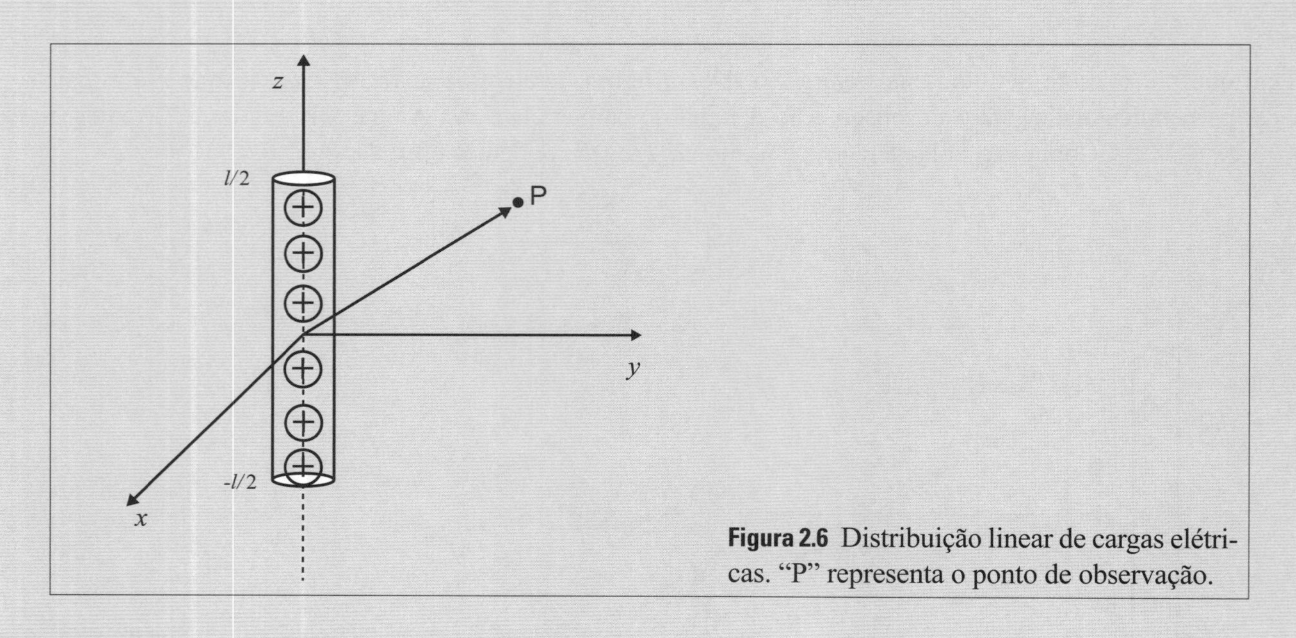

Figura 2.6 Distribuição linear de cargas elétricas. "P" representa o ponto de observação.

[6] Neste exemplo, usamos a notação $\vec{r}_p=\hat{i}x+\hat{j}y+\hat{k}z$ para representar as coordenadas do ponto de observação (em vez de $\vec{r}$), para não confundir com $\vec{r}=\hat{i}x+\hat{j}y$, que usamos para representar um vetor no plano xy.

$$\vec{E}(\vec{r}) = \frac{1}{4\pi\varepsilon_0}\left[\int_{-l/2}^{l/2} \frac{[\hat{i}x + \hat{j}y]\lambda(r')}{[\underbrace{x^2 + y^2}_{r^2} + (z-z')^2]^{3/2}} dz' + \int_{-l/2}^{l/2} \frac{\hat{k}(z-z')\lambda(r')}{[\underbrace{x^2 + y^2}_{r^2} + (z-z')^2]^{3/2}} dz'\right].$$

Por simplicidade, vamos considerar o caso de uma distribuição constante de cargas elétricas, isto é, $\lambda(r') = \lambda_0$. Assim, fazendo $x^2 + y^2 = r^2$ e integrando a relação anterior [veja as relações (E.3) e (E.4) do Apêndice E], temos:

$$\vec{E}(x,y,z) = \frac{\lambda_0}{4\pi\varepsilon_0}\left\{\overbrace{[\hat{i}x + \hat{j}y]}^{\vec{r}}\left[\frac{(z'-z)}{r^2[r^2 + (z-z')^2]^{1/2}}\right]_{z'-l/2}^{z'=l/2} - \hat{k}\left[\frac{1}{[r^2 + (z-z')^2]^{1/2}}\right]_{z'=-l/2}^{z'=l/2}\right\}.$$

Substituindo os limites de integração e usando $\hat{i}x + \hat{j}y = \vec{r}$ e $\hat{r} = \vec{r}\,/\,r$, temos que:

$$\vec{E}(r,z) = \frac{\lambda_0}{4\pi\varepsilon_0 r}\hat{r}\left[\frac{(\frac{l}{2}-z)}{\left[r^2 + (z-\frac{l}{2})^2\right]^{1/2}} - \frac{(-\frac{l}{2}-z)}{\left[r^2 + (z+\frac{l}{2})^2\right]^{1/2}}\right]$$
$$-\hat{k}\left[\frac{1}{\left[r^2 + (z-\frac{l}{2})^2\right]^{1/2}} - \frac{1}{\left[r^2 + (z+\frac{l}{2})^2\right]^{1/2}}\right].$$

Este é o campo elétrico gerado em um ponto de observação qualquer. No caso particular, no qual o ponto de observação está situado sobre a mediatriz da linha de cargas elétricas, devemos tomar $z = 0$. Assim, temos que:

$$\vec{E}(r) = \frac{\lambda_0 l}{2\pi\varepsilon_0 r}\left[\frac{1}{(4r^2 + l^2)^{1/2}}\right]\hat{r}. \qquad \textbf{(E.2.2)}$$

Note que o módulo desse campo elétrico reproduz o resultado calculado na relação (E2.1) do Exemplo 2.1 utilizando argumentos de simetria. Entretanto, a equação integral (2.12) fornece de forma natural o vetor campo elétrico (módulo, direção e sentido) sem que seja necessário utilizar qualquer argumento de simetria.

No caso particular de uma linha "*infinita*" de cargas elétricas, (isto é, $l \to \infty$), o campo elétrico se reduz a

$$\vec{E}(r) = \frac{\lambda_0}{2\pi\varepsilon_0 r}\hat{r}.$$

Deve ser enfatizado que no laboratório todas as distribuições de cargas elétricas são finitas. Portanto, uma idealização física de uma distribuição linear e infinita de cargas elétricas ocorre quando o ponto de observação está muito próximo da distribuição de cargas. Essa condição física é matematicamente representada por $l >> r$.

No limite oposto, no qual o ponto de observação está muito afastado da distribuição de cargas elétricas, temos que $r \to \infty$ (ou $r >> l$, que é fisicamente realizável). Nesse caso, após expandir o denominador da relação (E2.2), temos:

$$\vec{E}(r) = \frac{Q}{4\pi\varepsilon_0 r^2}\hat{e}_r$$

em que $Q = \lambda_0 l$ é a carga elétrica total. Este resultado era esperado, porque um observador distante enxerga a distribuição linear de cargas como se fosse uma carga elétrica pontual.

EXEMPLO 2.3

Uma coleção de cargas elétricas está uniformemente distribuída sobre a superfície de um disco de raio a. Calcule o campo elétrico em pontos situados sobre o eixo de simetria.

SOLUÇÃO

Vamos escolher o sistema de coordenadas de forma que o disco fique sobre o plano xy com o seu centro localizado no ponto (0, 0), conforme mostra a Figura 2.7.

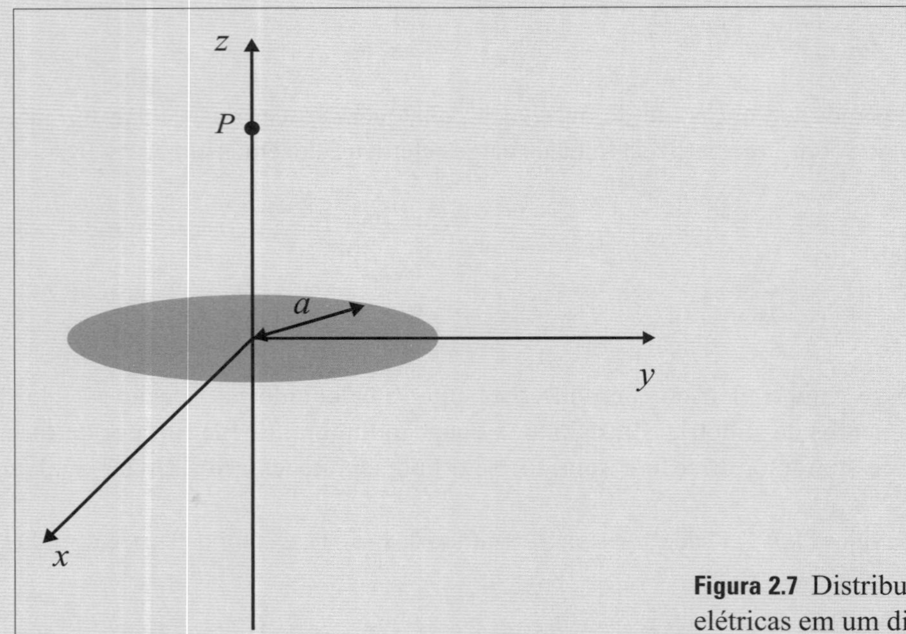

Figura 2.7 Distribuição superficial de cargas elétricas em um disco.

Com essa escolha do sistema de referência, a coordenada z' da distribuição de cargas é nula e o vetor $\vec{r}'$ é dado por: $\vec{r}' = \hat{i}x' + \hat{j}y'$. Para um ponto de observação situado sobre o eixo de simetria do disco (eixo z), as coordenadas x e y do vetor posição são nulas, de modo que $\vec{r} = \hat{k}z$.

Por motivos de simetria, é conveniente escrever o elemento diferencial de superfície ds' em coordenadas polares, isto é, $ds' = r'dr'd\theta'$. No sistema de coordenadas polares, as coordenadas retangulares y' e x' são representadas por $x' = \vec{r}\cos\theta'$ e $y' = \vec{r}\,\text{sen}\,\theta'$. Usando essas considerações na relação (2.11), para uma densidade constante de cargas elétricas, temos que o campo elétrico gerado pelo disco sobre pontos situados sobre o eixo z é dado por:

$$\vec{E}(z)=\frac{\sigma_0}{4\pi\varepsilon_0}\left\{-\hat{i}\int_0^a r'^2 dr'\left[\overbrace{\int_0^{2\pi}\frac{\cos\theta' d\theta'}{\left(r'^2+z^2\right)^{3/2}}}^{0}\right]-\hat{j}\int_0^a r'^2 dr'\left[\overbrace{\int_0^{2\pi}\frac{\operatorname{sen}\theta' d\theta'}{\left(r'^2+z^2\right)^{3/2}}}^{0}\right]\right.$$

$$\left.+\hat{k}\int_0^a r' dr'\left[\overbrace{\int_0^{2\pi}\frac{z d\theta'}{\left(r'^2+z^2\right)^{3/2}}}^{2\pi}\right]\right\}$$

em que $(r')^2=(x')^2+(y')^2$. As componentes $\hat{i}$ e $\hat{j}$ são nulas porque envolvem integrais de $\operatorname{sen}\theta'$ e $\cos\theta'$ no intervalo $[0,2\pi]$. Na última parcela, todos os termos são constantes perante a variável de integração θ', de modo que a integral é igual a 2π. Com essas considerações, temos:

$$\vec{E}(z)=\hat{k}\frac{2\pi z\sigma_0}{4\pi\varepsilon_0}\int_0^a\frac{r'dr'}{\left(r'^2+z^2\right)^{3/2}}.$$

Integrando sobre a variável radial r', [veja a relação (E.4) do Apêndice E], temos:

$$\vec{E}(z)=\hat{k}\frac{\sigma_0}{2\varepsilon_0}\left[\frac{z}{|z|}-\frac{z}{(a^2+z^2)^{1/2}}\right]. \qquad \textbf{(E2.3)}$$

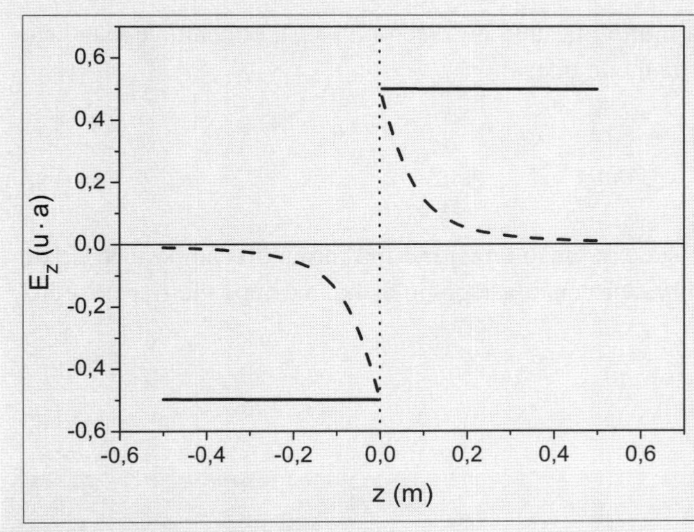

Figura 2.8 Componente z do campo elétrico (em unidades arbitrárias) gerado por um disco de raio 0,1 m (linha tracejada) e por um disco de raio 100 m (linha sólida).

Para determinar o campo elétrico gerado por uma densidade de cargas elétricas uniformemente distribuídas sobre um plano infinito, basta fazer $a \to \infty$ na equação (E2.3). Assim, temos:

$$\vec{E}(z) = \hat{k}\frac{\sigma_0}{2\varepsilon_0}\frac{z}{|z|}. \tag{E2.4}$$

Note que o campo elétrico de um plano infinito é constante. A Figura 2.8 mostra a componente $\hat{k}$ do campo elétrico, relação (E2.3), em função da coordenada z para um disco de raio 0,1 m (linha tracejada) e para um disco de raio 100 m, que está no limite de raio infinito comparado com a distância z (linha sólida).

A Figura 2.9 mostra a componente $\hat{k}$ do campo elétrico em função do raio do disco para os casos em que $z = 0{,}1$ m (linha sólida), $z = 0{,}2$ m (linha tracejada) e $z = 0{,}5$ m (linha tracejada-pontilhada). Note que, à medida que o raio do disco aumenta, o campo elétrico tende para um valor constante, conforme previsto em (E2.4).

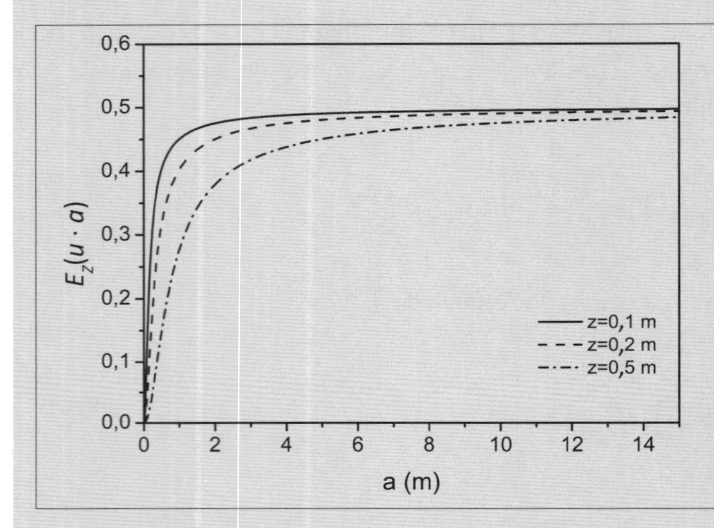

Figura 2.9 Componente z do campo elétrico gerado por um disco (em unidades arbitrárias) em função do raio para alguns valores de z.

No caso no qual o ponto de observação está muito afastado do disco ($z >> a$), podemos expandir o denominador do segundo termo da relação (E2.3), de modo que:

$$\vec{E}(z) = \hat{k}\frac{Q}{4\pi\varepsilon_0 z^2}$$

em que $Q = \sigma_0 \pi a^2$ é a carga total sobre o disco. Esta expressão tem a mesma forma do campo elétrico de uma carga pontual. Isso significa que, para um observador bem afastado do disco, o campo elétrico se reduz ao campo de uma carga pontual.

EXEMPLO 2.4

Uma coleção de cargas elétricas está distribuída sobre a superfície de um disco de raio "a". Calcule o campo elétrico em qualquer ponto do espaço.

SOLUÇÃO

Este problema é equivalente ao discutido no exemplo anterior. Entretanto, neste caso em que o ponto de observação está localizado fora do eixo de simetria do disco, o campo elétrico tem componentes $\hat{i}$, $\hat{j}$ e $\hat{k}$. Para resolver a equação integral do campo elétrico, vamos considerar o esquema mostrado na Figura 2.7, com o ponto de observação colocado em uma região qualquer. Nesse caso, o vetor $\vec{r}$, que representa as coordenadas do ponto de observação, é dado por $\vec{r} = \hat{i}x + \hat{j}y + \hat{k}z$. O vetor $\vec{r}'$, que localiza a distribuição de cargas elétricas na superfície do disco, é dado por $\vec{r}' = \hat{i}x' + \hat{j}y'$. Com essas considerações, temos que o campo elétrico gerado pelo disco em um ponto qualquer é:

$$\vec{E}(\vec{r}) = \frac{1}{4\pi\varepsilon_0}\left[\iint \frac{\sigma(\vec{r}')[\hat{i}(x-x') + \hat{j}(y-y') + \hat{k}z]ds'}{\left[(x-x')^2 + (y-y')^2 + z^2\right]^{3/2}}\right].$$

Usando $x' = r'\cos\theta'$ e $y' = r'\operatorname{sen}\theta'$ e $ds' = r'dr'd\theta'$, temos

$$\vec{E}(\vec{r}) = \frac{1}{4\pi\varepsilon_0}\left[\int_0^a\int_0^{2\pi} \frac{\sigma(\vec{r}')[\hat{i}(x-r'\cos\theta') + \hat{j}(y-r'\operatorname{sen}\theta') + \hat{k}z]r'dr'd\theta'}{\left[(x-r'\cos\theta')^2 + (y-r'\operatorname{sen}\theta')^2 + z^2\right]^{3/2}}\right].$$

Note que uma solução analítica para essa equação integral é difícil de ser encontrada. Entretanto, a equação anterior pode ser facilmente resolvida por meio de métodos de cálculo numérico. Utilizando um programa computacional, calculamos o campo elétrico gerado por um disco de 0,1 m de raio em três casos distintos. No primeiro deles, calculamos o campo sobre pontos localizados sobre o eixo z. Nesse caso, o resultado é o mesmo obtido pelo cálculo analítico do exemplo anterior, que está mostrado pela linha tracejada da Figura 2.8.

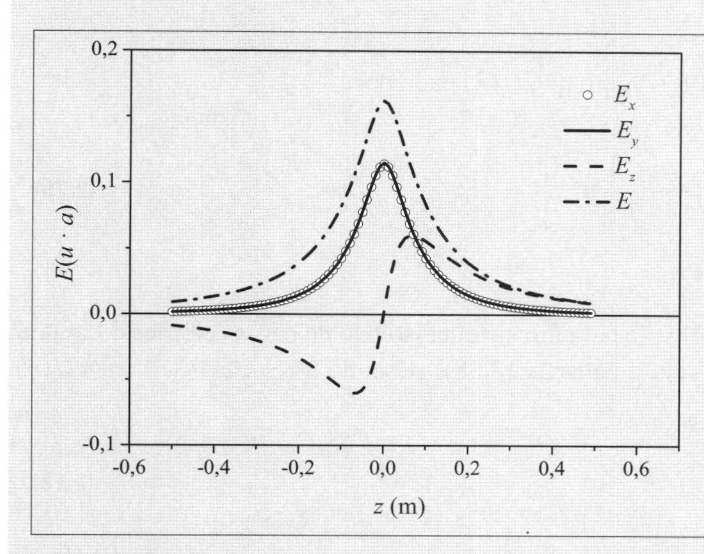

Figura 2.10 Campo elétrico gerado por um disco (em unidades arbitrárias) para pontos de observação localizados sobre uma reta paralela ao eixo z com coordenadas (0,05; 0,05; z). Os círculos vazios, a linha sólida e a linha tracejada representam as componentes E_x, E_y e E_z, respectivamente. A linha tracejada-pontilhada representa o módulo do campo elétrico calculado por $E = [E_x^2 + E_y^2 + E_z^2]^{1/2}$.

No segundo caso, calculamos o campo elétrico em pontos localizados sobre um eixo paralelo ao eixo z, com coordenadas (0,05; 0,05; z). As componentes E_x, E_y e E_z estão representadas na Figura 2.10 pelos círculos vazios, linha sólida e linha tracejada, respectivamente. A linha tracejada-pontilhada representa o módulo do campo elétrico calculado por $E = [E_x^2 + E_y^2 + E_z^2]^{1/2}$.

Também calculamos o campo elétrico gerado em pontos localizados sobre uma reta paralela ao eixo x, com coordenadas (x; 0,05; 0,05). Os resultados estão mostrados na Figura 2.11.

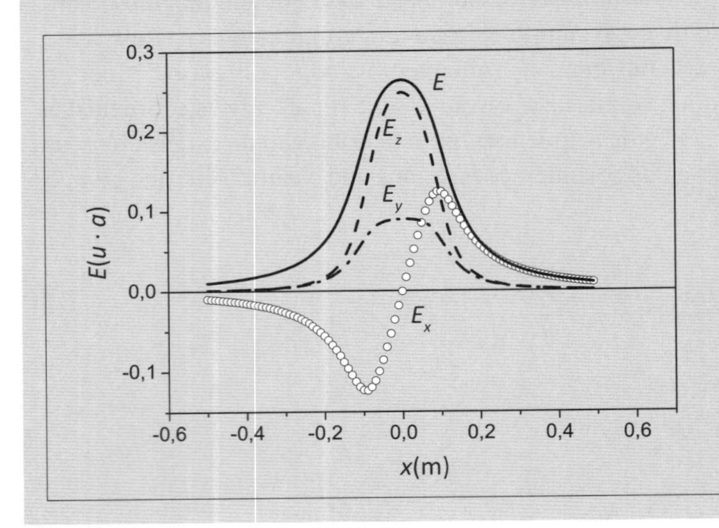

Figura 2.11 Campo elétrico gerado por um disco (em unidades arbitrárias) para pontos de observação localizados sobre uma reta paralela ao eixo x com coordenadas (x; 0,05; 0,05). Os círculos vazios, as linhas tracejada-pontilhada e tracejada representam as componentes E_x, E_y e E_z, respectivamente. A linha sólida representa o módulo do campo elétrico calculado por $E = [E_x^2 + E_y^2 + E_z^2]^{1/2}$.

2.4 Energia Potencial e Potencial Elétrico

A relação (2.13) da força de interação elétrica entre uma carga pontual e uma distribuição contínua de cargas pode ser escrita como:

$$\vec{F}(\vec{r}) = -\vec{\nabla}\overbrace{\left\{q\left[\frac{1}{4\pi\varepsilon_0}\int\frac{\rho(\vec{r}\,')}{|\vec{r}-\vec{r}\,'|}dv'\right]\right\}}^{U(\vec{r})}. \quad \textbf{(2.14)}$$

Note que esta expressão tem a forma $\vec{F}(\vec{r}) = -\vec{\nabla}U(\vec{r})$, em que $U(\vec{r})$ dada por:

$$U(\vec{r}) = q\left[\frac{1}{4\pi\varepsilon_0}\int\frac{\rho(\vec{r}\,')}{|\vec{r}-\vec{r}\,'|}dv'\right] \quad \textbf{(2.15)}$$

é a energia potencial elétrica da carga pontual.

É importante frisar que a relação $\vec{F}(\vec{r}) = -\vec{\nabla}U(\vec{r})$ vale para um sistema isolado de cargas elétricas. Para um sistema não isolado, vale a relação $\vec{F}(\vec{r}) = \vec{\nabla}U(\vec{r})$ [veja a equação (2.38)]. Usando a relação $\vec{F}(\vec{r}) = -\vec{\nabla}U(\vec{r})$, podemos definir a energia potencial elétrica como:

$$U(r) = -\int\vec{F}(r)\cdot d\vec{r} + C. \quad \textbf{(2.16)}$$

em que C é uma constante. Seguindo um procedimento semelhante, podemos escrever a equação (2.10) do campo elétrico como:

$$\vec{E}(\vec{r}) = -\vec{\nabla}\overbrace{\left[\frac{1}{4\pi\varepsilon_0}\int\frac{\rho(\vec{r}\,')}{|\vec{r}-\vec{r}\,'|}dv'\right]}^{V(\vec{r})}. \quad \textbf{(2.17)}$$

Portanto, o campo elétrico pode ser escrito na forma $\vec{E}(\vec{r}) = -\vec{\nabla}V(\vec{r})$, em que $V(\vec{r})$ é o potencial escalar elétrico definido como:

$$\boxed{V(\vec{r}) = \frac{1}{4\pi\varepsilon_0}\int \frac{\rho(\vec{r}\,')}{|\vec{r}-\vec{r}\,'|}dv'.} \tag{2.18}$$

O potencial elétrico gerado por densidades superficial e linear de cargas elétricas obedece a uma relação análoga, e a integral de volume é substituída por uma integral de superfície e de linha, respectivamente. Da relação $\vec{E}(\vec{r}) = -\vec{\nabla}V(\vec{r})$ podemos escrever o potencial escalar elétrico como:

$$V(\vec{r}) = -\int \vec{E}(r)\cdot d\vec{r} + C. \tag{2.19}$$

em que C é uma constante. O potencial escalar elétrico pode ser visto matematicamente como uma forma alternativa para cálculos de campos elétricos. Da definição (2.19) e da relação (2.6), temos que o potencial elétrico de uma carga pontual é:

$$V(\vec{r}) = \frac{q}{4\pi\varepsilon_0 |\vec{r}-\vec{r}\,'|}. \tag{2.20}$$

Comparando as relações (2.15) e (2.18), temos que a energia potencial elétrica de uma carga pontual colocada em presença de um campo elétrico é $U(\vec{r}) = qV(\vec{r})$, em que $V(\vec{r})$ é o potencial elétrico.[7] Dessa relação, temos que $V(\vec{r}) = U(\vec{r})/q$. Logo, o potencial escalar elétrico pode ser interpretado fisicamente como energia potencial elétrica por unidade de carga.

A expressão matemática da energia potencial elétrica de uma carga pontual pode ser generalizada para uma distribuição contínua de cargas elétricas utilizando o cálculo integro-diferencial. De fato, para um infinitesimal de cargas elétricas dQ colocado em presença de um potencial elétrico $V(\vec{r})$ podemos associar um elemento diferencial de energia $dU(\vec{r}) = dQV(\vec{r})$. Usando $dQ = \rho(\vec{r})dv$, temos que $dU(\vec{r}) = \rho(\vec{r})dvV(\vec{r})$. Integrando essa relação, obtemos:

$$U = \int \rho(\vec{r})V(\vec{r})dv. \tag{2.21}$$

2.5 Rotacional da Força e do Campo Elétrico

Na seção anterior, introduzimos o conceito de energia potencial elétrica e o potencial elétrico gerado por uma distribuição de cargas elétricas. Aqui, vamos rediscutir esses conceitos a partir de um método alternativo envolvendo o cálculo do rotacional da força e do campo elétrico. O rotacional da força de interação elétrica entre uma carga pontual e uma distribuição contínua de cargas elétricas, equação (2.13), é:

$$\vec{\nabla}\times\vec{F}(\vec{r}) = \vec{\nabla}\times\left[\frac{q}{4\pi\varepsilon_0}\int \frac{(\vec{r}-\vec{r}\,')\rho(\vec{r}\,')}{|\vec{r}-\vec{r}\,'|^3}dv'\right]. \tag{2.22}$$

[7] O potencial elétrico é medido em Volt (V = N · m/C) e a energia elétrica em V · C (Volt · Coulomb) ou N · m (Joule).

É importante ressaltar que o operador $\vec{\nabla}$ atua sobre a coordenada $\vec{r}$. Como a densidade de cargas elétricas $\rho(\vec{r}\,')$ independe dessa coordenada, ela pode ser colocada à esquerda do operador $\vec{\nabla}$. Invertendo a ordem do operador diferencial e integral, temos que:

$$\nabla \times \vec{F}(\vec{r}) = \left\{ \frac{q}{4\pi\varepsilon_0} \int \rho\left(\vec{r}\,'\right) \left[\nabla \times \frac{\left(\vec{r} - \vec{r}\,'\right)}{|\vec{r} - \vec{r}\,'|^3} \right] \right\} dv'. \quad \textbf{(2.23)}$$

Como o vetor $(\vec{r} - \vec{r}\,')/|\vec{r} - \vec{r}\,'|^3$ pode ser escrito na forma $(\vec{r} - \vec{r}\,')/|\vec{r} - \vec{r}\,'|^3 = -\vec{\nabla}(1/|\vec{r} - \vec{r}\,'|)$, temos que $\nabla \times (\vec{r} - \vec{r}\,')/|\vec{r} - \vec{r}\,'|^3 = 0$, uma vez que o rotacional do gradiente de qualquer função escalar é nulo. Portanto, temos que $\vec{\nabla} \times \vec{F}(\vec{r}) = 0$. Comparando a equação $\vec{\nabla} \times \vec{F}(\vec{r}) = 0$ com a identidade vetorial $\vec{\nabla} \times (\vec{\nabla} U) = 0$ (veja o Exercício 13), podemos escrever que $\vec{F}(\vec{r}) = -\vec{\nabla} U(\vec{r})$, em que a função escalar $U(\vec{r})$ é a energia potencial elétrica. O sinal negativo foi introduzido para que a energia elétrica seja definida como em (2.15). Usando a relação $\vec{F}(\vec{r}) = -\vec{\nabla} U(\vec{r})$, podemos definir a energia potencial elétrica como $U(\vec{r}) = -\int \vec{F}(\vec{r}) \cdot d\vec{l} + C$, em que C é uma constante. Essas conclusões já tinham sido obtidas na seção anterior.

Como a força elétrica é $\vec{F}(\vec{r}) = q\vec{E}(\vec{r})$, segue da condição $\vec{\nabla} \times \vec{F}(\vec{r}) = 0$ que:

$$\boxed{\vec{\nabla} \times \vec{E}(\vec{r}) = 0.} \quad \textbf{(2.24)}$$

Esta é uma das equações de Maxwell. Ela mostra que o campo elétrico gerado por cargas elétricas estáticas no vácuo é irrotacional. Integrando a relação anterior sobre uma superfície e usando o teorema de Stokes, dado em (1.100), temos:

$$\boxed{\oint \vec{E}(r) \cdot d\vec{l} = 0.} \quad \textbf{(2.25)}$$

Essa equação mostra que a circulação do campo elétrico estático em um percurso fechado é nulo. Portanto, usando a identidade vetorial $\vec{\nabla} \times (\vec{\nabla} V) = 0$, podemos escrever o campo elétrico como o gradiente de uma função escalar, isto é, $\vec{E}(\vec{r}) = -\vec{\nabla} V(\vec{r})$, em que $V(\vec{r})$ é o potencial escalar elétrico. Da relação $\vec{E}(\vec{r}) = -\vec{\nabla} V(\vec{r})$, podemos definir o potencial escalar elétrico como $V(\vec{r}) = -\int \vec{E}(\vec{r}) \cdot d\vec{l} + C$, em que C é uma constante.

2.6 Trabalho e Energia Potencial Elétrica

Nesta seção, vamos discutir o trabalho realizado pelo campo elétrico sobre uma partícula carregada e sua relação com a energia potencial elétrica. Para essa finalidade, vamos considerar uma carga pontual colocada em uma região em que existe um campo elétrico. O trabalho realizado por um agente externo, para transportar essa carga elétrica de um ponto inicial "a" até um ponto final "b" contra a força elétrica é $W_{ext} = -\int_a^b \vec{F} \cdot d\vec{l}$, em que o sinal negativo indica que o trabalho é feito contra o campo elétrico. Usando a relação $\vec{F} = q\vec{E}$, temos

$$W_{ext} = q\left[-\int_a^b \vec{E} \cdot d\vec{l} \right]. \quad \textbf{(2.26)}$$

Como $V = -\int \vec{E} \cdot d\vec{l}$, temos que $W_{ext} = qV(r)\big|_a^b = q\left[V(b) - V(a)\right]$. Note que o trabalho realizado por um agente externo contra as linhas do campo elétrico é igual à variação da energia potencial elétrica da partícula, isto é, $W_{ext} = q\Delta V = \Delta U$.

Essa expressão matemática de trabalho obtida para uma carga pontual é facilmente generalizada para o caso de uma distribuição contínua de cargas elétricas. De fato, tomando o limite diferencial $dW_{ext} = dq\Delta V(r)$, usando a relação $dq = \rho(\vec{r}\,')dv'$ e considerando que o potencial no ponto inicial é nulo, podemos escrever que:

$$W_{ext} = \int \rho(\vec{r}\,')V(\vec{r}\,')dv'. \tag{2.27}$$

Até o momento, discutimos o trabalho necessário para transportar uma carga pontual (ou uma distribuição de cargas) por um campo elétrico. Agora, vamos discutir a energia necessária para formar uma distribuição de cargas elétricas. Para isso, vamos considerar que a distribuição é formada trazendo todas as cargas elétricas do infinito e as colocando em uma determinada região do espaço. Para se trazer a primeira carga do infinito, não custa nada em energia elétrica. Para trazer a segunda carga até a presença da primeira, é necessário realizar trabalho contra o campo elétrico gerado por ela. Portanto, a energia de interação elétrica entre as duas cargas é $U = q_2V_1(\vec{r}_2 - \vec{r}_1)$, em que $V_1(\vec{r}_2 - \vec{r}_1)$ é o potencial elétrico gerado pela carga q_1 na posição da carga q_2. Para trazer a terceira carga até a presença das duas primeiras cargas, é necessário realizar trabalho contra o campo elétrico gerado por elas. Assim, a energia de interação elétrica entre essas três cargas é $U = q_2V_1(\vec{r}_2 - \vec{r}_1) + q_3V_1(\vec{r}_3 - \vec{r}_1) + q_3V_2(\vec{r}_3 - \vec{r}_2)$. Logo, podemos concluir que a energia de interação entre as n cargas elétricas, que formam a distribuição, é:

$$\begin{aligned} U = {} & q_2\left[\frac{q_1}{4\pi\varepsilon_0|\vec{r}_2 - \vec{r}_1|}\right] + q_3\left[\frac{q_1}{4\pi\varepsilon_0|\vec{r}_3 - \vec{r}_1|}\right] + q_3\left[\frac{q_2}{4\pi\varepsilon_0|\vec{r}_3 - \vec{r}_1|}\right] \\ & + q_4\left[\frac{q_1}{4\pi\varepsilon_0|\vec{r}_2 - \vec{r}_1|}\right] + q_4\left[\frac{q_2}{4\pi\varepsilon_0|\vec{r}_3 - \vec{r}_1|}\right] + q_4\left[\frac{q_3}{4\pi\varepsilon_0|\vec{r}_3 - \vec{r}_1|}\right] + \cdots. \end{aligned} \tag{2.28}$$

Essa expressão pode ser escrita como:

$$U = \sum_{i=2}^{n} q_i\left[\sum_{j<i}^{n}\frac{q_j}{4\pi\varepsilon_0|\vec{r}_i - \vec{r}_j|}\right], \tag{2.29}$$

em que a soma é feita para $j < i$. Alternativamente, podemos escrever que:

$$U = \frac{1}{2}\sum_{i=1}^{n} q_i\left[\sum_{j=1}^{n}\frac{q_j}{4\pi\varepsilon_0|\vec{r}_i - \vec{r}_j|}\right] \tag{2.30}$$

em que os índices i e j podem assumir qualquer valor sob a condição $i \neq j$. O fator $1/2$ aparece para evitar a dupla contagem do mesmo par de cargas elétricas q_iq_j. O termo entre colchetes é o potencial escalar elétrico total no ponto $\vec{r}_i$, no qual está localizada a i-ésima carga elétrica. Portanto, a energia potencial elétrica de uma distribuição discreta de cargas elétricas é dada por:

$$U = \frac{1}{2}\sum_{i=1}^{n} q_iV(r). \tag{2.31}$$

Para calcular a energia elétrica acumulada em uma distribuição contínua de cargas, basta considerar que um elemento de volume contendo uma diferencial de carga dQ tem energia $dU = (1/2)dQV(r)$. Substituindo $dQ = \rho(\vec{r}\,')dv'$ nessa relação e integrando, obtemos que:

$$U = \frac{1}{2}\int \rho(\vec{r}\,')V(\vec{r}\,')dv'. \tag{2.32}$$

Note que a integral na relação (2.32) deve ser realizada sobre o volume v′ da distribuição de cargas elétricas. Entretanto, ela pode ser calculada sobre o volume (v) de todo o espaço, uma vez que, fora do volume v′, a densidade de cargas elétricas é nula.

A expressão para a energia potencial elétrica acumulada em uma distribuição de cargas pode ser escrita em termos do campo elétrico. De fato, substituindo $\rho(\vec{r}\,') = \varepsilon_0 \vec{\nabla} \cdot \vec{E}(\vec{r})$ [veja a equação (2.65)] na relação (2.32), temos:

$$U = \frac{1}{2}\int \varepsilon_0 \left[\vec{\nabla} \cdot \vec{E}(r)\right] V(r) dv. \tag{2.33}$$

Usando a identidade vetorial $\vec{\nabla} \cdot (V\vec{E}) = (\vec{\nabla} V) \cdot \vec{E} + V(\vec{\nabla} \cdot \vec{E})$, podemos escrever que:

$$U = \frac{\varepsilon_0}{2}\left[\int \vec{\nabla} \cdot \left[V(\vec{r})\vec{E}(\vec{r})\right] dv - \int \left[\vec{\nabla} V(\vec{r})\right] \cdot \vec{E}(\vec{r}) dv\right]. \tag{2.34}$$

Usando a relação $\vec{E}(\vec{r}) = -\vec{\nabla} V(\vec{r})$ e aplicando o teorema do divergente, dado em (1.110), na primeira integral, obtemos:

$$U = \frac{\varepsilon_0}{2}\left[\oint \left[V(\vec{r})\vec{E}(\vec{r})\right] \cdot d\vec{s} + \int E^2(\vec{r}) dv\right]. \tag{2.35}$$

Como o potencial e o campo elétrico decrescem, respectivamente, com $1/r$ e $1/r^2$ e a superfície é proporcional a r^2, temos que o termo $V(\vec{r})\vec{E}(\vec{r}) \cdot d\vec{s}$ decai com $1/r$. Dessa forma, a primeira integral vai para zero, uma vez que a superfície de integração está no infinito. Logo, a energia potencial elétrica pode ser escrita, em termos do campo elétrico, como:

$$U = \frac{\varepsilon_0}{2}\int E^2(\vec{r}) dv. \tag{2.36}$$

Nos parágrafos anteriores discutimos, separadamente, a energia acumulada em uma distribuição de cargas elétricas e o trabalho realizado por um agente externo para deslocar uma distribuição de cargas elétricas contra uma força elétrica. Agora, vamos considerar que um agente externo, por exemplo, uma bateria, realiza trabalho tanto para formar uma distribuição de cargas elétricas quanto para deslocá-la em uma região de campo elétrico. Nesse caso, o trabalho realizado pelo agente externo pode ser escrito como $dW_{ext} = dW_{mec} + dU$, em que dW_{mec} representa o trabalho feito para deslocar a distribuição de cargas elétricas e dU representa a variação da energia eletrostática. Dessa relação, podemos escrever que o trabalho mecânico é $dW_{mec} = dW_{ext} - dU$.

Para um sistema isolado, não existe o trabalho realizado pela fonte externa, de modo que $dW_{ext} = 0$. Nesse caso, temos que $dW_{mec} = -dU$. Essa relação mostra que o deslocamento de um sistema isolado é feito à custa da variação da sua própria energia eletrostática. Por outro lado, o trabalho mecânico responsável pelo deslocamento da distribuição de cargas pode ser escrito como $dW_{mec} = \vec{F} \cdot d\vec{r}$. Assim, a relação $dW_{mec} = -dU$ pode ser escrita como $\vec{F} \cdot d\vec{r} = -dU$. Como $dU = \vec{\nabla} U \cdot d\vec{r}$ [veja a relação (1.58)], podemos escrever que $\vec{F} \cdot d\vec{r} = -\vec{\nabla} U \cdot d\vec{r}$. Logo, a força elétrica é:

$$\vec{F} = -\vec{\nabla} U. \tag{2.37}$$

No caso de um sistema não isolado, existe uma fonte externa que realiza trabalho. Das relações (2.27) e (2.32), temos que o elemento diferencial de trabalho realizado pelo agente externo é $dW_{ext} = dQV(r)$ e que a diferencial de energia eletrostática é $dU = (1/2) dQV(r)$. Portanto, temos que $dW_{ext} = 2dU$, de modo que a relação $dW_{mec} = dW_{ext} - dU$ se escreve como $dW_{mec} = dU$. Como $dW_{mec} = \vec{F} \cdot d\vec{r}$ e $dU = \vec{\nabla}U \cdot d\vec{r}$, podemos escrever que $\vec{F} \cdot d\vec{r} = \vec{\nabla}U \cdot d\vec{r}$. Logo, a força elétrica em um sistema não isolado é:

$$\vec{F} = \vec{\nabla}U. \quad \textbf{(2.38)}$$

EXEMPLO 2.5

Determine o potencial e o campo elétrico gerados por uma densidade de cargas elétricas distribuídas uniformemente sobre um volume esférico de raio a. Determine também a energia eletrostática associada à essa distribuição de cargas.

SOLUÇÃO

Para calcular o potencial elétrico, é conveniente colocar a origem do sistema de coordenadas no centro da distribuição de cargas, conforme mostra a Figura 2.12. Assim, temos que $|\vec{r} - \vec{r}'| = \left(r^2 - 2rr'\cos\gamma + r'^2\right)^{1/2}$, em que $\gamma = \theta' - \theta$ é o ângulo entre os vetores $\vec{r}$ e $\vec{r}'$.

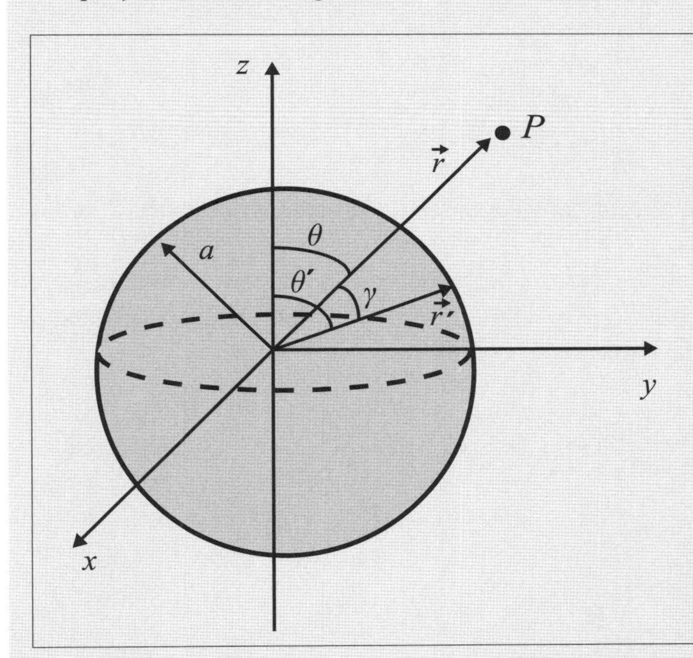

Figura 2.12 Densidade de cargas elétricas distribuídas uniformemente sobre um volume esférico de raio a.

Com essa consideração e usando o elemento de volume em coordenadas esféricas $dv' = r'^2 \operatorname{sen}\theta' dr' d\theta' d\phi'$, temos que a equação (2.18) se escreve como:

$$V(r) = \frac{\rho_0}{4\pi\varepsilon_0} \int_0^a \int_0^{2\pi} \int_0^{\pi} \frac{r'^2 \operatorname{sen}\theta' dr' d\theta' d\phi'}{\left(r^2 - 2rr'\cos\left(\theta' - \theta\right) + r'^2\right)^{1/2}}.$$

A resolução dessa equação integral é complicada devido ao termo $\cos\left(\theta' - \theta\right)$ que aparece no denominador. Por simplicidade, vamos considerar o caso particular no qual o ponto de observação está localizado sobre o eixo z. Nesse caso, temos que $r = z$ e $\theta = 0$, de modo que $\gamma = \theta' - \theta = \theta'$. Com essa consideração, o potencial elétrico se reduz a:

$$V(z)=\frac{\rho_0}{4\pi\varepsilon_0}\int_0^a\int_0^{2\pi}\int_0^{\pi}\frac{r'^2\,\mathrm{sen}\,\theta' dr' d\theta' d\phi'}{\left(z^2-2zr'\cos\theta'+r'^2\right)^{1/2}}.$$

Como a densidade de cargas elétricas é constante, qualquer ponto de observação no espaço tem a mesma vizinhança de cargas elétricas que os pontos situados sobre o eixo z. Na verdade, esse argumento de simetria vale para qualquer densidade de cargas elétricas que não dependa das coordenadas angulares ϕ' e θ'. Portanto, a equação anterior é válida para qualquer ponto de observação, de modo que podemos substituir z por r.

A integração sobre a variável ϕ' é igual a 2π. Para efetuar a integração na variável θ', é conveniente fazer a seguinte mudança de variável $u^2=r^2-2rr'\cos\theta'+r'^2$. Assim, temos que $udu=rr'\mathrm{sen}\theta' d\theta'$, de modo que o potencial elétrico se escreve como:

$$V(r)=\frac{\rho_0}{2\pi\varepsilon_0}\int_0^a dr'\frac{r'}{r}\int_{|r-r'|}^{|r+r'|}du$$

em que $|r+r'|=(r^2+2rr'+r'^2)^{1/2}$ e $|r-r'|=(r^2-2rr'+r'^2)^{1/2}$. Efetuando a integral na variável u, temos:

$$V(r)=\frac{\rho_0}{2\varepsilon_0 r}\int_0^a r'[|r+r'|-|r-r'|]dr'. \qquad \textbf{(E2.5)}$$

Para efetuar a integração na variável r', é necessário considerar separadamente os casos dos pontos internos e externos.

Para pontos externos, temos que r é sempre maior que r', de modo que as funções modulares que aparecem na equação (E2.5) podem ser escritas como $|r+r'|=r+r'$ e $|r-r'|=r-r'$. Dessa forma, a equação do potencial elétrico para pontos externos se reduz a:

$$V_{ext}(r)=\frac{\rho_0}{\varepsilon_0 r}\int_0^a r'^2 dr'.$$

Integrando, temos que:

$$V_{ext}(r)=\frac{\rho_0 a^3}{3\varepsilon_0 r}.$$

Multiplicando e dividindo por 4π, esta relação pode ser colocada na forma mais usual:

$$V_{ext}(r)=\frac{Q}{4\pi\varepsilon_0 r}$$

em que $Q=4\pi a^3\rho_0/3$ é a carga elétrica total. O campo elétrico, calculado por $\vec{E}_{ext}(r)=-\vec{\nabla}V_{ext}(r)$, é

$$\vec{E}_{ext}(r)=\frac{Q}{4\pi\varepsilon_0 r^2}\hat{r}.$$

Para pontos internos, o intervalo de integração [0, *a*] deve ser dividido nos subintervalos [0, *r*] e [*r*, *a*]. Assim, a integração na equação (E2.5) fica:

$$V_{int}(r) = \frac{\rho_0}{2\varepsilon_0 r}\left\{\left[\int_0^r r'\left[|r+r'|-|r-r'|\right]dr'\right]+\left[\int_r^a r'\left[|r+r'|-|r-r'|\right]dr'\right]\right\}.$$

No intervalo $[0,r]$, temos $r' < r$, de modo que $|r+r'| = r+r'$ e $|r-r'| = (r-r')$. Por outro lado, no intervalo $[r,a]$, temos que $r' > r$, de modo que $|r+r'| = r+r'$ e $|r-r'| = -(r-r')$. Com essas considerações, temos:

$$V_{int}(r) = \frac{\rho_0}{2\varepsilon_0 r}\left[\left(\int_0^r 2r'^2 dr'\right)+\left(\int_r^a 2rr'dr'\right)\right].$$

Integrando, obtemos:

$$V_{int}(r) = \frac{\rho_0}{\varepsilon_0}\left[\frac{r^2}{3}+\frac{a^2-r^2}{2}\right] = \frac{\rho_0}{6\varepsilon_0}\left(3a^2-r^2\right).$$

O campo elétrico, calculado por $\vec{E}_{int}(r) = -\vec{\nabla}V_{int}(r)$, é:

$$\vec{E}_{int}(r) = \frac{\rho_0 r}{3\varepsilon_0}\hat{r} = \frac{Qr}{4\pi\varepsilon_0 a^3}\hat{r}.$$

A Figura 2.13 mostra o potencial elétrico e o campo elétrico em pontos internos (linhas tracejadas) e externos (linhas sólidas).

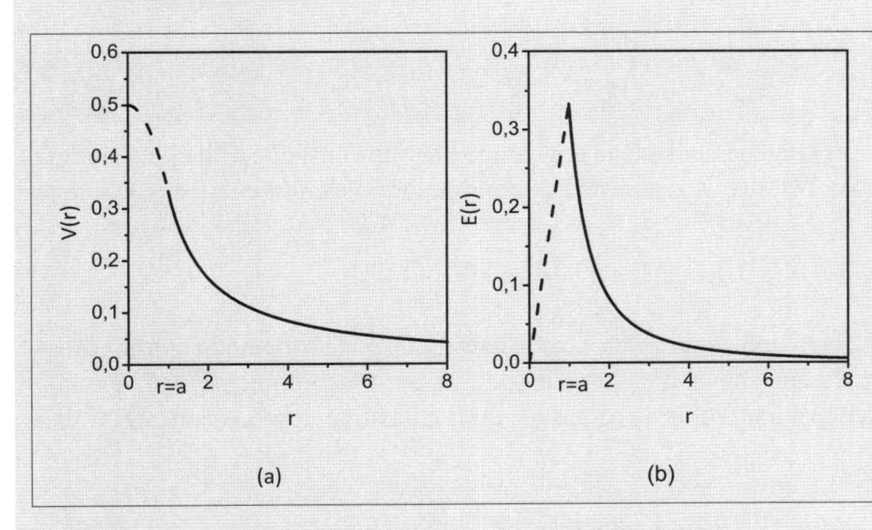

Figura 2.13 Potencial (a) e campo elétrico (b) gerados por cargas elétricas uniformemente distribuídas sobre um volume esférico de raio *a*. As linhas tracejadas (sólidas) representam os cálculos para pontos internos (externos).

A energia eletrostática pode ser calculada utilizando a relação $U = (1/2)\int \rho(\vec{r}\,')V_{int}(\vec{r}\,')dv'$. Usando a expressão para o potencial elétrico interno calculado anteriormente, temos:

$$U = \frac{1}{2}\int_0^a\int_0^{2\pi}\int_0^{\pi}\rho_0\left[\frac{\rho_0}{6\varepsilon_0}\left[3a^2-(r')^2\right]\right](r')^2 \operatorname{sen}\theta'\,dr\,d\theta'\,d\phi'.$$

Integrando e substituindo os limites de integração, obtemos:

$$U = \frac{\rho_0^2 4\pi}{12\varepsilon_0}\left[\frac{3a^2 r'^3}{3} - \frac{r'^5}{5}\right]_0^a = \frac{4\pi\rho_0^2 a^5}{15\varepsilon_0}.$$

A energia eletrostática também pode ser calculada usando a relação $U = (\varepsilon_0 / 2)\int E^2(r)dv$. Vale lembrar que esta integral é feita em um volume que engloba todo o espaço. Nesse caso, devemos separar a integração na variável r em dois intervalos: $[0,a]$ e $[a,\infty]$. Assim, temos que:

$$U = \frac{\varepsilon_0}{2}\left[\int_0^a\int_0^{2\pi}\int_0^{\pi} E_{int}^2 r^2 \operatorname{sen}\theta dr d\theta d\phi + \int_a^{\infty}\int_0^{2\pi}\int_0^{\pi} E_{ext}^2 r^2 \operatorname{sen}\theta dr d\theta d\phi\right].$$

Substituindo os valores do campo elétrico interno e externo, calculados anteriormente, temos:

$$U = \frac{\varepsilon_0}{2}\left[\int_0^a\int_0^{2\pi}\int_0^{\pi}\left[\frac{\rho_0 r}{3\varepsilon_0}\right]^2 r^2 \operatorname{sen}\theta dr d\theta d\phi + \int_a^{\infty}\int_0^{2\pi}\int_0^{\pi}\left[\frac{\rho_0 a^3}{3\varepsilon_0 (r')^2}\right]^2 r^2 \operatorname{sen}\theta dr d\theta d\phi\right].$$

A integral nas variáveis angulares é 4π. Integrando na variável r e substituindo os limites de integração, obtemos:

$$U = \frac{4\pi\rho_0^2}{18\varepsilon_0}\left[\frac{a^5}{5} + a^5\right] = \frac{4\pi\rho_0^2 a^5}{15\varepsilon_0}.$$

EXEMPLO 2.6

Um dipolo elétrico é colocado em uma região na qual existe um campo elétrico constante. Calcule a energia potencial elétrica adquirida pelo dipolo, a força de interação entre o dipolo e o campo elétrico, e o torque exercido pelo campo elétrico.

SOLUÇÃO

A Figura 2.14 mostra um dipolo elétrico em um campo elétrico constante, que pode ser gerado por um capacitor de placas paralelas. A força elétrica que atua sobre o dipolo pode ser escrita como $\vec{F} = \vec{F}_1 + \vec{F}_2$, em que $\vec{F}_1$ e $\vec{F}_2$ representam as forças elétricas que atuam sobre as cargas negativa e positiva, respectivamente. Como $\vec{F} = q\vec{E}$, temos que:

$$\vec{F} = q\vec{E}(\vec{r}_2) - q\vec{E}(\vec{r}_1)$$

em que $\vec{E}(\vec{r}_1)$ é o campo elétrico na posição da carga negativa e $\vec{E}(\vec{r}_2)$ é o campo elétrico na posição da carga positiva. Como o campo elétrico é constante, a força elétrica resultante que atua sobre o dipolo elétrico é nula.

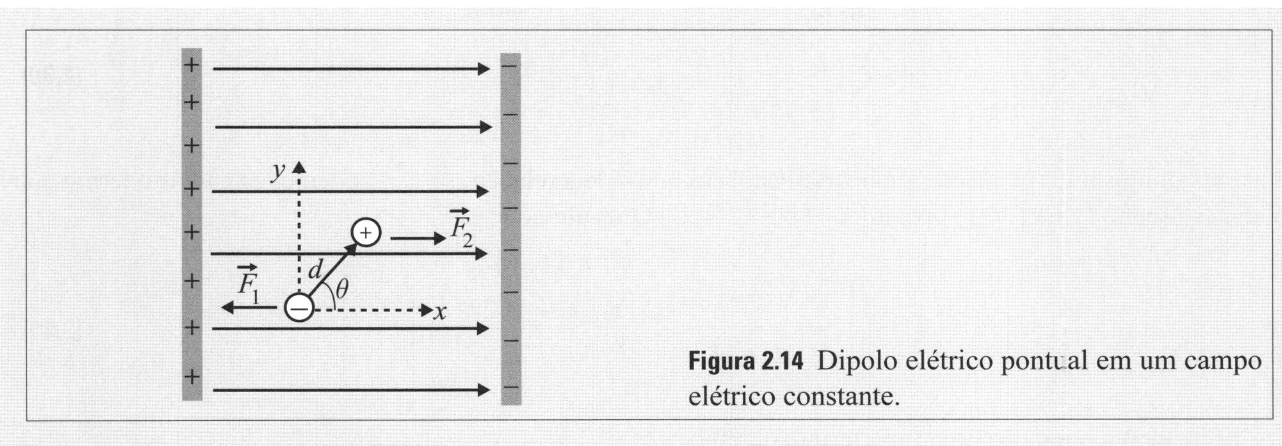

Figura 2.14 Dipolo elétrico pontual em um campo elétrico constante.

O torque que a força elétrica produz sobre o dipolo pode ser calculado pela relação $\vec{\tau} = \vec{r} \times \vec{F}$, em que $\vec{r}$ representa a posição das cargas elétricas em relação a uma origem fixa. Usando $\vec{F} = \vec{F}_1 + \vec{F}_2$, temos

$$\vec{\tau} = \vec{r}_1 \times \vec{F}_1 + \vec{r}_2 \times \vec{F}_2.$$

Colocando a origem do sistema de referência sobre a carga negativa temos que $\vec{r}_1 = 0$ e $\vec{r}_2 = \vec{d}$. Logo, o torque exercido sobre o dipolo elétrico é:

$$\vec{\tau} = q\vec{d} \times \vec{E}(\vec{r}_2) = \vec{p} \times \vec{E}(\vec{r}_2)$$

em que $\vec{p} = q\vec{d}$ é o momento de dipolo elétrico.

A energia potencial elétrica total adquirida pelo dipolo elétrico é $U = U_1 + U_2$, em que $U_1 = -qV(\vec{r}_1)$ e $U_2 = qV(\vec{r}_2)$ representam a energia potencial elétrica das cargas elétricas negativa e positiva, respectivamente. Como o campo elétrico é $\vec{E} = \hat{i}E_0$, temos que o potencial elétrico é $V(x) = -E_0 x$. Logo, a energia potencial do dipolo elétrico é:

$$U = -q\left(-E_0 x_1\right) + q\left(-E_0 x_2\right)$$

em que x_1 e x_2 representam as posições das cargas negativa e positiva. Pela Figura 2.14, $x_1 = 0$ e $x_2 = d\cos\theta$, em que θ é o ângulo entre o vetor $\vec{d}$ e o eixo x. Logo, a energia potencial elétrica é

$$U = -q\left(E_0 d \cos\theta\right).$$

Essa relação pode ser escrita na forma

$$U = -\vec{p} \cdot \vec{E}.$$

Note que essa energia potencial elétrica é mínima quando o momento de dipolo elétrico está paralelo ao campo elétrico.

Desta discussão, podemos concluir que: (1) Quando um dipolo elétrico é colocado em um campo elétrico constante, ele fica sujeito a um torque $\vec{\tau} = \vec{p} \times \vec{E}$ que tende a girá-lo. (2) Esse giro no eixo do dipolo elétrico é feito de tal forma a minimizar a sua energia potencial elétrica. Portanto, em presença de campo elétrico, o dipolo sofre uma rotação de modo a se alinhar com o sentido do campo elétrico aplicado.

2.7 Expansão Multipolar do Potencial Elétrico

Nesta seção, vamos determinar uma forma aproximada para o potencial escalar elétrico que vale para os casos nos quais o ponto de observação está bem afastado da distribuição de cargas elétricas. Para essa finalidade, vamos escrever o termo $|\vec{r} - \vec{r}\,'|^{-1}$, que aparece no denominador da equação do potencial elétrico, na forma:

$$|\vec{r}-\vec{r}'|^{-1}=r^{-1}\left[1-\frac{2\vec{r}\cdot\vec{r}'}{r^2}+\left(\frac{r'}{r}\right)^2\right]^{-1/2}. \tag{2.39}$$

Para pontos muito distantes da distribuição, em que vale a relação $r >> r'$, podemos expandir o termo entre colchetes usando $(1+x)^n = 1+nx+n(n-1)x^2/2!+\ldots$. O resultado é:

$$|\vec{r}-\vec{r}'|^{-1}=\frac{1}{r}\left\{1-\frac{1}{2}\left[\left(\frac{r'}{r}\right)^2-\frac{2\vec{r}\cdot\vec{r}'}{r^2}\right]+\frac{3}{8}\left[\left(\frac{r'}{r}\right)^2-\frac{2\vec{r}\cdot\vec{r}'}{r^2}\right]^2+\ldots\right\}. \tag{2.40}$$

Efetuando a operação no último termo, obtemos:

$$\begin{aligned}|\vec{r}-\vec{r}'|^{-1}=\frac{1}{r}\Bigg\{1-\frac{1}{2}\left[\left(\frac{r'}{r}\right)^2-\frac{2\vec{r}\cdot\vec{r}'}{r^2}\right]+\frac{3}{8}\Bigg[\left(\frac{r'}{r}\right)^4\\ +\frac{4(\vec{r}\cdot\vec{r}')^2}{r^4}-\frac{4\vec{r}\cdot\vec{r}'}{r^2}\left(\frac{r'}{r}\right)^2\Bigg]+\cdots\end{aligned} \tag{2.41}$$

Agrupando os termos semelhantes, temos:

$$|\vec{r}-\vec{r}'|^{-1}=\left\{\frac{1}{r}+\frac{\vec{r}\cdot\vec{r}'}{r^3}+\frac{1}{2}\left[\frac{3(\vec{r}\cdot\vec{r}')^2}{r^5}-\frac{(r')^2}{r^3}\right]+\cdots\right\}. \tag{2.42}$$

No caso mais geral, o produto escalar $(\vec{r}\cdot\vec{r}')^2$ pode ser escrito como $(\vec{r}\cdot\vec{r}')^2=\sum_{ij}(x_i x'_j)(x'_i x_j)$. Dessa forma, podemos escrever a expressão (2.42) como:

$$|\vec{r}-\vec{r}'|^{-1}=\left\{\frac{1}{r}+\frac{\vec{r}\cdot\vec{r}'}{r^3}+\frac{1}{2}\sum_{ij}\left[\frac{3(x_i x'_j)(x'_i x_j)}{r^5}-\frac{(r')^2\delta_{ij}(x_i x_j)}{r^5}\right]+\cdots\right\}. \tag{2.43}$$

Colocando o termo $x_i x_j / r^5$ em evidência, temos:

$$|\vec{r}-\vec{r}'|^{-1}=\left\{\frac{1}{r}+\frac{\vec{r}\cdot\vec{r}'}{r^3}+\frac{1}{2}\sum_{ij}\frac{x_i x_j}{r^5}\left[3x'_i x'_j-(r')^2\delta_{ij}\right]+\cdots\right\}. \tag{2.44}$$

Substituindo a relação (2.44) em (2.18), podemos escrever o potencial elétrico como:

$$\begin{aligned}V(\vec{r})=\frac{1}{4\pi\varepsilon_0}\overbrace{\int\rho(\vec{r}')dv'}^{Q}+\frac{\vec{r}}{4\pi\varepsilon_0 r^3}\cdot\overbrace{\int\vec{r}'\rho(\vec{r}')dv'}^{\vec{p}}+\\ +\frac{1}{4\pi\varepsilon_0}\frac{1}{2}\sum_{ij}\frac{x_i x_j}{r^5}\overbrace{\int\left[3x'_i x'_j-(r')^2\delta_{ij}\right]\rho(\vec{r}')dv'}^{Q_{ij}}+\cdots\end{aligned} \tag{2.45}$$

Note que este potencial escalar elétrico tem a forma:

$$V(\vec{r})=\frac{Q}{4\pi\varepsilon_0 r}+\frac{\vec{p}\cdot\vec{r}}{4\pi\varepsilon_0 r^3}+\frac{1}{4\pi\varepsilon_0}\frac{1}{2}\sum_{i=1}^{3}\sum_{j=1}^{3}\frac{x_i Q_{ij} x_j}{r^5}+\cdots \tag{2.46}$$

em que $Q=\int\rho(\vec{r}\,')dv'$ é a carga elétrica total, $\vec{p}=\int\vec{r}\,'\rho(\vec{r}\,')dv'$ é o momento de dipolo elétrico e $Q_{ij}=\int[3x_i'x_j'-(r')^2\delta_{ij}]\rho(\vec{r}\,')dv'$ representa as componentes do tensor quadrupolo elétrico.

No caso de uma distribuição discreta de cargas pontuais, em que a densidade de cargas elétricas é $\rho(\vec{r}\,')=\sum_i q_i\delta(\vec{r}-\vec{r}\,'')$, temos que a carga elétrica total é dada por $Q=\sum_{i=1}^{n}q_i$, o momento de dipolo elétrico por $\vec{p}=\sum_{i=1}^{n}q_i\vec{r}_i$ e as componentes do tensor quadrupolo elétrico por $Q_{ij}=\sum_{i=1}^{n}[3x_i'x_j'-(r')^2\delta_{ij}]q_i$.

Portanto, de acordo com a relação (2.45), podemos escrever o potencial elétrico como uma soma de vários termos que constituem os multipolos elétricos. O primeiro termo em (2.45) representa a contribuição do monopolo elétrico, o segundo termo a contribuição do dipolo elétrico, o terceiro termo a contribuição do quadrupolo elétrico e assim por diante.

Note que, se uma distribuição tem carga elétrica total nula, o potencial elétrico gerado por ela pode não ser nulo. Um exemplo é o dipolo elétrico formado por uma carga positiva e uma negativa. Nesse caso, a carga elétrica total é nula, mas o potencial elétrico não é nulo, porque a contribuição proveniente do termo de dipolo é diferente de zero.

Da definição do tensor quadrupolo elétrico, temos que $Q_{ij}=Q_{ji}$. Portanto, o tensor quadrupolo elétrico é simétrico. As componentes diagonais Q_{xx}, Q_{yy} e Q_{zz} são dadas por:

$$\begin{cases} Q_{xx}=\int\left[3x'x'-r'^2\right]\rho\left(\vec{r}\,'\right)dv' \\ Q_{yy}=\int\left[3y'y'-r'^2\right]\rho\left(\vec{r}\,'\right)dv'. \\ Q_{zz}=\int\left[3z'z'-r'^2\right]\rho\left(\vec{r}\,'\right)dv' \end{cases} \tag{2.47}$$

As componentes diagonais satisfazem à seguinte condição:

$$\begin{aligned} Q_{xx}+Q_{yy}+Q_{zz}=&\int\left[3x'x'-r'^2\right]\rho\left(\vec{r}\,'\right)dv'+\int\left[3y'y'-r'^2\right]\rho\left(\vec{r}\,'\right)dv' \\ &+\int\left[3z'z'-r'^2\right]\rho\left(\vec{r}\,'\right)dv'. \end{aligned} \tag{2.48}$$

Efetuando a algebra, temos:

$$Q_{xx}+Q_{yy}+Q_{zz}=\int\left[3(x'x'+y'y'+z'z')-3r'^2\right]\rho\left(\vec{r}\,'\right)dv'=0. \tag{2.49}$$

As componentes não diagonais são

$$\begin{cases} Q_{xy}=\int 3x'y'\rho\left(\vec{r}\,'\right)dv' \\ Q_{xz}=\int 3x'z'\rho\left(\vec{r}\,'\right)dv' \;. \\ Q_{yz}=\int 3y'z'\rho\left(\vec{r}\,'\right)dv'. \end{cases} \tag{2.50}$$

Na notação matricial, o tensor quadrupolo elétrico é escrito como:

$$Q = \begin{bmatrix} Q_{xx} & Q_{xy} & Q_{xz} \\ Q_{yx} & Q_{yy} & Q_{yz} \\ Q_{zx} & Q_{zy} & Q_{zz} \end{bmatrix}. \tag{2.51}$$

Utilizando a representação matricial do tensor quadrupolo elétrico, podemos escrever a relação (2.46) como:

$$V(\vec{r}) = \frac{Q}{4\pi\varepsilon_0 r} + \frac{\vec{p}\cdot\vec{r}}{4\pi\varepsilon_0 r^3} + \frac{1}{4\pi\varepsilon_0}.\frac{1}{2r^5}\left[\begin{pmatrix} x & y & z \end{pmatrix}\begin{pmatrix} Q_{xx} & Q_{xy} & Q_{xz} \\ Q_{yx} & Q_{yy} & Q_{yz} \\ Q_{zx} & Q_{zy} & Q_{zz} \end{pmatrix}\begin{pmatrix} x \\ y \\ z \end{pmatrix}\right]. \tag{2.52}$$

Efetuando a operação matricial, temos que:

$$V(\vec{r}) = \frac{1}{4\pi\varepsilon_0}\left[\frac{Q}{r} + \frac{\vec{p}\cdot\vec{r}}{4\pi\varepsilon_0 r^3} + \frac{1}{2r^5}\left(x^2 Q_{xx} + y^2 Q_{yy} + z^2 Q_{zz} + 2xyQ_{xy} + 2xzQ_{xz} + 2yzQ_{yz}\right)\right]. \tag{2.53}$$

Alternativamente, podemos expandir o potencial escalar elétrico como uma série envolvendo os polinômios de Legendre. Por simplicidade, vamos considerar que $\vec{r}\cdot\vec{r}\,' = rr'\cos\theta'$ e $(\vec{r}\cdot\vec{r}\,')^2 = (rr'\cos\theta')^2$. Substituindo esses resultados na relação (2.42), podemos escrever o termo $|\vec{r}-\vec{r}\,'|^{-1}$ na forma:

$$|\vec{r}-\vec{r}\,'|^{-1} = \frac{1}{r}\left\{\left(\frac{r'}{r}\right)^0 + \cos\theta'\left(\frac{r'}{r}\right) + \frac{1}{2}\left[3\cos^2\theta' - 1\right]\left(\frac{r'}{r}\right)^2 + \cdots\right\}. \tag{2.54}$$

Nessa expressão, θ' é o ângulo entre os vetores $\vec{r}$ e $\vec{r}\,'$. Os coeficientes dessa expansão em série de potências $\left(r'/r\right)$ são os polinômios de Legendre,[8] cujos primeiros termos são $P_0\left(\cos\theta'\right) = 1$; $P_1\left(\cos\theta'\right) = \cos\theta'$; $P_2\left(\cos\theta'\right) = \frac{1}{2}\left[3\cos^2\theta' - 1\right]$. Portanto, no limite $r >> r'$, o termo $|\vec{r}-\vec{r}\,'|^{-1}$ se escreve como:

$$|\vec{r}-\vec{r}\,'|^{-1} = \frac{1}{r}\left\{P_0\left(\cos\theta'\right)\left(\frac{r'}{r}\right)^0 + \left(\frac{r'}{r}\right)P_1\left(\cos\theta'\right) + P_2\left(\cos\theta'\right)\left(\frac{r'}{r}\right)^2 + \cdots\right\}. \tag{2.55}$$

De forma simplificada, temos:

$$|\vec{r}-\vec{r}\,'|^{-1} = \sum_{l=0}^{\infty}\frac{1}{r}\left(\frac{r'}{r}\right)^l P_l\left(\cos\theta'\right). \tag{2.56}$$

Substituindo (2.56) em (2.18), temos:

$$\boxed{V(\vec{r}) = \frac{1}{4\pi\varepsilon_0}\sum_{l=0}^{\infty}\int\frac{\left(r'\right)^l}{r^{l+1}}P_l\left(\cos\theta'\right)\rho(\vec{r}\,')dv'.} \tag{2.57}$$

[8] Veja mais detalhes sobre os polinômios de Legendre na Seção 3.6.2.

Essa expressão fornece o potencial escalar elétrico para pontos muito afastados da distribuição de cargas elétricas em que $r >> r'$. Escrevendo explicitamente, temos:

$$V(\vec{r}) = \frac{1}{4\pi\varepsilon_0}\left\{\frac{1}{r}\int \rho(\vec{r}\,')dv' + \frac{1}{r^2}\int r'\cos\theta'\rho(\vec{r}\,')dv' + \frac{1}{r^3}\int \frac{1}{2}\left[3\cos^2\theta' - 1\right](r')^2\rho(\vec{r}\,')dv'\right\}. \tag{2.58}$$

A equação anterior tem a forma:

$$V(\vec{r}) = \frac{Q}{4\pi\varepsilon_0 r} + \frac{\vec{p}\cdot\vec{r}}{4\pi\varepsilon_0 r^3} + \frac{1}{2}\frac{r^2 Q_{zz}}{4\pi\varepsilon_0 r^5} + \cdots. \tag{2.59}$$

O termo $|\vec{r} - \vec{r}\,'|^{-1}$ também pode ser expandido em uma série de potência de r / r' considerando a condição $r < r'$. Nesse caso, seguindo um procedimento análogo ao desenvolvido anteriormente, podemos escrever que

$$|\vec{r} - \vec{r}\,'|^{-1} = \sum_{l=0}^{\infty}\frac{1}{r'}\left(\frac{r}{r'}\right)^l P_l(\cos\theta'). \tag{2.60}$$

Substituindo essa relação em (2.18), temos que o potencial elétrico na condição em que $r < r'$ pode ser calculado por:

$$\boxed{V(\vec{r}) = \frac{1}{4\pi\varepsilon_0}\sum_{l=0}^{\infty}\int \frac{r^l}{(r')^{l+1}} P_l(\cos\theta')\rho(\vec{r}\,')dv'.} \tag{2.61}$$

2.8 Lei de Gauss

Tomando o divergente do campo elétrico dado em (2.10), temos:

$$\vec{\nabla}\cdot\vec{E}(\vec{r}) = \vec{\nabla}\cdot\left[\frac{1}{4\pi\varepsilon_0}\int \frac{\rho(\vec{r}\,')(\vec{r} - \vec{r}\,')}{|\vec{r} - \vec{r}\,'|^3}dv'\right]. \tag{2.62}$$

Invertendo a ordem do operador diferencial e integral e considerando que o operador $\vec{\nabla}$ atua nas coordenadas sem linha, temos:

$$\vec{\nabla}\cdot\vec{E}(\vec{r}) = \frac{1}{4\pi\varepsilon_0}\int \rho(\vec{r}\,')\vec{\nabla}\cdot\left[\frac{(\vec{r} - \vec{r}\,')}{|\vec{r} - \vec{r}\,'|^3}\right]dv'. \tag{2.63}$$

Usando a relação $\vec{\nabla}\cdot[(\vec{r} - \vec{r}\,')/|\vec{r} - \vec{r}\,'|^3] = 4\pi\delta(r - \vec{r}\,')$, mostrada no Exercício Resolvido 1.1, podemos escrever que:

$$\vec{\nabla}\cdot E(\vec{r}) = \frac{1}{4\pi\varepsilon_0}\int \rho(\vec{r}\,')4\pi\delta(\vec{r} - \vec{r}\,')dv'. \tag{2.64}$$

Pela relação (1.127), temos que $\int \rho(\vec{r}\,')\delta(\vec{r}-\vec{r}\,')dv' = 4\pi\rho(\vec{r})$. Portanto, o divergente do campo elétrico é dado por:

$$\vec{\nabla}\cdot\vec{E}(\vec{r}) = \frac{\rho(\vec{r})}{\varepsilon_0}. \tag{2.65}$$

Essa é a lei de Gauss[9] *na forma diferencial.*

Integrando esta equação no volume e aplicando o teorema do divergente, obtemos.

$$\oint E(\vec{r})\cdot d\vec{s} = \frac{Q}{\varepsilon_0} \tag{2.66}$$

em que Q representa a carga elétrica dentro da superfície na qual a integral é realizada. *Essa é a lei de Gauss na sua formulação integral.* Ela mostra que o fluxo do campo elétrico, gerado por uma densidade de cargas elétricas $\rho(\vec{r}\,')$ sobre uma superfície fechada, é proporcional à carga elétrica total contida no interior dessa superfície. Esse fato implica que: (1) uma carga elétrica (monopolo elétrico) gera um campo elétrico estático; (2) as linhas de campo gerado por distribuições de cargas elétricas cuja carga total é não nula são abertas, isto é, elas têm origem na densidade de cargas elétricas positivas e se estendem para longe dela ou o oposto, no caso de cargas elétricas negativas.

É importante enfatizar que a lei de Gauss tem validade completamente geral. Entretanto, ela facilita o cálculo do módulo do campo elétrico em problemas para os quais podemos traçar uma superfície (chamada de superfície gaussiana) em que valem as seguintes condições:

1) *O vetor campo elétrico $\vec{E}(\vec{r})$ é paralelo (mesmo sentido) ou antiparalelo (sentido oposto) ao vetor superfície $d\vec{s}$.*
2) *O módulo do campo elétrico é constante em todos os pontos sobre essa superfície.*

Vamos analisar essas condições e entender o princípio básico da simplificação do cálculo matemático. De modo geral, o produto escalar entre os vetores $\vec{E}(\vec{r})$ e $d\vec{s}$ é $E(\vec{r})ds\cos\theta$, em que θ é o ângulo entre eles. No caso particular, em que a condição 1 é satisfeita temos que $\theta = 0$ (ou $\theta = \pi$), de modo que o produto escalar entre o vetores $\vec{E}$ e $d\vec{s}$ é $E(\vec{r})ds$ [ou $-E(\vec{r})ds$]. Assim, a lei de Gauss se escreve como $\oint E(\vec{r})ds = Q/\varepsilon_0$. No caso em que o campo elétrico é constante sobre a superfície de integração (condição 2), o módulo do campo elétrico pode ser retirado do símbolo de integral, de modo que a equação integral da lei de Gauss se reduz a $E(\vec{r})\oint ds = Q/\varepsilon_0$. Efetuando a integração, obtemos que o módulo do campo elétrico é dado por $E(\vec{r}) = Q/\varepsilon_0 s$, em que s é a área da superfície gaussiana considerada. Para uma ilustração de cálculo, veja o Exemplo 2.7.

EXEMPLO 2.7

Utilize a lei de Gauss para determinar o módulo do campo elétrico gerado por um conjunto de cargas elétricas uniformemente distribuídas sobre um volume esférico de raio "a".

[9] Johann Carl Friedrich Gauss (30/4/1777-23/2/1855), matemático e físico alemão.

SOLUÇÃO

Primeiramente, é necessário traçar uma superfície gaussiana que contenha o ponto no espaço em que o campo elétrico deve ser determinado. Para esse problema, a superfície gaussiana que satisfaz as condições (1) e (2) discutidas na seção anterior é uma casca esférica concêntrica com a distribuição de cargas, conforme mostra a Figura 2.15. Nesta figura, a esfera sólida cinza representa a distribuição de cargas elétricas, enquanto as curvas tracejadas representam as superfícies gaussianas interna e externa.

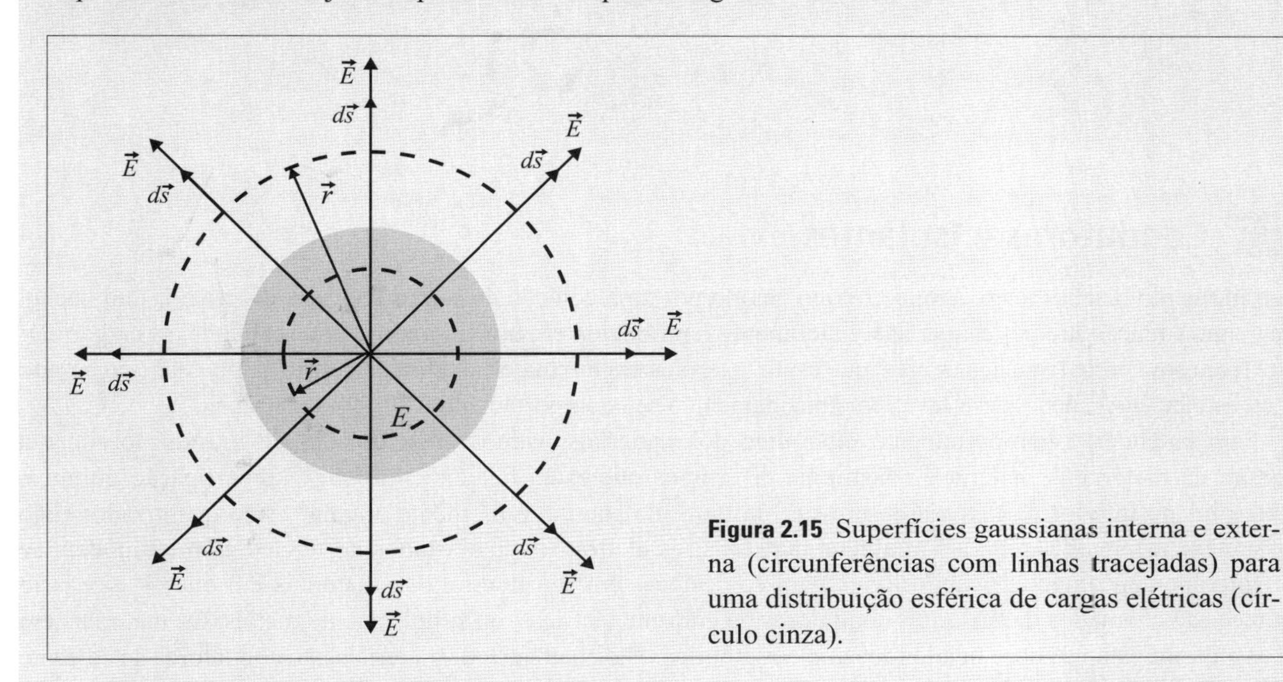

Figura 2.15 Superfícies gaussianas interna e externa (circunferências com linhas tracejadas) para uma distribuição esférica de cargas elétricas (círculo cinza).

Aplicando a lei de Gauss para a superfície gaussiana externa, temos que o módulo do campo elétrico é:

$$E_{ext}(r) = \frac{Q_{ext}}{\varepsilon_0 s}$$

em que $s = 4\pi r^2$ é a área da superfície gaussiana esférica. No caso de pontos externos, a carga elétrica contida no interior da superfície gaussiana é a própria carga elétrica total (Q_0) contida na esfera. Assim, o módulo do campo elétrico em pontos externos à distribuição de cargas é:

$$E_{ext}(r) = \frac{Q_0}{4\pi\varepsilon_0 r^2}.$$

Aplicando a lei de Gauss para a superfície gaussiana interna, temos que o módulo do campo elétrico para pontos internos é dado por:

$$E_{int}(r) = \frac{Q_{int}}{4\pi\varepsilon_0 r^2}.$$

Nesse caso, a carga elétrica interna, que não é a carga total, depende do ponto de observação. É conveniente escrevê-la em termos da carga elétrica total ou da densidade de carga. A carga elétrica contida na superfície gaussiana interna de raio r é dada por $Q_{int} = \int \rho(\vec{r})dv = 4\rho_0 \pi r^3 / 3$. Substituindo essa relação na equação anterior, temos:

$$E_{int}(r) = \frac{\rho_0 r}{3\varepsilon_0}.$$

Essa expressão pode ser escrita em termos da carga elétrica total Q_0. Para isso, substituímos a relação $\rho_0 = 3Q_0 / 4\pi a^3$ na equação anterior, de modo que o módulo do campo elétrico em pontos internos pode ser escrito como:

$$E_{int}(r) = \frac{Q_0}{4\pi\varepsilon_0 a^3}.$$

2.9 Condutores e Isolantes

Até o momento discutimos o campo elétrico gerado por uma coleção de cargas elétricas distribuídas no vácuo. Esta é uma situação hipotética que não é facilmente reproduzida em um laboratório. Na realidade, as cargas elétricas (elétrons) pertencem aos átomos que estão inseridos em um material. Para discutir o campo elétrico gerado por esses elétrons, é necessário levar em consideração o seu comportamento.

Para entender o comportamento eletrônico dos materiais, vamos fazer uma breve introdução sobre a estrutura da matéria. A matéria é constituída de átomos que estão ligados entre si por uma ligação química. Os elétrons no interior da matéria descrevem órbitas cuja energia e momento angular estão quantizados (isto é, assumem valores discretos). Em alguns materiais, os elétrons mais afastados do núcleo atômico podem se desligar espontaneamente, ficando livres para se deslocar em seu interior. Os materiais em que esse cenário acontece são chamados de materiais condutores de corrente elétrica[10] ou simplesmente metais. Os materiais em que os elétrons estão sempre ligados aos núcleos atômicos são chamados de materiais não condutores de corrente elétrica, ou materiais isolantes.

Do ponto de vista microscópico, existe uma diferença conceitual entre o campo elétrico estático gerado por um material condutor e um material isolante. Em presença de um campo elétrico externo, as cargas elétricas livres no interior do material condutor se movimentam até atingir a condição de equilíbrio estático, no qual não há forças atuando sobre elas. Portanto, em condições eletrostáticas (cargas elétricas em repouso), a força elétrica e, consequentemente, o campo elétrico no interior de um condutor são nulos. Como o campo elétrico é o gradiente do potencial elétrico, podemos concluir que o potencial elétrico no interior do condutor é constante e igual ao valor na superfície. Isso implica que a superfície de um material condutor é uma superfície de potencial elétrico constante.

Como o campo elétrico interno é nulo, a lei de Gauss nos permite afirmar que não existem cargas elétricas no interior do condutor. Logo, podemos concluir que elas estão distribuídas sobre sua superfície. Para calcular o campo elétrico sobre a superfície do condutor, devemos tomar uma gaussiana coincidente com ela. Nesse caso, de acordo com a lei de Gauss, o campo elétrico é $E(r) = \sigma / \varepsilon_0$, em que $\sigma = Q / s$ é a densidade de cargas elétricas na superfície.

Nos materiais não condutores os elétrons estão fortemente ligados aos átomos, de modo que não existem cargas elétricas livres para a condução de corrente elétrica. Entretanto, esses materiais podem gerar campo elétrico devido aos seus momentos de dipolos elétricos. Na realidade, o campo elétrico gerado por um material não condutor depende de sua polarização elétrica, que é a média dos momentos de dipolos por unidade de volume. Esse campo elétrico será tratado em detalhes no Capítulo 4.

A breve discussão nesta seção mostra que um material condutor é excelente para acumular cargas elétricas em sua superfície. A quantidade de cargas elétricas acumuladas na superfície de um condutor depende de alguns

[10] Uma discussão sobre corrente elétrica pode ser vista na Seção 5.2.

fatores. Para uma discussão qualitativa desse fato vamos considerar um esfera condutora de raio a com uma carga elétrica Q. De acordo com a lei de Coulomb, o potencial elétrico gerado por ela é dado por $V(r) = Q / 4\pi\varepsilon_0 r$. Sobre sua superfície, o potencial é: $V(a) = Q / 4\pi\varepsilon_0 a$. Essa expressão pode ser escrita na forma $Q = [4\pi\varepsilon_0 a]V(a)$, em que o termo entre colchetes é a capacitância. Ela mostra que a quantidade de cargas elétricas acumuladas na superfície de uma esfera condutora depende do seu raio e do potencial aplicado na sua superfície.

Essa propriedade que os condutores tem de armazenar cargas elétricas em sua superfície tem algumas consequências importantes. Por exemplo, os condutores são ideais para construir capacitores, para-raios, fazer blindagem eletrostática e construir geradores elétricos do tipo Van der Graaff. Na próxima seção, é feita uma breve introdução ao estudo dos capacitores. Aos leitores interessados em detalhes sobre outras aplicações dos materiais condutores recomendamos a leitura de textos específicos.

2.10 Capacitores

Vamos considerar um sistema formado por dois condutores com cargas elétricas Q_1 e Q_2. O potencial elétrico na superfície do condutor 1 é proporcional à carga elétrica distribuída em sua própria superfície e à carga elétrica distribuída na superfície do segundo condutor. O mesmo argumento se aplica ao segundo condutor. Portanto, podemos escrever que o potencial elétrico na superfície do condutor 1 (V_1) e o potencial elétrico na superfície do condutor 2 (V_2) são

$$\begin{aligned} V_1 &= \alpha_{11}Q_1 + \alpha_{12}Q_2 \\ V_2 &= \alpha_{21}Q_1 + \alpha_{22}Q_2 \end{aligned} \tag{2.67}$$

em que são α_{ij} as constantes de proporcionalidade. A diferença de potencial elétrico $\Delta V = V_1 - V_2$ entre as superfícies dos condutores é dada por:

$$\Delta V = \left[(\alpha_{11}Q_1 + \alpha_{12}Q_2) - (\alpha_{21}Q_1 + \alpha_{22}Q_2)\right]. \tag{2.68}$$

No caso particular em que as cargas elétricas acumuladas nas superfícies dos condutores têm o mesmo módulo, mas sinais contrários, isto é, $Q_1 = Q$ e $Q_2 = -Q$, e considerando $\alpha_{12} = \alpha_{21}$, temos que:

$$\Delta V = [\alpha_{11} + \alpha_{22} - 2\alpha_{12}]Q. \tag{2.69}$$

Invertendo esta equação, podemos escrever a carga total em função da diferença de potencial entre os condutores. Assim, temos que:

$$Q = C\Delta V. \tag{2.70}$$

em que $C = (\alpha_{11} + \alpha_{22} - 2\alpha_{12})^{-1}$ é a capacitância do sistema. Este tipo de arranjo formado por dois condutores com cargas elétricas de mesmo módulo e sinais opostos é chamado de capacitor. Da relação anterior, podemos determinar a capacitância em termos da carga elétrica acumulada e da diferença de potencial elétrico, isto é, $C = Q / \Delta V$.

Como um exemplo, vamos determinar a capacitância de um capacitor de placas paralelas. Por simplicidade, vamos considerar que as placas do capacitor estão paralelas ao plano xy localizadas em $z = 0$ (placa positiva) e $z = d$ (placa negativa). De acordo com a lei de Gauss, o campo elétrico gerado pela placa positiva é $\vec{E} = (\sigma / 2\varepsilon_0)\hat{k}$ e o campo elétrico gerado pela placa negativa é $\vec{E} = (-\sigma / 2\varepsilon_0)\hat{k}$. Portanto, o campo elétrico na região entre as placas do capacitor é dado por $\vec{E} = (\sigma / \varepsilon_0)\hat{k}$ e o potencial elétrico é $V = -(\sigma / \varepsilon_0)z$. A diferença de potencial elétrico entre as placas condutoras é dada por $\Delta V = (\sigma / \varepsilon_0)d$. A capacitância, calculada por $C = Q / \Delta V$, é $C = Q\varepsilon_0 / \sigma d$.

Usando o fato de que a carga elétrica total sobre as placas é $Q = \sigma s$, em que s é a área das placas, podemos escrever a capacitância de um capacitor de placas paralelas como $C = \varepsilon_0 s / d$.

2.10.1 Associação de Capacitores

Capacitores são utilizados em circuitos elétricos nos quais podem ser combinados em uma associação em série ou paralelo. Em uma associação em série, cada capacitor possui a mesma carga elétrica e diferentes diferença de potencial. Portanto, a lei integral $\oint \vec{E} \cdot d\vec{l} = 0$ para uma associação de n capacitores em série é $\int \vec{E}_f \cdot d\vec{l}_f + \int \vec{E}_1 \cdot d\vec{l}_1 + \int \vec{E}_2 \cdot d\vec{l}_2 + ... \int \vec{E}_n \cdot d\vec{l}_n = 0$. O termo $\int \vec{E}_f \cdot d\vec{l}_f$ representa a diferença de potencial fornecida pela bateria, enquanto o termo $\int \vec{E}_n \cdot d\vec{l}_n$ representa a diferença de potencial sobre o n-ésimo capacitor. Portanto, podemos escrever que a soma da queda de potencial elétrico em cada um dos capacitores (ΔV_i) deve ser igual à diferença de potencial ΔV fornecida pela fonte externa (bateria). Esta é a conhecida lei das malhas de Kirchhoff para circuitos elétricos, que é escrita matematicamente na forma:

$$\Delta V = \Delta V_1 + \Delta V_2 + ... \Delta V_n. \quad \textbf{(2.71)}$$

Usando a relação $\Delta V_i = Q_i / C_i$ podemos escrever a equação anterior na forma:

$$\Delta V = \frac{Q_1}{C_1} + \frac{Q_2}{C_2} + ... \frac{Q_n}{C_n}. \quad \textbf{(2.72)}$$

Como a carga elétrica acumulada em cada capacitor é a mesma, ou seja, $Q_1 = Q_2 = Q_n = Q$, podemos escrever que:

$$\frac{\Delta V}{Q} = \frac{1}{C_1} + \frac{1}{C_2} + ... \frac{1}{C_n}. \quad \textbf{(2.73)}$$

Como $\Delta V / Q = 1 / C$, temos que:

$$\frac{1}{C} = \frac{1}{C_1} + \frac{1}{C_2} + ... \frac{1}{C_n}. \quad \textbf{(2.74)}$$

Essa relação mostra que um circuito elétrico formado pela associação em série de capacitores pode ser substituído por um circuito equivalente de um único capacitor, cuja capacitância é determinada pela relação (2.74).

Em um circuito formado pela associação de capacitores em paralelo, a diferença de potencial elétrico é a mesma em todos os capacitores. Entretanto, a carga elétrica total é a soma das cargas elétricas acumuladas em cada capacitor:

$$Q = Q_1 + Q_2 + ... Q_n. \quad \textbf{(2.75)}$$

Usando $Q_i = C_i \Delta V_i$, podemos reescrever a equação anterior na forma:

$$Q = C_1 \Delta V_1 + C_2 \Delta V_2 + ... C_n \Delta V_n. \quad \textbf{(2.76)}$$

Como a diferença de potencial em cada capacitor é a mesma, isto é, $\Delta V_1 = \Delta V_2 = \Delta V_n = \Delta V$, a equação anterior pode ser reescrita na forma:

$$\frac{Q}{\Delta V} = C_1 + C_2 + \dots C_n. \tag{2.77}$$

Usando a relação $Q / \Delta V = C$, obtemos:

$$C = C_1 + C_2 + \dots C_n. \tag{2.78}$$

Portanto, um circuito elétrico formado por uma associação de capacitores em paralelo pode ser substituído por um circuito equivalente formado por um único capacitor, cuja capacitância é dada pela relação (2.78).

2.11 Exercícios Resolvidos

EXERCÍCIO 2.1

Determine o campo elétrico gerado por um dipolo elétrico pontual.

SOLUÇÃO

De acordo com a relação (2.59), o potencial gerado por um dipolo elétrico é:

$$V(\vec{r}) = \frac{\vec{p} \cdot \vec{r}}{4\pi\varepsilon_0 r^3}$$

em que $\vec{p} = q\vec{d}$ é o momento de dipolo elétrico, sendo "d" a separação entre as cargas elétricas. Por simplicidade, vamos colocar o dipolo elétrico sobre o eixo z. Neste caso, em que $\vec{p} = p\hat{k}$, temos:

$$V(r,\theta) = \frac{p\cos\theta}{4\pi\varepsilon_0 r^2}.$$

O campo elétrico, calculado por $\vec{E}(r,\theta) = -\hat{r}\partial V(r,\theta) / \partial r - \hat{\theta}(1/r)\partial V(r,\theta) / \partial\theta$, é:

$$\vec{E}(r,\theta) = \hat{r}\frac{2p\cos\theta}{4\pi\varepsilon_0 r^3} + \hat{\theta}\frac{p\,\text{sen}\,\theta}{4\pi\varepsilon_0 r^3}.$$

Somando e subtraindo $\hat{r}p\cos\theta$ no numerador, temos:

$$\vec{E}(r,\theta) = \hat{r}\frac{3p\cos\theta}{4\pi\varepsilon_0 r^3} + \frac{p\left(\hat{\theta}\,\text{sen}\,\theta - \hat{r}\cos\theta\right)}{4\pi\varepsilon_0 r^3}.$$

Usando a relação $\hat{k} = -(\hat{\theta}\,\text{sen}\,\theta - \hat{r}\cos\theta)$ e $p\cos\theta = \vec{p} \cdot \hat{r}$, podemos escrever que:

$$\vec{E}(\vec{r}) = \frac{3(\vec{p} \cdot \hat{r})\hat{r}}{4\pi\varepsilon_0 r^3} - \frac{\vec{p}}{4\pi\varepsilon_0 r^3}.$$

Usando o vetor unitário $\hat{r} = \vec{r} / |\vec{r}|$, temos:

$$\vec{E}(\vec{r}) = \frac{1}{4\pi\varepsilon_0}\left[\frac{3(\vec{p}\cdot\vec{r})\vec{r}}{r^5} - \frac{\vec{p}}{r^3}\right].$$

Esse resultado também pode ser obtido fazendo a expansão da equação (2.7). Essa tarefa está proposta no Exercício Complementar 13.

EXERCÍCIO 2.2

Calcule o potencial elétrico gerado por uma casca esférica metálica de raio a com uma densidade superficial constante de cargas elétricas.

SOLUÇÃO

Para uma densidade superficial de cargas elétricas, o potencial elétrico pode ser calculado por:

$$V(\vec{r}) = \frac{1}{4\pi\varepsilon_0}\int \frac{\sigma(\vec{r}\,')ds'}{|\vec{r} - \vec{r}\,'|}$$

Por simplicidade, vamos colocar a origem do sistema de coordenadas no centro da casca esférica, conforme mostra a Figura 2.16.

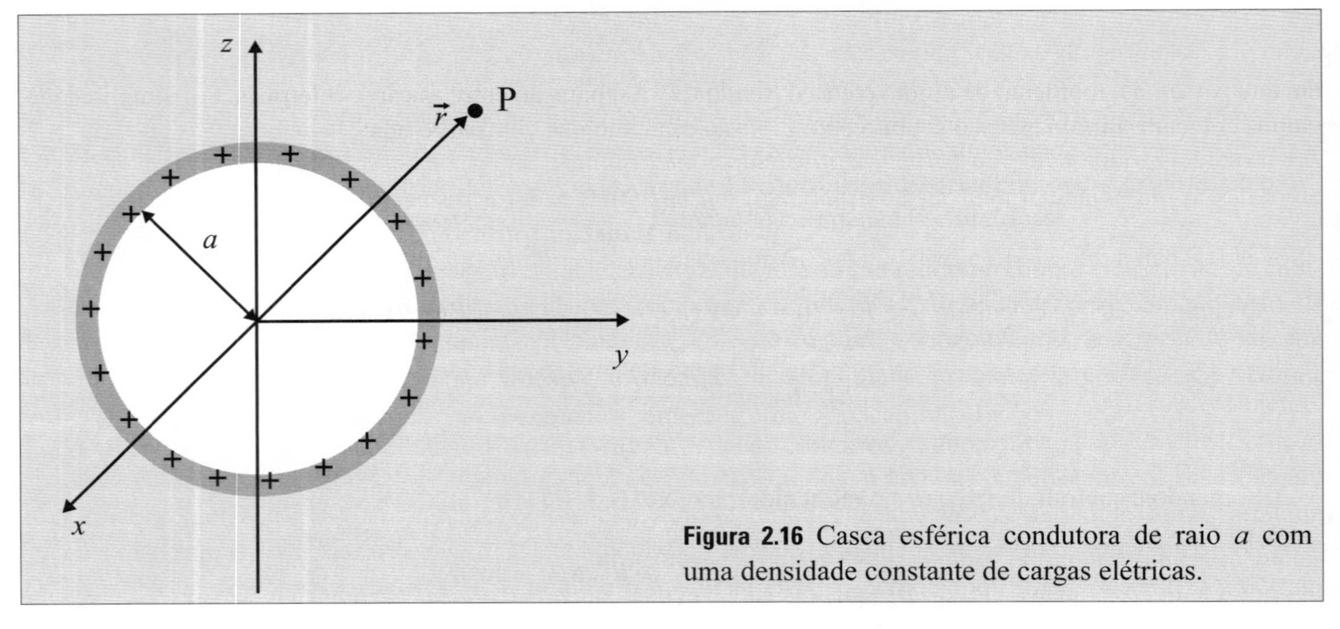

Figura 2.16 Casca esférica condutora de raio a com uma densidade constante de cargas elétricas.

Para a casca esférica, $\vec{r}\,' = a\hat{r}$, de modo que $|\vec{r} - \vec{r}\,'| = \left(r^2 - 2ra\cos\theta' + a'^2\right)^{1/2}$ e $ds' = a^2 \operatorname{sen}\theta' d\theta' d\phi'$. A simetria dessa densidade de cargas elétricas é equivalente àquela de uma coleção de cargas elétricas distribuídas em um volume esférico, discutido no Exemplo 2.5. Portanto, utilizando os mesmos argumentos de simetria daquele exemplo, temos que o potencial elétrico gerado pela casca esférica em um ponto qualquer é:

$$V(r)=\frac{\sigma_0}{4\pi\varepsilon_0}\int_0^{2\pi}\int_0^{\pi}\frac{a^2\,\mathrm{sen}\,\theta' d\theta' d\phi'}{\left(r^2+a^2-2ra\cos\theta'\right)^{1/2}}.$$

A integral na variável ϕ' é igual a 2π. Assim, temos que:

$$V(r)=\frac{\sigma_0 a^2}{2\varepsilon_0}\left[\int_0^{\pi}\frac{\mathrm{sen}\,\theta' d\theta'}{\left(r^2+a^2-2ra\cos\theta'\right)^{1/2}}\right].$$

Para efetuar a integração na variável θ', vamos fazer a seguinte mudança de variável $u^2=r^2+a^2-2ra\cos\theta'$ de modo que $udu=ra\,\mathrm{sen}\,\theta' d\theta'$. Assim, temos que:

$$V(r)=\frac{\sigma_0 a}{2\varepsilon_0 r}\left[\int_{\sqrt{r^2+a^2-2ra}}^{\sqrt{r^2+a^2+2ra}} du\right].$$

Efetuando a integral e substituindo os limites de integração, temos:

$$V(r)=\frac{\sigma_0 a}{2\varepsilon_0 r}\left[\left(r^2+a^2+2ra\right)^{1/2}-\left(r^2+a^2-2ra\right)^{1/2}\right].$$

O primeiro termo entre parênteses é $|r+a|$, enquanto o segundo termo é $|r-a|$. Portanto, podemos reescrever a equação anterior como:

$$V(r)=\frac{\sigma_0 a}{2\varepsilon_0 r}\left[|r+a|-|r-a|\right]. \tag{R2.1}$$

Para pontos internos, r é sempre maior do que o raio a, de modo que as funções modulares que aparecem na equação (R2.1) são $|r+a|=r+a$ e $|r-a|=r-a$. Substituindo essas relações em (R2.1), temos que o potencial elétrico para pontos externos é:

$$V_{ext}(r)=\frac{\sigma_0 a^2}{\varepsilon_0 r}.$$

Essa relação pode ser escrita na forma $V_{ext}(r)=Q/4\pi\varepsilon_0 r$, em que $Q=4\pi a^2\sigma_0$ é a carga elétrica total. O campo elétrico, calculado por $\vec{E}_{ext}(r)=-\vec{\nabla}V_{ext}(r)$, é:

$$\vec{E}_{ext}(r)=\frac{Q}{4\pi\varepsilon_0 r^2}\hat{r}.$$

Para pontos internos, em que $r<a$, temos que $|r+a|=r+a$ e $|r-a|=-(r-a)$. Substituindo essas relações em (R2.1), obtemos:

$$V_{int}(r)=\frac{\sigma_0 a}{\varepsilon_0}.$$

Note que o potencial elétrico interno é constante e tem o mesmo valor do potencial externo na superfície da casca esférica. Logo, o campo elétrico no interior da casca esférica, obtido tomando o gradiente do potencial interno, é nulo. Essa conclusão poderia ser obtida facilmente com a análise da lei de Gauss (veja o Exercício Resolvido 2.4).

EXERCÍCIO 2.3

Calcule o potencial elétrico gerado por uma casca esférica não condutora de raio externo "a" e raio interno "b" contendo uma densidade de cargas elétricas constante.

SOLUÇÃO

Neste problema, as cargas elétricas estão distribuídas no volume de uma casca esférica de raio interno b e raio externo a, conforme mostra a Figura 2.17. Usando a relação (2.18) e seguindo o procedimento utilizado no exercício anterior, temos que o potencial elétrico gerado por essa casca esférica pode ser obtido a partir da relação (R2.1), em que a densidade superficial σ_0 é substituída pela densidade volumétrica ρ_0 e o raio a pela variável r', cuja integração deve ser feita no intervalo $[b, a]$.

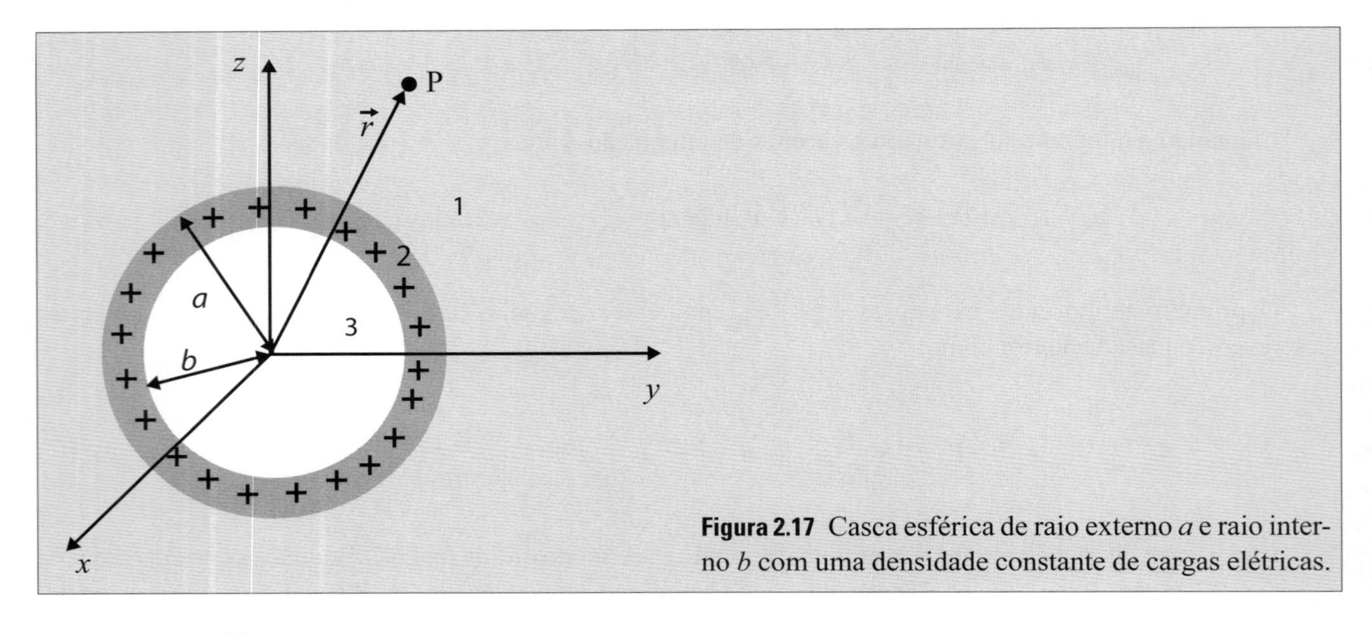

Figura 2.17 Casca esférica de raio externo a e raio interno b com uma densidade constante de cargas elétricas.

Com essas considerações, temos que:

$$V(r) = \frac{\rho_0}{2\varepsilon_0 r} \int_b^a r' [|r + r'| - |r - r'|] dr'. \tag{R2.2}$$

Para a região 1 mostrada na Figura 2.17, em que $r > a$, temos que r é sempre maior do que r'. Neste caso, as funções modulares que aparecem na relação (R2.2) são $|r + r'| = r + r'$ e $|r - r'| = r - r'$. Dessa forma, o potencial elétrico nesta região é:

$$V_1(r) = \frac{\rho_0}{\varepsilon_0 r} \int_b^a r'^2 dr'.$$

Integrando, temos:

$$V_1(r) = \frac{\rho_0}{3\varepsilon_0 r} \left[a^3 - b^3 \right].$$

Essa equação pode ser escrita em termos da carga elétrica total. De fato, multiplicando por $4\pi / 4\pi$, obtemos:

$$V_1(r) = \frac{Q}{4\pi\varepsilon_0 r}$$

em que $Q = 4\pi\left(a^3 - b^3\right)\rho_0 / 3$ é a carga elétrica total contida na casca esférica. O campo elétrico é obtido tomando o gradiente desse potencial.

Para pontos sobre distribuição de cargas elétricas (região 2 na Figura 2.17), em que $b < r < a$, devemos dividir o intervalo de integração em dois subintervalos: $[b,r]$ e $[r,a]$. Assim, a integração da relação (R2.2) fica:

$$V_2(r) = \frac{\rho_0}{2\varepsilon_0 r}\left\{\left[\int_b^r r'\left[|r+r'| - |r-r'|\right]dr'\right] + \left[\int_r^a r'\left[|r+r'| - |r-r'|\right]dr'\right]\right\}$$

No intervalo $[b,r]$, temos que $r' < r$, de modo que $|r+r'| = r+r'$ e $|r-r'| = (r-r')$. No segundo intervalo $[r,a]$, temos $r' > r$, de modo que $|r+r'| = r+r'$ e $|r-r'| = -(r-r')$. Com essas considerações, a relação anterior se reduz a:

$$V_2(r) = \frac{\rho_0}{2\varepsilon_0 r}\left\{\left[\int_b^r 2r'^2 dr'\right] + \left[\int_r^a 2rr' dr'\right]\right\}.$$

Integrando e substituindo os limites de integração, temos:

$$V_2 = \frac{\rho_0}{\varepsilon_0}\left\{\left[\frac{r^3}{3r} - \frac{b^3}{3r}\right] + \left[\frac{a^2 - r^2}{2}\right]\right\}.$$

O campo elétrico é obtido como o gradiente desse potencial.

Para pontos internos à distribuição de cargas elétricas (região 3 na Figura 2.17), temos que $r < b$. Nesse caso, r é sempre menor que r', de modo que $|r+r'| = r+r'$ e $|r-r'| = -\left(r-r'\right)$. Substituindo essas relações em (R2.2), temos:

$$V_3(r) = \frac{\rho_0}{2\varepsilon_0 r}\left[\int_b^a r'\left[r + r' + r - r'\right]dr'\right].$$

Integrando e substituindo os limites de integração, obtemos:

$$V_3(r) = \frac{\rho_0}{2\varepsilon_0}\left(a^2 - b^2\right).$$

Note que o potencial elétrico $V_3(r)$ é constante. Logo, o campo elétrico no interior da casca esférica é nulo.

EXERCÍCIO 2.4

Utilize a lei de Gauss para discutir qualitativamente o campo elétrico gerado por uma casca esférica não condutora de raio a com densidade superficial de cargas elétricas dada por: (a) $\sigma(\vec{r}\,') = \sigma_0$ e (b) $\sigma(\vec{r}\,') = \sigma_0 \cos\theta'$.

SOLUÇÃO

Primeiramente, vamos considerar o caso da densidade de cargas elétricas constante. Para calcular o módulo do campo elétrico em pontos externos, escolhemos a superfície gaussiana, conforme mostra a Figura 2.18(a).

Pela simetria do problema, o vetor campo elétrico e o vetor superfície são paralelos, de modo que podemos escrever:

$$\oint E(\vec{r})ds = \frac{Q}{\varepsilon_0}.$$

Além disso, o campo elétrico é constante sobre toda a superfície gaussiana, uma vez que ele depende somente da coordenada r. Nesse caso, podemos colocar o campo elétrico à esquerda do símbolo de integração, de modo que o módulo do campo elétrico para pontos externos à casca esférica é $E(r) = Q / \varepsilon_0 s$, em que s é a área da superfície gaussiana. Usando $s = 4\pi r^2$, temos que $E(\vec{r}) = Q / 4\pi\varepsilon_0 r^2$.

Agora, vamos discutir o campo em pontos internos. Como a carga elétrica está localizada na superfície da casca esférica, temos que a carga elétrica contida na superfície gaussiana interna é nula [veja a Figura 2.18 (a)]. Então, de acordo com a lei de Gauss, temos que:

$$\oint \vec{E}(\vec{r})d\vec{s} = 0.$$

Como o campo elétrico interno apresenta a mesma simetria do campo externo, podemos considerá-lo constante e retirá-lo da integral, de modo que $E(\vec{r})\oint ds = 0$. Essa equação nos permite concluir que o campo elétrico em pontos internos é nulo.

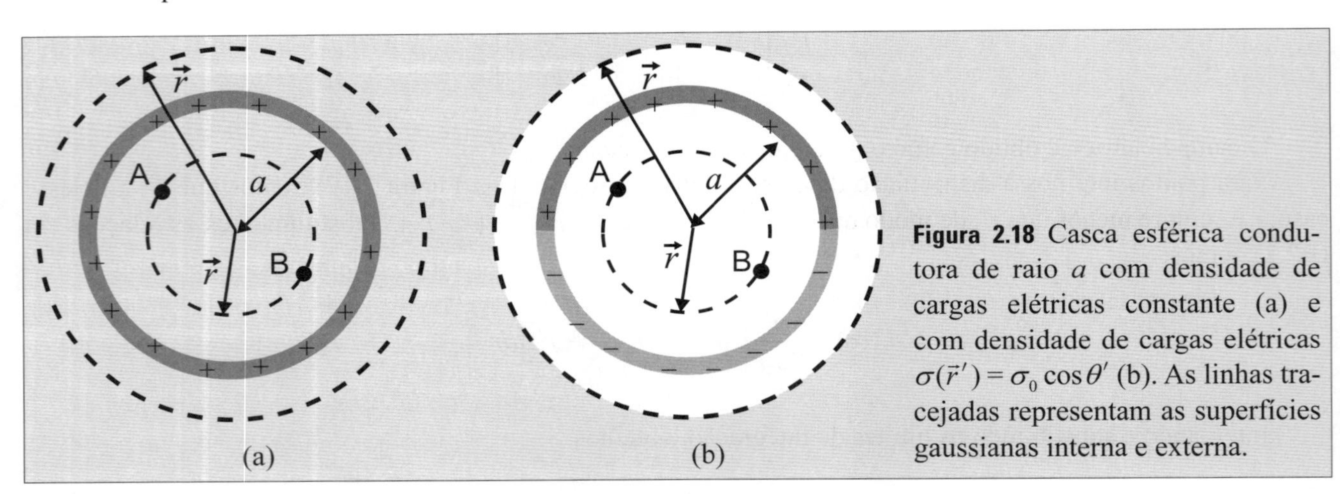

Figura 2.18 Casca esférica condutora de raio a com densidade de cargas elétricas constante (a) e com densidade de cargas elétricas $\sigma(\vec{r}\,') = \sigma_0 \cos\theta'$ (b). As linhas tracejadas representam as superfícies gaussianas interna e externa.

Para calcular o módulo do campo elétrico no caso em que a densidade de cargas elétricas é dada por $\sigma(\vec{r}\,') = \sigma_0 \cos\theta'$, também escolhemos como superfícies gaussianas as cascas esféricas concêntricas, conforme mostra a Figura 2.18(b). Como a densidade de cargas elétricas depende do ângulo θ, podemos esperar que o campo elétrico também dependa desse ângulo. Dessa forma, não sabemos *a priori* (ou pelo menos é difícil intuir) a direção e sentido do campo elétrico. Logo, o produto escalar $\vec{E}(\vec{r}) \cdot d\vec{s}$ pode ser escrito como $E(\vec{r})ds\cos\gamma$, em que γ é o ângulo entre o vetor campo elétrico $\vec{E}$ e o vetor $d\vec{s}$. Nesse caso, a lei de Gauss para pontos externos se reduz a:

$$\oint E(\vec{r})ds\cos\gamma = \frac{Q}{\varepsilon_0}.$$

Como o campo elétrico não é constante sobre a superfície gaussiana escolhida, ele não pode ser retirado da integral. Portanto, essa equação não facilita o cálculo do módulo do campo elétrico para pontos externos. Nesse caso, o campo elétrico pode ser calculado a partir da solução da equação integral (2.11).

Para pontos internos, não existem cargas elétricas contidas na superfície gaussiana, isto é, $Q_{int} = 0$. Neste caso, a lei de Gauss se escreve como:

$$\oint E(\vec{r})ds\cos\gamma = 0.$$

Essa relação não nos permite afirmar que o campo elétrico interno é nulo, como fizemos no caso anterior de uma densidade de cargas elétricas constante uma vez que $E(\vec{r})$ não pode ser colocado à esquerda do símbolo de integral. Este exemplo ilustra o fato que a lei de Gauss, que tem validade geral, nem sempre simplifica o cálculo do módulo do campo elétrico.

O campo e potencial elétrico gerados pela densidade de cargas $\sigma(\vec{r}') = \sigma_0 \cos\theta'$ podem ser calculados a partir da solução das equações (2.11) e (2.18), respectivamente. Alternativamente, o potencial elétrico pode ser determinado pela equação de Laplace (veja o próximo capítulo).

EXERCÍCIO 2.5

Utilize a lei de Gauss para calcular o campo elétrico gerado por uma densidade linear e infinita de cargas elétricas.

SOLUÇÃO

Para calcular o módulo do campo elétrico, escolhemos como superfície gaussiana um cilindro coaxial com a distribuição de cargas elétricas, conforme mostra a Figura 2.19.

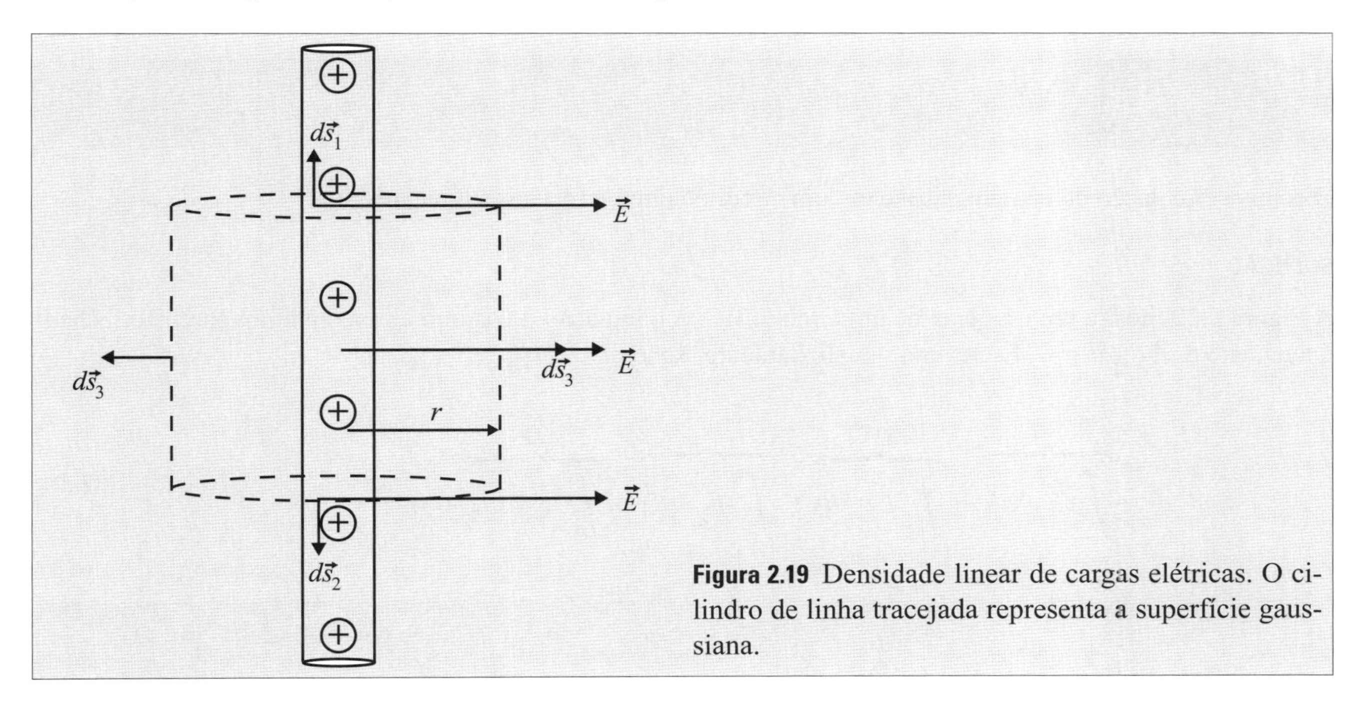

Figura 2.19 Densidade linear de cargas elétricas. O cilindro de linha tracejada representa a superfície gaussiana.

A integral de superfície fechada $\oint \vec{E} \cdot d\vec{s}$ pode ser escrita como a soma de três integrais abertas, de modo que a lei de Gauss se escreve como: $\int \vec{E} \cdot d\vec{s}_1 + \int \vec{E} \cdot d\vec{s}_2 + \int \vec{E} \cdot d\vec{s}_3 = Q / \varepsilon_0$. O vetor campo elétrico e o vetor superfície são paralelos na parte lateral da superfície gaussiana e perpendiculares no topo e na base dela. Dessa forma, a lei de Gauss se reduz a $\int E ds_3 = Q / \varepsilon_0$. Como o campo elétrico é constante sobre a superfície s_3, podemos escrever que $E = Q / \varepsilon_0 s_3$, em que $s_3 = 2\pi r L$ é a área da superfície lateral do cilindro. Portanto, o módulo campo elétrico gerado pela distribuição linear de cargas elétricas é

$$E(r) = \frac{Q}{2\pi\varepsilon_0 rL} = \frac{\lambda}{2\pi\varepsilon_0 r}.$$

em que $\lambda = Q / L$ é a densidade linear de cargas elétricas. Esse resultado foi obtido no Exemplo 2.2, utilizando a equação (2.12).

Usando a relação $V(r) = -\int \vec{E}(r) \cdot d\vec{l}$, podemos escrever o potencial elétrico como:

$$V(r) = -\frac{\lambda}{2\pi\varepsilon_0} \ln r + C,$$

em que C é uma constante. Para determiná-la, vamos considerar que, a partir de um determinado ponto r_0, o potencial deve ser nulo. Com essa consideração, temos:

$$V(r_0) = -\frac{\lambda}{2\pi\varepsilon_0} \ln r_0 + C = 0.$$

Desta equação, temos que $C = (\lambda / 2\pi\varepsilon_0) \ln r_0$. Substituindo esse valor da constante C, temos que o potencial elétrico para uma distribuição linear de cargas elétricas é:

$$V(r) = \frac{\lambda}{2\pi\varepsilon_0} \ln\left(\frac{r_0}{r}\right).$$

EXERCÍCIO 2.6

Discuta a circulação do campo elétrico em um circuito com um resistor e um capacitor.

SOLUÇÃO

A Figura 2.20 mostra um esquema de um circuito RC. A circulação do campo elétrico em um percurso fechado é nula, isto é, $\oint \vec{E} \cdot d\vec{l} = 0$. Escrevendo explicitamente, temos:

$$\overbrace{\int_a^b \vec{E} \cdot d\vec{l}_1}^{-RI} + \overbrace{\int_b^c \vec{E} \cdot d\vec{l}_2}^{-Q/C} + \overbrace{\int_c^d \vec{E} \cdot d\vec{l}_3}^{0} + \overbrace{\int_d^a \vec{E} \cdot d\vec{l}_4}^{\Delta V} = 0. \quad \textbf{(R2.3)}$$

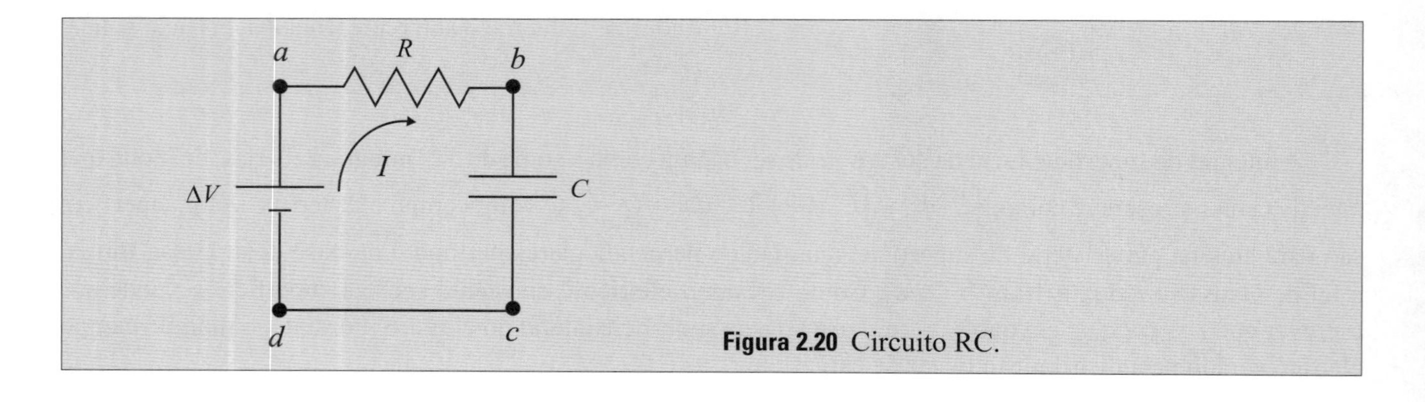

Figura 2.20 Circuito RC.

Como o campo elétrico $\vec{E}$ é paralelo ao elemento de linha $d\vec{l}_1$, temos que a integral sobre o resistor é $\int_a^b \vec{E} \cdot d\vec{l}_1 = El_1$. Para um resistor linear (ôhmico), o campo elétrico é $E = J / \sigma$, em que σ é a condutividade elétrica e J é a densidade de corrente elétrica.[11] Assim, temos que $\int_a^b \vec{E} \cdot d\vec{l}_1 = Jl_1 / \sigma$. Multiplicando e dividindo o lado direito desta equação por s_R (área da seção reta do resistor) e usando o fato de que a corrente elétrica é $I = Js_R$ e que a resistência do material é $R = l_1 / \sigma s_R$, temos:

$$\int_a^b \vec{E} \cdot d\vec{l}_1 = RI. \tag{R2.4}$$

A integral de linha sobre o capacitor é $\int_b^c \vec{E} \cdot d\vec{l}_2 = El_2$ e o campo elétrico gerado por um capacitor de placas paralelas é aproximadamente $E = \sigma / \varepsilon_0$. Logo, a integral de linha sobre o capacitor pode ser escrita como $\int_b^c \vec{E} \cdot d\vec{l}_2 = (\sigma / \varepsilon_0)d$, em que $d = l_2$ é a distância entre as placas do capacitor. Multiplicando e dividindo o lado direito dessa relação por s_C (área da placa do capacitor) e usando o fato de que a capacitância é $C = \varepsilon_0 s_C / d$, podemos escrever que a integral $\int_b^c \vec{E} \cdot d\vec{l}_2$ sobre capacitor é:

$$\int_b^c \vec{E} \cdot d\vec{l}_2 = \frac{Q}{C}. \tag{R2.5}$$

A integral $\int_c^d \vec{E} \cdot d\vec{l}_3$ é feita sobre um percurso de fio condutor. Como não existe diferença de potencial entre os pontos "c" e "d", podemos escrever que $\int_c^d \vec{E} \cdot d\vec{l}_3 = 0$

A integral sobre a fonte é exatamente a diferença de potencial fornecida por ela. Assim temos:

$$\int_d^a \vec{E} \cdot d\vec{l}_4 = \Delta V. \tag{R2.6}$$

Substituindo (R2.4), (R2.5) e (R2.6) em (R2.3), obtemos a seguinte equação $RI + Q / C = \Delta V$. Usando a relação $I = dQ / dt$, podemos escrever que:

$$R\frac{dQ}{dt} + \frac{Q}{C} = \Delta V.$$

Esta equação diferencial descreve a variação da carga elétrica em função do tempo no circuito RC.

2.12 Exercícios Complementares

1. Cargas elétricas estão distribuídas uniformemente em um anel de raio a. Utilizando argumentos de simetria, calcule o campo elétrico gerado em pontos situados sobre o eixo de simetria.
2. Cargas elétricas estão distribuídas uniformemente em um disco de raio a. Utilizando argumentos de simetria, calcule o campo elétrico gerado em pontos situados sobre o eixo de simetria.
3. Cargas elétricas estão distribuídas uniformemente em volume esférico de raio a. Utilizando argumentos de simetria, calcule o campo elétrico gerado em todos os pontos do espaço.
4. Cargas elétricas estão distribuídas uniformemente sobre um volume esférico de raio a. Calcule, por integração direta da lei de Coulomb, o campo elétrico gerado em todos os pontos do espaço. Utilize esse resultado

[11] Na Seção 5.2, apresentamos uma discussão sobre o vetor densidade de corrente e corrente elétrica.

e determine o potencial escalar elétrico. [Este problema foi resolvido no Exemplo 2.5 calculando, primeiramente, o potencial elétrico e, depois, o campo elétrico.]

5. Um volume esférico contém uma densidade de cargas elétricas dada por $\rho = \rho_0 / r'$. Calcule o campo elétrico gerado por essa densidade de cargas, utilizando: (a) a equação integral de Coulomb e (b) a lei de Gauss. Determine também a energia eletrostática associada à essa distribuição de cargas.
6. Um cilindro de raio R e comprimento L contém uma densidade volumétrica de cargas elétricas $\rho(z')$. Calcule o potencial e o campo elétrico em pontos situados sobre o eixo de simetria do cilindro, considerando que: (a) $\rho(z') = \rho_0$ e (b) $\rho(z') = \rho_0 z'$.
7. Utilizando a equação (2.12), calcule o campo elétrico gerado por um anel de raio a, com uma densidade uniforme de cargas elétricas, em pontos situados sobre o eixo de simetria.
8. Um fio é dobrado em forma de uma semicircunferência de raio a. Uma carga $+Q$ é uniformemente distribuída na primeira metade e uma carga $-Q$ é distribuída na outra metade. Encontre o campo elétrico no centro da semicircunferência.
9. Um fino anel de 3 cm de raio tem uma carga elétrica total de 10^{-3} C uniformemente distribuída ao longo de seu comprimento. Encontre a força que atua sobre uma carga $q = 10^{-3}$ C, colocada no centro do anel.
10. Utilize a lei de Gauss para determinar o campo elétrico gerado por uma coleção de cargas elétricas uniformemente distribuídas sobre: (a) um cilindro infinito, (b) um plano infinito e (c) um capacitor de placas paralelas.
11. Determine a capacitância e a energia armazenada em um: (a) capacitor de placas paralelas, (b) capacitor esférico e (c) capacitor cilíndrico.
12. Determine a energia eletrostática acumulada nas distribuições de cargas elétricas discutidas nos Exercícios Resolvidos 2.2 e 2.3.
13. O campo elétrico de um dipolo elétrico é a superposição dos campos gerados pelas cargas positiva e negativa [veja a relação (2.7)]. Faça uma expansão deste campo elétrico e mostre que ele pode ser escrito como

$$\vec{E}(\vec{r}) = \frac{1}{4\pi\varepsilon_0}\left[\frac{\left[3(\vec{r}-\vec{r}\,')\cdot\vec{p}\right](\vec{r}-\vec{r}\,')}{|\vec{r}-\vec{r}\,'|^5} - \frac{\vec{p}}{|r-\vec{r}\,'|^3} + \cdots\right]$$

14. Determine a energia eletrostática acumulada em um circuito de capacitores em: (a) série e (b) paralelo.
15. Discuta qualitativa e quantitativamente os processos de carga e descarga de um capacitor.
16. Encontre a densidade volumétrica de cargas elétricas que gera um campo elétrico dado por $\vec{E}(r) = q\vec{r} / 4\pi\varepsilon_0 r^3$. Calcule o potencial elétrico associado.
17. Em uma região do espaço existe um campo elétrico dado por $\vec{E}(r) = q\vec{r} / 4\pi\varepsilon_0 r^a$. Encontre a densidade volumétrica de cargas elétricas que gera esse campo elétrico. Calcule o potencial elétrico associado.
18. Em uma determinada região do espaço existe um potencial elétrico dado por $V(r) = qe^{-r/\lambda} / 4\pi\varepsilon_0 r$. Calcule o campo elétrico e a densidade de cargas elétricas correspondentes.
19. Três cargas pontuais de magnitude $+q$, $-2q$ e $+q$ estão localizadas em $z = d$, $z = 0$ e $z = -d$, respectivamente. Encontre o momento de dipolo elétrico e as componentes do tensor quadrupolo elétrico para essa distribuição de cargas elétricas. Determine também o potencial elétrico gerado em pontos bem afastados da distribuição.
20. Utilize a equação (2.18) para calcular o potencial elétrico gerado por uma casca esférica de raio a com uma densidade superficial de cargas elétricas dada por $\sigma(\vec{r}\,') = \sigma_0 \cos\theta'$. Calcule também o campo elétrico.
21. Utilize a lei de Gauss para calcular o campo e o potencial elétrico gerados por uma casca esférica de raio externo a e raio interno b e com uma densidade constante de cargas elétricas.
22. Considere uma coleção de cargas elétricas uniformemente distribuídas sobre a superfície de um disco de raio a localizado no plano xy. Determine o potencial elétrico gerado em pontos situados sobre o eixo z. Obtenha o campo elétrico a partir do gradiente deste potencial elétrico e comente o resultado encontrado.
23. Considere um anel de raio a com uma densidade de cargas elétricas λ_1 localizado no plano xy, com o seu centro em $z = 0$, e outro anel de raio a com uma densidade de cargas elétricas λ_2 localizado em um plano

paralelo ao plano xy, com o seu centro em $z = b$. Determine o potencial e o campo elétrico gerados em pontos situados sobre o eixo z.

24. Em uma esfera de raio a, contendo uma densidade constante de cargas elétricas, é feita uma cavidade esférica de raio $b = a/2$, conforme mostra a Figura 2.21. Calcule, em cada caso, o potencial e o campo elétrico em pontos internos à cavidade.

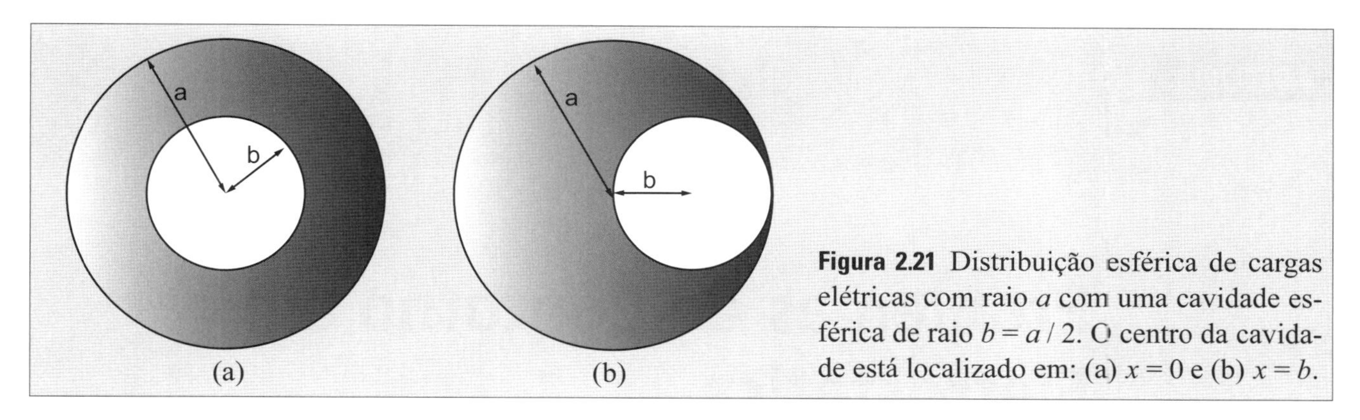

Figura 2.21 Distribuição esférica de cargas elétricas com raio a com uma cavidade esférica de raio $b = a/2$. O centro da cavidade está localizado em: (a) $x = 0$ e (b) $x = b$.

25. Considere uma coleção de cargas elétricas uniformemente distribuídas sobre um fio de comprimento l localizado sobre o eixo z. Determine o potencial e o campo elétrico gerados em pontos situados sobre o eixo z.

26. Calcule a energia de interação elétrica entre dois dipolos elétricos.

27. Mostre que, se o rotacional de um campo de força for nulo, ele é um campo conservativo.

28. Faça a expansão do potencial elétrico em torno de um ponto fixo no espaço. Utilize este resultado para calcular a energia potencial elétrica, a força elétrica e o torque exercido sobre um dipolo elétrico colocado em um campo elétrico. [Uma discussão semelhante sobre este tema foi feita no Exemplo 2.6, usando argumentos de simetria.]

29. Discuta qualitativamente os seguintes fenômenos: (1) para-raios, (2) blindagem eletrostática e (3) gerador van de Graaff.

30. Escreva uma rotina computacional para calcular o potencial e o campo elétrico gerados por um conjunto de cargas elétricas distribuídas sobre o volume de uma esfera de raio a nos seguintes casos: (a) $\rho(\vec{r}\,') = \rho_0$; (b) $\rho(\vec{r}\,') = \rho_0 / r'$; (c) $\rho(\vec{r}\,') = \rho_0 \cos\theta'$ e (d) $\rho(\vec{r}\,') = \rho_0 \cos\theta' \cos\phi'$.

31. Escreva uma rotina computacional para calcular o potencial e o campo elétrico gerados por uma coleção de cargas elétricas distribuídas sobre o volume de um cilindro de raio a e comprimento l nos seguintes casos: (a) $\rho(\vec{r}\,') = \rho_0$; (b) $\rho(\vec{r}\,') = \rho_0 z'$ e (c) $\rho(\vec{r}\,') = \rho_0 r' \cos\theta'$.

32. Escreva uma rotina computacional para calcular o potencial e o campo elétrico gerados por uma coleção de cargas elétricas distribuídas sobre a superfície de um disco de raio a nos seguintes casos (a) $\sigma(\vec{r}\,') = \sigma_0$; (b) $\sigma(\vec{r}\,') = \sigma_0 r' \cos\theta'$ e (c) $\sigma(\vec{r}\,') = \sigma_0 \cos\theta'$.

33. Escreva uma rotina computacional para calcular o potencial e o campo elétrico gerados por uma densidade de cargas elétricas distribuídas sobre um anel de raio a nos seguintes casos: (a) $\lambda(\vec{r}\,') = \lambda_0$ e (b) $\lambda(\vec{r}\,') = \lambda_0 \cos\theta'$.

34. Escreva uma rotina computacional para calcular o potencial e o campo elétrico em pontos internos e externos às cavidades mostradas na Figura 2.21.

CAPÍTULO 3

Problemas de Contorno em Eletrostática

3.1 Introdução

No Capítulo 2, estudamos o potencial e o campo elétrico gerados por distribuições discretas e contínuas de cargas elétricas colocadas no vácuo. Nos problemas envolvendo cargas elétricas distribuídas em meios materiais condutores ou isolantes, o potencial elétrico deve satisfazer determinadas condições de contorno sobre suas superfícies. Neste capítulo, discutiremos problemas eletrostáticos envolvendo condições de contorno, utilizando o método das imagens, o método das funções de Green e a solução da equação de Laplace nos sistemas de coordenadas retangulares, esféricas e cilíndricas.

3.2 Método das Imagens

O metódo das imagens é utilizado para encontrar o potencial elétrico em alguns problemas com simetria. Este método consiste no mapeamento do problema original em um problema auxiliar (ou imagem), cuja solução matemática é equivalente. Para apresentar o método, vamos considerar uma determinada região no espaço em que um material (condutor ou isolante) está em presença de uma distribuição de cargas elétricas conhecida. Neste cenário, o potencial elétrico gerado em todos os pontos do espaço será dado por:

$$V(\vec{r}) = V_1(\vec{r}) + \frac{1}{4\pi\varepsilon_0}\int \frac{\rho(\vec{r}\,')dv'}{|\vec{r}-\vec{r}\,'|}, \quad \textbf{(3.1)}$$

em que $V_1(\vec{r})$ é o potencial elétrico devido à distribuição de cargas elétricas conhecida e o segundo termo é o potencial devido à densidade de cargas elétricas induzidas no material. No método das imagens, esse potencial elétrico induzido é substituído pelo potencial de uma densidade de cargas, que é imagem da distribuição de cargas conhecida.

Como uma ilustração, vamos utilizar o método das imagens para determinar o potencial elétrico gerado por uma carga pontual em presença de um plano condutor mantido a potencial elétrico nulo. A carga elétrica pontual induz uma densidade de cargas elétricas na superfície do plano, de modo que o potencial elétrico gerado no espaço entre eles é dado por $V = V_{carga} + V_{plano}$, em que V_{carga} é a contribuição da carga pontual e V_{plano} é a contribuição das cargas elétricas induzidas na superfície do plano condutor.

No método das imagens, devemos encontrar um problema equivalente (imagem) que satisfaça a mesma condição de contorno do problema original. Neste exemplo, podemos supor que existe uma carga elétrica imagem situada atrás do plano condutor, de modo que o potencial na sua superfície seja nulo (veja a Figura 3.1).

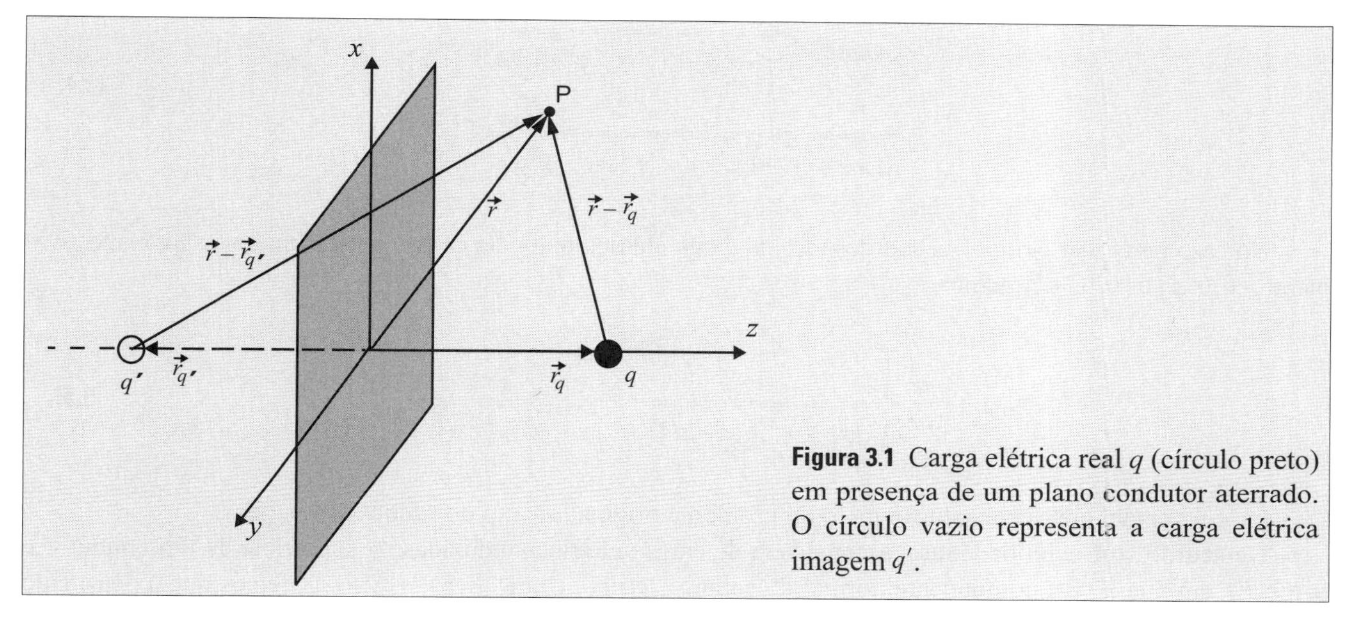

Figura 3.1 Carga elétrica real q (círculo preto) em presença de um plano condutor aterrado. O círculo vazio representa a carga elétrica imagem q'.

Com essa consideração, temos que o potencial elétrico do problema original de uma carga pontual em presença de um plano condutor é equivalente ao potencial elétrico de duas cargas pontuais:

$$V(\vec{r}) = \frac{q}{4\pi\varepsilon_0 |\vec{r} - \vec{r}_q|} + \frac{q'}{4\pi\varepsilon_0 |\vec{r} - \vec{r}_{q'}|}, \tag{3.2}$$

em que q representa a carga elétrica real e q' representa a carga elétrica imagem. Os vetores $\vec{r}_q$ e $\vec{r}_{q'}$ representam as posições da carga elétrica real e da carga elétrica imagem e o vetor $\vec{r}$ representa o ponto de observação no espaço em que será calculado o potencial. É importante ressaltar que, para o problema imagem (duas cargas elétricas pontuais), esse potencial vale em todos os pontos do espaço. Entretanto, para o problema original (carga elétrica pontual e o plano condutor), ele só é válido na região entre a carga elétrica e o plano.

Para encontrar a solução que satisfaça à condição de contorno desse problema, devemos determinar o sinal, a magnitude e a posição da carga elétrica imagem. De um modo geral, os vetores $\vec{r}$, $\vec{r}_q$ e $\vec{r}_{q'}$ podem ser escritos em coordenadas retangulares como: $\vec{r} = \hat{i}x + \hat{j}y + \hat{k}z$, $\vec{r}_q = \hat{i}x_1 + \hat{j}y_1 + \hat{k}z_1$ e $\vec{r}_{q'} = \hat{i}x_1' + \hat{j}y_1' + \hat{k}z_1'$. Substituindo esses vetores em (3.2), temos:

$$V(x,y,z) = \frac{1}{4\pi\varepsilon_0}\left[\frac{q}{\sqrt{(x-x_1)^2 + (y-y_1)^2 + (z-z_1)^2}} + \frac{q'}{\sqrt{(x-x_1')^2 + (y-y_1')^2 + (z-z_1')^2}}\right]. \tag{3.3}$$

Por simplicidade, vamos colocar o plano condutor sobre o plano xy em $z = 0$. Nesse caso, a condição de contorno de potencial nulo sobre a superfície do plano condutor é descrita pela equação $V(x, y, 0) = 0$. Para que a equação (3.3) satisfaça essa condição de contorno, é necessário que: (1) a carga elétrica imagem q' tenha o mesmo valor da carga elétrica real mas com sinal contrário, isto é, $q' = -q$ e (2) a localização da carga elétrica imagem seja $(x_1, y_1, -z_1)$, uma vez que o plano condutor está sobre o plano xy e a carga elétrica real tem coordenadas $(x_1, y_1, +z_1)$. Dessa forma, o potencial elétrico para o problema imagem de duas cargas elétricas pontuais de sinais opostos é:

$$V(x,y,z) = \frac{q}{4\pi\varepsilon_0}\left[\frac{1}{\sqrt{(x-x_1)^2+(y-y_1)^2+(z-z_1)^2}} - \frac{1}{\sqrt{(x-x_1)^2+(y-y_1)^2+(z+z_1)^2}}\right]. \tag{3.4}$$

No caso particular em que as coordenadas da carga elétrica real e da carga elétrica imagem são, respectivamente, $(0, 0, d)$ e $(0, 0, -d)$, temos:

$$V(x,y,z) = \frac{q}{4\pi\varepsilon_0}\left[\frac{1}{\sqrt{x^2+y^2+(z-d)^2}} - \frac{1}{\sqrt{x+y^2+(z+d)^2}}\right]. \tag{3.5}$$

Esse potencial elétrico é solução tanto do problema original quanto do problema imagem.

De acordo com a lei de Gauss, a densidade de cargas elétricas induzidas na superfície de um condutor é $\sigma = \varepsilon_0 E_n$, em que E_n é a componente normal do campo elétrico. Como $\vec{E}(\vec{r}) = -\vec{\nabla}V(\vec{r})$, temos que a densidade de cargas elétricas induzidas sobre o plano condutor é $\sigma = -\varepsilon_0 \partial V(x,y,z) / \partial z\big|_{z=0}$. Usando a relação (3.5), temos:

$$\sigma = -\frac{q}{4\pi}\left\{\left[-\frac{(z-d)}{\left(x^2+y^2+(z-d)^2\right)^{3/2}} + \frac{(z+d)}{\left(x+y^2+(z+d)^2\right)^{3/2}}\right]\right\}_{z=0}. \tag{3.6}$$

Fazendo $z = 0$ na equação anterior, obtemos:

$$\sigma = -\frac{qd}{2\pi\left(x^2+y^2+d^2\right)^{3/2}}. \tag{3.7}$$

A carga elétrica induzida no plano condutor é obtida integrando esta relação sobre sua superfície. Assim, podemos escrever que:

$$q_{ind} = -\frac{qd}{2\pi}\iint\frac{dxdy}{\left(x^2+y^2+d^2\right)^{3/2}}. \tag{3.8}$$

Para resolver essa equação integral, é conveniente usar o sistema de coordenadas polares em que $x = r\cos\theta$, $y = r\,\text{sen}\,\theta$ e $dxdy = rdrd\theta$. Assim, temos:

$$q_{ind} = -\frac{qd}{2\pi}\int_0^{2\pi}\int_0^{\infty}\frac{rdrd\theta}{\left(r^2+d^2\right)^{3/2}} = -q. \tag{3.9}$$

Note que a carga elétrica induzida no plano condutor é igual à carga elétrica imagem.

A força de interação elétrica entre o plano condutor e a carga elétrica pontual é equivalente à força de interação elétrica entre a carga elétrica real e a carga elétrica imagem. Portanto:

$$\vec{F} = \frac{qq'}{4\pi\varepsilon_0 r^2}\hat{r}, \tag{3.10}$$

sendo r a separação entre as cargas real e imagem. Como $r = 2d$ e $q' = -q$ temos, que a força de interação entre o plano condutor e a carga elétrica pontual é:

$$\vec{F} = -\frac{q^2}{16\pi\varepsilon_0 d^2}\hat{r}. \tag{3.11}$$

Note que esta é uma força de atração.

O método das imagens, apesar de interessante, tem pouca utilidade prática. Além do exemplo discutido nesta seção, podemos citar que os problemas: (1) carga pontual em presença de uma esfera (veja o Exemplo 3.1), (2) fio em presença de um cilindro condutor e (3) esfera em presença de campo elétrico (veja os Exercícios Complementares 1 e 2) também podem ser resolvidos pelo método das imagens. Em problemas mais complexos, devemos utilizar outros métodos, como as funções de Green e a equação de Laplace, para encontrar o potencial elétrico.

EXEMPLO 3.1

Considere uma carga elétrica pontual colocada a uma distância d de uma esfera condutora de raio a mantida a potencial elétrico nulo. Utilizando o método das imagens, determine o potencial elétrico gerado em pontos externos à esfera.

SOLUÇÃO

Este problema de uma carga elétrica pontual colocada em presença de uma esfera condutora também pode ser mapeado em um problema de duas cargas elétricas pontuais. Para fazer o mapeamento, vamos colocar uma carga elétrica imagem dentro da esfera situada a uma distância $\vec{r}_{q'}$ do seu centro, de modo a tornar sua superfície uma equipotencial nula. Vamos colocar a origem do sistema de coordenadas no centro da esfera, conforme mostra a Figura 3.2.

Nesta configuração, o potencial elétrico para as duas cargas elétricas pontuais é dado por:

$$V(\vec{r}) = \frac{q}{4\pi\varepsilon_0\,|\vec{r}-\vec{r}_q\,|} + \frac{q'}{4\pi\varepsilon_0\,|\vec{r}-\vec{r}_{q'}\,|},$$

em que os vetores $\vec{r}_q$, $\vec{r}_{q'}$ e $\vec{r}$ representam as coordenadas da carga elétrica real e imagem e do ponto de observação, respectivamente. Escrevendo explicitamente os módulos $\left|\vec{r}-\vec{r}_q\right|$ e $\left|\vec{r}-\vec{r}_{q'}\right|$, temos:

$$V(r,\theta) = \frac{1}{4\pi\varepsilon_0}\left[\frac{q}{\sqrt{r^2 + r_q^2 - 2rr_q\cos\theta}} + \frac{q'}{\sqrt{r^2 + r_{q'}^2 - 2rr_{q'}\cos\theta}}\right]. \quad \textbf{(E3.1)}$$

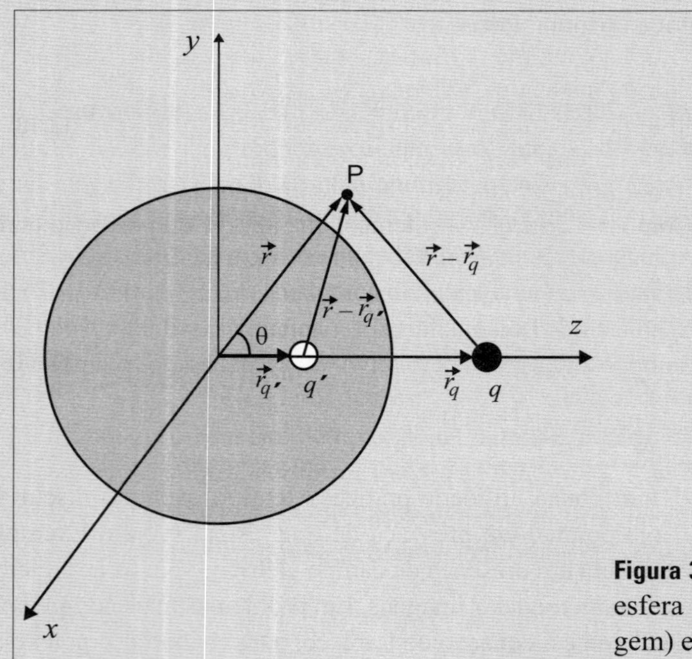

Figura 3.2 Carga elétrica pontual em presença de uma esfera condutora aterrada. A carga elétrica real (imagem) está representada pelo círculo preto (vazio).

Impondo a condição de contorno, na qual o potencial elétrico deve ser nulo sobre a superfície da esfera $[V(a,\theta) = 0]$, obtemos:

$$-\frac{q'}{q} = \frac{\sqrt{a^2 + r_{q'}^2 - 2rr_{q'}\cos\theta}}{\sqrt{a^2 + r_q^2 - 2rr_q\cos\theta}}.$$

Elevando essa equação ao quadrado, temos:

$$\left(\frac{q'}{q}\right)^2\left(a^2 + r_q^2 - 2ar_q\cos\theta\right) = \left(a^2 + r_{q'}^2 - 2ar_{q'}\cos\theta\right).$$

Para que essa igualdade seja sempre verdadeira, é necessário que:

$$\left(\frac{q'}{q}\right)^2 (a^2 + r_q^2) = (a^2 + r_{q'}^2) \quad \textbf{(E3.2)}$$

$$r_q\left(\frac{q'}{q}\right)^2 \cos\theta = r_{q'}\cos\theta \quad \textbf{(E3.3)}$$

Da equação (E3.3), temos que $(q'/q)^2 = r_{q'}/r_q$. Substituindo este valor de (q'/q) em (E3.2), temos:

$$r_{q'}^2 - \frac{r_{q'}}{r_q}\left(a^2 + r_q^2\right) + a^2 = 0.$$

As soluções dessa equação são $r_{q'} = a^2/r_q$ e $r_{q'} = r_q$. A solução $r_{q'} = r_q$ não representa uma situação física, uma vez que ela indica que a carga elétrica imagem está localizada sobre a carga real. Portanto, a localização da carga elétrica imagem é dada por

$$r_{q'} = \frac{a^2}{r_q}.$$

Como $r_q > a$, temos que $r_{q'} < a$, de modo que a carga elétrica imagem está localizada no interior da esfera. Substituindo esse valor de $r_{q'}$ na relação $(q'/q)^2 = r_{q'}/r_q$, obtemos que $(q'/q)^2 = a^2/r_q^2$. Portanto, a magnitude da carga elétrica imagem é dada por:

$$q' = \pm\frac{a}{r_q}q.$$

Substituindo a posição e o valor da carga elétrica imagem na equação (E3.1), temos:

$$V(r,\theta) = \frac{q}{4\pi\varepsilon_0}\left[\frac{1}{\sqrt{r^2 + r_q^2 - 2rr_q\cos\theta}} \pm \frac{a}{r_q}\frac{1}{\sqrt{r^2 + \dfrac{a^4}{r_q^2} - \dfrac{2ra^2}{r_q}\cos\theta}}\right].$$

Para que a condição de contorno $V(a,\theta) = 0$ seja satisfeita, a carga elétrica imagem deve ser negativa, isto é, $q' = -(a/r_q)q$. Portanto, o potencial elétrico para o problema original da carga elétrica em presença da esfera condutora é

$$V(r,\theta) = \frac{q}{4\pi\varepsilon_0}\left[\frac{1}{\sqrt{r^2 + r_q^2 - 2rr_q\cos\theta}} - \frac{1}{\sqrt{\dfrac{r^2r_q^2}{a^2} + a^2 - 2rr_q\cos\theta}}\right]. \quad \textbf{(E3.4)}$$

A força de interação elétrica entre a carga pontual e a esfera condutora é equivalente à força de interação elétrica entre as cargas real e imagem, isto é:

$$\vec{F} = \frac{qq'}{4\pi\varepsilon_0\left|\vec{r}_q - \vec{r}_{q'}\right|^2}\hat{r}.$$

Usando $q' = -aq/r_q$; $r_{q'} = a^2/r_q$ e efetuando a álgebra, temos:

$$\vec{F} = -\frac{r_q a q^2}{4\pi\varepsilon_0\left(r_q^2 - a^2\right)^2}\hat{r}.$$

A densidade de cargas elétricas induzidas na superfície da esfera condutora é calculada por $\sigma = \varepsilon_0 E_n$ $(r = a)$, em que $E_n(r = a)$ é a componente normal do campo elétrico sobre a superfície da esfera. Usando $E_n(r = a) = -[\partial V(r,\theta) / \partial r]_{r=a}$ e o potencial elétrico calculado em (E3.4), temos:

$$\sigma = -\varepsilon_0 \frac{\partial}{\partial r}\left\{\frac{1}{4\pi\varepsilon_0}\left[\frac{q}{\sqrt{r^2 + d^2 - 2rd\cos\theta}} - \frac{a}{d}\frac{q}{\sqrt{r^2 + \dfrac{a^4}{d^2} - \dfrac{2ra^2}{d}\cos\theta}}\right]\right\}_{r=a}.$$

Para simplificar a notação, substituimos na relação anterior a coordenada r_q pela letra d. Efetuando a derivada e após uma manipulação algébrica, obtemos:

$$\sigma = -\frac{q\left(d^2 - a^2\right)}{4\pi a\left(d^2 + a^2 - 2ad\cos\theta\right)^{3/2}}.$$

Esta é a densidade de cargas elétricas induzidas na superfície da esfera condutora. A carga elétrica total induzida na esfera, calculada por $q_{ind} = \int \sigma ds$, é:

$$q_{tot} = \int_0^{2\pi}\int_0^{\pi} -\frac{q\left(d^2 - a^2\right)a^2 \operatorname{sen}\theta d\theta d\phi}{4\pi a\left(d^2 + a^2 - 2ad\cos\theta\right)^{3/2}}.$$

A integral na variável ϕ é 2π. Para efetuar a integral na variável θ, propomos a seguinte mudança de variável $u^2 = d^2 + a^2 - 2\,ad\cos\theta$, de modo que $udu = ad\operatorname{sen}\theta d\theta$. Assim, temos que:

$$q_{ind} = -\frac{q\left(d^2 - a^2\right)}{2d}\int_{u=\sqrt{d^2+a^2-2ad}}^{u=\sqrt{d^2+a^2+2ad}}\left(\frac{du}{u^2}\right).$$

Integrando, obtemos:

$$q_{ind} = \frac{q\left(d^2 - a^2\right)}{2d}\left[\frac{1}{\sqrt{d^2 + a^2 + 2ad}} - \frac{1}{\sqrt{d^2 + a^2 - 2ad}}\right].$$

Usando as relações $\sqrt{d^2 + a^2 + 2ad} = |d + a|$ e $\sqrt{d^2 + a^2 - 2ad} = |d - a|$, podemos escrever que:

$$q_{ind} = \frac{q}{2}\left[\frac{\left(d^2 - a^2\right)}{d}\right]\left[\frac{1}{|d+a|} - \frac{1}{|d-a|}\right].$$

Como $d > a$, temos que $|d + a| = (d + a)$ e $|d - a| = (d - a)$. Assim:

$$q_{ind} = -q\frac{a}{d}.$$

Note que a carga elétrica induzida na superfície da esfera condutora é igual à carga elétrica imagem.

3.3 Funções de Green

A técnica das funções de Green[1] pode ser utilizada para encontrar o potencial elétrico em vários problemas eletrostáticos com condições de contorno. Entretanto, nesta seção, vamos apenas ilustrar o método por meio da solução de alguns problemas mais simples.

Para iniciar a discussão sobre o método das funções de Green, vamos aplicar o teorema do divergente ao vetor $\vec{F} = \phi\vec{\nabla}\psi$, em que ϕ e ψ são funções escalares.

$$\int \vec{\nabla}\cdot(\phi\vec{\nabla}\psi)dv = \oint(\phi\vec{\nabla}\psi)\cdot d\vec{s}. \quad \textbf{(3.12)}$$

Expandindo o lado esquerdo, temos:

$$\int(\vec{\nabla}\phi\cdot\vec{\nabla}\psi + \phi\nabla^2\psi)dv = \oint(\phi\vec{\nabla}\psi)\cdot d\vec{s}. \quad \textbf{(3.13)}$$

Trocando na equação (3.13) ϕ por ψ e vice-versa podemos escrever que:

$$\int(\vec{\nabla}\psi\vec{\nabla}\phi + \psi\nabla^2\phi)dv = \oint(\psi\vec{\nabla}\phi)\cdot d\vec{s}. \quad \textbf{(3.14)}$$

Subtraindo as equações (3.13) e (3.14), temos que:

$$\boxed{\int\left(\phi\nabla^2\psi - \psi\nabla^2\phi\right)dv = \oint\left(\phi\vec{\nabla}\psi - \psi\vec{\nabla}\phi\right)\cdot d\vec{s}.} \quad \textbf{(3.15)}$$

A relação (3.15) é chamada de identidade de Green. Para o caso no qual $\psi = 1/|\vec{r} - \vec{r}\,'|$ e $\phi = V(\vec{r}\,')$ (sendo $V(\vec{r}\,')$ o potencial escalar elétrico), podemos escrever a identidade de Green como:

$$\int\left[V(\vec{r}\,')\nabla^2\left(\frac{1}{|\vec{r}-\vec{r}\,'|}\right) - \frac{\nabla^2 V(\vec{r}\,')}{|\vec{r}-\vec{r}\,'|}\right]dv' = \oint\left[V(\vec{r}\,')\vec{\nabla}\left(\frac{1}{|\vec{r}-\vec{r}\,'|}\right) - \frac{\vec{\nabla}V(\vec{r}\,')}{|\vec{r}-\vec{r}\,'|}\right]\cdot d\vec{s}\,'. \quad \textbf{(3.16)}$$

Usando a equação de Poisson $\nabla^2 V(\vec{r}\,') = -\rho(\vec{r}\,')/\varepsilon_0$ (veja a próxima seção) e a relação $\nabla^2(1/|\vec{r}-\vec{r}\,'|) = -4\pi\delta(\vec{r}-\vec{r}\,')$ (veja o Exercício Resolvido 1.1), podemos escrever equação anterior como:

$$\int\left[-V(\vec{r}\,')4\pi\delta(\vec{r}-\vec{r}\,') + \frac{1}{|\vec{r}-\vec{r}\,'|}\frac{\rho}{\varepsilon_0}\right]dv' = \oint\left[V(\vec{r}\,')\vec{\nabla}\left(\frac{1}{|\vec{r}-\vec{r}\,'|}\right) - \frac{\vec{\nabla}V(\vec{r}\,')}{|\vec{r}-\vec{r}\,'|}\right]\cdot d\vec{s}\,'. \quad \textbf{(3.17)}$$

Efetuando a integral do lado esquerdo e isolando $V(\vec{r})$, temos que o potencial elétrico é dado por:

$$\boxed{V(\vec{r}) = \frac{1}{4\pi\varepsilon_0}\int\frac{\rho(\vec{r}\,')}{|\vec{r}-\vec{r}\,'|}dv' + \frac{1}{4\pi}\oint\left[\frac{1}{|\vec{r}-\vec{r}\,'|}\frac{\partial V(\vec{r}\,')}{\partial n} - V(\vec{r}\,')\frac{\partial}{\partial n}\left(\frac{1}{|\vec{r}-\vec{r}\,'|}\right)\right]ds'.} \quad \textbf{(3.18)}$$

em que $\partial/\partial n$ representa a derivada da componente normal à superfície. Note que o potencial elétrico, em um ponto qualquer do espaço, depende dos valores do potencial e do campo elétrico sobre as superfícies existentes no problema. Note também que, se a superfície s' vai para o infinito, o segundo e o terceiro termos do lado direito

[1] George Green (14/7/1793-31/5/1841), matemático e físico britânico.

na equação anterior podem ser desprezados, porque eles decrescem com $1/r$. Nesse caso, o potencial elétrico se reduz à sua forma usual, já discutida no capítulo anterior.

A relação (3.18) foi obtida para o caso particular no qual a função escalar ψ foi tomada como $\psi = 1/|\vec{r} - \vec{r}'|$. Podemos fazer uma escolha mais geral adotando $\psi = G$, em que G é a função de Green definida como:

$$G(\vec{r},\vec{r}') = \frac{1}{|\vec{r} - \vec{r}'|} + F(\vec{r},\vec{r}'), \tag{3.19}$$

em que $F(\vec{r},\vec{r}')$ é uma função qualquer. Portanto, substituindo $\phi = V(\vec{r}')$ e $\psi = G(\vec{r},\vec{r}')$ na identidade de Green (3.15), temos:

$$\int\left[V(r')\nabla^2 G(\vec{r},\vec{r}') - G(\vec{r},\vec{r}')\nabla^2 V(\vec{r}')\right]dv' = \oint\left[V(r')\frac{\partial G(r,\vec{r}')}{\partial n} - G(r,r')\frac{\partial V(\vec{r}')}{\partial n}\right]ds'. \tag{3.20}$$

O laplaciano da função de Green, dada em (3.19), é:

$$\nabla^2 G(\vec{r},\vec{r}') = \nabla^2\left[\frac{1}{|\vec{r} - \vec{r}'|}\right] + \nabla^2 F(\vec{r},\vec{r}'). \tag{3.21}$$

Impondo que a função $F(\vec{r},\vec{r}')$ satisfaça à equação de Laplace, isto é, $\nabla^2 F(\vec{r},\vec{r}') = 0$, temos que o laplaciano da função de Green é:

$$\nabla^2 G(\vec{r},\vec{r}') = -4\pi\delta(\vec{r} - \vec{r}'). \tag{3.22}$$

Substituindo (3.22) em (3.20) e usando $\nabla^2 V(\vec{r}') = -\rho(\vec{r}')/\varepsilon_0$, temos:

$$\boxed{V(\vec{r}) = \frac{1}{4\pi\varepsilon_0}\int\rho(\vec{r}')G(\vec{r},\vec{r}')dv' + \frac{1}{4\pi}\oint\left[\frac{\partial V(\vec{r}')}{\partial n}G(\vec{r},\vec{r}') - V(\vec{r}')\frac{\partial G(\vec{r},\vec{r}')}{\partial n}\right]ds'.} \tag{3.23}$$

Essa equação fornece o potencial elétrico em termos da função de Green $G(\vec{r},\vec{r}')$. Note que, para determinar o potencial elétrico em qualquer ponto do espaço, é necessário o conhecimento do potencial elétrico $V(\vec{r}')$ e da derivada $\partial V(\vec{r}')/\partial n$ (componente normal do campo elétrico) sobre a superfície s'.

Podemos simplificar o cálculo do potencial elétrico na equação (3.23), utilizando as condições de contorno de Dirichlet[2] ou de Neumann.[3] Na condição de contorno de Dirichlet, o potencial elétrico é especificado sobre a superfície s'. Nesse caso, é interessante eliminar o primeiro termo entre colchetes da equação (3.23). Para isso, devemos escolher a função arbitrária $F(\vec{r},\vec{r}')$, de tal forma que a função de Green seja nula sobre a superfície de integração. Com essa condição, o potencial elétrico dado em (3.23) se reduz a:

$$\boxed{V(\vec{r}) = \frac{1}{4\pi\varepsilon_0}\int\rho(\vec{r}')G_D(\vec{r},\vec{r}')dv' - \frac{1}{4\pi}\oint V(r')\frac{\partial G_D(\vec{r},\vec{r}')}{\partial n}ds'.} \tag{3.24}$$

em que G_D representa a função de Green na condição de Dirichlet.

[2] Johann Peter Gustav Lejeune Dirichlet (13/2/1805-5/5/1859), matemático alemão.

[3] Carl Gottfried Neumann (7/5/1832-27/3/1925), matemático alemão.

Na condição de contorno de Neumann, o campo elétrico $[E(\vec{r}\,') = -\partial V(\vec{r}\,') / \partial n]$ é especificado sobre a superfície de contorno. Nesse caso, seria interessante simplificar o cálculo do segundo termo entre colchetes no lado direito da equação (3.23). Para essa finalidade, vamos integrar a equação (3.22) sobre um volume qualquer, isto é, $\int \vec{\nabla} \cdot [\vec{\nabla} G(\vec{r},\vec{r}\,')] dv' = -\int 4\pi\delta(\vec{r}-\vec{r}\,') dv'$. Usando o teorema do divergente no lado esquerdo podemos escrever que $\oint [\vec{\nabla} G(\vec{r},\vec{r}\,')] \cdot d\vec{s}\,' = -\int 4\pi\delta(\vec{r}-\vec{r}\,') dv'$. De acordo com a relação (1.127), a integral do lado direito é -4π. Assim, integrando o lado esquerdo, temos que $\partial G(\vec{r},\vec{r}\,') / \partial n = -4\pi / s'$. Substituindo esse resultado em (3.23), temos:

$$V(\vec{r}) = \langle V \rangle_s + \frac{1}{4\pi\varepsilon_0} \int \rho(\vec{r}\,') G_N(\vec{r},\vec{r}\,') dv' + \frac{1}{4\pi} \oint \frac{\partial V(\vec{r}\,')}{\partial n} G_N(\vec{r},\vec{r}\,') ds'. \tag{3.25}$$

em que $\langle V \rangle_s = (1/s') \oint V(\vec{r}\,') ds'$ é a média do potencial escalar elétrico sobre a superfície de contorno e G_N representa a função de Green na condição de Neumann.

Pelo que foi discutido nesta seção, o cálculo do potencial elétrico sob certas condições de contorno necessita do conhecimento da função de Green para uma determinada configuração de cargas elétricas. Essa é uma das grandes dificuldades para calcular o potencial elétrico utilizando as funções de Green. Entretanto, existe uma coleção de problemas para os quais a função de Green pode ser facilmente determinada.

Como exemplo, vamos obter a função de Green para um material condutor de volume v, cujo potencial elétrico sobre sua superfície é conhecido. A função de Green para este problema pode ser facilmente obtida, considerando um problema auxiliar formado por uma superfície condutora, que delimita o volume do material condutor no problema original, em cujo interior existe uma carga elétrica pontual, conforme mostra a Figura 3.3.

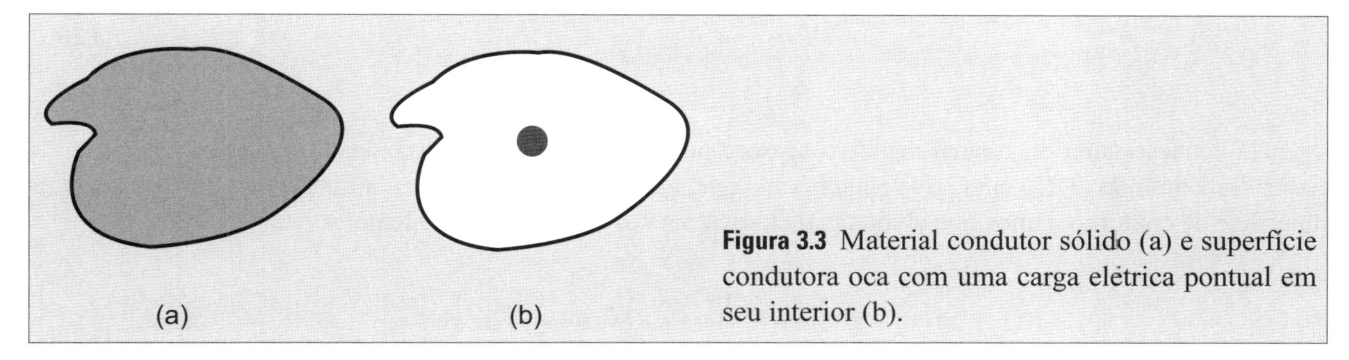

Figura 3.3 Material condutor sólido (a) e superfície condutora oca com uma carga elétrica pontual em seu interior (b).

De acordo com o método das imagens eletrostáticas, o potencial elétrico deste problema auxiliar tem contribuições da carga pontual e das cargas elétricas induzidas na superfície do condutor. Isto é:

$$V(\vec{r},\vec{r}\,') = \frac{q}{4\pi\varepsilon_0 |\vec{r}-\vec{r}\,'|} + V_{ind}(\vec{r},\vec{r}\,'). \tag{3.26}$$

Esse potencial elétrico apresenta duas propriedades: $V_{ind}(\vec{r},\vec{r}\,')$ é solução da equação de Laplace e $V(\vec{r},\vec{r}\,')$ é conhecido para pontos localizados sobre a superfície de contorno. Essas características são exatamente as duas propriedades da função de Green sob a condição de contorno de Dirichlet. Portanto, a função de Green para um material condutor é equivalente ao potencial elétrico de um problema auxiliar de uma casca condutora, cuja superfície está em presença de uma carga elétrica pontual. A relação anterior pode ser escrita na forma:

$$V(\vec{r},\vec{r}\,') = \frac{q}{4\pi\varepsilon_0} \left[\frac{1}{|\vec{r}-\vec{r}\,'|} + F(\vec{r},\vec{r}\,') \right] \tag{3.27}$$

em que $F(\vec{r},\vec{r}\,') = 4\pi\varepsilon_0 V_{ind}(\vec{r},\vec{r}\,')$. Comparando essa relação com (3.19), temos que a função de Green procurada é:

$$G(\vec{r},\vec{r}\,') = \frac{4\pi\varepsilon_0 V(\vec{r},\vec{r}\,')}{q}, \qquad \textbf{(3.28)}$$

em que $V(\vec{r},\vec{r}\,')$ é o potencial elétrico do problema auxiliar.

Como uma ilustração do método das funções de Green, vamos calcular o potencial elétrico gerado por um plano condutor situado sobre o plano xy e mantido a um potencial elétrico constante (esta é a condição de Dirichlet). Pelo que foi discutido no parágrafo anterior, a função de Green deste problema é equivalente ao potencial de uma carga elétrica pontual em presença de um plano condutor multiplicado por $4\pi\varepsilon_0 / q$. O potencial elétrico deste problema auxiliar, obtido na Seção 3.2 utilizando o método das imagens, está dado na relação (3.4). Portanto, a função de Green para um plano condutor na condição de Dirichlet é dada por:

$$G_D(x,y,z,x',y',z') = \frac{1}{\sqrt{\left(x-x'\right)^2 + (y-y')^2 + \left(z-z'\right)^2}} - \frac{1}{\sqrt{\left(x-x'\right)^2 + (y-y')^2 + \left(z+z'\right)^2}}.$$

Nessa equação, (x',y',z') representam as coordenadas da superfície do plano condutor e (x,y,z) representam as coordenadas do ponto de observação no qual se pretende determinar o potencial elétrico. Tomando a derivada em relação à componente normal, que, nesse caso, é a coordenada z', temos:

$$-\frac{\partial G_D(x,y,z,x',y',z')}{\partial z'}\bigg|_{z'=0} = -\frac{2z}{\left[\left(x-x'\right)^2 + (y-y')^2 + z^2\right]^{3/2}}. \qquad \textbf{(3.29)}$$

Na equação anterior, o sinal negativo aparece porque a normal está direcionada no sentido negativo do eixo z. Substituindo (3.29) em (3.24) e lembrando que, na condição de Dirichlet, a função de Green se anula na superfície de contorno, temos que o potencial elétrico para este problema é dado por:

$$V(x,y,z) = \frac{z}{2\pi} \oint \frac{V(x',y',0)}{\left[\left(x-x'\right)^2 + (y-y')^2 + z^2\right]^{3/2}} dx'dy'. \qquad \textbf{(3.30)}$$

Embora essa expressão seja uma forma fechada para o potencial elétrico, sua solução analítica é complicada, de modo que devemos resolvê-la numericamente (veja o Exercício Complementar 29).

EXEMPLO 3.2

Utilize o método da função de Green para determinar o potencial elétrico gerado por uma esfera condutora de raio a com um potencial elétrico conhecido sobre sua superfície (condição de Dirichlet).

SOLUÇÃO

A função de Green para este problema é $G = 4\pi\varepsilon_0 V / q$, em que V é o potencial elétrico do problema da esfera condutora em presença de uma carga elétrica pontual, discutida no Exemplo 3.1. Portanto, a função de Green é dada pela equação (E3.4) multiplicada por $4\pi\varepsilon_0 / q$ e com a coordenada r_q, que localiza a carga elétrica real no Exemplo 3.1, substituída pela coordenada r', que localiza a esfera neste problema. Com essa consideração, a função de Green para a esfera condutora é:

$$G_D(\vec{r},\vec{r}') = \left[\frac{1}{\sqrt{r^2 + r'^2 - 2rr'\cos\gamma}} - \frac{1}{\sqrt{\frac{r^2 r'^2}{a^2} + a^2 - 2rr'\cos\gamma}}\right].$$

Nessa equação, r' representa as coordenadas da superfíce da esfera e r representa as coordenadas do ponto de observação. Aqui, $\gamma = \theta - \theta'$ é o ângulo entre os vetores $\vec{r}$ e $\vec{r}'$. No caso particular em que o ponto de observação está localizado sobre o eixo z, temos que $\theta = 0$, de modo que $\gamma = \theta'$. Como o vetor normal $\hat{n}$ tem sentido oposto ao vetor $\vec{r}'$, temos que: $\partial G_D(r,r')/\partial n = -\partial G_D(r,r')/\partial r'$. Derivando a expressão anterior em relação à coordenada radial r', temos:

$$\frac{\partial G_D(\vec{r},\vec{r}')}{\partial n} = \left\{-\frac{r' - r\cos\gamma}{\left(r^2 + r'^2 - 2rr'\cos\gamma\right)^{3/2}} + \frac{\frac{r^2 r'}{a^2} - r\cos\gamma}{\left(\frac{r^2 r'^2}{a^2} + a^2 - 2rr'\cos\gamma\right)^{3/2}}\right\}_{r'=a}.$$

Substituindo o limite $r' = a$ e simplificando, temos:

$$\frac{\partial G_D(\vec{r},\vec{r}')}{\partial n} = -\frac{(r^2 - a^2)}{a(r^2 + a^2 - 2ra\cos\gamma)^{3/2}} \qquad \textbf{(E3.5)}$$

Substituindo (E3.5) em (3.24) e lembrando que, na condição de Dirichlet, a função de Green se anula sobre a superfície da esfera, temos que o potencial elétrico gerado por uma esfera condutora, cuja superfície está mantida a um determinado potencial elétrico, pode ser calculado por:

$$V(r,\theta,\phi) = \frac{a\left(r^2 - a^2\right)}{4\pi}\int_0^{\pi}\int_0^{2\pi}\frac{V(a,\theta',\phi')\,\text{sen}\,\theta' d\theta' d\phi'}{\left(r^2 + a^2 - 2ra\cos\gamma\right)^{3/2}}. \qquad \textbf{(E3.6)}$$

Note que o potencial elétrico em pontos externos é completamente determinado em função do seu valor na superfície da esfera condutora.

EXEMPLO 3.3

Em uma casca esférica de material condutor, o hemisfério superior tem potencial elétrico $+V_0$ e o hemisfério inferior tem potencial elétrico $-V_0$. Encontre o potencial elétrico em pontos externos.

SOLUÇÃO

A Figura 3.4 mostra uma representação desta casca esférica. Por simplicidade, vamos considerar pontos localizados sobre o eixo z. Nesse caso, o potencial elétrico para pontos externos pode ser determinado pela equação (E3.6) do problema anterior, com o ângulo γ substituído pelo ângulo polar θ', isto é:

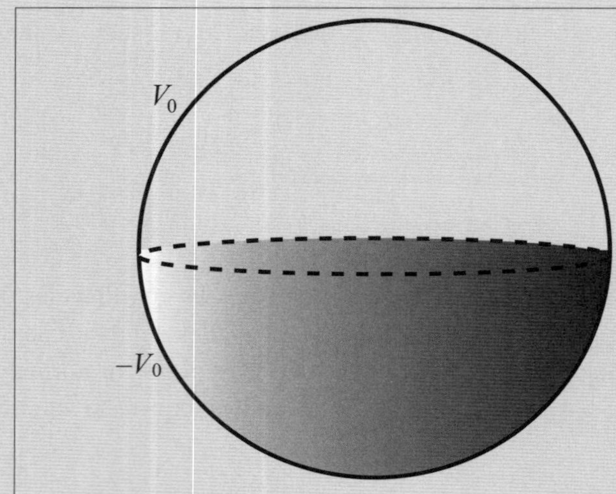

Figura 3.4 Dois hemisférios condutores mantidos a potencial elétrico V_0 e $-V_0$, respectivamente.

$$V(z)=\frac{a\left(z^2-a^2\right)}{4\pi}\int_0^{2\pi}d\phi'\int_0^{\pi}\frac{V(a,\theta',\phi')\,\mathrm{sen}\,\theta' d\theta'}{\left(z^2+a^2-2za\cos\theta'\right)^{3/2}}.$$

Pelo enunciado do problema, no intervalo $[0,\pi/2]$ o potencial elétrico é $+V_0$ e no intervalo $[\pi/2,\pi]$ o potencial elétrico é $-V_0$. Portanto, podemos separar a integral na variável θ' em duas partes:

$$V(z)=\frac{a\left(z^2-a^2\right)}{4\pi}\int_0^{2\pi}d\phi'\left[\int_0^{\pi/2}\frac{V_0\,\mathrm{sen}\,\theta' d\theta'}{\left(z^2+a^2-2za\cos\theta'\right)^{3/2}}-\int_{\pi/2}^{\pi}\frac{V_0\,\mathrm{sen}\,\theta' d\theta'}{\left(z^2+a^2-2za\cos\theta'\right)^{3/2}}\right].$$

Para efetuar essa integração, propomos a seguinte mudança de variável $u^2=\left(z^2+a^2-2za\cos\theta'\right)$, de modo que $udu=za\,\mathrm{sen}\,\theta'$. Com essa consideração e integrando na variável ϕ', temos:

$$V(z)=\frac{2\pi\left(z^2-a^2\right)V_0}{4\pi z}\left[\int_{\sqrt{z^2+a^2-2za}}^{\sqrt{z^2+a^2}}\frac{du}{u^2}-\int_{\sqrt{z^2+a^2}}^{\sqrt{z^2+a^2+2za}}\frac{du}{u^2}\right].$$

Integrando e substituindo os limites de integração, obtemos:

$$V(z)=\frac{\left(z^2-a^2\right)V_0}{2z}\left\{\left[\frac{1}{\sqrt{z^2+a^2-2za}}-\frac{1}{\sqrt{z^2+a^2}}\right]+\left[\frac{1}{\sqrt{z^2+a^2+2za}}-\frac{1}{\sqrt{z^2+a^2}}\right]\right\}.$$

Usando a relação $(z\pm a)^2=z^2+a^2\pm 2za$ e após uma simples álgebra, temos que:

$$V(z)=V_0\left[1-\frac{\left(z^2-a^2\right)}{z\sqrt{\left(z^2+a^2\right)}}\right].$$

3.4 Equação de Poisson/Laplace

Partindo da lei de Gauss na forma diferencial $\vec{\nabla}\cdot\vec{E}(\vec{r})=\rho(\vec{r})/\varepsilon_0$ e usando a relação $\vec{E}(\vec{r})=-\vec{\nabla}V(\vec{r})$, obtemos a seguinte equação diferencial:

$$\nabla^2V(\vec{r})=-\frac{\rho(\vec{r})}{\varepsilon_0}. \quad \textbf{(3.31)}$$

Essa é a *equação de Poisson*[4] para o potencial eletrostático, em que ∇^2 é o operador laplaciano. No caso em que não existem cargas elétricas na região do espaço no qual se pretende calcular o potencial elétrico, a equação de Poisson se reduz a

$$\nabla^2V(\vec{r})=0, \quad \textbf{(3.32)}$$

que é conhecida como a equação de Laplace.[5] As equações de Poisson/Laplace são uma ferramenta poderosa para resolver problemas eletrostáticos com condições de contorno.[6]

Utilizando o operador laplaciano mostrado na Seção 1.10 para os sistemas de coordenadas retangulares, esféricas e cilíndricas, a equação de Laplace se escreve explicitamente como:

(1) em coordenadas retangulares

$$\boxed{\frac{\partial^2V(x,y,z)}{\partial x^2}+\frac{\partial^2V(x,y,z)}{\partial y^2}+\frac{\partial^2V(x,y,z)}{\partial z^2}=0.} \quad \textbf{(3.33)}$$

(2) em coordenadas esféricas

$$\boxed{\frac{1}{r^2}\frac{\partial}{\partial r}\left[r^2\frac{\partial V(r,\theta,\phi)}{\partial r}\right]+\frac{1}{r^2\text{sen}\theta}\frac{\partial}{\partial\theta}\left[\text{sen}\theta\frac{\partial V(r,\theta,\phi)}{\partial\theta}\right]+\left[\frac{1}{r^2\text{sen}^2\theta}\frac{\partial^2V(r,\theta,\phi)}{\partial\phi^2}\right]=0.} \quad \textbf{(3.34)}$$

(3) em coordenadas cilíndricas

$$\boxed{\frac{1}{r}\frac{\partial}{\partial r}\left[r\frac{\partial V(r,\theta,z)}{\partial r}\right]+\left[\frac{1}{r^2}\frac{\partial^2V(r,\theta,z)}{\partial\theta^2}\right]+\left[\frac{\partial^2V(r,\theta,z)}{\partial z^2}\right]=0.} \quad \textbf{(3.35)}$$

As soluções dessas equações diferenciais serão discutidas nas seções seguintes.

Antes de resolver a equação de Laplace, vamos mencionar dois teoremas importantes, envolvendo as soluções desta equação: (1) teorema da superposição e (2) teorema da unicidade.

O teorema da superposição afirma que se $V_1; V_2; \cdots V_n$ são soluções da equação de Laplace, isto é, $\nabla^2V_1=0$; $\nabla^2V_2=0$; $\nabla^2V_n=0$, a função V obtida por $V=V_1+V_2+\cdots V_n$ também é solução da equação de Laplace. De fato, tomando o laplaciano de V, temos $\nabla^2V=\nabla^2V_1+\nabla^2V_2+\cdots\nabla^2V_n$. Como $\nabla^2V_1=0$; $\nabla^2V_2=0$; $\nabla^2V_n=0$, segue que $\nabla^2V=0$.

O teorema da unicidade afirma que a solução da equação de Laplace que satisfaz condições de contorno específicas sobre uma superfície é uma solução única e determina completamente o potencial elétrico para o

[4] Siméon Denis Poisson (21/6/1781-25/4/1840), matemático e físico francês.

[5] Pierre Simon Laplace (23/3/1749-5/3/1827), matemático, astrônomo e físico francês.

[6] A equação de Laplace também é útil para calcular campo magnético de ímãs (veja a Seção 6.11).

problema considerado. Para provar o teorema da unicidade, vamos supor que existam duas diferentes soluções da equação de Laplace (V_1 e V_2) que satisfazem a mesma condição de contorno sobre uma superfície. Assim, de acordo com o teorema da superposição, a função $\psi = V_1 - V_2$ também é solução da equação de Laplace e satisfaz as mesmas condições de contorno que as funções V_1 e V_2. Fazendo $\phi = \psi$ na relação (3.13), temos:

$$\int\left[(\vec{\nabla}\psi)^2 + \psi\nabla^2\psi\right]dv = \oint\left[\psi\frac{\partial\psi}{\partial n}\right]ds. \tag{3.36}$$

Como os potenciais V_1 e V_2 satisfazem a mesma condição de contorno sobre uma superfície, temos que a função $\psi = V_1 - V_2$ se anula sobre essa superfície. Dessa forma, o lado direito da equação (3.36) é identicamente nulo. Como a função $\psi = V_1 - V_2$ satisfaz a equação de Laplace, $\nabla^2\psi = 0$, temos que a equação (3.36) se reduz a:

$$\int(\vec{\nabla}\psi)^2 dv = 0. \tag{3.37}$$

Para que essa expressão seja sempre verdadeira é necessário que $\vec{\nabla}\psi = 0$. Isso implica que a função ψ é constante. Como $\psi = V_1 - V_2$, temos que $V_1 = V_2 + C^{te}$. Portanto, as duas possíveis soluções da equação de Laplace V_1 e V_2, que satisfazem as mesmas condições de contorno, são idênticas a menos de uma constante.

3.5 Equação de Laplace em Coordenadas Retangulares

Nesta seção, apresentaremos as soluções da equação de Laplace em coordenadas retangulares. Por uma questão didática, discutiremos os casos de uma, duas e três dimensões separadamente.

3.5.1 Caso Unidimensional

Para resolver a equação de Laplace em uma dimensão, vamos supor que o potencial elétrico independe das coordenadas x e y. Neste caso, no qual o potencial elétrico é função somente da coordenada z, a equação de Laplace (3.33) se reduz a:

$$\frac{d^2V(z)}{dz^2} = 0. \tag{3.38}$$

Integrando essa equação duas vezes, obtemos:

$$V(z) = C_1 z + C_2 \tag{3.39}$$

em que C_1 e C_2 são constantes a serem determinadas.

Como uma ilustração de um problema em uma dimensão, vamos considerar duas longas placas metálicas paralelas ao plano xy, e uma delas está colocada em $z = 0$ e a outra em $z = a$, respectivamente. O potencial elétrico na placa localizada em $z = 0$ é nulo, enquanto o potencial na outra placa é V_0. Esse arranjo corresponde a um capacitor de placas paralelas com uma diferença de potencial elétrico V_0, conforme mostra a Figura 3.5.

Este é um problema unidimensional, uma vez que o potencial elétrico entre as placas não depende nem da variável x nem da variável y. Para justificar essa afirmação, vamos considerar um ponto de observação fixo com coordenadas (x, y, z). Ao variar somente a coordenada x desse ponto, isto é, movê-lo paralelamente ao eixo x, a distância às placas nas quais estão as cargas elétricas permanecerá a mesma. Logo, o potencial elétrico não depende da coordenada x. O mesmo argumento vale em relação à coordenada y. No entanto, ao mover o ponto

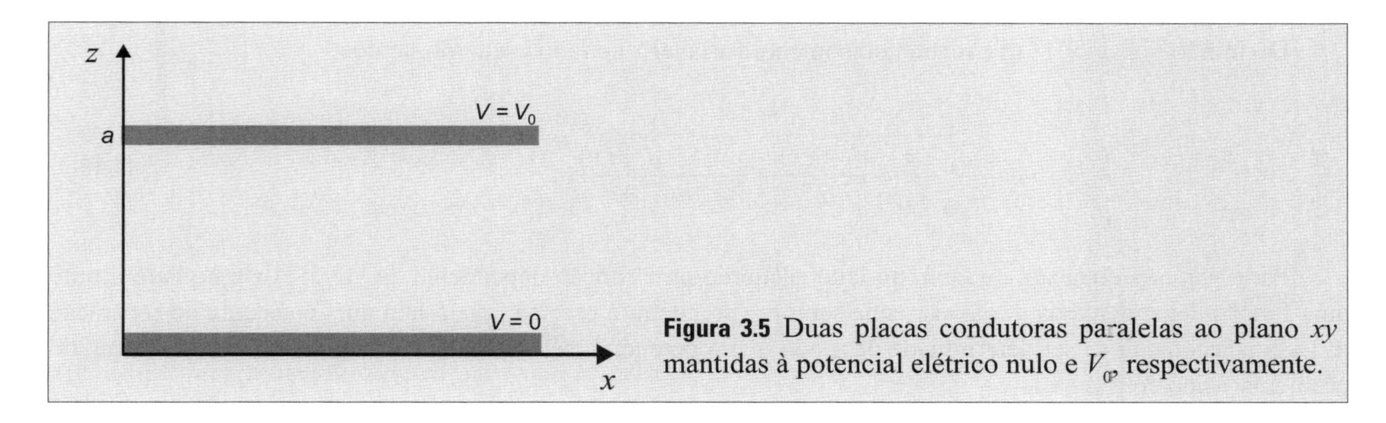

Figura 3.5 Duas placas condutoras paralelas ao plano xy mantidas à potencial elétrico nulo e V_0, respectivamente.

de observação ao longo do eixo z, mantendo as coordenadas x e y fixas, a distância do ponto de observação às placas e, consequentemente, o potencial elétrico, variam ao longo dessa direção. Portanto, neste problema em que o potencial elétrico depende somente da coordenada z, a equação de Laplace se reduz à equação (3.38), cuja solução geral é dada em (3.39).

As condições de contorno do problema são matematicamente representadas por $V(0)=0$ e $V(a)=V_0$. Utilizando essas condições de contorno em (3.39), temos que $C_2=0$ e $C_1=V_0/a$. Dessa forma, o potencial elétrico é dado por:

$$V(z)=\frac{V_0}{a}z. \tag{3.40}$$

O campo elétrico, obtido por $\vec{E}(z)=-\vec{\nabla}V(z)$, é:

$$\vec{E}(z)=-\frac{V_0}{a}\hat{k}. \tag{3.41}$$

Para determinar o valor da constante V_0, basta lembrar que o módulo do campo elétrico sobre a superfície de um condutor é dado por $E=\sigma/\varepsilon_0$. Comparando as relações $E=\sigma/\varepsilon_0$ e $E=V_0/a$, temos que $V_0=\sigma a/\varepsilon_0$.

3.5.2 Caso Bidimensional

Para resolver a equação de Laplace em duas dimensões, vamos considerar que o potencial elétrico não depende da coordenada z. Nesse caso, a equação de Laplace (3.33) se reduz a:

$$\frac{\partial^2 V(x,y)}{\partial x^2}+\frac{\partial^2 V(x,y)}{\partial y^2}=0. \tag{3.42}$$

A solução dessa equação diferencial parcial pode ser obtida pelo método de separação de variáveis, em que se propõe uma solução do tipo $V(x,y)=X(x)\cdot Y(y)$. Diferenciando essa função e substituindo em (3.42), obtemos:

$$Y(y)\frac{d^2X(x)}{dx^2}+X(x)\frac{d^2Y(y)}{dy^2}=0. \tag{3.43}$$

Dividindo por $X(x)Y(y)$ e mantendo somente variável x no lado esquerdo, temos:

$$\overbrace{\frac{1}{X(x)}\frac{d^2X(x)}{dx^2}}^{\lambda}=-\overbrace{\frac{1}{Y(y)}\frac{d^2Y(y)}{dy^2}}^{\lambda}. \tag{3.44}$$

Para que essa equação, que tem no lado esquerdo uma função dependente da variável x e no lado direito uma função dependente da variável y, seja sempre verdadeira é preciso igualá-la à uma constante de separação λ. Essa constante deve ser determinada de modo que o potencial elétrico satisfaça às condições de contorno do problema físico considerado.

Primeiramente, vamos supor que a constante de separação é positiva e diferente de zero. Um número positivo pode ser escrito na forma $\lambda = m^2$, com $m \neq 0$. Nesse caso, igualando cada termo da equação anterior a m^2, obtemos as seguintes equações diferenciais:

$$\frac{d^2X(x)}{dx^2}-m^2X(x)=0 \tag{3.45}$$

$$\frac{d^2Y(y)}{dy^2}+m^2Y(y)=0. \tag{3.46}$$

cujas soluções são muito mais simples de se obter.

Para resolver a equação diferencial na variável x, propomos uma solução na forma $X(x)=Ae^{\alpha x}$. Substituindo esta função em (3.45), obtemos a seguinte equação característica $\alpha^2-m^2=0$, cuja solução é $\alpha=\pm m$. Logo, a solução da equação diferencial na variável x é $X(x)=A_m e^{mx}+B_m e^{-mx}$, em que m é um número positivo qualquer diferente de zero. Usando o teorema da superposição, podemos escrever a solução geral para a equação diferencial na variável x como uma combinação de exponenciais:

$$X(x)=\sum_{m>0}A_m e^{mx}+B_m e^{-mx}. \tag{3.47}$$

Usando as definições $\operatorname{sen h}(mx)=(e^{mx}-e^{-mx})/2$ e $\cos h(mx)=(e^{mx}+e^{-mx})/2$, temos que: $e^{mx}=\cos h(mx)+\operatorname{sen h}(mx)$ e $e^{-mx}=\cos h(mx)-\operatorname{sen h}(mx)$. Assim, podemos escrever a solução $X(x)$ na forma:

$$X(x)=\sum_{m>0}\tilde{A}_m \cos h(mx)+\tilde{B}_m \operatorname{sen h}(mx) \tag{3.48}$$

em que $\tilde{A}_m=A_m+B_m$ e $\tilde{B}_m=(A_m-B_m)$.

Para obter a solução da equação diferencial na variável y, o procedimento é análogo. Propomos para a equação (3.46) uma solução do tipo $Y(y)=Ae^{\alpha y}$. Nesse caso, obtemos a equação característica $\alpha^2+m^2=0$, cuja solução é $\alpha=\pm im$. Assim, a solução geral da equação diferencial na variável y é uma combinação de exponenciais complexas na forma:

$$Y(y)=\sum_{m>0}C_m e^{imy}+D_m e^{-imy}. \tag{3.49}$$

Usando as relações $e^{imy} = \cos my + i\,\text{sen}\, my$ e $e^{-imy} = \cos my - i\,\text{sen}\, my$, podemos escrever que:

$$Y(y) = \sum_{m>0} \tilde{C}_m \cos my + \tilde{D}_m \text{sen}\, my \quad \textbf{(3.50)}$$

em que $\tilde{C}_m = C_m + D_m$ e $\tilde{D}_m = i(C_m - D_m)$.

Portanto, o potencial elétrico, calculado por $V(x, y) = X(x)Y(y)$, é:

$$V(x,y) = \sum_{m>0} (A_m e^{mx} + B_m e^{-mx})(\tilde{C}_m \cos my + \tilde{D}_m \text{sen}\, my) \quad \textbf{(3.51)}$$

em que as constantes A_m, B_m, $\tilde{C}_m$ e $\tilde{D}_m$ devem ser determinadas pelas condições de contorno do problema.

Alternativamente, podemos reescrever essa solução em termos das funções trigonométricas para a variável y e das funções hiperbólicas para a variável x.

Agora, vamos supor que a constante de separação λ é negativa e não nula, isto é, $\lambda = -m^2$, em que $m > 0$. Assim, igualando cada termo da equação (3.44) a $-m^2$, obtemos as seguintes equações diferenciais:

$$\frac{d^2X(x)}{dx^2} + m^2 X(x) = 0 \quad \textbf{(3.52)}$$

$$\frac{d^2Y(y)}{dy^2} - m^2 Y(y) = 0. \quad \textbf{(3.53)}$$

Note que essas equações diferenciais são semelhantes àquelas obtidas em (3.45) e (3.46) utilizando uma constante de separação positiva. A diferença está no sinal da constante que multiplica as funções $X(x)$ e $Y(y)$. Nesse caso, a função $X(x)$ é escrita como uma combinação de funções trigonométricas, enquanto a função $Y(y)$ é escrita como uma combinação de funções exponenciais:

$$X(x) = \sum_{m>0} A_m \cos mx + B_m \text{sen}\, mx \quad \textbf{(3.54)}$$

$$Y(y) = \sum_{m>0} C_m e^{my} + D_m e^{-my}. \quad \textbf{(3.55)}$$

Logo, o potencial elétrico, calculado por $V(x, y) = X(x)Y(y)$, é:

$$V(x,y) = \sum_{m>0} \left(A_m \cos mx + B_m \text{sen}\, mx \right)\left(C_m e^{my} + D_m e^{-my} \right). \quad \textbf{(3.56)}$$

A solução da equação de Laplace em duas dimensões em coordenadas retangulares, no caso no qual a constante de separação é diferente de zero, sempre envolverá o produto de uma função oscilatória por um função exponencial. A escolha da direção que apresentará a solução exponencial ou oscilatória deve ser feita de modo que o potencial elétrico satisfaça às condições de contorno do problema. No caso em que a constante de separação incluir também o zero, a solução é um pouco diferente. Para mais detalhes sobre esse tipo de solução, que não será considerada aqui, recomendamos a resolução do Exercício Complementar 10.

EXEMPLO 3.4

Considere duas placas condutoras com potencial elétrico nulo, paralelas ao plano xy e localizadas em $z = 0$ e $z = a$, e uma placa com potencial V_0, paralela ao plano yz e localizada em $x = 0$. Determine o potencial elétrico na região interna delimitada pelas placas.

SOLUÇÃO

Uma representação dessa situação está mostrada na Figura 3.6. Pela simetria do problema, o potencial elétrico depende das variáveis x e z. Portanto, esse é um problema bidimensional, cujo potencial elétrico satisfaz à seguinte equação de Laplace:

$$\frac{\partial^2 V(x,z)}{\partial x^2} + \frac{\partial^2 V(x,z)}{\partial z^2} = 0. \qquad \textbf{(E3.7)}$$

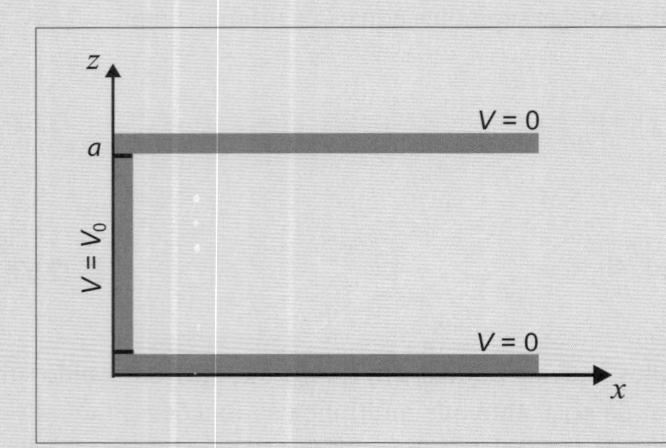

Figura 3.6 Três placas condutoras formando uma cavidade retangular. A placa com potencial V_0 está isolada eletricamente das demais.

As condições de contorno para este problema são:

$$\begin{aligned} V(\infty,z) &= 0 \quad 0 \le z < a \\ V(0,z) &= V_0 \quad 0 \le z < a \\ V(x,0) &= 0 \quad 0 \le x \le \infty \\ V(x,a) &= 0 \quad 0 \le x \le \infty. \end{aligned}$$

Para satisfazer às condições de contorno $V(0,z) = V_0$ e $V(\infty,z) = 0$, a função dependente da variável x deve ser exponencial. Por outro lado, as condições de contorno $V(x,0) = 0$ e $V(x,a) = 0$ são satisfeitas se a função na variável z for trigonométrica. Dessa forma, o potencial elétrico solução da equação (E3.7) é:

$$V(x,z) = \sum_{m>0} \left(A_m e^{mx} + B_m e^{-mx} \right) . \left(C_m \cos mz + D_m \operatorname{sen} mz \right).$$

Pelas condições de contorno do problema, quando $x \to \infty$ o potencial elétrico deve se anular. Como a exponencial e^{mx} diverge nesse limite, devemos anular o coeficiente A_m para que essa condição seja satisfeita. Quando $z = 0$, o potencial elétrico também deve ser nulo para qualquer valor de x. Assim, temos que $\sum_m C_m B_m e^{-mx} = 0$. Para satisfazer essa condição, devemos fazer $B_m = 0$ ou $C_m = 0$. O coeficiente B_m não pode ser zero, porque anularia o potencial elétrico em todos os pontos, uma vez que o coeficiente A_m é nulo. Portanto, devemos anular o coeficiente C_m.

Com as considerações feitas até o momento, temos que a expressão para o potencial elétrico se reduz a:

$$V(x,z) = \sum_m E_m e^{-mx} \text{sen } mz.$$

Por simplicidade de notação, foi definida uma nova constante $E_m = D_m B_m$. Ainda falta determinar o coeficiente E_m e os autovalores m.

Utilizando a condição de contorno $V(x,a) = 0$, temos que:

$$V(x,a) = \sum_m E_m e^{-mx} \text{sen } ma = 0.$$

Para que essa condição seja verdadeira, é necessário que $E_m = 0$ ou sen $ma = 0$. A constante E_m não pode ser nula, porque anularia o potencial elétrico em todos os pontos. Então, devemos fazer sen $ma = 0$. Dessa condição, temos que $m = n\pi / a$, com $n = 1, 2, 3, \cdots$. Substituindo esses valores de m na equação anterior, temos:

$$V(x,z) = \sum_{n=1}^{\infty} E_n e - \tfrac{n\pi}{a} \text{sen}\left(\frac{n\pi}{a} z \right). \qquad \textbf{(E3.8)}$$

Para determinar o coeficiente E_n, vamos utilizar a condição de contorno $V(0,z) = V_0$. Então, temos:

$$\sum_n E_n \text{sen}\left(\frac{n\pi}{a} z \right) = V_0.$$

Essa expressão é o desenvolvimento em série de Fourier em senos da função V_0. Portanto, o coeficiente E_n é dado por (veja a Seção 1.12):

$$E_n = \frac{2}{a} \int_0^a V_0 \text{sen}\left(\frac{n\pi}{a} z \right) dz.$$

Integrando, obtemos:

$$E_n = \begin{cases} \frac{4V_0}{n\pi}, & \text{se } n \text{ ímpar,} \\ 0, & \text{se } n \text{ par.} \end{cases}$$

Substituindo esses valores do coeficiente E_n na equação (E3.8), temos que o potencial elétrico na região entre as placas condutoras é:

$$V(x,z) = \sum_{n=1,3,5\ldots} \frac{4V_0}{n\pi} e^{-\frac{n\pi}{a}x} \text{sen}\left(\frac{n\pi}{a} z \right).$$

O campo elétrico, calculado por $\vec{E}(x,z) = -\vec{\nabla} V(x,z)$, é

$$\vec{E}(x,z) = \sum_{n=1,3,5\ldots} \frac{4V_0}{a} e^{-\frac{n\pi}{a}x} \left[\hat{i} \text{sen}\left(\frac{n\pi}{a} z \right) - \hat{k} \cos\left(\frac{n\pi}{a} z \right) \right].$$

3.5.3 Caso Tridimensional

Para resolver a equação de Laplace em coordenadas retangulares no caso tridimensional, vamos propor uma solução do tipo $V(x,y,z) = X(x)Y(y)Z(z)$. Diferenciando esta função e substituindo na equação (3.33), obtemos:

$$Y(y)\cdot Z(z)\frac{d^2X(x)}{dx^2} + X(x)\cdot Z(z)\frac{d^2Y(y)}{dy^2} + X(x)\cdot Y(y)\frac{d^2Z(z)}{dz^2} = 0. \quad \textbf{(3.57)}$$

Dividindo a equação anterior por $X(x)Y(y)Z(z)$ e mantendo somente a variável x no lado esquerdo, temos:

$$\overbrace{\frac{1}{X(x)}\frac{d^2X(x)}{dx^2}}^{\lambda} = \overbrace{-\frac{1}{Y(y)}\frac{d^2Y(y)}{dy^2} - \frac{1}{Z(z)}\frac{d^2Z(z)}{dz^2}}^{\lambda}. \quad \textbf{(3.58)}$$

Para que essa equação seja sempre verdadeira, é preciso torná-la igual a uma constante de separação. Vamos considerar essa constante negativa e não nula ($\lambda = -m^2$). Assim, igualando cada termo da equação (3.58) a $-m^2$, obtemos:

$$\frac{d^2X(x)}{dx^2} + m^2X(x) = 0 \quad \textbf{(3.59)}$$

$$-\frac{1}{Y(y)}\frac{d^2Y(y)}{dy^2} - \frac{1}{Z(z)}\frac{d^2Z(z)}{dz^2} = -m^2. \quad \textbf{(3.60)}$$

Separando as variavéis y e z e igualando à outra constante n^2, temos:

$$-\frac{1}{Y(y)}\frac{d^2Y(y)}{dy^2} = -m^2 + \frac{1}{Z(z)}\frac{d^2Z(z)}{dz^2} = n^2. \quad \textbf{(3.61)}$$

Dessa relação, podemos escrever que:

$$\frac{d^2Y(y)}{dy^2} + n^2Y(y) = 0 \quad \textbf{(3.62)}$$

$$\frac{d^2Z(z)}{dz^2} - \left(m^2 + n^2\right)Z(z) = 0. \quad \textbf{(3.63)}$$

Resolvendo as equações diferenciais (3.59), (3.62) e (3.63), obtemos:

$$X(x) = \sum_m A_m \cos mx + B_m \operatorname{sen} mx \quad \textbf{(3.64)}$$

$$Y(y) = \sum_n C_n \cos ny + D_n \operatorname{sen} ny \quad \textbf{(3.65)}$$

$$Z(z)=\sum_{m,n} E_{m,n}e^{z\sqrt{(m^2+n^2)}}+F_{m,n}e^{-z\sqrt{(m^2+n^2)}}. \quad \textbf{(3.66)}$$

Portanto, para as constantes de separação consideradas neste caso, a solução geral para a equação de Laplace é dada por:

$$V(x,y,z)=\sum_{m,n}\left(A_m\cos mx+B_m\,\text{sen}\,mx\right)\cdot\left(C_n\cos ny+D_n\,\text{sen}\,ny\right)$$
$$\times\left(E_{m,n}e^{z\sqrt{(m^2+n^2)}}+F_{m,n}e^{-z\sqrt{(m^2+n^2)}}\right). \quad \textbf{(3.67)}$$

Devemos enfatizar que o sinal da constante de separação e, consequentemente, o tipo da função (trigonométrica ou exponencial) são determinados pelas condições de contorno do problema físico considerado (veja o Exemplo 3.5).

EXEMPLO 3.5

Considere seis placas condutoras formando um cubo de aresta a. A face paralela ao plano xy em $z = a$ tem potencial elétrico V_0 e as demais faces têm potencial nulo. Determine o potencial elétrico na região interna ao cubo.

SOLUÇÃO

Neste caso, cujo esquema está mostrado na Figura 3.7, o potencial elétrico depende das três coordenadas retangulares. As condições de contorno para o potencial elétrico podem ser expressas matematicamente por:

$$V(0,y,z)=0,\quad V(a,y,z)=0,\quad 0\le y,z\le a$$
$$V(x,0,z)=0,\quad V(x,a,z)=0,\quad 0\le x,z\le a$$
$$V(x,y,0)=0,\quad V(x,y,a)=V_0.\quad 0\le x,y\le a.$$

Para satisfazer às condições de contorno $V(0,y,z)=0$ e $V(a,y,z)=0$, devemos ter uma função oscilatória na coordenada x. A função na coordenada y também deve ser oscilatória, para que as condições de contorno $V(x,0,z)=0$ e $V(x,a,z)=0$ sejam satisfeitas. Por outro lado, para satisfazer às condições de contorno $V(x,y,0)=0$ e $V(x,y,a)=V_0$, devemos ter uma função exponencial para a coordenada z. Portanto, o potencial elétrico (solução geral da equação de Laplace tridimensional) para este problema é:

$$V(x,y,z)=\sum_{m,n}\left[A_m\cos mx+B_m\,\text{sen}\,mx\right]\cdot\left[C_n\cos ny+D_n\,\text{sen}\,ny\right]$$
$$\times\left[E_{m,n}e^{z\sqrt{(m^2+n^2)}}+F_{m,n}e^{-z\sqrt{(m^2+n^2)}}\right].$$

Aplicando a condição de contorno $V(0,y,z)=0$, temos:

$$\sum_{m,n}A_m\cdot\left[C_n\cos ny+D_n\text{sen}\,ny\right]\cdot\left[E_{m,n}e^{z\sqrt{m^2+n^2}}+F_{m,n}e^{-z\sqrt{m^2+n^2}}\right]=0.$$

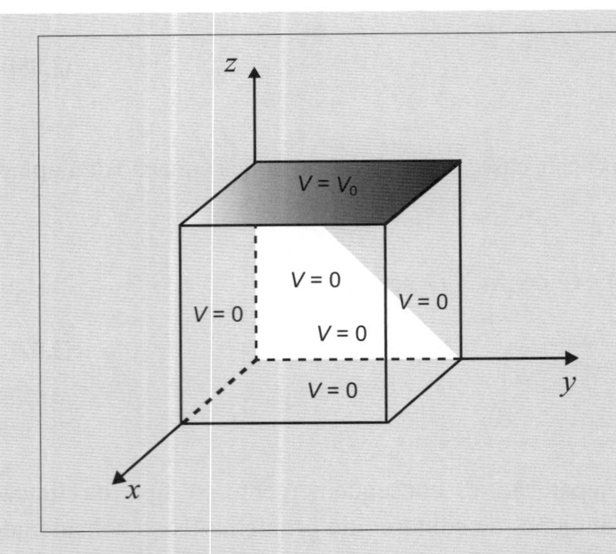

Figura 3.7 Seis placas condutoras formando uma cavidade tridimensional. A placa com coordenadas $(0,0,a)$ tem potencial elétrico V_0 e as demais placas têm potencial elétrico nulo.

Para que essa condição seja sempre verdadeira, é necessário que A_m seja nulo.

Aplicando a condição de contorno, $V(x,0,z)=0$, temos:

$$\sum_{m,n}[B_m \operatorname{sen}(mx)]\cdot C_n\left[E_{m,n}e^{z\sqrt{(m^2+n^2)}}+F_{m,n}e^{-z\sqrt{(m^2+n^2)}}\right]=0.$$

Para que essa condição seja sempre verdadeira, é necessário que C_n seja nulo. Aplicando a condição de contorno, $V(x,y,0)=0$, temos:

$$\sum_{m,n}B_m \operatorname{sen}(mx)D_n \operatorname{sen}(ny)\left(E_{m,n}+F_{m,n}\right)=0.$$

Dessa condição, temos que $E_{m,n}=-F_{m,n}$, uma vez que as constantes B_m e D_n são necessariamente não nulas.

Com as considerações feitas até o momento, o potencial elétrico é:

$$V(x,y,z)=\sum_{m,n}B_m D_n E_{m,n}\operatorname{sen}(mx)\operatorname{sen}(ny)\left[e^{z\sqrt{(m^2+n^2)}}-e^{-z\sqrt{(m^2+n^2)}}\right].$$

Usando a relação $e^{z\sqrt{(m^2+n^2)}}-e^{-z\sqrt{(m^2+n^2)}}=2\operatorname{sen}\mathrm{h}(z\sqrt{m^2+n^2})$, temos que:

$$V(x,y,z)=\sum_{m,n}2G_{mn}\operatorname{sen}(ma)\operatorname{sen}(ny)\operatorname{sen}\mathrm{h}\left[z\sqrt{(m^2+n^2)}\right], \qquad \textbf{(E3.9)}$$

em que $G_{mn}=B_m D_n E_{m,n}$. Usando a condição de contorno $V(a,y,z)=0$, temos:

$$V(a,y,z)=\sum_{m,n}2G_{mn}\operatorname{sen}(ma)\operatorname{sen}(ny)\operatorname{sen}\mathrm{h}\left[z\sqrt{(m^2+n^2)}\right]=0.$$

Para que essa equação seja sempre verdadeira, devemos impor que $\operatorname{sen} ma=0$. Dessa condição, temos que $m=l\pi/a$, com $l=1,2,\cdots$. Usando a condição de contorno $V(x,a,z)=0$ em (E3.9), temos:

$$V(x,a,z)=\sum_{m,n}2G_{mn}\operatorname{sen}(mx)\operatorname{sen}(na)\operatorname{sen h}\left(z\sqrt{(m^2+n^2)}\right)=0.$$

Assim, devemos impor que $\operatorname{sen} na=0$. Dessa condição, temos que $n=p\pi/a$, com $p=1,2,\cdots$. Substituindo os autovalores $m=l\pi/a$ e $n=p\pi/a$ em (E3.9), temos:

$$V(x,y,z)=\sum_{l,p=1}^{\infty}2G_{l,p}\operatorname{sen}\left(\frac{l\pi}{a}x\right)\operatorname{sen}\left(\frac{p\pi}{a}y\right)\operatorname{sen h}\left(\frac{\pi}{a}z\sqrt{l^2+p^2}\right). \qquad \textbf{(E3.10)}$$

Para que o potencial elétrico seja completamente especificado, ainda falta determinar o coeficiente $G_{l,p}$. Usando a condição de contorno $V(x,y,a)=V_0$, temos:

$$V_0=\sum_{l,p=1}^{\infty}2G_{l,p}\operatorname{sen h}\left(\sqrt{l^2+p^2}\pi\right)\operatorname{sen}\left(\frac{l\pi}{a}x\right)\operatorname{sen}\left(\frac{p\pi}{a}y\right).$$

Essa expressão pode ser identificada como a expansão em série de Fourier nas variáveis x e y da função constante V_0. Portanto, a constante $2G_{l,p}\operatorname{sen h}(\pi\sqrt{l^2+p^2})$ é o coeficiente da expansão, que é determinado por:

$$2G_{l,p}\operatorname{sen h}\left(\pi\sqrt{l^2+p^2}\right)=V_0\left[\frac{2}{a}\int_0^a\operatorname{sen}\frac{l\pi}{a}x\,dx\right]\left[\frac{2}{a}\int_0^a\operatorname{sen}\frac{p\pi}{a}y\,dy\right].$$

Integrando, obtemos:

$$G_{l,p}=\frac{8V_0}{lp\pi^2\operatorname{sen h}\left(\pi\sqrt{l^2+p^2}\right)},\quad l,p \text{ ímpares}$$

Substituindo esse valor do coeficiente $G_{l,p}$ em (E3.10), temos finalmente que o potencial elétrico na região interna ao cubo é dado por:

$$V(x,y,z)=\frac{16V_0}{\pi^2}\sum_{l,p=1,3,\ldots}\frac{\left(\operatorname{sen}\frac{l\pi}{a}x\right)\left(\operatorname{sen}\frac{p\pi}{a}y\right)\operatorname{sen h}\left(\frac{\pi}{a}z\sqrt{l^2+p^2}\right)}{(lp)\operatorname{sen h}\left(\pi\sqrt{l^2+p^2}\right)}.$$

O campo elétrico é obtido por $\vec{E}(x,y,z)=-\vec{\nabla}V(x,y,z)$.

3.6 Equação de Laplace em Coordenadas Esféricas

Nesta seção vamos resolver a equação de Laplace em coordenadas esféricas. Os casos de uma, duas e três dimensões serão considerados separadamente a seguir.

3.6.1 Caso Unidimensional

Aqui, vamos resolver a equação de Laplace em uma dimensão, considerando que o potencial elétrico depende somente da coordenada radial r. Para ilustrar este cálculo, vamos determinar o potencial elétrico gerado por uma densidade constante de cargas elétricas em um volume esférico de raio a. Nesse caso, temos que o potencial elétrico em pontos internos satisfaz à seguinte equação de Poisson:

$$\frac{1}{r^2}\frac{d}{dr}\left[r^2\frac{dV_{int}(r)}{dr}\right]=-\frac{\rho}{\varepsilon_0}. \quad \textbf{(3.68)}$$

Para encontrar a solução dessa equação diferencial, vamos multiplicá-la por r^2 e integrá-la. Assim, obtemos

$$r^2\frac{dV_{int}(r)}{dr}=-\frac{\rho}{3\varepsilon_0}r^3+A. \quad \textbf{(3.69)}$$

Dividindo por r^2 e integrando novamente, temos:

$$V_{int}(r)=-\frac{\rho}{6\varepsilon_0}r^2-\frac{A}{r}+B \quad \textbf{(3.70)}$$

em que as constantes A e B devem ser determinadas para satisfazer às condições de contorno.

No centro da distribuição em que $r=0$, o potencial elétrico interno deve ser finito e igual a um valor V_0. Para satisfazer essa condição, devemos fazer $A=0$ e $B=V_0$. Logo, o potencial elétrico interno é dado por:

$$V_{int}(r)=V_0-\frac{\rho}{6\varepsilon_0}r^2. \quad \textbf{(3.71)}$$

O campo elétrico, calculado por $\vec{E}_{int}(r)=\vec{\nabla}V_{int}(r)$, é:

$$\vec{E}_{int}(r)=\frac{\rho r}{3\varepsilon_0}\hat{r}. \quad \textbf{(3.72)}$$

Para pontos externos, não existem cargas elétricas, de modo que a equação de Laplace (3.34) para este problema unidimensional é

$$\frac{1}{r^2}\frac{d}{dr}\left[r^2\frac{dV_{ext}(r)}{dr}\right]=0. \quad \textbf{(3.73)}$$

Integrando essa equação duas vezes na variável r, obtemos:

$$V_{ext}(r)=-\frac{C}{r}+D, \quad \textbf{(3.74)}$$

O potencial elétrico externo deve se anular em pontos bem afastados da distribuição de cargas ($r\to\infty$). Para satisfazer essa condição, devemos impor que $D=0$. Para determinar o coeficiente C, vamos utilizar a condição de contorno para os campos elétricos sobre a supefície do volume esférico. O campo elétrico interno é dado em (3.72), enquanto o campo externo, calculado por $\vec{E}_{ext}(r)=-\nabla V_{ext}(r)$, é:

$$\vec{E}_{ext}(r)=-\frac{C}{r^2}\hat{r}. \quad \textbf{(3.75)}$$

Da condição de contorno $\vec{E}_{int}(a) = \vec{E}_{ext}(a)$, podemos tirar que $C = -\rho a^3 / 3\varepsilon_0$. Logo, o potencial elétrico externo é:

$$V_{ext}(r) = \frac{\rho a^3}{3\varepsilon_0 r}. \tag{3.76}$$

A constante V_0 que aparece no potencial elétrico interno pode ser determinada, usando a condição de continuidade do potencial sobre a superfície da esfera, $V_{int}(a) = V_{ext}(a)$. Assim, temos:

$$V_0 - \frac{\rho}{6\varepsilon_0} a^2 = \frac{\rho}{3\varepsilon_0} a^2. \tag{3.77}$$

Dessa equação, temos que $V_0 = \rho a^2 / 2\varepsilon_0$. Substituindo este valor de V_0 em (3.71), temos que o potencial elétrico interno é:

$$V_{int}(r) = \frac{\rho}{6\varepsilon_0}\left(3a^2 - r^2\right). \tag{3.78}$$

Esse problema unidimensional foi resolvido no Exemplo 2.5, pela equação integral do potencial elétrico.

3.6.2 Caso Bidimensional

Nesta seção, vamos resolver a equação de Laplace nos casos em que o potencial elétrico independe da coordenada ϕ. Nestes casos, a equação de Laplace, (3.34) se reduz a:

$$\frac{1}{r^2}\frac{\partial}{\partial r}\left[r^2 \frac{\partial V(r,\theta)}{\partial r}\right] + \frac{1}{r^2 \operatorname{sen}\theta}\frac{\partial}{\partial \theta}\left[\operatorname{sen}\theta \frac{\partial V(r,\theta)}{\partial \theta}\right] = 0. \tag{3.79}$$

Para resolver essa equação, vamos usar o método de separação de variáveis e propor uma solução do tipo $V(r,\theta) = R(r)P(\theta)$. Diferenciando essa função, substituindo na equação (3.79) e isolando o termo contendo a função $P(\theta)$ no lado direito do sinal de igualdade, temos:

$$\overbrace{\frac{1}{R(r)}\frac{d}{dr}\left[r^2 \frac{dR(r)}{dr}\right]}^{\lambda} = \overbrace{-\frac{1}{P(\theta)\operatorname{sen}\theta}\frac{d}{d\theta}\left[\operatorname{sen}\theta \frac{dP(\theta)}{d\theta}\right]}^{\lambda}. \tag{3.80}$$

Para que essa equação seja sempre verdadeira, é necessário que ela seja igual à uma constante de separação. Igualando cada termo da equação anterior a λ, obtemos as seguintes equações diferenciais:

$$\frac{1}{\operatorname{sen}\theta}\frac{d}{d\theta}\left[\operatorname{sen}\theta \frac{dP(\theta)}{d\theta}\right] + \lambda P(\theta) = 0 \tag{3.81}$$

$$\frac{d}{dr}\left[r^2 \frac{dR(r)}{dr}\right] - \lambda R(r) = 0. \tag{3.82}$$

Vamos buscar, primeiramente, a solução da equação diferencial para a coordenada θ. Fazendo a mudança de variável $x = \cos\theta$, temos que $dx / d\theta = -\text{sen}\,\theta$, de modo que podemos escrever:

$$\frac{dP(\theta)}{d\theta} = \frac{dP(x)}{dx} \cdot \frac{dx}{d\theta} \rightarrow \frac{d}{d\theta} P(\theta) = -\text{sen}\,\theta \frac{d}{dx} P(x). \tag{3.83}$$

Substituindo (3.83) em (3.81), obtemos a equação diferencial na variável auxiliar x:

$$\frac{d}{dx}\left[\left(1 - x^2\right)\frac{dP(x)}{dx}\right] + \lambda P(x) = 0. \tag{3.84}$$

Essa é a equação diferencial de Legendre,[7] cuja solução pode ser encontrada pelo método de Frobenius.[8] Nesse método, propomos uma solução em série do tipo $P(x) = \sum_{n=0}^{\infty} C_n x^{s+n}$ e a substituímos na equação (3.84). Após uma longa álgebra (essa tarefa está proposta no Exercício Complementar 4), obtemos que $\lambda = l(l+1)$, em que $l = 0,1,2...$ e que a função $P(x)$ são os polinômios $P_l(x)$ dados por

$$\begin{aligned} P_l(x) = C_0 &\left[1 - \frac{l(l+1)}{2!}x^2 + \frac{l(l+1)(l-2)(l+3)}{4!}x^4 - \cdots\right] \\ +C_1 &\left[x - \frac{(l-1)(l+2)}{3!}x^3 + \frac{(l-1)(l+2)(l-3)(l+4)}{5!}x^5 - \cdots\right] \end{aligned} \tag{3.85}$$

em que C_0 e C_1 são coeficientes arbitrários. Nesta relação, temos que a série em x^n com n ímpar diverge para valores pares de l, enquanto a série em x^n com n par diverge para valores ímpares de l. Escolhendo os valores dos coeficientes C_0 e C_1 de modo que $P_l(1) = 1$, os polinômios obtidos via a relação (3.85) são chamados de polinômios de Legendre. Portanto, a função $P(\theta)$ solução da equação de Legendre (3.81) é dada por $P(\theta) = P_l(\cos\theta)$.

Vamos lembrar que no Capítulo 2 mostramos que os polinômios de Legendre são os coeficientes da fração (r' / r) obtidos na expansão do termo $|\vec{r} - \vec{r}'|^{-1}$. Os polinômios de Legendre também podem ser determinados pela fórmula de recorrência de Rodrigues.

$$P_l(x) = \frac{1}{2^l l!}\frac{d^l}{dx^l}\left(x^2 - 1\right)^l. \tag{3.86}$$

Os polinômios de Legendre para $l = 0$, 1, 2 e 3 estão mostrados na Tabela 3.1. Os polinômios $P_l(x)$ formam um conjunto completo de funções ortogonais, cuja condição de ortogonalidade é:

$$\int_{-1}^{1} P_l(x) P_{l'}(x) dx = \frac{2}{2l+1}\delta_{ll'}. \tag{3.87}$$

[7] Adrien-Marie Legendre (18/9/1752-10/1/1833) matemático francês.

[8] Ferdinand Georg Frobenius (26/10/1849-3/8/1917), matemático alemão.

Tabela 3.1 Polinômios de Legendre $P_l(x)$ e $P_l(\cos\theta)$ para $l = 0, 1, 2$ e 3

l	$P_l(x)$	$P_l(\cos\theta)$
0	1	1
1	x	$\cos\theta$
2	$\frac{1}{2}(3x^2 - 1)$	$\frac{1}{2}(3\cos^2\theta - 1)$
3	$\frac{1}{2}(5x^3 - 3x)$	$\frac{1}{2}(5\cos^3\theta - 3\cos\theta)$

Usando $x = \cos\theta$, podemos reescrever a condição de ortogonalidade na forma:

$$\int_0^{\pi} P_l(\cos\theta)P_{l'}(\cos\theta)\text{sen}\,\theta d\theta = \frac{2}{2l+1}\delta_{ll'}. \tag{3.88}$$

Como os polinômios de Legendre formam um conjunto completo de funções ortogonais, podemos expandir uma função $f(\theta)$ em termos desses polinômios, como:

$$f(\theta) = \sum_{l=0}^{\infty} A_l P_l(\cos\theta). \tag{3.89}$$

Esta expansão é conhecida como série de Legendre. Para determinar os coeficientes A_l, multiplicamos a equação anterior por $P_{l'}(\cos\theta)\text{sen}\,\theta$ e integramos na variável θ. Efetuando esse procedimento e usando a relação (3.88) da ortogonalidade dos polinômios de Legendre, obtemos:

$$A_l = \frac{2l+1}{2}\int_0^{\pi} f(\theta)P_l(\cos\theta)\text{sen}\,\theta d\theta. \tag{3.90}$$

Para encontrar a solução da equação radial, vamos substituir os autovalores $\lambda = l(l+1)$ na equação (3.82). Assim, temos que:

$$\frac{d}{dr}\left[r^2\frac{dR(r)}{dr}\right] - l(l+1)R(r) = 0. \tag{3.91}$$

A resolução dessa equação é um pouco mais complicada porque os seus coeficientes não são constantes. Para contornar essa dificuldade, fazemos a seguinte mudança de variável $r = e^t$ ou $t = lnr$. Assim, temos que $dR(r)/dr = (1/r)dR(t)/dt$ e $d^2R(r)/dr^2 = (1/r^2)[d^2R(t)/dt^2 - dR(t)/dt]$. Com essas considerações, obtemos a seguinte equação diferencial na variável auxiliar t.

$$\frac{d^2R(t)}{dt^2} + \frac{dR(t)}{dt} - l(l+1)R(t) = 0. \tag{3.92}$$

Para obter a solução dessa equação diferencial, propomos uma solução do tipo $R(t) = Ae^{\alpha t}$. Assim, obtemos a equação característica $\alpha^2 + \alpha - l(l+1) = 0$, cuja solução é $\alpha = l$ e $-(l+1)$. Portanto, a função $R(t)$, solução da equação diferencial na variável t, é $R(t) = \sum_l Ae^{lt} + Be^{(-l+1)t}$. Usando a relação $r = e^t$, temos que a função $R(r)$, que é solução da equação (3.91), é:

$$R(r) = \sum_l A_l r^l + B_l r^{-(l+1)}. \tag{3.93}$$

Portanto, nesse caso bidimensional, a solução da equação de Laplace em coordenadas esféricas, calculada por $V(r,\theta) = R(r)P(\theta)$, é dada por:

$$\boxed{V(r,\theta) = \sum_{l=0}^{\infty} \left(A_l r^l + B_l r^{-(l+1)} \right) P_l(\cos\theta).} \tag{3.94}$$

EXEMPLO 3.6

Uma esfera condutora de raio a é colocada em uma região na qual existe um campo elétrico constante. Determine o potencial e o campo elétrico nas vizinhanças da esfera, considerando que sua superfície está mantida a um potencial elétrico nulo.

SOLUÇÃO

Este problema pode ser idealizado fisicamente colocando a esfera na região interna de um capacitor de placas paralelas em que existe um campo elétrico constante, conforme mostra a Figura 3.8. Vamos considerar que, na condição inicial, o campo elétrico está orientado ao longo do eixo z, isto é, $\vec{E} = E_0\hat{k}$. O potencial elétrico associado a esse campo, obtido pela relação $V_{ext}(z) = -\int \vec{E}(z) \cdot d\vec{z}$, é $V_{ext}(z) = -E_0 z + C$, em que C é uma constante. Por simplicidade, vamos considerar $C = 0$. Como $z = r\cos\theta$, podemos escrever o potencial elétrico inicial em coordenadas esféricas como:

$$V_{ext}(r,\theta) = -E_0 r\cos\theta.$$

Portanto, podemos concluir que o potencial elétrico para este problema depende somente das variáveis (r,θ). Logo, a solução geral do problema é dada pela relação (3.94).

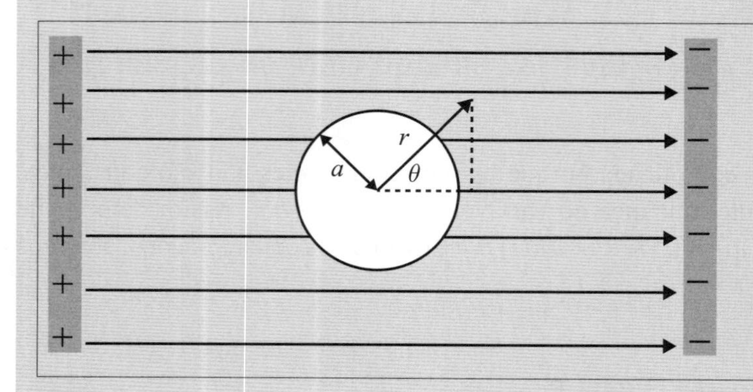

Figura 3.8 Esfera condutora de raio a em campo elétrico constante.

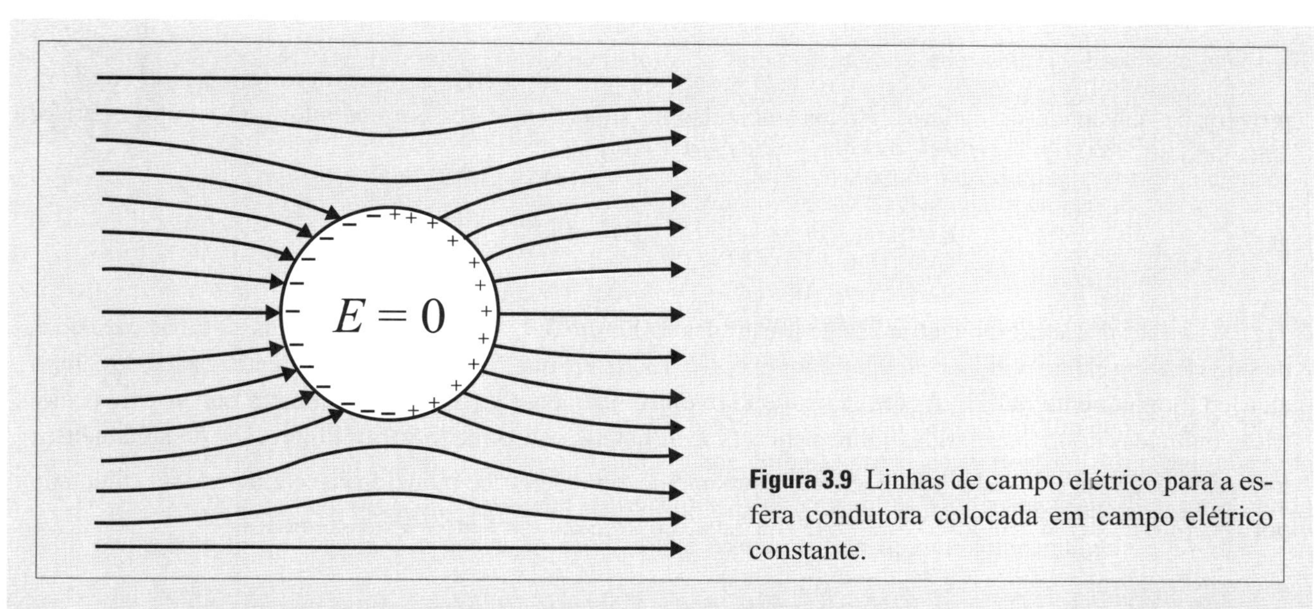

Figura 3.9 Linhas de campo elétrico para a esfera condutora colocada em campo elétrico constante.

Como a esfera é condutora, o campo elétrico em seu interior é nulo. Logo, o potencial elétrico em pontos internos à esfera é constante e igual ao seu valor na superfície. Dessa forma, precisamos calcular somente o potencial elétrico em pontos externos. Fazendo explicitamente a soma na expressão (3.94), temos que o potencial elétrico em pontos externos é:

$$V_{ext}(r,\theta)=\left(A_0+\frac{B_0}{r}\right)P_0(\cos\theta)+\left(A_1 r+\frac{B_1}{r^2}\right)P_1(\cos\theta)+\left(A_2 r^2+\frac{B_2}{r^3}\right)P_2(\cos\theta)+\cdots.$$

Para determinar os coeficientes A_n e B_n, devemos impor as condições de contorno do problema. Para pontos muito afastados da esfera, [$r >> a$ ou ($r \to \infty$)], o potencial elétrico deve ser dado por $V_{ext}(r,\theta)=-E_0 r\cos\theta$. Para que a equação anterior satisfaça essa condição, devemos fazer: $A_1=-E_0$ e $A_n=0$ para $n \neq 1$. Com essas considerações, o potencial elétrico externo se reduz a:

$$V_{ext}(r,\theta)=\left[\frac{B_0}{r}\right]+\left[-E_0 r+\frac{B_1}{r^2}\right]\cos\theta+\frac{B_2}{r}\frac{1}{2}(3\cos^2\theta-1)+\cdots. \quad \textbf{(E3.11)}$$

Na superfície da esfera, o potencial elétrico é nulo. Assim, fazendo $V_{ext}(a,\theta)=0$, temos:

$$\left[\frac{B_0}{a}\right]+\left[-E_0 a+\frac{B_1}{a^2}\right]\cos\theta+\frac{B_2}{a^3}\frac{1}{2}(3\cos^2\theta-1)+\cdots=0. \quad \textbf{(E3.12)}$$

Para que essa expressão seja sempre verdadeira, devemos anular todos os coeficientes dos polinômios de Legendre, isto é, $B_0=0$, $B_2=0$ e $\left(-E_0 a+B_1/a^2\right)=0$. Desta última equação, temos que $B_1=E_0a^3$. Logo, com exceção de B_1 todos os demais coeficientes B_n devem ser nulos. Usando $A_1=-E_0$; $B_1=E_0a^3$ e $A_n=B_n=0$ (para $n\neq 1$) em (E3.11), temos que o potencial elétrico em pontos externos é:

$$V_{ext}(r,\theta)=\left(\frac{a^3}{r^2}-r\right)E_0\cos\theta. \quad \textbf{(E3.13)}$$

Neste potencial, o termo $-E_0 r\cos\theta$ está associado ao campo elétrico inicial e o termo $E_0 a^3 \cos\theta / r^2$ provém da densidade de cargas elétricas induzidas na superfície da esfera condutora. O campo elétrico, calculado por $\vec{E}(r,\theta) = -\hat{r}[\partial V(r,\theta)/\partial r] - \hat{\theta}[\partial V(r,\theta)/r\partial\theta]$, é:

$$\vec{E}_{ext}(r,\theta) = \hat{r}\left(1+\frac{2a^3}{r^3}\right)E_0\cos\theta + \hat{\theta}\left(\frac{a^3}{r^3}-1\right)E_0\text{sen}\theta.$$

As linhas desse campo elétrico estão mostradas na Figura 3.9. A densidade de cargas elétricas induzidas na superfície da esfera pode ser calculada por $\sigma = \varepsilon_0 E_n(a,\theta)$, em que $E_n(a,\theta)$ é a componente normal do campo elétrico (componente radial). Assim, temos que $\sigma(\theta') = 3\varepsilon_0 E_0 \cos\theta'$. Essa relação mostra que as cargas elétricas induzidas estão distribuídas sobre a superfície da esfera, conforme mostra a Figura 3.9. A carga elétrica total, calculada por $Q = \int \sigma(\theta')ds'$, é nula. O momento de dipolo elétrico induzido na esfera pode ser calculado por $\vec{p} = \int \vec{r}'\sigma(\vec{r}')ds'$. Usando $\vec{r}' = a\hat{r}'$, $\sigma(\vec{r}') = 3\varepsilon_0 E_0\cos\theta'$ e $ds' = a^2\text{sen}\theta' d\theta' d\phi'$, temos

$$\vec{p} = \int_0^{2\pi}\int_0^{\pi} a\hat{r}' 3\varepsilon_0 E_0 \cos\theta' a^2 \text{sen}\theta' d\theta' d\phi'.$$

Essa integração deve ser feita com cautela, porque o vetor unitário $\hat{r}'$ depende das variáveis de integração. Usando a relação $\hat{r}' = \hat{i}\text{sen}\theta'\cos\phi' + \hat{j}\text{sen}\theta'\text{sen}\phi' + \hat{k}\cos\theta'$, temos que

$$\vec{p} = 3\varepsilon_0 a^3 E_0 \int_0^{2\pi}\int_0^{\pi}\left[\hat{i}\text{sen}\theta'\cos\phi' + \hat{j}\text{sen}\theta'\text{sen}\phi' + \hat{k}\cos\theta'\right]\cos\theta'\text{sen}\theta' d\theta' d\phi'.$$

As componentes $\hat{i}$ e $\hat{j}$ são nulas porque envolvem as integrais $\int_0^{2\pi}\cos\phi'$ e $\int_0^{2\pi}\text{sen}\phi'$. Efetuando a integral na componente $\hat{k}$, temos que o momento de dipolo elétrico induzido na esfera condutora é $\vec{p} = \hat{k}4\pi\varepsilon_0 a^3 E_0$.

SOLUÇÃO ALTERNATIVA

Este problema pode ser facilmente resolvido, usando a seguinte argumentação física. Ao se colocar a esfera na região de campo elétrico constante, uma densidade de cargas elétricas será induzida na superfície da mesma. Logo, o potencial elétrico em um ponto externo é $V = V_{apl} + V_{esf}$, em que $V_{apl} = -E_0 r\cos\theta$ é o potencial elétrico aplicado e V_{esf} é a contribuição da densidade de cargas induzidas na esfera. Como o potencial elétrico na superfície da esfera é nulo, temos que a carga elétrica induzida na superfície da esfera é nula. Logo, a contribuição da esfera para o potencial elétrico provém de um termo de dipolo elétrico. Assim, podemos escrever que $V_{esf} = \vec{p}\cdot\vec{r}/4\pi\varepsilon_0 r^3$, em que $\vec{p}$ é o momento de dipolo elétrico induzido na esfera. Portanto, o potencial elétrico total em pontos externos é:

$$V_{ext}(r,\theta) = -E_0 r\cos\theta + \frac{p\cos\theta}{4\pi\varepsilon_0 r^2}.$$

Usando a condição de contorno $V_{ext}(a,\theta) = 0$, temos que o momento de dipolo elétrico induzido na esfera condutora é $p = 4\pi\varepsilon_0 a^3 E_0$. Substituindo esse valor na equação anterior, temos que:

$$V_{ext}(r,\theta) = -E_0 r\cos\theta + \frac{E_0 a^3\cos\theta}{r^2}$$

que é o mesmo resultado obtido anteriormente em (E3.13), utilizando a solução geral da equação de Laplace. Este problema também pode ser resolvido pelo método das imagens (veja o Exercício Complementar 2).

3.6.3 Caso Tridimensional

Nesta subseção vamos resolver a equação de Laplace em coordenadas esféricas considerando que o potencial elétrico depende das três variáveis. Propondo uma solução do tipo $V(r,\theta,\phi) = R(r)P(\theta)Q(\phi)$, podemos escrever a equação (3.34) como:

$$\frac{P(\theta).Q(\phi)}{r^2}\frac{d}{dr}\left[r^2\frac{dR(r)}{dr}\right]+\frac{R(r).Q(\phi)}{r^2\text{sen}\theta}\frac{d}{d\theta}\left[\text{sen}\theta\frac{dP(\theta)}{d\theta}\right]+\frac{R(r)P(\theta)}{r^2\text{sen}^2\theta}\frac{d^2Q(\phi)}{d\phi^2}=0.$$

Multiplicando ambos os lados desta equação por $r^2\text{sen}^2\theta/\left[R(r)\cdot P(\theta)\cdot Q(\phi)\right]$ e isolando o termo contendo a função $Q(\phi)$ no lado direito do sinal de igualdade, temos:

$$\overbrace{\frac{\text{sen}^2\theta}{R(r)}\frac{d}{dr}\left[r^2\frac{dR(r)}{dr}\right]+\frac{\text{sen}\theta}{P(\theta)}\frac{d}{d\theta}\left[\text{sen}\theta\frac{dP(\theta)}{d\theta}\right]}^{m^2}=\overbrace{-\frac{1}{Q(\phi)}\frac{d^2Q(\phi)}{d\phi^2}}^{m^2}. \tag{3.95}$$

Para que essa equação seja sempre verdadeira, é necessário que ela seja igual à uma constante de separação. Tomando essa constante como m^2 para que a solução na coordenada ϕ seja periódica, obtemos:

$$\frac{\text{sen}^2\theta}{R(r)}\frac{d}{dr}\left[r^2\frac{dR(r)}{dr}\right]+\frac{\text{sen}\theta}{P(\theta)}\frac{d}{d\theta}\left[\text{sen}\theta\frac{dP(\theta)}{d\theta}\right]=m^2 \tag{3.96}$$

$$\frac{d^2Q(\phi)}{d\phi^2}+m^2Q(\phi)=0. \tag{3.97}$$

A solução da equação (3.97) é:

$$Q(\phi)=\sum_m C_m e^{im\phi}+D_m e^{-im\phi}. \tag{3.98}$$

Dividindo ambos os lados da equação (3.96) por $\text{sen}^2\theta$ e isolando o termo contendo a função $R(r)$ no lado esquerdo da igualdade, temos:

$$\overbrace{\frac{1}{R(r)}\frac{d}{dr}\left[r^2\frac{dR(r)}{dr}\right]}^{\lambda}=\overbrace{\frac{m^2}{\text{sen}^2\theta}-\frac{1}{\text{sen}\theta P(\theta)}\frac{d}{d\theta}\left[\text{sen}\theta\frac{dP(\theta)}{d\theta}\right]}^{\lambda}. \tag{3.99}$$

Igualando ambos os lados a uma nova constante de separação λ, temos:

$$\frac{d}{dr}\left[r^2\frac{dR(r)}{dr}\right]-\lambda R(r)=0 \tag{3.100}$$

$$\frac{1}{\text{sen}\theta}\frac{d}{d\theta}\left[\text{sen}\theta\frac{dP(\theta)}{d\theta}\right]+P(\theta)\left[\lambda-\frac{m^2}{\text{sen}^2\theta}\right]=0. \tag{3.101}$$

Para encontrar a solução da equação diferencial na coordenada θ, vamos propor a mesma mudança de variável, $x = \cos\theta$, que foi feita na subseção anterior. Assim, a equação diferencial para a coordenada θ pode ser escrita como:

$$\frac{d}{dx}\left[\left(1-x^2\right)\frac{dP(x)}{dx}\right]+\left[\lambda-\frac{m^2}{\left(1-x^2\right)}\right]P(x)=0. \tag{3.102}$$

Note que para $m = 0$, recuperamos a equação de Legendre (3.84) discutida no caso bidimensional.

A equação (3.102), conhecida como equação associada de Legendre,[9] tem como autovalores $\lambda = l(l+1)$ e como solução os polinômios associados de Legendre $P_l^m(x)$. Esses polinômios podem ser obtidos a partir dos polinômios de Legendre $P_l(x)$ pela relação:

$$P_l^m(x)=(-1)^m\left(1-x^2\right)^{m/2}\frac{d^m P_l(x)}{dx^m}, \tag{3.103}$$

sob a condição $-l < m < l$.

Os polinômios associados de Legendre satisfazem à seguinte condição de ortogonalidade:

$$\int_{-1}^{1} P_l^m(x)P_{l'}^m(x)dx=\frac{2}{2l+1}\frac{(l+m)!}{(l-m)!}\delta_{ll'}. \tag{3.104}$$

Os polinômios $P_l^{-m}(x)$ e $P_l^m(x)$ estão relacionados entre si por:

$$P_l^{-m}(x)=\left(-1\right)^m\frac{(l-m)!}{(l+m)!}P_l^m(x). \tag{3.105}$$

A solução da equação diferencial na variável original "θ" são os polinômios associados de Legendre $P(\theta)=P_l^m(\cos\theta)$. A condição de ortogonalidade para os polinômios $P_l^m(\cos\theta)$, obtida fazendo $x=\cos\theta$ na equação (3.104), é:

$$\int_0^{\pi} P_l^m(\cos\theta)P_{l'}^m(\cos\theta)\operatorname{sen}\theta d\theta=\frac{2}{2l+1}\frac{(l+m)!}{(l-m)!}\delta_{ll'}. \tag{3.106}$$

Usando os autovalores $\lambda = l(l+1)$ na equação (3.100), obtemos:

$$\frac{d}{dr}\left[r^2\frac{dR(r)}{dr}\right]-l(l+1)R(r)=0. \tag{3.107}$$

Esta é a mesma equação radial obtida para o caso bidimensional, cuja solução já foi calculada em (3.93). Portanto, o potencial elétrico em três dimensões, calculado por $V(r,\theta,\phi)=R(r)P(\theta)Q(\phi)$, é:

$$V(r,\theta,\phi)=\sum_{l=0}^{\infty}\sum_{m=-l}^{m=l}\left(A_l r^l + B_l r^{-(l+1)}\right)\left(C_m e^{im\phi}+D_m e^{-im\phi}\right)P_l^m(\cos\theta). \tag{3.108}$$

---

[9] Para mais detalhes sobre a solução da equação associada de Legendre resolva o Exercício Complementar 5.

As funções angulares em (3.108) são comumente escritas como um produto de funções, chamadas de harmônicos esféricos, na forma:

$$Y_{lm}(\theta,\phi)=\sqrt{\frac{(2l+1)(l-m)!}{4\pi(l+m)!}}P_l^m(\cos\theta)e^{im\phi}. \qquad \textbf{(3.109)}$$

O coeficiente $\sqrt{(2l+1)(l-m)!/4\pi(l+m)!}$ foi escolhido para que as funções $Y_{lm}(\theta,\phi)$ obedeçam à seguinte condição de ortogonalidade

$$\int Y_{lm}(\theta,\phi)Y^*_{l'm'}(\theta,\phi)\operatorname{sen}\theta d\theta d\phi=\delta_{ll'}\delta_{mm'}. \qquad \textbf{(3.110)}$$

Essas funções obedecem à seguinte relação $Y_{l,-m}(\theta,\phi)=(-1)^m Y^*_{lm}(\theta,\phi)$. Na Tabela 3.2 são mostrados alguns harmônicos esféricos.

Tabela 3.2 Harmônicos esféricos Y_{lm} para alguns valores de l e m

l	m	$Y_{lm}(\theta,\phi)$
0	0	$Y_{00}=\frac{1}{\sqrt{4\pi}}$
1	0	$Y_{10}=\sqrt{\frac{3}{4\pi}}\cos\theta$
1	1	$Y_{11}=-\sqrt{\frac{3}{8\pi}}\operatorname{sen}\theta e^{i\phi}$
2	0	$Y_{20}=\sqrt{\frac{5}{4\pi}}\left(\frac{3}{2}\cos^2\theta-\frac{1}{2}\right)$
2	1	$Y_{21}=-\sqrt{\frac{15}{8\pi}}\operatorname{sen}\theta\cos\theta e^{i\phi}$
2	2	$Y_{22}=\frac{1}{4}\sqrt{\frac{15}{2\pi}}\operatorname{sen}^2\theta e^{i2\phi}$

Com a definição dos harmônicos esféricos, a solução geral da equação de Laplace em coordenadas esféricas se escreve como:

$$\boxed{V(r,\theta,\phi)=\sum_{l=0}^{\infty}\sum_{m=-l}^{m=l}\left(A_{lm}r^l+B_{lm}r^{-(l+1)}\right)Y_{lm}(\theta,\phi).} \qquad \textbf{(3.111)}$$

Como os harmônicos esféricos formam um conjunto completo de funções ortogonais, podemos expandir uma função $f(\theta,\phi)$ como:

$$f(\theta,\phi)=\sum_{l=0}^{\infty}\sum_{m=-l}^{m=l}A_{lm}Y_{lm}(\theta,\phi) \qquad \textbf{(3.112)}$$

em que os coeficientes A_{lm} são determinados por:

$$A_{lm} = \int_0^{2\pi}\int_0^{\pi} f(\theta,\phi)Y_{lm}(\theta,\phi)\operatorname{sen}\theta d\theta d\phi. \quad (3.113)$$

EXEMPLO 3.7

Em uma região do espaço em que existe um potencial elétrico dado por $V(r,\theta,\phi) = V_0 r^2 \operatorname{sen}\theta\cos\theta\cos\phi$ é colocada uma esfera condutora de raio a, mantida a potencial elétrico nulo. Determine o potencial elétrico em pontos externos à esfera.

SOLUÇÃO

Nesse caso, em que o potencial elétrico depende das três coordenadas, a solução geral é dada pela relação (3.111). Longe da esfera ($r \to \infty$), o potencial elétrico deve ser $V(\infty,\theta,\phi) = V_0 r^2 \operatorname{sen}\theta\cos\theta\cos\phi$. Usando a relação $\cos\phi = (e^{i\phi} + e^{-i\phi})/2$, podemos escrever que:

$$V(\infty,\theta,\phi) = \frac{V_0}{2} r^2 \operatorname{sen}\theta\cos\theta(e^{i\phi} + e^{-i\phi}).$$

Como $Y_{21} = -\sqrt{15/8\pi}\operatorname{sen}\theta\cos\theta e^{i\phi}$ e $Y_{2-1} = -\sqrt{15/8\pi}\operatorname{sen}\theta\cos\theta e^{-i\phi}$, temos que $\operatorname{sen}\theta\cos\theta e^{i\phi} = -\sqrt{8\pi/15}Y_{21}$ e $\operatorname{sen}\theta\cos\theta e^{-i\phi} = -\sqrt{8\pi/15}Y_{2-1}$. Portanto, o potencial elétrico no infinito pode ser escrito como:

$$V(\infty,\theta,\phi) = -\frac{V_0}{2}\sqrt{\frac{8\pi}{15}} r^2 \left[Y_{21}(\theta,\phi) + Y_{2,-1}(\theta,\phi)\right]. \quad (E3.14)$$

Para que a solução geral dada em (3.111) se reduza à equação anterior quando $r \to \infty$, devemos manter somente os termos com $l = 2$ e $m = \pm 1$. Logo, o potencial elétrico nas vizinhanças da esfera é

$$V_{ext}(r,\theta,\phi) = \left[A_{21} r^2 \frac{B_{21}}{r^3}\right] Y_{21}(\theta,\phi) + \left[A_{2-1} r^2 + \frac{B_{2-1}}{r^3}\right] Y_{2-1}(\theta,\phi). \quad (E3.15)$$

Para pontos muito afastados da esfera ($r \to \infty$), esta expressão se reduz a:

$$V_{ext}(\infty,\theta,\phi) = \left[A_{21}Y_{21}(\theta,\phi) + A_{2-1}Y_{2-1}(\theta,\phi)\right] r^2.$$

Comparando essa relação com (E3.14), temos:

$$A_{21} = A_{2-1} = -\frac{V_0}{2}\sqrt{\frac{8\pi}{15}}. \quad (E3.16)$$

Usando a condição de contorno $V(a,\theta,\phi) = 0$ na relação (E3.15), temos:

$$\left[A_{21} a^2 + \frac{B_{21}}{a^3}\right] Y_{21}(\theta,\phi) + \left[A_{2-1} a^2 + \frac{B_{2-1}}{a^3}\right] Y_{2-1}(\theta,\phi) = 0.$$

Para que essa condição seja sempre verdadeira, devemos anular os coeficientes dos harmônicos esféricos.

$$A_{21}a^2 + \frac{B_{21}}{a^3} = 0$$

$$A_{2-1}a^2 + \frac{B_{2-1}}{a^3} = 0.$$

Assim, temos que $B_{21} = -A_{21}a^5$ e $B_{2-1} = -A_{2-1}a^5$. Usando $A_{21} = A_{2-1} = -(V_0/2)\sqrt{8\pi/15}$, temos que

$$B_{21} = B_{2-1} = \frac{V_0}{2}\sqrt{\frac{8\pi}{15}}a^5. \qquad \textbf{(E3.17)}$$

Substituindo (E3.16) e (E3.17) em (E3.15), temos que o potencial elétrico em pontos externos é dado por

$$V_{ext}(r,\theta,\phi) = -\frac{V_0}{2}\sqrt{\frac{8\pi}{15}}\left(r^2 - \frac{a^5}{r^3}\right)\left[Y_{21}(\theta,\phi) + Y_{2-1}(\theta,\phi)\right].$$

Usando $Y_{21} = -\sqrt{15/8\pi}\,\mathrm{sen}\,\theta\cos\theta e^{i\phi}$ e $Y_{2-1} = -\sqrt{15/8\pi}\,\mathrm{sen}\,\theta\cos\theta e^{-i\phi}$, obtemos:

$$V_{ext}(r,\theta,\phi) = V_0\left(r^2 - \frac{a^5}{r^3}\right)\mathrm{sen}\,\theta\cos\theta\frac{\left[e^{i\phi} + e^{-i\phi}\right]}{2} = V_0\left(r^2 - \frac{a^5}{r^3}\right)\mathrm{sen}\,\theta\cos\theta\cos\phi.$$

3.6.4 Expansão Multipolar do Potencial Elétrico II

Os polinômios de Legendre podem ser escritos em termos dos harmônicos esféricos, na forma [veja o Exercício Complementar 9]:

$$P_l(\cos\gamma) = \frac{4\pi}{2l+1}\sum_{m=-l}^{m=l} Y_{lm}^*(\theta',\phi')Y_{lm}(\theta,\phi). \qquad \textbf{(3.114)}$$

Essa expressão é conhecida como o teorema da adição. Usando esse teorema, podemos reescrever a expansão do termo $|\vec{r} - \vec{r}'|^{-1}$ na condição $\vec{r} > \vec{r}'$, relação (2.56), na forma

$$\left|\vec{r} - \vec{r}'\right|^{-1} = \sum_{l=0}^{\infty}\frac{1}{r}\left(\frac{r'}{r}\right)^l\left[\frac{4\pi}{2l+1}\sum_{m=-l}^{m=l} Y_{lm}^*(\theta',\phi')Y_{lm}(\theta,\phi)\right] \qquad \textbf{(3.115)}$$

e na condição $\vec{r} < \vec{r}'$, dada em (2.60), como

$$\left|\vec{r} - \vec{r}'\right|^{-1} = \sum_{l=0}^{\infty}\frac{1}{r'}\left(\frac{r}{r'}\right)^l\left[\frac{4\pi}{2l+1}\sum_{m=-l}^{m=l} Y_{lm}^*(\theta',\phi')Y_{lm}(\theta,\phi).\right] \qquad \textbf{(3.116)}$$

Portanto, a expansão do potencial escalar elétrico na condição $r > r'$, equação (2.57), é escrita em termos dos harmônicos esféricos como:

$$V(r,\theta,\phi)=\frac{1}{\varepsilon_0}\sum_{l=0}^{\infty}\sum_{m=-l}^{m=l}\int\frac{(r')^l}{r^{l+1}}\frac{1}{2l+1}Y_{lm}^*(\theta',\phi')Y_{lm}(\theta,\phi)\rho(r',\theta',\phi')dv'. \quad \textbf{(3.117)}$$

Analogamente, para a condição em que $r < r'$, o potencial elétrico dado na equação (2.61) se escreve como:

$$V(r,\theta,\phi)=\frac{1}{\varepsilon_0}\sum_{l=0}^{\infty}\sum_{m=-l}^{m=l}\int\frac{(r)^l}{(r')^{l+1}}\frac{1}{2l+1}Y_{lm}^*(\theta',\phi')Y_{lm}(\theta,\phi)\rho(r',\theta',\phi')dv'. \quad \textbf{(3.118)}$$

Expressões equivalentes são válidas para distribuições lineares e superficiais de cargas elétricas, todavia a integral deve ser feita em uma linha ou superfície.

EXEMPLO 3.8

Uma casca esférica de raio a possui uma densidade superficial de cargas elétricas dada por $\sigma = \sigma_0 \cos\theta'$. Utilize a expansão do potencial elétrico em termos dos harmônicos esféricos e determine o potencial elétrico em todos os pontos do espaço.

SOLUÇÃO

Neste caso de uma densidade superficial de cargas elétricas, o potencial elétrico em qualquer ponto do espaço pode ser calculado por equações equivalentes a (3.117) e (3.118), em que a integral de volume é substituída por uma integral de superfície.

Como a distribuição de cargas elétricas independe da coordenada ϕ, devemos fazer $m = 0$. Além disso, o potencial elétrico deve ser função somente de $\cos\theta$. Portanto, devemos considerar apenas $l = 1$. Dessa forma, o potencial elétrico para pontos externos pode ser determinado pela relação (3.117), com $m = 0$, $l = 1$ integrada em uma superfície.

Assim, substituindo $Y_{10} = \sqrt{3/4\pi}\cos\theta$, $r' = a$ e $ds' = a^2 \text{sen}\theta' d\theta' d\phi'$ em uma equação equivalente a (3.117), com uma integração de superfície, temos que o potencial elétrico para pontos externos é:

$$V_{ext}(r,\theta)=\frac{1}{4\pi\varepsilon_0}\int_0^{2\pi}\int_0^{\pi}\frac{1}{r^2}a\cos\theta'\cos\theta\left(\sigma_0\cos\theta'\right)a^2\text{sen}\theta' d\theta' d\phi'.$$

Integrando, obtemos

$$V_{ext}(r,\theta)=\frac{\sigma_0 a^3\cos\theta}{3\varepsilon_0 r^2}.$$

Analogamente, após substituir $Y_{10} = \sqrt{3/4\pi}\cos\theta$, $r' = a$ e $ds' = a^2\text{sen}\theta' d\theta' d\phi'$ em uma relação equivalente a (3.118), em que a integral de volume é substituída por uma integral de superfície, temos que o potencial elétrico para pontos internos é:

$$V_{int}(r,\theta)=\frac{1}{4\pi\varepsilon_0}\int_0^{2\pi}\int_0^{\pi}\frac{1}{a^2}r\cos\theta'\cos\theta\left(\sigma_0\cos\theta'\right)a^2\operatorname{sen}\theta' d\theta' d\phi'.$$

Integrando, obtemos:

$$V_{int}(r,\theta)=\frac{\sigma_0 r\cos\theta}{3\varepsilon_0}.$$

3.7 Equação de Laplace em Coordenadas Cilíndricas

Nesta seção vamos discutir as soluções da equação de Laplace em coordenadas cilíndricas. Como foi feito nas seções anteriores, vamos considerar separadamente os casos unidimensional, bidimensional e tridimensional.

3.7.1 Caso Unidimensional

Para ilustrar um problema unidimensional, vamos considerar um conjunto de cargas elétricas distribuídas uniformemente sobre um longo volume cilíndrico de raio a. Nesse caso, o potencial elétrico depende somente da coordenada radial r, uma vez que a distribuição de cargas não depende nem da variável θ nem da variável z. De acordo com (3.35), o potencial elétrico para pontos internos satisfaz à seguinte equação de Poisson:

$$\frac{1}{r}\frac{d}{dr}\left[r\frac{dV_{int}(r)}{dr}\right]=-\frac{\rho}{\varepsilon_0}. \tag{3.119}$$

A solução dessa equação é:

$$V_{int}(r)=-\frac{\rho r^2}{4\varepsilon_0}+A\ln r+B. \tag{3.120}$$

Para $r=0$, o potencial elétrico deve ser finito. Essa condição implica que devemos fazer $A=0$. O campo elétrico interno, calculado por, $\vec{E}_{int}(r)=-\vec{\nabla}V_{int}(r)$, é:

$$\vec{E}_{int}(r)=\frac{\rho r}{2\varepsilon_0}\hat{r}. \tag{3.121}$$

Para pontos externos, não existem cargas elétricas, de modo que o potencial elétrico satisfaz à seguinte equação de Laplace

$$\frac{1}{r}\frac{d}{dr}\left[\frac{rdV_{ext}(r)}{dr}\right]=0. \tag{3.122}$$

Para encontrar a solução dessa equação, basta integrá-la duas vezes na variável r. Assim, o potencial elétrico externo é:

$$V_{ext}(r)=C\ln r+D. \tag{3.123}$$

Para que o potencial elétrico seja nulo em um ponto r_0 bem afastado da distribuição de cargas, devemos fazer $D = -C\ln r_0$. Logo o potencial elétrico externo é $V_{ext}(r) = C\ln(r/r_0)$. O campo elétrico externo, calculado por $\vec{E}_{ext}(r) = -\vec{\nabla}V_{ext}(r)$, é $\vec{E}_{ext}(r) = -(C/r)\hat{r}$. Utilizando a condição de continuidade da componente normal do campo elétrico sobre a superfície do cilindro, $E^n_{int}(a) = E^n_{ext}(a)$, temos que $\rho a/2\varepsilon_0 = -C/a$. Assim, temos que $C = -\rho a^2/2\varepsilon_0$. Com essas considerações, o potencial e o campo elétrico externos são:

$$V_{ext}(r) = -\frac{\rho a^2}{2\varepsilon_0}\ln\left(\frac{r}{r_0}\right) \tag{3.124}$$

$$\vec{E}_{ext}(r) = \frac{\rho a^2}{2\varepsilon_0 r}\hat{r}. \tag{3.125}$$

Usando a condição de contorno $V_{int}(a) = V_{ext}(a)$, obtemos a seguinte equação algébrica:

$$-\frac{\rho a^2}{4\varepsilon_0} + B = -\frac{\rho a^2}{2\varepsilon_0}\ln\left(\frac{a}{r_0}\right). \tag{3.126}$$

Dessa equação, temos que $B = -\rho a^2\ln(a/r_0)/2\varepsilon_0 + \rho a^2/4\varepsilon_0$. Substituindo esse valor do coeficiente B em (3.120), temos que o potencial elétrico interno é

$$V_{int}(r) = -\frac{\rho a^2}{2\varepsilon_0}\ln\left(\frac{a}{r_0}\right) + \frac{\rho\left(a^2 - r^2\right)}{4\varepsilon_0}. \tag{3.127}$$

Para escrever a expressão do campo elétrico em termos da carga elétrica total, vamos usar $Q = \int \rho dv$. Dessa relação, temos que $\rho = Q/\pi a^2 l$. Portanto, o campo elétrico externo escrito em termos da carga elétrica total é $\vec{E}_{ext}(r) = (Q/2\pi\varepsilon_0 lr)\hat{r}$. Esse resultado pode ser facilmente verificado pelo uso da lei de Gauss.

3.7.2 Caso Bidimensional: Solução Independente de *z*

Vamos considerar uma classe de problemas bidimensionais, nos quais o potencial elétrico não depende da coordenada z. Nesse caso, vamos supor que o potencial elétrico pode ser escrito como $V(r,\theta) = R(r)P(\theta)$. Diferenciando essa função, substituindo na equação (3.35) e separando as variáveis, temos:

$$\overbrace{\frac{r}{R(r)}\frac{d}{dr}\left[r\frac{dR(r)}{dr}\right]}^{\lambda} = \overbrace{-\frac{1}{P(\theta)}\left[\frac{d^2P(\theta)}{d\theta^2}\right]}^{\lambda}. \tag{3.128}$$

Para que essa relação seja sempre verdadeira, devemos igualá-la à uma constante de separação λ. Aqui vamos escolher $\lambda \geq 0$ para que a solução da equação diferencial na coordenada angular θ envolva funções trigonométricas. Portanto, igualando cada membro da equação (3.128) a m^2, obtemos:

$$r\frac{d}{dr}\left[r\frac{dR(r)}{dr}\right] - m^2R(r) = 0 \tag{3.129}$$

$$\frac{d^2P(\theta)}{d\theta^2} + m^2P(\theta) = 0. \quad \textbf{(3.130)}$$

A solução da equação em θ para $m = 0$ é $A_0 + B_0\theta$ e para $m \neq 0$ é $\sum_{m\neq 0} A_m \cos m\theta + B_m \text{sen}\, m\theta$. Para que esta solução seja periódica e tenha um único valor quando a variável θ completa ciclos, devemos anular o coeficiente B_0. Portanto, a solução geral da equação (3.130) é:

$$P(\theta) = A_0 + \sum_{m\neq 0} A_m \cos m\theta + B_m \text{sen}\, m\theta. \quad \textbf{(3.131)}$$

A solução da equação diferencial na variável r é um pouco mais complicada, porque os seus coeficientes não são constantes. Para contornar essa dificuldade, utilizamos a variável auxiliar $r = e^t$ ou $t = lnr$, de modo que: $dR(r)/dr = (1/r)dR(t)/dt$ e $d^2R(r)/dr^2 = (1/r^2)[d^2R(t)/dt^2 - dR(t)/dt]$. Com essas considerações, a equação (3.129) se escreve na forma

$$\frac{d^2R(t)}{dt^2} - m^2R(t) = 0. \quad \textbf{(3.132)}$$

No caso em que $m = 0$, a equação anterior se reduz a $d^2R(t)/dt^2 = 0$, cuja solução é $R(t) = C_0t + D_0$. Para $m \neq 0$, propomos uma solução do tipo $R(t) = Ce^{\alpha t}$, em que α é uma constante a ser determinada. Substituindo essa proposta de solução na equação (3.132), obtemos a seguinte equação característica $\alpha^2 - m^2 = 0$, cuja solução é $\alpha = \pm m$. Logo, para $m \neq 0$, temos que $R(t) = C_m e^{mt} + D_m e^{-mt}$. Portanto, a solução geral para a equação (3.132) é $R_m(r) = C_0t + D_0 + \sum_{m\neq 0} C_m e^{mt} + C_m e^{-mt}$. Usando a relação $r = e^t$, obtemos que a solução para a equação (3.129) é:

$$R_m(r) = C_0 + D_0 \ln r + \sum_{m\neq 0} C_m r^m + D_m r^{-m}. \quad \textbf{(3.133)}$$

Substituindo (3.133) e (3.131) na solução geral $V(r,\theta) = R(r)P(\theta)$, temos que o potencial elétrico para esse caso bidimensional é dado por:

$$\boxed{V(r,\theta) = A_0 + D_0 \ln r + \sum_{m\neq 0} \left(A_m \cos m\theta + B_m \text{sen}\ m\theta\right)\left(C_m r^m + D_m r^{-m}\right).} \quad \textbf{(3.134)}$$

EXEMPLO 3.9

Um longo cilindro condutor de raio a é colocado em uma região na qual existe um campo elétrico constante. Determine o potencial e o campo elétrico nas vizinhanças do cilindro, supondo que sua superfície está mantida a potencial elétrico nulo.

SOLUÇÃO

Uma representação deste problema está mostrada na Figura 3.10. Na condição inicial sem a presença do cilindro, o campo elétrico é constante. Com a presença do cilindro, o campo e o potencial elétrico nas vizinhanças do cilindro sofrerão algumas modificações.

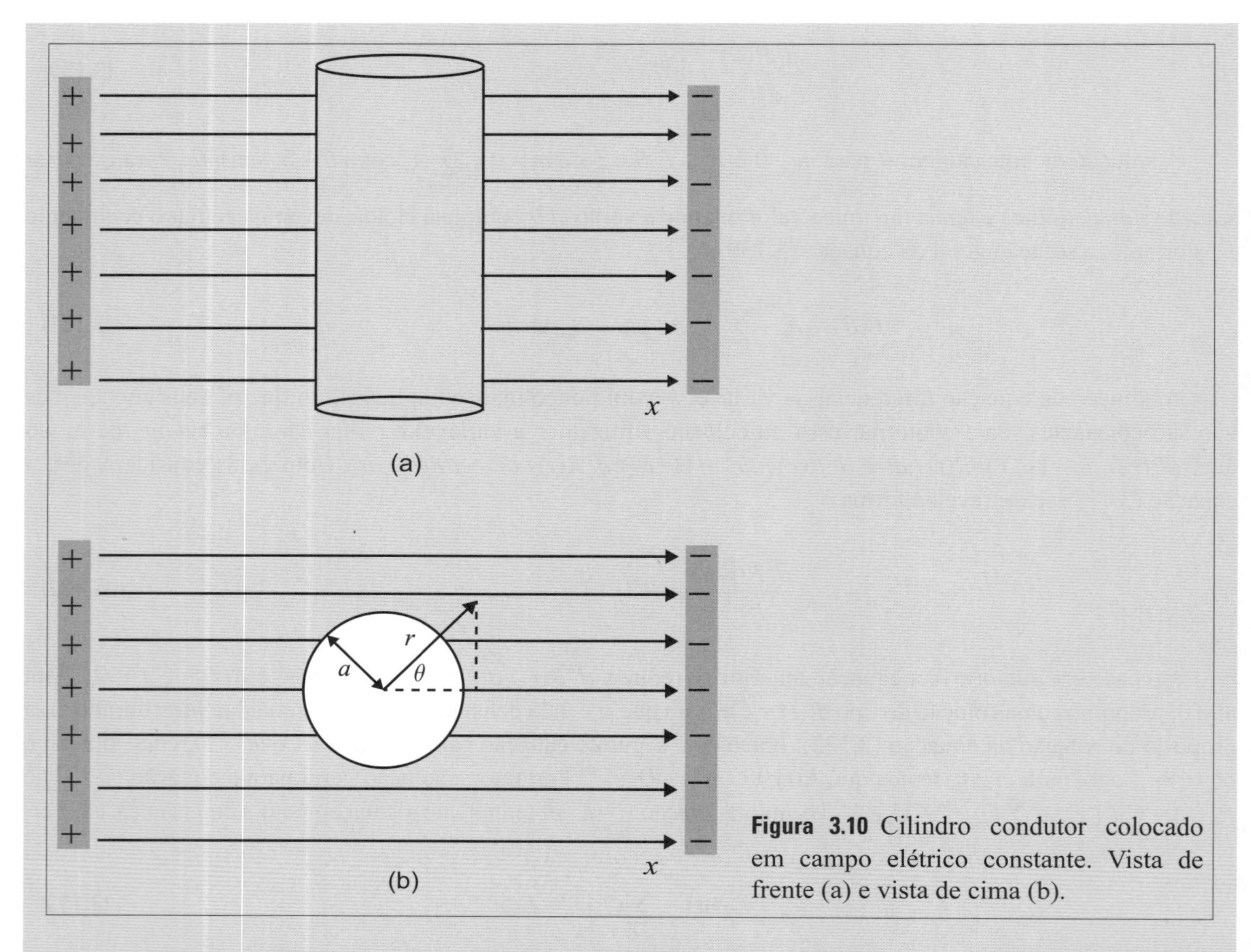

Figura 3.10 Cilindro condutor colocado em campo elétrico constante. Vista de frente (a) e vista de cima (b).

Como o cilindro é condutor, o potencial elétrico interno é constante e igual ao valor na superfície. Dessa forma, precisamos calcular somente o potencial elétrico externo. Vamos considerar que o campo elétrico está aplicado ao longo da direção x, $\vec{E} = E_0\hat{i}$. O potencial elétrico obtido pela integração do campo elétrico é $V(x) = -E_0 x$. Como em coordenadas cilíndricas $x = r\cos\theta$, podemos escrever que:

$$V(r,\theta) = -E_0 r\cos\theta. \qquad \textbf{(E3.18)}$$

Esse é o potencial inicial, que depende das coordenadas r e θ, válido para pontos bem afastados do cilindro. Portanto, o potencial elétrico para qualquer ponto localizado no exterior do cilindro é dado pela relação (3.134).

Usando a condição inicial de que o potencial elétrico para pontos muito afastados do cilindro ($r \to \infty$) deve ser dado pela equação (E3.18), podemos concluir que os termos em senos devem ser nulos e os termos em cossenos devem conter somente o índice $m = 1$. Portanto, o potencial elétrico dado em (3.134) se reduz a:

$$V_{ext}(r,\theta) = \left(C_0 + D_0 \ln r\right)\left(A_0\theta + B_0\right) + A_1 r\cos\theta + \frac{B_1}{r}\cos\theta. \qquad \textbf{(E3.19)}$$

Comparando as relações (E3.18) e (E3.19), temos que $A_1 = -E_0$, $A_0 = B_0 = C_0 = D_0 = 0$. Com essas considerações, o potencial elétrico em pontos externos se reduz a:

$$V_{ext}(r,\theta) = -E_0 r\cos\theta + \frac{B_1}{r}\cos\theta.$$

Usando a condição $V_{ext}(a,\theta) = 0$, temos que $B_1 = E_0 a^2$. Portanto, o potencial elétrico em pontos externos é:

$$V_{ext}(r,\theta) = \left(\frac{a^2}{r^2} - 1\right)E_0 r\cos\theta.$$

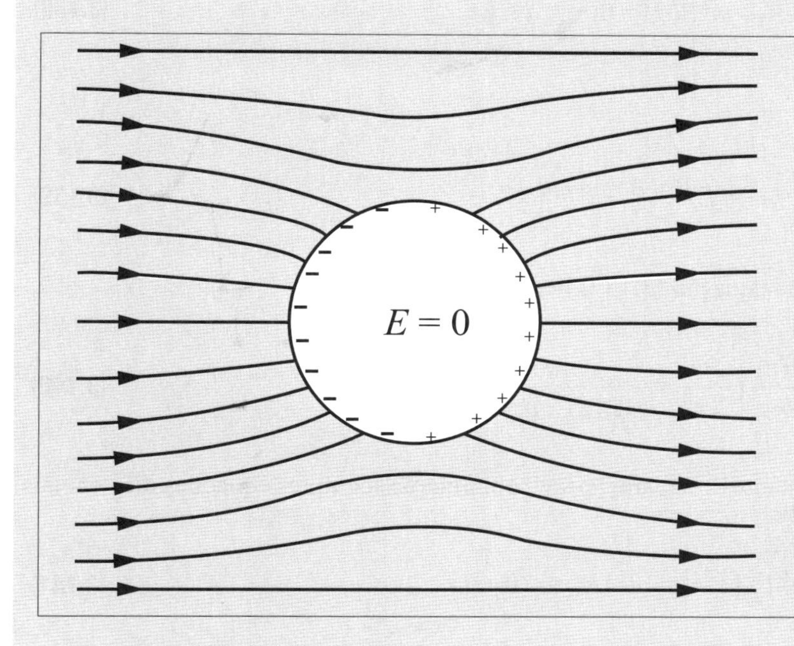

Figura 3.11 Linhas de campo elétrico para o cilindro condutor colocado em campo elétrico constante.

O campo elétrico , calculado por $\vec{E}_{ext}(r,\theta) = -\hat{r}[\partial V(r,\theta)/\partial r] - \hat{\theta}[(1/r)\partial V(r,\theta)/\partial\theta]$, é:

$$\vec{E}_{ext}(r,\theta) = \hat{r}\left(1 - \frac{a^2}{r^2}\right)E_0\cos\theta + \hat{\theta}\left(\frac{a^2}{r^2} - 1\right)E_0\operatorname{sen}\theta.$$

As linhas de campo elétrico estão representadas na Figura 3.11.

3.7.3 Caso Tridimensional

Para resolver a equação de Laplace no caso em que o potencial elétrico depende das três coordenadas cilíndricas, vamos propor uma solução do tipo $V(r,\theta,z) = R(r)P(\theta)Z(z)$. Substituindo esta função na equação (3.35), temos:

$$P(\theta)Z(z)\frac{1}{r}\frac{d}{dr}\left[r\frac{dR(r)}{dr}\right] + R(r)Z(z)\frac{1}{r^2}\left[\frac{d^2P(\theta)}{d\theta^2}\right] + R(r)P(\theta)\frac{d^2Z(z)}{dz^2} = 0. \quad \textbf{(3.135)}$$

Multiplicando essa equação por $r^2/[R(r)P(\theta)Z(z)]$ e isolando o termo contendo a função $P(\theta)$ no lado direito do sinal de igualdade, temos:

$$\frac{r}{R(r)}\frac{d}{dr}\left[r\frac{dR(r)}{dr}\right] + \frac{r^2}{Z(z)}\frac{d^2Z(z)}{dz^2} = -\frac{1}{P(\theta)}\left[\frac{d^2P(\theta)}{d\theta^2}\right]. \quad \textbf{(3.136)}$$

Devemos igualar essa equação a uma constante positiva, para que a solução na variável θ seja periódica. Dessa forma, temos:

$$\frac{r}{R(r)}\frac{d}{dr}\left[r\frac{dR(r)}{dr}\right]+\frac{r^2}{Z(z)}\frac{d^2Z(z)}{dz^2}=m^2 \tag{3.137}$$

$$\frac{d^2P(\theta)}{d\theta^2}+m^2P(\theta)=0. \tag{3.138}$$

A solução da equação na variável θ é:

$$P(\theta)=\sum_{m=0}A_m\cos m\theta+B_m\text{sen}\,m\theta. \tag{3.139}$$

Isolando a variável r no lado esquerdo da equação (3.137), temos:

$$\frac{1}{R(r)}\frac{1}{r}\frac{d}{dr}\left[r\frac{dR(r)}{dr}\right]-\frac{m^2}{r^2}=-\frac{1}{Z(z)}\frac{d^2Z(z)}{dz^2}. \tag{3.140}$$

Igualando essa equação a uma nova constante de separação $-k^2$, obtemos as seguintes equações diferenciais:

$$r\frac{d}{dr}\left[r\frac{dR(r)}{dr}\right]+\left(k^2r^2-m^2\right)R(r)=0 \tag{3.141}$$

$$\frac{d^2Z(z)}{dz^2}-k^2Z(z)=0. \tag{3.142}$$

A solução da equação diferencial na variável z é:

$$Z(z)=\sum_k C_ke^{kz}+D_ke^{-kz}. \tag{3.143}$$

Na variável r, temos a equação de Bessel.[10] Para resolvê-la, vamos definir a variável auxiliar $x = kr$, de modo que a equação (3.141) se escreve na forma

$$x^2\frac{d^2R(x)}{dx^2}+x\frac{dR(x)}{dx}+\left(x^2-m^2\right)R(x)=0. \tag{3.144}$$

Essa equação diferencial pode ser resolvida utilizando o método de Frobenius, em que se propõe uma solução do tipo $R(x)=\sum_{n=0}^{\infty}C_nx^{s+n}$. As soluções dessa equação diferencial são as funções de Bessel de primeira espécie $J_m(x)$ e as funções de Bessel de segunda espécie ou funções de Neumann $N_m(x)$. (Para mais detalhes, recomendamos a resolução do Exercício Complementar 6.)

[10] Friedrich Wilhelm Bessel (22/7/1784-17/3/1846), matemático alemão.

As funções de Bessel $J_m(x)$ para m positivo são dadas por:

$$J_m(x)=\sum_{n=0}^{\infty}\frac{(-1)^n}{\Gamma(n+1)\Gamma(m+n+1)}\left(\frac{x}{2}\right)^{2n+m} \quad \textbf{(3.145)}$$

em que $\Gamma(p)=\int_0^{\infty}(y^{p-1}e^{-y})dy$ com $p>0$ é a função gama. No caso em que p é inteiro e positivo, a função gama pode ser obtida facilmente pela relação $\Gamma(p+1)=p!$.

Para m negativo, a função de Bessel $J_{-m}(x)$ é obtida trocando m por $-m$ na solução anterior. Portanto, a função de Bessel $J_{-m}(x)$ é dada por:

$$J_{-m}(x)=\sum_{n=0}^{\infty}\frac{(-1)^n}{\Gamma(n+1)\Gamma(n-m+1)}\left(\frac{x}{2}\right)^{2n-m}. \quad \textbf{(3.146)}$$

A solução geral para a equação de Bessel, no caso em que m não é inteiro, pode ser uma combinação linear das funções $J_m(x)$ e $J_{-m}(x)$, uma vez que essas funções são lineramente independentes. No caso em que m é inteiro, as funções $J_m(x)$ e $J_{-m}(x)$ não são linearmente independentes, uma vez que vale a relação $J_{-m}=(-1)^m J_m$. Nesse caso, a solução geral da equação de Bessel não pode ser uma combinação linear dessas funções.

Uma solução geral para a equação diferencial de Bessel, no caso de m inteiro, é:

$$R(x)=\sum_{m,k}E_{m,k}J_m(x)+F_{m,k}N_m(x). \quad \textbf{(3.147)}$$

em que $N_m(x)$ é a função de Neumann definida como:

$$N_m(x)=\frac{J_m(x)\cos m\pi - J_{-m}(x)}{\operatorname{sen} m\pi}. \quad \textbf{(3.148)}$$

Algumas funções de Bessel $J_m(x)$ e de Neumann $N_m(x)$ estão mostradas nas Figuras 3.12 e 3.13, respectivamente. Note que, na origem, a função de Bessel de ordem zero $J_0(x)$ é finita, enquanto as funções de ordem superior são nulas. Por outro lado, as funções de Neumann $N_m(x)$ são divergentes na origem.

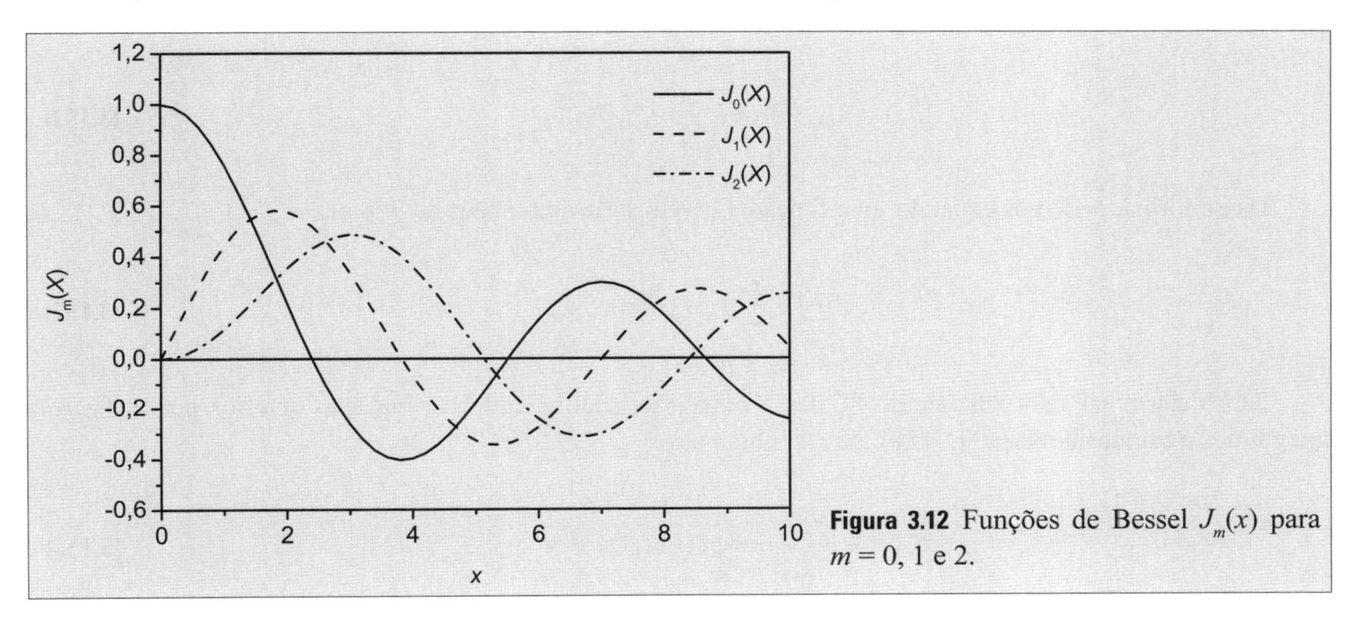

Figura 3.12 Funções de Bessel $J_m(x)$ para $m = 0$, 1 e 2.

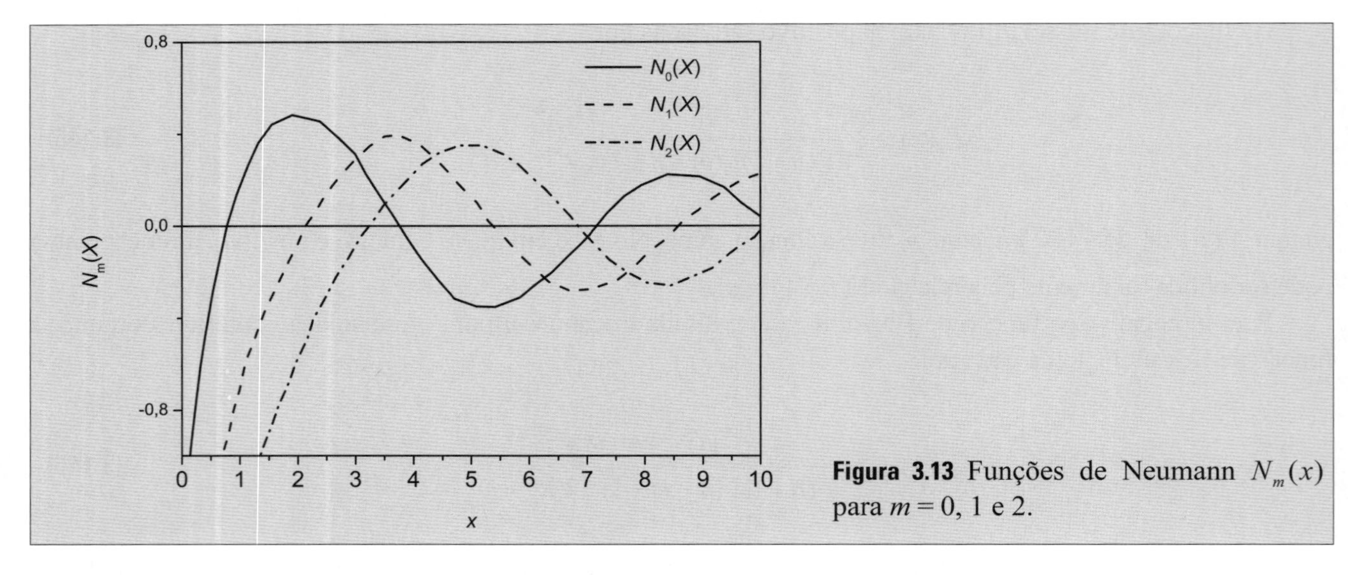

Figura 3.13 Funções de Neumann $N_m(x)$ para $m = 0$, 1 e 2.

Portanto, a solução geral para o potencial elétrico, calculada por $V(r,\theta,z) = R(r)P(\theta)Z(z)$, é:

$$\boxed{V(r,\theta,z)=\sum_{m,k}\left[E_{m,k}J_m(kr)+F_{m,k}N_m(kr)\right]\left(C_ke^{kz}+D_ke^{-kz}\right)\cdot\left(A_m\cos m\theta+B_m\text{sen}\, m\theta\right).} \tag{3.149}$$

É importante mencionar que, para problemas nos quais o potencial elétrico não depende da variável θ, a solução geral pode ser obtida tomando $m = 0$ em (3.149). Nesse caso particular, temos:

$$V(r,z)=\sum_{m,k}\left[E_{m,k}J_m(kr)+F_{m,k}N_m(kr)\right]\left(C_ke^{kz}+D_ke^{-kz}\right). \tag{3.150}$$

Entretanto, para problemas nos quais o potencial elétrico não depende da variável z, a solução geral não pode ser obtida a partir de (3.149). Isso se deve ao fato de que, tomando $k = 0$ na equação (3.141), ela deixa de ser a equação de Bessel, de modo que as funções de Bessel não aparecem em um problema bidimensional em que o potencial elétrico independe da coordenada z. A solução geral para os problemas bidimensionais nos quais o potencial elétrico depende das coordenadas r e θ é dada pela relação (3.134), discutida na subseção anterior.

Para concluir, vale mencionar que as funções de Bessel $J_m(kr)$ formam um conjunto completo de funções que satisfazem à seguinte condição de ortogonalidade:

$$\int_0^a J_m(kr)J_m(lr)r\,dr=\frac{a^2}{2}J_{m+1}^2(ka)\delta_{kl}. \tag{3.151}$$

Dessa forma, podemos expandir uma função $f(r)$ em série de funções de Bessel:

$$f(r)=\sum_{k=1}^{\infty}A_{mk}J_m(kr). \tag{3.152}$$

Para determinar os coeficientes A_{mk} dessa expansão, multiplicamos a equação anterior por $J_m(lr)rdr$, integramos e usamos a relação (3.151). Assim, obtemos:

$$A_{mk}=\frac{2}{a^2J_{m+1}^2(ka)}\int_0^a f(r)J_m(kr)r\,dr. \tag{3.153}$$

EXEMPLO 3.10

A base de uma longa casca cilíndrica condutora de raio a está a um potencial elétrico constante V_0, enquanto sua superfície lateral tem potencial elétrico nulo. Calcule o potencial elétrico para pontos no interior da casca cilíndrica.

SOLUÇÃO

Como o potencial elétrico na base é constante e o potencial elétrico na superfície lateral é nulo, podemos concluir que o potencial elétrico no interior da casca cilíndrica é independente da coordenada θ. Nesse caso, a solução geral para o potencial elétrico $V(r,z)$ é dada por (3.150). As condições de contorno para o potencial elétrico deste problema podem ser escritas matematicamente como:

$$\begin{aligned} V_{int}(r,\infty) &= 0 \qquad & V_{int}(a,z) &= 0 \\ V_{int}(r,0) &= V_0 \qquad & V_{int}(0,z) &= finito. \end{aligned}$$

Um esquema da casca cilíndrica com as condições de contorno está mostrado na Figura 3.14. Quando $r \to 0$, o potencial elétrico deve ser finito. Para satisfazer essa condição, devemos impor que os coeficientes $F_{m,k}$ sejam nulos, uma vez que as funções de Neumann $N_m(kr)$ são divergentes na origem. Por outro lado, como as funções de Bessel $J_m(kr)$ (com $m \geq 1$) são nulas na origem, devemos fazer $E_{m,k} = 0$ para $m \geq 1$. Portanto, o potencial elétrico deve ser escrito somente em termos da função de Bessel $J_0(kr)$.

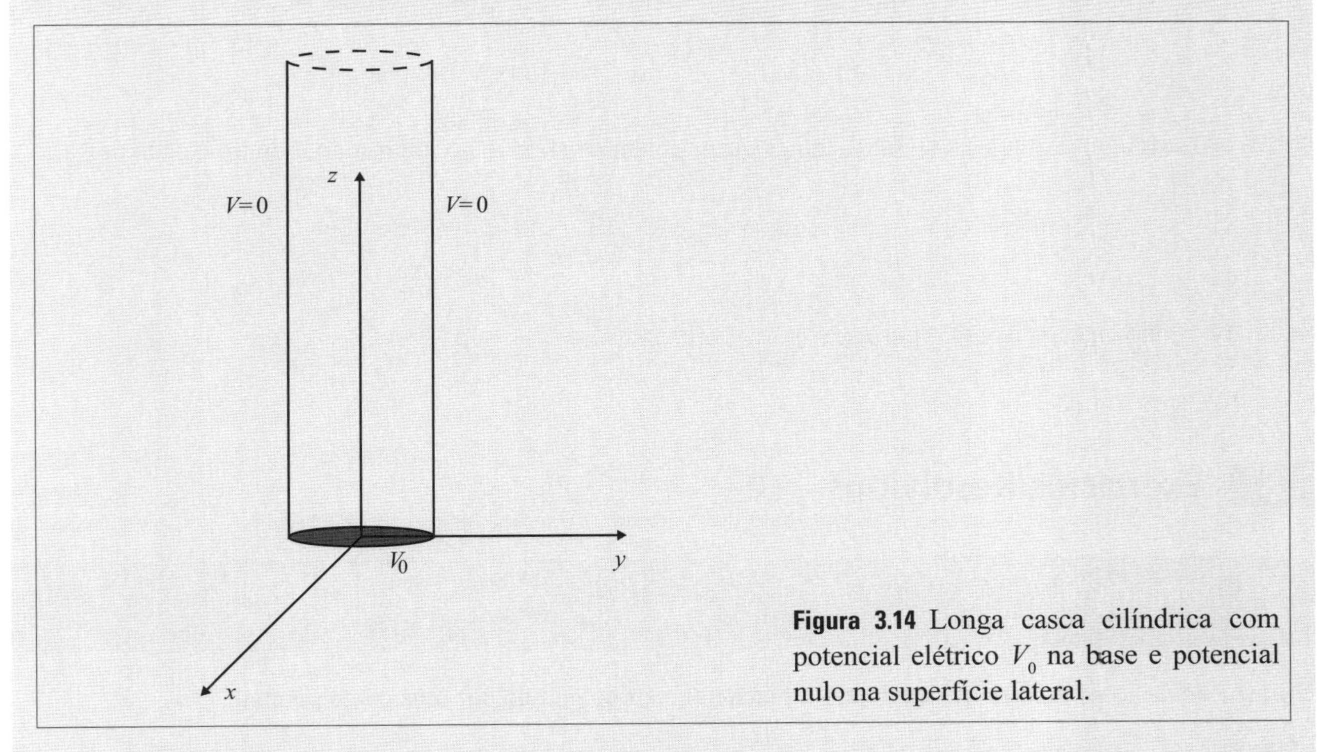

Figura 3.14 Longa casca cilíndrica com potencial elétrico V_0 na base e potencial nulo na superfície lateral.

Quando $z \to \infty$, o potencial elétrico deve se anular. Isso implica que devemos impor que o coeficiente C_k seja nulo. Com essas considerações, a relação (3.150) se reduz a:

$$V_{int}(r,z) = \sum_k G_{0,k} J_0(kr) e^{-kz}. \tag{E3.20}$$

em que foi definido $G_{0,k} = E_{0,k}D_k$. Utilizando a condição de contorno $V(a,z) = 0$, temos:

$$\sum_k \left[G_{0,k} J_0(ka)\right] e^{-kz} = 0.$$

Para que essa relação seja sempre verdadeira, é necessário que a função de Bessel $J_0(ka)$ seja nula. Portanto, devemos fazer $ka = nx$, em que n é inteiro e x fornece os zeros da função de Bessel $J_0(kr)$. Assim, temos que $k = nx / a$. Utilizando a condição de contorno $V(r,0) = V_0$ em (E3.20), obtemos:

$$V_0 = \sum_k G_{0,k} J_0(kr).$$

Essa é a expansão em série de Bessel da função V_0. Portanto, os coeficientes $G_{0,k}$ são dados pela relação (3.153). Assim, temos:

$$G_{0k} = \frac{2V_0}{a^2 J_1^2(ka)} \int_0^a J_0(kr) r dr.$$

Usando a propriedade da função de Bessel $\int x J_0(x) dx = x J_1(x)$, sendo $x = kr$, temos que a integral do lado direito é $\int r J_0(kr) dr = r J_1(kr) / k$. Dessa forma, temos:

$$G_{0k} = \frac{2V_0}{a^2 J_1^2(ka)} \left[\frac{a}{k} J_1(ka)\right] = \frac{2V_0}{ka J_1(ka)}. \quad \textbf{(E3.21)}$$

Substituindo (E3.21) em (E3.20), temos que o potencial elétrico no interior do cilindro é dado por:

$$V(r,z) = 2V_0 \sum_k \frac{J_0(kr) e^{-kz}}{ka J_1(ka)}.$$

O campo elétrico é obtido por $\vec{E}(r,z) = -\vec{\nabla} V(r,z)$.

3.8 Exercícios Resolvidos

EXERCÍCIO 3.1

Utilize a equação de Poisson para calcular o potencial elétrico gerado por uma carga pontual.

SOLUÇÃO

Como a função densidade para uma carga elétrica pontual é $\rho = q\delta(r)$, a equação de Poisson pode ser escrita como:

$$\nabla^2 V(r) = -\frac{q\delta(r)}{\varepsilon_0}.$$

Multiplicando e dividindo o lado direito por 4π temos:

$$\nabla^2 V(r) = -\frac{q 4\pi\delta(r)}{4\pi\varepsilon_0}.$$

Usando a relação $\nabla^2(1/r) = -4\pi\delta(r)$ (veja o Exemplo 1.1), podemos escrever:

$$\nabla^2\left[V(r)\right] = \nabla^2\left[\frac{q}{4\pi\varepsilon_0 r}\right].$$

Comparando os termos entre colchetes, temos que o potencial elétrico gerado por uma carga pontual é:

$$V(r) = \frac{q}{4\pi\varepsilon_0 r}.$$

EXERCÍCIO 3.2

Uma carga pontual é colocada no centro de uma casca esférica condutora de raio a, mantida a potencial elétrico nulo. Determine o potencial e o campo elétrico no interior da casca.

SOLUÇÃO

Uma carga elétrica positiva colocada no centro de uma casca esférica induz cargas elétricas negativas em sua superfície, conforme mostra a Figura 3.15.

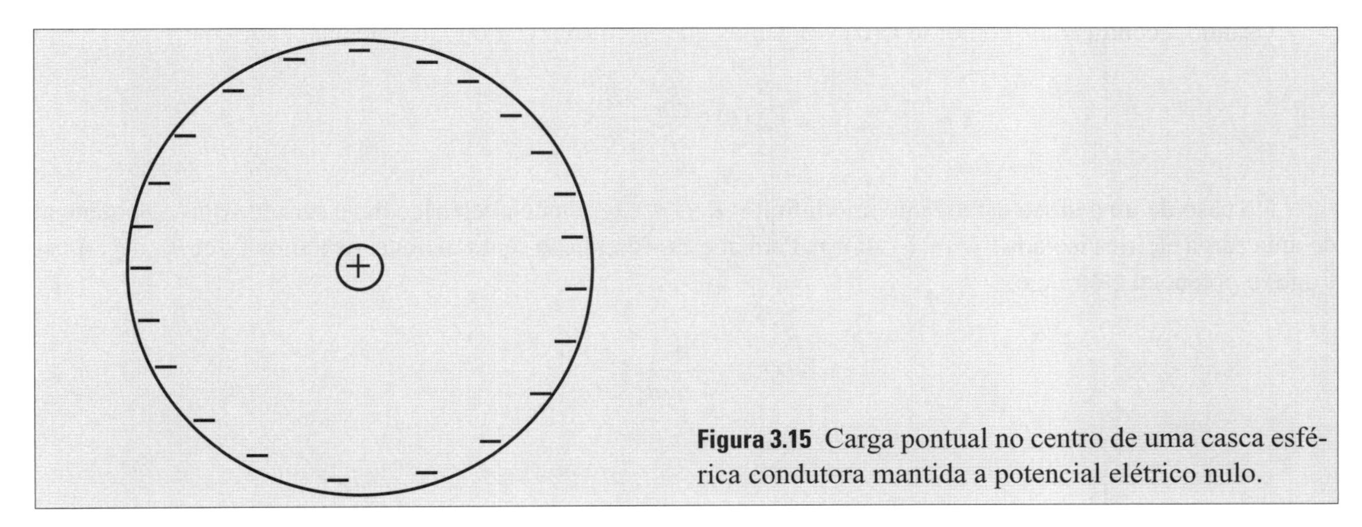

Figura 3.15 Carga pontual no centro de uma casca esférica condutora mantida a potencial elétrico nulo.

Nesse cenário, o potencial elétrico no interior da casca esférica tem um termo associado à carga pontual mais um termo proveniente da carga elétrica induzida.

$$V_{int}(r) = \frac{q}{4\pi\varepsilon_0 r} + V_{ind}.$$

Usando a condição de contorno $V(a) = 0$ temos que $V_{ind} = -q / 4\pi\varepsilon_0 a$. Logo, o potencial elétrico é dado por:

$$V_{int}(r) = \frac{q}{4\pi\varepsilon_0 r}\left[1 - \frac{r}{a}\right].$$

O campo elétrico, calculado por $\vec{E}(r) = -\vec{\nabla} V_{int}(r)$, é

$$\vec{E}(r) = \frac{q}{4\pi\varepsilon_0 r^2}\hat{r}.$$

Note que esta expressão é equivalente àquela para o campo elétrico gerado por uma carga elétrica pontual isolada.

SOLUÇÃO ALTERNATIVA

Este problema também pode ser resolvido pela solução da equação de Laplace. A solução geral da equação de Laplace para um problema bidimensional no qual o potencial elétrico depende das coordenadas r e θ é dado por:

$$V(r,\theta) = \sum_{l=0}^{\infty}\left[A_l r^l + B_l r^{-(l+1)}\right]P_l(\cos\theta).$$

Para uma carga pontual, o potencial elétrico não depende do ângulo θ. Para satisfazer essa condição, devemos anular os coeficientes A_l e B_l para $l \geq 1$ e manter somente os coeficientes A_0 e B_0. Com essas considerações, o potencial elétrico é:

$$V_{int}(r) = A_0 + \frac{B_0}{r}.$$

Usando a condição de contorno $V(a) = 0$, temos que $A_0 = -B_0 / a$. Logo, o potencial elétrico é:

$$V_{int}(r) = \frac{B_0}{r} - \frac{B_0}{a}.$$

No caso de uma casca esférica de raio infinito ($a \to \infty$), o potencial elétrico deve ser reduzido ao potencial de uma carga elétrica isolada $V(r) = q / 4\pi\varepsilon_0 r$. Para que essa condição seja satisfeita, devemos fazer $B_0 = q / 4\pi\varepsilon_0$. Logo, o potencial elétrico é:

$$V_{int}(r) = \frac{q}{4\pi\varepsilon_0 r}\left[1 - \frac{r}{a}\right].$$

EXERCÍCIO 3.3

Um dipolo elétrico é colocado no centro de uma casca esférica condutora de raio a, mantida a potencial elétrico nulo. Determine o potencial e o campo elétrico no interior da casca.

SOLUÇÃO

O dipolo elétrico colocado no centro da casca esférica condutora induz uma densidade de cargas elétricas em sua superfície, conforme mostra a Figura 3.16. Note que, neste caso, a densidade de cargas elétricas induzidas tem uma dependência no ângulo θ.

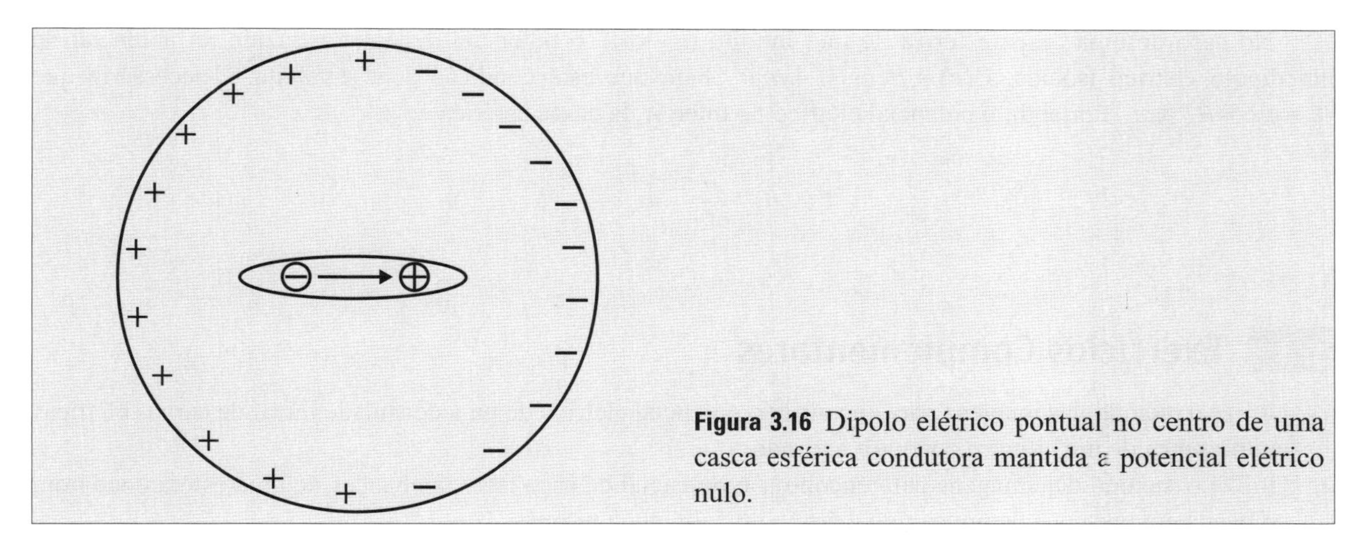

Figura 3.16 Dipolo elétrico pontual no centro de uma casca esférica condutora mantida a potencial elétrico nulo.

Neste cenário, o potencial elétrico gerado pelo dipolo elétrico pontual e as cargas elétricas induzidas na superfície são

$$V_{int}(r,\theta) = \frac{p\cos\theta}{4\pi\varepsilon_0 r^2} + \overbrace{Cr\cos\theta}^{V_{ind}}.$$

O termo $p\cos\theta / 4\pi\varepsilon_0 r^2$ é a contribuição do dipolo elétrico e o termo $Cr\cos\theta$ é a contribuição das cargas elétricas induzidas na casca esférica. Usando a condição $V(a,\theta) = 0$, temos que $C = -p / 4\pi\varepsilon_0 a^3$. Logo, o potencial elétrico é:

$$V_{int}(r,\theta) = \frac{p\cos\theta}{4\pi\varepsilon_0 r^2}\left[1 - \frac{r^3}{a^3}\right].$$

O campo elétrico é obtido tomando o gradiente desse potencial.

SOLUÇÃO ALTERNATIVA

Este problema também pode ser resolvido pela solução da equação de Laplace. A solução geral da equação de Laplace para um problema bidimensional com dependência nas coordenadas r e θ é:

$$V(r,\theta) = \sum_{l=0}^{\infty}\left[A_l r^l + B_l r^{-(l+1)}\right]P_l(\cos\theta)$$

Como o potencial elétrico gerado por um dipolo elétrico depende de $\cos\theta$, devemos manter somente os coeficientes A_1 e B_1 e anular os demais. Nesse caso, o potencial elétrico é escrito na forma:

$$V_{int}(r,\theta) = A_1 r\cos\theta + \frac{B_1}{r^2}\cos\theta.$$

Usando a condição de contorno $V(a) = 0$, temos que $A_1 = -B_1 / a^3$. Logo, o potencial elétrico é:

$$V_{int}(r,\theta) = \frac{B_1}{r^2}\cos\theta - \frac{B_1}{a^3} r\cos\theta.$$

No caso de uma casca esférica de raio infinito ($a \to \infty$), o potencial deve ser reduzido ao potencial de um dipolo elétrico isolado, $V(r) = p\cos\theta / 4\pi\varepsilon_0 r^2$. Para que esta condição seja satisfeita, é necessário que $B_1 = p\cos\theta / 4\pi\varepsilon_0$. Portanto, o potencial elétrico no interior da casca esférica é

$$V(r,\theta) = \frac{p\cos\theta}{4\pi\varepsilon_0 r^2}\left[1 - \frac{r^3}{a^3}\right].$$

3.9 Exercícios Complementares

1. Utilize o método das imagens para encontrar o potencial elétrico de uma densidade linear de cargas elétricas em presença de um cilindro condutor aterrado.
2. Utilize o método das imagens para encontrar o potencial elétrico nas vizinhanças de uma esfera condutora colocada em presença de um campo elétrico inicialmente uniforme.
3. Considere uma carga elétrica pontual colocada a uma distância d de uma esfera condutora de raio a com uma carga elétrica Q. Utilize o método das imagens para determinar o potencial elétrico para pontos nos quais $r > a$.
4. Resolva a equação diferencial de Legendre

$$\left(1 - x^2\right)\frac{d^2P(x)}{dx^2} - 2x\frac{dP(x)}{dx} + \lambda P(x) = 0.$$

5. Resolva a equação diferencial associada de Legendre

$$\frac{d}{dx}\left[\left(1 - x^2\right)\frac{dP(x)}{dx}\right] + \left[\lambda - \frac{m^2}{\left(1 - x^2\right)}\right]P(x) = 0.$$

6. Resolva a equação de Bessel

$$x^2\frac{d^2R(x)}{dx^2} + x\frac{dR(x)}{dx} + \left(x^2 - p^2\right)R(x) = 0.$$

7. Resolva a equação diferencial

$$\frac{d}{dr}\left[r^2\frac{dR(r)}{dr}\right] - l(l+1)R(r) = 0.$$

8. Resolva a equação diferencial

$$r\frac{d}{dr}\left[r\frac{dR(r)}{dr}\right] - m^2 R(r) = 0.$$

9. Demonstre o teorema da adição

$$P_l(\cos\gamma) = \frac{4\pi}{(2l+1)} \sum_{m=-l}^{m=l} Y_{lm}^*(\theta',\phi')Y_{lm}(\theta,\phi).$$

10. Resolva a equação diferencial

$$\frac{\partial^2 V(x,y)}{\partial x^2} + \frac{\partial^2 V(x,y)}{\partial y^2} = 0,$$

considerando a constante de separação como (a) $\lambda \geq 0$ e (b) $\lambda \leq 0$.

11. Uma casca esférica de raio a possui uma densidade superficial e uniforme de cargas elétricas σ_0. Encontre, via equação de Laplace, o potencial elétrico no interior e no exterior da casca esférica.

12. Resolva o exercício anterior, utilizando as equações (3.117) e (3.118).

13. Uma casca esférica de raio a possui uma densidade superficial de cargas elétricas dadas por $\sigma(\theta') = \sigma_0 \cos\theta'$. Encontre, via equação de Laplace, o potencial elétrico no interior e no exterior da casca esférica.

14. Utilize as equações (3.117) e (3.118) para calcular o potencial elétrico gerado por uma esfera de raio a contendo uma densidade constante de cargas elétricas.

15. Uma casca esférica de raio a possui uma densidade superficial de cargas elétricas dada por $\sigma(\theta',\phi') = \sigma_0 \cos\theta' \cos\phi'$. Encontre o potencial elétrico no interior e no exterior da casca esférica.

16. Dois hemisférios condutores de raio a mantidos a potenciais $+V_0$ e $-V_0$ são isolados eletricamente ao longo do círculo de contato. Encontre, via solução da equação de Laplace, o potencial elétrico no interior dos hemisférios.

17. Um longo cilindro condutor de raio a é partido ao meio ao longo do seu comprimento. As partes são colocadas em contato e isoladas eletricamente uma da outra. Encontre o potencial elétrico no interior do cilindro, considerando que uma metade está mantida a potencial elétrico $+V_0$ e a outra a potencial elétrico $-V_0$.

18. Um cilindro condutor de raio a se estende de $z = 0$ até $z = L$. O topo do cilindro está a um potencial elétrico $V = V(r,\theta)$ enquanto a base e a superfície lateral do cilindro estão a potencial elétrico nulo. Calcule o potencial elétrico para pontos no interior do cilindro.

19. O potencial elétrico na superfície de um cilindro de raio a é dado por $V(a,\theta')$. Partindo da equação (3.134), mostre que o potencial elétrico em pontos internos pode ser escrito na forma:

$$V(r,\theta) = \frac{1}{2\pi} \int_0^{2\pi} \frac{V(a,\theta')\left(a^2 - r^2\right)d\theta'}{a^2 + r^2 - 2ra\cos\left(\theta - \theta'\right)}$$

20. Uma esfera condutora de raio a contendo uma carga elétrica Q é colocada em um campo elétrico inicialmente uniforme. Determine o campo e o potencial elétrico nas vizinhanças da esfera.

21. Um longo cilindro condutor de raio a contendo uma carga elétrica Q é colocado em um campo elétrico inicialmente uniforme. Determine o campo e o potencial elétrico nas vizinhanças do cilindro.

22. Quatro placas formam uma cavidade retangular que se estende ao longo do eixo z. Calcule o potencial em pontos internos, considerando as condições de contorno mostradas na Figura 3.17.

23. Resolva o exercício anterior, considerando que a origem do sistema de coordenadas está colocada no centro da cavidade no ponto $(a/2; b/2)$.

24. Seis placas metálicas, formam uma cavidade cúbica de aresta a. Calcule o potencial em pontos internos, considerando que uma das placas paralelas ao plano xz tem potencial elétrico constante e as demais potencial nulo.

25. Resolva o exercício anterior considerando que uma das placas paralelas ao plano yz tem potencial elétrico constante e as demais potencial nulo.

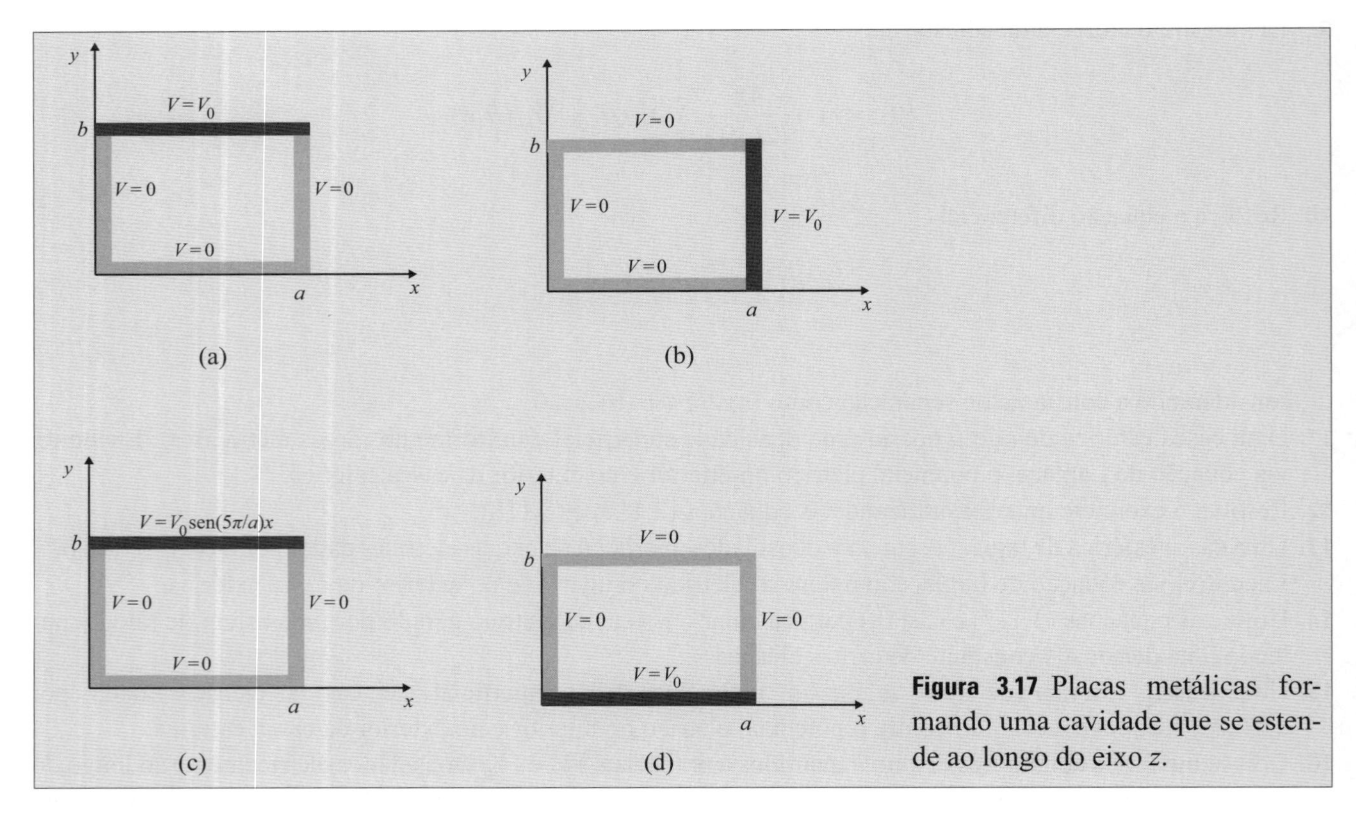

Figura 3.17 Placas metálicas formando uma cavidade que se estende ao longo do eixo z.

26. Uma esfera condutora de raio a com carga Q e uma casca esférica de raio b ($b > a$) com carga $-Q$ formam um capacitor. O espaço vazio é preenchido parcialmente com materiais de permissividades elétricas ε_1 e ε_2, conforme mostra a Figura 3.18. Determine o potencial, a polarização, o campo e o deslocamento elétrico no interior do capacitor. Determine também a sua capacitância.

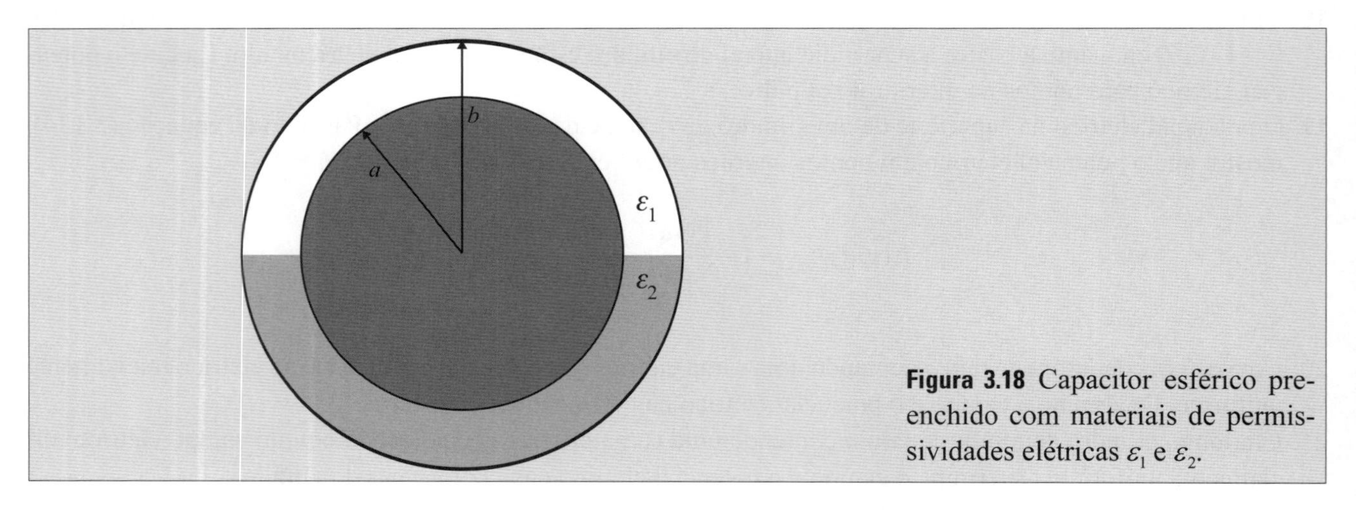

Figura 3.18 Capacitor esférico preenchido com materiais de permissividades elétricas ε_1 e ε_2.

27. Escreva uma rotina computacional para calcular: (a) os polinômios de Legendre, (b) os polinômios associados de Legendre e (c) os harmônicos esféricos. Faça uma representação gráfica para alguns casos.

28. Escreva uma rotina computacional para calcular as funções de Bessel e de Neumann. Represente graficamente algumas dessas funções.

29. Escreva uma rotina computacional para calcular numericamente o potencial elétrico dado na equação (3.30).

30. Escreva uma rotina computacional para resolver numericamente os Exercícios de 11 a 15.

CAPÍTULO 4

Eletrostática em Meios Materiais

4.1 Introdução

Nos Capítulos 2 e 3, estudamos os potenciais e os campos elétricos gerados por distribuições de cargas elétricas livres no vácuo e em materiais condutores. Neste capítulo, estudaremos os potenciais e os campos elétricos gerados por cargas elétricas localizadas em materiais não condutores. Para essa finalidade, estenderemos o formalismo matemático desenvolvido no Capítulo 2 para incluir cargas elétricas de polarização. Em seguida, discutiremos os problemas de valores de contorno envolvendo materiais não condutores.

4.2 Materiais Não Condutores

Nos materiais não condutores, os elétrons estão fortemente ligados ao núcleo atômico. Dependendo da distribuição espacial das cargas elétricas negativas e positivas, elas podem formar momentos de dipolos elétricos. Em um material, o momento de dipolo elétrico resultante pode ser nulo ou ter um valor finito, dependendo da orientação dos momentos de dipolos elétricos locais.

A polarização elétrica é definida matematicamente como a média dos momentos de dipolos elétricos por unidade de volume, isto é:

$$\vec{P} = \lim_{\Delta v \to 0} \sum_i \frac{\vec{p}_{0i}}{\Delta v} = \frac{\Delta \vec{p}}{\Delta v}. \tag{4.1}$$

No limite diferencial, podemos escrever que $\vec{P} = d\vec{p} / dv$. A unidade do momento de dipolo elétrico é C·m (Coulomb vezes metro), enquanto a unidade da polarização elétrica é C/m^2 (Coulomb por metro quadrado). A Figura 4.1 mostra uma configuração de dipolos elétricos no interior de um material.

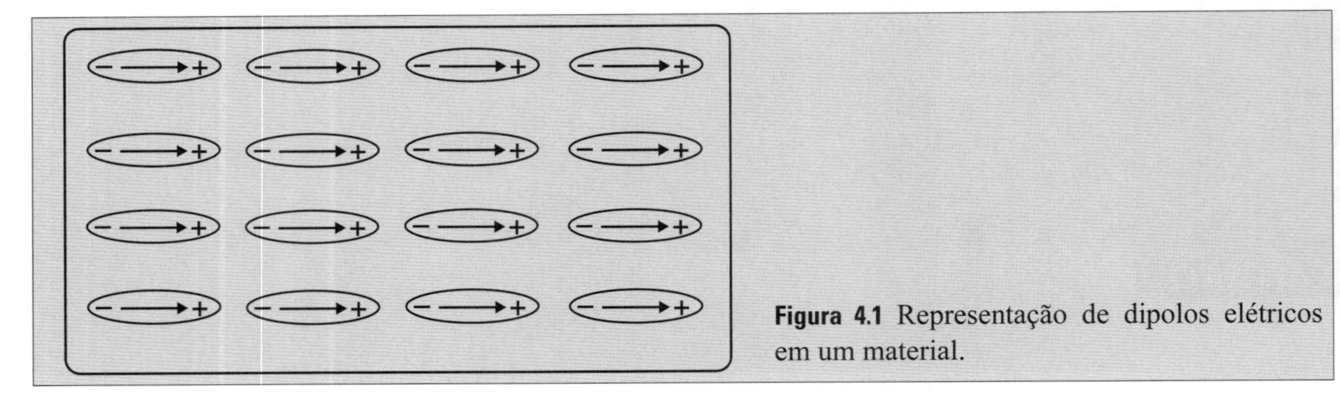

Figura 4.1 Representação de dipolos elétricos em um material.

Dependendo da existência e da orientação dos dipolos elétricos locais, os materiais podem ser classificados como dielétricos, paraelétricos, ferroelétricos ou antiferroelétricos. Nos materiais dielétricos, não existem momentos de dipolos elétricos locais espontâneos, de modo que tanto $\vec{p}_0$ quanto $\vec{P}$ são nulos. Nos materiais paraelétricos, existem momentos de dipolos elétricos atômicos orientados aleatoriamente, de modo que o vetor polarização elétrica resultante é nulo.

Os materiais ferroelétricos possuem momentos de dipolos elétricos espontâneos orientados em uma direção preferencial, produzindo um polarização elétrica diferente de zero. Os materiais antiferroelétricos possuem uma sub-rede com polarização elétrica em um sentido e outra sub-rede com polarização em sentido oposto, de modo que a polarização resultante do material é nula. Uma representação esquemática dos materiais dielétrico, paraelétrico, ferroelétrico e antiferroelétrico está mostrada na Figura 4.2. Note que tanto um material paraelétrico quanto um material antiferroelétrico têm $\vec{p}_0 \neq 0$ e $\vec{P} = 0$. Embora eles apresentem polarização elétrica nula, o arranjo de seus dipolos elétricos são diferentes. Essa diferença microscópica entre eles pode ser observada na curva da suscetibilidade elétrica.

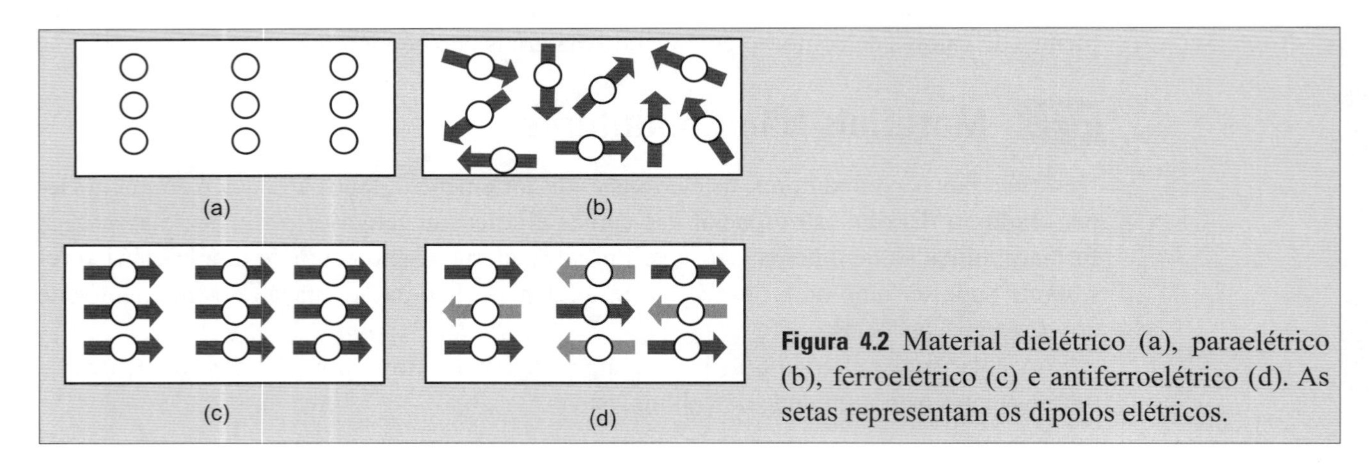

Figura 4.2 Material dielétrico (a), paraelétrico (b), ferroelétrico (c) e antiferroelétrico (d). As setas representam os dipolos elétricos.

4.3 Descrição Clássica da Polarização Elétrica

Como foi discutido na seção anterior, os dipolos elétricos orientados em uma determinada direção dão origem a uma polarização elétrica. Nesta seção, vamos utilizar os conceitos da Física Clássica para calcular a polarização elétrica criada em um sistema de dipolos elétricos não interagentes. No Exemplo 2.6 do Capítulo 2 foi mostrado que quando um dipolo elétrico é colocado em um campo elétrico, ele fica sujeito a um torque $\vec{\tau} = \vec{p} \times \vec{E}$, que tende a alinhá-lo no sentido do campo elétrico aplicado. Portanto, um material paraelétrico submetido a um campo elétrico adquire uma polarização elétrica, conforme mostra a Figura 4.3.

A polarização elétrica adquirida pelo material depende de suas características físicas, da intensidade do campo elétrico aplicado e da temperatura. O campo elétrico tende a alinhar os momentos de dipolos elétricos, enquanto a temperatura favorece seu desalinhamento. Portanto, existe uma competição entre o campo elétrico e a temperatura para estabelecer a polarização elétrica no material. Para mais detalhes sobre esse tema recomendamos a leitura de livros específicos sobre termodinâmica de materiais. Veja algumas sugestões na bibliografia.

Figura 4.3 Material paraelétrico na ausência de campo elétrico (a) e com campo elétrico aplicado (b).

Para uma dada temperatura, a polarização elétrica induzida em um material linear, homogêneo e anisotrópico tem a forma:

$$\begin{bmatrix} P_x \\ P_y \\ P_z \end{bmatrix} = \varepsilon_0 \begin{bmatrix} \chi_{xx} & \chi_{xy} & \chi_{xz} \\ \chi_{yx} & \chi_{yy} & \chi_{yz} \\ \chi_{zx} & \chi_{zy} & \chi_{zz} \end{bmatrix} \begin{bmatrix} E_x \\ E_y \\ E_z \end{bmatrix}$$

em que $[\chi]$ é o tensor suscetibilidade elétrica. No caso de um material linear, homogêneo e isotrópico, a polarização elétrica se reduz a $\vec{P} = \varepsilon_0 \chi_e \vec{E}$, em que χ_e é a suscetibilidade elétrica isotrópica.

Vamos utilizar uma descrição clássica para encontrar a dependência da polarização elétrica com a temperatura e com o campo elétrico aplicado em um sistema de dipolos elétricos não interagentes. A probabilidade de se encontrar um dipolo elétrico orientado em uma determinada direção é dada pelo fator de Boltzmann,[1] $P_B = e^{-\beta U} / \int e^{-\beta U} dU$, em que $U = -\vec{p} \cdot \vec{E}$ é a energia do dipolo elétrico, $\beta = 1/k_B T$, em que k_B é a constante de Boltzmann, cujo valor no sistema internacional de unidades é $k_B = 1{,}3806503 \times 10^{-23}$ J/K. Quando um material é submetido a um campo elétrico, a média da componente do dipolo elétrico na direção do campo elétrico aplicado é dada por:

$$\langle p \cos\theta \rangle = \frac{\int p \cos\theta e^{-\beta U} dU}{\int e^{-\beta U} dU}. \tag{4.2}$$

A energia do dipolo pode ser escrita na forma $U = -pE\cos\theta$, em que θ é o ângulo entre o dipolo e o campo elétrico aplicado. Desta relação, podemos escrever que $dU = pE \operatorname{sen}\theta d\theta$. Com essas considerações, temos:

$$\langle p \cos\theta \rangle = \frac{\int_0^{\pi} p \cos\theta e^{\frac{pE\cos\theta}{k_B T}} pE \operatorname{sen}\theta d\theta d\theta}{\int_0^{\pi} e^{\frac{pE\cos\theta}{k_B T}} pE \operatorname{sen}\theta d\theta}. \tag{4.3}$$

Multiplicando e dividindo por $E(k_B T)^2$, obtemos:

$$\langle p \cos\theta \rangle = \frac{(k_B T)^2 \int_0^{\pi} \frac{pE\cos\theta}{k_B T} e^{\frac{pE\cos\theta}{k_B T}} \left(\frac{pE \operatorname{sen}\theta d\theta}{k_B T}\right)}{E k_B T \int_0^{\pi} e^{\frac{pE\cos\theta}{k_B T}} \frac{pE \operatorname{sen}\theta d\theta}{k_B T}}. \tag{4.4}$$

[1] Ludwig Boltzmann (20/2/1844-5/9/1906), físico austríaco.

Definindo a variável auxiliar $x = pE\cos\theta / k_B T$, temos que $dx = -pE\,\mathrm{sen}\theta d\theta / k_B T$. Assim, podemos escrever que:

$$\langle p\cos\theta\rangle = \frac{k_B T}{E}\frac{\int_a^{-a} xe^x dx}{\int_a^{-a} e^x dx}, \tag{4.5}$$

em que $a = pE / k_B T$. Integrando por partes, temos:

$$\langle p\cos\theta\rangle = \frac{k_B T}{E}\frac{\left[xe^x - e^x\right]_{-a}^{a}}{\left[e^x\right]_{-a}^{a}}. \tag{4.6}$$

Substituindo os limites de integração e usando a relação $\coth a = (e^a + e^{-a}) / (e^a - e^{-a})$, obtemos:

$$\langle p\cos\theta\rangle = p\left[\coth a - \frac{1}{a}\right]. \tag{4.7}$$

O termo entre colchetes é a função de Langevin[2] $L(a)$. Esta expressão fornece a média da componente do momento de dipolo elétrico de um único átomo. Multiplicando esse resultado pela densidade de átomos por unidade de volume ($n = N / \mathrm{v}$), temos que a polarização elétrica, calculada por $P = n\langle p\cos\theta\rangle$, é $P = np[\coth a - 1/a]$. Para pequenos campos elétricos ou altas temperaturas, temos que $a \to 0$, de modo que $\coth a = 1/a + a/3 + \cdots$. Neste caso, o vetor polarização elétrica pode ser escrito como:

$$\vec{P} = \left[\frac{np^2}{3k_B T}\right]\vec{E}. \tag{4.8}$$

Note que nesse limite existe uma relação linear entre a polarização elétrica adquirida pelo material e o campo elétrico aplicado. Os materiais que obedecem essa relação são chamados de materiais lineares. O termo entre colchetes é a suscetibilidade elétrica e a sua unidade no SI é $[\mathrm{C}^2 / \mathrm{m}^2\mathrm{N}]$, que é a mesma unidade da permissividade elétrica do vácuo ε_0. Em geral, a polarização elétrica é escrita como:

$$\vec{P} = \varepsilon_0\left[\frac{np^2}{3\varepsilon_0 k_B T}\right]\vec{E}. \tag{4.9}$$

Esta relação tem a forma $\vec{P} = \varepsilon_0 \chi_e \vec{E}$, em que $\chi_e = np^2 / 3\varepsilon_0 k_B T$ é a suscetibilidade elétrica (adimensional) do material. Como o campo elétrico tem unidade $[\mathrm{C}/\varepsilon_0\mathrm{m}^2]$, o vetor polarização elétrica tem unidade $[\mathrm{C/m}^2]$.

[2] Paul Langevin (23/1/1872-19/12/1946), físico francês.

4.4 Campo Elétrico de um Material Polarizado

Nesta seção, discutiremos o campo elétrico gerado por materiais isolantes com uma polarização elétrica. Um elemento de volume no interior de um material contendo dipolos elétricos gera em um ponto externo um potencial elétrico (veja a Figura 4.4). Considerando que a separação entre as cargas elétricas positivas e negativas, que formam o dipolo elétrico, é da ordem de angstrom (10^{-10} m) e que o ponto externo está em uma escala macroscópica, da ordem de 10^{-3} m ou superior, podemos usar a expansão multipolar, discutida na Seção 2.7, para descrever o potencial elétrico gerado pelos dipolos elétricos. Portanto, mantendo somente o termo de dipolo elétrico, podemos supor que os dipolos elétricos em um elemento de volume geram uma diferença de potencial elétrico dada por:[3]

$$dV(\vec{r}) = \frac{1}{4\pi\varepsilon_0}\left[\frac{d\vec{p}\cdot(\vec{r}-\vec{r}\,')}{|\vec{r}-\vec{r}\,'|^3}\right]. \tag{4.10}$$

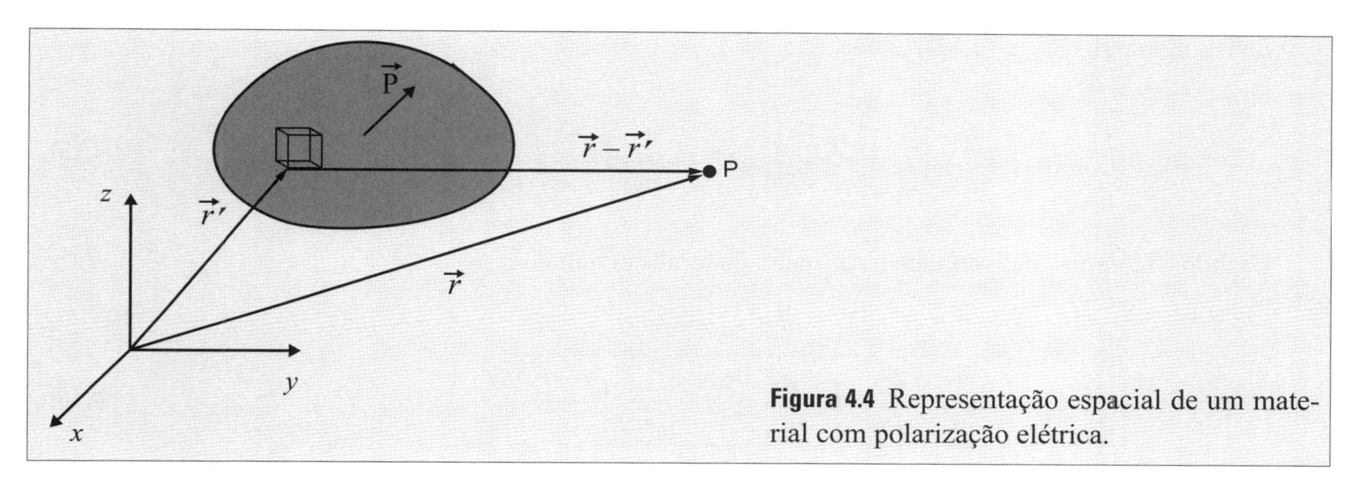

Figura 4.4 Representação espacial de um material com polarização elétrica.

É conveniente escrever este potencial em termos do vetor polarização, que representa a distribuição de dipolos elétricos no interior do material. Assim, usando a definição da polarização elétrica, $\vec{P}(\vec{r}\,') = d\vec{p}/dv'$, podemos reescrever a equação anterior na forma:

$$dV(\vec{r}) = \frac{1}{4\pi\varepsilon_0}\left[\frac{\vec{P}(\vec{r}\,')\cdot(\vec{r}-\vec{r}\,')}{|\vec{r}-\vec{r}\,'|^3}\right]dv'. \tag{4.11}$$

Este é o potencial elétrico gerado pelos dipolos elétricos atômicos contidos em um determinado elemento diferencial de volume. Para encontrar o potencial elétrico total, devemos integrar sobre todo o volume da amostra.

$$\boxed{V(\vec{r}) = \frac{1}{4\pi\varepsilon_0}\int\frac{\vec{P}(\vec{r}\,')\cdot(\vec{r}-\vec{r}\,')}{|\vec{r}-\vec{r}\,'|^3}dv'.} \tag{4.12}$$

Essa expressão mostra claramente que, para gerar um potencial elétrico, o material deve possuir uma polarização elétrica diferente de zero. Portanto, um material ferroelétrico com polarização elétrica espontânea gera potencial e campo elétrico. Por outro lado, materiais dielétricos, paraelétricos e antiferroelétricos, cujas polarizações elétricas espontâneas são nulas, não geram potencial elétrico. Entretanto, quando submetidos a campo elétrico externo eles adquirem polarização elétrica provisória e passam a produzir potencial elétrico.

[3] Veja a equação (2.46) do potencial de um dipolo elétrico.

A equação (4.12) pode ser escrita em uma forma alternativa, que permite fazer uma analogia com o potencial elétrico gerado por cargas elétricas livres no vácuo. Usando a relação $(\vec{r}-\vec{r}\,')/|\vec{r}-\vec{r}\,'|^3 = \vec{\nabla}_{r'}\,[1/|\vec{r}-\vec{r}\,'|]$, podemos reescrever (4.12) na forma:

$$V(\vec{r}) = \frac{1}{4\pi\varepsilon_0}\int \vec{P}(\vec{r}\,')\cdot\vec{\nabla}_{r'}\left[\frac{1}{|\vec{r}-\vec{r}\,'|}\right]dv'. \qquad \textbf{(4.13)}$$

Usando a identidade $\vec{\nabla}\cdot(a\vec{F}) = \vec{\nabla}a\cdot\vec{F} + a(\vec{\nabla}\cdot\vec{F})$, podemos escrever o integrando da expressão anterior como:

$$\vec{P}(\vec{r}\,')\cdot\vec{\nabla}_{r'}\left[\frac{1}{|\vec{r}-\vec{r}\,'|}\right] = \vec{\nabla}_{r'}\cdot\left[\frac{\vec{P}(\vec{r}\,')}{|\vec{r}-\vec{r}\,'|}\right] - \frac{\vec{\nabla}_{r'}\cdot\vec{P}(\vec{r}\,')}{|\vec{r}-\vec{r}\,'|}. \qquad \textbf{(4.14)}$$

Substituindo (4.14) em (4.13), temos:

$$V(\vec{r}) = \frac{1}{4\pi\varepsilon_0}\int \vec{\nabla}_{r'}\cdot\left[\frac{\vec{P}(\vec{r}\,')}{|\vec{r}-\vec{r}\,'|}\right]dv' + \frac{1}{4\pi\varepsilon_0}\int \frac{\left[-\vec{\nabla}_{r'}\cdot\vec{P}(\vec{r}\,')\right]}{|\vec{r}-\vec{r}\,'|}dv'. \qquad \textbf{(4.15)}$$

Usando o teorema do divergente na primeira integral e definindo $\sigma_p(\vec{r}\,') = \vec{P}(\vec{r}\,')\cdot\hat{n}'$ e $\rho_p(\vec{r}\,') = -\vec{\nabla}_{r'}\cdot\vec{P}(\vec{r}\,')$, obtemos:

$$\boxed{V(\vec{r}) = \frac{1}{4\pi\varepsilon_0}\oint \frac{\sigma_p(\vec{r}\,')ds'}{|\vec{r}-\vec{r}\,'|} + \frac{1}{4\pi\varepsilon_0}\int \frac{\rho_p(\vec{r}\,')dv'}{|\vec{r}-\vec{r}\,'|}.} \qquad \textbf{(4.16)}$$

Note que essa expressão para o potencial elétrico gerado por um material polarizado eletricamente tem a mesma forma matemática da equação (2.18), que descreve o potencial elétrico de cargas elétricas livres no vácuo. Com essa analogia, podemos interpretar a grandeza $\sigma_p(\vec{r}\,') = \vec{P}(\vec{r}\,')\cdot\hat{n}'$ como uma densidade superficial de cargas elétricas de polarização e a grandeza $\rho_p(\vec{r}\,') = -\vec{\nabla}_{r'}\cdot\vec{P}(\vec{r}\,')$ como uma densidade volumétrica de cargas elétricas de polarização. A carga elétrica de polarização do material é obtida integrando as densidades superficial e volumétrica de cargas de polarização sobre a superfície e volume, respectivamente.

$$Q_p = \oint \sigma_p(\vec{r}\,')ds' + \int \rho_p(\vec{r}\,')dv'. \qquad \textbf{(4.17)}$$

O campo elétrico gerado pelo material polarizado é obtido tomando o gradiente do potencial elétrico dado em (4.16). Portanto, o campo elétrico gerado pelo material em pontos externos é dado por:

$$\boxed{\vec{E}(\vec{r}) = \frac{1}{4\pi\varepsilon_0}\oint \frac{\sigma_p(\vec{r}\,')(\vec{r}-\vec{r}\,')ds'}{|\vec{r}-\vec{r}\,'|^3} + \frac{1}{4\pi\varepsilon_0}\int \frac{\rho_p(\vec{r}\,')(\vec{r}-\vec{r}\,')dv'}{|\vec{r}-\vec{r}\,'|^3}.} \qquad \textbf{(4.18)}$$

Na dedução das expressões para o potencial e campo elétrico, foi feita uma hipótese de pontos externos. Entretanto, elas também valem para pontos internos, uma vez que as dimensões dos dipolos elétricos são bem pequenas. No Exercício Resolvido 4.4, é feita uma discussão para mostrar que o campo elétrico dado na expressão (4.18) tem validade geral.

Usando a expansão do termo $|\vec{r}-\vec{r}'|$ feita na Seção 3.6.4, podemos escrever o potencial escalar elétrico gerado por cargas elétricas de polarização em termos dos harmônicos esféricos. Para pontos externos em que $r > r'$, o potencial elétrico na relação (4.16) pode ser escrito como:

$$V_{ext}(\vec{r}) = \frac{1}{\varepsilon_0}\sum_{l=0}^{\infty}\sum_{m=-l}^{m=l}\oint\frac{(r')^l}{r^{l+1}}\frac{1}{2l+1}Y_{lm}^*(\theta',\phi')Y_{lm}(\theta,\phi)\sigma_P(\vec{r}')ds' + \frac{1}{\varepsilon_0}\sum_{l=0}^{\infty}\sum_{m=-l}^{m=l}\int\frac{(r')^l}{r^{l+1}}\frac{1}{2l+1}Y_{lm}^*(\theta',\phi')Y_{lm}(\theta,\phi)\rho_P(\vec{r}')dv'. \quad \textbf{(4.19)}$$

Para pontos internos em que $r < r'$, o potencial elétrico dado em (4.16) é escrito em termos dos harmônicos esféricos como:

$$V_{int}(\vec{r}) = \frac{1}{\varepsilon_0}\sum_{l=0}^{\infty}\sum_{m=-l}^{m=l}\oint\frac{(r)^l}{(r')^{l+1}}\frac{1}{2l+1}Y_{lm}^*(\theta',\phi')Y_{lm}(\theta,\phi)\sigma_P(\vec{r}')ds' + \frac{1}{\varepsilon_0}\sum_{l=0}^{\infty}\sum_{m=-l}^{m=l}\int\frac{(r)^l}{(r')^{l+1}}\frac{1}{2l+1}Y_{lm}^*(\theta',\phi')Y_{lm}(\theta,\phi)\rho_P(\vec{r}')dv'. \quad \textbf{(4.20)}$$

EXEMPLO 4.1

Uma esfera ferroelétrica de raio a possui uma polarização elétrica $\vec{P} = P_0\hat{k}$. Utilizando a relação (4.16), calcule o potencial e o campo elétrico em pontos situados sobre o eixo z.

SOLUÇÃO

A Figura 4.5 mostra uma representação da esfera ferroelétrica com a origem do sistema de coordenadas colocada no seu centro.

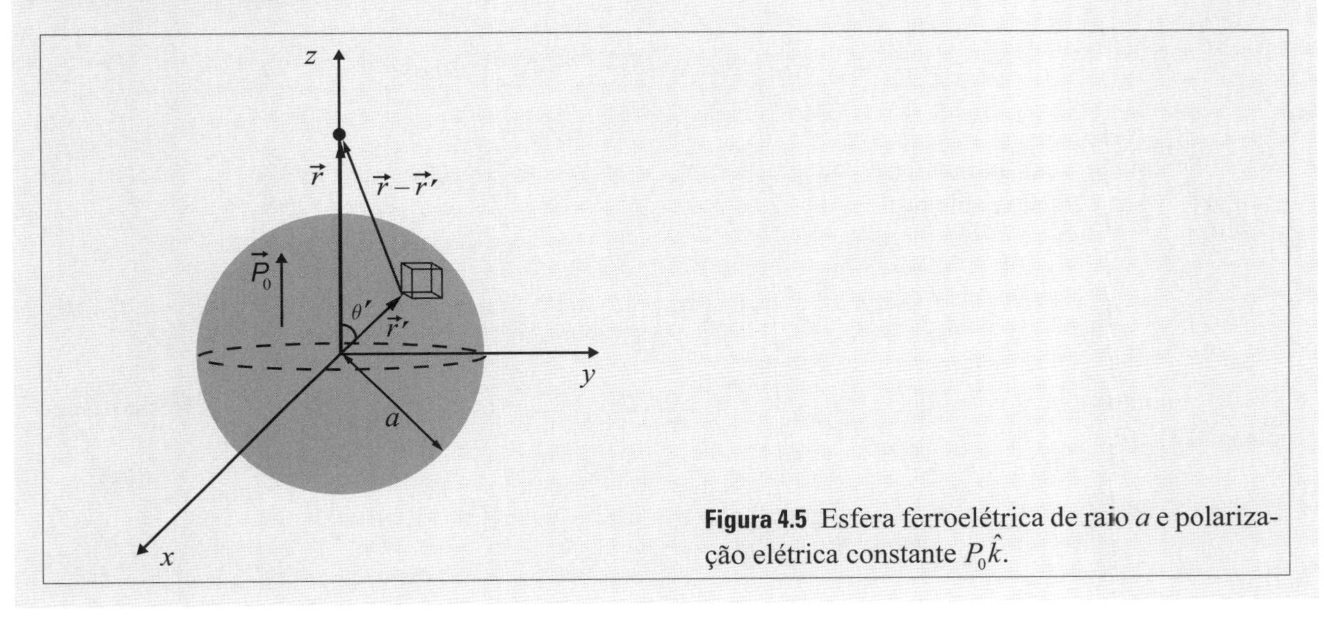

Figura 4.5 Esfera ferroelétrica de raio a e polarização elétrica constante $P_0\hat{k}$.

Como a polarização elétrica é constante, temos que $\rho_p(\vec{r}\,') = -\vec{\nabla}_{r'} \cdot \vec{P}(\vec{r}\,') = 0$. Por outro lado, temos que $\sigma_p(\vec{r}\,') = \vec{P}(\vec{r}\,') \cdot \hat{n} = P_0 \cos\theta'$, em que θ' é o ângulo entre o eixo z e um vetor normal à superfície esférica. Portanto, de acordo com a equação (4.16), o potencial elétrico gerado pela esfera ferroelétrica é dado por:

$$V(\vec{r}) = \frac{1}{4\pi\varepsilon_0} \oint \frac{\sigma_p(\vec{r}\,')ds'}{|\vec{r} - \vec{r}\,'|}.$$

Usando $\sigma_p(\vec{r}\,') = P_0 \cos\theta'$, $r' = a$ e $ds' = a^2 \text{sen}\theta' d\theta' d\phi'$, temos:

$$V(z) = \frac{1}{4\pi\varepsilon_0} \int_0^{\pi} \int_0^{2\pi} \frac{P_0 \cos\theta' a^2 \text{sen}\theta' d\theta' d\phi'}{(z^2 + a^2 - 2za\cos\theta')^{1/2}}.$$

Integrando na variável ϕ', obtemos:

$$V(z) = \frac{P_0}{2\varepsilon_0} \int_0^{\pi} \frac{a^2 \cos\theta' \text{sen}\theta' d\theta'}{\left(z^2 + a^2 - 2za\cos\theta'\right)^{1/2}}.$$

Para efetuar a integral na variável θ', vamos fazer a seguinte mudança de variável $u^2 = z^2 + a^2 - 2za \cos\,\theta'$. Assim, temos que $a\cos\theta' = (z^2 + a^2 - u^2)/2z$ e $za\,\text{sen}\theta' d\theta' = udu$. Com essas considerações, podemos reescrever a expressão anterior como:

$$V(z) = \frac{P_0}{4\varepsilon_0 z^2} \int_0^{\pi} \left(z^2 + a^2 - u^2\right) du.$$

Integrando na variável u, obtemos:

$$V(z) = \frac{P_0}{12\varepsilon_0 z^2} \left\{ u\left[3\left(z^2 + a^2\right) - u^2\right] \right\}_{\theta'=0}^{\theta'=\pi}.$$

Usando $u^2 = z^2 + a^2 - 2za\cos\theta'$ e $u = (z^2 + a^2 - 2za\cos\theta')^{1/2}$, podemos escrever:

$$V(z) = \frac{P_0}{6\varepsilon_0 z^2} \left[(z^2 + a^2 - 2za\cos\theta')^{1/2} \left[z^2 + a^2 + za\cos\theta' \right] \right]_{\theta'=0}^{\theta'=\pi}.$$

Substituindo os limites de integração, e usando as relações $|z + a| = \left(z^2 + a^2 + 2za\right)^{1/2}$ e $|z - a| = \left(z^2 + a^2 - 2za\right)^{1/2}$, obtemos:

$$V(z) = \frac{P_0}{6\varepsilon_0 z^2} \left\{ |z + a| \left[z^2 + a^2 - za \right] - |z + a| \left[z^2 + a^2 - za \right] \right\}. \qquad \textbf{(E4.1)}$$

Para pontos externos em que $z > a$, valem as relações $|z + a| = (z + a)$ e $|z - a| = (z - a)$. Neste caso, o potencial elétrico é:

$$V_{ext}(z) = \frac{P_0}{6\varepsilon_0 z^2} \left[(z + a)\left(z^2 + a^2 - za\right) - (z - a)\left(z^2 + a^2 + za\right) \right].$$

Efetuando a operação algébrica, temos:

$$V_{ext}(z) = \frac{P_0 a^3}{3\varepsilon_0 z^2}.$$

O campo elétrico, calculado por $\vec{E}_{ext}(z) = -\vec{\nabla} V_{ext}(z)$, é:

$$\vec{E}_{ext}(z) = \frac{2P_0 a^3}{3\varepsilon_0 z^3}\hat{k}.$$

Para pontos internos em que $z < a$, valem as relações $|z+a| = (z+a)$ e $|z-a| = (a-z)$. Substituindo estes valores na equação (E4.1), temos que:

$$V_{int}(z) = \frac{P_0}{6\varepsilon_0 z^2}\left[(z+a)\left(z^2+a^2-za\right)-(a-z)\left(z^2+a^2+za\right)\right].$$

Após uma operação algébrica, temos:

$$V_{int}(z) = \frac{P_0 z}{3\varepsilon_0}.$$

O campo elétrico, calculado por $\vec{E}_{int}(z) = -\vec{\nabla} V_{int}(z)$, é:

$$\vec{E}_{int}(z) = -\frac{P_0}{3\varepsilon_0}\hat{k}.$$

Note que o vetor campo elétrico interno tem módulo constante e sentido oposto ao vetor polarização elétrica. Esse campo elétrico, que tende a aniquilar a própria polarização elétrica do material, é chamado de campo elétrico despolarizante. O número 1/3 que aparece nessa expressão é o fator despolarizante da esfera. O cálculo do potencial elétrico e do campo elétrico em um ponto qualquer do espaço é um pouco mais complexo (veja o Exemplo 4.2 e o Exercício Complementar 20).

No Exemplo 4.6, utilizamos a equação de Laplace para encontrar o potencial elétrico em qualquer ponto do espaço. No Exemplo 6.3, discutimos um problema equivalente para uma esfera ferromagnética, em que calculamos o campo magnético gerado em um ponto qualquer.

EXEMPLO 4.2

Utilize as relações (4.19) e (4.20) para calcular o potencial elétrico gerado pela esfera ferroelétrica do exemplo anterior.

SOLUÇÃO

A resolução deste problema é bastante simplificada utilizando a expressão do potencial elétrico escrita em termos dos harmônicos esféricos. Como foi mostrado no exemplo anterior, a densidade volumétrica de cargas de polarização é nula e a densidade superficial é $\sigma_P(\theta') = P_0 \cos\theta'$. Usando o harmônico esférico

$Y_{10}(\theta,\phi)=\sqrt{3/4\pi}\cos\theta$ (veja a Tabela 3.2), podemos escrever a densidade superficial de cargas de polarização na forma: $\sigma_p(\theta')=P_0\sqrt{4\pi/3}Y_{10}(\theta',\phi')$. Substituindo este valor de σ_p em (4.19), temos que:

$$V_{ext}(r,\theta)=\sqrt{\frac{4\pi}{3}}\frac{P_0}{\varepsilon_0}\sum_{l=0}^{\infty}\sum_{m=-l}^{m=l}\int\frac{a^l}{r^{l+1}}\frac{1}{2l+1}Y_{lm}^*(\theta',\phi')Y_{lm}(\theta,\phi)Y_{10}(\theta',\phi')ds'.$$

Colocando os termos constantes para fora da integração e usando $ds'=a^2\text{sen}\theta' d\theta' d\phi'$, temos:

$$V_{ext}(r,\theta)=\sqrt{\frac{4\pi}{3}}\frac{P_0}{\varepsilon_0}\sum_{l=0}^{\infty}\sum_{m=-l}^{m=l}\frac{a^l}{r^{l+1}}\frac{1}{2l+1}Y_{lm}(\theta,\phi)\int Y_{lm}^*(\theta',\phi')Y_{10}(\theta',\phi')a^2\text{sen}\theta' d\theta' d\phi'.$$

Usando a condição de ortogonalidade dos harmônicos esféricos, $\int Y_{lm}(\theta',\phi')Y_{l'm'}^*(\theta',\phi')\text{sen}\theta d\theta d\phi=\delta_{ll'}\delta_{mm'}$, temos que somente os termos $l=1$ e $m=0$ permanecem na soma. Portanto,

$$V_{ext}(r,\theta)=\sqrt{\frac{4\pi}{3}}\frac{P_0a^3}{3\varepsilon_0 r^2}Y_{10}(\theta,\phi).$$

Usando a relação $Y_{10}(\theta,\phi)=\sqrt{3/4\pi}\cos\theta$, obtemos:

$$V_{ext}(r,\theta)=\frac{P_0a^3\cos\theta}{3\varepsilon_0 r^2}.$$

Analogamente, substituindo $\sigma_p(\theta')=P_0\sqrt{4\pi/3}Y_{10}(\theta',\phi')$ em (4.20), temos que o potencial elétrico para pontos internos é:

$$V_{int}(r,\theta)=\sqrt{\frac{4\pi}{3}}\frac{P_0}{\varepsilon_0}\sum_{l=0}^{\infty}\sum_{m=-l}^{m=l}\int\frac{r^l}{a^{l+1}}\frac{1}{2l+1}Y_{lm}^*(\theta',\phi')Y_{lm}(\theta,\phi)Y_{10}(\theta',\phi')ds'.$$

Colocando os termos constantes para fora da integração e usando $ds'=a^2\text{sen}\theta' d\theta' d\phi'$, temos:

$$V_{int}(r,\theta)=\sqrt{\frac{4\pi}{3}}\frac{P_0}{\varepsilon_0}\sum_{l=0}^{\infty}\sum_{m=-l}^{m=l}\frac{r^l}{a^{l+1}}\frac{1}{2l+1}Y_{lm}(\theta,\phi)\int Y_{lm}^*(\theta',\phi')Y_{10}(\theta',\phi')a^2\text{sen}\theta' d\theta' d\phi'$$

Usando a condição de ortogonalidade dos harmônicos esféricos, obtemos:

$$V_{int}(r,\theta)=\sqrt{\frac{4\pi}{3}}\frac{P_0 r}{3\varepsilon_0}Y_{10}(\theta,\phi).$$

Usando a relação $Y_{10}(\theta,\phi)=\sqrt{3/4\pi}\cos\theta$, temos:

$$V_{int}(r,\theta)=\frac{P_0 r\cos\theta}{3\varepsilon_0}.$$

Note que, para $\theta=0$, recuperamos o resultado discutido no Exemplo 4.1.

4.5 Lei de Gauss para Meios Materiais

No Capítulo 2, foi mostrado que o campo elétrico gerado por uma coleção de cargas elétricas livres no vácuo satisfaz à lei de Gauss $\oint \vec{E}(\vec{r}) \cdot d\vec{s} = Q / \varepsilon_0$. Em materiais nos quais existem tanto cargas elétricas livres quanto cargas de polarização, é necessário estender a lei de Gauss para englobar esses dois tipos de cargas elétricas. Assim, a lei de Gauss na forma integral deve ser escrita como:

$$\oint \vec{E}(\vec{r}) \cdot d\vec{s} = \frac{1}{\varepsilon_0}\left(Q + Q_p\right), \tag{4.21}$$

em que $Q = q_1 + q_2 + \ldots q_n$ representa as cargas elétricas livres e $Q_p = \oint \sigma_p(\vec{r}\,')ds' + \int \rho_p(\vec{r}\,')dv'$ representa as cargas elétricas de polarização.

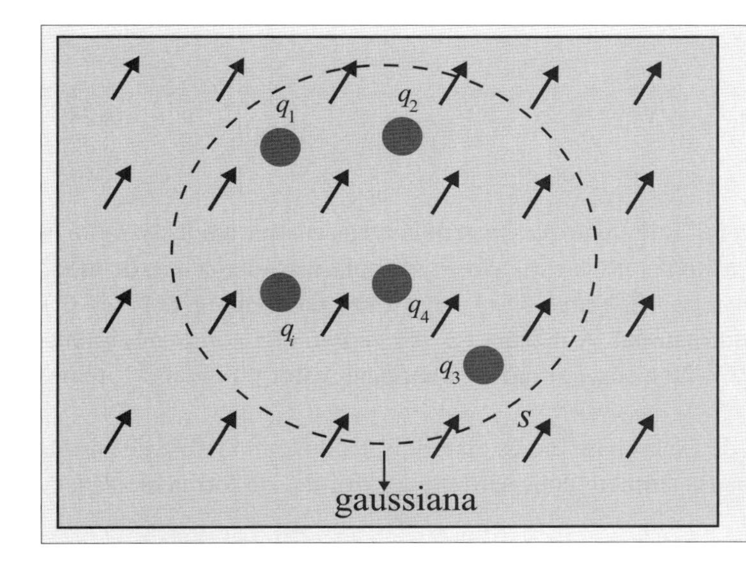

Figura 4.6 Material contendo cargas elétricas livres q_1, q_2 ... q_i (círculos cinzas) e cargas elétricas de polarização (setas). A circunferência de linha tracejada representa a superfície gaussiana.

Na equação anterior, a superfície gaussiana de integração contém tanto cargas elétricas livres quanto de polarização, conforme mostra a Figura 4.6.

A integral de superfície que está presente na equação (4.17) deve ser feita sobre todas as superfícies contidas dentro da superfície gaussiana. Assim, a integral de superfície $\oint \vec{P}(\vec{r}\,') \cdot \hat{n}ds'$ é escrita explicitamente como $\int_{s_1, s_2 \ldots s_n} \vec{P}(\vec{r}\,') \cdot \hat{n}ds'$, em que s_1, s_2 ... s_n representam as superfícies que contornam as cargas elétricas livres q_1, q_2, ... q_n. Note que esta integral não inclui a superfície gaussiana s, porque não existe contorno do material sobre ela.

Aplicando o teorema do divergente, podemos escrever a integral de volume $\int -\vec{\nabla}_{r'} \cdot \vec{P}(\vec{r}\,')dv'$ como um coleção de integrais de superfícies na forma $\int_{s_1, s_2 \ldots s_n, s} \vec{P}(\vec{r}\,') \cdot \hat{n}ds$. Note que esta integral inclui todas as superfícies existentes, inclusive a gaussiana. Com essas considerações, a carga elétrica de polarização, calculada por (4.17), é

$$Q_p = \int_{s_1, s_2 \ldots s_n} \vec{P}(\vec{r}\,') \cdot \hat{n}ds' - \int_{s_1, s_2 \ldots s_n, s} \vec{P}(\vec{r}\,') \cdot \hat{n}ds'. \tag{4.22}$$

As integrais sobre as superfície s_1, s_2 ... s_n se cancelam, de modo que a carga elétrica total de polarização é:

$$Q_p = -\int_s \vec{P}(\vec{r}\,') \cdot \hat{n}ds'. \tag{4.23}$$

Substituindo a relação (4.23) em (4.21), podemos escrever a lei de Gauss generalizada na forma:

$$\oint \overbrace{\left[\varepsilon_0 \vec{E}(\vec{r}) + \vec{P}(\vec{r}) \right]}^{\vec{D}(\vec{r})} \cdot d\vec{s} = Q. \quad \textbf{(4.24)}$$

Nesta equação, Q representa a carga elétrica livre dentro da superfície gaussiana. As cargas elétricas de polarização estão incluídas no lado esquerdo, pela integral de superfície do vetor $\vec{P}$.

Definindo o vetor deslocamento elétrico $\vec{D}(\vec{r}) = \varepsilon_0 \vec{E}(\vec{r}) + \vec{P}(\vec{r})$, podemos reescrever a lei de Gauss para um material com polarização elétrica $\vec{P}(\vec{r})$ na forma integral como:

$$\oint \vec{D}(\vec{r}) \cdot d\vec{s} = Q. \quad \textbf{(4.25)}$$

Aplicando o teorema do divergente, obtemos que a lei de Gauss, válida para meios materiais, é escrita na forma diferencial como:

$$\vec{\nabla} \cdot \vec{D}(\vec{r}) = \rho(\vec{r}) \quad \textbf{(4.26)}$$

em que ρ é a densidade de cargas elétricas livres.

A relação $\vec{D}(\vec{r}) = \varepsilon_0 \vec{E}(\vec{r}) + \vec{P}(\vec{r})$ tem validade geral. Entretanto, existem dois casos em que a relação entre os campos $\vec{D}$, $\vec{E}$ e $\vec{P}$ é simplificada. Para cargas elétricas livres no vácuo, não existe polarização elétrica, de modo que o deslocamento elétrico é $\vec{D}(\vec{r}) = \varepsilon_0 \vec{E}(\vec{r})$. Para materiais linerares, $\vec{P}(\vec{r}) = \varepsilon_0 \chi_e \vec{E}(\vec{r})$, temos que $\vec{D}(\vec{r}) = \varepsilon \vec{E}(\vec{r})$, em que $\varepsilon = \varepsilon_0(1 + \chi_e)$ é a permissividade elétrica do material. A razão $\varepsilon / \varepsilon_0 = k_d$ é definida como a constante dielétrica do meio. Assim, temos que $k_d = (1 + \chi_e)$. Como a suscetibilidade elétrica é maior ou igual a 1, temos que $k_d \geq 1$, de modo que $\varepsilon \geq \varepsilon_0$.

Nesta seção, foi feita uma generalização da lei de Gauss para meios materiais, tendo como ponto de partida a sua forma integral. Essa generalização da lei de Gauss também pode ser feita a partir de sua forma diferencial (veja o Exercício Complementar 8).

EXEMPLO 4.3

Uma carga pontual está imersa em meio material não condutor de permissividade elétrica ε. Calcule a polarização, o campo e o deslocamento elétrico no interior do material.

SOLUÇÃO

O campo elétrico gerado pela carga pontual orienta os dipolos elétricos do material, dando origem a uma polarização elétrica. A Figura 4.7 mostra uma representação desta situação física.

Para calcular o deslocamento elétrico, vamos aplicar a lei de Gauss, $\oint \vec{D}(\vec{r}\,') \cdot d\vec{s} = Q$, sobre a superfície gaussiana esférica, mostrada pela linha tracejada na Figura 4.7. Assim, temos que:

$$\vec{D} = (r) = \frac{q\vec{r}}{4\pi r^3}. \quad \textbf{(E4.2)}$$

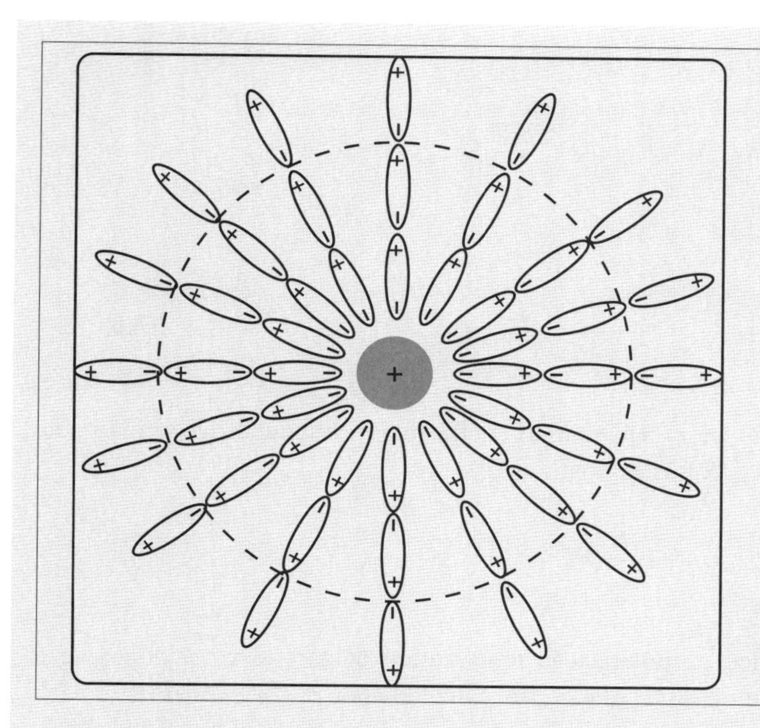

Figura 4.7 Carga elétrica livre e dipolos elétricos orientados. A circunferência de linha tracejada representa uma superfície gaussiana.

Como o meio é linear, vale a relação $\vec{D} = \varepsilon\vec{E}$, de modo que o campo elétrico no interior do material é:

$$\vec{E}_m(r) = \frac{q\vec{r}}{4\pi\varepsilon r^3}. \tag{E4.3}$$

Note que o campo elétrico gerado pela carga livre no meio não condutor tem a mesma forma do campo elétrico gerado por uma carga livre colocada no vácuo ($\vec{E}_{vácuo} = q\vec{r} / 4\pi\varepsilon_0 r^3$), e a permissividade elétrica do vácuo é substituída pela permissividade elétrica do meio material. Usando a relação entre as permissividades elétricas $\varepsilon = k_d\varepsilon_0$, podemos escrever o campo elétrico $\vec{E}_m$ como

$$\vec{E}_m(r) = \frac{1}{k_d}\left(\frac{q\vec{r}}{4\pi\varepsilon_0 r^3}\right) = \frac{1}{k_d}\vec{E}_{vácuo}(r). \tag{E4.4}$$

O termo entre parênteses é o campo elétrico gerado pela carga elétrica colocada no vácuo. Como a constante dielétrica k_d é maior que 1, temos que o campo elétrico gerado pela carga pontual colocada no material é menor que o campo elétrico correspondente gerado no vácuo.

Alternativamente, podemos interpretar que o campo elétrico no meio não condutor está sendo gerado por uma carga elétrica reduzida dada por $q' = q / k_d$. Esse fato mostra que o meio material está blindando a carga elétrica livre, reduzindo o seu efeito sobre o meio. O vetor polarização elétrica pode ser calculado pela relação $\vec{P} = \vec{D} - \varepsilon_0\vec{E}$. Utilizando as relações (E4.2) e (E4.4), temos:

$$\vec{P}(r) = \frac{(kd-1)q\vec{r}}{k_d 4\pi r^3} = \frac{(kd-1)}{k_d}\left[\frac{q\vec{r}}{4\pi r^3}\right]. \tag{E4.5}$$

Note que, no caso do vácuo em que $k_d = 1$, o vetor polarização elétrica é nulo. O campo elétrico, dado em (E4.4), poder ser escrito como $\vec{E}_m = \vec{E}_{vácuo} + \vec{E}_{pol}$, em que $\vec{E}_{pol}$ representa o campo elétrico gerado pelas cargas de polarização. Dessa relação, temos que o campo elétrico gerado pelas cargas elétricas de polarização é:

$$\vec{E}_{pol}(r) = \overbrace{\frac{1}{k_d}\left(\frac{q\vec{r}}{4\pi\varepsilon_0 r^3}\right)}^{\vec{E}_m} - \overbrace{\left(\frac{q\vec{r}}{4\pi\varepsilon_0 r^3}\right)}^{\vec{E}_{vácuo}}.$$

Efetuando a operação algébrica, temos:

$$\vec{E}_{pol}(r) = \left(\frac{1-kd}{k_d}\right)\left(\frac{q\vec{r}}{4\pi\varepsilon_0 r^3}\right) = -\left(\frac{kd-1}{kd}\right)\vec{E}_{vácuo}(r). \qquad \textbf{(E4.6)}$$

Note que o campo elétrico de polarização ($\vec{E}_{pol}$) tem sentido contrário ao campo elétrico gerado pela carga pontual. Comparando as relações (E4.5) e (E4.6), temos:

$$\vec{E}_{pol}(r) = -\frac{\vec{P}}{\varepsilon_0}(r).$$

Esta relação mostra que o campo elétrico de polarização tem sentido oposto ao vetor polarização elétrica. A densidade volumétrica de cargas elétricas de polarização, calculada por $\rho_p(r) = -\vec{\nabla}\cdot\vec{P}(r)$, é:

$$\rho_p(r) = -\frac{(k_d-1)q}{4\pi k_d}\vec{\nabla}\cdot\left(\frac{\vec{r}}{r^3}\right) = -\frac{(k_d-1)q}{k_d}\delta(\vec{r}).$$

Usando a propriedade da função delta de Dirac, temos que $\rho_p(r) = 0$ para $r \neq 0$ e $\rho_p(r) \neq 0$ para $r = 0$. Como em $r = 0$ não existe meio material (local da carga elétrica livre), temos que a densidade volumétrica de cargas de polarização é nula.

Por outro lado, a densidade superficial de cargas de polarização é dada por $\vec{P}\cdot\hat{n}$, em que $\hat{n}$ é o vetor normal à cavidade esférica que circunda a carga elétrica livre. Portanto, neste caso em que o vetor polarização elétrica é antiparalelo ao vetor normal, temos que:

$$\sigma_p = \vec{P}(r)\cdot\hat{n} = -\frac{(k_d-1)q}{4\pi k_d a^2}.$$

A carga elétrica de polarização é obtida integrando essa densidade superficial sobre a superfíce da cavidade esférica:

$$Q_p = -\int \frac{(k_d-1)q}{4\pi k_d a^2}ds.$$

Integrando, obtemos $Q_p = -(k_d-1)q/k_d$. A carga elétrica total presente no material é a soma da carga livre e das cargas de polarização $Q_{total} = q + Q_p$. Assim, temos $Q_{total} = q - (k_d-1)q/k_d = q/k_d$. Note que este valor da carga elétrica total, que é menor que a carga elétrica livre, já havia sido previsto anteriormente.

EXEMPLO 4.4

Uma chapa de material de constante dielétrica k_d é colocada entre as placas de um capacitor. Considerando que o capacitor contém uma densidade de cargas elétricas constante, calcule o potencial, o campo, o deslocamento elétrico, a polarização e a capacitância.

SOLUÇÃO

O campo elétrico produzido pelas placas do capacitor irá polarizar eletricamente o material que está inserido em seu interior. A Figura 4.8 mostra uma representação desta situação física.

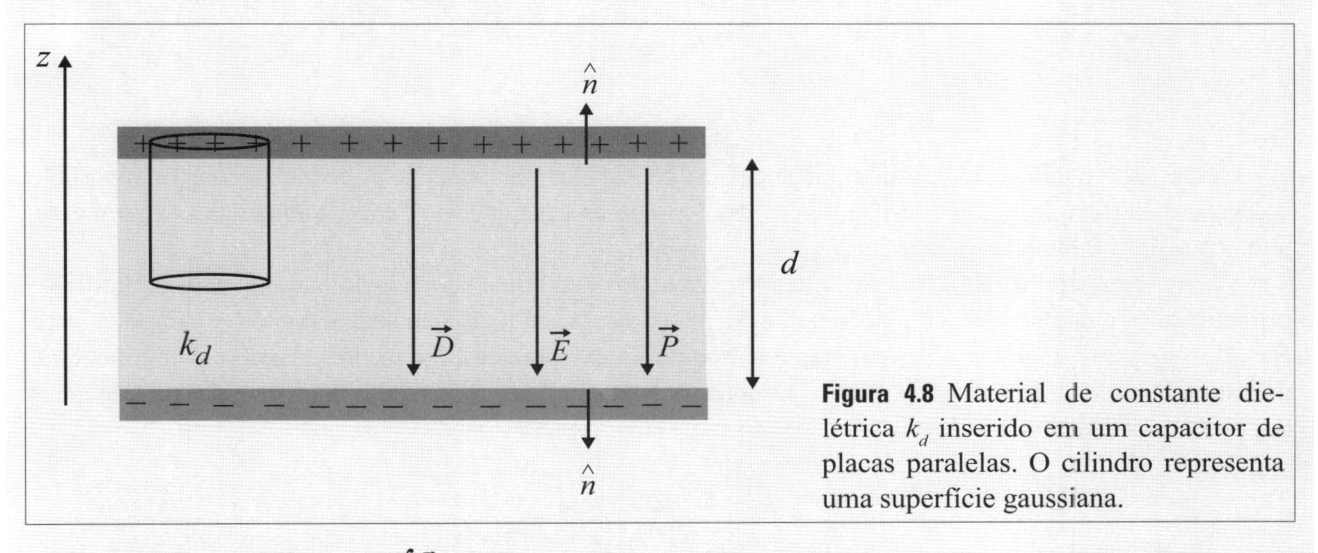

Figura 4.8 Material de constante dielétrica k_d inserido em um capacitor de placas paralelas. O cilindro representa uma superfície gaussiana.

Aplicando a lei de Gauss, $\oint \vec{D}(\vec{r}) \cdot d\vec{s} = Q$, para uma superfície gaussiana cilíndrica envolvendo a placa metálica e a chapa dielétrica (veja a Figura 4.8), temos que $D = \sigma$, em que $\sigma = Q / s$ representa a densidade de cargas elétricas livres sobre as placas do capacitor.

Pela Figura 4.8, o vetor deslocamento elétrico tem o sentido oposto ao eixo z. Portanto, podemos escrever matematicamente que

$$\vec{D} = -\sigma \hat{k}. \tag{E4.7}$$

Como o meio é linear, vale a relação $\vec{D} = \varepsilon \vec{E}$. Logo, o campo elétrico no interior do material é dado por:

$$\vec{E} = -\frac{\sigma}{\varepsilon} \hat{k}. \tag{E4.8}$$

A polarização elétrica pode ser calculada por $\vec{P} = \vec{D} - \varepsilon_0 \vec{E}$. Usando (E4.7) e (E4.8), obtemos:

$$\vec{P} = \left(-1 + \frac{\varepsilon_0}{\varepsilon} \right) \sigma \hat{k} = -\left(\frac{k_d - 1}{k_d} \right) \sigma \hat{k}, \tag{E4.9}$$

na qual foi usada a relação $\varepsilon = k_d \varepsilon_0$.

A densidade volumétrica de cargas de polarização, calculada por $\rho_P = -\vec{\nabla} \cdot \vec{P}$, é nula, uma vez que a polarização elétrica no interior do material é constante.

Próximo à placa positiva, o vetor polarização elétrica é antiparalelo ao vetor normal à superfície, de modo que o produto escalar $\vec{P}\cdot\hat{n}$ é negativo. Portanto, usando a relação (E4.9), temos que a densidade superficial de cargas de polarização induzida na superfície do material que está próxima da placa positiva do capacitor é dada por:

$$\sigma_p^+ = -\left(\frac{k_d - 1}{k_d}\right)\sigma.$$

Na superfície do material que está próxima da placa negativa do capacitor, o vetor polarização elétrica tem o mesmo sentido do vetor normal, de modo que a carga de polarização induzida é:

$$\sigma_p^- = \left(\frac{k_d - 1}{k_d}\right)\sigma.$$

A carga de polarização é obtida integrando as densidades de cargas de polarização sobre a superfície da chapa dielétrica, isto é, $Q_p = \int \sigma_p^- ds_- + \int \sigma_p^+ ds_+$. Usando as densidades σ_p^+ e σ_p^-, calculadas anteriormente, temos que $Q_p = 0$, uma vez que $ds_- = ds_+$.

Vamos comparar o campo elétrico quando o capacitor está sem e com o meio material não condutor. No primeiro caso, o campo elétrico é dado por $\vec{E}_{vácuo} = -(\sigma/\varepsilon_0)\hat{k}$, enquanto no segundo caso, o campo elétrico é $\vec{E}_{meio} = -(\sigma/\varepsilon)\hat{k}$. Como $\varepsilon \geq \varepsilon_0$, temos que o módulo do campo elétrico é menor quando existe o material dielétrico. Na realidade, o campo elétrico no interior do capacitor é a soma das contribuições provenientes das cargas elétricas livres e de polarização, isto é,

$$\vec{E}_{meio} = \vec{E}_{vácuo} + \vec{E}_{pol},$$

em que $\vec{E}_{pol}$ representa o campo elétrico induzido no material não condutor. Usando $\vec{E}_{vácuo} = -(\sigma/\varepsilon_0)\hat{k}$ e $\vec{E}_{meio} = -(\sigma/\varepsilon)\hat{k}$, temos:

$$\vec{E}_{pol} = \left(-\frac{1}{\varepsilon} + \frac{1}{\varepsilon_0}\right)\sigma\hat{k} = \left(\frac{k_d - 1}{k_d}\right)\frac{\sigma}{\varepsilon_0}\hat{k}, \qquad \textbf{(E4.10)}$$

Comparando as relações (E4.9) e (E4.10), temos que o campo elétrico gerado pelas cargas elétricas de polarização é

$$\vec{E}_{pol} = -\frac{\vec{P}}{\varepsilon_0}.$$

Esta equação mostra que o campo elétrico induzido no meio não condutor tem sentido oposto ao vetor polarização elétrica.

O potencial elétrico pode ser calculado por $V(z) = -\int \vec{E}(z)\cdot d\vec{l}$, em que $\vec{E}(z) = -(\sigma/\varepsilon)\hat{k}$ e $d\vec{l} = \hat{k}dz$. Efetuando este cálculo, temos:

$$V(z) = \frac{\sigma}{\varepsilon}z.$$

O potencial elétrico na placa negativa localizada em $z = 0$ é nulo, enquanto na placa positiva localizada em $z = d$ é $V(d) = \sigma d / \varepsilon$. A diferença de potencial elétrico entre as placas do capacitor é $\Delta V = (\sigma / \varepsilon)d$. Usando a relação $\sigma = Q / s$ em que s é a área das placas do capacitor, podemos escrever essa diferença de potencial como $\Delta V = (Qd / \varepsilon s)$. Reescrevendo essa relação na forma $Q = (\varepsilon s / d)\Delta V$, temos que a capacitância é $C = \varepsilon s / d = k_d \varepsilon_0 s / d$. Note que a introdução de um meio material não condutor em um capacitor de placas paralelas diminui tanto o campo quanto o potencial elétrico. Essa redução do potencial elétrico entre as placas do capacitor produz um aumento na sua capacitância.

4.6 Energia Elétrica em Meios Não Condutores

Na Seção 2.6, mostramos que a energia elétrica necessária para formar uma distribuição de cargas elétricas livres no vácuo é $U = \int \rho(\vec{r}\,')V(\vec{r}\,')dv' / 2$ [veja a relação (2.32)]. Esta expressão também descreve a energia eletrostática associada a uma distribuição de cargas elétricas em um materal dielétrico.

Para escrever a energia elétrica em um material em termos do campo elétrico, devemos substituir $\rho = \vec{\nabla} \cdot \vec{D}$ (lei de Gauss) na equação (2.32) e seguir os mesmos procedimentos utilizados na Seção 2.6. Assim, obtemos:

$$U = \frac{1}{2}\int \left(\vec{D} \cdot \vec{E}\right) dv. \tag{4.27}$$

Usando a relação $\vec{D} = \varepsilon_0 \vec{E} + \vec{P}$, podemos escrever que:

$$U = \frac{1}{2}\int \varepsilon_0 E^2 dv + \frac{1}{2}\int \left(\vec{P} \cdot \vec{E}\right) dv. \tag{4.28}$$

Note que o campo elétrico que aparece no primeiro termo é gerado pelas cargas elétricas livres. A contribuição das cargas elétricas de polarização está contida no segundo termo.

4.7 Condições de Contorno para os Campos $\vec{D}$ e $\vec{E}$

Nesta seção, apresentaremos as condições de contorno para o campo elétrico e para o deslocamento elétrico na interface de separação entre dois meios materiais não condutores. Primeiramente, vamos discutir o comportamento do vetor deslocamento elétrico sobre a interface que separa os dois meios materiais. Para isso, vamos tomar uma superfície gaussiana cilíndrica que passa pela interface de separação entre os dois meios, conforme mostra o lado esquerdo da Figura 4.9. A lei de Gauss generalizada, $\oint \vec{D} \cdot d\vec{s} = Q$, aplicada à superfície gaussiana fechada mostrada na Figura 4.9 pode ser decomposta em três integrais abertas, isto é,

$$\int \vec{D} \cdot d\vec{s}_1 + \int \vec{D} \cdot d\vec{s}_2 + \int \vec{D} \cdot d\vec{s}_{lat} = Q, \tag{4.29}$$

em que $d\vec{s}_1$, $d\vec{s}_2$ e $d\vec{s}_{lat}$ representam as superfícies superior, inferior e lateral do cilindro gaussiano, respectivamente. Para estudar o que acontece sobre a interface que separa os dois meios, devemos tomar o limite no qual a altura da superfície gaussiana cilíndrica tende a zero. Nesse limite, temos:

$$\int \vec{D}_1 \cdot d\vec{s}_1 + \int \vec{D}_2 \cdot d\vec{s}_2 = Q, \tag{4.30}$$

em que $\vec{D}_1$ é o vetor deslocamento elétrico no meio 1 e $\vec{D}_2$ é o deslocamento elétrico no meio 2.

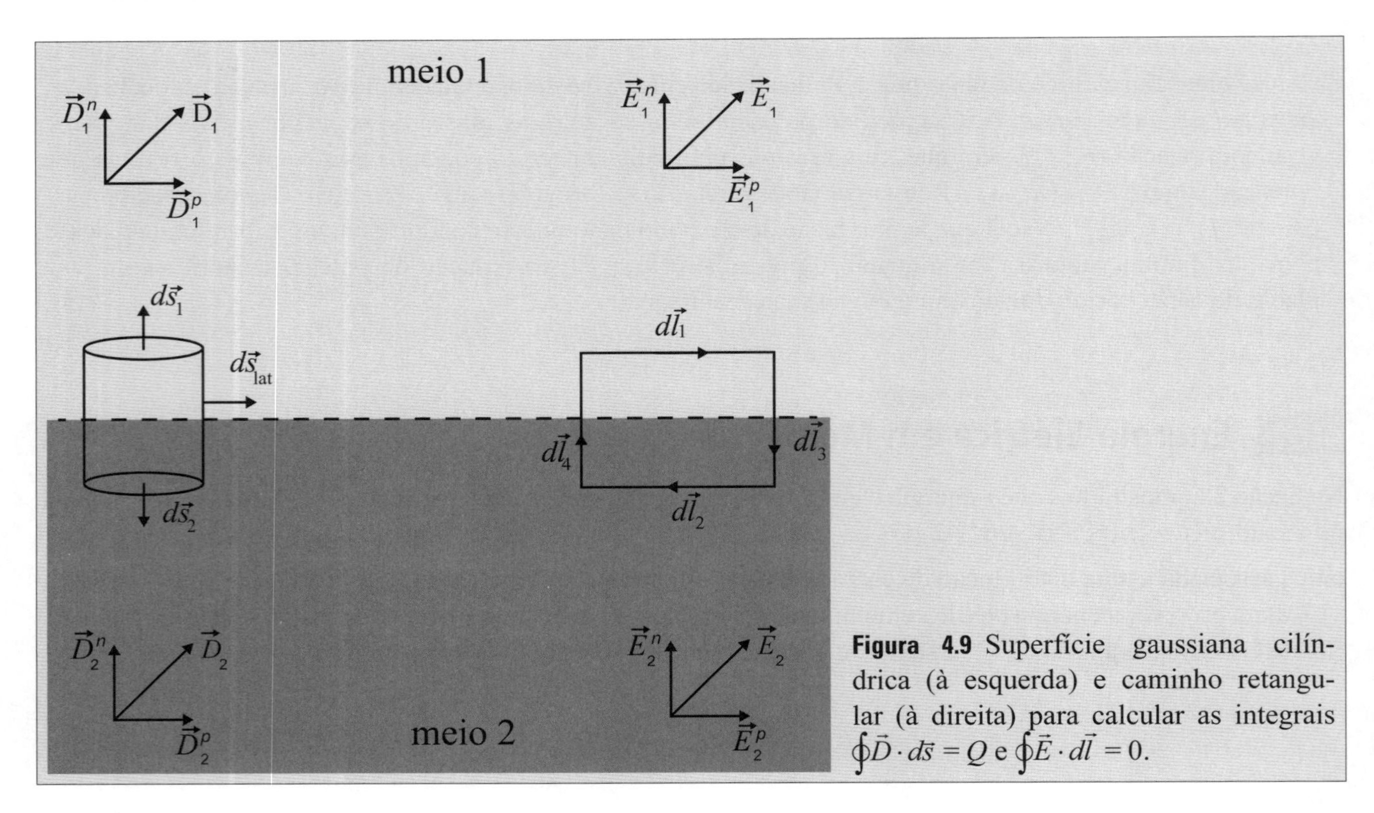

Figura 4.9 Superfície gaussiana cilíndrica (à esquerda) e caminho retangular (à direita) para calcular as integrais $\oint \vec{D} \cdot d\vec{s} = Q$ e $\oint \vec{E} \cdot d\vec{l} = 0$.

O vetor deslocamento elétrico pode ser decomposto em uma componente normal e uma paralela à superfície de separação dos meios. Assim, podemos escrever que:

$$\int \left(\vec{D}_1^n + \vec{D}_1^p \right) \cdot d\vec{s}_1 + \int \left(\vec{D}_2^n + \vec{D}_2^p \right) \cdot d\vec{s}_2 = Q. \qquad \textbf{(4.31)}$$

Como as componentes paralelas ($\vec{D}_1^p$ e $\vec{D}_2^p$) são perpendiculares aos vetores superfícies $d\vec{s}_1$ e $d\vec{s}_2$, os produtos escalares $\vec{D}_1^p \cdot d\vec{s}_1$ e $\vec{D}_2^p \cdot d\vec{s}_2$ são nulos. Por outro lado, a componente normal do deslocamento elétrico $\vec{D}_1^n$ tem o mesmo sentido do vetor superfície $d\vec{s}_1$, enquanto a componente normal $\vec{D}_2^n$ tem sentido oposto ao vetor $d\vec{s}_2$. Portanto, os produtos escalares são $\vec{D}_1^n \cdot d\vec{s}_1 = D_1^n ds_1$ e $\vec{D}_2^n \cdot d\vec{s}_2 = -D_2^n ds_2$. Assim, temos que $\int D_1^n ds_1 - \int D_2^n ds_2 = Q$. Considerando que $ds_1 = ds_2 = ds$ e $Q = \int \sigma ds$, temos a seguinte condição de contorno para a componente normal do vetor deslocamento elétrico.

$$D_1^n - D_2^n = \sigma. \qquad \textbf{(4.32)}$$

Essa relação mostra que a componente normal do deslocamento elétrico apresenta uma descontinuidade ao atravessar a interface que separa dois meios não condutores. Essa descontinuidade é igual à densidade de cargas elétricas livres que está sobre a interface. No caso particular em que não existem cargas livres, a condição de contorno para o deslocamento elétrico se reduz a $D_1^n = D_2^n$.

Agora, vamos discutir o comportamento do campo elétrico sobre a interface de separação entre os dois meios. Para essa finalidade, vamos calcular a integral $\oint \vec{E} \cdot d\vec{l}$ sobre o percurso retangular fechado, mostrado no lado direito da Figura 4.9. A circulação do campo elétrico sobre esse percurso pode ser escrita como a soma de quatro integrais abertas, isto é,

$$\int \vec{E} \cdot d\vec{l}_1 + \int \vec{E} \cdot d\vec{l}_2 + \int \vec{E} \cdot d\vec{l}_3 + \int \vec{E} \cdot d\vec{l}_4 = 0. \qquad \textbf{(4.33)}$$

Para estudar o comportamento do campo elétrico sobre a superfície de separação entre os dois meios, devemos fazer com que os caminhos dl_3 e dl_4 se anulem. Nesse caso, a equação anterior se reduz a:

$$\int\left(\vec{E}_1^n + \vec{E}_1^p\right)\cdot d\vec{l}_1 + \int\left(\vec{E}_2^n + \vec{E}_2^p\right)\cdot d\vec{l}_2 = 0, \tag{4.34}$$

em que $\vec{E}_1^n$ e $\vec{E}_1^p$ ($\vec{E}_2^n$ e $\vec{E}_2^p$) representam as componentes normais e paralelas à superfície de separação entre os meios. Os produtos escalares $\vec{E}_1^n \cdot d\vec{l}_1$ e $\vec{E}_2^n \cdot d\vec{l}_2$ são nulos porque as componentes $\vec{E}_1^n$ e $\vec{E}_2^n$ são perpendiculares aos vetores $d\vec{l}_1$ e $d\vec{l}_2$, respectivamente. Por outro lado, temos que $\vec{E}_1^p \cdot d\vec{l}_1 = E_1^p dl_1$ e $\vec{E}_2^p \cdot d\vec{l}_2 = -E_2^p dl_2$, uma vez que a componente $\vec{E}_1^p$ tem o mesmo sentido do vetor $d\vec{l}_1$, enquanto a componente $\vec{E}_2^p$ tem sentido oposto ao vetor $d\vec{l}_2$. Com essas considerações e tomando $dl_1 = dl_2$, temos a seguinte condição de contorno para a componente paralela do vetor campo elétrico

$$E_1^p = E_2^p \tag{4.35}$$

4.8 Problemas de Valores de Contorno

O potencial elétrico gerado por cargas de polarização satisfaz à equação de Poisson/Laplace em dois casos. Para materiais lineares em que $\vec{D} = \varepsilon\vec{E}$, temos que $\vec{\nabla}\cdot\vec{D} = \varepsilon\nabla\cdot\vec{E}$. Como $\vec{\nabla}\cdot\vec{D} = \rho$ e $\vec{E} = -\vec{\nabla}V$, obtemos a equação de Poisson para o potencial elétrico

$$\nabla^2 V = -\frac{\rho}{\varepsilon}. \tag{4.36}$$

O segundo caso no qual o potencial elétrico satisfaz à equação de Poisson envolve materiais com polarização elétrica constante. Neste caso, em que $\vec{D} = \varepsilon_0\vec{E} + \vec{P}$, podemos escrever que $\vec{\nabla}\cdot\vec{D} = \varepsilon_0\vec{\nabla}\cdot\vec{E} + \vec{\nabla}\cdot\vec{P}$. Como a polarização elétrica é constante, temos que $\vec{\nabla}\cdot\vec{P} = 0$, de modo que $\vec{\nabla}\cdot\vec{D} = \varepsilon_0\vec{\nabla}\cdot\vec{E}$. Usando $\vec{\nabla}\cdot\vec{D} = \rho$ e $\vec{E} = -\vec{\nabla}V$, obtemos a equação de Poisson $\nabla^2 V = -\rho/\varepsilon_0$. Nos exemplos seguintes, resolveremos dois problemas envolvendo materiais polarizados, utilizando a solução da equação de Laplace.

EXEMPLO 4.5

Uma esfera de material não condutor de raio a e permissividade elétrica ε é colocada em uma região em que existe um campo elétrico constante. Calcule o potencial e o campo elétrico em pontos internos e externos à esfera.

SOLUÇÃO

Este problema é semelhante àquele da esfera condutora colocada em campo elétrico constante, discutido no Exemplo 3.6 do capítulo anterior. Vamos considerar que o campo elétrico está aplicado ao longo do eixo z, $\vec{E}_{ext}(\vec{r}) = E_0\hat{k}$. Neste caso, o potencial elétrico externo é $V_{ext}(r,\theta) = -E_0 z$. Usando $z = r\cos\theta$, temos que $V_{ext}(r,\theta) = -E_0 r\cos\theta$. Este é o potencial elétrico que existe na ausência da esfera ou em pontos muito afastados dela. Portanto, este problema tem simetria azimutal, de modo que o potencial elétrico não depende da coordenada esférica ϕ. Neste caso, a solução geral é dada por (3.94).

Como o potencial elétrico interno deve ser finito na origem, é necessário anular os coeficientes do termo $r^{-(l+1)}$, uma vez que ele diverge na origem. Assim, de acordo com (3.94), os potenciais elétricos para pontos internos e externos são dados, respectivamente, por:

$$V_{int}(r,\theta) = \sum_{l=0} A_l r^l P_l(\cos\theta)$$

$$V_{ext}(r,\theta) = \sum_{l=0} \left[C_l r^l + D_l r^{-(l+1)} \right] P_l(\cos\theta)$$

Quando $r \to \infty$, o potencial elétrico externo deve satisfazer à condição inicial $V_{ext}(\infty,\theta) = -E_0 r\cos\theta$. Assim, devemos fazer $C_1 = -E_0$ e anular os demais coeficientes C_l.

Por outro lado, para satisfazer à condição de continuidade do potencial elétrico sobre a superfície da esfera, os coeficientes A_l devem satisfazer a uma condição semelhante a dos coeficientes C_l, isto é, $A_1 \neq 0$ e $A_l = 0$ para $l \neq 1$.

Como o potencial elétrico interno não possui termos do tipo $r^{-(l+1)}$ e o potencial elétrico externo contém somente o termo r^1, podemos concluir que o potencial elétrico interno e externo dependem somente do termo envolvendo $\cos\theta$, que é o polinômio de Legendre de ordem 1. Dessa forma, o potencial elétrico interno e externo se reduzem a:

$$V_{int}(r,\theta) = A_1 r\cos\theta \quad \textbf{(E4.11)}$$

$$V_{ext}(r,\theta) = -E_0 r\cos\theta + D_1 r^{-2}\cos\theta. \quad \textbf{(E4.12)}$$

A condição de contorno $V_{int}(a,\theta) = V_{ext}(a,\theta)$ produz a seguinte equação algébrica:

$$A_1 a = -E_0 a + D_1 a^{-2}. \quad \textbf{(E4.13)}$$

Dessa equação, temos que $A_1 = -E_0 + D_1 a^{-3}$. Para determinar os coeficientes A_1 e D_1, é necessário outra equação algébrica.

As componentes normais do deslocamento elétrico, calculadas tomando o gradiente do potencial elétrico em relação à coordenada radial, são $D^n_{int} = -\varepsilon[\partial V_{int}(r,\theta)/\partial r]$ e $D^n_{ext} = -\varepsilon_0[\partial V_{ext}(r,\theta)/\partial r]$. Aplicando a condição de contorno $D^n_{int}(a,\theta) = D^n_{ext}(a,\theta)$, obtemos a seguinte equação algébrica: $\varepsilon\left(A_1\cos\theta\right) = \varepsilon_0\left(-E_0\cos\theta - 2D_1 a^{-3}\cos\theta\right)$. Desta equação, temos que

$$A_1 = -\frac{\varepsilon_0}{\varepsilon}\left(E_0 + \frac{2}{a^3}D_1\right). \quad \textbf{(E4.14)}$$

Das relações (E4.13) e (E4.14), temos que $D_1 = [\varepsilon - \varepsilon_0/(2\varepsilon_0 + \varepsilon)]E_0 a^3$ e $A_1 = [-3\varepsilon_0/(2\varepsilon_0 + \varepsilon)]E_0$. Substituindo os valores dos coeficientes A_1 e D_1 em (E4.11) e (E4.12), temos que:

$$V_{int}(r,\theta) = -\left(\frac{3\varepsilon_0}{\varepsilon + 2\varepsilon_0}\right)E_0 r\cos\theta \quad \textbf{(E4.15)}$$

$$V_{ext}(r,\theta) = -E_0 r\cos\theta + \left(\frac{\varepsilon - \varepsilon_0}{\varepsilon + 2\varepsilon_0}\right)\frac{a^3}{r^2}E_0\cos\theta. \quad \textbf{(E4.16)}$$

Note que, se $\varepsilon = \varepsilon_0$, os potenciais elétrico interno e externo são iguais e correspondem ao potencial inicial associado ao campo elétrico constante.

No limite $\varepsilon \to \infty$, temos que o potencial interno se anula e o potencial externo se reduz àquele calculado no Exemplo 3.6 para uma esfera condutora em presença de um campo elétrico.

Note que o potencial elétrico externo tem uma contribuição associada ao campo elétrico aplicado e uma contribuição proveniente de dipolo elétrico que foi induzido na esfera.

O campo elétrico, calculado por $\vec{E}(r,\theta) = -[\partial V(r,\theta)/\partial r]\hat{r} - (1/r)[\partial V(r,\theta)/\partial\theta]\hat{\theta}$, é:

$$\vec{E}_{int}(r,\theta) = \left(\frac{3\varepsilon_0}{\varepsilon + 2\varepsilon_0}\right) E_0 \underbrace{\left[\hat{r}\cos\theta - \hat{\theta}\operatorname{sen}\theta\right]}_{\hat{k}} = \left(\frac{3\varepsilon_0}{\varepsilon + 2\varepsilon_0}\right) E_0 \hat{k}$$

$$\vec{E}_{ext}(r,\theta) = \hat{r}\left[1 + 2\left(\frac{\varepsilon - \varepsilon_0}{\varepsilon + 2\varepsilon_0}\right)\frac{a^3}{r^3}\right] E_0 \cos\theta + \hat{\theta}\left[-1 + \left(\frac{\varepsilon - \varepsilon_0}{\varepsilon + 2\varepsilon_0}\right)\frac{a^3}{r^3}\right] E_0 \operatorname{sen}\theta.$$

A Figura 4.10 mostra as linhas do campo elétrico em pontos internos e externos.

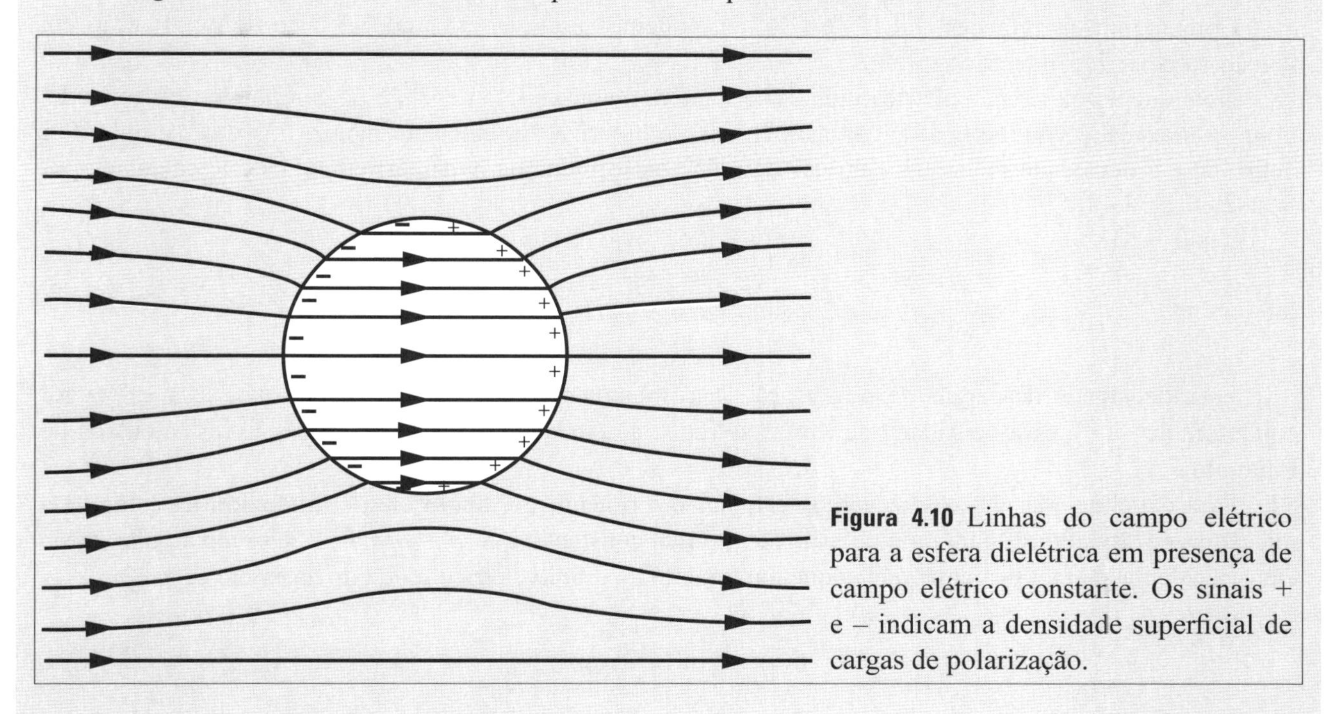

Figura 4.10 Linhas do campo elétrico para a esfera dielétrica em presença de campo elétrico constante. Os sinais + e – indicam a densidade superficial de cargas de polarização.

Usando a relação $\varepsilon = k_d\varepsilon_0$, podemos escrever o campo elétrico interno como $\vec{E}_{int}(r,\theta) = 3E_0\hat{k}/(k_d + 2)$. Como $k_d > 1$, temos que o campo elétrico no interior da esfera não condutora é menor que o campo elétrico aplicado. Isso ocorre porque o campo interno é a soma vetorial do campo aplicado com o campo de polarização induzido na esfera, isto é, $\vec{E}_{int} = \vec{E}_0 + \vec{E}_{pol}$. Substituindo $\vec{E}_{int}(r,\theta) = 3E_0\hat{k}/(k_d + 2)$ nessa relação, temos que o campo elétrico de polarização induzido na esfera é dado por:

$$\vec{E}_{pol}(r,\theta) = -\left(\frac{\varepsilon - \varepsilon_0}{\varepsilon + 2\varepsilon_0}\right)\vec{E}_0. \quad \textbf{(E4.17)}$$

O deslocamento elétrico em pontos externos é simplesmente $\vec{D}_{ext} = \varepsilon_0 \vec{E}_{ext}$, uma vez que não existe polarização elétrica fora da esfera.

O deslocamento elétrico em pontos internos, calculado por $\vec{D}_{int} = \varepsilon \vec{E}_{int}$, é:

$$\vec{D}_{int}(r,\theta) = \frac{3\varepsilon\varepsilon_0}{\varepsilon + 2\varepsilon_0} E_0 \hat{k}.$$

Note que o módulo do deslocamento elétrico no interior da esfera é maior que o módulo do deslocamento elétrico aplicado $\vec{D}_0 = \varepsilon_0 \vec{E}_0$.

Substituindo os campos $\vec{D}_{int}$ e $\vec{E}_{int}$ na relação $\vec{D}_{int} = \varepsilon_0 \vec{E}_{int} + \vec{P}$, temos que a polarização elétrica induzida na esfera é:

$$\vec{P}(r,\theta) = 3\varepsilon_0 \left(\frac{\varepsilon - \varepsilon_0}{\varepsilon + 2\varepsilon_0} \right) \vec{E}_0. \quad \textbf{(E4.18)}$$

Comparando as relações (E4.17) e (E4.18), podemos escrever o campo elétrico de polarização em função da polarização elétrica como $\vec{E}_{pol} = -\vec{P} / 3\varepsilon_0$.

Note que a polarização elétrica induzida na esfera é constante e depende do campo elétrico aplicado. Logo, a densidade volumétrica de cargas elétricas de polarização, calculada por $\rho_p = -\vec{\nabla} \cdot \vec{P}$, é nula. Por outro lado, a densidade de cargas elétricas de polarização induzida na superfície da esfera, calculada por $\sigma_p = \vec{P} \cdot \hat{n}$, é:

$$\sigma_p = 3\varepsilon_0 \left(\frac{\varepsilon - \varepsilon_0}{\varepsilon + 2\varepsilon_0} \right) E_0 \cos\theta.$$

Essa densidade de cargas de polarização está mostrada na Figura 4.10. Note que, se a esfera for condutora ($\varepsilon \to \infty$), essa densidade de cargas se reduz à densidade de cargas elétricas livres calculada no Exemplo 3.6.

Para concluir essa discussão, vamos calcular o momento de dipolo elétrico induzido na esfera. Da relação $\vec{p} = \int \vec{P} dv$, temos, para uma polarização elétrica constante, que $\vec{p} = 4\pi a^3 \vec{P} / 3$. Usando a polarização elétrica calculada anteriormente, temos que o momento de dipolo elétrico induzido na esfera é:

$$\vec{p} = 4\pi\varepsilon_0 \left(\frac{\varepsilon - \varepsilon_0}{\varepsilon + 2\varepsilon_0} \right) a^3 \vec{E}_0.$$

Como o potencial elétrico de um dipolo elétrico é dado por $V_{dip} = \vec{p} \cdot \vec{r} / 4\pi\varepsilon_0 r^3$, podemos escrever que a contribuição da esfera para o potencial elétrico é:

$$V_{dip} = \frac{1}{4\pi\varepsilon_0 r^3} \left[4\pi\varepsilon_0 \left(\frac{\varepsilon - \varepsilon_0}{\varepsilon + 2\varepsilon_0} \right) a^3 \vec{E}_0 \cdot \vec{r} \right] = \left(\frac{\varepsilon - \varepsilon_0}{\varepsilon + 2\varepsilon_0} \right) \frac{a^3}{r^2} E_0 \cos\theta.$$

Note que esta expressão é igual ao segundo termo que aparece na relação (E4.16), que foi obtida usando a equação de Laplace.

Uma esfera ferroelétrica de raio a possui um polarização elétrica constante dada por $\vec{P} = P_0\hat{k}$. Determine o potencial e o campo elétrico em pontos internos e externos.

SOLUÇÃO

Este problema já foi resolvido nos Exemplos 4.1 e 4.2 utilizando as equações integrais do potencial elétrico. Aqui, vamos resolvê-lo utilizando a equação de Laplace.

Usando a relação $\hat{k} = \hat{r}\cos\theta - \hat{\theta}\operatorname{sen}\theta$, podemos escrever a polarização elétrica em termos das coordenadas esféricas como $\vec{P} = P_0(\hat{r}\cos\theta - \hat{\theta}\operatorname{sen}\theta)$. Para que o potencial elétrico interno seja finito em todos os pontos, ele não pode conter termos do tipo $r^{-(l+1)}$. Por outro lado, para que o potencial elétrico externo seja nulo quando $r \to \infty$, ele não pode conter termos do tipo r^l. Com essas considerações, os potenciais elétricos interno e externo, extraídos da relação (3.94), são dados por:

$$V_{int}(r,\theta) = \sum_{l=0} A_l r^l P_l(\cos\theta)$$

$$V_{ext}(r,\theta) = \sum_{l=0} D_l r^{-(l+1)} P_l(\cos\theta).$$

No interior da esfera, o deslocamento elétrico é dado por $\vec{D} = \varepsilon_0\vec{E} + \vec{P}$. A componente normal do vetor polarização é $P_0\cos\theta$, de modo que a componente normal do deslocamento interno é $D^n_{int} = \varepsilon_0 E^n_{int} + P_0\cos\theta$. Esse fato nos sugere que tanto o potencial elétrico interno quanto o externo devem depender somente do termo $\cos\theta$, que é o polinômio de Legendre de ordem 1. Assim, temos:

$$V_{int}(r,\theta) = A_1 r\cos\theta$$

$$V_{ext}(r,\theta) = \frac{D_1}{r^2}\cos\theta.$$

Usando a condição $V_{int}(a,\theta) = V_{ext}(a,\theta)$, obtemos $A_1 = D_1 / a^3$. Da condição de contorno para a componente normal do vetor deslocamento elétrico $[\varepsilon_0 E^n_{int} + P^n = \varepsilon_0 E^n_{ext}]$, obtemos que:

$$-\varepsilon_0 A_1 + P_0 = \varepsilon_0 \frac{2D_1}{a^3}.$$

Substituindo $A_1 = D_1 / a^3$ na equação anterior, temos $D_1 = P_0 a^3 / 3\varepsilon_0$. Das relações $D_1 = P_0 a^3 / 3\varepsilon_0$ e $A_1 = D_1 / a^3$, obtemos $A_1 = P_0 / 3\varepsilon_0$. Logo, os potenciais elétricos interno e externo são dados por:

$$V_{int}(r,\theta) = \frac{P_0}{3\varepsilon_0} r\cos\theta$$

$$V_{ext}(r,\theta) = \frac{P_0}{3\varepsilon_0}\frac{a^3}{r^2}\cos\theta.$$

O campo elétrico para pontos internos e externos, calculados pelo gradiente do potencial elétrico, é:

$$\vec{E}_{int}(r,\theta) = -\frac{P_0}{3\varepsilon_0}\hat{k} \quad \textbf{(E4.19)}$$

$$\vec{E}_{ext}(r,\theta) = \frac{P_0}{3\varepsilon_0}\frac{a^3}{r^3}\left(\hat{r}2\cos\theta + \hat{\theta}\operatorname{sen}\theta\right). \quad \textbf{(E4.20)}$$

Como já foi discutido no Exemplo 4.1, o campo elétrico interno tem sentido contrário à polarização da esfera. O deslocamento elétrico externo é simplesmente o campo elétrico dado na equação (E4.20) multiplicado por ε_0. O deslocamento elétrico interno, calculado por $\vec{D}_{int} = \varepsilon_0\vec{E}_{int} + \vec{P}$, é

$$\vec{D}_{int}(r,\theta) = \frac{2P_0}{3\varepsilon_0}\hat{k}.$$

Uma representação das linhas de campo e de deslocamento elétrico está mostrada na Figura 4.11. Note que os vetores $\vec{E}_{int}$ e $\vec{D}_{int}$ têm sentidos opostos.

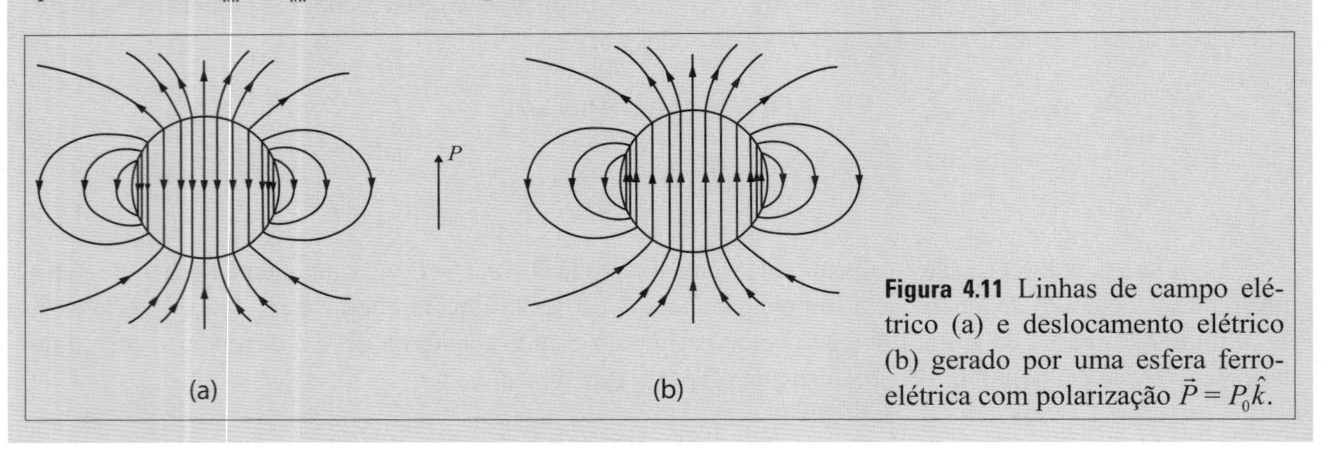

Figura 4.11 Linhas de campo elétrico (a) e deslocamento elétrico (b) gerado por uma esfera ferroelétrica com polarização $\vec{P} = P_0\hat{k}$.

4.9 Exercícios Resolvidos

EXERCÍCIO 4.1

Duas placas metálicas de comprimento *c* e largura *l*, separadas por uma distância *d* e contendo uma densidade de cargas elétricas σ, formam um capacitor. Um material não condutor de comprimento *c*, largura *l*, espessura *a* e constante dielétrica k_{d1} e outro material de comprimento *c*, largura *l*, espessura *b* (sendo $a + b = d$) e constante dielétrica k_{d2} são inseridos em seu interior. Encontre o potencial, o campo elétrico e o deslocamento elétrico, no interior do capacitor. Calcule também a capacitância.

SOLUÇÃO

Um esquema deste capacitor está representado na Figura 4.12. Aplicando a lei de Gauss para a região de contato entre o dielétrico 1 e a placa metálica com carga positiva, temos que a componente normal do vetor deslocamento elétrico satisfaz à seguinte condição de contorno $D_1^n - D_m^n = \sigma_1$, em que D_m^n e D_1^n representam o deslocamento elétrico na placa metálica e no meio dielétrico 1, respectivamente. Como na placa metálica o deslocamento elétrico é nulo, temos que $D_1^n = \sigma_1$, em que σ_1 é a densidade de cargas livres na placa superior do capacitor.

Por outro lado, aplicando a lei de Gauss para a superfície de separação entre o meio dielétrico 2 e a placa metálica com carga negativa, temos $D_m^n - D_2^n = \sigma_2$. Como na placa metálica o deslocamento elétrico é nulo, temos que $D_2^n = -\sigma_2$, em que σ_2 é a densidade de cargas elétricas livres na placa inferior do capacitor.

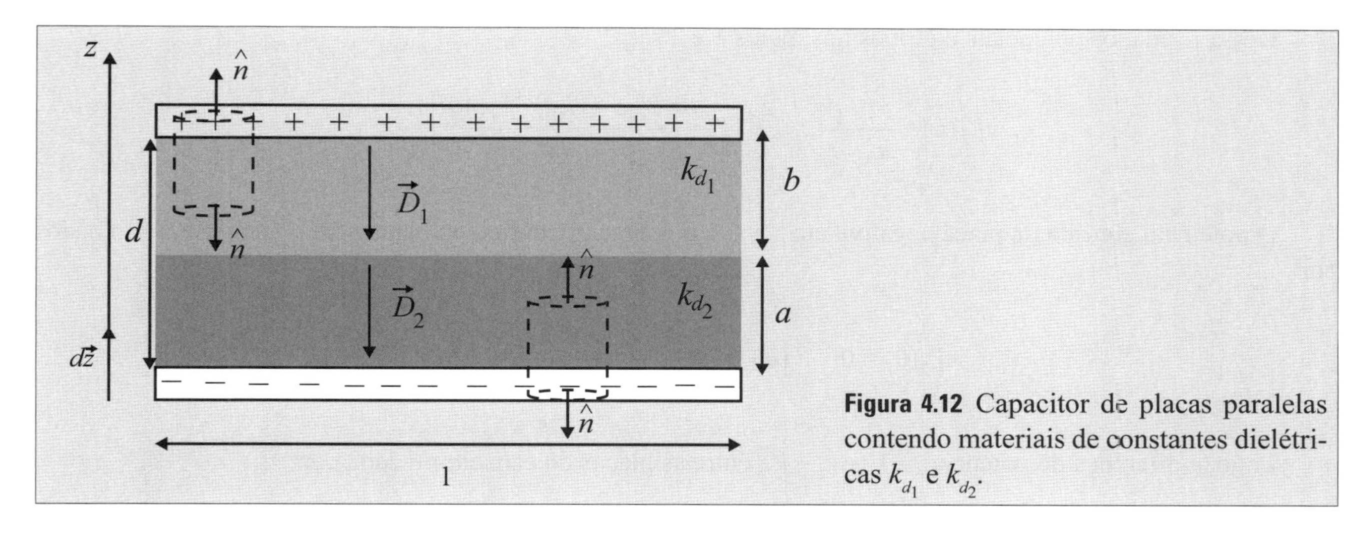

Figura 4.12 Capacitor de placas paralelas contendo materiais de constantes dielétricas k_{d_1} e k_{d_2}.

Aplicando a condição de contorno para a componente normal do vetor deslocamento elétrico na superfície de separação entre os dois dielétricos,[4] ($D_1^n = D_2^n$), temos que $\sigma_2 = -\sigma_1$. Assim, usando a notação $\sigma_1 = \sigma$ e de acordo com a Figura 4.12, temos que os deslocamentos elétricos são $\vec{D}_1 = -\sigma\hat{k}$ e $\vec{D}_2 = -\sigma\hat{k}$.

As componentes normais dos campos elétricos nos meios dielétricos 1 e 2, calculadas por $\vec{E} = \vec{D} / \varepsilon$, são:

$$\vec{E}_1 = -\frac{\sigma}{\varepsilon_1}\hat{k}, \quad \vec{E}_2 = -\frac{\sigma}{\varepsilon_2}\hat{k}.$$

Usando $\varepsilon_1 = k_{d_1}\varepsilon_0$ e $\varepsilon_2 = k_{d_2}\varepsilon_0$, podemos escrever as componentes normais dos campos elétricos E_1^n e E_2^n em termos das constantes dielétricas dos meios materiais.

$$\vec{E}_1 = -\frac{1}{k_{d1}}\frac{\sigma}{\varepsilon_0}\hat{k}, \quad \vec{E}_2 = -\frac{1}{k_{d2}}\frac{\sigma}{\varepsilon_0}\hat{k}.$$

Colocando a origem do sistema de coordenadas na placa inferior contendo a densidade negativa de cargas elétricas, temos que o potencial elétrico no meio dielétrico 2, calculado por $V_2 = -\int \vec{E}_2 \cdot d\vec{l}$, é:

$$V_2(z) = \frac{1}{k_{d2}}\frac{\sigma}{\varepsilon_0}z + C_2.$$

Esse potencial vale no intervalo $[0, a]$. Da condição $V_2(0) = 0$, podemos tirar que $C_2 = 0$.

Analogamente, o potencial elétrico no meio 1, calculado por $V_1 = -\int \vec{E}_1 \cdot d\vec{l}$, é:

$$V_1(z) = \frac{1}{k_{d1}}\frac{\sigma}{\varepsilon_0}z + C_1.$$

Esse potencial elétrico vale no intervalo $[a, d]$. Aplicando a condição de continuidade do potencial elétrico na superfície de separação dos dois meios dielétricos em $z = a$, temos:

$$C_1 = \left[\frac{1}{k_{d2}} - \frac{1}{k_{d1}}\right]\frac{\sigma}{\varepsilon_0}a.$$

[4] Na interface de separação entre os dois meios dielétricos não existem cargas livres, de modo que $D_1^n = D_2^n$.

Dessa forma, os potenciais elétricos nos meios 1 e 2 são:

$$V_2(z) = \frac{1}{k_{d2}}\frac{\sigma}{\varepsilon_0}z, \quad V_1(z) = \left[\frac{k_{d2}z + (k_{d1} - k_{d2})a}{k_{d2}k_{d1}}\right]\frac{\sigma}{\varepsilon_0}.$$

O potencial elétrico na placa negativa em $z = 0$ e o potencial elétrico na placa positiva em $z = d$ são dados por:

$$V_2(0) = 0 \quad V_1(d) = \left[\frac{k_{d2}d + (k_{d1} - k_{d2})a}{k_{d2}k_{d1}}\right]\frac{\sigma}{\varepsilon_0}.$$

Logo, a diferença de potencial, $\Delta V = V_1 - V_2$, entre as placas do capacitor é dada por:

$$\Delta V = \left[\frac{k_{d2}d + (k_{d1} - k_{d2})a}{k_{d2}k_{d1}}\right]\frac{\sigma}{\varepsilon_0}.$$

Multiplicando e dividindo o lado direito dessa relação pela área da placa (s) e usando $Q = \sigma s$, podemos escrever que:

$$Q = \left[\frac{k_{d2}k_{d1}\varepsilon_0 s}{k_{d2}d + (k_{d1} - k_{d2})a}\right]\Delta V.$$

Da relação $Q = C\Delta V$, temos que a capacitância é dada por:

$$C = \frac{k_{d2}k_{d1}\varepsilon_0 s}{\left[k_{d2}(d-a) + k_{d1}a\right]}.$$

Esta capacitância também poderia ser obtida considerando que esse arranjo é equivalente à uma associação em série de dois capacitores com capacitâncias $C_1 = k_{d1}\varepsilon_0 s / b$ e $C_2 = k_{d2}\varepsilon_0 s / a$.

EXERCÍCIO 4.2

Uma esfera de raio a possui um polarização elétrica constante $\vec{P} = P_0\hat{k}$. Utilizando argumentos de simetria, determine o potencial e o campo elétrico para os pontos internos e externos.

SOLUÇÃO

Este problema foi resolvido no Exemplo 4.6 via a equação de Laplace. Aqui vamos mostrar que ele é facilmente resolvido, utilizando argumentos de simetria. Primeiramente, vamos calcular o potencial elétrico gerado em pontos externos. Como a polarização elétrica é constante, o momento de dipolo elétrico da esfera, calculado por $\vec{p} = \hat{k}\int_0^a\int_0^\pi\int_0^{2\pi} P_0 r^2 \operatorname{sen}\theta dr d\theta d\phi$, é $\vec{p} = \hat{k}(4\pi a^3 P_0 / 3)$.

Como o momento de dipolo elétrico da esfera é constante, podemos considerar que a esfera possui um dipolo elétrico pontual localizado em seu centro. Assim, podemos supor que o potencial elétrico gerado pela esfera em pontos externos é dado por $V_{ext}(r) = \vec{p}\cdot\vec{r} / 4\pi\varepsilon_0 r^3$. Usando $\vec{p} = \hat{k}(4\pi a^3 P_0 / 3)$, temos que

$$V_{ext}(r,\theta) = \frac{P_0 a^3}{3\varepsilon_0 r^2}\cos\theta \tag{R4.1}$$

O campo elétrico para pontos externos, calculado por $\vec{E}_{ext}(r,\theta) = -\vec{\nabla}V_{ext}(r,\theta)$, é:

$$\vec{E}_{ext}(r,\theta) = \frac{P_0 a^3}{3\varepsilon_0 r^2}(\hat{r}2\cos\theta + \hat{\theta}\,\text{sen}\theta) \tag{R4.2}$$

Para calcular o potencial elétrico em pontos internos, podemos utilizar esse argumento de que o momento de dipolo elétrico da esfera é pontual e localizado em seu centro. Entretanto, no caso de pontos internos, o momento de dipolo elétrico é calculado por $\vec{p} = \hat{k}\int_0^r\int_0^\pi\int_0^{2\pi} P_0 r^2\text{sen}\theta dr d\theta d\phi$, em que r é um ponto de observação interno. Logo, em um ponto interno, o momento de dipolo elétrico da esfera será $\vec{p} = \hat{k}\frac{4}{3}\pi r^3 P_0$. Portanto, o potencial elétrico em pontos internos, calculado por $V_{ext}(r) = \vec{p}\cdot\vec{r}\,/\,4\pi\varepsilon_0 r^3$, é

$$V_{int}(r,\theta) = \frac{P_0 r\cos\theta}{3\varepsilon_0}. \tag{R4.3}$$

O campo elétrico interno, calculado por $\vec{E}_{int}(r,\theta) = -\vec{\nabla}V_{int}(r,\theta)$, é:

$$\vec{E}_{int}(r,\theta) = -\frac{P_0}{3\varepsilon_0}\hat{k}. \tag{R4.4}$$

EXERCÍCIO 4.3

Utilize argumentos de simetria para resolver o problema da esfera não condutora de raio a e constante dielétrica k_d, submetida a um campo elétrico constante dado por $\vec{E} = E_0\hat{k}$.

SOLUÇÃO

Este problema foi resolvido no Exemplo 4.5 utilizando a equação de Laplace. Na presença do campo elétrico constante, a esfera irá adquirir uma polarização elétrica uniforme, uma vez que para meios lineares vale a relação $\vec{P} = \varepsilon_0\chi_e\vec{E}$.

Como foi discutido no exercício anterior, uma esfera com uma polarização elétrica constante, $\vec{P} = P\hat{k}$, gera em seu interior um campo elétrico dado $\vec{E}_{ind}(r) = -\hat{k}P\,/\,3\varepsilon_0$ [veja a relação (R4.4)]. O campo elétrico total no interior da esfera é a soma do campo aplicado com o campo induzido na esfera, isto é, $\vec{E}_{int} = \vec{E}_0 + \vec{E}_{ind}$. Portanto, o campo elétrico interno é

$$\vec{E}_{int}(\vec{r}) = \left[E_0 - \frac{P}{3\varepsilon_0}\right]\hat{k}. \tag{R4.5}$$

Usando a relação $\vec{D}_{int} = \varepsilon_0\vec{E}_{int} + \vec{P}$, temos que o deslocamento elétrico em pontos internos é:

$$\vec{D}_{int}(\vec{r}) = \left[\varepsilon_0 E_0 + \frac{2}{3}P\right]\hat{k}. \tag{R4.6}$$

Por outro lado, para materiais lineares, o deslocamento elétrico também pode ser calculado pela relação $\vec{D}_{int}(\vec{r}) = \varepsilon \vec{E}_{int}(r)$. Portanto, usando a relação (R4.5), podemos escrever também que:

$$\vec{D}_{int}(\vec{r}) = \varepsilon \left[E_0 - \frac{P}{3\varepsilon_0} \right] \hat{k}. \qquad \textbf{(R4.7)}$$

Igualando as equações (R4.6) e (R4.7), temos:

$$\left[\varepsilon_0 E_0 + \frac{2}{3} P \right] \hat{k} = \varepsilon \left[E_0 - \frac{P}{3\varepsilon_0} \right] \hat{k}.$$

Desta equação, temos que a polarização elétrica adquirida pela esfera é dada por:

$$\vec{P} = \frac{3\varepsilon_0(\varepsilon - \varepsilon_0)E_0}{2\varepsilon_0 + \varepsilon} \hat{k}. \qquad \textbf{(R4.8)}$$

Substituindo (R4.8) em (R4.5), temos:

$$\vec{E}_{int}(r) = \left(\frac{3\varepsilon_0}{2\varepsilon_0 + \varepsilon} \right) E_0 \hat{k}.$$

O deslocamento elétrico, calculado por $\vec{D}_{int}(r) = \varepsilon \vec{E}_{int}(r)$, é

$$\vec{D}_{int}(r) = \left(\frac{3\varepsilon_0 \varepsilon}{2\varepsilon_0 + \varepsilon} \right) E_0 \hat{k}.$$

Para pontos externos o potencial elétrico é $V_{ext} = V_{apl} + V_{dip}$, em que $V_{apl} = -E_0 r \cos\theta$ é o potencial elétrico associado ao campo aplicado e V_{dip} é o potencial gerado pela polarização da esfera. De acordo com a relação (R4.1) do Exercício 4.2, temos que $V_{dip} = Pa^3 \cos\theta / 3\varepsilon_0 r^2$. Substituindo o módulo do vetor polarização elétrica obtido em (R4.8), temos:

$$V_{dip}(r,\theta) = \frac{(\varepsilon - \varepsilon_0) E_0 a^3 \cos\theta}{(2\varepsilon_0 + \varepsilon) r^2}.$$

Logo, o potencial elétrico para pontos externos, calculado por $V_{ext} = V_{apl} + V_{dip}$, é

$$V_{ext}(r,\theta) = -E_0 r \cos\theta + \frac{(\varepsilon - \varepsilon_0) E_0 a^3 \cos\theta}{(2\varepsilon_0 + \varepsilon) r^2}.$$

O campo elétrico externo, obtido por $\vec{E}_{ext}(r) = -\vec{\nabla} V_{ext}$, é:

$$\vec{E}_{ext}(r,\theta) = \hat{r} \left[1 + \frac{2(\varepsilon - \varepsilon_0)}{(2\varepsilon_0 + \varepsilon)} \frac{a^3}{r^3} \right] E_0 \cos\theta + \hat{\theta} \left[\frac{(\varepsilon - \varepsilon_0)}{(2\varepsilon_0 + \varepsilon)} \frac{a^3}{r^3} - 1 \right] E_0 \text{sen}\theta.$$

EXERCÍCIO 4.4

Mostre que a expressão (4.18) para o campo elétrico também vale para pontos internos.

SOLUÇÃO

Na Seção 4.4, mostramos que o campo elétrico externo a um material polarizado eletricamente é dado pela equação (4.18). Para calcular o campo elétrico gerado no interior do material, vamos usar o seguinte argumento físico-matemático. Considere uma fina cavidade no interior do meio polarizado eletricamente, conforme mostra a Figura 4.13. A circulação do campo elétrico no percurso fechado da Figura 4.13 é:

$$\oint \vec{E}\cdot d\vec{l} = \int \vec{E}_1 \cdot d\vec{l}_1 + \int \vec{E}_2 \cdot d\vec{l}_2 + \int \vec{E}_3 \cdot d\vec{l}_3 + \int \vec{E}_4 \cdot d\vec{l}_4 = 0.$$

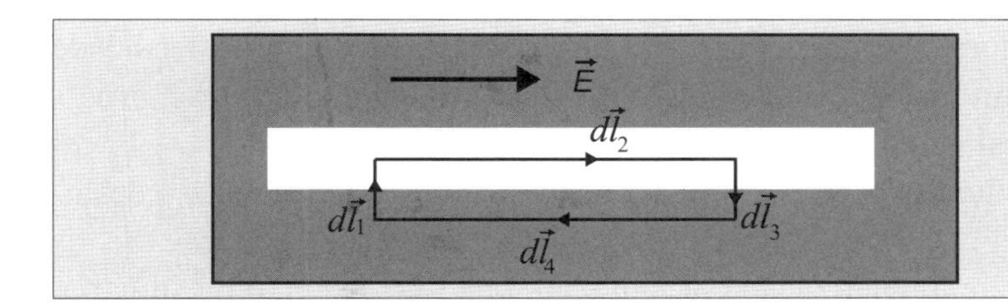

Figura 4.13 Material com uma cavidade interna.

As integrais $\int \vec{E}_1 \cdot d\vec{l}_1$ e $\int \vec{E}_3 \cdot d\vec{l}_3$ são nulas nos casos em que $dl_1 \to 0$ e $dl_3 \to 0$. Assim, a equação anterior se reduz a:

$$\int \vec{E}_2 \cdot d\vec{l}_2 + \int \vec{E}_4 \cdot d\vec{l}_4 = 0.$$

Efetuando o produto escalar, temos que $\int E_2 dl_2 = \int E_4 dl_4$, em que E_2 é a componente do campo elétrico paralela ao caminho l_2 e E_4 é a componente paralela ao caminho l_4. Note que E_2 está no interior da cavidade, enquanto E_4 está no interior do material. Supondo que os campos elétricos são aproximadamente constantes sobre os elementos de linhas dl_2 e dl_4, eles podem ser colocados fora do símbolo de integral. Com essa consideração, temos que o campo elétrico no interior do material E_4 é igual ao campo elétrico no interior da cavidade E_2. Como o campo elétrico no interior da cavidade é um campo externo ao material, podemos concluir que o campo elétrico dado em (4.18) também descreve o campo elétrico interno. Da mesma forma, o potencial elétrico dado em (4.16) vale tanto para pontos internos quanto externos.

4.10 Exercícios Complementares

1. Uma esfera condutora de raio a contendo uma carga elétrica Q está imersa em um material de permissividade elétrica ε. Calcule o campo, o deslocamento elétrico e a polarização no interior do material. Calcule também a carga de polarização e a carga elétrica total.
2. Uma esfera condutora de raio a contendo uma carga elétrica Q está imersa em uma casca esférica dielétrica de raio interno a e raio externo b. Calcule a polarização, as densidades de cargas de polarização, o campo e o deslocamento elétrico. Calcule também a carga de polarização e a carga elétrica total.
3. Resolva o exercício anterior utilizando a equação de Laplace.
4. Um longo cilindro de raio a constituído de material de permissividade elétrica ε é colocado em um campo elétrico constante. Calcule o potencial e o campo elétrico em pontos internos e externos ao cilindro.
5. Em um meio dielétrico no qual existe um campo elétrico uniforme, é feita uma cavidade esférica de raio a. Calcule o potencial e o campo elétrico no interior e no exterior da cavidade.

6. Em um meio dielétrico no qual existe um campo elétrico uniforme é feita uma longa cavidade cilíndrica de raio a. Calcule o potencial e o campo elétrico em pontos internos e externos à cavidade.
7. Uma carga pontual está imersa em um meio material de permissividade elétrica elétrica ε_1 e situada a uma distância d de uma superfície plana de permissividade elétrica ε_2. Encontre o potencial elétrico em todos os pontos do espaço.
8. Partindo da lei de Gauss no vácuo na forma diferencial, mostre que para meios materiais nos quais existem cargas elétricas de polarização vale a relação $\vec{\nabla} \cdot \vec{D} = \rho$, em que $\vec{D} = \varepsilon_0 \vec{E} + \vec{P}$ é o deslocamento elétrico, sendo $\vec{P}$ a polarização.
9. Um capacitor de placas paralelas separadas por uma distância d é preenchido com uma placa de material de constante dielétrica k_d de espessura b, em que $b < d$. Calcule a polarização, o potencial, o campo e o deslocamento elétrico no interior desse capacitor. Calcule também a capacitância.
10. Em um capacitor de placas paralelas de comprimento l e separação d é inserida um chapa de material condutor de comprimento l e espessura a, sendo $d > a$. Calcule o potencial, o campo, o deslocamento elétrico e a capacitância.
11. Duas placas metálicas de comprimento c e largura l, separadas por uma distância d contendo uma densidade de cargas elétricas σ, formam um capacitor. Um material não condutor de comprimento a, largura l, espessura d e constante dielétrica k_{d1} e outro material de comprimento b, largura l, espessura d (sendo $a + b = c$) e constante dielétrica k_{d2} são inseridos em seu interior. Calcule a polarização, o potencial, o campo, o deslocamento elétrico e a capacitância.
12. Um cilindro de comprimento l e raio a possui uma polarização constante ao longo do seu eixo de simetria. Calcule o potencial, o campo elétrico e o deslocamento elétrico em pontos situados sobre o eixo de simetria z. (No Exemplo 6.2 do Capítulo 6, está discutido um problema semelhante para um ímã cilíndrico.)
13. Resolva o problema anterior para pontos fora do eixo z e bem afastados do cilindro.
14. Uma barra cilíndrica de comprimento l e raio a possui uma polarização constante e perpendicular ao seu eixo de simetria, isto é, $\vec{P} = P_0\hat{i}$. Calcule o potencial, o campo e o deslocamento elétrico em todos os pontos do espaço.
15. Uma casca esférica de raio interno a e raio externo b é colocada em presença de um campo elétrico inicialmente uniforme. Determine o campo elétrico em todos os pontos do espaço.
16. Uma casca esférica de raio interno a e raio externo b possui uma polarização constante $\vec{P} = P_0\hat{k}$. Calcule o campo elétrico em todos os pontos do espaço.
17. Uma longa casca cilíndrica de raio interno a e raio externo b possui uma polarização constante ao longo do seu eixo de simetria, isto é, $\vec{P} = P_0\hat{k}$. Calcule o campo elétrico em pontos sobre o eixo z.
18. Uma longa casca cilíndrica de raio interno a e raio externo b possui uma polarização constante e perpendicular ao seu eixo de simetria, isto é, $\vec{P} = P_0\hat{i}$. Calcule o campo elétrico em pontos internos e externos.
19. Um disco de material dielétrico de raio a possui uma densidade constante de cargas elétricas de polarização. Calcule o campo elétrico gerado em um ponto situado sobre o eixo de simetria do disco.
20. Uma esfera ferroelétrica de raio a possui uma polarização elétrica $\vec{P} = P_0\hat{k}$. Utilize a equação integral (4.16) para calcular o potencial e o campo elétrico em um ponto qualquer. (Este problema foi resolvido no Exemplo 4.1 para o caso particular de pontos localizados sobre o eixo z.)
21. Resolva o problema anterior utilizando a equação integral (4.12).
22. Escreva uma rotina computacional para calcular o potencial e o campo elétrico gerados por uma esfera de raio a, com polarização elétrica dada por (a) $\vec{P} = \hat{k}P_0$, (b) $\vec{P} = \hat{r}P_0 r'$, (c) $\vec{P} = \hat{r}P_0$ e (d) $\vec{P} = \hat{\theta}P_0 \cos\theta'$.
23. Escreva uma rotina computacional para calcular o potencial e o campo elétrico gerados, em qualquer ponto do espaço, por um cilindro de raio a, comprimento l e com polarização elétrica dada por (a) $\vec{P} = P_0\hat{k}$ (b) $\vec{P} = P_0 z\hat{k}$ (c) $\vec{P} = \hat{\theta}P_0 \cos\theta'$.
24. Escreva uma rotina computacional para calcular o potencial e o campo elétrico gerados por um cubo de aresta a, com polarização elétrica dada por (a) $\vec{P} = P_0\hat{k}$ (b) $\vec{P} = P_0(\hat{i} + \hat{j})$ (c) $\vec{P} = P_0(\hat{i} + \hat{j} + \hat{k})$.

CAPÍTULO 5

Campo Magnético Gerado por Corrente Elétrica

5.1 Introdução

No Capítulo 2 estudamos os campos elétricos gerados por densidades de cargas eletrostáticas. Cargas elétricas em movimento, além do campo elétrico, também geram campo magnético. Em um material condutor, o movimento das cargas elétricas origina a corrente elétrica, que, por sua vez, gera o campo magnético. O campo magnético também pode ser gerado por ímãs ou por uma variação temporal do campo elétrico.

Neste capítulo, apresentaremos a formulação matemática para descrever o campo magnético gerado por corrente elétrica estacionária. O campo magnético gerado por ímãs será discutido no próximo capítulo.

5.2 Corrente Elétrica

Antes de iniciar o estudo sobre campo magnético, vamos fazer uma introdução sobre corrente elétrica. Ao aplicar um campo elétrico estático em um material condutor, os elétrons ficam sujeitos à força elétrica, $\vec{F}(\vec{r}) = q\vec{E}(\vec{r})$, e se movem em um sentido contrário ao campo aplicado. Esse movimento ordenado das cargas elétricas no interior de um condutor gera uma corrente elétrica.[1]

A resposta do material à aplicação de um campo elétrico externo pode ser descrita pelo vetor densidade de corrente elétrica $\vec{J}$. Para materiais anisotrópicos, as componentes desse vetor podem ser escritas como $J_i = \sum_j \sigma_{ij}(\vec{E},\vec{r})E_j$, em que $\sigma_{ij}(\vec{E},\vec{r})$ são as componentes do tensor condutividade elétrica, que depende da natureza quântica do material e do campo elétrico aplicado.[2] Em notação matricial, essa relação é escrita como:

---

[1] O sentido convencional da corrente elétrica é oposto ao movimento das cargas elétricas negativas

[2] Neste capítulo, as letras gregas σ e ρ denotam a condutividade e resistividade elétrica, respectivamente. Estas mesmas letras também são usadas em outros capítulos, para representar densidades superficiais e volumétricas de cargas elétricas.

$$\begin{pmatrix} J_x \\ J_y \\ J_z \end{pmatrix} = \begin{pmatrix} \sigma_{xx} & \sigma_{xy} & \sigma_{xz} \\ \sigma_{yx} & \sigma_{yy} & \sigma_{yz} \\ \sigma_{zx} & \sigma_{zy} & \sigma_{zz} \end{pmatrix} \begin{pmatrix} E_x \\ E_y \\ E_z \end{pmatrix}. \quad \textbf{(5.1)}$$

Para materiais isotrópicos, em que as componentes não diagonais são nulas e as componentes diagonais são iguais, o vetor densidade de corrente elétrica se reduz a $\vec{J}(\vec{r}) = \sigma(\vec{E},\vec{r})\vec{E}(\vec{r})$. Em materiais homogêneos, isotrópicos e lineares (chamados de materiais ôhmicos), a condutividade elétrica é uma constante em todos os seus pontos e independe do campo elétrico aplicado. Nesse caso, a relação entre os vetores $\vec{J}$ e $\vec{E}$ se reduz a $\vec{J}(\vec{r}) = \sigma\vec{E}(\vec{r})$, em que σ é a condutividade elétrica isotrópica, linear e homogênea.

Um bom condutor tem condutividade elétrica grande, enquanto um mau condutor tem condutividade elétrica pequena. Em materiais lineares, a condutividade elétrica é o inverso da resistividade elétrica ($\rho = 1/\sigma$). As grandezas macroscópicas associadas à condutividade e a resistividade elétrica são a condutância e a resistência elétrica. A Tabela 5.1 mostra valores típicos para a resistividade elétrica de alguns materiais.

Tabela 5.1 Valores típicos para a resistividade elétrica de alguns materiais a 20º C. Dados extraídos de Handbook of chemistry and physics, 78 ed. CRC Press 1997

Material	Resistividade $(\Omega\cdot\text{m})$
Prata	$1{,}59\times10^{-8}$
Cobre	$1{,}68\times10^{-8}$
Ouro	$2{,}21\times10^{-8}$
Alumínio	$2{,}65\times10^{-8}$
Níquel	$6{,}84\times10^{-8}$
Ferro	$9{,}61\times10^{-8}$
Germânio	$4{,}6\times10^{-1}$
Madeira	$10^{8}-10^{11}$
Vidro	$10^{10}-10^{14}$

Para um conjunto de N cargas elétricas com mesma velocidade, podemos associar o seguinte vetor densidade de corrente elétrica $\vec{J}(\vec{r}) = nq\vec{v}(\vec{r})$, em que $n = N/\text{v}$, sendo v o volume considerado. Generalizando essa definição para uma densidade de cargas elétricas, temos que $\vec{J}(\vec{r}) = \rho\vec{v}(\vec{r})$. O fluxo do vetor densidade de corrente por uma seção reta do condutor define a corrente elétrica, isto é:

$$I = \int \vec{J}(\vec{r})\cdot d\vec{s}. \quad \textbf{(5.2)}$$

Para uma corrente elétrica fluindo sobre a superfície de um material condutor, podemos definir uma densidade superficial de corrente elétrica $\vec{j}(\vec{r})$. Nesse caso, a corrente elétrica é $I = \int \vec{j}(\vec{r})\cdot d\vec{s}$, em que $d\vec{s}$ é um vetor tangente à superfície. Esse vetor $d\vec{s}$ pode ser escrito como $d\vec{s} = (\hat{n}\times d\vec{l})$, em que $\hat{n}$ e $d\vec{l}$ são os vetores mostrados na Figura 5.1. Assim, a corrente elétrica na superfície pode ser calculada por:

$$I = \int \vec{j}(\vec{r})\cdot(\hat{n}\times d\vec{l}). \quad \textbf{(5.3)}$$

Logo, a corrente elétrica superficial é $I = j(\vec{r})l$, em que l é a largura da superfície considerada.

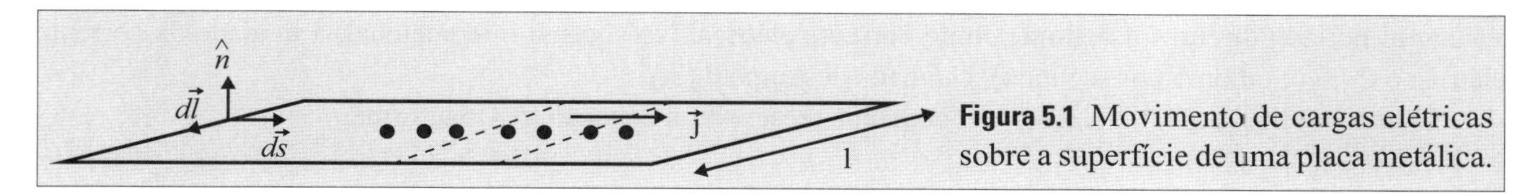

Figura 5.1 Movimento de cargas elétricas sobre a superfície de uma placa metálica.

A corrente elétrica discutida nesta seção está associada somente à carga do elétron e independe do seu spin. Entretanto, em algumas estruturas especiais (por exemplo, camadas magnéticas), a corrente elétrica também pode depender do spin do elétron. Essa descoberta da corrente elétrica de spin deu origem a um novo campo de pesquisa chamado de spintrônica, com inúmeras aplicações tecnológicas. Na bibliografia, citamos algumas referências para os leitores interessados em mais detalhes sobre esse tema.

5.3 Conservação da Carga Elétrica

A lei de conservação da carga elétrica estabelece que ela não pode ser criada nem destruída. Ela pode ser apenas deslocada de um ponto para outro no espaço. Para discutir essa lei de conservação, vamos considerar uma região infinitesimal no interior de um fio condutor, delimitada por uma superfície cilíndrica fechada, conforme mostra a Figura 5.2. Foi escolhida uma superfície cilíndrica por questões de simplicidade matemática. Entretanto, as conclusões obtidas independem da simetria da superfície considerada.

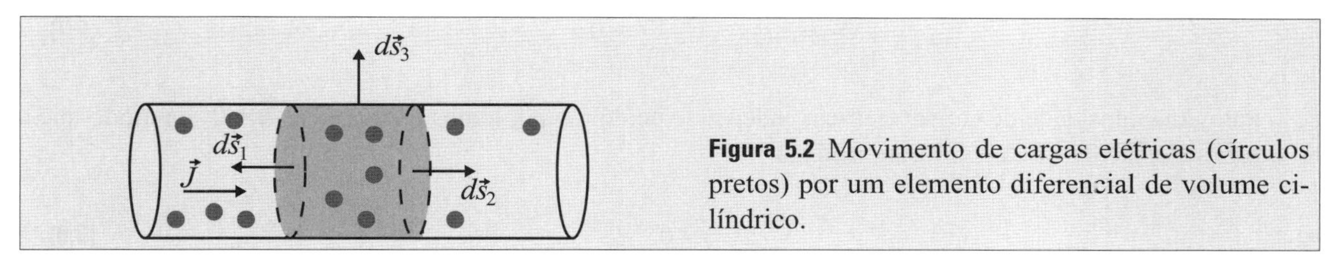

Figura 5.2 Movimento de cargas elétricas (círculos pretos) por um elemento diferencial de volume cilíndrico.

Para a superfície cilíndrica representada na Figura 5.2, a integral fechada $\oint \vec{J}(\vec{r}) \cdot d\vec{s}$ pode ser escrita como a soma de três integrais sobre superfícies abertas, isto é, $\oint \vec{J}(\vec{r}) \cdot d\vec{s} = \int \vec{J}(\vec{r}) \cdot d\vec{s}_1 + \int \vec{J}(\vec{r}) \cdot d\vec{s}_2 + \int \vec{J}(\vec{r}) \cdot d\vec{s}_3$, em que $d\vec{s}_1$, $d\vec{s}_2$ e $d\vec{s}_3$ representam os elementos diferenciais das superfícies do cilindro (lateral e extremidades). Vamos supor que toda carga elétrica está confinada no fio condutor, de modo que não existe nenhum fluxo de carga para fora dele. Nesse caso, o vetor densidade de corrente elétrica $\vec{J}$ deve ser paralelo ao eixo do fio, conforme mostra a Figura 5.2. Com essa consideração, temos que a integral $\int \vec{J}(\vec{r}) \cdot d\vec{s}_3$ é nula porque o vetor $\vec{J}$ é perpendicular ao vetor $d\vec{s}_3$. Assim, a integral do vetor $\vec{J}$ sobre a superfície cilíndrica se reduz a $\oint \vec{J}(\vec{r}) \cdot d\vec{s} = \int \vec{J}(\vec{r}) \cdot d\vec{s}_1 + \int \vec{J}(\vec{r}) \cdot d\vec{s}_2$.

Vamos considerar que o fluxo de cargas elétricas entrando no lado esquerdo é maior que o fluxo de cargas elétricas saindo no lado direito, $\left|\int \vec{J}(\vec{r}) \cdot d\vec{s}_1\right| > \left|\int \vec{J}(\vec{r}) \cdot d\vec{s}_2\right|$. Como a integral $\int \vec{J}(\vec{r}) \cdot d\vec{s}_1$ é negativa, temos que a integral fechada de superfície $\oint \vec{J}(\vec{r}) \cdot d\vec{s}$ é negativa. Isso significa que existe um fluxo de cargas elétricas para o interior do elemento de volume. Por outro lado, se existe um fluxo líquido de cargas elétricas entrando no volume, o número de cargas elétricas aumenta com o passar do tempo. Esse fato pode ser representado matematicamente por $dQ(t) / dt > 0$. Dessa forma, podemos escrever a seguinte relação entre a variação da carga elétrica no interior do volume e a integral do vetor $\vec{J}$ sobre a superfície fechada que o delimita:

$$\frac{dQ(t)}{dt} = -\oint \vec{J}(\vec{r},t) \cdot d\vec{s}. \tag{5.4}$$

Note que incluímos uma dependência temporal no vetor densidade de corrente elétrica. O sinal negativo no lado direito é necessário para garantir que ambas as quantidades tenham o mesmo sinal, uma vez que no caso considerado $dQ(t)/dt > 0$ e $\oint \vec{J}(\vec{r},t)\cdot d\vec{s} < 0$. Dessa relação, podemos estabelecer uma definição alternativa para a corrente elétrica como $I = dQ(t)/dt$ (variação de carga elétrica por unidade de tempo), uma vez que a integral no lado direito foi definida como corrente elétrica. No sistema internacional, a unidade da corrente elétrica é C / s (Coulomb por segundo), chamada de Ampère (A).

Usando a relação $Q(t) = \int \rho(\vec{r},t)dv$, podemos reescrever a equação (5.4) na forma:

$$\oint \vec{J}(\vec{r},t)\cdot d\vec{s} = -\frac{d}{dt}\int \rho(\vec{r},t)dv. \quad \textbf{(5.5)}$$

Esta equação, conhecida como a lei de conservação da carga elétrica, mostra que o fluxo do vetor densidade de corrente elétrica sobre uma superfície fechada fornece a variação da carga elétrica dentro da região delimitada por ela.

Para escrever essa lei de conservação na forma diferencial, aplicamos o teorema do divergente na integral do lado esquerdo, de modo que:

$$\int \left[\vec{\nabla}\cdot\vec{J}(\vec{r},t) + \frac{\partial \rho(\vec{r},t)}{\partial t}\right]dv = 0. \quad \textbf{(5.6)}$$

Uma vez que o elemento de volume não é nulo, é necessário que o integrando seja nulo, para que esta equação seja sempre verdadeira. Isso leva à seguinte equação diferencial:

$$\boxed{\vec{\nabla}\cdot\vec{J}(\vec{r},t) + \frac{\partial \rho(\vec{r},t)}{\partial t} = 0.} \quad \textbf{(5.7)}$$

Para uma densidade de cargas elétricas independente do tempo, temos que $\partial \rho(\vec{r})/\partial t = 0$, de modo que a lei de conservação da carga elétrica se reduz a:

$$\vec{\nabla}\cdot\vec{J}(\vec{r}) = 0. \quad \textbf{(5.8)}$$

Esse cenário em que $\vec{\nabla}\cdot\vec{J}(\vec{r}) = 0$ representa o caso das correntes elétricas estacionárias, em que o fluxo líquido de cargas elétricas em uma determinada região é nulo. A corrente elétrica constante é uma corrente estacionária.

No caso em que a densidade de cargas elétricas varia no tempo, o fluxo líquido de cargas elétricas não é nulo. Por exemplo, se o fluxo de cargas elétricas que entra é maior que o fluxo de cargas elétricas que sai, teremos um aumento na densidade de cargas elétricas, de modo que $I = dQ(t)/dt > 0$. Por outro lado, se o fluxo de cargas elétricas que sai é maior que o fluxo que entra, teremos uma redução na densidade de cargas elétricas, de modo que $I = dQ(t)/dt < 0$.

É possível criar um único cenário no qual a corrente elétrica assume valores positivos e negativos em função do tempo. Este é o caso da corrente elétrica alternada, que pode ser representado por uma variação harmônica da carga elétrica como $Q = Q_0 \cos \omega t$.

5.4 Campo Magnético Gerado por Corrente Elétrica

O campo magnético gerado por corrente elétrica foi descoberto no século XIX quando Oersted[3] observou a deflexão de uma agulha imantada em presença de um fio condutor percorrido por uma corrente elétrica. Essa deflexão é diretamente proporcional à intensidade da corrente elétrica e inversamente proporcional ao quadrado da distância entre o fio e a agulha.

[3] Hans Christian Oersted (14/8/1777-9/3/1851), físico e químico dinamarquês.

A direção e o sentido do campo magnético gerado por um condutor transportando uma corrente elétrica são determinados pela regra da mão direita de Ampère,[4] da seguinte forma: *colocando o polegar da mão direita no sentido da corrente elétrica, o vetor campo magnético tem o sentido do movimento de fechamento da mão.*

De acordo com a regra da mão direita de Ampère, as linhas de campo magnético gerado por um fio retilíneo transportando uma corrente elétrica são um conjunto de circunferências que têm o fio no seu centro. Essas linhas de campo podem ser facilmente observadas em um experimento simples, no qual se coloca limalhas de ferro em torno do fio.

Baseados nessas informações experimentais, podemos formular uma lei matemática para descrever o campo magnético gerado por um pequeno fio condutor transportando uma corrente elétrica. Essa lei deve ser tal que o campo magnético dependa da intensidade da corrente elétrica e do inverso do quadrado da distância do ponto de observação até o fio. Além disso, o sentido do vetor campo magnético deve ser determinado pela regra da mão direita de Ampère. Com essas considerações, podemos escrever que o campo magnético gerado por um elemento diferencial de linha de um circuito qualquer transportando uma corrente elétrica I, conforme mostra o esquema da Figura 5.3, é dado por:

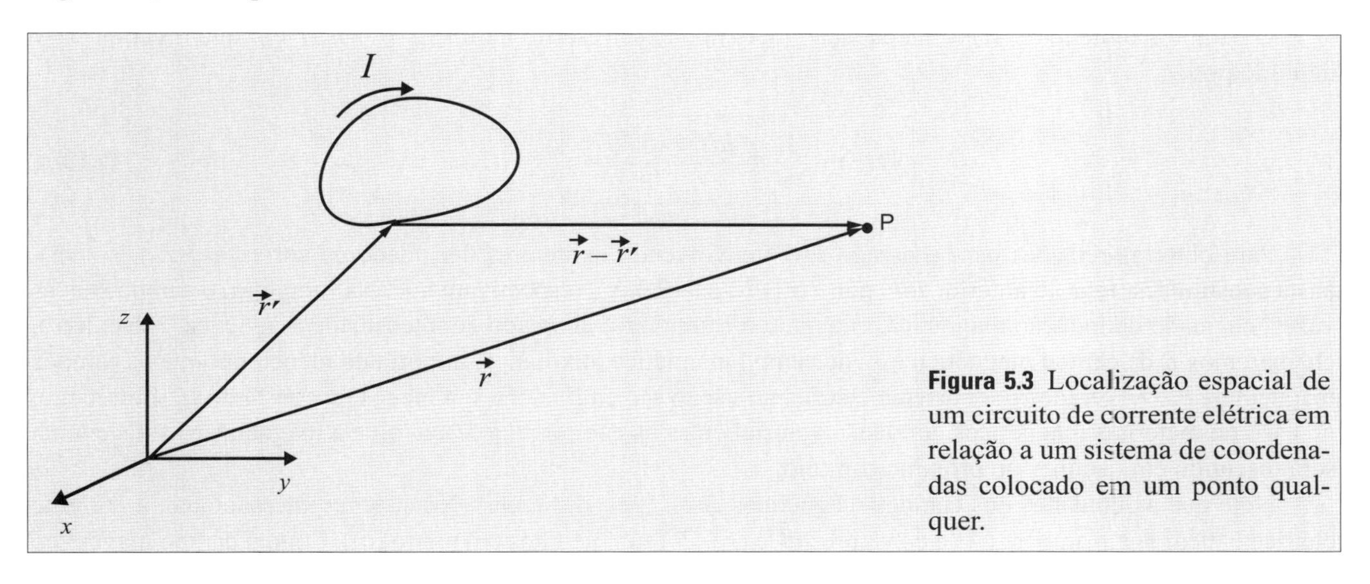

Figura 5.3 Localização espacial de um circuito de corrente elétrica em relação a um sistema de coordenadas colocado em um ponto qualquer.

$$d\vec{B}(\vec{r}) = \frac{\mu_0}{4\pi}\frac{Id\vec{l}\,' \times \hat{e}_{\vec{r}-\vec{r}'}}{|\vec{r}-\vec{r}\,'|^2}, \tag{5.9}$$

em que $\hat{e}_{\vec{r}-\vec{r}'} = (\vec{r}-\vec{r}\,')/|\vec{r}-\vec{r}\,'|$ é um vetor unitário e μ_0 é a permeabilidade magnética do vácuo, cujo valor no sistema internacional de unidades é $\mu_0 = 4\pi \times 10^{-7}\,\text{N}\cdot\text{s}^2/\text{C}^2$. Fazendo a integração da equação (5.9) temos:

$$\boxed{\vec{B}(\vec{r}) = \frac{\mu_0}{4\pi}\oint \frac{Id\vec{l}\,' \times (\vec{r}-\vec{r}\,')}{|\vec{r}-\vec{r}\,'|^3}.} \tag{5.10}$$

Esta é a lei de Biot[5]-Savart[6] para o campo magnético gerado por uma corrente elétrica estacionária I. Apesar de termos utilizado argumentos para o caso particular de um fio retilíneo, a lei de Biot-Savart tem validade geral.

---

[4] André-Marie Ampère (20/1/1775-10/6/1836), físico e matemático francês.

[5] Jean-Baptiste Biot (21/4/1774-3/2/1862), físico, matemático e astrônomo francês.

[6] Félix Savart (30/6/1791-16/3/1841), físico francês.

Para uma corrente elétrica fluindo sobre a superfície de um condutor, podemos usar a relação $Id\vec{l}\,' \to \vec{j}(\vec{r}\,')ds'$ (veja o Exercício Complementar 2) e escrever o campo magnético em termos do vetor densidade superficial de corrente elétrica como:

$$\vec{B}(\vec{r}) = \frac{\mu_0}{4\pi}\oint \frac{\vec{j}(\vec{r}\,')\times(\vec{r}-\vec{r}\,')ds'}{|\vec{r}-\vec{r}\,'|^3}. \tag{5.11}$$

Para o caso de uma corrente elétrica fluindo em um volume, podemos usar a relação $Id\vec{l}\,' \to \vec{J}(\vec{r}\,')dv'$ (veja o Exercício Complementar 2) e escrever o campo magnético em termos do vetor densidade volumétrica de corrente elétrica na forma:

$$\vec{B}(\vec{r}) = \frac{\mu_0}{4\pi}\int \frac{\vec{J}(\vec{r}\,')\times(\vec{r}-\vec{r}\,')dv'}{|\vec{r}-\vec{r}\,'|^3}. \tag{5.12}$$

O campo magnético $\vec{B}$ dado na equação (5.10) pode ser escrito na forma $\vec{B} = \mu_0\vec{H}$ em que o campo $\vec{H}$ é definido por

$$\vec{H}(\vec{r}) = \frac{1}{4\pi}\oint \frac{Id\vec{l}\,'\times(\vec{r}-\vec{r}\,')}{|\vec{r}-\vec{r}\,'|^3}. \tag{5.13}$$

Para obter as relações para o campo $\vec{H}(\vec{r})$ envolvendo os vetores densidade de corrente $\vec{j}(\vec{r}\,')$ e $\vec{J}(\vec{r}\,')$, basta substituir na relação anterior $Id\vec{l}\,'$ por $\vec{j}(\vec{r}\,')ds'$ e $\vec{J}(\vec{r}\,')dv'$, respectivamente. Na literatura, o campo $\vec{B}$ é, às vezes, chamado de indução magnética, enquanto o campo $\vec{H}$ é chamado de intensidade magnética. Neste livro, chamaremos $\vec{B}$ de campo magnético e $\vec{H}$ de campo magnético auxiliar. É importante mencionar que os campos magnéticos $\vec{B}$ e $\vec{H}$ gerados por corrente elétrica no vácuo são equivalentes, a menos da constante μ_0. Entretanto, no caso de materiais magnéticos, a relação vetorial entre os campos $\vec{B}$ e $\vec{H}$ envolve a magnetização. Este tema será discutido em detalhes no próximo capítulo.

Note que as unidades dos campos magnéticos $\vec{B}$ e $\vec{H}$ são diferentes. No sistema internacional, a corrente elétrica é medida em ampère (A) e os vetores $d\vec{l}$ e $(\vec{r}-\vec{r}\,')$ são medidos em metro (m). Logo o campo magnético auxiliar $\vec{H}$ é medido em ampère por metro (A / m). Por outro lado, o campo magnético $\vec{B}$ é medido em unidades de $\mu_0 \cdot$ (A / m), chamada de Tesla (T).[7]

Partindo da lei de Biot-Savart, podemos obter o campo magnético gerado por uma carga pontual. De fato, usando a densidade de uma carga pontual $\rho(\vec{r}\,') = q\delta(\vec{r}\,' - \vec{r}\,'')$, podemos escrever o vetor densidade de corrente elétrica, $\vec{J}(\vec{r}\,') = \rho\vec{v}(\vec{r}\,')$, como $\vec{J}(\vec{r}\,') = q\vec{v}\delta(\vec{r}\,' - \vec{r}\,'')$. Substituindo este valor de $\vec{J}(r')$ na equação (5.12), temos:

$$\vec{B}(\vec{r}) = \frac{\mu_0}{4\pi}\int \delta(\vec{r}\,' - \vec{r}\,'')\left[\frac{q\vec{v}\times(\vec{r}-\vec{r}\,')}{|\vec{r}-\vec{r}\,'|^3}\right]dv'. \tag{5.14}$$

Usando a propriedade da função delta de Dirac [veja a equação (1.127)] para efetuar a integração, temos que o campo magnético gerado por uma carga elétrica pontual em movimento não relativístico[8] é dado por:

$$\vec{B}(\vec{r}) = \frac{\mu_0}{4\pi}\frac{q\vec{v}\times(\vec{r}-\vec{r}\,')}{|\vec{r}-\vec{r}\,'|^3}. \tag{5.15}$$

---

[7] O nome dessa unidade foi dado em homenagem ao engenheiro austríaco Nikola Tesla, (10/6/1856-7/1/1943).

[8] Essa expressão para o campo magnético gerado por uma carga elétrica pontual em movimento é obtida naturalmente na formulação relativística do eletromagnetismo. Para detalhes, veja a Seção 15.11.

Note que se a carga estiver em repouso em relação a um referencial inercial ($v = 0$), o campo magnético medido neste referencial é nulo.

EXEMPLO 5.1

Utilizando a lei de Biot-Savart, determine o campo magnético gerado por um fio finito transportando uma corrente elétrica constante.

SOLUÇÃO

Por simplicidade, vamos colocar o fio sobre o eixo z e calcular o campo magnético em um ponto qualquer do espaço, conforme mostra o esquema da Figura 5.4. Com essa escolha do sistema de referência, o vetor $\vec{r}_p$ que localiza o ponto de observação no espaço,[9] o vetor $\vec{r}'$ que localiza o elemento de corrente elétrica e o elemento de linha $d\vec{l}\,'$ são dados por:

$$\vec{r}_p = \hat{i}x + \hat{j}y + \hat{k}z, \quad \vec{r}' = \hat{k}z', \quad d\vec{l}\,' = \hat{k}dz'.$$

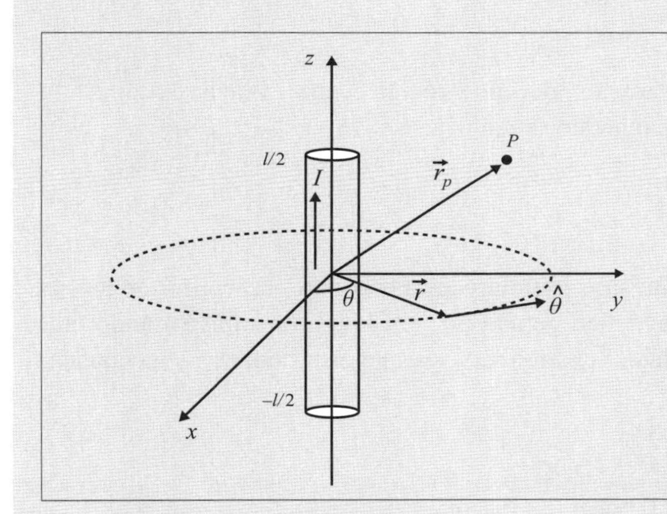

Figura 5.4 Fio condutor de comprimento l transportando uma corrente elétrica I. O fio está colocado sobre o eixo z e P representa o ponto de observação em que o campo é calculado.

Assim, temos que $(\vec{r}_p - \vec{r}') = \hat{i}x + \hat{j}y + \hat{k}(z - z')$ e $|\vec{r}_p - \vec{r}'|^3 = \left[x^2 + y^2 + (z - z')^2\right]^{3/2}$. Substituindo estas relações em (5.10), temos que o campo magnético gerado por um fio finito é:

$$\vec{B}(r,z) = \frac{\mu_0 I}{4\pi}\int \frac{\hat{k}dz' \times \left[\hat{i}x + \hat{j}y + \hat{k}(z - z')\right]}{\left[x^2 + y^2 + (z - z')^2\right]^{3/2}}.$$

Efetuando o produto vetorial, temos que:

$$\vec{B}(r,z) = \frac{\mu_0 I}{4\pi}\int_{-l/2}^{l/2} \frac{\left(\hat{j}x - \hat{i}y\right)dz'}{\left[r^2 + (z - z')^2\right]^{3/2}},$$

em que $r^2 = x^2 + y^2$. Escrevendo as variáveis x e y em coordenadas polares, $x = r\cos\theta$ e $y = r\,\text{sen}\,\theta$, temos que:

[9] Nesse exemplo, usamos $\vec{r}_p$ (em vez de $\vec{r}$) para representar o ponto de observação no espaço, porque $\vec{r}$ é utilizado para descrever o vetor no plano xy. Essa mesma notação foi usada no Exemplo 2.2, no qual calculamos o campo elétrico do fio finito.

$$\vec{B}(r,z)=\frac{\mu_0 I}{4\pi}\int_{-l/2}^{l/2}\frac{r\overbrace{\left(\hat{j}\cos\theta-\hat{i}\,\mathrm{sen}\,\theta\right)}^{\hat{\theta}}dz'}{\left[r^2+(z-z')^2\right]^{3/2}}.$$

O termo entre parênteses é o vetor unitário $\hat{\theta}$ em coordenadas cilíndricas. Integrando esta equação e substituindo os limites de integração, obtemos:

$$\vec{B}(r,z)=-\hat{\theta}\frac{\mu_0 I}{4\pi r}\left[\frac{(z-l/2)}{\left[r^2+(z-l/2)^2\right]^{1/2}}-\frac{(z+l/2)}{\left[r^2+(z+l/2)^2\right]^{1/2}}\right].$$

No caso particular no qual o ponto de observação está situado no plano xy, temos que $z = 0$, de modo que o campo magnético se reduz a:

$$\vec{B}(r)=\hat{\theta}\left[\frac{\mu_0 Il}{2\pi r\left(4r^2+l^2\right)^{1/2}}\right]. \qquad \textbf{(E5.1)}$$

Para o caso de um longo fio ou um ponto de observação próximo à região central, vale a relação $l >> r$ (aproximação de fio infinito), de modo que o campo magnético se reduz a:

$$\vec{B}(r)=\hat{\theta}\frac{\mu_0 I}{2\pi r}.$$

As linhas de campo magnético para um fio infinito são circunferências concêntricas, conforme mostra a Figura 5.5. Vamos estimar o módulo do campo magnético gerado por um longo fio transportando uma corrente elétrica de 1 A em pontos situados a 10 cm dele. Substituindo esses valores numéricos na equação anterior, temos:

$$B=\frac{4\pi\times10^{-7}(\mathrm{N\cdot s^2/C^2})(1\mathrm{A})}{2\pi(0{,}1\mathrm{m})}=2\times10^{-6}\mathrm{T}.$$

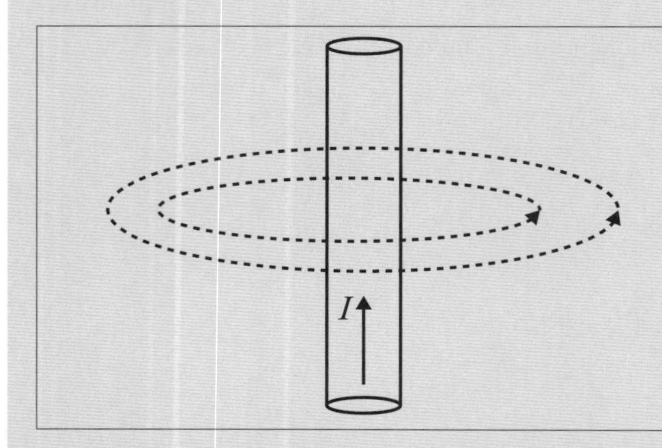

Figura 5.5 Linhas de campo magnético (circunferências de linhas tracejadas) ao redor de um fio transportando uma corrente elétrica I.

Este campo magnético é relativamente pequeno, sendo da ordem do campo magnético da terra, que está entre 20 e 60×10^{-6} T.

EXEMPLO 5.2

Uma espira circular de raio a transporta uma corrente elétrica constante. Determine o campo magnético gerado em pontos situados sobre o eixo perpendicular passando pelo seu centro.

SOLUÇÃO

Com a finalidade de simplificar os cálculos, vamos colocar a espira paralela ao plano xy com seu centro localizado em z', conforme mostra a Figura 5.6.

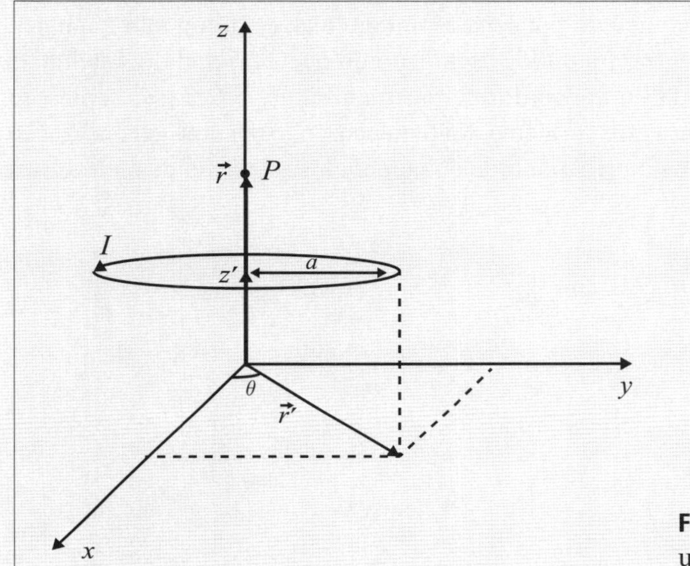

Figura 5.6 Espira circular de raio a colocada a uma distância z' do plano xy.

Com essa escolha do sistema de referência, os vetores $\vec{r}'$ e $d\vec{l}'$ são dados por $\vec{r}' = \hat{i}x' + \hat{j}y' + \hat{k}z'$, $d\vec{l}' = \hat{i}dx' + \hat{j}dy'$. Como o ponto de observação está sobre o eixo z, temos que $\vec{r} = \hat{k}z$. Portanto, $(\vec{r}-\vec{r}') = -\hat{i}x' - \hat{j}y' + \hat{k}(z-z')$ e $|\vec{r}-\vec{r}'|^3 = [x'^2 + y'^2 + (z-z')^2]^{3/2}$. Substituindo essas considerações na lei de Biot-Savart, equação (5.10), temos:

$$\vec{B}(z) = \frac{\mu_0 I}{4\pi}\int \frac{\left[\hat{i}dx' + \hat{j}dy'\right]\times\left[\hat{k}(z-z') - \hat{i}x' - \hat{j}y'\right]}{\left[x'^2 + y'^2 + (z-z')^2\right]^{3/2}}.$$

Efetuando o produto vetorial, temos que:

$$\vec{B}(z) = \frac{\mu_0}{4\pi\left[a^2 + (z-z')^2\right]^{3/2}}\left[\hat{i}\int(z-z')dy' - \hat{j}\int(z-z')dx' + \hat{k}\int\left(x'dy' - y'dx'\right)\right].$$

em que $a^2 = x'^2 + y'^2$ é o raio da espira. Escrevendo x' e y' em termos das coordenadas polares ($x' = a\cos\theta'$, $y' = a\,\mathrm{sen}\,\theta'$), temos que $dx' = -a\,\mathrm{sen}\,\theta' d\theta'$ e $dy' = a\cos\theta' d\theta'$. Substituindo essas informações na equação anterior, temos:

$$\vec{B}(z) = \frac{\mu_0 I}{4\pi\left[a^2 + (z-z')^2\right]^{3/2}}\left[\hat{i}a(z-z')\overbrace{\int_0^{2\pi}\cos\theta' d\theta'}^{0} + \hat{j}a(z-z')\overbrace{\int_0^{2\pi}\mathrm{sen}\,\theta' d\theta'}^{0} + \hat{k}a^2\overbrace{\int_0^{2\pi}d\theta'}^{2\pi}\right].$$

Os dois primeiros termos são nulos, porque envolvem a integração das funções $\cos\theta'$ e $\operatorname{sen}\theta'$ no intervalo $[0,2\pi]$, enquanto a última integral é 2π. Portanto, o campo magnético gerado por uma espira circular em pontos situados sobre o eixo z é dado por:

$$\vec{B}(z)=\frac{\mu_0 I a^2}{2\left[a^2+(z-z')^2\right]^{3/2}}\hat{k}. \qquad \textbf{(E5.2)}$$

Note que, para pontos sobre o eixo z, o campo magnético tem somente a componente $\hat{k}$. Na Figura 5.7, estão mostradas as linhas do campo magnético gerado por uma espira circular em um ponto qualquer. A expressão (E5.2) para o campo magnético da espira, foi obtida considerando que a origem do sistema de coordenadas está em um ponto abaixo do centro da espira, conforme mostra a Figura 5.6. Essa escolha do sistema de coordenadas, que não é a mais natural para este problema, foi feita pensando em uma generalização do resultado da espira para os problemas da bobina de Helmholtz e do solenoide, que serão discutidos nos próximos exemplos.

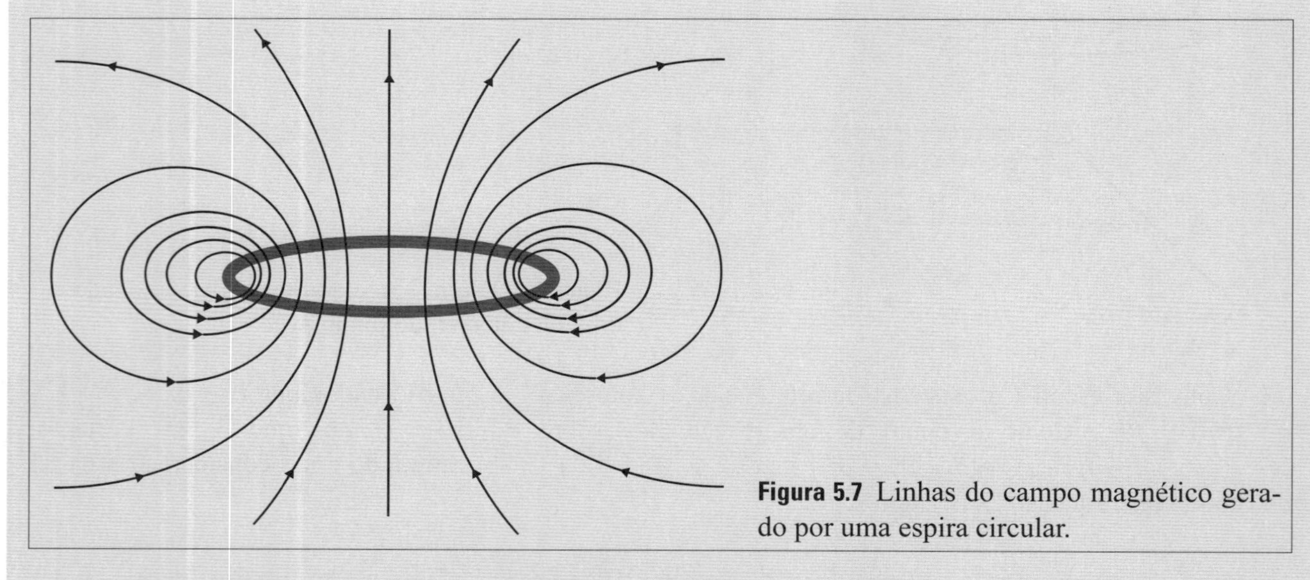

Figura 5.7 Linhas do campo magnético gerado por uma espira circular.

A escolha mais natural é aquela na qual a origem do sistema de coordenadas coincide com o centro da espira. Nesse cenário, temos $z'=0$, de modo que a relação (E5.2) se reduz a:

$$\vec{B}(z)=\frac{\mu_0 I a^2}{2\left[a^2+z^2\right]^{3/2}}\hat{k}. \qquad \textbf{(E5.3)}$$

Note que as relações (E5.2) e (E5.3) são equivalentes. A diferença entre elas está no termo $(z-z')$ que descreve a translação sobre o eixo cartesiano z. Entretanto, ambas as equações produzem o mesmo valor numérico do campo magnético gerado em pontos equivalentes.

Como uma ilustração, vamos calcular o campo magnético no centro da espira. Na relação (E5.2), o centro da espira é representado por $z=z'$. Assim, fazendo $z=z'$ em (E5.2), temos que o campo magnético no centro da espira é dado por $\vec{B}(z)=\hat{k}\mu_0 I/2a$. Por outro lado, em (E5.3), o centro da espira é representado por $z=0$. Portanto, fazendo $z=0$ em (E5.3), obtemos que o campo magnético no centro da espira também é dado por $\vec{B}(0)=\hat{k}\mu_0 I/2a$.

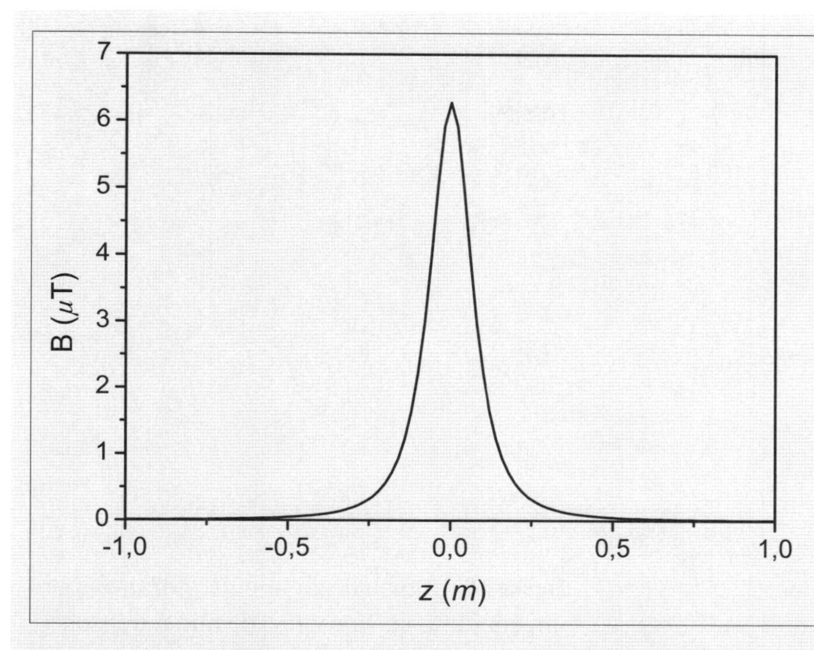

Figura 5.8 Campo magnético gerado por uma espira circular em pontos sobre o eixo z.

Vamos estimar o campo magnético gerado no centro de uma espira de 10 cm de raio transportando uma corrente elétrica de 1 A. Substituindo esses valores na expressão $\vec{B}(0) = \hat{k}\mu_0 I / 2a$, temos que o módulo do campo magnético no centro da espira é $B(0) = 4\pi \times 10^{-7}$ (N · s²/C²)(1 A) / 2 × (0,1 m) = $6{,}28 \times 10^{-6}$ T. Note que esse valor é da ordem de grandeza do campo gerado por um longo fio transportando a mesma corrente elétrica (veja o Exemplo 5.1).

Utilizando um programa computacional, calculamos numericamente o campo magnético, em função da coordenada z, gerado por uma espira de 10 cm de raio transportando uma corrente elétrica de 1 A. Os resultados obtidos (veja a Figura 5.8) mostram que o valor máximo do campo magnético ocorre no centro da espira e decai à medida que o ponto de observação se afasta dele.

EXEMPLO 5.3

Um conjunto de N_1 espiras de raio a percorrido por uma corrente elétrica I_1 é colocado a uma distância b de outro conjunto de N_2 espiras de raio a percorrido por uma corrente elétrica I_2. Determine o campo magnético gerado sobre o ponto médio localizado no eixo que passa pelos centros das espiras.

SOLUÇÃO

Esse arranjo de espiras, mostrado na Figura 5.9, é chamado de bobina de Helmholtz. O campo magnético total é a superposição do campo magnético gerado por cada uma das espiras que forma a bobina. Portanto, utilizando a relação (E5.2) para o campo magnético de uma única espira, podemos escrever o campo magnético gerado por esse arranjo de espiras em pontos localizados sobre o eixo z como:

$$\vec{B}(z) = \left[\frac{\mu_0 N_1 I_1 a^2}{2\left[a^2 + (z - z_1')^2\right]^{3/2}} + \frac{\mu_0 N_2 I_2 a^2}{2\left[a^2 + (z - z_2')^2\right]^{3/2}} \right] \hat{k}.$$

No caso em que $N_1 = N_2$, $I_1 = I_2$ e a origem do sistema de coordenadas está no centro do conjunto inferior de espiras, ($z_1' = 0$ e $z_2' = b$), o campo magnético se reduz a:

$$\vec{B}(z)=\left[\frac{\mu_0 NIa^2}{2\left(a^2+z^2\right)^{3/2}}+\frac{\mu_0 NIa^2}{2\left[a^2+\left(z-b\right)^2\right]^{3/2}}\right]\hat{k}.$$

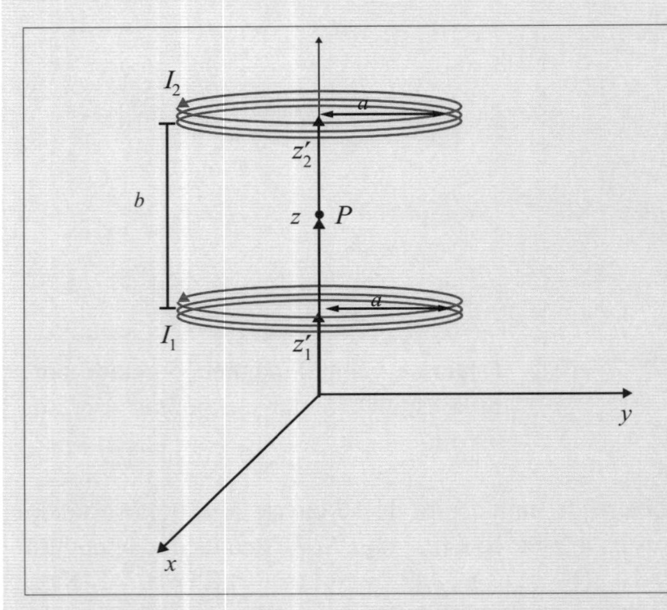

Figura 5.9 Bobina de Helmholtz, formada por um conjunto de N_1 espiras de raio a transportando uma corrente elétrica I_1, e outro conjunto de N_2 espiras de raio a transportando uma corrente elétrica I_2.

Considerando que a distância que separa as bobinas é igual ao raio ($b = a$), temos que o campo magnético gerado no ponto central entre as bobinas em $z = b / 2$ é:

$$\vec{B}(z)=\frac{\mu_0 NIa^2}{2}\left[\frac{1}{\left(a^2+a^2/4\right)^{3/2}}+\frac{1}{\left(a^2+\left(a-a/2\right)^2\right)^{3/2}}\right]\hat{k}.$$

Efetuando a operação algébrica, temos:

$$\vec{B}(z)=\frac{8\mu_0 NI}{(5)^{3/2}a}\hat{k}.$$

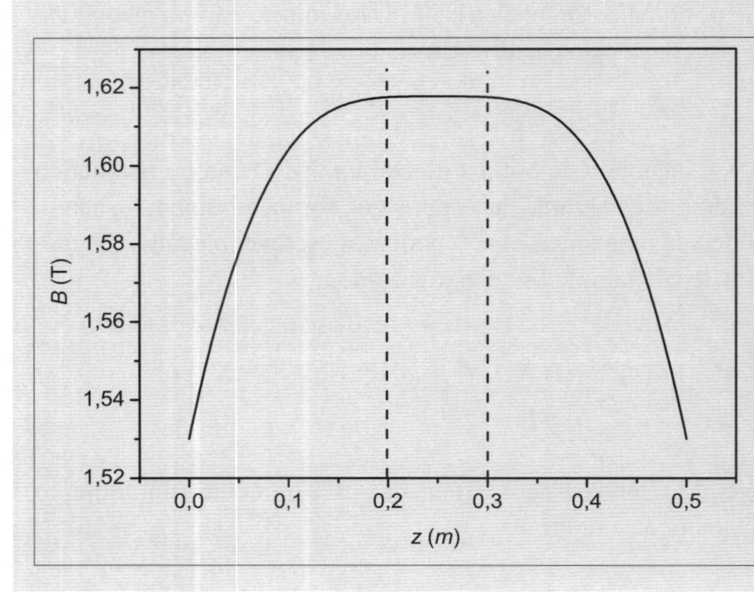

Figura 5.10 Campo magnético em função de z gerado por uma bobina de Helmholtz, formada por 30.000 espiras com 50 cm de raio e transportando uma corrente elétrica de 30 A. As linhas verticais tracejadas delimitam a região em que o campo magnético é aproximadamente constante.

Na Figura 5.10 mostramos o campo magnético gerado por uma bobina de Helmholtz de 0,5 m de raio com 30.000 espiras em cada conjunto e transportando uma corrente elétrica de 30 A. Note que na região central o campo magnético é aproximadamente constante. Para os parâmetros considerados, esse campo magnético é aproximadamente 1,61 T. A bobina de Helmholtz é usualmente utilizada em laboratórios didáticos e de pesquisa científica para gerar campo magnético aproximadamente constante.

Para obtermos um valor maior para o campo magnético, é necessário aumentar a intensidade da corrente elétrica. Entretanto, o aumento da corrente elétrica eleva a temperatura do fio condutor, em função da dissipação de calor por efeito Joule.[10] Este fato implica que a corrente elétrica máxima que flui no fio condutor deve ser tal que o calor dissipado não produza a fusão do material usado na sua fabricação. Isso restringe o valor máximo do campo magnético. Para contornar esse problema e obter campos magnéticos com maior intensidade, usa-se bobinas de fios supercondutores nos quais a dissipação de calor por efeito Joule é minimizada. Assim, em teoria, a corrente elétrica e, consequentemente, o campo magnético poderiam atingir valores altíssimos. Uma dificuldade que existe com esta técnica está no fato de que os materiais supercondutores conhecidos até o momento operam em uma faixa de temperatura muito baixa, da ordem de 30 K. Assim, é necessário a utilização de hélio líquido, cuja temperatura de ebulição está em torno de 4 K, para resfriar as bobinas até essa faixa de temperatura, para que elas estejam na fase supercondutora.

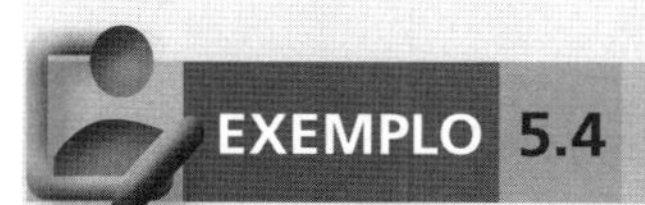

EXEMPLO 5.4

Um solenoide de comprimento l, seção circular de raio a contendo N espiras, transporta uma corrente elétrica constante. Determine o campo magnético gerado em pontos situados sobre o seu eixo de simetria.

SOLUÇÃO

Para calcular o campo magnético gerado pelo solenoide, vamos colocar o sistema de referência de modo que o seu eixo esteja ao longo da direção z, conforme mostra a Figura 5.11. Um solenoide pode ser visto como uma superposição de várias espiras circulares. Com essa consideração, podemos utilizar o resultado do Exemplo 5.2 para determinar o campo magnético gerado por um solenoide. De acordo com a relação (E5.2), o campo magnético gerado por uma única espira em pontos localizados sobre o seu eixo de simetria é dado por $\vec{B}(z) = \hat{k}\left[\mu_0 I a^2\right] / 2[a^2 + (z - z')^2]^{3/2}$. Assim, podemos escrever que o campo magnético gerado por um elemento diferencial de linha do solenoide contendo um número dN espiras é:

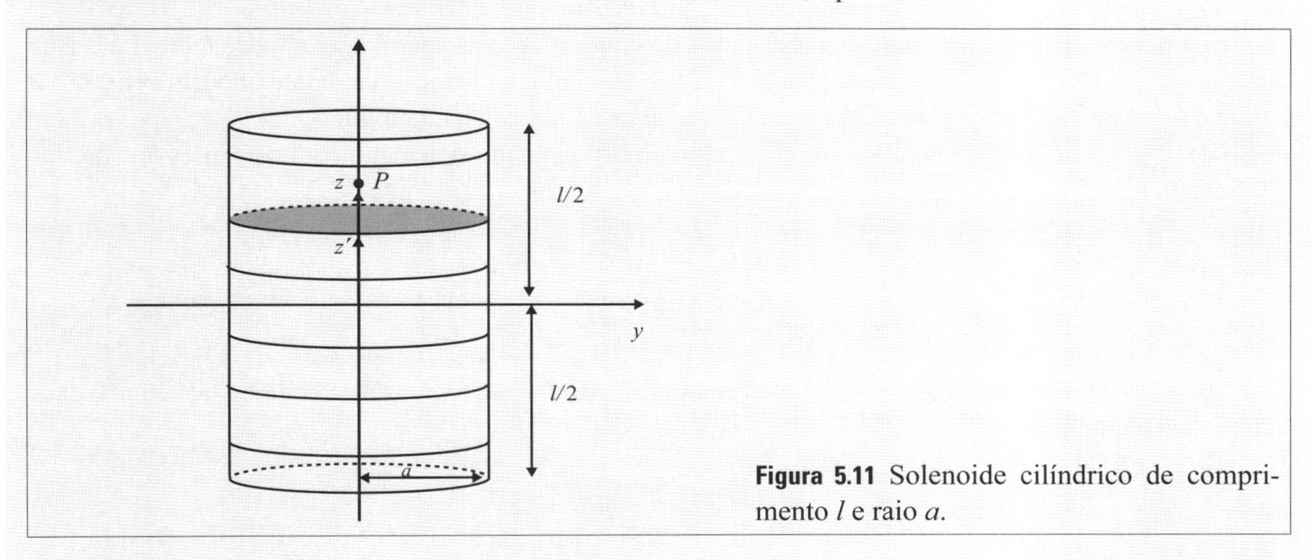

Figura 5.11 Solenoide cilíndrico de comprimento l e raio a.

[10] Esse efeito foi nomeado em homenagem ao físico britânico James Prescott Joule, (24/12/1818–11/10/1889). Joule deu uma grande contribuição para o desenvolvimento da termodinâmica.

$$d\vec{B}(z) = \frac{\mu_0 I a^2 dN}{2\left[a^2 + \left(z - z'\right)^2\right]^{3/2}}\hat{k},$$

em que z é a coordenada do ponto de observação e z' é a coordenada da n-ésima espira que forma o solenoide. Se o solenoide de comprimento l contém o total de N espiras, temos que o número de espiras em um pequeno elemento de volume de comprimento dl' é $dN = Ndl' / l$. Assim, a equação anterior se escreve como:

$$d\vec{B}(z) = \frac{\mu_0 N I a^2 dl'}{2l\left[a^2 + \left(z - z'\right)^2\right]^{3/2}}\hat{k}.$$

Neste problema em que $dl' = dz'$, o campo magnético total é:

$$\vec{B}(z) = \hat{k}\frac{\mu_0 N I a^2}{2l}\int_{-l/2}^{l/2}\frac{dz'}{\left[a^2 + \left(z - z'\right)\right]^{3/2}}.$$

Integrando e substituindo os limites de integração, obtemos:

$$\vec{B}(z) = \hat{k}\frac{\mu_0 N I}{2l}\left[\frac{(z + \frac{l}{2})}{\sqrt{a^2 + (z + \frac{l}{2})^2}} - \frac{(z + \frac{l}{2})}{\sqrt{a^2 + (z + \frac{l}{2})^2}}\right]. \quad \textbf{(E5.4)}$$

Essa expressão pode ser escrita na forma:

$$\vec{B}(z) = \hat{k}\frac{\mu_0 N I}{2l}\left[\frac{\left(z + \frac{l}{2}\right)}{\left|z + \frac{l}{2}\right|\sqrt{\left(1 + \frac{a^2}{\left(z - \frac{l}{2}\right)^2}\right)}} - \frac{\left(z - \frac{l}{2}\right)}{\left|z - \frac{l}{2}\right|\sqrt{\left(1 + \frac{a^2}{\left(z + \frac{l}{2}\right)^2}\right)}}\right].$$

Como a origem do sistema de coordenadas foi colocada no centro do solenoide, temos que para qualquer ponto interno vale sempre a relação $l / 2 > z$. Portanto, as funções modulares podem ser escritas como: $|z - l/2| = l/2 - z$ e $|z + l/2| = z + l/2$. No caso de um solenoide muito longo ($l >> a$) e para um ponto de observação na sua região central ($l >> z$), podemos expandir o denominador da expressão anterior. Assim, temos:

$$\vec{B}(z) = \hat{k}\frac{\mu_0 N I}{l}\left[1 - \frac{a^2}{4\left(z - \frac{l}{2}\right)^2} - \frac{a^2}{4\left(z + \frac{l}{2}\right)^2}\right].$$

Na região central de um longo solenoide, em que $z \simeq 0$ e $l >> a$, temos que o campo magnético é dado aproximadamente por:

$$\vec{B}(z) = \hat{k}\frac{\mu_0 N I}{l}.$$

Vamos estimar o campo magnético (na aproximação de solenoide infinito) gerado na região central de um solenoide de 1 m de comprimento com 30.000 espiras e transportando uma corrente elétrica de 30 A. Substituindo esses valores na equação $B = \mu_0 NI / l$, temos que o campo magnético é aproximadamente 1,08 T. Note que, para as dimensões desse solenoide, o campo magnético é um pouco menor que o campo gerado por uma bobina de Helmholtz de dimensões similares e transportando a mesma corrente elétrica.

Para fazer uma análise da variação do campo magnético em função da coordenada z, devemos calcular o valor numérico da equação (E5.4). Usando um programa computacional, calculamos os valores do campo magnético gerado por um solenoide em dois casos. No primeiro deles, consideramos um solenoide cilíndrico com 0,5 m de raio, 1 m de comprimento, 30.000 espiras transportando uma corrente elétrica de 30 A. Neste caso, o campo magnético varia suavemente e atinge o seu valor máximo no centro do solenoide em $z = 0$, conforme mostra a linha tracejada da Figura 5.12.

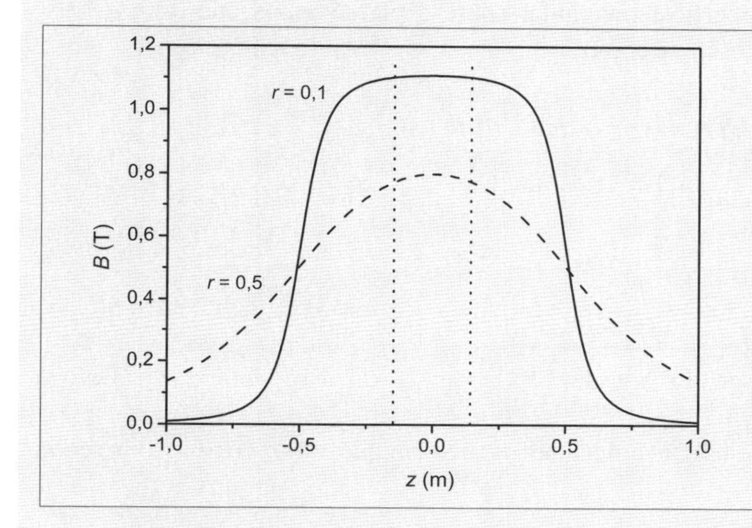

Figura 5.12 Campo magnético em função da coordenada z gerado por um longo solenoide cilíndrico com 1 m de comprimento e 30.000 espiras transportando uma corrente elétrica de 30 A. As linhas sólida e tracejada representam o campo magnético para um solenoide de raio 0,1 m e 0,5 m, respectivamente. As linhas verticais pontilhadas delimitam a região na qual o campo magnético é aproximadamente constante, para o caso em que $r = 0,1$ m.

No segundo caso, consideramos um solenoide cilíndrico com 0,1 m de raio, 1 m de comprimento, 30.000 espiras transportando uma corrente elétrica de 30 A. O resultado obtido, representado pela linha sólida da Figura 5.12, mostra que existe uma região na qual o campo magnético é aproximadamente constante. Logo, este cenário é um bom exemplo da aproximação de solenoide infinito.

EXEMPLO 5.5

Uma corrente elétrica flui sobre a superfície de uma longa placa metálica. Determine o campo magnético gerado em pontos situados sobre um eixo perpendicular à placa.

SOLUÇÃO

Este é um problema bidimensional, cujo campo magnético pode ser determinado pela relação (5.11). Com a finalidade de simplificar os cálculos, vamos colocar a placa no plano xy e calcular o campo magnético gerado em pontos sobre o eixo z. Vamos considerar também que a corrente elétrica flui ao longo do eixo y, conforme mostra a Figura 5.13.

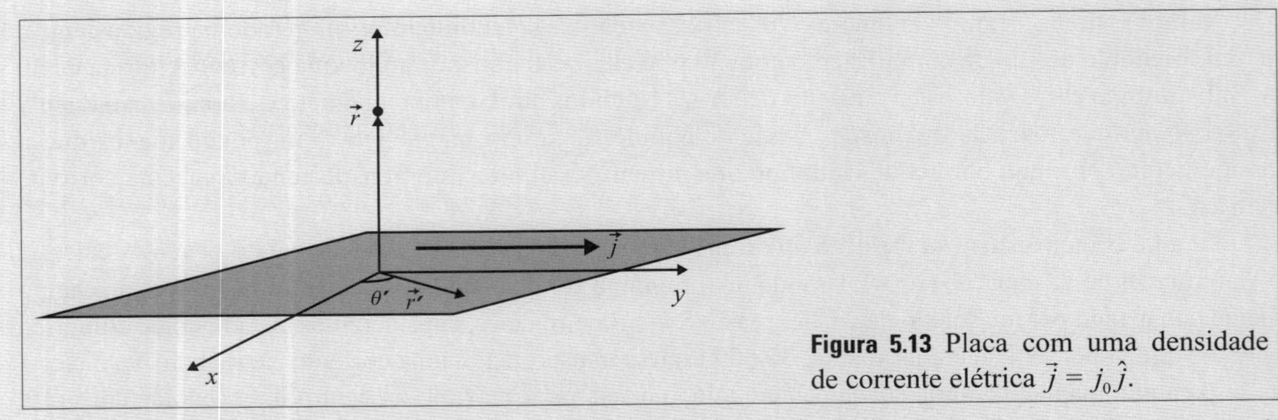

Figura 5.13 Placa com uma densidade de corrente elétrica $\vec{j} = j_0\hat{j}$.

Com essas considerações, temos $\vec{j} = j_0\hat{j}$; $\vec{r} = \hat{k}z$; $\vec{r}' = \hat{i}x' + \hat{j}y'$. Portanto, $(\vec{r} - \vec{r}') = -\hat{i}x' - \hat{j}y' + \hat{k}z$ e $|\vec{r} - \vec{r}'|^3 = [(x')^2 + (y')^2 + z^2]^{3/2}$. Para uma superfície retangular sobre a placa, temos que $ds' = dx'dy'$. Portanto, a lei de Biot-Savart dada em (5.11) se escreve como:

$$\vec{B}(z) = \frac{\mu_0}{4\pi}\int_{-\infty}^{\infty}\int_{-\infty}^{\infty}\frac{j_0\hat{j}\times\left[-\hat{i}x' - \hat{j}y' + \hat{k}z\right]dx'dy'}{\left[(x')^2 + (y')^2 + z^2\right]^{3/2}}.$$

Efetuando o produto vetorial, temos que:

$$\vec{B}(z) = \frac{\mu_0 j_0}{4\pi}\int_{-\infty}^{\infty}\int_{-\infty}^{\infty}\frac{(\hat{k}x' + \hat{i}z)dx'dy'}{\left[(x')^2 + (y')^2 + z^2\right]^{3/2}}.$$

Para efetuar essa integração, é conveniente usar coordenadas polares em que $x' = r'\cos\theta'$; $y' = r'\text{sen}\theta'$ e $dx'dy' = r'dr'd\theta'$. Assim, temos:

$$\vec{B}(z) = \frac{\mu_0 j_0}{4\pi}\int_0^{\infty}\int_0^{2\pi}\frac{(\hat{k}r'\cos\theta' + \hat{i}z)r'dr'd\theta'}{\left[(r')^2 + z^2\right]^{3/2}}$$

em que $(r')^2 = (x')^2 + (y')^2$. A componente $\hat{k}$ é nula, porque envolve a integral da função $\cos\theta'$ no intervalo $[0, 2\pi]$. Usando a relação (E.4) do Apêndice E para integrar a componente $\hat{i}$, temos:

$$\vec{B}(z) = \hat{i}\,\frac{\mu_0 j_0 z}{2|z|}.$$

Note que, para pontos acima da placa ($z > 0$), o campo é constante e positivo, enquanto para pontos abaixo ($z < 0$) o campo é constante e negativo.

5.5 Força de Interação Magnética

Nesta seção, vamos discutir a força de interação magnética entre duas fontes de campo magnético. Primeiramente, vamos considerar a interação entre uma carga elétrica pontual e um campo magnético. É observado, experimentalmente, que uma partícula com uma carga elétrica q e velocidade $\vec{v}$ em uma região do espaço em que existe um campo magnético $\vec{B}$ sofre um desvio devido à interação magnética. Esta interação depende da intensidade do campo magnético, da velocidade, da magnitude e do sinal da carga elétrica. De fato, observa-se que a força de interação magnética é nula para: (1) partícula sem carga, (2) partícula em repouso e (3) partícula com velocidade paralela ao vetor campo magnético. Por outro lado, a força de interação magnética é máxima quando o vetor velocidade é perpendicular ao vetor campo magnético.

Com essas observações, podemos escrever que a força de interação magnética entre uma partícula carregada eletricamente e um campo magnético é:

$$\boxed{\vec{F}(\vec{r}) = q\vec{v} \times \vec{B}(\vec{r}).} \tag{5.16}$$

Se houver também um campo elétrico, a força total que atua sobre a partícula é $\vec{F}(\vec{r}) = q[\vec{E}(\vec{r}) + \vec{v} \times \vec{B}(\vec{r})]$. A força magnética descrita na relação (5.16), pode ser generalizada para o caso de um fio condutor transportando uma corrente elétrica. Considerando que o fio é formado por infinitas partículas carregadas, podemos escrever que um elemento diferencial de cargas elétricas dQ fica sujeito à seguinte força magnética:

$$d\vec{F}(\vec{r}) = dQ\left[\vec{v} \times \vec{B}(\vec{r})\right]. \tag{5.17}$$

Usando $dQ = Idt$; $d\vec{l} = \vec{v}dt$ e integrando, obtemos que a força de interação magnética que atua sobre um circuito de corrente elétrica é:

$$\boxed{\vec{F}(\vec{r}) = \oint Id\vec{l} \times \vec{B}(\vec{r}).} \tag{5.18}$$

Usando a relação $Id\vec{l} \to \vec{J}dv$, podemos escrever (5.18) na forma:

$$\boxed{\vec{F}(\vec{r}) = \int\left[\vec{J}(\vec{r}) \times \vec{B}(\vec{r})\right]dv.} \tag{5.19}$$

A equação (5.18) descreve a força exercida sobre um circuito transportando uma corrente elétrica I quando esse é colocado em uma região na qual existe um campo magnético qualquer (gerado por outro condutor ou por um ímã). Quando o campo magnético $\vec{B}(\vec{r})$ é gerado por outro circuito de corrente elétrica, a força de interação magnética pode ser escrita explicitamente em termos das correntes elétricas que fluem nos circuitos.

A Figura 5.14 mostra dois fios condutores transportando as correntes elétricas I_1 e I_2. De acordo com a equação (5.18), o fio condutor 1 interage com o campo magnético gerado pelo fio 2 e vice-versa. Assim, a força que o fio 2 exerce sobre o fio 1 é $\vec{F}_{12}(\vec{r}_1) = \oint I_1 d\vec{l}_1 \times \vec{B}_2(\vec{r}_1)$. Usando a expressão (5.10) do campo magnético, podemos escrever que:

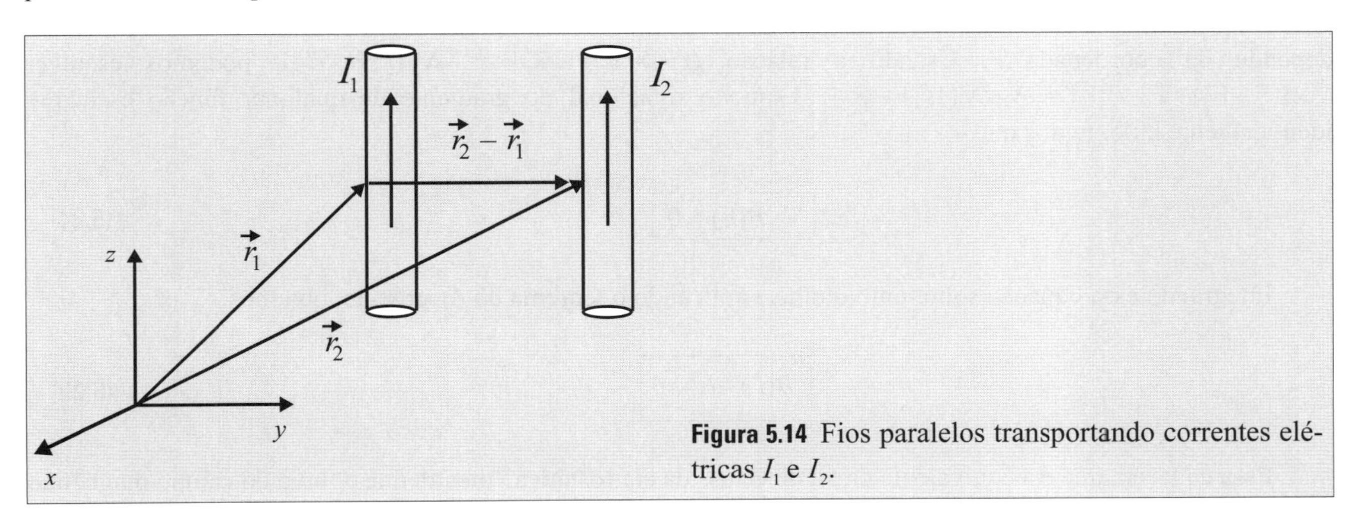

Figura 5.14 Fios paralelos transportando correntes elétricas I_1 e I_2.

$$\vec{F}_{12}(\vec{r}_1) = \frac{\mu_0}{4\pi} I_1 I_2 \oint\oint \frac{d\vec{l}_1 \times \left[d\vec{l}_2 \times (\vec{r}_2 - \vec{r}_1) \right]}{|\vec{r}_2 - \vec{r}_1|^3}. \tag{5.20}$$

Para obter a força magnética que o fio 1 exerce sobre o fio 2, basta permutar os índices 1 e 2 na relação (5.20).

A força de interação magnética entre dois condutores pode ser escrita na seguinte forma (veja o Exercício Complementar 2):

$$\vec{F}_{12}(\vec{r}_1) = -\frac{\mu_0}{4\pi} I_1 I_2 \oint\oint \frac{d\vec{l}_2 . d\vec{l}_1 (\vec{r}_2 - \vec{r}_1)}{|\vec{r}_2 - \vec{r}_1|^3}. \tag{5.21}$$

Note que, se as correntes elétricas fluem no mesmo sentido ($I_1 > 0$ e $I_2 > 0$) ou ($I_1 < 0$ e $I_2 < 0$), temos que $F_{12} < 0$, de modo que a força de interação magnética é atrativa. Se as correntes elétricas fluem em sentidos opostos ($I_1 < 0$ e $I_2 > 0$), temos $F_{12} > 0$, de modo que a força de interação magnética é repulsiva.

5.6 Divergente do Campo Magnético

Tomando o divergente da lei de Biot-Savart, dada em (5.12), temos:

$$\vec{\nabla} \cdot \vec{B}(\vec{r}) = \frac{\mu_0}{4\pi} \vec{\nabla} \int \frac{\vec{J}(\vec{r}\,') \times (\vec{r} - \vec{r}\,')}{|\vec{r} - \vec{r}\,'|^3} dv'. \tag{5.22}$$

Usando a identidade vetorial $\vec{\nabla} \cdot (\vec{F} \times \vec{G}) = \vec{G} \cdot (\vec{\nabla} \times \vec{F}) - \vec{F} \cdot (\vec{\nabla} \times \vec{G})$ em que o operador espacial $\vec{\nabla}$ atua somente na coordenada $\vec{r}$, podemos reescrever a equação anterior como:

$$\vec{\nabla} . \vec{B}(\vec{r}) = \frac{\mu_0}{4\pi} \int \left[\frac{(\vec{r} - \vec{r}\,')}{|\vec{r} - \vec{r}\,'|^3} \overbrace{\vec{\nabla} \times \vec{J}(\vec{r}\,')}^{0} - J(\vec{r}\,') \overbrace{\vec{\nabla} \times \frac{(\vec{r} - \vec{r}\,')}{|\vec{r} - \vec{r}\,'|^3}}^{0} \right] dv'. \tag{5.23}$$

O primeiro termo no lado direito é nulo, porque o vetor densidade de corrente elétrica não depende da coordenada $\vec{r}$. Usando a relação $(\vec{r} - \vec{r}\,')/|\vec{r} - \vec{r}\,'|^3 = -\vec{\nabla}[1/|\vec{r} - \vec{r}\,'|]$, podemos escrever $\vec{\nabla} \times [(\vec{r} - \vec{r}\,')/|\vec{r} - \vec{r}\,'|^3] = -\vec{\nabla} \times \vec{\nabla}(1/|\vec{r} - \vec{r}\,'|)$. Como o rotacional do gradiente de qualquer função escalar é identicamente nulo, temos que:

$$\boxed{\vec{\nabla} \cdot \vec{B}(\vec{r}) = 0.} \tag{5.24}$$

Integrando essa equação sobre um volume e aplicando o teorema do divergente, obtemos:

$$\boxed{\oint \vec{B}(\vec{r}) \cdot d\vec{s} = 0.} \tag{5.25}$$

Essa equação, que é a equivalente da lei de Gauss da eletrostática, mostra que o fluxo do campo magnético sobre uma superfície fechada é nulo. Considerando que a superfície de integração envolve a fonte do campo magnético, temos que as linhas do campo magnético devem ser fechadas para que a condição $\oint \vec{B}(\vec{r}) \cdot d\vec{s} = 0$

seja satisfeita (veja a Figura 5.15). Esse fato leva à conclusão de que não existe uma carga magnética (monopolo magnético) como fonte de campo magnético.

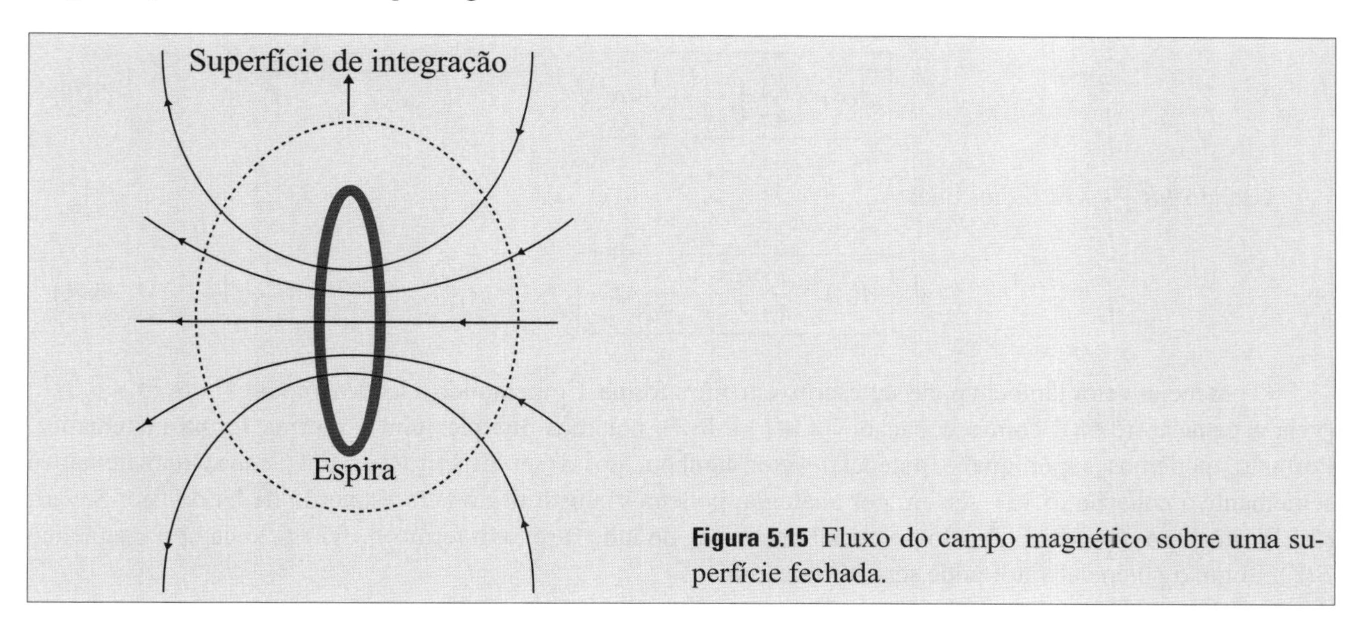

Figura 5.15 Fluxo do campo magnético sobre uma superfície fechada.

Essa conclusão é diferente daquela proveniente da lei de Gauss ($\oint \vec{E}(\vec{r}) \cdot d\vec{s} = Q / \varepsilon_0$), que mostra que as linhas do campo elétrico gerado por uma distribuição não nula de cargas elétricas são abertas. O fato de as linhas do campo elétrico serem abertas, implica a existência de uma única carga elétrica (monopolo elétrico) como fonte do campo elétrico. Na Seção 6.5 apresentamos uma breve discussão sobre a possibilidade da existência de monopolos magnéticos.

5.7 Potencial Vetor

O fato de que $\vec{\nabla} \cdot \vec{B} = 0$ implica que podemos escrever o campo magnético como $\vec{B} = \vec{\nabla} \times \vec{A}$, em que $\vec{A}$ é o potencial vetor. A expressão matemática desse potencial vetor pode ser obtida diretamente da lei de Biot-Savart. De fato, usando a relação $(\vec{r} - \vec{r}\,')/|\vec{r} - \vec{r}\,'|^3 = -\nabla(1/|\vec{r} - \vec{r}\,'|)$, podemos escrever a lei de Biot-Savart, (5.12) na forma:

$$\vec{B}(\vec{r}) = \frac{\mu_0}{4\pi} \int \vec{\nabla} \frac{1}{|\vec{r} - \vec{r}\,'|} \times \vec{J}(\vec{r}\,') dv'. \tag{5.26}$$

Usando a identidade vetorial $\vec{\nabla} \times (\phi \vec{F}) = \vec{\nabla}\phi \times \vec{F} + \phi \vec{\nabla} \times \vec{F}$ podemos reescrever o integrando da expressão (5.26) como:

$$\vec{\nabla} \frac{1}{|\vec{r} - \vec{r}\,'|} \times \vec{J}(\vec{r}\,') = \vec{\nabla} \times \left[\frac{\vec{J}(\vec{r}\,')}{|\vec{r} - \vec{r}\,'|} \right] - \frac{1}{|\vec{r} - \vec{r}\,'|} \overbrace{\vec{\nabla} \times \vec{J}(\vec{r}\,')}^{0}. \tag{5.27}$$

O último termo no lado direito é nulo, porque o vetor densidade de corrente elétrica não depende da coordenada $\vec{r}$. Portanto, substituindo a relação (5.27) em (5.26), temos que:

$$\vec{B}(\vec{r}) = \vec{\nabla} \times \overbrace{\left[\frac{\mu_0}{4\pi} \int \frac{\vec{J}(\vec{r}\,')}{|\vec{r} - \vec{r}\,'|} dv' \right]}^{\vec{A}(r)}. \tag{5.28}$$

Logo, o campo magnético pode ser escrito na forma $\vec{B}(\vec{r}) = \vec{\nabla} \times \vec{A}(\vec{r})$, em que $\vec{A}(\vec{r})$ é o potencial vetor dado por:

$$\boxed{\vec{A}(\vec{r}) = \frac{\mu_0}{4\pi} \int \frac{\vec{J}(\vec{r}\,')}{|\vec{r} - \vec{r}\,'|} dv'.} \quad \textbf{(5.29)}$$

Usando $Id\vec{l} \to \vec{J}dv$, temos que:

$$\boxed{\vec{A}(\vec{r}) = \frac{\mu_0}{4\pi} \oint \frac{I}{|\vec{r} - \vec{r}\,'|} d\vec{l}\,'.} \quad \textbf{(5.30)}$$

O potencial vetor também pode ser escrito em outra forma. Comparando a lei de Ampère $\vec{\nabla} \times \vec{B}(\vec{r}) = \mu_0 \vec{J}(\vec{r})$ [veja a equação (5.58)] com a equação $\vec{\nabla} \times \vec{A}(\vec{r}) = \vec{B}(\vec{r})$, notamos que elas têm a mesma forma matemática. Portanto, podemos supor que o potencial vetor também possa ser descrito por uma equação matemática semelhante à equação (5.12). Assim, por analogia, podemos substituir no lado esquerdo da lei de Biot-Savart, (5.12), o campo magnético $\vec{B}$ pelo potencial vetor $\vec{A}$ e, no lado direito, o termo $\mu_0 \vec{J}(\vec{r})$ pelo campo magnético $\vec{B}(\vec{r})$. Logo, o potencial vetor pode ser escrito como:

$$\vec{A}(\vec{r}) = \frac{1}{4\pi} \int \frac{\vec{B}(\vec{r}) \times (\vec{r} - \vec{r}\,')}{|\vec{r} - \vec{r}\,'|^3} dv'. \quad \textbf{(5.31)}$$

De fato, tomando o rotacional da equação anterior, obtemos que $\vec{\nabla} \times \vec{A}(\vec{r}) = \vec{B}(\vec{r})$.

EXEMPLO 5.6

Determine o potencial vetor de um fio de comprimento l transportando uma corrente elétrica constante. Utilize este resultado e calcule o campo magnético.

SOLUÇÃO

No Exemplo 5.1, calculamos o campo magnético gerado por um fio finito pela lei de Biot-Savart. Neste exemplo, vamos calcular o potencial vetor associado ao fio e, em seguida, obter o campo magnético pela relação $\vec{B} = \vec{\nabla} \times \vec{A}$. Por simplicidade, vamos colocar o fio sobre o eixo z e calcular o potencial vetor em pontos situados sobre o plano xy. Com essa escolha do sistema de referência, temos que $d\vec{l}\,' = \hat{k}dz'$, $\vec{r} = \hat{i}x + \hat{j}y$ e $\vec{r}\,' = \hat{k}z'$. Assim, podemos escrever que $\vec{r} - \vec{r}\,' = \hat{i}x + \hat{j}y - \hat{k}z'$ e $|\vec{r} - \vec{r}\,'| = \left(x^2 + y^2 + z'^2\right)^{1/2}$. Substituindo essas considerações em (5.30), temos:

$$\vec{A}(\vec{r}) = \hat{k}\frac{\mu_0 I}{4\pi} \int_{-l/2}^{l/2} \frac{dz'}{\left(x^2 + y^2 + z'^2\right)^{1/2}}.$$

Usando $r^2 = x^2 + y^2$, integrando e substituindo os limites de integração, obtemos:

$$\vec{A}(r) = \hat{k}\frac{\mu_0 I}{4\pi}\left[\ln \frac{\sqrt{r^2 + l^2/4} + l/2}{\sqrt{r^2 + l^2/4} - l/2}\right].$$

O campo magnético pode ser obtido tomando o rotacional desse potencial vetor.

É importante frisar que o campo magnético sempre pode ser obtido como o rotacional do potencial vetor, desde que ele seja calculado em um ponto qualquer. Neste exemplo, em que calculamos o potencial vetor em pontos nos quais $z = 0$, devemos ter cuidado ao calcular o campo magnético pela relação $\vec{B}(r) = \vec{\nabla} \times \vec{A}(r)$. No presente caso, podemos obter $\vec{B}$ como rotacional de $\vec{A}$, porque o campo magnético em pontos sobre a mediatriz tem somente a componente $\hat{\theta}$, que é calculada derivando a componente A_z em relação à coordenada r e a componente A_r em relação à coordenada z. Como o potencial vetor magnético possui somente a componente $\hat{k}$, o campo magnético é:

$$\vec{B}(r) = \hat{r}\frac{1}{r}\frac{\partial A_z}{\partial \theta} - \hat{\theta}\frac{\partial A_z}{\partial r}.$$

Efetuando as derivadas, obtemos:

$$\vec{B}(r) = -\hat{\theta}\frac{\mu_0 Ir}{4\pi\sqrt{r^2 + l^2/4}}\left\{\frac{1}{\left[\sqrt{r^2 + l^2/4} + l/2\right]} - \frac{1}{\left[\sqrt{r^2 + l^2/4} - l/2\right]}\right\}.$$

Após a operação algébrica, temos:

$$\vec{B}(r) = \hat{\theta}\frac{\mu_0 Il}{4\pi r\sqrt{r^2 + l^2/4}}.$$

Note que essa equação para o campo magnético foi obtida no Exemplo 5.1, usando a lei de Biot-Savart. Neste exemplo, a álgebra foi bastante simplificada, porque consideramos o caso em que $z = 0$. Uma discussão sobre o caso em que $z \neq 0$ está proposta no Exercício Complementar 28.

5.8 Expansão Multipolar do Potencial Vetor

Para pontos de observação bem afastados da distribuição de corrente elétrica, em que vale a condição $r >> r'$, podemos adotar o procedimento utilizado na Seção 2.7 para expandir o termo $|\vec{r} - \vec{r}'|$ como:

$$|\vec{r} - \vec{r}'|^{-1} = \sum_{l=0}^{\infty}\frac{1}{r}\left(\frac{r'}{r}\right)^l P_l(\cos\gamma), \tag{5.32}$$

em que $\gamma = \theta' - \theta$ e $P_l(\cos\gamma)$ são os polinômios de Legendre. Dessa forma, a relação (5.30) para $r > r'$ pode ser escrita como:

$$\vec{A}(\vec{r}) = \frac{\mu_0 I}{4\pi}\sum_{l=0}^{\infty}\frac{1}{r^{l+1}}\oint (r')^l P_l(\cos\gamma)\,dl'. \tag{5.33}$$

Escrevendo explicitamente, temos:

$$\vec{A}(\vec{r}) = \frac{\mu_0 I}{4\pi}\left[\overbrace{\frac{1}{r}\oint d\vec{l}\,'}^{\text{monopolo}} + \overbrace{\frac{1}{r^2}\oint r'\cos\gamma\, d\vec{l}\,'}^{\text{dipolo}} + \overbrace{\frac{1}{r^3}\oint r'^2\left(\frac{3}{2}\cos^2\gamma - \frac{1}{2}\right)d\vec{l}\,'}^{\text{quadrupolo}} + \ldots\right] \tag{5.34}$$

Podemos associar o primeiro termo a um monopolo magnético, o segundo termo a um dipolo magnético, o terceiro termo a um quadrupolo magnético e assim por diante.

O primeiro termo em (5.34) (termo de monopolo magnético) é identicamente nulo, uma vez que ele envolve uma integral de um vetor diferencial total em um percurso fechado. Essa condição implica a inexistência de monopolos magnéticos. Essa conclusão era esperada porque a expressão do potencial vetor magnético foi obtida a partir da divergência do campo magnético, que já exclui a existência dos monopolos magnéticos.

Mantendo somente a contribuição de dipolo magnético, e escrevendo o termo $r' \cos\gamma$ como um produto escalar entre os vetores $\vec{r} \cdot \vec{r}'$, temos que:

$$\vec{A}(\vec{r}) = \frac{\mu_0 I}{4\pi}\left[\frac{1}{r^3}\oint d\vec{l}\,'\vec{r} \cdot \vec{r}\,'\right]. \tag{5.35}$$

Usando a identidade vetorial $\oint (\vec{c} \cdot \vec{r}) \cdot d\vec{l} = \left[\frac{1}{2}\oint \left(\vec{r} \times d\vec{l}\right)\right] \times \vec{c}$, podemos escrever que:

$$\vec{A}(\vec{r}) = \frac{\mu_0}{4\pi}\overbrace{\left[\frac{I}{2}\oint \left(\vec{r}\,' \times d\vec{l}\,'\right)\right]}^{\vec{m}} \times \frac{\vec{r}}{r^3}. \tag{5.36}$$

O termo entre colchetes é definido como o momento de dipolo magnético:

$$\boxed{\vec{m} = I\left[\frac{1}{2}\oint \left(\vec{r}\,' \times d\vec{l}\,'\right)\right] = I\vec{s}} \tag{5.37}$$

em que $\vec{s}$ é o vetor perpendicular ao plano do circuito de corrente elétrica. Logo, o potencial vetor para um dipolo magnético é:

$$\boxed{\vec{A}(\vec{r}) = \frac{\mu_0 \vec{m} \times \vec{r}}{4\pi r^3}.} \tag{5.38}$$

Para obter o campo magnético, devemos tomar o rotacional deste potencial vetor.

$$\vec{B}(\vec{r}) = \frac{\mu_0}{4\pi}\vec{\nabla} \times \left(\frac{\vec{m} \times \vec{r}}{r^3}\right). \tag{5.39}$$

Usando a identidade $\vec{\nabla} \times (\vec{F} \times \vec{G}) = (\vec{\nabla} \cdot \vec{G})\vec{F} - (\vec{\nabla} \cdot \vec{F})\vec{G} + (\vec{G} \cdot \vec{\nabla})\vec{F} - (\vec{F} \cdot \vec{\nabla})\vec{G}$, e considerando que $\vec{F} = \vec{m}$ e $\vec{G} = \vec{r}\,/\,r^3$, podemos reescrever a relação (5.39) como:

$$\vec{B}(\vec{r}) = \frac{\mu_0}{4\pi}\left[\left(\vec{\nabla} \cdot \frac{\vec{r}}{r^3}\right)\vec{m} - \left(\vec{\nabla} \cdot \vec{m}\right)\frac{\vec{r}}{r^3} + \left(\frac{\vec{r}}{r^3} \cdot \vec{\nabla}\right)\vec{m} - \left(\vec{m} \cdot \vec{\nabla}\right)\frac{\vec{r}}{r^3}\right]. \tag{5.40}$$

O primeiro termo é identicamente nulo para $r \neq 0$. O segundo e o terceiro termos se anulam, porque o momento magnético pode ser considerado constante. Com essas considerações, temos:

$$\vec{B}(\vec{r}) = -\frac{\mu_0}{4\pi}\left[\left(\vec{m} \cdot \vec{\nabla}\right)\frac{\vec{r}}{r^3}\right]. \tag{5.41}$$

Usando $\vec{r} = \hat{i}x + \hat{j}y + \hat{k}z$ e $r^3 = \left(x^2 + y^2 + z^2\right)^{3/2}$, podemos escrever que:

$$\vec{B}(\vec{r}) = -\frac{\mu_0}{4\pi}\left(m_x \frac{\partial}{\partial x} + m_y \frac{\partial}{\partial y} + m_z \frac{\partial}{\partial z}\right)\frac{\left(\hat{i}x + \hat{j}y + \hat{k}z\right)}{\left(x^2 + y^2 + z^2\right)^{3/2}}. \tag{5.42}$$

Efetuando as derivadas, obtemos:

$$\vec{B}(\vec{r}) = -\frac{\mu_0}{4\pi}\left[\frac{1}{r^3}\left(\hat{i}m_x + \hat{j}m_y + \hat{k}m_z\right) - 3\left(m_x x + m_y y + m_z z\right)\frac{\vec{r}}{r^5}\right]. \tag{5.43}$$

Essa expressão pode ser escrita na forma:

$$\vec{B}(\vec{r}) = \frac{\mu_0}{4\pi}\left[-\frac{\vec{m}}{r^3} + \frac{3(\vec{m}\cdot\vec{r})\vec{r}}{r^5}\right]. \tag{5.44}$$

Esse é o campo magnético gerado por um dipolo magnético. Note que, a menos da constante $\mu_0 / 4\pi$, a expressão do campo magnético de um dipolo magnético tem a mesma forma matemática da expressão para o campo elétrico de um dipolo elétrico (veja o Exercício Resolvido 2.1).

Para concluir esta seção, vamos escrever o potencial vetor em função dos harmônicos esféricos. Usando a relação

$$|\vec{r} - \vec{r}'|^{-1} = \sum_{l=0}^{\infty}\sum_{m=-l}^{m=l}\frac{1}{r}\left(\frac{r'}{r}\right)^l \frac{4\pi}{2l+1} Y_{lm}^*(\theta',\phi')Y_{lm}(\theta,\phi) \tag{5.45}$$

válida para $r > r'$, podemos escrever a relação (5.29) do potencial vetor como:

$$\vec{A}(\vec{r}) = \frac{\mu_0}{4\pi}\int\sum_{l=0}^{\infty}\sum_{m=-l}^{m=l}\frac{1}{r}\left(\frac{r'}{r}\right)^l \frac{4\pi}{2l+1} Y_{lm}^*(\theta',\phi')Y_{lm}(\theta,\phi)\vec{J}(\vec{r}')dv'. \tag{5.46}$$

Por outro lado, para $r < r'$, em que vale a relação

$$|\vec{r} - \vec{r}'|^{-1} = \sum_{l=0}^{\infty}\sum_{m=-l}^{m=l}\frac{1}{r'}\left(\frac{r}{r'}\right)^l \frac{4\pi}{2l+1} Y_{lm}^*(\theta',\phi')Y_{lm}(\theta,\phi), \tag{5.47}$$

o potencial vetor magnético, dado em (5.29), se escreve como:

$$\vec{A}(\vec{r}) = \frac{\mu_0}{4\pi}\int\sum_{l=0}^{\infty}\sum_{m=-l}^{m=l}\frac{1}{r'}\left(\frac{r}{r'}\right)^l \frac{4\pi}{2l+1} Y_{lm}^*(\theta',\phi')Y_{lm}(\theta,\phi)\vec{J}(\vec{r}')dv' \tag{5.48}$$

5.9 Rotacional do Campo Magnético e a Lei de Ampère

Tomando o rotacional da lei de Biot-Savart, temos:

$$\vec{\nabla}\times\vec{B}(\vec{r}) = \frac{\mu_0}{4\pi}\vec{\nabla}\times\int\frac{\vec{J}(\vec{r}')\times(\vec{r}-\vec{r}')}{|\vec{r}-\vec{r}'|^3}dv'. \tag{5.49}$$

Usando a identidade $\vec{\nabla}\times(\vec{F}\times\vec{G})=(\vec{\nabla}\cdot\vec{G})\vec{F}-(\vec{\nabla}\cdot\vec{F})\vec{G}+(\vec{G}\cdot\vec{\nabla})\vec{F}-(\vec{F}\cdot\vec{\nabla})\vec{G}$, para $\vec{F}=J(\vec{r}\,')$ e $\vec{G}=(\vec{r}-\vec{r}\,')/|\vec{r}-\vec{r}\,'|^3$, podemos escrever a equação (5.49) na forma:

$$\vec{\nabla}\times\vec{B}(\vec{r})=\frac{\mu_0}{4\pi}\int\left\{\overbrace{\left[\nabla\cdot\frac{(\vec{r}-\vec{r}\,')}{|\vec{r}-\vec{r}\,'|^3}\right]}^{4\pi\delta(\vec{r}-\vec{r}\,')}\vec{J}(r')-\overbrace{\left[\vec{\nabla}\cdot\vec{J}(\vec{r}\,')\right]\frac{(\vec{r}-\vec{r}\,')}{|\vec{r}-\vec{r}\,'|^3}}^{0}\right.$$
$$\left.+\overbrace{\left[\frac{(\vec{r}-\vec{r}\,')}{\left|\vec{r}-\vec{r}\,'\right|^3}\cdot\vec{\nabla}\right]\vec{J}(\vec{r}\,')}^{0}-\left[\vec{J}(\vec{r}\,')\cdot\vec{\nabla}\right]\frac{(\vec{r}-\vec{r}\,')}{|\vec{r}-\vec{r}\,'|^3}\right\}dv'. \tag{5.50}$$

O segundo e o terceiro termos são nulos porque o operador diferencial $\vec{\nabla}$ atua na coordenada $\vec{r}$ e o vetor densidade de corrente elétrica $\vec{J}(\vec{r}\,')$ não depende dessa coordenada. Com essas considerações e usando a relação $\vec{\nabla}\cdot[(\vec{r}-\vec{r}\,')/|\vec{r}-\vec{r}\,'|^3]=4\pi\delta(\vec{r}-\vec{r}\,')$ (veja o Exercício Resolvido 1.1), obtemos:

$$\vec{\nabla}\times\vec{B}(\vec{r})=\frac{\mu_0}{4\pi}\overbrace{\int 4\pi\delta(\vec{r}-\vec{r}\,')\vec{J}(\vec{r}\,')dv'}^{4\pi\vec{J}(\vec{r})}-\frac{\mu_0}{4\pi}\int\left[\vec{J}(\vec{r}\,')\cdot\vec{\nabla}\right]\frac{(\vec{r}-\vec{r}\,')}{|\vec{r}-\vec{r}\,'|^3}dv'. \tag{5.51}$$

A primeira integral é igual à $4\pi\vec{J}(\vec{r})$. Usando a relação $\vec{\nabla}\to-\vec{\nabla}_{r'}$ em que o operador $\vec{\nabla}_{r'}$ atua nas coordenadas com linha e decompondo o vetor $(\vec{r}-\vec{r}\,')$ nas suas componentes cartesianas, $(\vec{r}-\vec{r}\,')=\hat{i}\left(x-x'\right)+\hat{j}\left(y-y'\right)+\hat{k}\left(z-z'\right)$, podemos escrever:

$$\vec{\nabla}\times\vec{B}(\vec{r})=\mu_0\vec{J}(r)+\hat{i}\,\frac{\mu_0}{4\pi}\int\left[\vec{J}(\vec{r}\,').\vec{\nabla}_{r'}\right]\frac{(x-x')}{|\vec{r}-\vec{r}\,'|^3}dv'+\hat{j}\,\frac{\mu_0}{4\pi}\int\left[\vec{J}(\vec{r}\,').\vec{\nabla}_{r'}\right]\frac{(y-y')}{|\vec{r}-\vec{r}\,'|^3}dv'$$
$$+\hat{k}\,\frac{\mu_0}{4\pi}\int\left[\vec{J}(\vec{r}\,').\vec{\nabla}_{r'}\right]\frac{(z-z')}{|\vec{r}-\vec{r}\,'|^3}dv'. \tag{5.52}$$

Para calcular a integral envolvendo a componente $\hat{i}$, vamos considerar uma função escalar $\phi=\left(x-x'\right)/|\vec{r}-\vec{r}\,'|^3$ e uma função vetorial $\vec{F}=\vec{J}(r')$. Usando a identidade $\vec{\nabla}\cdot(\phi\vec{F})=\vec{F}\cdot\vec{\nabla}\phi+\phi\vec{\nabla}\cdot\vec{F}$, podemos escrever que:

$$\vec{\nabla}_{r'}\cdot\left[\frac{\vec{J}(\vec{r}\,')\left(x-x'\right)}{|\vec{r}-\vec{r}\,'|^3}\right]=\vec{J}(\vec{r}\,')\cdot\vec{\nabla}_{r'}\frac{\left(x-x'\right)}{|\vec{r}-\vec{r}\,'|^3}+\frac{\left(x-x'\right)}{|\vec{r}-\vec{r}\,'|^3}\vec{\nabla}_{r'}\cdot\vec{J}(r'). \tag{5.53}$$

Isolando o primeiro termo no lado direito desta equação, temos:

$$\vec{\nabla}_{r'}\cdot\left[\frac{\vec{J}(\vec{r}\,')\left(x-x'\right)}{|\vec{r}-\vec{r}\,'|^3}\right]-\frac{\left(x-x'\right)}{|\vec{r}-\vec{r}\,'|^3}\vec{\nabla}_{r'}\cdot\vec{J}(\vec{r}\,')=\left[\vec{J}(r')\cdot\vec{\nabla}_{r'}\right]\frac{\left(x-x'\right)}{|\vec{r}-\vec{r}\,'|^3}. \tag{5.54}$$

O termo do lado direito é o integrando da integral que pretendemos calcular. Usando a expressão (5.54), podemos reescrever a integral na componente $\hat{i}$ [primeira integral em (5.52)] como:

$$\int\left[\vec{J}(\vec{r}\,')\cdot\vec{\nabla}_{r'}\right]\frac{\left(x-x'\right)}{|\vec{r}-\vec{r}\,'|^3}dv'=\int\vec{\nabla}_{r'}\cdot\left[\frac{\vec{J}(r')\left(x-x'\right)}{|\vec{r}-\vec{r}\,'|^3}\right]dv'-\int\frac{\left(x-x'\right)}{|\vec{r}-\vec{r}\,'|^3}\vec{\nabla}_{r'}\cdot\vec{J}(\vec{r}\,')dv'. \tag{5.55}$$

Aplicando o teorema do divergente na primeira integral do lado direito, obtemos:

$$\int \left[\vec{J}(\vec{r}\,')\cdot\vec{\nabla}_{r'}\right]\frac{(x-x')}{|\vec{r}-\vec{r}\,'|^3}dv' = \oint \frac{(x-x')}{|\vec{r}-\vec{r}\,'|^3}\vec{J}(\vec{r}\,')\cdot dd\vec{s}\,' - \int \frac{(x-x')}{|\vec{r}-\vec{r}\,'|^3}\vec{\nabla}_{r'}\cdot\vec{J}(\vec{r}\,')dv'. \quad \textbf{(5.56)}$$

A integral de superfície no lado direito é nula, porque o produto $\vec{J}(\vec{r}\,')\cdot d\vec{s}\,'$ é nulo sobre a superfície de integração. Isso porque não existe fluxo de carga para fora da superfície. Pela lei de conservação da carga elétrica, temos que $\vec{\nabla}_{r'}\cdot\vec{J}(\vec{r}\,',t') = -\partial\rho(\vec{r}\,',t')/\partial t$ (Veja a equação 5.7). Neste ponto, vamos separar a discussão em dois casos:

1º Caso: Corrente elétrica estacionária

Para corrente elétrica estacionária, a densidade de carga elétrica não depende do tempo, isto é, $\rho(\vec{r}\,',t') = \rho(\vec{r}\,')$. Neste caso, temos que $\partial\rho(\vec{r}\,')/\partial t = 0$, de modo $\nabla_{r'}\cdot\vec{J}(\vec{r}\,') = 0$. Portanto, para corrente elétrica estacionária, a equação (5.56) se reduz a:

$$\int \left[\vec{J}(\vec{r}\,',t)\cdot\vec{\nabla}_{r'}\right]\frac{(x-x')}{|\vec{r}-\vec{r}\,'|^3}dv' = 0. \quad \textbf{(5.57)}$$

Por analogia, temos que as integrais para as componentes $\hat{j}$ e $\hat{k}$ na equação (5.52) também são nulas. Portanto, o rotacional do campo magnético, calculado na equação (5.52), se reduz a:

$$\boxed{\vec{\nabla}\times\vec{B}(\vec{r}) = \mu_0\vec{J}(\vec{r}).} \quad \textbf{(5.58)}$$

Essa equação descreve a lei de Ampère, para o caso de corrente elétrica estacionária, em sua forma diferencial. Integrando sobre uma superfície, temos:

$$\int \left[\vec{\nabla}\times\vec{B}(\vec{r})\right]\cdot d\vec{s} = \mu_0\int \vec{J}(\vec{r}\,')\cdot d\vec{s}. \quad \textbf{(5.59)}$$

Aplicando o teorema de Stokes para a integral no lado esquerdo e lembrando que a primeira integral do lado direito é igual à corrente elétrica, podemos escrever a lei de Ampère na sua forma integral como:

$$\boxed{\oint \vec{B}(\vec{r})\cdot d\vec{l} = \mu_0 I} \quad \textbf{(5.60)}$$

em que I é a corrente elétrica contida no percurso fechado l. Esta corrente elétrica I nem sempre é a corrente elétrica transportada pelo condutor (para mais detalhes, veja o Exemplo 5.7).

A lei de Ampère na forma diferencial mostra que o campo magnético é rotacional, isto é, as linhas do campo magnético devem ser curvas, de modo que o seu rotacional seja proporcional ao vetor densidade de corrente elétrica. Alternativamente, a lei de Ampère na forma integral mostra que a circulação do campo magnético sobre um percurso fechado é proporcional à corrente elétrica contida dentro desse percurso. Isso implica fisicamente que a corrente elétrica é fonte do campo magnético.

É importante ressaltar que a lei de Ampère tem validade geral. Entretanto, em alguns casos particulares com simetria, a lei de Ampère facilita o cálculo do módulo do campo magnético. De fato, em circuitos de corrente elétrica para os quais podemos traçar um percurso fechado, no qual:

(1) *o campo magnético é paralelo (ou antiparalelo) ao elemento de linha* $d\vec{l}$, de modo que o produto escalar $\vec{B}(\vec{r}).d\vec{l}$ é igual a $B(\vec{r})dl$ (ou $-B(\vec{r})dl$). Neste caso, a integral $\oint \vec{B}(\vec{r})\cdot d\vec{l}$ se reduz a: $\oint B(\vec{r})dl$ [ou $-\oint B(\vec{r})dl$];

(2) *o campo magnético é constante sobre todos os pontos do percurso dl*. Neste caso, podemos colocar o campo magnético à esquerda do símbolo de integral, de modo que $\oint \vec{B}(\vec{r})\cdot d\vec{l} = B(\vec{r})\oint dl = B(\vec{r})l$.

Portanto, se essas duas condições forem satisfeitas, a lei de Ampère se escreve como $B(\vec{r})l = \mu_0 I$, de modo que o módulo do campo magnético é:

$$B(\vec{r}) = \frac{\mu_0 I}{l} \tag{5.61}$$

em que l é o comprimento do percurso fechado e I é a corrente elétrica contida nele. Portanto, da mesma forma que a lei de Gauss, a lei de Ampère tem utilidade prática em problemas físicos com simetria.

2º Caso: Corrente elétrica não estacionária

Antes de terminar esta seção sobre a lei de Ampère, é interessante discutirmos o caso de corrente elétrica não estacionária, no qual a densidade de cargas elétricas depende do tempo. Na verdade, a densidade de cargas elétricas depende de um tempo anterior ou tempo retardado dado por $t' = t - (v/c)|\vec{r} - \vec{r}'|$ (para mais detalhes sobre tempo retardado, veja o Capítulo 13).

Vamos considerar somente velocidades não relativísticas em que vale a condição $v << c$. Neste caso, temos que $v/c \to 0$, de modo que o tempo retardado (t') é aproximadamente igual ao tempo atual (t). Com essa consideração, temos que $\rho(\vec{r}', t') \to \rho(\vec{r}', t)$. Neste caso, usando a equação de conservação da carga elétrica $[\vec{\nabla}_{r'} \cdot \vec{J}(\vec{r}', t) = -\partial\rho(\vec{r}', t)/\partial t]$ e lembrando que o primeiro termo no lado direito da equação (5.56) é nulo, podemos escrever que:

$$\int \left[\vec{J}(\vec{r}',t)\cdot\vec{\nabla}_{r'}\right]\frac{(x-x')}{|\vec{r}-\vec{r}'|^3}dv' = \int \frac{(x-x')}{|\vec{r}-\vec{r}'|^3}\frac{\partial\rho(\vec{r}',t)}{\partial t}dv'. \tag{5.62}$$

Invertendo a ordem do operador diferencial com a integral no termo do lado direito, temos:

$$\int \left[\vec{J}(\vec{r}',t)\cdot\vec{\nabla}_{r'}\right]\frac{(x-x')}{|\vec{r}-\vec{r}'|^3}dv' = \frac{\partial}{\partial t}\int \frac{\rho(\vec{r}',t)(x-x')}{|\vec{r}-\vec{r}'|^3}dv' \tag{5.63}$$

Analogamente, temos que as integrais para as componentes $\hat{j}$ e $\hat{k}$, na equação (5.52), são dadas por:

$$\int \left[\vec{J}(\vec{r}',t)\cdot\vec{\nabla}_{r'}\right]\frac{(y-y')}{|\vec{r}-\vec{r}'|^3}dv' = \frac{\partial}{\partial t}\int \frac{\rho(\vec{r}',t)(y-y')}{|\vec{r}-\vec{r}'|^3}dv' \tag{5.64}$$

$$\int \left[\vec{J}(\vec{r}',t)\cdot\vec{\nabla}_{r'}\right]\frac{(z-z')}{|\vec{r}-\vec{r}'|^3}dv' = \frac{\partial}{\partial t}\int \frac{\rho(\vec{r}',t)(z-z')}{|\vec{r}-\vec{r}'|^3}dv'. \tag{5.65}$$

Substituindo (5.63)-(5.65) em (5.52), obtemos:

$$\vec{\nabla}\times\vec{B}(\vec{r},t) = \mu_0\vec{J}(\vec{r},t) + \frac{\mu_0}{4\pi}\frac{\partial}{\partial t}\int \rho(\vec{r}',t)\left[\frac{\hat{i}(x-x')+\hat{j}(y-y')+\hat{k}(z-z')}{|\vec{r}-\vec{r}'|^3}\right]dv'. \tag{5.66}$$

O numerador do termo entre colchetes é o vetor $(\vec{r}-\vec{r}\,')$. Multiplicando e dividindo o segundo termo do lado direito por ε_0, temos:

$$\vec{\nabla}\times\vec{B}(\vec{r},t)=\mu_0\vec{J}(\vec{r}\,',t)+\varepsilon_0\mu_0\frac{\partial}{\partial t}\overbrace{\left[\frac{1}{4\pi\varepsilon_0}\int\frac{\rho(\vec{r}\,',t)(\vec{r}-\vec{r}\,')}{|\vec{r}-\vec{r}\,'|^3}dv'\right]}^{\vec{E}(\vec{r},t)}. \quad (5.67)$$

Note que o termo entre colchetes é a expressão para o campo elétrico [veja a equação (2.10)]. Portanto, o rotacional do campo magnético é escrito na forma:

$$\boxed{\vec{\nabla}\times\vec{B}(\vec{r},t)=\mu_0\vec{J}(\vec{r}\,',t)+\varepsilon_0\mu_0\frac{\partial}{\partial t}E(\vec{r},t).} \quad (5.68)$$

Essa equação descreve a lei de Ampère-Maxwell em sua forma diferencial. Integrando esta expressão sobre uma superfície, usando $I(t)=\int\vec{J}(\vec{r},t)\cdot d\vec{s}$ e o teorema de Stokes, temos que a lei de Ampère-Maxwell na forma integral é:

$$\boxed{\oint\vec{B}(\vec{r},t)\cdot d\vec{l}=\mu_0 I(t)+\varepsilon_0\mu_0\frac{\partial}{\partial t}\int\vec{E}(\vec{r},t)\cdot d\vec{s}.} \quad (5.69)$$

No Exemplo 8.1, é feita uma discussão qualitativa para generalizar a lei de Ampère e obter a lei de Ampère-Maxwell.

EXEMPLO 5.7

Utilize a lei de Ampère para calcular o campo magnético gerado por: (a) um fio infinito, (b) um solenoide muito longo e (c) um toroide.

SOLUÇÃO

a) Fio infinito

De acordo com a regra da mão direita de Ampère, o campo magnético gerado por um fio está orientado ao longo da direção $\hat{\theta}$. Portanto, o caminho amperiano deve ser uma circunferência, conforme mostra a Figura 5.16. De acordo com a relação (5.61), o campo magnético do fio é dado por $B(r)=\mu_0 I/l$, em que $l=2\pi r$ é o comprimento do percurso, sendo r a distância perpendicular do ponto de observação ao fio. Nesse caso, a corrente elétrica I é a própria corrente elétrica I_0 transportada pelo fio. Portanto, o módulo do campo magnético gerado por um longo fio é $B(r)=\mu_0 I_0/2\pi r$.

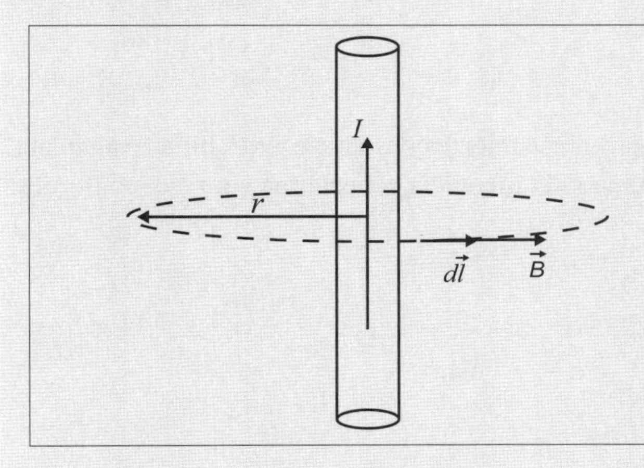

Figura 5.16 Caminho amperiano (linha tracejada) utilizado para calcular o campo magnético gerado por um longo fio transportando corrente elétrica I.

b) Solenoide longo

O campo magnético no interior de um longo solenoide está na direção do seu eixo de simetria. Além disso, observações experimentais mostram que o campo magnético em pontos externos e próximos ao solenoide pode ser desprezado. Com essas considerações, temos que o caminho amperiano para um longo solenoide é um retângulo, conforme mostra a Figura 5.17. Neste caso, a integral fechada da lei de Ampère pode ser escrita como a soma de quatro integrais abertas: $\oint \vec{B}\cdot d\vec{l} = \int \vec{B}\cdot d\vec{l}_1 + \int \vec{B}\cdot d\vec{l}_2 + \int \vec{B}\cdot d\vec{l}_3 + \int \vec{B}\cdot d\vec{l}_4$. A integral $\int \vec{B}\cdot d\vec{l}_2$ é nula, porque em pontos externos muito próximos ao solenoide o campo magnético é nulo. As integrais $\int \vec{B}\cdot d\vec{l}_1$ e $\int \vec{B}\cdot d\vec{l}_3$ são nulas, porque os produtos escalares $\vec{B}\cdot d\vec{l}_1$ e $\vec{B}\cdot d\vec{l}_3$ são identicamente nulos, uma vez que o vetor $\vec{B}$ é perpendicular aos caminhos $d\vec{l}_1$ e $d\vec{l}_3$.

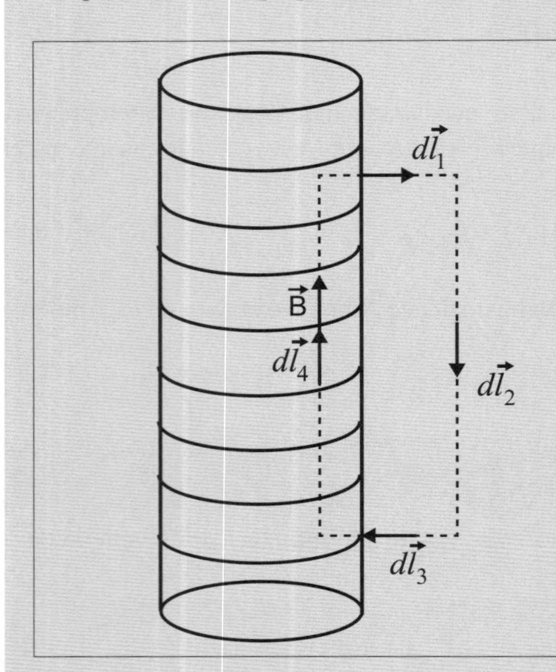

Figura 5.17 Caminho amperiano (retângulo de linha tracejada) utilizado para calcular o campo magnético gerado por um longo solenoide transportando corrente elétrica I_0.

Assim, o módulo do campo magnético no interior de um longo solenoide é dado por $B(r) = \mu_0 I / l$, em que l é o comprimento do solenoide. Nesse caso, a corrente elétrica I contida no caminho amperiano não é a corrente elétrica transportada pelo solenoide. Elas estão relacionadas por $I = NI_0$. Logo, o campo magnético gerado no interior de um longo solenoide é dado por:

$$B(r) = \frac{\mu_0 N I_0}{l}.$$

em que N é o número de espiras.

c) Toroide circular

O campo magnético no interior de um toroide circular é aproximadamente constante e tem a direção angular. Portanto, o caminho amperiano para o toroide deve ser uma circunferência concêntrica com ele, conforme mostra a Figura 5.18.

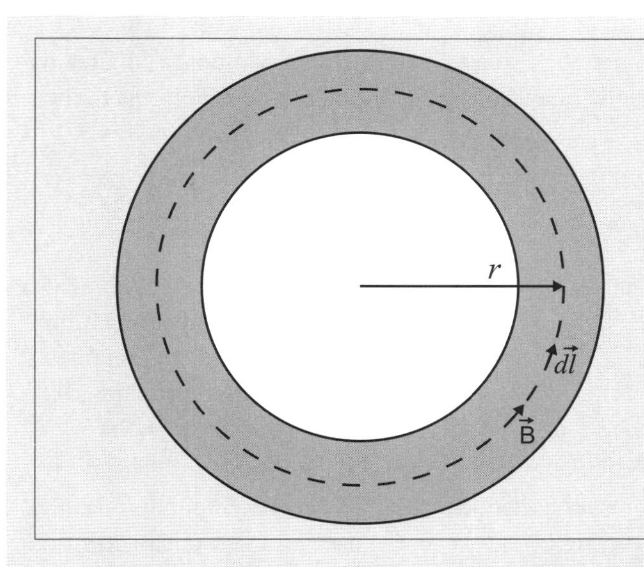

Figura 5.18 Caminho amperiano (circunferência de linha tracejada) utilizado para calcular o campo magnético gerado por um toroide transportando corrente elétrica I_0.

De acordo com a relação (5.61), o módulo do campo magnético é $B(r) = \mu_0 I / l$, em que $l = 2\pi r$, sendo r a distância perpendicular do ponto de observação ao centro do toroide. Aqui, I também não é a corrente elétrica que circula no toroide. A relação entre elas é $I = NI_0$, em que N é o número de espiras. Portanto, o campo magnético gerado no interior do toroide é dado por:

$$B(r) = \frac{\mu_0 N I_0}{2\pi r}.$$

EXEMPLO 5.8

Uma espira retangular de lados a e b transportando uma corrente elétrica I é colocada em uma região na qual existe campo magnético uniforme. Calcule a força e o torque exercidos pelo campo magnético sobre a espira.

SOLUÇÃO

Por simplicidade, vamos considerar um campo magnético entrando na página do livro e perpendicular ao plano da espira, conforme mostram as Figuras 5.19(a) e 5.20(a).[11] A força magnética que atua sobre um circuito de corrente elétrica é dada por $\vec{F}(\vec{r}) = \oint Id\vec{l} \times \vec{B}(\vec{r})$. Neste caso da espira retangular, essa integral fechada pode ser escrita como a soma de quatro integrais abertas, isto é, $\vec{F}(\vec{r}) = \int Id\vec{l}_1 \times \vec{B}(\vec{r}) + \int Id\vec{l}_2 \times \vec{B}(\vec{r}) + \int Id\vec{l}_3 \times \vec{B}(\vec{r}) + \int Id\vec{l}_4 \times \vec{B}(\vec{r})$, em que $d\vec{l}_1$, $d\vec{l}_2$, $d\vec{l}_3$ e $d\vec{l}_4$ são os caminhos mostrados na Figura 5.19(b). Se a espira estiver totalmente introduzida na região do campo magnético constante, conforme mostra a Figura 5.19(a), a força magnética resultante é nula, porque a integral $\int Id\vec{l} \times \vec{B}(\vec{r})$ sobre um lado da espira é cancelada pela integral no lado oposto, isto é, $\int Id\vec{l}_1 \times \vec{B}(\vec{r}) = -\int Id\vec{l}_3 \times \vec{B}(\vec{r})$ e $\int Id\vec{l}_2 \times \vec{B}(\vec{r}) = -\int Id\vec{l}_4 \times \vec{B}(\vec{r})$.

Se a espira estiver parcialmente introduzida na região do campo, conforme mostra a Figura 5.20 (a), ela fica sujeita à força $\vec{F} = IaB\hat{i}$, que tende a recolocá-la no interior do campo magnético. Esta força magnética pode ser escrita como $\vec{F} = \vec{\nabla}(IaxB)$, em que x representa a parte da espira que está inserida no campo magnético. Para $x = 0$, a espira está fora do campo e para $x = b$ ela está totalmente dentro do campo.

[11] Do ponto de vista do leitor, um campo magnético entrando na página do livro é representado por "X", enquanto um campo saindo é representado por "•".

Note que para ambos os casos ($x = 0$ ou $x = b$) a força magnética sobre a espira é nula. Como ax é a área da parte da espira que está dentro do campo magnético, temos que $Iax = m$ é o momento de dipolo magnético associado a essa parte.

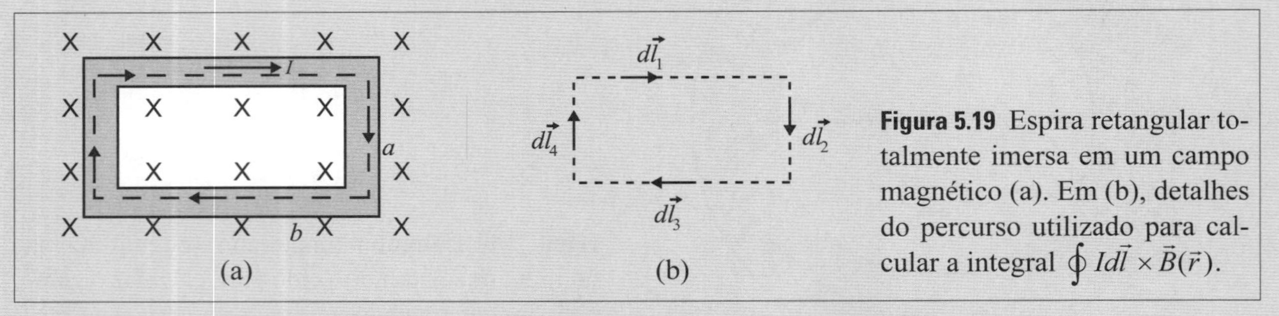

Figura 5.19 Espira retangular totalmente imersa em um campo magnético (a). Em (b), detalhes do percurso utilizado para calcular a integral $\oint Id\vec{l} \times \vec{B}(\vec{r})$.

Logo, a força magnética que atua sobre a espira pode ser escrita como $\vec{F} = \vec{\nabla}(\vec{m} \cdot \vec{B})$. Supondo que essa lei de força possa ser escrita na forma $\vec{F} = -\vec{\nabla} U_m$, temos que $U_m = -\vec{m} \cdot \vec{B}$ é a energia magnética adquirida pela espira.[12]

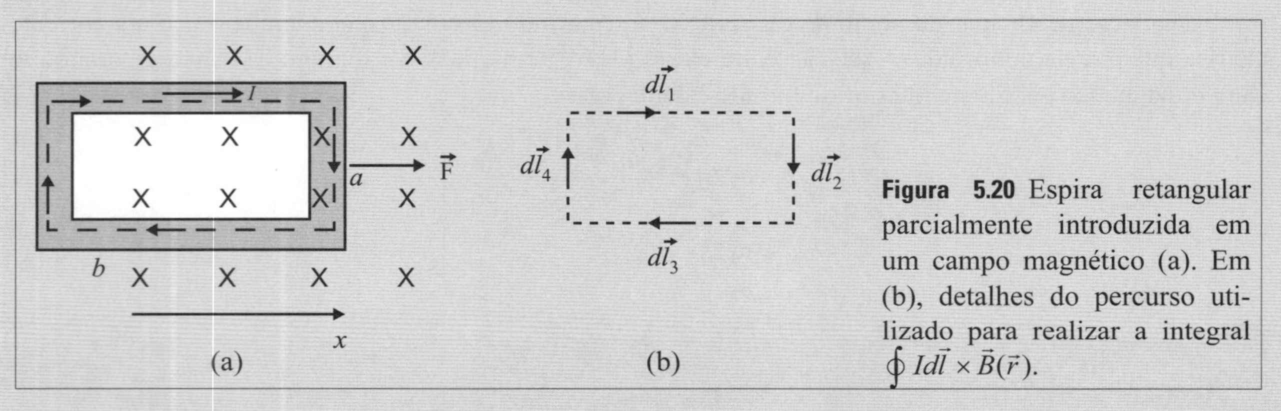

Figura 5.20 Espira retangular parcialmente introduzida em um campo magnético (a). Em (b), detalhes do percurso utilizado para realizar a integral $\oint Id\vec{l} \times \vec{B}(\vec{r})$.

O torque da força magnética sobre a espira é $\vec{\tau} = \vec{r} \times \vec{F}$, em que $\vec{r}$ é um vetor em torno do qual ocorre o movimento de rotação. Se a espira estiver colocada de tal forma que o vetor perpendicular ao plano que a contém esteja paralelo às linhas do campo magnético, o torque é nulo. Se o plano da espira não estiver perpendicular às linhas do campo magnético, o torque é dado por $\vec{\tau} = \vec{r} \times (\oint Id\vec{l} \times \vec{B})$.

Se o campo magnético for constante sobre o percurso de integração, ele pode ser colocado fora do símbolo de integral. Além disso, somente os elementos de linha perpendiculares ao campo magnético contribuem para a integração. Dessa forma, o torque é $\vec{\tau} = I(\vec{a} \times \vec{b}) \times \vec{B}$. Usando a definição do momento de dipolo magnético $\vec{m} = I(\vec{a} \times \vec{b})$, podemos escrever esse torque na forma $\vec{\tau} = \vec{m} \times \vec{B}$.

É importante mencionar que, neste exemplo, as expressões para a energia magnética e o torque foram obtidas considerando o caso particular de uma espira retangular colocada em um campo magnético constante. Entretanto, essas expressões têm validade geral. Uma discussão complementar sobre este tema está feita na seção seguinte.

[12] Na verdade, a relação $\vec{F} = -\vec{\nabla} U_m$ é válida quando a corrente elétrica é constante e o fluxo magnético varia. No caso no qual o fluxo magnético é constante, vale a relação $\vec{F} = \vec{\nabla} U_m$. Para mais detalhes sobre a relação entre força magnética e energia, veja a Seção 7.9.

5.10 Força e Torque sobre um Dipolo Magnético

No Exemplo 5.8, calculamos a força magnética e o torque exercidos sobre uma espira retangular colocada em um campo magnético constante. Nesta seção, será feita uma discussão de um caso mais geral.

Como a dimensão de um dipolo magnético é pequena, o campo magnético atuando sobre ele pode ser considerado aproximadamente constante. Assim, o campo magnético pode ser expandido em torno do ponto em que está localizado o dipolo na forma $\vec{B}(r) = \vec{B}(0) + (\vec{r} \cdot \vec{\nabla})\vec{B}(0) + \cdots$, de modo que a força magnética atuando sobre ele é:

$$\vec{F} = \oint I d\vec{l}\,' \times \left[\vec{B}(0) + (\vec{r}\,' \cdot \vec{\nabla})\vec{B}(0) + \cdots \right]. \tag{5.70}$$

Efetuando o produto vetorial, temos:

$$\vec{F} = \left[\oint I d\vec{l}\,' \right] \times \vec{B}(0) + \oint I d\vec{l}\,' \times (\vec{r}\,' \cdot \vec{\nabla})\vec{B}(0) + \cdots. \tag{5.71}$$

O primeiro termo é nulo, porque envolve a integral de um elemento diferencial total em um percurso fechado. Usando $d\vec{l}\,' = \hat{i}dx' + \hat{j}dy' + \hat{k}dz$ e $\vec{B}(0) = \hat{i}B_x(0) + \hat{j}B_y(0) + \hat{k}B_z(0)$, podemos escrever a segunda integral como:

$$\vec{F} = \oint I\left(\hat{i}dx' + \hat{j}dy' + \hat{k}dz'\right) \times \left\{ (\vec{r}\,' \cdot \vec{\nabla})\left[\hat{i}B_x(0) + \hat{j}B_y(0) + \hat{k}B_z(0) \right] \right\} + \cdots. \tag{5.72}$$

Efetuando o produto vetorial e agrupando os termos por componentes, temos:

$$\begin{aligned} \vec{F} = {} & \hat{i} \oint I\left[dy'(\vec{r}\,' \cdot \vec{\nabla})B_z - dz'(\vec{r}\,' . \vec{\nabla})B_y \right] + \hat{j} \oint I\left[dz'(\vec{r}\,' \cdot \vec{\nabla})B_x - dx'(\vec{r}\,' \cdot \vec{\nabla})B_z \right] \\ & + \hat{k} \oint I\left[dx'(\vec{r}\,' \cdot \vec{\nabla})B_y - dy'(\vec{r}\,' \cdot \vec{\nabla})B_x \right]. \end{aligned} \tag{5.73}$$

Usando $(\vec{r}\,' \cdot \vec{\nabla}) = (x'\partial / \partial x + y'\partial / \partial y + z'\partial / \partial z)$, temos que a componente z da força magnética é:

$$\begin{aligned} F_z = I \Bigg[& \frac{\partial B_y}{\partial x} \oint x'dx' + \frac{\partial B_y}{\partial y} \oint y'dx' + \frac{\partial B_y}{\partial z} \oint z'dx' - \frac{\partial B_x}{\partial x} \oint x'dy' \\ & - \frac{\partial B_x}{\partial y} \oint y'dy' - \frac{\partial B_x}{\partial z} \oint z'dy' \Bigg]. \end{aligned} \tag{5.74}$$

A integrais $\oint x'dx'$ e $\oint y'dy'$ são nulas. Somando e subtraindo o termo $x'dy' / 2$, a integral $\oint y'dx'$ pode ser escrita como:

$$\oint y'dx' = \oint \frac{1}{2}\left[y'dx' + y'dx' \right] + \frac{1}{2}\left[x'dy' - x'dy' \right]. \tag{5.75}$$

Rearrumando os termos, obtemos:

$$I \oint y'dx' = \frac{I}{2} \oint \overbrace{\left[y'dx' + x'dy' \right]}^{d(x'y')} + \overbrace{\frac{I}{2} \oint \left[y'dx' - x'dy' \right]}^{-m_z}. \tag{5.76}$$

O integrando da primeira integral do lado direito pode ser escrito como uma diferencial total, $y'dx' + x'dy' = d(x'y')$. Logo, o primeiro termo é nulo, porque envolve a integral de uma diferencial total em um percurso fechado.

Como o momento magnético em coordenadas cartesianas é $\vec{m} = \hat{i}\frac{I}{2}\oint\left(y'dz' - z'dy'\right) + \hat{j}\frac{I}{2}\oint\left(z'dx' - x'dz'\right) + \hat{k}\frac{I}{2}\oint\left(x'dy' - y'dx'\right)$ (veja o Exercício Complementar 32), temos que a segunda integral do lado direito da relação (5.76) é igual a $-m_z$. Logo, a equação anterior pode ser escrita como:

$$I\oint y'dx' = -m_z. \tag{5.77}$$

Por analogia, podemos escrever que $I\oint x'dy' = m_z$, $I\oint z'dx' = m_y$ e $I\oint z'dy' = -m_x$. Substituindo essas integrais em (5.74), temos:

$$F_z = -\frac{\partial B_y}{\partial y}m_z + \frac{\partial B_y}{\partial z}m_y - \frac{\partial B_x}{\partial x}m_z + \frac{\partial B_x}{\partial z}m_x. \tag{5.78}$$

Agrupando os termos semelhantes, obtemos

$$F_z = \frac{\partial B_x}{\partial z}m_x + \frac{\partial B_y}{\partial z}m_y + \overbrace{\left(-\frac{\partial B_y}{\partial y} - \frac{\partial B_x}{\partial x}\right)}^{\partial B_z/\partial z}m_z. \tag{5.79}$$

Da relação $\vec{\nabla}\cdot\vec{B} = 0$, podemos escrever que $\partial B_x/\partial x + \partial B_y/\partial y + \partial B_z/\partial z = 0$. Assim, temos que $\partial B_z/\partial z = -\partial B_x/\partial x - \partial B_y/\partial y$. Logo, a componente z da força magnética é:

$$F_z = \frac{\partial B_x}{\partial z}m_x + \frac{\partial B_y}{\partial z}m_y + \frac{\partial B_z}{\partial z}m_z. \tag{5.80}$$

Essa equação pode ser escrita na forma compacta $F_z = \vec{m}.\partial\vec{B}/\partial z$. Seguindo um procedimento análogo, podemos mostrar que as componentes x e y da força magnética são: $F_x = \vec{m}\cdot\partial\vec{B}/\partial x$ e $F_y = \vec{m}\cdot\partial\vec{B}/\partial y$ (veja o Exercício Complementar 33). Com essas considerações, a força magnética ($\vec{F} = \hat{i}F_x + \hat{j}F_y + \hat{k}F_z$) atuando sobre um pequeno circuito com momento dipolo magnético $\vec{m}$ é:

$$\vec{F} = \hat{i}\vec{m}\cdot\frac{\partial\vec{B}}{\partial x} + \hat{j}\vec{m}\cdot\frac{\partial\vec{B}}{\partial y} + \hat{k}\vec{m}\cdot\frac{\partial\vec{B}}{\partial z}. \tag{5.81}$$

Como o momento magnético $\vec{m}$ é aproximadamente constante, podemos escrever que:

$$\boxed{\vec{F} = \vec{\nabla}\left(\vec{m}\cdot\vec{B}\right).} \tag{5.82}$$

Supondo que a força magnética atuando sobre o dipolo magnético tem a forma $\vec{F} = -\vec{\nabla}U_m$, podemos concluir que a energia de interação entre o dipolo e o campo magnético é:

$$\boxed{U_m = -\vec{m}\cdot\vec{B}.} \tag{5.83}$$

O torque que a força magnética exerce sobre um circuito de corrente elétrica, calculado por $\vec{\tau} = \vec{r} \times \vec{F}(r)$, é:

$$\vec{\tau} = \oint \left[\vec{r}\,' \times d\vec{l}\,' \times \vec{B}(r) \right]. \tag{5.84}$$

Efetuando o triplo produto vetorial e usando a expansão $\vec{B}(r) = \vec{B}(0) + (\vec{r} \cdot \vec{\nabla})\vec{B}(0) + \cdots$, temos:

$$\vec{\tau} = I \oint d\vec{l}\,' \left[\vec{r}\,' \cdot \vec{B}(0) \right] - I \oint \left[\vec{r}\,' \cdot d\vec{l}\,' \right] \vec{B}(0). \tag{5.85}$$

A segunda integral é nula. A primeira integral pode ser escrita como:

$$\vec{\tau} = I \oint \left(\hat{i}dx' + \hat{j}dy' + \hat{k}dz' \right) \left\{ \left(\hat{i}x' + \hat{j}y' + \hat{k}z' \right) \cdot \left[\hat{i}B_x(0) + \hat{j}B_y(0) + \hat{k}B_z(0) \right] \right\}. \tag{5.86}$$

Efetuando o produto escalar e separando por componentes, temos:

$$\begin{aligned} \vec{\tau} = \hat{i} & \left[B_x(0) I \oint x' dx' + B_y(0) I \oint y' dx' + B_z(0) I \oint z' dx' \right] \\ + \hat{j} & \left[B_x(0) I \oint Ix' dy' + B_y(0) I \oint y' dy' + I \oint B_z(0) z' dy' \right] \\ \hat{k} & \left[B_x(0) I \oint x' dz' + B_y(0) I \oint y' dz' + B_z(0) I \oint z' dz' \right]. \end{aligned} \tag{5.87}$$

A componente x do torque é:

$$\tau_x = B_x(0) I \oint x' dx' + B_y(0) I \oint y' dx' + B_z(0) I \oint z' dx'. \tag{5.88}$$

Como foi mostrado anteriormente, temos que: $\oint x' dx' = 0$; $I \oint y' dx' = -m_z$ e $I \oint z' dx' = m_y$. Portanto, a componente x do torque é:

$$\tau_x = -B_y(0) m_z + B_z(0) m_y. \tag{5.89}$$

Por analogia, temos que (veja o Exercício Complementar 34):

$$\tau_y = B_x(0) m_z - m_x B_z(0) \tag{5.90}$$

$$\tau_z = m_x B_y(0) - m_y B_x(0). \tag{5.91}$$

Logo, o torque que a força magnética exerce sobre o momento de dipolo magnético é:

$$\begin{aligned} \vec{\tau} = \hat{i} & \left[m_y B_z(0) - m_z B_y(0) \right] + \hat{j} \left[B_x(0) m_z - m_x B_z(0) \right] \\ \hat{k} & \left[m_x B_y(0) - m_y B_x(0) \right]. \end{aligned} \tag{5.92}$$

Essa equação pode ser escrita na forma:

$$\boxed{\vec{\tau} = \vec{m} \times \vec{B}.} \tag{5.93}$$

Nesta seção, mostramos que, quando um dipolo magnético é colocado em presença de um campo magnético, ele adquire uma energia $U_m = -\vec{m} \cdot \vec{B}$ e fica sujeito a um torque dado por $\vec{\tau} = \vec{r} \times \vec{F}$. Como consequência, ele efetua um movimento de rotação para se alinhar com o sentido do campo aplicado.

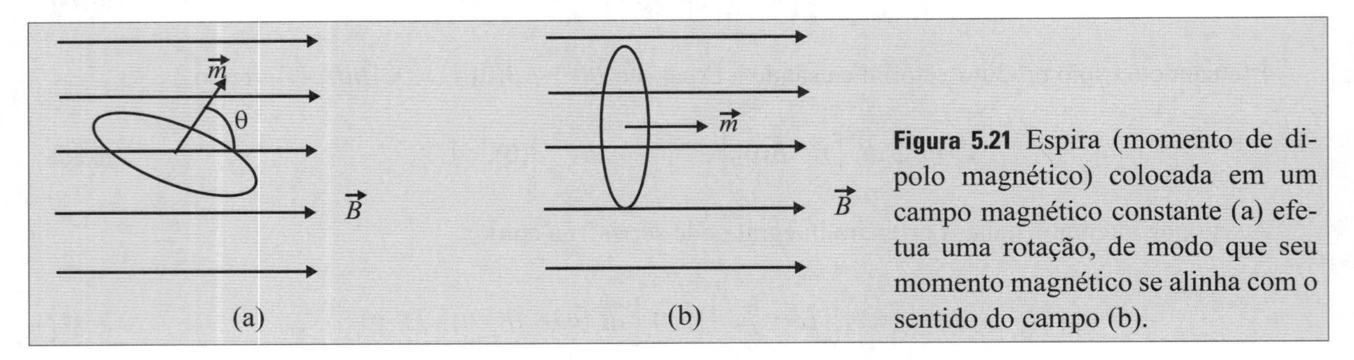

Figura 5.21 Espira (momento de dipolo magnético) colocada em um campo magnético constante (a) efetua uma rotação, de modo que seu momento magnético se alinha com o sentido do campo (b).

Portanto, se colocarmos uma espira transportando uma corrente elétrica em presença de um campo magnético, ela efetuará uma rotação em torno de seu eixo, de modo que o seu momento de dipolo magnético se alinhe com o campo aplicado. A Figura 5.21 mostra uma representação desse movimento de rotação.

Esse cenário de uma espira em campo magnético é o princípio básico de funcionamento de um motor elétrico de corrente contínua. Em um protótipo elementar de motor elétrico, a bobina com uma corrente elétrica adquire um movimento de rotação, devido ao torque exercido por um campo magnético externo (por exemplo, gerado por um ímã). Controlando de forma apropriada o sentido da corrente elétrica pela bobina, podemos produzir um movimento de rotação contínuo, utilizado para realizar trabalho mecânico.

5.11 Exercícios Resolvidos

EXERCÍCIO 5.1

Calcule a força de interação magnética entre dois longos fios paralelos transportando correntes elétricas I_1 e I_2.

SOLUÇÃO

A Figura 5.14 mostra uma representação dessa situação física. De acordo com (5.18), a força magnética que o fio 1 exerce sobre o fio 2 é:

$$\vec{F}_{21}(\vec{r}_2) = \oint I_2 d\vec{l}_2 \times \vec{B}_1(\vec{r}_2)$$

em que $\vec{B}_1(r)$ é o campo magnético gerado pelo fio 1. Usando o valor $\vec{B}_1(r) = \hat{\theta}\mu_0 I_1 / (2\pi|\vec{r}_2 - \vec{r}_1|)$, calculado no Exemplo 5.1, temos:

$$\vec{F}_{21}(\vec{r}_2) = \oint I_2 d\vec{l}_2 \times \hat{\theta}\frac{\mu_0 I_1}{2\pi |\vec{r}_2 - \vec{r}_1|}.$$

Efetuando o produto vetorial e fazendo a integração, temos que a força de interação magnética entre os dois fios é

$$\vec{F}_{21}(r) = -\frac{\mu_0 I_1 I_2 l_2}{2\pi |\vec{r}_2 - \vec{r}_1|}\hat{r}_{21},$$

em que $\hat{r}_{21} = (\vec{r}_2 - \vec{r}_1)/|\vec{r}_2 - \vec{r}_1|$. Note que se as correntes fluem no mesmo sentido, a força magnética é atrativa, enquanto se as correntes elétricas fluem em sentidos opostos, a força é repulsiva.

EXERCÍCIO 5.2

Partindo da força de interação magnética entre dois condutores, deduza a força que um campo magnético exerce sobre uma carga pontual.

SOLUÇÃO

A força magnética entre dois condutores transportando corrente elétrica é:

$$\vec{F}_{21}(\vec{r}_2) = \int \left[\vec{J}_2(\vec{r}_2) \times \vec{B}_1(\vec{r}_2) \right] dv_2$$

em que $\vec{J}_2(\vec{r}_2)$ é a densidade de corrente elétrica em um condutor e $\vec{B}_1(\vec{r}_2)$ é o campo magnético gerado pelo outro condutor. Vamos considerar que o sistema 2 seja uma carga pontual, de modo que $\vec{J}(\vec{r}_2) = \rho_2 \vec{v}(\vec{r}_2)$. Usando a relação $\rho_2 = q_2 \delta(\vec{r} - \vec{r}_2)$, temos que $\vec{J}(\vec{r}_2) = q_2 \delta(\vec{r} - \vec{r}_2) \vec{v}(\vec{r}_2)$. Como o campo magnético gerado na posição da carga pode ser considerado aproximadamente constante, podemos escrever que:

$$\vec{F}_{21}(\vec{r}_2) = \vec{v}(r_2) \left[\int q_2 \delta(\vec{r} - \vec{r}_2) dv_2 \right] \times \vec{B}_1(\vec{r}_2).$$

Efetuando a integração, temos:

$$\vec{F}_{12}(\vec{r}_2) = q_2 \vec{v}(\vec{r}_2) \times \vec{B}_1(\vec{r}_2).$$

EXERCÍCIO 5.3

Uma espira circular de raio a transportando uma corrente elétrica I é colocada sobre o plano xy com o seu centro sobre a origem do sistema de coordenadas. Calcule o campo magnético em pontos bem afastados da espira.

SOLUÇÃO

Esta espira, mostrada na Figura 5.22, é uma idealização física de um dipolo magnético.

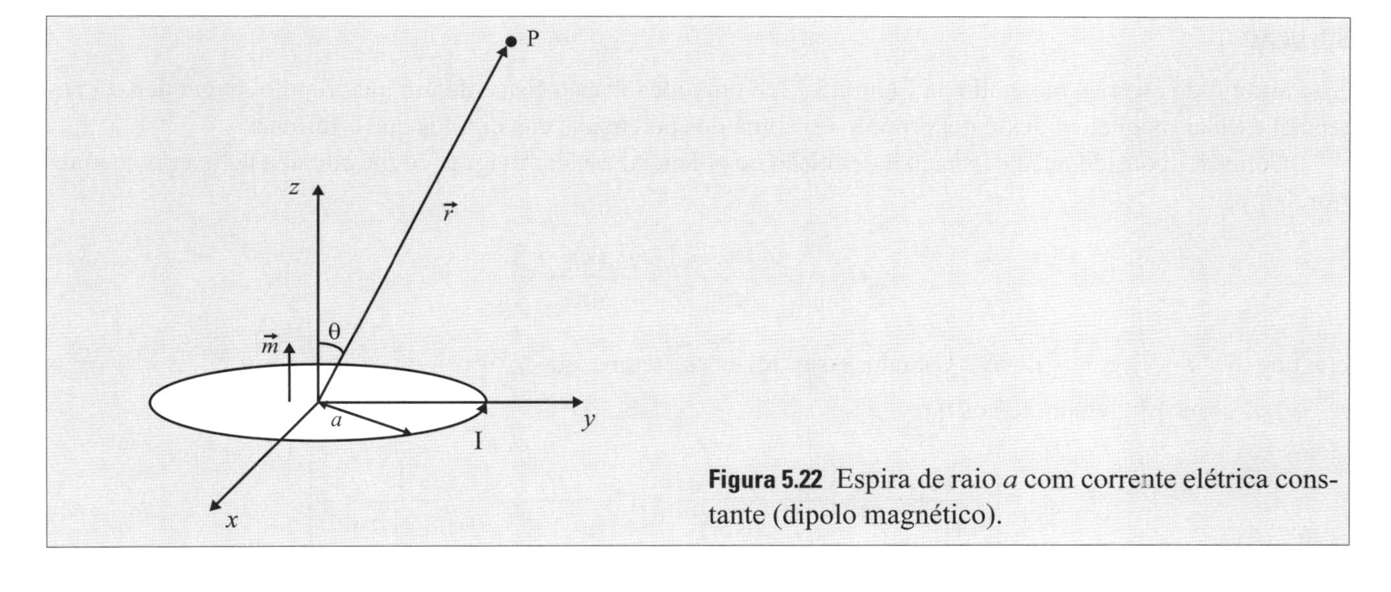

Figura 5.22 Espira de raio a com corrente elétrica constante (dipolo magnético).

Na Seção 5.8, foi visto que o campo magnético gerado por um dipolo magnético é dado pela equação (5.44). O momento de dipolo magnético da espira é $\vec{m} = m\hat{k}$, em que $m = I\pi a^2$. Pela Figura 5.22 temos que $\vec{m}\cdot\vec{r} = mr\cos\theta$. Assim, de acordo com a equação (5.44), o campo magnético desse dipolo magnético pode ser escrito na forma

$$\vec{B}(\vec{r}) = \frac{\mu_0}{4\pi}\left[-\hat{k}\frac{m}{r^3} + \hat{r}\frac{3m\cos\theta}{r^3}\right],$$

em que $\hat{r} = \vec{r}/r$. Usando a relação $\hat{k} = \hat{r}\cos\theta - \hat{\theta}\,\mathrm{sen}\,\theta$, temos que

$$\vec{B}(r,\theta) = \frac{\mu_0 m}{4\pi r^3}\left[2\cos\theta\hat{r} + \hat{\theta}\,\mathrm{sen}\,\theta\right] \quad \textbf{(R5.1)}$$

Para pontos sobre o eixo z, em que $\theta = 0$, o campo magnético se reduz a $\vec{B}(z) = \hat{k}\mu_0 m/2\pi z^3$, que é o mesmo resultado obtido tomando o limite $z >> a$ na equação (E5.3) do Exemplo 5.2. A equação (R5.1) pode ser escrita na forma

$$\vec{B}(r,\theta) = -\vec{\nabla}\left[\frac{\mu_0 m\cos\theta}{4\pi r^2}\right] = -\vec{\nabla}\left[\frac{\mu_0\vec{m}\cdot\vec{r}}{4\pi r^3}\right] = -\vec{\nabla}V_m(r,\theta)$$

em que $V_m(\vec{r}) = (\mu_0\vec{m}\cdot\vec{r})/(4\pi r^3)$.

Devido à analogia matemática entre as expressões do campo de um dipolo magnético e do campo de um dipolo elétrico [veja a equação (5.44) e a última equação do Exercício Resolvido 2.1], podemos interpretar $V_m(\vec{r}) = (\mu_0\vec{m}\cdot\vec{r})/(4\pi r^3)$ como o potencial escalar magnético de um dipolo magnético. Entretanto, devemos ressaltar que esse potencial escalar é apenas um artifício matemático para calcular o campo magnético.

Um potencial escalar magnético também pode ser definido no caso de materiais magnéticos, conforme será discutido no próximo capítulo.

EXERCÍCIO 5.4

Duas espiras circulares de raio a, separadas por uma distância $2b$ transportam uma corrente elétrica I em sentidos opostos. Calcule o campo magnético gerado em pontos bem afastados.

SOLUÇÃO

Este arranjo de espiras, mostrado na Figura 5.23, é uma idealização física de um quadrupolo magnético. O potencial escalar magnético desse quadrupolo é a soma dos potenciais dos dipolos que o formam.

Com essa consideração e usando a definição de potencial escalar magnético introduzida no exercício anterior, temos:

$$V_m(\vec{r}) = \left[\frac{\mu_0(\vec{m}_1\cdot\vec{r}_1)}{4\pi r_1^3} + \frac{\mu_0(\vec{m}_2\cdot\vec{r}_2)}{4\pi r_2^3}\right]$$

em que $\vec{r}_1 = \vec{r} - \vec{r}_1'$ e $\vec{r}_2 = \vec{r} - \vec{r}_2'$. Usando essas relações, temos que $r_1^3 = (r^2 + r_1'^2 - 2rr_1'\cos\theta_1)^{3/2}$ e $r_2^3 = (r^2 + r_2'^2 - 2rr_2'\cos\theta_2)^{3/2}$. Assim, temos que

$$V_m(\vec{r}) = \left[\frac{\mu_0\vec{m}_1\cdot(\vec{r} - \vec{r}_1')}{4\pi(r^2 + r_1'^2 - 2rr_1'\cos\theta_1)^{3/2}} + \frac{\mu_0\vec{m}_2\cdot(\vec{r} - \vec{r}_2')}{4\pi(r^2 + r_2'^2 - 2rr_2'\cos\theta_2)^{3/2}}\right].$$

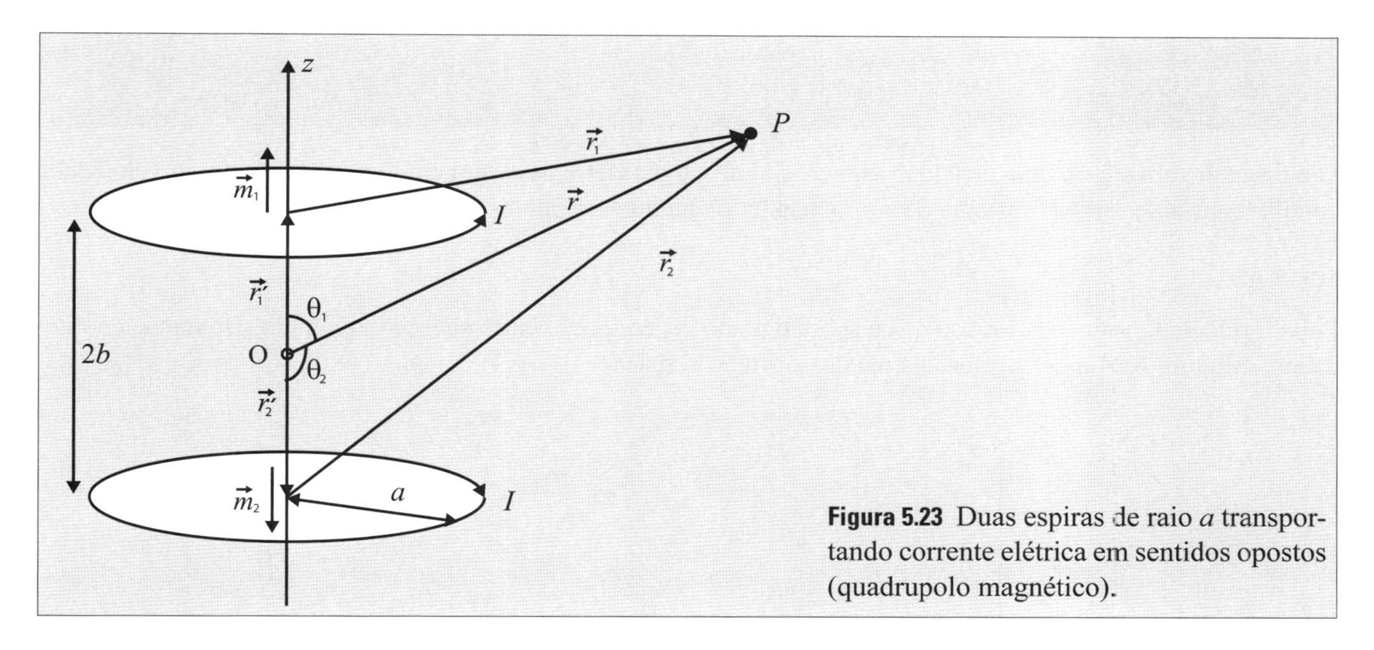

Figura 5.23 Duas espiras de raio a transportando corrente elétrica em sentidos opostos (quadrupolo magnético).

Para pontos distantes em que $r >> r_1'$ e $r >> r_2'$, temos $(r^2 + r_1'^2 - 2rr_1' \cos\theta_1)^{-3/2} \simeq r^{-3}(1 + 3r_1' \cos\theta_1 / r)$ e $(r^2 + r_2'^2 - 2rr_2' \cos\theta_2)^{-3/2} \simeq r^{-3}(1 + 3r_2' \cos\theta_2 / r)$. Neste caso, o potencial escalar magnético dado na equação anterior se escreve como:

$$V_m(\vec{r}) = \frac{\mu_0}{4\pi r^3}\left[\left(\vec{m}_1 \cdot \vec{r} - \vec{m}_1 \cdot \vec{r}_1'\right)\left(1 + \frac{3r_1' \cos\theta_1}{r}\right)\right.$$
$$\left. + \left(\vec{m}_2 \cdot \vec{r} - \vec{m}_2 \cdot \vec{r}_2'\right)\left(1 + \frac{3r_2' \cos\theta_2}{r}\right)\right].$$

Pela Figura 5.23, temos que $\vec{m}_1 \cdot \vec{r} = m_1 r \cos\theta_1$; $\vec{m}_1 \cdot \vec{r}_1' = m_1 r_1'$; $\vec{m}_2 \cdot \vec{r} = m_2 r \cos\theta_2$ e $\vec{m}_2 \cdot \vec{r}_2' = m_2 r_2'$. Ainda pela Figura 5.23, temos que $r_1' = r_2' = b$ e $\cos\theta_2 = -\cos\theta_1$. Com essas considerações e fazendo $m_2 = m_1 = m$ e $\theta_1 = \theta$, temos que:

$$V_m(r,\theta) = \frac{\mu_0}{4\pi r^3}\left[\left(mr\cos\theta - mb\right)\left(1 + \frac{3b\cos\theta}{r}\right)\right.$$
$$\left. + \left(-mr\cos\theta - mb\right)\left(1 - \frac{3b\cos\theta}{r}\right)\right].$$

Efetuando a operação algébrica, temos

$$V_m(r,\theta) = \frac{2b\mu_0 m}{4\pi r^3}\left[3\cos^2\theta - 1\right].$$

O campo magnético, calculado por $\vec{B}(r,\theta) = -\vec{\nabla} V_m(r,\theta)$, é

$$\vec{B}(r,\theta) = \frac{6b\mu_0 m}{4\pi r^4}\left[\hat{r}\left(3\cos^2\theta - 1\right) + \hat{\theta} 2\cos\theta \operatorname{sen}\theta\right].$$

EXERCÍCIO 5.5

Um disco de raio a com uma densidade superficial de cargas elétricas σ gira em torno do eixo z com velocidade angular constante $\vec{\omega} = \omega\hat{k}$. Calcule o campo magnético gerado em pontos situados sobre o eixo de simetria.

SOLUÇÃO

Por simplicidade, vamos colocar o disco sobre o plano xy, com seu centro sobre a origem do sistema de coordenadas. A Figura 5.24 mostra um esquema dessa situação física.

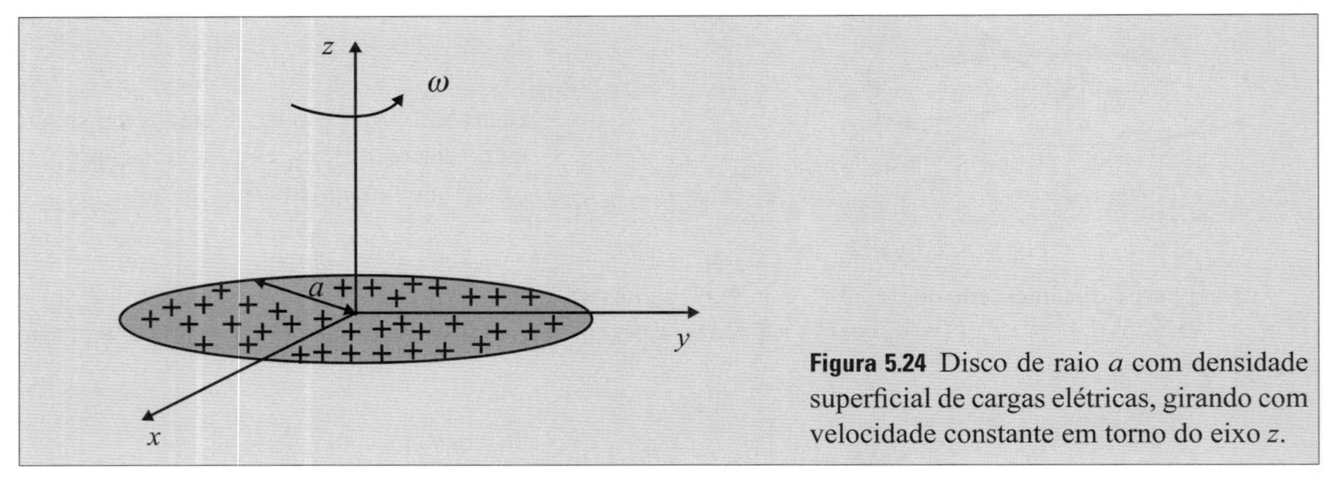

Figura 5.24 Disco de raio a com densidade superficial de cargas elétricas, girando com velocidade constante em torno do eixo z.

Como o disco está girando, as cargas elétricas sobre sua superfície dão origem a uma corrente elétrica. O vetor densidade de corrente elétrica na superfície do disco é $\vec{j} = \sigma\vec{v}$, em que σ é a densidade de cargas elétricas e $\vec{v}$ é a velocidade de rotação do disco. Usando $\vec{v} = \vec{\omega}\times\vec{r}\,' = (\omega r')\hat{\theta}'$, temos $\vec{j} = (\sigma\omega r')\hat{\theta}'$. Com essa escolha do sistema de referência, os vetores $\vec{r}\,'$ e $d\vec{l}\,'$ são dados por $\vec{r}\,' = \hat{i}x' + \hat{j}y'$, $d\vec{l}\,' = \hat{i}dx' + \hat{j}dy'$. Como o ponto de observação está sobre o eixo z, temos que $\vec{r} = \hat{k}z$. Portanto, $(\vec{r} - \vec{r}\,') = -\hat{i}x' - \hat{j}y' + \hat{k}z$ e $|\vec{r} - \vec{r}\,'|^3 = \left[x'^2 + y'^2 + z^2\right]^{3/2}$.

Assim, o campo magnético calculado pela equação (5.11) é:

$$\vec{B}(z) = \frac{\mu_0}{4\pi}\int \frac{\sigma\omega r'\left[-\hat{i}\,\text{sen}\,\theta' + \hat{j}\cos\theta'\right]\times\left[\hat{k}z - \hat{i}x' - \hat{j}y'\right]ds'}{\left[x'^2 + y'^2 + z^2\right]^{3/2}}.$$

Efetuando o produto vetorial, temos que:

$$\vec{B}(z) = \frac{\mu_0\sigma\omega}{4\pi}\left\{\int_0^a\int_0^{2\pi} \frac{r'\left[\hat{i}z\cos\theta' + \hat{j}z\,\text{sen}\,\theta' + \hat{k}\left(y'\,\text{sen}\,\theta' + x'\cos\theta'\right)\right]}{\left[(r')^2 + z^2\right]^{3/2}} r'dr'd\theta'\right\}$$

em que $(r')^2 = (x')^2 + (y')^2$. As componentes $\hat{i}$ e $\hat{j}$ são nulas, porque envolvem a integração das funções $\cos\theta'$ e sen θ' no intervalo $[0, 2\pi]$. Escrevendo x' e y' em termos das coordenadas polares ($x' = r'\cos\theta'$, $y' = r'\,\text{sen}\,\theta'$), temos:

$$\vec{B}(z) = \hat{k}\frac{\mu_0\sigma\omega}{4\pi}\int_0^a\int_0^{2\pi} \frac{(r')^3\,dr'd\theta'}{\left[(r')^2 + z^2\right]^{3/2}}.$$

Essa expressão mostra que o campo magnético gerado pelo disco pode ser interpretado como a soma (integral sobre a variável dr') da contribuição de várias espiras de raio variável (r') [veja a equação (E5.3) do Exemplo 5.2]. O resultado da integral na variável θ' é 2π. Usando a relação (E.5) do Apêndice E para integrar na variável r', temos:

$$\vec{B}(z) = \hat{k}\frac{\mu_0 \sigma\omega}{2}\left[\frac{a^2 + 2z^2}{\sqrt{a^2 + z^2}} - 2\frac{z^2}{|z|}\right].$$

EXERCÍCIO 5.6

Uma casca esférica de raio a com uma densidade superficial de cargas elétricas σ gira em torno do eixo z com velocidade angular constante $\vec{\omega} = \omega\hat{k}$. Calcule o campo magnético $\vec{B}$ gerado em pontos situados sobre o eixo z.

SOLUÇÃO

Com a finalidade de simplificar os cálculos, vamos colocar o sistema de referência no centro da casca esférica, conforme mostra a Figura 5.25.

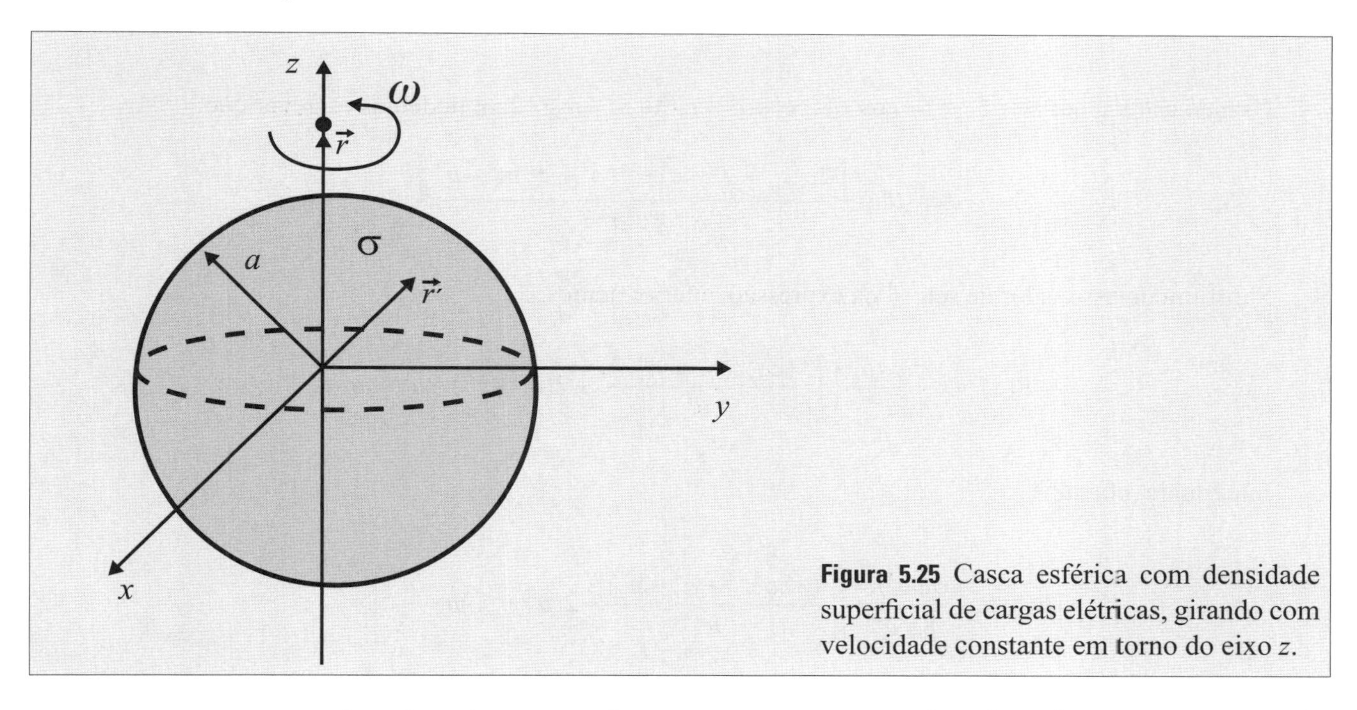

Figura 5.25 Casca esférica com densidade superficial de cargas elétricas, girando com velocidade constante em torno do eixo z.

Assim, temos $\vec{r}' = \hat{i}x' + \hat{j}y' + \hat{k}z'$ e $\vec{r} = \hat{k}z$. Portanto, $(\vec{r} - \vec{r}') = -\hat{i}x' - \hat{j}y' + \hat{k}(z - z')$ e $|\vec{r} - \vec{r}'|^3 = [x'^2 + y'^2 + (z - z')^2]^{3/2}$. As cargas elétricas sobre a superfície da casca esférica girante origina uma corrente elétrica, cuja densidade é $\vec{j} = \sigma\vec{v} = \vec{\omega}\times\vec{r}'$. Usando $\vec{\omega} = \omega\hat{k}$, $\vec{r}' = a\hat{r}$ e escrevendo o vetor unitário $\hat{k}$ em termos das coordenadas esféricas, temos $\vec{j} = \sigma\omega(\hat{r}\cos\theta' - \hat{\theta}\,\text{sen}\,\theta')\times a\hat{r}$.

Efetuando o produto vetorial, temos que $\vec{j} = \sigma\omega a\,\text{sen}\,\theta'\hat{\phi}'$. Com essas considerações, a lei de Biot-Savart, equação (5.10), se reduz a:

$$\vec{B}(z) = \frac{\mu_0}{4\pi}\int \frac{\sigma\omega a\,\text{sen}\,\theta'\hat{\phi}' \times \left[-\hat{i}x' - \hat{j}y' + \hat{k}(z - z')\right]ds'}{\left[x'^2 + y'^2 + (z - z')^2\right]^{3/2}}.$$

Usando $\hat{\phi}' = -\hat{i}\,\text{sen}\phi' + \hat{j}\cos\phi'$ e efetuando o produto vetorial, temos que:

$$\vec{B}(z) = \frac{\mu_0}{4\pi}\int_0^{\pi}\int_0^{2\pi}\frac{\sigma\omega a\,\text{sen}\theta'\left[\hat{k}y'\text{sen}\phi' + \hat{j}(z-z')\text{sen}\phi' + \hat{k}x'\cos\phi' + \hat{i}(z-z')\cos\phi'\right]a^2\,\text{sen}\theta'\,d\theta' d\phi'}{\left[x'^2 + y'^2 + (z-z')^2\right]^{3/2}}.$$

As componentes $\hat{i}$ e $\hat{j}$ são nulas, porque envolvem integrais das funções $\cos\phi'$ e $\text{sen}\phi'$ no intervalo $[0, 2\pi]$. Assim, usando as relações $x' = a\,\text{sen}\theta'\cos\phi'$; $y' = a\,\text{sen}\theta'\text{sen}\phi'$; $z' = a\cos\theta'$ e integrando na variável ϕ', temos:

$$\vec{B}(z) = \hat{k}\frac{\mu_0}{2}\int_0^{\pi}\frac{\sigma\omega a^4\text{sen}^3\theta' d\theta'}{\left[a^2 + z^2 - 2za\cos\theta'\right]^{3/2}}.$$

em que $a^2 = x'^2 + y'^2 + z'^2$ é o raio da esfera. Para efetuar a integração na variável θ', vamos fazer a seguinte mudança de variável $u^2 = a^2 + z^2 - 2za\cos\theta'$, de modo que $udu = za\,\text{sen}\theta' d\theta'$ e $\cos\theta' = (a^2 + z^2 - u^2)/2za$. Com essas considerações, podemos escrever a expressão anterior como:

$$\vec{B}(z) = \hat{k}\frac{\mu_0}{2z}\int_0^{\pi}\frac{\sigma\omega a^3\text{sen}^2\theta' du}{u^2}.$$

Usando as relações $\text{sen}^2\theta' = 1 - \cos^2\theta'$ e $\cos\theta' = (a^2 + z^2 - u^2)/2za$, podemos escrever que

$$\text{sen}^2\theta' = \frac{\left[2a^2z^2 - a^4 - z^4 + 2(a^2 + z^2)u^2 - u^4\right]}{4z^2a^2}.$$

Substituindo esse valor de $\text{sen}^2\theta'$ na expressão anterior, temos:

$$\vec{B}(z) = \hat{k}\frac{\sigma\omega a\mu_0}{8z^3}\left\{\int_0^{\pi}\left[\frac{(2a^2z^2 - a^4 - z^4)}{u^2} + 2(a^2 + z^2) - u^2\right]du\right\}.$$

Integrando, obtemos

$$\vec{B}(z) = \hat{k}\frac{\sigma\omega a^3\mu_0}{8z^3a^2}\left\{\left[\frac{(-2a^2z^2 + a^4 + z^4)}{u} + 2(a^2 + z^2)u - \frac{u^3}{3}\right]\right\}_{\theta'=0}^{\theta'=\pi}.$$

Colocando u em evidência e substituindo o valor $u^2 = a^2 + z^2 - 2za\cos\theta'$, podemos escrever:

$$\vec{B}(z) = \left\{\hat{k}\frac{\sigma\omega a\mu_0(a^2 + z^2 - 2za\cos\theta')^{1/2}}{8z^3}\left[\frac{(z^2 - a^2)^2}{(a^2 + z^2 - 2za\cos\theta')} + \frac{5a^2 + 5z^2 + 2za\cos\theta'}{3}\right]\right\}_{\theta'=0}^{\theta'=\pi}.$$

Substituindo os limites de integração e efetuando a operação algébrica, temos que:

$$\vec{B}(z) = \hat{k}\frac{\sigma\omega a\mu_0}{3z^3}\left\{|z + a|\left[a^2 + z^2 - za\right] - |z - a|\left[a^2 + z^2 + za\right]\right\}. \quad \textbf{(R5.2)}$$

No caso de pontos externos em que $z > a$, valem as seguintes condições $|z+a| = (z+a)$ e $|z-a| = (z-a)$. Neste caso, o campo magnético externo, calculado via (R5.2), é

$$\vec{B}_{ext}(z) = \hat{k}\frac{\sigma\omega a\mu_0}{3z^3}\left\{(z+a)\left[a^2+z^2-za\right]-(z-a)\left[a^2+z^2+za\right]\right\}.$$

Efetuando a operação algébrica, temos

$$\vec{B}_{ext}(z) = \hat{k}\frac{2\sigma\omega a^4\mu_0}{3z^3}.$$

Para pontos internos em que $z < a$, temos que $|z+a| = (z+a)$ e $|z-a| = -(z-a)$. Assim, o campo magnético interno, calculado por (R5.2), é:

$$\vec{B}_{int}(z) = \hat{k}\frac{\sigma\omega a\mu_0}{3z^3}\left\{(z+a)\left[a^2+z^2-za\right]+(z-a)\left[a^2+z^2+za\right]\right\}.$$

Efetuando a manipulação algébrica, obtemos:

$$\vec{B}_{int}(z) = \hat{k}\frac{2\sigma\omega a\mu_0}{3}.$$

No Exercício Complementar 17, está proposto o cálculo do campo magnético em um ponto qualquer.

5.12 Exercícios Complementares

1. Mostre que, para materiais ôhmicos, a relação $\vec{J}(\vec{r}) = \sigma\vec{E}(\vec{r})$ é equivalente a $\Delta V = RI$, em que ΔV é a diferença de potencial, R é a resistência e I é a corrente elétrica.
2. Mostre que $Id\vec{l}$ é equivalente a $\vec{J}dv$ ou $\vec{j}ds$, em que $\vec{J}$ e $\vec{j}$ são, respectivamente, os vetores densidade volumétrica e superficial de corrente elétrica.
3. Mostre que a lei de força magnética, equação (5.20), pode ser escrita na forma da equação (5.21).
4. Sobre uma esfera de raio a, constituída de material não magnético, são enroladas N espiras pelas quais passa uma corrente elétrica I. Determine o campo magnético no centro da esfera.
5. Considere um longo solenoide cilíndrico de comprimento l e raio a conduzindo uma corrente elétrica I. Encontre o campo magnético em um ponto bem afastado do solenoide.
6. Considere um longo solenoide cilíndrico de comprimento l e raio a conduzindo uma corrente elétrica I. Coloque a origem do sistema de coordenadas na base do solenoide e determine o campo magnético em pontos situados sobre seu eixo. Compare o resultado obtido com aquele encontrado no Exemplo 5.4.
7. Um fio condutor de comprimento l conduz uma corrente elétrica I. Utilizando o sistema de coordenadas cilíndricas, determine o campo magnético em um ponto qualquer do espaço. (Obs.: este problema foi resolvido no Exemplo 5.1, considerando inicialmente coordenadas cartesianas e fazendo uma conversão posterior para o sistema cilíndrico.)
8. Considere uma espira circular de raio a conduzindo uma corrente elétrica I. Utilizando o sistema de coordenadas cilíndricas, determine o campo magnético gerado em pontos situados sobre o eixo de simetria. (Obs.: este problema foi resolvido no Exemplo 5.2, considerando inicialmente coordenadas cartesianas e fazendo uma conversão posterior para o sistema cilíndrico).
9. Utilize argumentos de simetria para calcular o campo magnético gerado por um longo fio transportando uma corrente elétrica constante.

10. Considere uma espira circular de raio a transportando uma corrente elétrica constante. Utilize argumentos de simetria para calcular o campo magnético em pontos sobre o eixo de simetria.
11. Partindo da lei de Biot-Savart dada em (5.11), calcule o campo magnético gerado por um solenoide de comprimento l e seção circular de raio a, em pontos situados sobre o eixo de simetria. (Este problema foi resolvido no Exemplo 5.4, generalizando o campo da espira circular.)
12. Mostre que o módulo do campo magnético gerado por um fio finito em um ponto P (veja a Figura 5.26) pode ser escrito como $B = (\mu_0 I / 4\pi r)(\operatorname{sen}\theta_2 - \operatorname{sen}\theta_1)$.

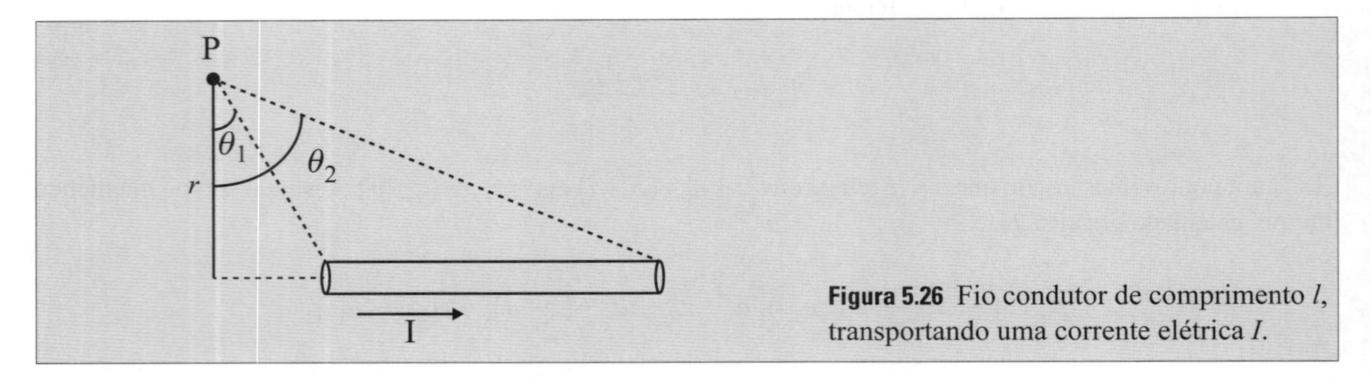

Figura 5.26 Fio condutor de comprimento l, transportando uma corrente elétrica I.

13. Determine o campo magnético no ponto P, gerado pelos circuitos mostrados na Figura 5.27.

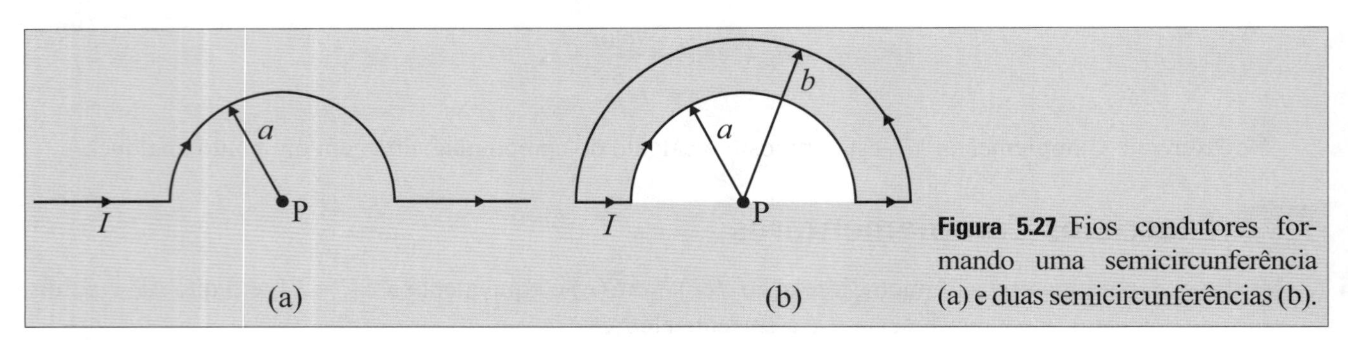

Figura 5.27 Fios condutores formando uma semicircunferência (a) e duas semicircunferências (b).

14. Determine o campo magnético no ponto P, gerado pelos circuitos mostrados na Figura 5.28.

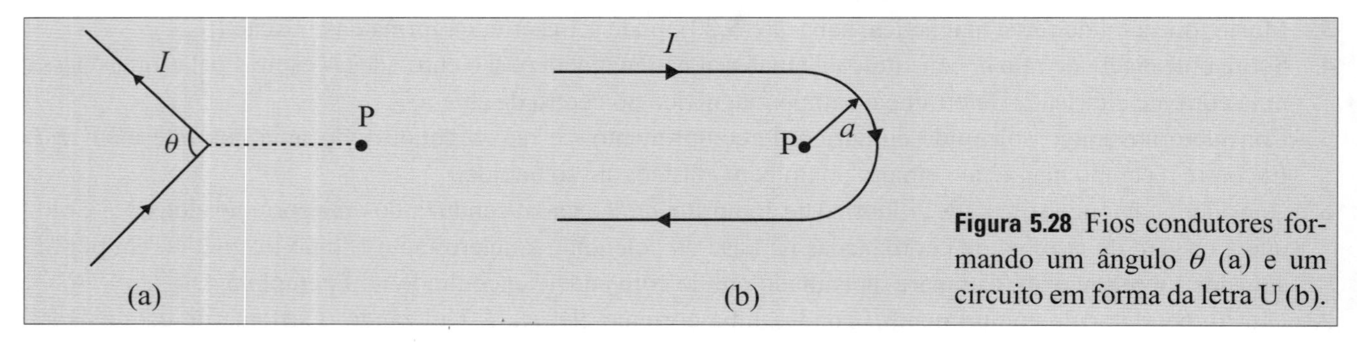

Figura 5.28 Fios condutores formando um ângulo θ (a) e um circuito em forma da letra U (b).

15. Uma espira de raio a, colocada no plano xy com seu centro no ponto (0,0) e com uma densidade constante de cargas elétricas, gira com velocidade angular constante em torno do eixo z. Determine o campo magnético em pontos situados sobre o eixo z.
16. Uma longa placa metálica, possuindo uma densidade superficial de cargas elétricas, se desloca com velocidade constante em uma direção paralela à superfície da placa. Determine o campo magnético em pontos situados sobre um eixo perpendicular à placa.
17. Uma casca esférica de raio a, possuindo uma densidade superficial de cargas elétricas, gira com velocidade angular constante em torno do eixo z. Determine o potencial vetor em um ponto qualquer. Utilizando este

potencial vetor, determine também o campo magnético. (Este problema foi resolvido no Exercício 5.6 para o caso particular de pontos situados sobre o eixo z.)

18. Partindo da lei de Biot-Savart, dada em (5.11), determine diretamente o campo magnético gerado pela casca esférica do exercício anterior.

19. Uma casca cilíndrica de comprimento L e raio raio a, possuindo uma densidade superficial de cargas elétricas, gira com velocidade angular constante em torno do eixo z. Determine o campo magnético em pontos situados sobre o eixo z.

20. Duas longas placas metálicas separadas por uma distância d, possuindo uma densidade superficial de cargas elétricas, se deslocam com velocidade constante em uma direção paralela às superfícies das placas. Determine o campo magnético em pontos situados sobre o eixo perpendicular às placas, considerando que elas possuem uma densidade de cargas com: (a) mesmo sinal e (b) sinais opostos.

21. Partindo da equação $\vec{F}(\vec{r}) = \int [\vec{J}(\vec{r}) \times \vec{B}(\vec{r})]dv$, mostre que a força de interação magnética e o torque sobre um dipolo magnético são dados por: $\vec{F} = \vec{\nabla}\left(\vec{m} \cdot \vec{B}\right)$ e $\vec{\tau} = \vec{m} \times \vec{B}$. (Obs.: este tema foi discutido na Seção 5.10, considerando a relação $\vec{F}(r) = \oint I d\vec{l} \times \vec{B}(\vec{r})$.)

22. Faça uma expansão da equação $\vec{A}(r) = (\mu_0 / 4\pi)\int [\vec{J}(r')/|\vec{r} - \vec{r}'|]dv'$ e discuta fisicamente os termos dessa expansão. (Obs.: esta discussão foi feita na Seção 5.8, partindo da expressão $\vec{A}(r) = (\mu_0 / 4\pi) \oint I d\vec{l}' / |\vec{r} - \vec{r}'|$].)

23. Uma espira retangular transporta uma corrente elétrica I. Utilizando o campo magnético de um fio finito calcule o campo magnético gerado: (a) no centro da espira e (b) em pontos situados sobre o seu eixo de simetria.

24. Resolva o problema anterior usando a equação (5.10).

25. Mostre que o potencial vetor ($\vec{A}$) e o potencial escalar elétrico (V) satisfazem à condição de Lorenz: $[\vec{\nabla} \cdot \vec{A}(\vec{r},t) + \varepsilon\mu\partial V(\vec{r},t) / \partial t = 0]$.

26. Mostre que o potencial vetor magnético satisfaz à seguinte equação $\nabla^2 \vec{A}(\vec{r}) = -\mu\vec{J}(\vec{r})$.

27. Partindo da equação do potencial vetor $\vec{A}(r) = (\mu_0 / 4\pi)\int [\vec{J}(\vec{r}')/|\vec{r} - \vec{r}'|]dv'$, mostre que $\nabla \times \vec{B}(\vec{r},t) = \mu_0[\vec{J}(\vec{r},t) + \varepsilon_0 \partial \vec{E}(\vec{r},t) / \partial t]$.

28. Considere um fio condutor de comprimento l transportando uma corrente elétrica I. Calcule o potencial vetor magnético em um ponto qualquer do espaço. Utilize este resultado e obtenha o campo magnético $\vec{B}$. (Este problema foi resolvido no Exemplo 5.6 para o caso particular em que $z = 0$.)

29. Calcule o potencial vetor gerado por uma espira circular de raio a transportando uma corrente elétrica I, em um ponto bem afastado. Utilize este potencial vetor para calcular o campo magnético pela relação $\vec{B} = \vec{\nabla} \times \vec{A}$.

30. Considere dois longos fios paralelos separados por uma distância d transportando correntes elétricas em sentidos opostos, conforme mostra a Figura 5.29. Calcule o potencial vetor e o campo magnético $\vec{B}$ gerados por esse sistema.

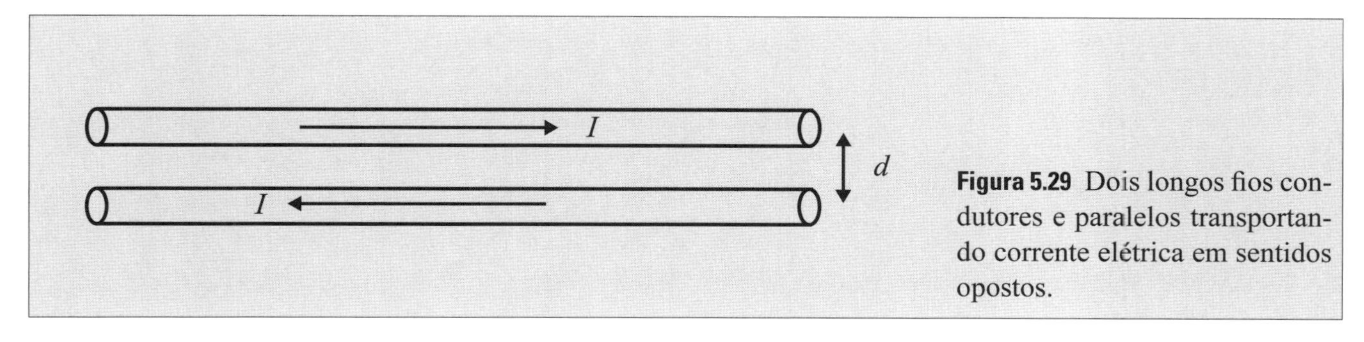

Figura 5.29 Dois longos fios condutores e paralelos transportando corrente elétrica em sentidos opostos.

31. Mostre que para um campo magnético aproximadamente constante o potencial vetor pode ser escrito como $\vec{A}(\vec{r}) = [\vec{r} \times \vec{B}(\vec{r})] / 2$.

32. Mostre que, em coordenadas cartesianas, o momento de dipolo magnético pode ser escrito como: $\vec{m} = \hat{i}\,\frac{I}{2}\oint\left(y'dz' - z'dy'\right) + \hat{j}\,\frac{I}{2}\oint\left(z'dx' - x'dz'\right) + \hat{k}\,\frac{I}{2}\oint\left(x'dy' - y'dx'\right)$.

33. Mostre que, em coordenadas cartesianas, as componentes da força $\vec{F}_x$ e $\vec{F}_y$ sobre um dipolo magnético são: $\vec{F}_x = \vec{m} \cdot \frac{\partial \vec{B}}{\partial x}$ e $\vec{F}_y = \vec{m} \cdot \frac{\partial \vec{B}}{\partial y}$.
34. Mostre que as componentes do torque $\vec{\tau}_y$ e $\vec{\tau}_z$ sobre um dipolo magnético são $\vec{\tau}_y = B_x(0)m_z - m_x B_z(0)$ e $\vec{\tau}_z = m_x B_y(0) - m_y B_x(0)$.
35. Escreva uma rotina computacional para calcular o campo magnético gerado em um ponto qualquer por: (a) uma espira retangular, (b) uma espira circular, (c) um solenoide cilíndrico de comprimento l, (d) um solenoide retangular de comprimento l, (e) uma bobina em forma de esfera de raio a e (f) um toroide de seção circular.
36. Um disco de raio a contendo uma densidade superficial de cargas elétricas gira em torno do seu eixo de simetria. Escreva uma rotina computacional para calcular o campo magnético gerado em qualquer ponto do espaço.
37. Uma casca esférica de raio a contendo uma densidade superficial de cargas elétricas gira em torno do seu eixo de simetria. Escreva uma rotina computacional para calcular o campo magnético gerado em qualquer ponto do espaço.
38. Escreva uma rotina computacional para calcular o potencial vetor magnético gerado por: (a) fio finito, (b) espira circular e (c) um solenoide cilíndrico. Faça uma extensão dessa rotina e calcule o campo magnético pela relação $\vec{B} = \vec{\nabla} \times \vec{A}$.

CAPÍTULO 6

Campo Magnético Gerado por Ímãs

6.1 Introdução

No capítulo anterior, discutimos o campo magnético gerado por correntes elétricas fluindo por fios condutores. Neste capítulo, o foco será o campo magnético gerado por materiais magnetizados, usualmente chamados de ímãs ou magnetos. Nesses materiais, a fonte do campo magnético não é uma corrente elétrica, produzida por uma fonte externa, mas a magnetização que aparece devido ao ordenamento dos momentos magnéticos atômicos.

Para fazer a formulação teórica capaz de descrever o campo magnético gerado por ímãs, é necessário uma discussão inicial sobre a formação dos momentos magnéticos atômicos e da magnetização. Nas duas próximas seções, será feita uma descrição dessas grandezas sob o ponto de vista da física clássica. Para o leitor interessado em uma descrição quântica, que não está no escopo deste livro, recomendamos a leitura de referências específicas sobre magnetismo. Algumas sugestões estão citadas na bibliografia.

6.2 Momento Magnético Atômico

O momento de dipolo magnético eletrônico tem duas contribuições: uma devido ao movimento orbital dos elétrons e a outra devido ao seu spin. Fazendo uma analogia entre uma órbita eletrônica e uma espira circular percorrida por uma corrente elétrica, podemos associar à orbita do elétron uma corrente dada por $I = \Delta q / \Delta t$, em que $\Delta q = -e$ representa a carga do elétron e $\Delta t = 2\pi / \omega$ é o período de revolução, sendo ω a frequência angular. Logo, podemos escrever que $I = -e\omega / 2\pi$. Usando a definição de momento de dipolo magnético ($\vec{m}_l = I\vec{s}$), podemos associar ao movimento orbital do elétron um momento de dipolo magnético dado por:

$$\vec{m}_l = -\frac{e\omega}{2\pi}\vec{s}, \tag{6.1}$$

em que $\vec{s}$ é o vetor perpendicular[1] à superfície delimitada pela órbita do elétron. Usando o fato que a frequência angular é $\omega = v / r$ e supondo uma órbita circular em que $\vec{s} = \pi r^2 \hat{k}$, podemos escrever que:

$$\vec{m}_l = -\frac{evr}{2}\hat{k}. \tag{6.2}$$

Multiplicando e dividindo esta expressão por $\hbar = h / 2\pi$ (h é a constante de Planck,[2] cujo valor no sistema international de unidades é $h = 6{,}6260693 \times 10^{-34}$ Js) e usando a relação para o momento angular $L = m_e vr$, em que m_e é a massa do elétron, obtemos:

$$\vec{m}_l = -\left(\frac{e\hbar}{2m_e}\right)\frac{\vec{L}}{\hbar}. \tag{6.3}$$

Definindo o magneton de Bohr como $\mu_B = e\hbar / 2m_e$ e considerando o fato que o momento angular orbital é dado em unidades de $\hbar$, podemos escrever o momento de dipolo magnético orbital na forma:

$$\vec{m}_l = -g_l \mu_B \vec{L}, \tag{6.4}$$

em que $g_l = 1$ é a constante giromagnética orbital do elétron. Uma representação do momento magnético orbital está mostrada na Figura 6.1.

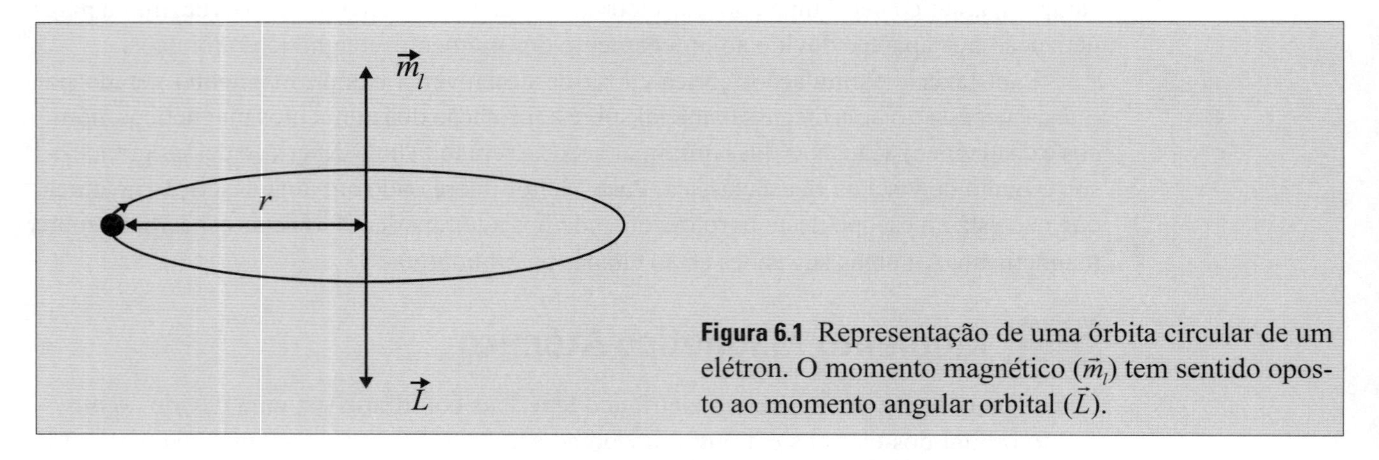

Figura 6.1 Representação de uma órbita circular de um elétron. O momento magnético ($\vec{m}_l$) tem sentido oposto ao momento angular orbital ($\vec{L}$).

O elétron possui uma propriedade intrínseca (puramente quântica, sem analogia clássica) chamada de spin. Ao spin eletrônico também podemos associar um momento de dipolo magnético. Por analogia com o momento magnético orbital, podemos definir o momento magnético de spin como:

$$\vec{m}_s = -g_s \mu_B \vec{S}, \tag{6.5}$$

[1] Nesta seção, a área é representada pela letra s (minúscula) e o spin do elétron pela letra S (maiúscula).

[2] Max Karl Ludwig Planck (23/4/1858-4/10/1947), físico alemão.

em que g_s é o fator giromagnético de spin e $\vec{S}$ é o momento angular de spin do elétron. A partir da experiência de Stern-Gerlach,[3] na qual partículas com momentos magnéticos e eletricamente neutras mudam as suas trajetórias em presença de campo magnético, é mostrado que $g_s \cong 2$.

O momento de dipolo magnético do elétron é $\vec{m}_{el} = \vec{m}_l + \vec{m}_S$. O momento de dipolo magnético atômico (desprezando a contribuição do núcleo) é obtido somando as contribuições de todos os elétrons presentes no átomo. Os materiais constituídos por elementos atômicos cujo momento magnético é nulo são chamados de diamagnéticos. Os materiais formados por átomos que possuem momento de dipolo magnético não nulo são classificados de forma geral em paramagnéticos, ferromagnéticos, antiferromagnéticos e ferrimagnéticos. Para fazer uma distinção entre esses materiais, é necessário introduzir o conceito de magnetização e suscetibilidade magnética. Essa discussão será feita na seção seguinte.

6.3 Magnetização

A aplicação de um campo magnético externo favorece o alinhamento dos dipolos magnéticos no sentido do campo aplicado (veja a Seção 5.10). Além disso, em alguns materiais magnéticos a interação entre os dipolos magnéticos também pode orientá-los em uma determinada direção. Nesses dois casos, um elemento diferencial de volume contém uma quantidade de momentos magnéticos apontando em uma direção preferencial. A média desses momentos magnéticos por unidade de volume é definida como magnetização. Portanto, o vetor magnetização pode ser matematicamente escrito como $\vec{M} = \lim_{\Delta v \to 0} \Delta\vec{m} / \Delta v$. Em termos diferenciais, podemos escrever essa relação como $\vec{M} = d\vec{m} / dv$.

Como já foi mencionado na seção anterior, os materiais magnéticos podem ser classificados como: diamagnéticos, paramagnéticos, ferromagnéticos, antiferromagnéticos e ferrimagnéticos. Os materiais diamagnéticos são aqueles que não apresentam momentos magnéticos espontâneos, $(\vec{m}_0 = 0)$. Logo, a sua magnetização resultante também é nula. Metais de alumínio, cobre e ouro são exemplos típicos de diamagnetos. Os materiais paramagnéticos são aqueles que apresentam momentos magnéticos locais não nulos $(\vec{m}_0 \neq 0)$ distribuídos aleatoriamente, de forma que sua magnetização resultante também é nula. Os materiais ferromagnéticos são aqueles cujos momentos de dipolos magnéticos atômicos se alinham (não há a necessidade de aplicação de campo magnético externo) em uma direção preferencial, dando origem à uma magnetização não nula. Os materiais ferromagnéticos são, em geral, formados por elementos de terras raras (Gd, Tb etc.), metais de transição (Fe, Co, Ni) ou uma combinação deles. Os materiais antiferromagnéticos são aqueles no qual os momentos magnéticos de átomos vizinhos têm sentidos opostos. Dessa forma, os antiferromagnetos são constituídos por duas sub-redes com magnetização antiparalela, de modo que sua magnetização resultante é nula. Manganês e cromo metálico são exemplos de antiferromagnetos.

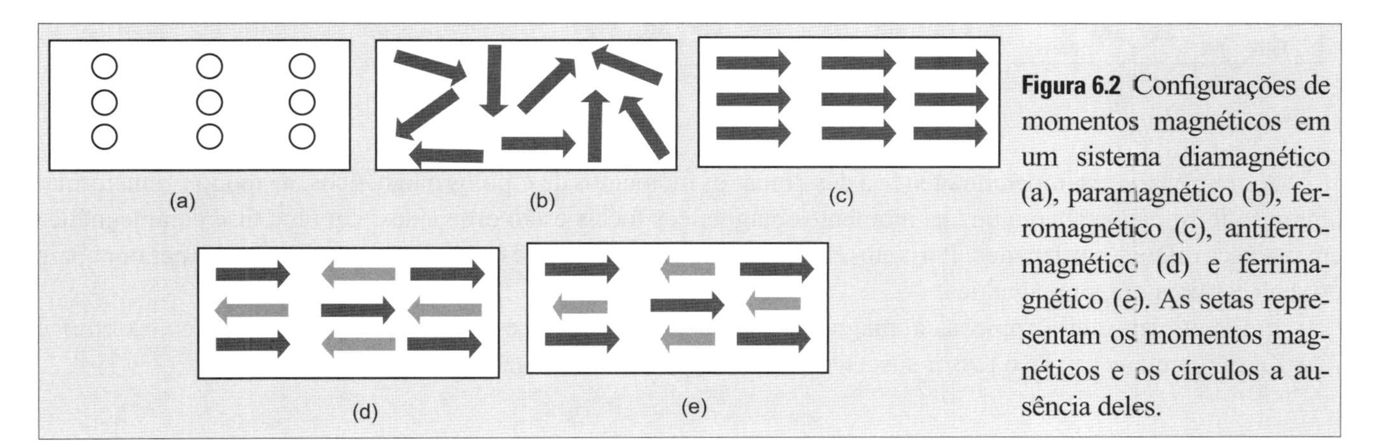

Figura 6.2 Configurações de momentos magnéticos em um sistema diamagnético (a), paramagnético (b), ferromagnético (c), antiferromagnético (d) e ferrimagnético (e). As setas representam os momentos magnéticos e os círculos a ausência deles.

[3] Este experimento foi nomeado em homenagem aos físicos alemães Otto Stern (17/2/1888-7/8/1969) e Walther Gerlach (1/10/1889-10/8/1979).

Os materiais ferrimagnéticos também possuem magnetização ordenada por sub-rede, como no caso dos materiais antiferromagnéticos. Entretanto, a magnetização de uma sub-rede é maior do que a outra, de modo que existe uma magnetização resultante não nula. Os ferrimagnetos são usualmente formados por mais de um elemento químico. Os compostos $GdCo_2$, $ZrFe_2$ são alguns exemplos de materiais ferrimagnéticos. Na Tabela 6.1 está mostrado um resumo das propriedades dos materiais magnéticos. Uma representação das correspondentes configurações dos momentos magnéticos e magnetizações está mostrada na Figura 6.2.

Devemos mencionar que essa discussão sobre os materiais magnéticos foi feita considerando o estado fundamental em $T = 0$ K. Na realidade, a magnetização depende do campo aplicado e da temperatura, como será discutido a seguir. No estado fundamental não é possível distinguir, do ponto de vista da configuração dos momentos magnéticos, um material paramagnético de um material antiferromagnético, pois ambos apresentam magnetização nula. A mesma indefinição existe entre um material ferromagnético e ferrimagnético, porque ambos apresentam magnetização não nula. A distinção entre esses materiais pode ser feita estudando a variação das magnetizações em função do campo magnético aplicado (suscetibilidade magnética). Como foi mostrado na Seção 5.10, um dipolo magnético em presença de um campo magnético aplicado adquire uma energia magnética dada por $U = -\vec{m} \cdot \vec{B}$ e sofre um torque dado por $\vec{\tau} = \vec{m} \times \vec{B}$. O campo magnético aplicado orienta os dipolos magnéticos, produzindo uma magnetização não nula. Portanto, o efeito de um campo magnético externo é transformar uma configuração desordenada de momentos magnéticos (fase paramagnética) em uma configuração ordenada (fase ferromagnética), conforme mostra a Figura 6.3.

Tabela 6.1 Característica dos materiais diamagnéticos, paramagnéticos, ferromagnéticos, antiferromagnéticos e ferrimagnéticos

Material	Momento magnético local ($\vec{m}_0$)	Magnetização ($\vec{M}$)	Suscetibilidade magnética (χ_m^{-1})
Diamagnético	nulo	nula	negativa
Paramagnético	não nulo	nula	positiva e linear
Ferromagnético	não nulo	não nula	positiva e não linear
Antiferromagnético	não nulo	nula	positiva e anisotrópica
Ferrimagnético	não nulo	não nula	positiva e anisotrópica

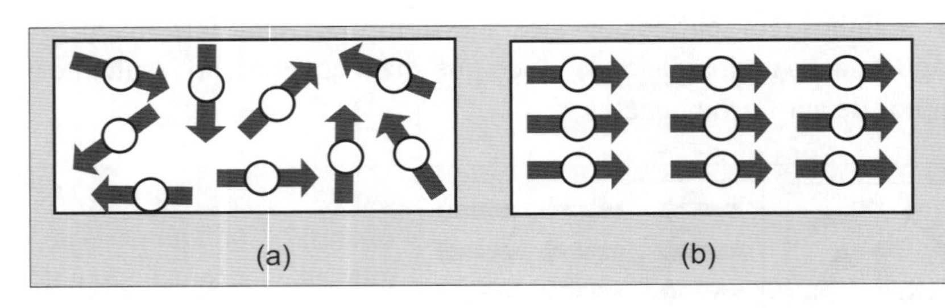

Figura 6.3 Configurações de momentos magnéticos na fase paramagnética (a) e na fase ferromagnética após aplicação do campo magnético (b).

Por outro lado, a temperatura tende a desalinhar os momentos de dipolos magnéticos, de modo a transformar uma fase ferromagnética em que os momentos magnéticos locais estão ordenados, em uma fase paramagnética em que eles estão desordenados. Portanto, existe uma competição entre o campo magnético e a temperatura para estabelecer uma ordem magnética.

Em materiais anisotrópicos, a magnetização adquirida em presença de campo magnético externo é $\vec{M} = [\chi_m]\vec{H}$, em que $[\chi_m]$ é o tensor suscetibilidade magnética. Em notação matricial, temos

$$\begin{bmatrix} M_x \\ M_y \\ M_z \end{bmatrix} = \begin{bmatrix} \chi_{xx} & \chi_{xy} & \chi_{xz} \\ \chi_{yx} & \chi_{yy} & \chi_{yz} \\ \chi_{zx} & \chi_{zy} & \chi_{zz} \end{bmatrix} \begin{bmatrix} H_x \\ H_y \\ H_z \end{bmatrix}.$$

Para materiais isotrópicos, os elementos fora da diagonal são nulos e os elementos diagonais são todos iguais. No caso particular de materiais isotrópicos, homogêneos e linerares, a magnetização é simplesmente $\vec{M} = \chi_m \vec{H}$, em que χ_m é a suscetibilidade magnética isotrópica.

Para obter a relação entre $\vec{M}$ e $\vec{H}$ em materiais isotrópicos, homogêneos e lineares, vamos considerar uma coleção de momentos magnéticos não interagentes e usar os conceitos da física clássica. De acordo com a termodinâmica clássica, a probabilidade de um momento de dipolo magnético se alinhar com o campo magnético aplicado é dada pelo fator de Boltzmann $e^{-\beta U} / \int e^{-\beta U} dU$, em que $U = -m\mu_0 H \cos\theta$ é a energia do dipolo magnético e $\beta = 1/k_B T$, sendo k_B a constante de Boltzmann.

A média da componente do momento magnético no sentido do campo magnético aplicado é dado por:

$$\langle m\cos\theta \rangle = \frac{\int m\cos\theta e^{-\beta U} dU}{\int e^{-\beta U} dU}. \quad \textbf{(6.6)}$$

Usando $U = -m\mu_0 H \cos\theta$, temos $dU = m\mu_0 H \operatorname{sen}\theta d\theta$, de modo que o valor médio é:

$$\langle m\cos\theta \rangle = \frac{\int_0^\pi m\cos\theta e^{\frac{m\mu_0 H\cos\theta}{k_B T}} \operatorname{sen}\theta d\theta}{\int_0^\pi e^{\frac{m\mu_0 H\cos\theta}{k_B T}} \operatorname{sen}\theta d\theta}. \quad \textbf{(6.7)}$$

Note que esta equação é análoga a (4.3), em que $\vec{E}$ é substituído por $\mu_0 \vec{H}$. Definindo a variável auxiliar $x = m\mu_0 H \cos\theta / k_B T$ e seguindo o mesmo procedimento utilizado na Seção 4.3, para calcular o vetor polarização elétrica, temos que $\langle m\cos\theta \rangle = mL(a)$, em que $L(a) = [\coth a - 1/a]$ é a função de Langevin, sendo $a = m\mu_0 H / k_B T$.

Para uma amostra com n dipolos magnéticos por unidade de volume, a magnetização calculada por $M = n\langle m\cos\theta \rangle$ pode ser escrita como:

$$M = nm\left[\coth a - \frac{1}{a}\right], \quad \textbf{(6.8)}$$

Esta expressão fornece a magnetização em função do campo magnético aplicado e da temperatura. A Figura 6.4(a) mostra uma curva de magnetização para uma coleção de momentos magnéticos não interagentes em função do campo magnético aplicado. Neste caso, a magnetização aumenta com o campo magnético até atingir um valor máximo, que corresponde ao alinhamento de todos os momentos magnéticos no sentido do campo aplicado. Reduzindo gradativamente o campo magnético, a magnetização diminui até se anular para campo zero. Invertendo o sentido do campo aplicado, ela assume valores negativos e atinge um mínimo, que também corresponde ao alinhamento dos momentos magnéticos com o campo.

Podemos aplicar o procedimento matemático utilizado anteriormente para calcular a magnetização de um sistema de momentos magnéticos em interação e sob a ação de um campo magnético externo. Entretanto, devemos ressaltar que, neste caso, temos um campo magnético efetivo, que é a soma do campo aplicado com o campo interno gerado pelos próprios momentos magnéticos em interação. No Exercício Complementar 2 propomos o cálculo da magnetização para esse tipo de sistema.

A Figura 6.4(b) mostra uma curva típica de magnetização de um ferromagneto (sistema de momentos magnéticos interagentes) em função do campo magnético aplicado. Essa figura mostra que, com a aplicação do campo, a magnetização aumenta seguindo o caminho 1 até atingir o valor de saturação M_S. Ao reduzir o campo magnético, a magnetização diminui seguindo um caminho diferente (curva 2) até atingir o valor de saturação $-M_S$. Essa característica da curva de magnetização é chamada de histerese magnética. Ao longo do ciclo de histerese temos duas grandezas importantes: a magnetização remanescente (M_r), que permanece no material quando o campo é desligado, e o campo magnético coercivo (H_c), que é o campo necessário para destruir a magnetização.

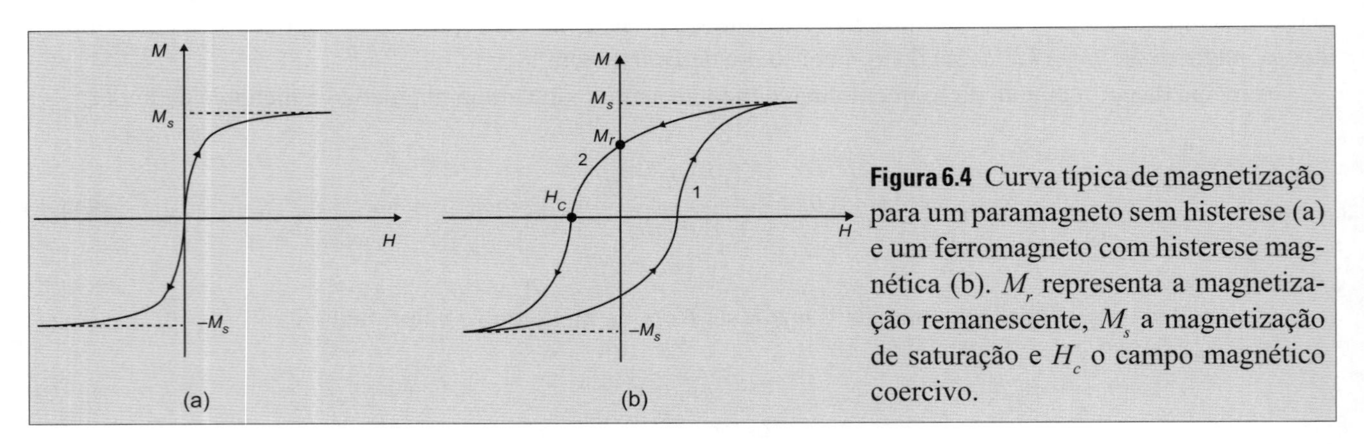

Figura 6.4 Curva típica de magnetização para um paramagneto sem histerese (a) e um ferromagneto com histerese magnética (b). M_r representa a magnetização remanescente, M_s a magnetização de saturação e H_c o campo magnético coercivo.

No limite de baixos campos magnéticos ou de altas temperaturas, temos que $a \to 0$, de modo que $\coth a = 1/a + a/3 + \ldots$. Neste limite, a magnetização se reduz a:

$$\vec{M} = \left(\frac{nm^2\mu_0}{3k_BT}\right)\vec{H}. \qquad \textbf{(6.9)}$$

Esta relação tem a forma linear $\vec{M} = \chi_m\vec{H}$, em que $\chi_m = nm^2\mu_0/3k_BT$ é a suscetibilidade magnética do material. Nesta relação, a suscetibilidade magnética é adimensional e a unidade da magnetização é a unidade do campo magnético auxiliar H, (A/m). Para materiais paramagnéticos, em que a magnetização induzida tem o sentido do campo magnético aplicado, a suscetibilidade magnética é positiva. No caso dos materiais diamagnéticos, em que a magnetização induzida tem sentido oposto ao campo magnético aplicado, a suscetibilidade magnética é negativa (veja o Exercício Complementar 1). Essa propriedade dos materiais diamagnéticos pode ser utilizada para fazer levitação magnética (veja a Seção 6.6). A relação entre os campos magnéticos $\vec{B}$, $\vec{H}$ e a magnetização $\vec{M}$ será discutida na Subseção 6.4.2.

6.4 Campo Magnético de Ímãs

Diferentemente do campo magnético gerado por corrente elétrica, o campo magnético gerado por material magnetizado (magneto ou ímã) tem origem nos momentos de dipolos magnéticos. Na realidade, o campo gerado por magnetos está diretamente associado a sua magnetização.

6.4.1 Potencial Vetor

Para calcular o campo magnético gerado por um material magnetizado, primeiramente vamos obter o potencial vetor. Um elemento diferencial de volume contendo dipolos magnéticos gera uma diferencial de potencial vetor em um ponto externo, conforme mostra a Figura 6.5. Como as dimensões dos dipolos magnéticos é da ordem de angstrom (10^{-10} m) e as distâncias a um ponto externo (na escala macroscópica do laboratório) são maiores que 10^{-3} m, podemos usar a expansão do potencial vetor, discutida na Seção 5.8.

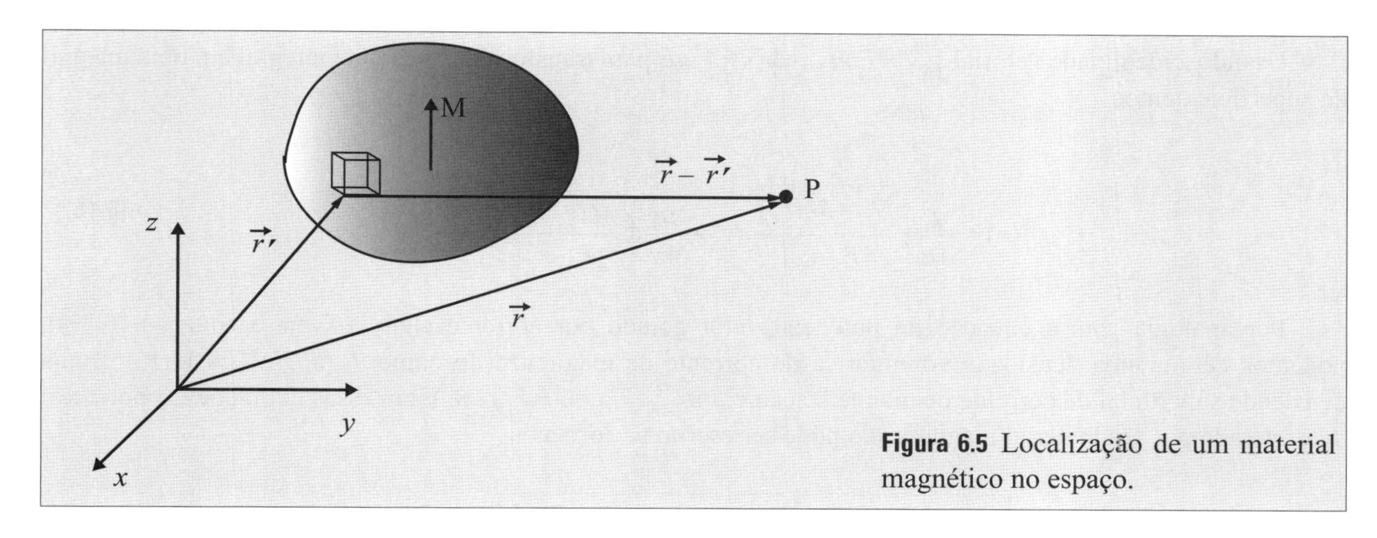

Figura 6.5 Localização de um material magnético no espaço.

De acordo com a equação (5.38), a diferencial de potencial vetor gerado por um elemento de momento magnético $d\vec{m}$ é:

$$d\vec{A}(r) = \frac{\mu_0}{4\pi}\left[\frac{d\vec{m} \times (\vec{r} - \vec{r}\,')}{|\vec{r} - \vec{r}\,'|^3}\right]. \quad \textbf{(6.10)}$$

Utilizando a relação $d\vec{m} = \vec{M}(\vec{r}\,')dv'$, temos:

$$d\vec{A}(\vec{r}) = \frac{\mu_0}{4\pi}\left[\frac{\vec{M}(\vec{r}\,') \times (\vec{r} - \vec{r}\,')}{|\vec{r} - \vec{r}\,'|^3}\right]dv'. \quad \textbf{(6.11)}$$

Integrando sobre todo o volume da amostra, obtemos o potencial vetor magnético total:

$$\boxed{\vec{A}(\vec{r}) = \frac{\mu_0}{4\pi}\int\left[\frac{\vec{M}(\vec{r}\,') \times (\vec{r} - \vec{r}\,')}{|\vec{r} - \vec{r}\,'|^3}\right]dv'.} \quad \textbf{(6.12)}$$

O potencial vetor pode ser escrito em outra forma. Usando a relação $(\vec{r} - \vec{r}\,')/|\vec{r} - \vec{r}\,'|^3 = \vec{\nabla}_{r'}(1/|\vec{r} - \vec{r}\,'|)$, temos:

$$\vec{A}(\vec{r}) = \frac{\mu_0}{4\pi}\int\left\{\vec{M}(\vec{r}\,') \times \vec{\nabla}_{r'}\left[\frac{1}{|\vec{r} - \vec{r}\,'|}\right]\right\}dv'. \quad \textbf{(6.13)}$$

Usando a identidade $\vec{\nabla} \times (a\vec{F}) = \vec{\nabla}a \times \vec{F} + a\vec{\nabla} \times \vec{F}$, podemos escrever o integrando da equação anterior na forma

$$\vec{M}(\vec{r}\,') \times \vec{\nabla}_{r'}\left[\frac{1}{|\vec{r} - \vec{r}\,'|}\right] = \frac{1}{|\vec{r} - \vec{r}\,'|}\vec{\nabla}_{r'} \times \vec{M}(\vec{r}\,') - \vec{\nabla}_{r'} \times \left[\frac{\vec{M}(\vec{r}\,')}{|\vec{r} - \vec{r}\,'|}\right]. \quad \textbf{(6.14)}$$

Substituindo (6.14) em (6.13), obtemos:

$$\vec{A}(\vec{r}) = \frac{\mu_0}{4\pi}\int\frac{1}{|\vec{r} - \vec{r}\,'|}\vec{\nabla}_{r'} \times \vec{M}(\vec{r}\,')dv' - \frac{\mu_0}{4\pi}\int\vec{\nabla}_{r'} \times \left[\frac{\vec{M}(\vec{r}\,')}{|\vec{r} - \vec{r}\,'|}\right]dv'. \quad \textbf{(6.15)}$$

Usando a identidade vetorial $\int(\vec{\nabla}\times\vec{F})d\text{v} = \oint(\hat{n}\times\vec{F})ds$ para transformar a segunda integral em uma integral de superfície, temos:

$$\vec{A}(\vec{r}) = \frac{\mu_0}{4\pi}\int\frac{\overbrace{\vec{\nabla}_{r'}\times\vec{M}(\vec{r}\,')}^{\vec{J}_m(r')}}{|\vec{r}-\vec{r}\,'|}d\text{v}' + \frac{\mu_0}{4\pi}\oint\frac{\overbrace{\vec{M}(\vec{r}\,')\times\hat{n}}^{\vec{j}_m(r')}}{|\vec{r}-\vec{r}\,'|}ds'. \tag{6.16}$$

Por analogia com a equação do potencial vetor gerado por corrente elétrica [veja a equação (5.29)], podemos definir uma densidade volumétrica de corrente de magnetização como $\vec{J}_m(\vec{r}\,') = \vec{\nabla}_{r'}\times\vec{M}(\vec{r}\,')$ e uma densidade superficial de corrente de magnetização como $\vec{j}_m(\vec{r}\,') = \vec{M}(\vec{r}\,')\times\hat{n}$. Com essas definições, o potencial vetor gerado por um material magnetizado pode ser escrito na forma:

$$\boxed{\vec{A}(\vec{r}) = \frac{\mu_0}{4\pi}\int\frac{\vec{J}_m(\vec{r}\,')}{|\vec{r}-\vec{r}\,'|}d\text{v}' + \frac{\mu_0}{4\pi}\oint\frac{\vec{j}_m(\vec{r}\,')}{|\vec{r}-\vec{r}\,'|}ds'.} \tag{6.17}$$

Note que o potencial vetor e, consequentemente, o campo magnético, calculado por $\vec{B}(\vec{r}) = \vec{\nabla}\times\vec{A}(\vec{r})$, serão nulos para $\vec{M} = 0$.

6.4.2 Campo Magnético

Para obter o campo magnético, devemos tomar o rotacional do potencial vetor dado em (6.12).

$$\vec{B}(\vec{r}) = \frac{\mu_0}{4\pi}\int\vec{\nabla}\times\left[\frac{\vec{M}(\vec{r}\,')\times(\vec{r}-\vec{r}\,')}{|\vec{r}-\vec{r}\,'|^3}\right]d\text{v}'. \tag{6.18}$$

Nesta equação, o operador $\vec{\nabla}$ atua nas coordenadas sem linha. Usando a identidade $\vec{\nabla}\times(\vec{F}\times\vec{G}) = (\vec{\nabla}\cdot\vec{G})\vec{F} - (\vec{\nabla}\cdot\vec{F})\vec{G} + (\vec{G}\cdot\vec{\nabla})\vec{F} - (\vec{F}\cdot\vec{\nabla})\vec{G}$, podemos escrever o integrando da expressão anterior como:

$$\begin{aligned}\vec{\nabla}\times\left[\frac{\vec{M}(\vec{r}\,')\times(\vec{r}-\vec{r}\,')}{|\vec{r}-\vec{r}\,'|^3}\right] &= \vec{M}(\vec{r}\,')\vec{\nabla}\cdot\left[\frac{(\vec{r}-\vec{r}\,')}{|\vec{r}-\vec{r}\,'|^3}\right]\overbrace{-\frac{(\vec{r}-\vec{r}\,')}{|\vec{r}-\vec{r}\,'|^3}\vec{\nabla}\cdot\vec{M}(\vec{r}\,')}^{0} \\ &\quad \overbrace{+\left[\frac{(\vec{r}-\vec{r}\,')}{|\vec{r}-\vec{r}\,'|^3}.\vec{\nabla}\right]\vec{M}(\vec{r}\,')}^{0} - \left[\vec{M}(\vec{r}\,')\cdot\vec{\nabla}\right]\frac{(\vec{r}-\vec{r}\,')}{|\vec{r}-\vec{r}\,'|^3}.\end{aligned} \tag{6.19}$$

O segundo e o terceiro termos são identicamente nulos, porque o vetor magnetização $\vec{M}(\vec{r}\,')$ é constante perante o operador $\vec{\nabla}$ que atua na coordenada $\vec{r}$. Portanto, a expressão para o campo magnético pode ser reescrita na forma:

$$\vec{B}(\vec{r}) = \frac{\mu_0}{4\pi}\int\vec{M}(\vec{r}\,')\overbrace{\nabla\cdot\left[\frac{(\vec{r}-\vec{r}\,')}{|\vec{r}-\vec{r}\,'|^3}\right]}^{4\pi\delta(\vec{r}-\vec{r}\,')}d\text{v}' - \frac{\mu_0}{4\pi}\int\left[\vec{M}(\vec{r}\,')\cdot\nabla\right]\frac{(\vec{r}-\vec{r}\,')}{|\vec{r}-\vec{r}\,'|^3}d\text{v}'. \tag{6.20}$$

Usando a relação $\vec{\nabla}\cdot[(\vec{r}-\vec{r}\,')/|\vec{r}-\vec{r}\,'|^3] = 4\pi\delta(r-\vec{r}\,')$ na primeira integral, temos:

$$\vec{B}(\vec{r})=\frac{\mu_0}{4\pi}\int \vec{M}(\vec{r}\,')4\pi\delta(\vec{r}-\vec{r}\,')dv'-\frac{\mu_0}{4\pi}\int\left[\vec{M}(\vec{r}\,')\cdot\vec{\nabla}\right]\frac{(\vec{r}-\vec{r}\,')}{\left|\vec{r}-\vec{r}\,'\right|^3}dv'. \quad \textbf{(6.21)}$$

Usando a identidade $\vec{\nabla}(\vec{F}\cdot\vec{G})=(\vec{F}\cdot\vec{\nabla})\vec{G}+\vec{F}\times(\vec{\nabla}\times\vec{G})+(\vec{G}\cdot\vec{\nabla})\vec{F}+\vec{G}\times(\vec{\nabla}\times\vec{F})$, podemos escrever que:

$$\vec{\nabla}\left[\frac{\vec{M}(\vec{r}\,')\cdot(\vec{r}-\vec{r}\,')}{|\vec{r}-\vec{r}\,'|^3}\right]=\left[\vec{M}(\vec{r}\,').\vec{\nabla}\right]\frac{(\vec{r}-\vec{r}\,')}{|\vec{r}-\vec{r}\,'|^3}+\vec{M}(\vec{r}\,')\times\overbrace{\left[\vec{\nabla}\times\frac{(\vec{r}-\vec{r}\,')}{|\vec{r}-\vec{r}\,'|^3}\right]}^{0}$$
$$+\overbrace{\left[\frac{(\vec{r}-\vec{r}\,')}{|\vec{r}-\vec{r}\,'|^3}\vec{\nabla}\right]\vec{M}(\vec{r}\,')}^{0}+\overbrace{\frac{(\vec{r}-\vec{r}\,')}{|\vec{r}-\vec{r}\,'|^3}\times\left[\vec{\nabla}\times\vec{M}(\vec{r}\,')\right]}^{0}. \quad \textbf{(6.22)}$$

O segundo termo no lado esquerdo é nulo, porque $\vec{\nabla}\times[(\vec{r}-\vec{r}\,')/|\vec{r}-\vec{r}\,'|^3]=0$. Os dois últimos termos são nulos, porque a magnetização $\vec{M}(\vec{r}\,')$ é constante perante o operador $\vec{\nabla}$. Com essas considerações e substituindo (6.22) em (6.21), temos que:

$$\vec{B}(\vec{r})=\mu_0\vec{M}(\vec{r})-\frac{\mu_0}{4\pi}\int\vec{\nabla}\left[\vec{M}(\vec{r}\,')\cdot\frac{(\vec{r}-\vec{r}\,')}{|\vec{r}-\vec{r}\,'|^3}\right]dv'. \quad \textbf{(6.23)}$$

Invertendo a ordem do operador diferencial com o símbolo de integral, temos:

$$\vec{B}(\vec{r})=\mu_0\vec{M}(\vec{r})-\mu_0\vec{\nabla}\left[\frac{1}{4\pi}\int\frac{\vec{M}(\vec{r}\,')\cdot(\vec{r}-\vec{r}\,')}{|\vec{r}-\vec{r}\,'|^3}dv'\right]. \quad \textbf{(6.24)}$$

Definindo o potencial escalar magnético como:

$$\boxed{V_m(\vec{r})=\frac{1}{4\pi}\int\frac{\vec{M}(\vec{r}\,')\cdot(\vec{r}-\vec{r}\,')}{|\vec{r}-\vec{r}\,'|^3}dv',} \quad \textbf{(6.25)}$$

podemos escrever o campo magnético gerado por um material magnetizado como:

$$\vec{B}(\vec{r})=\mu_0\vec{M}(\vec{r})-\mu_0\vec{\nabla}V_m(\vec{r}). \quad \textbf{(6.26)}$$

Esta relação mostra que um material gera campo magnético se, e somente se, sua magnetização não for nula.

No caso em que existe tanto corrente elétrica quanto corrente de magnetização, o campo magnético $\vec{B}$ é dado por:

$$\vec{B}(\vec{r})=\mu_0\left[\frac{1}{4\pi}\int\frac{\vec{J}(r')\times(\vec{r}-\vec{r}\,')}{|\vec{r}-\vec{r}\,'|^3}dv'-\vec{\nabla}V_m(\vec{r})+\vec{M}(\vec{r})\right]. \quad \textbf{(6.27)}$$

É importante mencionar que o último termo $\mu_0\vec{M}(\vec{r})$ vale somente para pontos internos ao material. Os dois primeiros termos envolvendo uma integração sobre o volume do material podem ser agrupados definindo o campo magnético auxiliar $\vec{H}$:

$$\vec{H}(\vec{r}) = \frac{1}{4\pi}\int \frac{\vec{J}(\vec{r}\,')\times(\vec{r}-\vec{r}\,')}{|\vec{r}-\vec{r}\,'|^3}dv' - \nabla V_m(\vec{r}). \tag{6.28}$$

Esta expressão para o campo magnético auxiliar, que é uma generalização da relação (5.13), tem a forma $\vec{H}(\vec{r}) = \vec{H}_{ap}(\vec{r}) + \vec{H}_m(\vec{r})$, em que $\vec{H}_{ap}(\vec{r})$ representa o campo magnético aplicado, associado ao vetor densidade de corrente elétrica, e $\vec{H}_m(\vec{r}) = -\vec{\nabla} V_m(\vec{r})$ representa a contribuição do material (campo permanente ou induzido pelo campo aplicado).

Na ausência de magnetização (ou em situações nas quais $V_m(\vec{r})$ é aproximadamente constante), o termo $\vec{H}_m(\vec{r})$ é nulo, de modo que o campo magnético auxiliar total é o próprio campo aplicado. Com essa definição do campo magnético auxiliar, temos que o campo magnético gerado por corrente elétrica e corrente de magnetização, equação (6.27), pode ser escrito como:

$$\boxed{\vec{B}(\vec{r}) = \mu_0\left[\vec{H}(\vec{r}) + \vec{M}(\vec{r})\right].} \tag{6.29}$$

Esta expressão mostra a relação entre os vetores $\vec{B}$, $\vec{H}$ e $\vec{M}$. No caso de ímãs em que $\vec{H}(\vec{r}) = -\vec{\nabla} V_m(\vec{r})$, a relação (6.29) tem a forma de (6.26). Os vetores $\vec{M}$, $\vec{H}$ e $\vec{B}$ para um ímã cilíndrico com magnetização constante estão mostrados na Figura 6.6. Na Figura 6.6(d), está representada a soma vetorial $\vec{B} = \mu_0[\vec{H} + \vec{M}]$ para o ponto P indicado.

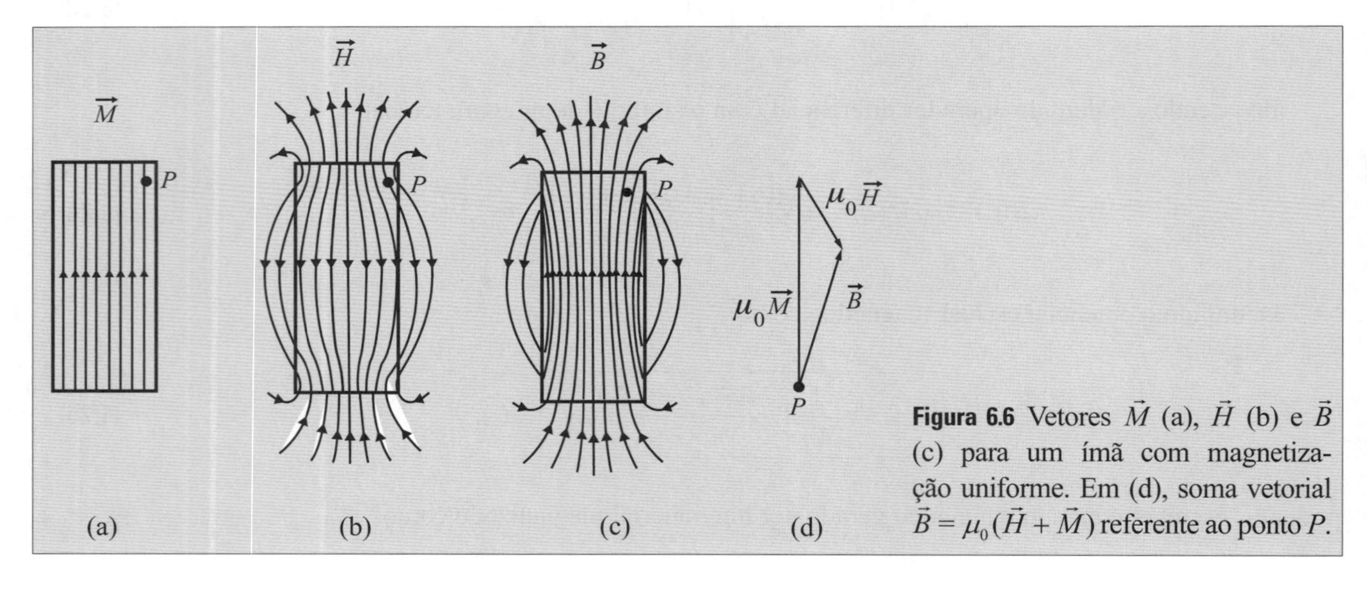

Figura 6.6 Vetores $\vec{M}$ (a), $\vec{H}$ (b) e $\vec{B}$ (c) para um ímã com magnetização uniforme. Em (d), soma vetorial $\vec{B} = \mu_0(\vec{H} + \vec{M})$ referente ao ponto P.

Para materiais lineares em que $\vec{M} = \chi_m\vec{H}$, temos que $\vec{B} = \mu_0(1+\chi_m)\vec{H}$. Definindo a permeabilidade magnética do material como $\mu = \mu_0(1+\chi_m)$, podemos escrever que $\vec{B} = \mu\vec{H}$. Para materiais paramagnéticos em que $\chi_m > 1$, temos que $\mu > \mu_0$. Para materiais diamagnéticos em que $\chi_m < 0$, temos $\mu < \mu_0$.

6.4.3 Potencial Escalar Magnético

O potencial escalar magnético, definido na equação (6.25), pode ser escrito em outra forma. Usando a relação $(\vec{r}-\vec{r}\,')/|\vec{r}-\vec{r}\,'|^3 = \vec{\nabla}_{r'}[1/|\vec{r}-\vec{r}\,'|]$, podemos reescrever a equação (6.25) como:

$$V_m(\vec{r}) = \frac{1}{4\pi}\int \vec{M}(\vec{r}\,')\cdot\vec{\nabla}_{r'}\frac{1}{|\vec{r}-\vec{r}\,'|}dv'. \tag{6.30}$$

Usando a identidade $\vec{\nabla}\cdot(V\vec{F}) = (\vec{\nabla}V)\vec{F} + V(\vec{\nabla}\cdot\vec{F})$, podemos escrever o integrando da equação anterior na forma:

$$\vec{M}(\vec{r}\,')\cdot\vec{\nabla}_{r'}\frac{1}{|\vec{r}-\vec{r}\,'|} = \vec{\nabla}_{r'}\frac{\vec{M}(\vec{r}\,')}{|\vec{r}-\vec{r}\,'|} - \frac{1}{|\vec{r}-\vec{r}\,'|}\vec{\nabla}_{r'}\cdot\vec{M}(\vec{r}\,'). \quad \textbf{(6.31)}$$

Substituindo essa relação em (6.30), temos:

$$V_m(\vec{r}) = \frac{1}{4\pi}\int\vec{\nabla}_{r'}\frac{\vec{M}(\vec{r}\,')}{|\vec{r}-\vec{r}\,'|}dv' - \frac{1}{4\pi}\int\frac{\vec{\nabla}_{r'}\cdot\vec{M}(\vec{r}\,')}{|\vec{r}-\vec{r}\,'|}dv'. \quad \textbf{(6.32)}$$

Aplicando o teorema do divergente na primeira integral e definindo $\sigma_m(\vec{r}\,') = \vec{M}(\vec{r}\,')\cdot\hat{n}$ e $\rho_m(\vec{r}\,') = -\nabla_{r'}\cdot\vec{M}(\vec{r}\,')$ temos:

$$\boxed{V_m(\vec{r}) = \frac{1}{4\pi}\oint\frac{\sigma_m(\vec{r}\,')ds'}{|\vec{r}-\vec{r}\,'|} + \frac{1}{4\pi}\int\frac{\rho_m(\vec{r}\,')}{|\vec{r}-\vec{r}\,'|}dv'.} \quad \textbf{(6.33)}$$

Note que esta expressão para o potencial escalar magnético tem a mesma forma matemática da relação (4.16) para o potencial escalar elétrico gerado por um material dielétrico. As grandezas $\sigma_m(\vec{r}\,')$ e $\rho_m(\vec{r}\,')$ descrevem densidades superficial e volumétrica de polos de magnetização, respectivamente. No Exemplo 6.1 é feita uma discussão física sobre essas grandezas em um ímã cilíndrico.

Tomando o gradiente desse potencial escalar magnético e substituindo em (6.26), temos que o campo magnético gerado por um material magnetizado é:

$$\vec{B}(\vec{r}) = \frac{\mu_0}{4\pi}\int\frac{(\vec{r}-\vec{r}\,')\rho_m}{|\vec{r}-\vec{r}\,'|^3}dv' + \frac{\mu_0}{4\pi}\oint\frac{(\vec{r}-\vec{r}\,')\sigma_m}{|\vec{r}-\vec{r}\,'|^3}ds' + \mu_0\vec{M}(\vec{r}\,'). \quad \textbf{(6.34)}$$

Usando a expansão do termo $|\vec{r}-\vec{r}\,'|$ feita na Subseção 3.6.4, podemos escrever o potencial escalar magnético dado em (6.33) em termos dos harmônicos esféricos. Assim, temos:

$$\begin{aligned} V_m(\vec{r}) = {} & \sum_{l=0}^{\infty}\sum_{m=-l}^{m=l}\oint\frac{(r')^l}{r^{l+1}}\frac{1}{2l+1}Y^*_{lm}(\theta',\phi')Y_{lm}(\theta,\phi)\sigma_m\left(\vec{r}\,'\right)ds' \\ & + \sum_{l=0}^{\infty}\sum_{m=-l}^{m=l}\int\frac{(r')^l}{r^{l+1}}\frac{1}{2l+1}Y^*_{lm}(\theta',\phi')Y_{lm}(\theta,\phi)\rho_m\left(\vec{r}\,'\right)dv', \end{aligned} \quad \textbf{(6.35)}$$

para pontos externos em que $r > r'$ e

$$\begin{aligned} V_m(\vec{r}) = {} & \sum_{l=0}^{\infty}\sum_{m=-l}^{m=l}\oint\frac{(r)^l}{(r')^{l+1}}\frac{1}{2l+1}Y^*_{lm}(\theta',\phi')Y_{lm}(\theta,\phi)\sigma_m\left(\vec{r}\,'\right)ds' \\ & + \sum_{l=0}^{\infty}\sum_{m=-l}^{m=l}\int\frac{(r)^l}{(r')^{l+1}}\frac{1}{2l+1}Y^*_{lm}(\theta',\phi')Y_{lm}(\theta,\phi)\rho_m\left(\vec{r}\,'\right)dv'. \end{aligned} \quad \textbf{(6.36)}$$

para pontos internos em que $r < r'$.

EXEMPLO 6.1

Faça uma discussão qualitativa sobre as densidades de corrente de magnetização ($\vec{J}_m$ e $\vec{j}_m$) e sobre as densidades de polos magnetização (σ_m e ρ_m) para um ímã cilíndrico de comprimento l, raio a com magnetização $\vec{M} = M_0\hat{k}$.

SOLUÇÃO

A Figura 6.7(a) mostra uma representação desse ímã cilíndrico com o vetor magnetização $\vec{M}$ e os vetores normais $\hat{n}$.

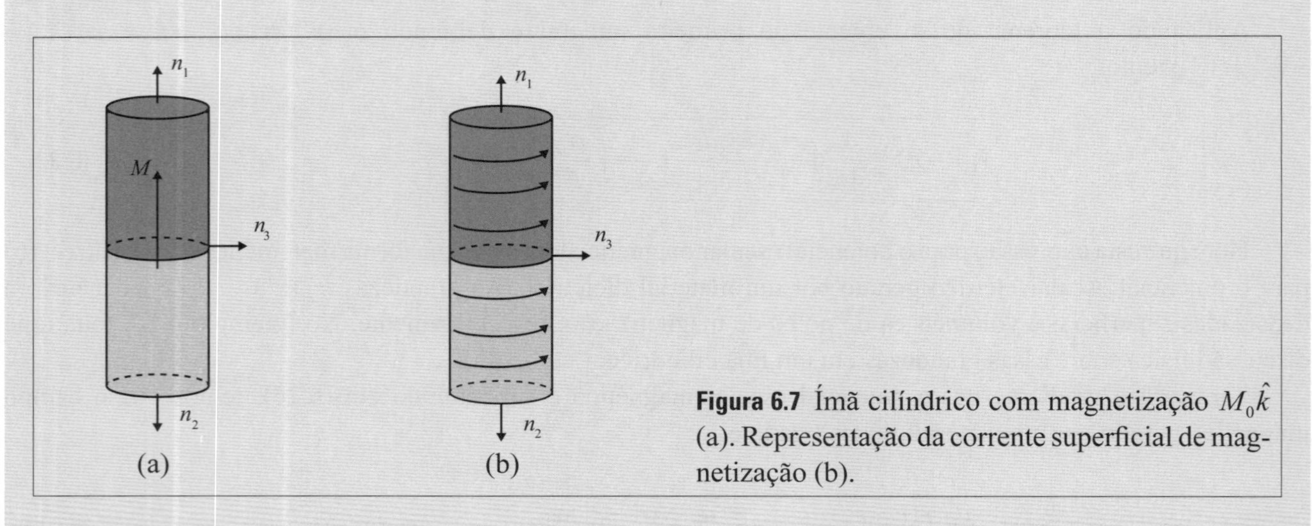

Figura 6.7 Ímã cilíndrico com magnetização $M_0\hat{k}$ (a). Representação da corrente superficial de magnetização (b).

Neste caso, em que a magnetização é constante, temos que a densidade volumétrica de corrente de magnetização, calculada por $\vec{J}_m = \vec{\nabla} \times \vec{M}$, é nula. A densidade superficial de corrente de magnetização, calculada por $\vec{j}_m = \vec{M} \times \hat{n}$, nas superfícies superior e inferior do cilindro é nula, porque o vetor $\vec{M}$ é paralelo ao vetor $\hat{n}_1$ e antiparalelo ao vetor $\hat{n}_2$. Por outro lado, na superfície lateral do cilindro, temos que $\vec{j}_m = M_0\hat{k} \times \hat{n}_3 = M_0\hat{\theta}$. Portanto, um ímã cilíndrico com magnetização $\vec{M} = M_0\hat{k}$ apresenta uma corrente de magnetização que circula sobre sua superfície lateral, conforme mostra a Figura 6.7(b). Logo, esse ímã é equivalente a um solenoide que transporta uma corrente elétrica constante.

Como a magnetização é constante, temos que a densidade volumétrica de polos de magnetização, calculada por $\rho_m = -\vec{\nabla} \cdot \vec{M}$, é nula. A densidade superficial de polos de magnetização, calculada por $\sigma_m = \vec{M} \cdot \hat{n}_3$ na superfície lateral do cilindro, é nula porque o vetor $\vec{M}$ é perpendicular ao vetor $\hat{n}_3$. Na superfície superior do cilindro em que os vetores $\vec{M}$ e $\hat{n}_1$ são paralelos, temos que $\sigma_m = \vec{M} \cdot \hat{n}_1 = +M_0$. Por outro lado, na superfície inferior do cilindro em que os vetores $\vec{M}$ e $\hat{n}_2$ têm sentidos opostos, temos que $\sigma_m = \vec{M} \cdot \hat{n}_2 = -M_0$. Portanto, esse ímã cilíndrico apresenta um polo positivo $+M_0$ (polo norte) na superfície superior e um polo negativo $-M_0$ (polo sul) na superfície inferior. Esses polos magnéticos estão representados na Figura 6.8(a).

Agora, vamos discutir a possibilidade de separar os polos magnéticos nesse ímã cilíndrico. Primeiramente, vamos cortá-lo transversalmente, de modo a formar dois ímãs com magnetização ao longo do eixo z, conforme mostra a Figura 6.8(b). Em cada ímã isolado o vetor $\vec{M}$ satisfaz as condições: (1) é perpendicular ao vetor $\hat{n}_3$ na superfície lateral, (2) tem o mesmo sentido do vetor $\hat{n}_1$ na superfície superior e (3) tem sentido oposto ao vetor $\hat{n}_2$ na superfície inferior. Como essas condições são as mesmas do ímã original antes de ser cortado, temos que cada ímã isolado apresenta um polo positivo na superfície superior e um polo negativo na superfície inferior. Portanto, os polos magnéticos do ímã não foram separados. Esta conclusão também pode ser obtida considerando o fato experimental de que as linhas do campo magnético gerado por cada um dos ímãs são fechadas. Esse fato implica que $\vec{\nabla} \cdot \vec{B} = 0$ e que, portanto, não existem monopolos magnéticos.

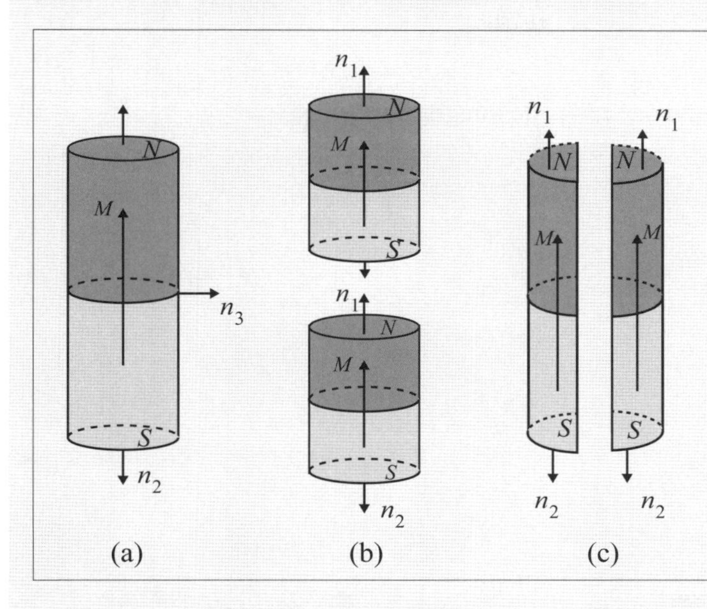

Figura 6.8 Polos magnéticos (norte e sul) de um ímã cilíndrico com magnetização $M_0\hat{k}$ (a). Polos magnéticos do ímã após um corte transversal (b) e longitudinal (c).

Se o ímã for cortado longitudinalmente, as magnetizações e os polos magnéticos dos ímãs resultantes terão as mesmas configurações do ímã original, conforme mostra a Figura 6.8(c). Logo, cada ímã terá os dois polos magnéticos, de modo que os polos magnéticos também não são separados com esse tipo de corte. Na Seção 6.5, apresentamos uma discussão sobre a possibilidade de existência de monopolos magnéticos.

EXEMPLO 6.2

Considere um ímã cilíndrico de comprimento l e raio a com uma magnetização $\vec{M} = M_0\hat{k}$. Encontre os campos magnéticos $\vec{B}$ e $\vec{H}$ para pontos situados sobre seu eixo de simetria. Considere um ímã com $l = 2$ cm e $a = 1$ cm e estime o valor da magnetização para que o campo magnético seja da ordem de 1 T na superfície inferior/superior.

SOLUÇÃO

Vamos resolver este problema calculando, primeiramente, o potencial escalar magnético.

Como a magnetização é uniforme, temos que $\rho_m = \vec{\nabla} \cdot \vec{M} = 0$. A densidade superficial de polos de magnetização $\sigma_m = \vec{M} \cdot \hat{n}$ é positiva na superfície superior, negativa na superfície inferior e nula na superfície lateral. Dessa forma, de acordo com a equação (6.33), o potencial escalar magnético é:

$$V_m(\vec{r}) = \frac{1}{4\pi}\int \frac{\vec{M} \cdot d\vec{s}_1}{|\vec{r} - \vec{r}_1'|} - \frac{1}{4\pi}\int \frac{\vec{M} \cdot d\vec{s}_2}{|\vec{r} - \vec{r}_1'|},$$

em que $d\vec{s}_1$ e $d\vec{s}_2$ são os elementos diferenciais de área na superfície superior e inferior, respectivamente. Colocando a origem do sistema de coordenadas no centro do cilindro, conforme mostra a Figura 6.9, temos que $\vec{r} = \hat{k}z$, $\vec{r}_1' = \hat{i}x' + \hat{j}y' + \hat{k}l/2$ e $\vec{r}_2' = \hat{i}x' + \hat{j}y' - \hat{k}l/2$. Assim, o potencial escalar magnético em pontos sobre o eixo z é:

$$V_m(z) = \frac{M_0}{4\pi}\left[\int_0^a r'dr' \int_0^{2\pi} \frac{d\theta'}{\left[(r')^2 + (z - l/2)^2\right]^{1/2}} - \int_0^a r'dr' \int_0^{2\pi} \frac{d\theta'}{\left[(r')^2 + (z + l/2)^2\right]^{1/2}}\right],$$

em que $(r')^2 = (x')^2 + (y')^2$. Integrando e substituindo os limites de integração, temos:

$$V_m(z) = \frac{M_0}{2}\left\{\left[\sqrt{a^2 + (z - l/2)^2} - |z - l/2|\right] - \left[\sqrt{a^2 + (z + l/2)^2} - |z + l/2|\right]\right\}. \quad \textbf{(E6.1)}$$

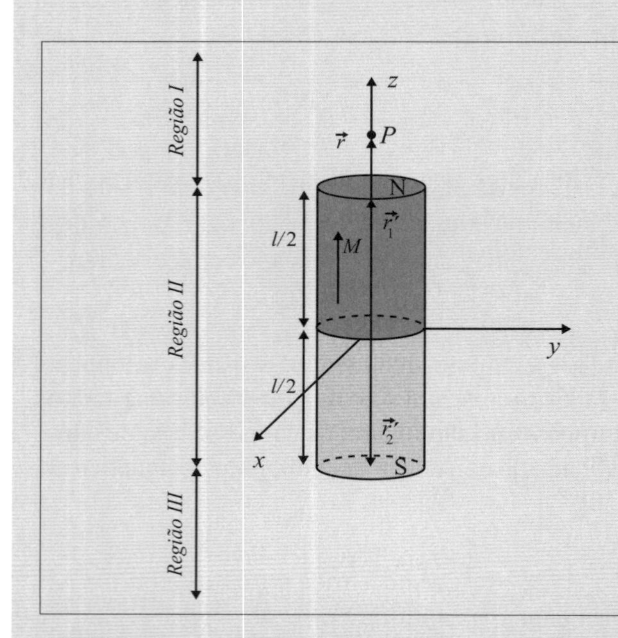

Figura 6.9 Ímã cilíndrico de comprimento l, raio a e magnetização $M_0\hat{k}$.

Para pontos na parte superior do cilindro, em que $z > l/2$, temos que $|z - l/2| = (z - l/2)$ e $|z + l/2| = (z + l/2)$. Neste caso, o potencial escalar magnético, calculado por (E6.1), é:

$$V_m^I(z) = \frac{M_0}{2}\left[\sqrt{a^2 + (z - l/2)^2} - \sqrt{a^2 + (z + l/2)^2} + l\right].$$

O campo magnético auxiliar, calculado por $\vec{H}_I(z) = -\hat{k}[\partial V_m^I(z)/\partial z]$, é dado por:

$$\vec{H}_I(z) = \hat{k}\frac{M_0}{2}\left[\frac{z + l/2}{\left[a^2 + (z + l/2)^2\right]^{1/2}} - \frac{z - l/2}{\left[a^2 + (z - l/2)^2\right]^{1/2}}\right].$$

Nesta região do espaço, a magnetização é nula, de modo que o campo magnético, calculado por $\vec{B}_I = \mu_0 \vec{H}_I$, é:

$$\vec{B}_I(z) = \hat{k}\frac{\mu_0 M_0}{2}\left[\frac{z + l/2}{\left[a^2 + (z + l/2)^2\right]^{1/2}} - \frac{z - l/2}{\left[a^2 + (z - l/2)^2\right]^{1/2}}\right].$$

Para pontos na região II, em que $-l/2 < z < l/2$, temos que $|z - l/2| = -(z - l/2)$ e $|z + l/2| = (z + l/2)$. Assim, o potencial escalar magnético, dado em (E6.1), é:

$$V_m^{II}(z) = \frac{M_0}{2}\left[\sqrt{a^2 + (z - l/2)^2} - \sqrt{a^2 + (z + l/2)^2} + 2z\right].$$

O campo magnético auxiliar, calculado por, $\vec{H}_{II}(z) = -\hat{k}[\partial V_m^{II}(z)/\partial z]$, é:

$$\vec{H}_{II}(z) = \hat{k}\frac{M_0}{2}\left[\frac{z + l/2}{\left[a^2 + (z + l/2)^2\right]^{1/2}} - \frac{z - l/2}{\left[a^2 + (z - l/2)^2\right]^{1/2}} - 2\right].$$

No interior do cilindro, a magnetização é $\vec{M} = \hat{k}M_0$, de modo que o campo magnético, calculado por $\vec{B}_{II} = \mu_0(\vec{M} + \vec{H}_{II})$, é:

$$\vec{B}_{II}(z) = \hat{k}\frac{\mu_0 M_0}{2}\left[\frac{z + l/2}{\left[a^2 + (z + l/2)^2\right]^{1/2}} - \frac{z - l/2}{\left[a^2 + (z - l/2)^2\right]^{1/2}}\right].$$

Para pontos localizados na parte inferior do cilindro, em que $z < -l/2$, temos que $|z - l/2| = -(z - l/2)$ e $|z + l/2| = -(z + l/2)$. Assim, o potencial escalar magnético, calculado pela equação (E6.1), é:

$$V_m^{III}(z) = \frac{M_0}{2}\left[\sqrt{a^2 + (z - l/2)^2} - \sqrt{a^2 + (z + l/2)^2} - l\right].$$

O campo magnético auxiliar na região III, calculado por $\vec{H}_{III}(z) = -\hat{k}[\partial V_m^{III}(z)/\partial z]$, é:

$$\vec{H}_{III}(z) = \hat{k}\frac{M_0}{2}\left[\frac{z + l/2}{\left[a^2 + (z + l/2)^2\right]^{1/2}} - \frac{z - l/2}{\left[a^2 + (z - l/2)^2\right]^{1/2}}\right].$$

Nesta região do espaço, a magnetização também é nula, de modo que o campo magnético é simplesmente $\vec{B}_{III} = \mu_0\vec{H}_{III}$. Logo

$$\vec{B}_{III}(z) = \hat{k}\frac{\mu_0 M_0}{2}\left[\frac{z + l/2}{\left[a^2 + (z + l/2)^2\right]^{1/2}} - \frac{z - l/2}{\left[a^2 + (z - l/2)^2\right]^{1/2}}\right]. \quad \textbf{(E6.2)}$$

Note que a expressão matemática para o campo magnético auxiliar $\vec{H}$ depende da região do espaço considerada. Entretanto, o campo magnético $\vec{B}$ tem a mesma forma em todos os pontos localizados sobre o eixo de simetria do cilindro.

Note também que a equação (E6.2) tem a mesma forma da equação (E5.4) (veja o Exemplo 5.4) para o campo magnético de um solenoide, em que a magnetização[4] M_0 é substituída por nI. Esse resultado era esperado porque, de acordo com a discussão feita no Exemplo 6.1, um magneto cilíndrico com magnetização constante ao longo do eixo z é equivalente a um solenoide transportando uma corrente elétrica.

Vamos estimar o valor da magnetização M_0 para que o campo magnético na superfície inferior do ímã seja aproximadamente igual a 1 T. Substituindo $z = -l/2$ em (E6.2), temos:

$$M_0 = \frac{2\left[a^2 + l^2\right]^{1/2}}{\mu_0 l} B_{III}(-l/2).$$

Substituindo os valores $a = 0{,}01$ m, $l = 0{,}01$ m, $B_{III}(-l/2) = 1$ T e $\mu_0 = 4\pi \times 10^{-7}$ Ns²/C², temos:

$$M_0 = 2{,}25 \times 10^6 \text{ A/m}.$$

[4] Resolva o Exercício Complementar 8 para mostrar a equivalência entre $M_0 \to nI$.

Um magneto em forma de esfera de raio a possui uma magnetização uniforme $\vec{M} = M_0\hat{k}$. Determine o potencial escalar magnético e, em seguida, obtenha os campos magnéticos $\vec{B}$ e $\vec{H}$ em todos os pontos do espaço.

SOLUÇÃO

Neste problema, o potencial escalar magnético é facilmente obtido, utilizando a expansão do potencial em termos dos harmônicos esféricos (veja o Exercício Resolvido 6.1). Nesse exemplo, vamos calcular o potencial utilizando a equação (6.33). Um cálculo equivalente com a equação (6.25) está proposto no Exercício Complementar 11. Como a magnetização é constante, temos que $\rho_m = -\vec{\nabla}\cdot\vec{M} = 0$. Assim, precisamos calcular somente o primeiro termo da equação (6.33). A magnetização está ao longo do eixo z e o ponto de observação está em um ponto qualquer fazendo um ângulo "θ" com esse eixo, conforme mostra a Figura 6.10. Uma das dificuldades no cálculo da equação integral (6.33) é a dependência do produto escalar entre os vetores $\vec{r}$ e $\vec{r}'$ com $\cos(\theta' - \theta)$. Para contornar essa dificuldade, vamos fazer uma rotação dos eixos, de modo que o ponto de observação r esteja sobre o eixo z. Assim, a magnetização passa a ser orientada ao longo de um eixo arbitrário $\hat{r}$. Neste caso, temos que $\vec{M} = M_0\hat{r} = M_0(\hat{k}\cos\theta + \hat{i}\,\mathrm{sen}\theta\cos\phi + \hat{j}\,\mathrm{sen}\theta\,\mathrm{sen}\phi)$ e $|\vec{r} - \vec{r}'| = \left(r^2 + r'^2 - 2rr'\cos\theta'\right)^{1/2}$, em que θ' é o ângulo entre os vetores $\hat{r}'$ e $\hat{r}$.

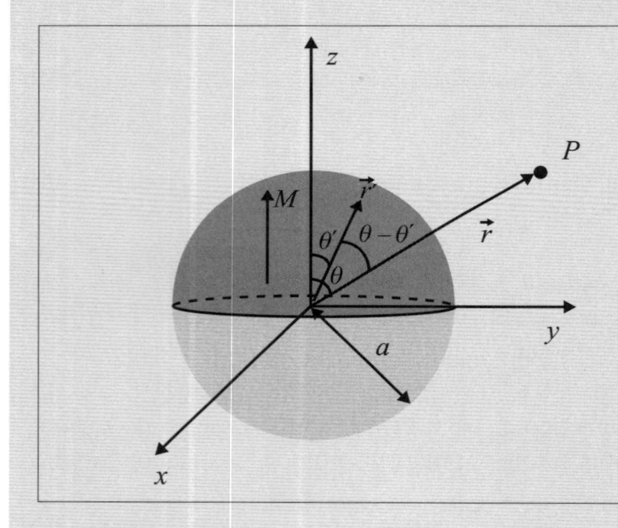

Figura 6.10 Ímã esférico de raio a com magnetização $M_0\hat{k}$.

Como $\hat{n}' = \hat{r}' = (\hat{i}\,\mathrm{sen}\,\theta'\cos\phi' + \hat{j}\,\mathrm{sen}\,\theta'\mathrm{sen}\phi' + \hat{k}\cos\theta')$, temos que a densidade superficial de polos de magnetização, calculada por $\sigma_m = \vec{M}\cdot\hat{n}'$, é $\sigma_m = M_0(\hat{k}\cos\theta + \hat{i}\,\mathrm{sen}\theta\cos\phi + \hat{j}\,\mathrm{sen}\theta\,\mathrm{sen}\phi)\cdot(\hat{i}\,\mathrm{sen}\theta'\cos\phi' + \hat{j}\,\mathrm{sen}\theta'\mathrm{sen}\phi' + \hat{k}\cos\theta')$. Com essas considerações e tomando $r' = a$, podemos escrever o potencial escalar magnético dado em (6.33) como:

$$V_m(r,\theta,\phi) = \frac{M_0}{4\pi}\int_0^{2\pi}\int_0^{\pi}\frac{\left[\mathrm{sen}\theta\,\mathrm{sen}\theta'\left(\cos\phi\cos\phi' + \mathrm{sen}\phi\,\mathrm{sen}\phi'\right) + \cos\theta\cos\theta'\right]a^2\,\mathrm{sen}\theta'\,d\theta'\,d\phi'}{\left(r^2 + a^2 - 2ra\cos\theta'\right)^{1/2}}.$$

As integrais na variável ϕ' envolvendo os termos $\cos\phi'$ e $\mathrm{sen}\phi'$ no intervalo $[0, 2\pi]$ se anulam. A integral em ϕ' do último termo é 2π vezes o integrando restante. Dessa forma, o potencial escalar magnético não depende da coordenada ϕ e se reduz a:

$$V_m(r,\theta) = \frac{M_0 \cos\theta}{2} \int_0^{\pi} \frac{a^2 \cos\theta' \operatorname{sen}\theta' d\theta'}{\left(r^2 + a^2 - 2ra\cos\theta'\right)^{1/2}}.$$

Fazendo a seguinte mudança de variável $u^2 = r^2 + a^2 - 2ra\cos\theta'$, temos que $a\cos\theta' = (r^2 + a^2 - u^2)/2r)$ e $udu = ra \operatorname{sen}\theta' d\theta'$. Com essas considerações, temos que:

$$V_m(r,\theta) = \frac{M_0 \cos\theta}{4r^2} \int_{\sqrt{r^2+a^2-2ra}}^{\sqrt{r^2+a^2+2ra}} (r^2 + a^2 - u^2) du.$$

Integrando, obtemos:

$$V_m(r,\theta) = \frac{M_0 \cos\theta}{12r^2} \left\{ u\left[3(r^2 + a^2) - u^2\right] \right\}_{u=\sqrt{r^2+a^2-2ra}}^{u=\sqrt{r^2+a^2+2ra}}.$$

Substituindo os limites de integração e usando as relações $|r+a| = \left(r^2 + a^2 + 2ra\right)^{1/2}$ e $|r - a| = (r^2 + a^2 - 2ra)^{1/2}$, temos:

$$V_m(r,\theta) = \frac{M_0 \cos\theta}{12r^2} \left\{ |r+a|\left[3(r^2 + a^2) - (r^2 + a^2 + 2ra)\right] \right\}$$
$$- |r-a|\left[3(r^2 + a^2) - (r^2 + a^2 - 2ra)\right].$$

Efetuando a operação algébrica, obtemos:

$$V_m(r,\theta) = \frac{M_0}{6r^2} \cos\theta \left[|r+a|\left(r^2 + a^2 - ra\right) - |r-a|\left(r^2 + a^2 + ra\right) \right]. \qquad \textbf{(E6.3)}$$

A existência da função modular $|r - a|$ indica que devemos considerar separadamente os casos de pontos externos ($r > a$) e pontos internos ($r < a$). Para pontos externos em que valem as relações $|r + a| = (r + a)$ e $|r - a| = (r - a)$, o potencial escalar magnético dado em (E6.3) é:

$$V_m^{ext}(r,\theta) = \frac{M_0}{6r^2} \cos\theta \left[(r+a)\left(r^2 + a^2 - ra\right) - (r-a)\left(r^2 + a^2 + ra\right) \right].$$

Após uma operação algébrica, temos:

$$V_m^{ext}(r,\theta) = \frac{M_0}{3} \frac{a^3}{r^2} \cos\theta.$$

O campo magnético auxiliar, calculado por $\vec{H}_{ext} = -\vec{\nabla} V_m^{ext}$, é:

$$\vec{H}_{ext}(r,\theta) = \frac{M_0}{3} \frac{a^3}{r^3} \left[\hat{r} 2\cos\theta + \hat{\theta} \operatorname{sen}\theta \right].$$

O campo magnético calculado por $\vec{B}_{ext} = \mu_0 \vec{H}_{ext}$ é:

$$\vec{B}_{ext}(r,\theta) = \frac{\mu_0 M_0}{3} \frac{a^3}{r^3} \left[\hat{r} 2\cos\theta + \hat{\theta} \operatorname{sen}\theta \right].$$

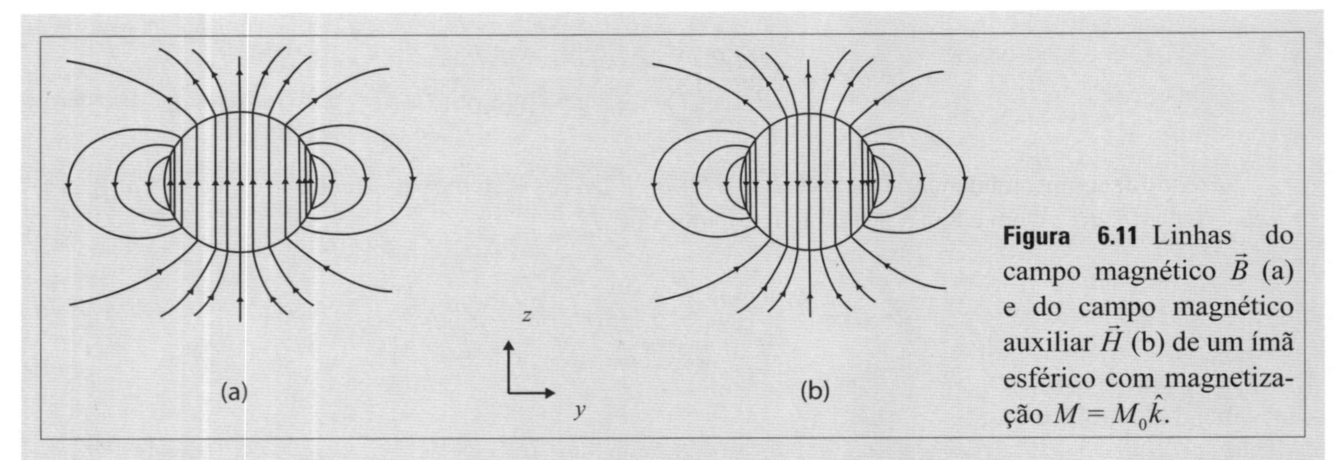

Figura 6.11 Linhas do campo magnético $\vec{B}$ (a) e do campo magnético auxiliar $\vec{H}$ (b) de um ímã esférico com magnetização $M = M_0\hat{k}$.

Para pontos internos em que valem as relações $|r+a| = (r+a)$ e $|r-a| = (a-r)$, o potencial escalar magnético, calculado pela equação (E6.3), é:

$$V_m^{int}(r,\theta) = \frac{M_0}{6r^2}\cos\theta\left[(r+a)\left(r^2+a^2-ra\right)-(a-r)\left(r^2+a^2+ra\right)\right].$$

Após uma manipulação algébrica, obtemos:

$$V_m^{int}(r,\theta) = \frac{M_0}{3}r\cos\theta.$$

O campo magnético auxiliar, calculado por $\vec{H}_{int} = -\vec{\nabla}V_m^{int}$, é:

$$\vec{H}_{int} = -\frac{M_0}{3}\left(\hat{r}\cos\theta - \hat{\theta}\,\mathrm{sen}\theta\right) = -\frac{M_0}{3}\hat{k}.$$

Note que, no interior da esfera, o campo magnético auxiliar $\vec{H}_{int}$ tem sentido oposto à magnetização do material. Por esse motivo, esse campo é chamado de campo desmagnetizante. O campo magnético $\vec{B}$ no interior da esfera em que existe uma magnetização é calculado por $\vec{B}_{int} = \mu_0(\vec{M} + \vec{H}_{int})$. Usando $\vec{M} = M_0\hat{k}$ e $\vec{H}_{int}$ determinado anteriormente, temos que:

$$\vec{B}_{int} = \mu_0\left(M_0\hat{k} - \frac{M_0}{3}\hat{k}\right) = \frac{2\mu_0 M_0}{3}\hat{k}.$$

Note que $\vec{B}_{int}$ e $\vec{H}_{int}$ têm sentidos opostos. A Figura 6.11 mostra as linhas de campo magnético $\vec{B}$ e $\vec{H}$ dentro e fora do ímã esférico.

6.5 Monopolos Magnéticos

Os monopolos magnéticos ainda não foram encontrados na natureza, mas existe uma série de estudos sobre este assunto que vamos mencionar neste livro. Em meados do século passado, P. M. Dirac[5] elaborou uma teoria sobre

[5] Paul Adrien Maurice Dirac (8/8/1902-20/10/1984), engenheiro, físico e matemático britânico. Ele deu grandes contribuições para o desenvolvimento da mecânica quântica e eletrodinâmica quântica, entre elas a formulação da equação de Dirac, a previsão da antimatéria e monopolos magnéticos. Ele ganhou o prêmio Nobel em 1933, por seus trabalhos sobre mecânica quântica.

cargas elétricas e magnéticas em interação. Embora ele não tenha previsto a existência de monopolos magnéticos, a sua teoria trouxe resultados interessantes.[6]

Em um cenário no qual existem monopolos magnéticos, podemos considerar, por comparação direta com a lei de Gauss, que o fluxo do campo magnético seja igual a uma carga magnética, isto é, $\oint \vec{B} \cdot d\vec{s} = q_m$. Em sua teoria, Dirac supôs que a integral $\oint \vec{B} \cdot d\vec{s}$ seria diferente de zero em um único ponto sobre todas as superfícies envolvendo a suposta carga magnética. Assim, essa integral de superfície não seria nula sobre uma linha de pontos (conhecida como linha de Dirac), que se estende da carga magnética até o infinito ou até outra carga magnética com a mesma intensidade e sinal oposto.

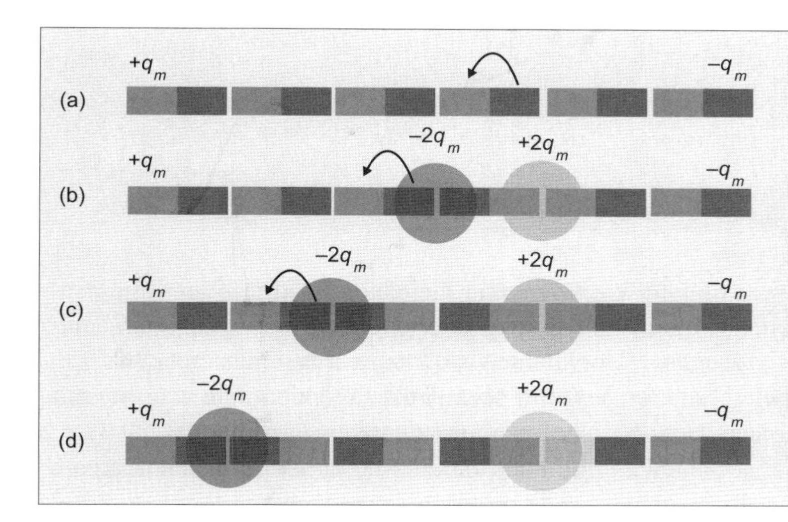

Figura 6.12 Configuração linear de magnetos. O arranjo em (a) é equivalente a um grande magneto com cargas magnéticas q_m e $-q_m$ nas extremidades. Em (b), aparecem as cargas $2q_m$ (círculo mais claro) e $-2q_m$ (círculo mais escuro) em função da inversão de um magneto. Em (c) e (d), a carga magnética $-2q_m$ se movimenta para a esquerda, invertendo os magnetos indicados pelas setas.

Usando os conceitos de mecânica quântica, Dirac mostrou que a carga elétrica (q) e a carga magnética (q_m) estariam relacionadas por $qq_m = nhc / 2$, em que h é a constante de Planck e n é um número inteiro. Essa relação mostra que a carga elétrica deve ser quantizada, quer dizer, ela é um múltiplo inteiro de uma quantidade mínima. Como a carga elétrica é de fato quantizada, a relação obtida por Dirac é um bom argumento para a existência da carga magnética.

Após os trabalhos de Dirac, muitos esforços foram feitos para encontrar os monopolos magnéticos. Em 1974, os pesquisadores G.'t Hooft e A. M. Polyakov mostraram que monopolos magnéticos poderiam existir em teorias de gauge com quebra espontânea de simetria. Essa previsão teórica estimulou a busca por monopolos magnéticos em materiais sólidos tridimensionais, em raios cósmicos e tentativas de produzi-los em aceleradores de partículas. Infelizmente, até o momento nenhuma delas obteve êxito.

Resultados recentes mostram que compostos magnéticos frustrados e estruturas nanoscópicas com defeitos topológicos são alguns dos sistemas físicos nos quais se pode criar excitações coletivas que se comportam como se fossem duas cargas magnéticas que se movimentam de forma independente. Para ilustrar o movimento dessas "cargas magnéticas", vamos considerar uma configuração linear de magnetos, conforme mostra a Figura 6.12(a). Nessa configuração, a carga magnética $+q_m$ de um magneto se cancela com a carga magnética $-q_m$ do magneto adjacente, de modo que esse arranjo se comporta como se fosse um único magneto com cargas magnéticas $+q_m$ $-q_m$ em extremidades opostas. Fazendo uma excitação no sistema a partir da inversão de um dos magnetos, indicado pela seta na Figura 6.12(a), aparecerá um carga magnética $+2q_m$ (círculo mais claro) e uma carga $-2q_m$ (círculo mais escuro), conforme mostra a Figura 6.12(b). Produzindo mais excitações, pela inversão dos magnetos adjacentes, conforme está indicado pelas setas na Figura 6.12, observamos que a carga magnética $-2q_m$ se move para a esquerda, enquanto a carga magnética $2q_m$ fica estática. Portanto, esse procedimento nos permite manipular as cargas magnéticas $+2q_m$ e $-2q_m$ como se elas fossem independentes.

[6] Veja os artigos originais de Dirac, citados na bibliografia.

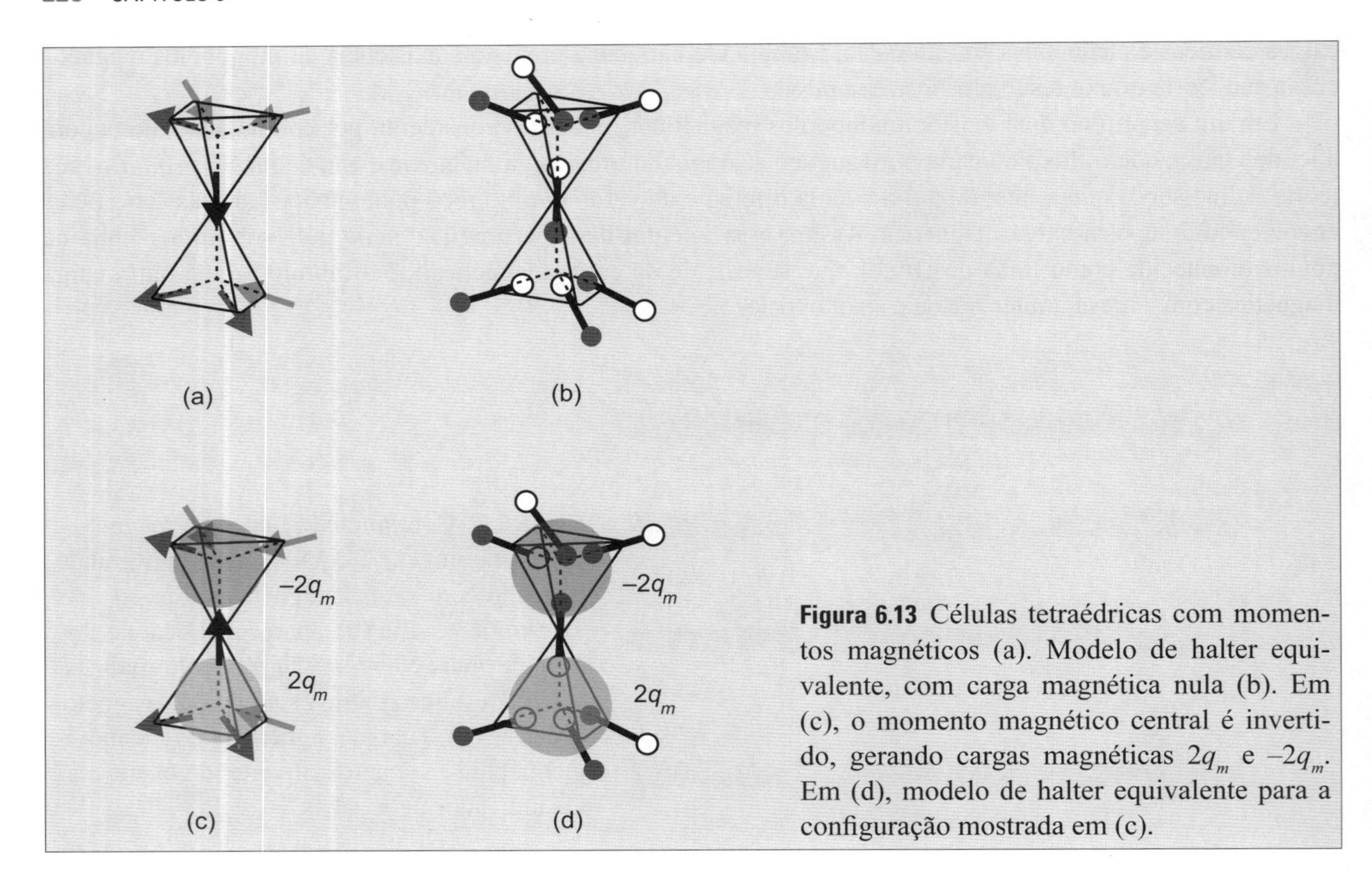

Figura 6.13 Células tetraédricas com momentos magnéticos (a). Modelo de halter equivalente, com carga magnética nula (b). Em (c), o momento magnético central é invertido, gerando cargas magnéticas $2q_m$ e $-2q_m$. Em (d), modelo de halter equivalente para a configuração mostrada em (c).

Esse mecanismo para mover cargas magnéticas pode ser idealizado em compostos magnéticos conhecidos como gelo de spin, tais como $Dy_2Ti_2O_7$ e $Ho_2Ti_2O_7$, pela aplicação de um campo magnético. A estrutura cristalina desses materiais é do tipo do pirocloro, formada por tetraedros ligados, conforme mostra a Figura 6.13(a). Em cada vértice do tetraedro, existe um momento magnético, de tal forma que dois apontam para dentro e dois apontam para fora do tetraedro. Além disso, um dos momentos magnéticos é compartilhado pelos dois tetraedros.

Esse sistema magnético pode ser modelado associando cada momento magnético (representado por uma seta) a um halter, no qual uma extremidade representa uma carga magnética negativa (círculo cinza) e a outra uma carga magnética positiva (círculo branco). Nesse modelo de halter, podemos observar que no estado fundamental, existem duas cargas magnéticas positivas e duas cargas negativas no interior de cada tetraedro, de modo que a carga magnética total por tetraedro é nula [veja a Figura 6.13(b)].

Um estado excitado pode ser criado invertendo o momento magnético central, compartilhado pelos tetraedros, conforme mostra a Figura 6.13(c). Neste caso, um tetraedro passa a ter três momentos magnéticos apontando para dentro e um para fora, enquanto o outro fica com uma configuração oposta. Essa configuração de momentos magnéticos é equivalente a uma carga magnética negativa $-2q_m$ (círculo mais escuro) e uma positiva $+2q_m$ (círculo mais claro). O modelo de halter correspondente está mostrado na Figura 6.13(d). É importante mencionar que essa inversão do momento magnético central pode ser produzida pela aplicação de um campo magnético externo.

Essa ideia pode ser estendida para uma rede contendo várias células unitárias. A Figura 6.14(a) ilustra essa situação física em uma rede hipotética bidimensional, em que dois momentos magnéticos apontam para dentro (círculo branco) e dois apontam para fora (círculos escuros), de modo que a carga magnética em cada tetraedro é nula. Considerando que o campo magnético aplicado inverte os momentos magnéticos (halter com cargas magnéticas opostas), no sentido indicado pelas setas na Figura 6.14(a), obtemos uma configuração na qual existe uma carga magnética $-2q_m$ à esquerda (círculo mais escuro) e uma carga $2q_m$ (círculo mais claro) à direita. A linha unindo essas cargas magnéticas é a linha de Dirac, prevista em seu artigo.

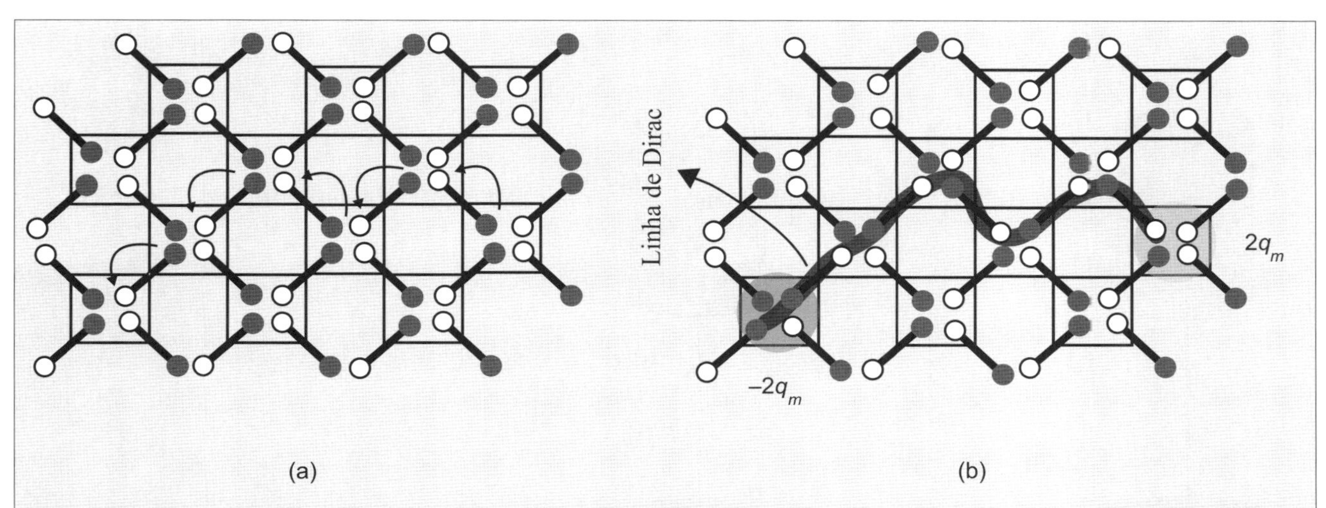

Figura 6.14 Configuração bidimensional com células unitárias contendo carga magnética nula (a). A configuração em (b), obtida invertendo os momentos magnéticos indicados pelas setas em (a), apresenta cargas magnéticas $2q_m$ e $-2q_m$.

6.6 Força Magnética entre Materiais Magnéticos

Na Seção 5.5, mostramos que um circuito com uma densidade de corrente elétrica $\vec{J}$, colocado em um campo magnético, fica sujeito à força magnética $\vec{F}_{mag} = \int(\vec{J} \times \vec{B})d\text{v}$. Analogamente, a força sobre um material magnético com densidades de corrente $\vec{J}_m$ e $\vec{j}_m$ é

$$\vec{F}_{mag} = \int(\vec{J}_m \times \vec{B})d\text{v} + \int(\vec{j}_m \times \vec{B})ds. \tag{6.37}$$

Essa força também pode ser escrita em termos das densidades superficial e volumétrica de polos de magnetização. De fato, usando as definições de correntes de magnetização $\vec{J}_m = \vec{\nabla} \times \vec{M}$ e $\vec{j}_m = \vec{M} \times \hat{n}$ e após uma longa álgebra (veja o Exercício Complementar 27), podemos mostrar que:

$$\boxed{\vec{F}_{mag} = \int \rho_m \vec{B} d\text{v} + \oint \sigma_m \vec{B} ds}, \tag{6.38}$$

em que $\rho_m = -\vec{\nabla} \cdot \vec{M}$ e $\sigma_m = \vec{M} \cdot \hat{n}$ são as densidades volumétrica e superficial de polos de magnetização.

Vamos utilizar essa expressão da força magnética para discutir a interação magnética entre ímãs. Por simplicidade, vamos considerar ímãs cilíndricos com magnetização $\vec{M} = M_0\hat{k}$.

Primeiramente, vamos considerar que os ímãs estão colocados de forma que o polo norte de um ímã está próximo do polo sul do outro. Neste caso, as magnetizações dos dois ímãs são paralelas, conforme mostra a Figura 6.15(a). De acordo com a equação (6.38), a força que o ímã 1 exerce sobre o ímã 2 é

$$\vec{F}^{21}_{mag} = \int \rho_{m_2} \vec{B}_1 d\text{v} + \oint \sigma_{m_2} \vec{B}_1 ds \tag{6.39}$$

em que $\vec{B}_1$ é o campo magnético gerado pelo ímã 1 na posição do ímã 2 e ρ_{m_2} e σ_{m_2} são, respectivamente, as densidades volumétrica e superficial de polos de magnetização do ímã 2. Como a magnetização é constante, temos que $\rho_{m_2} = \vec{\nabla} \cdot \vec{M}_2 = 0$. Por outro lado, na superfície superior do ímã 2 (polo norte), a magnetização é paralela ao elemento de superfície, de modo que $\sigma^{(N)}_{m_2} = \vec{M}_2 \cdot \hat{n} = M_0$. Na superfície inferior do ímã 2 (polo sul), a magne-

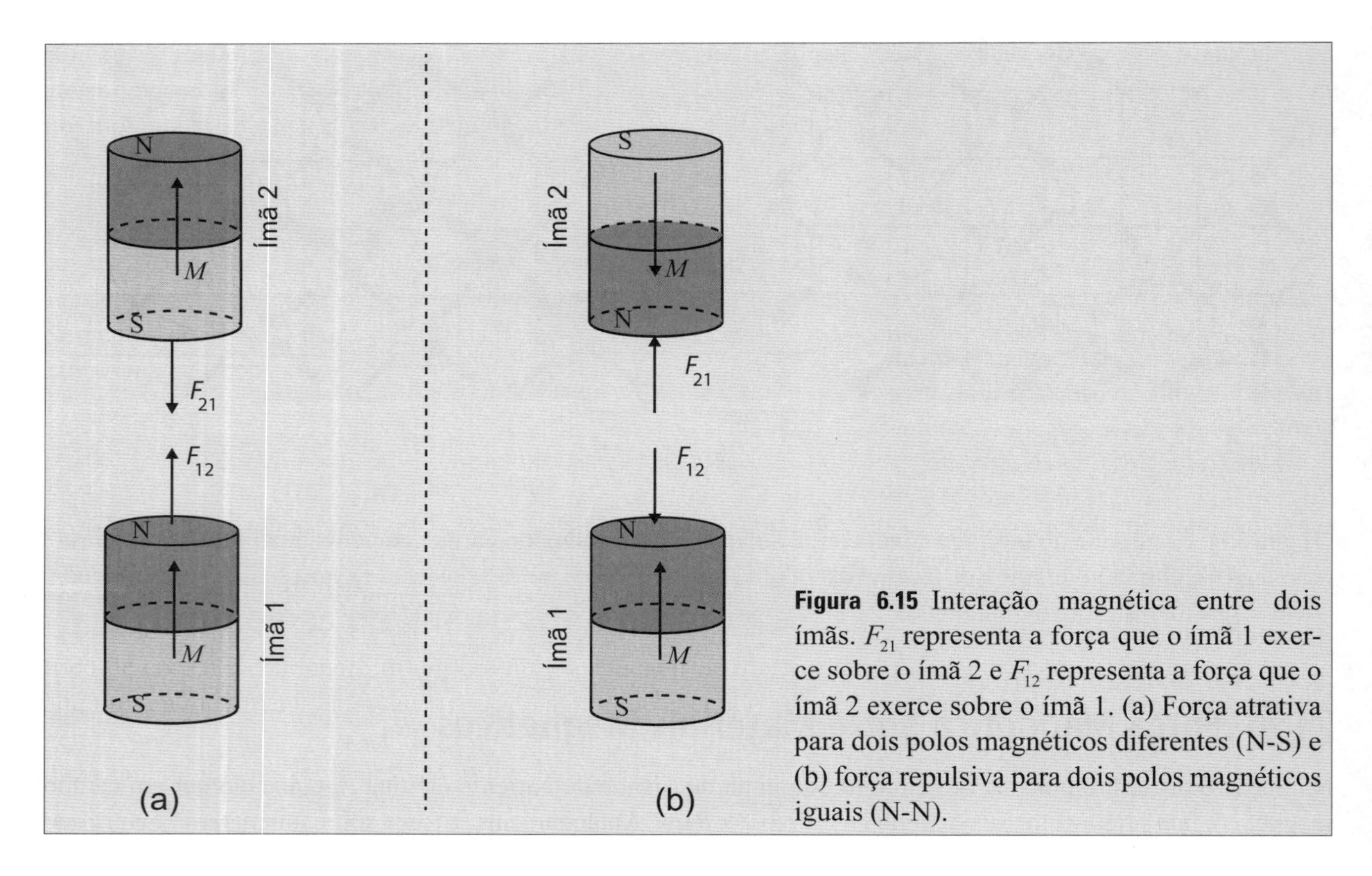

Figura 6.15 Interação magnética entre dois ímãs. F_{21} representa a força que o ímã 1 exerce sobre o ímã 2 e F_{12} representa a força que o ímã 2 exerce sobre o ímã 1. (a) Força atrativa para dois polos magnéticos diferentes (N-S) e (b) força repulsiva para dois polos magnéticos iguais (N-N).

tização tem sentido oposto ao elemento diferencial de superfície, de modo que $\sigma_{m_2}^{(S)} = \vec{M} \cdot \hat{n} = -M_0$. Com essas considerações, temos que a força magnética que o ímã 1 exerce sobre o ímã 2 é:

$$\vec{F}_{mag}^{21} = \int \sigma_{m_2}^{(N)} \vec{B}_{1N} ds + \int \sigma_{m_2}^{(S)} \vec{B}_{1S} ds. \quad \textbf{(6.40)}$$

Os termos B_{1N} e B_{1S} representam os valores do campo magnético gerados pelo ímã 1 nos pontos situados sobre o polo norte e polo sul do ímã 2. Usando $\sigma_{m_2}^{(N)} = M_0$ e $\sigma_{m_2}^{(S)} = -M_0$, temos

$$\vec{F}_{mag}^{21} = M_0 \left[\int \vec{B}_{1N} ds - \int \vec{B}_{1S} ds \right]. \quad \textbf{(6.41)}$$

Como $B_{1S} > B_{1N}$ (o polo sul do ímã 2 está mais próximo do ímã 1), temos que $F_{mag}^{21} < 0$. Portanto, neste cenário, a força de interação magnética entre os dois ímãs é atrativa. Uma análise equivalente pode ser feita para calcular a força magnética ($\vec{F}_{mag}^{12}$) que o ímã 2 exerce sobre o ímã 1.

Agora, vamos considerar que os ímãs estão colocados de forma que o polo norte de um ímã está próximo do polo norte do outro. Para isso, no esquema da Figura 6.15(a), vamos manter fixo o ímã 1 e inverter o ímã 2. Neste caso, as magnetizações dos dois ímãs têm sentidos opostos, conforme mostra a Figura 6.15(b). Como já foi discutido anteriormente, a força que o ímã 1 exerce sobre o ímã 2 é dada pela relação (6.39). Neste caso, a densidade volumétrica de polos de magnetização (ρ_{m_2}) é nula, enquanto as densidades superficiais de polos de magnetização são $\sigma_{m_2}^{(N)} = M_0$ e $\sigma_{m_2}^{(S)} = -M_0$. Portanto, a força magnética que o ímã 1 exerce sobre o ímã 2 é:

$$\vec{F}_{mag}^{21} = M_0 \left[-\int \vec{B}_{1S} ds + \int \vec{B}_{1N} ds \right]. \quad \textbf{(6.42)}$$

Neste caso em que $B_{1N} > B_{1S}$ (porque o polo norte do ímã 2 está mais próximo do ímã 1), temos que $\vec{F}^{21}_{mag} > 0$. Logo, a força de interação magnética entre os dois ímãs é repulsiva. Para uma estimativa da força de interação entre esses ímãs cilíndricos resolva o Exercício Complementar 33.

Desses resultados, podemos concluir que a interação magnética entre polos magnéticos diferentes $(N - S)$ é atrativa, enquanto a interação entre polos magnéticos do mesmo tipo $(N - N$ ou $S - S)$ é repulsiva. Em outras palavras, a interação entre dois ímãs é atrativa quando suas magnetizações são paralelas, e repulsiva quando elas têm sentidos opostos.

Agora, vamos discutir a força de interação magnética entre um ímã e um material não magnetizado espontaneamente. Pelo que foi discutido na Seção 6.3, quando um material é colocado em presença de um campo magnético, ele pode adquirir uma magnetização dada por $\vec{M} = \chi_m \vec{H}$, em que χ_m é a suscetibilidade magnética do material. Se o material não for magnetizável, a sua suscetibilidade magnética é nula, de modo que $\vec{M} = 0$. Neste caso, $\rho_m = \sigma_m = 0$, de modo que, de acordo com a equação (6.38), não haverá interação magnética entre o ímã e o material. Isto explica por que ímãs não grudam em materiais não magnéticos como madeira, plásticos, alumínio, cobre, prata etc.

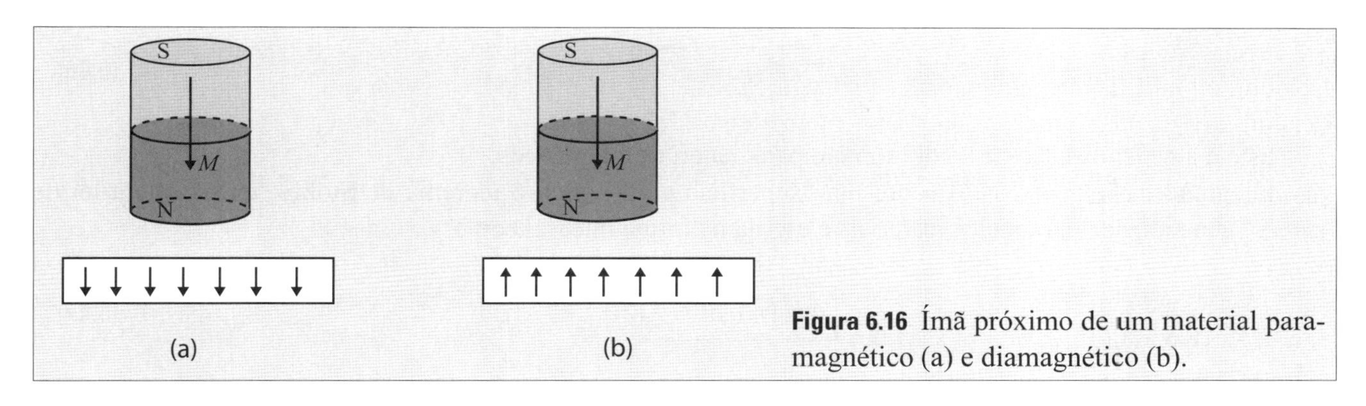

Figura 6.16 Ímã próximo de um material paramagnético (a) e diamagnético (b).

Se a suscetibilidade magnética é positiva (este é o caso dos materiais paramagnéticos e ferromagnéticos), uma magnetização paralela ao campo magnético do ímã será induzida nele, conforme mostra a Figura 6.16(a). Dessa forma, o material se torna um ímã provisório, cuja magnetização induzida tem o mesmo sentido da magnetização do ímã permanente. Portanto, teremos a interação entre dois ímãs com magnetizações paralelas. Logo, a força de interação magnética entre o ímã e o material é atrativa. Isso explica por que um ímã atrai pequenos pedaços de ferro e por que aqueles cartões de propaganda e pequenos lembretes com ímãs colados no verso se aderem à superfície metálica da geladeira.

Se a suscetibilidade magnética é negativa (este é o caso dos materiais diamagnéticos), uma magnetização com sentido oposto ao campo magnético do ímã será induzida nele. Dessa forma, o material se torna um ímã provisório, cuja magnetização tem sentido contrário ao da magnetização do ímã permanente, conforme mostra a Figura 6.16(b). Portanto, conforme discussão feita nos paragráfos anteriores, a força de interação magnética entre o ímã e o material diamagnético é repulsiva. Esse cenário ocorre entre um ímã colocado próximo a um material supercondutor, que pode ser considerado um material diamagnético. Essa repulsão entre um ímã e um material diamagnético pode ser utilizada em um processo de levitação magnética.

6.7 Lei de Ampère para Meios Magnéticos

A lei de Ampère deve ser generalizada para incluir a contribuição que vem da magnetização dos materiais. Tomando o rotacional da relação (6.27) para o campo magnético gerado por corrente elétrica e corrente de magnetização, temos:

$$\vec{\nabla} \times \vec{B}(\vec{r}) = \vec{\nabla} \times \left[\frac{\mu_0}{4\pi} \int \frac{\vec{J}(r') \times (\vec{r} - \vec{r}\,')}{|\vec{r} - \vec{r}\,'|^3} dv' - \mu_0 \vec{\nabla} V_m(\vec{r}) + \mu_0 \vec{M}(\vec{r}) \right]. \quad \textbf{(6.43)}$$

O rotacional do primeiro termo já foi calculado na Seção 5.9 do Capítulo 5 e o resultado para corrente elétrica estacionária é $\mu_0 \vec{J}(\vec{r})$. O rotacional do segundo termo é nulo, porque o rotacional do gradiente de uma função escalar é uma identidade nula. Portanto, a lei de Ampère, incluindo meios materiais magnéticos, é:

$$\vec{\nabla} \times \vec{B}(\vec{r}) = \mu_0 \left[\vec{J}(\vec{r}) + \vec{\nabla} \times \vec{M}(r) \right]. \tag{6.44}$$

Isolando o vetor densidade de corrente elétrica $\vec{J}(\vec{r})$ no lado direito, temos:

$$\vec{\nabla} \times \left[\frac{\vec{B}(\vec{r})}{\mu_0} - \vec{M}(\vec{r}) \right] = \vec{J}(\vec{r}). \tag{6.45}$$

O termo entre parênteses é a definição do campo magnético auxiliar [veja a equação 6.29]. Assim, a equação anterior é:

$$\boxed{\vec{\nabla} \times \vec{H}(\vec{r}) = \vec{J}(\vec{r}).} \tag{6.46}$$

Esta é a generalização da lei de Ampère para materiais magnéticos.

Integrando a relação (6.46) sobre uma superfície e aplicando o teorema de Stokes, temos que a lei de Ampère generalizada para meios materiais é escrita na forma integral como:

$$\boxed{\oint \vec{H}(\vec{r}) \cdot d\vec{l} = I.} \tag{6.47}$$

em que I é a corrente elétrica circundada pelo percurso fechado l.

De acordo com a relação (6.28), o campo magnético auxiliar tem a forma $\vec{H} = \vec{H}_{ap} + \vec{H}_m$, em que $\vec{H}_{ap}$ é o campo aplicado em função da corrente elétrica e $\vec{H}_m = -\vec{\nabla} V_m$ é o campo em razão da magnetização do material. Portanto, a lei de Ampère poderia ser escrita na forma:

$$\oint \left[\vec{H}_{ap}(\vec{r}) + \vec{H}_m(\vec{r}) \right] \cdot d\vec{l} = I.$$

Como $\vec{H}_m = -\vec{\nabla} V_m$, temos que $\oint \vec{H}_m(\vec{r}) \cdot d\vec{l} = -\oint \vec{\nabla} V_m \cdot d\vec{l} = -\oint dV_m(\vec{r}) = 0$. Portanto, podemos assumir que o campo que aparece na lei de Ampère generalizada é o campo magnético auxiliar aplicado. Para uma discussão complementar sobre este assunto, veja o Exercício Resolvido 6.2.

6.8 Circuitos Magnéticos

Campo magnético gerado por materiais podem ser calculados utilizando a teoria de circuitos magnéticos. Para introduzir esse tópico sobre circuitos magnéticos, vamos considerar um toroide feito de material de permeabilidade magnética μ, contendo N espiras e transportando uma corrente elétrica I. Neste caso, o material adquire uma magnetização e também irá contribuir para o campo magnético. Primeiramente, vamos resolver este problema utilizando a lei de Ampère.

De acordo com a lei de Ampère, $\oint \vec{H}(\vec{r}) \cdot d\vec{l} = I$, temos que $H = NI / 2\pi r$. O campo magnético auxiliar no interior do toroide é $\vec{H} = \vec{H}_{ap} - \vec{\nabla} V_m$. No caso específico de um toroide, as densidades de polos de magnetização podem ser desprezadas, de modo que $\vec{\nabla} V_m = 0$. Assim, o campo magnético auxiliar no interior do toroide é o próprio campo aplicado. Logo, o campo magnético calculado por $B = \mu_0(H + M)$ é $B = \mu_0 NI / 2\pi r + \mu_0 M(r)$.

Agora, vamos supor que um pequeno corte é feito no toroide, de modo que existe uma pequena lacuna de ar com permeabilidade magnética μ_0, conforme mostra a Figura 6.17.

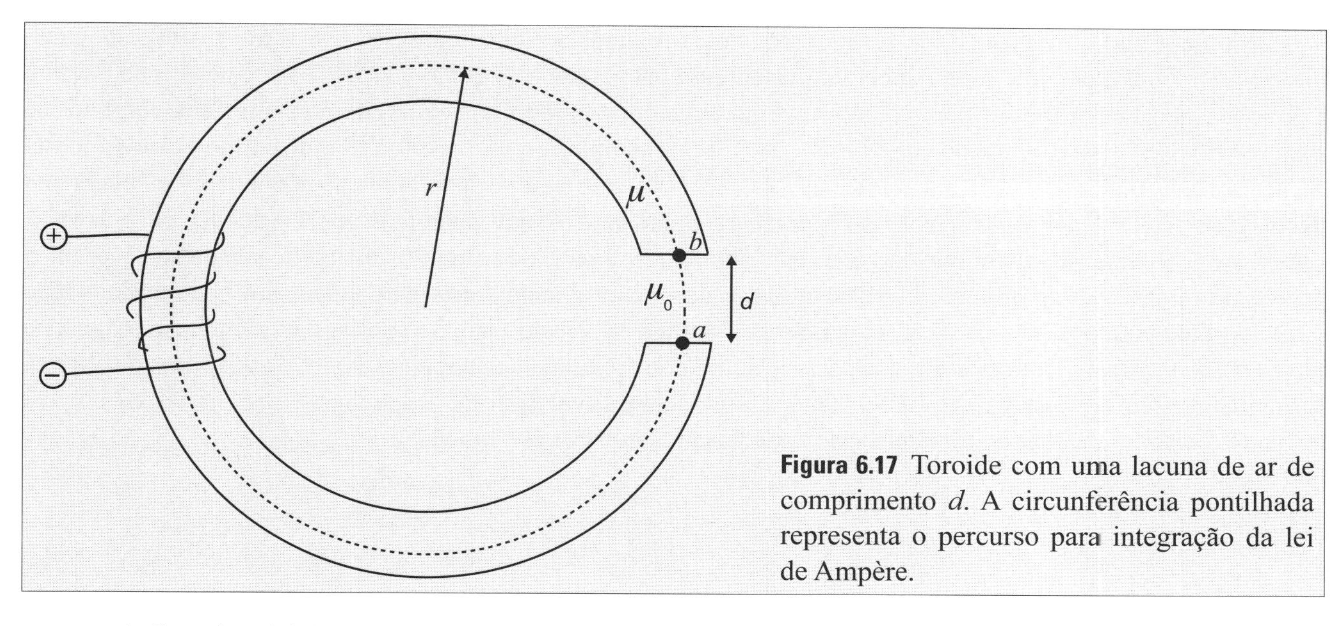

Figura 6.17 Toroide com uma lacuna de ar de comprimento d. A circunferência pontilhada representa o percurso para integração da lei de Ampère.

Aplicando a lei de Ampère para essa situação, temos:

$$\int_a^b \vec{H}_t(\vec{r})\cdot d\vec{l} + \int_b^a \vec{H}_g(\vec{r})\cdot d\vec{l} = NI \tag{6.48}$$

em que H_t e H_g representam o campo magnético auxiliar no interior do toroide e na lacuna de ar, respectivamente. Integrando esta equação, temos:

$$H_t\left(2\pi r - d\right) + H_g d = NI, \tag{6.49}$$

Os campos magnéticos correspondentes podem ser calculados por $B_t = \mu H_t$ e $B_g = \mu_0 H_g$. Esses campos devem satisfazer à condição de contorno $B_t = B_g$ na interface que separa o toroide da lacuna de ar.[7] Logo, nessa interface, temos que $H_t = B_t / \mu$ e $H_g = B_g / \mu_0 = B_t / \mu_0$. Substituindo esses valores de H_t e H_g na equação (6.49), temos que o campo magnético B_t é

$$B_t = \frac{\mu\mu_0 NI}{\mu_0 2\pi r + \left(\mu - \mu_0\right)d}. \tag{6.50}$$

Note que, se $d = 0$ (ou $\mu = \mu_0$), o campo magnético se reduz ao campo do toroide calculado no Exemplo 5.7 do capítulo anterior.

Os campos magnéticos para esses dois problemas com toroide, discutidos nesta seção sob o ponto de vista da lei de Ampère, podem ser calculados usando o conceito de circuitos magnéticos, que será introduzido a seguir.

Por analogia com a eletrostática, em que a força eletromotriz é definida como $V = \int \vec{E}\left(\vec{r}\right)\cdot d\vec{l}$, podemos definir uma força magnetomotriz como $\mathbf{m} = \oint \vec{H}\left(\vec{r}\right)\cdot d\vec{l}$. Usando a relação $\vec{H}\left(\vec{r}\right) = \vec{B}(\vec{r}) / \mu$, podemos escrever essa força magnetomotriz como $\mathbf{m} = \oint \vec{B}(\vec{r})\cdot d\vec{l} / \mu$. Multiplicando e dividindo pela área (s), obtemos $\mathbf{m} = \oint [B(\vec{r})s][dl / \mu s]$. Como $\Phi = [B(\vec{r})s]$ representa o fluxo magnético, temos que $\mathbf{m} = \oint \Phi [dl / \mu s]$. Considerando Φ constante e definindo $\Re = \oint dl / \mu s$ como a relutância magnética, podemos escrever que $\mathbf{m} = \Re\Phi$

[7] Na Seção 10, discutimos as condições de contorno para os campos $\vec{B}$ e $\vec{H}$.

Em um circuito magnético em série, temos que a relutânica equivalente é $\Re = \Re_1 + \Re_2 + \cdots \Re_n$, enquanto em um circuito em paralelo a relutância equivalente é $1/\Re = 1/\Re_1 + 1/\Re_2 + \cdots 1/\Re_n$. Esse conceito de circuito magnético pode ser utilizado para calcular campo magnético gerado por materiais magnetizados. De fato, da relação $\mathbf{m} = \Re\Phi = \Re(Bs)$, temos que $B = \mathbf{m}/(\Re s)$. Por exemplo, no caso do toroide, discutido no início desta seção, a força magnetomotriz, calculada por $\mathbf{m} = \oint \vec{H}(\vec{r}) \cdot d\vec{l}$, é NI, e a relutância magnética, calculada por $\Re = \int dl/\mu s$, é $\Re = l/\mu s$. Assim, o campo magnético gerado pelo toroide, calculado por $B = \mathbf{m}/\Re s$, é $B = \mu Ni/l$. Este é um problema trivial em que não é necessário recorrer à teoria de circuitos magnéticos para resolvê-lo.

Como outro exemplo, vamos utilizar a teoria de circuitos magnéticos para calcular o campo magnético para o toroide com uma lacuna de ar, mostrado na Figura 6.17. Neste caso, o material com relutância magnética $\Re_1 = l_1/\mu s$, em que $l_1 = (2\pi r - d)$, e a lacuna de ar com relutância magnética $\Re_g = l_g/\mu_0 s$, em que $l_g = d$, formam um circuito magnético em série. Logo, a relutância equivalente é $\Re = \Re_1 + \Re_g = (2\pi r - d)/\mu s + d/\mu_0 s$. Portanto, o campo magnético no interior do toroide, calculado por $B = \mathbf{m}/\Re s$, é

$$B = \frac{\mu\mu_0 NI}{2\pi r\mu_0 + (\mu - \mu_0)d}.$$

que é o mesmo resultado obtido pela lei de Ampère.

6.9 Energia em Materiais Magnéticos

Nesta seção, vamos discutir a energia magnética associada ao processo de magnetização de um material. Primeiramente, vamos considerar um material contendo um coleção de momentos magnéticos não interagentes submetidos a um campo magnético externo. Na Seção 5.10, foi mostrado que um dipolo magnético em presença de um campo magnético adquire uma energia magnética dada por $U_m = -\vec{m} \cdot \vec{B}$. Logo, a energia magnética de um volume contendo um elemento diferencial de momento magnético é dada por $dU_m = -d\vec{m} \cdot \vec{B}$. Na Seção 6.3, foi mostrado que uma configuração de momentos magnéticos se orienta com o sentido do campo aplicado, dando origem a uma magnetização. Assim, usando a relação $d\vec{m} = \vec{M}(\vec{r}\,')dv'$, podemos escrever que:

$$U_m = -\int \left[\vec{M}(\vec{r}\,') \cdot \vec{B} \right] dv'. \tag{6.51}$$

Esta é a energia envolvida no processo de magnetização de um material contendo uma coleção de momentos magnéticos não interagentes.

Agora, vamos considerar a energia magnética associada a um material contendo uma coleção de momentos magnéticos em interação. Essa energia pode ser estimada considerando que a configuração de dipolos magnéticos é formada trazendo cada dipolo do infinito até o volume do material. Para trazer o primeiro dipolo magnético, não custa nada em energia. Para trazer o segundo dipolo magnético, haverá uma energia de interação dada por $U = -\vec{m}_1 \cdot \vec{B}_2(\vec{r}_1)$, em que $\vec{m}_1$ é o momento magnético do primeiro dipolo e $\vec{B}_2(\vec{r}_1)$ é o campo magnético gerado pelo segundo dipolo. Para trazer o terceiro dipolo magnético haverá uma energia de interação dada por $U = -[\vec{m}_1 \cdot \vec{B}_2(\vec{r}_1) + \vec{m}_1 \cdot \vec{B}_3(\vec{r}_1) + \vec{m}_2 \cdot \vec{B}_3(\vec{r}_2)]$. Continuando esse processo até trazer o último dipolo magnético, temos que a energia magnética total necessária para formar a configuração de dipolos magnéticos é

$$U_m = -\frac{1}{2}\sum_{i,j} \vec{m}_i \cdot \vec{B}_j(\vec{r}_i). \tag{6.52}$$

em que $\vec{B}_j(\vec{r}_i)$ é o campo criado pelo j-ésimo dipolo. O fator 1/2 foi introduzido para evitar uma dupla contagem, uma vez que os termos $\vec{m}_i \cdot \vec{B}_j(\vec{r}_i)$ e $\vec{m}_j \cdot \vec{B}_i(\vec{r}_j)$ são iguais.

Em sistemas em que existe uma *infinidade* de momentos magnéticos, a energia deve ser calculada por uma integral. Assim, generalizando a expressão anterior, obtemos:

$$U_m = -\frac{1}{2}\int d\vec{m}\cdot\vec{B}_{int},$$

em que $\vec{B}_{int}$ é o campo magnético interno gerado pelos próprios dipolos magnéticos. A interação entre os dipolos magnéticos também pode originar uma magnetização. Assim, usando a relação $d\vec{m} = \vec{M}(\vec{r}\,')dv'$ na expressão anterior, temos:

$$U_m = -\frac{1}{2}\int\left[\vec{M}(\vec{r}\,')\cdot\vec{B}_{int}\right]dv'. \tag{6.53}$$

No caso em que o material também está submetido a um campo magnético externo, temos que:

$$U_m = -\frac{1}{2}\sum_{i,j}\vec{m}_i\cdot\vec{B}_j(\vec{r}_i) - \sum_i\vec{m}_i\cdot\vec{B}. \tag{6.54}$$

para o caso discreto e

$$U_m = -\int\left[\frac{1}{2}\vec{M}(\vec{r}\,')\cdot\vec{B}_{int} + \vec{M}(\vec{r}\,')\cdot\vec{B}\right]dv'. \tag{6.55}$$

para o caso contínuo. Esta é a energia necessária para magnetizar um material contendo momentos magnéticos em interação.

A energia magnética envolvida em um material também pode ser escrita em termos da interação entre os momentos magnéticos. De fato, usando o campo magnético gerado por um dipolo magnético, $\vec{B}_j(\vec{r}_i) = (\mu_0/4\pi)[-(\vec{m}_j/r_i^3) + 3(\vec{m}_j\cdot\vec{r}_i)\vec{r}_i/r_i^5]$ [veja a relação (5.44)], podemos escrever a energia magnética, dada em (6.54), como:

$$U_m = -\frac{1}{2}\sum_{i,j}\frac{\mu_0}{4\pi}\left[-\frac{\vec{m}_i\cdot\vec{m}_j}{r_i^3} + \frac{3(\vec{m}_j\cdot\vec{r}_i)\vec{m}_i\cdot\vec{r}_i}{r_i^5}\right] - \sum_i\vec{m}_i\cdot\vec{B}. \tag{6.56}$$

Note que essa energia de interação depende da orientação dos dipolos magnéticos. Para ilustrar este fato, vamos considerar algumas configurações. Na primeira configuração, o dipolo magnético $\vec{m}_i$ é paralelo ao dipolo magnético $\vec{m}_j$, conforme mostra a Figura 6.18(a). Neste caso, em que $\vec{m}_j\cdot\vec{r}_i = 0$, a relação (6.56) se reduz a:

$$U_m = \frac{1}{2}\sum_{i,j}\left(\frac{\mu_0}{4\pi r_i^3}\right)\vec{m}_i\cdot\vec{m}_j - \sum_i\vec{m}_i\cdot\vec{B}. \tag{6.57}$$

Essa energia também é válida para a configuração em que $\vec{m}_i$ tem sentido oposto a $\vec{m}_j$, conforme mostra a Figura 6.18(b). Para a configuração mostrada na Figura 6.18(c), temos que $(\vec{m}_j\cdot\vec{r}_i)(\vec{m}_i\cdot\vec{r}_i) = \vec{m}_i\cdot\vec{m}_j r_i^2$, de modo que a energia de interação magnética é

$$U_m = -\frac{1}{2}\sum_{i,j}\left(\frac{2\mu_0}{4\pi r_i^3}\right)\vec{m}_i\cdot\vec{m}_j - \sum_i\vec{m}_i\cdot\vec{B}. \tag{6.58}$$

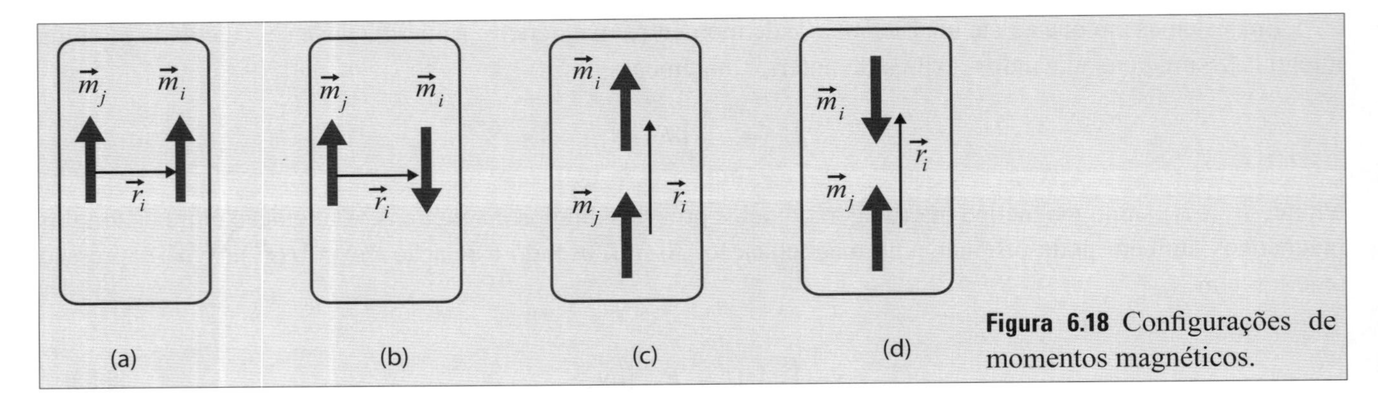

Figura 6.18 Configurações de momentos magnéticos.

Para a configuração mostrada na Figura 6.18 (d), temos que $(\vec{m}_j \cdot \vec{r}_i)(\vec{m}_i \cdot \vec{r}_i) = -\vec{m}_i \cdot \vec{m}_j r_i^2$. Assim, temos, da relação (6.56), que

$$U_m = \frac{1}{2}\sum_{i,j}\left(\frac{4\mu_0}{4\pi r_i^3}\right)\vec{m}_i \cdot \vec{m}_j - \sum_i \vec{m}_i \cdot \vec{B}. \tag{6.59}$$

Note que as relações (6.57)-(6.59) têm a mesma forma matemática. A diferença entre elas está no coeficiente do termo de interação entre os momentos magnéticos. Portanto, a energia magnética de um material contendo dipolos magnéticos em interação e submetido a um campo magnético externo pode ser escrita na forma geral:

$$U_m = -\frac{1}{2}\sum_{i,j} J_{ij}\vec{m}_i \cdot \vec{m}_j - \sum_i \vec{m}_i \cdot \vec{B}, \tag{6.60}$$

em que J_{ij} representa a interação direta entre os momentos de dipolos magnéticos. O seu valor numérico depende da configuração dos dipolos magnéticos. Substituindo a relação $\vec{m}_i = g\mu_B \vec{S}_i$ e fazendo a correspondência entre as variáveis clássicas e operadores, podemos escrever o hamiltoniano para uma coleção de momentos magnéticos interagentes e sob a ação de um campo magnético externo como:

$$\boxed{\mathcal{H} = -\frac{1}{2}\sum_{i,j} \mathcal{J}_{ij}\vec{S}_i \cdot \vec{S}_j - g\mu_B \sum_i \vec{S}_i \cdot \vec{B}.} \tag{6.61}$$

em que $\mathcal{J}_{ij} = g^2\mu_B^2 J_{ij}$. Esse hamiltoniano foi obtido a partir de conceitos do eletromagnetismo clássico e interação dipolar. Nesse cenário clássico, ele não é capaz de descrever a temperatura em que ocorre a transição da fase magnética ordenada para uma fase desordenada, que é observada experimentalmente em materiais magnéticos típicos.

Entretanto, utilizando os conceitos da mecânica quântica, podemos mostrar que as propriedades magnéticas de compostos magnéticos, como os metais de terras raras, podem ser descritas por um hamiltoniano semelhante ao mostrado em (6.61). A diferença é que a interação entre os momentos magnéticos não é do tipo dipolar. Por exemplo, em vários metais de terras-raras, a interação entre os momentos magnéticos é mediada pelo gás de elétrons. Essa interação indireta é chamada de RKKY, sigla formada pelas iniciais dos nomes dos pesquisadores Ruderman, Kittel, Kasuya e Yosida, que propuseram esse mecanismo de interação.

6.10 Condições de Contorno para os Campos $\vec{B}$ e $\vec{H}$

Para mostrar as condições de contorno do campo magnético $\vec{B}$, vamos considerar uma superfície cilíndrica que passa pela interface de separação entre dois meios materiais, conforme mostra o lado esquerdo da Figura 6.19.

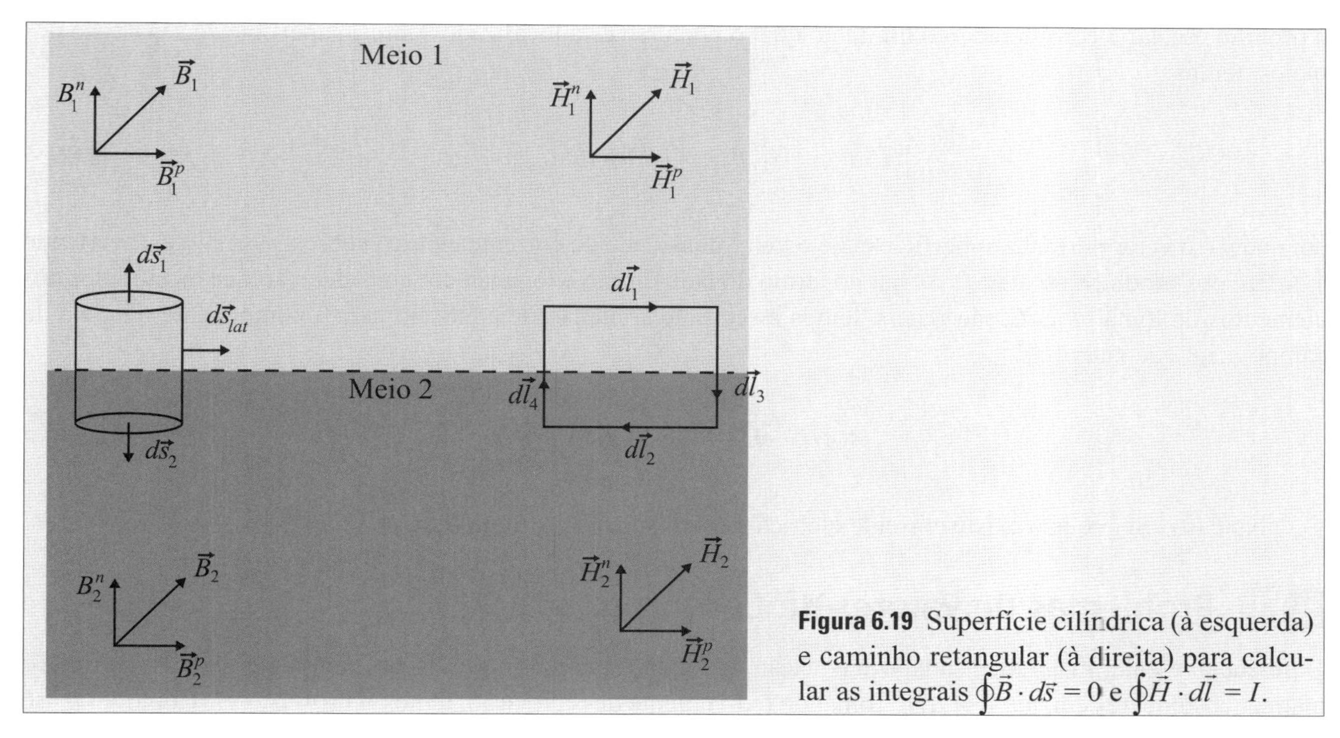

Figura 6.19 Superfície cilíndrica (à esquerda) e caminho retangular (à direita) para calcular as integrais $\oint \vec{B} \cdot d\vec{s} = 0$ e $\oint \vec{H} \cdot d\vec{l} = I$.

Aplicando a lei $\oint \vec{B} \cdot d\vec{s} = 0$ para essa superfície cilíndrica, a integral fechada pode ser escrita como a soma de três integrais abertas.

$$\int \vec{B}_1 \cdot d\vec{s}_1 + \int \vec{B}_2 \cdot d\vec{s}_2 + \int \vec{B} \cdot d\vec{s}_3 = 0, \tag{6.62}$$

em que $\vec{B}_1$ e $\vec{B}_2$ são os campos magnéticos nos meios 1 e 2. Na última integral, parte do campo magnético está no meio 1 e parte está no meio 2. No limite no qual a altura do cilindro tende a zero, a última integral se anula. O vetor campo magnético pode ser decomposto em uma componente normal (B^n) e outra paralela (B^p) à interface de separação dos meios. Como as componentes B_1^p e B_2^p são perpendiculares aos vetores $d\vec{s}_1$ e $d\vec{s}_2$, temos que os produtos escalares $\vec{B}_1^p \cdot d\vec{s}_1$ e $\vec{B}_2^p \cdot d\vec{s}_2$ são identicamente nulos. Logo, somente a componente normal contribui para as integrais da equação anterior. Dessa forma, levando em consideração que o módulo das superfícies ds_1 e ds_2 são iguais, temos a seguinte condição de contorno para a componente normal do campo magnético:

$$B_1^n = B_2^n. \tag{6.63}$$

Para determinar uma condição de contorno para o campo magnético auxiliar $\vec{H}$, vamos calcular a circulação desse campo sobre um percurso fechado retangular que cruza a superfície de separação entre os meios, conforme está mostrado no lado direito da Figura 6.19. A integral da lei de Ampère nesse percurso fechado pode ser escrita como a soma de quatro integrais abertas:

$$\oint \vec{H} \cdot d\vec{l} = \int \vec{H} \cdot d\vec{l}_1 + \int \vec{H} \cdot d\vec{l}_2 + \int \vec{H} \cdot d\vec{l}_3 + \int \vec{H} \cdot d\vec{l}_4 = \int \vec{J} \cdot d\vec{s}. \tag{6.64}$$

Sobre a interface de separação dos meios, temos que $d\vec{l}_3$ e $d\vec{l}_4$ tendem a zero. É conveniente decompor o vetor campo magnético auxiliar em uma componente normal (H^n) e outra paralela (H^p) à superfície de separação dos meios. Como o produto escalar envolvendo a componente normal do campo e os elementos de linha $d\vec{l}_1$ e $d\vec{l}_2$ é identicamente nulo, somente a componente paralela contribui para a equação anterior. Efetuando o produto escalar e considerando o limite no qual o percurso está localizado sobre a superfície de separação dos meios, temos:

$$\int H_1^p dl_1 - \int H_2^p dl_2 = \int \vec{j} \cdot \left(\hat{n} \times d\hat{l}_1\right), \tag{6.65}$$

em que $\hat{n}$ é o vetor normal à superfície e $\vec{j}$ é o vetor densidade de corrente elétrica sobre a superfície. Invertendo a ordem dos produtos escalar e vetorial no termo do lado direito e levando em consideração que os módulos dos elementos de linha dl_1 e dl_2 são iguais, temos a seguinte condição de contorno para a componente paralela do campo magnético auxiliar:

$$H_1^p - H_2^p = \left|\vec{j} \times \hat{n}\right|. \tag{6.66}$$

No caso em que não existe corrente elétrica sobre a superfície, temos que $H_1^p = H_2^p$.

6.11 Problemas de Valores de Contorno

O potencial escalar magnético satisfaz à equação de Laplace em dois casos. O primeiro deles envolve materiais magnéticos lineares em que $\vec{B} = \mu\vec{H}$. Tomando o divergente dessa relação, temos $\vec{\nabla} \cdot \vec{B} = \mu\vec{\nabla} \cdot \vec{H}$. Como $\vec{\nabla} \cdot \vec{B} = 0$ e $\vec{H} = -\vec{\nabla} V_m$, temos que $\nabla^2 V_m = 0$, que é a equação de Laplace para o potencial escalar magnético.

O segundo caso, no qual o potencial escalar magnético satisfaz à equação de Laplace, é aquele envolvendo materiais com magnetização constante. Tomando o divergente da relação $\vec{H} = (\vec{B} - \vec{M}) / \mu_0$, temos $\vec{\nabla} \cdot \vec{H} = (\vec{\nabla} \cdot \vec{B} - \vec{\nabla} \cdot \vec{M}) / \mu_0$. De acordo com a lei de Gauss do magnetismo temos que $\vec{\nabla} \cdot \vec{B} = 0$. Por outro lado, para o caso de magnetização constante, temos que $\vec{\nabla} \cdot \vec{M} = 0$. Logo, temos que $\vec{\nabla} \cdot \vec{H} = 0$. Substituindo $\vec{H} = -\vec{\nabla} V_m$ nesta equação, obtemos a equação de Laplace $\nabla^2 V_m = 0$.

Portanto, todo o formalismo matemático da equação de Laplace desenvolvido no Capítulo 3 para o potencial escalar elétrico também pode ser utilizado para determinar o potencial escalar magnético e, consequentemente, os campos magnéticos $\vec{B}$ e $\vec{H}$ em problemas envolvendo materiais magnéticos (ímãs permanentes ou induzidos). Nos exemplos a seguir, são discutidos dois problemas utilizando a solução da equação de Laplace.

EXEMPLO 6.4

Um ímã esférico de raio a possui uma magnetização dada por $\vec{M} = M_0\hat{k}$. Utilize a equação de Laplace para determinar o potencial escalar magnético e os campos magnéticos $\vec{B}$ e $\vec{H}$ para pontos internos e externos.

SOLUÇÃO

Como a magnetização é constante, o potencial escalar magnético satisfaz à equação de Laplace. Usando a relação $\hat{k} = \hat{r}\cos\theta - \hat{\theta}\,\mathrm{sen}\,\theta$, temos que a magnetização pode ser escrita como $\vec{M} = M_0(\hat{r}\cos\theta - \hat{\theta}\,\mathrm{sen}\,\theta)$. Portanto, o potencial escalar magnético depende das coordenadas r e θ, de modo que a solução geral é $V_m(r,\theta) = \sum_{l=0}[A_l r^l + C_l r^{-(l+1)}]P_l(\cos\theta)$ [veja a equação (3.94)].

Para que o potencial escalar magnético interno ($r < a$) seja finito, é necessário que o coeficiente C_l seja nulo para todo l. Por outro lado, para que o potencial externo ($r > a$) seja nulo quando $r \to \infty$, devemos anular o coeficiente A_l para todo l. Além disso, como a magnetização depende de $\cos\theta$ (polinômio de Legendre de ordem 1), podemos concluir que somente os coeficientes A_1 e C_1 devem ser mantidos.

Com essas considerações, os potenciais magnéticos para pontos internos e externos são dados por:

$$V_m^{int}(r,\theta) = A_1 r\cos\theta$$
$$V_m^{ext}(r,\theta) = \frac{C_1}{r^2}\cos\theta.$$

Utilizando a condição de continuidade do potencial escalar magnético sobre a superfície da esfera $V_m^{int}(a,\theta) = V_m^{ext}(a,\theta)$, obtemos a equação algébrica $A_1 = C_1 / a^3$.

A componente normal do campo magnético externo é $B_{ext}^n(r,\theta) = \mu_0 H_{ext}^n(r,\theta)$, em que $H_{ext}^n = -\partial V_m^{ext}(r,\theta)/\partial r$. Por outro lado, a componente normal do campo magnético interno é $B_{int}^n(r,\theta) = \mu_0[H_{int}^n(r,\theta) + M_n(r,\theta)]$, em que $H_{int}^n(r,\theta) = -\partial V_m^{int}(r,\theta)/\partial r$ e $M^n(r,\theta)$ é a componente normal da magnetização. Assim, usando a condição $B_{int}^n(a,\theta) = B_{ext}^n(a,\theta)$, obtemos:

$$\mu_0\left[-\frac{\partial V_m^{int}(r,\theta)}{\partial r} + M^n\right] = -\mu_0\frac{\partial V_m^{ext}(r,\theta)}{\partial r}.$$

Efetuando as derivadas e usando $M^n = M_0\cos\theta$, obtemos a seguinte equação algébrica:

$$-\mu_0 A_1 + \mu_0 M_0 = \mu_0\frac{2C_1}{a^3}$$

Desta equação, podemos tirar que $A_1 = M_0 - 2C_1/a^3$. Usando as relações $A_1 = M_0 - 2C_1/a^3$ e $A_1 = C_1/a^3$, temos que $C_1 = M_0 a^3/3$ e $A_1 = M_0/3$. Substituindo esses valores dos coeficientes A_1 e C_1, nas equações do potencial escalar magnético para pontos internos e externos, temos que:

$$V_m^{int}(r,\theta) = \frac{M_0}{3} r\cos\theta$$
$$V_m^{ext}(r,\theta) = \frac{M_0}{3}\frac{a^3}{r^2}\cos\theta.$$

Note que estas equações foram obtidas no Exemplo 6.3, usando a equação integral (6.33). O campo magnético auxiliar, calculado por $\vec{H} = -\vec{\nabla}V_m$, é:

$$\vec{H}_{int}(r,\theta) = -\frac{M_0}{3}\left[\hat{r}\cos\theta - \hat{\theta}\,\mathrm{sen}\theta\right] = -\frac{M_0}{3}\hat{k}$$
$$\vec{H}_{ext}(r,\theta) = \left[\hat{r}2\cos\theta + \hat{\theta}\,\mathrm{sen}\theta\right]\frac{M_0}{3}\frac{a^3}{r^3}.$$

Note que o campo magnético auxiliar interno tem sentido contrário à magnetização da esfera. Esse campo desmagnetizante tende a aniquilar o campo magnético (B) gerado pela esfera. Os campos magnéticos em pontos internos e externos, calculados, respectivamente, por $\vec{B}_{int} = \mu_0(\vec{H}_{int} + \vec{M})$ e $\vec{B}_{ext} = \mu_0\vec{H}_{ext}$, são:

$$\vec{B}_{int}(r,\theta) = \mu_0\left[-\frac{M_0}{3} + M_0\right]\hat{k} = \frac{2}{3}\mu_0 M_0\hat{k}$$
$$\vec{B}_{ext}(r,\theta) = \left[\hat{r}2\cos\theta + \hat{\theta}\,\mathrm{sen}\theta\right]\frac{\mu_0 M_0}{3}\frac{a^3}{r^3}.$$

EXEMPLO 6.5

Uma esfera de permeabilidade magnética μ e raio a é colocada em uma região na qual existe um campo magnético uniforme. Calcule o potencial escalar magnético e os campos magnéticos $\vec{B}$ e $\vec{H}$ no interior e no exterior da esfera.

SOLUÇÃO

Como o material magnético é linear, temos que $\vec{B} = \mu\vec{H}$, de modo que o potencial escalar magnético satisfaz à equação de Laplace. Vamos considerar que o campo magnético está aplicado ao longo do eixo z, isto é, $\vec{B}_{ext}(\vec{r}) = B_0\hat{k}$. Assim, o campo magnético auxiliar inicial é $\vec{H}_{ext}(\vec{r}) = \hat{k}(B_0 / \mu_0)$. O potencial escalar magnético associado a esse campo externo é $V_m^{ext}(r,\theta) = -B_0 r\cos\theta / \mu_0$. Logo, neste problema, o potencial escalar magnético não depende da coordenada ϕ.

Utilizando a solução geral da equação de Laplace, dada em (3.94), podemos escrever o potencial escalar magnético para pontos internos e externos como:

$$V_m^{int}(r,\theta) = \sum_{l=0}\left[A_l r^l + B_l r^{-(l+1)}\right]P_l(\cos\theta)$$

$$V_m^{ext}(r,\theta) = \sum_{l=0}\left[C_l r^l + D_l r^{-(l+1)}\right]P_l(\cos\theta).$$

Da condição inicial do problema, temos que, em pontos muito afastados da esfera ($r \to \infty$), o potencial externo deve ser $V_m^{ext}(\infty,\theta) = -B_0 r\cos\theta / \mu_0$. Para satisfazer essa condição, devemos impor que $C_0 = 0$, $C_1 = -B_0 / \mu_0$, $C_l = 0$ para $l \geq 2$.

Para que o potencial interno seja finito em todos os pontos, é necessário que o coeficiente B_l seja nulo para todo l. Por outro lado, para que o potencial interno seja igual ao potencial externo sobre a superfície da esfera, devemos impor uma condição para os coeficientes A_l similar àquela dos coeficientes C_l, isto é, $A_0 = 0$, $A_l = 0$ para $l \geq 2$. Com essas considerações, as expressões para o potencial escalar magnético interno e externo se reduzem a:

$$V_m^{int}(r,\theta) = A_1 r\cos\theta$$

$$V_m^{ext}(r,\theta) = -\frac{B_0}{\mu_0} r\cos\theta + D_1 r^{-2}\cos\theta.$$

Usando a condição de continuidade do potencial sobre a superfície da esfera, obtemos a equação algébrica $A_1 = -B_0 / \mu_0 + D_1 / a^3$. Impondo a condição de continuidade da componente normal do campo magnético $\vec{B}$ sobre a superfície da esfera, temos:

$$\mu\frac{\partial V_m^{int}(r,\theta)}{\partial r} = \mu_0\frac{\partial V_m^{ext}(r,\theta)}{\partial r}.$$

Derivando os potenciais escalares magnéticos, obtemos:

$$\mu\left(A_1\cos\theta\right) = -\mu_0\left(\frac{B_0}{\mu_0}\cos\theta + 2D_1 a^{-3}\cos\theta\right)$$

Assim, temos que $A_1 = -\mu_0\left(B_0 / \mu_0 + 2D_1 a^{-3}\right) / \mu$. Usando esse valor para A_1 e a relação $A_1 = -B_0 / \mu_0 + D_1 / a^3$ obtida anteriormente, temos que $D_1 = [(\mu - \mu_0)B_0 a^3] / [\mu_0(2\mu_0 + \mu)]$ e $A_1 = -3B_0 / (2\mu_0 + \mu)$. Substituindo esses valores nas equações para o potencial escalar magnético em pontos internos e externos, temos que:

$$V_m^{int}(r,\theta) = -\left(\frac{3}{2\mu_0 + \mu}\right) B_0 r \cos\theta$$

$$V_m^{ext}(r,\theta) = -\frac{B_0}{\mu_0} r \cos\theta + \left(\frac{\mu - \mu_0}{2\mu_0 + \mu}\right)\frac{a^3}{r^2}\frac{B_0}{\mu_0}\cos\theta.$$

O campo magnético auxiliar, calculado por $\vec{H}(r,\theta) = -\hat{r}\partial V_m(r,\theta) / \partial r - (\hat{\theta} / r)\partial V_m(r,\theta) / \partial\theta$, é:

$$\vec{H}_{int}(r,\theta) = \overbrace{\left[\hat{r}\cos\theta - \hat{\theta}\,\mathrm{sen}\theta\right]}^{\hat{k}}\left(\frac{3}{2\mu_0 + \mu}\right)B_0 = \hat{k}\left(\frac{3}{2\mu_0 + \mu}\right)B_0$$

$$\vec{H}_{ext}(r,\theta) = \frac{B_0}{\mu_0}\overbrace{\left(\hat{r}\cos\theta - \hat{\theta}\,\mathrm{sen}\theta\right)}^{\hat{k}} + \left(\frac{\mu - \mu_0}{2\mu_0 + \mu}\right)\frac{a^3}{r^3}\frac{B_0}{\mu_0}\left(\hat{r}2\cos\theta + \hat{\theta}\,\mathrm{sen}\theta\right).$$

O campo magnético em pontos internos e externos, calculado por $\vec{B}_{int}(r,\theta) = \mu\vec{H}_{int}(r,\theta)$ e $\vec{B}_{ext}(r,\theta) = \mu_0\vec{H}_{ext}(r,\theta)$, é dado por:

$$\vec{B}_{int}(r,\theta) = \left(\frac{3\mu}{2\mu_0 + \mu}\right)B_0\hat{k}$$

$$\vec{B}_{ext}(r,\theta) = B_0\hat{k} + B_0\left(\frac{\mu - \mu_0}{2\mu_0 + \mu}\right)\frac{a^3}{r^3}\left(\hat{r}2\cos\theta + \hat{\theta}\,\mathrm{sen}\theta\right).$$

As linhas do campo magnético para valores finitos de μ, no caso em que $\mu > \mu_0$, estão mostradas na Figura 6.20.

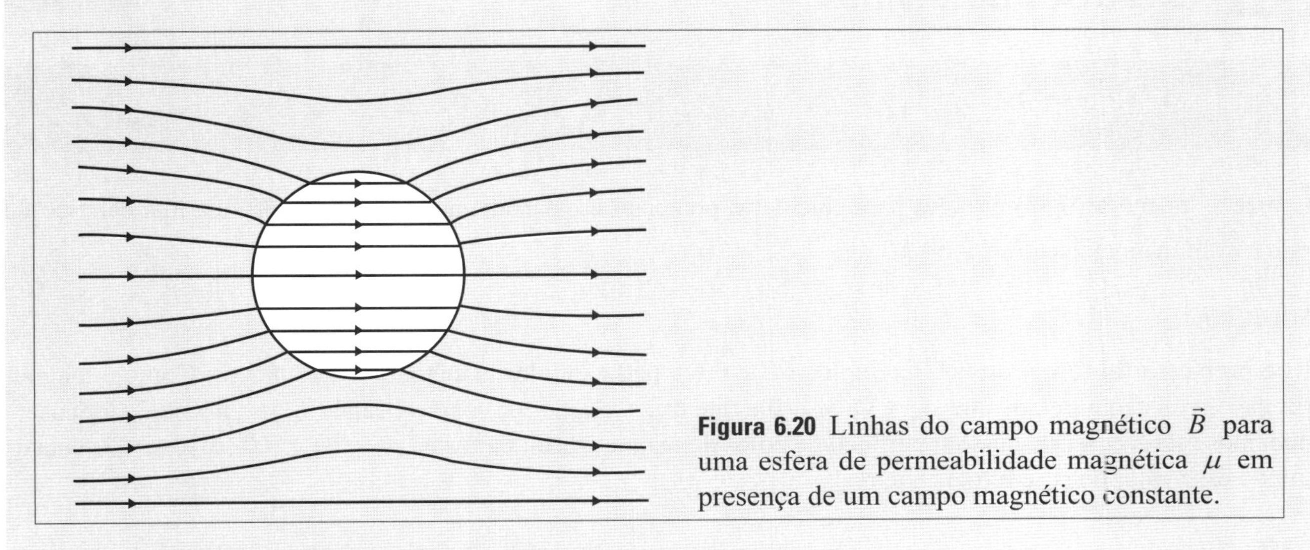

Figura 6.20 Linhas do campo magnético $\vec{B}$ para uma esfera de permeabilidade magnética μ em presença de um campo magnético constante.

Para concluir, vamos comentar três situações interessantes:

(1) Esfera constituída por um material magnético de grande valor de permeabilidade magnética ($\mu \to \infty$). Neste caso, o potencial escalar magnético interno se anula, de modo que o campo magnético auxiliar interno é nulo. Logo, o campo magnético interno é dado por $\vec{B}_{int}(r,\theta) = \mu_0\vec{M} = 3B_0\hat{k}$, em que M é a magnetização induzida na esfera.

(2) Esfera constituída por um material cuja permeabilidade magnética é igual à permeabilidade magnética do vácuo ($\mu = \mu_0$). Neste caso, a esfera não se magnetiza e o campo magnético em seu interior é o próprio campo magnético aplicado, isto é, $\vec{B}_{int}(r,\theta) = \vec{B}_{ext}(r,\theta) = B_0\hat{k}$. As linhas do campo magnético para este caso estão mostradas na Figura 6.21(a).

(3) Esfera constituída de um material cuja permeabilidade magnética é nula. Assim, temos da relação $\mu = \mu_0(1+\chi_m)$ que $\chi_m = -1$. Como a magnetização induzida no material é $\vec{M} = \chi_m\vec{H}$, temos que ela tem sentido oposto ao campo aplicado. Logo, o campo magnético auxiliar interno se reduz a $\vec{H}_{int}(r,\theta) = \hat{k}(3/2\mu_0)B_0$ e o campo magnético interno é nulo.

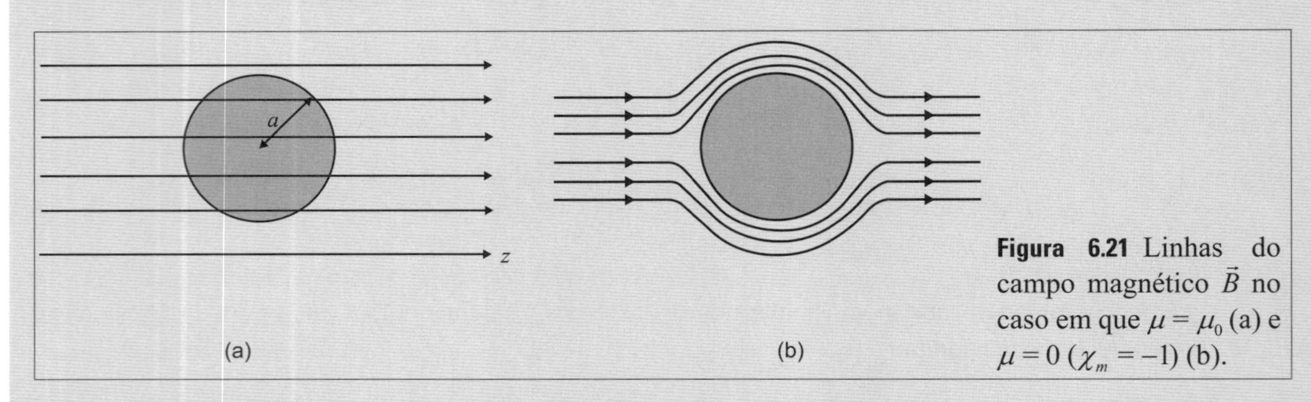

Figura 6.21 Linhas do campo magnético $\vec{B}$ no caso em que $\mu = \mu_0$ (a) e $\mu = 0$ ($\chi_m = -1$) (b).

Assim, temos que as linhas do campo magnético (B) contornam a esfera e não penetram no seu interior, conforme mostra a Figura 6.21(b). Esse cenário ocorre em materiais supercondutores colocados em presença de campo magnético, sendo conhecido como efeito Meissner.[8]

6.12 Exercícios Resolvidos

EXERCÍCIO 6.1

Utilize as relações (6.35) e (6.36) para calcular o potencial escalar magnético gerado por uma ímã esférico de raio a com magnetização $\vec{M} = M_0\hat{k}$.

SOLUÇÃO

Este problema foi resolvido nos Exemplos 6.3 e 6.4 a partir de outros métodos matemáticos. Como a magnetização é constante, temos que $\rho_m = \vec{\nabla}\cdot M = 0$ e que $\sigma_m = \vec{M}\cdot\hat{n}$ é $M_0\cos\theta'$. Usando $Y_{10}(\theta',\phi') = \sqrt{3/4\pi}\cos\theta'$, podemos escrever a densidade superficial de polos de magnetização na forma $\sigma_m = M_0 Y_{10}(\theta',\phi')\sqrt{4\pi/3}$. Substituindo esse valor de σ_m em (6.35), temos:

[8] O efeito Meissner foi descoberto, em 1933, pelos físicos alemães Fritz Walther Meissner (16/12/1882-16/11/1974) e Robert Ochsenfeld (18/05/1901-5/12/1993).

$$V_m^{ext}(\vec{r}) = \sqrt{\frac{4\pi}{3}} M_0 \sum_{l=0}^{\infty} \sum_{m=-l}^{m=l} \int \frac{(a)^l}{r^{l+1}} \frac{1}{2l+1} Y_{lm}^*(\theta', \phi') Y_{lm}(\theta, \phi) Y_{10}(\theta', \phi') ds'.$$

Colocando os termos constantes para fora da integração e usando $ds' = a^2 \operatorname{sen}\theta' d\theta' d\phi'$, temos:

$$V_m^{ext}(\vec{r}) = \sqrt{\frac{4\pi}{3}} M_0 \sum_{l=0}^{\infty} \sum_{m=-l}^{m=l} \frac{a^l}{r^{l+1}} \frac{1}{2l+1} Y_{lm}(\theta, \phi) \left[\int Y_{lm}^*(\theta', \phi') Y_{10}(\theta', \phi') a^2 \operatorname{sen}\theta' d\theta' d\phi' \right].$$

Usando a condição de ortogonalidade, $\int Y_{lm}(\theta', \phi') Y_{l'm'}^*(\theta', \phi') \operatorname{sen}\theta' d\theta' d\phi' = \delta_{ll'} \delta_{mm'}$, [veja a equação (3.110)], temos que somente os termos $l = 1$ e $m = 0$ permanecem na soma. Portanto,

$$V_m^{ext}(\vec{r}) = \sqrt{\frac{4\pi}{3}} \frac{M_0 a^3}{3r^2} Y_{10}(\theta, \phi).$$

Usando a relação $Y_{10}(\theta, \phi) = \sqrt{3/4\pi} \cos\theta$, temos que:

$$V_m^{ext}(r, \theta) = \frac{M_0 a^3}{3r^2} \cos\theta.$$

Substituindo $\sigma_m = M_0 Y_{10}(\theta', \phi') \sqrt{4\pi/3}$ e $ds' = a^2 \operatorname{sen}\theta' d\theta' d\phi'$ em (6.36), temos:

$$V_m^{int}(\vec{r}) = \sqrt{\frac{4\pi}{3}} M_0 \sum_{l=0}^{\infty} \sum_{m=-l}^{m=l} \frac{r^l}{a^{l+1}} \frac{1}{2l+1} Y_{lm}(\theta, \phi) \left[\int Y_{lm}^*(\theta', \phi') Y_{10}(\theta', \phi') a^2 \operatorname{sen}\theta' d\theta' d\phi' \right].$$

Usando a condição de ortogonalidade dos harmônicos esféricos, dada em (3.110), temos que:

$$V_m^{int}(\vec{r}) = \sqrt{\frac{4\pi}{3}} \frac{M_0 r}{3} Y_{10}(\theta, \phi).$$

Usando a relação $Y_{10}(\theta, \phi) = \sqrt{3/4\pi} \cos\theta$, obtemos:

$$V_m^{int}(r, \theta) = \frac{M_0 r}{3} \cos\theta.$$

Note que as expressões do potencial escalar magnético em termos dos harmônicos esféricos simplificam bastante o cálculo do potencial escalar magnético para esse problema de ímã esférico.

EXERCÍCIO 6.2

Um material de permeabilidade magnética μ, em forma de um cilindro de comprimento l e raio a, é introduzido no interior de um longo solenoide contendo N espiras e transportando uma corrente elétrica I. Calcule os campos magnéticos $\vec{B}$ e $\vec{H}$ no interior do material.

SOLUÇÃO

Primeiramente, vamos determinar os campos B e H gerados no interior do solenoide na ausência do material.

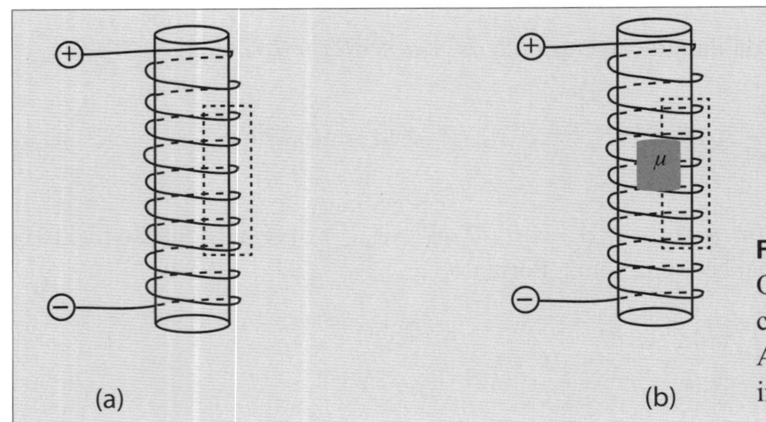

Figura 6.22 Solenoide com corrente elétrica I. O retângulo com linha tracejada representa o caminho amperiano para integração da lei de Ampère(a). Em (b), um material magnético é inserido no interior do solenoide.

Neste caso, o campo magnético auxiliar obtido pela integração da lei de Ampère $\oint \vec{H} \cdot d\vec{l} = I$, no caminho mostrado na Figura 6.22(a), é:

$$H_0 = \frac{NI}{l} = nI.$$

O campo magnético B_0 é simplesmente $B_0 = \mu_0 H_0$, uma vez que não existe magnetização. O campo magnético auxiliar H_0 representa o campo magnético aplicado, cuja magnitude é controlada pela intensidade da corrente elétrica que flui no solenoide.

Agora, vamos calcular os campos magnéticos B e H considerando que existe um material no interior do solenoide. Neste caso, de acordo com a lei de Ampère, $\oint \vec{H} \cdot d\vec{l} = I$, o campo magnético auxiliar é dado por

$$H_0 = nI.$$

Note que o campo magnético auxiliar, presente na lei de Ampère, é o mesmo com ou sem o material magnético. Entretanto, o campo magnético auxiliar no interior do material é $\vec{H}_m = \vec{H}_0 - \vec{\nabla} V_m$, em que V_m é o potencial escalar magnético, em função da magnetização adquirida pelo material. Usando a relação $\vec{B} = \mu_0(\vec{M} + \vec{H})$, podemos escrever que o campo magnético no interior do material será dado por:

$$\vec{B} = \mu_0 \left(\hat{e}_H nI + \vec{M} - \vec{\nabla} V_m \right).$$

em que $\hat{e}_H$ é a direção do campo $\vec{H}$.

No caso em que o potencial escalar magnético possa ser considerado aproximadamente constante, o campo magnético auxiliar no interior do material será o próprio campo aplicado e o campo $\vec{B}$ será $\vec{B} = \mu_0(\hat{e}_H nI + \vec{M})$.

EXERCÍCIO 6.3

Um núcleo de ferro de permeabilidade magnética μ tem um conjunto de N espiras enroladas sobre a parte central, conforme mostra a Figura 6.23 (a). Considere que uma corrente elétrica flui pelas espiras e determine o campo magnético nas extremidades e na parte central do núcleo de ferro.

SOLUÇÃO

A Figura 6.23(a) mostra uma representação deste sistema e a Figura 6.23(b) mostra o circuito magnético correspondente.

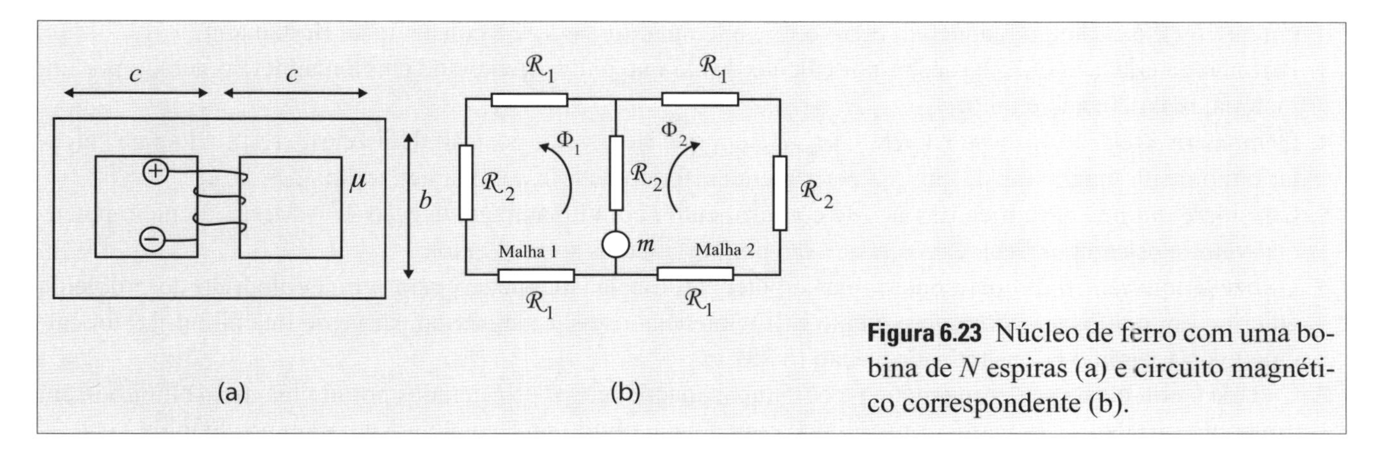

Figura 6.23 Núcleo de ferro com uma bobina de N espiras (a) e circuito magnético correspondente (b).

Pela teoria de circuitos magnéticos, podemos escrever, para a malha 1, a seguinte equação para a força magnetomotriz ($m = \Re\Phi$):

$$m = 2\,(\Re_1 + \Re_2)\Phi_1 + \Re_2\Phi_2, \tag{R6.1}$$

em que $\Re_1 = c\,/\,\mu s$ e $\Re_2 = b\,/\,\mu s$ são as relutâncias magnéticas, em que s é área da seção reta, enquanto b e c representam as distâncias mostradas na Figura 6.23(a). Para a malha 2, temos a seguinte equação:

$$m = 2\,(\Re_1 + \Re_2)\,\Phi_2 + \Re_2\Phi_1. \tag{R6.2}$$

Resolvendo o sistema de equações (R6.1) e (R6.2), temos que:

$$\Phi_1 = \Phi_2 = \frac{m}{2(\Re_1 + \Re_2) + \Re_2} = \frac{\mu m s}{2c + 3b}.$$

Logo, o campo magnético na extremidade direita, calculado por $B_d = \Phi_2\,/\,s$, é

$$B_d = \frac{\mu NI}{2c + 3b}.$$

Da mesma forma, o campo magnético na extremidade esquerda, calculado por $B_e = \Phi_1\,/\,s$, é $B_e = \mu NI\,/\,(2c + 3b)$. Na região central, o fluxo magnético total é $\Phi = \Phi_1 + \Phi_2 = 2\mu ma\,/\,(2c + 3b)$. Logo, o campo magnético na região central, calculado por $B_c = \Phi\,/\,s$, é

$$B_C = \frac{2\mu NI}{2c + 3b}.$$

6.13 Exercícios Complementares

1. Utilize os conceitos da Mecânica Clássica e calcule o momento magnético induzido em um átomo de um elétron submetido a um campo magnético externo.

2. Utilizando os conceitos da Mecânica Quântica e Mecânica Estatística, mostre que a magnetização de um sistema de momentos magnéticos interagentes e submetido a um campo magnético externo é $M = g\mu_B S B_S(x)$, em que g é fator de Landé, μ_B é o magneton de Bohr e $B_S(x) = \{[(2S+1)/2]\text{cotgh}[(2S+1)x/2] - [1/2]$ $\text{cotgh}[x/2]\}/S$ é a função de Brillouin. Nesta relação, S é o momento magnético de spin e $x = g\mu_B B_{ef}/k_B T$, em que B_{ef} é um campo magnético efetivo, T é a temperatura e k_B é a constante de Boltzmann.
3. Partindo da equação (6.27), mostre por cálculo direto que o divergente do campo magnético gerado por um material magnetizado é nulo.
4. Demonstre a relação $\int \vec{M} dv = \int \rho_m \vec{r} dv + \int \sigma_m \vec{r} ds$, em que $\vec{r}$ é o vetor posição. Utilize este resultado para calcular o momento magnético de um ímã permanente esférico de raio a e magnetização $\vec{M} = M_0 \hat{k}$.
5. Considere um ímã cilíndrico de raio a e comprimento l com uma magnetização $\vec{M} = M_0 \hat{k}$. Calcule o potencial vetor e os campos magnéticos $\vec{B}$ e $\vec{H}$ em pontos situados sobre o eixo z.
6. Utilize a equação (6.25) para determinar o potencial escalar magnético para o ímã cilíndrico do problema anterior, em pontos situados sobre o eixo z. [O potencial escalar magnético para esse ímã cilíndrico foi calculado no Exemplo 6.2 usando a equação (6.33).]
7. Calcule o potencial escalar magnético e os campos magnéticos $\vec{B}$ e $\vec{H}$ gerados por um magneto cilíndrico em um ponto distante. (Compare esse resultado com aquele obtido no Exercício 5.4 para um solenoide.)
8. Mostre que, para um solenoide com n espiras por unidade de comprimento transportando uma corrente elétrica I, podemos associar um momento magnético $m = nIv$ e uma magnetização $M_0 = nI$, em que v é o volume do solenoide.
9. Obtenha a lei de Ampère para materiais magnéticos pelos seguintes métodos: (a) tomando o rotacional da relação (6.28) e (b) usando a equação $\vec{\nabla} \times \vec{B} = \mu_0 \vec{J}_{tot}$, em que $\vec{J}_{tot} = \vec{J} + \vec{J}_m$, sendo $\vec{J}$ e $\vec{J}_m$ as densidades de corrente elétrica e corrente de magnetização.
10. Considere um ímã esférico de raio a com magnetização $\vec{M} = M_0 \hat{k}$. Calcule o potencial vetor e determine os campos magnéticos $\vec{B}$ e $\vec{H}$ em todos os pontos do espaço.
11. Utilizando a equação (6.25), determine o potencial escalar magnético para o ímã esférico do problema anterior.
12. Partindo da solução geral da equação de Laplace, determine o potencial escalar magnético para o ímã esférico do Exercício 10. [Este problema foi resolvido no Exemplo 6.4 usando uma argumentação físico-matemática para reter somente o termo proporcional a $P_1(\cos\theta)$.]
13. Em um material magnético de permeabilidade μ em que existe um campo magnético uniforme, é feita uma cavidade esférica de raio a. Calcule o potencial escalar magnético e os campos magnéticos $\vec{B}$ e $\vec{H}$ no interior e exterior da cavidade.
14. Em um material de permeabilidade magnética μ em que existe um campo magnético uniforme é feita uma longa cavidade cilíndrica de raio a. Calcule o potencial escalar magnético e os campos magnéticos $\vec{B}$ e $\vec{H}$ no interior e no exterior da cavidade.
15. Um magneto esférico de raio a possui uma magnetização $\vec{M} = M_0 \hat{k}$. Utilizando as definições de momento magnético e magnetização, calcule o potencial escalar magnético em pontos internos e externos ao magneto. (Este problema foi resolvido no Exemplo 6.4 utilizando a equação de Laplace.)
16. Utilizando os conceitos de momento magnético e magnetização, determine os campos magnéticos $\vec{B}$ e $\vec{H}$ em pontos internos e externos a uma esfera de permeabilidade magnética μ colocada em presença de campo magnético uniforme. (Este problema foi resolvido no Exemplo 6.5 utilizando a equação de Laplace.)
17. Um longo cilindro de permeabilidade magnética μ e raio a é colocado em uma região na qual existe um campo magnético uniforme. Utilizando a solução da equação de Laplace, determine os campos magnéticos $\vec{B}$ e $\vec{H}$ em todos os pontos do espaço.
18. Resolva o problema anterior, utilizando os conceitos de momento magnético e magnetização.
19. Um longo magneto cilíndrico possui uma magnetização uniforme perpendicular ao seu eixo de simetria. Utilizando a equação de Laplace, determine os campos magnéticos $\vec{B}$ e $\vec{H}$ em todos os pontos do espaço.
20. Uma esfera dielétrica de raio a e permissividade elétrica ε está colocada em presença de um campo magnético uniforme, na direção x. A esfera gira em torno do eixo z com velocidade angular constante. Determine o potencial escalar magnético para pontos internos e externos.

21. Uma casca esférica, de raio interno a e raio externo b, possui uma magnetização uniforme ao longo do eixo z. Encontre os campos magnéticos $\vec{B}$ e $\vec{H}$ para pontos internos e externos.

22. Uma casca cilíndrica, de raio interno a e raio externo b, possui uma magnetização uniforme ao longo do eixo z. Encontre os campos magnéticos $\vec{B}$ e $\vec{H}$ em pontos localizados sobre o eixo z.

23. Uma casca cilíndrica, de raio interno a e raio externo b, possui uma magnetização uniforme ao longo do eixo x. Encontre os campos magnéticos $\vec{B}$ e $\vec{H}$ para pontos internos e externos.

24. Uma casca esférica, de raio interno a, raio externo b e permeabilidade magnética μ, é colocada em presença de um campo magnético uniforme. Determine os campos magnéticos $\vec{B}$ e $\vec{H}$ em todos os pontos do espaço.

25. Uma longa casca cilíndrica, de raio interno a, raio externo b e permeabilidade magnética μ, é colocada em presença de um campo magnético uniforme. Determine os campos magnéticos $\vec{B}$ e $\vec{H}$ em todos os pontos do espaço.

26. Um conjunto de N espiras são enroladas sobre um material de permeabilidade magnética μ, em forma de um toroide de seção reta retangular. Calcule os campos magnéticos $\vec{B}$ e $\vec{H}$ no interior do toroide.

27. Mostre que a força de interação magnética entre um ímã e um campo magnético pode ser escrita na forma $\vec{F}_{mag} = \int \rho_m \vec{B} dv + \oint \sigma_m \vec{B} ds$, em que $\rho_m = -\vec{\nabla} \cdot \vec{M}$ e $\sigma_m = \vec{M} \cdot \hat{n}$ são as densidades volumétrica e superficial de polos de magnetização.

28. Um conjunto de N espiras são enroladas em um núcleo de ferro de permeabilidade magnética μ, com a forma mostrada na Figura 6.24(a). Encontre os campos magnéticos $\vec{B}$ e $\vec{H}$ nas extremidades e na parte central do núcleo de ferro.

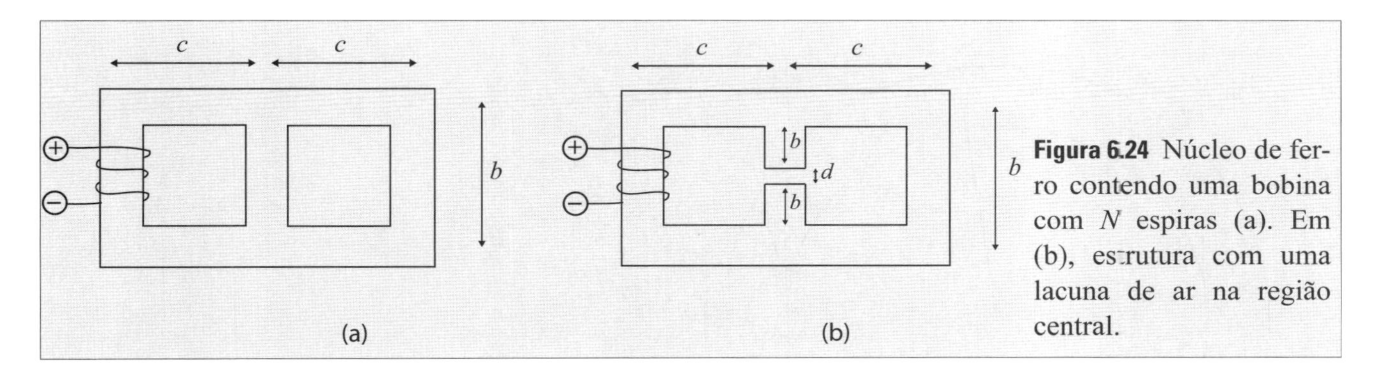

Figura 6.24 Núcleo de ferro contendo uma bobina com N espiras (a). Em (b), estrutura com uma lacuna de ar na região central.

29. Um conjunto de N espiras são enroladas em um núcleo de ferro de permeabilidade magnética μ, contendo uma lacuna de ar, conforme mostra a Figura 6.24(b). Encontre os campos magnéticos $\vec{B}$ e $\vec{H}$ no núcleo de ferro e na lacuna de ar.

30. Um conjunto de N espiras são enroladas em um núcleo de ferro de permeabilidade magnética μ, em forma da letra C, conforme mostra a Figura 6.25. Encontre os campos magnéticos $\vec{B}$ e $\vec{H}$ no núcleo de ferro e na lacuna de ar.

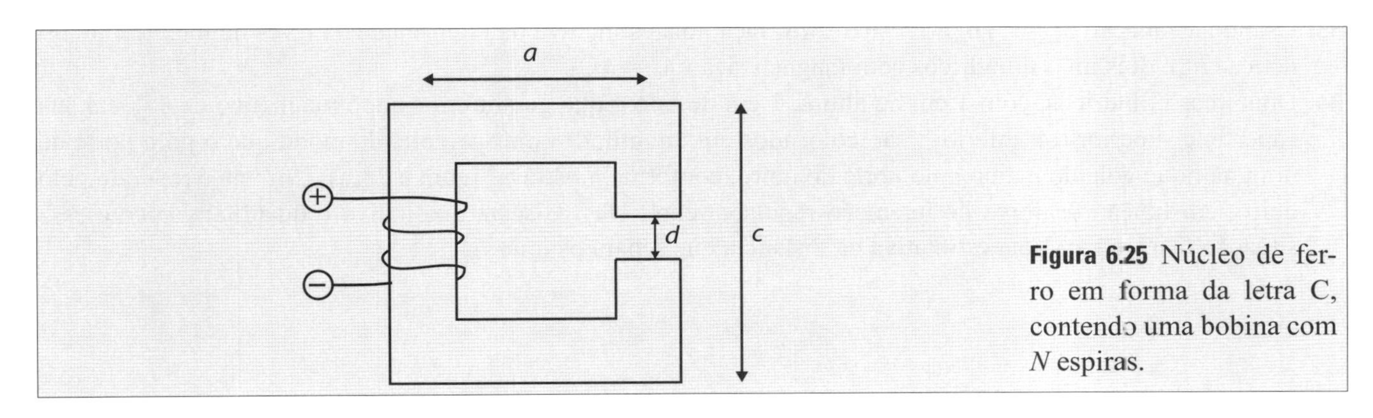

Figura 6.25 Núcleo de ferro em forma da letra C, contendo uma bobina com N espiras.

31. Um conjunto de N espiras são enroladas em um toroide formado por três diferentes materiais com permeabilidades magnéticas μ_1, μ_2 e μ_3, conforme mostra na Figura 6.26. Encontre os campos magnéticos $\vec{B}$ e $\vec{H}$ em todos os pontos do toroide.

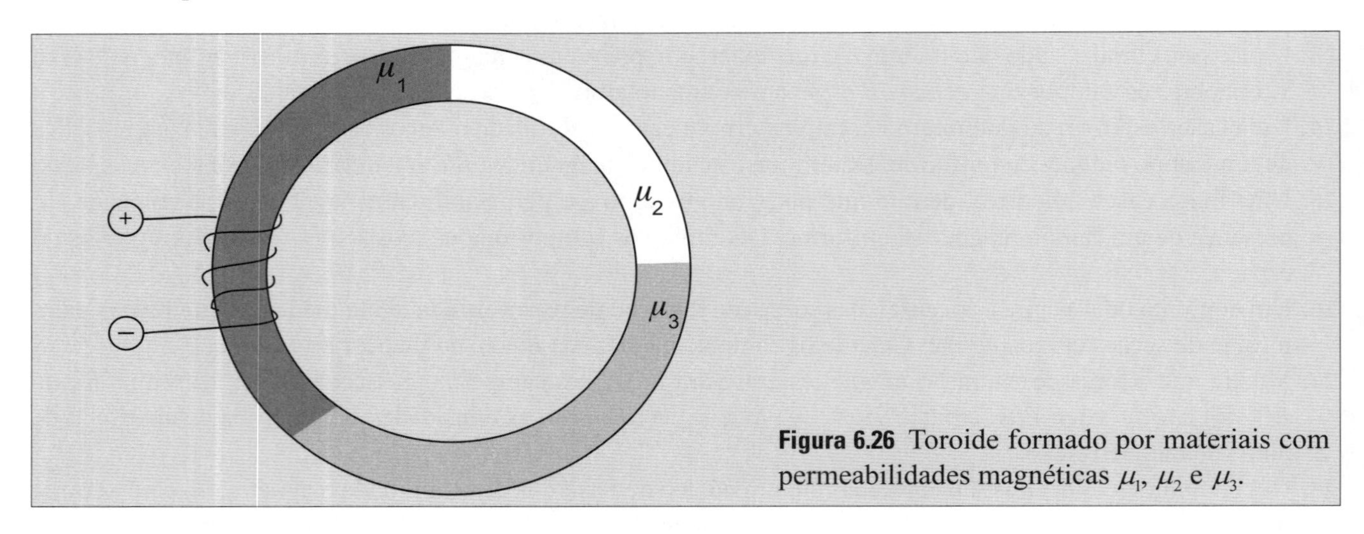

Figura 6.26 Toroide formado por materiais com permeabilidades magnéticas μ_1, μ_2 e μ_3.

32. Um ímã permanente em forma de um toroide contém uma lacuna de ar comprimento d, conforme mostra a Figura 6.27. Discuta qualitativa e quantitativamente o campo magnético no interior do ímã e na lacuna de ar.

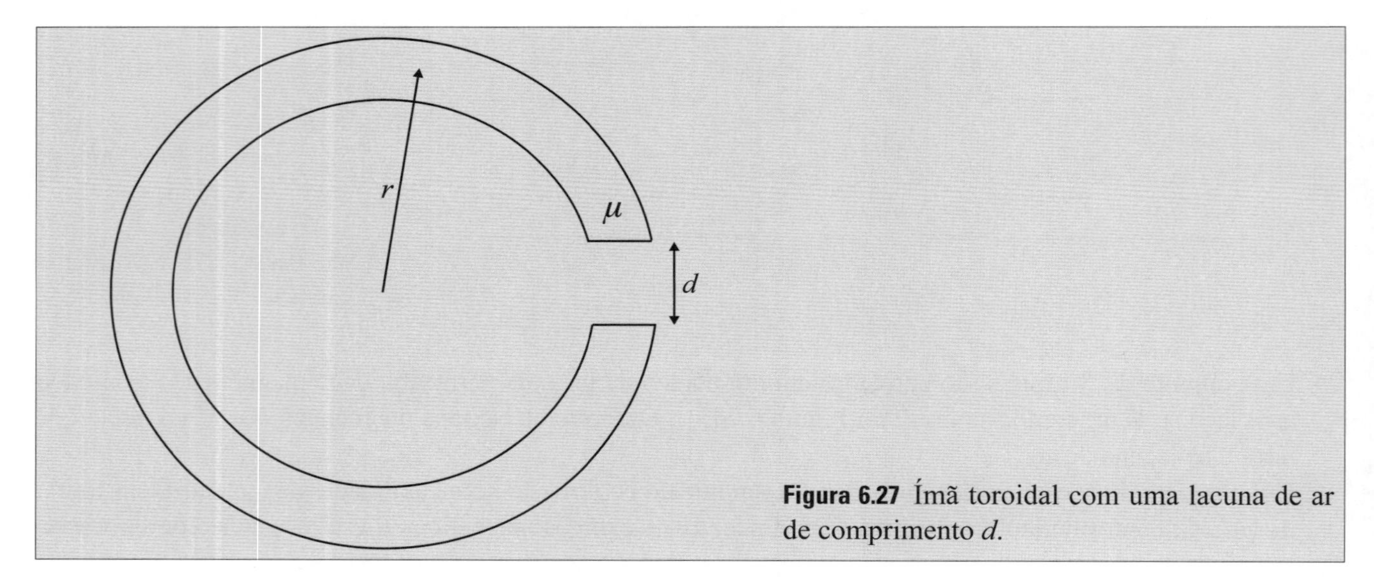

Figura 6.27 Ímã toroidal com uma lacuna de ar de comprimento d.

33. Usando a equação $\vec{F}_{mag} = \int \rho_m \vec{B} dv + \oint \sigma_m \vec{B} ds$, faça uma estimativa da intensidade da força de interação magnética entre dois ímãs cilíndricos com magnetização $\vec{M} = M_0 \hat{k}$.

34. Dois ímãs cilíndricos, com 1 cm de altura, 1 cm de raio e que geram um campo magnético de 1 T em sua superfície superior (ou inferior), são colocados em um cilindro transparente, de modo que o polo norte de um ímã fique voltado para o polo norte do outro, conforme mostra a Figura 6.28(a). Um ímã é repelido pelo outro, em função da força de interação repulsiva entre eles. Discuta qualitativa e quantitativamente essa situação física e faça uma estimativa da distância que separa os ímãs.

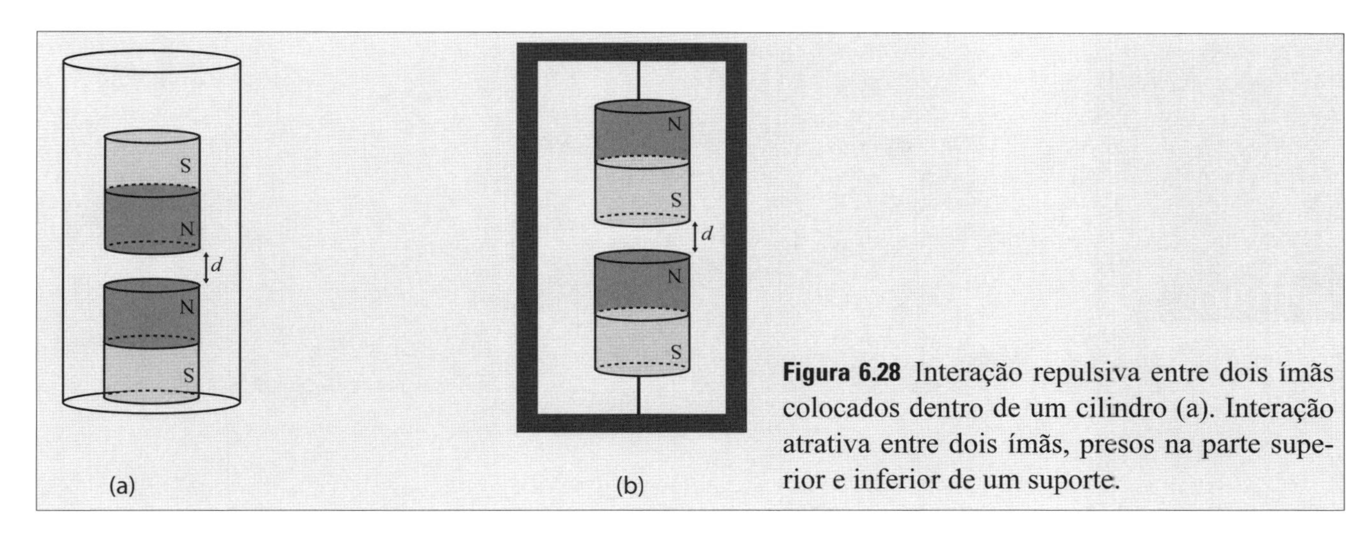

Figura 6.28 Interação repulsiva entre dois ímãs colocados dentro de um cilindro (a). Interação atrativa entre dois ímãs, presos na parte superior e inferior de um suporte.

35. Considere dois ímãs cilíndricos com 1 cm de altura, 1 cm de raio que geram um campo magnético de 1 T em sua superfície superior/inferior. Um fio transparente é utilizado para prender um ímã na parte superior de um recipiente transparente com o polo sul voltado para baixo e o outro ímã na parte inferior com o polo norte voltado para cima, conforme mostra a Figura 6.28(b). A força de interação magnética entre os ímãs é atrativa e eles ficam separados por uma distância d. Em razão da utilização dos fios transparentes para prender os ímãs, esse arranjo passa a sensação de que um ímã levita sobre o outro. Faça uma discussão qualitativa e quantitativa dessa situação física e estime a intensidade da força de interação magnética entre os ímãs em função da distância que os separa.

36. Escreva uma rotina computacional para calcular os campos magnéticos $\vec{B}$ e $\vec{H}$ gerados por um ímã cilíndrico com magnetização (a) $\vec{M} = \hat{k}M_0$, (b) $\vec{M} = \hat{k}M_0 z'$, (c) $\vec{M} = \hat{\theta}M_0$ e (d) $\vec{M} = \hat{\theta}M_0 \cos\theta'$.

37 Escreva uma rotina computacional para calcular os campos magnéticos $\vec{B}$ e $\vec{H}$ gerados por um ímã esférico com magnetização (a) $\vec{M} = \hat{k}M_0$, (b) $\vec{M} = \hat{r}M_0$, (c) $\vec{M} = \hat{\theta}M_0 \cos\theta'$ e (d) $\vec{M} = \hat{\phi}M_0 \cos\theta' \cos\phi'$.

38. Escreva uma rotina computacional para calcular os campos magnéticos $\vec{B}$ e $\vec{H}$ gerados por um ímã em forma de um prisma retangular com magnetização (a) $\vec{M} = M_0\hat{k}$, (b) $\vec{M} = M_0 z'\hat{k}$ e (c) $\vec{M} = M_0(\hat{i} + \hat{j})$.

CAPÍTULO 7

Indução Eletromagnética

7.1 Introdução

Uma corrente elétrica e uma força eletromotriz (*fem*) são induzidas sobre uma espira, quando há uma variação de fluxo magnético sobre ela. Esse fenômeno, conhecido como indução eletromagnética, tem importantes aplicações tecnológicas, tais como: produção de energia elétrica, transformadores de tensão, motores elétricos, forno de indução, frenagem magnética, levitação magnética etc. Neste capítulo, discutiremos os conceitos físicos e a formulação matemática envolvidos na indução eletromagnética.

7.2 Circuitos Rígidos em Movimento

Uma força eletromotriz, que pode ser detectada por uma medida de corrente elétrica ou diferença de potencial, é induzida em uma espira sempre que houver variação de fluxo magnético sobre ela. O fluxo magnético sobre uma espira rígida pode ser variado, afastando ou aproximando uma fonte de campo magnético (por exemplo um ímã), conforme mostra a Figura 7.1. Um mecanismo equivalente é manter fixa a fonte de campo magnético e aproximar ou afastar a espira.

A variação do fluxo magnético sobre uma espira também pode ser produzida por outros mecanismos como: (1) colocá-la em presença de um campo magnético dependente do tempo e (2) deformá-la em presença de campo constante. Neste capítulo, vamos considerar somente os casos envolvendo circuitos rígidos.

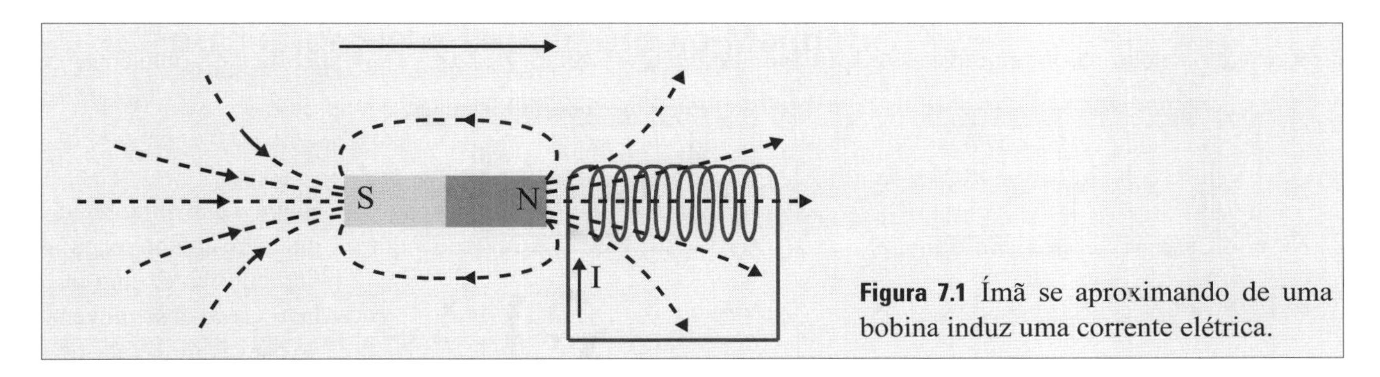

Figura 7.1 Ímã se aproximando de uma bobina induz uma corrente elétrica.

7.2.1 Fio Condutor em Campo Magnético

Vamos iniciar o estudo sobre indução eletromagnética discutindo a força magnética sobre cargas elétricas em movimento no interior de um fio condutor. Para essa finalidade, vamos considerar um fio condutor de comprimento l se movendo para a direita com velocidade $\vec{v}$ em presença de um campo magnético constante, conforme mostra a Figura 7.2(a).

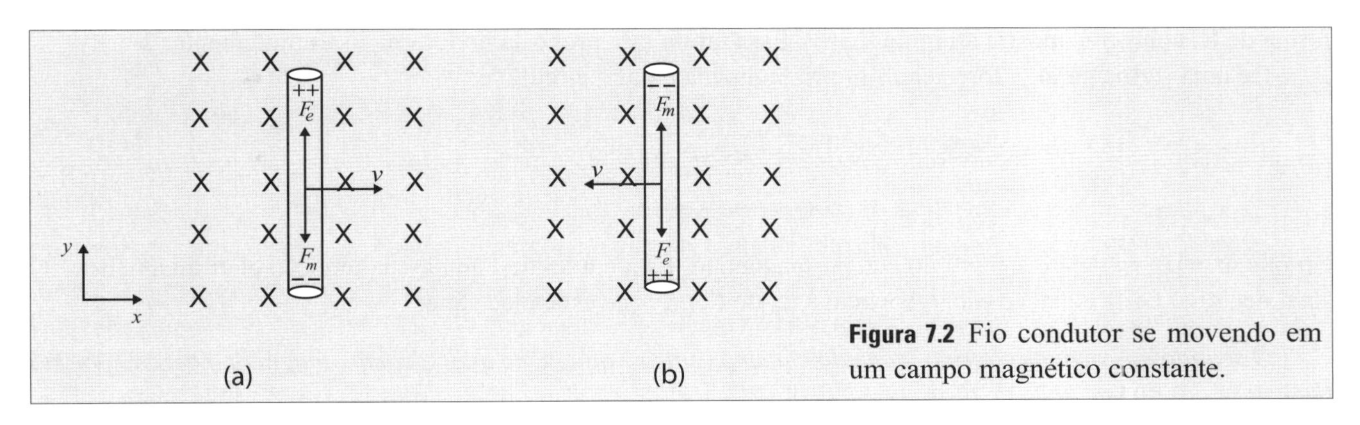

Figura 7.2 Fio condutor se movendo em um campo magnético constante.

Neste caso, aparece uma força magnética ($\vec{F}_m = q\vec{v} \times \vec{B}$) sobre os elétrons que irão se acumular na extremidade inferior do fio. Devido ao excesso de elétrons em uma extremidade e a falta deles na outra, aparecerá uma força elétrica ($\vec{F}_e = q\vec{E}$) que tende a equilibrar a força magnética. Nessa condição de equilíbrio, temos que o módulo do campo elétrico induzido no fio condutor é $E = vB$. A diferença de potencial elétrico entre as extremidades do fio pode ser calculada por $\Delta V = -\int \vec{E} \cdot d\vec{l}$. Como o vetor campo elétrico $\vec{E}$ tem sentido oposto ao vetor $d\vec{l}$ [que está na direção do eixo y, veja a Figura 7.2(a)], temos que $\Delta V = vBl$, em que l é o comprimento do fio condutor. Portanto, esse fio condutor se comporta como se fosse uma fonte geradora de força eletromotriz.

Em uma situação em que o fio condutor se move para a esquerda, conforme mostra a Figura 7.2(b), o módulo do campo elétrico também é dado por $E = vB$. Como nesse caso o campo elétrico $\vec{E}$ é paralelo ao vetor $d\vec{l}$, a diferença de potencial elétrico entre as extremidades do fio, calculada por $\Delta V = -\int_a^b \vec{E} \cdot d\vec{l}$, é $\Delta V = -vBl$.

7.2.2 Espira em Campo Magnético

Nesta seção vamos discutir a indução eletromagnética em uma espira. Por simplicidade, vamos supor que um fio condutor de comprimento l (fonte de força eletromotriz) deslize para a direita sobre outro fio condutor em forma de U. Esse arranjo pode ser visto como se fosse uma espira retangular, que possui dois lados fixos de comprimento l e dois lados variáveis de comprimento $\Delta x = v\Delta t$, em que v é a velocidade do fio e Δt é o intervalo de tempo que o fio móvel leva para se deslocar da posição inicial para a posição final [veja a Figura 7.3(a)].

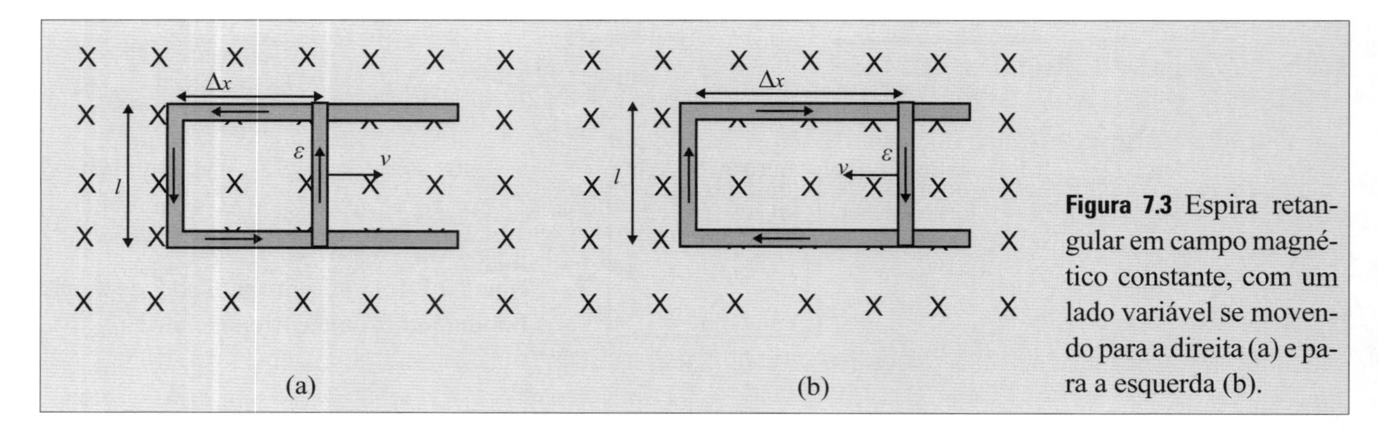

Figura 7.3 Espira retangular em campo magnético constante, com um lado variável se movendo para a direita (a) e para a esquerda (b).

Neste caso, os elétrons são obrigados pela força eletromotriz a se moverem pela espira formada pelo fio retilíneo e pelo fio em forma de U, dando origem a uma corrente elétrica. De acordo com a discussão feita na subseção anterior, a força eletromotriz é dada por $\varepsilon = -vBl$. Usando o fato de que $v = \Delta x / \Delta t$, podemos escrever que $\varepsilon = -B\Delta s / \Delta t$, em que $\Delta s = l\Delta x$ é a variação de área da espira. Como $B\Delta s$ é a variação de fluxo magnético ($\Delta\Phi$) sobre a espira, podemos finalmente escrever que a força eletromotriz induzida nela é $\varepsilon = -\Delta\Phi / \Delta t$. Este resultado também poderia ter sido obtido considerando que o fio se desloca para a esquerda sobre o condutor em forma de U, conforme mostra a Figura 7.3(b). Essa tarefa está proposta no Exercício Complementar 2.

De uma forma geral, a força eletromotriz induzida em um circuito é:

$$\boxed{\varepsilon = -\frac{d\Phi(\vec{r},t)}{dt}} \tag{7.1}$$

em que $\Phi = \int \vec{B}(r,t) \cdot d\vec{s}$ é o fluxo do campo magnético. Esta é a lei de Faraday da indução eletromagnética.[1] O sinal negativo nesta equação está associado à lei de Lenz,[2] que estabelece que:

O sentido da corrente elétrica induzida em uma espira é aquele no qual o campo magnético gerado por ela tende a se opor à variação de fluxo magnético.

Usando a relação $\varepsilon = \oint \vec{E} \cdot d\vec{l}$ para força eletromotriz, podemos escrever que a circulação do campo elétrico dependente do tempo é:

$$\boxed{\oint \vec{E}(\vec{r},t) \cdot d\vec{l} = -\frac{d\Phi(\vec{r},t)}{dt} = -\frac{d}{dt}\int \vec{B}(\vec{r},t) \cdot d\vec{s}\,.} \tag{7.2}$$

Esta forma integral da lei de Faraday mostra claramente que variação temporal do fluxo do campo magnético gera um campo elétrico dependente do tempo.

7.3 Lei de Faraday para Circuitos Rígidos e Estacionários

No caso de circuitos rígidos e estacionários, a *fem* está diretamente associada à variação temporal do campo magnético. A equação (7.1) descreve, de uma forma geral, a força eletromotriz induzida em um circuito em função da variação de fluxo do campo magnético sobre sua superfície. Por exemplo, a *fem* em uma espira retangular que está em uma região onde o campo magnético varia no tempo, calculada por $\varepsilon = -\frac{d}{dt}\int \vec{B}(\vec{r},t) \cdot d\vec{s}$, é

[1] Michael Faraday (22/9/1791-25/8/1867), físico-químico inglês.

[2] Heinrich Lenz (12/2/1804-10/2/1865), físico alemão.

$\varepsilon = -s\cos\theta \partial B(\vec{r},t)/\partial t$ em que s é a área da espira e θ é o ângulo entre o campo magnético e o vetor perpendicular ao plano da espira. No caso particular em que $B(r,t) = B_0 \operatorname{sen}\omega t$, temos $\varepsilon = -\omega B_0 s\cos\theta\cos\omega t$.

Na Seção 7.2, mostramos que, em um fio condutor se movendo em um campo magnético constante, a força magnética é a responsável pelo movimento dos elétrons e, consequentemente, pelo aparecimento da corrente elétrica induzida. No presente caso em discussão, a espira está em repouso, de modo que nenhuma força magnética atua sobre os elétrons. Então, o que produz o movimento dos elétrons que origina a corrente elétrica induzida na espira? A resposta a essa pergunta é a variação temporal do campo magnético. Na verdade, a variação do campo magnético gera um campo elétrico dependente do tempo, que exerce uma força elétrica ($\vec{F} = q\vec{E}$) sobre os elétrons, induzindo a corrente elétrica na espira.

7.4 Formulação Geral da Lei de Faraday

Nesta seção, vamos apresentar uma formulação matemática que mostra de forma explícita os mecanismos físicos (campo magnético dependente do tempo e/ou movimento relativo da espira em relação ao campo) que contribuem para induzir a força eletromotriz em circuitos rígidos. Nos casos em que o campo magnético varia no tempo e existe um movimento relativo entre a fonte do campo e a espira, podemos escrever explicitamente a derivada total do campo magnético em relação ao tempo como:

$$\frac{d\vec{B}(\vec{r},t)}{dt} = \frac{\partial\vec{B}(\vec{r},t)}{\partial t} + \frac{\partial\vec{B}(\vec{r},t)}{\partial x}\cdot\frac{dx}{dt} + \frac{\partial\vec{B}(\vec{r},t)}{\partial y}\cdot\frac{dy}{dt} + \frac{\partial\vec{B}(\vec{r},t)}{\partial z}\cdot\frac{dz}{dt}. \tag{7.3}$$

Usando $v_x = dx/dt$, $v_y = dy/dt$ e $v_z = dz/dt$, temos:

$$\frac{d\vec{B}(\vec{r},t)}{dt} = \frac{\partial\vec{B}(\vec{r},t)}{\partial t} + \frac{\partial\vec{B}(\vec{r},t)}{\partial x}v_x + \frac{\partial\vec{B}(\vec{r},t)}{\partial y}v_y + \frac{\partial\vec{B}(\vec{r},t)}{\partial z}v_z. \tag{7.4}$$

Esta relação pode ser escrita como:

$$\frac{d\vec{B}(\vec{r},t)}{dt} = \frac{\partial\vec{B}(\vec{r},t)}{\partial t} + (\vec{v}\cdot\vec{\nabla})\vec{B}(\vec{r},t). \tag{7.5}$$

Substituindo (7.5) em (7.2), temos:

$$\oint \vec{E}(\vec{r},t).d\vec{l} = -\int\left[\frac{\partial\vec{B}(\vec{r},t)}{\partial t} + (\vec{v}\cdot\vec{\nabla})\vec{B}(\vec{r},t)\right]\cdot d\vec{s}. \tag{7.6}$$

A identidade vetorial $\vec{\nabla}\times(\vec{v}\times\vec{B}) = \vec{v}(\vec{\nabla}\cdot\vec{B}) - \vec{B}(\vec{\nabla}\cdot\vec{v}) + (\vec{B}\cdot\vec{\nabla})\vec{v} - (\vec{v}\cdot\vec{\nabla})\vec{B}$ pode ser usada para escrever o integrando da equação anterior em outra forma. Em processos envolvendo circuitos rígidos, em que a velocidade não depende das coordenadas espaciais, os termos $\vec{B}(\vec{\nabla}\cdot\vec{v})$ e $(\vec{B}\cdot\vec{\nabla})\vec{v}$ podem ser desprezados. Com essa consideração e lembrando que $\vec{\nabla}\cdot\vec{B} = 0$, podemos escrever que $\vec{\nabla}\times(\vec{v}\times\vec{B}) = -(\vec{v}\cdot\vec{\nabla})\vec{B}$. Substituindo essa relação em (7.6), obtemos:

$$\oint \vec{E}(\vec{r},t)\cdot d\vec{l} = -\int\frac{\partial\vec{B}(\vec{r},t)}{\partial t}\cdot d\vec{s} + \int\nabla\times[\vec{v}\times\vec{B}(\vec{r},t)]\cdot d\vec{s}. \tag{7.7}$$

Aplicando o teorema de Stokes na segunda integral do lado direito, para transformá-la em uma integral de linha, temos:

$$\boxed{\oint \vec{E}(\vec{r},t)\cdot d\vec{l} = -\int \frac{\partial \vec{B}(r,t)}{\partial t}\cdot d\vec{s} + \oint \left[\vec{v}\times\vec{B}(\vec{r},t)\right]\cdot d\vec{l}.} \tag{7.8}$$

Esta é a lei de Faraday, na forma integral, para a indução eletromagnética em circuitos rígidos. O primeiro termo no lado direito é a contribuição proveniente da variação temporal do campo magnético, enquanto o segundo termo vem da movimentação do circuito em relação à fonte de campo magnético.

Aplicando o teorema de Stokes na integral de linha no lado esquerdo da equação (7.7), temos:

$$\int \left[\vec{\nabla}\times\vec{E}(\vec{r},t)\right]\cdot d\vec{s} = -\int \frac{\partial \vec{B}(\vec{r},t)}{\partial t}\cdot d\vec{s} + \int \vec{\nabla}\times\left[\vec{v}\times\vec{B}(\vec{r},t)\right] d\vec{s}. \tag{7.9}$$

Igualando os integrandos desta equação, podemos escrever a lei de Faraday para circuitos rígidos, na forma diferencial, como:

$$\boxed{\vec{\nabla}\times\vec{E}(\vec{r},t) = -\frac{\partial \vec{B}(r,t)}{\partial t} + \vec{\nabla}\times\left[\vec{v}\times\vec{B}(\vec{r},t)\right].} \tag{7.10}$$

Usando a relação $\vec{B} = \vec{\nabla}\times\vec{A}$, podemos escrever o fluxo do campo magnético como: $\Phi = \int (\vec{\nabla}\times\vec{A})\cdot d\vec{s}$. Assim, a lei de Faraday, $\oint \vec{E}(r,t)\cdot d\vec{l} = -d\Phi/dt$, pode ser escrita na forma:

$$\oint \vec{E}(\vec{r},t)\cdot d\vec{l} = -\frac{d}{dt}\int \left[\vec{\nabla}\times\vec{A}(\vec{r},t)\right]\cdot d\vec{s}. \tag{7.11}$$

Usando o teorema de Stokes no lado direito, temos:

$$\oint \vec{E}(\vec{r},t)\cdot d\vec{l} = -\frac{d}{dt}\int \vec{A}(\vec{r},t)\cdot d\vec{l}. \tag{7.12}$$

Para circuitos rígidos e estacionários, temos que $v = 0$, de modo que a relação (7.10) se reduz a:

$$\vec{\nabla}\times\left[\vec{E}(\vec{r},t) + \frac{\partial \vec{A}(\vec{r},t)}{\partial t}\right] = 0. \tag{7.13}$$

Como o rotacional do campo vetorial entre colchetes é nulo, ele pode ser escrito como o gradiente de uma função escalar, $\vec{E}(\vec{r},t) + \partial\vec{A}(\vec{r},t)/\partial t = -\vec{\nabla}V(\vec{r},t)$. Dessa relação, podemos escrever que:

$$\boxed{\vec{E}(\vec{r},t) = -\vec{\nabla}V(\vec{r},t) - \frac{\partial \vec{A}(\vec{r},t)}{\partial t}.} \tag{7.14}$$

Note que este campo elétrico tem a forma $\vec{E}(\vec{r},t) = \vec{E}_c(\vec{r},t) + \vec{E}_i(\vec{r},t)$, em que $\vec{E}_c(\vec{r},t) = -\vec{\nabla}V(\vec{r},t)$ é a contribuição direta das cargas elétricas e $\vec{E}_i(\vec{r},t) = -\partial\vec{A}(\vec{r},t)/\partial t$ é a contribuição proveniente do campo magnético dependente do tempo. Portanto, a variação temporal do campo magnético (ou do potencial vetor magnético) gera um campo elétrico dependente do tempo. Note que, no caso eletrostático, o potencial vetor magnético não depende do tempo, de modo que o campo elétrico é simplesmente $\vec{E}(\vec{r}) = -\vec{\nabla}V(\vec{r})$.

Considerando processos quase estáticos e usando o potencial vetor magnético calculado na equação (5.31) do Capítulo 5, podemos escrever o campo elétrico induzido, $\vec{E}_i(\vec{r},t) = -\partial\vec{A}(\vec{r},t)/\partial t$, em termos da variação temporal do campo magnético, como:

$$\vec{E}_i(r,t) = -\frac{1}{4\pi}\int \frac{\frac{\partial \vec{B}(\vec{r},t)}{\partial t}\times(\vec{r}-\vec{r}\,')}{|\vec{r}-\vec{r}\,'|^3}dv'. \quad \textbf{(7.15)}$$

Esta relação também poder ser obtida por outro caminho. De fato, comparando a lei de Faraday, $\vec{\nabla}\times\vec{E}(\vec{r},t) = -\partial\vec{B}(\vec{r},t)/\partial t$, e a lei de Ampère, $\vec{\nabla}\times\vec{B}(\vec{r}) = \mu_0 J(\vec{r})$, podemos fazer a seguinte equivalência: $\vec{B}(\vec{r},t)\rightarrow\vec{E}(\vec{r},t)$ e $\mu_0 J(\vec{r})\rightarrow\partial\vec{B}(\vec{r},t)/\partial t$. Como o campo magnético que satisfaz à lei de Ampère é descrito matematicamente pela equação (5.12) (lei de Biot-Savart), podemos supor que o campo elétrico que satisfaz à lei de Faraday também pode ser descrito por uma equação semelhante. Assim, substituindo na equação (5.12) $\vec{B}(\vec{r},t)$ por $\vec{E}(\vec{r},t)$ e $\mu_0\vec{J}(\vec{r})$ por $-\partial\vec{B}(\vec{r},t)/\partial t$, obtemos o campo elétrico induzido dado na equação (7.15).

EXEMPLO 7.1

Uma espira retangular de lados a e b é colocada com um de seus lados paralelo a um longo fio condutor transportando uma corrente elétrica variável no tempo. Calcule a força eletromotriz induzida na espira.

SOLUÇÃO

O campo magnético gerado por um longo fio conduzindo uma corrente elétrica é $\vec{B}(t) = \hat{\theta}\mu_0 I(t)/2\pi r$. Para o esquema mostrado na Figura 7.4, esse campo magnético é perpendicular ao plano da espira e tem o sentido que entra na folha deste livro.

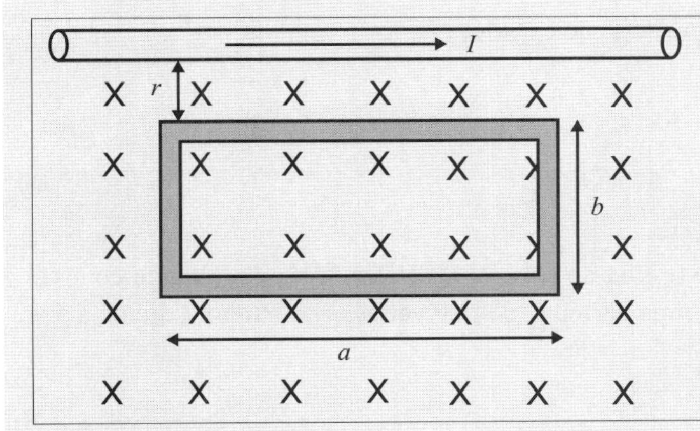

Figura 7.4 Espira retangular paralela a um fio condutor.

O fluxo deste campo magnético sobre a área da espira é:

$$\Phi(t) = \int \frac{\mu_0 I(t)}{2\pi r}\hat{\theta}\cdot d\vec{s}.$$

Neste caso, o vetor $\hat{\theta}$ é paralelo ao vetor $d\vec{s}$. O módulo desse vetor área pode ser escrito como $ds = adr$, em que a é o lado da espira paralelo ao fio e dr é um infinitesimal na direção perpendicular. Efetuando o produto escalar, temos:

$$\Phi(t) = \frac{\mu_0 I(t) a}{2\pi} \int_{r}^{r+b} \frac{dr}{r}. \quad \textbf{(E7.1)}$$

Integrando, obtemos:

$$\Phi(t) = \frac{\mu_0 a I(t)}{2\pi} \ln\left(\frac{r+b}{r}\right).$$

A força eletromotriz, calculada por $\varepsilon = -d\Phi(t)/dt$, é:

$$\varepsilon = -\frac{\mu_0 a}{2\pi} \ln\left(\frac{r+b}{r}\right) \frac{dI(t)}{dt}. \quad \textbf{(E7.2)}$$

Uma forma alternativa para calcular a *fem* é usar diretamente a equação (7.8). Como a espira está em repouso, a *fem* é induzida na espira pela variação temporal do campo magnético. Portanto, substituindo $\vec{B}(t) = \hat{\theta}[\mu_0 I(t)/2\pi r]$ na equação (7.8), obtemos:

$$\varepsilon = -\int \frac{\partial}{\partial t}\left[\frac{\mu_0 a I(t)}{2\pi r}\right] \hat{\theta} \cdot d\vec{s}.$$

Efetuando o produto escalar, usando $ds = adr$ e integrando temos:

$$\varepsilon = -\frac{\mu_0 a}{2\pi} \ln\left(\frac{r+b}{r}\right) \frac{dI(t)}{dt}$$

que é a força eletromotriz obtida usando o primeiro método de cálculo.

EXEMPLO 7.2

Considere que uma espira retangular de lados a e b (espira do exemplo anterior) está se afastando com velocidade v de um longo fio condutor transportando uma corrente elétrica variável no tempo. Calcule a *fem* induzida na espira.

SOLUÇÃO

O lado da espira mais próximo do fio está a uma distância variável dada por $r_1 = r + vt$ e o lado mais afastado está a uma distância $r_2 = r + vt + b$, em que b é o lado da espira que está perpendicular ao fio e v é a velocidade da espira. Na Figura 7.5 está mostrado um esquema com a representação desses parâmetros.

O campo magnético gerado por um fio infinito é $B(r,t) = \mu_0 I(t)/2\pi r$. O fluxo deste campo magnético sobre a espira retangular é:

$$\Phi_B(t) = \frac{\mu_0 I(t) a}{2\pi} \int_{r+vt}^{r+b+vt} \frac{dr}{r}.$$

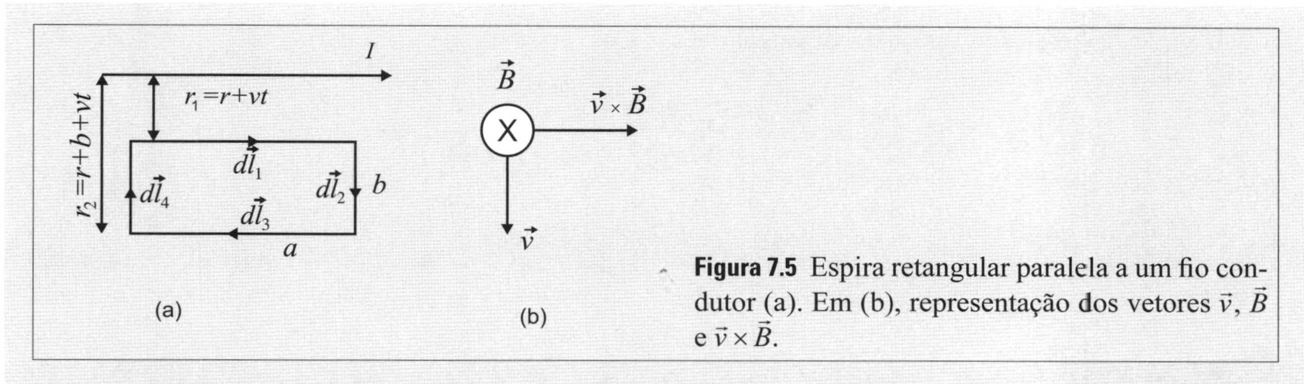

Figura 7.5 Espira retangular paralela a um fio condutor (a). Em (b), representação dos vetores $\vec{v}$, $\vec{B}$ e $\vec{v} \times \vec{B}$.

A diferença entre esta equação e a (E7.1), obtida no exemplo anterior, são os limites de integração. Integrando, obtemos:

$$\Phi(t) = \frac{\mu_0 I(t) a}{2\pi} \ln\left(\frac{r+b+vt}{r+vt}\right).$$

Note que, para a espira em repouso ($v = 0$) esse fluxo magnético se reduz àquele calculado no exemplo anterior. A *fem* induzida na espira, calculada por $\varepsilon = -d\Phi / dt$, é:

$$\varepsilon = -\frac{\mu_0 a}{2\pi} \ln\left(\frac{r+b+vt}{r+vt}\right) \frac{dI(t)}{dt} - \frac{\mu_0 I a}{2\pi}\left[\frac{v}{r+b+vt} - \frac{v}{r+vt}\right].$$

Após uma simples operação algébrica, temos:

$$\varepsilon = -\frac{\mu_0 a}{2\pi} \ln\left(\frac{r+b+vt}{r+vt}\right) \frac{dI(t)}{dt} + \frac{\mu_0 I a}{2\pi} \frac{vb}{(r+b+vt)(r+vt)}.$$

Essa *fem* também pode ser calculada usando diretamente a equação (7.8). Neste caso, os dois termos naquela equação contribuem para a *fem*.

O segundo termo da equação (7.8) envolvendo a integral sobre o percurso fechado, mostrado na Figura 7.5(a), pode ser decomposto em quatro integrais abertas para cada lado da espira. Assim, temos:

$$\oint \vec{E} \cdot d\vec{l} = -\int \frac{\partial \vec{B}}{\partial t} \cdot d\vec{s} + \int (\vec{v} \times \vec{B}) \cdot d\vec{l}_1 + \int (\vec{v} \times \vec{B}) \cdot d\vec{l}_2 + \int (\vec{v} \times \vec{B}) \cdot d\vec{l}_3 + \int (\vec{v} \times \vec{B}) \cdot d\vec{l}_4.$$

O vetor $\vec{v} \times B\hat{k}$ é perpendicular aos vetores $d\vec{l}_2$ e $d\vec{l}_4$, de modo que $(\vec{v} \times \vec{B}) \cdot d\vec{l}_2 = (\vec{v} \times \vec{B}) \cdot d\vec{l}_4 = 0$. Por outro lado, $\vec{v} \times B\hat{k}$ tem o mesmo sentido do vetor $d\vec{l}_1$ e sentido oposto ao vetor $d\vec{l}_3$ (veja a Figura 7.5). Assim, podemos escrever:

$$\oint \vec{E} \cdot d\vec{l} = -\int \frac{\partial B(r,t)}{\partial t} ds + \int (vB_1) dl_1 - \int (vB_3) dl_3.$$

Como $B = \mu_0 I / 2\pi r$, $B_1 = \mu_0 I / 2\pi(r+vt)$ (campo magnético sobre a linha dl_1), $B_3 = \mu_0 I / 2\pi(r+b+vt)$ (campo magnético sobre a linha dl_3), $dl_1 = dx$ e $dl_3 = -dx$, temos:

$$\oint \vec{E} \cdot d\vec{l} = -\frac{\mu_0}{2\pi} \frac{dI(t)}{dt} \int_{r+vt}^{r+b+vt} \frac{a\,dr}{r} + \int_0^a \frac{\mu_0 I v}{2\pi(r+vt)} dx + \int_a^0 \frac{\mu_0 I v}{2\pi(r+b+vt)} dx.$$

Integrando e efetuando as operações algébricas, temos:

$$\oint \vec{E} \cdot d\vec{l} = -\frac{\mu_0 a}{2\pi} \ln\left(\frac{r+b+vt}{r+vt}\right)\frac{dI(t)}{dt} + \frac{\mu_0 Iva}{2\pi}\left[\frac{b}{(r+vt)(r+b+vt)}\right]$$

que é o mesmo resultado obtido usando o outro método de cálculo.

EXEMPLO 7.3

Utilize a relação $\varepsilon = \oint \vec{E}(r,t) \cdot d\vec{l}$, em que $\vec{E}(r,t) = -\partial\vec{A}(r,t)/\partial t$ é o campo elétrico induzido, para calcular a força eletromotriz induzida em uma espira retangular colocada em uma região na qual existe um campo magnético dado por $\vec{B} = \hat{k}B_0 \operatorname{sen}\omega t$.

SOLUÇÃO

Por simplicidade, vamos supor que a espira está colocada no plano xy. Um campo magnético ao longo da direção $\hat{k}$ pode ser escrito, em termos do potencial vetor magnético, como:

$$\vec{B}(\vec{r},t) = \hat{k}\left[\frac{\partial A_y(\vec{r},t)}{\partial x} - \frac{\partial A_x(\vec{r},t)}{\partial y}\right].$$

Portanto, o potencial vetor magnético deve estar no plano xy. Como neste problema a parte espacial do campo magnético é constante, a componente A_x deve ser linear em y e a componente A_y deve ser linear em x. Portanto, podemos propor um potencial vetor magnético na forma:

$$\vec{A}(x,y,t) = \frac{B_0\left(-\hat{i}y + \hat{j}x\right)}{2} \operatorname{sen}\omega t.$$

Como $\vec{B} = \hat{k}B_0 \operatorname{sen}\omega t$, podemos escrever que $\vec{A}(\vec{r},t) = -(\vec{r} \times \vec{B})/2$. Esta relação para o potencial vetor magnético, obtida considerando um campo ao longo do eixo z, é válida para qualquer campo magnético constante.

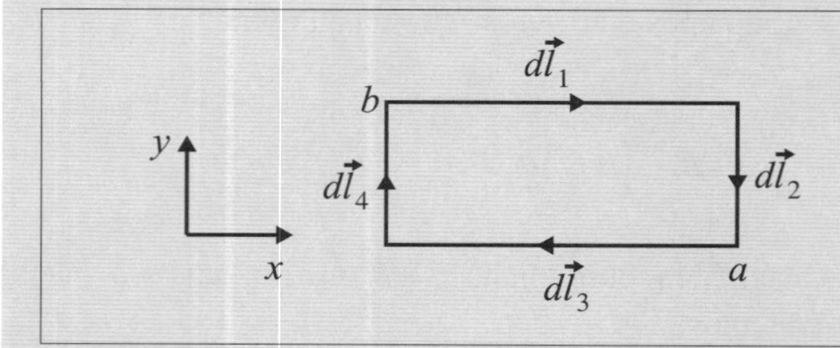

Figura 7.6 Percurso fechado para uma espira retangular.

Utilizando a equação anterior para o potencial vetor, temos que o campo elétrico induzido, calculado por $\vec{E}(r,t) = -\partial\vec{A}(r,t)/\partial t$, é $\vec{E}(r,t) = -\omega B_0 \cos\omega t\left(-\hat{i}y + \hat{j}x\right)/2$.

A força eletromotriz, calculada pela relação $\varepsilon = \oint \vec{E}(r,t) \cdot d\vec{l}$, é

$$\varepsilon = -\oint \frac{\omega B_0 \left(-\hat{i}y + \hat{j}x\right)}{2} \cos \omega t \cdot d\vec{l}.$$

Como a espira está no plano xy temos que $d\vec{l} = \hat{i}dx + \hat{j}dy$. Por outro lado, o percurso fechado sobre a espira pode ser dividido em quatro percursos abertos (veja a Figura 7.6). Assim, temos:

$$\varepsilon = -\frac{\omega B_0 \cos \omega t}{2} \left[-\int_{l_1} ydx - \int_{l_2} xdy + \int_{l_3} ydx + \int_{l_4} xdy \right].$$

Ao longo do caminho l_4 temos $x = 0$, e ao longo do caminho l_3 temos $y = 0$. Por outro lado, $y = b$ no caminho l_1 e $x = a$ no caminho l_2. Portanto, podemos escrever que:

$$\varepsilon = -\frac{\omega B_0}{2} \cos \omega t \left[-\int_0^a bdx - \int_0^b ady \right].$$

Integrando, obtemos:

$$\varepsilon = \omega B_0 s \cos \omega t$$

em que $s = ab$ é a área da espira. Se a espira estiver inclinada de um ângulo θ em relação ao plano xy, o resultado é $\varepsilon = \omega B_0 s \cos \theta \cos \omega t$.

7.5 Indutância

Como já foi discutido nas seções anteriores, a *fem* induzida em um circuito é função da variação de fluxo magnético sobre ele. No caso de circuitos rígidos e estacionários, o fluxo magnético pode ser variado somente por meio de uma corrente elétrica dependente do tempo. Neste caso, podemos usar a regra da cadeia e escrever a *fem* na forma $\varepsilon = -(d\Phi / dI) \cdot (dI / dt)$. Definindo a autoindutância como $L = d\Phi / dI$, temos que:

$$\varepsilon = -L \frac{dI}{dt}. \tag{7.16}$$

Como o fluxo magnético possui uma dependência linear com a corrente elétrica, temos simplesmente que $L = \Phi / I$. Com essa consideração, o fluxo do campo magnético gerado por um circuito sobre ele mesmo pode ser escrito em termos da corrente elétrica como $\Phi = LI$.

Vamos generalizar a definição de indutância para um conjunto contendo n circuitos em interação (veja o esquema na Figura 7.7).

O fluxo magnético que atravessa o i-ésimo circuito pode ser escrito como:

$$\Phi_i = \Phi_{i1} + \Phi_{i2} + \Phi_{i3} + \ldots.\Phi_{ii} + \ldots.\Phi_{in} = \sum_{j=1}^{n} \Phi_{ij} \tag{7.17}$$

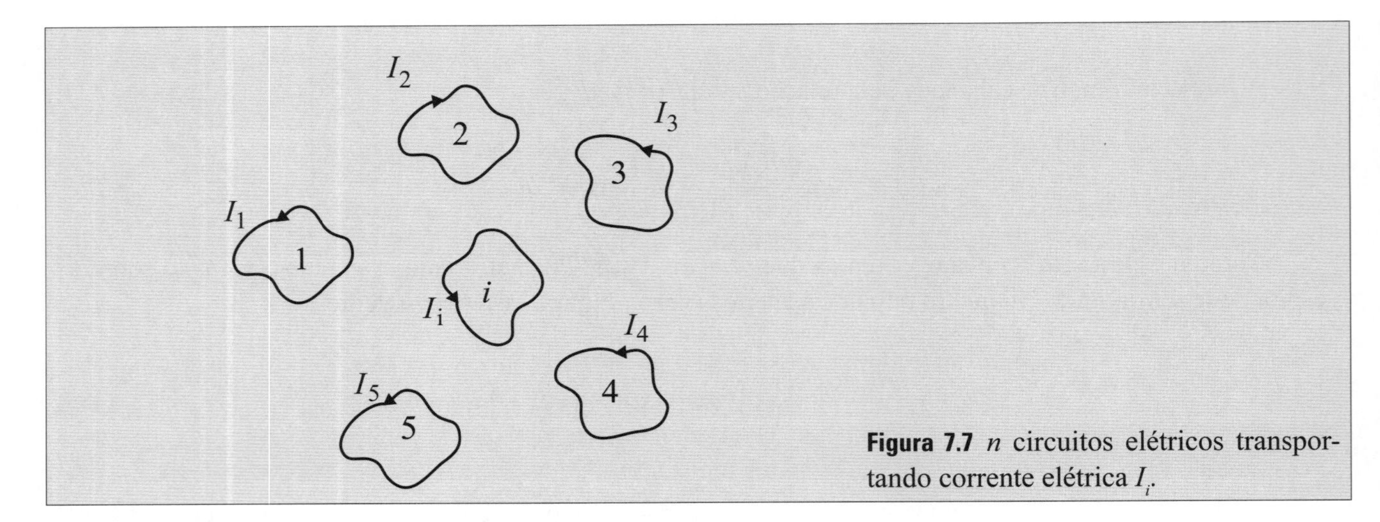

Figura 7.7 n circuitos elétricos transportando corrente elétrica I_i.

em que Φ_{ij} é o fluxo no i-ésimo circuito, em função do campo magnético gerado pela corrente elétrica que flui no j-ésimo circuito. A força eletromotriz induzida no i-ésimo circuito, calculada por $\varepsilon_i = -d\Phi_i / dt$, é:

$$\varepsilon_i = -\left[\frac{d\Phi_{i1}}{dt} + \frac{d\Phi_{i2}}{dt} + \frac{d\Phi_{i3}}{dt} + \ldots \frac{d\Phi_{in}}{dt}\right] = -\sum_{j=1}^{n} \frac{d\Phi_{ij}}{dt}. \tag{7.18}$$

Para circuitos rígidos e estacionários, a variação no fluxo magnético se deve somente à variação temporal da corrente elétrica. Portanto, podemos escrever que:

$$\varepsilon_i = -\sum_{j=1}^{n} \overbrace{\frac{d\Phi_{ij}}{dI_j}}^{L_{ij}} \cdot \frac{dI_j(t)}{dt}. \tag{7.19}$$

A indutância mútua definida como $L_{ij} = d\Phi_{ij} / dI_j$ representa a variação do fluxo do campo magnético sobre a superfície do i-ésimo circuito, em relação à corrente elétrica I_j, que circula no j-ésimo circuito. Note que a autoindutância definida anteriormente pode ser redefinida como o termo diagonal da indutânica mútua, $L_{ii} = d\Phi_{ii} / dI_i$.

Com a definição de indutância mútua, a *fem* induzida no i-ésimo circuito é:

$$\varepsilon_i = -\sum_{j=1}^{n} L_{ij} \frac{dI_j(t)}{dt}. \tag{7.20}$$

Como exemplo, vamos calcular a indutância mútua para o sistema formado pelo fio condutor e a espira retangular, mostrados na Figura 7.4. Neste caso, a indutância mútua é $L_{12} = d\Phi_{12} / dI_2$, em que Φ_{12} é o fluxo do campo magnético gerado pelo fio sobre a superfície da espira. Este fluxo magnético calculado no Exemplo 7.1 é $\Phi_{12} = (\mu_0 I_2 a / 2\pi)\ln[(r+b)/r]$. Logo, a indutância mútua para o sistema fio e espira retangular é $L_{12} = (\mu_0 a / 2\pi)\ln[(r+b)/r]$.

A indutância mútua também pode ser escrita em termos do potencial vetor magnético. Substituindo o fluxo magnético $\Phi_{12} = \oint \vec{A}_{12}(r_1) \cdot d\vec{l}_1$ na relação $L_{12} = d\Phi_{12} / dI_2$, temos:

$$L_{12} = \frac{d}{dI_2} \oint d\vec{l}_1 \cdot \vec{A}_{12}(r_1). \tag{7.21}$$

Usando a expressão para o potencial vetor magnético, $\vec{A}_{12}(r_1) = \oint \mu_0 I_2 d\vec{l}_2 / 4\pi |\vec{r}_2 - \vec{r}_1|$, [veja a equação (5.30)] temos que:

$$L_{12} = \frac{\mu_0}{4\pi} \oint \oint \frac{d\vec{l}_1 . d\vec{l}_2}{|\vec{r}_2 - \vec{r}_1|}. \tag{7.22}$$

Esta é a fórmula de Neumann para a indutância mútua entre dois circuitos de corrente elétrica. Dessa relação, podemos concluir que $L_{12} = L_{21}$ e que a indutância mútua entre dois circuitos depende somente dos aspectos geométricos. Como um exemplo simples de aplicação direta desta fórmula, podemos calcular a indutância mútua entre um longo fio condutor percorrido por uma corrente elétrica I e uma espira retangular de lados a e b. (Esta tarefa está proposta no Exercício Complementar 3.)

EXEMPLO 7.4

Calcule a autoindutância de um toroide de seção reta retangular de lados a e b contendo N espiras.

SOLUÇÃO

A Figura 7.8 mostra uma vista frontal de um toroide com seção reta retangular. Para calcular a autoindutância desse toroide, é necessário conhecer o fluxo do campo magnético gerado por ele mesmo, quando transporta uma corrente elétrica I. O fluxo magnético por uma única espira é $\Phi_i = \int \vec{B} \cdot d\vec{s}$, em que $\vec{B} = \hat{\theta}(\mu_0 NI / 2\pi r)$ é o campo magnético no interior do toroide (veja o Exemplo 5.7), em que r é a distância do ponto de observação ao centro do toroide. Como o campo magnético $\vec{B}$ é paralelo ao vetor $d\vec{s} = \hat{k} b dr'$, em que r' varia no intervalo $[-a/2; a/2]$, podemos escrever que:

$$\Phi_i = \int_{-a/2}^{a/2} \frac{\mu_0 NI}{2\pi r} b dr'.$$

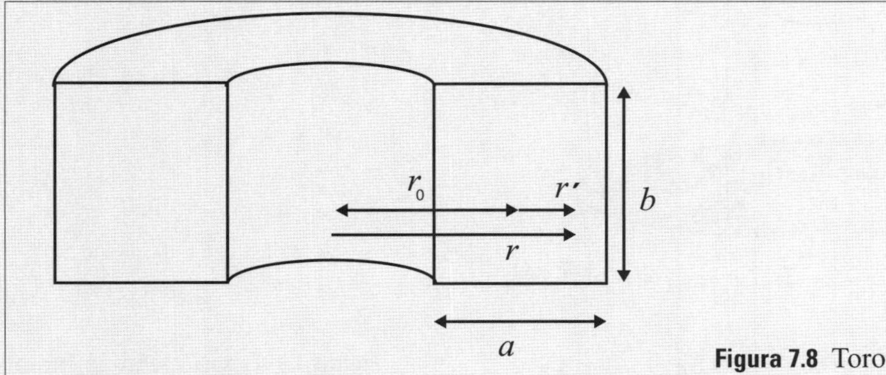

Figura 7.8 Toroide de seção reta retangular.

Pela Figura 7.8, temos que $r = r_0 + r'$, em que r_0 é a distância do centro do toroide ao ponto médio. Assim, temos:

$$\Phi_i = \int_{-a/2}^{a/2} \frac{\mu_0 NI}{2\pi (r_0 + r')} b dr'.$$

Integrando, obtemos:

$$\Phi_i = \frac{\mu_0 NI}{2\pi} b \ln\left[\frac{r_0 + a/2}{r_0 - a/2}\right].$$

Como todas as espiras do toroide são equivalentes, podemos considerar que o fluxo magnético sobre cada espira é dado pela equação anterior. Portanto, o fluxo total sobre o toroide é a soma do fluxo magnético sobre cada espira, $\Phi = \sum_{i=1} \Phi_i$. Logo, o fluxo magnético total sobre as N espiras do toroide é:

$$\Phi = \frac{\mu_0 N^2 I}{2\pi} b \ln\left[\frac{r_0 + a/2}{r_0 - a/2}\right].$$

A autoindutâcia do toroide, calculada por $d\Phi / dI$, é:

$$L = \frac{\mu_0 N^2}{2\pi} b \ln\left[\frac{r_0 + a/2}{r_0 - a/2}\right].$$

7.6 Força Eletromotriz em Metais

A discussão sobre força eletromotriz e corrente elétrica induzida foi feita utilizando espiras ou bobinas constituídas por fios condutores unidimensionais. Nesta seção, vamos discutir a força eletromotriz induzida em objetos metálicos extensos.

Para ilustrar a força eletromotriz induzida em objetos metálicos, vamos considerar um disco metálico girando com velocidade angular constante (ω) em presença de um campo magnético constante e perpendicular à superfície do disco, conforme mostra a Figura 7.9.

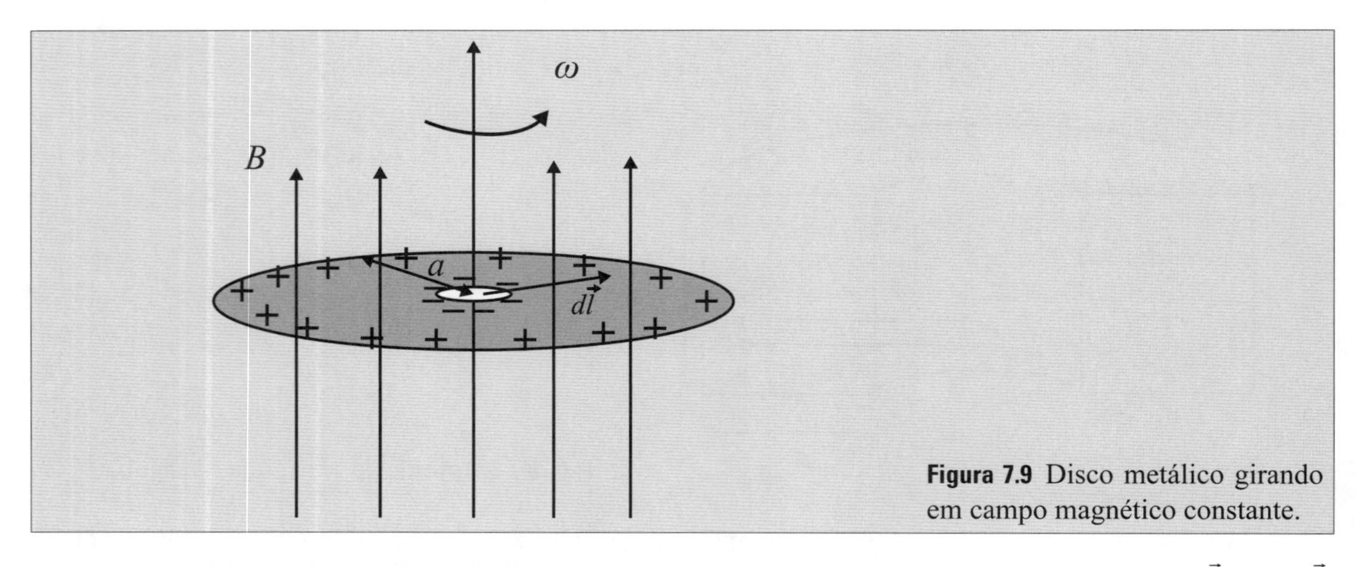

Figura 7.9 Disco metálico girando em campo magnético constante.

Neste cenário, os elétrons livres do disco estão em movimento e ficam sujeitos à força magnética $\vec{F} = q\vec{v} \times \vec{B}$. Supondo que o disco está girando no sentido anti-horário, os elétrons livres sob a ação da força magnética se deslocarão para o centro do disco, produzindo neste ponto um excesso de cargas negativas. Portanto, na periferia do disco, há uma falta de cargas negativas, de forma que existirá uma força eletromotriz entre o centro do disco e sua periferia, que pode ser calculada por:

$$\varepsilon = \oint \left(\vec{v} \times \vec{B}\right) \cdot d\vec{l} \tag{7.23}$$

em que $d\vec{l}$ é a linha que vai do centro do disco a periferia. Como neste caso a velocidade $\vec{v}$ é perpendicular ao campo magnético $\vec{B}$, temos que o vetor $\vec{v} \times \vec{B}$ é paralelo ao vetor $d\vec{l}$. Assim, a equação anterior se reduz a:

$$\varepsilon = \int_0^a vBdl. \tag{7.24}$$

Usando as relações $v = \omega r$ e $dl = dr$ e integrando a equação anterior, temos que a força eletromotriz induzida entre o centro do disco e sua periferia é $\varepsilon = v\omega Ba^2/2$. Este arranjo simples, conhecido como disco de Faraday, ilustra a geração de uma força eletromotriz em objetos sólidos extensos.

7.7 As Correntes de Foucault e Suas Aplicações

Em um objeto metálico em repouso em um campo magnético dependente do tempo, ou em movimento em um campo magnético constante, aparecem correntes elétricas induzidas, chamadas de correntes de Foucault.[3] Da mesma forma que a corrente elétrica, as correntes de Foucault também geram campo magnético e produzem calor por efeito Joule.

As correntes de Foucault têm um papel fundamental para o desenvolvimento de alguns equipamentos, como o forno de indução por radiofrequência, levitação magnética, frenagem magnética, detector de metais, entre outros. Nos parágrafos seguintes, é feita uma breve descrição do papel das correntes de Foucault na frenagem magnética, levitação magnética e no forno de indução. Fica como sugestão para o leitor pesquisar a descrição de outras aplicações envolvendo as correntes de Foucault.

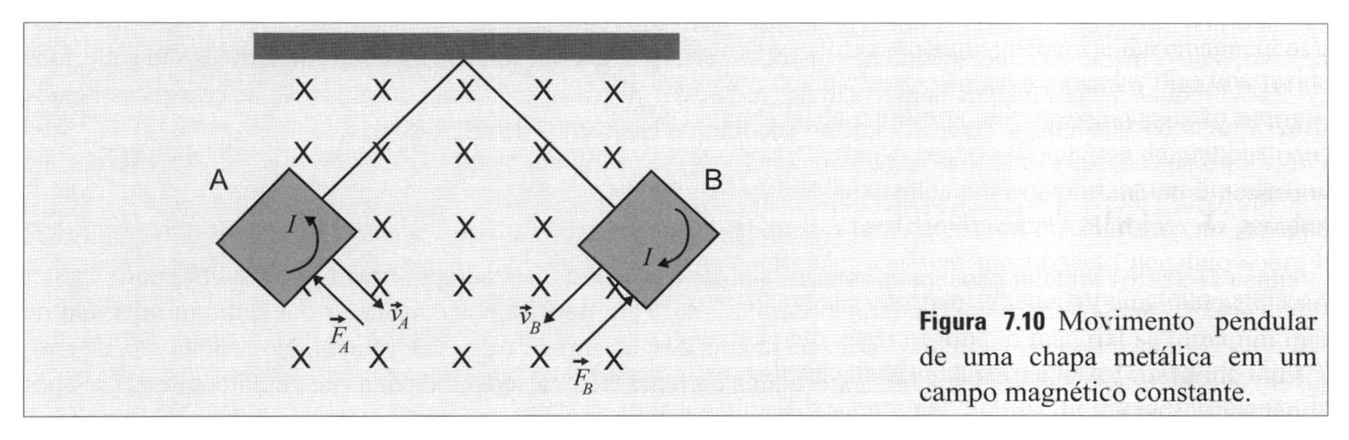

Figura 7.10 Movimento pendular de uma chapa metálica em um campo magnético constante.

Para ilustrar o processo físico da frenagem magnética, vamos considerar um placa metálica fazendo um movimento pendular em uma região em que existe um campo magnético perpendicular à sua superfície, conforme mostra a Figura 7.10. Na posição A, a placa está entrando na região do campo, de modo que o fluxo magnético sobre ela aumenta. Neste caso, correntes de Foucault serão induzidas, gerando um campo magnético para impedir a variação de fluxo sobre ela. Para um campo magnético entrando na página deste livro, a corrente de Foucault no interior da placa na posição A tem o sentido anti-horário. De acordo com a lei $\vec{F} = \int I d\vec{l} \times \vec{B}$, aparecerá uma força de interação magnética F_A, que tende a parar o movimento da placa.

Podemos fazer uma discussão análoga quando a placa atinge a posição B. Neste caso, a corrente elétrica de Foucault é induzida no sentido horário, de modo que a força resultante F_B, que também é contrária ao movimento da placa, tende a pará-la. Esse princípio de frenagem magnética é utilizado para frear trens.

[3] Jean Bernard Léon Foucault (18/9/1819-11/2/1868), físico e astrônomo francês.

As correntes de Foucault também podem ser utilizadas para fazer levitação magnética de metais em presença de campo magnético aplicado. Para discutir esse mecanismo de levitação magnética, vamos considerar um placa metálica não magnetizável (por exemplo, alumínio, cobre, ouro, prata) colocada sobre uma bobina transportando uma corrente elétrica alternada. A corrente elétrica alternada que flui na bobina gera um campo magnético dependente do tempo. O fluxo desse campo magnético sobre a superfície da placa varia com o tempo, de modo que correntes de Foucault serão induzidas nela. Essas correntes de Foucault geram um campo magnético, cujo sentido tende a se opor à variação de fluxo magnético na placa metálica. Em outras palavras, o campo magnético gerado pelas correntes de Foucault tem sentido contrário ao campo magnético aplicado. Portanto, a interação entre o campo magnético da bobina e o campo magnético gerado pelas correntes de Foucault é repulsiva, de modo que a placa metálica será repelida pela bobina.

Alternativamente, podemos produzir a levitação magnética colocando um ímã sobre uma placa metálica de material não magnetizável que gira em torno de si mesma. Os elétrons livres no interior da placa, girando na presença do campo magnético, ficam sujeitos à uma força magnética, de modo que serão induzidas correntes de Foucault. A interação entre os campos magnéticos gerados pelo ímã e pelas correntes de Foucault é repulsiva, de forma que o ímã se afastará da placa. Esse mecanismo de levitação magnética discutido neste parágrafo é utilizado em dispositivos de leitura magnética encontrados em computadores e em levitação de trens.

Os fornos de radiofrequência são utilizados em laboratórios de pesquisa básica para aquecer e/ou fundir materiais metálicos. Ele é constituído de uma bobina e um recipiente que pode ser um tubo de quartzo, que é um isolante elétrico. A amostra é colocada no tubo de quartzo e, então, introduzida no interior da bobina. O princípio de funcionamento do forno é o seguinte: ao passar na bobina uma corrente elétrica alternada na faixa de radiofrequência,[4] correntes de Foucault são induzidas na amostra metálica gerando calor por efeito Joule, aquecendo-a. Alternativamente, também pode-se usar um recipiente metálico, por exemplo, feito de tungstênio, cuja temperatura de fusão está em torno de 4000 K. Neste caso, as correntes de Foucault induzidas nele o aqueceriam, de modo que uma amostra (não há necessidade de amostras metálicas) colocada em seu interior seria aquecida indiretamente.

Fornos de radiofrequência também podem ser utilizados para aquecer materiais dielétricos. Entretanto, nesse caso, o mecanismo de aquecimento não envolve correntes de Foucault. Os materiais dielétricos são aquecidos por radiofrequência, em função da inversão das moléculas polares produzida pela absorção de energia associada à radiação. Esse mecanismo é semelhante ao encontrado nos fornos de micro-ondas.

7.8 Energia Magnética

Antes de discutir a energia magnética, vamos calcular o trabalho realizado por uma fonte (bateria) para manter uma corrente elétrica constante fluindo em um circuito. Para isso, vamos considerar que, em um intervalo de tempo, a corrente elétrica no circuito varie lentamente de 0 até atingir o seu valor final I. Nesse intervalo de tempo em que a corrente elétrica varia, uma *fem* e uma corrente elétrica serão induzidas no circuito, que vai se opor à variação de fluxo magnético sobre ele. Portanto, para manter a corrente elétrica constante fluindo no circuito, é necessário que a fonte de tensão realize trabalho contra a força eletromotriz induzida.

Vale lembrar que o trabalho realizado pelo campo elétrico para transportar uma carga elétrica de um ponto a para um ponto b é $W = q\Delta V$, em que ΔV é a diferença de potencial elétrico entre os pontos a e b (veja a Seção 2.4). Portanto, podemos escrever que o trabalho realizado pela fonte de tensão, para transportar uma diferencial de cargas elétricas pelo circuito é $dW_f = -dq\varepsilon$, em que ε é a força eletromotriz induzida no circuito. O sinal negativo indica que o trabalho é realizado pela bateria contra a força eletromotriz induzida. Usando a relação $\varepsilon = -L(dI / dt)$, temos que $dW_f = LdI(dq / dt)$. Como $I = dq / dt$, podemos escrever que $dW_f = LIdI$. Integrando esta equação, obtemos que o trabalho realizado pela fonte para manter uma corrente elétrica constante fluindo em um circuito é:

[4] São utilizadas ondas eletromagnéticas na faixa de radiofrequência, porque elas penetram alguns milímetros no interior de um material condutor, facilitando a geração das correntes de Foucault. Veja o Exemplo 9.2.

$$W_f = \frac{1}{2} L I^2. \tag{7.25}$$

Para circuitos rígidos e estacionários, não existe nenhum tipo de deslocamento espacial, de modo que o trabalho realizado pela fonte se converte totalmente em energia magnética. Portanto, temos que a energia magnética acumulada em um circuito transportando uma corrente elétrica constante é dada por:

$$U_m = \frac{1}{2} L I^2. \tag{7.26}$$

Usando a relação $\Phi = LI$, podemos reescrever a energia magnética, em função do fluxo magnético, como:

$$U_m = \frac{1}{2} I \Phi. \tag{7.27}$$

No limite diferencial temos que $dU_m = (1/2) I d\Phi$.

Generalizando esse resultado para o caso de dois circuitos elétricos transportando correntes elétricas I_1 e I_2, temos:

$$U_m = \frac{1}{2} I_1 \Phi_1 + \frac{1}{2} I_2 \Phi_2. \tag{7.28}$$

De acordo com a equação (7.17), podemos escrever os fluxos magnéticos pelos circuitos 1 e 2 como:

$$\Phi_1 = \Phi_{11} + \Phi_{12}, \quad \Phi_2 = \Phi_{21} + \Phi_{22}. \tag{7.29}$$

em que Φ_{11} representa o fluxo do campo magnético gerado pelo circuito 1 sobre sua própria superfície (autofluxo), enquanto Φ_{12} representa o fluxo do campo magnético gerado pelo circuito 2 sobre a superfície do circuito 1 (fluxo mútuo). Uma descrição análoga vale para Φ_{21} e Φ_{22}. Usando a definição de autoindutância ($L_{ii} = \Phi_{ii} / I_i$) e de indutância mútua ($L_{ij} = \Phi_{ij} / I_j$), podemos reescrever os fluxos magnéticos em função das indutâncias e das correntes elétricas que passam pelos circuitos:

$$\Phi_1 = L_{11} I_1 + L_{12} I_2 \quad \Phi_2 = L_{21} I_1 + L_{22} I_2. \tag{7.30}$$

Substituindo (7.30) em (7.28), temos:

$$U_m = \frac{1}{2} I_1 \left(L_{11} I_1 + L_{12} I_2 \right) + \frac{1}{2} I_2 \left(L_{21} I_1 + L_{22} I_2 \right). \tag{7.31}$$

Como $L_{12} = L_{21}$, podemos escrever que:

$$U_m = \frac{1}{2} L_{11} I_1^2 + \frac{1}{2} L_{22} I_2^2 + L_{12} I_1 I_2. \tag{7.32}$$

Esta expressão para a energia magnética pode ser escrita na seguinte forma:

$$U_m = \frac{1}{2}\sum_{i=1}^{2}\sum_{j=1}^{2} L_{ij} I_i I_j. \quad \textbf{(7.33)}$$

Para um sistema formado por n circuitos transportando correntes elétricas I_1, I_2, I_3, ... I_n, temos:

$$U_m = \frac{1}{2}\sum_{i=1}^{n}\sum_{j=1}^{n} L_{ij} I_i I_j. \quad \textbf{(7.34)}$$

Para obter uma expressão da energia magnética em função do potencial vetor magnético, vamos substituir o fluxo magnético, $d\Phi = \vec{A} \cdot d\vec{l}$, na equação $dU_m = (1/2)Id\Phi$. Assim, a energia magnética se escreve na forma:

$$U_m = \frac{1}{2}\oint I\vec{A}(\vec{r}) \cdot d\vec{l}. \quad \textbf{(7.35)}$$

Como $Id\vec{l} \rightarrow \vec{J}d\mathrm{v}$, temos que:

$$U_m = \frac{1}{2}\int [\vec{J}(\vec{r}) \cdot \vec{A}(\vec{r})] d\mathrm{v}'. \quad \textbf{(7.36)}$$

É importante mencionar que a integral na equação anterior é feita dentro do volume v′ em que, o vetor densidade de corrente elétrica está confinado. Entretanto, podemos calcular essa integral considerando um volume que englobe todo o espaço (v > v′). Essa operação não altera o resultado da integral, porque o vetor densidade de corrente elétrica é nulo fora do volume v′. Logo, a única contribuição não nula provém da integral sobre o volume v′.

Para escrever a energia em termos do campo magnético, vamos substituir a relação $\vec{J} = \vec{\nabla} \times \vec{H}$ na equação anterior. Assim, a energia magnética é:

$$U_m = \frac{1}{2}\int \left[\vec{\nabla} \times \vec{H}(\vec{r})\right] \cdot \vec{A}(\vec{r}) \cdot d\mathrm{v}. \quad \textbf{(7.37)}$$

Usando a identidade $\vec{\nabla} \cdot (\vec{A} \times \vec{H}) = \vec{H} \cdot (\vec{\nabla} \times \vec{A}) - \vec{A} \cdot (\vec{\nabla} \times \vec{H})$, podemos escrever essa energia magnética na forma:

$$U_m = \frac{1}{2}\int \left\{\vec{H}(\vec{r}) \cdot \left[\vec{\nabla} \times \vec{A}(\vec{r})\right] - \vec{\nabla} \cdot \left[\vec{A}(\vec{r}) \times \vec{H}(\vec{r})\right]\right\} d\mathrm{v}. \quad \textbf{(7.38)}$$

Usando $\vec{B} = (\vec{\nabla} \times \vec{A})$ na primeira integral e o teorema do divergente na segunda integral, temos:

$$U_m = \frac{1}{2}\int \left[\vec{H}(\vec{r}) \cdot \vec{B}(\vec{r})\right] d\mathrm{v} - \frac{1}{2}\oint \left[\vec{A}(\vec{r}) \times \vec{H}(\vec{r})\right] \cdot d\vec{s} \quad \textbf{(7.39)}$$

O termo envolvendo a integral de superfície é proporcional a $1/r$, uma vez que o potencial vetor, o campo magnético auxiliar e a superfície variam com $1/r$, $1/r^2$ e r^2, respectivamente. Como o volume de integração engloba todo o espaço, a superfície fechada que o delimita está no infinito, de modo que $r \rightarrow \infty$. Portanto, temos que $1/r \rightarrow 0$, de modo que a segunda integral pode ser desprezada. Assim, a energia magnética acumulada no campo magnético é:

$$U_m = \frac{1}{2}\int \vec{H}(\vec{r})\cdot\vec{B}(\vec{r})dv. \tag{7.40}$$

Esta equação para a energia magnética escrita em termos dos campos $\vec{H}(\vec{r})$ e $\vec{B}(\vec{r})$ foi obtida considerando circuitos de corrente elétrica. Entretanto, ela também vale para campos magnéticos gerados por ímãs. Neste caso, considerando materiais lineares em que $\vec{B}(\vec{r}) = \mu\vec{H}(\vec{r})$, a energia magnética pode ser escrita na forma:

$$U_m = \frac{1}{2}\int \mu H^2(\vec{r})dv. \tag{7.41}$$

7.9 Trabalho e Força Magnética

Na seção anterior, discutimos o trabalho realizado por uma fonte de tensão para manter uma corrente elétrica constante fluindo em um circuito elétrico estacionário. Nesta seção, discutiremos o trabalho realizado para mover um circuito com corrente elétrica, em uma região do espaço em que existe um campo magnético.

Vamos iniciar esta discussão estimando o trabalho realizado pela força magnética para mover um elétron em um campo magnético. Esse trabalho é $dW_m = \vec{F}_m \cdot d\vec{l}$, em que $d\vec{l} = \vec{v}dt$ é o deslocamento do elétron em um intervalo de tempo dt. Assim, o trabalho da força magnética é $dW_m = q(\vec{v}\times\vec{B})\cdot\vec{v}dt$. Como o vetor $(\vec{v}\times\vec{B})$ é perpendicular ao vetor $\vec{v}$, temos que $dW_m = 0$. Portanto, a força magnética não realiza trabalho sobre o elétron.

Agora, vamos calcular o trabalho realizado para deslocar uma espira em um campo magnético. Por simplicidade, vamos considerar uma espira retangular com corrente elétrica I em presença de um campo magnético constante. Sob a força de interação magnética, a espira se desloca da posição 1 para a posição 2, conforme mostra a Figura 7.11.

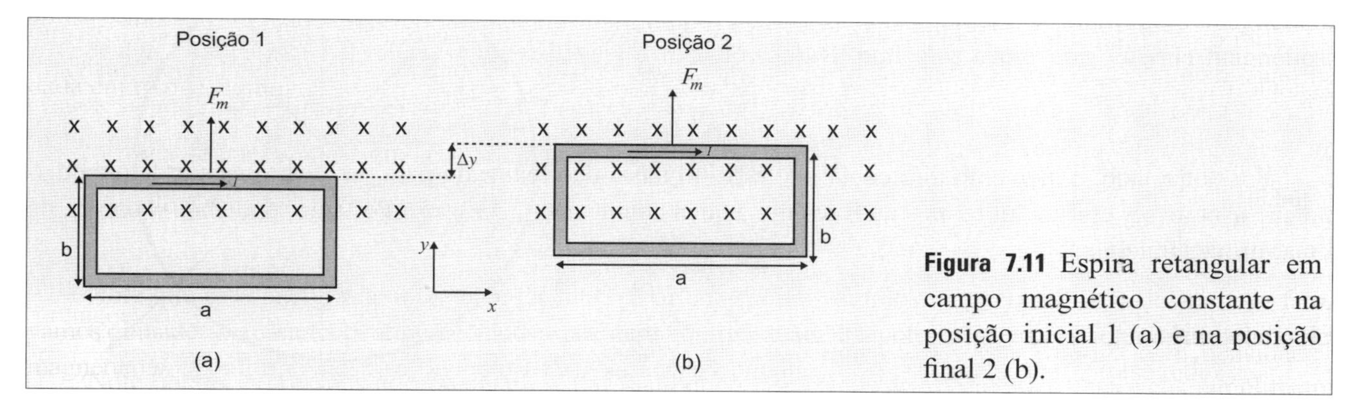

Figura 7.11 Espira retangular em campo magnético constante na posição inicial 1 (a) e na posição final 2 (b).

Na posição 1 existe uma força magnética vertical responsável pelo deslocamento da espira para a posição 2. No processo de movimento da posição 1 para a posição 2, os elétrons têm uma velocidade inclinada em relação à velocidade inicial que era paralela ao fio. Matematicamente, temos que $\vec{B} = -B\hat{k}$ e $\vec{v} = \hat{i}v_p - \hat{j}v_n$, em que v_p e v_n são, respectivamente, as componentes paralela e normal a um dos lados da espira. Assim, a força magnética, calculada por $\vec{F}_m = q(\hat{i}v_p + \hat{j}v_n)\times(-B\hat{k})$, é $\vec{F}_m = q(\hat{j}v_pB - \hat{i}v_nB)$.

Essa força magnética tem uma componente paralela ($F_m^p = -qv_nB$) e uma componente normal ($F_m^n = qv_pB$) ao fio, conforme mostra a Figura 7.12(b). A componente normal faz com que a espira se desloque para dentro do campo magnético. Por outro lado, a componente paralela se opõe ao movimento dos elétrons dentro do fio condutor. Dessa forma, a bateria deve realizar trabalho contra a componente paralela da força magnética para que uma corrente elétrica constante continue fluindo na espira.

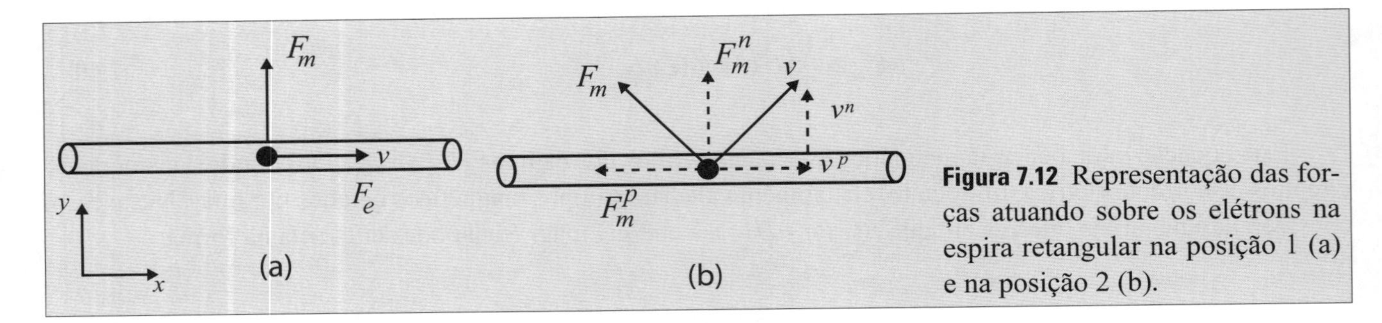

Figura 7.12 Representação das forças atuando sobre os elétrons na espira retangular na posição 1 (a) e na posição 2 (b).

O trabalho realizado pela fonte é $dW_f = F_m^p \cdot dr$, em que $dr = v_p \cdot dt$ é o deslocamento dos elétrons. Assim, temos que $dW_f = (qv_p)B(v_n \cdot dt)$. Como $q = \lambda a$, em que λ é a densidade linear de cargas elétricas e a é o comprimento do fio condutor, temos que $qv_p = (\lambda v_p)a = Ia$, em que $I = \lambda v_p$ é a corrente elétrica. O termo $v_n dt$ é o deslocamento dy da espira dentro da região do campo magnético. Portanto, o trabalho realizado pela fonte pode ser escrito na forma $dW_f = IB(ady)$. Como ady é a variação de área da espira que entrou no campo magnético, temos que $B(ady)$ é a variação de fluxo magnético na espira, no processo de deslocamento da posição 1 para a posição 2. Logo, o trabalho realizado pela bateria é $dW_f = Id\Phi$.

É importante ressaltar que uma parte do trabalho realizado pela bateria é utilizada para manter a corrente elétrica constante e a outra parte, para deslocar a espira da posição 1 para a posição 2. Assim, podemos escrever uma relação diferencial envolvendo trabalho e energia como $dW_f = dW_{mec} + dU_m$, em que dW_f representa o trabalho total realizado pela fonte, dW_{mec} representa a parte do trabalho usado para o deslocamento da espira e dU_m representa a variação da energia magnética da espira. Note que, se não existe deslocamento da espira, temos que $dW_{mec} = 0$, de modo que o trabalho realizado pela fonte é igual a variação da energia magnética, conforme discutido na seção anterior.

Para calcular somente o trabalho mecânico, isto é, aquele associado ao deslocamento da espira pelo campo magnético, devemos escrever que:

$$dW_{mec} = dW_f - dU_m. \quad \textbf{(7.42)}$$

Por outro lado, o elemento diferencial de trabalho mecânico realizado para deslocar a espira de uma distância dr pode ser escrito em termos da força magnética como: $dW_{mec} = \vec{F}_m \cdot d\vec{r}$. Portanto, podemos escrever, de uma forma geral que:

$$\vec{F}_m \cdot d\vec{r} = dW_f - dU_m. \quad \textbf{(7.43)}$$

Vamos analisar dois casos específicos. No primeiro deles, vamos considerar que o fluxo magnético sobre a espira varia, mas a corrente elétrica fluindo nela permanece constante. Neste caso, o trabalho realizado pela bateria é $dW_f = Id\Phi$. Por outro lado, de acordo com a relação (7.27), a energia magnética acumulada em um circuito com corrente elétrica constante é $dU_m = (1/2)Id\Phi$. Dessa forma, temos que $dW_f - dU_m = (1/2)Id\Phi = dU_m$. Assim, a equação (7.43) se reduz a $\vec{F}_m \cdot d\vec{r} = dU_m$. Como dU_m é uma diferencial total, podemos escrever $dU_m = (\vec{\nabla} U_m) \cdot d\vec{r}$. Assim, temos que $\vec{F}_m \cdot d\vec{r} = (\vec{\nabla} U_m) \cdot d\vec{r}$. Logo, a força de interação magnética entre a espira com corrente elétrica constante e o campo magnético é:

$$\vec{F}_m = \vec{\nabla} U_m. \quad \textbf{(7.44)}$$

Agora, vamos analisar a situação na qual a corrente elétrica varia, mas o fluxo magnético permanece constante. Neste caso, o trabalho realizado pelo agente externo, calculado por $dW_f = (1/2)Id\Phi$, é nulo, porque o fluxo magnético é constante. Assim, a equação (7.43) se reduz a $\vec{F}_m \cdot d\vec{r} = -dU_m$. Essa relação mostra que o trabalho é realizado à custa da redução da energia magnética. Usando $dU_m = \vec{\nabla} U_m \cdot d\vec{r}$, podemos escrever que $\vec{F}_m \cdot d\vec{r} = -(\vec{\nabla} U_m) \cdot d\vec{r}$. Logo, a força de interação magnética entre a espira e o campo magnético, na condição em que o fluxo magnético é mantido constante, é:

$$\vec{F}_m = -\vec{\nabla} U_m. \quad \textbf{(7.45)}$$

EXEMPLO 7.5

Encontre a força magnética entre dois circuitos elétricos rígidos e estacionários percorridos por correntes elétricas constantes I_1 e I_2.

SOLUÇÃO

A Figura 7.13 mostra uma representação de dois circuitos transportando correntes elétricas I_1 e I_2. Para calcular a força magnética que o circuito 1 exerce sobre o circuito 2 ($\vec{F}_{21}$), devemos calcular a variação de energia magnética mantendo o vetor posição do circuito 1 ($\vec{r}_1$) fixo e supondo que o vetor posição $\vec{r}_2$ varie. Neste caso, em que a corrente elétrica permanece constante, a força de interação é $\vec{F}_{21} = \vec{\nabla}_{r_2} U_m$.

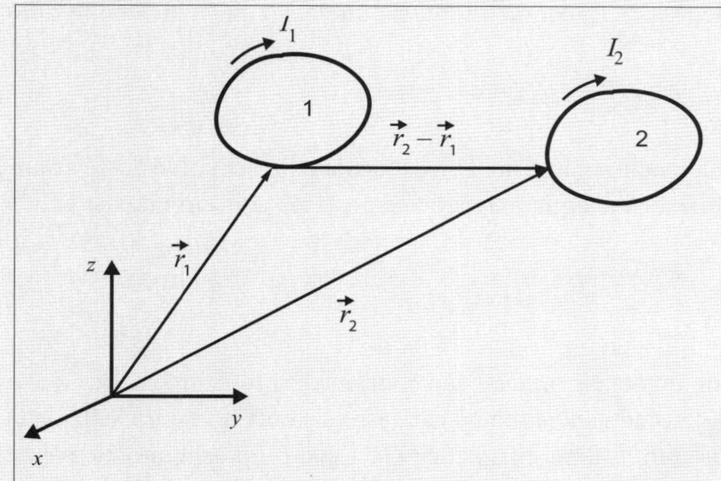

Figura 7.13 Dois circuitos rígidos e estacionários transportando correntes elétricas I_1 e I_2.

Usando U_m calculado na equação (7.32) e considerando que as correntes elétricas I_1 e I_2 e as autoindutâncias L_{11} e L_{22} são constantes, temos que $\vec{F}_{21} = I_1 I_2 \vec{\nabla}_{r_2} L_{12}$. Usando a equação (7.22) para a indutância mútua, podemos escrever que:

$$\vec{F}_{21} = I_1 I_2 \vec{\nabla}_{r_2} \left[\frac{\mu_0}{4\pi} \oint\oint \frac{d\vec{l}_1 \cdot d\vec{l}_2}{|\vec{r}_2 - \vec{r}_1|} \right].$$

Tomando o gradiente, temos que a força magnética $\vec{F}_{21}$ é:

$$\vec{F}_{21} = -\frac{\mu_0}{4\pi} I_1 I_2 \oint\oint \frac{d\vec{l}_1 \cdot d\vec{l}_2 (\vec{r}_2 - \vec{r}_1)}{|\vec{r}_2 - \vec{r}_1|^3}.$$

Este resultado também pode ser obtido seguindo outro procedimento, como está proposto no Exercício Complementar 2.

Para calcular a força magnética que o circuito 2 exerce sobre o circuito 1, devemos calcular a variação de energia magnética mantendo o vetor posição do circuito 2 ($\vec{r}_2$) fixo e permitindo que o vetor posição $\vec{r}_1$ varie. Neste caso, a força é $\vec{F}_{12} = I_1 I_2 \vec{\nabla}_{r_1} L_{12}$. Usando a relação (7.22) para a indutância mútua, temos:

$$\vec{F}_{12} = I_1 I_2 \vec{\nabla}_{r_1} \left[\frac{\mu_0}{4\pi} \oint\oint \frac{d\vec{l}_1 \cdot d\vec{l}_2}{|\vec{r}_2 - \vec{r}_1|} \right].$$

Efetuando a operação algébrica, obtemos:

$$\vec{F}_{12} = \frac{\mu_0}{4\pi} I_1 I_2 \oint\oint \frac{d\vec{l}_1 \cdot d\vec{l}_2 (\vec{r}_2 - \vec{r}_1)}{|\vec{r}_2 - \vec{r}_1|^3}.$$

Note que $\vec{F}_{21} = -\vec{F}_{12}$, como era de se esperar.

EXEMPLO 7.6

Uma espira retangular de lados a e b, conduzindo uma corrente elétrica I_2, é colocada paralelamente a um longo fio condutor conduzindo uma corrente elétrica I_1. Encontre a força de interação magnética entre o fio e a espira.

SOLUÇÃO

Por simplicidade, vamos colocar o sistema de referência sobre o fio. Um esquema representativo desse arranjo fio e espira retangular está ilustrado na Figura 7.4. A energia magnética para esses dois circuitos é:

$$U_m = \frac{1}{2} L_{11} I_1^2 + \frac{1}{2} L_{22} I_2^2 + L_{12} I_1 I_2.$$

Como as correntes elétricas I_1 e I_2 e as autoindutâncias L_{11} e L_{22} são constantes, a força magnética que o fio exerce sobre a espira é $\vec{F} = \vec{\nabla} U_m = I_1 I_2 \vec{\nabla}(L_{12})$. A indutância mútua para esse sistema fio espira, calculada na Seção 7.5, é $L_{12} = \mu_0 a / 2\pi \ln[(r+b)/r]$. Portanto, a força magnética ($\vec{F}_{21}$) que o fio (circuito 1) exerce sobre a espira (circuito 2) é:

$$\vec{F}_{21} = I_1 I_2 \frac{d}{dr} \left[\frac{\mu_0 a}{2\pi} ln\left(\frac{r+b}{r} \right) \right] \hat{r}.$$

Derivando, obtemos:

$$\vec{F}_{21} = \frac{\mu_0 a I_1 I_2}{2\pi} \left[\frac{1}{r+b} - \frac{1}{r} \right] \hat{r}.$$

A força $\vec{F}_{12}$ que a espira faz sobre o fio é simplesmente $-\vec{F}_{21}$. Tomando o limite $b \to \infty$ na equação anterior, temos que a força de interação magnética entre o fio e a espira se reduz a:

$$\vec{F}_{21} = -\frac{\mu_0 a I_1 I_2}{2\pi r}\hat{r}.$$

Note que esta é a força de interação magnética entre dois fios paralelos de comprimento a (veja o Exercício Resolvido 5.1). De fato, no limite quando $b \to \infty$, a espira retangular pode ser considerada como um fio de comprimento a.

7.10 Aplicações da Indução Eletromagnética

A indução eletromagnética tem muitas aplicações, entre as quais podemos citar: gerador de corrente elétrica alternada, transformador de voltagem, forno de radiofrequência, levitação magnética, frenagem magnética, alto-falantes, ignição elétrica etc. Os dispositivos que envolvem a corrente elétrica de Foucault, como o forno de radiofrequência, a levitação magnética e a frenagem magnética, já foram discutidos na Seção 7.7. Nesta seção, faremos uma breve discussão sobre o gerador de corrente elétrica e o transformador. Fica como sugestão para o leitor a pesquisa sobre outras aplicações do fenômeno da indução eletromagnética.

O gerador de corrente elétrica alternada é a aplicação mais direta da lei de indução eletromagnética. Ele consiste, basicamente, em uma bobina formada por N espiras e um ímã que é o provedor do campo magnético. O princípio básico de funcionamento do gerador de corrente elétrica é o seguinte: ao movimentar uma bobina dentro de uma região em que existe um campo magnético, o fluxo magnético sobre ela varia, induzindo uma corrente elétrica. O mesmo efeito pode ser obtido fixando a bobina e movimentando o ímã. Em um protótipo acadêmico de um gerador, podemos utilizar nossa própria força para movimentar a bobina (ou o ímã) e produzir a corrente elétrica (Figura 7.1). Evidentemente, este protótipo acadêmico serve apenas para mostrar a possibilidade de se gerar energia elétrica e não tem nenhuma utilidade prática.

Esse princípio básico é utilizado em usinas para gerar energia elétrica em grandes escalas. Em uma usina hidrelétrica, a energia mecânica associada à queda d'água é utilizada para girar as turbinas que estão mecanicamente acopladas aos geradores de energia. Em uma usina termelétrica, a energia da queima de combustíveis (por exemplo, carvão, combustíveis derivados do petróleo) é utilizada para aquecer e vaporizar um líquido (em geral, água). Esse vapor é utilizado, como em uma máquina térmica, para movimentar as turbinas do gerador, induzindo corrente elétrica alternada nas bobinas. As usinas termelétricas têm um impacto negativo sobre o meio ambiente, porque a queima dos combustíveis libera gases nocivos, que contribuem para o efeito estufa e o aquecimento global.

Em uma usina nuclear, a energia das reações nucleares é utilizada para aquecer e vaporizar o líquido (água), que será então utilizado para girar as turbinas do gerador e produzir corrente elétrica. O grande problema da usina nuclear são os rejeitos radioativos, que são danosos ao meio ambiente e ao ser humano. A história traz alguns acidentes graves envolvendo usinas nucleares. Por exemplo, o desastre ocorrido em 26/4/1986, na usina de Chernobil, na Ucrânia (parte da antiga União das Repúblicas Socialistas Soviéticas), liberou uma quantidade de material radioativo maior que o liberado na bomba atômica lançada sobre Hiroshima, no Japão. Considerado o pior acidente nuclear da história, esse desastre matou várias pessoas e até hoje a área em torno da usina ainda está contaminada por radiação. A estimativa é que mais de quatro mil pessoas ainda morrerão de câncer provocado pelo material radioativo. Recentemente, em 11/3/2011, a usina de Fukushima, no Japão, sofreu danos, devido a um abalo sísmico que atingiu a região, e deixou vazar produtos radioativos contaminando o meio ambiente. Esse acidente reacendeu a discussão sobre as vantagens e desvantagens desse tipo de geração de energia.

Em usinas eólicas, a energia dos ventos é utilizada para girar as turbinas e gerar corrente elétrica. Em razão da crescente demanda por energia elétrica, e o clamor da sociedade por uma energia limpa que não agrida o meio ambiente, a busca por formas alternativas para geração de energia elétrica tem sido um grande desafio da comunidade científica ao longo dos últimos anos. Placas que transformam energia solar em energia elétrica e equipamentos baseados em materiais piezoelétricos que geram energia elétrica por meio de sua deformação são fontes de energias que poderão ser utilizadas no futuro.

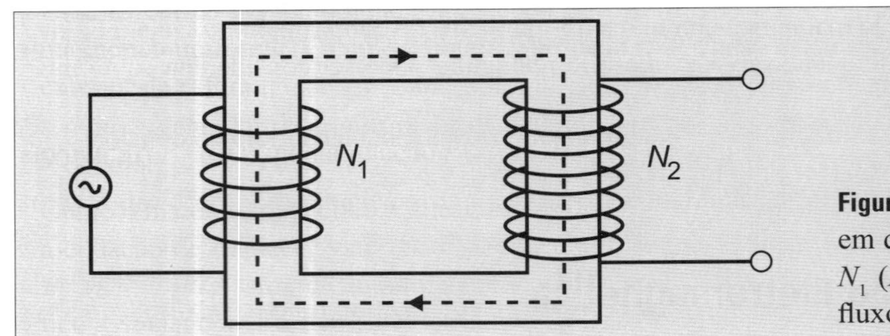

Figura 7.14 Esquema de um transformador em que a bobina primária (secundária) tem N_1 (N_2) espiras. A linha tracejada indica o fluxo magnético pelas bobinas.

Outra aplicação interessante da lei de indução eletromagnética é o transformador de voltagem, basicamente formado por uma bobina primária, com N_1 espiras, e uma bobina secundária, com N_2 espiras, enroladas sobre um núcleo de material magnético (por exemplo, ferro), conforme mostra a Figura 7.14. Ao passar uma corrente elétrica alternada na bobina primária, surge um campo magnético dependente do tempo, fazendo com que haja variação de fluxo magnético tanto na bobina primária quanto na secundária, uma vez que elas estão enroladas sobre o mesmo núcleo de ferro. De acordo com a lei de Faraday, essa variação de fluxo do campo magnético induzirá uma corrente elétrica e uma força eletromotriz na bobina secundária.

Vamos mostrar a relação entre tensão de entrada na bobina primária e a tensão de saída na bobina secundária. Ao ligar a bobina primária a uma fonte de corrente alternada, aparece nela uma força eletromotriz que deve ser igual à diferença de potencial aplicada. Matematicamente, temos que $\Delta V_1 = -d\Phi_1/dt$, em que ΔV_1 é a diferença de potencial aplicada e Φ_1 é o fluxo magnético na bobina primária. O fluxo magnético total na bobina primária pode ser escrito como $\Phi_1 = (\phi_{i1} + \phi_{i2} + \ldots \phi_{iN_1})$, em que ϕ_{i1} é o fluxo magnético através da i-ésima espira. Supondo que o fluxo magnético é o mesmo em todas as espiras, isto é, $\phi_{i1} = \phi_{i2} = \ldots \phi_{iN_1} = \phi_1$, podemos escrever o fluxo magnético total na bobina primária como $\Phi_1 = (\phi_1 + \phi_1 + \ldots \phi_1) = N_1\phi_1$. Com essa aproximação, a relação $\Delta V_1 = -d\Phi_1/dt$ se escreve como:

$$\Delta V_1 = -N_1 \frac{d\phi_1}{dt}. \tag{7.46}$$

Por outro lado, a corrente elétrica que passa na bobina primária também produz uma variação do fluxo magnético na bobina secundária. Dessa forma, de acordo com a lei de Faraday, podemos escrever que $\Delta V_2 = -d\Phi_2/dt$, em que Φ_2 é a variação de fluxo magnético na bobina secundária. Utilizando a mesma aproximação adotada para a bobina primária, temos $d\Phi_2/dt = N_2(d\phi_2/dt)$. Assim, podemos escrever que:

$$\Delta V_2 = -N_2 \frac{d\phi_2}{dt}. \tag{7.47}$$

Dividindo (7.47) por (7.46), temos:

$$\Delta V_2 = \frac{N_2}{N_1} \Delta V_1 \left[\frac{d\phi_2}{dt} \div \frac{d\phi_1}{dt} \right]. \tag{7.48}$$

Esta relação fornece a tensão de saída na bobina secundária em função da tensão de entrada na bobina primária.

No caso no qual a variação de fluxo magnético na bobina primária é igual à variação na bobina secundária, temos que $d\phi_1 / dt = d\phi_2 / dt$, de modo que a relação entre as tensões elétricas nas bobinas primária e secundária é:

$$\Delta V_2 = \frac{N_2}{N_1} \Delta V_1. \tag{7.49}$$

Se o número de espiras na bobina secundária for maior que o número de espiras na bobina primária, $N_2 > N_1$, temos que $\Delta V_2 > \Delta V_1$, de modo que o transformador funciona como um elevador de tensão. No caso inverso, no qual $N_2 < N_1$, temos que $\Delta V_2 < \Delta V_1$, de modo que o transformador funciona como um redutor de tensão.

Para garantir que os fluxos magnéticos nas bobinas primárias e secundárias sejam aproximadamente iguais, é preciso que o fluxo magnético gerado na bobina primária seja canalizado para a bobina secundária. Na prática, isso é feito usando um material magnético de grande valor de permeabilidade magnética, com curva de histerese estreita, como o núcleo do transformador. Em presença do campo magnético, esse núcleo se magnetiza, canalizando o fluxo gerado pela bobina primária para a bobina secundária. Esse núcleo é formado pela superposição de várias lâminas, separadas por um isolante elétrico, para evitar o aparecimento das correntes de Foucault, que aqueceria o material, diminuindo sua magnetização e reduzindo a eficiência do transformador.

No caso ideal, no qual as perdas podem ser desprezadas, a potência gerada na bobina primária é totalmente transmitida à bobina secundária. Essa situação física é matematicamente representada por $\Delta V_1 I_1 = \Delta V_2 I_2$. Usando a equação (7.49), temos que relação entre as correntes elétricas fluindo nas bobinas primária e secundária é $I_2 = (N_1 / N_2) I_1$. Portanto, um transformador com $N_2 > N_1$ eleva a tensão de saída e diminui a corrente elétrica na razão N_2 / N_1. Essa característica de baixa corrente elétrica é muito importante para transmissão de energia a grandes distâncias, uma vez que reduz as perdas por dissipação de calor por efeito Joule nos fios condutores.

Portanto, os transformadores desempenham um papel fundamental no processo de transmissão e utilização da energia elétrica. Na usina, logo após a geração da energia, transformadores são utilizados para elevar a tensão e minimizar perdas durante o transporte da energia para as cidades distantes. Ao chegar no destino, transformadores são utilizados para reduzir a tensão, de modo que a energia possa ser utilizada em residências, comércio e indústrias.

7.11 Exercícios Resolvidos

EXERCÍCIO 7.1

Um toroide circular de raio a com N espiras transporta uma corrente elétrica I. Considere b a distância do centro do toroide ao ponto médio de cada espira e calcule a autoindutância do toroide.

SOLUÇÃO

Um esquema deste toroide está mostrado na Figura 7.15.

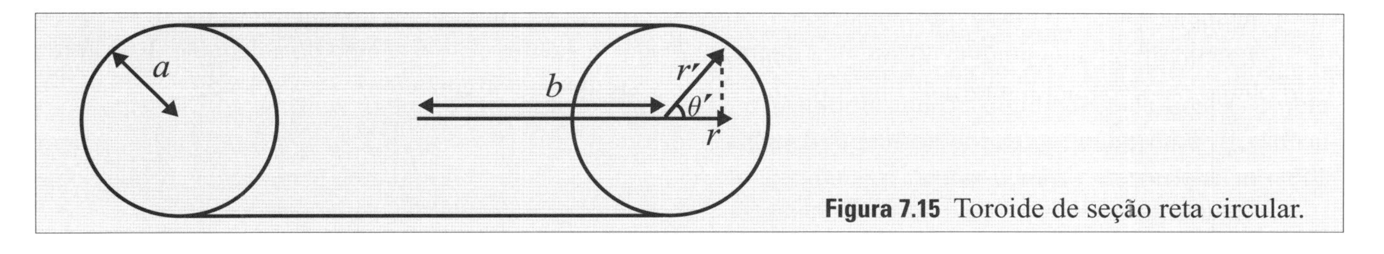

Figura 7.15 Toroide de seção reta circular.

O fluxo magnético sobre uma única espira do toroide é $\Phi = \int \vec{B} \cdot d\vec{s}'$, em que $B = \mu_0 NI/2\pi r$ é o campo magnético gerado pelo toroide (veja o Exemplo 5.7) e $ds' = r'dr'd\theta'$ é o elemento de área em coordenadas polares. Vamos colocar a origem do sistema de referência no centro das espiras (Figura 7.15), de modo que r' varia no intervalo $[0\ a]$ e θ' no intervalo $[0\ 2\pi]$. Logo, o fluxo magnético por uma única espira do toroide é:

$$\Phi_i = \frac{\mu_0 NI}{2\pi} \int_0^{2\pi} \int_0^{a} \frac{r'dr'd\theta}{r}. \quad \textbf{(R7.1)}$$

Note que a coordenada r depende das variáveis de integração r' e θ'. Pela Figura 7.15, temos que $r = b + r'\cos\theta'$, em que b é a distância do centro do toroide ao centro das espiras. Com essa consideração, temos:

$$\Phi_i = \frac{\mu_0 NI}{2\pi} \int_0^{a} r'dr' \int_0^{2\pi} \frac{d\theta'}{b + r'\cos\theta'}. \quad \textbf{(R7.2)}$$

A integral em θ' é $2\pi / \sqrt{b^2 - r'^2}$ (veja o Apêndice E). Logo, temos:

$$\Phi_i = \mu_0 NI \int_0^{a} \frac{r'dr'}{\sqrt{b^2 - r'^2}}.$$

Integrando em r', obtemos que o fluxo sobre uma única espira é $\Phi_i = \mu_0 NI\left[b - \sqrt{b^2 - a^2}\right]$. O fluxo total ($\Phi$) é obtido multiplicando Φ_i pelo número de espiras do toroide. A autoindutância, calculada por $L = d\Phi / dI$, é

$$L = \mu_0 N^2\left[b - \sqrt{b^2 - a^2}\right]$$

Colocando o parâmetro b em evidência, segue-se que $L = \mu_0 N^2 b\left[1 - (1 - a^2/b^2)\right]$. No limite $b >> a$, podemos expandir o radicando, de modo que a autoindutância se reduz a $L = \mu_0 N^2 a^2 / 2b$.

EXERCÍCIO 7.2

Uma barra metálica de permeabilidade magnética μ é retirada parcialmente do interior de um solenoide de comprimento l, percorrido por uma corrente elétrica constante I. Discuta qualitativa e quantitativamente a força de interação magnética entre a barra e o campo magnético.

SOLUÇÃO

Um esquema desta configuração está mostrado na Figura 7.16. Ao ser introduzida no solenoide, a barra adquire uma magnetização, de modo que haverá uma interação magnética entre ela e o campo do solenoide. Essa força de interação magnética pode ser calculada por $\vec{F} = \vec{\nabla} U_m$, visto que a corrente elétrica no solenoide permanece constante.

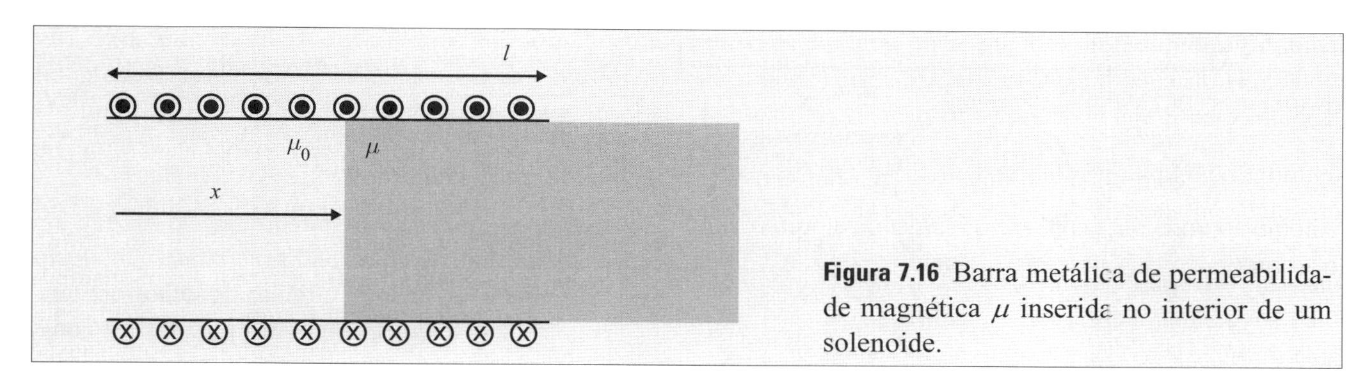

Figura 7.16 Barra metálica de permeabilidade magnética μ inserida no interior de um solenoide.

Portanto, para calcular a força de interação entre o solenoide e a barra, devemos considerar o fato de que o campo magnético assume valores diferentes na região de vácuo em que $\mu = \mu_0$ e na região da barra metálica em que $\mu \neq \mu_0$. Considerando $B = \mu_0 H$ para a região de vácuo e $B = \mu H$ para a região da barra, a relação $U_m = (1/2)\int(\vec{B}\cdot\vec{H})dv$ é escrita como:

$$U_m = \frac{1}{2}\int \mu_0 H^2 dv_1 + \frac{1}{2}\int \mu H^2 dv_2.$$

em que $dv_1 = xds$ é o elemento de volume na região de vácuo e $dv_2 = (l - x)ds$ é o elemento de volume na região da barra, sendo ds a diferencial de superfície da extremidade da barra. Portanto,

$$U_m = \frac{1}{2}\int \mu_0 H^2 xds + \frac{1}{2}\int \mu H^2 (l - x)ds.$$

Integrando, obtemos:

$$U_m = \frac{1}{2}\mu H^2 ls + \frac{1}{2}(\mu_0 - \mu)xH^2 s.$$

A força de interação magnética, calculada por $\vec{F} = \vec{\nabla} U_m = \hat{i}(\partial U_m / \partial x)$, é:

$$\vec{F} = -\hat{i}\frac{1}{2}(\mu - \mu_0)H^2 s.$$

Como $\mu > \mu_0$, essa força tem o sentido $-\hat{i}$, de modo que ela tende a recolocar a barra no interior do solenoide.

EXERCÍCIO 7.3

Uma espira circular de raio a tem o seu centro situado a uma distância r_0 de um longo fio condutor transportando uma corrente elétrica I_1. Calcule a indutância mútua entre o fio e a espira e a *fem* induzida na espira. Suponha que uma corrente elétrica I_2 é estabelecida na espira e calcule a força de interação magnética entre a espira e o fio.

SOLUÇÃO

Uma representação desta situação está mostrada na Figura 7.17:

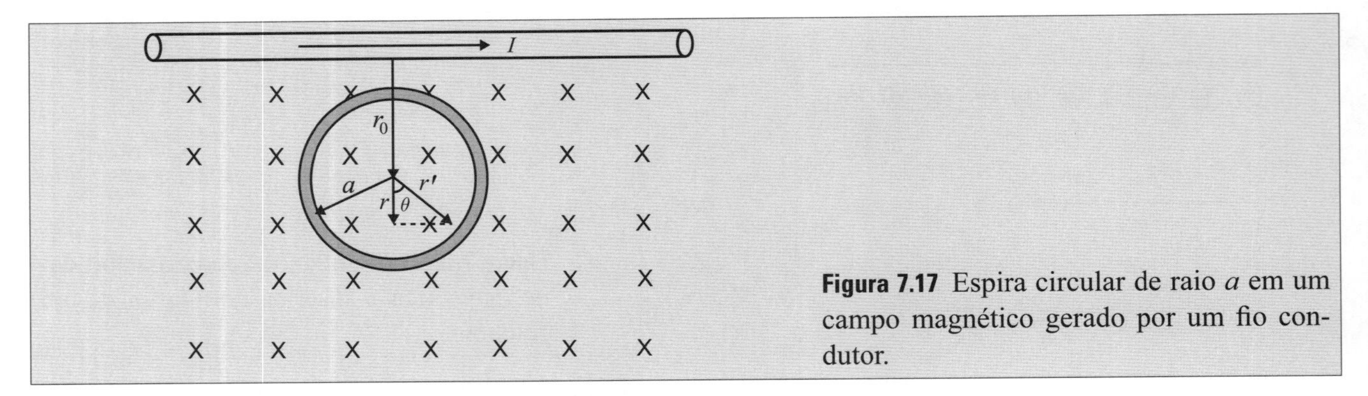

Figura 7.17 Espira circular de raio a em um campo magnético gerado por um fio condutor.

O fluxo do campo magnético gerado pelo fio sobre a área da espira circular é $\Phi_{21}(t) = \int \vec{B} \cdot d\vec{s}'$, em que $B = \mu_0 I_1 / 2\pi r$ é o campo magnético do fio e ds' é o elemento diferencial de área da espira. Para calcular o fluxo magnético, vamos colocar a origem do sistema de referência no centro da espira. Neste caso, $ds' = r'dr'd\theta'$, em que r' varia no intervalo $[0; a]$ e θ' no intervalo $[0; 2\pi]$. Dessa forma, o fluxo magnético pela espira é:

$$\Phi_{21} = \frac{\mu_0 I_1}{2\pi} \int_0^{2\pi} \int_0^{a} \frac{r'dr'd\theta'}{r}.$$

Pela Figura 7.17, temos que $r = r_0 + r'\cos\theta'$. Assim, temos:

$$\Phi_{21} = \frac{\mu_0 I_1}{2\pi} \int_0^{a} r'dr' \int_0^{2\pi} \frac{d\theta'}{r_0 + r'\cos\theta'}.$$

Note que essa integral é semelhante àquela resolvida no Exercício 7.1 [equação (R7.2)]. Integrando na variável θ', temos:

$$\Phi_{21} = \mu_0 I_1 \int_0^{a} \frac{r'dr'}{\sqrt{r_0^2 - r'^2}}.$$

Integrando na variável r', obtemos que o fluxo magnético sobre a área da espira é:

$$\Phi_{21} = \mu_0 I_1 \left[r_0 - \sqrt{r_0^2 - a^2} \right].$$

Portanto, a indutância mútua, calculada por $d\Phi_{21} / dI_1$, é:

$$L_{21} = \mu_0 \left[r_0 - \sqrt{r_0^2 - a^2} \right].$$

A *fem* induzida na espira, calculada por $\varepsilon = -d\Phi_{21} / dt$, é dada por:

$$\varepsilon = -\mu_0 \left[r_0 - \sqrt{r_0^2 - a^2} \right] \frac{dI_1}{dt}.$$

Se uma corrente elétrica constante I_2 é estabelecida na espira, a força de interação magnética entre o fio e a espira é dada por $\vec{F} = \vec{\nabla} U_m$, em que $U_m = \frac{1}{2} L_1 I_1^2 + \frac{1}{2} L_2 I_2^2 + I_1 I_2 L_{21}$ é a energia magnética do sistema fio e espira. Como as autoindutâncias L_1 e L_2 são constantes, temos que a força magnética que atua sobre a espira é $\vec{F} = I_1 I_2 \vec{\nabla}_{r_0}(L_{21}) = I_1 I_2 (dL_{21} / dr_0)\hat{r}$. Usando a expressão da indutância mútua obtida anteriormente, temos:

$$\vec{F} = \mu_0 I_1 I_2 \left[1 - \frac{r_0}{\sqrt{r_0^2 - a^2}} \right] \hat{r}.$$

O sinal da força de interação magnética entre o fio e a espira depende do sentido das correntes elétricas I_1 e I_2. Considerando o sentido da corrente elétrica no fio como aquele mostrado na Figura 7.17, temos uma força atrativa (repulsiva) quando uma corrente elétrica flui na espira no sentido o horário (anti-horário), uma vez que o termo entre colchetes é negativo.

7.12 Exercícios Complementares

1. Utilizando a relação $\oint \vec{B} \cdot d\vec{s} = 0$, mostre que a *fem* induzida em uma espira em movimento dentro de um campo magnético dependente do tempo é dada pela equação (7.8).
2. Determine a força eletromotriz induzida na espira mostrada na Figura 7.3(b).
3. Utilize a fórmula de Neumann, dada em (7.22), para calcular a indutância mútua entre um longo fio e uma espira retangular.
4. Uma espira retangular está em um campo magnético dado por $\vec{B} = \hat{k}B_0 \operatorname{sen}\omega t$. Considerando que o campo magnético e o eixo da espira formam um ângulo θ, calcule a *fem* induzida na espira.
5. Uma espira retangular está girando com velocidade angular constante em um campo magnético dado por $\vec{B} = \hat{k}B_0$. Calcule a *fem* induzida na espira utilizando (a) $\varepsilon = -\frac{d}{dt}\int \vec{B} \cdot d\vec{s}$ e (b) $\varepsilon = \oint (\vec{v} \times \vec{B}) \cdot d\vec{l}$.
6. Calcule a *fem* induzida em uma espira retangular que está colocada próxima de dois longos fios paralelos, transportando corrente elétrica variável no tempo em sentidos opostos, conforme mostra a Figura 7.18.

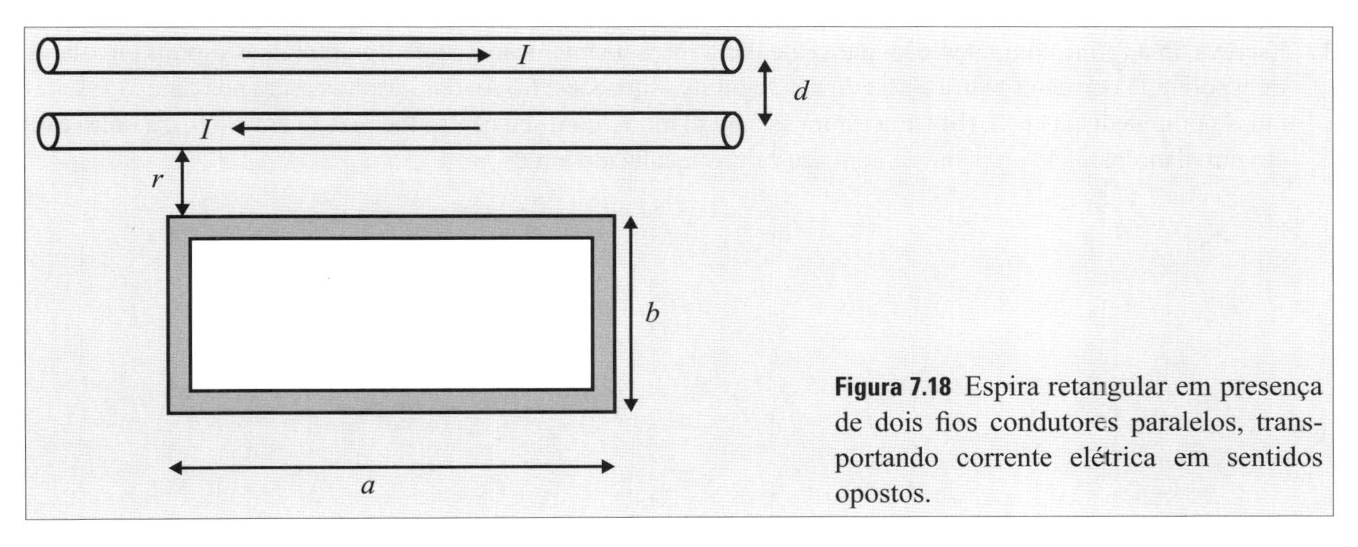

Figura 7.18 Espira retangular em presença de dois fios condutores paralelos, transportando corrente elétrica em sentidos opostos.

7. Calcule a *fem* induzida em uma espira retangular que está girando com velocidade angular constante em um campo magnético $\vec{B} = \hat{k}B_0 \operatorname{sen}\omega t$.
8. Calcule a *fem* induzida em uma espira retangular retirada em movimento retilíneo e uniforme de uma região em que existe um campo magnético constante. Utilize dois métodos diferentes de cálculo.
9. Calcule a autoindutância de um solenoide de comprimento l e raio a.
10. Calcule a força de interação entre duas espiras retangulares transportando correntes elétricas constantes I_1 e I_2.
11. Discuta a circulação do campo elétrico ($\oint \vec{E} \cdot d\vec{l} = \varepsilon$) em um circuito com um resistor, um capacitor e um indutor.

12. Uma barra metálica de permeabilidade magnética μ é retirada parcialmente do interior de um ímã em forma da letra U, conforme mostra a Figura 7.19. Calcule a força de interação magnética entre a barra e o ímã.

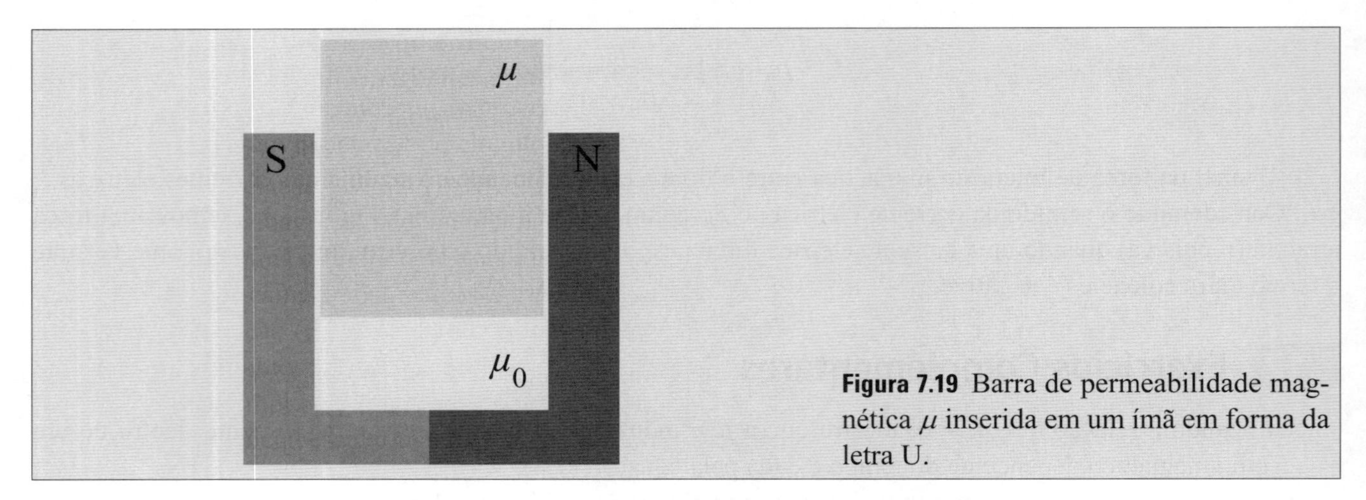

Figura 7.19 Barra de permeabilidade magnética μ inserida em um ímã em forma da letra U.

13. Escreva uma rotina computacional para calcular a força de interação magnética entre um fio condutor transportando uma corrente elétrica I_1 e uma espira circular de raio a transportando uma corrente elétrica I_2, nas seguintes condições: (a) O fio e a espira estão no mesmo plano, todavia o fio está a uma distância d de uma reta paralela que passa pelo centro da espira. (b) O fio e a espira estão em planos paralelos separados por uma distância d. (c) O fio entra perpendicularmente no centro da espira.
14. Escreva uma rotina computacional para calcular a autoindutância de um solenoide com: (a) seção reta circular e (b) seção reta retangular.
15. Escreva uma rotina computacional para calcular a autoindutância de um toroide com: (a) seção reta circular e (b) seção reta retangular.
16. Escreva uma rotina computacional para calcular a indutância mútua entre duas espiras circulares.
17. Escreva uma rotina computacional para calcular a força de interação magnética entre duas espiras circulares transportando correntes elétricas I_1 e I_2, nas seguintes situações: (a) As duas espiras estão no plano xy e separadas por uma distância d. (b) Uma espira está no plano xy com seu centro localizado em $z = 0$, e a outra está em um plano paralelo ao plano xy com seu centro localizado em $z = d$.

CAPÍTULO 8

Equações de Maxwell

8.1 Introdução

Os fenômenos eletromagnéticos são governados por três leis empíricas: (1) a lei de Coulomb, que descreve a interação entre partículas carregadas e, consequentemente, o campo elétrico gerado por densidades de cargas elétricas, (2) a lei de Biot-Savart, que descreve o campo magnético gerado por densidades de correntes elétricas e (3) a lei de Faraday, que descreve a força eletromotriz gerada pela variação do fluxo do campo magnético.

O conjunto das equações matemáticas formado pela divergência e o rotacional dos campos eletromagnéticos, ou o conjunto de equações equivalentes envolvendo as integrais de linha e superfície dos campos eletromagnéticos, constitui as equações de Maxwell.[1] Neste capítulo faremos uma síntese das equações de Maxwell e suas implicações físicas para a teoria eletromagnética. As consequências práticas dessas equações na propagação de ondas eletromagnéticas serão discutidas nos capítulos seguintes.

8.2 Equações de Maxwell

No sistema internacional de unidades, as equações de Maxwell na forma diferencial e integral são:

$$\boxed{\begin{array}{lclr}
\vec{\nabla}\cdot\vec{D} & = & \rho & \oint \vec{D}\cdot d\vec{s} = q \\
\vec{\nabla}\times\vec{E} & = & -\dfrac{\partial \vec{B}}{\partial t} & \oint \vec{E}\cdot d\vec{l} = -\int \dfrac{\partial \vec{B}}{\partial t}\cdot d\vec{s} \\
\vec{\nabla}\cdot\vec{B} & = & 0 & \oint \vec{B}\cdot d\vec{s} = 0 \\
\vec{\nabla}\times\vec{H} & = & \vec{J} + \dfrac{\partial \vec{D}}{\partial t} & \oint \vec{H}\cdot d\vec{l} = I + \int \dfrac{\partial \vec{D}}{\partial t}\cdot d\vec{s}.
\end{array}} \tag{8.1}$$

[1] James Clerk Maxwell (13/6/1831-5/11/1879), físico e matemático escocês.

No sistema gaussiano de unidades, as equações de Maxwell são escritas como:

$$\begin{array}{lll} \vec{\nabla}\cdot\vec{D} = 4\pi\rho & & \oint \vec{D}\cdot d\vec{s} = 4\pi q \\ \vec{\nabla}\times\vec{E} = -\frac{1}{c}\frac{\partial \vec{B}}{\partial t} & & \oint \vec{E}\cdot d\vec{l} = -\frac{1}{c}\int \frac{\partial \vec{B}}{\partial t}\cdot d\vec{s} \\ \vec{\nabla}\cdot\vec{B} = 0 & & \oint \vec{B}\cdot d\vec{s} = 0 \\ \vec{\nabla}\times\vec{H} = \frac{4\pi}{c}\vec{J} + \frac{1}{c}\frac{\partial \vec{D}}{\partial t} & & \oint \vec{H}\cdot d\vec{l} = \frac{4\pi}{c} I + \frac{1}{c}\int \frac{\partial \vec{D}}{\partial t}\cdot d\vec{s}. \end{array} \tag{8.2}$$

Os cálculos matemáticos utilizados para a obtenção dessas equações e seus significados físicos já foram discutidos nos capítulos anteriores. Aqui, reapresentaremos resumidamente somente seus significados físicos.

(1) *A lei de Gauss ($\vec{\nabla}\cdot\vec{D} = \rho$) mostra que a divergência do deslocamento elétrico é igual à densidade de cargas elétricas. Esse fato tem como consequências: (a) as linhas do deslocamento elétrico (ou campo elétrico) gerado por uma densidade de cargas elétricas não nula são abertas. (b) a existência de monopolos elétricos.*

(2) *A lei de Faraday ($\vec{\nabla}\times\vec{E} = -\partial\vec{B}/\partial t$) mostra que a variação temporal do campo magnético gera um campo elétrico.*

(3) *A lei $\vec{\nabla}\cdot\vec{B} = 0$ (também chamada de lei de Gauss do magnetismo) mostra que as linhas de campo magnético são fechadas. Esse fato implica a inexistência de monopolos magnéticos.*

(4) *A lei de Ampère-Maxwell ($\vec{\nabla}\times\vec{H} = \vec{J} + \partial\vec{D}/\partial t$) mostra que tanto a corrente elétrica quanto a variação temporal do deslocamento elétrico são fontes do campo magnético.*

8.3 Leis de Conservação

A partir das equações de Maxwell, podemos mostrar as leis de conservação da carga elétrica, da energia eletromagnética, do momento linear e do momento angular. Nesta seção, discutiremos as leis de conservação da carga elétrica e da energia eletromagnética. A discussão sobre as leis de conservação do momento linear e momento angular está proposta como exercício complementar.

A lei de conservação da carga elétrica é obtida tomando o divergente da lei de Ampère-Maxwell:

$$\vec{\nabla}\cdot\left(\vec{\nabla}\times\vec{H}\right) = \vec{\nabla}\cdot\left(\vec{J} + \frac{\partial \vec{D}}{\partial t}\right). \tag{8.3}$$

Usando o fato de que o divergente do rotacional de qualquer função vetorial é nulo e invertendo a ordem de aplicação do operador espacial $\vec{\nabla}$ com o operador temporal $\partial/\partial t$, temos $\vec{\nabla}\cdot\vec{J} + \partial(\vec{\nabla}\cdot\vec{D})/\partial t = 0$. Usando a lei de Gauss, $\vec{\nabla}\cdot\vec{D} = \rho$, podemos escrever que:

$$\boxed{\vec{\nabla}\cdot\vec{J} + \frac{\partial \rho}{\partial t} = 0.} \tag{8.4}$$

Essa relação se escreve na forma integral como:

$$\oint \vec{J}\cdot d\vec{s} = -\int (\partial\rho/\partial t)dv.$$

Essa equação mostra que a variação da carga no interior de uma região do espaço deve ser igual ao fluxo do vetor densidade de corrente elétrica que entra ou sai pela superfície que delimita essa região. Portanto, ela estabelece a conservação da carga elétrica. Outra abordagem sobre essa lei de conservação foi feita na Seção 5.3.

Para obter a lei de conservação da energia eletromagnética, vamos multiplicar escalarmente a lei de Faraday pelo campo magnético auxiliar $\vec{H}$ e a lei de Ampère-Maxwell pelo campo elétrico $\vec{E}$. Assim, temos:

$$\vec{H} \cdot \vec{\nabla} \times \vec{E} = -\vec{H} \cdot \frac{\partial \vec{B}}{\partial t} \tag{8.5}$$

$$\vec{E} \cdot \vec{\nabla} \times \vec{H} = \vec{J} \cdot \vec{E} + \vec{E} \cdot \frac{\partial \vec{D}}{\partial t}. \tag{8.6}$$

Subtraindo uma equação da outra, obtemos:

$$\overbrace{\vec{H} \cdot \vec{\nabla} \times \vec{E} - \vec{E} \cdot \vec{\nabla} \times \vec{H}}^{\vec{\nabla}\cdot(\vec{E}\times\vec{H})} = -\vec{H} \cdot \frac{\partial \vec{B}}{\partial t} - \vec{E} \cdot \frac{\partial \vec{D}}{\partial t} - \vec{J} \cdot \vec{E}. \tag{8.7}$$

O termo do lado esquerdo é o divergente do produto vetorial $\vec{E} \times \vec{H}$. Usando a relação linear $\vec{B} = \mu\vec{H}$ e $\vec{D} = \varepsilon\vec{E}$, e colocando os vetores $\vec{E}$ e $\vec{B}$ à direita do operador temporal, obtemos:

$$\vec{\nabla} \cdot \left(\vec{E} \times \vec{H}\right) = -\frac{\partial}{\partial t}\overbrace{\left(\frac{1}{2}\varepsilon\vec{E} \cdot \vec{E} + \frac{1}{2\mu}\vec{B} \cdot \vec{B}\right)}^{u_{em}} - \vec{J} \cdot \vec{E}. \tag{8.8}$$

O termo $u_e = \varepsilon\vec{E} \cdot \vec{E} / 2$ representa a densidade de energia elétrica e o termo $u_m = \vec{B} \cdot \vec{B} / 2\mu$ representa a densidade de energia magnética. Logo, o termo entre parênteses no lado direito dessa equação representa a densidade de energia eletromagnética. Com essa consideração e definindo o vetor de Poynting $\vec{S} = \vec{E} \times \vec{H}$, podemos reescrever a equação anterior na forma:

$$\boxed{\vec{\nabla} \cdot \vec{S} + \frac{\partial u_{em}}{\partial t} = -\vec{J} \cdot \vec{E}.} \tag{8.9}$$

Integrando esta equação sobre um volume e aplicando o teorema do divergente para o primeiro termo, obtemos:[2]

$$\boxed{\oint \vec{S} \cdot d\vec{s} + \frac{\partial}{\partial t}\int u_{em} d\text{v} = -\int (\vec{J} \cdot \vec{E}) d\text{v}.} \tag{8.10}$$

As equações (8.9) e (8.10) expressam a conservação da energia eletromagnética na forma diferencial e integral, respectivamente. O termo $\vec{J} \cdot \vec{E}$ representa a quantidade de energia dissipada em forma de calor por efeito Joule (veja o Exemplo 8.2). Note que, no caso particular de meios não condutores em que $\vec{J} = 0$, a equação (8.9) tem a mesma forma da lei de conservação da carga elétrica. Nesse caso, considerando que $U_{em} = \int u_{em} d\text{v}$ representa a energia eletromagnética total, podemos escrever a equação (8.10) como:

$$\frac{\partial U_{em}}{\partial t} = -\oint \vec{S} \cdot d\vec{s}. \tag{8.11}$$

---

[2] Neste capítulo $\vec{S}$ representa o vetor de Poynting e $\vec{s}$ o vetor perpendicular à superfície de integração.

Esta equação mostra que a variação temporal da energia eletromagnética dentro de uma região do espaço é igual ao fluxo do vetor de Poynting pela superfíce fechada que a delimita. Como a variação da energia com o tempo é a potência, temos que o fluxo do vetor de Poynting sobre uma superfície fechada fornece a potência irradiada:

$$P = -\oint \vec{S} \cdot \hat{n} ds. \tag{8.12}$$

Esta equação pode ser escrita em termos diferenciais como $dP = \vec{S} \cdot \hat{n} ds$. Assim, temos que $dP / ds = \vec{S} \cdot \hat{n}$. Portanto, o módulo da componente normal do vetor de Poynting fornece uma medida da potência irradiada por unidade de área. A potência irradiada pela fonte é, em geral, estimada por unidade de ângulo sólido Ω. Então, usando $ds = r^2 d\Omega$ podemos escrever que $dP / d\Omega = \vec{S} \cdot \hat{n} r^2$. Usando $P = dU / dt$, podemos escrever que:

$$\frac{d^2U}{d\Omega dt} = \vec{S} \cdot \hat{n} r^2. \tag{8.13}$$

A energia eletromagnética total é obtida integrando esta equação. Assim, temos:

$$U = -\int \left[\oint \vec{S} \cdot \hat{n} r^2 d\Omega \right] dt. \tag{8.14}$$

Portanto, o vetor de Poynting tem uma importância fundamental para a teoria eletromagnética.

EXEMPLO 8.1

Utilizando uma argumentação simples, mostre que o termo $\partial \vec{D} / \partial t$ deve ser adicionado à lei de Ampère, $\vec{\nabla} \times \vec{H} = \vec{J}$, para que a lei de conservação da carga elétrica seja satisfeita.

SOLUÇÃO

Tomando o divergente da lei de Ampère, $\vec{\nabla} \times \vec{H} = \vec{J}$, temos que $\vec{\nabla} \cdot \vec{J} = 0$. Note que esta equação é um caso particular da lei de conservação da carga elétrica, $\vec{\nabla} \cdot \vec{J} + \partial \rho / \partial t = 0$, em que ρ é constante no tempo. Logo, isso mostra que a lei de Ampère está incompleta, devendo ser modificada para que seja consistente com a conservação da carga elétrica.

Essa modificação pode ser feita adicionando um termo com unidade de densidade de corrente elétrica, de modo que a lei de Ampère passa a ser escrita na forma $\vec{\nabla} \times \vec{H} = (\vec{J} + \vec{J}_D)$. Tomando o divergente dessa equação, temos $\vec{\nabla} \cdot \vec{J} + \vec{\nabla} \cdot \vec{J}_D = 0$. Para que essa equação satisfaça à lei de conservação da carga elétrica, devemos impor a condição $\vec{\nabla} \cdot \vec{J}_D = \partial \rho / \partial t$. Usando a lei de Gauss, temos que $\vec{\nabla} \cdot \vec{J}_D = \vec{\nabla} \cdot (\partial \vec{D} / \partial t)$. Assim, podemos concluir que $\vec{J}_D = \partial \vec{D} / \partial t$.

Logo, a lei de Ampère modificada, chamada de lei de Ampère-Maxwell, tem a forma $\vec{\nabla} \times \vec{H} = (\vec{J} + \partial \vec{D} / \partial t)$, em que $\vec{J}_D = \partial \vec{D} / \partial t$ é a densidade de corrente de deslocamento de Maxwell. Essa lei foi obtida no Capítulo 5 por cálculo direto do rotacional do campo magnético dependente do tempo.

EXEMPLO 8.2

Mostre que o termo $\int(\vec{J}\cdot\vec{E})dv$ representa a potência dissipada por efeito Joule.

SOLUÇÃO

Por simplicidade, vamos supor um volume cilíndrico para efetuar a integração do termo $\int(\vec{J}\cdot\vec{E})dv$. Esse elemento de volume pode ser escrito como $dv = d\vec{s}\cdot d\vec{l}$. Assim, podemos escrever que:

$$\int(\vec{J}\cdot\vec{E})dv = \overbrace{\left[\int\vec{J}\cdot d\vec{s}\right]}^{I}\overbrace{\left[\int\vec{E}\cdot d\vec{l}\right]}^{\Delta V}.$$

O termo $\int\vec{J}\cdot d\vec{s}$ representa a corrente elétrica fluindo no volume, enquanto o termo $\int\vec{E}\cdot d\vec{l}$ representa a diferença de potencial entre as extremidades do volume cilíndrico. Portanto, temos que:

$$\int(\vec{J}\cdot\vec{E})dv = I\Delta V.$$

Para materiais lineares em que $\Delta V = RI$, sendo R a resistência elétrica do material, temos que $\int(\vec{J}\cdot\vec{E})dv = RI^2$. Portanto, o termo $\int(\vec{J}\cdot\vec{E})dv$ representa a potência dissipada por efeito Joule sobre a superfície do material.

8.4 Movimento Ondulatório

O movimento ondulatório pode ser definido como uma perturbação gerada em um ponto do espaço que se propaga, transportando energia e quantidade de movimento, sem que haja transporte de matéria. Como exemplos de movimentos ondulatórios, podemos citar: (1) ondas produzidas em um lago quando deixamos cair uma pedra na sua superfície, (2) ondas produzidas em uma corda, quando sacudimos uma de suas extremidades mantendo a outra fixa, (3) ondas produzidas em uma mola, quando um peso é colocado em uma de suas extremidades, (4) ondas sonoras produzidas pelo deslocamento das moléculas no ar, (5) ondas eletromagnéticas geradas pelas variações temporais dos campos elétrico e magnético, (6) ondas de matéria e (7) ondas de spin.

Os quatro primeiros exemplos são ondas mecânicas que precisam de um meio para se propagar. As ondas eletromagnéticas que não necessitam de um meio material para se propagar têm um papel fundamental para transportar informação de um ponto a outro do espaço, como é feito em telecomunicações. Portanto, a compreensão dos fenômenos ondulatórios é muito importante, tanto do ponto de vista da física fundamental quanto do ponto de vista das inovações tecnológicas.

De modo geral, o movimento ondulatório pode ser descrito por

$$y(x,t) = f(x - vt) + f(x + vt), \tag{8.15}$$

em que $f(x \pm vt)$ são funções que descrevem a oscilação de uma quantidade física, por exemplo a posição dos pontos sobre uma corda.

Vamos deduzir uma equação diferencial que tenha como solução a função dada em (8.15). Por simplicidade, vamos considerar uma onda descrita pela função $y(x,t) = f(x - vt)$. Definindo $x' = x - vt$, a derivada $\partial y(x,t)/\partial t$ pode ser escrita como:

$$\frac{\partial y(x,t)}{\partial t} = \frac{\partial f(x-vt)}{\partial x'}\frac{\partial x'}{\partial t}. \tag{8.16}$$

Como $x' = x - vt$, temos que $\partial x'/\partial t = -v$. Assim, podemos escrever:

$$\frac{\partial y(x,t)}{\partial t} = -v\frac{\partial f(x-vt)}{\partial x'}. \tag{8.17}$$

Derivando novamente em relação ao tempo, obtemos:

$$\frac{\partial^2 y(x,t)}{\partial t^2} = -\frac{\partial}{\partial t}\left[v\frac{\partial f(x-vt)}{\partial x'}\right]. \tag{8.18}$$

Aplicando a regra da cadeia e usando $\partial x'/\partial t = -v$, temos:

$$\frac{\partial^2 y(x,t)}{\partial t^2} = v^2\frac{\partial^2 f(x-vt)}{(\partial x')^2}. \tag{8.19}$$

Nesse momento, vamos eliminar a variável x' que aparece no lado direito desta equação, para escrevê-la em termos da variável x. Para isso, vamos tomar a derivada da função $y(x,t)$ em relação à variável x. Usando a regra da cadeia, podemos escrever:

$$\frac{\partial y(x,t)}{\partial x} = \frac{\partial f(x-vt)}{\partial x'}\frac{\partial x'}{\partial x}. \tag{8.20}$$

Como $x' = x - vt$, temos que $\partial x'/\partial x = 1$. Logo, a derivada $\partial y(x,t)/\partial x$ é

$$\frac{\partial y(x,t)}{\partial x} = \frac{\partial f(x-vt)}{\partial x'}. \tag{8.21}$$

Derivando novamente em relação a x e usando a regra da cadeia, temos:

$$\frac{\partial^2 y(x,t)}{\partial x^2} = \frac{\partial}{\partial x'}\left[\frac{\partial f(x-vt)}{\partial x'}\right]\frac{\partial x'}{\partial x}. \tag{8.22}$$

Como $\partial x'/\partial x = 1$, temos que:

$$\left[\frac{\partial^2 f(x-vt)}{(\partial x')^2}\right] = \frac{\partial^2 y(x,t)}{\partial x^2}. \tag{8.23}$$

Substituindo (8.23) em (8.19), obtemos:

$$\frac{\partial^2 y(x,t)}{\partial x^2} - \frac{1}{v^2}\frac{\partial^2 y(x,t)}{\partial t^2} = 0. \tag{8.24}$$

Esta equação diferencial descreve um movimento ondulatório qualquer. Portanto, a função matemática dada em (8.15) é uma solução da equação diferencial de onda (veja o Exercício Complementar 8.8).

No Exemplo 8.3 deduziremos uma equação para descrever ondas mecânicas em uma corda. As equações de onda para os campos eletromagnéticos e os potenciais eletromagnéticos serão deduzidas na próxima seção.

EXEMPLO 8.3

Deduza uma equação matemática que descreva o movimento ondulatório em uma corda.

SOLUÇÃO

Considere uma corda com uma de suas extremidades fixas e a outra livre. Ao movimentar verticalmente a extremidade livre da corda repetidas vezes, aparecerá um movimento ondulatório, conforme mostra a Figura 8.1.

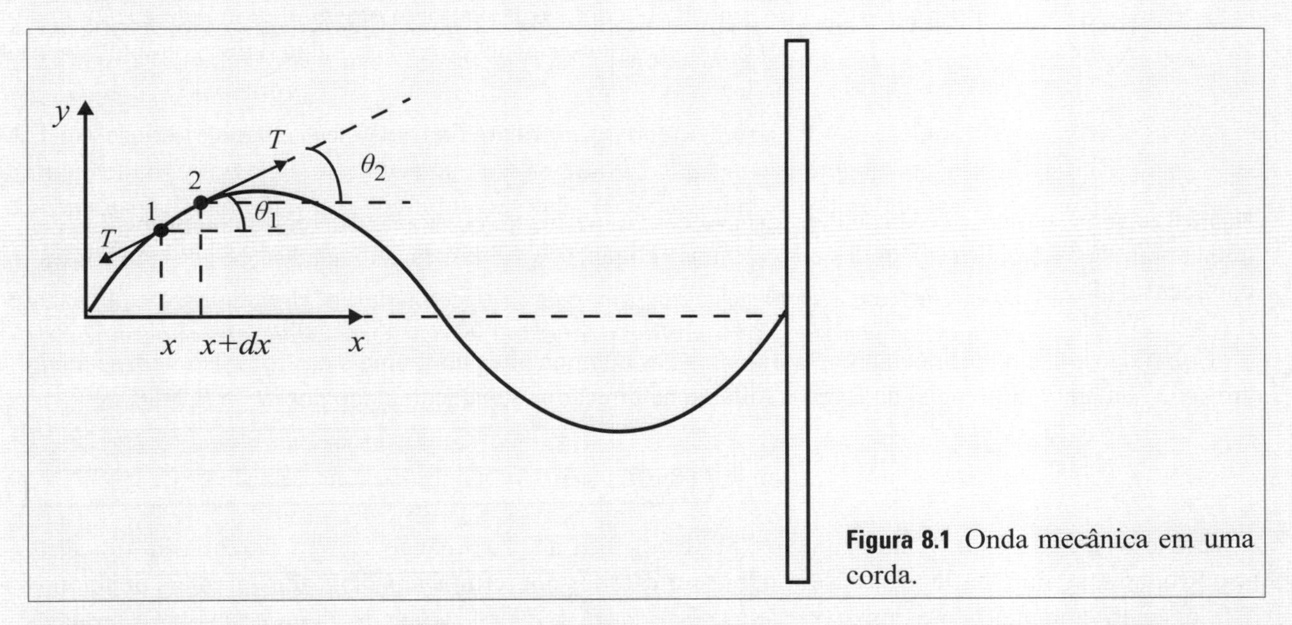

Figura 8.1 Onda mecânica em uma corda.

É importante frisar que os pontos na corda não se deslocam ao longo da direção de propagação. Eles se limitam a fazer o movimento de oscilação vertical, que é estacionário em relação à direção de propagação. Neste caso, em que a direção de propagação da onda é perpendicular à direção de vibração dos pontos na corda, temos uma onda transversal. Dessa simples análise qualitativa, podemos tirar as seguintes conclusões: (1) uma onda transporta energia e quantidade de movimento, mas não transporta partículas; (2) a onda produzida na corda necessita do meio (a corda) para se propagar.

Para obter uma equação matemática que descreve esse movimento ondulatório, vamos supor que os pontos da corda submetidos a uma tensão T efetua um movimento oscilatório na direção vertical. A Figura 8.1 mostra a corda em um instante de tempo qualquer, em que T representa as tensões em dois pontos distintos. Vamos supor um movimento vertical com pequena amplitude de oscilação. As forças horizontais (F_h) e verticais (F_v) atuando nos pontos 1 e 2 são:

$$F_{1h} = T\cos\theta_1 \quad F_{1v} = T\ \text{sen}\theta_1$$
$$F_{2h} = T\cos\theta_2 \quad F_{2v} = T\ \text{sen}\theta_2.$$

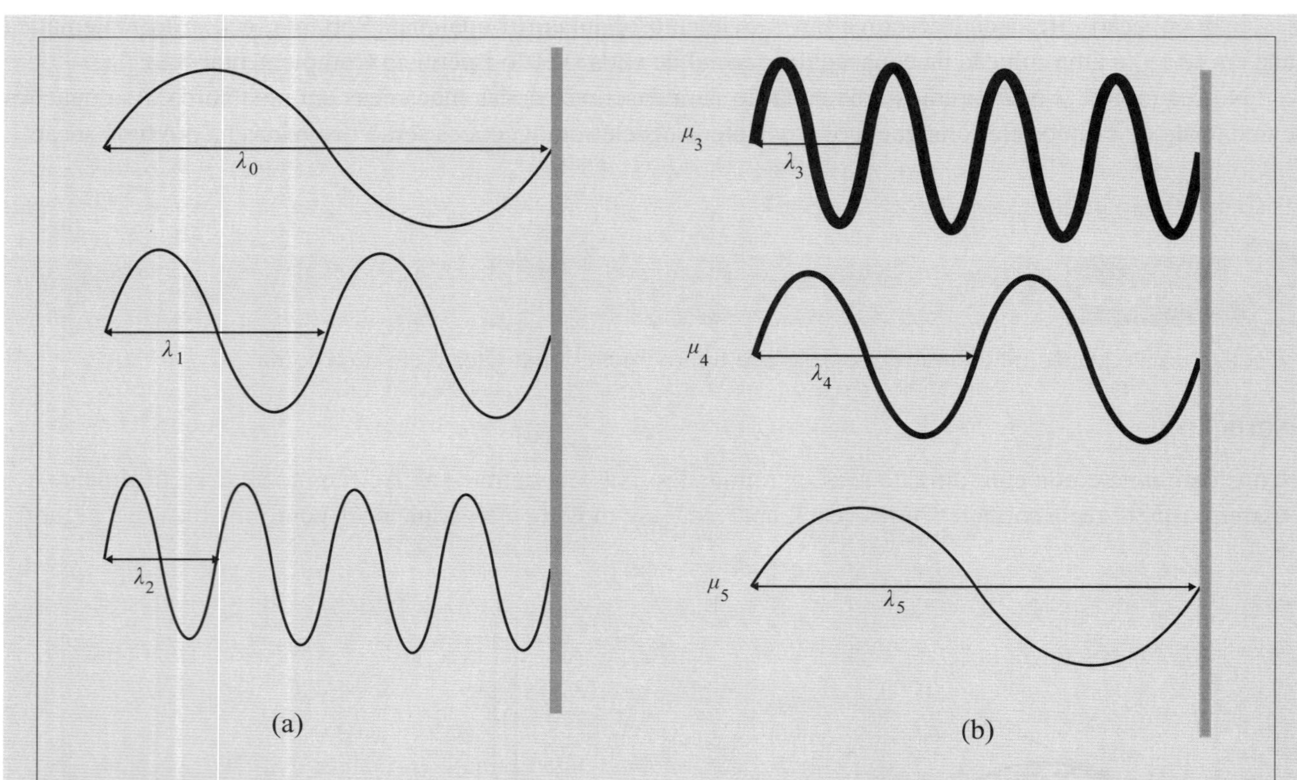

Figura 8.2 Ondas em uma corda de densidade μ com a mesma velocidade e diferentes comprimentos de onda e frequência (a). Em (b), ondas com mesma frequência e diferentes velocidades, geradas em cordas com densidades $\mu_3 > \mu_4 > \mu_5$.

Como não existem deslocamentos horizontais, as componentes horizontais das forças devem se anular entre si. O elemento diferencial da força resultante na direção vertical, calculado por $dF = F_{2v} - F_{1v}$, é:

$$dF = T\left(\operatorname{sen}\theta_2 - \operatorname{sen}\theta_1\right).$$

Como os ângulos θ_1 e θ_2 são pequenos, podemos usar a aproximação $\operatorname{sen}\theta_1 \simeq \tan\theta_1$ e $\operatorname{sen}\theta_2 \simeq \tan\theta_2$. Por outro lado, as funções $\tan\theta_1$ e $\tan\theta_2$ podem ser escritas em termos das derivadas parciais nos pontos 1 e 2, respectivamente, isto é, $\tan\theta_1 \simeq \partial y(x,t)/\partial x$ e $\tan\theta_2 \simeq \partial y(x+\Delta x,t)/\partial x$. Com essas considerações, obtemos:

$$dF = T\left[\frac{\partial y(x+\Delta x,t)}{\partial x} - \frac{\partial y(x,t)}{\partial x}\right].$$

Esta relação pode ser escrita na forma:

$$dF = T\Delta x\frac{\partial}{\partial x}\left[\lim_{\Delta x\to 0}\frac{y(x+\Delta x,t)}{\Delta x} - \frac{y(x,t)}{\Delta x}\right].$$

O termo entre colchetes é a definição da derivada da função $y(x,t)$ em relação à variável x. Logo, temos:

$$dF = Tdx\frac{\partial^2 y(x,t)}{\partial x^2}.$$

De acordo com a segunda lei de Newton, o elemento diferencial de força também pode ser escrito em termos da aceleração que cada ponto da corda está submetida, $dF = adm$, em que $a = \partial^2 y(x,t) / \partial t^2$ e dm é o elemento diferencial de massa. Usando a definição de densidade linear de massa $\mu = dm / dx$, podemos escrever um elemento diferencial de massa da corda como $dm = \mu dx$. Dessa forma, cada ponto da corda está submetido a uma diferencial de força dada por $dF = adm = \mu dx \partial^2 y(x,t) / \partial t^2$. Comparando essa diferencial de força com a relação anterior, podemos escrever a seguinte equação diferencial:

$$\frac{\partial^2 y(x,t)}{\partial x^2} - \frac{\mu}{T}\frac{\partial^2 y(x,t)}{\partial t^2} = 0.$$

Esta equação descreve ondas em uma corda. Comparando-a com a equação (8.24) do movimento ondulatório, temos que a velocidade de propagação da onda na corda é $v = \sqrt{T / \mu}$.

Note que as ondas geradas em uma corda com uma densidade de massa constante e submetida a uma tensão fixa terão sempre a mesma velocidade. Entretanto, o comprimento de onda e frequência podem ser diferentes. Para justificar essa afirmativa, vamos usar o fato de que a velocidade de uma onda pode ser escrita como $v = \lambda f$, em que λ é o comprimento de onda e f é a frequência.[3] Portanto, se aumentarmos a frequência da onda (movimentando a corda mais vezes no mesmo intervalo de tempo), o comprimento de onda associado deve diminuir para que a velocidade permaneça constante. A Figura 8.2(a) mostra ondas mecânicas geradas em uma corda de densidade μ submetida à mesma tensão com diferentes frequências.

Por outro lado, podemos gerar ondas com a mesma frequência em cordas com diferentes densidades e submetidas à mesma tensão. Nesse caso, em que a velocidade da onda varia de acordo com a relação $v = \sqrt{T / \mu}$, o comprimento de onda diminui à medida que a densidade da corda aumenta. A Figura 8.2(b) mostra algumas ondas produzidas em cordas, cujas densidades são $\mu_3 > \mu_4 > \mu_5$.

8.5 Equação de Onda para os Campos Eletromagnéticos

Para mostrar a equação de onda para os campos eletromagnéticos, é importante levar em consideração as características do meio em que ela se propaga. Por uma razão didática, vamos discutir o caso do vácuo e de meios materiais separadamente. Primeiramente, vamos considerar ondas eletromagnéticas no vácuo. A equação de onda para o campo elétrico no vácuo é obtida tomando o rotacional da lei de Faraday:

$$\vec{\nabla} \times \vec{\nabla} \times \vec{E}(\vec{r},t) = -\vec{\nabla} \times \frac{\partial \vec{B}(\vec{r},t)}{\partial t}. \tag{8.25}$$

Usando a identidade $\vec{\nabla} \times \vec{\nabla} \times \vec{E} = -\nabla^2 \vec{E} + \vec{\nabla}(\vec{\nabla} \cdot \vec{E})$ e invertendo a ordem dos operadores $\partial / \partial t$ e $\vec{\nabla}$, temos:

$$-\nabla^2 \vec{E}(\vec{r},t) + \vec{\nabla}\left[\vec{\nabla} \cdot \vec{E}(\vec{r},t)\right] = -\frac{\partial}{\partial t} \nabla \times \vec{B}(\vec{r},t). \tag{8.26}$$

Para um meio linear, homogêneo e isotrópico, a lei de Gauss estabelece que a divergência do campo elétrico é igual a $\rho(\vec{r},t) / \varepsilon$ sobre a densidade de cargas elétricas e nula fora dela. Como estamos interessados em ondas eletromagnéticas que se propagam para longe da distribuição de cargas, podemos considerar que $\vec{\nabla} \cdot \vec{E}(\vec{r},t) = 0$. Com essa consideração e usando a lei de Ampère-Maxwell para o vácuo, $\vec{\nabla} \times \vec{B} = \mu_0 \vec{J} + \varepsilon_0 \mu_0 \partial \vec{E} / \partial t$, podemos escrever a equação (8.26) como:

---

[3] Para detalhes sobre a relação $v = \lambda f$, veja o Exercício Resolvido 8.1.

$$-\nabla^2 \vec{E}(\vec{r},t) = -\mu_0 \frac{\partial}{\partial t}\vec{J}(\vec{r},t) - \varepsilon_0\mu_0 \frac{\partial^2 \vec{E}(\vec{r},t)}{\partial t^2}. \tag{8.27}$$

Para o vácuo em que $\vec{J}(\vec{r},t) = 0$, temos:

$$\boxed{\nabla^2 \vec{E}(\vec{r},t) - \varepsilon_0\mu_0 \frac{\partial^2 \vec{E}(\vec{r},t)}{\partial t^2} = 0.} \tag{8.28}$$

A equação de onda para o campo magnético é obtida tomando o rotacional da lei de Ampère-Maxwell:

$$\vec{\nabla}\times\vec{\nabla}\times\vec{H}(\vec{r},t) = \vec{\nabla}\times\vec{J}(\vec{r},t) + \vec{\nabla}\times\frac{\partial \vec{D}(\vec{r},t)}{\partial t}. \tag{8.29}$$

Usando a identidade $\vec{\nabla}\times\vec{\nabla}\times\vec{H} = -\nabla^2\vec{H} + \vec{\nabla}(\vec{\nabla}\cdot\vec{H})$ e invertendo a ordem dos operadores $\partial/\partial t$ e $\vec{\nabla}$, temos:

$$-\nabla^2\vec{H}(\vec{r},t) + \vec{\nabla}\left[\vec{\nabla}\cdot\vec{H}(\vec{r},t)\right] = \vec{\nabla}\times\vec{J}(\vec{r},t) + \frac{\partial}{\partial t}\vec{\nabla}\times\vec{D}(\vec{r},t). \tag{8.30}$$

Para o vácuo, temos que $\vec{J} = 0$; $\vec{B} = \mu_0\vec{H}$ e $\vec{D} = \varepsilon_0\vec{E}$. Como $\nabla\cdot\vec{B} = 0$ e $\vec{\nabla}\times\vec{E} = -\partial\vec{B}/\partial t$, temos a seguinte equação de onda para o campo magnético $\vec{B}$:

$$\boxed{\nabla^2 \vec{B}(\vec{r},t) - \varepsilon_0\mu_0 \frac{\partial^2 \vec{B}(\vec{r},t)}{\partial t^2} = 0.} \tag{8.31}$$

Logo, tanto o campo elétrico quanto o campo magnético satisfazem uma equação de onda. Portanto, uma onda eletromagnética são campos elétrico e magnético acoplados que se propagam no tempo e no espaço. Comparando as equações (8.28) e (8.31) com (8.24), temos que a velocidade de propagação dessas ondas eletromagnéticas no vácuo é $v = (\varepsilon_0\mu_0)^{-1/2}$. Usando os valores $\varepsilon_0 = 8{,}854\times10^{-12}$ F/m e $\mu_0 = 1{,}256\times10^{-6}$ H/m, temos que $v = 2{,}999\times10^8$ m/s, que é a velocidade da luz no vácuo.

Agora, vamos deduzir uma equação de onda para os campos eletromagnéticos que se propagam dentro de um meio material. Neste caso é importante fazer algumas considerações iniciais. Quando um material linear, homogêneo e isotrópico é submetido a um campo elétrico, ele adquire uma polarização elétrica dada por $\vec{P}(\vec{r},t) = \varepsilon_0\chi_e\vec{E}(\vec{r},t)$, em que χ_e é a suscetibilidade elétrica. Além disso, o campo elétrico também induz uma densidade de corrente elétrica dada por $\vec{J}(\vec{r},t) = \sigma\vec{E}(\vec{r},t)$, em que σ é a condutividade elétrica.

Por outro lado, quando um material linear, homogêneo e isotrópico é submetido a um campo magnético, ele adquire uma magnetização dada por $\vec{M}(\vec{r},t) = \chi_m\vec{H}(\vec{r},t)$, em que χ_m é a suscetibilidade magnética. Neste caso de um material linear, homogêneo e isotrópico, o deslocamento elétrico e o campo magnético são: $\vec{D}(\vec{r},t) = \varepsilon\vec{E}(\vec{r},t)$ e $\vec{B}(\vec{r},t) = \mu\vec{H}(\vec{r},t)$, respectivamente.

Para obter a equação de onda para o campo elétrico, devemos tomar o rotacional da lei de Faraday. Esse procedimento, já realizado anteriormente, levou à equação (8.27). Para materiais condutores com permeabilidade magnética μ, permissividade elétrica ε e densidade de corrente elétrica $\vec{J}(\vec{r},t) = \sigma\vec{E}(\vec{r},t)$, podemos escrever a equação (8.27) como:

$$\boxed{\nabla^2 \vec{E}(\vec{r},t) - \varepsilon\mu \frac{\partial^2 \vec{E}(\vec{r},t)}{\partial t^2} - \sigma\mu\frac{\partial \vec{E}(\vec{r},t)}{\partial t} = 0.} \tag{8.32}$$

Para materiais não condutores em que $\sigma = 0$, temos:

$$\nabla^2 \vec{E}(\vec{r},t) - \varepsilon\mu \frac{\partial^2 \vec{E}(\vec{r},t)}{\partial t^2} = 0. \tag{8.33}$$

A equação de onda para o campo magnético é obtida tomando o rotacional da lei de Ampère-Maxwell. Realizando esse procedimento, obtemos a equação (8.30). Para um material linear, homogêneo e isotrópico em que valem as relações $\vec{H}(\vec{r},t) = \vec{B}(\vec{r},t)/\mu$; $\vec{D}(\vec{r},t) = \varepsilon\vec{E}(\vec{r},t)$ e $\vec{J} = \sigma\vec{E}$, temos que a equação (8.30) se escreve como:

$$\frac{-\nabla^2 \vec{B}(\vec{r},t)}{\mu} + \vec{\nabla}\left[\frac{1}{\mu}\vec{\nabla}\cdot\vec{B}(\vec{r},t)\right] = \sigma\vec{\nabla}\times\vec{E}(\vec{r},t) + \frac{\partial}{\partial t}\vec{\nabla}\times\left[\varepsilon\vec{E}(\vec{r},t)\right]. \tag{8.34}$$

Usando $\vec{\nabla}\cdot\vec{B} = 0$ e a lei de Faraday, $\vec{\nabla}\times\vec{E} = -\partial\vec{B}/\partial t$, obtemos:

$$\boxed{\nabla^2 \vec{B}(\vec{r},t) - \varepsilon\mu \frac{\partial^2 \vec{B}(\vec{r},t)}{\partial t^2} - \sigma\mu\frac{\partial \vec{B}(\vec{r},t)}{\partial t} = 0.} \tag{8.35}$$

Para materiais não condutores em que $\sigma = 0$, temos que:

$$\nabla^2 \vec{B}(\vec{r},t) - \varepsilon\mu \frac{\partial^2 \vec{B}(\vec{r},t)}{\partial t^2} = 0. \tag{8.36}$$

Note que a velocidade de propagação das ondas eletromagnéticas em um material não condutor é $v = (\varepsilon\mu)^{-1/2}$. As soluções das equações de onda para os campos eletromagnéticos serão apresentadas no Capítulo 9.

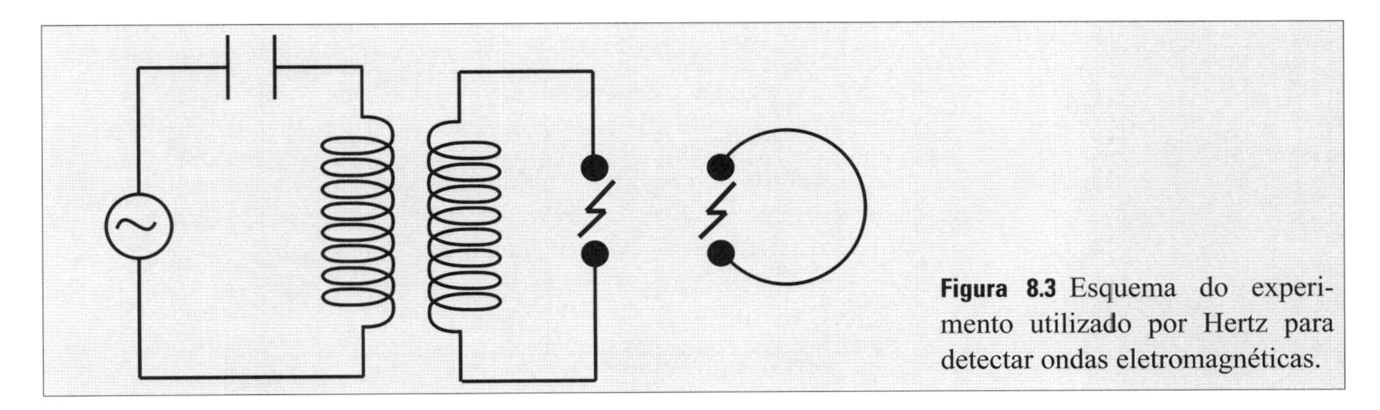

Figura 8.3 Esquema do experimento utilizado por Hertz para detectar ondas eletromagnéticas.

A primeira observação de ondas eletromagnéticas foi feita por Hertz.[4] Ele utilizou um circuito do tipo LC como gerador de ondas eletromagnéticas e um anel como um receptor, conforme mostra a Figura 8.3. Ao alimentar o circuito com corrente elétrica alternada, uma faísca elétrica era produzida entre as duas esferas do circuito gerador. Hertz observou que para cada faísca produzida no gerador correspondia uma no receptor.

O espectro de frequências das ondas eletromagnéticas é bastante extenso, variando de baixas frequências, em torno de 1 Hz, até altas frequências, em torno de 10^{23} Hz. No espectro eletromagnético, existe uma faixa

[4] Heinrich Rudolf Hertz (22/2/1857-1/1/1894), físico alemão. Ele comprovou experimentalmente a existência das ondas eletromagnéticas e contribuiu para a descoberta do efeito fotoelétrico.

de frequências entre 10^{14} e 10^{15} Hz em que a radiação pode ser observada pelo olho humano. As ondas eletromagnéticas que estão nesta faixa de frequências são chamadas de luz visível. A Tabela 8.1 mostra o espectro da radiação eletromagnética em função da frequência e comprimento de onda e a Tabela 8.2 mostra mais detalhes das frequências das ondas eletromagnéticas na faixa da luz visível.

Tabela 8.1 Espectro de frequências da radiação eletromagnética

Frequência (Hz)	Compr. de onda (m)	Tipo
$10^{19} - 10^{23}$	$10^{-15} - 10^{-11}$	Raios gama
$10^{17} - 10^{19}$	$10^{-11} - 10^{-9}$	Raios X
$10^{15} - 10^{17}$	$10^{-9} - 10^{-7}$	Ultravioleta
$10^{14} - 10^{15}$	$10^{-7} - 10^{-6}$	Luz visível
$10^{12} - 10^{14}$	$10^{-6} - 10^{-4}$	Infravermelho
$10^{9} - 10^{12}$	$10^{-4} - 10^{-1}$	Micro-ondas
$10^{7} - 10^{9}$	$10^{-1} - 10^{1}$	TV, Rádio FM
$10^{3} - 10^{7}$	$10^{1} - 10^{5}$	Rádio AM

Tabela 8.2 Espectro de frequências da radiação na faixa da luz visível

Frequência (Hz)	Compr. de onda (m)	Cor
$6{,}5 \times 10^{14}$	$4{,}6 \times 10^{-7}$	Azul
$5{,}6 \times 10^{14}$	$5{,}4 \times 10^{-7}$	Verde
$5{,}1 \times 10^{14}$	$5{,}9 \times 10^{-7}$	Amarela
$4{,}9 \times 10^{14}$	$6{,}1 \times 10^{-7}$	Laranja
$3{,}9 \times 10^{14}$	$7{,}6 \times 10^{-7}$	Vermelha

8.6 Fontes de Ondas Eletromagnéticas

Na seção anterior, mostramos que uma onda eletromagnética é formada por campos elétricos e magnéticos acoplados que se propagam no tempo e no espaço. Portanto, qualquer sistema físico que gere campos elétricos e magnéticos dependentes do tempo é uma fonte de ondas eletromagnéticas. Uma carga elétrica acelerada, um dipolo elétrico oscilante, uma espira percorrida por uma corrente elétrica alternada (dipolo magnético) são exemplos de fontes de ondas eletromagnéticas. A radiação eletromagnética emitida por esses sistemas físicos simples será discutida nos Capítulos 13 e 14.

Uma antena alimentada por uma corrente elétrica alternada gera campos elétrico e magnético dependentes do tempo, portanto, é uma fonte de ondas eletromagnéticas. Antenas podem ter várias formas geométricas e dimensões. A antena linear, constituída por um fio condutor, é o exemplo mais simples que podemos citar. Uma discussão sobre a radiação eletromagnética emitida por uma antena linear será feita no Capítulo 13.

Um circuito elétrico formado por um indutor (L) e um capacitor (C) é um protótipo de uma fonte geradora de ondas eltromagnéticas. Nesse circuito, as ondas eletromagnéticas são geradas da seguinte forma: em um primeiro estágio, alimenta-se o circuito com uma fonte de corrente contínua até que o capacitor fique completamente carregado, conforme mostra a Figura 8.4(a). Em um segundo estágio, retira-se a fonte do circuito, de modo que o capacitor irá se descarregar sobre a bobina, que, por sua vez, produzirá uma corrente elétrica alternada e realimentar o capacitor, que irá se descarregar novamente sobre a bobina e assim sucessivamente [veja a Figura 8.4(b)].

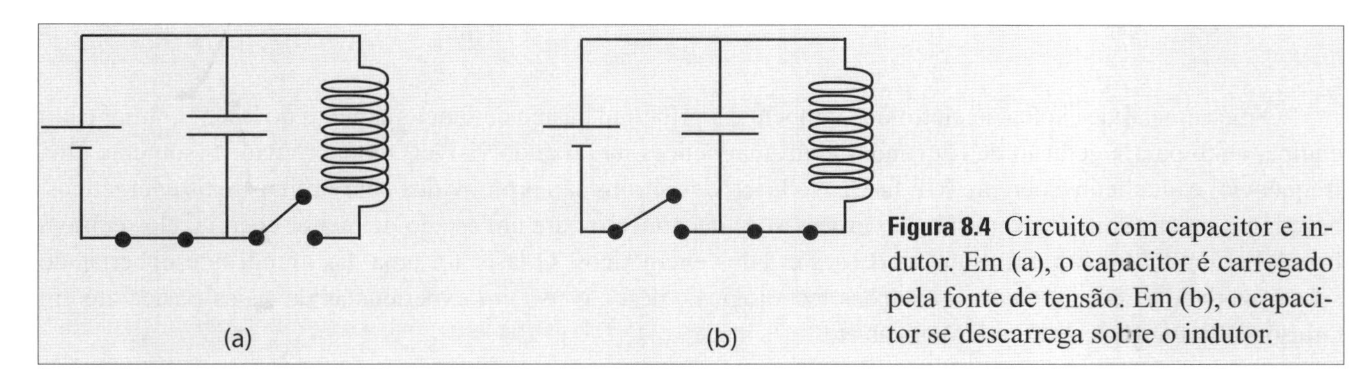

Figura 8.4 Circuito com capacitor e indutor. Em (a), o capacitor é carregado pela fonte de tensão. Em (b), o capacitor se descarrega sobre o indutor.

O circuito LC é um oscilador, cuja frequência é $f = 1/(2\pi\sqrt{LC})$. Para um circuito com $C = 1$ μF e $L = 1$ μH, a frequência de oscilação é aproximadamente $1{,}59 \times 10^5$ Hz. Portanto, um circuito LC típico gera ondas eletromagnéticas na faixa de radiofrequência. Se quisermos utilizar esse circuito para gerar ondas eletromagnéticas com frequências mais elevadas (por exemplo, na faixa de micro-ondas, 10^{11} Hz), precisamos que os valores da capacitância e da indutância sejam bem pequenos. Por exemplo, para um circuito com capacitor de 1 pF (10^{-12} F) e um indutor de 1 pH (10^{-12} H), a frequência de oscilação será aproximadamente $1{,}59 \times 10^{11}$ Hz. Devemos frisar que as dimensões de capacitores e indutores com essas características devem ser bem reduzidas. Esse fato limita o uso de circuitos LC convencionais para geração de ondas eletromagnéticas de altas frequências. Em alguns casos, como nos aparelhos de telefonia celular, circuitos microeletrônicos são utilizados para gerar ondas eletromagnéticas na faixa de micro-ondas.

O magnétron é um dispositivo utilizado para gerar ondas eletromagnéticas na faixa de micro-ondas.[5] Ele é formado por uma peça redonda contendo várias cavidades (anodo) e com uma parte fixa no centro (catodo), conforme mostra o esquema da Figura 8.5(a). No magnétron, o catodo é aquecido e fornece elétrons, que são então acelerados por um campo elétrico e magnético (fornecido por ímãs permanentes), atingindo as paredes das cavidades. O movimento dos elétrons no interior das cavidades gera uma corrente elétrica variável no tempo, de forma que a cavidade se comporta como um indutor. Por outro lado, os elétrons se acumulam em uma das extremidades das cavidades, de modo que elas apresentam uma configuração de cargas, semelhante a de um capacitor. Portanto, as cavidades do magnétron se comportam como se fossem um circuito LC oscilante, conforme mostra a Figura 8.5(b). O magnétron utilizado nos fornos de micro-ondas domésticos são projetados para gerar ondas eletromagnéticas com frequência na faixa de 2,5 GHz.

Ondas eletromagnéticas também podem ser geradas por meio de excitação eletrônica. Neste mecanismo, um elétron absorve energia e se desloca para um orbital mais energético. Ao voltar ao estado fundamental, ele emite um fóton de energia (onda eletromagnética) com frequência que varia na faixa do visível até os raios X. Esses mecanismos de absorção e emissão estão ilustrados na Figura 8.6.

---

[5] Este dispositivo é utilizado para gerar ondas eletromagnéticas em um forno de micro-ondas doméstico.

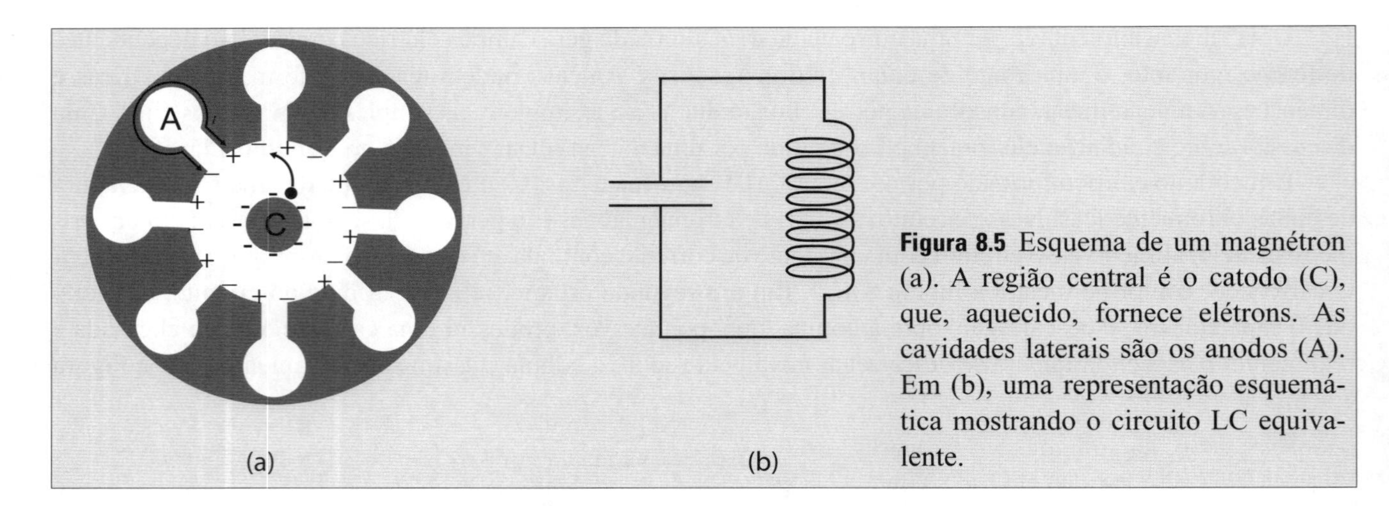

Figura 8.5 Esquema de um magnétron (a). A região central é o catodo (C), que, aquecido, fornece elétrons. As cavidades laterais são os anodos (A). Em (b), uma representação esquemática mostrando o circuito LC equivalente.

O mecanismo de excitação eletrônica também é o princípio básico de funcionamento do laser.[6] O laser é um equipamento para a geração de luz (ondas eletromagnéticas na faixa do visível) monocromática (somente uma frequência) e altamente coerente (em fase). No laser, os elétrons são promovidos para orbitais mais energéticos, por algum mecanismo de excitação. No processo de decaimento para um estado de menor energia, eles emitem luz. A Figura 8.7 mostra um esquema desses estados energéticos. O laser foi uma das grandes descobertas do século passado e tem inúmeras aplicações tecnológicas, desde o uso em experiências de física básica até em cirurgias oftalmológicas, dermatológicas etc.

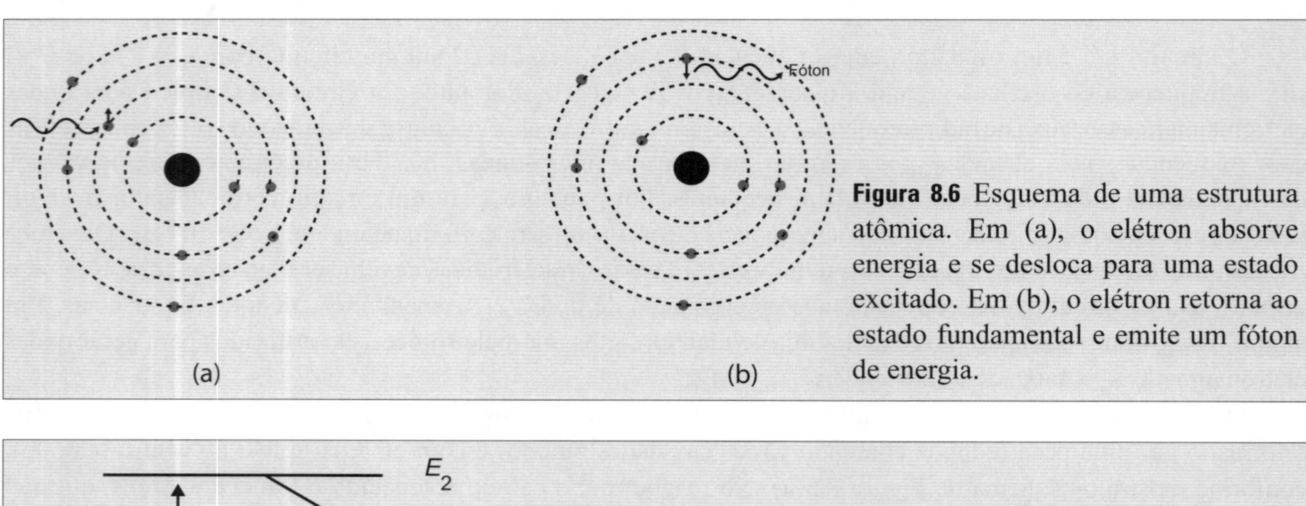

Figura 8.6 Esquema de uma estrutura atômica. Em (a), o elétron absorve energia e se desloca para uma estado excitado. Em (b), o elétron retorna ao estado fundamental e emite um fóton de energia.

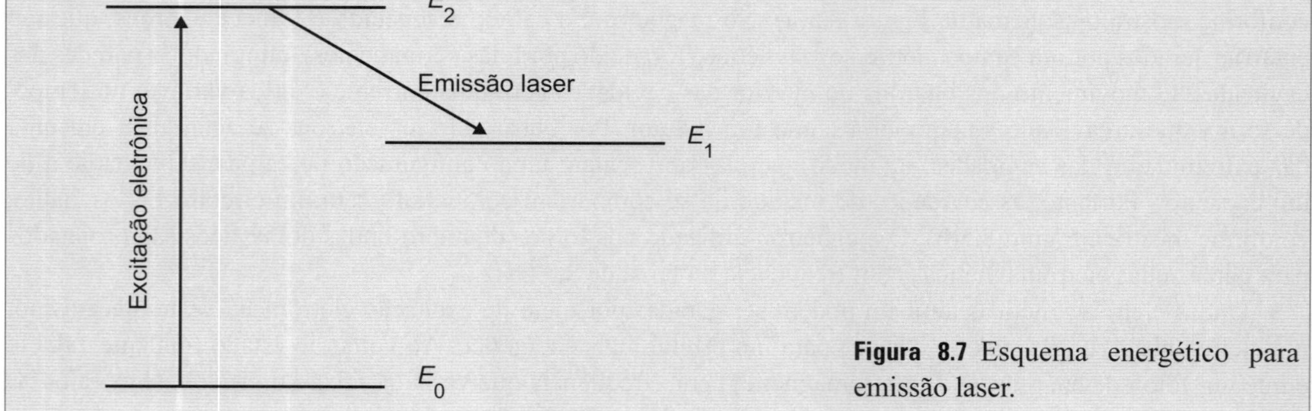

Figura 8.7 Esquema energético para emissão laser.

[6] Sigla formada pelas letras iniciais das palavras em inglês: *Light Amplification by Stimulated Emission of Radiation*.

Como foi discutido no parágrafo anterior, ondas eletromagnéticas na faixa de frequência dos raios X podem ser produzidas por excitações eletrônicas. Entretanto, para fins de uso prático, os raios X são gerados pelo frenamento de partículas carregadas. Esse tipo de radiação X é chamada de radiação de frenamento ou Bremsstrahlung.[7] A Figura 8.8 mostra um esquema utilizado para gerar raios X. Nesse equipamento, o filamento (catodo), aquecido pela passagem de uma corrente elétrica, fornece os elétrons, que são então acelerados por uma diferença de potencial elétrico e lançados contra um alvo fixo ou rotativo (anodo).

Nesse processo de colisão, os elétrons são freados, emitindo radiação de Bremsstrahlung.[8] Além disso, os elétrons que atingem o alvo transferem energia para os elétrons de seus átomos, que são excitados para estados mais energéticos. Ao retornarem para o estado fundamental, os elétrons excitados nos átomos do anodo também emitem energia eletromagnética na faixa dos raios X. Portanto, nesse processo, existem dois tipos de raios X, o de frenamento e os gerados por excitações eletrônicas. Os raios X são comumente utilizados para caracterização de estruturas cristalinas, para radiografia de ossos e tecidos etc.

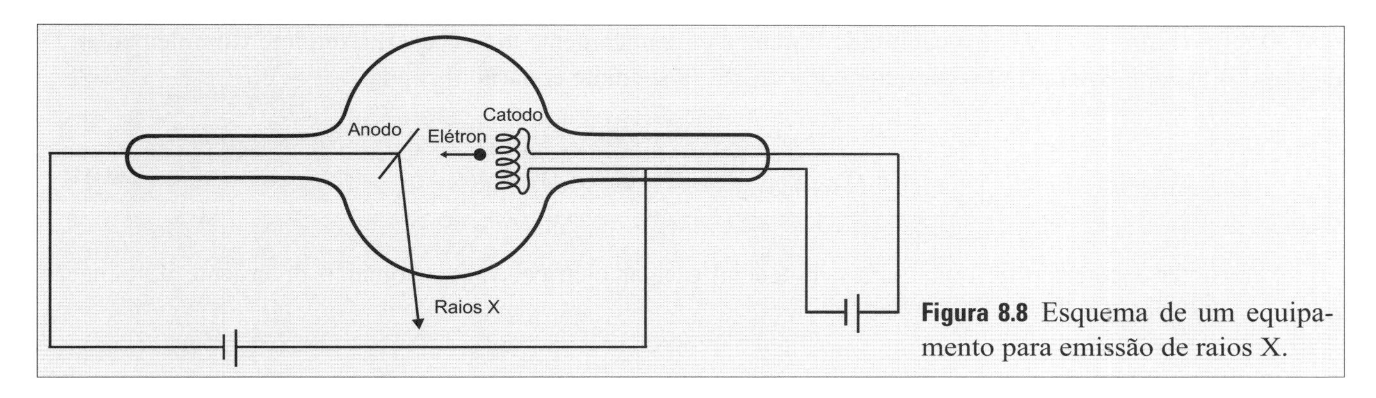

Figura 8.8 Esquema de um equipamento para emissão de raios X.

Ondas eletromagnéticas na faixa de frequência da radiação gama podem ser geradas por excitações dos núcleons (prótons e nêutrons) que estão no núcleo do átomo. Esse tipo de radiação tem alta energia e um grande poder de penetração, sendo bastante nociva ao ser humano.

8.7 Equação de Onda para os Potenciais Eletromagnéticos

As equações de onda para os campos elétrico e magnético são úteis para descrever a propagação de ondas eletromagéticas no vácuo ou em um meio material. Entretanto, ela não leva em consideração a informação da fonte que gerou a onda eletromagnética. Nesta seção, mostraremos que o potencial escalar elétrico e o potencial vetor magnético, que fornecem matematicamente o campo eletromagnético, também satisfazem a uma equação de onda.

Para obter a equação de onda para o potencial vetor magnético, vamos considerar uma densidade de corrente elétrica em um meio linear, em que valem as relações $\vec{D} = \varepsilon\vec{E}$ e $\vec{B} = \mu\vec{H}$. Neste caso, a lei de Ampère-Maxwell é escrita na forma:

$$\frac{1}{\mu}\vec{\nabla}\times\vec{B}(\vec{r},t) = \vec{J}(\vec{r},t) + \varepsilon\frac{\partial\vec{E}(\vec{r},t)}{\partial t}. \quad \textbf{(8.37)}$$

Usando as relações $\vec{B}(\vec{r},t) = \nabla\times\vec{A}(\vec{r},t)$ e $\vec{E}(\vec{r},t) = -\vec{\nabla}V(\vec{r},t) - \partial\vec{A}(\vec{r},t)/\partial t$ podemos reescrever a equação anterior como:

$$\vec{\nabla}\times\vec{\nabla}\times\vec{A}(\vec{r},t) = \mu\vec{J}(\vec{r},t) - \varepsilon\mu\frac{\partial}{\partial t}\left[\vec{\nabla}V(\vec{r},t) + \frac{\partial\vec{A}(\vec{r},t)}{\partial t}\right]. \quad \textbf{(8.38)}$$

---

[7] Palavra oriunda do alemão: *bremsen* = frear e strahlung = radiação.

[8] Cargas elétricas aceleradas emitem radiação eletromagnética - veja a Seção 14.3.

Usando a identidade $\vec{\nabla}\times\vec{\nabla}\times\vec{A}=-\nabla^2\vec{A}+\vec{\nabla}(\vec{\nabla}\cdot\vec{A})$ e invertendo a ordem do operador espacial ($\vec{\nabla}$) com o operador temporal $(\partial/\partial t)$ no último termo, temos:

$$-\nabla^2\vec{A}(\vec{r},t)+\vec{\nabla}\left[\vec{\nabla}\cdot\vec{A}(\vec{r},t)\right]=\mu\vec{J}(\vec{r},t)-\varepsilon\mu\vec{\nabla}\frac{\partial V(\vec{r},t)}{\partial t}-\varepsilon\mu\frac{\partial^2\vec{A}(\vec{r},t)}{\partial t^2}. \quad \textbf{(8.39)}$$

Isolando o termo $\mu\vec{J}(\vec{r},t)$ no lado direito do sinal de igualdade, obtemos:

$$\nabla^2\vec{A}(\vec{r},t)-\varepsilon\mu\frac{\partial^2\vec{A}}{\partial t^2}-\vec{\nabla}\overbrace{\left[\vec{\nabla}\cdot\vec{A}(\vec{r},t)+\varepsilon\mu\frac{\partial V(\vec{r},t)}{\partial t}\right]}^{0}=-\mu\vec{J}(\vec{r},t). \quad \textbf{(8.40)}$$

O termo entre colchetes é o calibre de Lorenz e é identicamente nulo (veja o Exercício Complementar 23 do Cap. 5). Assim, o potencial vetor magnético satisfaz à seguinte equação de onda.

$$\boxed{\nabla^2\vec{A}(\vec{r},t)-\varepsilon\mu\frac{\partial^2\vec{A}(\vec{r},t)}{\partial t^2}=-\mu\vec{J}(\vec{r},t).} \quad \textbf{(8.41)}$$

Para obter a equação de onda para o potencial escalar elétrico, vamos tomar o divergente da equação $\vec{E}(\vec{r},t)=-\vec{\nabla}V(\vec{r},t)-\partial\vec{A}(\vec{r},t)/\partial t$.

$$\vec{\nabla}\cdot\left[\vec{\nabla}V(\vec{r},t)+\frac{\partial\vec{A}(\vec{r},t)}{\partial t}\right]=-\vec{\nabla}\cdot\vec{E}(\vec{r},t). \quad \textbf{(8.42)}$$

Efetuando a operação algébrica no lado esquerdo e considerando meios lineares em que $\vec{\nabla}\cdot\vec{E}(\vec{r},t)=\rho(\vec{r},t)/\varepsilon$, temos que:

$$\nabla^2V(\vec{r},t)+\frac{\partial}{\partial t}\overbrace{\left[\vec{\nabla}\cdot\vec{A}(\vec{r},t)\right]}^{-\varepsilon\mu\partial V/\partial t}=-\frac{\rho(\vec{r},t)}{\varepsilon}. \quad \textbf{(8.43)}$$

Da condição de Lorenz, temos que $\vec{\nabla}\cdot\vec{A}(\vec{r},t)=-\varepsilon\mu\partial V(\vec{r},t)/\partial t$. Assim, temos que o potencial escalar elétrico satisfaz à seguinte equação de onda:

$$\boxed{\nabla^2V(\vec{r},t)-\varepsilon\mu\frac{\partial^2V(\vec{r},t)}{\partial t^2}=-\frac{\rho(\vec{r},t)}{\varepsilon}.} \quad \textbf{(8.44)}$$

Note que as equações (8.41) e (8.44) envolvem a densidade de corrente ($\vec{J}$) e a densidade de cargas (ρ), que são as fontes do campo eletromagnético. As soluções das equações de onda para os potenciais eletromagnéticos serão apresentadas no Capítulo 13.

8.8 Exercícios Resolvidos

EXERCÍCIO 8.1

Faça uma discussão sobre o comprimento de onda, frequência, período e velocidade de uma onda eletromagnética, cujo campo elétrico é descrito por $\vec{E}(z,t) = \hat{i}E_0 \cos(kz - \omega t)$.

SOLUÇÃO

Primeiramente, vamos fazer uma análise matemática da função oscilatória $f(z) = \cos(kz)$. Essa função tem seu valor máximo e mínimo quando $kz = 2m\pi$ e $kz = (2m+1)\pi$, respectivamente, e se anula quando $kz = (m+1/2)\pi$, sendo m um número inteiro. A Figura 8.9 mostra a função $\cos(kz)$ para $k = 1/2$; 1 e 2.

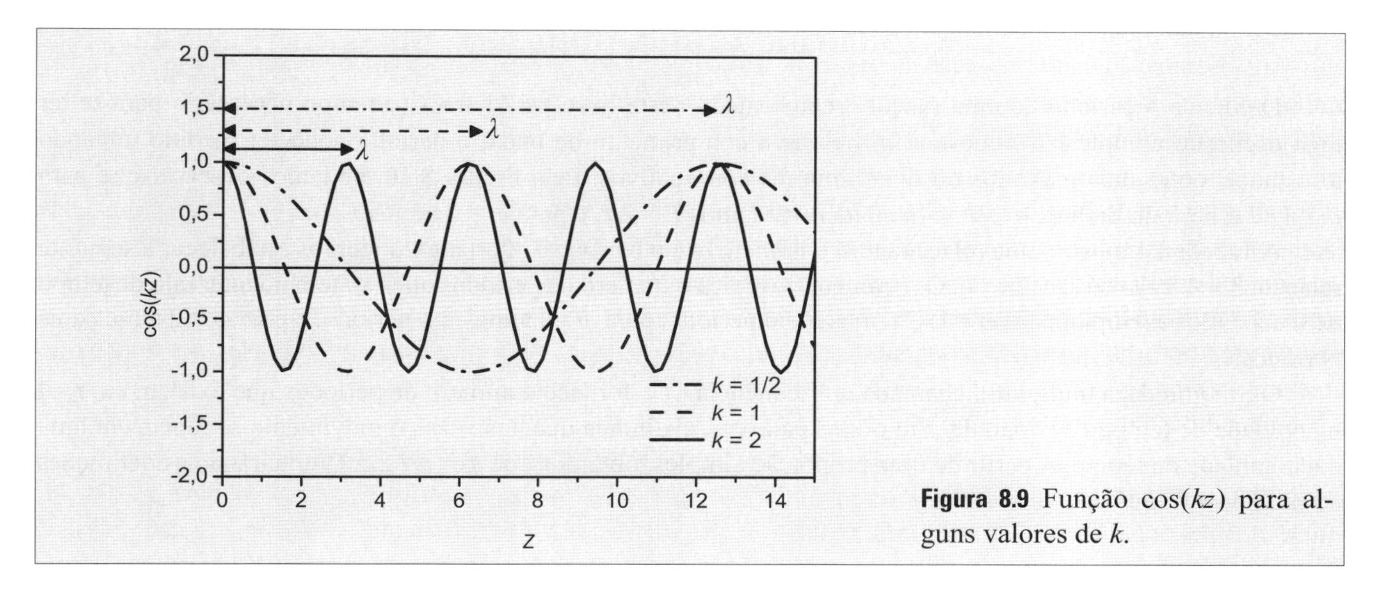

Figura 8.9 Função $\cos(kz)$ para alguns valores de k.

O comprimento de onda, usualmente representado pela letra grega λ, fornece a distância espacial na qual se tem um movimento ondulatório completo. O comprimento de onda pode ser medido tomando a distância entre dois máximos ou dois mínimos consecutivos. Pela Figura 8.9, temos que para $k = 1/2$ o comprimento de onda é $\lambda = 4\pi$, para $k = 1$ $\lambda = 2\pi$, e para $k = 2$ temos $\lambda = \pi$. A Tabela 8.3 mostra a relação entre o número k e o comprimento de onda λ

Tabela 8.3 Relação entre k e o comprimento de onda λ

k	$1/2$	1	2	3
λ	4π	2π	π	$2\pi/3$

Usando os valores dessa tabela, podemos estabelecer a seguinte relação: $\lambda = 2\pi/k$ ou $k = 2\pi/\lambda$. O número k indica quantos comprimentos de onda existem no intervalo entre 0 e 2π. Por exemplo, para $k = 1/2$ temos meio comprimento de onda, para $k = 1$ temos um comprimento de onda e para $k = 2$ temos dois comprimentos de onda e assim sucessivamente.

Uma análise equivalente pode ser feita para a função $\cos(\omega t)$. A Figura 8.10 mostra a função $\cos(\omega t)$ para $\omega = 1/2$; 1 e 2.

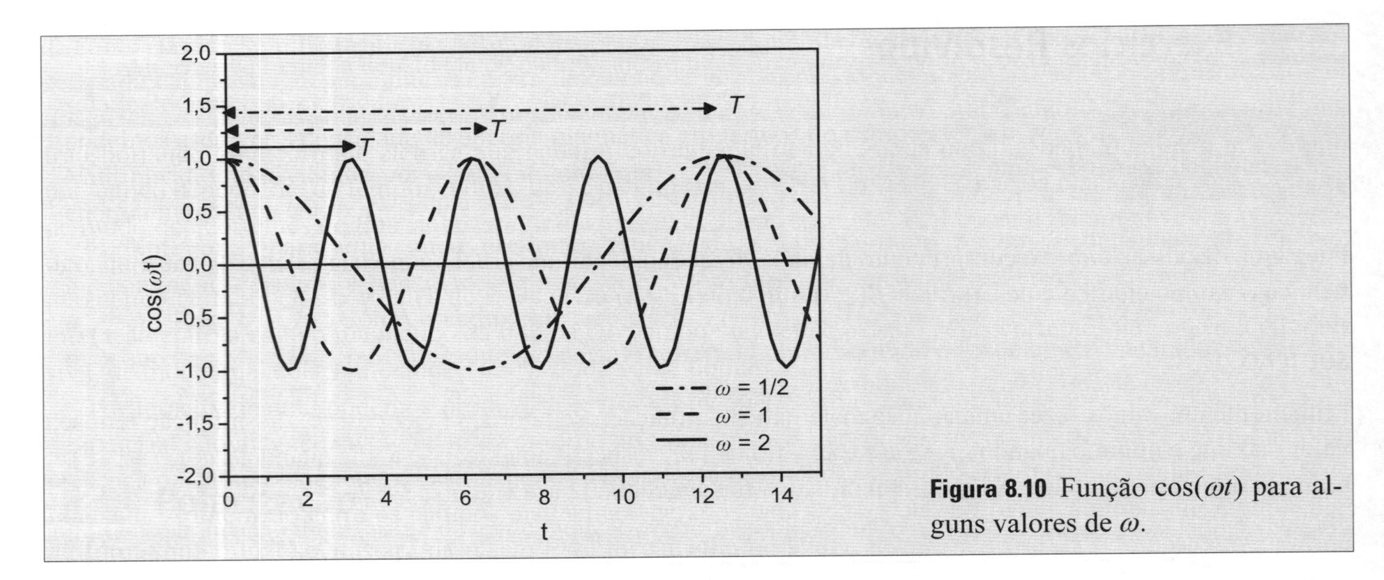

Figura 8.10 Função $\cos(\omega t)$ para alguns valores de ω.

Define-se o período de uma função, representado neste livro pela letra T, o tempo necessário para se ter uma oscilação completa. Da mesma forma que o comprimento de onda, o período pode ser medido tomando a distância entre dois máximos ou dois mínimos consecutivos. Pela Figura 8.10, podemos observar que para $\omega = 1/2$ o período da função é $T = 4\pi$. Para $\omega = 1$ temos $T = 2\pi$, e para $\omega = 2$ temos $T = \pi$.

A Tabela 8.4 mostra uma relação entre o número ω e o período T. Portanto, podemos estabelecer a seguinte relação, $T = 2\pi / \omega$ ou $\omega = 2\pi / T$. O parâmetro ω indica o número de períodos que existem no intervalo de tempo de 0 a 2π. Por exemplo, para $\omega = 1/2$ temos meio período, para $\omega = 1$ temos um período, e para $\omega = 2$ temos dois períodos.

Outra grandeza muito útil, chamada de frequência (f), fornece o número de períodos que existem em $t = 1$ na unidade de tempo considerada. Em outras palavras, ela indica quantas vezes o movimento se repete em uma dada unidade de tempo. A partir de uma proporção simples, obtemos que $f = \omega / 2\pi$. Comparando as definições de período e frequência, temos que $f = 1/T$.

Tabela 8.4 Relação entre a frequência angular ω e o período T

ω	$1/2$	1	2	3
T	4π	2π	π	$2\pi/3$

Pela discussão feita neste exemplo, podemos concluir que uma onda eletromagnética descrita pela função $\vec{E}(z,t) = \hat{i}E_0 \cos(kz - \omega t)$ tem comprimento de onda $\lambda = 2\pi / k$, período $T = 2\pi / \omega$ e frequência $f = \omega / 2\pi$. Além disso, temos que a velocidade de propagação[9] é $v = \omega / k$. Usando $\omega = 2\pi f$ e $k = 2\pi / \lambda$, temos que a velocidade de propagação pode ser escrita como $v = \lambda f$.

EXERCÍCIO 8.2

Faça a superposição das ondas eletromagnéticas, cujos campos elétricos são: $\vec{E}_1(z,t) = \hat{i}E_{01} \cos(kz - \omega t + \phi_1)$ e $\vec{E}_2(z,t) = \hat{i}E_{01} \cos(kz - \omega t + \phi_2)$.

[9] Para mais detalhes sobre a relação $v = \omega / k$, veja as Seções 9.2 e 9.4.

SOLUÇÃO

Essas ondas eletromagnéticas têm o mesmo comprimento de onda, frequência e amplitude. Usando a identidade trigonométrica, $\cos(a)+\cos(b)=2\cos[(a+b)/2]\cos[(a-b)/2]$, podemos escrever a superposição $\vec{E}(z,t)=\vec{E}_1(z,t)+\vec{E}_2(z,t)$ como:

$$\vec{E}(z,t)=\hat{i}\,2E_{01}\left\{\cos\frac{1}{2}\left[(kz-\omega t+\phi_1)+(kz-\omega t+\phi_2)\right]\cos\frac{1}{2}\left[(kz-\omega t+\phi_1)-(kz-\omega t_2+\phi_2)\right]\right\}.$$

Efetuando a operação algébrica, temos:

$$\vec{E}(z,t)=\hat{i}\,2E_{01}\left\{\cos\left[kz-\omega t+\frac{1}{2}(\phi_1+\phi_2)\right]\cos\left[\frac{1}{2}(\phi_1-\phi_2)\right]\right\}.$$

Se $\phi_1=\phi_2$, temos que $\cos\left[(\phi_1-\phi_2)/2\right]=1$. Neste caso, em que os campos elétricos $\vec{E}_1(z,t)$ e $\vec{E}_2(z,t)$ oscilam em fase, o campo elétrico resultante é:

$$\vec{E}(z,t)=\hat{i}\,2E_{01}\cos\left[kz-\omega t+\phi_1\right].$$

Se $(\phi_1-\phi_2)=\pi$, temos que $\cos\left[(\phi_1-\phi_2)/2\right]=0$. Logo, quando os campos elétricos $\vec{E}_1(z,t)$ e $\vec{E}_2(z,t)$ oscilam com uma diferença de fase de π, o campo elétrico resultante é nulo.

EXERCÍCIO 8.3

Considere duas ondas eletromagnéticas descritas pelas equações $\vec{E}_1(\vec{r},t)=\hat{i}E_{01}\cos(\vec{k}_1\cdot\vec{r}-\omega_1 t)$ e $\vec{E}_2(\vec{r},t)=\hat{i}E_{01}\cos(\vec{k}_2\cdot\vec{r}-\omega_2 t)$. Faça a superposição dessas ondas e discuta velocidade de fase e velocidade de grupo.

SOLUÇÃO

O campo elétrico associado à onda resultante é:

$$\vec{E}(\vec{r},t)=\hat{i}E_{01}\cos(\vec{k}_1\cdot\vec{r}-\omega_1 t)+\hat{i}E_{01}\cos(\vec{k}_2\cdot\vec{r}-\omega_2 t).$$

Usando a identidade trigonométrica $\cos(a)+\cos(b)=2\cos[(a+b)/2]\cos[(a-b)/2]$, temos:

$$\vec{E}(\vec{r},t)=\hat{i}\,2E_{01}\left\{\cos\frac{1}{2}\left[(\vec{k}_1\cdot\vec{r}-\omega_1 t)+(\vec{k}_2\cdot\vec{r}-\omega_2 t)\right]\cos\frac{1}{2}\left[(\vec{k}_1\cdot\vec{r}-\omega_1 t)-(\vec{k}_2\cdot\vec{r}-\omega_2 t)\right]\right\}.$$

Efetuando a operação algébrica, obtemos:

$$\vec{E}(\vec{r},t)=2E_{01}\cos\frac{1}{2}\left[(\vec{k}_1-\vec{k}_2)\cdot\vec{r}-(\omega_1-\omega_2)t\right]\left\{\cos\frac{1}{2}\left[(\vec{k}_1+\vec{k}_2)\cdot\vec{r}-(\omega_1+\omega_2)t\right]\right\}. \tag{R8.1}$$

Esta equação tem a forma

$$\vec{E}(\vec{r},t) = E_0(r,t)\cos[(\vec{k}\cdot\vec{r} - \omega t)/2]$$

em que $E_0(r,t) = 2E_{01}(r,t)\cos\{[(\vec{k}_1 - \vec{k}_2)\cdot\vec{r} - (\omega_1 - \omega_2)t]/2\}$, e $\vec{k} = \vec{k}_1 + \vec{k}_2$ e $\omega = \omega_1 + \omega_2$ representam o vetor de onda e frequência resultante, respectivamente.

A linha sólida na Figura 8.11 representa a função dada em (R8.1) para o caso em que $t = 0$; $E_{01} = 0,5$; $k_1 = 1$ e $k_2 = 1,2$. As linhas tracejadas representam somente a amplitude dada pela função $2E_{01}(r,t)\cos\{[(\vec{k}_1 - \vec{k}_2)\cdot\vec{r} - (\omega_1 - \omega_2)t]/2\}$.

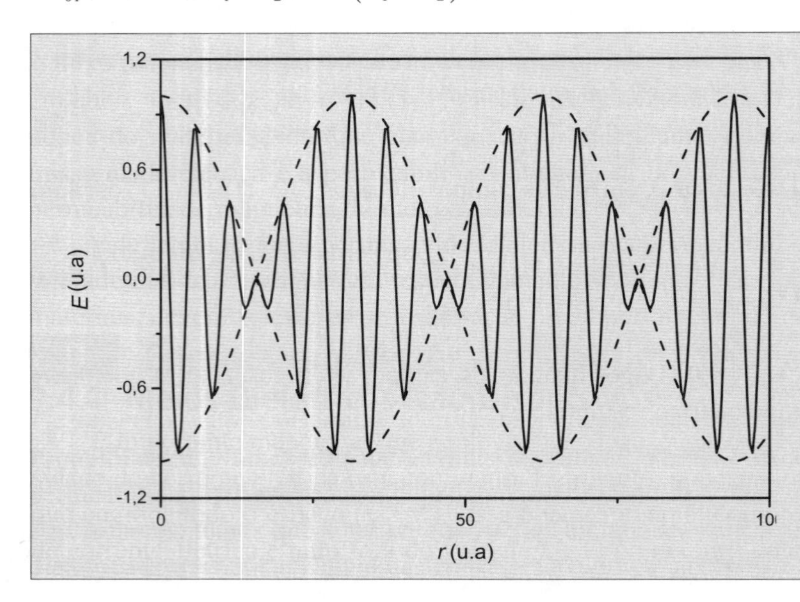

Figura 8.11 Função de onda dada em (4) para $t = 0$; $E_{01} = 0,5$; $k_1 = 1$ e $k_2 = 1,2$ (linha sólida). As linhas tracejadas representam a função $2E_{01}\cos\frac{1}{2}\left[\left(\vec{k}_1 - \vec{k}_2\right)\cdot\vec{r} - (\omega_1 - \omega_2)t\right]$.

No Exemplo 8.1, mostramos que a velocidade de fase de uma onda eletromagnética, cujo campo elétrico é dado pela equação $\vec{E}(\vec{r},t) = \hat{i}E_0\cos(\vec{k}\cdot\vec{r} - \omega t)$, é $v = \omega / k$. Por analogia, podemos associar à onda resultante, dada em (R8.1), uma velocidade de grupo definida por $v_g = (\omega_2 - \omega_1)/(k_2 - k_1)$, ou simplesmente $v_g = \Delta\omega / \Delta k$.

No limite diferencial, temos que $v_g = d\omega / dk$. Como $\omega = vk$, podemos escrever que $v_g = v + k(dv/dk)$. Portanto, a velocidade de grupo é a velocidade de fase mais a sua variação em relação ao parâmetro k. Para meios não dispersivos em que a velocidade de fase independe do comprimento de onda, temos que $dv/dk = 0$. Neste caso, a velocidade de grupo é igual à velocidade de fase.

8.9 Exercícios Complementares

1. Mostre o teorema da conservação do momento linear associado a uma onda eletromagnética.
2. Mostre o teorema da conservação do momento angular associado a uma onda eletromagnética.
3. Calcule o campo magnético e o vetor de Poynting associado à onda eletromagnética, cujo campo elétrico é $\vec{E}(z,t) = \hat{i}E_{0x}\cos[(kz - \omega t)] + \hat{j}E_{0y}\text{sen}[(kz - \omega t + \pi/2)]$.
4. Mostre que o valor médio do vetor de Poynting associado a uma onda plana pode ser escrito como $< S > = |\vec{E}\times\vec{H}^*|/2$, em que $\vec{H}^*$ é o complexo conjugado do campo magnético auxiliar $\vec{H}$.
5. Um capacitor de placas paralelas, preenchido totalmente por um dielétrico de permissividade elétrica ε e condutividade elétrica σ, é carregado até uma diferença de potencial ΔV e isolado. (a) Encontre a carga sobre o capacitor como função do tempo. (b) Encontre a corrente de deslocamento no dielétrico. (c) Encontre o campo magnético no dielétrico.
6. Faça a superposição das ondas eletromagnéticas, cujos campos elétricos são dados pelas funções $\vec{E}_1 = \hat{i}E_{01}\cos(\vec{k}_1\cdot\vec{r} - \omega_1 t)$ e $\vec{E}_2 = \hat{i}E_{02}\cos(\vec{k}_2\cdot\vec{r} - \omega_2 t)$.

7. Faça a superposição das ondas eletromagnéticas, cujos campos elétricos, oscilando em direções ortogonais entre si, são descritos pelas funções $\vec{E}_1 = \hat{i}E_{01}\cos(\vec{k}_1 \cdot \vec{r} - \omega_1 t)$ e $\vec{E}_2 = \hat{j}E_{02}\cos(\vec{k}_2 \cdot \vec{r} - \omega_2 t)$.
8. Mostre que a função $f = f(kz - \omega t)$ satisfaz uma equação de onda, cuja velocidade de propagação é $v = \omega / k$.
9. Mostre que a frequência de oscilação de um circuito LC é $f = 1/(2\pi\sqrt{LC})$.
10. Uma onda eletromagnética tem o campo elétrico dado por $\vec{E}(z,t) = \hat{i}E_{0x}\cos[(kz - \omega t)] + \hat{j}E_{0y}\text{sen}[(kz - \omega t + \pi/2)]$. Escreva uma rotina computacional para calcular o campo magnético associado. Calcule também o vetor de Poynting e seu valor médio.
11. Escreva uma rotina computacional para resolver numericamente os Exercícios 8.6 e 8.7.
12. Escreva uma rotina computacional para mostrar numericamente os teoremas de conservação: (a) da carga elétrica, (b) da energia eletromagnética, (c) do momento linear e (d) do momento angular.

CAPÍTULO 9

Propagação de Ondas Eletromagnéticas

9.1 Introdução

Este capítulo é dedicado ao estudo da propagação de ondas eletromagnéticas no vácuo e em meios materiais. Este estudo será feito a partir das soluções das equações de onda para os campos eletromagnéticos, na aproximação de ondas planas. Primeiramente, consideraremos a propagação de ondas eletromagnéticas no vácuo e, em seguida, discutiremos o caso dos materiais não condutores, condutores e metamateriais.

9.2 Ondas Eletromagnéticas no Vácuo

No vácuo, em que condutividade elétrica, a permissividade elétrica e a permeabilidade magnética são, respectivamente, $\sigma = 0$, $\varepsilon = \varepsilon_0$ e $\mu = \mu_0$, a equação de onda para o campo elétrico é dada por [veja a equação (8.28)]:

$$\nabla^2 \vec{E}(\vec{r},t) - \varepsilon_0 \mu_0 \frac{\partial^2 \vec{E}(\vec{r},t)}{\partial t^2} = 0. \tag{9.1}$$

Note que esta é uma equação vetorial, cuja solução não é fácil de ser obtida. Para resolvê-la vamos utilizar, por simplicidade, o sistema de coordenadas retangulares, no qual o campo elétrico é $\vec{E}(x,y,z,t) = \hat{i}E_x(x,y,z,t) + \hat{j}E_y(x,y,z,t) + \hat{k}E_z(x,y,z,t)$. Com essa consideração, podemos escrever a equação de onda na forma:

$$\begin{aligned} &\hat{i}\left[\nabla^2 E_x(x,y,z,t) - \varepsilon_0\mu_0 \frac{\partial^2 E_x(x,y,z,t)}{\partial t^2}\right] + \hat{j}\left[\nabla^2 E_y(x,y,z,t) - \varepsilon_0\mu_0 \frac{\partial^2 E_y(x,y,z,t)}{\partial t^2}\right] \\ &+\hat{k}\left[\nabla^2 E_z(x,y,z,t) - \varepsilon_0\mu_0 \frac{\partial^2 E_z(x,y,z,t)}{\partial t^2}\right] = 0. \end{aligned} \tag{9.2}$$

Para que esta equação seja sempre verdadeira, é necessário que cada componente satisfaça a uma equação de onda, isto é, $\nabla^2 E_i(x,y,z,t) - \varepsilon_0\mu_0[\partial^2 E_i(x,y,z,t)/\partial t^2] = 0$, em que E_i representa as componentes E_x, E_y ou E_z.

Vamos considerar a aproximação de ondas planas, na qual os campos elétrico e magnético oscilam em um plano perpendicular à direção de propagação. Com a finalidade de simplificar os cálculos, vamos considerar que o campo elétrico tem componente somente ao longo do eixo x e a onda eletromagnética se propaga na direção z. Neste caso, a equação de onda para a componente E_x é:

$$\left[\frac{\partial^2 E_x(z,t)}{\partial z^2} - \varepsilon_0\mu_0 \frac{\partial^2 E_x(z,t)}{\partial t^2}\right] = 0. \tag{9.3}$$

Para obter a solução dessa equação diferencial, vamos utilizar o método de separação de variáveis e propor uma solução do tipo $E_x(z,t) = F_x(z)T(t)$. Substituindo essa função na equação anterior, temos:

$$\frac{1}{\varepsilon_0\mu_0 F_x(z)}\frac{d^2F_x(z)}{dz^2} = \frac{1}{T(t)}\frac{d^2T(t)}{dt^2} = -\omega^2, \tag{9.4}$$

em que ω é uma constante de separação.[1] Dessa equação, temos que

$$\frac{d^2F_x(z)}{dz^2} + \omega^2\varepsilon_0\mu_0 F_x(z) = 0 \tag{9.5}$$

$$\frac{d^2T(t)}{dt^2} + \omega^2 T(t) = 0. \tag{9.6}$$

As soluções dessas equações diferenciais são:

$$F_x(z) = \sum_k \left(\tilde{A}_k e^{+ikz} + \tilde{B}_k e^{-ikz}\right) \tag{9.7}$$

$$T(t) = \sum_\omega \left(\tilde{C}_\omega e^{+i\omega t} + \tilde{D}_\omega e^{-i\omega t}\right), \tag{9.8}$$

em que $k = \sqrt{\omega^2\varepsilon_0\mu_0}$ e $\tilde{A}_k$, $\tilde{B}_k$, $\tilde{C}_\omega$ e $\tilde{D}_\omega$ são coeficientes a serem determinados. A solução geral da equação de onda, calculada por $E_x(z,t) = F_x(z)T(t)$, é:[2]

$$\vec{E}_x(z,t) = \hat{i}\sum_{k,\omega}\left(\tilde{A}_k e^{+ikz} + \tilde{B}_k e^{-ikz}\right)\cdot\left(\tilde{C}_\omega e^{+i\omega t} + \tilde{D}_\omega e^{-i\omega t}\right). \tag{9.9}$$

Por simplicidade, vamos escolher o coeficiente $\tilde{B}_k$ como o complexo conjugado de $\tilde{A}_k$ e o coeficiente $\tilde{D}_\omega$ como o complexo conjugado de $\tilde{C}_\omega$. Assim, escrevendo $\tilde{A}_k = A_k e^{i\phi_k}$ e $\tilde{C}_\omega = C_\omega e^{i\phi_\omega}$, temos que $\tilde{B}_k = A_k e^{-i\phi_k}$ e $\tilde{D}_\omega = C_\omega e^{-i\phi_\omega}$. Com essas considerações, podemos reescrever a equação anterior como:

$$\vec{E}_x(z,t) = \hat{i}\sum_{k,\omega} A_{k\omega}\left[e^{i\left(kz+\omega t+\phi_k+\phi_\omega\right)} + e^{i\left(kz-\omega t+\phi_k-\phi_\omega\right)} + e^{-i\left(kz-\omega t+\phi_k-\phi_\omega\right)} + e^{-i\left(kz+\omega t+\phi_k+\phi_\omega\right)}\right], \tag{9.10}$$

[1] Devemos escolher uma constante negativa para que as funções $F_x(z)$ e $T(t)$ sejam oscilatórias.

[2] Nesta equação para o campo elétrico, usamos a notação em que $\hat{i}$ representa um vetor unitário e i representa a unidade complexa.

em que $A_{k\omega} = A_k C_\omega$. Usando $e^{ix} + e^{-ix} = 2\cos x$, podemos escrever:

$$\vec{E}_x(z,t) = \hat{i}\sum_{k,\omega} 2A_{k\omega}\left[\cos\left(kz + \omega t + \phi_A\right) + \cos\left(kz - \omega t + \phi_B\right)\right]. \quad \textbf{(9.11)}$$

em que $\phi_A = \phi_k + \phi_\omega$ e $\phi_B = \phi_k - \phi_\omega$. Portanto, uma onda plana é usualmente representada como uma função exponencial com argumento complexo ou na forma de uma função trigonométrica.

Para o caso em que existe somente um único vetor de onda k e uma única frequência ω (onda monocromática), podemos escrever o campo elétrico associado à onda eletromagnética que se propaga no sentido positivo do eixo z como:

$$\vec{E}_x(z,t) = \hat{i}E_{0x}\left[\cos(kz - \omega t + \phi_B)\right], \quad \textbf{(9.12)}$$

em que E_{0x} é um coeficiente a ser determinado.

O campo magnético também satisfaz a uma equação de onda semelhante à do campo elétrico. Neste caso em que a onda se propaga no sentido positivo do eixo z e o campo elétrico oscila ao longo do eixo x, o campo magnético deve oscilar na direção y. Portanto, podemos escrever que:

$$\vec{B}_y(z,t) = \hat{j}B_{0y}\cos(kz - \omega t + \phi). \quad \textbf{(9.13)}$$

em que ϕ é uma fase arbitrária. É importante frisar que os coeficientes B_{0y} e E_{0x} devem ser determinados de tal forma que os campos elétrico e magnético satisfaçam às equações de Maxwell. Dessa forma, podemos resolver apenas a equação de onda para o campo elétrico e usar as equações de Maxwell, por exemplo a lei de Faraday, para obter o campo magnético. Alternativamente, podemos resolver a equação para o campo magético e, em seguida, obter o campo elétrico via as equações de Maxwell.

Assim, tomando o rotacional da equacão (9.12), podemos escrever a lei de Faraday na forma:

$$-\hat{j}kE_{0x}\text{sen}\left(kz - \omega t + \phi_B\right) = -\frac{\partial\vec{B}(z,t)}{\partial t}. \quad \textbf{(9.14)}$$

Integrando essa equação no tempo, obtemos:

$$\vec{B}(z,t) = \hat{j}\frac{kE_{0x}}{\omega}\cos\left(kz - \omega t + \phi_B\right). \quad \textbf{(9.15)}$$

Comparando as relações (9.13) e (9.15), temos que $B_{0y} = kE_{0x}/\omega$ e $\phi = \phi_B$. Neste exemplo simples, as componentes dos campos elétrico e magnético estão relacionadas por $B_y = kE_x/\omega$. De forma geral, os campos elétricos e magnéticos estão relacionados por:

$$\vec{B} = \frac{\vec{k}}{\omega}\times\vec{E}. \quad \textbf{(9.16)}$$

Esta relação mostra que os campos $\vec{E}$, $\vec{B}$ e o vetor de onda $\vec{k}$ são ortogonais entre si. No vácuo, em que $\vec{H} = \vec{B}/\mu_0$, o vetor de Poynting, calculado por $\vec{S} = \vec{E}\times\vec{H}$, é $\vec{S} = [\vec{E}\times(\vec{k}\times\vec{E})]/\omega\mu_0$. Efetuando os produtos vetoriais, temos que $\vec{S} = (k/\mu_0\omega)E^2\hat{k}$, em que $\hat{k}$ está na direção de propagação da onda. Multiplicando e dividindo a expressão do vetor de Poynting por ε_0 e usando as relações $k/\omega = 1/c$ e $c^2 = 1/\varepsilon_0\mu_0$, temos que $\vec{S} = c\varepsilon_0 E^2\hat{k}$. A potência média transportada pela onda, calculada por $\langle dP/(dsd\Omega)\rangle = \langle S\rangle$, é $\langle dP/(dsd\Omega)\rangle = c\varepsilon_0 E_{0x}^2/2$.

Nesta seção, consideramos uma onda eletromagnética que se propaga no vácuo ao longo da direção z e cujos campos elétrico e magnético oscilam ao longo de uma das direções cartesianas. No caso mais geral de uma onda que se propaga ao longo de uma direção qualquer, o campo elétrico tem a forma $\vec{E}(\vec{r},t) = \hat{r}E_0 e^{i(\vec{k}\cdot\vec{r}-\omega t)}$ (veja o Exercício Complementar 5).

EXEMPLO 9.1

Use a lei de conservação da energia para determinar a densidade de energia eletromagnética transportada por uma onda eletromagnética plana que se propaga no vácuo, cujo campo elétrico é dado por $\vec{E}(z,t) = \hat{i}E_{0x}\cos(kz - \omega t + \phi_x) + \hat{j}E_{0y}\cos(kz - \omega t + \phi_y)$.

SOLUÇÃO

Como já foi mostrado na seção anterior, o vetor de Poynting para uma onda que se propaga ao longo do eixo z é $\vec{S} = c\varepsilon_0 E^2\hat{k}$. Portanto, neste caso, o vetor de Poynting é:

$$\vec{S} = c\varepsilon_0\left[E_{0x}^2\cos^2(kz - \omega t + \phi_x) + E_{0y}^2\cos^2(kz - \omega t + \phi_y)\right]\hat{k}.$$

Da equação da conservação de energia, $\vec{\nabla}\cdot\vec{S} + \partial u_{em}/\partial t = 0$, temos que a densidade de energia eletromagnética pode ser obtida pela relação $u_{em} = -\int(\vec{\nabla}\cdot\vec{S})dt$. Da equação anterior, temos que a divergência do vetor de Poynting é:

$$\vec{\nabla}\cdot\vec{S} = -2kc\varepsilon_0\left[E_{0x}^2\cos(kz - \omega t + \phi_x)\text{sen}(kz - \omega t + \phi_x)\right.$$
$$\left.+E_{0y}^2\cos(kz - \omega t + \phi_y)\text{sen}(kz - \omega t + \phi_y)\right].$$

Substituindo esta expressão na relação $u_{em} = -\int(\vec{\nabla}\cdot\vec{S})dt$ e usando $kc = \omega$, temos:

$$u_{em} = -2\varepsilon_0\omega\int\left[E_{0x}^2\cos(kz - \omega t + \phi_x)\text{sen}(kz - \omega t + \phi_x)\right.$$
$$\left.+E_{0y}^2\cos(kz - \omega t + \phi_y)\text{sen}(kz - \omega t + \phi_y)\right]dt.$$

Integrando no tempo, obtemos:

$$u_{em} = \varepsilon_0\left[E_{0x}^2\cos^2(kz - \omega t + \phi_x) + E_{0y}^2\cos^2(kz - \omega t + \phi_y)\right].$$

Note que a densidade de energia eletromagnética varia no tempo entre zero e seu valor máximo. O valor médio da densidade de energia é:

$$\langle u_{em}\rangle = \varepsilon_0\left\{E_{0x}^2\left[\frac{1}{T}\int_0^T\cos^2(kz - \omega t + \phi_x)dt\right] + E_{0y}^2\left[\frac{1}{T}\int_0^T\cos^2(kz - \omega t + \phi_y)dt\right]\right\}$$

em que $T = \omega/2\pi$ é o período da onda. Integrando esta equação, temos $\langle u_{em}\rangle = \varepsilon_0(E_{0x}^2 + E_{0y}^2)/2$. Essa relação pode ser escrita como $\langle u_{em}\rangle = \varepsilon_0 E^2/2$.

Alternativamente, a densidade de energia eletromagnética também pode ser calculada somando as densidades de energia elétrica ($u_{el} = \varepsilon_0 E^2 / 2$) e magnética ($u_{mag} = B^2 / 2\mu_0$). Usando a relação $B = (k/\omega)E$, podemos escrever a densidade de energia magnética em termos do campo elétrico, $u_{mag} = (k/\omega)^2 (E^2 / 2\mu_0)$. Multiplicando e dividindo por ε_0 e lembrando que $c^2 = 1/\varepsilon_0\mu_0$ e $\omega = kc$, podemos escrever a densidade de energia magnética como $u_{mag} = \varepsilon_0 E^2 / 2$.

Note que, para uma onda eletromagnética que se propaga no vácuo, a densidade de energia magnética é igual à densidade de energia elétrica. Logo, a densidade de energia eletromagnética é $u_{em} = u_{el} + u_{mag} = \varepsilon_0 E^2$. Como o campo elétrico é $\vec{E}(z,t) = \hat{\imath} E_{0x} \cos(kz - \omega t + \phi_x) + \hat{\jmath} E_{0y} \cos(kz - \omega t + \phi_y)$, temos que $\langle u_{em} \rangle = \varepsilon_0 (E_{0x}^2 + E_{0y}^2)/2$, que é o mesmo resultado obtido usando a lei de conservação de energia.

9.3 Polarização

Uma onda eletromagnética possui campos elétrico e magnético que oscilam perpendicularmente à direção de propagação da onda. A polarização[3] da onda eletromagnética pode ser definida em termos da direção de oscilação do campo elétrico ou do campo magnético.

Para discutir a polarização das ondas eletromagnéticas, vamos considerar uma onda plana, que se propaga no vácuo ao longo da direção z, cujo campo elétrico é dado por:

$$\vec{E}(z,t) = \hat{\imath} \overbrace{E_{0x} \cos\underbrace{(kz - \omega t + \phi_x)}_{\Phi_x}}^{E_x} + \hat{\jmath} \overbrace{E_{0y} \cos\underbrace{(kz - \omega t + \phi_y)}_{\Phi_y}}^{E_y}. \tag{9.17}$$

As fases dessas componentes (o argumento da função cosseno) desempenham um papel fundamental para determinar a direção de oscilação do campo elétrico associado à onda.

Vamos analisar algumas situações particulares. Primeiramente, vamos supor que a componente $\hat{\imath}$ do campo elétrico tem a mesma fase da componente $\hat{\jmath}$. Essa condição é matematicamente representada por $\Phi_x = \Phi_y$, em que $\Phi_x = kz - \omega t + \phi_x$ e $\Phi_y = kz - \omega t + \phi_y$. Com essas considerações, temos: (1) $E_x = E_{0x}$ e $E_y = E_{0y}$ se $\Phi_x = \Phi_y = 0$; (2) $E_x = 0$ e $E_y = 0$ se $\Phi_x = \Phi_y = \pi/2$. A Tabela 9.1 mostra a variação das componentes $\hat{\imath}$ e $\hat{\jmath}$ do campo elétrico em função das fases Φ_x e Φ_y.

Tabela 9.1 Componentes do campo elétrico $\vec{E} = \hat{\imath} E_{0x} \cos\Phi_x + \hat{\jmath} E_{0y} \cos\Phi_y$ quando $\Phi_y = \Phi_x$

Φ_x	Φ_y	E_x	E_y
0	0	E_{0x}	E_{0y}
$\frac{\pi}{2}$	$\frac{\pi}{2}$	0	0
π	π	$-E_{0x}$	$-E_{0y}$
$\frac{3\pi}{2}$	$\frac{3\pi}{2}$	0	0
2π	2π	E_{0x}	E_{0y}

Dessa tabela, podemos observar que as componentes E_x e E_y atingem seus valores máximos e mínimos simultaneamente (isto é, elas estão sempre em fase). Portanto, o campo elétrico resultante, $\vec{E} = \hat{\imath} E_x + \hat{\jmath} E_y$, estará

[3] Essa mesma palavra polarização foi utilizada no Capítulo 4 para descrever a média dos dipolos elétricos por unidade de volume.

sobre uma reta, cuja inclinação é dada por $\theta = \arctan(E_{0y} / E_{0x})$, conforme mostra a Figura 9.1 (a). Neste caso, temos uma onda eletromagnética linearmente polarizada.

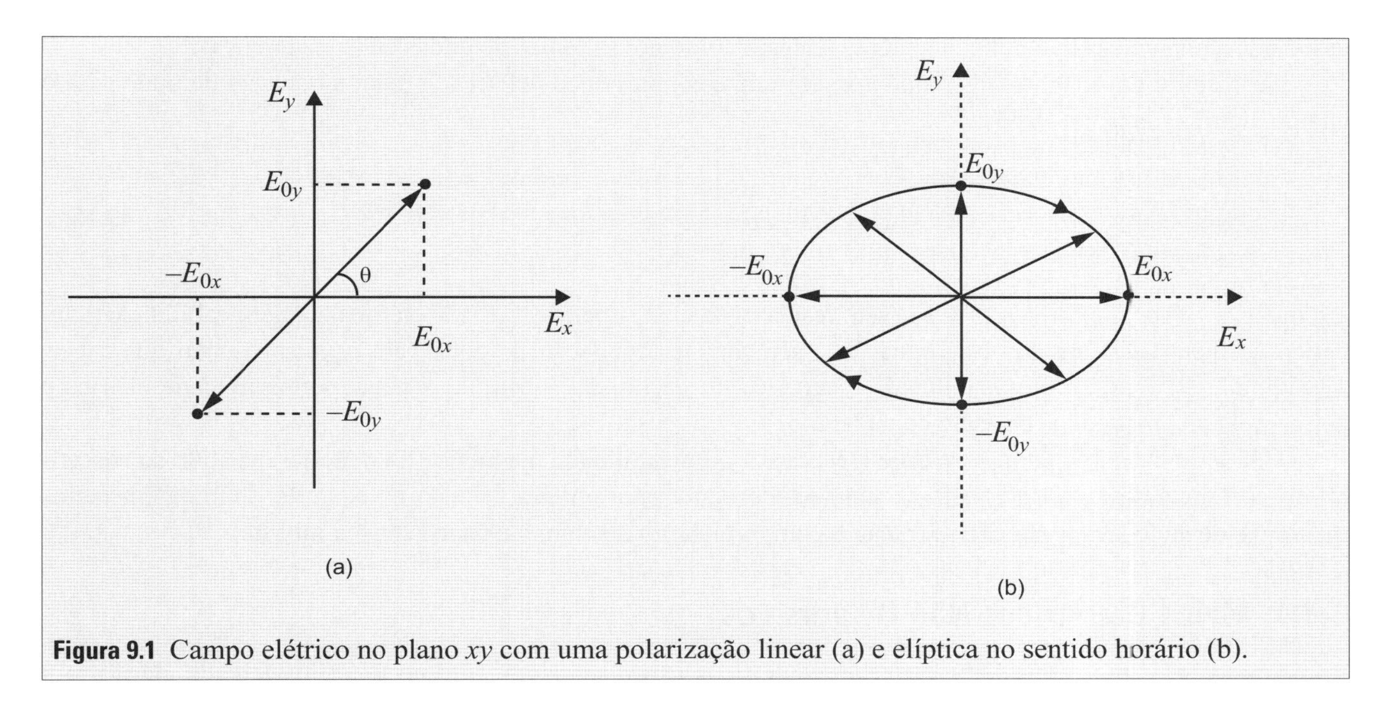

Figura 9.1 Campo elétrico no plano xy com uma polarização linear (a) e elíptica no sentido horário (b).

Agora, vamos supor que exista uma diferença de fase de $\pi / 2$ entre as componentes $\hat{i}$ e $\hat{j}$ do campo elétrico. Nesta situação, que pode ser matematicamente representada por $\Phi_y = \Phi_x + \pi / 2$, as componentes $\hat{i}$ e $\hat{j}$ do campo elétrico variam conforme a Tabela 9.2.

Tabela 9.2 Componentes do campo elétrico $\vec{E} = \hat{i}E_{0x} \cos\Phi_x + \hat{j}E_{0y} \cos\Phi_y$ quando $\Phi_y = \Phi_x + \pi / 2$

Φ_x	Φ_y	E_x	E_y
0	$\frac{\pi}{2}$	E_{0x}	0
$\frac{\pi}{2}$	π	0	$-E_{0y}$
π	$\frac{3\pi}{2}$	$-E_{0x}$	0
$\frac{3\pi}{2}$	2π	0	E_{0y}
2π	$\frac{3\pi}{2}$	E_{0x}	0

A Tabela 9.2 mostra que, quando a componente E_x atinge o seu valor máximo ou mínimo, a componente E_y é nula e vice-versa. Neste caso, para um observador que está olhando de frente para a página deste livro, o campo elétrico resultante $\vec{E} = \hat{i}E_x + \hat{j}E_y$ descreverá uma elipse no sentido horário,[4] conforme mostra a Figura 9.1(b). No caso particular em que $|E_x| = |E_y|$, a onda eletromagnética terá uma polarização circular. Para uma diferença de fase de $3\pi / 2$ entre as componentes $\hat{i}$ e $\hat{j}$ do campo elétrico, a onda eletromagnética terá uma polarização elíptica no sentido anti-horário (veja o Exercício Complementar 6).

[4] Para um observador colocado na página deste livro e olhando para fora dela, o sentido é anti-horário.

9.4 Ondas Eletromagnéticas em Meios Não Condutores

Quando uma onda eletromagnética penetra em um material não condutor, ela faz com que os dipolos elétricos oscilem. Na realidade, os elétrons ligados (que formam os dipolos) no interior do material absorvem a energia associada à onda eletromagnética incidente e atuam como novas fontes de ondas eletromagnéticas.

No caso de um material não condutor, em que a condutividade elétrica é nula, a equação de onda para o campo elétrico, dada em (8.33), é:

$$\nabla^2 \vec{E}(x,y,z,t) - \varepsilon\mu \frac{\partial^2 \vec{E}(x,y,z,t)}{\partial t^2} = 0 \tag{9.18}$$

em que $\varepsilon = \varepsilon_0(1+\chi_e)$ e $\mu = \mu_0(1+\chi_m)$ são, respectivamente, a permissividade elétrica e a permeabilidade magnética do material. Note que esta equação é semelhante à equação de onda para o vácuo, sendo que a permissividade elétrica e a permeabilidade magnética do vácuo são substituídas pelas permissividade elétrica e permeabilidade magnética do meio considerado.

Vale lembrar que a permissividade elétrica e a permeabilidade magnética do material depende da suscetibilidade elétrica e magnética, respectivamente. Portanto, para obter a solução da equação de onda em meios materiais, devemos levar em consideração o comportamento do campo elétrico em seu interior.

9.4.1 Meios Dielétricos Não Dispersivos

Primeiramente, vamos considerar materiais dielétricos não dispersivos em que a permissividade elétrica e a permeabilidade magnética não dependem da frequência da onda incidente. Para materiais homogêneos, lineares e isotrópicos, temos que $\varepsilon = k_d\varepsilon_0$ e $\mu = k_m\mu_0$, em que $k_d = 1+\chi_e$ e $k_m = 1+\chi_m$ são, respectivamente, a constante dielétrica e magnética. Com essas considerações, a equação (9.18) se escreve como:

$$\nabla^2 \vec{E}(x,y,z,t) - k_d k_m \varepsilon_0 \mu_0 \frac{\partial^2 \vec{E}(x,y,z,t)}{\partial t^2} = 0. \tag{9.19}$$

Por simplicidade, vamos considerar uma onda plana que se propaga na direção z, cujo campo elétrico oscila ao longo do eixo x. Seguindo o mesmo procedimento utilizado na Seção 9.2, temos que o campo elétrico da solução da equação (9.19) é:

$$\vec{E}(z,t) = \hat{i}E_{0x}\cos(k_1 z - \omega t), \tag{9.20}$$

em que $k_1 = \sqrt{k_d k_m \varepsilon_0 \mu_0 \omega^2}$. Aqui, o módulo do vetor de onda foi chamado de k_1 para distinguir de k usado para o caso do vácuo. O campo magnético, obtido pela lei de Faraday, é:

$$\vec{B}(z,t) = \hat{j}\frac{k_1 E_{0x}}{\omega}\cos(k_1 z - \omega t). \tag{9.21}$$

As funções de onda para os campos elétrico e magnético têm a mesma forma daquelas obtidas para o vácuo. A diferença está no vetor de onda, que tem módulo $k_1 = \sqrt{\omega^2\varepsilon\mu}$. Para meios lineares em que valem as relações $\varepsilon = k_d\varepsilon_0$ e $\mu = k_m\mu_0$, temos que $k_1 = \frac{\omega}{c}\sqrt{k_d k_m} = k\sqrt{k_d k_m}$, em que $k = \omega / c$ é o módulo do vetor de onda no vácuo. Como $k_d \geq 1$ e $k_m \geq 1$, temos que $k_1 \geq k$. Note também que, se $k_d k_m = 1$, o módulo do vetor de onda k_1 se reduz àquele calculado para o vácuo, $k_1 = \omega / c = k$.

Por outro lado, o módulo do vetor de onda k_1 pode ser escrito na forma $k_1 = \omega / v$, em que $v = 1/\sqrt{\varepsilon\mu}$ é a velocidade de propagação da onda no material. Como $\varepsilon \geq \varepsilon_0$ e $\mu \geq \mu_0$, temos que $v \leq c$.

A razão entre as velocidades de propagação da onda eletromagnética no vácuo e no meio material é definida como o índice de refração do meio. Usando as relações $c = 1/\sqrt{\varepsilon_0\mu_0}$ e $v = 1/\sqrt{\varepsilon\mu}$, temos que o índice de refração é matematicamente definido como:

$$n = \frac{c}{v} = \frac{\sqrt{\varepsilon\mu}}{\sqrt{\varepsilon_0\mu_0}}. \tag{9.22}$$

Como $v \leq c$, temos que o índice de refração de um meio material é sempre maior ou igual a um.[5] No caso de meios lineares em que $\varepsilon = k_d\varepsilon_0$ e $\mu = k_m\mu_0$, temos que o índice de refração é $n = \sqrt{k_d k_m}$. Note que, para o vácuo, em que $k_d = k_m = 1$, o índice de refração é $n = 1$.

Usando as relações $k = 2\pi / \lambda$ e $k_1 = 2\pi / \lambda_1$, temos que $k / k_1 = \lambda_1 / \lambda$. Como $k = \omega / c$ e $k_1 = \omega / v$, obtemos que $\lambda_1 = (v / c)\lambda$. Como $c > v$, temos que $\lambda_1 < \lambda$. Portanto, o comprimento da onda eletromagnética em um meio material é menor que o comprimento dessa mesma onda no vácuo. A Figura 9.2 mostra esquematicamente uma onda eletromagnética de comprimento λ, que se propaga no vácuo e incide sobre um material dielétrico na qual passa a ter o comprimento λ_1, em que $\lambda_1 < \lambda$.

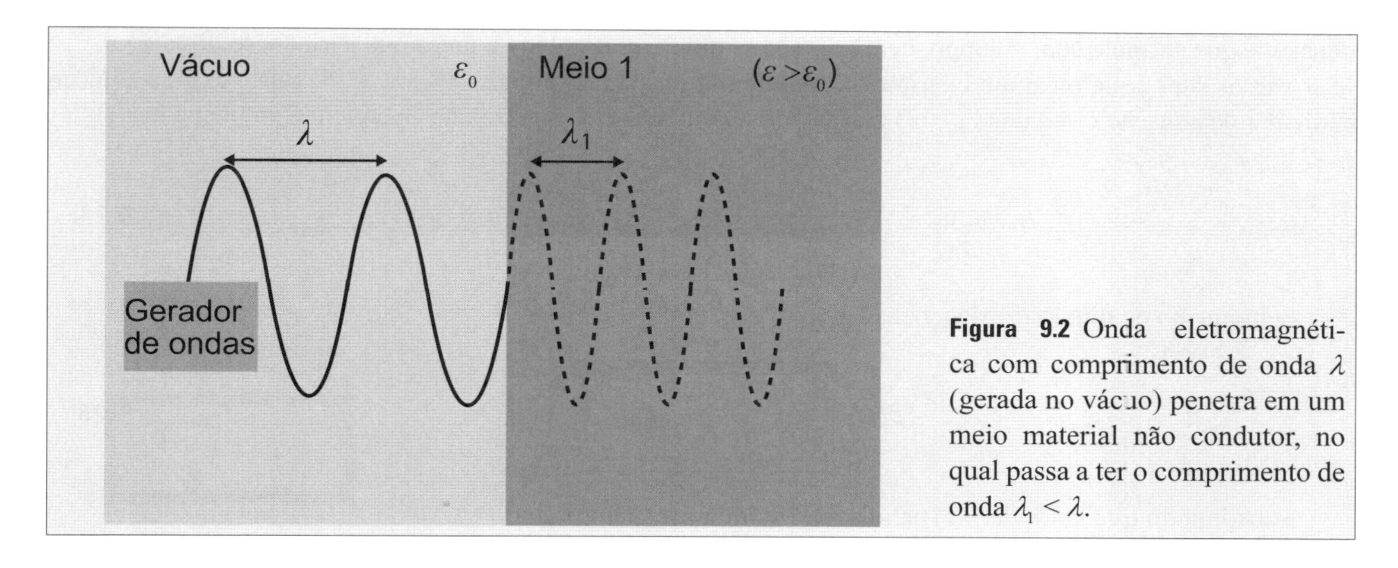

Figura 9.2 Onda eletromagnética com comprimento de onda λ (gerada no vácuo) penetra em um meio material não condutor, no qual passa a ter o comprimento de onda $\lambda_1 < \lambda$.

9.4.2 Meios Dielétricos Dispersivos

Nesta subseção, vamos discutir a propagação de ondas eletromagnéticas em materiais dispersivos, cuja permissividade elétrica depende da frequência da onda incidente. Antes de resolver a equação de onda correspondente, vamos calcular a permissividade elétrica do material. Vamos considerar meios lineares, homogêneos e isotrópicos, nos quais vale a relação $\vec{P} = \varepsilon_0\chi_e\vec{E}$, em que $\chi_e = \varepsilon / \varepsilon_0 - 1$ é a suscetibilidade elétrica (veja a Seção 4.3). Logo, podemos obter a permissividade elétrica do material, a partir do conhecimento de sua polarização elétrica.

Quando uma onda eletromagnética incide sobre um material dielétrico, os elétrons ficam submetidos a uma força eletromagnética. Considerando que a velocidade adquirida pelos elétrons é pequena, podemos desprezar a força magnética, de modo que eles ficam submetidos somente à força elétrica da radiação eletromagnética. Essa força elétrica tende a separar as cargas elétricas negativas das positivas, de modo que cada átomo

[5] Essa conclusão não vale para os metamateriais, que apresentam índice de refração negativo (veja a Seção 9.5).

se comporta como se fosse um dipolo elétrico, cujo momento é $\vec{p}(t) = q\vec{r}(t)$. Esse cenário representa uma idealização física de um dipolo elétrico oscilante.[6] A soma desses momentos de dipolo elétrico dá origem à polarização elétrica, $\vec{P}(t) = N\vec{p}(t) = Nq\vec{r}(t)$, em que N é o número de dipolos elétricos por unidade de volume.

Para calcular a polarização elétrica do material dielétrico é necessário conhecer o vetor posição $\vec{r}(t)$. Do ponto de vista da física clássica,[7] a força total atuando sobre os elétrons pode ser escrita na forma $\vec{F} = \vec{F}_{elét} + \vec{F}_{elast} + \vec{F}_{am}$, em que $\vec{F}_{elét} = q\vec{E}$ representa a força elétrica exercida pelo campo elétrico associado à onda eletromagnética. O termo $\vec{F}_{elast} = -\beta_0\vec{r}(t)$, em que β_0 é um parâmetro do modelo, representa a força que tende a restaurar o estado original. O termo $\vec{F}_{am} = -\gamma_0\vec{v}$, em que γ_0 é outro parâmetro do modelo, representa uma força de amortecimento devido às interações eletrônicas e espalhamentos provocados pelas mais variadas razões.

Usando a segunda lei de Newton, $\vec{F} = md^2\vec{r}(t)/dt^2$, podemos escrever a seguinte equação de movimento para os elétrons no interior do meio dielétrico dispersivo: $md^2\vec{r}(t)/dt^2 = q\vec{E}(t) - \beta_0\vec{r}(t) - \gamma_0\vec{v}$. Usando $\vec{v} = d\vec{r}/dt$ e isolando a variável $\vec{r}$ no lado esquerdo, temos:

$$\frac{d^2\vec{r}(t)}{dt^2} + \gamma\frac{d\vec{r}(t)}{dt} + \omega_0^2\vec{r} = \frac{q}{m}\vec{E}(t) \tag{9.23}$$

em que $\omega_0^2 = \beta_0/m$ é a frequência natural do movimento oscilatório dos elétrons e $\gamma = \gamma_0/m$ é uma constante de amortecimento. A solução desta equação diferencial pode ser escrita como $\vec{r}(t) = \vec{r}_h(t) + \vec{r}_p(t)$, em que $\vec{r}_h(t)$ é a solução da equação homogênea associada e $\vec{r}_p(t)$ é a solução particular. A solução homogênea é uma solução transiente que se anula com o tempo, de modo que a solução particular é a única que permanece.

Vamos supor que o campo elétrico aplicado tem a forma harmônica $E(t) = E_0e^{-i\omega t}$. Neste caso, a solução particular da equação diferencial (9.23) é dada por (esta tarefa está proposta no Exercício Complementar 1):

$$\vec{r}(t) = \frac{q/m}{\omega_0^2 - \omega^2 - i\gamma\omega}\vec{E}(t). \tag{9.24}$$

O momento de dipolo elétrico, calculado por $\vec{p}(t) = q\vec{r}(t)$, é:

$$\vec{p}(t) = \frac{q^2/m}{\omega_0^2 - \omega^2 - i\gamma\omega}\vec{E}(t). \tag{9.25}$$

Substituindo este valor de $\vec{p}(t)$ na relação $\vec{P}(t) = N\vec{p}(t)$, temos que:

$$\vec{P}(t) = \frac{Nq^2}{m\left(\omega_0^2 - \omega^2 - i\gamma\omega\right)}\vec{E}(t). \tag{9.26}$$

Como a polarização elétrica é $\vec{P}(t) = \varepsilon_0\chi_e\vec{E}(t)$, temos que a suscetibilidade elétrica do material é:

$$\chi_e(\omega) = \frac{Nq^2}{m\varepsilon_0(\omega_0^2 - \omega^2 - i\gamma\omega)}. \tag{9.27}$$

Note que essa suscetibilidade elétrica depende da frequência da onda eletromagnética incidente. A permissividade elétrica do material, calculada por $\varepsilon(\omega) = \varepsilon_0[1 + \chi_e(\omega)]$, é:

---

[6] A radiação eletromagnética emitida por um dipolo elétrico oscilante será discutida no Capítulo 13.

[7] Para uma discussão quântica deste problema, recomendamos a leitura de livros de mecânica quântica (veja algumas sugestões na bibliografia).

$$\varepsilon(\omega) = \varepsilon_0 \overbrace{\left[1 + \frac{Nq^2}{m\varepsilon_0(\omega_0^2 - \omega^2 - i\gamma\omega)}\right]}^{k_d(\omega)}. \tag{9.28}$$

Esta relação tem a forma $\varepsilon(\omega) = k_d(\omega)\varepsilon_0$, em que $k_d(\omega)$, dado pelo termo entre colchetes, é a constante dielétrica do material. Note que a permissividade elétrica é uma grandeza complexa e depende da frequência do campo elétrico associado à onda incidente. Se o termo de amortecimento for nulo ($\gamma = 0$), a permissividade elétrica passa a ser uma grandeza real e dependente da frequência. A relação (9.28) foi obtida considerando que todos os elétrons no interior do material dielétrico possuem a mesma frequência natural de vibração. Para um material com diferentes fequências naturais de vibração, a relação anterior é um pouco modificada. O Exercício Complementar 2 propõe uma discussão sobre este tema.

Agora que a permissividade elétrica do meio foi determinada, vamos voltar à discussão sobre a propagação de ondas eletromagnéticas. Por simplicidade, vamos considerar materiais não magnéticos, em que a permeabilidade magnética do material se reduz à permeabilidade magnética do vácuo ($\mu \to \mu_0$). No que diz respeito à permissividade elétrica, vamos separar a discussão em dois casos: (1) permissividade elétrica real e (2) permissividade elétrica complexa.

Permissividade Elétrica Real

No caso de materiais em que o espalhamento eletrônico pode ser desprezado ($\gamma = 0$), a permissividade elétrica calculada na relação (9.28) se torna uma grandeza real. Neste caso, a equação de onda para o campo elétrico (9.18) se reduz a:

$$\nabla^2 \vec{E}(x,y,z,t) - \varepsilon(\omega)\mu_0 \frac{\partial^2 \vec{E}(x,y,z,t)}{\partial t^2} = 0.$$

Para resolver esta equação, vamos considerar uma onda plana que se propaga na direção z, com campo elétrico oscilando ao longo do eixo x. Com essa consideração e seguindo o mesmo procedimento utilizado na Seção 9.2, obtemos:

$$\vec{E}(z,t) = \hat{i}E_{0x}\cos(k_1 z - \omega t). \tag{9.29}$$

O campo magnético correspondente, obtido pela lei de Faraday, é:

$$\vec{B}(z,t) = \hat{j}\frac{k_1 E_{0x}}{\omega}\cos(k_1 z - \omega t), \tag{9.30}$$

em que $k_1(\omega) = \sqrt{\omega^2 \varepsilon(\omega)\mu}$. Usando $\varepsilon(\omega) = k_d(\omega)\varepsilon_0$ e $\mu = \mu_0$, podemos escrever que $k_1 = n(\omega)\omega / c$, em que $n(\omega) = \sqrt{k_d(\omega)}$ é o índice de refração que depende da frequência da onda incidente. Esse fato tem uma importância fundamental no fenômeno da dispersão de ondas eletromagnéticas em materiais.

No caso em que a onda eletromagnética incidente tem frequência muito menor que a frequência natural de oscilação dos elétrons ($\omega << \omega_0$), a constante dielétrica [termo entre colchetes na relação (9.28)] se reduz a $k_d = \left[1 + Nq^2 / m\varepsilon_0\omega_0^2\right]$, portanto, é independente da frequência da onda incidente. Este é o caso de materiais não dispersivos, discutido na Subseção 9.4.1.

Permissividade Elétrica Complexa

No caso no qual a permissividade elétrica, calculada na expressão (9.28), é uma grandeza complexa, a equação de onda para o campo elétrico assume a forma:

$$\nabla^2 \vec{E}(r,t) - \mu_0 \varepsilon_0 \left[1 + \frac{Nq^2}{\varepsilon_0 m(\omega_0^2 - \omega^2 - i\gamma\omega)}\right] \frac{\partial^2 \vec{E}(r,t)}{\partial t^2} = 0. \tag{9.31}$$

Para simplificar a resolução desta equação, vamos considerar uma onda eletromagnética plana que se propaga na direção z e com o campo elétrico oscilando ao longo do eixo x, isto é, $\vec{E}(z,t) = \hat{i}E_x(z,t)$. Propondo uma solução do tipo $E_x(z,t) = F_x(z)T(t)$ e substituindo na equação anterior, temos:

$$\frac{1}{\varepsilon_0 \mu_0 \left[1 + \frac{Nq^2}{\varepsilon_0 m(\omega_0^2 - \omega^2 - i\gamma\omega)}\right] F_x(z)} \frac{d^2 F_x(z)}{dz^2} = \frac{1}{T(t)} \frac{d^2 T(t)}{dt^2}. \tag{9.32}$$

Igualando esta equação a uma constante $-\omega^2$, obtemos as seguintes equações diferenciais:

$$\frac{d^2 T(t)}{dt^2} + \omega^2 T(t) = 0 \tag{9.33}$$

$$\frac{d^2 F_x(z)}{dz^2} + \varepsilon_0 \mu_0 \omega^2 \left[1 + \frac{Nq^2}{\varepsilon_0 m(\omega_0^2 - \omega^2 - i\gamma\omega)}\right] F_x(z) = 0. \tag{9.34}$$

A solução da equação na variável t é $T(t) = T_0 e^{-i\omega t}$. A equação na variável z tem a forma $\nabla^2 F_x(z) + \tilde{k}^2 F_x(z) = 0$, em que $\tilde{k}$ é uma grandeza complexa dada por:[8]

$$\tilde{k}(\omega) = \left[\sqrt{1 + \frac{Nq^2}{\varepsilon_0 m(\omega_0^2 - \omega^2 - i\gamma\omega)}}\right] \frac{\omega}{c} = \tilde{n}(\omega) \frac{\omega}{c}. \tag{9.35}$$

A grandeza $\tilde{n}(\omega)$ definida por

$$\tilde{n}(\omega) = \sqrt{1 + \frac{Nq^2}{\varepsilon_0 m(\omega_0^2 - \omega^2 - i\gamma\omega)}}, \tag{9.36}$$

representa um índice de refração complexo.

A solução da equação de onda (9.34) é $F_x(z) = F_{0x} e^{i(\tilde{k}z + \phi_x)}$. Portanto, o campo elétrico calculado por $E_x(z,t) = F_x(z)T(t)$ é:

$$\vec{E}(z,t) = \hat{i} E_{0x} e^{i(\tilde{k}z - \omega t + \phi_x)}. \tag{9.37}$$

[8] Representamos uma grandeza complexa colocando o símbolo "til" sobre a letra.

Esta solução, semelhante àquela obtida para materiais com permissividade elétrica real, apresenta uma variável complexa ($\tilde{k}$) no argumento da função exponencial. Escrevendo essa variável na forma $\tilde{k} = k + ik_I$, em que k e k_I representam as partes real e imaginária respectivamente, obtemos:

$$\vec{E}(z,t) = e^{-k_I z}\left[\hat{i}E_{0x}e^{i(kz-\omega t+\phi_x)}\right]. \tag{9.38}$$

Tomando a parte real, temos:

$$\vec{E}(z,t) = e^{-k_I z}\left[\hat{i}E_{0x}\cos\left(kz-\omega t+\phi_x\right)\right]. \tag{9.39}$$

Note que o termo entre colchetes é uma onda plana. Entretanto, o termo exponencial com argumento real e negativo é um fator de amortecimento, que reduz a amplitude de oscilação do campo elétrico à medida que z cresce. Portanto, ondas eletromagnéticas que se propagam em um meio dielétrico, cuja constante dielétrica é uma grandeza complexa, serão parcialmente absorvidas pelo meio. Essa absorção depende da parte imaginária do índice de refração.

Para gases rarefeitos, o índice de refração não é muito maior que 1. Neste caso, o termc no radical da relação (9.36) é muito próximo de 1, de modo que podemos usar a expansão $(1+x)^n = 1 + nx + \cdots$ e escrever:

$$\tilde{n}(\omega) = \left[1 + \frac{Nq^2}{2\varepsilon_0 m(\omega_0^2 - \omega^2 - i\gamma\omega)}\right]. \tag{9.40}$$

Multiplicando e dividindo o segundo termo desta expressão por $(\omega_0^2 - \omega^2) + i\gamma\omega$, podemos separar as partes real e imaginária e escrever $\tilde{n}(\omega)$ na forma:

$$\tilde{n}(\omega) = \overbrace{1 + \frac{Nq^2(\omega_0^2 - \omega^2)}{2m\varepsilon_0\left[(\omega_0^2-\omega^2)^2 + \gamma^2\omega^2\right]}}^{n} + i\overbrace{\frac{Nq^2\gamma\omega}{2m\varepsilon_0\left[(\omega_0^2-\omega^2)^2 + \gamma^2\omega^2\right]}}^{n_I}. \tag{9.41}$$

Esta relação tem a forma $\tilde{n}(\omega) = n + n_I$, em que n e n_I representam as partes real e imaginária do índice de refração.

Vamos analisar essa expressão para alguns valores da frequência. Para $\omega = 0$, a parte imaginária do índice de refração é nula, de modo que não existe nenhuma absorção. Isso significa que o campo eletrostático não é absorvido pelo material. Para $\omega << \omega_0$, a relação (9.41) se reduz a:

$$\tilde{n}(\omega) = 1 + \frac{Nq^2}{2m\varepsilon_0\omega_0^2} + i\frac{Nq^2\gamma}{2m\varepsilon_0\omega_0^4}\omega. \tag{9.42}$$

Note que a parte complexa do índice de refração tem uma dependência linear em ω. Para $\omega = \omega_0$, a relação (9.41) se reduz a:

$$\tilde{n}(\omega) = 1 + i\frac{Nq^2}{2m\varepsilon_0\gamma\omega_0}. \tag{9.43}$$

Neste caso, a parte imaginária do índice de refração tem um máximo indicando absorção máxima ou ressonância. Para $\omega >> \omega_0$, a relação (9.41) se reduz a:

$$\tilde{n}(\omega) = 1 - \frac{Nq^2}{2m\varepsilon_0\omega^2} + i\frac{Nq^2\gamma}{2m\varepsilon_0\omega^3}. \quad \textbf{(9.44)}$$

Neste caso, a parte complexa do índice de refração tem uma dependência em $1/\omega^3$. A Figura 9.3 mostra a parte complexa do índice de refração em função da frequência, considerando $\gamma = 0{,}1$ e $\omega_0 = 2$ Hz. Note que a absorção é máxima quando a onda tem frequência em torno da frequência de ressonância ω_0.

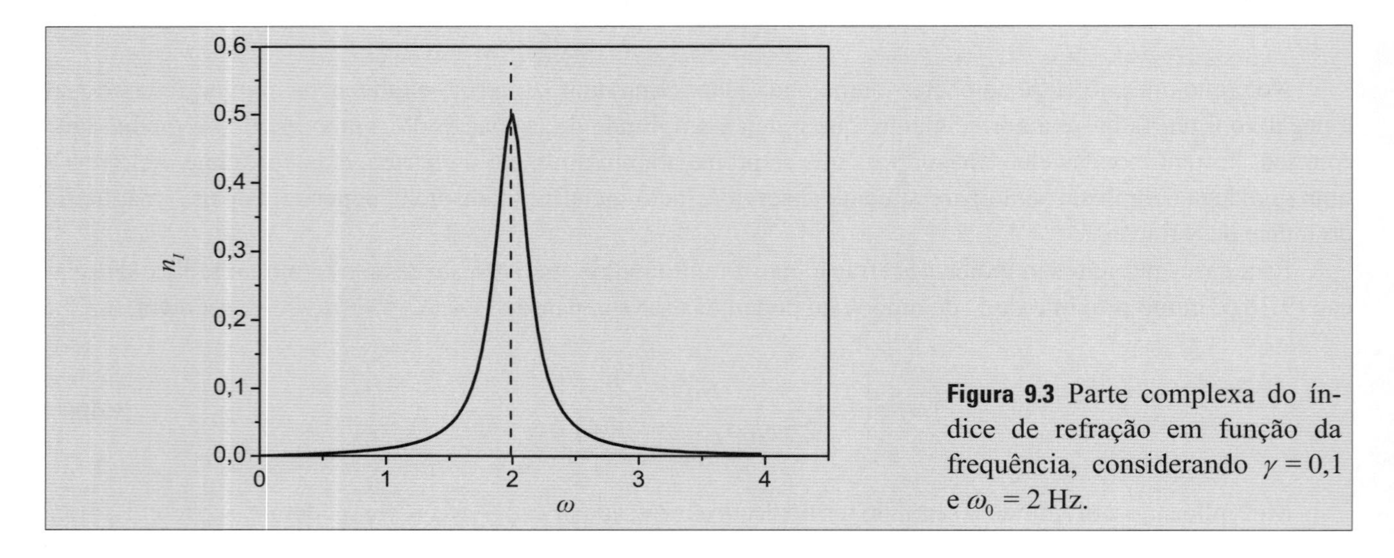

Figura 9.3 Parte complexa do índice de refração em função da frequência, considerando $\gamma = 0{,}1$ e $\omega_0 = 2$ Hz.

O campo magnético correspondente pode ser determinado pela relação $\vec{B} = (\tilde{k}/\omega \times \vec{E})$. Então, usando a expressão (9.37), temos:

$$\vec{B}(z,t) = \hat{j}\frac{\tilde{k}E_{0x}}{\omega}e^{i\left(\tilde{k}z - \omega t + \phi_x\right)}. \quad \textbf{(9.45)}$$

A variável complexa $\tilde{k}$ pode ser escrita na forma $\tilde{k} = k + ik_I$. Alternativamente, ela também pode ser escrita como $\tilde{k} = |\tilde{k}|e^{i\phi_k}$, em que $\phi_k = \text{arctg}(k_I/k)$ e $|\tilde{k}| = \sqrt{k^2 + k_I^2}$. Usando a forma $\tilde{k} = k + ik_I$ no argumento da função exponencial e $\tilde{k} = |\tilde{k}|e^{i\phi_k}$ no coeficiente, podemos escrever a relação (9.45) como:

$$\vec{B}(z,t) = \hat{j}\frac{|\tilde{k}|}{\omega}e^{-k_I z}E_{0x}e^{i\left(kz - \omega t + \phi_x + \phi_k\right)}. \quad \textbf{(9.46)}$$

Note que o campo magnético tem uma diferença de fase $\phi_k = \text{arctg}(k_I/k)$ em relação ao campo elétrico dado na equação (9.37). Tomando a parte real, temos:

$$\vec{B}(z,t) = \hat{j}\frac{\sqrt{k^2 + k_I^2}}{\omega}e^{-k_I z}E_{0x}\left[\cos\left(kz - \omega t + \phi_x + \phi_k\right)\right]. \quad \textbf{(9.47)}$$

Fazendo $a = kz - \omega t + \phi_x$, $b = \phi_k$ e usando a identidade trigonométrica $\cos(a+b) = \cos a \cos b - \text{sen}\, a\, \text{sen}\, b$, temos que:

$$\vec{B}(z,t)=\hat{j}\frac{E_{0x}}{\omega}e^{-k_I z}\left[|\tilde{k}|\cos\phi_k\cos(kz-\omega t+\phi_x)-|\tilde{k}|\operatorname{sen}\phi_k\operatorname{sen}(kz-\omega t+\phi_x)\right]. \tag{9.48}$$

Como $|\tilde{k}|\cos\phi_k$ representa a parte real (k) e $|\tilde{k}|\operatorname{sen}\phi_k$ representa a parte imaginária (k_I) do módulo do vetor de onda, temos que o campo magnético é escrito em termos das funções trigonométricas como:

$$\vec{B}(z,t)=\hat{j}e^{-k_I z}\left[\frac{kE_{0x}}{\omega}\cos(kz-\omega t+\phi_x)-\frac{k_I E_{0x}}{\omega}\operatorname{sen}(kz-\omega t+\phi_x)\right]. \tag{9.49}$$

Esta expressão para o campo magnético também pode ser obtida utilizando a lei de Faraday e a relação (9.39) para o campo elétrico (veja o Exercício Complementar 8).

9.5 Ondas Eletromagnéticas em Metamateriais

Na seção anterior foi discutida a propagação de ondas eletromagnéticas em meios materiais dielétricos (dispersivos e não dispersivos), considerando que tanto a permissividade elétrica quanto a permeabilidade magnética são grandezas positivas.

Nesta seção vamos discutir a propagação de ondas em um material que tem tanto a permissividade elétrica quanto a permeabilidade magnética negativa. Os materiais que satisfazem essa condição são chamados de metamateriais. As propriedades físicas dos metamateriais foram previstas teoricamente pelo físico russo V. G. Veselago, em seu artigo intitulado *The electrodynamics of substances with simultaneously negative values of ε and μ*, publicado na revista "Sovieth Physics Uspekhi" 10, (1968) 509. Alguns anos mais tarde, foi mostrado experimentalmente que é possível fabricar materiais com essas propriedades. Por exemplo, veja a referência Pendry, J. B., *Negative refraction,* Contemporary Physics, 45 (2004) 191.

Os primeiros metamateriais foram construídos usando um conjunto de fios metálicos e ressonadores em forma de anéis cortados (veja a Figura 9.4), cujas dimensões são menores que o comprimento de onda da radiação eletromagnética incidente. Hoje, os metamateriais constituem um linha de pesquisa independente e muitos trabalhos podem ser encontrados na literatura.[9]

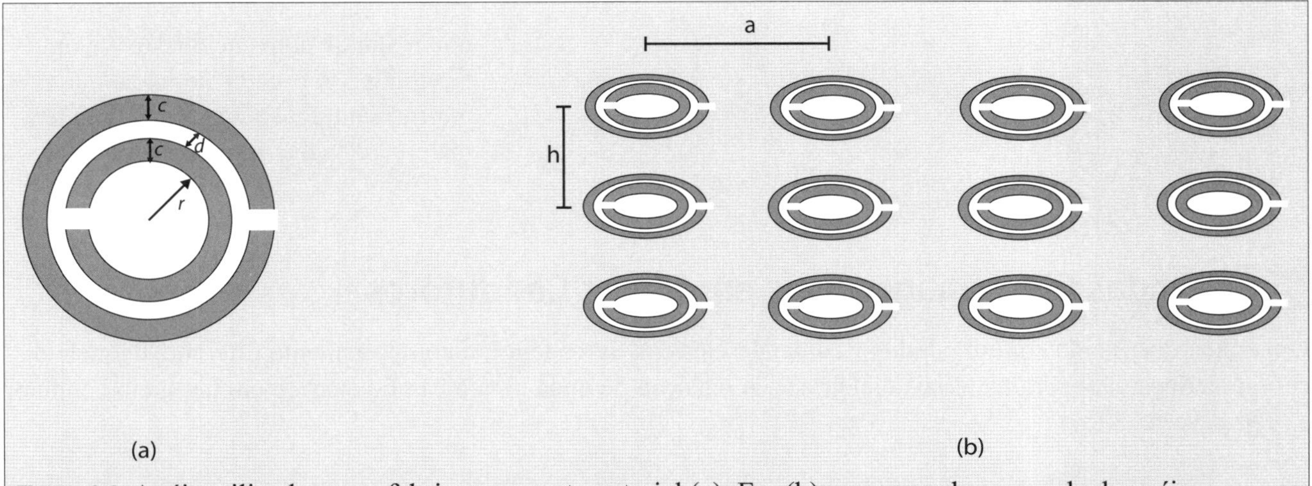

Figura 9.4 Anéis utilizados para fabricar um metamaterial (a). Em (b), esquema de uma rede de anéis.

[9] Para mais detalhes sobre este assunto, veja as referências citadas na bibliografia.

Vamos discutir muito brevemente as consequências da propagação de ondas eletromagnéticas nesses metamateriais. Por simplicidade, vamos considerar ondas planas, cujo campo elétrico é dado por $\vec{E}(r,t) = \hat{i}e^{i(\vec{k}.r-\omega t)}$. Nesta aproximação, as leis de Faraday e Ampère-Maxwell para meios lineares, em que valem as relações $B = \mu\vec{H}$ e $\vec{D} = \varepsilon\vec{E}$, são escritas como

$$\vec{k}\times\vec{E} = \omega\mu\vec{H}, \quad \vec{k}\times\vec{H} = -\omega\varepsilon\vec{E}.$$

Note que para materiais convencionais, em que $\varepsilon > 0$ e $\mu > 0$, os vetores $\vec{k}$, $\vec{E}$ e $\vec{H}$ são ortogonais entre si e formam um tripleto dextrogiro (rotação para a direita), em que $\vec{k}\times\vec{E} \to \vec{H}$; $\vec{k}\times\vec{H} \to -\vec{E}$. Nesse caso, o vetor $\vec{k}$ tem o mesmo sentido do vetor de Poynting, $\vec{S} = \vec{E}\times\vec{H}$. Esse cenário está representado na Figura 9.5(a).

Para metamateriais em que tanto ε quanto μ são negativos, as leis de Faraday e de Ampère-Maxwell são:

$$\vec{k}\times\vec{E} = -\omega\mu\vec{H}, \quad \vec{k}\times\vec{H} = \omega\varepsilon\vec{E},$$

Nestas relações, os valores de ε e μ são positivos, uma vez que o sinal negativo foi incorporado explicitamente. Neste caso, os vetores $\vec{k}$, $\vec{E}$ e $\vec{H}$ são ortogonais entre si e formam um tripleto levogiro (rotação para a esquerda). Isso significa que $\vec{k}\times\vec{E} \to -\vec{H}$; e $\vec{k}\times\vec{H} \to \vec{E}$. Note que neste caso, o vetor $\vec{k}$ tem sentido oposto ao vetor de Poynting. Este cenário está representado na Figura 9.5(b).

Outra característica importante dos metamateriais diz respeito ao índice de refração. Na seção anterior, o índice de refração foi definido como $n = c\sqrt{\varepsilon\mu}$. Para materiais em que ε e μ são negativos, podemos escrever que $\varepsilon = \varepsilon_m e^{i\pi}$ e $\mu = \mu_m e^{i\pi}$, em que ε_m e μ_m são grandezas positivas. Assim, temos que o índice de refração de metamateriais pode ser escrito como $n = c\sqrt{\varepsilon_m e^{i\pi}\mu_m e^{i\pi}} = -c\sqrt{\varepsilon_m\mu_m}$. Portanto, o índice de refração de um metamaterial é negativo. Esse fato tem uma importante consequência no fenômeno de refração de ondas eletromagnéticas envolvendo metamateriais. Uma discussão sobre este tópico está feita na Seção 10.3.

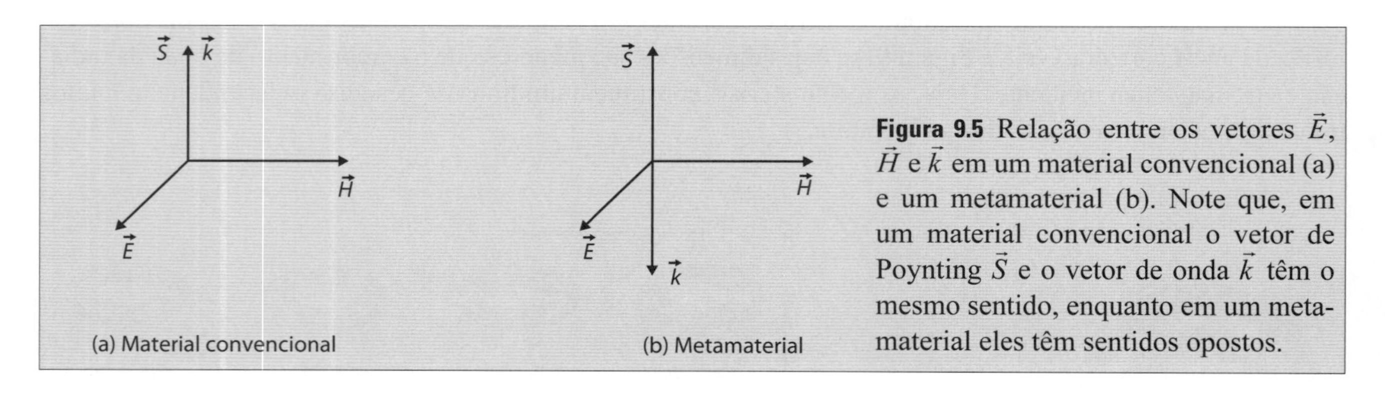

Figura 9.5 Relação entre os vetores $\vec{E}$, $\vec{H}$ e $\vec{k}$ em um material convencional (a) e um metamaterial (b). Note que, em um material convencional o vetor de Poynting $\vec{S}$ e o vetor de onda $\vec{k}$ têm o mesmo sentido, enquanto em um metamaterial eles têm sentidos opostos.

9.6 Ondas Eletromagnéticas em Meios Condutores

Uma onda que incide em um condutor contendo elétrons livres tem um comportamento diferente daquele discutido na Seção 9.4 para materiais dielétricos. A equação de onda para o campo elétrico em um meio condutor é (veja a Seção 8.5).

$$\nabla^2\vec{E}(\vec{r},t) - \varepsilon\mu\frac{\partial^2\vec{E}(\vec{r},t)}{\partial t^2} - \sigma(\omega)\mu(\omega)\frac{\partial\vec{E}(\vec{r},t)}{\partial t} = 0. \quad \textbf{(9.50)}$$

Para encontrar a solução dessa equação, vamos fazer algumas considerações. Primeiramente, vamos considerar materiais lineares, cujas permissividade elétrica e permeabilidade magnética são grandezas reais que tem a forma $\varepsilon = k_d \varepsilon_0$ e $\mu = k_m \mu_0$. Vamos considerar também uma onda plana que se propaga na direção z e cujo campo elétrico oscila ao longo da direção x, com uma dependência temporal na forma $e^{-i\omega t}$. Com essas considerações, o campo elétrico associado à onda eletromagnética pode ser escrito como:

$$\vec{E}(z,t) = \hat{i} F_x(z) e^{-i\omega t}, \tag{9.51}$$

em que $\vec{F}_x(z)$ é a solução para a equação na coordenada espacial. Derivando essa solução e substituindo em (9.50), obtemos a seguinte equação:

$$\frac{d^2 F_x(z)}{dz} + \tilde{k}^2 F_x(z) = 0, \tag{9.52}$$

em que $\tilde{k}^2 = \varepsilon\mu\omega^2 + i\sigma\mu\omega$. Note que, se a condutividade elétrica do material for nula, a parte imaginária se anula, de modo que $\tilde{k}$ se torna uma grandeza real. Usando as relações $\varepsilon = k_d \varepsilon_0$ e $\mu = k_m \mu_0$, podemos escrever que:

$$\tilde{k} = \sqrt{k_d k_m \omega^2 \varepsilon_0 \mu_0 + i\sigma k_m \mu_0 \omega} = \frac{\omega}{c}\sqrt{\left(k_d k_m + \frac{i k_m \sigma}{\omega \varepsilon_0}\right)}.$$

Veja que $\tilde{k} = \tilde{n}(\omega / c)$, em que $\tilde{n}$ é definido por

$$\tilde{n} = \sqrt{k_d k_m \left(1 + \frac{i\sigma}{\omega\varepsilon}\right)} \tag{9.53}$$

é o índice de refração complexo.

A solução da equação diferencial (9.52) é $F_x(z) = e^{i\tilde{k}z}$. Portanto, nas condições consideradas nesta seção, a componente do campo elétrico associado à onda eletromagnética em um material condutor é:

$$\vec{E}(z,t) = \hat{i} E_0 e^{i\left(\tilde{k}z - \omega t\right)} = \hat{i} E_0 e^{i\left(\tilde{n}\frac{\omega}{c} z - \omega t\right)}. \tag{9.54}$$

Escrevendo o índice de refração complexo na forma $\tilde{n} = n + i n_I$, em que n e n_I são, respectivamente, a parte real e imaginária, temos que:

$$\vec{E}(z,t) = e^{-\frac{n_I \omega z}{c}} \left[E_0 e^{i\left(n\frac{\omega}{c} z - \omega t\right)} \right] \hat{i}. \tag{9.55}$$

Note que o termo entre colchetes descreve ondas eletromagnéticas que se propagam periodicamente. Entretanto, o termo $e^{-n_I \omega z / c}$ tende a zero, à medida que o argumento da exponencial vai para infinito. Esse termo de amortecimento depende diretamente da parte imaginária do índice de refração[10] e da distância z percorrida pela onda dentro do material. Para o caso em que $n_I \to \infty$, temos que $e^{-n_I \omega z / c} \to 0$, de modo que não existe propagação de onda eletromagnética no interior de um material condutor. Uma conclusão semelhante também foi obtida na Seção 9.4.2 para materiais dielétricos dispersivos. A diferença entre esses dois casos é que o termo de amorteci-

[10] A parte imaginária do índice de refração depende diretamente da condutividade elétrica (σ) do meio [veja a equação (9.68)]. Assim, quando $\sigma \to \infty$, temos que $n_I \to \infty$.

mento em materais condutores está relacionado com a condutividade elétrica, enquanto em materiais dielétricos ele depende da constante dielétrica complexa.

Para um valor finito de n_I, a função $e^{-n_I \omega z/c}$ também se anula para z maior que um determinado valor crítico, chamado de coeficiente de penetração, que é definido quando o argumento da função exponencial tende para 1. Assim, fazendo $n_I \omega d / c = 1$, temos que o coeficiente de penetração é matematicamente definido por:

$$d = \frac{c}{\omega n_I}. \tag{9.56}$$

Note que o coeficiente de penetração de uma onda eletromagnética em um material condutor depende da frequência da onda incidente e da parte imaginária do índice de refração.

O campo magnético associado à onda eletromagnética, calculado usando a relação (9.55) e a lei de Faraday, é:

$$\vec{B}(z,t) = \hat{j}\frac{\tilde{n}E_0}{c} e^{i\left(\tilde{n}\frac{\omega}{c}z - \omega t\right)}. \tag{9.57}$$

Usando $\tilde{n} = |\tilde{n}| e^{i\phi}$, em que $\phi = \arctan(n_I / n)$, podemos escrever que:

$$\vec{B}(z,t) = \frac{|\tilde{n}|}{c} e^{-\frac{n_I \omega z}{c}} \left[E_0 e^{i\left(n\frac{\omega}{c}z - \omega t + \phi\right)} \right] \hat{j}. \tag{9.58}$$

Note que existe uma diferença de fase dada por $\phi = \arctan(n_I / n)$ entre o campo elétrico e o campo magnético.

Para determinar o índice de refração complexo do material condutor, vamos tomar o quadrado do índice de refração dado em (9.53) e o quadrado do número complexo $\tilde{n} = n + in_I$. Igualando essas duas quantidades, temos:

$$k_d k_m + \frac{ik_m k_d \sigma}{\omega \varepsilon} = \left(n^2 - n_I^2\right) + i2nn_I. \tag{9.59}$$

Para que essa igualdade seja sempre verdadeira, é preciso que as partes real e imaginária sejam iguais. Essa condição leva a duas equações:

$$k_d k_m = \left(n^2 - n_I^2\right) \tag{9.60}$$

$$2nn_I = \frac{k_m k_d \sigma}{\omega \varepsilon}. \tag{9.61}$$

Da equação (9.61), temos que $n = (k_m k_d \sigma / 2n_I \omega \varepsilon)$. Substituindo esse valor de n na equação (9.60), obtemos a seguinte equação do quarto grau na variável n_I.

$$n_I^4 + k_d k_m n_I^2 - \frac{1}{4}\left(\frac{k_m k_d \sigma}{\omega \varepsilon}\right)^2 = 0. \tag{9.62}$$

A solução desta equação é:

$$n_I = \sqrt{\frac{-k_d k_m + \sqrt{k_d^2 k_m^2 + \left(\frac{k_m k_d \sigma}{\omega\varepsilon}\right)^2}}{2}}. \tag{9.63}$$

Note que foi tomada somente a solução positiva para que n_I seja real e positivo. Se n_I for real e negativo, o campo magnético dado em (9.58) diverge. A expressão (9.63) pode ser escrita como:

$$n_I = \sqrt{\frac{k_d k_m \left(\sqrt{1 + \left(\frac{\sigma}{\omega\varepsilon}\right)^2} - 1\right)}{2}}. \tag{9.64}$$

De forma análoga, da equação (9.61), temos que $n_I = k_m k_d \sigma / 2n\omega\varepsilon$. Substituindo esse valor de n_I na equação (9.60), obtemos

$$n^4 - k_d k_m n^2 - \frac{1}{4}\left(\frac{k_d k_m \sigma}{2\omega\varepsilon}\right)^2 = 0. \tag{9.65}$$

A solução desta equação é:

$$n = \sqrt{\frac{k_d k_m + \sqrt{k_d^2 k_m^2 + \left(\frac{k_d k_m \sigma}{\omega\varepsilon}\right)^2}}{2}}. \tag{9.66}$$

Como anteriormente, foi tomada somente a solução positiva. Colocando o termo $k_d k_m$ em evidência, temos:

$$n = \sqrt{\frac{k_d k_m \left(\sqrt{1 + \left(\frac{\sigma}{\omega\varepsilon}\right)^2} + 1\right)}{2}}. \tag{9.67}$$

Vamos analisar duas situações limites. Primeiramente, vamos considerar o limite de materiais bons condutores, em que vale a relação $(\sigma / \omega\varepsilon) >> 1$ ou $\sigma >> \omega\varepsilon$. Note que a condição de bons condutores envolve uma comparação entre a condutividade elétrica e a frequência da onda eletromagnética incidente.

Em termos da frequência, um material tem um comportamento de bom condutor quando satisfazer a relação $\omega << \sigma / \varepsilon$. Um condutor típico tem condutividade elétrica da ordem de 10^8 $(\Omega \cdot \text{m})^{-1}$. Considerando a permissividade elétrica da ordem da permissividade elétrica do vácuo ($\varepsilon = \varepsilon_0 = 8{,}85 \times 10^{-12}$ $\text{C}^2/(\text{Nm}^2)$), temos que a faixa de frequência para que o material tenha o comportamento de um bom condutor é $\omega << 10^{20}$ Hz. Assim, os metais típicos se comportam como bons condutores para quase todo espectro da radiação eletromagnética, exceto para a radiação gama, que tem frequência maior que 10^{20} Hz.

Substituindo a condição $\sigma / \omega\varepsilon >> 1$ nas relações (9.64) e (9.67), temos que as partes real e imaginária do índice de refração se reduzem a:

$$n = n_I = \sqrt{\frac{k_d k_m \sigma}{2\omega\varepsilon}}. \quad \textbf{(9.68)}$$

Neste caso, temos que $n_I / n = 1$, de modo que $\phi = \arctan(n_I / n) = \pi / 4$. Isso significa que, no limite de bom condutor, o campo magnético tem uma diferença de fase de $\pi / 4$ em relação ao campo elétrico.

O coeficiente de penetração, calculado por $d = c / \omega n_I$, é:

$$d = \frac{c}{\omega}\sqrt{\frac{2\omega\varepsilon}{k_d k_m \sigma}} = \sqrt{\frac{2c^2\omega\varepsilon}{k_d k_m \omega^2 \sigma}} = \sqrt{\frac{2}{\mu\omega\sigma}}. \quad \textbf{(9.69)}$$

Esta expressão para o coeficiente de penetração vale no limite em que $\omega << \sigma / \varepsilon$. No caso de um condutor ideal, temos que $\sigma \to \infty$, de modo que o coeficiente de penetração vai para zero. Isso implica que a onda não penetra no meio condutor, portanto, é totalmente refletida em sua superfície.

No limite de maus condutores (bons dielétricos), vale a relação $\sigma / \omega\varepsilon << 1$ ou $\sigma << \omega\varepsilon$. Essa condição em termos da frequência é $\omega >> \sigma / \varepsilon$. Considerando $\varepsilon \simeq 8{,}85 \times 10^{-12}$ $C^2/(Nm^2)$, temos que um material com condutividade elétrica da ordem de $\sigma \simeq 10^8$ $(\Omega \cdot m)^{-1}$ apresenta um comportamento de mau condutor para ondas eletromagnéticas na faixa de frequências dadas por $\omega >> \sigma / \varepsilon >> 10^{20}$ Hz.

Essa descrição clássica mostra que a radiação gama, com frequência da ordem 10^{23} Hz, atravessa facilmente materiais condutores típicos. Entretanto, sabe-se que a radiação gama é atenuada pelo uso de paredes de chumbo. Esse mecanismo de amortecimento é explicado por conceitos de mecânica quântica, que não serão discutidos neste livro.

Usando a condição $\sigma / \omega\varepsilon << 1$ em (9.64) e (9.67), temos que, nesse limite de maus condutores, as partes real e imaginária do índice de refração são:

$$n = \sqrt{\frac{k_d k_m \left(2 + \frac{1}{2}\left(\frac{\sigma}{\omega\varepsilon}\right)^2\right)}{2}} \quad \textbf{(9.70)}$$

$$n_I = \frac{\sigma\sqrt{k_d k_m}}{2\omega\varepsilon}. \quad \textbf{(9.71)}$$

Neste caso de maus condutores, o coeficiente de penetração, calculado por $d = c / \omega n_I$, é:

$$d = \frac{c}{\omega}\frac{2\omega\varepsilon}{\sigma\sqrt{k_d k_m}} = \frac{2}{\sigma}\sqrt{\frac{\varepsilon}{\mu}}. \quad \textbf{(9.72)}$$

Note que esse coeficiente de penetração não depende da frequência da onda. No caso de um isolante ideal $\sigma \to 0$, de modo que $d \to \infty$. Isso implica que a onda eletromagnética é totalmente transmitida para o interior do material. Além disso, quando $\sigma = 0$, temos $n_I = 0$, de modo que a diferença de fase calculada por $\phi = \arctan(n_I / n)$ é nula. Isso significa que os campos elétricos e magnéticos estão em fase.

Na discussão feita nesta seção, consideramos que a condutividade elétrica é uma grandeza real e independente da frequência. Em um caso mais geral, em que a condutividade elétrica é uma grandeza complexa e dependente da frequência, os cálculos são mais complicados, mas as principais conclusões sobre o amortecimento da onda eletromagnética e o coeficiente de penetração no metal permanecem as mesmas.

EXEMPLO 9.2

Calcule a profundidade de penetração de uma onda eletromagnética em um metal de prata, cuja condutividade elétrica é $\sigma = 6{,}0 \times 10^7\ (\Omega \cdot \text{m})^{-1}$.

SOLUÇÃO

De acordo com a relação (9.69), o coeficiente de penetração no limite de bons condutores é $d = \sqrt{2/\mu\omega\sigma}$. Usando $\omega = 2\pi f$, $\mu = 4\pi \times 10^{-7} (Ns^2/C^2)$, $\varepsilon_0 = 8{,}85 \times 10^{-12}\, C^2/(Nm^2)$ e $\sigma = 6{,}0 \times 10^7\ (\Omega \cdot m)^{-1}$, temos que

$$d = \sqrt{\frac{2}{2\pi f \left(4\pi \times 10^{-7}\right)\left(6{,}0 \times 10^7\right)}} = \sqrt{\frac{4{,}22 \times 10^{-3}}{f}}.$$

Note que quanto maior a frequência, menor é o coeficiente de penetração.

Tabela 9.3 Comprimento de penetração na prata em função da frequência da onda incidente

Frequência (Hz)	Tipo	d(m)
10^0	RF	$6{,}49 \times 10^{-2}$
10^3	RF	$2{,}05 \times 10^{-3}$
10^7	TV	$2{,}05 \times 10^{-5}$
10^{10}	Micro-ondas	$6{,}49 \times 10^{-7}$
10^{12}	Infravermelho	$6{,}49 \times 10^{-8}$
10^{14}	Luz visível	$6{,}49 \times 10^{-9}$
10^{17}	Ultravioleta	$2{,}05 \times 10^{-10}$

A Tabela 9.3 mostra o coeficiente de penetração para várias frequências. Dessa tabela, podemos observar que, para ondas eletromagnéticas na faixa de radiofrequência, o comprimento de penetração é aproximadamente 6 cm. Para a faixa de frequência da luz visível, a penetração é da ordem de 6 nanômetros. Portanto, à medida que a frequência aumenta, os campos eletromagnéticos assumem valores finitos somente na superfície do metal, gerando dessa forma uma corrente elétrica superficial. Esse cenário é conhecido como efeito pelicular.

Por outro lado, para a construção de um forno de indução, devemos usar ondas na faixa da radiofrequência, porque o campo elétrico tem uma maior penetração no interior do material condutor, gerando correntes de Foucault que irão aquecê-lo por efeito Joule, que é o princípio básico de funcionamento desse tipo de forno.[11]

[11] As correntes de Foucault e o princípio de funcionamento de um forno por indução estão discutidos na Seção 7.7.

Utilize a aproximação clássica para discutir a condutividade elétrica de um material condutor.

SOLUÇÃO

Quando uma onda eletromagnética incide sobre um material condutor, os elétrons livres ficam submetidos a uma força elétrica devido ao campo elétrico da onda incidente.[12] O movimento desses elétrons livres gera uma densidade de corrente elétrica $\vec{J} = \sigma\vec{E}$, em que σ é a condutividade elétrica.

Para calcular a densidade de corrente elétrica, vamos escrever a equação de movimento para os elétrons livres. Neste caso, a força total atuando sobre os elétrons pode ser escrita na forma $\vec{F} = \vec{F}_{elét} + \vec{F}_{am}$, em que $\vec{F}_{elét} = q\vec{E}$ é a força elétrica exercida pelo campo elétrico associado à onda eletromagnética e $\vec{F}_{am} = -\gamma_0\vec{v}$ representa uma força de amortecimento causada pelo espalhamento eletrônico no interior do material. Usando a segunda lei de Newton, $\vec{F} = md^2\vec{r}\,/\,dt^2$, podemos escrever a seguinte equação de movimento para os elétrons livres $md^2\vec{r}\,/\,dt^2 = q\vec{E} - \gamma_0\vec{v}$. Como $\vec{v} = d\vec{r}\,/\,dt$, temos:

$$\frac{d\vec{v}}{dt} + \gamma\vec{v} = \frac{q}{m}\vec{E}$$

em que $\gamma = \gamma_0\,/\,m$. Usando a definição do vetor densidade de corrente elétrica $\vec{J} = Nq\vec{v}$ (veja a Seção 5.2), podemos escrever:

$$\frac{d\vec{J}}{dt} + \gamma\vec{J} = \frac{Nq^2}{m}\vec{E}.$$

A solução desta equação diferencial é a soma da solução da equação homogênea com a solução particular. A solução da equação homogenêna é $\vec{J}_h = \hat{r}_1 e^{-t/\tau}$, em que $\hat{r}_1$ é um vetor unitário e $\gamma = 1\,/\,\tau$, sendo τ o tempo de colisão dos elétrons no interior do material.

Para encontrar a solução particular, vamos considerar que o campo elétrico da onda eletromagnética tem a forma harmônica $\vec{E} = \hat{r}_1 E_0 e^{-i\omega t}$. Como $\vec{J} = \sigma\vec{E}$, podemos propor uma solução do tipo $\vec{J}_p = \hat{r}_1 J_0 e^{-i\omega t}$. Assim, temos:

$$(-i\omega + \gamma)J_0 = \frac{Nq^2}{m}E_0.$$

Desta equação, temos que a constante J_0 é dada por:

$$J_0 = \frac{Nq^2\tau E_0}{m(1 - i\omega\tau)}.$$

O vetor densidade de corrente elétrica, calculado por $\vec{J} = \vec{J}_h + \vec{J}_p$, é:

$$\vec{J} = \hat{r}_1 e^{-t/\tau} + \hat{r}_1\left[\frac{Nq^2\tau}{m(1 - i\omega\tau)}\right]E_0 e^{-i\omega t}.$$

[12] A contribuição proveniente da força magnética é pequena e pode ser desprezada.

O primeiro termo é uma solução transiente que se anula com o tempo. Após o decaimento da solução transitória, o vetor densidade de corrente elétrica tem a forma $\vec{J} = \sigma(\omega)\vec{E}$, em que $\sigma(\omega)$ é a condutividade elétrica do meio definida por:

$$\sigma(\omega) = \frac{\sigma_0}{(1 - i\omega\tau)}.$$

Nesta relação, $\sigma_0 = Nq^2\tau / m$ é a condutividade elétrica estacionária.

9.7 Atividade Óptica

Os materiais que têm a propriedade de mudar o eixo de polarização de uma onda eletromagnética são chamados de materiais opticamente ativos. Para discutir o fenomêno da atividade óptica, vamos supor que uma onda eletromagnética plana com polarização linear incide sobre um meio material.

Uma onda plana com polarização linear pode ser escrita como a superposição de duas ondas planas com polarização circular em sentidos opostos, isto é, $\vec{E} = (\vec{E}_R + \vec{E}_L) / 2$. Os campos elétricos de uma onda com polarização circular em sentido horário (polarização para a esquerda) e sentido anti-horário (polarização para a direita)[13] são dados, respectivamente, pelas relações:[14]

$$\vec{E}_R(z,t) = E_0\left[\hat{i}e^{i(k_R z - \omega t)} - \hat{j}ie^{i(k_R z - \omega t)}\right] \tag{9.73}$$

$$\vec{E}_L(z,t) = E_0\left[\hat{i}e^{i(k_L z - \omega t)} + \hat{j}ie^{i(k_L z - \omega t)}\right]. \tag{9.74}$$

O campo elétrico obtido por $\vec{E} = (\vec{E}_R + \vec{E}_L) / 2$ é:

$$\vec{E}(z,t) = \frac{E_0}{2}\left\{\left[\hat{i}e^{i(k_R z - \omega t)} - \hat{j}ie^{i(k_R z - \omega t)}\right] + \left[\hat{i}e^{i(k_L z - \omega t)} + \hat{j}ie^{i(k_L z - \omega t)}\right]\right\}.$$

Colocando $e^{ik_R z/2}$ em evidência no primeiro termo e $e^{i(k_L z/2)}$ no segundo, temos:

$$\vec{E}(z,t) = \frac{E_0}{2}\left\{\left[\hat{i}e^{i(\frac{k_R z}{2} - \omega t)} - \hat{j}ie^{i(\frac{k_R z}{2} - \omega t)}\right]e^{\frac{ik_R z}{2}} + \left[\hat{i}e^{i(k_L z/2 - \omega t)} + \hat{j}ie^{i(k_L z/2 - \omega t)}\right]e^{i(k_L z/2)}\right\}.$$

Multiplicando e dividindo o primeiro termo por $e^{i(k_L z/2)}$ e o segundo por $e^{ik_R z/2}$, obtemos:

$$\begin{aligned}\vec{E}(z,t) = \frac{E_0}{2}\Bigg\{&\left[\hat{i}e^{i[\frac{1}{2}(k_R z + k_L z) - \omega t]} - \hat{j}ie^{i[\frac{1}{2}(k_R z + k_L z) - \omega t]}\right]e^{i[\frac{1}{2}(k_R z - k_L z)]} \\ &+ \left[\hat{i}e^{i[\frac{1}{2}(k_L z + k_R z) - \omega t]} + \hat{j}ie^{i[\frac{1}{2}(k_L z + k_R z) - \omega t]}\right]e^{i[\frac{1}{2}(k_L z - k_R z)]}\Bigg\}.\end{aligned} \tag{9.75}$$

[13] Em relação a um observador colocado na página do livro e olhando para fora dela.

[14] Aqui usamos a letra R (do inglês *right*) para representar direita e a letra L (do inglês *left*) para representar esquerda.

Agrupando os termos por componentes, podemos escrever:

$$\vec{E}(z,t)=\frac{E_0}{2}e^{i[\frac{1}{2}(k_Rz+k_Lz)-\omega t]}\left\{\hat{i}\left[e^{i[\frac{1}{2}(k_Rz-k_Lz)]}+e^{i[\frac{1}{2}(k_Lz-k_Rz)]}\right]\right.$$
$$\left.+\hat{j}i\left[e^{i[\frac{1}{2}(k_Lz-k_Rz)]}-e^{i[\frac{1}{2}(k_Rz-k_Lz)]}\right]\right\}. \tag{9.76}$$

Colocando em evidência o sinal negativo no argumento da segunda e quarta exponencial do termo entre chaves, temos:

$$\vec{E}(z,t)=\frac{E_0}{2}e^{i[\frac{1}{2}(k_Rz+k_Lz)-\omega t]}\left\{\hat{i}\left[e^{i[\frac{1}{2}(k_Rz-k_Lz)]}+e^{-i[\frac{1}{2}(k_Rz-k_Lz)]}\right]\right.$$
$$\left.+\hat{j}i\left[e^{i[\frac{1}{2}(k_Lz-k_Rz)]}-e^{-i[\frac{1}{2}(k_Lz-k_Rz)]}\right]\right\}. \tag{9.77}$$

Usando as relações $\cos\theta=(e^{i\theta}+e^{-i\theta})/2$ e $\text{sen}\theta=(e^{i\theta}-e^{-i\theta})/2i$, podemos escrever (9.77) na forma:

$$\vec{E}(z,t)=E_0e^{i[\frac{1}{2}(k_R+k_L)z-\omega t]}\left\{\hat{i}\cos\left[\frac{1}{2}(k_Rz-k_Lz)\right]+\hat{j}\text{sen}\left[\frac{1}{2}(k_Rz-k_Lz))\right]\right\}. \tag{9.78}$$

Nesta expressão, o termo $E_0e^{i[\frac{1}{2}(k_R+k_L)z-\omega t]}$ representa uma onda plana com vetor de onda $\vec{k}$, cujo módulo é dado por $k=(k_R+k_L)/2$. O termo $(k_Rz-k_Lz)/2$ que aparece como argumento das funções trigonométricas cosseno e seno representa o ângulo que a componente do campo elétrico faz com as direções iniciais $\hat{i}$ e $\hat{j}$. Portanto, a relação (9.78) representa uma onda eletromagnética plana, cujo campo elétrico faz um ângulo $\Theta=Z(k_R-k_L)/2$ com a direção inicial do eixo de polarização da onda eletromagnética incidente. Usando as relações $k_R=n_R\omega/c$ e $k_L=n_L\omega/c$, podemos escrever o ângulo de desvio no eixo de polarização da onda plana como:

$$\Theta=\frac{z\omega}{2c}(n_R-n_L). \tag{9.79}$$

Note que o ângulo de desvio depende dos índices de refração n_R e n_L. Nos materiais isotrópicos, em que $n_R=n_L$, temos que o ângulo Θ é nulo. Entretanto, se o índice de refração for anisotrópico, isto é, $n_R\neq n_L$, temos que $\Theta\neq 0$, de modo que ocorrerá um desvio no eixo de polarização da onda.

9.8 Ondas Eletromagnéticas em Cristais Anisotrópicos

Nesta seção, vamos discutir a propagação de ondas eletromagnéticas em um material homogêneo, não linear e anisotrópico. Por simplicidade, vamos tratar somente o caso dos materiais não condutores e não magnéticos, em que $\vec{J}=0$ e $\mu\simeq\mu_0$. Neste caso em que $\vec{D}=\varepsilon_0\vec{E}+\vec{P}$, temos que a lei de Ampère-Maxwell se escreve na forma: $\vec{\nabla}\times\vec{B}=\mu_0\partial(\varepsilon_0\vec{E}+\vec{P})/\partial t$.

Para obter a equação de onda para o campo elétrico, vamos tomar o rotacional da lei de Faraday, $\vec{\nabla}\times\vec{\nabla}\times\vec{E}=-\vec{\nabla}\times(\partial\vec{B}/\partial t)$. Substituindo $\vec{\nabla}\times\vec{B}=\mu_0\partial(\varepsilon_0\vec{E}+\vec{P})/\partial t$ nesta relação e após uma simples álgebra, temos:

$$\vec{\nabla}\times\vec{\nabla}\times\vec{E}+\frac{1}{c^2}\frac{\partial^2\vec{E}}{\partial t^2}=-\mu_0\frac{\partial^2\vec{P}}{\partial t^2}. \tag{9.80}$$

Para um cristal anisotrópico, a dependência da polarização elétrica com o campo elétrico é expressa como $\vec{P} = \varepsilon_0 [\chi_e] \vec{E}$, em que $[\chi_e]$ representa o tensor suscetibilidade elétrica. Em termos matriciais, temos:

$$\begin{bmatrix} P_x \\ P_y \\ P_z \end{bmatrix} = \varepsilon_0 \begin{bmatrix} \chi_{11} & \chi_{12} & \chi_{13} \\ \chi_{21} & \chi_{22} & \chi_{23} \\ \chi_{31} & \chi_{32} & \chi_{33} \end{bmatrix} \begin{bmatrix} E_x \\ E_y \\ E_z \end{bmatrix}. \tag{9.81}$$

Para um material isotrópico, os elementos de matriz fora da diagonal são nulos e os diagonais são iguais, de modo que a polarização elétrica é simplesmente $\vec{P} = \varepsilon_0 \chi_e \vec{E}$, em que χ_e é suscetibilidade elétrica isotrópica. Neste caso, a equação de onda é equivalente àquela que foi discutida na Seção 9.4 para meios não condutores. Para material anisotrópico, em que a polarização elétrica é dada em (9.81), podemos escrever a equação de onda para o campo elétrico, equação (9.80), como:

$$\vec{\nabla} \times \vec{\nabla} \times \vec{E} + \frac{1}{c^2} \frac{\partial^2 \vec{E}}{\partial t^2} = -\varepsilon_0 \mu_0 [\chi_e] \frac{\partial^2 \vec{E}}{\partial t^2}. \tag{9.82}$$

Supondo que o campo elétrico tem a forma de ondas planas, $E = E_0 e^{i(\vec{k}\cdot\vec{r} - \omega t)}$, podemos substituir o operador $\vec{\nabla}$ por $i\vec{k}$ e o operador $\partial / \partial t$ por $-i\omega$ (veja o Exercício Resolvido 9.1), de modo que a equação anterior é escrita na forma:

$$\vec{k} \times \vec{k} \times \vec{E} + \frac{\omega^2}{c^2} \vec{E} = -\frac{\omega^2}{c^2} [\chi_e] \vec{E}. \tag{9.83}$$

Efetuando o triplo produto vetorial, obtemos:

$$\begin{aligned} &\hat{i}\left[-\left(k_y^2 + k_z^2\right)E_x + k_y k_x E_y + k_x k_z E_z\right] + \hat{j}\left[k_y k_x E_x - \left(k_x^2 + k_z^2\right)E_y + k_y k_z E_z\right] + \\ &\hat{k}\left[k_x k_z E_x + k_y k_z E_y - \left(k_x^2 + k_y^2\right)E_z\right] + \frac{\omega^2}{c^2}\left(\hat{i}E_x + \hat{j}E_y + \hat{k}E_z\right) \\ &= -\frac{\omega^2}{c^2}[\chi_e]\vec{E}. \end{aligned} \tag{9.84}$$

Escrevendo esta equação em notação matricial, temos:

$$\begin{aligned} &\begin{bmatrix} -\left(k_y^2 + k_z^2\right) & k_y k_x & k_x k_z \\ k_y k_x & -\left(k_x^2 + k_z^2\right) & k_y k_z \\ k_x k_z & k_y k_z & -\left(k_x^2 + k_y^2\right) \end{bmatrix} \begin{bmatrix} E_x \\ E_y \\ E_z \end{bmatrix} + \frac{\omega^2}{c^2} \begin{bmatrix} E_x \\ E_y \\ E_z \end{bmatrix} \\ &= -\frac{\omega^2}{c^2} \begin{bmatrix} \chi_{11} & \chi_{12} & \chi_{13} \\ \chi_{21} & \chi_{22} & \chi_{23} \\ \chi_{31} & \chi_{32} & \chi_{33} \end{bmatrix} \begin{bmatrix} E_x \\ E_y \\ E_z \end{bmatrix}. \end{aligned} \tag{9.85}$$

Para simplificar a solução desta equação, vamos supor, por simplicidade, que o tensor suscetibilidade elétrica tem a forma

$$\chi_e = \begin{bmatrix} \chi_{11} & 0 & 0 \\ 0 & \chi_{22} & 0 \\ 0 & 0 & \chi_{33} \end{bmatrix}. \tag{9.86}$$

Substituindo esse tensor suscetibilidade na equação (9.85), temos

$$\begin{bmatrix} -\left(k_y^2 + k_z^2\right) + \frac{n_1^2\omega^2}{c^2} & k_y k_x & k_x k_z \\ k_y k_x & -\left(k_x^2 + k_z^2\right) + \frac{n_2^2\omega^2}{c^2} & k_y k_z \\ k_x k_z & k_y k_z & -\left(k_x^2 + k_y^2\right) + \frac{n_3^2\omega^2}{c^2} \end{bmatrix} \begin{bmatrix} E_x \\ E_y \\ E_z \end{bmatrix} = 0. \tag{9.87}$$

em que foram definidos os índices de refração $n_1 = (1 + \chi_{11})^{1/2}$, $n_2 = (1 + \chi_{22})^{1/2}$ e $n_3 = (1 + \chi_{33})^{1/2}$. Para que essa equação tenha solução não trivial, o determinante da matriz deve ser nulo. Assim, no caso particular em que $k_z = 0$, temos:

$$\left[\frac{n_3^2\omega^2}{c^2} - k_x^2 - k_y^2\right]\left[\left(\frac{n_1^2\omega^2}{c^2} - k_y^2\right)\left(\frac{n_2^2\omega^2}{c^2} - k_x^2\right) - k_x^2 k_y^2\right] = 0.$$

Para que esta equação seja verdadeira, os termos entre colchetes devem ser nulos. Assim, podemos escrever:

$$k_x^2 + k_y^2 = \frac{n_3^2\omega^2}{c^2} \tag{9.88}$$

$$\frac{k_x^2}{(n_2\omega / c)^2} + \frac{k_y^2}{(n_1\omega / c)^2} = 1. \tag{9.89}$$

A equação (9.88) define uma circunferência no plano xy, enquanto a equação (9.89) define uma elipse. Note que, no caso de cristais isotrópicos no qual os índices de refração são iguais ($n_1 = n_2 = n_3 = n$), essas duas equações se reduzem a uma única equação, definindo uma circunferência de raio $n\omega / c$.

No caso de um cristal anisotrópico, cujo tensor suscetibilidade elétrica tem a forma dada na relação (9.86), existem pelos menos duas direções com diferentes vetores de onda. Isso significa que, a propagação de ondas eletromagnéticas em cristais anisotrópicos depende da direção considerada. Esse fato tem uma consequência importante, que é o fenômeno da dupla refração de ondas eletromagnéticas.[15]

9.8.1 Cristal Opticamente Ativo

Outra consequência da anisotropia do cristal está relacionada com sua atividade óptica. Para discutir esse tópico, vamos considerar uma onda eletromagnética plana, que se propaga na direção z. Neste caso, $k_y = k_x = 0$ e $k_z = k$ e $E_z = 0$. Além disso, vamos considerar um tensor suscetibilidade elétrica na forma:

[15] Para mais detalhes sobre este assunto, veja as referências específicas sobre óptica. Algumas sugestões estão citadas na bibliografia.

$$\chi_e = \begin{bmatrix} \chi_{11} & i\chi_{12} & 0 \\ -i\chi_{21} & \chi_{11} & 0 \\ 0 & 0 & \chi_{33} \end{bmatrix}. \quad \textbf{(9.90)}$$

Com essas considerações, a equação (9.85) se reduz a:

$$\begin{bmatrix} -k^2 + \dfrac{\omega^2}{c^2} & 0 \\ 0 & -k^2 + \dfrac{\omega^2}{c^2} \end{bmatrix} \begin{bmatrix} E_x \\ E_y \end{bmatrix} = -\frac{\omega^2}{c^2} \begin{bmatrix} \chi_{11} & i\chi_{12} \\ -i\chi_{21} & \chi_{11} \end{bmatrix} \begin{bmatrix} E_x \\ E_y \end{bmatrix}. \quad \textbf{(9.91)}$$

Para resolver esse sistema de equações, é conveniente reescrevê-lo na forma:

$$\begin{bmatrix} -k^2 + \dfrac{\omega^2}{c^2}(1+\chi_{11}) & i\dfrac{\omega^2}{c^2}\chi_{12} \\ -i\dfrac{\omega^2}{c^2}\chi_{12} & -k^2 + \dfrac{\omega^2}{c^2}(1+\chi_{11}) \end{bmatrix} \begin{bmatrix} E_x \\ E_y \end{bmatrix} = 0. \quad \textbf{(9.92)}$$

Para que exista uma solução não trivial, o determinante da matriz deve ser nulo. Assim, temos que:

$$\left[-k^2 + \frac{\omega^2}{c^2}(1+\chi_{11})\right] \cdot \left[-k^2 + \frac{\omega^2}{c^2}(1+\chi_{11})\right] - \left[\frac{\omega^2}{c^2}\chi_{12}\right]\left[\frac{\omega^2}{c^2}\chi_{12}\right] = 0. \quad \textbf{(9.93)}$$

Após uma simples álgebra, obtemos:

$$k^4 - \frac{2\omega^2}{c^2}(1+\chi_{11})k^2 + \frac{\omega^4}{c^4}\left[(1+\chi_{11})^2 - \chi_{12}^2\right] = 0. \quad \textbf{(9.94)}$$

Esta é uma equação biquadrada em k. Os possíveis valores para k são:

$$k_R = \frac{\omega}{c}\sqrt{1+\chi_{11}+\chi_{12}} = n_R \frac{\omega}{c} \quad \textbf{(9.95)}$$

$$k_L = \frac{\omega}{c}\sqrt{1+\chi_{11}-\chi_{12}} = n_L \frac{\omega}{c} \quad \textbf{(9.96)}$$

em que $n_R = \sqrt{1+\chi_{11}+\chi_{12}}$ e $n_L = \sqrt{1+\chi_{11}-\chi_{12}}$. A justificativa para os índices R e L (do inglês *right* and *left*), será dada a seguir.

Da equação (9.92), podemos escrever a componente E_x em função da componente E_y como:

$$\left[-k^2 + \frac{\omega^2}{c^2}(1+\chi_{11})\right] E_x = -i\frac{\omega^2}{c^2}\chi_{12}E_y. \quad \textbf{(9.97)}$$

Substituindo o valor $k_R = \frac{\omega}{c}\sqrt{1+\chi_{11}+\chi_{12}}$ na equação (9.97), temos:

$$E_y = \frac{ic^2}{\omega^2 \chi_{12}}\left[-\frac{\omega^2}{c^2}(1+\chi_{11}+\chi_{12}) + \frac{\omega^2}{c^2}(1+\chi_{11})\right]E_x. \quad \textbf{(9.98)}$$

Efetuando a operação algébrica, temos $E_y = -iE_x = E_x e^{i3\pi/2}$. Portanto, o campo elétrico total $\vec{E}_R = \hat{i}E_x + \hat{j}E_y$ é:

$$\vec{E}_R(z,t) = \hat{i}E_0 e^{i(kz-\omega t)} + \hat{j}E_0 e^{i(kz-\omega t+3\pi/2)}. \quad \textbf{(9.99)}$$

Esta relação descreve uma onda com polarização circular no sentido horário, em relação a um observador colocado na página do livro e olhando para fora dela (polarização para a direita).

Agora, vamos substituir o valor $k_L = \frac{\omega}{c}\sqrt{1+\chi_{11}-\chi_{12}}$ na equação (9.97). Assim, temos:

$$E_y = \frac{ic^2}{\omega^2 \chi_{12}}\left[-\frac{\omega^2}{c^2}(1+\chi_{11}-\chi_{12}) + \frac{\omega^2}{c^2}(1+\chi_{11})\right]E_x. \quad \textbf{(9.100)}$$

Efetuando a álgebra, temos $E_y = iE_x = E_x e^{i\pi/2}$. Neste caso, o campo elétrico total $\vec{E}_R = \hat{i}E_x + \hat{j}E_y$ é:

$$\vec{E}_L(z,t) = \hat{i}E_0 e^{i(kz-\omega t)} + \hat{j}E_0 e^{i(kz-\omega t+\pi/2)}. \quad \textbf{(9.101)}$$

Esta relação descreve uma onda eletromagnética plana com polarização circular no sentido anti-horário, em relação a um observador colocado na página do livro e olhando para fora dela (polarização para a esquerda).

De acordo com (9.79), uma onda eletromagnética plana que se propaga em um material, cujo índice de refração é anisotrópico, sofre um desvio no seu eixo de polarização que é dado por $\Theta = z\omega(n_R - n_L)/2c$. Portanto, nesse caso específico em que o tensor suscetibilidade elétrica tem a forma descrita em (9.90), o desvio no plano de polarização da onda é:

$$\Theta = \frac{\pi z}{\lambda}(\sqrt{1+\chi_{11}+\chi_{12}} - \sqrt{1+\chi_{11}-\chi_{12}}). \quad \textbf{(9.102)}$$

No caso em que $\chi_{12} << \chi_{11}$, podemos obter uma expressão aproximada para Θ. Tomando o quadrado da equação anterior, temos

$$\Theta^2 = \left(\frac{\pi z}{\lambda}\right)^2\left[2(1+\chi_{11}) - 2\sqrt{(1+\chi_{11})^2 - \chi_{12}^2}\right]. \quad \textbf{(9.103)}$$

Colocando $(1+\chi_{11})^2$ em evidência no radicando, considerando $\chi_{12} << \chi_{11}$ e usando a relação $(1+x)^n = 1 + nx\cdots$ para expandir o segundo termo, obtemos que:

$$\Theta = \frac{\pi z \chi_{12}}{\lambda\sqrt{1+\chi_{11}}}. \quad \textbf{(9.104)}$$

Portanto, se o material anisotrópico possuir um tensor suscetibilidade elétrica do tipo dado em (9.90), ele será opticamente ativo e o ângulo de desvio do eixo de polarização da onda será dado pela relação (9.104).

9.9 Efeito Faraday em Cristais

Quando uma onda eletromagnética incide sobre um material submetido a um campo magnético externo, ela pode sofrer um desvio no seu eixo de polarização. Esse fenômeno, no qual o campo magnético introduz uma anisotropia no material, é conhecido como efeito Faraday. Nesta seção, vamos utilizar os conceitos da física clássica para descrever a dependência dessa anisotropia com o campo magnético aplicado.

Sob a ação de um campo magnético externo e em presença da radiação eletromagnética, os elétrons no interior do material ficam sujeitos a uma força eletromagnética, em função do campo elétrico associado à onda e ao campo magnético aplicado. O efeito do campo magnético associado à onda é pequeno e pode ser desprezado. Assim, utilizando uma aproximação clássica, podemos escrever a seguinte equação de movimento para os elétrons no cristal:

$$m\frac{d^2\vec{r}}{dt^2} + \gamma\vec{r} = -e\left(\vec{E} + \frac{d\vec{r}}{dt}\times\vec{B}\right). \tag{9.105}$$

em que γ é um fator de amortecimento, $\vec{E}$ é o campo elétrico associado à radiação eletromagnética e $\vec{B}$ é o campo magnético externo. Para uma dependência harmônica do vetor posição, $\vec{r} = \vec{r}e^{-i\omega t}$, temos que:

$$-m\omega^2\vec{r} + \gamma\vec{r} = -e(\vec{E} - i\omega\vec{r}\times\vec{B}). \tag{9.106}$$

Multiplicando esta equação por $-Ne$, temos:

$$m\left(-\omega^2 + \frac{\gamma}{m}\right)\left(-Ne\vec{r}\right) = Ne^2\vec{E} - i\omega eNe\vec{r}\times\vec{B}. \tag{9.107}$$

Definindo a polarização elétrica como $\vec{P} = -Ne\vec{r}$ e fazendo $\gamma / m = \omega_0^2$, podemos escrever:

$$\vec{P} - \frac{i\omega e}{m\left(\omega_0^2 - \omega^2\right)}\vec{P}\times\vec{B} = \frac{Ne^2}{m\left(\omega_0^2 - \omega^2\right)}\vec{E}. \tag{9.108}$$

Efetuando o produto vetorial e separando as componentes, temos:

$$P_x - \frac{i\omega e}{m\left(\omega_0^2 - \omega^2\right)}\left(P_yB_z - B_yP_z\right) = \frac{Ne^2}{m\left(\omega_0^2 - \omega^2\right)}E_x \tag{9.109}$$

$$P_y - \frac{i\omega e}{m\left(\omega_0^2 - \omega^2\right)}\left(P_zB_x - B_zP_x\right) = \frac{Ne^2}{m\left(\omega_0^2 - \omega^2\right)}E_y \tag{9.110}$$

$$P_z - \frac{i\omega e}{m\left(\omega_0^2 - \omega^2\right)}\left(P_xB_y - B_xP_y\right) = \frac{Ne^2}{m\left(\omega_0^2 - \omega^2\right)}E_z. \tag{9.111}$$

No caso particular, em que $B_x = B_y = 0$ e $B_z = B$, podemos escrever que:

$$P_x - \frac{i\omega eB}{m\left(\omega_0^2 - \omega^2\right)} P_y = \frac{Ne^2}{m\left(\omega_0^2 - \omega^2\right)} E_x \tag{9.112}$$

$$\frac{i\omega eB}{m\left(\omega_0^2 - \omega^2\right)} P_x + P_y = \frac{Ne^2}{m\left(\omega_0^2 - \omega^2\right)} E_y \tag{9.113}$$

$$P_z = \frac{Ne^2}{m\left(\omega_0^2 - \omega^2\right)} E_z. \tag{9.114}$$

Esta equação pode ser escrita na forma matricial como:

$$\begin{bmatrix} 1 & -\frac{i\omega eB}{m\left(\omega_0^2 - \omega^2\right)} & 0 \\ \frac{i\omega eB}{m\left(\omega_0^2 - \omega^2\right)} & 1 & 0 \\ 0 & 0 & 1 \end{bmatrix} \begin{bmatrix} P_x \\ P_y \\ P_z \end{bmatrix} = \frac{Ne^2}{m\left(\omega_0^2 - \omega^2\right)} \begin{bmatrix} E_x \\ E_y \\ E_z \end{bmatrix}. \tag{9.115}$$

Multiplicando pela matriz inversa, temos que:

$$\begin{bmatrix} P_x \\ P_y \\ P_z \end{bmatrix} = \varepsilon_0 \frac{Ne^2}{m\varepsilon_0} \begin{bmatrix} \frac{m^2\left(\omega_0^2 - \omega^2\right)}{m^2\left(\omega_0^2 - \omega^2\right)^2 - \omega^2 e^2 B^2} & \frac{i\omega eB}{m^2\left(\omega_0^2 - \omega^2\right)^2 - \omega^2 e^2 B^2} & 0 \\ -\frac{i\omega eB}{m^2\left(\omega_0^2 - \omega^2\right)^2 - \omega^2 e^2 B^2} & \frac{m^2\left(\omega_0^2 - \omega^2\right)}{m^2\left(\omega_0^2 - \omega^2\right)^2 - \omega^2 e^2 B^2} & 0 \\ 0 & 0 & \frac{1}{\left(\omega_0^2 - \omega^2\right)} \end{bmatrix} \begin{bmatrix} E_x \\ E_y \\ E_z \end{bmatrix}. \tag{9.116}$$

A expressão anterior tem a forma $\vec{P} = \varepsilon_0[\chi_e]\vec{E}$, em que $[\chi_e]$, dado pela matriz 3×3 do lado direito, é o tensor suscetibilidade elétrica. Na ausência de campo magnético externo, os elementos de matriz fora da diagonal são nulos e os elementos diagonais são iguais a $1/(\omega_0^2 - \omega^2)$, de modo que o material é isotrópico. Na presença do campo magnético aplicado, o material é anisotrópico, portanto, é opticamente ativo.

Como o tensor suscetibilidade elétrica, definido em (9.116), tem a forma daquele mostrado em (9.90), temos que o ângulo de desvio no eixo de polarização da onda eletromagnética é dado pela relação (9.104). Usando os valores de χ_{12} e χ_{11}, dados em (9.116), temos que

$$\Theta = \frac{\pi z N e^3 \omega B}{\lambda\left[m^3\varepsilon_0\left(\omega_0^2 - \omega^2\right)^2 - \omega^2 e^2 B^2\right]\sqrt{1 + \frac{Ne^2 m^2\left(\omega_0^2 - \omega^2\right)}{m^3\varepsilon_0\left(\omega_0^2 - \omega^2\right)^2 - \omega^2 e^2 B^2}}}. \tag{9.117}$$

Note que esse ângulo de desvio depende essencialmente do campo magnético aplicado. No caso de ausência de campo magnético externo, o ângulo de desvio no eixo da polarização da onda eletromagnética é nulo, de forma que o material não é opticamente ativo.

9.10 Exercícios Resolvidos

Escreva as equações de Maxwell na forma diferencial para o caso específico de uma eletromagnética plana, cujos campos elétrico e magnético são dados por $\vec{E}(\vec{r},t)=\hat{r}E_0e^{i(\vec{k}.\vec{r}-\omega t)}$ e $\vec{B}(\vec{r},t)=\hat{r}_1B_0e^{i(\vec{k}.\vec{r}-\omega t)}$.

SOLUÇÃO

A divergência do campo elétrico é

$$\vec{\nabla}\cdot\vec{E}(\vec{r},t)=\vec{\nabla}\cdot\left[\hat{r}E_0e^{i(\vec{k}.\vec{r}-\omega t)}\right]=i\vec{k}.\overbrace{\left[\hat{r}E_0e^{i(\vec{k}.\vec{r}-\omega t)}\right]}^{\vec{E}(\vec{r},t)}=i\vec{k}\cdot\vec{E}(\vec{r},t).$$

Pela análise desta relação, temos que a derivada espacial do campo harmônico $\hat{r}E_0e^{i(\vec{k}.\vec{r}-\omega t)}$ é equivalente ao produto escalar desse campo por $i\vec{k}$.

A derivada temporal do campo magnético é:

$$\frac{\partial\vec{B}(\vec{r},t)}{\partial t}=\frac{\partial}{\partial t}\left[\hat{r}_1B_0e^{i(\vec{k}.\vec{r}-\omega t)}\right]=-i\omega\overbrace{\left[\hat{r}_1B_0e^{i(\vec{k}.\vec{r}-\omega t)}\right]}^{\vec{B}(\vec{r},t)}=-i\omega\vec{B}(\vec{r},t).$$

Esta relação mostra que a derivada temporal do campo harmônico $\hat{r}_1B_0e^{i(\vec{k}.\vec{r}-\omega t)}$ é equivalente a multiplicá-lo por $-i\omega$. Com essas considerações, as equações de Maxwell podem ser escritas como:

$\vec{\nabla}\cdot\vec{E}(\vec{r},t)=\frac{\rho}{\varepsilon_0}$	$\longrightarrow$	$i\vec{k}\cdot\vec{E}(\vec{r},t)=\frac{\rho}{\varepsilon_0}$
$\vec{\nabla}\times\vec{E}(\vec{r},t)=-\frac{\partial\vec{B}(r,t)}{\partial t}$	$\longrightarrow$	$\vec{k}\times\vec{E}(\vec{r},t)=\omega\vec{B}(\vec{r},t)$
$\vec{\nabla}\cdot\vec{B}(\vec{r},t)=0$	$\longrightarrow$	$\vec{k}\cdot\vec{B}(\vec{r},t)=0$
$\vec{\nabla}\times\vec{H}(\vec{r},t)=\vec{J}(\vec{r},t)+\frac{\partial\vec{D}(\vec{r},t)}{\partial t}$	$\longrightarrow$	$i\vec{k}\times\vec{H}(\vec{r},t)=\vec{J}(\vec{r},t)-i\omega\vec{D}(\vec{r},t).$

Calcule a densidade de energia eletromagnética associada a uma onda eletromagnética, que se propaga em um material de permissividade elétrica ε e permeabilidade magnética μ.

SOLUÇÃO

A densidade de energia elétrica associada ao campo elétrico é $u_{el}=(1/2)\vec{E}\cdot\vec{D}$. Para meios lineares em que $\vec{D}=\varepsilon\vec{E}$, temos que a densidade de energia elétrica é $u_{el}=(1/2)\varepsilon E^2$. A densidade de energia magnética associada ao campo magnético é $u_{mag}=\vec{B}\cdot\vec{H}/2$. Considerando $H=B/\mu_0$, temos que $u_{mag}=(1/2\mu)B^2$. Usando

$B = (k / \omega)E$, podemos escrever a densidade de energia magnética como $u_{mag} = (1/2)\varepsilon E^2$. Portanto, no caso de meios materiais em que a permissividade elétrica é uma grandeza real, temos que a densidade de energia magnética é igual à densidade de energia elétrica.

No caso de materiais condutores em que o índice de refração é uma grandeza complexa, devemos fazer uma análise mais cuidadosa. As densidades de energia elétrica e magnética associadas à onda eletromagnética são $u_{el} = (1/2)\varepsilon E^2$ e $u_{mag} = (1/2)\vec{B}\cdot\vec{H}$. Usando $\vec{B} = \mu_0\vec{H}$, podemos escrever que $u_{mag} = (1/2\mu_0)B^2$. Como o módulo do campo magnético é $B = (|\tilde{n}|/c)E$, podemos escrever que $u_{mag} = (|\tilde{n}|^2 \varepsilon_0 / 2)E^2$. Note que se o índice de refração for real, temos que $|\tilde{n}|^2 = k_d$, de modo que a densidade de energia magnética é simplesmente $u_{mag} = (1/2)\varepsilon E^2$ como no caso de meios dielétricos.

Para materiais condutores, a razão entre as densidades de energia magnética e elétrica é:

$$\frac{u_{mag}}{u_{el}} = \left[\frac{|n|^2 \varepsilon_0 E^2}{2}\right]\cdot\left[\frac{2}{\varepsilon E^2}\right] = \frac{|\tilde{n}|^2 \varepsilon_0}{\varepsilon} = \frac{|\tilde{n}|^2}{k_d}.$$

Como $\tilde{n} = n + in_I$, temos que $|\tilde{n}|^2 = [\sqrt{(n+in_I)\cdot(n-in_I)}]^2 = n^2 + n_I^2$. Usando os valores de n e n_I, calculados nas expressões (9.64) e (9.67) para $k_m = 1$, temos:

$$|\tilde{n}|^2 = \left[\frac{k_d\left(\sqrt{1+\left(\frac{\sigma}{\omega\varepsilon}\right)^2}+1\right)}{2}\right] + \left[\frac{k_d\left(\sqrt{1+\left(\frac{\sigma}{\omega\varepsilon}\right)^2}-1\right)}{2}\right].$$

Efetuando a operação algébrica, obtemos:

$$|\tilde{n}|^2 = k_d\sqrt{1+\left(\frac{\sigma}{\omega\varepsilon}\right)^2}.$$

Logo, a razão u_{mag}/u_{el}, calculada por $|\tilde{n}|^2/k_d$, é:

$$\frac{u_{mag}}{u_{el}} = \sqrt{1+\left(\frac{\sigma}{\omega\varepsilon}\right)^2}.$$

Note que a densidade de energia magnética não é igual à elétrica. Elas serão iguais no limite de bons dielétricos em que $\sigma \ll \omega\varepsilon$.

9.11 Exercícios Complementares

1. Resolva a equação diferencial $d^2\vec{r}(t)/dt^2 + \gamma d\vec{r}(t)/dt + \omega_0^2\vec{r}(t) = q\vec{E}(t)/m$.
2. Utilizando uma abordagem clássica, discuta quantitativamente a polarização elétrica em um gás de elétrons com diferentes frequências naturais de oscilação.
3. Utilizando uma abordagem clássica, discuta quantitativamente a polarização elétrica em um material sólido.
4. Discuta qualitativa e quantitativamente o efeito pelicular em metais.
5. Resolva a equação de onda para o campo elétrico no vácuo, considerando o caso em que o campo elétrico oscila em uma direção qualquer.

6. Discuta a polarização de uma onda eletromagnética plana, cujos campos eletromagnéticos estão oscilando no plano xy, considerando que a diferença de fase entre as componentes $\hat{i}$ e $\hat{j}$ do campo elétrico é: (a) π e (b) $3\pi / 2$.
7. Faça a superposição de duas ondas planas que possuem a mesma amplitude, frequência e vetor de propagação, mas polarização circular oposta.
8. O campo elétrico associado a uma onda eletromagnética em um material dielétrico dispersivo é dado por $\vec{E}(z,t) = \hat{i}e^{-k_I z}\left[E_{0x}\cos\left(kz - \omega t + \phi_x\right)\right]$. Usando a lei de Faraday, calcule o campo magnético correspondente. Calcule também o vetor de Poynting. [Este campo magnético foi obtido na relação (9.49), utilizando outro método de cálculo.]
9. Calcule o campo elétrico associado a uma onda eletromagnética, cujo campo magnético é $\vec{B}(z,t) = \hat{j}e^{-k_I z}[(kE_{0x} / \omega)\cos\left(kz - \omega t + \phi_x\right) - (k_I E_{0x} / \omega)\text{sen}\left(kz - \omega t + \phi_x\right)]$.
10. Calcule o campo elétrico associado a uma onda eletromagnética, cujo campo magnético é dado por $\vec{B}(z,t) = \hat{j}(\tilde{k}E_{0x} / \omega)e^{i(\tilde{k}z - \omega t + \phi_x)}$.
11. Mostre que para uma onda eletromagnética plana no vácuo vale a relação $E / H = \sqrt{\mu_0 / \varepsilon_0}$.
12. A potência que atinge uma determinada região do espaço é 1500 W/m^2. Considerando ondas planas monocromáticas e incidência normal, calcule o módulo dos vetores campo elétrico e magnético associados.
13. Mostre que, em um meio condutor quase transparente de índice de refração n, o comprimento de atenuação é dado por: $d = 2n / (\sigma\sqrt{\mu_0 / \varepsilon_0})$.
14. Uma onda eletromagnética penetra 2 mm em um metal de prata. Sendo a condutividade elétrica da prata $\sigma = 6.0 \times 10^7$ $(\Omega \cdot \text{m})^{-1}$, calcule a frequência dessa onda.
15. Escreva uma rotina computacional para calcular o índice de refração dado nas relações (9.64) e (9.67).
16. Escreva uma rotina computacional para calcular o coeficiente de penetração, relação (9.69), de ondas eletromagnéticas em meios condutores.
17. Escreva uma rotina computacional para calcular as funções

$$n_r(\omega) = 1 + \frac{Nq^2}{2m\varepsilon_0}\sum_j \frac{f_j\left(\omega_{j0}^2 - \omega^2\right)}{\left(\omega_{j0}^2 - \omega^2\right)^2 + \gamma_j^2\omega^2}$$

$$n_i(\omega) = \frac{Nq^2}{2m\varepsilon_0}\sum_j \frac{f_j\gamma_j}{\left(\omega_{j0}^2 - \omega^2\right)^2 + \gamma_j^2\omega^2}$$

que representam a parte real e a parte imaginária do índice de refração em um meio não condutor dispersivo. Represente graficamente as grandezas $n_r(\omega)$ e $n_i(\omega)$ em função da frequência.
18. Considere duas ondas planas, cujos campos elétricos são: $\vec{E}_1(\vec{r},t) = \hat{r}_1 E_{01}\cos(\vec{k}_1 \cdot \vec{r} - \omega_1 t + \phi_1)$ e $\vec{E}_2(\vec{r},t) = \hat{r}_2 E_{02}\cos(\vec{k}_1 \cdot \vec{r} - \omega_2 t + \phi_2)$. Escreva uma rotina computacional para fazer a superposição dessas ondas eletromagnéticas. Faça um estudo detalhado e indique os pontos de superposição destrutiva e construtiva.
19. Uma onda eletromagnética plana tem o campo elétrico dado por $\vec{E}(\vec{r},t) = \hat{r}E_0\cos(\vec{k} \cdot \vec{r} - \omega t + \phi_1)$. Escreva uma rotina computacional para calcular o campo magnético, o potencial vetor magnético e o potencial escalar elétrico associados a essa onda.
20. Escreva uma rotina computacional para resolver a equação de onda para o campo elétrico nos seguintes casos: (a) vácuo, (b) meio dielétrico não dispersivo, (c) meio dielétrico dispersivo e (d) meio condutor.
21. Uma onda eletromagnética plana tem o campo magnético dado por $\vec{B}(\vec{r},t) = \hat{r}B_0\cos(\vec{k} \cdot \vec{r} - \omega t + \phi_1)$. Escreva uma rotina computacional para calcular o potencial vetor, o campo elétrico e o potencial escalar elétrico associados a essa onda.

CAPÍTULO 10

Reflexão e Refração de Ondas Eletromagnéticas

Quando uma onda eletromagnética incide sobre a superfície de separação entre dois meios, ela pode ser refletida e/ou transmitida (refratada). Esses são os fenômenos da reflexão e refração (transmissão) de ondas eletromagnéticas que serão discutidos neste capítulo. Este estudo será feito considerando os seguintes casos: (1) interface não condutor/não condutor. (2) interface não condutor/condutor e (3) interface não condutor/metamaterial.

10.1 Interface Não Condutor/Não Condutor

Nesta seção, estudaremos os fenômenos da reflexão e refração de ondas eletromagnéticas em uma interface separando dois meios não condutores. Vamos tratar separadamente os casos de incidência normal e incidência oblíqua.

10.1.1 Incidência Normal

Por simplicidade, consideraremos somente meios materiais não condutores, nos quais o índice de refração é real e independente da frequência da onda incidente. Uma discussão para os casos em que o índice de refração é complexo ou depende da frequência está proposta nos Exercícios Complementares 1 e 2.

Vamos considerar uma onda eletromagnética plana monocromática, que se propaga na direção z em um meio material com índice de refração n_i. Ao incidir perpendicularmente sobre a interface de separação com outro meio material de índice de refração n_t, parte da energia será refletida e outra parte será refratada.

Por simplicidade, vamos considerar que: (1) a interface de separação entre os dois meios está localizada no plano xy em $z = 0$ e (2) os campos elétrico e magnético oscilam ao longo da direção y e x, respectivamente, conforme mostra a Figura 10.1.

Com essas considerações, temos que os campos elétricos associados às ondas eletromagéticas incidente, refletida e transmitida são:

$$\begin{cases} \vec{E}_{inc}(z,t) = \hat{j}E_i e^{i(-k_i z - \omega_i t)} \\ \vec{E}_{ref}(z,t) = \hat{j}E_r e^{i(k_i z - \omega_r t)} \; . \\ \vec{E}_{tran}(z,t) = \hat{j}E_t e^{i(-k_t z - \omega_t t)} \; . \end{cases} \tag{10.1}$$

Como os campos elétricos incidente e refletido estão no mesmo meio, eles possuem o mesmo módulo do vetor k_i. Na relação anterior, supomos que as frequências das ondas eletromagnéticas incidente, refletida e refratada são diferentes (ω_i, ω_r, ω_t). Na realidade, como será mostrado a seguir, essas frequências são iguais. O módulo do campo magnético auxiliar, que está ao longo da direção x, pode ser obtido por $H(z,t) = (n/\mu c)E(z,t)$. Por simplicidade, vamos considerar materiais não magnéticos em que $\mu = \mu_0$. Neste caso, temos:

$$\begin{cases} \vec{H}_{inc}(z,t) = \hat{i}\dfrac{n_i}{\mu_0 c}E_i e^{i(-k_i z - \omega_i t)} \\ \vec{H}_{ref}(z,t) = -\hat{i}\dfrac{n_i}{\mu_0 c}E_r e^{i(k_i z - \omega_r t)} \\ \vec{H}_{tran}(z,t) = \hat{i}\dfrac{n_t}{\mu_0 c}E_t e^{i(-k_t z - \omega_t t)}. \end{cases} \tag{10.2}$$

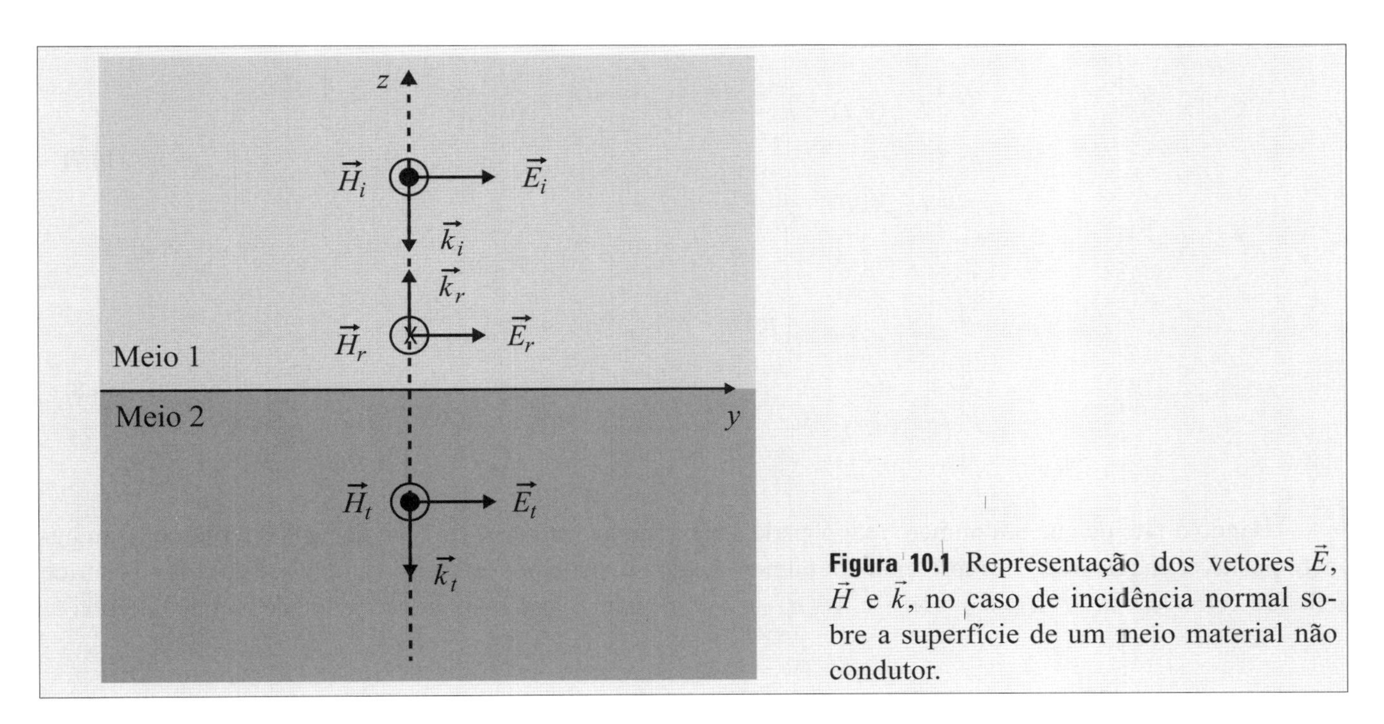

Figura 10.1 Representação dos vetores $\vec{E}$, $\vec{H}$ e $\vec{k}$, no caso de incidência normal sobre a superfície de um meio material não condutor.

Para especificar completamente os campos eletromagnéticos associados às ondas eletromagnéticas refletida e transmitida, devemos determinar os coeficientes E_r e E_t. Para isso, devemos impor as condições de contorno para o campo elétrico e para o campo magnético auxiliar sobre a interface de separação entre os dois meios materiais.

Como no momento da incidência existem no meio 1 (meio incidente) tanto a onda incidente quanto a onda refletida, temos a seguinte condição de contorno para as componentes tangentes do campo elétrico: $E^t_{inc} + E^t_{ref} = E^t_{tran}$. Aplicando essa condição de contorno, em $z = 0$, para os campos dados na relação (10.1), temos:

$$E_i e^{-i\omega_i t} + E_r e^{-i\omega_r t} = E_t e^{-i\omega_t t}. \tag{10.3}$$

Para que essa condição seja sempre verdadeira, é necessário que as frequências sejam iguais ($\omega_i = \omega_r = \omega_t = \omega$). Com essa consideração, podemos escrever que:

$$E_i + E_r = E_t. \tag{10.4}$$

Utilizando a condição de contorno para a componente paralela do vetor campo magnético auxiliar sobre a interface de separação em $z = 0$, obtemos a seguinte equação algébrica:

$$n_i\left(E_i - E_r\right) = n_t E_t. \tag{10.5}$$

Das relações (10.4) e (10.5), temos que:

$$E_r = \frac{n_i - n_t}{n_i + n_t} E_i, \quad E_t = \frac{2n_i}{n_i + n_t} E_i. \tag{10.6}$$

Substituindo (10.6) em (10.1) e (10.2), temos que os campos elétricos e magnéticos associados às ondas refletida e transmitida são dados por:

$$\begin{cases} \vec{E}_{ref}(z,t) = \hat{j}\left(\dfrac{n_i - n_t}{n_i + n_t}\right) E_i e^{i\left(k_i z - \omega t\right)} \\ \vec{E}_{tran}(z,t) = \hat{j}\left(\dfrac{2n_i}{n_i + n_t}\right) E_i e^{i\left(-k_t z - \omega t\right)} \end{cases} \tag{10.7}$$

$$\begin{cases} \vec{H}_{ref}(z,t) = -\hat{i}\,\dfrac{n_i\left(n_i - n_t\right)}{\mu_0 c\left(n_i + n_t\right)} E_i e^{i\left(k_i z - \omega t\right)} \\ \vec{H}_{tran}(z,t) = \hat{i}\,\dfrac{2n_i n_t}{\mu_0 c\left(n_i + n_t\right)} E_i e^{i\left(-k_t z - \omega t\right)} \end{cases}. \tag{10.8}$$

Usando o fato de que um número real N pode ser escrito na forma $|N|e^{i\phi}$, em que $\phi = 0$ representa um número positivo, enquanto $\phi = \pi$ representa um número negativo, podemos escrever a amplitude do campo elétrico refletido como $(n_i - n_t)/(n_i + n_t) = |(n_i - n_t)/(n_i + n_t)|\,e^{i\phi}$. Assim, o campo elétrico associado à onda refletida é:

$$\vec{E}_{ref}(z,t) = \hat{j}\left|\frac{n_i - n_t}{n_i + n_t}\right| E_i e^{i\left(k_i z - \omega t + \phi\right)}. \tag{10.9}$$

Note que para $n_i > n_t$, temos que $n_i - n_t > 0$, de modo que a fase ϕ é nula. Logo, os campos elétrico e magnético refletidos estão em fase com os campos incidentes. Entretanto, para $n_i < n_t$, temos que $n_i - n_t < 0$, de modo que a fase ϕ é igual a π. Neste caso, os campos elétrico e magnético refletidos estão defasados de π em relação aos campos incidentes. Por outro lado, os campos eletromagnéticos transmitidos estão sempre em fase com os campos incidentes.

A razão entre as amplitudes das ondas eletromagnéticas incidente e refletida é o coeficiente de Fresnel da reflexão (r). Por outro lado, a razão entre as amplitudes da onda transmitida e incidente é o coeficiente de Fresnel da transmissão (t). Portanto, neste caso de incidência normal, os coeficientes de Fresnel são dados por:

$$r = \frac{E_r}{E_i} = \frac{n_i - n_t}{n_i + n_t}, \quad t = \frac{E_t}{E_i} = \frac{2n_i}{n_i + n_t}. \tag{10.10}$$

Para estimar a quantidade de energia eletromagnética refletida e transmitida, devemos calcular a componente normal do vetor de Poynting (veja a Seção 8.3). Usando (10.1) e (10.2), temos que o vetor de Poynting $\vec{S}_{inc}$ associado à onda eletromagnética incidente, calculado por $\vec{S}_{inc} = \vec{E}_{inc} \times \vec{H}_{inc}$, é:[1]

$$\vec{S}_{inc} = -\frac{n_i}{\mu_0 c} E_i^2 \cos^2(-k_i z - \omega t)\hat{k}.$$

O valor médio temporal desse vetor de Poynting sobre a interface de separação localizada em $z = 0$ é:

$$\langle S_{inc} \rangle = \frac{n_i E_i^2}{\mu_0 c} \overbrace{\left[\frac{1}{T} \int_0^T \cos^2(\omega t) dt \right]}^{1/2} \tag{10.11}$$

em que $T = 2\pi / \omega$ é o período de oscilação. O valor da integral entre colchetes é 1/2, de modo que o valor médio temporal do módulo do vetor de Poynting associado à onda eletromagnética incidente é:

$$\langle S_{inc} \rangle = \frac{n_i E_i^2}{2\mu_0 c}. \tag{10.12}$$

Analogamente, temos que os vetores de Poynting associados às ondas eletromagnéticas refletida e transmitida são $\vec{S}_{ref} = (n_i E_r^2 / \mu_0 c)\cos^2(k_i z - \omega t)\hat{k}$ e $\vec{S}_{tran} = -(n_t E_t^2 / \mu_0 c)\cos^2(-k_t z - \omega t)\hat{k}$, respectivamente. Os valores médios $\langle S_{ref} \rangle$ e $\langle S_{tran} \rangle$ que medem as densidades de energia eletromagnética refletida e transmitida são dados por:

$$\langle S_{ref} \rangle = \frac{n_i}{2\mu_0 c} E_r^2, \quad \langle S_{tran} \rangle = \frac{n_t}{2\mu_0 c} E_t^2. \tag{10.13}$$

A razão entre as densidades de energia refletida e incidente define o coeficiente de reflexão ou reflectância, $R = \langle S_{ref} \rangle / \langle S_{inc} \rangle$. Usando $\langle S_{inc} \rangle = (n_i E_i^2 / 2\mu_0 c)$ e $\langle S_{ref} \rangle = (n_i E_r^2 / 2\mu_0 c)$, temos que $R = (E_r / E_i)^2 = r^2$. Logo, o coeficiente de reflexão para incidência normal é:

$$R = \left(\frac{n_i - n_t}{n_i + n_t} \right)^2. \tag{10.14}$$

O coeficiente de transmissão ou transmitância é definido como a razão entre as densidades de energia transmitida e incidente, $T = \langle S_{tran} \rangle / \langle S_{inc} \rangle$. Usando $\langle S_{inc} \rangle = (n_i E_i^2 / 2\mu_0 c)$ e $\langle S_{tran} \rangle = (n_t E_t^2 / 2\mu_0 c)$, temos que $T = (n_t / n_i)(E_t / E_i)^2 = (n_t / n_i)t^2$. Logo, o coeficiente de transmissão é dado por:

[1] Para cálculo do vetor de Poynting, devemos tomar a parte real (ou imaginária) dos campos dados em (10.1) e (10.2).

$$T = \frac{n_t}{n_i}\left(\frac{2n_i}{n_i + n_t}\right)^2. \quad \textbf{(10.15)}$$

Usando os valores de R e T obtidos anteriormente, temos

$$R + T = \left(\frac{n_i - n_t}{n_i + n_t}\right)^2 + \frac{n_t}{n_i}\left(\frac{2n_i}{n_i + n_t}\right)^2 = 1. \quad \textbf{(10.16)}$$

O fato de que $R + T = 1$ implica que toda energia eletromagnética incidente é totalmente refletida e/ou transmitida pela superfície. Para o caso de uma interface ar/vidro em que $n_i = 1{,}0$ e $n_t = 1{,}5$, temos que $R = 0{,}04$ e $T =$ 0,96. Isso significa que 96% da radiação é transmitida pela interface e apenas 4% é refletida.

10.1.2 Incidência Oblíqua

Nesta seção, discutiremos os fenômenos da reflexão e refração considerando que a onda eletromagnética incide obliquamente sobre a interface de separação entre dois meios materiais não condutores e não magnéticos, em que $\sigma = 0$ e $\mu = \mu_0$. O caso mais geral em que $\mu \neq \mu_0$ está proposto no Exercício Complementar 5.

Vamos considerar que uma onda eletromagnética que se propaga em um meio de índice de refração n_i incide sobre a superfície de um meio de índice de refração n_t, fazendo um ângulo θ_i com um vetor normal à interface de separação. As ondas eletromagnéticas refletida e transmitida formam com a normal os ângulos θ_r e θ_t, respectivamente, conforme mostra a Figura 10.2. Para a sequência da discussão, é importante distinguir o caso no qual o campo elétrico é paralelo ao plano de incidência do caso em que ele é perpendicular. Como veremos a seguir, esses dois casos levam a conclusões diferentes no que se refere à polarização das ondas eletromagnéticas.

Campo Elétrico Paralelo ao Plano de Incidência

Vamos supor que o campo elétrico associado à onda eletromagnética incidente tem polarização linear e paralela ao plano de incidência, que contém os vetores de onda $\vec{k}$ e o vetor normal à superfície.

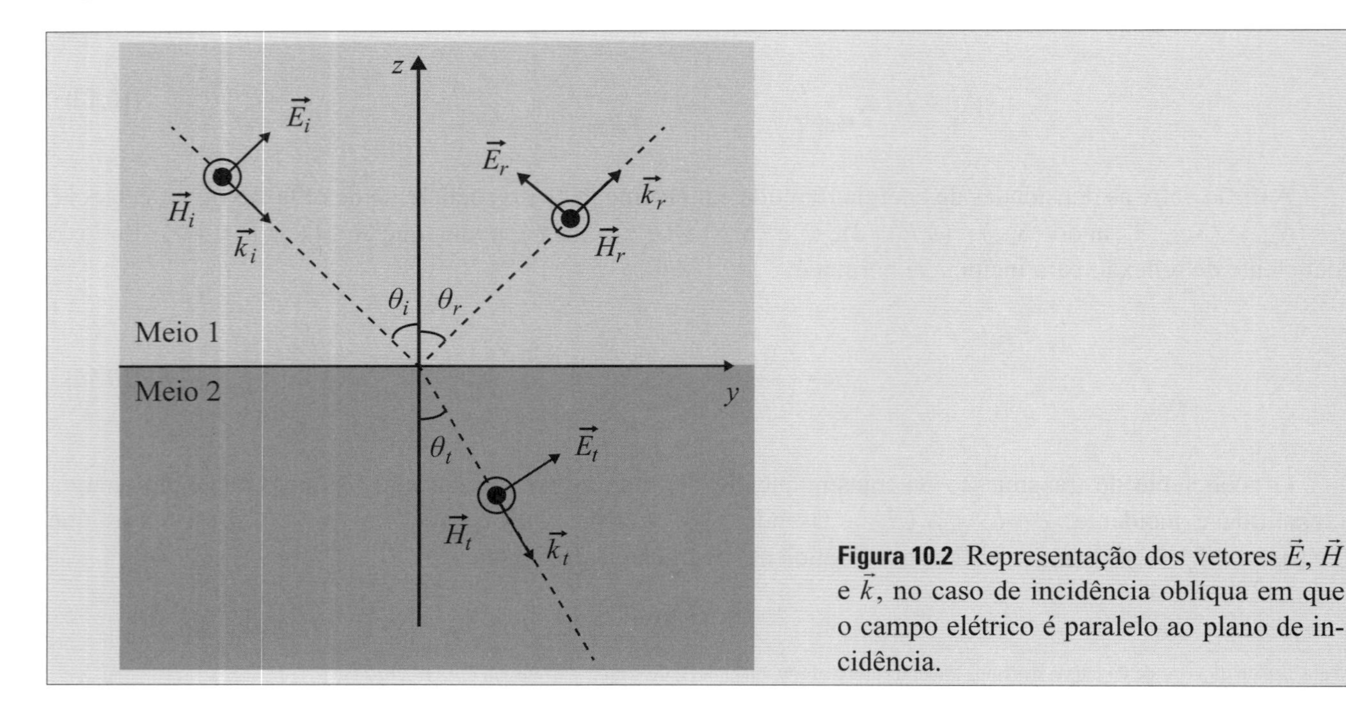

Figura 10.2 Representação dos vetores $\vec{E}$, $\vec{H}$ e $\vec{k}$, no caso de incidência oblíqua em que o campo elétrico é paralelo ao plano de incidência.

No diagrama da Figura 10.2, o plano de incidência é o plano yz. De acordo com este diagrama, podemos decompor o campo elétrico associado às ondas eletromagnéticas incidente, refletida e transmitida como:[2]

$$\begin{cases} \vec{E}_{inc}(\vec{r},t) = E_{ip}\left(\hat{j}\cos\theta_i + \hat{k}\,\mathrm{sen}\,\theta_i\right)e^{i\left(\vec{k}_i.\vec{r}-\omega t\right)} \\ \vec{E}_{ref}(\vec{r},t) = E_{rp}\left(-\hat{j}\cos\theta_r + \hat{k}\,\mathrm{sen}\,\theta_r\right)e^{i\left(\vec{k}_r.\vec{r}-\omega t\right)} \\ \vec{E}_{tran}(\vec{r},t) = E_{tp}\left(\hat{j}\cos\theta_t + \hat{k}\,\mathrm{sen}\,\theta_t\right)e^{i\left(\vec{k}_t.\vec{r}-\omega t\right)} \end{cases}.$$

Nestas relações, θ_i, θ_r e θ_t representam os ângulos de incidência, reflexão e refração (transmissão), respectivamente. O índice "p" indica que o campo elétrico está no plano de incidência. Da mesma forma, o vetor de onda $\vec{k}$ pode ser decomposto como:

$$\begin{cases} \vec{k}_i = k_i\left(\hat{j}\,\mathrm{sen}\,\theta_i - \hat{k}\cos\theta_i\right) \\ \vec{k}_r = k_i\left(\hat{j}\,\mathrm{sen}\,\theta_r + \hat{k}\cos\theta_r\right) \\ \vec{k}_t = k_t\left(\hat{j}\,\mathrm{sen}\,\theta_t - \hat{k}\cos\theta_t\right) \end{cases}. \tag{10.17}$$

É importante ressaltar que os vetores $\vec{k}_i$ e $\vec{k}_r$ têm o mesmo módulo, mas direções diferentes. Por outro lado, o campo magnético auxiliar está polarizado perpendicularmente ao plano de incidência. Portanto, usando a relação, $H(\vec{r},t) = \left(n/\mu_0 c\right)E(\vec{r},t)$ temos:

$$\begin{cases} \vec{H}_{inc}(\vec{r},t) = \hat{i}\,\dfrac{n_i}{\mu_0 c}E_{ip}e^{i\left(\vec{k}_i.\vec{r}-\omega t\right)} \\ \vec{H}_{ref}(\vec{r},t) = \hat{i}\,\dfrac{n_i}{\mu_0 c}E_{rp}e^{i\left(\vec{k}_r.\vec{r}-\omega t\right)} \\ \vec{H}_{tran}(\vec{r},t) = \hat{i}\,\dfrac{n_r}{\mu_0 c}E_{tp}e^{i\left(\vec{k}_t.\vec{r}-\omega t\right)} \end{cases}.$$

A componente tangente do campo elétrico deve ser contínua sobre a superfície que separa os materiais, isto é, $E^t_{inc} + E^t_{ref} = E^t_{tran}$. Usando essa condição de contorno para a componente paralela do campo elétrico (componente $\hat{j}$), obtemos a seguinte equação algébrica:

$$E_{ip}\cos\theta_i e^{i\left(\vec{k}_i.\vec{r}-\omega t\right)} - E_{rp}\cos\theta_r e^{i\left(\vec{k}_r.\vec{r}-\omega t\right)} = E_{tp}\cos\theta_t e^{i\left(\vec{k}_t.\vec{r}-\omega t\right)}. \tag{10.18}$$

Por outro lado, sobre a interface de separação entre os dois meios, a componente normal do deslocamento elétrico (componente $\hat{k}$) deve satisfazer à seguinte condição de contorno $D^n_{inc} + D^n_{ref} = D^n_{tran}$. Usando a relação $\vec{D} = \varepsilon\vec{E}$, obtemos:

$$\varepsilon_i E_{ip}\mathrm{sen}\,\theta_i e^{i\left(\vec{k}_i.\vec{r}-\omega t\right)} + \varepsilon_i E_{rp}\mathrm{sen}\,\theta_r e^{i\left(\vec{k}_r.\vec{r}-\omega t\right)} = \varepsilon_t E_{tp}\mathrm{sen}\,\theta_t e^{i\left(\vec{k}_t.\vec{r}-\omega t\right)}. \tag{10.19}$$

[2] Na Subseção 10.1.1, mostramos que as frequências das ondas incidente, refletida e transmitida devem ser iguais.

Para que essa relação seja sempre verdadeira, é necessário que as fases das ondas sejam idênticas. Essa condição implica que:

$$\left(\vec{k}_i \cdot \vec{r} - \omega t\right) = \left(\vec{k}_r \cdot \vec{r} - \omega t\right) = \left(\vec{k}_t \cdot \vec{r} - \omega t\right). \quad \textbf{(10.20)}$$

Usando os vetores $\vec{k}$ dados em (10.17) e o vetor $\vec{r} = \hat{i}x + \hat{j}y$, que está sobre a interface de separação entre os dois meios, podemos escrever que:

$$k_i \text{sen}\,\theta_i = k_i \text{sen}\,\theta_r; \quad k_i \text{sen}\,\theta_i = k_t \text{sen}\,\theta_t. \quad \textbf{(10.21)}$$

Da equação $k_i \text{sen}\,\theta_i = k_i \text{sen}\,\theta_r$, temos que $\theta_r = \theta_i$, que é a lei da reflexão. Como $k = n\omega / c$, podemos escrever a equação $k_i \text{sen}\,\theta_i = k_t \text{sen}\,\theta_t$ na forma:

$$\boxed{n_i \text{sen}\,\theta_i = n_t \text{sen}\,\theta_t\,.} \quad \textbf{(10.22)}$$

que é a lei de Snell para a refração de ondas.

Usando o fato de que as fases das ondas devem ser iguais sobre a interface de separação entre os dois meios, temos que as equações (10.18) e (10.19) se reduzem a:

$$\begin{cases} E_{rp} \cos\theta_r + E_{tp} \cos\theta_t = E_{ip} \cos\theta_i \\ \varepsilon_i E_{ip} \text{sen}\,\theta_i + \varepsilon_i E_{rp} \text{sen}\,\theta_r = \varepsilon_t E_{tp} \text{sen}\,\theta_t \end{cases}. \quad \textbf{(10.23)}$$

Estas equações podem ser escritas na seguinte forma matricial:

$$\begin{bmatrix} \cos\theta_i & \cos\theta_t \\ -\varepsilon_i \text{sen}\,\theta_i & \varepsilon_t \text{sen}\,\theta_t \end{bmatrix} \begin{bmatrix} E_{rp} \\ E_{tp} \end{bmatrix} = \begin{bmatrix} E_{ip} \cos\theta_i \\ \varepsilon_i E_{ip} \text{sen}\,\theta_i \end{bmatrix}. \quad \textbf{(10.24)}$$

Resolvendo esse sistema de equações, obtemos:

$$E_{rp} = \frac{\left(\varepsilon_t \text{sen}\,\theta_t \cos\theta_i - \varepsilon_i \cos\theta_t \text{sen}\,\theta_i\right)}{\varepsilon_t \cos\theta_i \text{sen}\,\theta_t + \varepsilon_i \cos\theta_t \text{sen}\,\theta_i} E_{ip} \quad \textbf{(10.25)}$$

$$E_{tp} = \frac{2\varepsilon_i \text{sen}\,\theta_i \cos\theta_i}{\varepsilon_t \cos\theta_i \text{sen}\,\theta_t + \varepsilon_i \cos\theta_t \text{sen}\,\theta_i} E_{ip}. \quad \textbf{(10.26)}$$

Estas expressões fornecem as razões E_{rp} / E_{ip} e E_{tp} / E_{ip} em função das permissividades elétricas $(\varepsilon_i\, \varepsilon_t)$ e dos ângulos de incidência e transmissão (θ_i, θ_t). Estas razões também podem ser escritas em função dos índices de refração ou somente em termos dos ângulos de incidência e transmissão. Esses cálculos estão feitos nos Exemplos 10.1 e 10.2 e os resultados são:

$$\boxed{\frac{E_{rp}}{E_{ip}} = \frac{\left(n_t \cos\theta_i - n_i \cos\theta_t\right)}{\left(n_t \cos\theta_i + n_i \cos\theta_t\right)} = \frac{\tan\left(\theta_i - \theta_t\right)}{\tan\left(\theta_i + \theta_t\right)}}. \quad \textbf{(10.27)}$$

$$\frac{E_{tp}}{E_{ip}} = \frac{2n_i \cos\theta_i}{(n_i \cos\theta_t + n_t \cos\theta_i)} = \frac{2\cos\theta_i \text{sen}\,\theta_t}{sen(\theta_i + \theta_t).\cos(\theta_i - \theta_t)}. \quad (10.28)$$

Usando as expressões para os campos elétricos e magnéticos dadas nas equações (10.17) e (10.18), podemos escrever o vetor de Poynting associado às ondas eletromagnéticas incidente, refletida e transmitida como:

$$\begin{cases} \vec{S}_{inc} = \left(\hat{j}\,\text{sen}\,\theta_i - \hat{k}\cos\theta_i\right)\dfrac{n_i}{\mu_0 c}E_{ip}^2\cos^2\left(\vec{k}_i.\vec{r} - \omega t\right) \\ \vec{S}_{ref} = \left(\hat{j}\,\text{sen}\,\theta_i + \hat{k}\cos\theta_i\right)\dfrac{n_i}{\mu_0 c}E_{rp}^2\cos^2\left(\vec{k}_r.\vec{r} - \omega t\right). \\ \vec{S}_{tran} = \left(\hat{j}\,\text{sen}\,\theta_t - \hat{k}\cos\theta_t\right)\dfrac{n_r}{\mu_0 c}E_{tp}^2\cos^2\left(\vec{k}_t.\vec{r} - \omega t\right) \end{cases} \quad (10.29)$$

A densidade de energia eletromagnética sobre a interface de separação entre os dois meios é dada pela média do módulo da componente normal (neste caso, a componente k) do vetor de Poynting. Portanto, os valores médios da energia incidente, refletida e transmitida são dados por:

$$\begin{cases} \left\langle S_{inc}\right\rangle = \dfrac{n_i}{\mu_0 c}\cos\theta_i E_{ip}^2\left\langle\cos^2(k_i z - \omega t)\right\rangle = \dfrac{n_i}{2\mu_0 c}\cos\theta_i E_{ip}^2 \\ \left\langle S_{ref}\right\rangle = \dfrac{n_i}{\mu_0 c}\cos\theta_i E_{rp}^2\left\langle\cos^2(k_i z - \omega t)\right\rangle = \dfrac{n_i}{2\mu_0 c}\cos\theta_i E_{rp}^2. \\ \left\langle S_{tran}\right\rangle = \dfrac{n_t}{\mu_0 c}\cos\theta_t E_{tp}^2\left\langle\cos^2(k_t z - \omega t)\right\rangle = \dfrac{n_t}{2\mu_0 c}\cos\theta_t E_{tp}^2 \end{cases} \quad (10.30)$$

O coeficiente de reflexão, calculado por $R_p = \left\langle S_{ref}\right\rangle / \left\langle S_{inc}\right\rangle$, é $R_p = (E_{rp} / E_{ip})^2$. Usando a relação (10.27), temos:

$$R_p = \left[\frac{(n_t \cos\theta_i - n_i \cos\theta_t)}{(n_t \cos\theta_i + n_i \cos\theta_t)}\right]^2 = \left[\frac{\tan(\theta_i - \theta_t)}{\tan(\theta_i + \theta_t)}\right]^2. \quad (10.31)$$

O coeficiente de transmissão, calculado por $T_p = \left\langle S_{tran}\right\rangle / \left\langle S_{inc}\right\rangle$, é $(n_t \cos\theta_t / n_i \cos\theta_i)(E_{tp} / E_{ip})^2$. Usando a razão E_{tp} / E_{ip} calculada em (10.28), obtemos:

$$T_p = \frac{n_t \cos\theta_t}{n_i \cos\theta_i}\left[\frac{2n_i \cos\theta_i}{(n_i \cos\theta_t + n_t \cos\theta_i)}\right]^2 = \frac{n_t \cos\theta_t}{n_i \cos\theta_i}\left[\frac{2\cos\theta_i \text{sen}\,\theta_t}{\text{sen}(\theta_i + \theta_t).\cos(\theta_i - \theta_t)}\right]^2. \quad (10.32)$$

É fácil mostrar que a condição $R_p + T_p = 1$ também é verificada nesse caso de incidência oblíqua (veja o Exercício Complementar 13). As relações (10.31) e (10.32) mostram que podemos obter os coeficientes R_p e T_p medindo os ângulos de incidência e refração.

EXEMPLO 10.1

Mostre que a amplitude E_{rp} dada em (10.25) pode ser escrita na forma da relação (10.27).

SOLUÇÃO

Para escrever a amplitude E_{rp} em função dos índices de refração e dos ângulos de incidência, vamos substituir as relações $\varepsilon_i = n_i^2\varepsilon_0$ e $\varepsilon_t = n_t^2\varepsilon_0$ em (10.25). Assim, temos que:

$$E_{rp} = \frac{\left(n_t^2 \cos\theta_i \operatorname{sen}\theta_t - n_i^2 \operatorname{sen}\theta_i \cos\theta_t\right)}{\left(n_t^2 \cos\theta_i \operatorname{sen}\theta_t + n_i^2 \operatorname{sen}\theta_i \cos\theta_t\right)} E_{ip}.$$

Usando a lei de Snell para substituir o termo $n_t \operatorname{sen}\theta_t$ por $n_i \operatorname{sen}\theta_i$, temos:

$$E_{rp} = \frac{\left(n_t \cos\theta_i n_i \operatorname{sen}\theta_i - n_i^2 \operatorname{sen}\theta_i \cos\theta_t\right)}{\left(n_t \cos\theta_i n_i \operatorname{sen}\theta_i + n_i^2 \operatorname{sen}\theta_i \cos\theta_t\right)} E_{ip}. \quad \textbf{(E10.1)}$$

Simplificando o termo $n_i \operatorname{sen}\theta_i$, obtemos:

$$\boxed{E_{rp} = \frac{\left(n_t \cos\theta_i - n_i \cos\theta_t\right)}{\left(n_t \cos\theta_i + n_i \cos\theta_t\right)} E_{ip}.}$$

Esta relação fornece a amplitude E_{rp} em função dos índices de refração e dos ângulos de incidência e transmissão.

Para escrever E_{rp} somente em função dos ângulos de incidência e transmissão, vamos usar a lei de Snell para substituir $n_i \operatorname{sen}\theta_i$ por $n_t \operatorname{sen}\theta_t$ no segundo termo do numerador e do denominador da relação (2). Assim, temos:

$$E_{rp} = \frac{\left(n_t \cos\theta_i n_i \operatorname{sen}\theta_i - n_i n_t \operatorname{sen}\theta_t \cos\theta_t\right)}{\left(n_t \cos\theta_i n_i \operatorname{sen}\theta_i + n_i n_t \operatorname{sen}\theta_t \cos\theta_t\right)} E_{ip}.$$

Simplificando os índices de refração, obtemos:

$$E_{rp} = \frac{\left(\cos\theta_i \operatorname{sen}\theta_i - \operatorname{sen}\theta_t \cos\theta_t\right)}{\left(\cos\theta_i \operatorname{sen}\theta_i + \operatorname{sen}\theta_t \cos\theta_t\right)} E_{ip}.$$

Usando as propriedades das funções trigonométricas, podemos escrever a amplitude E_{rp} na forma:

$$\boxed{E_{rp} = \frac{\tan\left(\theta_i - \theta_t\right)}{\tan\left(\theta_i + \theta_t\right)} E_{ip}.}$$

Esta relação define o coeficiente E_{rp} somente em termos dos ângulos de incidência θ_i e transmissão θ_t.

EXEMPLO 10.2

Mostre que a amplitude E_{tp} dada em (10.26) pode ser escrita na forma da relação (10.28).

SOLUÇÃO

Para escrever a amplitude E_{tp} em função dos índices de refração e dos ângulos de incidência e transmissão, vamos substituir as relações $\varepsilon_i = n_i^2 \varepsilon_0$ e $\varepsilon_t = n_t^2 \varepsilon_0$ na relação (10.26). Assim, obtemos:

$$E_{tp} = \frac{2n_i^2 \cos\theta_i \operatorname{sen}\theta_i}{\left(n_i^2 \operatorname{sen}\theta_i \cos\theta_t + n_t^2 \operatorname{sen}\theta_t \cos\theta_i\right)} E_{ip}.$$

Usando a lei de Snell para substituir $n_t \operatorname{sen}\theta_t$ por $n_i \operatorname{sen}\theta_i$ no segundo termo do denominador, temos:

$$E_{tp} = \frac{2n_i^2 \cos\theta_i \operatorname{sen}\theta_i}{\left(n_i^2 \operatorname{sen}\theta_i \cos\theta_t + n_t n_i \operatorname{sen}\theta_i \cos\theta_i\right)} E_{ip}. \tag{E10.2}$$

Simplificando o termo $n_i \operatorname{sen}\theta_i$, obtemos:

$$\boxed{E_{tp} = \frac{2n_i \cos\theta_i}{\left(n_i \cos\theta_t + n_t \cos\theta_i\right)} E_{ip}.}$$

Para escrever a amplitude E_{tp} somente em função dos ângulos de incidência e refração, usamos a lei de Snell para substituir $n_i \operatorname{sen}\theta_i$ por $n_t \operatorname{sen}\theta_t$ no numerador e no primeiro termo do denominador da equação (2). Assim, temos:

$$E_{tp} = \frac{2n_i \cos\theta_i n_t \operatorname{sen}\theta_t}{\left(n_i n_t \operatorname{sen}\theta_t \cos\theta_t + n_t n_i \operatorname{sen}\theta_i \cos\theta_i\right)} E_{ip}.$$

Simplificando os índices de refração, obtemos:

$$E_{tp} = \frac{2\cos\theta_i \operatorname{sen}\theta_t}{\left(\operatorname{sen}\theta_t \cos\theta_t + \operatorname{sen}\theta_i \cos\theta_i\right)} E_{ip}.$$

Usando as propriedades das funções trigonométricas, temos:

$$\boxed{E_{tp} = \frac{2\cos\theta_i \operatorname{sen}\theta_t}{\operatorname{sen}\left(\theta_i + \theta_t\right) \cdot \cos\left(\theta_i - \theta_t\right)} E_{ip}.}$$

Esta relação define a amplitude E_{tp} em termos dos ângulos de incidência θ_i e transmissão θ_t.

Campo Elétrico Perpendicular ao Plano de Incidência

Agora, vamos discutir a reflexão e refração de ondas eletromagnéticas, considerando que o campo elétrico é perpendicular ao plano de incidência, conforme mostra a Figura 10.3.

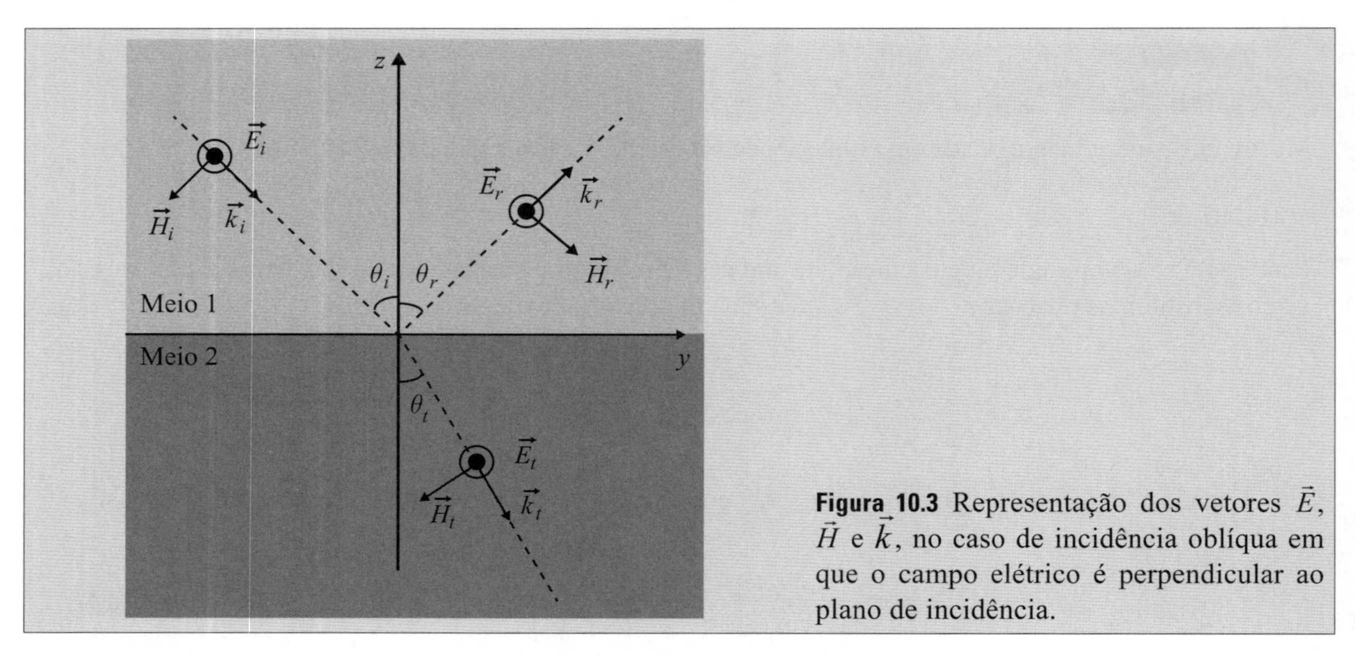

Figura 10.3 Representação dos vetores $\vec{E}$, $\vec{H}$ e $\vec{k}$, no caso de incidência oblíqua em que o campo elétrico é perpendicular ao plano de incidência.

De acordo com a Figura 10.3, os campos elétricos associados à onda incidente, refletida e transmitida são dados por:

$$\begin{cases} \vec{E}_{inc}(\vec{r},t) = \hat{i}E_{in}e^{i\left(\vec{k}_i.\vec{r}-\omega t\right)} \\ \vec{E}_{ref}(\vec{r},t) = \hat{i}E_{rn}e^{i\left(\vec{k}_r.\vec{r}-\omega t\right)} \\ \vec{E}_{tran}(\vec{r},t) = \hat{i}E_{tn}e^{i\left(\vec{k}_t.\vec{r}-\omega t\right)} \end{cases}. \quad \textbf{(10.33)}$$

O índice n nas amplitudes E_{in}, E_{rn} e E_{tn} indica que o campo elétrico é normal ao plano de incidência. Pela Figura 10.3, temos que os campos magnéticos auxiliares são:

$$\begin{cases} \vec{H}_{inc}(\vec{r},t) = \dfrac{n_i}{\mu_0 c}E_{in}\left(-\hat{j}\cos\theta_i - \hat{k}\operatorname{sen}\theta_i\right)e^{i\left(\vec{k}_i.\vec{r}-\omega t\right)} \\ \vec{H}_{ref}(\vec{r},t) = \dfrac{n_i}{\mu_0 c}E_{rn}\left(\hat{j}\cos\theta_r - \hat{k}\operatorname{sen}\theta_r\right)e^{i\left(\vec{k}_r.\vec{r}-\omega t\right)} \\ \vec{H}_{tran}(\vec{r},t) = \dfrac{n_t}{\mu_0 c}E_{tn}\left(-\hat{j}\cos\theta_t - \hat{k}\operatorname{sen}\theta_t\right)e^{i\left(\vec{k}_t.\vec{r}-\omega t\right)} \end{cases}. \quad \textbf{(10.34)}$$

Os vetores de onda $\vec{k}$ são decompostos conforme as relações (10.17).

A componente do campo magnético auxiliar tangente à interface de separação é a componente $\hat{j}$. Aplicando a condição de contorno para essa componente, ($H^t_{inc} + H^t_{ref} = H^t_{tran}$), e considerando $\theta_r = \theta_i$ e as fases iguais, obtemos a seguinte equação algébrica:

$$-\frac{n_i}{\mu_0 c}E_{in}\cos\theta_i + \frac{n_i}{\mu_0 c}E_{rn}\cos\theta_i = -\frac{n_t}{\mu_0 c}E_{tn}\cos\theta_t. \quad \textbf{(10.35)}$$

Por outro lado, sobre a interface de separação dos meios, a componente normal do campo magnético (componente $\hat{k}$) deve satisfazer à seguinte condição de contorno, $B^n_{inc} + B^n_{ref} = B^n_{tran}$. Como $B = nE / c$, temos:

$$\frac{n_i}{c}E_{in}\text{sen}\theta_i + \frac{n_i}{c}E_{rn}\text{sen}\theta_i = \frac{n_t}{c}E_{tn}\text{sen}\theta_t. \tag{10.36}$$

O sistema de equações (10.35) e (10.36) pode ser escrito na forma matricial como:

$$\begin{bmatrix} n_i\cos\theta_i & n_t\cos\theta_t \\ -n_i\text{sen}\theta_i & n_t\text{sen}\theta_t \end{bmatrix}\begin{bmatrix} E_{rn} \\ E_{tn} \end{bmatrix} = \begin{bmatrix} n_iE_{in}\cos\theta_i \\ n_iE_{in}\text{sen}\theta_i \end{bmatrix}. \tag{10.37}$$

Resolvendo, obtemos que:

$$E_{rn} = \frac{\left(n_t\text{sen}\theta_t\cos\theta_i - n_t\cos\theta_t\text{sen}\theta_i\right)}{n_t\cos\theta_t\text{sen}\theta_i + n_t\text{sen}\theta_t\cos\theta_i}E_{in} \tag{10.38}$$

$$E_{tn} = \frac{2n_i\text{sen}\theta_i\cos\theta_i}{n_t\cos\theta_t\text{sen}\theta_i + n_t\text{sen}\theta_t\cos\theta_i}E_{in}. \tag{10.39}$$

Essas amplitudes também podem ser escritas como (veja os Exemplos 10.3 e 10.4):

$$\boxed{\frac{E_{rn}}{E_{in}} = \frac{\left(n_i\cos\theta_i - n_t\cos\theta_t\right)}{n_t\cos\theta_t + n_i\cos\theta_i} = \frac{\text{sen}\left(\theta_t - \theta_i\right)}{\text{sen}\left(\theta_t + \theta_i\right)}.} \tag{10.40}$$

$$\boxed{\frac{E_{tn}}{E_{in}} = \frac{2n_i\cos\theta_i}{\left(n_t\cos\theta_t + n_i\cos\theta_i\right)} = \frac{2\cos\theta_i sen\theta_t}{\text{sen}\left(\theta_i + \theta_t\right)}.} \tag{10.41}$$

Os vetores de Poynting associados às ondas incidente, refletida e transmitida são:

$$\begin{cases} \vec{S}_{inc} = \left(\hat{j}\,\text{sen}\theta_i - \hat{k}\cos\theta_i\right)\dfrac{n_i}{\mu_0 c}E_{in}^2\cos^2\left(\vec{k}_i.\vec{r} - \omega t\right) \\ \vec{S}_{ref} = \left(\hat{j}\,\text{sen}\theta_i + \hat{k}\cos\theta_i\right)\dfrac{n_i}{\mu_0 c}E_{rn}^2\cos^2\left(\vec{k}_r.\vec{r} - \omega t\right) \\ \vec{S}_{tran} = \left(\hat{j}\,\text{sen}\theta_t - \hat{k}\cos\theta_t\right)\dfrac{n_t}{\mu_0 c}E_{tn}^2\cos^2\left(\vec{k}_t.\vec{r} - \omega t\right). \end{cases}$$

Os valores médios das componentes normais (componente $\hat{k}$) desses vetores são:

$$\begin{cases} \left\langle S_{inc}\right\rangle = \dfrac{n_i}{\mu_0 c}\cos\theta_i E_{in}^2\left\langle\cos^2\left(k_i z - \omega t\right)\right\rangle = \dfrac{n_i}{2\mu_0 c}\cos\theta_i E_{in}^2 \\ \left\langle S_{ref}\right\rangle = \dfrac{n_i}{\mu_0 c}\cos\theta_i E_{rn}^2\left\langle\cos^2\left(k_i z - \omega t\right)\right\rangle = \dfrac{n_i}{2\mu_0 c}\cos\theta_i E_{rn}^2 \\ \left\langle S_{tran}\right\rangle = \dfrac{n_t}{\mu_0 c}\cos\theta_t E_{tn}^2\left\langle\cos^2\left(k_t z - \omega t\right)\right\rangle = \dfrac{n_t}{2\mu_0 c}\cos\theta_t E_{tn}^2. \end{cases} \tag{10.42}$$

O coeficiente de reflexão, calculado por $R_n = \langle S_{ref} \rangle / \langle S_{inc} \rangle$, é $R_n = \left(E_{rn} / E_{in}\right)^2$. Usando (10.40), temos:

$$R_n = \left[\frac{n_i \cos\theta_i - n_t \cos\theta_t}{n_t \cos\theta_t + n_i \cos\theta_i}\right]^2 = \left[\frac{\text{sen}(\theta_t - \theta_i)}{\text{sen}(\theta_t + \theta_i)}\right]^2. \tag{10.43}$$

A transmitância, calculada por $T_n = \langle S_{ref} \rangle / \langle S_{inc} \rangle$, é $T_n = (n_t \cos\theta_t / n_i \cos\theta_i)(E_{tn} / E_{in})^2$. Usando (10.41), obtemos:

$$T_n = \frac{n_t \cos\theta_t}{n_i \cos\theta_i}\left[\frac{2n_i \cos\theta_i}{(n_t \cos\theta_t + n_i \cos\theta_i)}\right]^2 = \left[\frac{2\cos\theta_i \text{sen}\theta_t}{\text{sen}(\theta_i + \theta_t)}\right]^2 \tag{10.44}$$

Os coeficientes R_n e T_n também satisfazem à condição $R_n + T_n = 1$ (veja o Exercício Complementar 13).

No caso mais geral, a onda eletromagnética pode estar polarizada de tal forma que o campo elétrico não é nem paralelo nem perpendicular ao plano de incidência. Neste caso, podemos decompor o campo elétrico em uma componente paralela e outra perpendicular ao plano de incidência e utilizar os resultados correspondentes obtidos anteriormente.

Vamos discutir algumas situações especiais envolvendo os fenômenos da reflexão e refração. A primeira delas é aquela em que os ângulos de incidência e transmissão satisfazem à condição $\theta_i + \theta_t = \pi / 2$. Neste caso, $\tan(\theta_i + \theta_t) \rightarrow \infty$, de modo que $E_{rp} \rightarrow 0$, conforme mostra a relação (10.27). Por outro lado, a amplitude E_{rn} dada em (10.40) não é nula, de modo que o campo elétrico refletido tem apenas a componente perpendicular ao plano de incidência. Isso significa que a onda eletromagnética sofre polarização por reflexão.

Para encontrar a relação entre o ângulo de incidência e os índices de refração, de modo que essa polarização por reflexão ocorra, basta substituir $\theta_t = \pi / 2 - \theta_i$ na lei de Snell.

$$n_i \text{sen}\theta_i = n_t \text{sen}(\pi / 2 - \theta_i). \tag{10.45}$$

Esse particular ângulo de incidência é chamado de ângulo de Brewster θ_B. Da relação anterior, podemos escrever que:

$$\tan\theta_B = \frac{\text{sen}\theta_B}{\cos\theta_B} = \frac{n_t}{n_i}. \tag{10.46}$$

Outra situação interessante ocorre quando o ângulo de transmissão for $\theta_t = \pi / 2$. Neste caso, temos um limiar para a existência da onda eletromagnética transmitida. Para qualquer ângulo de incidência maior que certo valor crítico, não haverá onda transmitida, de modo que toda onda incidente será refletida. Este fenômeno é conhecido como reflexão total. Fazendo $\theta_t = \pi / 2$ na lei de Snell, temos:

$$n_i \text{sen}\theta_i = n_t \text{sen}\pi / 2. \tag{10.47}$$

O ângulo de incidência em que ocorre a reflexão total é chamado de ângulo crítico. Da relação anterior, temos:

$$\theta_c = arc\text{sen}\left[\frac{n_t}{n_i}\right]. \tag{10.48}$$

Note que o ângulo crítico existe somente se $n_i > n_t$. Um exemplo clássico de reflexão total é observado quando um feixe de luz incide sobre a interface de separação entre a água (n_i = 1,5) e o ar (n_t = 1,0), com um ângulo maior que o ângulo crítico $\theta_c > arc\text{sen}(1,0/1,5) > 41,81°$.

Uma terceira situação interessante é aquela na qual o índice de refração depende da frequência. Neste caso, de acordo com a lei de Snell, o ângulo de refração dado por $\theta_t(\omega) = arc\text{sen}[(n_i(\omega)\text{sen}\theta_i)/n_t(\omega)]$ depende da frequência da onda incidente. Este fenômeno é conhecido como dispersão das ondas.

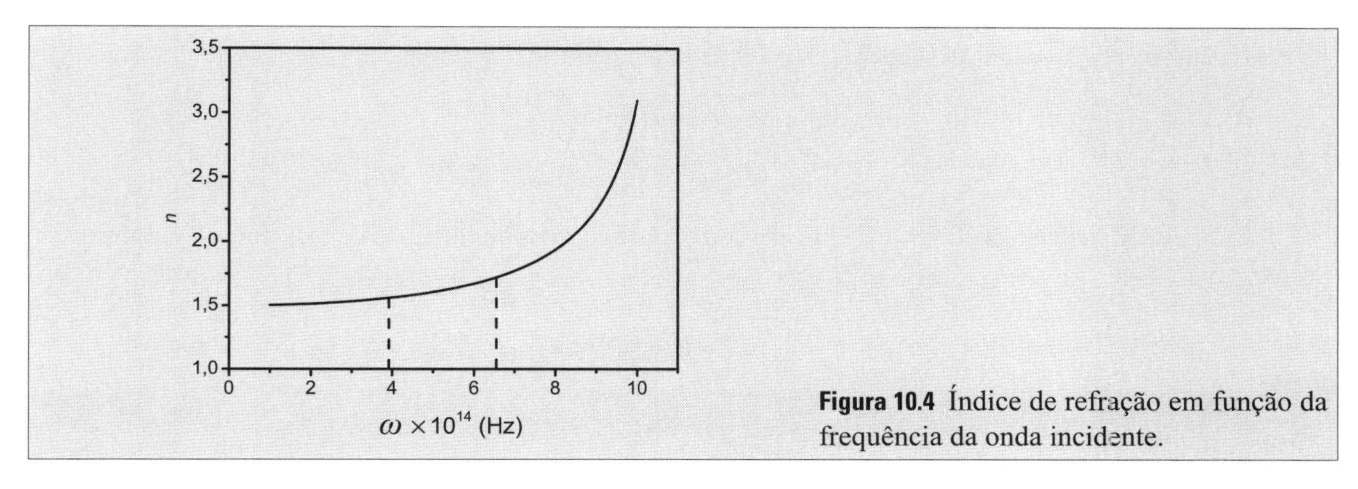

Figura 10.4 Índice de refração em função da frequência da onda incidente.

Para ilustrar o fenômeno da dispersão de ondas eletromagnéticas, vamos considerar uma luz branca incidindo obliquamente sobre um material transparente, que tem índice de refração conforme mostra a Figura 10.4. Esse índice de refração foi calculado tomando a parte real de $\sqrt{k_d(\omega)}$, em que $k_d(\omega)$ é a constante dielétrica dada em (9.28), com $\omega_0 = 10,81 \times 10^{14}$ Hz e $N = 4,6 \times 10^{26}$. A luz branca é formada pela combinação de várias ondas de frequências diferentes, variando do vermelho, com frequência em torno de $3,9 \times 10^{14}$ Hz, ao azul, com frequência aproximada de $6,5 \times 10^{14}$ Hz. Pela Figura 10.4, o índice de refração para a luz vermelha é $n \simeq 1,55$ e para a luz azul $n \simeq 1,72$. Portanto, os ângulos de refração para a luz vermelha e azul são $\theta_t = 40,17°$ e $\theta_t = 35,54°$, respectivamente. O ângulo de refração para as demais cores do espectro vísivel fica entre esses dois valores. Portanto, uma luz branca ao ser difratada por esse material se dispersa em suas cores constitutivas.

EXEMPLO 10.3

Partindo de (10.38), mostre que a amplitude E_{rn} pode ser escrita na forma da relação (10.40).

SOLUÇÃO

Usando a lei de Snell, podemos substituir no numerador da relação (10.38) $n_t\text{sen}\theta_t$ por $n_i\text{sen}\theta_i$. Assim, temos que:

$$E_{rn} = \frac{(n_i\text{sen}\theta_i \cos\theta_i - n_t \cos\theta_t \text{sen}\theta_i)}{n_t \cos\theta_t \text{sen}\theta_i + n_i \text{sen}\theta_i \cos\theta_i} E_{in}.$$

Simplificando o termo senθ_i, obtemos:

$$\boxed{\frac{E_{rn}}{E_{in}} = \frac{(n_i \cos\theta_i - n_t \cos\theta_t)}{n_t \cos\theta_t + n_i \cos\theta_i}.}$$

Esta relação define o coeficiente de Fresnel em termos dos índices de refração e dos ângulos de incidência θ_i e transmissão θ_t.

Por outro lado, simplificando na equação (10.38) o índice de refração n_t, obtemos:

$$\frac{E_{rn}}{E_{in}} = \frac{(\cos\theta_i \operatorname{sen}\theta_t - \operatorname{sen}\theta_i \cos\theta_t)}{(\cos\theta_i \operatorname{sen}\theta_t + \operatorname{sen}\theta_i \cos\theta_t)}.$$

Usando as propriedades das funções trigonométricas, podemos escrever:

$$\boxed{r_n = \frac{E_{rn}}{E_{in}} = \frac{\operatorname{sen}(\theta_t - \theta_i)}{\operatorname{sen}(\theta_t + \theta_i)}.}$$

Esta relação define o coeficiente de Fresnel somente em termos dos ângulos de incidência θ_i e transmissão θ_t.

EXEMPLO 10.4

Mostre que a amplitude E_{tn} dada em (10.39), pode ser escrita na forma da relação (10.41).

SOLUÇÃO

Usando a lei de Snell, podemos substituir no denominador da relação (10.39) $n_t \operatorname{sen}\theta_t$ por $n_i \operatorname{sen}\theta_i$. Asim, temos:

$$\frac{E_{tn}}{E_{in}} = \frac{2n_i \cos\theta_i \operatorname{sen}\theta_i}{(n_t \cos\theta_t \operatorname{sen}\theta_i + n_i \operatorname{sen}\theta_i \cos\theta_i)}.$$

Simplificando o termo $\operatorname{sen}\theta_i$, obtemos:

$$\boxed{\frac{E_{tn}}{E_{in}} = \frac{2n_i \cos\theta_i}{(n_t \cos\theta_t + n_i \cos\theta_i)}.}$$

Para obter uma relação envolvendo somente os ângulos de incidência e transmissão, vamos substituir no numerador da relação (10.39) $n_i \operatorname{sen}\theta_i$ por $n_t \operatorname{sen}\theta_t$ (lei de Snell). Assim, temos que:

$$\frac{E_{tn}}{E_{in}} = \frac{2\cos\theta_i n_t \operatorname{sen}\theta_t}{(n_t \cos\theta_t \operatorname{sen}\theta_i + n_t \operatorname{sen}\theta_t \cos\theta_i)}.$$

Simplificando o índice de refração n_t, obtemos:

$$\frac{E_{tn}}{E_{in}} = \frac{2\cos\theta_i \operatorname{sen}\theta_t}{(\cos\theta_t \operatorname{sen}\theta_i + \operatorname{sen}\theta_t \cos\theta_i)}.$$

Usando as propriedades das funções trigonométricas, podemos escrever que:

$$\boxed{\frac{E_{tn}}{E_{in}} = \frac{2\cos\theta_i \operatorname{sen}\theta_t}{\operatorname{sen}(\theta_i + \theta_t)}.}$$

10.2 Interface Não Condutor/Condutor

Nesta seção, discutiremos os fenômenos da reflexão e refração de ondas eletromagnéticas na superfície de um condutor. Por simplicidade, consideraremos somente o caso de incidência normal. A discussão sobre o caso de incidência oblíqua está proposta no Exercício Complementar 3.

Um esquema para o caso de incidência normal é equivalente ao mostrado na Figura 10.1, em que o meio 2 é um condutor. Como o meio incidente não é condutor, os campos eletromagnéticos associados às ondas incidente e refletida são descritos pelas expressões (10.1) e (10.2). Entretanto, os campos associados à onda transmitida contêm grandezas complexas (veja a Seção 9.6). Logo, os campos elétricos associados às ondas incidente, refletida e transmitida são:[3]

$$\begin{cases} \vec{E}_{inc}(z,t) = \hat{j}E_i e^{i(-k_i z - \omega t)} \\ \vec{E}_{ref}(z,t) = \hat{j}E_r e^{i(k_i z - \omega t)} \\ \vec{E}_{tran}(z,t) = \hat{j}\tilde{E}_t e^{i(-\tilde{k}_t z - \omega t)} \end{cases}. \tag{10.49}$$

Os campos magnéticos auxiliares correspondentes são:

$$\begin{cases} \vec{H}_{inc}(z,t) = \hat{i}\dfrac{n_i}{\mu_0 c}E_i e^{i(-k_i z - \omega t)} \\ \vec{H}_{ref}(z,t) = -\hat{i}\dfrac{n_i}{\mu_0 c}E_r e^{i(k_i z - \omega t)} \\ \vec{H}_{tran}(z,t) = \hat{i}\dfrac{\tilde{n}_t}{\mu_0 c}\tilde{E}_t e^{i(-\tilde{k}_t z - \omega t)} \end{cases}. \tag{10.50}$$

Note que a diferença entre essas expressões e aquelas descritas em (10.1) e (10.2) está nas grandezas complexas $\tilde{n}_t$, $\tilde{E}_t$ e $\tilde{k}_t$. Utilizando as condições de contorno para as componentes tangentes dos campos elétricos e magnéticos, obtemos as seguintes equações algébricas:

$$E_i + E_r = \tilde{E}_t \tag{10.51}$$

$$n_i\left(E_i - E_r\right) = \tilde{n}_t \tilde{E}_t. \tag{10.52}$$

Como a amplitude $\tilde{E}_t$ é complexa, a amplitude $\tilde{E}_r$ também deve ser complexa, uma vez que a amplitude E_i é real. Assim, considerando E_r uma grandeza complexa ($E_r \to \tilde{E}_r$) e resolvendo esse sistema de equações, temos:

$$\tilde{E}_r = \frac{n_i - \tilde{n}_t}{n_i + \tilde{n}_t}E_i, \quad \tilde{E}_t = \frac{2n_i}{n_i + \tilde{n}_t}E_i. \tag{10.53}$$

[3] As grandezas complexas estão sendo representadas com o símbolo "til" sobre a letra. Por exemplo: $\tilde{E}_t$.

Logo, os campos elétricos e magnéticos associados às ondas refletida e transmitida são:

$$\begin{cases} \vec{E}_{ref}(z,t) = \hat{j}\left(\dfrac{n_i - \tilde{n}_t}{n_i + \tilde{n}_t}\right)E_i e^{i(k_i z - \omega t)} \\ \vec{E}_{tran}(z,t) = \hat{j}\left(\dfrac{2n_i}{n_i + \tilde{n}_t}\right)E_i e^{i(-\tilde{k}_t z - \omega t)} \end{cases}. \tag{10.54}$$

$$\begin{cases} \vec{H}_{ref}(z,t) = -\hat{i}\,\dfrac{n_i(n_i - \tilde{n}_t)}{\mu_0 c(n_i + \tilde{n}_t)}E_i e^{i(k_i z - \omega t)} \\ \vec{H}_{tran}(z,t) = \hat{i}\,\dfrac{2n_i\tilde{n}_t}{\mu_0 c(n_i + \tilde{n}_t)}E_i e^{i(-\tilde{k}_t z - \omega t)} \end{cases}. \tag{10.55}$$

Em um condutor ideal, a condutividade elétrica e, consequentemente, o índice de refração $\tilde{n}_t$ (tanto a parte real quanto a parte imaginária) vão para infinito, de modo que $\tilde{E}_r = -E_i$ e $\tilde{E}_t = 0$. Logo, o campo elétrico transmitido vai para zero e o refletido é $\vec{E}_{ref}(z,t) = -\hat{j}E_i e^{i(k_i z - \omega t)} = \hat{j}E_i e^{i(k_i z - \omega t + \pi)}$. Portanto, o campo elétrico refletido está defasado de π em relação ao campo incidente.

Os vetores de Poynting associados às ondas incidente e refletida, calculados pela relação geral $\vec{S} = \vec{E} \times \vec{H}$, são:

$$\begin{cases} \vec{S}_{inc} = -(n_i E_i^2 / \mu_0 c)\cos^2(-k_i z - \omega t)\hat{k} \\ \vec{S}_{ref} = (n_i \tilde{E}_r \tilde{E}_r^* / \mu_0 c)\cos^2(k_i z - \omega t)\hat{k} \end{cases}. \tag{10.56}$$

Os valores médios são:

$$\langle S_{inc} \rangle = \frac{n_i}{2\mu_0 c}E_i^2, \quad \langle S_{ref} \rangle = \frac{n_i}{2\mu_0 c}\tilde{E}_r \tilde{E}_r^*. \tag{10.57}$$

A reflectância calculada por $R = \langle S_{ref} \rangle / \langle S_{inc} \rangle$ é dada por $R = \tilde{E}_r \tilde{E}_r^* / E_i^2$. Escrevendo o número complexo $\tilde{n}_t$ na forma $\tilde{n}_t = n_t + i n_{tI}$ e usando o valor da amplitude $\tilde{E}_r$ calculado em (10.53), temos:

$$R = \left(\frac{n_i - \tilde{n}_t}{n_i + \tilde{n}_t}\right)\left(\frac{n_i - \tilde{n}_t}{n_i + \tilde{n}_t}\right)^* = \left(\frac{n_i - n_t - i n_{tI}}{n_i + n_t + i n_{tI}}\right)\left(\frac{n_i - n_t + i n_{tI}}{n_i + n_t - i n_{tI}}\right) = \left[\frac{(n_i - n_t)^2 + n_{tI}^2}{(n_i + n_t)^2 + n_{tI}^2}\right].$$

O coeficiente de transmissão pode ser calculado por $T = 1 - R$. Logo, temos que:

$$T = \frac{4n_i n_t}{(n_i + n_t)^2 + n_{tI}^2}.$$

Em um condutor ideal, temos que $\sigma \to \infty$, de modo que n_{tI} vai para infinito [veja a equação (9.64)]. Assim, a reflectância R vai para 1 e a transmitância vai para zero. Em um mau condutor (bom dielétrico), $n_{tI} \to 0$, de modo que os coeficientes R e T se reduzem àqueles calculados na Subseção 10.1.1.

Nesta seção, discutimos a reflexão em um condutor que apresenta um índice de refração complexo. Essa característica de índice de refração complexo também existe em materiais não condutores dispersivos, de modo que podemos fazer uma análise semelhante. Esta tarefa está proposta no Exercício Complementar 2.

10.3 Reflexão e Refração de Ondas em Metamateriais

Como foi discutido na Seção 9.5, um metamaterial tem índice de refração negativo. Portanto, quando uma onda eletromagnética proveniente de um meio material convencional com índice de refração positivo ($n_i \geq 1$) incide sobre a superfície de um metamaterial com índice de refração negativo ($n_t < 0$) o ângulo de refração, calculado por $\theta_t = \text{arcsen}[(n_i \text{sen}\theta_i) / n_t]$, é negativo.[4] Isso implica que os vetores k_i e $\vec{k}_t$ estão do mesmo lado em relação à normal. A Figura 10.5 mostra um esquema para a refração de ondas eletromagnéticas por um material convencional (a) e por um metamaterial (b).

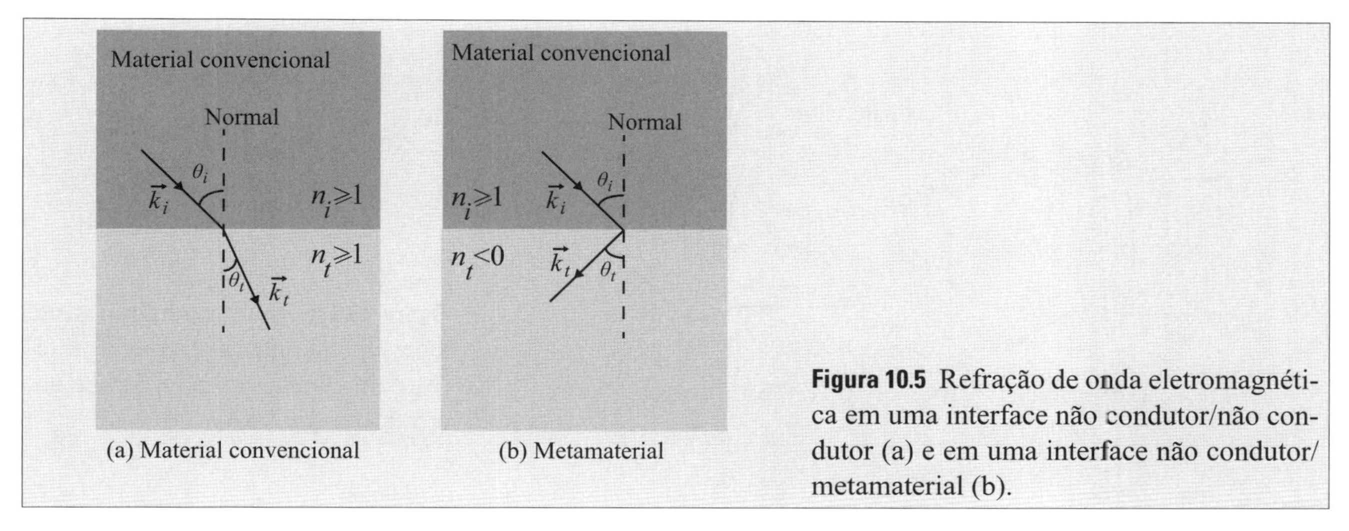

Figura 10.5 Refração de onda eletromagnética em uma interface não condutor/não condutor (a) e em uma interface não condutor/metamaterial (b).

As características observadas na refração em um material convencional são invertidas na refração em um metamaterial. Por exemplo, ondas eletromagnéticas provenientes de uma fonte pontual divergem ao serem refratadas por uma lâmina de material convencional, e convergem no caso de um metamaterial, conforme mostra a Figura 10.6. Portanto, essa lâmina de metamaterial funciona como uma lente, uma vez que ela produz uma imagem real de um objeto real.

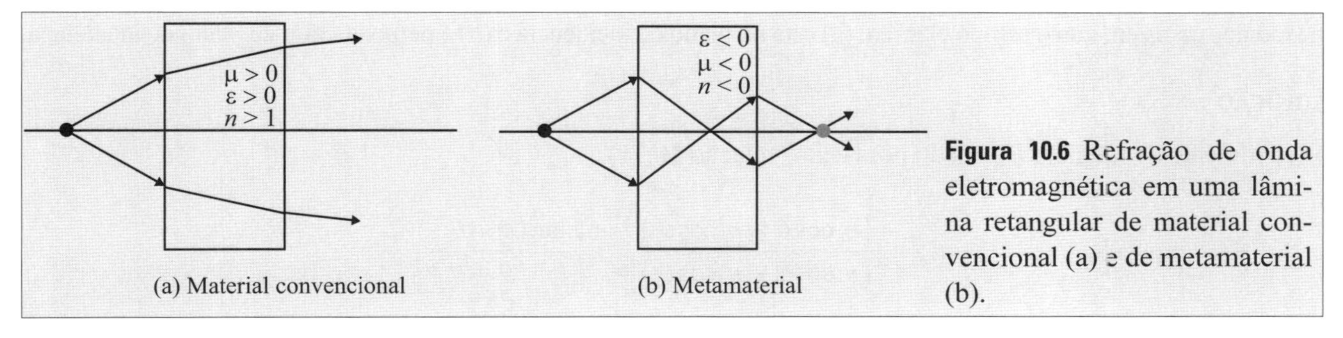

Figura 10.6 Refração de onda eletromagnética em uma lâmina retangular de material convencional (a) e de metamaterial (b).

Outro fato importante é que as formas geométricas utilizadas para construir lentes convergentes (divergentes) com materiais convencionais seriam utilizadas para construir lentes divergentes (convergentes) com metamateriais. A Figura 10.7 mostra duas formas geométricas utilizadas para a fabricação de lentes convergentes e divergentes com materiais de índice de refração positivo. As lentes fabricadas com essas formas geométricas, usando material de índice de refração negativo, têm funções inversas. A Figura 10.8 ilustra essa situação.

[4] Chamamos de material convencional aquele com índice de refração positivo e de metamaterial aquele com índice de refração negativo.

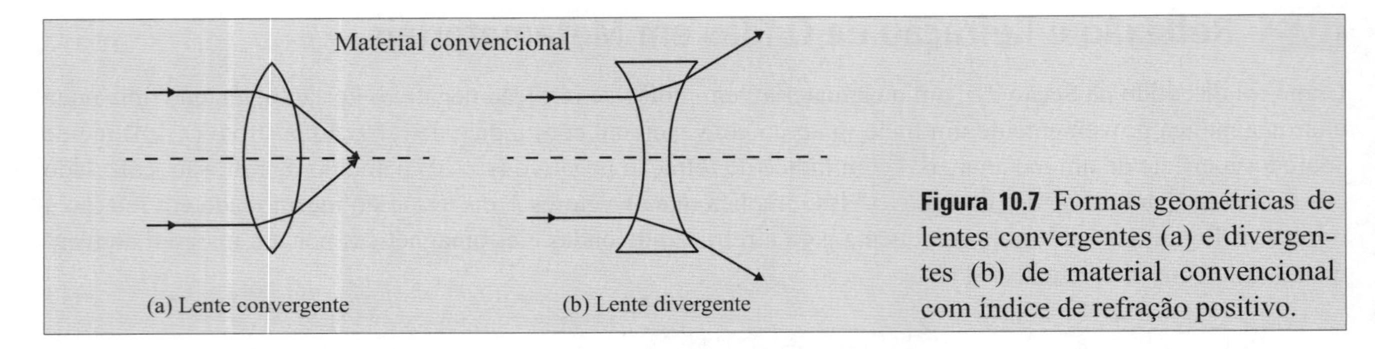

Figura 10.7 Formas geométricas de lentes convergentes (a) e divergentes (b) de material convencional com índice de refração positivo.

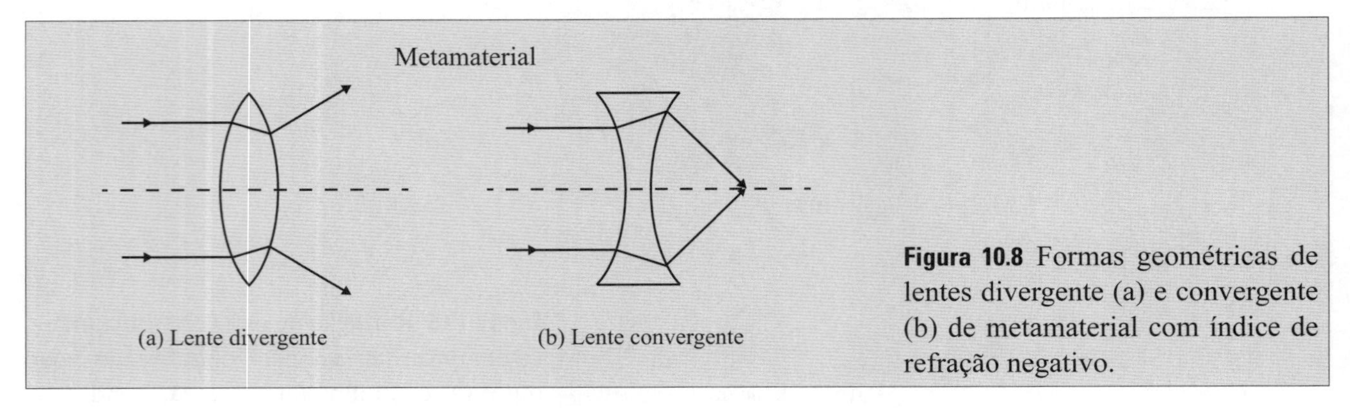

Figura 10.8 Formas geométricas de lentes divergente (a) e convergente (b) de metamaterial com índice de refração negativo.

10.4 Exercícios Resolvidos

EXERCÍCIO 10.1

Uma onda eletromagnética incide obliquamente sobre a interface de separação ar/vidro. Calcule os coeficientes de reflexão nos casos em que o campo elétrico: (a) está no plano de incidência e (b) é perpendicular ao plano de incidência.

SOLUÇÃO

O coeficiente de reflexão R_p é dado por (veja a relação 10.31):

$$R_p = \left[\frac{(n_t \cos\theta_i - n_i \cos\theta_t)}{(n_t \cos\theta_i + n_i \cos\theta_t)} \right]^2 = \left[\frac{\tan(\theta_i - \theta_t)}{\tan(\theta_i + \theta_t)} \right]^2.$$

e o coeficiente de reflexão R_n é dado por (veja a relação 10.43)

$$R_n = \left[\frac{n_i \cos\theta_i - n_t \cos\theta_t}{n_t \cos\theta_t + n_i \cos\theta_i} \right]^2 = \left[\frac{\operatorname{sen}(\theta_t - \theta_i)}{\operatorname{sen}(\theta_t + \theta_i)} \right]^2.$$

em que o ângulo de transmissão é dado por $\theta_t = arc\operatorname{sen}[(n_i \operatorname{sen}\theta_i) / n_t]$. O ângulo de Brewster para essa interface ar/vidro em que $n_i = 1{,}0$ e $n_t = 1{,}5$, calculado por $\theta_B = \tan^{-1}(n_t / n_i)$, é $\theta_B = 56{,}30°$. Para esse ângulo de incidência, R_p é zero, de modo que não existe onda refletida com campo elétrico no plano de incidência. Para essa interface ar/vidro, não existe um ângulo crítico para reflexão total. A Figura 10.9 mostra os coeficientes de reflexão R_p e R_n em função do ângulo de incidência. Note que o coeficiente R_n aumenta sistematicamente com o ângulo de incidência, enquanto R_p tem um comportamento diferente.

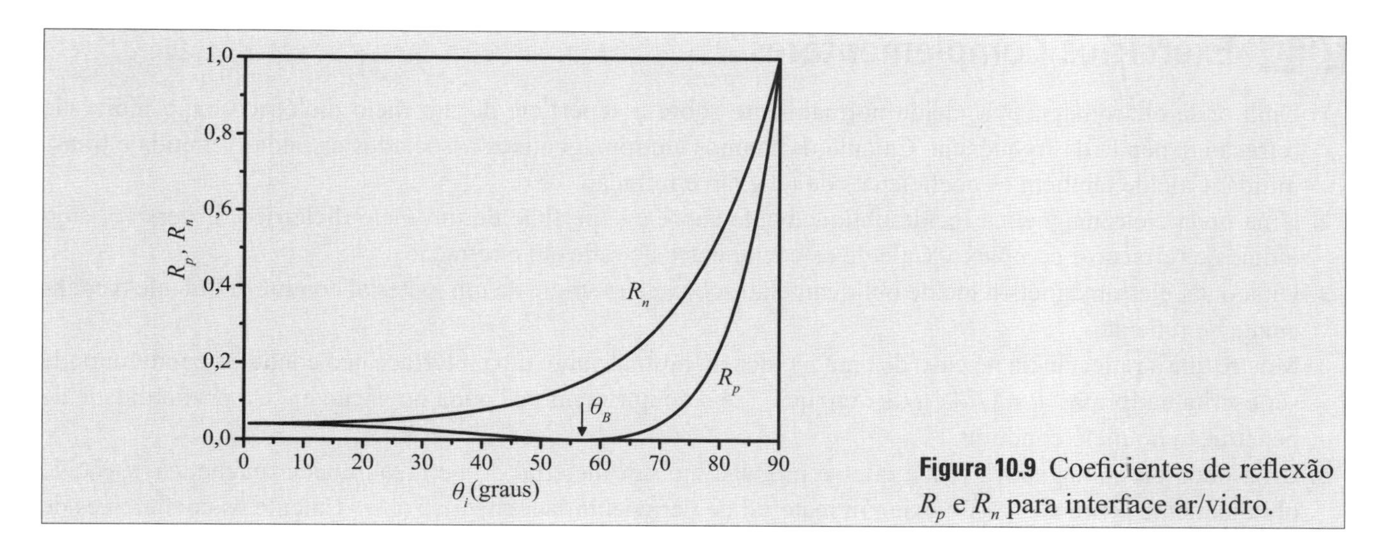

Figura 10.9 Coeficientes de reflexão R_p e R_n para interface ar/vidro.

EXERCÍCIO 10.2

Uma onda eletromagnética incide obliquamente sobre a interface de separação vidro/ar. Calcule os coeficientes de reflexão nos casos em que o campo elétrico (a) está no plano de incidência e (b) é perpendicular ao plano de incidência.

SOLUÇÃO

As expressões para os coeficientes de reflexão R_p e R_n estão mostradas no exercício anterior. O ângulo de Brewster para essa interface vidro/ar em que $n_i = 1,5$ e $n_t = 1,0$, calculado por $\theta_B = \tan^{-1}(n_t / n_i)$, é $\theta_B = 33,69°$.

O ângulo crítico para reflexão total, calculado por $\theta_c = arc\text{sen}[(n_i \text{sen}\theta_i) / n_t]$, é $\theta_c = 41,81°$. A Figura 10.10 mostra os coeficientes de reflexão R_p e R_n em função do ângulo de incidência.

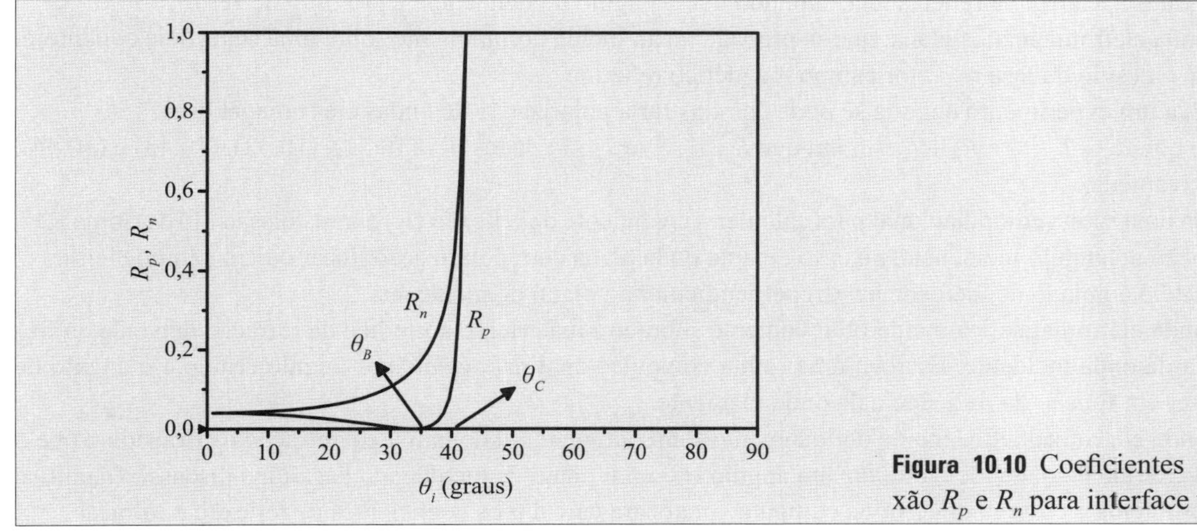

Figura 10.10 Coeficientes de reflexão R_p e R_n para interface vidro/ar.

10.5 Exercícios Complementares

1. Uma onda eletromagnética incide normalmente sobre a superfície de um meio dielétrico, cujo índice de refração depende da frequência. Calcule os campos eletromagnéticos associados às ondas refletida e transmitida. Calcule também os coeficientes de reflexão e refração.
2. Uma onda eletromagnética incide obliquamente sobre a superfície de um meio dielétrico dispersivo, cujo índice de refração é complexo. Calcule os coeficientes de reflexão e refração.
3. Uma onda eletromagnética incide obliquamente sobre a superfície de um material condutor. Calcule o coeficiente de reflexão.
4. Mostre que a reflectância no caso de uma incidência normal sobre uma interface não condutor/condutor pode ser escrita na forma: $R = 1 - 4\pi d / \lambda_0$, em que λ_0 é o comprimento de onda no vácuo e d é a profundidade de penetração no meio condutor.
5. Uma onda eletromagnética plana que se propaga em um material de permeabilidade magnética μ_i incide obliquamente sobre a superfície de um material de permeabilidade magnética μ_t. Calcule os coeficientes de reflexão e transmissão.
6. Uma onda eletromagnética plana incide obliquamente sobre a superfície de separação entre dois meios dielétricos. Considere o campo elétrico perpendicular ao plano de incidência e mostre que: (a) $\theta_i = \theta_r$ (lei da reflexão) e (b) $n_i \operatorname{sen}\theta_i = n_t \operatorname{sen}\theta_t$ (lei de Snell), em que n_i e n_t são os ínidces de refração e θ_i e θ_t são os ângulos de incidência e refração, respectivamente.
7. Uma onda eletromagnética plana que se propaga no ar incide obliquamente sobre a superfície de um material não condutor de índice de refração $n_t = 1{,}5$. Considere que o campo elétrico é perpendicular ao plano de incidência e calcule o coeficiente de reflexão para o caso no qual o ângulo de incidência é igual ao ângulo de Brewster.
8. Uma onda eletromagnética plana, cujo campo elétrico está no plano de incidência, incide sobre uma superfície não condutora, segundo um ângulo próximo da incidência normal. Calcule a reflectância e transmitância.
9. Uma onda eletromagnética, cujo campo elétrico é paralelo ao plano de incidência, incide de um meio transparente de permissividade elétrica ε_0 sobre a superfície de um material de permissividade elétrica ε, segundo um ângulo de incidência próximo do ângulo crítico. Calcule a reflectância e a transmitância.
10. Uma onda eletromagnética, cujo campo elétrico é paralelo ao plano de incidência, incide sobre uma superfície condutora. Calcule a reflectância, supondo que o ângulo de incidência é próximo de zero.
11. Uma onda eletromagnética plana, que se propaga no ar, incide normalmente sobre uma superfície condutora. Calcule o desvio de fase no vetor campo magnético refletido.
12. Descreva um experimento em que se pode demonstrar a polarização de ondas eletromagnéticas.
13. Mostre que $R_p + T_p = 1$ e $R_n + T_n = 1$, em que R_p, T_p, R_n e T_n são dados por (10.31), (10.32), (10.43) e (10.44), respectivamente.
14. Escreva uma rotina computacional para calcular o coeficiente de reflexão (R) e transmissão (T) e a soma R+T em função do ângulo incidência, no caso de uma onda plana com polarização linear cujo o campo elétrico é: (a) paralelo ao plano de incidência e (b) perpendicular ao plano de incidência.
15. Uma onda eletromagnética incide obliquamente sobre um material, cujo índice de refração depende da frequência da onda incidente. Escreva uma rotina computacional para calcular o ângulo crítico e o ângulo de Brewster em função da frequência da onda incidente.
16. Uma onda eletromagnética incide obliquamente sobre um material de índice de refração n_t. Considere que o campo elétrico da onda incidente faz um ângulo α com o plano de incidência. Faça uma discussão analítica deste problema e escreva uma rotina computacional para calcular os coeficientes de reflexão e refração.

CAPÍTULO 11

Guias de Ondas

11.1 Introdução

No Capítulo 9 estudamos a propagação de ondas eletromagnéticas no vácuo e em meios materiais *infinitos*. Neste capítulo, estudaremos a propagação de ondas eletromagnéticas em regiões confinadas. Iniciaremos este estudo pela propagação de ondas eletromagnéticas entre placas paralelas condutoras e, em seguida, discutiremos os guias de ondas com geometria retangular e cilíndrica. No final do capítulo discutiremos a propagação de ondas eletromagnéticas em cavidades metálicas ressonantes.

11.2 Propagação de Ondas entre Placas Paralelas

Nesta seção, estudaremos a propagação de ondas eletromagnéticas em uma região delimitada por placas paralelas condutoras. Para isso, vamos considerar duas placas metálicas paralelas ao plano yz, localizadas em $x = 0$ e $x = a$, conforme mostra a Figura 11.1. Por simplicidade, vamos supor uma onda eletromagnética plana com campo elétrico oscilando ao longo do eixo y e que se propaga em uma direção que faz um ângulo α com o eixo x. Esta onda incide obliquamente sobre uma das placas condutoras com um ângulo θ_i, sendo refletida segundo um ângulo θ_r.

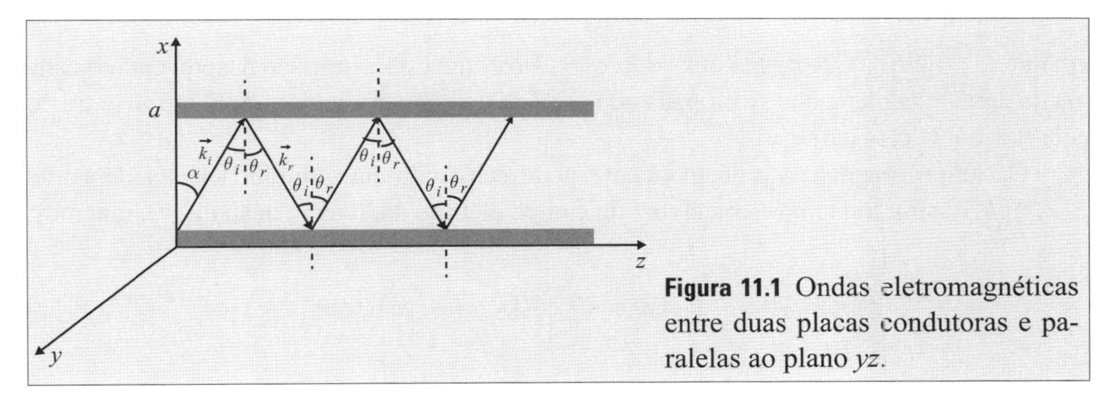

Figura 11.1 Ondas eletromagnéticas entre duas placas condutoras e paralelas ao plano yz.

Neste cenário, o campo elétrico e o vetor de onda associados às ondas incidente e refletida são:

$$\vec{E}_i(\vec{r},t) = \hat{j}E_{0i}e^{i(\vec{k}_i\cdot\vec{r}-\omega t)}, \quad \vec{k}_i = \hat{i}k_i\cos\theta_i + \hat{k}k_i\text{sen}\theta_i \tag{11.1}$$

$$\vec{E}_r(\vec{r},t) = \hat{j}E_{0r}e^{i(\vec{k}_r\cdot\vec{r}-\omega t)}, \quad \vec{k}_r = -\hat{i}k_r\cos\theta_r + \hat{k}k_r\text{sen}\theta_r, \tag{11.2}$$

em que $\vec{r} = \hat{i}x + \hat{j}y + \hat{k}z$. Lembrando que $\theta_r = \theta_i$ e $k_i = k_r = k$, temos que $\vec{k}_i \cdot \vec{r} = kx\cos\theta_i + kz\,\text{sen}\theta_i$ e $\vec{k}_r \cdot \vec{r} = -kx\cos\theta_i + kz\,\text{sen}\theta_i$. Assim, os campos elétricos incidentes e refletidos podem ser reescritos na forma:

$$\begin{cases} \vec{E}_i(x,z,t) = \hat{j}E_{0i}e^{i(kx\cos\theta_i + kz\,\text{sen}\theta_i - \omega t)} \\ \vec{E}_r(x,z,t) = \hat{j}E_{0r}e^{i(-kx\cos\theta_i + kz\,\text{sen}\theta_i - \omega t)} \end{cases}. \tag{11.3}$$

Em função de múltiplas reflexões nas placas paralelas condutoras, a onda eletromagnética resultante irá se propagar ao longo da direção z. Em um determinado ponto do espaço, o campo elétrico resultante será a combinação do campo elétrico incidente e refletido, isto é, $\vec{E} = \vec{E}_i + \vec{E}_r$. Logo,

$$\vec{E}(x,z,t) = \hat{j}\left[E_{0i}e^{i(kx\cos\theta_i + kz\,\text{sen}\theta_i - \omega t)} + E_{0r}e^{i(-kx\cos\theta_i + kz\,\text{sen}\theta_i - \omega t)}\right]. \tag{11.4}$$

No capítulo anterior, mostramos que, para um condutor ideal, $E_{0r} = -E_{0i}$. Assim, temos que:

$$\vec{E}(x,z,t) = \hat{j}E_{0i}\left[e^{i(kx\cos\theta_i + kz\,\text{sen}\theta_i - \omega t)} - e^{i(-kx\cos\theta_i + kz\,\text{sen}\theta_i - \omega t)}\right]. \tag{11.5}$$

Colocando o termo $e^{i(kz\,\text{sen}\theta_i - \omega t)}$ em evidência, podemos escrever:

$$\vec{E}(x,z,t) = \hat{j}E_{0i}e^{i(kz\,\text{sen}\theta_i - \omega t)}\overbrace{\left[e^{ikx\cos\theta_i} - e^{-ikx\cos\theta_i}\right]}^{2i\,\text{sen}(kx\cos\theta_i)}. \tag{11.6}$$

O termo entre colchetes é igual a $2i\,\text{sen}(kx\cos\theta_i)$. Logo, temos:

$$\vec{E}(x,z,t) = \hat{j}\left[\tilde{E}_{0i}e^{i(k_z z - \omega t)}\right]\text{sen}(k_x x) \tag{11.7}$$

em que $\tilde{E}_{0i} = 2iE_{0i}$, $k_z = k\,\text{sen}\theta_i$ e $k_x = k\cos\theta_i$. Note que esta expressão descrevendo o campo elétrico tem a forma de uma onda plana que se propaga ao longo do eixo z, representada pelo termo entre colchetes, multiplicada pela função $f(x) = \text{sen}(k_x x)$.

O campo magnético correspondente pode ser facilmente obtido pela lei de Faraday, $\vec{B}(\vec{r},t) = -\int[\vec{\nabla} \times \vec{E}(\vec{r},t)]dt$. Assim, tomando o rotacional do campo elétrico dado na relação (11.7), obtemos:

$$\vec{B}(x,z,t) = -\frac{k}{\omega}\tilde{E}_{0i}\left[\hat{k}i\cos\theta_i\cos(k_x x) + \hat{i}\,\text{sen}\theta_i\,\text{sen}(k_x x)\right]e^{i(kz\,\text{sen}\theta_i - \omega t)}. \tag{11.8}$$

Note que o campo magnético tem uma componente paralela à direção de propagação da onda, enquanto o campo elétrico é transversal. Esse tipo de onda, em que somente o campo elétrico é perpendicular à direção de propagação, é chamado de modo transversal elétrico (TE). Outro cenário possível é o modo transversal magnético (TM) em que somente o campo magnético é perpendicular à direção de propagação. Ondas eletromagnéticas transversais, em que tanto o campo elétrico quanto o campo magnético são perpendiculares à direção de propagação da onda, não se propagam nessa região confinada pelas placas paralelas condutoras.

Agora, vamos aplicar as condições de contorno para determinar as amplitudes do campo elétrico e o módulo do vetor de onda. Sobre a placa condutora em $x = a$, o campo elétrico deve ser nulo. Impondo essa condição de contorno a relação (11.7), temos:

$$\tilde{E}_{0i} e^{i(k_z z - \omega t)} \operatorname{sen}(k_x a) = 0. \tag{11.9}$$

Para que essa relação seja sempre verdadeira, é necessário que $k_x a = n\pi$, em que n é inteiro. Assim, $k_x = n\pi / a$, de modo que o campo elétrico dado na relação (11.7) é:

$$\boxed{\vec{E}(x,z,t) = \hat{j}\tilde{E}_{0i} e^{i(k_z z - \omega t)} \operatorname{sen}\left(\frac{n\pi}{a} x\right).} \tag{11.10}$$

Substituindo $k_x = k\cos\theta_i$ em $k_x^2 + k_z^2 = k^2$, podemos escrever que $k_z = \sqrt{k^2 - k_x^2}$. Usando $k_x = n\pi / a$, temos que:

$$k_z = \sqrt{k^2 - \frac{n^2\pi^2}{a^2}}. \tag{11.11}$$

Note que, se k_z for imaginário, a função de onda para o campo elétrico, dada em (11.10), contém um fator exponencial com argumento real e negativo, que tende a anular a amplitude da onda eletromagnética. Portanto, para que haja propagação de onda eletromagnética, a componente k_z deve ser real. Para isso, a condição $k > n\pi / a$ deve ser satisfeita. Usando $k = 2\pi / \lambda$, sendo λ o comprimento de onda, temos que $\lambda < 2a / n$. Esta é a condição entre o comprimento de onda e a separação entre as placas para que haja propagação do modo TE_n na região confinada.

EXEMPLO 11.1

Determine a separação entre duas placas paralelas condutoras para que ondas de TV, com comprimento entre 1 e 10 m, se propaguem no modo TE_1.

SOLUÇÃO

De acordo com a discussão da seção anterior, para que haja propagação de ondas eletromagnéticas no modo TE_1, é necessário que $\lambda < 2a$. Dessa forma, para que ondas eletromagnéticas com um comprimento de onda λ se propaguem no modo TE_1, a separação entre as placas deve ser $a > \lambda / 2$. Assim, para $\lambda = 1$ m e 10 m, devemos ter $a > 0{,}5$ m e $a > 5$ m, respectivamente. Portanto, no intervalo $0{,}5 \text{ m} < a < 5$ m ondas com comprimento menor que 10 m irão se propagar no modo TE_1.

11.3 Guia Retangular

Nesta seção, vamos discutir o comportamento das ondas eletromagnéticas em um guia de ondas de seção reta retangular. Por simplicidade, vamos considerar um guia formado por duas placas condutoras paralelas ao plano *yz*, localizadas em $x = 0$ e $x = a$, e duas placas condutoras paralelas ao plano *xz*, localizadas em $y = 0$ e $y = b$ (veja a Figura 11.2)

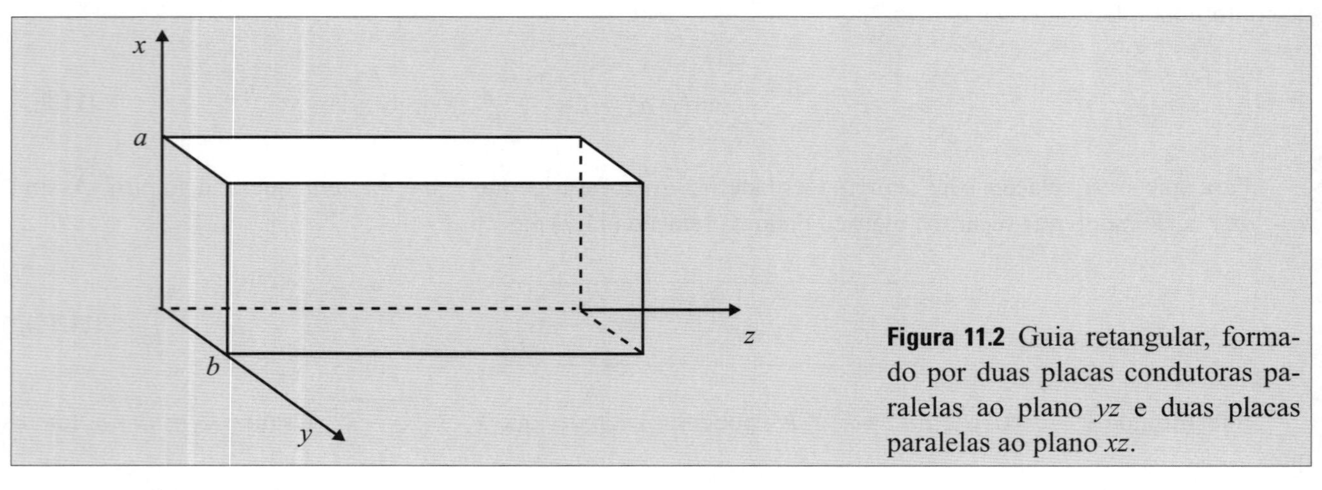

Figura 11.2 Guia retangular, formado por duas placas condutoras paralelas ao plano *yz* e duas placas paralelas ao plano *xz*.

Como foi mostrado na seção anterior, os campos associados a uma onda eletromagnética que se propaga em uma região confinada podem apresentar componentes ao longo da direção de propagação. Portanto, vamos supor que os campos elétrico e magnético têm a forma geral $\vec{E}(x,y,z,t) = \hat{i}E_x(x,y,z,t) + \hat{j}E_y(x,y,z,t) + \hat{k}E_z(x,y,z,t)$ e $\vec{H} = \hat{i}H_x(x,y,z,t) + \hat{j}H_y(x,y,z,t) + \hat{k}H_z(x,y,z,t)$. Considerando uma dependência harmônica do tipo $e^{-i\omega t}$, podemos escrever as componentes da lei de Faraday, $\vec{\nabla} \times \vec{E}(x,y,z,t) = -\mu_0 \partial \vec{H}(x,y,z,t)/\partial t$, como:

$$\begin{cases} \dfrac{\partial}{\partial y}[E_z(x,y,z,t)] - ik_z E_y(x,y,z,t) = i\omega\mu_0 H_x(x,y,z,t) \\ ik_z E_x - \dfrac{\partial}{\partial x}[E_z(x,y,z,t)] = i\omega\mu_0 H_y(x,y,z,t) \\ \dfrac{\partial}{\partial x}\left[E_y(x,y,z,t)\right] - \dfrac{\partial}{\partial y}[E_x(x,y,z,t)] = i\omega\mu_0 H_z(x,y,z,t) \end{cases} . \tag{11.12}$$

Analogamente, as componentes da lei de Ampère, $\vec{\nabla} \times \vec{H} = -\varepsilon_0 \partial \vec{E}/\partial t$, são:

$$\begin{cases} \dfrac{\partial}{\partial y}[H_z(x,y,z,t)] - ik_z H_y(x,y,z,t) = -i\omega\varepsilon_0 E_x(x,y,z,t) \\ ik_z H_x(x,y,z,t) - \dfrac{\partial}{\partial x}[H_z(x,y,z,t)] = -i\omega\varepsilon_0 E_y(x,y,z,t) \\ \dfrac{\partial}{\partial x}\left[H_y(x,y,z,t)\right] - \dfrac{\partial}{\partial y}[H_x(x,y,z,t)] = -i\omega\varepsilon_0 E_z(x,y,z,t) \end{cases} . \tag{11.13}$$

Para determinar as componentes *x* e *y* do campo elétrico e do campo magnético auxiliar, devemos resolver esses sistemas de equações. Da primeira relação de (11.13), podemos escrever a componente H_y como:

$$H_y(x,y,z,t) = \frac{1}{ik_z}\left[\frac{\partial H_z(x,y,z,t)}{\partial y} + i\omega\varepsilon_0 E_x(x,y,z,t)\right]. \tag{11.14}$$

Substituindo (11.14) na segunda relação de (11.12), temos:

$$E_x(x,y,z,t) = \frac{i}{\left(\omega^2\varepsilon_0\mu_0 - k_z^2\right)}\left[\omega\mu_0 \frac{\partial H_z(x,y,z,t)}{\partial y} + k_z \frac{\partial E_z(x,y,z,t)}{\partial x}\right]. \tag{11.15}$$

Da segunda relação de (11.13), temos que:

$$H_x(x,y,z,t) = \frac{1}{ik_z}\left[\frac{\partial H_z(x,y,z,t)}{\partial x} - i\omega\varepsilon_0 E_y(x,y,z,t)\right]. \tag{11.16}$$

Substituindo (11.16) na primeira relação de (11.12), temos:

$$E_y(x,y,z,t) = \frac{i}{\left(\omega^2\varepsilon_0\mu_0 - k_z^2\right)}\left[k_z \frac{\partial E_z(x,y,z,t)}{\partial y} - \omega\mu_0 \frac{\partial H_z(x,y,z,t)}{\partial x}\right]. \tag{11.17}$$

Para determinar a componente H_x, substituimos E_y, calculada em (11.17), na segunda relação de (11.13). Assim, podemos escrever que:

$$H_x(x,y,z,t) = \frac{i}{\left(\omega^2\varepsilon_0\mu_0 - k_z^2\right)}\left[-\omega\varepsilon_0 \frac{\partial E_z(x,y,z,t)}{\partial y} + k_z \frac{\partial H_z(x,y,z,t)}{\partial x}\right]. \tag{11.18}$$

Para determinar a componente H_y, substituimos (11.15) na primeira relação de (11.13). Assim, temos:

$$H_y(x,y,z,t) = \frac{i}{\left(\omega^2\varepsilon_0\mu_0 - k_z^2\right)}\left[k_z \frac{\partial H_z(x,y,z,t)}{\partial y} + \omega\varepsilon_0 \frac{\partial E_z(x,y,z,t)}{\partial x}\right]. \tag{11.19}$$

As componentes do campo elétrico E_x e E_y, relações (11.15) e (11.17), e as componentes do campo magnético auxiliar H_x e H_y, relações (11.18) e (11.19), ficam completamente determinadas em função das componentes z desses mesmos campos.

Note que, se $E_z = H_z = 0$, todas as componentes dos campos elétricos e magnéticos serão nulas. Logo, podemos concluir que um guia retangular também não comporta ondas eletromagnéticas transversais. Ele comporta somente o modo transversal elétrico (TE), em que $E_z = 0$, ou o modo transversal magnético (TM), em que $H_z = 0$. As componentes E_z e H_z devem ser determinadas a partir da solução da equação de onda $\nabla^2 E_z(x,y,z,t) - [\partial E_z(x,y,z,t)/\partial t^2]/c^2 = 0$ e $\nabla^2 H_z(x,y,z,t) - [\partial H_z(x,y,z,t)/\partial t^2]/c^2 = 0$, respectivamente.

11.3.1 Modo Transversal Elétrico

Nesta subseção, discutiremos o modo de propagação transversal elétrico em um guia de onda retangular, cujas dimensões da base são a e b, e que se estende ao longo do eixo z, conforme mostra a Figura 11.2. No modo transversal elétrico, o campo elétrico é perpendicular à direção de propagação, ($E_z = 0$), enquanto o campo magnético possui uma componente paralela a essa direção ($H_z \neq 0$) .

Na Seção 11.2, mostramos que o campo elétrico associado à onda eletromagnética que se propaga na direção do eixo z, confinada por duas placas condutoras paralelas, tem a forma de uma onda plana multiplicada por uma função $f(x)$. Portanto, no caso de um guia de ondas retangular que se estende ao longo do eixo z, podemos supor que os campos eletromagnéticos têm a forma de uma onda plana multiplicada por um função $f(x, y)$. Logo, a componente z do campo magnético auxiliar pode ser escrita na forma:

$$\vec{H}_z(x,y,z,t) = \hat{k}f(x,y)e^{i(k_z z - \omega t)}. \tag{11.20}$$

Assim, a equação de onda para a componente $\vec{H}_z$ é:

$$\left[\frac{\partial^2}{\partial x^2} + \frac{\partial^2}{\partial y^2} - k_z{}^2 + \frac{\omega^2}{c^2}\right] f(x,y)e^{i(k_z z - \omega t)} = 0. \tag{11.21}$$

Para encontrar a solução desta equação, vamos propor uma solução do tipo $f(x, y) = X(x)Y(y)$. Substituindo esta função na equação anterior, temos:

$$\frac{1}{X(x)}\frac{d^2X(x)}{dx^2} = -\frac{1}{Y(y)}\frac{d^2Y(y)}{dy^2} - \left(\frac{\omega^2}{c^2} - k_z{}^2\right). \tag{11.22}$$

Para que esta equação seja sempre verdadeira, cada parcela dever ser igual a uma constante. Além disso, essa constante deve ser negativa, para que as funções $X(x)$ e $Y(y)$ sejam oscilatórias. Asssim, podemos escrever que:

$$\frac{d^2X(x)}{dx^2} + k_x^2 X(x) = 0 \tag{11.23}$$

$$\frac{d^2Y(y)}{dy^2} + \overbrace{\left[\frac{\omega^2}{c^2} - k_z{}^2 - k_x^2\right]}^{k_y^2} Y(y) = 0. \tag{11.24}$$

As soluções destas equações são dadas por:

$$X(x) = A\,\text{sen}\,k_x x + B\cos k_x x; \quad Y(y) = C\,\text{sen}\,k_y y + D\cos k_y y \tag{11.25}$$

em que $k_y^2 = \left(\omega^2 / c^2 - k_z{}^2 - k_x^2\right)$. Logo, a componente do campo magnético auxiliar, calculada por (11.20), é:

$$H_z(x,y,z,t) = \left(A\,\text{sen}\,k_x x + B\cos k_x x\right)\left(C\,\text{sen}\,k_y y + D\cos k_y y\right)e^{i(k_z z - \omega t)}. \tag{11.26}$$

As condições de contorno obrigam que as componentes tangentes do campo elétrico, dadas em (11.15) e (11.17), sejam nulas nas paredes do guia de ondas. Para que essas condições sejam satisfeitas, é necessário que as derivadas da componente z do campo magnético auxiliar se anulem sobre as paredes. As derivadas de H_z são:

$$\frac{\partial H_z(x,y,z,t)}{\partial x} = \left(k_x A\cos k_x x - k_x B\,\text{sen}\,k_x x\right)\left(C\,\text{sen}\,k_y y + D\cos k_y y\right)e^{i(k_z z - \omega t)} \tag{11.27}$$

$$\frac{\partial H_z(x,y,z,t)}{\partial y} = \left(A\,\text{sen}\,k_x x + B\cos k_x x\right)\left(k_y C\cos k_y y - k_y D\,\text{sen}\,k_y y\right)e^{i(k_z z - \omega t)}. \tag{11.28}$$

Para que as condições $\partial H_z(x,y,z,t)/\partial x\ |_{x=0}=0$ e $\partial H_z(x,y,z,t)/\partial y\ |_{y=0}=0$ sejam satisfeitas, devemos fazer $A=C=0$. Aplicando a condição $\partial H_z(x,y,z,t)/\partial x\ |_{x=a}=0$, temos que $k_x BD\,\mathrm{sen}(k_x a)\cos(k_y y)=0$. Dessa condição, temos que $k_x=n\pi/a$, em que n é inteiro.

Para a condição $\partial H_z(x,y,z,t)/\partial y\ |_{y=b}=0$, obtemos que $k_y BD\cos k_x x\,\mathrm{sen}\,k_y b=0$. Assim, temos $k_y=m\pi/b$, em que m é inteiro. Com essas considerações, a componente z do campo magnético auxiliar H, dada em (11.26), se reduz a:

$$H_z(x,y,z,t)=H_0\cos\left(\frac{n\pi}{a}x\right)\cos\left(\frac{m\pi}{b}y\right)e^{i(k_z z-\omega t)} \tag{11.29}$$

em que $H_0=DB$. Além disso, as derivadas da componente H_z, relações (11.27) e (11.28), se reduzem a:

$$\frac{\partial H_z(x,y,z,t)}{\partial x}=-\frac{n\pi}{a}H_0\,\mathrm{sen}\left(\frac{n\pi}{a}x\right)\cos\left(\frac{m\pi}{b}y\right)e^{i(k_z z-\omega t)} \tag{11.30}$$

$$\frac{\partial H_z(x,y,z,t)}{\partial y}=-\frac{m\pi}{b}H_0\cos\left(\frac{n\pi}{a}x\right)\mathrm{sen}\left(\frac{m\pi}{b}y\right)e^{i(k_z z-\omega t)}. \tag{11.31}$$

Substituindo $\partial H_z/\partial x$ em (11.18) e $\partial H_z/\partial y$ em (11.19), na condição em que $E_z=0$, obtemos:

$$H_x(x,y,z,t)=-\frac{ik_z}{\left(\omega^2\varepsilon_0\mu_0-k_z^2\right)}\left[\frac{n\pi}{a}H_0\mathrm{sen}\left(\frac{n\pi}{a}x\right)\cos\left(\frac{m\pi}{b}y\right)e^{i(k_z z-\omega t)}\right] \tag{11.32}$$

$$H_y(x,y,z,t)=\frac{-ik_z}{\left(\omega^2\varepsilon_0\mu_0-k_z^2\right)}\left[\frac{m\pi}{b}H_0\cos\left(\frac{n\pi}{a}x\right)\mathrm{sen}\left(\frac{m\pi}{b}y\right)e^{i(k_z z-\omega t)}\right]. \tag{11.33}$$

Substituindo $\partial H_z/\partial y$ em (11.15) e $\partial H_z/\partial x$ em (11.17), obtemos:

$$E_x(x,y,z,t)=\frac{-i\omega\mu_0}{\left(\omega^2\varepsilon_0\mu_0-k_z^2\right)}\left[\frac{m\pi}{b}H_0\cos\left(\frac{n\pi}{a}x\right)\mathrm{sen}\left(\frac{m\pi}{b}y\right)e^{i(k_z z-\omega t)}\right] \tag{11.34}$$

$$E_y(x,y,z,t)=\frac{i\omega\mu_0}{\left(\omega^2\varepsilon_0\mu_0-k_z^2\right)}\left[\frac{n\pi}{a}H_0\,\mathrm{sen}\left(\frac{n\pi}{a}x\right)\cos\left(\frac{m\pi}{b}y\right)e^{i(k_z z-\omega t)}\right]. \tag{11.35}$$

Este conjunto de equações para E_x, E_y, H_x, H_y e H_z representam as componentes dos campos eletromagnéticos associados a uma onda eletromagnética, que se propaga em um guia retangular no modo transversal elétrico. Esse modo de vibração é caracterizado por TE_{mn}, em que m e n são números inteiros associados às componentes k_x e k_y.

A componente k_z pode ser determinada, substituindo os valores de $k_x=n\pi/a$ e $k_y=m\pi/b$ na relação $k_y^2=\left(\omega^2/c^2-k_z^2-k_x^2\right)$. Assim, temos que:

$$k_z=\frac{1}{c}\sqrt{\omega^2-\omega_c^2}. \tag{11.36}$$

em que $\omega_c = c\pi\left[(n/a)^2 + (m/b)^2\right]^{1/2}$. Note que, quando $\omega < \omega_c$, o radicando na relação anterior é negativo, de modo que k_z é um número imaginário, que pode ser escrito na forma $k_z = k + ik_I$, em que k e k_I são reais. Assim, a função exponencial presente no campo eletromagnético tem a forma $e^{i(k_z z - \omega t)} = e^{-k_I z} e^{i(kz - \omega t)}$. Nessa relação, o termo $e^{-k_I z}$ é uma função envoltória, que anula a amplitude do campo eletromagnético, à medida que z cresce, aniquilando a onda no interior do guia.

Portanto, para que exista propagação de onda eletromagnética no interior do guia, k_z não pode ser imaginário. Para isso, é necessário que $\omega > \omega_c$. Por essa razão, ω_c é chamada de frequência angular de corte. Usando $\omega_c = 2\pi f_c$, temos que a frequência de corte é $f_c = c\left[(n/2a)^2 + (m/2b)^2\right]^{1/2}$. Usando $c = \lambda_c f_c$, podemos escrever que $\lambda_c = \left[(n/2a)^2 + (m/2b)^2\right]^{-1/2}$, que define o comprimento de onda de corte correpondente. Concluindo, temos que a condição $f > f_c$ (ou a equivalente $\lambda < \lambda_c$) deve ser satisfeita para que ondas eletromagnéticas se propaguem no interior de um guia retangular.

11.3.2 Modo Transversal Magnético

No modo transversal magnético, o campo elétrico possui uma componente paralela à direção de propagação das ondas, enquanto o campo magnético é perpendicular. Para um guia retangular de comprimento a e largura b, que se estende ao longo do eixo z, temos que $H_z = 0$, enquanto a componente z do campo elétrico deve ter a forma $E_z(x,y,z,t) = g(x,y)e^{i(k_z z - \omega t)}$. Assim, a equação de onda para a componente E_z pode ser escrita como:

$$\left[\frac{\partial^2}{\partial x^2} + \frac{\partial^2}{\partial y^2} - k_z^2 + \frac{\omega^2}{c^2}\right] g(x,y)e^{i(k_z z - \omega t)} = 0. \tag{11.37}$$

Propondo uma solução do tipo $g(x,y) = X(x)Y(y)$, temos que:

$$Y(y)\frac{d^2X(x)}{dx^2} + X(x)\frac{d^2Y(y)}{dy^2} + \left[\frac{\omega^2}{c^2} - k_z^2\right] X(x)Y(y) = 0. \tag{11.38}$$

Separando as variáveis e igualando a uma constante $-k_x^2$, obtemos:

$$\frac{d^2X(x)}{dx^2} + k_x^2 X(x) = 0 \tag{11.39}$$

$$\frac{d^2Y(y)}{dy^2} + \overbrace{\left[\frac{\omega^2}{c^2} - k_z^2 - k_x^2\right]}^{k_y^2} Y(y) = 0. \tag{11.40}$$

As soluções destas equações são:

$$X(x) = A\,\text{sen}\,k_x x + B\cos k_x x, \quad Y(y) = C\,\text{sen}\,k_y y + D\cos k_y y \tag{11.41}$$

em que $k_y^2 = \left(\omega^2/c^2 - k_z^2 - k_x^2\right)$. Logo, o campo elétrico calculado por $E_z(x,y,z,t) = X(x)Y(y)e^{i(k_z z - \omega t)}$ é:

$$E_z(x,y,z,t) = \left(A\,\text{sen}\,k_x x + B\cos k_x x\right)\left(C\,\text{sen}\,k_y y + D\cos k_y y\right)e^{i(k_z z - \omega t)}. \tag{11.42}$$

Esta componente do campo elétrico deve ser nula sobre as paredes do guia de ondas, localizadas em $x = 0$; $x = a$; $y = 0$ e $y = b$. Para que as condições de contorno $E_z(x,y,z,t)\ \big|_{x=0} = 0$ e $E_z(x,y,z,t)\ \big|_{y=0} = 0$ sejam satisfeitas, é preciso que $B = D = 0$. Aplicando a condição de contorno $E_z(a,y,z,t)\ \big|_{x=a} = 0$, obtemos a seguinte equação algébrica, $E_0\,\text{sen}(k_x a)\text{sen}(k_y y)e^{i(k_z z-\omega t)} = 0$. Dessa equação, temos que $k_x = n\pi / a$, em que n é inteiro.

A condição $E_z(x,b,z,t)\ \big|_{y=b} = 0$ leva à equação $E_0\,\text{sen}(k_x x)\text{sen}(k_y b)e^{i(k_z z-\omega t)} = 0$, cuja solução é $k_y = m\pi / b$, em que m é inteiro. Portanto, o campo elétrico dado em (11.42) se reduz a:

$$E_z(x,y,z,t) = E_0\text{sen}\left(\frac{n\pi}{a}x\right)\text{sen}\left(\frac{m\pi}{b}y\right)e^{i(k_z z-\omega t)}$$

em que $E_0 = AC$. As derivadas $\partial E_z(x,y,z,t)/\partial x$ e $\partial E_z(x,y,z,t)/\partial y$ são:

$$\frac{\partial E_z(x,y,z,t)}{\partial x} = \frac{n\pi}{a}E_0\cos\left(\frac{n\pi}{a}x\right)\text{sen}\left(\frac{m\pi}{b}y\right)e^{i(k_z z-\omega t)} \tag{11.43}$$

$$\frac{\partial E_z(x,y,z,t)}{\partial y} = \frac{m\pi}{b}E_0\,\text{sen}\left(\frac{n\pi}{a}x\right)\cos\left(\frac{m\pi}{b}y\right)e^{i(k_z z-\omega t)}. \tag{11.44}$$

Substituindo (11.43) em (11.15) e (11.44) em (11.17), obtemos (para $H_z = 0$):

$$E_x(x,y,z,t) = \frac{ik_z\frac{n\pi}{a}}{\left(\omega^2\varepsilon_0\mu_0 - k_z^2\right)}\left[E_0\cos\left(\frac{n\pi}{a}x\right)\text{sen}\left(\frac{m\pi}{b}y\right)e^{i(k_z z-\omega t)}\right] \tag{11.45}$$

$$E_y(x,y,z,t) = \frac{ik_z\frac{m\pi}{b}}{\left(\omega^2\varepsilon_0\mu_0 - k_z^2\right)}\left[E_0\,\text{sen}\left(\frac{n\pi}{a}x\right)\cos\left(\frac{m\pi}{b}y\right)e^{i(k_z z-\omega t)}\right]. \tag{11.46}$$

Substituindo (11.44) em (11.18) e (11.43) em (11.19), temos que:

$$H_x(x,y,z,t) = \frac{-i\omega\varepsilon_0}{\left(\omega^2\varepsilon_0\mu_0 - k_z^2\right)}\left[\frac{m\pi}{b}E_0\,\text{sen}\left(\frac{n\pi}{a}x\right)\cos\left(\frac{m\pi}{b}y\right)e^{i(k_z z-\omega t)}\right] \tag{11.47}$$

$$H_y(x,y,z,t) = \frac{i\omega\varepsilon_0}{\left(\omega^2\varepsilon_0\mu_0 - k_z^2\right)}\left[\frac{n\pi}{a}E_0\cos\left(\frac{n\pi}{a}x\right)\text{sen}\left(\frac{m\pi}{b}y\right)e^{i(k_z z-\omega t)}\right]. \tag{11.48}$$

Substituindo os valores de $k_x = n\pi / a$ e $k_y = m\pi / b$ em $k_y^2 = \left(\frac{\omega^2}{c^2} - k_z{}^2 - k_x^2\right)$, podemos escrever:

$$k_z = \sqrt{\frac{\omega^2}{c^2} - \pi^2\left[\left(\frac{n}{a}\right)^2 + \left(\frac{m}{b}\right)^2\right]}. \tag{11.49}$$

Para que haja propagação de onda no interior do guia, k_z deve ser real. Logo, a seguinte condição deve ser satisfeita:

$$\omega > c\pi\left[\left(\frac{n}{a}\right)^2 + \left(\frac{m}{b}\right)^2\right]^{1/2}. \tag{11.50}$$

Esta relação mostra a frequência angular de corte para a propagação de ondas no modo TM_{mn}, em que m e n são números inteiros. Note que esta condição é a mesma encontrada para o modo transversal elétrico, discutido na subseção anterior.

EXEMPLO 11.2

Determine as dimensões de um guia de ondas de seção reta quadrada para que haja a propagação de ondas somente no modo TM_{10}.

SOLUÇÃO

A condição para que haja propagação de ondas eletromagnéticas em um guia retangular no modo TM_{mn} é $\lambda < [(n/2a)^2 + (m/2b)^2]^{-1/2}$, em que a e b são as dimensões da seção reta do guia. Logo, para um guia de onda quadrado, em que $b = a$, temos que a condição de propagação para o modo TM_{10} é $\lambda < 2a$. Assim, a largura do guia deve ser $a > \lambda / 2$.

Tabela 11.1 Dimensões de um guia quadrado para que haja somente a propagação do modo TM_{10}

Tipo	λ (m)	Dimensões (m)
Rádio	10	$5 < a < 7$
Micro-ondas	10^{-1}	$0{,}05 < a < 0{,}07$
Infravermelho	10^{-5}	$5\times10^{-6} < a < 7\times10^{-6}$
Luz	10^{-7}	$5\times10^{-8} < a < 7\times10^{-8}$
Ultravioleta	10^{-8}	$5\times10^{-9} < a < 7\times10^{-9}$
Raios X	10^{-10}	$5\times10^{-11} < a < 7\times10^{-11}$

Para a propagação do modo seguinte, TM_{11}, a condição $\lambda < \sqrt{2}a$ ou $a > \lambda / \sqrt{2}$ deve ser satisfeita. Portanto, no intervalo $0{,}5\lambda < a < 0{,}707\lambda$, haverá somente a propagação do modo TM_{10}. A Tabela 11.1 mostra as dimensões de um guia de onda de seção reta quadrada, em função do comprimento de onda, para que exista somente o modo TM_{10}.

Dessa tabela, verificamos que, para transportar ondas na faixa dos raios X, no modo TM_{10}, o guia deve ter dimensões da ordem de 10^{-11} m, enquanto para ondas de rádio ele deve ter um tamanho em torno de 5 m. No caso de micro-ondas, as dimensões estão em torno de 5 cm. Do ponto de vista prático, não é viável construir em laboratório guias de ondas com dimensões de 10^{-11} m (muito pequeno) ou 5 m (muito grande). Por outro lado, guias de ondas com dimensões da ordem de centímetros podem ser facilmente construídos. Portanto, os guias de ondas têm utilidade prática somente para transportar as micro-ondas.

11.4 Guia Cilíndrico

O processo físico de propagação de ondas eletromagnéticas em um guia cilíndrico é o mesmo que já foi discutido no caso de um guia retangular. A diferença associada à geometria do guia aparece nas equações diferenciais. A Figura 11.3 mostra um guia de ondas cilíndrico de raio a, que se estende ao longo do eixo z.

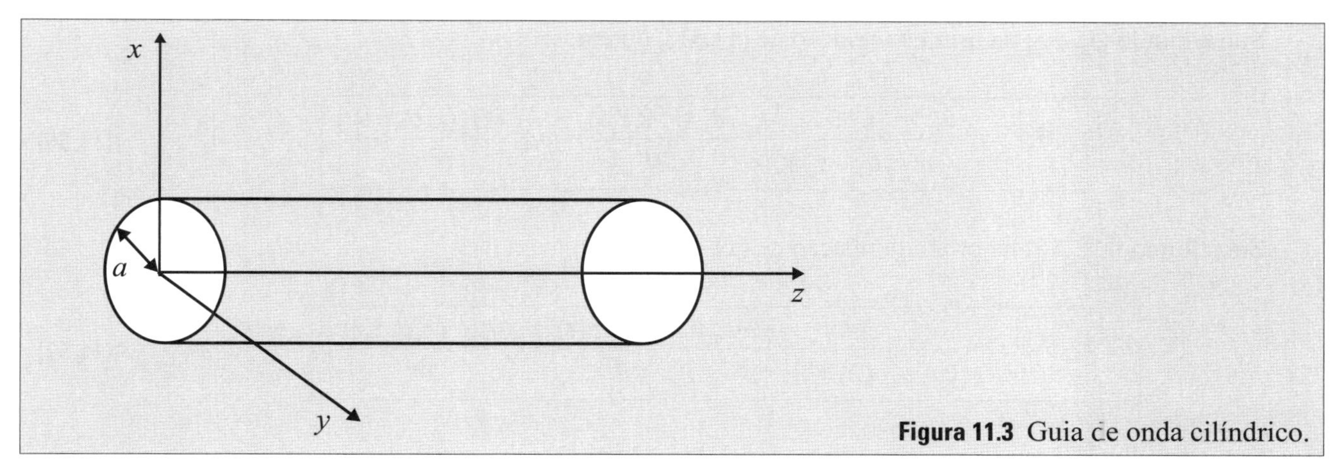

Figura 11.3 Guia de onda cilíndrico.

Os campos elétricos e magnéticos associados a uma onda eletromagnética que se propaga no interior de um guia de onda podem ser calculados com o uso das equações de Maxwell. Considerando ondas planas, podemos escrever, em coordenadas cilíndricas, as componentes da lei de Faraday, $\vec{\nabla} \times E = -\mu_0 \partial \vec{H} / \partial t$, como:

$$\begin{cases} \dfrac{1}{r}\dfrac{\partial}{\partial \theta}\left[E_z(r,\theta,z,t)\right] - ik_z E_\theta = i\omega\mu_0 H_r(r,\theta,z,t) \\ ik_z E_r(r,\theta,z,t) - \dfrac{\partial}{\partial r}\left[E_z(r,\theta,z,t)\right] = i\omega\mu_0 H_\theta(r,\theta,z,t) \\ \dfrac{1}{r}\dfrac{\partial}{\partial r}[rE_\theta(r,\theta,z,t)] - \dfrac{\partial}{\partial \theta}\left[E_r(r,\theta,z,t)\right] = i\omega\mu_0 H_z(r,\theta,z,t) \end{cases} \tag{11.51}$$

e da lei de Ampère, $\vec{\nabla} \times \vec{H} = -\varepsilon_0 \partial \vec{E} / \partial t$, como:

$$\begin{cases} \dfrac{1}{r}\dfrac{\partial}{\partial \theta}\left[H_z(r,\theta,z,t)\right] - ik_z H_\theta(r,\theta,z,t) = -i\omega\varepsilon_0 E_r(r,\theta,z,t) \\ ik_z H_r(r,\theta,z,t) - \dfrac{\partial}{\partial r}\left[H_z(r,\theta,z,t)\right] = -i\omega\varepsilon_0 E_\theta(r,\theta,z,t) \\ \dfrac{1}{r}\dfrac{\partial}{\partial r}[rH_\theta(r,\theta,z,t)] - \dfrac{\partial}{\partial \theta}\left[H_r(r,\theta,z,t)\right] = -i\omega\varepsilon_0 E_z(r,\theta,z,t) \end{cases} . \tag{11.52}$$

Da primeira relação de (11.52), temos que:

$$H_\theta(r,\theta,z,t) = \frac{1}{ik_z}\left[\frac{1}{r}\frac{\partial H_z(r,\theta,z,t)}{\partial \theta} + i\omega\varepsilon_0 E_r(r,\theta,z,t)\right]. \tag{11.53}$$

Substituindo (11.53) na segunda relação de (11.51), temos:

$$\boxed{E_r(r,\theta,z,t) = \frac{i}{\left(\omega^2\varepsilon_0\mu_0 - k_z^2\right)}\left[\frac{\omega\mu_0}{r}\frac{\partial H_z(r,\theta,z,t)}{\partial \theta} + k_z\frac{\partial E_z(r,\theta,z,t)}{\partial r}\right].} \tag{11.54}$$

Da segunda relação de (11.52), temos que:

$$H_r(r,\theta,z,t) = \frac{1}{ik_z}\left[\frac{\partial H_z(r,\theta,z,t)}{\partial r} - i\omega\varepsilon_0 E_\theta(r,\theta,z,t)\right]. \tag{11.55}$$

Substituindo (11.55) na primeira relação de (11.51), obtemos:

$$\boxed{E_\theta(r,\theta,z,t) = \frac{i}{\left(\omega^2\varepsilon_0\mu_0 - k_z^2\right)}\left[\frac{k_z}{r}\frac{\partial E_z(r,\theta,z,t)}{\partial\theta} - \omega\mu_0\frac{\partial H_z(r,\theta,z,t)}{\partial r}\right].} \tag{11.56}$$

Substituindo (11.56) na primeira relação de (11.51), temos:

$$\boxed{H_r(r,\theta,z,t) = \frac{i}{\left(\omega^2\varepsilon_0\mu_0 - k_z^2\right)}\left[\frac{-\omega\varepsilon_0}{r}\frac{\partial E_z(r,\theta,z,t)}{\partial\theta} + k_z\frac{\partial H_z(r,\theta,z,t)}{\partial r}\right].} \tag{11.57}$$

Substituindo (11.54) na segunda relação de (11.51), obtemos:

$$\boxed{H_\theta(r,\theta,z,t) = \frac{i}{\left(\omega^2\varepsilon_0\mu_0 - k_z^2\right)}\left[\frac{k_z}{r}\frac{\partial H_z(r,\theta,z,t)}{\partial\theta} + \omega\varepsilon_0\frac{\partial E_z(r,\theta,z,t)}{\partial r}\right].} \tag{11.58}$$

Note que as componentes dos campos elétricos E_r, E_θ, relações (11.54) e (11.56), e as componentes do campo magnético auxiliar H_r, H_θ, relações (11.57) e (11.58), dependem das componentes E_z e H_z, que são determinadas a partir da solução da equação de onda correspondente. No caso em que $E_z = H_z = 0$, teremos que todas as componentes dos campos elétricos e magnéticos serão nulas. Portanto, um guia cilíndrico também não transporta ondas eletromagnéticas transversais. Ele comporta somente o modo transversal elétrico, em que $E_z = 0$, ou o modo transversal magnético, em que $H_z = 0$.

11.4.1 Modo Transversal Magnético

Para estudar o modo de propagação transversal magnético, vamos considerar um guia cilíndrico de raio a, que se estende ao longo do eixo z, conforme mostra a Figura 11.3. Neste caso, a componente z do campo magnético auxiliar é nula, enquanto a componente z do campo elétrico satisfaz à seguinte equação de onda:

$$\nabla^2 E_z(r,\theta,z,t) - \frac{1}{c^2}\frac{\partial E_z(r,\theta,z,t)}{\partial t^2} = 0. \tag{11.59}$$

Na Subseção 11.3.2, foi mostrado que o campo elétrico associado à onda eletromagnética que se propaga ao longo do eixo z em um guia retangular tem a forma $\vec{E}_z(x,y,z,t) = \hat{k}g(x,y)e^{i(k_z z-\omega t)}$. Por analogia, podemos supor que, para ondas eletromagnéticas que se propagam na direção z em um guia cilíndrico, a componente E_z tem a forma $\vec{E}_z(r,\theta,z,t) = \hat{k}g(r,\theta)e^{i(k_z z-\omega t)}$. Com essa consideração, a equação de onda para E_z se escreve como:

$$\left[\frac{1}{r}\frac{\partial}{\partial r} + \frac{\partial^2}{\partial r^2} + \frac{1}{r^2}\frac{\partial^2}{\partial\theta^2} - k_z^2 + \frac{\omega^2}{c^2}\right]g(r,\theta)e^{i(k_z z-\omega t)} = 0. \tag{11.60}$$

Propondo uma solução $g(r,\theta) = R(r)P(\theta)$ e substituindo na equação anterior, obtemos as seguintes equações diferenciais:

$$\frac{d^2P(\theta)}{d\theta^2} + m^2P(\theta) = 0 \tag{11.61}$$

$$\frac{d^2R(r)}{dr^2} + \frac{1}{r}\frac{d^2R(r)}{dr^2} + \left[\frac{\omega^2}{c^2} - k_z^2 - \frac{m^2}{r^2}\right]R(r) = 0. \tag{11.62}$$

A solução da equação na variável θ é $P(\theta) = A_m \operatorname{sen}(m\theta) + B_m \cos(m\theta)$. A equação na variável r é a equação de Bessel de ordem m, cuja solução é $R(r) = C_m J_m(kr) + D_m N_m(kr)$, em que $J_m(kr)$ e $N_m(kr)$ são as funções de Bessel e Neumann, respectivamente, sendo $k^2 = \left(\omega^2/c^2 - k_z^2\right)$. Portanto, o campo elétrico, calculado por $E_z(r,\theta,z,t) = g(r,\theta)e^{i(k_z z - \omega t)}$, é

$$E_z(r,\theta,z,t) = \left[C_m J_m(kr) + D_m N_m(kr)\right]\left[A_m \operatorname{sen} m\theta + B_m \cos m\theta\right]e^{i(k_z z - \omega t)}. \tag{11.63}$$

Para que E_z seja finito em $r = 0$, devemos fazer $D_m = 0$, uma vez que as funções de Neumann são divergentes na origem (veja a Subseção 3.7.3). Dessa forma, $E_z(r,\theta,z,t)$ se reduz à:

$$E_z(r,\theta,z,t) = C_m J_m(kr)\left[A_m \operatorname{sen} m\theta + B_m \cos m\theta\right]e^{i(k_z z - \omega t)}. \tag{11.64}$$

A condição de contorno requer que a componente tangente do campo elétrico seja nula nas paredes internas do guia de ondas. Para que essa condição seja satisfeita, devemos impor que a função de Bessel seja nula em $r = a$, isto é, $J_m(ka) = 0$. Para um dado valor de m, existe uma infinidade de raízes dadas por $ka = x_{ml}$, em que o índice m indica a ordem da função de Bessel e o índice l fornece a ordem da raiz. Da condição $x_{ml} = ka$, podemos tirar que $k = x_{ml}/a$. Portanto, a solução geral para $E_z(r,\theta,z,t)$ é:

$$E_z(r,\theta,z,t) = C_m J_m\left(\frac{x_{ml}}{a}r\right)\left[A_m \operatorname{sen} m\theta + B_m \cos m\theta\right]e^{i(k_z z - \omega t)}. \tag{11.65}$$

Substituindo $k = x_{ml}/a$ na relação $k^2 = \left(\omega^2/c^2 - k_z^2\right)$, obtemos:

$$k_z = \sqrt{\frac{\omega^2}{c^2} - \left(\frac{x_{ml}}{a}\right)^2} = \frac{1}{c}\sqrt{\omega^2 - \omega_c^2} \tag{11.66}$$

em que $\omega_c = cx_{ml}/a$ é a frequência angular de corte. Note que, quando $\omega < \omega_c$, a componente k_z é um número imaginário, de modo que a função exponencial em (11.65) contém um termo de amortecimento que tende aniquilar a onda eletromagnética. Portanto, para que haja propagação de ondas eletromagnéticas em um guia de onda cilíndrico, devemos ter $\omega > \omega_c$ para que k_z seja real. Usando a relação $\omega/c = k$, temos que a condição necessária para que ondas eletromagnéticas se propaguem em um guia cilíndrico no modo TM_{ml} é $\lambda < 2\pi a/x_{ml}$.

11.4.2 Modo Transversal Elétrico

Para o guia de ondas cilíndrico mostrado na Figura 11.3, o modo transversal elétrico tem $E_z = 0$, enquanto a componente z do campo magnético auxiliar é dada por $H(r,\theta,z,t) = f(r,\theta)e^{i(k_z z - \omega t)}$. Assim, a equação de onda para essa componente se escreve como:

$$\left[\frac{1}{r}\frac{\partial}{\partial r}+\frac{\partial^2}{\partial r^2}+\frac{1}{r^2}\frac{\partial^2}{\partial \theta^2}-k_z^2+\frac{\omega^2}{c^2}\right]f(r,\theta)e^{i(k_z z-\omega t)}=0. \tag{11.67}$$

Propondo uma solução na forma $f(r,\theta)=R(r)P(\theta)$, podemos escrever que:

$$\frac{1}{R(r)}\left[\frac{r^2 d^2R(r)}{dr^2}+r\frac{d^2R(r)}{dr^2}\right]+\left(\frac{\omega^2}{c^2}-k_z^2\right)r^2=-\frac{1}{P(\theta)}\frac{d^2P(\theta)}{d\theta^2}=m^2. \tag{11.68}$$

Desta igualdade, obtemos as seguintes equações diferenciais:

$$\frac{d^2P(\theta)}{d\theta^2}+m^2P(\theta)=0 \tag{11.69}$$

$$\frac{d^2R(r)}{dr^2}+\frac{1}{r}\frac{d^2R(r)}{dr^2}+\left(\frac{\omega^2}{c^2}-k_z^2-\frac{m^2}{r^2}\right)R(r)=0. \tag{11.70}$$

A solução da equação na variável θ é $P(\theta)=A_m\,\text{sen}\,(m\theta)+B_m\cos(m\theta)$, enquanto a função $R(r)$ = $C_m J_m(kr)+D_m N_m(kr)$, em que $J_m(kr)$ e $N_m(kr)$ são as funções de Bessel e Neumann, é a solução para a equação na variável r. Logo, a componente z do campo magnético auxiliar é:

$$H_z(r,\theta,z,t)=\left[C_m J_m(kr)+D_m N_m(kr)\right]\left[A_m\,\text{sen}\,m\theta+B_m\cos m\theta\right]e^{i(k_z z-\omega t)} \tag{11.71}$$

em que a constante k foi definida como $k^2=(\omega^2/c^2-k_z^2)$.

Como as funções de Neumann são divergentes na origem, devemos fazer $D_m=0$. Dessa forma, $H_z(r,\theta,z,t)$ se reduz a:

$$H_z(r,\theta,z,t)=C_m J_m(kr)\left[A_m\,\text{sen}\,m\theta+B_m\cos m\theta\right]e^{i(k_z z-\omega t)}. \tag{11.72}$$

As condições de contorno requerem que as componentes tangentes do campo elétrico sejam nulas sobre as paredes do guia de ondas. De acordo com a equação (11.56), essa condição de contorno é satisfeita quando a derivada $\partial H_z(r,\theta,z,t)/\partial r$ for nula em $r=a$. Tomando a derivada da equação anterior e igualando a zero, temos:

$$\frac{\partial}{\partial r}H_z(r,\theta,z,t)=\frac{\partial}{\partial r}\left\{C_m J_m(kr)\left[A_m\,\text{sen}\,m\theta+B_m\cos m\theta\right]e^{i(k_z z-\omega t)}\right\}_{r=a}=0. \tag{11.73}$$

Para que esta equação seja sempre verdadeira, é necessário que a derivada da função de Bessel $dJ_m(kr)/dr=0$ seja nula em $r=a$. Essa condição determina um número infinito de raízes para a derivada da função de Bessel. Em outras palavras, para um dado valor de m existem uma infinidade de raízes dadas por $y_{ml}=k_{ml}a$, em que m indica a ordem da função de Bessel e l fornece a ordem da raiz. Da condição $y_{ml}=k_{ml}a$, temos que $k_{ml}=y_{ml}/a$. Portanto, a solução geral para $H_z(r,\theta,z,t)$ é:

$$H_z(r,\theta,z,t)=C_m J_m\left(\frac{y_{ml}}{a}r\right)\left[A_m\,\text{sen}\,m\theta+B_m\cos m\theta\right]e^{i(k_z z-\omega t)}. \tag{11.74}$$

Substituindo $k_{ml} = y_{ml} / a$ na relação $k^2 = (\omega^2 / c^2 - k_z^2)$, obtemos:

$$k_z = \sqrt{\frac{\omega^2}{c^2} - \left(\frac{y_{ml}}{a}\right)^2} = \frac{1}{c}\sqrt{\omega^2 - \omega_c^2} \quad \textbf{(11.75)}$$

em que $\omega_c = cy_{ml} / a$ é a frequência angular de corte para que exista o modo de propagação TE_{ml}. Note que quando $\omega < \omega_c$, k_z é um número imaginário, de modo que o termo exponencial em (11.74) apresenta um termo de amortecimento que tende a aniquilar a onda eletromagnética no interior do guia.

11.5 Cavidade Ressonante

Nesta seção, discutiremos a propagação de ondas eletromagnéticas no interior de uma cavidade ressonante. Por simplicidade, vamos considerar uma cavidade em forma de um prisma retangular, com dimensões a, b e d. Uma cavidade ressonante desse tipo pode ser formada adicionando mais duas placas condutoras ao guia de ondas retangular, discutido na Seção 11.3, de modo a fechar suas extremidades.

A condição de contorno requer que o campo elétrico seja nulo em todas as paredes da cavidade. Essa condição de contorno determina o conjunto de frequências, que irão se propagar no interior da cavidade. Como essa cavidade tem a mesma forma geométrica de um guia retangular, podemos utilizar os resultados obtidos na Seção 11.3 e acrescentar a condição de contorno de campo elétrico nulo, nas duas placas adicionais usadas para fechar o guia e tranformá-lo em uma cavidade.

Vamos discutir somente o modo transversal magnético. Uma discusão sobre o modo transversal elétrico está proposta no Exercício Complementar 5. No modo TM, o campo elétrico possui uma componente paralela à direção de propagação das ondas, enquanto a componente correspondente do campo magnético é nula. A equação de onda para a componente z do campo elétrico é:

$$\left[\frac{\partial^2}{\partial x^2} + \frac{\partial^2}{\partial y^2} + \frac{\partial^2}{\partial z^2} - \varepsilon_0\mu_0\frac{\partial^2}{\partial t^2}\right]E_z(x,y,z,t) = 0. \quad \textbf{(11.76)}$$

Substituindo na equação anterior uma solução na forma $E_z(x,y,z,t) = X(x)Y(y)Z(z)T(t)$ e separando a variável temporal, obtemos

$$\frac{1}{X(x)}\frac{d^2X(x)}{dx^2} + \frac{1}{Y(y)}\frac{d^2Y(y)}{dy^2} + \frac{1}{Z(z)}\frac{d^2Z(z)}{dz^2} = \frac{\varepsilon_0\mu_0}{T(t)}\frac{d^2T(t)}{dt^2} = -k^2. \quad \textbf{(11.77)}$$

O sinal da constante de separação foi escolhida de tal forma que tenhamos soluções oscilatórias para as funções $X(x)$, $Y(y)$, $Z(z)$ e $T(t)$. Dessa igualdade, podemos obter a seguinte equação diferencial para a coordenada temporal:

$$\frac{d^2T(t)}{dt^2} + \frac{k^2}{\varepsilon_0\mu_0}T(t) = 0 \quad \textbf{(11.78)}$$

cuja solução é $T(t) = Ae^{-i\omega t}$, em que $\omega^2 = k^2 / \varepsilon_0\mu_0$. As equações diferenciais para as coordenadas espaciais são:

$$\begin{cases} \dfrac{d^2X(x)}{dx^2} + k_x^2 X(x) = 0 \\ \dfrac{d^2Y(y)}{dy^2} + k_y^2 Y(y) = 0 \\ \dfrac{d^2Z(z)}{dz^2} + k_z^2 Z(z) = 0 \end{cases} \quad \textbf{(11.79)}$$

em que $k^2 = k_x^2 + k_y^2 + k_z^2$. As soluções destas equações são:

$$\begin{cases} X(x) = A \operatorname{sen} k_x x + B \cos k_x x \\ Y(y) = C \operatorname{sen} k_y y + D \cos k_y y. \\ Z(z) = E \operatorname{sen} k_z z + F \cos k_z z \end{cases} \quad \textbf{(11.80)}$$

Portanto, o campo elétrico, calculado por $E_z(x, y, z, t) = X(x)Y(y)Z(z)T(t)$, é:

$$E_z(x, y, z, t) = \left(A \operatorname{sen} k_x x + B \cos k_x x\right)\left(C \operatorname{sen} k_y y + D \cos k_y y\right)\left(E \operatorname{sen} k_z z + F \cos k_z z\right) e^{-i\omega t}. \quad \textbf{(11.81)}$$

Essa componente do campo elétrico deve ser nula nas paredes internas da cavidade em $z = 0$ e $z = d$. Para que essas duas condições de contorno sejam satisfeitas, devemos fazer $F = 0$ e $k_z = p\pi / d$, em que p é inteiro. Analogamente, a componente E_z deve ser nula em $x = 0$ e $x = a$ e $y = 0$ e $y = b$. Para satisfazer essas quatro condições de contorno, devemos fazer $B = 0$, $k_x = m\pi / a$, $D = 0$ e $k_y = l\pi / b$, em que m e l são inteiros. Assim, a componente E_z se reduz a:

$$E_z(x, y, z, t) = E_0 \operatorname{sen}\left(\frac{m\pi}{a} x\right) \operatorname{sen}\left(\frac{l\pi}{b} y\right) \operatorname{sen}\left(\frac{p\pi}{d} z\right) e^{-i\omega t} \quad \textbf{(11.82)}$$

em que $E_0 = ACE$. As derivadas da componente E_z são:

$$\frac{\partial E_z(x, y, z, t)}{\partial x} = \frac{m\pi}{a} E_0 \cos\left(\frac{m\pi}{a} x\right) \operatorname{sen}\left(\frac{l\pi}{b} y\right) \operatorname{sen}\left(\frac{p\pi}{d} z\right) e^{-i\omega t} \quad \textbf{(11.83)}$$

$$\frac{\partial E_z(x, y, z, t)}{\partial y} = \frac{l\pi}{b} E_0 \operatorname{sen}\left(\frac{m\pi}{a} x\right) \cos\left(\frac{l\pi}{b} y\right) \operatorname{sen}\left(\frac{p\pi}{d} z\right) e^{-i\omega t} \quad \textbf{(11.84)}$$

$$\frac{\partial E_z(x, y, z, t)}{\partial z} = \frac{p\pi}{d} E_0 \operatorname{sen}\left(\frac{m\pi}{a} x\right) \operatorname{sen}\left(\frac{l\pi}{b} y\right) \cos\left(\frac{p\pi}{d} y\right) e^{-i\omega t}. \quad \textbf{(11.85)}$$

As expressões para as componentes E_x, E_y, H_x e H_y no interior da cavidade são as mesmas para um guia de onda retangular. Assim, substituindo as equações (11.83)-(11.85) em (11.15), (11.17), (11.18) e (11.19), temos (para $H_z = 0$):

$$E_x(x, y, z, t) = \frac{ik_z}{\left(\omega^2 \varepsilon_0 \mu_0 - k_z^2\right)} \frac{m\pi}{a} \left[E_0 \cos\left(\frac{m\pi}{a} x\right) \operatorname{sen}\left(\frac{l\pi}{b} y\right) \operatorname{sen}\left(\frac{p\pi}{d} z\right) \right] e^{-i\omega t} \quad \textbf{(11.86)}$$

$$E_y(x,y,z,t) = \frac{ik_z}{\left(\omega^2\varepsilon_0\mu_0 - k_z^2\right)}\frac{l\pi}{b}\left[E_0 \operatorname{sen}\left(\frac{m\pi}{a}x\right)\cos\left(\frac{l\pi}{b}y\right)\operatorname{sen}\left(\frac{p\pi}{d}z\right)\right]e^{-i\omega t} \tag{11.87}$$

$$H_x(x,y,z,t) = \frac{-i\omega\varepsilon_0}{\left(\omega^2\varepsilon_0\mu_0 - k_z^2\right)}\frac{l\pi}{b}\left[E_0 \operatorname{sen}\left(\frac{m\pi}{a}x\right)\cos\left(\frac{l\pi}{b}y\right)\operatorname{sen}\left(\frac{p\pi}{d}z\right)\right]e^{-i\omega t} \tag{11.88}$$

$$H_y(x,y,z,t) = \frac{i\omega\varepsilon_0}{\left(\omega^2\varepsilon_0\mu_0 - k_z^2\right)}\frac{m\pi}{a}\left[E_0 \cos\left(\frac{m\pi}{a}x\right)\operatorname{sen}\left(\frac{l\pi}{b}y\right)\operatorname{sen}\left(\frac{p\pi}{d}z\right)\right]e^{-i\omega t}. \tag{11.89}$$

Combinando as relações $k^2 = k_x^2 + k_y^2 + k_z^2$ e $\omega^2 = k^2 / \varepsilon_0\mu_0$, obtemos $k_y^2 + k_z{}^2 + k_x^2 = \omega^2 / c^2$. Como $k_x = m\pi / a$, $k_y = l\pi / b$ e $k_z = p\pi / d$, temos que $\omega^2 = c^2\pi^2(m^2 / a^2 + l^2 / b^2 + p^2 / d^2)$. Usando $\omega = 2\pi f$, podemos escrever que $f = c[(m / 2a)^2 + (l / 2b)^2 + (p / 2d)^2]^{1/2}$. Essa relação fornece as frequências que irão se propagar no interior da cavidade. Analogamente, temos que os comprimentos de onda permitidos no interior da cavidade serão dados por $\lambda = [(m / 2a)^2 + (l / 2b)^2 + (p / 2d)^2]^{-1/2}$.

Nesta seção discutimos a propagação de ondas eletromagnéticas em uma cavidade ressonante em forma de prisma retangular, considerando o caso particular do modo TM. As principais conclusões obtidas também são válidas para o modo TE e para cavidades com outras formas geométricas. A discussão sobre a propagação de ondas eletromagnéticas em cavidades de forma cilíndrica e esférica está proposta como exercício complementar.

11.6 Exercícios Resolvidos

EXERCÍCIO 11.1

Discuta o espectro de frequências da radiação eletromagnética emitida por um corpo aquecido (corpo negro).

SOLUÇÃO

Um corpo aquecido emite energia eletromagnética com diferentes frequências e comprimentos de ondas. O espectro de frequências e a intensidade da energia irradiada depende da temperatura do corpo. Esse sistema é equivalente a uma cavidade ressonante, de modo que podemos utilizar os resultados da seção anterior para discutir o espectro da radiação emitida pelo corpo. Por simplicidade, vamos considerar uma cavidade em forma de um prisma retangular de lados *a*, *b* e *d*. De acordo com a seção anterior, a frequência angular das ondas eletromagnéticas que se propagam dentro dessa cavidade é $\omega^2 = c^2(k_x^2 + k_y^2 + k_z{}^2)$, em que $k_x = m\pi / a$, $k_y = l\pi / b$ e $k_z = p\pi / d$ são as componentes do vetor de onda $\vec{k}$, sendo *m*, *l* e *p* números inteiros.

Cada modo de vibração com uma determinada frequência e comprimento de onda é representado por um ponto no espaço dos *k*. Para um modo com $m = l = p = 1$, temos que $k_x = \pi / a$, $k_y = \pi / b$ e $k_z = \pi / d$. Esses valores definem uma pequena região que contém um único valor para o módulo do vetor *k*. Em toda a cavidade teremos *n* modos, que são representados por diferentes valores de *k*. Portanto, podemos representar esses vários modos de vibração por uma imensa quantidade de pontos no espaço. Para o valor máximo de *k*, teremos inúmeras possibilidades para os valores de k_x, k_y e k_z (isto é, para um mesmo *k* existem várias possibilidades de combinação para os valores de *m*, *l* e *p*). Essas componentes k_x, k_y e k_z devem satisfazer à condição $k^2 = k_x^2 + k_y^2 + k_z{}^2$, que define uma esfera de raio *k*, cujo volume é $4\pi k^3 / 3$. Considerando que as componentes k_x, k_y e k_z assumem somente valores positivos, devemos tomar apenas um octante do volume da esfera. Considerando que, em uma unidade mínima de volume $k_x k_y k_z = (\pi^3 / abd)$, temos um único valor para k (um único modo de vibração), podemos concluir que em um octante de uma esfera de volume $\mathrm{v}_k = (1/8)(4\pi k^3/3)$ temos n_k modos de vibração dados por

$$n_k = \frac{4\pi k^3 / 3}{8(\pi^3 / abd)} = \frac{k^3 \mathrm{v}}{6\pi^2}$$

em que $\mathrm{v} = abd$ é o volume da cavidade considerada. Esta relação fornece o número de vetores de onda (ou comprimento de onda) dentro da cavidade. Usando $\omega^2 = c^2 k^2$, temos que $n_\omega = \omega^3 \mathrm{v} / 6c^3\pi^2$. Usando $\omega = 2\pi f$, podemos escrever uma relação equivalente em termos da frequência, $n_f = 8\pi \mathrm{v} f^3 / 6c^3$. Como existem duas possibilidades de polarização para a onda eletromagnética (isto é, direções para vibração dos campos elétrico e magnético), devemos multiplicar a relação para n_f por um fator 2. Assim, temos:

$$n_f = \frac{8\pi \mathrm{v} f^3}{3c^3}.$$

Diferenciando em relação à frequência, obtemos

$$\frac{dn_f}{df} = \overbrace{\left[\frac{8\pi}{c^3} f^2\right]}^{\rho_f}.$$

O termo entre colchetes ($\rho_f = 8\pi f^2 / c^3$) fornece a densidade de frequências (número de modos de vibração por intervalo de frequência por unidade de volume) dentro da cavidade.

Agora, vamos calcular a densidade de energia eletromagnética associada à radiação emitida dentro da cavidade. De acordo com a termodinâmica clássica, a energia média de um sistema físico pode ser calculada por

$$\langle E \rangle = \frac{\int_0^\infty E e^{-E/k_B T} dE}{\int_0^\infty e^{-E/k_B T} dE},$$

em que k_B é a constante de Boltzmann e T é a temperatura. Para gases, a energia média associada a cada grau de liberdade de uma molécula, calculada pela relação anterior, é $\langle E \rangle = k_B T / 2$. Este resultado é conhecido como o princípio de equipartição de energia. Rayleigh[1] e Jeans[2] supuseram que esse princípio de equipartição de energia também poderia ser aplicado para a radiação eletromagnética confinada em uma cavidade ressonante. Dessa forma, considerando os campos elétrico e magnético como um grau de liberdade, o valor médio da energia é $\langle E \rangle = k_B T$. Assim, a densidade de energia eletromagnética emitida dentro da cavidade, calculada por $u = \rho_f \langle E \rangle$, é

$$u = \frac{8\pi k_B T}{c^3} f^2.$$

Note que, para uma temperatura fixa, a densidade de energia emitida pelo corpo negro varia com o quadrado da frequência. Essa densidade de energia em função da frequência, calculada para $T = 2000$ K, está representa-

---

[1] John Willian Strutt (12/11/1842-30/6/1919), matemático e físico inglês. Ele, que ficou conhecido como lorde Rayleigh, ganhou o prêmio Nobel em 1904 por suas pesquisas sobre densidade de gases e a descoberta do argônio.

[2] James Hopwood Jeans (11/9/1877-16/9/1946), físico, matemático e astrônomo britânico.

da pela linha tracejada na Figura 11.4. Esse resultado clássico está em acordo com os dados experimentais em baixas frequências. Entretanto, ele diverge para altas frequências em total desacordo com a experiência. Essa divergência, que ficou conhecida como a catástrofe do ultravioleta, indica que a teoria clássica não é apropriada para descrever a radiação emitida por um corpo negro.

Esse problema foi corretamente resolvido por Max Planck utilizando os conceitos da mecânica quântica. Max Planck admitiu que o teorema da equipartição de energia não se aplicava à radiação eletromagnética, e que a energia média deveria ser calculada de outra forma. Em sua teoria, ele considerou as paredes do corpo negro como osciladores harmônicos que emitiam radiação eletromagnética, cuja energia poderia assumir somente valores inteiros (ou quantizados) múltiplos de uma quantidade mínima,[3] isto é, $E_n = nhf$, em que h é a constante de Planck, f a frequência da radiação e $n = 0,1,2,\cdots$. Com essa hipótese, a energia média deve ser calculada por:

$$\langle E \rangle = \frac{\sum_{n=0}^{\infty} E_n e^{-E_n/k_B T}}{\sum_{n=0}^{\infty} e^{-E_n/k_B T}}.$$

Efetuando a operação algébrica, temos (esta tarefa está proposta no Exercício Complementar 10):

$$\langle E \rangle = \frac{hf}{e^{hf/k_B T} - 1}.$$

Assim, a densidade de energia eletromagnética emitida pelo corpo negro, calculada por $u = \rho_f \langle E \rangle$, é

$$u = \left[\frac{8\pi f^2}{c^3}\right] \frac{hf}{e^{hf/k_B T} - 1}.$$

A linha sólida na Figura 11.4 mostra essa densidade de energia em função da frequência, calculada para $T = 2000$ K. Este resultado, que eliminou a catástofe do ultravioleta da teoria clássica, está de acordo com a experiência em toda faixa de frequências.

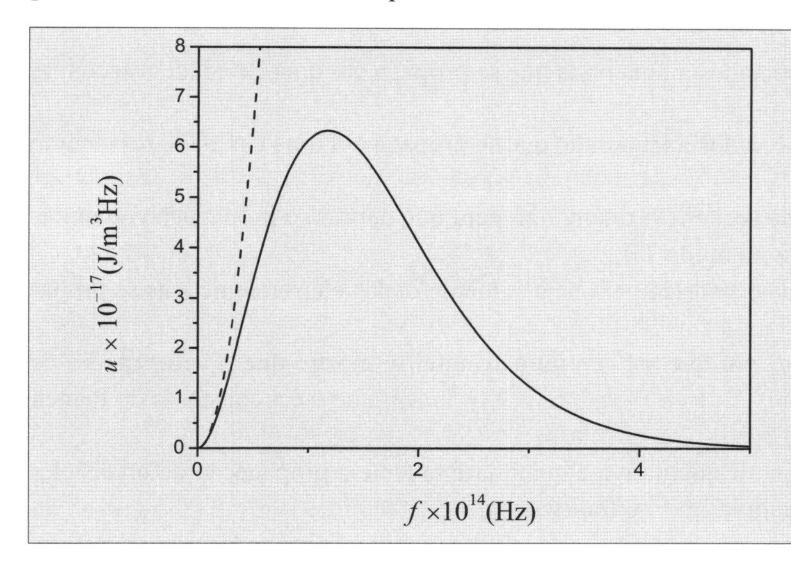

Figura 11.4 Densidade de energia eletromagnética em função da frequência emitida por um corpo negro a $T = 2000$ K. A linha tracejada representa a descrição clássica e a linha sólida a descrição quântica.

[3] Mais tarde, essa quantidade mínima de energia foi chamada de quantum de energia.

EXERCÍCIO 11.2

Determine as dimensões de um guia de onda cilíndrico para que haja a propagação de ondas eletromagnéticas somente no modo TM_{01}.

SOLUÇÃO

Na Subseção 11.4.1, mostramos que ondas eletromagnéticas com comprimento de onda λ se propagarão em um guia cilíndrico se a condição $\lambda < 2\pi a / x_{ml}$, em que x_{ml} são os l-ésimos zeros da função de Bessel, J_m, e a é o raio da seção reta do guia, for satisfeita.

Para a propagação do modo TM_{01} devemos ter $\lambda < 2\pi a / x_{01}$, $(a > x_{01}\lambda / 2\pi)$, sendo x_{01} o primeiro zero da função de Bessel J_0. Usando o valor $x_{01} = 2{,}405$, obtemos que $a > 0{,}383\lambda$.

Para que o modo seguinte TM_{11}, se propague no guia, é necessário que a condição $a > x_{11}\lambda / 2\pi$, em que x_{11} é o primeiro zero da função de Bessel, J_1, seja satisfeita. Usando o valor $x_{11} = 3{,}832$, temos $a > 0{,}609\lambda$. Portanto, o raio do guia de onda deve satisfazer à condição $0{,}383\lambda < a < 0{,}609\lambda$, para que somente o modo TM_{01} se propague. Para micro-ondas com $\lambda = 10^{-1}$ m, o raio guia deve estar no intervalo $0{,}0383\ m < a < 0{,}0609\ m$, para que exista somente a propagação do modo TM_{01}.

11.7 Exercícios Complementares

1. Calcule os campos elétrico e magnético associados a uma onda que se propaga no modo TM, em uma região confinada por duas placas condutoras e paralelas.
2. Calcule os campos elétrico e magnético associados a uma onda que se propaga no modo TM, em uma região confinada por duas placas dielétricas e paralelas.
3. Calcule os campos elétrico e magnético associados a uma onda que se propaga em um guia retangular, formado de material dielétrico nos modos (a) TE e (b) TM.
4. Calcule os campos elétrico e magnético associados a uma onda que se propaga em um guia cilíndrico, formado de material dielétrico nos modos (a) TE e (b) TM.
5. Calcule os campos elétrico e magnético associados a uma onda que se propaga no modo TE, em uma cavidade ressonante em forma de um prisma retangular.
6. Calcule os campos elétrico e magnético associados a uma onda que se propaga em uma cavidade ressonante cilíndrica nos modos (a) TE e (b) TM.
7. Calcule os campos elétrico e magnético associados a uma onda que se propaga em uma cavidade ressonante esférica nos modos (a) TE e (b) TM.
8. Calcule as dimensões de um guia de onda de seção reta retangular, para que permita a propagação de ondas eletromagnéticas com frequência de 10^{11} Hz no modo TE_{11}.
9. Determine as dimensões de um guia de onda cilíndrico para haja somente ondas eletromagnéticas se propagando no modo TE_{01}.
10. Considerando a energia quantizada $E = nhf$, em que n é um número inteiro, mostre que o valor médio de energia, calculado por $\sum_n E_n e^{-E_n/k_B T} / \sum_n e^{-E_n/k_B T}$, é $\langle E \rangle = hf / (e^{hf/k_B T} - 1)$, em que h é a constante de Planck e k_B a constante de Boltzmann.
11. Escreva uma rotina computacional para discutir qualitativa e quantitativamente a propagação de ondas eletromagnéticas em um guia de onda: (a) retangular e (b) cilíndrico.
12. Escreva uma rotina computacional para discutir qualitativa e quantitativamente a propagação de ondas eletromagnéticas em uma cavidade ressonante de seção reta: (a) retangular, (b) cilíndrica e (c) esférica.
13. Escreva uma rotina computacional para calcular e representar graficamente a função de onda $\vec{E}(y,z,t) = \hat{i}\left[\tilde{E}_{0i} e^{i(kz\,\mathrm{sen}\,\theta_i - \omega t)}\right] \mathrm{sen}(ky\cos\theta_i)$.

CAPÍTULO 12

Interferência e Difração

12.1 Introdução

Interferência é o fenômeno que ocorre por causa da superposição de duas ou mais ondas que atingem um determinado ponto no espaço. A difração é, basicamente, o espalhamento das ondas por objetos ou orifícios, cujas dimensões são comparáveis ao comprimento de onda. Os fenômenos de interferência e difração são inerentes ao movimento ondulatório, não sendo restritos às ondas eletromagnéticas. Neste capítulo, apresentamos uma discussão introdutória sobre esses fenômenos, segundo o ponto de vista da teoria eletromagnética. Para uma discussão mais detalhada sobre este tema, recomendamos a leitura de livros específicos sobre óptica. Algumas sugestões são dadas na bibliografia.

12.2 Interferência

Para discutir o fenômeno de interferência, vamos considerar duas fontes separadas por uma distância d, emitindo ondas eletromagnéticas com a mesma frequência. Por simplicidade, vamos supor ondas planas que se propagam ao longo do eixo z, com campos elétricos dados por:

$$\vec{E}_1(z,t) = \hat{i}E_1 e^{i\left(kz-\omega t+\phi_1\right)} \tag{12.1}$$

$$\vec{E}_2(z,t) = \hat{i}E_2 e^{i\left(kz-\omega t+\phi_2\right)}, \tag{12.2}$$

em que ϕ_1 e ϕ_2 representam fases adicionais. A energia eletromagnética que chega em um ponto qualquer do espaço é a soma da energia transportada por cada onda. Assim, podemos considerar que, em um determinado ponto do espaço, existe uma onda eletromagnética que é formada pela superposição (ou interferência) das ondas emitidas por cada uma das fontes.

Portanto, o campo elétrico associado a essa onda eletromagnética resultante é dado pela superposição dos campos elétricos $\vec{E}_1$ e $\vec{E}_2$. Assim, temos:

$$\vec{E} = \hat{i}\left[E_1 e^{i(kz-\omega t+\phi_1)} + E_2 e^{i(kz-\omega t+\phi_2)} \right]. \quad \textbf{(12.3)}$$

O valor médio da densidade de energia eletromagnética transportada por essa onda, calculado por $\langle S \rangle = EE^* / 2$, é:

$$\langle S \rangle = \frac{1}{2}\left[E_1 e^{i(kz-\omega t+\phi_1)} + E_2 e^{i(kz-\omega t+\phi_2)} \right]\left[E_1 e^{-i(kz-\omega t+\phi_1)} + E_2 e^{-i(kz-\omega t+\phi_2)} \right]. \quad \textbf{(12.4)}$$

Efetuando a operação algébrica, temos:

$$\langle S \rangle = \frac{1}{2}\left\{ E_1^2 + E_2^2 + E_1 E_2 \left[e^{i(\phi_1-\phi_2)} + e^{-i(\phi_1-\phi_2)} \right] \right\}. \quad \textbf{(12.5)}$$

O termo entre colchetes é $2\cos(\phi_1 - \phi_2)$, de modo que a expressão (12.5) pode ser escrita na forma:

$$\boxed{\langle S \rangle = \frac{1}{2}\left[E_1^2 + E_2^2 + 2E_1 E_2 \cos(\phi_1 - \phi_2) \right].} \quad \textbf{(12.6)}$$

Esta expressão fornece a energia eletromagnética após a interferência.

Vamos analisar algumas situações especiais, considerando que as ondas eletromagnéticas emitidas pelas duas fontes têm a mesma amplitude. Neste caso, em que $E_1 = E_2$, a relação (12.6) se reduz a $\langle S \rangle = E_1^2\left[1 + \cos(\phi_1 - \phi_2)\right]$. Usando a identidade trigonométrica $\left[1 + \cos(\phi_1 - \phi_2)\right] = 2\cos^2[(\phi_1 - \phi_2)/2]$, obtemos que:

$$\langle S \rangle = 2E_1^2 \cos^2\left[\frac{(\phi_1 - \phi_2)}{2} \right]. \quad \textbf{(12.7)}$$

Quando a diferença de fase é $(\phi_1 - \phi_2) = (2m+1)\pi$, sendo m inteiro, temos que $\cos^2[(\phi_1 - \phi_2)/2] = \cos^2[(m + 1/2)\pi]) = 0$. Assim, a média do vetor de Poynting é nula, de modo que a energia média que chega em um ponto do espaço é nula. Logo, houve uma interferência destrutiva entre as ondas eletromagnéticas emitidas pelas duas fontes. Quando a diferença de fase é $(\phi_1 - \phi_2) = 2m\pi$, temos $\cos^2\left[(\phi_1 - \phi_2)/2\right] = \cos^2(m\pi) = 1$. Neste caso, o valor médio do vetor de Poynting é $< S >= 2E_1^2$, de modo que a energia média que atinge um ponto do espaço é máxima. Portanto, houve uma interferência construtiva entre as duas ondas eletromagnéticas.

EXEMPLO 12.1

Discuta quantitativamente o fenômeno de interferência de ondas eletromagnéticas na experiência de Young[1] de duas fendas.

[1] Thomas Young, (13/6/1773-10/5/1829), físico britânico.

SOLUÇÃO

Por simplicidade, vamos considerar uma fonte emitindo ondas eletromagnéticas com uma única frequência. Quando a frente de onda passa pelas fendas, cada uma delas atua como se fosse uma nova fonte emissora de ondas eletromagnéticas. Este cenário é equivalente a duas fontes emitindo ondas eletromagnéticas com mesma frequência e amplitude. Portanto, os campos elétricos associados às ondas que passam pelas fendas podem ser escritos como:

$$\vec{E}_1 = \hat{i}E_1 e^{i(kr_1 - \omega t)}$$
$$\vec{E}_2 = \hat{i}E_1 e^{i(kr_2 - \omega t)}.$$

Vamos considerar que a separação entre as fendas é a e que elas estão colocadas a uma distância d de um anteparo, conforme mostra a Figura 12.1.

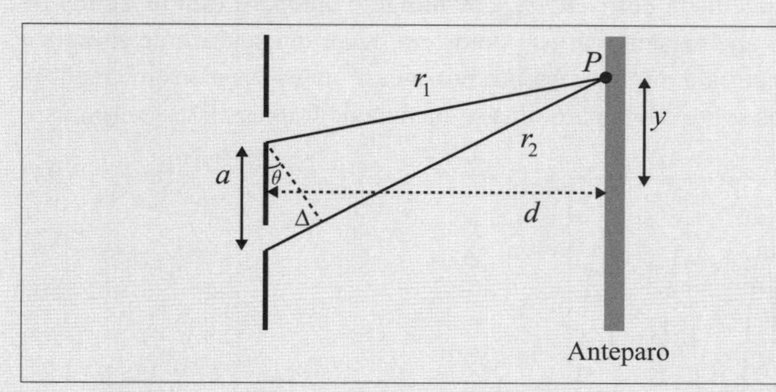

Figura 12.1 Esquema da experiência de Young, com duas fendas separadas por uma distância a e colocadas a uma distância d de um anteparo.

Dessa figura, temos que $r_2 = r_1 + \Delta$, em que Δ é a diferença entre os caminhos percorridos pelas ondas 1 e 2. Com essa consideração, podemos reescrever os campos elétricos como:

$$\vec{E}_1 = \hat{i}E_1 e^{i(kr_1 - \omega t)}$$
$$\vec{E}_2 = \hat{i}E_1 e^{i(kr_1 - \omega t + k\Delta)}.$$

A diferença de fase entre esses dois campos elétricos, que é dada por $\Delta\phi = k\Delta$, representa a diferença de caminho percorrido pelas duas frentes de onda (Δ) multiplicada pelo módulo do vetor de onda k.

Pela Figura 12.1, temos que $\Delta = a\,\mathrm{sen}\,\theta$. Substituindo essa diferença de fase $\Delta\phi = k\Delta = ka\,\mathrm{sen}\,\theta$ na relação (12.7), temos que a energia média que atinge o anteparo é:

$$\langle S \rangle = 2E_1^2 \cos^2\left[\frac{\Delta\phi}{2}\right] = 2E_1^2 \cos^2\left[\frac{ka\,\mathrm{sen}\,\theta}{2}\right].$$

Esta expressão pode ser escrita em termos do comprimento de onda e da distância Δ. Usando $k = 2\pi / \lambda$ e $\Delta = a\,\mathrm{sen}\,\theta$, obtemos:

$$\langle S \rangle = 2E_1^2 \cos^2\left[\frac{\pi\Delta}{\lambda}\right]. \qquad \textbf{(E12.1)}$$

Como o ângulo θ é pequeno, podemos escrever que $\text{sen}\theta \cong \tan\theta = y / d$, em que d é a distância das fendas ao anteparo e y é a posição do ponto de observação sobre o anteparo (veja a Figura 12.1). Assim, temos que $\Delta = a\,\text{sen}\theta = ay / d$. Substituindo $\Delta = ay / d$ na relação anterior, temos:

$$I = I_0 \cos^2\left[\frac{\pi a y}{d\lambda}\right], \quad \textbf{(E12.2)}$$

em que definimos $I = \langle S \rangle$ e $I_0 = 2E_1^2$. Esta expressão permite determinar a quantidade de energia eletromagnética que chega em um determinado ponto y localizado sobre o anteparo, em função dos parâmetros da experiência.

Como exemplo numérico, vamos considerar ondas eletromagnéticas com comprimento de 600 nm, duas fendas estreitas separadas por uma distância de 0,04 mm e localizadas a 0,5 m de um anteparo. Para esses parâmetros, a intensidade de energia, calculada por (E12.2), que atinge o anteparo está mostrada na Figura 12.2. Dessa figura, podemos observar que existem vários pontos em que a intensidade de energia é máxima e pontos em que a intensidade de energia é mínima. Assim, nesse caso de ondas eletromagnéticas monocromáticas na faixa da luz visível, temos sobre o anteparo uma sequência de franjas claras e escuras.

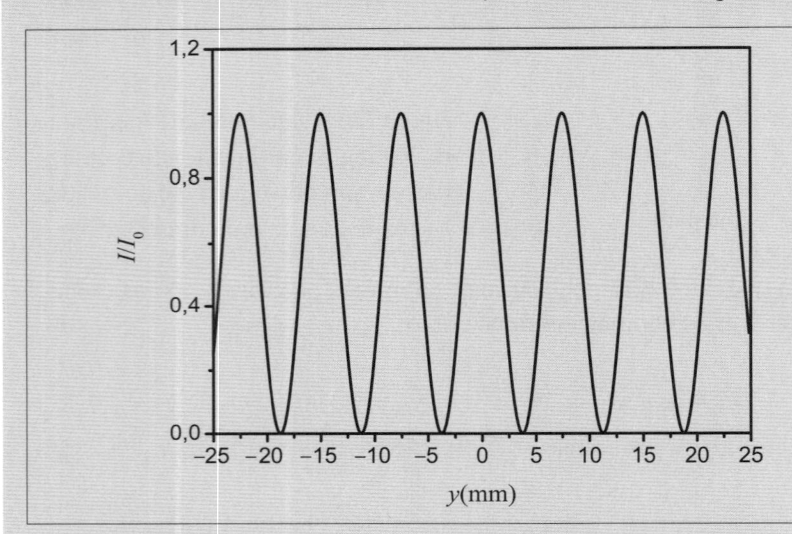

Figura 12.2 Intensidade de energia eletromagnética para a experiência de Young, com duas fendas estreitas separadas por 0,04 mm. A onda eletromagnética tem comprimento de 600 nm e o anteparo está localizado a 0,5 m.

Os resultados mostrados na Figura 12.2 foram obtidos a partir de uma solução numérica. Entretanto, para este problema, podemos obter uma solução analítica e determinar a condição para interferência construtiva e destrutiva, assim como determinar a posição das franjas claras e escuras sobre o anteparo.

Para que haja inteferência destrutiva, é necessário que a função cosseno na equação (E12.1) seja nula. Isso ocorre quando o argumento da função é um múltiplo de $\pi / 2$. Essa condição é escrita matematicamente como $\pi\Delta / \lambda = (2m+1)\pi / 2$. Desta equação, podemos escrever que $\Delta = (2m+1)\lambda / 2$. Portanto, a condição para que haja inteferência destrutiva é que a diferença de caminho Δ seja um múltiplo inteiro de meio comprimento de onda.

Por outro lado, para que haja inteferência construtiva, é necessário que a função cosseno na equação (E12.1) seja igual a ± 1. Essa condição ocorre quando $\pi\Delta / \lambda = m\pi$. Assim, temos que $\Delta = m\lambda$. Portanto, a condição para inteferência construtiva é que a diferença de caminho Δ seja um múltiplo inteiro de um comprimento de onda. A posição sobre o anteparo em que ocorre interferência pode ser determinada pela relação $y = d\Delta / a$. No caso de interferência destrutiva, em que $\Delta = (2m+1)\lambda / 2$, temos que $y = d(2m+1)\lambda / 2a$. Para interferência construtiva, em que $\Delta = m\lambda$, temos que $y = dm\lambda / a$.

12.3 Difração

Para introduzir o conceito de difração, vamos considerar o caso particular da radiação eletromagnética na faixa da luz visível. Ao colocar uma grande abertura (comparada ao comprimento de onda da luz) entre uma fonte de luz monocromática e um anteparo, a luz passa pela abertura e atinge o anteparo, iluminando uma extensa região sobre ele. Esse fato é bem explicado pela óptica geométrica, usando o conceito de propagação retilínea da luz. Entretanto, se a dimensão da abertura for comparável ao comprimento de onda, a luz atravessa a abertura e se espalha em várias direções. Como consequência, na região sobre o anteparo, que, de acordo com a óptica geométrica, deveria ser iluminada, aparece uma sequência de franjas claras e escuras. Esse fenômeno em que ocorre o espalhamento da luz é chamado de difração. Ele também é observado quando ondas incidem sobre peqnenos objetos, cujos tamanhos são comparáveis ao comprimento de onda da radiação incidente.

Resumindo, podemos definir três casos referentes ao espalhamento da radiação: (1) Quando a radiação eletromagnética atinge objetos, cujos tamanhos são muito maiores que o comprimento de onda, ela se propaga de acordo com a teoria da óptica geométrica. (2) Quando a radiação eletromagnética atinge objetos muito menores que o comprimento de onda, temos um espalhamento isotrópico. (3) Quando a radiação eletromagnética atinge objetos ou fendas, cujas dimensões são comparáveis ao comprimento de onda, temos o fenômeno da difração, em que existe uma dependência angular da radiação espalhada.

Uma formulação teórica da difração pode ser feita pelo princípio de Huygens,[2] que afirma que cada ponto em uma frente de onda se comporta como uma fonte secundária emissora de ondas. Entretanto, nesta seção, vamos tomar um caminho alternativo e discutir o fenômeno da difração utilizando uma teoria escalar baseada nas funções de onda.[3] Para isso, vamos aplicar o teorema de Green, equação (3.15), para duas funções de onda ϕ e ψ:

$$\int\left[\phi(\vec{r},\vec{r}\,')\nabla_{r'}^2\psi(\vec{r},\vec{r}\,')-\psi(\vec{r},\vec{r}\,')\nabla_{r'}^2\phi(\vec{r},\vec{r}\,')\right]dv' = \oint\left[\phi(\vec{r},\vec{r}\,')\vec{\nabla}_{r'}\psi(\vec{r},\vec{r}\,')-\psi(\vec{r},\vec{r}\,')\vec{\nabla}_{r'}\phi(\vec{r},\vec{r}\,')\right]\cdot d\vec{s}\,'.$$

Considerando $\phi(\vec{r},\vec{r}\,')=G(\vec{r},\vec{r}\,')$, em que $G(\vec{r},\vec{r}\,')$ é uma função de Green, podemos reescrever a relação anterior como:

$$\int\left[G(\vec{r},\vec{r}\,')\nabla_{r'}^2\psi(\vec{r},\vec{r}\,')-\psi(\vec{r},\vec{r}\,')\nabla_{r'}^2G(\vec{r},\vec{r}\,')\right]dv' = \oint\left[G(\vec{r},\vec{r}\,')\vec{\nabla}_{r'}\psi(\vec{r},\vec{r}\,')-\psi(\vec{r},\vec{r}\,')\vec{\nabla}_{r'}G(\vec{r},\vec{r}\,')\right]\cdot d\vec{s}\,'. \quad \textbf{(12.8)}$$

Por simplicidade, vamos supor que a função de onda escalar ψ tem uma dependência harmônica. Neste caso, as funções $\psi(\vec{r},\vec{r}\,')$ e $G(\vec{r},\vec{r}\,')$ satisfazem às seguintes equações:

$$\left[\nabla_{r'}^2+k^2\right]\psi(\vec{r},\vec{r}\,')=0 \quad \left[\nabla_{r'}^2+k^2\right]G(\vec{r},\vec{r}\,')=-4\pi\delta(\vec{r}-\vec{r}\,'). \quad \textbf{(12.9)}$$

Destas relações, temos que $\nabla_{r'}^2\psi(\vec{r},\vec{r}\,')=-k^2\psi(\vec{r},\vec{r}\,')$ e $\nabla_{r'}^2G(\vec{r},\vec{r}\,')=-4\pi\delta(\vec{r}-\vec{r}\,')-k^2G(\vec{r},\vec{r}\,')$. Assim, a expressão (12.8) se escreve como:

$$\begin{aligned}&\int\left\{-G(\vec{r},\vec{r}\,')k^2\psi(\vec{r},\vec{r}\,')-\psi(\vec{r},\vec{r}\,')\left[-4\pi\delta(\vec{r}-\vec{r}\,')-k^2G(\vec{r},\vec{r}\,')\right]\right\}dv'\\ &=\oint\left[G(\vec{r},\vec{r}\,')\vec{\nabla}_{r'}\psi(\vec{r},\vec{r}\,')-\psi(\vec{r},\vec{r}\,')\vec{\nabla}_{r'}G(\vec{r},\vec{r}\,')\right]\cdot d\vec{s}\,'.\end{aligned} \quad \textbf{(12.10)}$$

[2] Christiaan Huygens (14/4/1629-8/7/1695), matemático holandês.

[3] Em uma formulação mais abrangente, a difração deve ser considerada em uma teoria vetorial.

Efetuando a operação algébrica no lado esquerdo, obtemos:

$$4\pi \overbrace{\int \psi(\vec{r},\vec{r}\,')\delta(\vec{r}-\vec{r}\,')dv'}^{\psi(\vec{r})} = \oint \left[G(\vec{r},\vec{r}\,')\vec{\nabla}_{r'}\psi(\vec{r},\vec{r}\,') - \psi(\vec{r},\vec{r}\,')\vec{\nabla}_{r'}G(\vec{r},\vec{r}\,') \right] \cdot d\vec{s}\,'. \quad \textbf{(12.11)}$$

Usando a relação (1.127), temos que a integral do lado esquerdo é $\psi(\vec{r})$. Assim, temos:

$$\psi(\vec{r}) = \frac{1}{4\pi} \oint \left[G(\vec{r},\vec{r}\,')\vec{\nabla}_{r'}\psi(\vec{r},\vec{r}\,') - \psi(\vec{r},\vec{r}\,')\vec{\nabla}_{r'}G(\vec{r},\vec{r}\,') \right] \cdot d\vec{s}\,'. \quad \textbf{(12.12)}$$

Tomando a função de Green como ondas esféricas na forma $G = e^{i(\vec{k}\cdot\vec{r}-\omega t)} / r$, podemos escrever que:

$$\psi(\vec{r},t) = \frac{1}{4\pi} \oint \left[\frac{e^{i(\vec{k}\cdot\vec{r}-\omega t)}}{r} \frac{\partial \psi(\vec{r},\vec{r}\,')}{\partial r'} \hat{r}' - \psi(\vec{r},\vec{r}\,') \frac{\partial}{\partial r} \frac{e^{i(\vec{k}\cdot\vec{r}-\omega t)}}{r} \hat{r} \right] \cdot d\vec{s}\,' \quad \textbf{(12.13)}$$

Esta relação é conhecida como integral de Helmholtz-Kirchhoff.[4] Ela relaciona o valor de uma função de onda em um ponto dentro de uma superfície ao seu valor sobre ela.

Vamos aplicar o teorema integral de Kirchhoff para descrever o fenômeno da difração de ondas por uma pequena abertura. Para isso, vamos considerar que uma onda eletromagnética emitida por uma fonte atravessa uma pequena abertura e atinge um ponto P (veja a Figura 12.3). Para efetuar a integral de Kirchhoff, vamos tomar uma superfície de integração que engloba o ponto P e a abertura, conforme mostra a Figura 12.3.

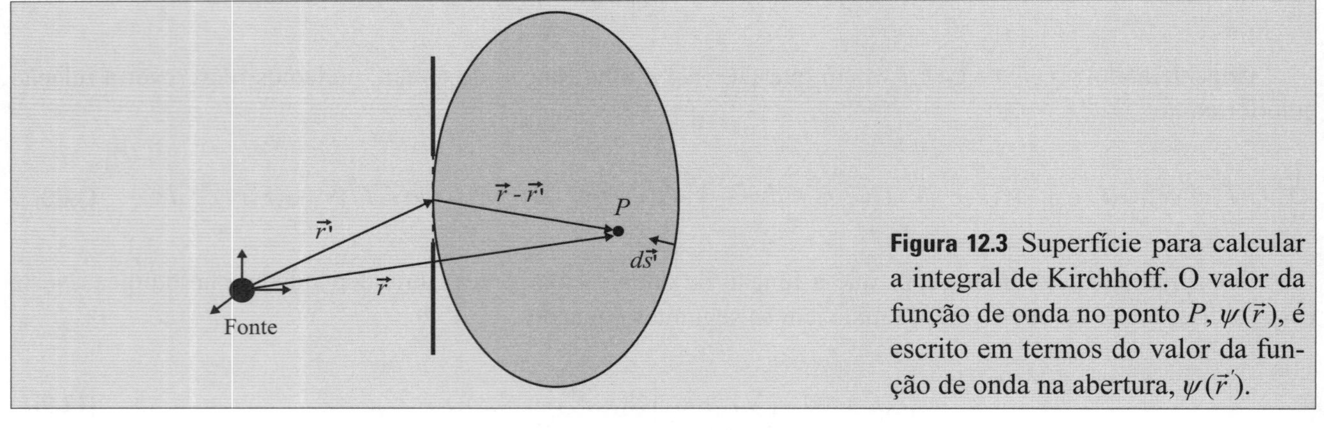

Figura 12.3 Superfície para calcular a integral de Kirchhoff. O valor da função de onda no ponto P, $\psi(\vec{r})$, é escrito em termos do valor da função de onda na abertura, $\psi(\vec{r}\,')$.

Vamos considerar as seguintes aproximações: (1) A função de onda incidente e sua derivada não contribuem para a integração, exceto sobre a abertura. (2) Os valores da função de onda incidente (ψ_{inc}) e sua derivada sobre a abertura são os mesmos, caso não houvesse a abertura. Com essas considerações, a integral de Helmholtz-Kirchhoff, dada em (12.13), é feita somente sobre a abertura:

$$\psi(\vec{r},t) = \frac{1}{4\pi} \int_{abertura} \left[\frac{e^{i(\vec{k}\cdot\vec{r}-\omega t)}}{r} \frac{\partial \psi_{inc}(\vec{r}\,',t)}{\partial r'} \hat{r}' - \psi_{inc}(\vec{r}\,',t) \frac{\partial}{\partial r} \left(\frac{e^{i(\vec{k}\cdot\vec{r}-\omega t)}}{r} \right) \hat{r} \right] \cdot d\vec{s}\,'. \quad \textbf{(12.14)}$$

Vamos considerar a função de onda incidente como ondas esféricas monocromáticas descrita pela seguinte relação:

[4] Gustav Robert Kirchhoff (12/3/1824-17/10/1887), físico alemão. Ele contribuiu para o desenvolvimento da teoria de circuitos elétricos, radiação térmica e espectroscopia.

$$\psi_{inc}(\vec{r}',t)=\psi_0\frac{e^{i\left(\vec{k}\cdot\vec{r}'-\omega t\right)}}{r'},\tag{12.15}$$

em que r' é a distância do sistema de referência (que pode ser colocado sobre a fonte de radiação) até a abertura. Substituindo (12.15) em (12.14), temos:

$$\psi(\vec{r},t)=\frac{\psi_0 e^{-i\omega t}}{4\pi}\int_{abertura}\left[\frac{e^{i\vec{k}\cdot\vec{r}}}{r}\frac{\partial}{\partial r'}\left(\frac{e^{i\vec{k}\cdot\vec{r}'}}{r'}\right)\hat{r}'-\frac{e^{ikr'}}{r'}\frac{\partial}{\partial r}\left(\frac{e^{i\vec{k}\cdot\vec{r}}}{r}\right)\hat{r}\right]\cdot d\vec{s}'.\tag{12.16}$$

Efetuando as derivadas, obtemos:

$$\psi(\vec{r},t)=\frac{\psi_0 e^{-i\omega t}}{4\pi}\int_{abertura}\left[\frac{e^{i\vec{k}\cdot\vec{r}}}{r}\left(\frac{ik}{r'}-\frac{1}{r'^2}\right)e^{i\vec{k}\cdot\vec{r}'}\hat{r}'-\frac{e^{i\vec{k}\cdot\vec{r}'}}{r'}\left(\frac{ik}{r}-\frac{1}{r^2}\right)e^{i\vec{k}\cdot\vec{r}}\hat{r}\right]\cdot d\vec{s}'.\tag{12.17}$$

Considerando que as distâncias r e r' são muito maiores que o comprimento de onda, podemos desprezar os termos $1/r^2$ e $1/r'^2$. Nessa aproximação, a função de onda $\psi(\vec{r},t)$ se reduz a:

$$\boxed{\psi(\vec{r},t)=-\frac{ik\psi_0 e^{-i\omega t}}{4\pi}\int_{abertura}\frac{e^{i\vec{k}\left(\vec{r}+\vec{r}'\right)}}{rr'}\left(\hat{r}-\hat{r}'\right)\cdot d\vec{s}'.}\tag{12.18}$$

Este resultado, conhecido como integral de difração de Fresnel-Kirchhoff, mostra que a função de onda que atravessa a abertura e atinge o ponto P é a integral da função de onda incidente sobre a abertura.

Na descrição matemática da difração, devemos considerar separadamente a difração de Fraunhofer[5] e a difração de Fresnel.[6] A difração de Fraunhofer acontece quando tanto a fonte quanto o ponto de observação estão muito afastados do objeto difrator. Neste caso, tanto as ondas incidentes quanto as ondas difratadas podem ser consideradas como ondas planas. A difração de Fresnel ocorre quando a fonte ou o ponto de observação, ou ambos, estão próximos do objeto difrator, de modo que a curvatura das ondas incidentes e difratadas são importantes.

Na difração de Fraunhofer, são consideradas as seguintes aproximações:

(1) *O vetor unitário* $\hat{r}-\hat{r}'$ tem sentido oposto ao vetor $d\vec{s}'$.

(2) *A onda difratada é plana, de modo que o termo* $e^{i\vec{k}\cdot\vec{r}}/r$ *é aproximadamente constante sobre a abertura e pode ser retirado da integração.*

(3) *A onda incidente é plana, de modo que o termo* $1/r'$ *é aproximadamente constante e pode ser retirado da integração.*

Com essas considerações, a integral de Fresnel-Kirchhoff, equação (12.18), se reduz a

$$\boxed{\psi(\vec{r},t)=\int_{abertura}Ce^{i(\vec{k}\cdot\vec{r}'-\omega t)}ds'.}\tag{12.19}$$

[5] Joseph von Fraunhofer (6/3/1787-7/6/1826), óptico alemão.

[6] Augustin-Jean Fresnel (10/5/1788-14/7/1827), físico francês.

em que C é uma constante. No caso particular de ondas eletromagnéticas, a função de onda $\psi(\vec{r},t)$ pode ser considerada como o módulo do campo eletromagnético.

Esse resultado, que vale para qualquer fenômeno ondulatório, pode ser interpretado da seguinte forma: quando a onda incidente atinge a abertura, cada ponto sobre ela se comporta como se fosse uma nova fonte de onda. Dessa forma, a integral sobre a abertura é soma das contribuições de todas essas fontes. Portanto, a equação (12.19) pode ser interpretada como uma formulação matemática do princípio de Huygens.

EXEMPLO 12.2

Uma fonte emite uma onda eletromagnética monocromática, que atravessa uma fenda de largura b. Considerando a difração de Fraunhofer, calcule a intensidade de energia que atinge um anteparo colocado a uma distância d da fenda.

SOLUÇÃO

A Figura 12.4 mostra uma representação dessa situação física. Por simplicidade, vamos considerar ondas eletromagnéticas planas, monocromáticas e polarizadas linearmente, cujo campo elétrico é dado por $\vec{E} = \hat{i}E_0 e^{i(\vec{k}\cdot\vec{r}'-\omega t)}$. Pelo que foi discutido na seção anterior, o módulo desse campo elétrico pode ser considerado como a função de onda ψ na equação integral de Fresnel-Kirchhoff. Assim, de acordo com (12.19), podemos escrever a seguinte equação para o módulo do campo elétrico associado à onda eletromagnética, que atinge um ponto P sobre o anteparo:

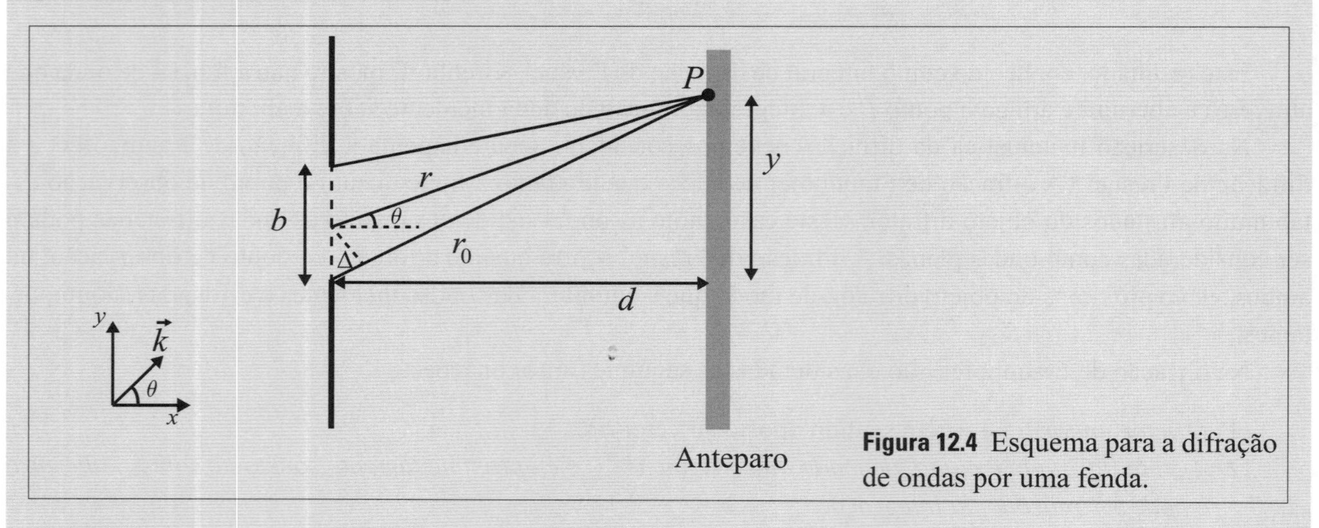

Figura 12.4 Esquema para a difração de ondas por uma fenda.

$$E(\vec{r},t) = \int_{abertura} E_0 e^{i(\vec{k}\cdot\vec{r}'-\omega t)} ds' . \qquad \textbf{(E12.3)}$$

Nesta relação, $\vec{k} = \hat{i}k_x + \hat{j}k_y$ e $\vec{r}' = \hat{j}y'$, em que $k_y = k\,\text{sen}\,\theta$ e $k_x = k\cos\theta$ (veja a Figura 12.4). Assim, temos que $\vec{k}\cdot\vec{r}' = ky'\text{sen}\,\theta$. Como a fenda é unidimensional ao longo da direção y, podemos tomar $ds' = dy'$. Com essas considerações, podemos escrever que:

$$E(\vec{r},t) = E_0 e^{-i\omega t} \int_{-b/2}^{b/2} e^{iky'\text{sen}\theta} dy' . \qquad \textbf{(E12.4)}$$

Integrando, obtemos:

$$E(\vec{r},t) = E_0 e^{-i\omega t} \frac{1}{ik \operatorname{sen}\theta}\left[e^{i(kb \operatorname{sen}\theta)/2} - e^{-i(kb \operatorname{sen}\theta)/2}\right].$$

Usando a relação trigonométrica $e^{i(kb\operatorname{sen}\theta)/2} - e^{-i(kb \operatorname{sen}\theta)/2} = 2i \operatorname{sen}[(kb\operatorname{sen}\theta)/2]$, temos:

$$E(\vec{r},t) = bE_0 e^{-i\omega t}\left[\frac{\operatorname{sen}[(kb\operatorname{sen}\theta)/2]}{(kb\operatorname{sen}\theta)/2}\right].$$

A intensidade de energia eletromagnética, calculada por $I = \langle S \rangle = EE^*/2$, é:

$$I = I_0\left[\frac{\operatorname{sen}[(kb\operatorname{sen}\theta/2)]}{(kb\operatorname{sen}\theta)/2}\right]^2$$

em que $I_0 = b^2E_0^2/2$. Quando o ângulo θ é zero, temos a máxima intensidade. Os mínimos na intensidade ocorrem quando o argumento $kb \operatorname{sen}\theta/2$ for um múltiplo inteiro de π. Existem outros máximos secundários de menor intensidade, que ocorrem entre os mínimos que estão localizados em $\pm n\pi$.

Usando $\operatorname{sen}\theta = y/d$ (veja a Figura 12.4), podemos escrever que $kb \operatorname{sen}\theta/2 = \pi by/d\lambda$. Assim, a relação anterior se escreve como:

$$I = I_0\left[\frac{\operatorname{sen}(\pi by/\lambda d)}{\pi by/\lambda d}\right]^2.$$

Esta expressão fornece a intensidade de energia em função dos parâmetros envolvidos na experiência.

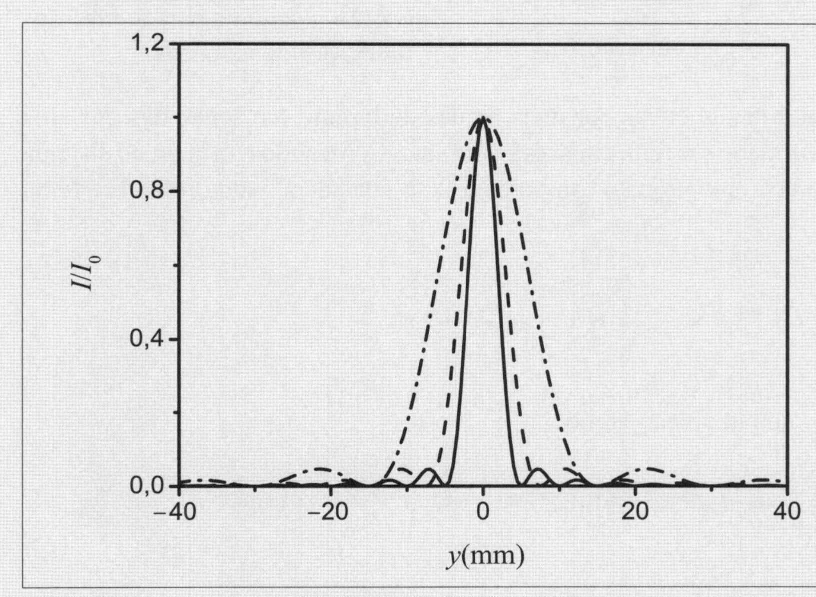

Figura 12.5 Intensidade de energia eletromagnética difratada por uma fenda de largura de 0,02 mm (linha tracejada-pontilhada), 0,04 mm (linha tracejada) e 0,06 mm (linha sólida). A onda eletromagnética incidente tem comprimento de 600 nm e o anteparo está localizado a 0,5 m da fenda.

Como uma simples ilustração numérica, vamos considerar uma experiência, na qual uma onda eletromagnética com $\lambda = 600$ nm de comprimento é difratada por uma fenda estreita e atinge um anteparo colocado a 0,5 m. Para efeito de comparação, consideramos três situações distintas com fendas de largura 0,02 mm, 0,04 mm e 0,06 mm.

Um gráfico da intensidade de energia que atinge o anteparo está mostrado na Figura 12.5. Dessa figura, podemos observar que existem pontos em que a intensidade é máxima e pontos em que a intensidade é mínima. Se a frequência da onda eletromagnética estiver na faixa da luz visível, será observado sobre o anteparo um conjunto de franjas claras e escuras. Note que a largura do máximo central depende da largura da fenda. Quanto mais larga a fenda, mais estreito é o máximo central. Na verdade, da relação $kb\,\text{sen}\theta/2 = n\pi$, podemos escrever que $\text{sen}\theta = n\lambda/b$. Essa relação mostra que o ângulo θ que define a largura do pico da figura de difração é inversamente proporcional à largura da fenda.

EXEMPLO 12.3

Discuta a difração de uma onda eletromagnética por duas fendas de largura b e separadas por uma distância a.

SOLUÇÃO

Este problema de duas fendas foi discutido no Exemplo 12.1, considerando somente o fenômeno da interferência. Agora, vamos rediscuti-lo considerando também a difração. A Figura 12.6 mostra uma representação dessa situação física.

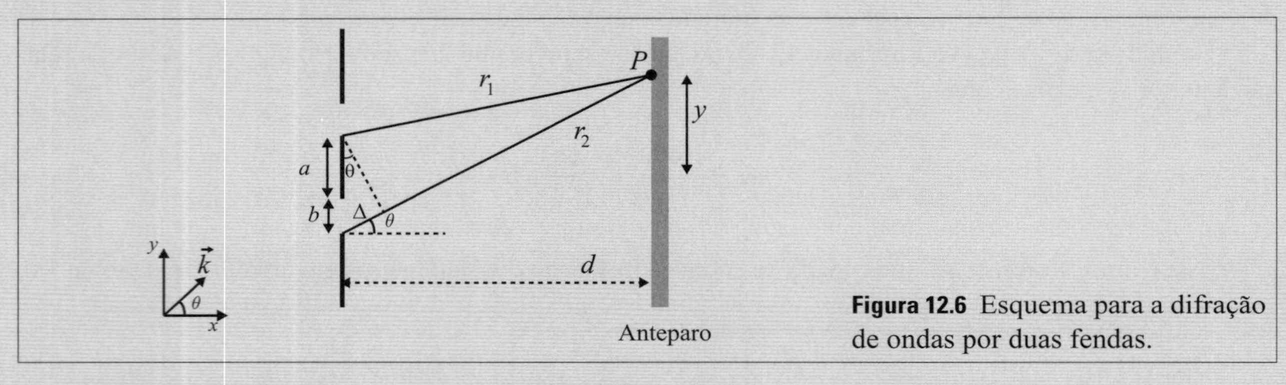

Figura 12.6 Esquema para a difração de ondas por duas fendas.

Neste caso, de difração de ondas eletromagnéticas por duas fendas de largura b e separadas por uma distância a, a integral de Fresnel-Kirchhoff deve ser feita em dois intervalos. Colocando a origem do sistema de coordenadas na fenda inferior, podemos escrever que o campo elétrico associado à onda difratada é (veja a relação E12.4 do Exemplo 12.2):

$$E(\vec{r},t) = E_0 e^{-i\omega t)} \left[\int_0^b e^{iky'\text{sen}\theta} dy' + \int_{a+b}^{a+2b} e^{iky'\text{sen}\theta} dy' \right].$$

Integrando e substituindo os limites de integração, temos:

$$E(\vec{r},t) = E_0 e^{-i\omega t} \frac{1}{ik\,\text{sen}\theta} \left[\left(e^{ikb\text{sen}\theta} - 1 \right) + \left(e^{ik(a+2b)\text{sen}\theta} - e^{ik(a+b)\text{sen}\theta} \right) \right].$$

Colocando $e^{ik(a+b)\text{sen}\theta}$ em evidência, podemos escrever que:

$$E(\vec{r},t) = E_0 e^{-i\omega t} \frac{1}{ik\,\text{sen}\theta} \left[\left(e^{ikb\text{sen}\theta} - 1 \right) + e^{ik(a+b)\text{sen}\theta} \left(e^{ikb\text{sen}\theta} - 1 \right) \right].$$

Colocando $\left(e^{ikb\text{sen}\theta} - 1 \right)$ em evidência, obtemos:

$$E(\vec{r},t) = E_0 e^{-i\omega t}\left[\frac{\left(e^{ikb\,\text{sen}\,\theta} - 1\right)\left(1 + e^{ikh\,\text{sen}\,\theta}\right)}{ik\,\text{sen}\,\theta}\right],$$

em que definimos $h = a + b$, que representa a distância entre os centros das fendas. Multiplicando e dividindo por $e^{-ikb\,\text{sen}\,\theta/2}$ e $e^{-ikh\,\text{sen}\,\theta/2}$ e usando as relações trigonométricas $(e^{\frac{ikb\,\text{sen}\,\theta}{2}} - e^{\frac{-ikb\,\text{sen}\,\theta}{2}}) = 2i\,\text{sen}(kb\,\text{sen}\,\theta/2)$ e $\left(e^{-ikh\,\text{sen}\,\theta/2} + e^{ikh\,\text{sen}\,\theta/2}\right) = 2\cos(kh\,\text{sen}\,\theta/2)$, temos que

$$E(\vec{r},t) = 2bE_0 e^{-i\omega t}\frac{\text{sen}[(kb\,\text{sen}\,\theta)/2]}{(kb\,\text{sen}\,\theta)/2}\cos\left(\frac{kh\,\text{sen}\,\theta}{2}\right).$$

A intensidade de energia eletromagnética que atinge o anteparo, calculada por $I = \langle S\rangle = EE^*/2$, é

$$I = I_0\left[\frac{\text{sen}[(kb\,\text{sen}\,\theta)/2]}{(kb\,\text{sen}\,\theta)/2}\right]^2\cos^2\left[\frac{kh\,\text{sen}\,\theta}{2}\right], \quad \textbf{(E12.5)}$$

em que $I_0 = 4b^2E_0^2$. A expressão anterior é o produto de duas funções, e a primeira descreve a difração (veja o Exemplo 12.2), enquanto a outra função descreve a interferência (veja o Exemplo 12.1). Note que, se $kb \to 0$, temos que $\left[\text{sen}\left(kb\,\text{sen}\,\theta/2\right)/kb\,\text{sen}\,\theta/2\right] \simeq 1$, de modo que a intensidade de energia se reduz a $I = I_0\cos^2[(kh\,\text{sen}\,\theta)/2]$, que representa a figura de interferência. Neste caso, cada fenda pode ser considerada uma fonte pontual de ondas eletromagnéticas.

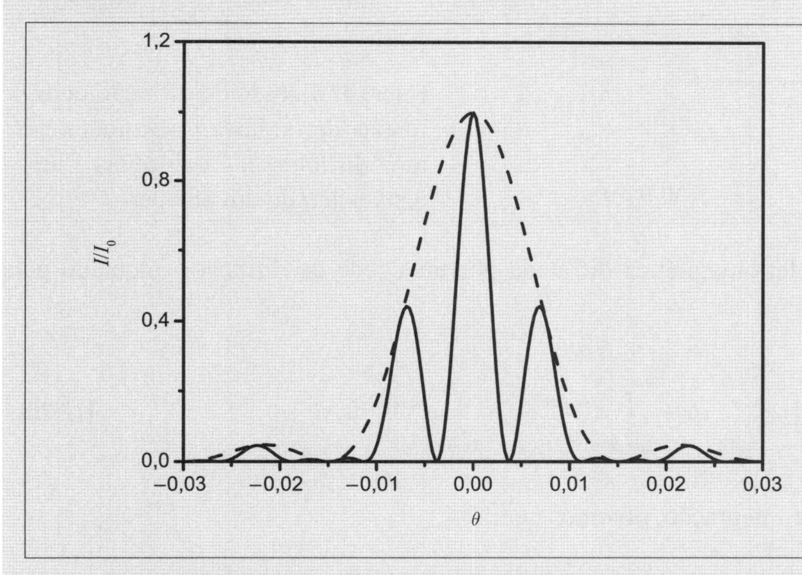

Figura 12.7 Intensidade de energia eletromagnética em uma difração por duas fendas de comprimento 0,04 mm separadas por 0,08 mm. A onda eletromagnética incidente tem comprimento de 600 nm e o anteparo está localizado a 0,5 m. A linha tracejada representa a figura de difração e a linha sólida a figura de interferência.

Quando $\theta = 0$, temos o máximo central da figura de difração. Dentro desse máximo central, ocorrem vários máximos da figura de interferência, que são determinados pela condição $(ka\,\text{sen}\,\theta)/2 = n\pi$. Usando $k = 2\pi/\lambda$, temos que $a\,\text{sen}\,\theta = n\lambda$, que é a condição para que haja interferência construtiva das ondas difratadas pelas duas fendas.

Como um exemplo numérico vamos considerar uma onda eletromagnética com comprimento de 600 nm incidindo sobre duas fendas de largura 0,04 mm (4×10^{-5} m = 40.000×10^{-9} m = 40.000 nm) separadas por 0,08 mm. A Figura 12.7 mostra a intensidade de energia, calculada usando a relação (E12.5), que atinge um anteparo localizado a 0,5 m das fendas. A linha tracejada representa a figura de difração e a linha sólida representa a figura de interferência. Note que a intensidade máxima ocorre na região central e diminui à medida que o ponto de observação se afasta dela. O número de picos da figura de interferência depende da separação entre as fendas. Veja mais detalhes sobre este assunto na próxima seção.

12.4 Rede de Difração

No Exemplo 12.3, discutimos a difração de ondas eletromagnéticas por duas fendas. Uma extensão natural desse problema é considerar um conjunto com n fendas de largura b, separadas por uma distância a. Esse conjunto de fendas, chamado de rede de drifração, está mostrado na Figura 12.8.

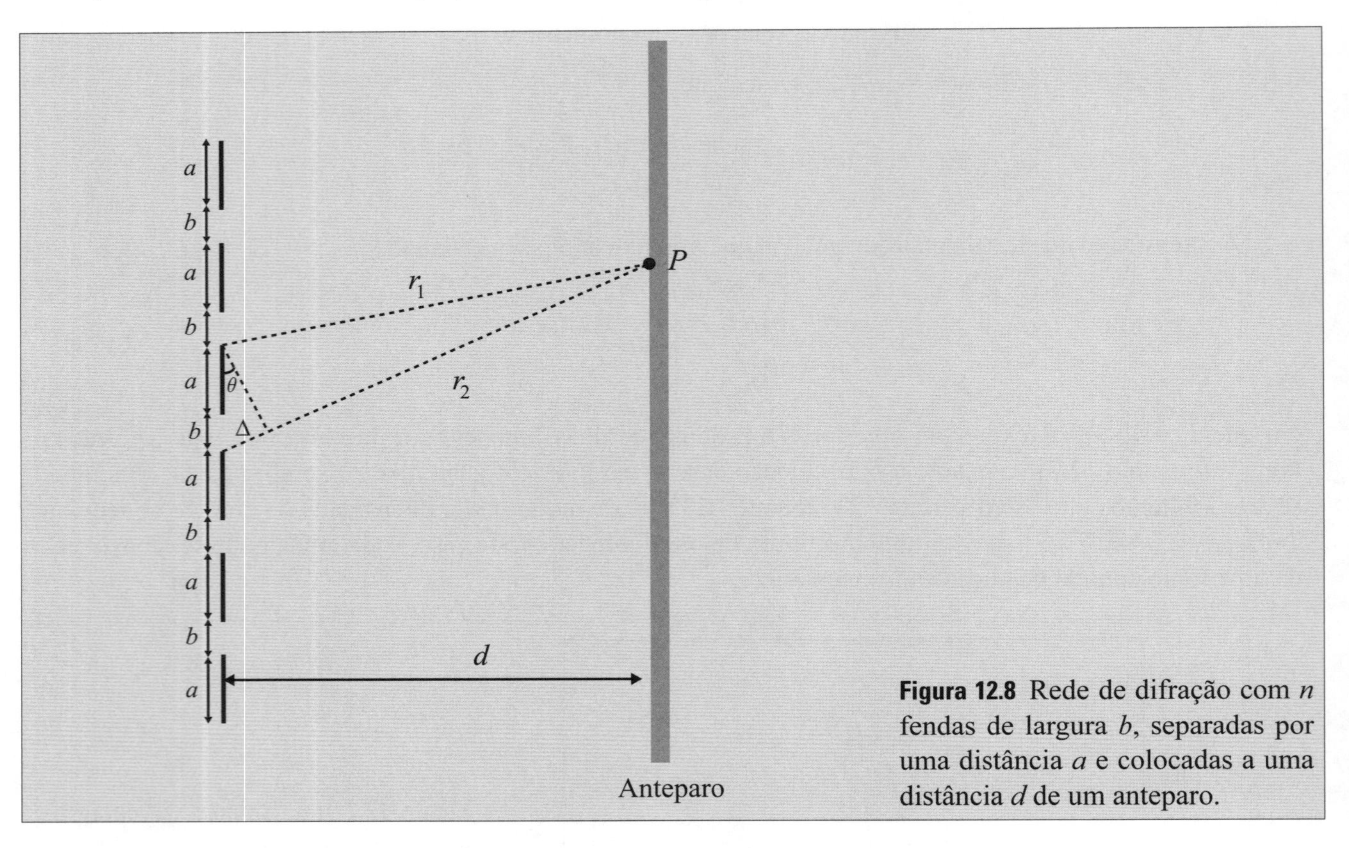

Figura 12.8 Rede de difração com n fendas de largura b, separadas por uma distância a e colocadas a uma distância d de um anteparo.

O campo elétrico associado à onda eletromagnética difratada por uma rede de difração, calculado pela relação (12.19), é

$$E(\vec{r},t) = E_0 e^{-i\omega t}\left[\int_0^b e^{iky\,\mathrm{sen}\,\theta}dy + \int_{a+b}^{a+2b} e^{iky\,\mathrm{sen}\,\theta}dy + \int_{2a+2b}^{2a+3b} e^{iky\,\mathrm{sen}\,\theta}dy + \int_{3a+3b}^{3a+4b} e^{iky\,\mathrm{sen}\,\theta}dy + \cdots\right]. \quad \textbf{(12.20)}$$

Integrando e substituindo os limites de integração, obtemos que:

$$E(\vec{r},t) = E_0 e^{-i\omega t}\frac{1}{ik\,\mathrm{sen}\,\theta}\Big\{\left[e^{ikb\,\mathrm{sen}\,\theta} - 1\right] + \left[e^{ik(a+2b)\mathrm{sen}\,\theta} - e^{ik(a+b)\mathrm{sen}\,\theta}\right]$$
$$+\left[e^{ik(2a+3b)\mathrm{sen}\,\theta} - e^{ik(2a+2b)\mathrm{sen}\,\theta}\right] + \left[e^{ik(3a+4b)\mathrm{sen}\,\theta} - e^{ik(3a+3b)\mathrm{sen}\,\theta}\right] + \cdots\Big\}.$$

Colocando o termo $e^{ikb\,\mathrm{sen}\,\theta}$ em evidência, temos:

$$E(\vec{r},t) = E_0 e^{-i\omega t}\frac{1}{ik\,\mathrm{sen}\,\theta}\Big\{\left[e^{ikb\,\mathrm{sen}\,\theta} - 1\right] + e^{ikb\,\mathrm{sen}\,\theta}\left[e^{ik(a+b)\mathrm{sen}\,\theta} + e^{ik(2a+2b)\mathrm{sen}\,\theta} + e^{ik(3a+3b)\mathrm{sen}\,\theta} + \cdots\right]$$
$$-\left[e^{ik(a+b)\mathrm{sen}\,\theta} + e^{ik(2a+2b)\mathrm{sen}\,\theta} + e^{ik(3a+3b)\mathrm{sen}\,\theta} + \cdots\right]\Big\}. \quad \textbf{(12.21)}$$

Colocando o termo do segundo colchetes em evidência, podemos escrever:

$$E(\vec{r},t) = E_0 e^{-i\omega t} \frac{1}{ik\,\text{sen}\,\theta}\left[e^{ikb\,\text{sen}\,\theta} - 1\right]\left[1 + e^{ik(a+b)\text{sen}\,\theta} + e^{ik(2a+2b)\text{sen}\,\theta} + e^{ik(3a+3b)\text{sen}\,\theta} + \cdots\right]. \quad \textbf{(12.22)}$$

O termo no segundo colchete é uma progressão geométrica (PG) com n termos, em que $a_1 = 1$ e a razão é $q = e^{ik(a+b)\text{sen}\,\theta}$. Usando a fórmula da soma dos termos de uma PG, $S_n = a_1(q^n - 1) / q - 1$, obtemos:

$$E(\vec{r},t) = E_0 e^{-i\omega t} \frac{\left[e^{ikb\,\text{sen}\,\theta} - 1\right]}{ik\,\text{sen}\,\theta} \cdot \frac{e^{ikn(a+b)\text{sen}\,\theta} - 1}{e^{ik(a+b)\text{sen}\,\theta} - 1}. \quad \textbf{(12.23)}$$

Multiplicando e dividindo a primeira parcela desta expressão por $be^{(ikb\,\text{sen}\,\theta)/2}$ e a segunda parcela por $e^{[ikn(a+b)\text{sen}\,\theta]/2}$, temos:

$$E(\vec{r},t) = be^{ik[(n-1)a\,\text{sen}\,\theta/2 + nb\,\text{sen}\,\theta/2]} E_0 e^{-i\omega t)} \frac{\text{sen}[kb\,\text{sen}\,\theta / 2]}{(kb\,\text{sen}\,\theta)/2} \cdot \frac{\text{sen}[nk(a+b)\text{sen}\,\theta / 2]}{\text{sen}[k(a+b)\text{sen}\,\theta / 2]}. \quad \textbf{(12.24)}$$

A intensidade, calculada por $I = E(r,t)E^*(r,t) / 2$, é:

$$I = I_0 \left[\frac{\text{sen}\left[(kb\,\text{sen}\,\theta)/2\right]}{(kb\,\text{sen}\,\theta)/2}\right]^2 \left[\frac{\text{sen}[nk(a+b)\text{sen}\,\theta / 2]}{\text{sen}[k(a+b)\text{sen}\,\theta / 2]}\right]^2, \quad \textbf{(12.25)}$$

em que I_0 é uma constante. Nesta relação, o primeiro termo representa a figura de difração e o segundo, a figura de interferência. Os máximos de interferência ocorrem quando o argumento da função seno no denominador do segundo termo for um múltiplo de π, isto é, $k(a+b)\text{sen}\,\theta / 2 = m\pi$. Usando $k = 2\pi / \lambda$, temos que $\text{sen}\,\theta = m\lambda / h$, em que $h = a + b$ representa a distância média entre duas fendas consecutivas e m a ordem dos picos. Esse ângulo θ fornece a posição dos picos na figura de interferência. Portanto, a posição de cada pico da m-ésima ordem depende do comprimento da onda incidente. Note também que a posição e a quantidade de picos não dependem do número de fendas.

A largura de cada pico de interferência é aproximadamente dada pela distância entre um máximo e o mínimo subsequente. Essa quantidade pode ser estimada fazendo a variação do argumento da função seno, no numerador do segundo termo da equação (12.25), igual a um múltiplo de π. Portanto, a largura de cada pico é aproximadamente $\Delta\theta = m\lambda / (nh\cos\theta)$. Note que a largura do pico, descrita por $\Delta\theta$, depende do número de fendas (n) da rede de difração. Quanto maior o número de fendas, menor é a largura do pico. Para n muito grande, os máximos de interferência consistem em uma série de linhas verticais correspondentes à ordem da difração.

Para ilustrar essa discussão, vamos comparar dois exemplos numéricos. No primeiro exemplo, uma onda eletromagnética com 600 nm de comprimento incide sobre uma rede de difração, constituída de cinco fendas de 0,04 mm separadas por 0,12 mm. A intensidade de energia difratada por essa rede de difração está mostrada na Figura 12.9. Note que essa figura é semelhante àquela da difração por duas fendas, mostrada na Figura 12.7. Entretanto, o aumento da distância entre as fendas produz um maior número de máximos dentro da região central.

No segundo exemplo, vamos considerar a difração de uma onda eletromagnética, com o mesmo comprimento de 600 nm, por uma rede de difração com 50 fendas com as mesmas dimensões da rede considerada no parágrafo anterior. A intensidade de energia associada à onda difratada por essa rede de difração está mostrada na Figura 12.10. Note que, para esse caso, os máximos de interferência são praticamente reduzidos a linhas estreitas.

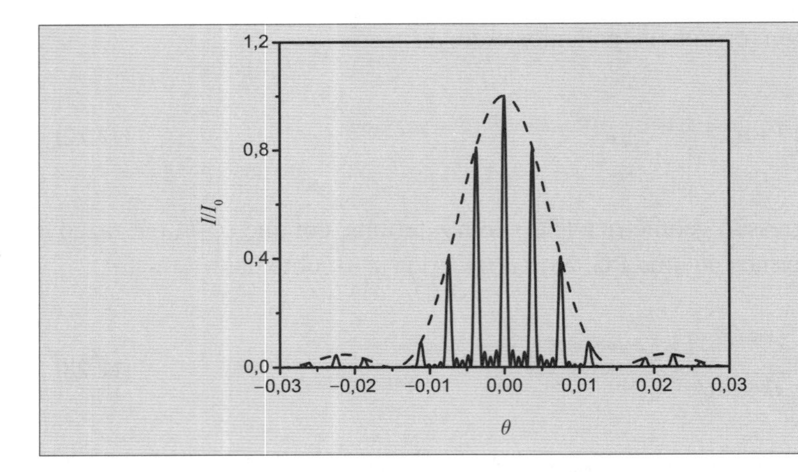

Figura 12.9 Intensidade de energia eletromagnética difratada por uma rede de difração com cinco fendas de comprimento de 0,04 mm, separadas por 0,12 mm. A onda eletromagnética incidente tem comprimento de 600 nm.

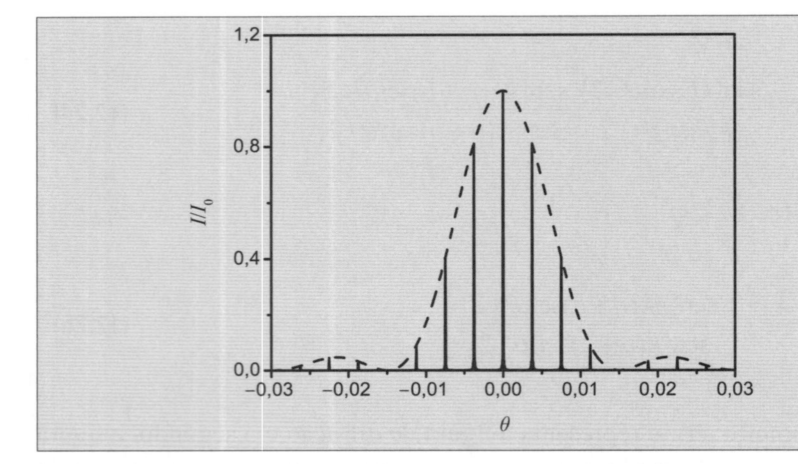

Figura 12.10 Intensidade de energia eletromagnética difratada por uma rede de difração com 50 fendas de comprimento de 0,04 mm, separadas por 0,12 mm. A onda eletromagnética incidente tem comprimento de 600 nm.

Este fato tem uma consequência importante. Se uma onda eletromagnética não monocromática (vários comprimentos de onda) incidir sobre uma rede de difração, temos que cada comprimento de onda estará associado a um pico na figura de interferência, conforme prediz a relação $\Delta\theta = m\lambda\,/\,(nh\cos\theta)$. Portanto, uma rede de difração pode ser utilizada para analisar o espectro da radiação eletromagnética, uma vez que ela separa os comprimentos de onda da radiação incidente. De fato, se uma luz branca, que é uma onda eletromagnética na faixa do visível formada por vários comprimentos de onda (várias cores), for difratada por uma rede de difração, cada pico na figura de interferênica representará uma cor do espectro da onda eletromagnética. Esse fenômeno da dispersão da luz branca por redes de difração pode ser observado em nosso cotidiano em uma mídia de CD (ou DVD) exposta à luz do Sol. Isso porque a mídia de um CD é formada por vários pequenos sulcos, que se comportam como uma rede de difração.

12.5 Difração de Raios X

A difração por um objeto é intensificada quando o comprimento de onda for comparável ao tamanho do objeto. Em um sólido cristalino, os átomos ocupam os vértices ou as faces de uma estrutura geométrica. O tamanho do átomo é da ordem de angstrom (Å = 10^{-10} m) e a distância entre átomos vizinhos também está na escala de angstrom. Portanto, ondas eletromagnéticas com comprimento de onda da ordem de 10^{-10} m que incidem sobre um material sólido serão difratadas pela estrutura cristalina. Pela análise do espectro eletromagnético mostrado na Tabela 8.1, ondas eletromagnéticas nessa faixa de comprimento de onda são os raios X.

A difração de raios X é uma técnica experimental muito utilizada para determinar a estrutura cristalina dos materiais sólidos. Por meio da observação da figura de difração de raios X, podemos determinar a forma geométrica, assim como a posição dos átomos em uma estrutura cristalina. A Figura 12.11 mostra a intensidade da figura de difração de raios X no alumínio metálico, com estrutura geométrica cúbica de face centrada.

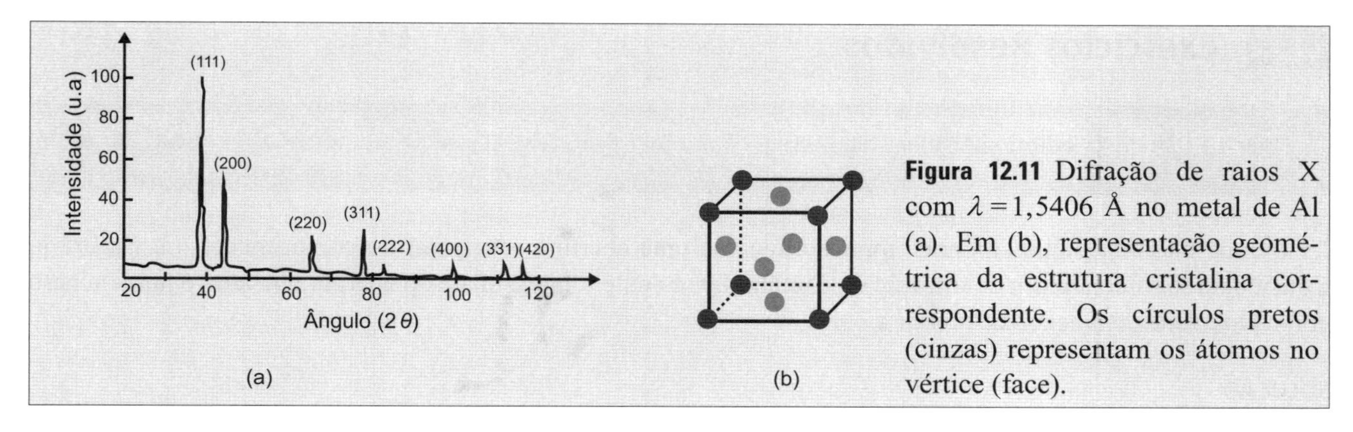

Figura 12.11 Difração de raios X com $\lambda = 1{,}5406$ Å no metal de Al (a). Em (b), representação geométrica da estrutura cristalina correspondente. Os círculos pretos (cinzas) representam os átomos no vértice (face).

Para descrever a difração de raios X em cristais, vamos considerar a estrutura bidimensional mostrada na Figura 12.12. Dois raios vetores que atingem a estrutura cristalina serão difratados por ela. Assim, a descrição teórica da difração de raios X por dois átomos em uma rede cristalina é equivalente à difração de ondas por um arranjo de duas fendas. Portanto, de acordo com a discusão feita no Exemplo 12.3, a intensidade das ondas difratadas que atingem um anteparo (detector) é [veja a relação (E12.6)]:

$$I = I_0 \left[\frac{\operatorname{sen}(kb\operatorname{sen}\theta)/2}{(kb\operatorname{sen}\theta)/2} \right]^2 \cos^2\left[\frac{k\Delta}{2}\right]. \tag{12.26}$$

A condição para que haja interferência construtiva das ondas difratadas é que o argumento da função cosseno seja um múltiplo inteiro de π. Assim, a diferença de caminho entre as duas ondas difratadas deve ser igual a um número inteiro de comprimentos de onda, $\Delta = n\lambda$.

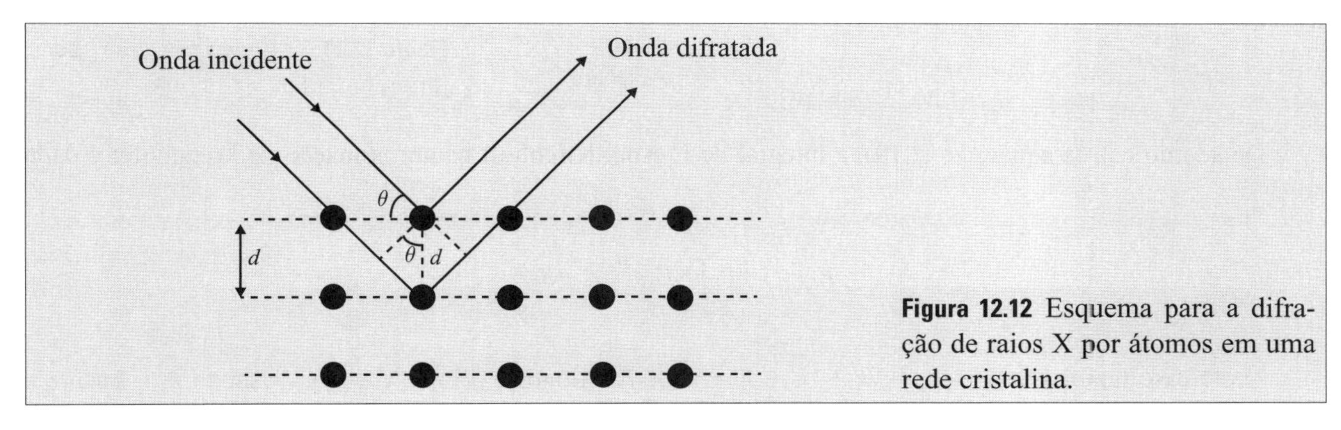

Figura 12.12 Esquema para a difração de raios X por átomos em uma rede cristalina.

Pela Figura 12.12, temos que a diferença de caminho entre o feixe incidente e o feixe difratado é $\Delta = 2d\cos\theta$. Logo, a condição para um máximo na figura de difração de raios X por uma estrutura cristalina é $2d\cos\theta = n\lambda$, em que d é a distância entre dois planos atômicos na rede cristalina. Esta é a lei de Bragg[7] para a difração de raios X em cristais.

Alternativamente, a lei de Bragg pode ser obtida, considerando que os raios X refletidos por dois planos paralelos dentro do cristal irão interferir em um ponto no qual é colocado o detector. A condição para inteferência máxima é que a diferença de caminho entre a onda incidente e a onda refletida seja um múltiplo inteiro de comprimento de onda, $2d\cos\theta = n\lambda$.

[7] William Henry Bragg, (2/7/1862-10/3/1942), físico britânico (orientador), e William Lawrence Bragg, (31/3/1890-1/7/1971), físico australiano (orientado), ganharam o prêmio Nobel em 1915 por seus trabalhos sobre difração de raios X em cristais.

12.6 Exercícios Resolvidos

EXERCÍCIO 12.1

Uma onda eletromagnética monocromática atravessa uma abertura retangular de comprimento a e largura b. Considerando as condições de difração de Fraunhofer, calcule a intensidade de energia que atinge um anteparo colocado a uma distância d da abertura.

SOLUÇÃO

Esta situação, que está representada na Figura 12.13, é uma generalização para duas dimensões do problema discutido no Exemplo 12.2.

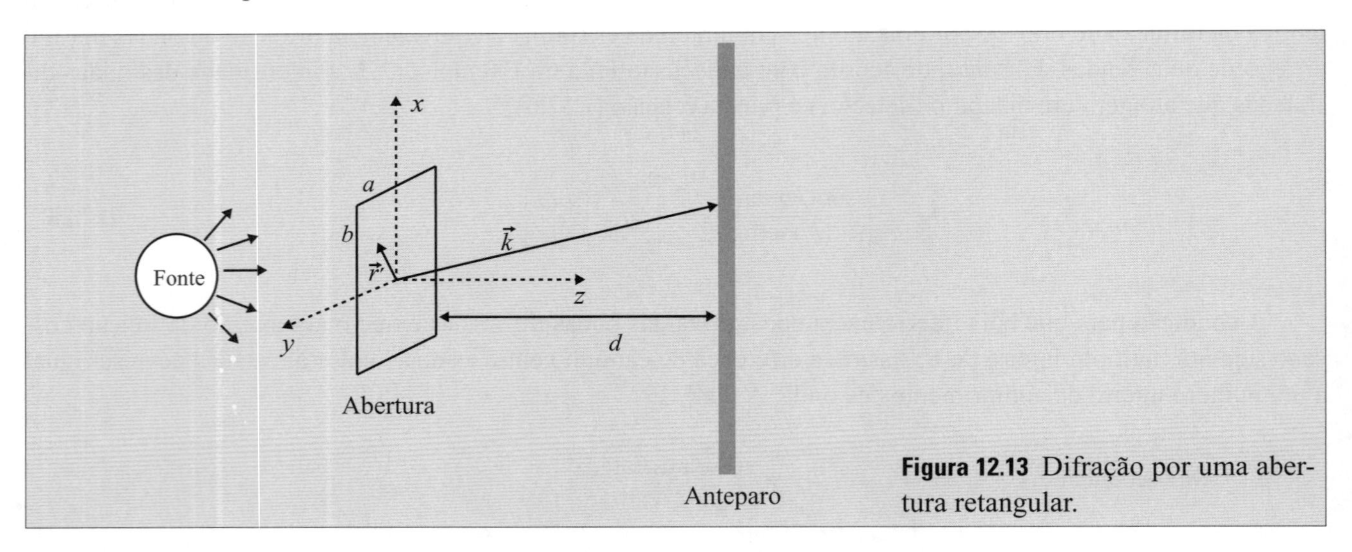

Figura 12.13 Difração por uma abertura retangular.

De acordo com a equação (12.19), a integral de Fresnel-Kirchhoff na aproximação de Fraunhofer é dada por:

$$E(r,t) = \int_{abertura} E_0 e^{i\left(\vec{k}\cdot\vec{r}' - \omega t\right)} ds'.$$

Neste caso temos que $\vec{k} = \hat{i}k_x + \hat{j}k_y + \hat{k}k_z$ e $\vec{r}' = \hat{i}x' + \hat{j}y'$. Logo, $\vec{k}\cdot\vec{r}' = k_x x' + k_y y'$. Usando $k_x = k\,\text{sen}\alpha$ e $k_y = k\,\text{sen}\theta$, em que α e θ são os ângulos que o vetor $\vec{k}$ faz com os eixos x e y, respectivamente, temos $\vec{k}\cdot\vec{r}' = x'k\,\text{sen}\alpha + y'k\,\text{sen}\theta$. Com essas considerações e usando $ds' = dx'dy'$, podemos escrever a relação anterior na forma:

$$E(r,t) = E_0 e^{-i\omega t} \int_{-b/2}^{b/2} e^{ikx'\text{sen}\alpha} dx' \int_{-a/2}^{a/2} e^{iky'\text{sen}\theta} dy'.$$

Integrando e substituindo os limites de integração, obtemos:

$$E(r,t) = E_0 e^{-i\omega t} \frac{1}{ik\,\text{sen}\alpha}\left[e^{(ikb\,\text{sen}\alpha)/2} - e^{-(ikb\,\text{sen}\alpha)/2}\right]\frac{1}{ik\,\text{sen}\theta}\left[e^{(ika\,\text{sen}\theta)/2} - e^{-(ika\,\text{sen}\theta)/2}\right].$$

Usando a relação trigonométrica $e^{ix} - e^{-ix} = 2i\,\text{sen}x$, podemos escrever:

$$E(r,t) = 4E_0 e^{-i\omega t}\left[\frac{\text{sen}[(kb\,\text{sen}\alpha)/2]}{(kb\,\text{sen}\alpha)/2}\right]\left[\frac{\text{sen}[(ka\,\text{sen}\theta)/2]}{(ka\,\text{sen}\theta)/2}\right].$$

A intensidade de energia eletromagnética, calculada por $I = \langle S \rangle = EE^*/2$, é:

$$I = I_0\left[\frac{\text{sen}(kb\,\text{sen}\alpha)/2}{(kb\,\text{sen}\alpha)/2}\right]^2\left[\frac{\text{sen}[(ka\,\text{sen}\theta)/2]}{(ka\,\text{sen}\theta)/2}\right]^2$$

em que $I_0 = 16E_0^2$. Note que, se $a \to 0$, a abertura retangular se transforma em uma fenda unidimensional de largura b ao longo da direção x. Neste caso, a intensidade de energia eletromagnética que atinge o anteparo é $I = I_0\left[\text{sen}(kb\,\text{sen}\alpha)/kb\,\text{sen}\alpha\right]^2$, conforme já foi calculado no Exemplo 12.2, para a difração por uma fenda.

EXERCÍCIO 12.2

Uma onda eletromagnética monocromática atravessa uma abertura circular de raio a. Considerando as condições de difração de Fraunhofer, calcule a intensidade de energia que atinge um anteparo colocado a uma distância d da abertura.

SOLUÇÃO

De acordo com a relação (12.19), podemos escrever que:

$$E(\vec{r},t) = \int_{abertura} E_0 e^{i(\vec{k}\cdot\vec{r}' - \omega t)} ds'.$$

Colocando a abertura no plano xy, conforme mostra a Figura 12.14, temos que $\vec{r}' = \hat{i}x' + \hat{j}y'$ ou $\vec{r}' = \hat{i}r'\cos\theta' + \hat{j}\,\text{sen}\theta'$ em coordenadas polares.

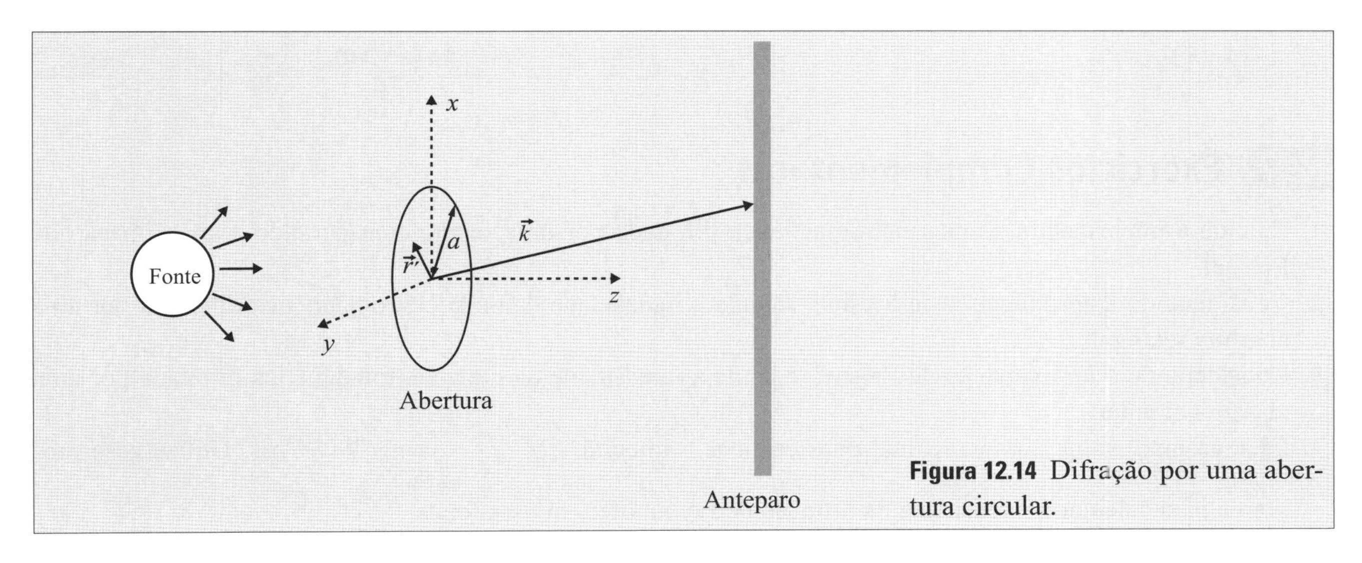

Figura 12.14 Difração por uma abertura circular.

O elemento diferencial de área para a abertura circular é $ds' = r'dr'd\theta'$. Por simplicidade, vamos considerar que vetor de onda $\vec{k}$ está contido em um plano paralelo ao plano xz. Assim, $\vec{k} = \hat{i}k\,\text{sen}\,\theta + \hat{k}k\cos\theta$, de modo que $\vec{k}\cdot\vec{r}' = kr'\,\text{sen}\,\theta\cos\theta'$. Com essas considerações, a equação anterior se escreve como:

$$E(\vec{r},t) = e^{-i\omega t}\int_0^a\int_0^{2\pi} E_0 e^{ikr'\text{sen}\theta\cos\theta'} r'dr'd\theta'.$$

O resultado dessa integral envolve a função de Bessel J_1. Assim, o campo elétrico associado à onda difratada é:

$$E(\vec{r},t) = e^{-i\omega t}\frac{J_1(ka\,\text{sen}\,\theta)}{ka\,\text{sen}\,\theta}.$$

A intensidade de energia eletromagnética, calculada por $I = \langle S\rangle = EE^*/2$, é:

$$I = I_0\left[\frac{2J_1(ka\,\text{sen}\,\theta)}{ka\,\text{sen}\,\theta}\right]^2,$$

em que I_0 representa a intensidade máxima. Como uma ilustração, consideramos o caso em que uma onda de comprimento $\lambda = 600$ nm incide sobre uma abertura circular de raio $r = 0{,}04$ mm. A Figura 12.15 mostra a intensidade de energia eletromagnética difratada pela abertura.

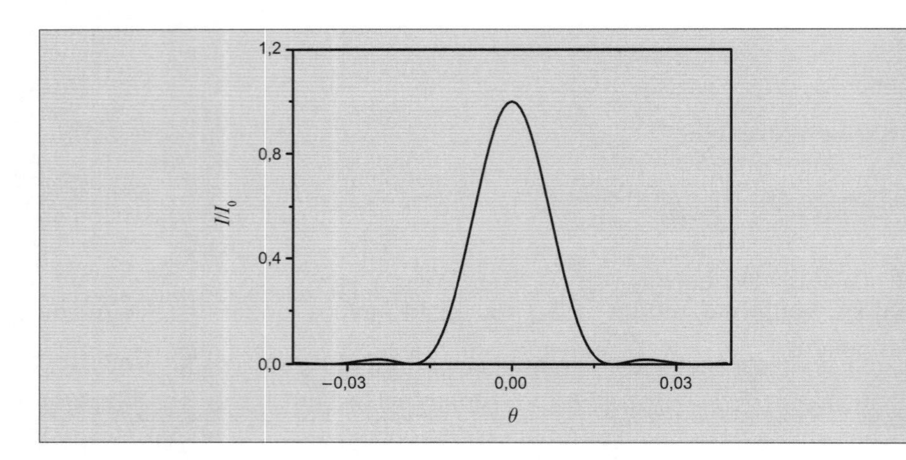

Figura 12.15 Intensidade de energia difratada por uma abertura circular de raio 0,04 mm. A onda eletromagnética incidente tem comprimento de 600 nm.

12.7 Exercícios Complementares

1. Calcule a intensidade da onda eletromagnética difratada por uma fenda, considerando a aproximação de Fresnel.
2. Considerando a aproximação de Fresnel, calcule a intensidade da onda eletromagnética difratada por uma abertura retangular.
3. Considerando a aproximação de Fresnel, calcule a intensidade da onda eletromagnética difratada por uma abertura circular.
4. Escreva uma rotina computacional para calcular a integral $E(r,t) = \int_{abertura} E_0 e^{i(\vec{k}\cdot\vec{r}'-\omega t)}ds'$. Utilize esse programa para calcular a intensidade da difração de Fraunhofer em uma fenda.

5. Considere a experiência de Young de duas fendas e escreva uma rotina computacional para fazer um estudo sistemático da intensidade de energia, que atinge o anteparo em função dos parâmetros da experiência.
6. Duas fontes emitem ondas eletromagnéticas, cujos campos elétricos são dados por $\vec{E}_1(z,t) = \hat{i}E_1 e^{i(kz-\omega t+\phi_1)}$ e $\vec{E}_2(z,t) = \hat{i}E_2 e^{i(kz-\omega t+\phi_2)}$, respectivamente. Discuta a interferência dessas ondas nos casos em que (a) $E_1 \neq E_2$ e (b) $E_1 = E_2$. Escreva uma rotina computacional para calcular a energia eletromagnética média que atinge um ponto qualquer do espaço.
7. Duas fontes emitem ondas eletromagnéticas, cujos campos elétricos são $\vec{E}_1(z,t) = \hat{i}E_1 e^{i(k_1 z-\omega_1 t+\phi_1)}$ e $\vec{E}_2(z,t) = \hat{i}E_2 e^{i(k_2 z-\omega_2 t+\phi_2)}$, respectivamente. Discuta qualitativa e quantitativamente a interferência dessas ondas. Escreva uma rotina computacional para calcular a energia eletromagnética média em um ponto qualquer do espaço.
8. A energia eletromagnética média que atinge o anteparo na experiência de Young de duas fendas é $\langle S \rangle = 2E_1^2 \cos^2[\pi ay / \lambda d]$, em que λ é o comprimento de onda, a é a separação entre as fendas, d é a distância das fendas ao anteparo e y é a localização do ponto de observação sobre o anteparo. Escreva uma rotina computacional para calcular a média de energia, que atinge o anteparo em função das variáveis envolvidas neste problema.

CAPÍTULO 13

Radiação Eletromagnética

13.1 Introdução

No Capítulo 9, discutimos a propagação de ondas eletromagnéticas no vácuo e em meio materiais, sem levar em consideração a fonte geradora da onda eletromagnética. Neste capítulo, estudaremos o campo eletromagnético e, consequentemente, as ondas eletromagnéticas, geradas por densidades de cargas e correntes elétricas dependentes do tempo. Em particular, discutiremos o campo eletromagnético gerado por distribuições clássicas como o dipolo elétrico, dipolo magnético e antenas lineares. O campo eletromagnético de cargas elétricas pontuais será tratado no próximo capítulo.

13.2 Equação de Onda Não Homogênea

Para calcular os campos eletromagnéticos gerados por densidades de cargas elétricas e correntes elétricas dependentes do tempo, é preciso resolver as equações de onda para os potenciais escalar elétrico e vetor magnético. Na Seção 8.7, foi mostrado que o potencial escalar elétrico satisfaz à seguinte equação de onda não homogênea:

$$\nabla^2 V(\vec{r},t) - \varepsilon\mu \frac{\partial^2 V(\vec{r},t)}{\partial t^2} = -\frac{\rho(\vec{r},t)}{\varepsilon}. \tag{13.1}$$

Para encontrar a solução desta equação, vamos propor que o potencial escalar elétrico tem a forma:

$$V(\vec{r},t) = \frac{1}{4\pi\varepsilon}\int\int G(\vec{r},t;\vec{r}\,',t')\rho(\vec{r}\,',t')dv'dt' \tag{13.2}$$

em que $G(\vec{r},t;\vec{r}\,',t')$ é uma função de Green a ser determinada. Note que essa é uma generalização da equação (3.19), para o potencial eletrostático. Naquele caso, em que a densidade de cargas elétricas não depende do tempo, a função de Green é $G(\vec{r},\vec{r}\,')=1/|\vec{r}-\vec{r}\,'|$. Substituindo (13.2) em (13.1), temos:

$$\frac{1}{4\pi\varepsilon}\iint\left[\nabla^2 G(\vec{r},t;\vec{r}\,',t')-\varepsilon\mu\frac{\partial^2}{\partial t^2}G(\vec{r},t;\vec{r}\,',t')\right]\rho(\vec{r}\,',t')dv'dt'=-\frac{\rho(\vec{r},t)}{\varepsilon}. \tag{13.3}$$

Usando a propriedade da função delta de Dirac $\int f(\vec{r}\,',t')\delta(\vec{r}-\vec{r}\,')\delta(t-t')dv'dt'=f(\vec{r},t)$ (veja a relação 1.127), podemos reescrever a equação anterior como:

$$\begin{aligned}&\frac{1}{4\pi\varepsilon}\iint\left[\nabla^2 G(\vec{r},t;\vec{r}\,',t')-\varepsilon\mu\frac{\partial^2}{\partial t^2}G(\vec{r},t;\vec{r}\,',t')\right]\rho(\vec{r}\,',t')dv'dt'\\&=-\iint\frac{\rho(\vec{r}\,',t')}{\varepsilon}\delta(\vec{r}-\vec{r}\,')\delta\left(t-t'\right)dv'dt'.\end{aligned} \tag{13.4}$$

Igualando os integrandos, obtemos a seguinte equação diferencial para a função de Green:

$$\nabla^2 G(\vec{r},t;\vec{r}\,',t')-\varepsilon\mu\frac{\partial^2}{\partial t^2}G(\vec{r},t;\vec{r}\,',t')=-4\pi\delta(\vec{r}-\vec{r}\,')\delta\left(t-t'\right). \tag{13.5}$$

Substituindo a definição da função delta de Dirac, $\delta(t-t')=(1/2\pi)\int_{-\infty}^{\infty}e^{-i\omega\left(t-t'\right)}d\omega$, e a transformada de Fourier da função de Green, $G(\vec{r},t;\vec{r}\,',t')$, dada por:

$$G(\vec{r},t;\vec{r}\,',t')=\frac{1}{2\pi}\int_{-\infty}^{\infty}G(\vec{r},\vec{r}\,',\omega)e^{-i\omega(t-t')}d\omega \tag{13.6}$$

em (13.5), temos que:

$$\begin{aligned}&\frac{1}{2\pi}\int_{-\infty}^{\infty}\nabla^2 G(\vec{r},\vec{r}\,',\omega)e^{-i\omega(t-t')}d\omega-\frac{1}{2\pi}\varepsilon\mu\frac{\partial^2}{\partial t^2}\left[\int_{-\infty}^{\infty}G(\vec{r},\vec{r}\,',\omega)e^{-i\omega(t-t')}d\omega\right]\\&=-4\pi\delta\left(\vec{r}-\vec{r}\,'\right)\frac{1}{2\pi}\int_{-\infty}^{\infty}e^{-i\omega(t-t')}d\omega.\end{aligned} \tag{13.7}$$

Efetuando a derivada no tempo, definindo $k^2=\omega^2\varepsilon\mu$ e igualando os integrandos, temos:

$$\nabla^2 G(\vec{r},\vec{r}\,',\omega)+k^2 G(\vec{r},\vec{r}\,',\omega)=-4\pi\delta\left(\vec{r}-\vec{r}\,'\right). \tag{13.8}$$

Note que esta equação é uma generalização da equação $\nabla^2 G(\vec{r},\vec{r}\,')=-4\pi\delta(\vec{r}-\vec{r}\,')$ obtida na eletrostática [veja a equação (3.22)]. Definindo a variável auxiliar $\vec{R}=\vec{r}-\vec{r}\,'$, temos que:

$$\frac{1}{R}\frac{d^2}{dR^2}\left[RG(\vec{R},\omega)\right]+k^2 G(\vec{R},\omega)=-4\pi\delta\left(\vec{R}\right). \tag{13.9}$$

Multiplicando por R e definindo a função auxiliar $g(\vec{R},\omega) = RG(\vec{R},\omega)$, obtemos:

$$\frac{d^2}{dR^2} g(\vec{R},\omega) + k^2 g(\vec{R},\omega) = -4\pi R\delta(\vec{R}). \tag{13.10}$$

Para pontos fora da distribuição de cargas elétricas, temos que $R \neq 0$, de modo que $\delta(\vec{R}) = 0$. Assim, a equação anterior se reduz a uma equação homogênea, cuja solução é:

$$g(\vec{R},\omega) = Ae^{\pm ik|\vec{r}-\vec{r}'|}. \tag{13.11}$$

Logo, a função de Green, calculada por $G(\vec{r},\vec{r}',\omega) = g(\vec{R},\omega)/R$, é

$$G(\vec{r},\vec{r}',\omega) = \frac{Ae^{\pm ik|\vec{r}-\vec{r}'|}}{|\vec{r}-\vec{r}'|}. \tag{13.12}$$

No caso em que o argumento da exponencial é positivo, $G(\vec{r},\vec{r}',\omega)$ é chamada de função de Green retardada, enquanto $G(\vec{r},\vec{r}',\omega)$ com o sinal negativo nesse argumento é a função de Green avançada.

Considerando somente a função de Green retardada e substituindo (13.12) em (13.6), obtemos:

$$G(\vec{r},t;\vec{r}',t') = \frac{1}{2\pi}\int_{-\infty}^{\infty} \frac{e^{ik|\vec{r}-\vec{r}'|}e^{-i\omega(t-t')}}{|\vec{r}-\vec{r}'|} d\omega \tag{13.13}$$

Colocando $i\omega$ em evidência e usando $k = \omega / v$, em que $v = (\varepsilon\mu)^{-1/2}$ é a velocidade de propagação da onda no meio, temos:

$$G(\vec{r},t;\vec{r}',t') = \frac{1}{|\vec{r}-\vec{r}'|}\left[\frac{1}{2\pi}\int_{-\infty}^{\infty} e^{-i\omega\left[(t-t')-|\vec{r}-\vec{r}'|/v\right]} d\omega\right]. \tag{13.14}$$

A função entre colchetes é a função delta de Dirac, $\delta[(t-|\vec{r}-\vec{r}'|/v)-t']$. Assim, podemos escrever a equação (13.14) como:

$$G(\vec{r},t;\vec{r}',t') = \frac{\delta\left[(t-|\vec{r}-\vec{r}'|/v)-t'\right]}{|\vec{r}-\vec{r}'|}. \tag{13.15}$$

Substituindo (13.15) em (13.2), temos:

$$V(\vec{r},t) = \frac{1}{4\pi\varepsilon}\iint \frac{\delta\left(t''-t'\right)\rho(\vec{r}',t')}{|\vec{r}-\vec{r}'|} dv'dt'. \tag{13.16}$$

em que $t'' = t-|\vec{r}-\vec{r}'|/v$. Usando a relação (1.127) para fazer a integração na variável t', temos:

$$\boxed{V(\vec{r},t) = \frac{1}{4\pi\varepsilon}\int \frac{\rho(\vec{r}',t')}{|\vec{r}-\vec{r}'|} dv'.} \tag{13.17}$$

A integral na equação anterior deve ser calculada no tempo retardado $t' = t - |\vec{r} - \vec{r}'|/v$. Portanto, o potencial elétrico $V(\vec{r},t)$ calculado no tempo presente t depende da densidade de cargas elétricas no tempo anterior (ou retardado) t'.

Seguindo um procedimento análogo (veja o Exercício Complementar 1), temos que o potencial vetor magnético, solução da equação de onda $\nabla^2 \vec{A}(\vec{r},t) - \varepsilon\mu(\partial^2 \vec{A}(\vec{r},t)/\partial t^2) = -\mu\vec{J}(\vec{r}',t')$, é dado por:

$$\boxed{\vec{A}(\vec{r},t) = \frac{\mu}{4\pi}\int \frac{\vec{J}(\vec{r}',t')}{|\vec{r}-\vec{r}'|}dv'.} \tag{13.18}$$

Usando a relação $\vec{J}dv' \to Id\vec{l}'$, podemos escrever que:

$$\boxed{\vec{A}(\vec{r},t) = \frac{\mu}{4\pi}\int \frac{I(\vec{r}',t')}{|\vec{r}-\vec{r}'|}d\vec{l}'.} \tag{13.19}$$

As soluções para os potenciais escalar elétrico e vetor magnético foram obtidas considerando um meio material. Para o caso do vácuo, basta substituir nas equações para $V(\vec{r},t)$ e $\vec{A}(\vec{r},t)$, ε por ε_0, μ por μ_0 e a velocidade v por c.

13.3 Aproximações para o Potencial Vetor

Existem algumas situações especiais nas quais o cálculo do potencial vetor pode ser simplificado. Para discuti-las, vamos considerar que o vetor densidade de corrente elétrica $\vec{J}(\vec{r}',t')$ tem uma dependência harmônica na forma:

$$\vec{J}(\vec{r}',t') = \vec{J}_0 e^{-i\omega t'} = \vec{J}_0 e^{-i\omega\left[t-|\vec{r}-\vec{r}'|/v\right]}. \tag{13.20}$$

Para o vácuo em que $v = c$ e $k = \omega / c$, podemos escrever:

$$\vec{J}(\vec{r}',t') = \vec{J}_0 e^{-i\omega t} e^{ik|\vec{r}-\vec{r}'|} = \vec{J}_\omega(t) e^{ik|\vec{r}-\vec{r}'|} \tag{13.21}$$

em que $\vec{J}_\omega = \vec{J}_0 e^{-i\omega t}$. Substituindo (13.21) em (13.18), obtemos:

$$\vec{A}(\vec{r},t) = \frac{\mu_0}{4\pi}\int \frac{\vec{J}_\omega(t) e^{ik|\vec{r}-\vec{r}'|}dv'}{|\vec{r}-\vec{r}'|}. \tag{13.22}$$

Primeiramente, vamos considerar o caso em que o comprimento de onda da radiação emitida é da ordem do tamanho da fonte emissora ($\lambda \sim r'$) e o ponto de observação está muito afastado ($r >> r'$). Uma representação dessa situação, chamada de aproximação da zona de radiação, está representada na Figura 13.1(a).

Como $r >> r'$, podemos desprezar r' no denominador da equação (13.22). Entretanto, a variável r' não pode ser desprezada no termo $|\vec{r} - \vec{r}'|$ que aparece no argumento da exponencial, porque ela está multiplicada por $k = 2\pi / \lambda$. Com essas considerações, o potencial vetor magnético, na aproximação da zona de radiação, se reduz a:

$$\vec{A}(\vec{r},t) = \frac{\mu_0}{4\pi r}\int \vec{J}_\omega(t) e^{ik|\vec{r}-\vec{r}'|}dv'. \tag{13.23}$$

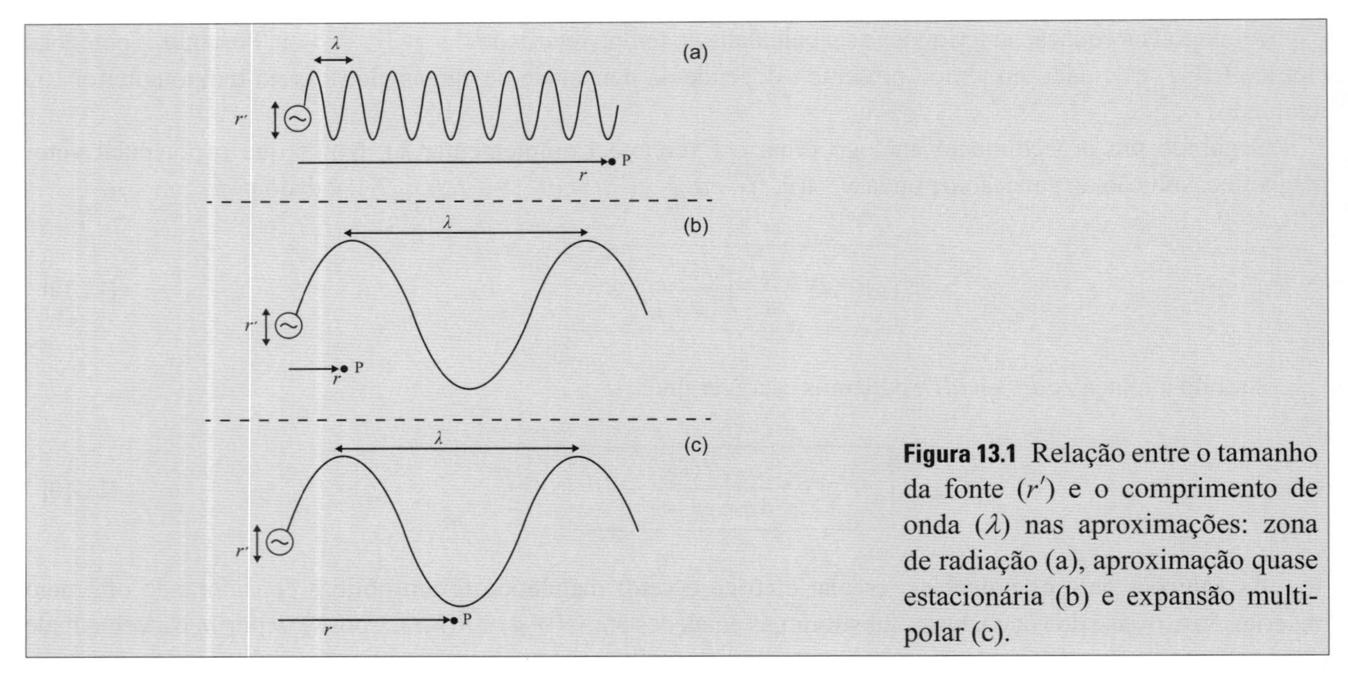

Figura 13.1 Relação entre o tamanho da fonte (r') e o comprimento de onda (λ) nas aproximações: zona de radiação (a), aproximação quase estacionária (b) e expansão multipolar (c).

Outro limite interessante ocorre quando o comprimento de onda da radiação emitida é muito maior que o tamanho da fonte de radiação, ($\lambda >> r'$), e o ponto de observação está próximo da fonte, ($r \sim r'$). Uma representação dessa situação, chamada de aproximação quase estacionária, está representada na Figura 13.1(b). Usando a relação $k = 2\pi / \lambda$, podemos escrever que $kr' = 2\pi r' / \lambda$ e $kr = 2\pi r / \lambda$. Neste caso, no qual $\lambda >> r'$ e $\lambda >> r$, temos que o termo $k|\vec{r} - \vec{r}\,'|$ na exponencial do numerador vai para zero. Assim, o potencial vetor magnético se reduz a:

$$\boxed{\vec{A}(\vec{r},t) = \frac{\mu_0}{4\pi}\int \frac{\vec{J}_\omega(t)dv'}{|\vec{r} - \vec{r}\,'|}.} \tag{13.24}$$

Note que esta expressão do potencial vetor tem a mesma forma daquela obtida no caso de correntes elétricas estacionárias [veja a equação (5.29)]. A diferença é que o vetor densidade de corrente elétrica $\vec{J}_\omega$ depende do tempo.

O campo magnético $\vec{B}$ obtido pelo rotacional desse potencial vetor é:

$$\vec{B}(\vec{r},t) = \frac{\mu_0}{4\pi}\int \frac{\vec{J}_\omega(t) \times (\vec{r} - \vec{r}\,')dv'}{|\vec{r} - \vec{r}\,'|^3}. \tag{13.25}$$

Note que esta relação tem a mesma forma matemática da lei de Biot-Savart, equação (5.12), com $\vec{J}_\omega(t)$ em lugar de $\vec{J}$. Portanto, a lei de Biot-Savart, inicialmente obtida para correntes elétricas estacionárias, também é válida para correntes elétricas dependentes do tempo, na aproximação quase-estacionária. Dessa forma, o cálculo realizado na Seção 5.9 em que obtivemos a lei de Ampère-Maxwell, considerando uma dependência temporal no vetor densidade de corrente elétrica, está justificado.

Agora, vamos considerar o caso no qual o comprimento de onda da radiação eletromagnética é muito maior que o tamanho da fonte emissora, ($\lambda >> r'$), e o ponto de observação está muito afastado da fonte de radiação, ($r >> r'$). Essa situação física, em que o potencial pode ser expandido em multipolos, está representada na Figura 13.1(c). Como já foi discutido nesta seção, a condição $\lambda >> r'$ é equivalente a $kr' << 1$. Além disso, para o caso em que $r >> r'$, podemos expandir os termos $|\vec{r} - \vec{r}\,'|$ e $|\vec{r} - \vec{r}\,'|^{-1}$ como:

$$|\vec{r}-\vec{r}'| = r - r'\cos\gamma, \quad |\vec{r}-\vec{r}'|^{-1} = \frac{1}{r} + \frac{r'}{r^2}\cos\gamma \tag{13.26}$$

em que γ é o ângulo entre os vetores $\vec{r}$ e $\vec{r}'$. Substituindo (13.26) em (13.22), obtemos:

$$\vec{A}(\vec{r},t) = \frac{\mu_0}{4\pi}\int\left[\vec{J}_\omega(t)e^{ikr}\cdot e^{-ikr'\cos\gamma}\left(\frac{1}{r}+\frac{r'}{r^2}\cos\gamma\right)\right]dv'. \tag{13.27}$$

Após uma manipulação algébrica (esta tarefa está proposta no Exercício Complementar 9) obtemos:

$$\begin{aligned}\vec{A}(\vec{r},t) &= \frac{\mu_0}{4\pi}\frac{e^{ikr}}{r}\frac{\partial\vec{p}_\omega(t)}{\partial t} + \frac{\mu_0}{4\pi}\frac{e^{ikr}}{r}\left(\frac{1}{r}-ik\right)\vec{m}(t)\times\hat{r} \\ &+ \frac{\mu_0}{8\pi}\frac{e^{ikr}}{r}\left(\frac{1}{r}-ik\right)\int\vec{r}'\left(\vec{r}'\cdot\hat{n}\right)\frac{\partial\rho(t)}{\partial t}dv'.\end{aligned} \tag{13.28}$$

Considerando uma dependência harmônica da densidade de cargas elétricas na forma $\rho(t) = \rho e^{-i\omega t}$ e usando $\omega = kc$, podemos escrever:

$$\begin{aligned}\vec{A}(\vec{r},t) &= \frac{\mu_0}{4\pi}\frac{e^{ikr}}{r}\frac{\partial\vec{p}_\omega(t)}{\partial t} + \frac{\mu_0}{4\pi}\frac{e^{ikr}}{r}\left(\frac{1}{r}-ik\right)\vec{m}(t)\times\hat{r} \\ &- \frac{\mu_0}{8\pi}\frac{e^{ikr}}{r}\left(1-\frac{1}{ikr}\right)k^2c\int\vec{r}'\left(\vec{r}'\cdot\hat{n}\right)\rho(t)dv'.\end{aligned} \tag{13.29}$$

Nesta expressão, as parcelas do lado direito representam os termos de dipolo elétrico, dipolo magnético e quadrupolo elétrico, respectivamente.

13.4 Generalização da Lei de Coulomb

Substituindo (13.17) e (13.18) na relação $\vec{E}(\vec{r},t) = -\vec{\nabla}V(\vec{r},t) - \partial\vec{A}(\vec{r},t)/\partial t$, temos:

$$\vec{E}(\vec{r},t) = -\vec{\nabla}\left[\frac{1}{4\pi\varepsilon_0}\int\frac{\rho(\vec{r}',t')}{|\vec{r}-\vec{r}'|}dv'\right] - \frac{\partial}{\partial t}\left[\frac{\mu_0}{4\pi}\int\frac{\vec{J}(\vec{r}',t')}{|\vec{r}-\vec{r}'|}dv'\right] \tag{13.30}$$

em que o operador diferencial $\vec{\nabla}$ atua na coordenada r. Invertendo a ordem dos operadores diferenciais e integral, obtemos:

$$\vec{E}(\vec{r},t) = -\frac{1}{4\pi\varepsilon_0}\int\vec{\nabla}\left[\frac{\rho(\vec{r}',t')}{|\vec{r}-\vec{r}'|}\right]dv' - \frac{\mu_0}{4\pi}\int\frac{\partial\vec{J}(\vec{r}',t')/\partial t}{|\vec{r}-\vec{r}'|}dv'. \tag{13.31}$$

Derivando o integrando do primeiro termo no lado direito, temos:

$$\vec{E}(\vec{r},t) = -\frac{1}{4\pi\varepsilon_0}\int\left[\frac{\vec{\nabla}\rho(\vec{r}',t')}{|\vec{r}-\vec{r}'|} + \rho(\vec{r}',t')\vec{\nabla}\frac{1}{|\vec{r}-\vec{r}'|}\right]dv' - \frac{\mu_0}{4\pi}\int\frac{\partial\vec{J}(\vec{r}',t')/\partial t}{|\vec{r}-\vec{r}'|}dv'. \tag{13.32}$$

O gradiente do módulo do vetor que aparece no segundo termo é $\vec{\nabla}(1/|\vec{r}-\vec{r}'|) = -\hat{e}_{r-r'}/|\vec{r}-\vec{r}'|^2$, em que $\hat{e}_{r-r'} = (\vec{r}-\vec{r}')/|\vec{r}-\vec{r}'|$. Para calcular a derivada $\vec{\nabla}\rho(\vec{r}',t')$, devemos usar a regra da cadeia, uma vez que a densidade de cargas elétricas depende do tempo retardado. Assim, a derivada $\vec{\nabla}\rho(\vec{r}',t')$ pode ser escrita como:

$$\vec{\nabla}\rho(\vec{r}',t') = \frac{\partial\rho(\vec{r}',t')}{\partial t'}\vec{\nabla}t'. \tag{13.33}$$

Usando a relação $t' = t - |\vec{r}-\vec{r}'|/c$, podemos escrever que:

$$\vec{\nabla}\rho(\vec{r}',t') = \frac{\partial\rho(\vec{r}',t')}{\partial t'}\vec{\nabla}\left[t - \frac{1}{c}|\vec{r}-\vec{r}'|\right]. \tag{13.34}$$

A derivada $\vec{\nabla}_r(t - |\vec{r}-\vec{r}'|/c)$ é simplesmente $-\hat{e}_{r-r'}/c$. Assim, temos:

$$\vec{\nabla}\rho(\vec{r}',t') = -\frac{1}{c}\frac{\partial\rho(\vec{r}',t')}{\partial t'}\hat{e}_{r-r'}. \tag{13.35}$$

Usando o gradiente do termo $(1/|\vec{r}-\vec{r}'|)$ calculado anteriormente e substituindo (13.35) em (13.32), obtemos:

$$\vec{E}(\vec{r},t) = \frac{1}{4\pi\varepsilon_0}\int\left\{\frac{\rho(\vec{r}',t')\hat{e}_{r-r'}}{|\vec{r}-\vec{r}'|^2} + \frac{\left[\partial\rho(\vec{r}',t')/\partial t'\right]\hat{e}_{r-r'}}{c|\vec{r}-\vec{r}'|}\right\}dv' - \frac{\mu_0}{4\pi}\int\frac{\partial\vec{J}(\vec{r}',t')/\partial t}{|\vec{r}-\vec{r}'|}dv'. \tag{13.36}$$

Multiplicando e dividindo o último termo por ε_0, podemos escrever o campo elétrico como:

$$\vec{E}(\vec{r},t) = \frac{1}{4\pi\varepsilon_0}\int\left\{\frac{\rho(\vec{r}',t')\hat{e}_{r-r'}}{|\vec{r}-\vec{r}'|^2} + \frac{\left[\partial\rho(\vec{r}',t')/\partial t'\right]\hat{e}_{r-r'}}{c|\vec{r}-\vec{r}'|} - \frac{\left[\partial\vec{J}(\vec{r}',t')/\partial t\right]}{c^2|\vec{r}-\vec{r}'|}\right\}dv'. \tag{13.37}$$

Esta é a generalização da lei de Coulomb para uma densidade de cargas elétricas com uma dependência temporal.

Expandindo a densidade de cargas em torno do tempo t, temos:

$$\rho(\vec{r}',t') = \rho(\vec{r}',t) + (t'-t)\frac{\partial\rho(\vec{r}',t')}{\partial t'}\bigg|_{t'=t} + \frac{1}{2}(t'-t)^2\frac{\partial^2\rho(\vec{r}',t')}{\partial t'^2}\bigg|_{t'=t} + \ldots \tag{13.38}$$

Substituindo (13.38) em (13.37) e desprezando os termos de segunda ordem, obtemos:

$$\vec{E}(\vec{r},t) = \frac{1}{4\pi\varepsilon_0}\int\left\{\frac{\rho(\vec{r}',t)\hat{e}_{r-r'}}{|\vec{r}-\vec{r}'|^2} - \frac{\left[\partial\vec{J}(\vec{r}',t')/\partial t\right]}{c^2|\vec{r}-\vec{r}'|}\right\}dv'. \tag{13.39}$$

13.5 Generalização da Lei de Biot-Savart

O campo magnético é obtido tomando o rotacional do potencial vetor magnético, dado em (13.38):

$$\vec{B}(\vec{r},t) = \vec{\nabla} \times \frac{\mu_0}{4\pi} \int \frac{\vec{J}(\vec{r}\,',t')}{|\vec{r}-\vec{r}\,'|} dv'. \quad \textbf{(13.40)}$$

Usando a identidade $\vec{\nabla} \times (a\vec{F}) = a\vec{\nabla} \times \vec{F} - \vec{F} \times \vec{\nabla}(a)$, podemos escrever a equação anterior na forma:

$$\vec{B}(\vec{r},t) = \frac{\mu_0}{4\pi} \int \left\{ \frac{\nabla \times \vec{J}(\vec{r}\,',t')}{|\vec{r}-\vec{r}\,'|} - \vec{J}(r',t') \times \vec{\nabla} \frac{1}{|\vec{r}-\vec{r}\,'|} \right\} dv'. \quad \textbf{(13.41)}$$

O gradiente do último termo é $\vec{\nabla}(1/|\vec{r}-\vec{r}\,'|) = -\hat{e}_{r-r'}/|\vec{r}-\vec{r}\,'|^2$. O rotacional no primeiro termo deve ser efetuado com cautela, porque o tempo retardado $t' = t - |\vec{r}-\vec{r}\,'|/c$ depende da coordenada espacial. Usando a regra da derivação em cadeia, temos:

$$\vec{\nabla} \times \vec{J}(\vec{r}\,',t') = -\frac{\partial \vec{J}(\vec{r}\,',t')}{\partial t'} \times \vec{\nabla}(t - |\vec{r}-\vec{r}\,'|/c). \quad \textbf{(13.42)}$$

Como $\vec{\nabla}(t - |\vec{r}-\vec{r}\,'|/c) = -\hat{e}_{r-r'}/c$, podemos escrever que:

$$\vec{\nabla} \times \vec{J}(\vec{r}\,',t') = \frac{1}{c} \frac{\partial \vec{J}(\vec{r}\,',t')}{\partial t'} \times \hat{e}_{r-r'}. \quad \textbf{(13.43)}$$

Substituindo (13.43) em (13.41), obtemos:

$$\vec{B}(\vec{r},t) = \frac{\mu_0}{4\pi} \int \left[\frac{\vec{J}(\vec{r}\,',t') \times \hat{e}_{r-r'}}{|\vec{r}-\vec{r}\,'|^2} + \frac{\partial \vec{J}(\vec{r}\,',t')/\partial t' \times \hat{e}_{r-r'}}{c|\vec{r}-\vec{r}\,'|} \right] dv'. \quad \textbf{(13.44)}$$

Esta é a generalização da lei de Biot-Savart para uma densidade de corrente elétrica dependente do tempo. Expandindo o vetor densidade de corrente elétrica em torno do tempo atual t, temos:

$$\vec{J}(\vec{r}\,',t') = \vec{J}(\vec{r}\,',t) + (t'-t) \frac{\partial \vec{J}(\vec{r}\,',t')}{\partial t'}\bigg|_{t'=t} + \frac{1}{2}(t'-t)^2 \frac{\partial^2 \vec{J}(\vec{r}\,',t')}{\partial t'^2}\bigg|_{t'=t} + \ldots \quad \textbf{(13.45)}$$

Como $t' = t - |\vec{r}-\vec{r}\,'|/c$, temos que $(t'-t) = -|\vec{r}-\vec{r}\,'|/c$. Dessa forma, o vetor densidade de corrente elétrica fica:

$$\vec{J}(\vec{r}\,',t') = \vec{J}(\vec{r}\,',t) - \frac{\partial \vec{J}(\vec{r}\,',t')}{\partial t'} \frac{|\vec{r}-\vec{r}\,'|}{c} + \frac{1}{2} \frac{\partial^2 \vec{J}(\vec{r}\,',t)}{\partial t^2} \frac{|\vec{r}-\vec{r}\,'|^2}{c^2} + \ldots \quad \textbf{(13.46)}$$

Substituindo (13.46) em (13.44), obtemos:

$$\vec{B}(\vec{r},t) = \frac{\mu_0}{4\pi} \int \frac{\vec{J}(\vec{r}\,',t) \times \hat{e}_{r-r'}}{|\vec{r}-\vec{r}\,'|^2} + \frac{\mu_0}{4\pi} \int \frac{1}{2c^2} \frac{\partial^2 \vec{J}(\vec{r}\,',t)}{\partial t^2} \times \hat{e}_{r-r'} dv'. \quad \textbf{(13.47)}$$

Note que o primeiro termo tem a mesma forma da lei de Biot-Savart, equação (5.12), para um vetor densidade de corrente elétrica dependente do tempo atual. Portanto, a menos de um termo de segunda ordem, podemos negligenciar o tempo retardado no vetor densidade de corrente elétrica, de modo que a lei de Biot-Savart, discutida na Seção 5.4, é generalizada, incluindo diretamente uma dependência temporal no vetor densidade de corrente elétrica, isto é, $\vec{J}(\vec{r}\,') \to \vec{J}(\vec{r}\,',t)$. Portanto, o procedimento utilizado na Seção 5.9 para mostrar que o rotacional do campo magnético é $\vec{\nabla} \times \vec{B}(\vec{r},t) = \mu_0 \vec{J}(\vec{r},t) + \varepsilon_0 \mu_0 \vec{E}(\vec{r},t)$ está justificado.

As equações (13.37) e (13.44), que generalizam as leis de Coulomb e Biot-Savart, são conhecidas como equações de Jefimenko.[1] Na prática, elas não são muito utilizadas para a obtenção do campo eletromagnético, em função da complexidade do seu cálculo em problemas específicos. Usualmente, os campos elétrico e magnético dependentes do tempo são obtidos diretamente através das derivadas dos potenciais vetor magnético e escalar elétrico, que foram obtidos previamente.

13.6 Radiação de Dipolo Elétrico

No Capítulo 2, discutimos o campo elétrico gerado por um dipolo elétrico estático. Nesta seção, vamos calcular o campo eletromagnético gerado por um dipolo elétrico, cujo momento oscila no tempo. Uma idealização física de um dipolo elétrico oscilante pode ser feita considerando um sistema formado por duas pequenas esferas metálicas cuja carga elétrica varia no tempo. Outra idealização física de dipolo elétrico oscilante é um elétron ligado ao núcleo atômico submetido a um campo elétrico variável no tempo.

Para calcular os campos elétrico e magnético gerados por um dipolo elétrico oscilante, vamos considerar, por simplicidade, um dipolo elétrico colocado sobre o eixo z, conforme mostra a Figura 13.2. Neste caso, o vetor $\vec{r}\,'$ possui somente a coordenada z', de modo que o potencial vetor, dado em (13.19), se escreve como:

$$\vec{A}(\vec{r},t) = \hat{k}\frac{\mu_0}{4\pi}\int_{-l/2}^{l/2} \frac{I(z',t - |\vec{r} - \vec{z}\,'|/c)}{|\vec{r} - \vec{z}\,'|}dz'. \tag{13.48}$$

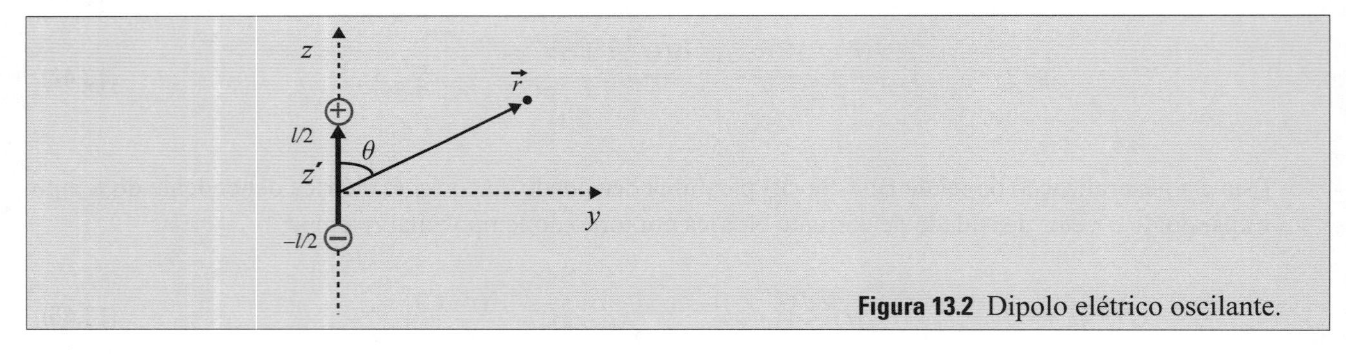

Figura 13.2 Dipolo elétrico oscilante.

Para pontos de observação afastados do dipolo em que $\vec{r} >> \vec{z}\,'$, podemos escrever que:

$$|\vec{r} - \vec{z}\,'| = r\left[1 - \frac{2\vec{r}\cdot\vec{z}\,'}{r^2}\right]^{1/2}. \tag{13.49}$$

Expandindo o lado direito, temos $|\vec{r} - \vec{z}\,'| = \left[r - z'\cos\theta\right]$, em que θ é o ângulo entre os vetores $\vec{r}$ e $\vec{z}\,'$. Assim, a equação (13.48) se reduz a:

[1] Jefimenko, O. D., *Solutions of Maxwell equations for electric and magnetic fields in arbitrary media.* Am. Jour. Phys. 60, 889 (1992).

$$\vec{A}(\vec{r},t)=\hat{k}\frac{\mu_0}{4\pi}\int_{-l/2}^{l/2}\frac{I\left[z',t-\left(r-z'\cos\theta\right)/c\right]}{\left(r-z'\cos\theta\right)}dz'. \tag{13.50}$$

Como $r >> z'$, podemos desprezar z' no numerador e $z'\cos\theta$ no denominador. Assim, temos que:

$$\vec{A}(\vec{r},t)=\hat{k}\frac{\mu_0}{4\pi}\int_{-l/2}^{l/2}\frac{I\left(t-\frac{r}{c}-\frac{z'\cos\theta}{c}\right)}{r}dz'. \tag{13.51}$$

Usando a relação $\lambda = ct$, podemos escrever que $z'/c = z't/\lambda$. Supondo que o comprimento da onda eletromagnética emitida pelo dipolo elétrico é muito maior que o seu comprimento, isto é, $\lambda >> z'$, temos que $z'/c \to 0$. Portanto, nessas condições, o termo $z'\cos\theta/c$ em (13.51) pode ser desprezado de forma que o potencial vetor se reduz a:

$$\vec{A}(\vec{r},t)=\hat{k}\frac{\mu_0}{4\pi}\int_{-l/2}^{l/2}\frac{I\left(t-\frac{r}{c}\right)}{r}dz'. \tag{13.52}$$

Integrando esta expressão, obtemos:

$$\vec{A}(\vec{r},t)=\hat{k}\frac{\mu_0 l}{4\pi r}I\left(t-\frac{r}{c}\right). \tag{13.53}$$

Como a corrente elétrica é a derivada da carga elétrica em relação ao tempo, podemos reescrever esta expressão na seguinte forma:

$$\vec{A}(\vec{r},t)=\hat{k}\frac{\mu_0}{4\pi r}\frac{d}{dt}p\left(t-\frac{r}{c}\right) \tag{13.54}$$

em que $p(t-r/c)=lq(t-r/c)$ é o momento de dipolo elétrico.

Uma vez calculado o potencial vetor, podemos obter o potencial escalar elétrico via condição de Lorenz. Por outro lado, os campos elétrico e magnético podem ser calculados por $\vec{B}=\vec{\nabla}\times\vec{A}$ e $\vec{E}=\vec{\nabla}V-\partial\vec{A}/\partial t$.

Como exemplo, vamos calcular o campos gerados por um dipolo elétrico, cuja carga elétrica varia no tempo, segundo a equação $q=q_0\cos\omega\left(t-r/c\right)$. A corrente elétrica, calculada por $I=dq/dt$, é $I=-\omega q_0\,\text{sen}\,\omega\left(t-r/c\right)$. Substituindo esse valor da corrente elétrica em (13.53), temos:

$$\vec{A}(\vec{r},t)=-\hat{k}\frac{\mu_0 l\omega q_0}{4\pi r}\text{sen}\,\omega\left(t-\frac{r}{c}\right). \tag{13.55}$$

Usando a relação $\hat{k}=(\hat{r}\cos\theta-\hat{\theta}\,\text{sen}\,\theta)$, podemos escrever o potencial vetor em coordenadas esféricas como:

$$\vec{A}(r,\theta,t)=\frac{\omega q_0\mu_0 l}{4\pi r}\text{sen}\,\omega\left(t-\frac{r}{c}\right)\left[-\hat{r}\cos\theta+\hat{\theta}\,\text{sen}\,\theta\right]. \tag{13.56}$$

O campo magnético, calculado por $\vec{B}(r,\theta,t)=\nabla\times\vec{A}(r,\theta,t)$, é:

$$\vec{B}(r,\theta,t)=-\hat{\phi}\frac{\mu_0 l\omega q_0}{4\pi r}\operatorname{sen}\theta\left[\frac{\omega}{c}\cos\omega\left(t-\frac{r}{c}\right)+\frac{1}{r}\operatorname{sen}\omega\left(t-\frac{r}{c}\right)\right]. \tag{13.57}$$

Para calcular o potencial escalar elétrico, podemos seguir um procedimento análogo ao utilizado anteriormente. Esta tarefa está proposta no Exercício Complementar 2. Alternativamente, o potencial escalar elétrico pode ser determinado utilizando a condição de Lorenz, $\vec{\nabla}\cdot\vec{A}(r,t)+\varepsilon_0\mu_0\partial V(r,t)/\partial t=0$. Este cálculo está feito no Exercício Resolvido 13.1 e o resultado é:

$$V(r,\theta,t)=\frac{q_0 l\cos\theta}{4\pi\varepsilon_0}\left[\frac{1}{r^2}\cos\omega\left(t-\frac{r}{c}\right)-\frac{\omega}{rc}\operatorname{sen}\omega\left(t-\frac{r}{c}\right)\right]. \tag{13.58}$$

Note que, no limite $\omega\to 0$, recuperamos a expressão para o potencial elétrico no caso estático, isto é, $V(r,\theta)=p_0\cos\theta/4\pi\varepsilon_0 r^2$ em que $p_0=q_0 l$ (veja o Exemplo 2.6 do Capítulo 2).

Usando as relações (13.56) e (13.58) em $E_r(r,\theta,t)=-\partial V(r,\theta,t)/\partial r-\partial A_r(r,\theta,t)/\partial t$, temos que:

$$\begin{aligned}E_r(r,\theta,t)=&-\frac{l\cos\theta}{4\pi\varepsilon_0}\frac{\partial}{\partial r}\left[\frac{1}{r^2}q_0\cos\omega\left(t-\frac{r}{c}\right)-\frac{\omega q_0}{rc}\operatorname{sen}\omega\left(t-\frac{r}{c}\right)\right]\\&-\frac{\partial}{\partial t}\left[\frac{-\omega q_0\mu_0 l}{4\pi r}\cos\theta\operatorname{sen}\omega\left(t-\frac{r}{c}\right)\right].\end{aligned} \tag{13.59}$$

Efetuando as derivadas, obtemos:

$$\begin{aligned}E_r(r,\theta,t)=&-\frac{l\cos\theta}{4\pi\varepsilon_0}\left[-\frac{2}{r^3}q_0\cos\omega\left(t-\frac{r}{c}\right)+\frac{\omega q_0}{cr^2}\operatorname{sen}\omega\left(t-\frac{r}{c}\right)+\frac{\omega q_0}{r^2c}\operatorname{sen}\omega\left(t-\frac{r}{c}\right)\right.\\&\left.+\frac{\omega^2 q_0}{rc^2}\cos\omega\left(t-\frac{r}{c}\right)\right]+\left[\frac{\mu_0 l\omega^2 q_0}{4\pi r}\cos\theta\cos\omega\left(t-\frac{r}{c}\right)\right].\end{aligned} \tag{13.60}$$

Após uma manipulação algébrica, temos que:

$$E_r(r,\theta,t)=-\frac{2l\omega q_0\cos\theta}{4\pi\varepsilon_0}\left[\frac{\operatorname{sen}\omega\left(t-\frac{r}{c}\right)}{r^2c}-\frac{\cos\omega\left(t-\frac{r}{c}\right)}{\omega r^3}\right]. \tag{13.61}$$

Usando as relações (13.56) e (13.58), temos que a componente θ do campo elétrico, calculada por $E_\theta=-\frac{1}{r}\partial V(r,\theta,t)/\partial\theta-\partial A_\theta(r,\theta,t)/\partial t$, é:

$$\begin{aligned}E_\theta(r,\theta,t)=&\frac{l}{4\pi\varepsilon_0 r}\frac{\partial}{\partial\theta}\left\{\cos\theta\left[\frac{1}{r^2}q_0\cos\omega\left(t-\frac{r}{c}\right)-\frac{\omega q_0}{rc}\operatorname{sen}\omega\left(t-\frac{r}{c}\right)\right]\right\}\\&-\frac{\partial}{\partial t}\left[\frac{\mu_0 l\omega q_0}{4\pi r}\operatorname{sen}\theta\operatorname{sen}\omega\left(t-\frac{r}{c}\right)\right].\end{aligned} \tag{13.62}$$

Efetuando as derivadas, obtemos:

$$E_\theta(r,\theta,t) = -\frac{l\omega q_0 \operatorname{sen}\theta}{4\pi\varepsilon_0}\left\{\frac{1}{r^2 c}\operatorname{sen}\omega\left(t-\frac{r}{c}\right)+\left[\frac{\omega}{rc^2}-\frac{1}{\omega r^3}\right]\cos\omega\left(t-\frac{r}{c}\right)\right\}. \qquad \textbf{(13.63)}$$

A componente E_ϕ é dada por $E_\phi(r,\theta,t) = -(1/r\operatorname{sen}\theta)\partial V(r,\theta,t)/\partial\phi - \partial A_\phi(r,\theta,t)/\partial t$. Como o potencial escalar elétrico não depende da coordenada ϕ e a componente A_ϕ é nula, temos que a componente E_ϕ é identicamente nula.

O vetor de Poynting, calculado por, $\vec{S} = (\vec{E}\times\vec{B})/\mu_0$, é $\vec{S} = (E_\theta B_\phi \hat{r} - E_r B_\phi \hat{\theta})/\mu_0$. Como foi discutido na Seção 8.3 do Capítulo 8, a potência irradiada por unidade de ângulo sólido é dada por $dP/d\Omega = S_r r^2$, em que S_r é a componente normal do vetor de Poynting.

Para que a energia eletromagnética se propague indefinidamente, é necessário que $dP/d\Omega$ não dependa de r. Portanto, devemos considerar somente os termos em que S_r é proporcional a $1/r^2$. Logo, devemos manter nas componentes dos campos elétrico e magnético apenas termos proporcionais a $1/r$. Com essas considerações, a componente radial do vetor de Poynting com dependência em $1/r^2$ é:

$$\vec{S}_r(r,\theta,t) = \frac{1}{\mu_0}\left[-\frac{\omega^2 p_0}{4\pi\varepsilon_0 c^2 r}\operatorname{sen}\theta\cos\omega\left(t-\frac{r}{c}\right)\right]\left[-\frac{\mu_0\omega^2 p_0}{4\pi c r}\operatorname{sen}\theta\cos\omega\left(t-\frac{r}{c}\right)\right]\hat{r} \qquad \textbf{(13.64)}$$

em que $p_0 = lq_0$ é o momento de dipolo elétrico. Efetuando o produto, temos que:

$$\vec{S}(r,\theta,t) = \frac{\omega^4 p_0^2}{16\pi^2\varepsilon_0 c^3 r^2}\operatorname{sen}^2\theta\cos^2\omega\left(t-\frac{r}{c}\right)\hat{r}. \qquad \textbf{(13.65)}$$

Portanto, a potência irradiada por unidade de ângulo sólido, calculada pela relação $dP/d\Omega = S_r r^2$, é:

$$\vec{S}(r,\theta,t) = \frac{\omega^4 p_0^2}{16\pi^2\varepsilon_0 c^3 r^2}\operatorname{sen}^2\theta\cos^2\omega\left(t-\frac{r}{c}\right)\hat{r}. \qquad \textbf{(13.66)}$$

Como $dP(r,\theta,t) = dU(r,\theta,t)/dt$, podemos escrever que:

$$\frac{d^2U(r,\theta,t)}{dt d\Omega} = \frac{\omega^4 p_0^2}{16\pi^2\varepsilon_0 c^3}\operatorname{sen}^2\theta\cos^2\omega\left(t-\frac{r}{c}\right). \qquad \textbf{(13.67)}$$

O valor médio da energia irradiada por unidade de ângulo sólido é:

$$\left\langle\frac{dU(\theta)}{d\Omega}\right\rangle = \frac{\omega^4 p_0^2}{32\pi^2\varepsilon_0 c^3}\operatorname{sen}^2\theta. \qquad \textbf{(13.68)}$$

Note que essa energia média é máxima para $\theta = \pi/2$ e nula para $\theta = 0$. Isto significa que o dipolo elétrico não irradia energia ao longo do seu eixo. A energia total irradiada é obtida integrando a expressão anterior no ângulo sólido, $d\Omega = \operatorname{sen}\theta d\theta d\phi$. Assim, temos:

$$\langle U\rangle = \frac{\omega^4 p_0^2}{32\pi^2\varepsilon_0 c^3}\int_0^\pi \operatorname{sen}^3\theta d\theta\int_0^{2\pi} d\phi. \qquad \textbf{(13.69)}$$

Integrando, temos que a energia total irradiada pelo dipolo elétrico é:

$$\langle U \rangle = \frac{\omega^4 p^2}{12\pi\varepsilon_0 c^3}. \tag{13.70}$$

13.7 Radiação de Dipolo Magnético

Uma idealização física de um dipolo magnético oscilante é uma espira circular transportando uma corrente elétrica alternada. Por simplicidade, vamos considerar uma corrente elétrica do tipo $I(r',t') = I_0 \cos \omega t'$. De acordo com a equação (13.19), o potencial vetor gerado por esse dipolo magnético é:

$$\vec{A}(\vec{r},t) = \frac{\mu_0}{4\pi} \int \frac{I_0 \cos\omega\left(t - |\vec{r} - \vec{r}\,'|/c\right)}{|\vec{r} - \vec{r}\,'|} d\vec{l}\,'. \tag{13.71}$$

Vamos considerar que o dipolo magnético está sobre o plano xy e o ponto de observação está situado sobre o plano xz, conforme mostra a Figura 13.3.

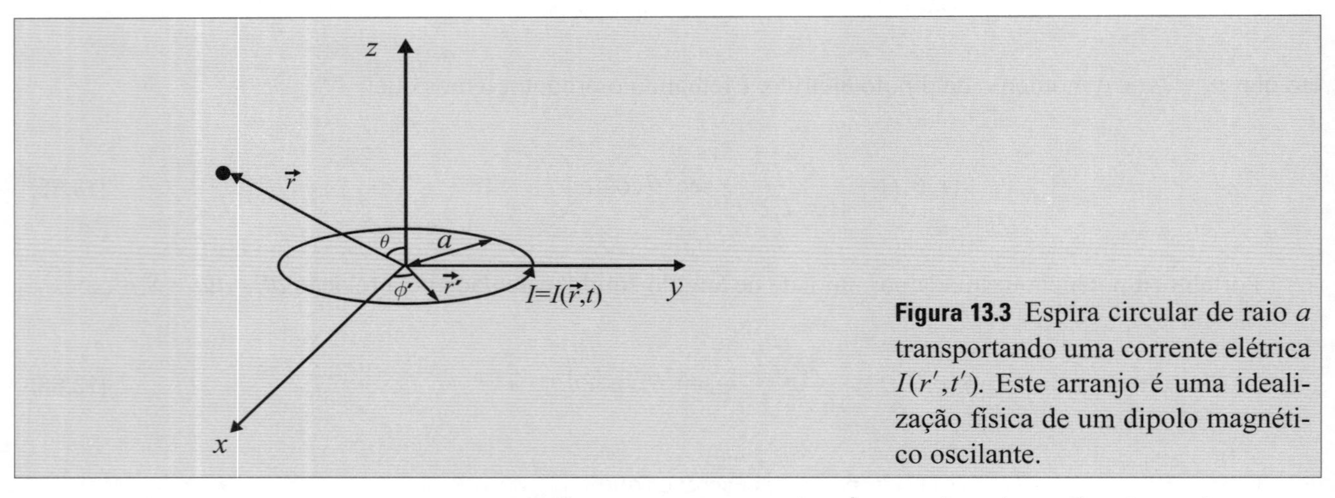

Figura 13.3 Espira circular de raio a transportando uma corrente elétrica $I(r',t')$. Este arranjo é uma idealização física de um dipolo magnético oscilante.

Neste caso, temos que os vetores $\vec{r}$; $\vec{r}\,'$ e $d\vec{l}\,'$ são dados por $\vec{r} = \hat{i}x + \hat{k}z$; $\vec{r}\,' = \hat{i}x' + \hat{j}y'$ e $d\vec{l}\,' = \hat{i}dx' + \hat{j}dy'$. Estes vetores podem ser escritos como:

$$\vec{r}\,' = a\left(\hat{i}\cos\phi' + \hat{j}\,\text{sen}\phi'\right), \quad \vec{r} = r(\hat{i}\,\text{sen}\theta + \hat{k}\cos\theta) \tag{13.72}$$

$$d\vec{l}\,' = d\vec{r}\,' = a(-\hat{i}\,\text{sen}\phi' + \hat{j}\cos\phi')d\phi' \tag{13.73}$$

Usando $\vec{r}\cdot\vec{r}\,' = r'r\cos\phi'\text{sen}\theta$ obtemos que $|\vec{r} - \vec{r}\,'| = \sqrt{r^2 + r'^2 - 2rr'\cos\phi'\text{sen}\theta}$. Para pontos de observação muito afastados do dipolo magnético ($r >> a$), temos que $|\vec{r} - \vec{r}\,'| = r - r'\cos\phi'\text{sen}\theta$. Com essas considerações, e fazendo $r' = a$, podemos escrever a equação (13.71) como:

$$\vec{A}(r,\theta,t) = \frac{\mu_0}{4\pi}\left\{\int_0^{2\pi} \frac{I_0\cos\left[\omega\left(t - r/c\right) + \frac{\omega a}{c}\cos\phi'\text{sen}\theta\right]}{r - a\cos\phi'\text{sen}\theta}\left[-\hat{i}\,\text{sen}\phi' + \hat{j}\cos\phi'\right]a\,d\phi'\right\}. \tag{13.74}$$

Usando a propriedade $\cos(a+b)=\cos a\cos b-\operatorname{sen}a\operatorname{sen}b$, para expandir a função que aparece no numerador da equação anterior, temos:

$$\vec{A}(r,\theta,t)=\frac{\mu_0}{4\pi}\int_0^{2\pi}\frac{I_0}{r\left(1-\frac{a}{r}\cos\phi'\operatorname{sen}\theta\right)}\left\{\cos\left[\omega(t-r/c)\right]\cos\left[\frac{\omega a}{c}\cos\phi'\operatorname{sen}\theta\right]\right.$$
$$\left.-\operatorname{sen}\left[\omega(t-r/c)\right]\operatorname{sen}\left[\frac{\omega a}{c}\cos\phi'\operatorname{sen}\theta\right]\left(-\hat{i}\operatorname{sen}\phi'+\hat{j}\cos\phi'\right)ad\phi'\right\}. \tag{13.75}$$

Considerando que o comprimento de onda da radiação emitida pelo dipolo magnético é muito maior que seu comprimento, ($\lambda >> a$), temos que $\omega a/c=2\pi a/\lambda<<1$. Usando esta condição, temos que $\cos[(\omega a/c)\cos\phi'\operatorname{sen}\theta]\simeq 1$ e $\operatorname{sen}[(\omega a/c)\cos\phi'\operatorname{sen}\theta]\simeq(\omega a/c)\cos\phi'\operatorname{sen}\theta$. Assim, a relação anterior pode ser escrita como:

$$\vec{A}(r,\theta,t)=\frac{\mu_0}{4\pi r}\int_0^{2\pi}\frac{I_0}{\left(1-\frac{a}{r}\cos\phi'\operatorname{sen}\theta\right)}\left\{\left[\cos\left[\omega(t-r/c)\right]\right.\right.$$
$$\left.\left.-\frac{\omega a}{c}\cos\phi'\operatorname{sen}\theta\operatorname{sen}\left[\omega(t-r/c)\right]\right]\left(-\hat{i}\operatorname{sen}\phi'+\hat{j}\cos\phi'\right)ad\phi'\right\}. \tag{13.76}$$

Usando a expansão $[1-(a/r)\cos\phi'\operatorname{sen}\theta]^{-1}\simeq 1+(a\cos\phi'\operatorname{sen}\theta)/r$, temos:

$$\vec{A}(r,\theta,t)=\frac{\mu_0 I_0}{4\pi r}\int_0^{2\pi}\left\{\left[\cos\left[\omega(t-r/c)\right]-\frac{\omega a}{c}\cos\phi'\operatorname{sen}\theta\operatorname{sen}\left[\omega(t-r/c)\right]\right]\right.$$
$$\left.\times\left(1+\frac{a}{r}\cos\phi'\operatorname{sen}\theta\right)a\left(-\hat{i}\operatorname{sen}\phi'+\hat{j}\cos\phi'\right)d\phi'\right\}. \tag{13.77}$$

A componente $\hat{i}$ é nula, porque envolve a integração das funções $\operatorname{sen}\phi'$, $\operatorname{sen}\phi'\cos\phi'$ e $\operatorname{sen}\phi'\cos^2\phi'$ no intervalo $[0,2\pi]$. Efetuando o produto, temos:

$$\vec{A}(r,\theta,t)=\hat{j}\frac{\mu_0 I_0}{4\pi r}\left\{\cos\left[\omega(t-r/c)\right]a\int_0^{2\pi}\cos\phi'd\phi'-\frac{\omega a^3}{cr}\operatorname{sen}^2\theta\operatorname{sen}\left[\omega(t-r/c)\right]\int_0^{2\pi}\cos^3\phi'd\phi'\right.$$
$$\left.+\left[\frac{a^2}{r}\cos\left[\omega(t-r/c)\right]-\frac{\omega a^2}{c}\operatorname{sen}\left[\omega(t-r/c)\right]\right]\operatorname{sen}\theta\int_0^{2\pi}\cos^2\phi'd\phi'\right\}. \tag{13.78}$$

O primeiro e o segundo termos são nulos, porque envolvem, respectivamente, uma integral de $\cos\phi'$ e $\cos^3\phi'$ no intervalo $[0,2\pi]$. A última integral envolvendo a função $\cos^2\phi'$ no intervalo $[0,2\pi]$ é π. Com essas considerações, a equação (13.78) se reduz a:

$$\vec{A}(r,\theta,t)=\hat{j}\frac{\mu_0 I_0\pi a^2\operatorname{sen}\theta}{4\pi r}\left\{\frac{\cos\left[\omega(t-r/c)\right]}{r}-\frac{\omega}{c}\operatorname{sen}\left[\omega(t-r/c)\right]\right\}. \tag{13.79}$$

Note que esta expressão para o potencial vetor tem somente a componente $\hat{j}$, porque o ponto de observação escolhido está sobre o plano xz. Para um ponto qualquer, o potencial vetor magnético deve estar ao longo da direção $\hat{\phi}$. Portanto, devido à simetria do problema, podemos generalizar a expressão anterior e escrever que:

$$\vec{A}(r,\theta,t)=\hat{\phi}\frac{\mu_0 I_0 \pi a^2 \text{sen}\theta}{4\pi r}\left\{\frac{\cos\left[\omega(t-r/c)\right]}{r}-\frac{\omega}{c}\text{sen}\left[\omega(t-r/c)\right]\right\}. \tag{13.80}$$

No limite $\omega \to 0$ esta expressão se reduz a $\vec{A}(r,t)=\hat{\phi}\mu_0\left(I_0\pi a^2\right)\text{sen}\theta / 4\pi r^2$, que é o potencial vetor para o dipolo magnético estático [veja a equação (5.38)].

Na zona de radiação, em que vale a condição $r >> a$, o primeiro termo cai mais rapidamente que o segundo, de modo que ele pode ser desprezado. Assim, o potencial vetor magnético se reduz a:

$$\vec{A}(r,\theta,t)=-\hat{\phi}\frac{\mu_0 I_0 \pi a^2 \text{sen}\theta}{4\pi r}\left\{\frac{\omega}{c}\text{sen}\left[\omega(t-r/c)\right]\right\}. \tag{13.81}$$

O campo magnético é obtido tomando o rotacional desse potencial vetor. Efetuando as derivadas e mantendo somente os termos proporcionais a $1/r$, obtemos:

$$\vec{B}(r,\theta,t)=-\frac{\mu_0 m_0 \omega^2 \text{sen}\theta}{4\pi r c^2}\left\{\cos\left[\omega(t-r/c)\right]\right\}\hat{\theta} \tag{13.82}$$

em que $m_0 = I_0 \pi a^2$ é o momento magnético estático.

O potencial escalar elétrico pode ser determinado diretamente pela equação (13.17) ou utilizando a condição de Lorenz, $\nabla \cdot \vec{A} + \varepsilon_0 \mu_0 \partial V / \partial t = 0$. Esta tarefa está proposta no Exercício Complementar 4.

O campo elétrico é obtido pela relação $\vec{E}(r,t) = -\vec{\nabla} V(\vec{r},t) - \partial \vec{A}(\vec{r},t)/\partial t$. Como o potencial escalar elétrico gerado pelo dipolo magnético é proporcional a $1/r^2$, a contribuição para o campo elétrico, calculada por $-\vec{\nabla} V(\vec{r},t)$, decresce com $1/r^3$. Logo, podemos desprezar esse termo, uma vez que ele não contribuiu para a energia eletromagnética emitida. Asssim, o campo elétrico na zona de radiação, calculado por $\vec{E} = -\partial \vec{A}(r,t)/\partial t$, é:

$$\vec{E}(r,\theta,t)=\frac{\mu_0 m_0 \omega^2 \text{sen}\theta}{4\pi r c}\left\{\cos\left[\omega(t-r/c)\right]\right\}\hat{\phi}. \tag{13.83}$$

Usando os campos magnético e elétrico dados em (13.82) e (13.83), temos que o vetor de Poynting, calculado por $\vec{S} = (\vec{E} \times \vec{B})/\mu_0$, é:

$$\vec{S}(r,\theta,t)=\left[\frac{\mu_0 m_0^2 \omega^4}{16\pi^2 c^3}\left(\frac{\text{sen}\theta}{r}\right)^2\left\{\cos^2\left[\omega(t-r/c)\right]\right\}\right]\hat{r}. \tag{13.84}$$

A distribuição angular da potência emitida pelo dipolo magnético, calculada por $dP/d\Omega = r^2 S$, é

$$\frac{dP(r,\theta,t)}{d\Omega}=\left[\frac{\mu_0 m_0^2 \omega^4 \text{sen}^2\theta}{16\pi^2 c^3}\cos^2\left[\omega(t-r/c)\right]\right]. \tag{13.85}$$

Como $dP = dU / dt$, temos que a energia eletromagnética irradiada por unidade de ângulo sólido é:

$$\frac{d^2U(r,\theta,t)}{d\Omega dt} = \left[\frac{\mu_0 m_0^2 \omega^4 \mathrm{sen}^2\theta}{16\pi^2 c^3}\cos^2\left[\omega\left(t - r / c\right)\right]\right]. \quad \textbf{(13.86)}$$

Usando $\left\langle \cos^2\left[\omega\left(t - r / c\right)\right]\right\rangle = 1/2$, temos que a energia eletromagnética média irradiada por ângulo sólido é:

$$\left\langle \frac{dU(\theta)}{d\Omega}\right\rangle = \frac{\mu_0 m_0^2 \omega^4 \mathrm{sen}^2\theta}{32\pi^2 c^3}. \quad \textbf{(13.87)}$$

A energia total, obtida integrando a relação anterior no ângulo sólido, é:

$$\langle U \rangle = \frac{\mu_0 m_0^2 \omega^4}{12\pi c^3} = \frac{m_0^2 \omega^4}{12\pi\varepsilon_0 c^5}. \quad \textbf{(13.88)}$$

Vamos calcular a razão entre a energia irradiada por um dipolo elétrico e um dipolo magnético com dimensões comparáveis. Vamos supor que o dipolo elétrico tem comprimento $d = 2a$ e o dipolo magnético tem diâmetro $d = 2a$. Neste caso, usando as equações (13.70) e (13.88), podemos escrever a razão $\langle U \rangle_{dm} / \langle U \rangle_{de}$ como:[2]

$$\frac{\langle U \rangle_{dm}}{\langle U \rangle_{de}} = \left[\frac{\omega^4 m_0^2}{12\pi\varepsilon_0 c^5}\right] \cdot \left[\frac{12\pi\varepsilon_0 c^3}{\omega^4 p_0^2}\right] = \left(\frac{m_0}{c p_0}\right)^2. \quad \textbf{(13.89)}$$

Usando a relação $I = q\omega / 2\pi$, temos que $m_0 = I\pi a^2 = q\omega a^2 / 2$.

Por outro lado, o momento de um dipolo elétrico de tamanho $d = 2a$ é $p_0 = qd = 2aq$. Com essas considerações, podemos escrever que:

$$\frac{\langle U \rangle_{dm}}{\langle U \rangle_{de}} = \left(\frac{m_0}{c p_0}\right)^2 = \left(\frac{\omega a}{4c}\right)^2. \quad \textbf{(13.90)}$$

Usando $\omega = 2\pi f$ e $c = \lambda f$, temos:

$$\frac{\langle U \rangle_{dm}}{\langle U \rangle_{de}} = \left(\frac{\pi a}{2\lambda}\right)^2. \quad \textbf{(13.91)}$$

Na aproximação em que $\lambda >> a$, temos que a / λ vai a zero, de modo que $\langle U \rangle_{dm} << \langle U \rangle_{de}$. Portanto, a energia irradiada por um dipolo magnético é muito menor que a energia emitida por um dipolo elétrico.

---

[2] Usamos a notação $\langle U \rangle_{de}$ e $\langle U \rangle_{dm}$ para representar os valores médios de energia para o dipolo elétrico e magnético, respectivamente.

EXEMPLO 13.1

Dois dipolos elétricos situados sobre o eixo z, separados por uma distância $d/2$ e oscilando fora de fase, formam um quadrupolo elétrico, conforme mostra a Figura 13.4. Discuta a radiação emitida por esse quadrupolo elétrico.

SOLUÇÃO

O campo eletromagnético gerado por esse quadrupolo elétrico pode ser considerado como a soma dos campos gerados por dois dipolos elétricos.

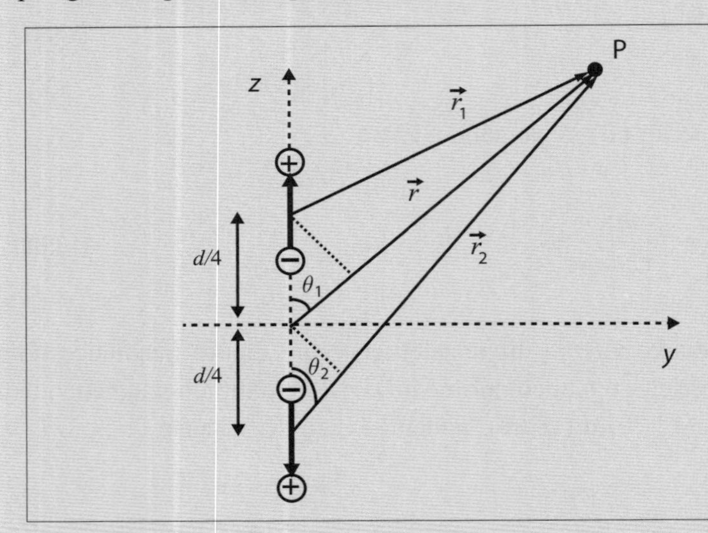

Figura 13.4 Quadrupolo elétrico formado por dois dipolos elétricos oscilando fora de fase.

A componente E_θ do campo elétrico gerado por um dipolo elétrico é dada pela relação (13.63). Portanto, considerando somente os termos proporcionais a $1/r$, temos que os campos elétricos gerados pelos dipolos elétricos são:

$$\vec{E}_{1\theta}(r,\theta,t) = -\hat{\theta}\frac{\omega^2 p}{4\pi\varepsilon_0 c^2 r_1}\operatorname{sen}\theta_1 e^{i(kr_1-\omega t)}$$

$$\vec{E}_{2\theta}(r,\theta,t) = -\hat{\theta}\frac{\omega^2 p}{4\pi\varepsilon_0 c^2 r_2}\operatorname{sen}\theta_2 e^{i(kr_2-\omega t+\pi)}$$

em que r_1 e r_2 são as distâncias dos dipolos elétricos ao ponto de observação. As relações anteriores foram escritas na notação exponencial para facilitar as operações matemáticas. O campo dado em (13.63) é obtido tomando a parte real dessas expressões. Para levar em consideração a diferença de fase entre os campos elétricos gerados pelos dois dipolos, introduzimos o número π na fase do campo E_2.

Pela Figura 13.4, temos que $r_1 = r-(d/4)\cos\theta_1$ e $r_2 = r+(d/4)\cos\theta_2$. Como uma boa aproximação, podemos tomar $\theta_1 = \theta_2 = \theta$. Com essas considerações, temos que:

$$\vec{E}_{1\theta}(r,\theta,t) = \hat{\theta}\frac{\omega^2 p}{4\pi\varepsilon_0 c^2 r}\operatorname{sen}\theta\cos(kr-\omega t)e^{-i\frac{kd}{4}\cos\theta}$$

$$\vec{E}_{2\theta}(r,\theta,t) = \hat{\theta}\frac{\omega^2 p}{4\pi\varepsilon_0 c^2 r}\operatorname{sen}\theta\cos(kr-\omega t)e^{i\left(k\frac{d}{4}\cos\theta+\pi\right)}.$$

Nestas relações, desprezamos os termos $(d/4)\cos\theta_1$ e $(d/4)\cos\theta_2$ no denominador, uma vez que $r >> d$. O campo elétrico total gerado pelo quadrupolo elétrico é $\vec{E}_\theta = \vec{E}_{1\theta} + \vec{E}_{2\theta}$. Logo,

$$\vec{E}_\theta(r,\theta,t) = \hat{\theta}\frac{\omega^2 p}{4\pi\varepsilon_0 c^2 r}\,\text{sen}\,\theta\cos(kr-\omega t)\left[e^{-i\frac{kd}{4}\cos\theta} + e^{i\left(k\frac{d}{4}\cos\theta+\pi\right)}\right].$$

Usando $e^{i\pi} = -1$, podemos escrever que:

$$\vec{E}_\theta(r,\theta,t) = \hat{\theta}\frac{\omega^2 p}{4\pi\varepsilon_0 c^2 r}\,\text{sen}\,\theta\cos(kr-\omega t)\left[e^{-ik\frac{d}{4}\cos\theta} - e^{i\frac{kd}{4}\cos\theta}\right].$$

Usando o fato de que o termo entre colchetes é $-2i$ sen$\left(k\frac{d}{4}\cos\theta\right)$, temos:

$$\vec{E}_\theta(r,\theta,t) = -\hat{\theta}\frac{i2\omega^2 p}{4\pi\varepsilon_0 c^2 r}\,\text{sen}\,\theta\;\text{sen}\left(k\frac{d}{4}\cos\theta\right)\cos(kr-\omega t).$$

O campo magnético gerado por dipolo elétrico é dado pela relação (13.57). Logo, mantendo somente os termos proporcionais a $1/r$ e usando a notação exponencial, temos:[3]

$$\begin{aligned}\vec{B}_{1\phi}(r,\theta,t) &= -\hat{\phi}\frac{\mu_0\omega^2 p_0}{4\pi c r}\,\text{sen}\,\theta e^{i(kr_1-\omega t)}\\ \vec{B}_{2\phi}(r,\theta,t) &= -\hat{\phi}\frac{\mu_0\omega^2 p}{4\pi c r}\,\text{sen}\,\theta e^{i(kr_2-\omega t+\pi)}\end{aligned}.$$

Usando o mesmo procedimento feito para calcular $\vec{E}_\theta(r,\theta,t)$, temos que a componente total do campo magnético, calculada por $\vec{B}_\phi = \vec{B}_{1\phi} + \vec{B}_{2\phi}$, é dada por:

$$B_\phi(r,\theta,t) = -\hat{\phi}\frac{2i\mu_0\omega^2 p}{4\pi c r}\,\text{sen}\,\theta\,\text{sen}\left(k\frac{d}{4}\cos\theta\right)\cos(kr-\omega t).$$

O vetor de Poynting, calculado por $\vec{S} = (\vec{E}\times\vec{B})/\mu_0 = (E_\theta B_\phi/\mu_0)\hat{r}$, é

$$\vec{S}(r,\theta,t) = \hat{r}\frac{\omega^4 p^2}{4\pi^2\varepsilon_0 c^3 r^2}\,\text{sen}^2\theta\,\text{sen}^2\left(k\frac{d}{4}\cos\theta\right)\cos^2(kr-\omega t).$$

O valor médio temporal do vetor de Poynting é:

$$\langle S(r,\theta,t)\rangle = \frac{\omega^4 p^2}{8\pi^2\varepsilon_0 c^3 r^2}\,\text{sen}^2\theta\,\text{sen}^2\left(k\frac{d}{4}\cos\theta\right).$$

A distribuição angular da potência média irradiada pelo quadrupolo elétrico, calculada por $\left\langle\frac{dP}{d\Omega}\right\rangle = \langle S\rangle r^2$, é:

$$\left\langle\frac{dP(\theta)}{d\Omega}\right\rangle = \frac{\omega^4 p^2}{8\pi^2\varepsilon_0 c^3}\,\text{sen}^2\theta\,\text{sen}^2\left(k\frac{d}{4}\cos\theta\right).$$

[3] O campo magnético é obtido tomando a parte real dessas relações.

13.8 Radiação de Antena Linear

Nas seções anteriores, discutimos a radiação eletromagnética emitida por dipolos elétricos, dipolos magnéticos e quadrupolos magnéticos, considerando que o comprimento de onda da radiação eletromagnética emitida era muito maior que o tamanho da fonte emissora. Nesta seção, iremos discutir o caso em que o comprimento de onda da radiação eletromagnética emitida é comparável com o tamanho da fonte geradora. Neste cenário, o potencial vetor magnético na zona de radiação deve ser calculado pela equação (13.23).

Como ilustração, vamos considerar ondas eletromagnéticas geradas por uma antena linear de comprimento *d*, que é excitada por um pequeno *gap* feito em seu ponto central, conforme mostra a Figura 13.5. Por simplicidade, vamos considerar uma antena sobre o eixo *z*, com o seu *gap* na origem do sistema de coordenadas, transportando uma corrente elétrica dada por:

$$I = I_0 e^{-i\omega t'} \operatorname{sen}\left[k\left(\frac{d}{2} - |z'|\right)\right] \quad |z'| < d/2. \tag{13.92}$$

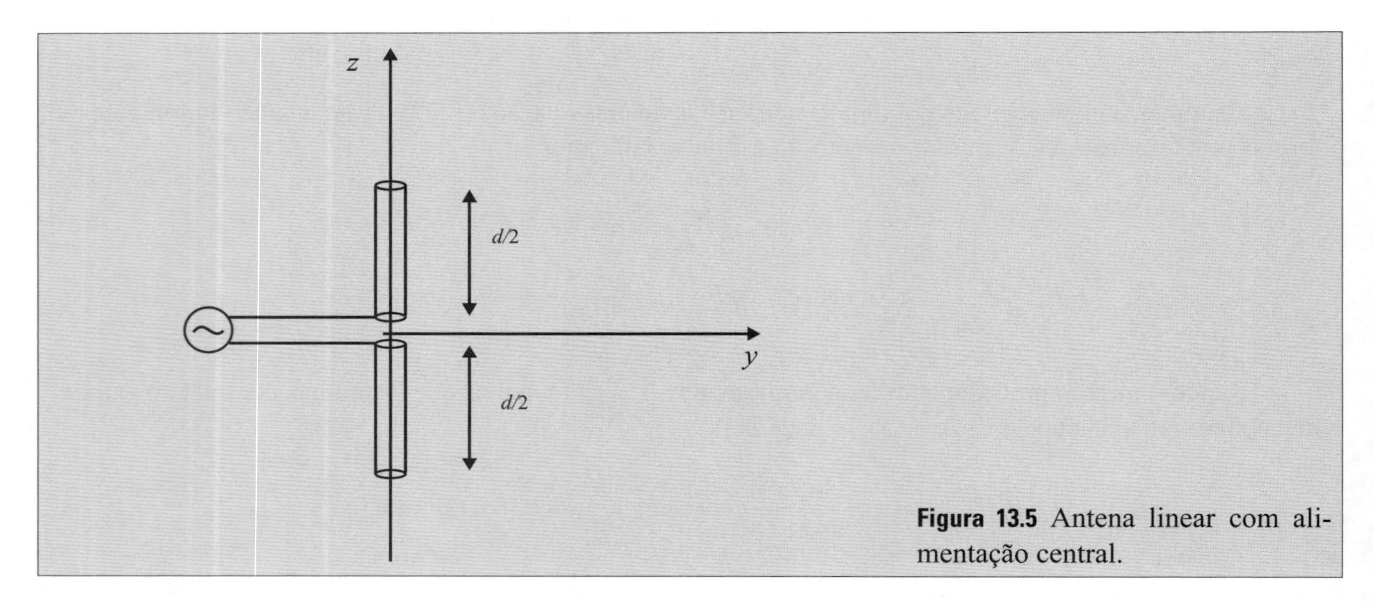

Figura 13.5 Antena linear com alimentação central.

Usando $t' = t - |\vec{r} - \vec{r}'|/c$ e a relação $\vec{J}dv' = Id\vec{l}'$, podemos escrever o potencial vetor, equação (13.23), na zona de radiação como:

$$\vec{A}(\vec{r},t) = \frac{\mu_0}{4\pi r}\int I_0 \operatorname{sen}\left[k\left(\frac{d}{2} - |z'|\right)\right] e^{-i\omega\left(t - |\vec{r} - \vec{r}'|/c\right)} d\vec{l}'. \tag{13.93}$$

Para pontos distantes em que $r >> r'$, temos que $|\vec{r} - \vec{r}'| = r - r'\cos\theta$. Com essa consideração e usando $r' = z'$; $d\vec{l}' = \hat{k}dz'$ e $k = \omega/c$, podemos escrever a relação anterior como:

$$\vec{A}(\vec{r},t) = \hat{k}\frac{\mu_0 I_0}{4\pi r}\int_{-d/2}^{d/2} \operatorname{sen}\left[k\left(\frac{d}{2} - |z'|\right)\right] e^{i(kr - \omega t)} e^{-ikz'\cos\theta} dz'. \tag{13.94}$$

Usando a relação $\operatorname{sen} x = (e^{ix} - e^{-ix})/2i$, podemos escrever a função $\operatorname{sen}\left[k\left(d/2 - |z'|\right)\right]$ em termos de funções exponenciais complexas. Assim, temos:

$$\vec{A}(\vec{r},t) = \hat{k}\frac{\mu_0 I_0 e^{i(kr-\omega t)}}{4\pi r}\frac{1}{2i}\left\{\int_{-d/2}^{d/2} e^{i\left[k\left(\frac{d}{2}-|z'|-z'\cos\theta\right)\right]}dz' - \int_{-d/2}^{d/2} e^{-i\left[k\left(\frac{d}{2}-|z'|+z'\cos\theta\right)\right]}dz'\right\}. \quad \textbf{(13.95)}$$

Após uma manipulação álgébrica, obtemos (este cálculo está proposto no Exercício Complementar 5):

$$\vec{A}(\vec{r},t) = \hat{k}\frac{\mu_0 I_0 e^{i(kr-\omega t)}}{2\pi rk}\left[\frac{\cos\left(\frac{kd\cos\theta}{2}\right)-\cos\left(k\frac{d}{2}\right)}{\operatorname{sen}^2\theta}\right]. \quad \textbf{(13.96)}$$

Usando a relação $\hat{k} = \hat{r}\cos\theta - \hat{\theta}\operatorname{sen}\theta$, podemos escrever esse potencial vetor em termos dos vetores unitários em coordenadas esféricas:

$$\vec{A}(r,\theta,t) = \frac{\mu_0 I_0 e^{i(kr-\omega t)}}{2\pi rk}\left[\frac{\cos\left(\frac{kd\cos\theta}{2}\right)-\cos\left(k\frac{d}{2}\right)}{\operatorname{sen}^2\theta}\right]\left[\hat{r}\cos\theta - \hat{\theta}\operatorname{sen}\theta\right]. \quad \textbf{(13.97)}$$

O campo magnético pode ser obtido tomando o rotacional desse potencial vetor. Este cálculo está proposto no Exercício Complementar 6. Aqui vamos calcular somente o módulo do campo magnético.

Na aproximação de ondas planas, em que o operador $\vec{\nabla}$ pode ser substituúdo por $i\vec{k}$, o campo magnético pode ser determinado por $\vec{B} = (ik\hat{n}\times\vec{A})$. Dessa forma, o módulo do campo magnético é $B = ikA\operatorname{sen}\theta$. Logo, usando a relação (13.97), obtemos:

$$B(r,t) = \frac{i\mu_0 I_0 e^{i(kr-\omega t)}}{2\pi r}\left[\frac{\cos\left(\frac{kd\cos\theta}{2}\right)-\cos\left(\frac{kd}{2}\right)}{\operatorname{sen}\theta}\right]. \quad \textbf{(13.98)}$$

Na aproximação de ondas planas, na qual o operador $\partial/\partial t$ pode ser substituído por $-i\omega$, o campo elétrico calculado via lei de Ampère-Maxwell pode ser escrito como $\vec{E} = -(c^2/\omega)k\hat{n}\times\vec{B}$. Logo, o módulo do campo elétrico é $E = (c^2/\omega)kB$. Usando a relação (13.98), podemos escrever:

$$E(r,t) = \frac{c^2}{\omega}\frac{ik\mu_0 I_0 e^{i(kr-\omega t)}}{2\pi r}\left[\frac{\cos\left(\frac{kd\cos\theta}{2}\right)-\cos\left(\frac{kd}{2}\right)}{\operatorname{sen}\theta}\right]. \quad \textbf{(13.99)}$$

O módulo do vetor de Poynting, calculado por $|\vec{E}\times\vec{B}|/\mu_0$, é:

$$S = \frac{c^2 k I_0^2 \mu_0}{\omega 4\pi^2 r^2}\left[\frac{\cos k\left(\frac{kd\cos\theta}{2}\right)-\cos k\left(\frac{kd}{2}\right)}{\operatorname{sen}\theta}\right]^2 \cos^2(kr-\omega t). \quad \textbf{(13.100)}$$

Usando $\langle\cos^2(kr-\omega t)\rangle = 1/2$, temos que o valor médio do vetor de Poynting é:

$$\langle S\rangle = \frac{cI_0^2\mu_0}{8\pi^2 r^2}\left[\frac{\cos\left(\frac{kd\cos\theta}{2}\right)-\cos\left(\frac{kd}{2}\right)}{\operatorname{sen}\theta}\right]^2. \quad \textbf{(13.101)}$$

A potência média irradiada pela antena, calculada por $dP/d\Omega = r^2\langle S\rangle$, é:

$$\left\langle \frac{dP}{d\Omega} \right\rangle = \frac{cI_0^2\mu_0}{8\pi^2}\left[\frac{\cos\left(\frac{kd\cos\theta}{2}\right)-\cos\left(\frac{kd}{2}\right)}{\operatorname{sen}\theta}\right]^2. \tag{13.102}$$

No limite em que o comprimento de onda da radiação emitida for muito maior que o comprimento da antena, ($\lambda >> d$), temos que $kd << 1$, de modo que podemos expandir as funções $\cos(kd\cos\theta/2)$ e $\cos(kd/2)$. Assim, usando a relação $\cos x = 1 - x^2/2 + \cdots$, podemos escrever:

$$\left\langle \frac{dP}{d\Omega} \right\rangle = \frac{cI_0^2\mu_0}{8\pi^2\operatorname{sen}^2\theta}\left[1-\frac{\left(\frac{kd\cos\theta}{2}\right)^2}{2}-\left(1-\frac{\left(\frac{kd}{2}\right)^2}{2}\right)\right]^2. \tag{13.103}$$

Efetuando a operação algébrica, obtemos:

$$\left\langle \frac{dP}{d\Omega} \right\rangle = \frac{cI_0^2\mu_0}{128\pi^2}k^4d^4\operatorname{sen}^2\theta \tag{13.104}$$

No limite em que o comprimento da antena é um múltiplo inteiro de meio comprimento de onda da radiação emitida, ($d = m\lambda/2$), temos que $kd = m\pi$. Substituindo esta condição na relação (13.102), obtemos:

$$\left\langle \frac{dP}{d\Omega} \right\rangle = \frac{cI_0^2\mu_0}{8\pi^2}\left[\frac{\cos\left(\frac{m\pi\cos\theta}{2}\right)-\cos\left(\frac{m\pi}{2}\right)}{\operatorname{sen}\theta}\right]^2. \tag{13.105}$$

Para $m = 1$, isto é, $d = \lambda/2$, temos:

$$\left\langle \frac{dP}{d\Omega} \right\rangle = \frac{cI_0^2\mu_0}{8\pi^2}\left[\frac{\cos\left(\frac{\pi\cos\theta}{2}\right)}{\operatorname{sen}\theta}\right]^2. \tag{13.106}$$

Para $m = 2$, isto é, $d = \lambda$, temos:

$$\left\langle \frac{dP}{d\Omega} \right\rangle = \frac{cI_0^2\mu_0}{8\pi^2}\left[\frac{\cos(\pi\cos\theta)+1}{\operatorname{sen}\theta}\right]^2. \tag{13.107}$$

13.9 Espalhamento da Radiação

Ondas eletromagnéticas são espalhadas por elétrons livres ou ligados. Nesta seção, vamos discutir o espalhamento da radiação eletromagnética utilizando os conceitos da física clássica. Uma discussão deste tema sob o ponto de vista da física quântica não está no escopo deste livro.

Quando uma radiação eletromagnética incide sobre um material, os elétrons em seu interior absorvem a energia transportada por ela e passam a descrever um movimento oscilatório. Dessa forma, eles se comportam como se fossem dipolos elétricos oscilantes, que irão emitir radiação eletromagnética, cuja distribuição angular é dada por [veja a equação (13.66)]:

$$\frac{dP(t,\theta)}{d\Omega} = \frac{\omega^4 p^2(t)}{16\pi^2 \varepsilon_0 c^3} \mathrm{sen}^2\theta \tag{13.108}$$

em que $p(t) = p_0 \cos(kr - \omega t)$ é o momento de dipolo elétrico. Vamos continuar esta discussão considerando separadamente os casos de elétrons livres e elétrons ligados.

13.9.1 Espalhamento por Elétrons Livres

De acordo com a mecânica clássica, a equação de movimento ($F = ma$) para um elétron livre submetido a um campo elétrico é $qE = md^2 r_d(t) / dt^2$. Supondo que esse campo elétrico tem a forma $E_0 e^{-i\omega t}$, temos da equação de movimento que:

$$r_d(t) = -\frac{q}{m\omega^2} E_0 e^{i(kr-\omega t)}. \tag{13.109}$$

Esta relação mostra que o elétron livre executa um movimento oscilatório em torno de uma posição de equilíbrio. Portanto, podemos considerá-lo como um dipolo elétrico, cujo momento, calculado por $p(t) = qr_d(t)$, é:

$$p(t) = \left[-\frac{q^2 E_0}{m\omega^2}\right] e^{i(kr-\omega t)}. \tag{13.110}$$

Tomando a parte real, temos que $p(t) = p_0 \cos(kr - \omega t)$, em que $p_0 = -(q^2 E_0 / m\omega^2)$. Substituindo este valor de $p(t)$ na equação (13.108), temos que a potência emitida pelo elétron livre é:

$$\frac{dP(t,\theta)}{d\Omega} = \left[\frac{q^4}{16\pi^2 m^2 \varepsilon_0 c^3}\right] E_0^2 \cos^2(kr - \omega t)\mathrm{sen}^2\theta. \tag{13.111}$$

Usando a relação $P = dU / dt$ e integrando esta expressão no tempo, temos que a energia irradiada por ângulo sólido é:

$$\left\langle \frac{dU}{d\Omega} \right\rangle = \left[\frac{q^4}{16\pi^2 m^2 \varepsilon_0 c^3}\right] \frac{E_0^2}{2} \mathrm{sen}^2\theta. \tag{13.112}$$

Isso significa que o elétron livre absorve a energia da onda eletromagnética e a retransmite para todo o espaço. Esse fenômeno é conhecido como difusão da onda ou espalhamento.

Uma quantidade interessante no estudo do espalhamento é a razão entre a energia espalhada $\langle U \rangle$ e a energia incidente $\langle S \rangle$. Essa grandeza é chamada de seção de choque e tem dimensão de área. Assim, a seção de choque diferencial $(d\sigma / d\Omega)$ é definida, matematicamente, como:

$$\frac{d\sigma}{d\Omega} = \frac{\langle dU / d\Omega \rangle}{\langle S \rangle}. \tag{13.113}$$

Considerando uma incidência normal em que $\langle S \rangle = E_0^2 / 2\mu_0 c$ (veja a Seção 9.2) e $\langle dU / d\Omega \rangle$ calculado em (13.112), temos que a seção de choque diferencial é:

$$\frac{d\sigma}{d\Omega} = \left[\frac{q^4}{16\pi^2 m^2 \varepsilon_0 c^2} \right] \mu_0 \text{sen}^2\theta. \tag{13.114}$$

Usando $d\Omega = \text{sen}\theta d\theta d\phi$, temos que a seção de choque total é:

$$\sigma = \int_0^{2\pi} d\phi \int_0^{\pi} \text{sen}\theta \left[\frac{\mu_0 q^4}{16\pi^2 m^2 \varepsilon_0 c^2} \right] \text{sen}^2\theta d\theta. \tag{13.115}$$

Efetuando a integração, temos:

$$\sigma = \frac{8\pi}{3} \left(\frac{q^2}{4\pi\varepsilon_0 mc^2} \right)^2. \tag{13.116}$$

Esta é a seção de choque de espalhamento de Thomson para elétrons livres.

13.9.2 Espalhamento por Elétrons Ligados

Nesta subseção, vamos considerar o caso em que os elétrons estão ligados ao núcleo atômico. Neste cenário, que ocorre em materiais dielétricos, os elétrons submetidos a um campo elétrico oscilante efetuarão um movimento oscilatório e amortecido. De acordo com a mecânica clássica, esse movimento é descrito pela equação diferencial $md^2r_d / dt^2 + \gamma dr_d / dt + \beta r_d = qE$, em que o termo βr_d representa a oscilação em torno da posição de equilíbrio e o termo $\gamma dr_d / dt$ representa as interações dos elétrons dentro do material, sendo β e γ parâmetros do modelo. A solução dessa equação diferencial é:[4]

$$r_d(t) = \frac{q}{m\left(\omega^2 - \omega_0^2 + i\gamma\omega\right)} E_0 e^{i(kr - \omega t)}. \tag{13.117}$$

Portanto, esses elétrons ligados formam dipolos elétricos oscilantes, cujo momento, calculado por $p(t) = qr_d(t)$, é:

$$p(t) = \frac{q^2}{m\left(\omega^2 - \omega_0^2 + i\gamma\omega\right)} E_0 e^{i(kr - \omega t)}. \tag{13.118}$$

De acordo com a equação (13.108), a distribuição angular da radiação eletromagnética emitida por esse dipolo elétrico é:

[4] Para mais detalhes sobre essa descrição clássica do movimento eletrônico, veja a Subseção 9.4.2.

$$\frac{dP}{d\Omega}=\frac{\omega^4}{16\pi^2\varepsilon_0^2m^2c^3}\left[\frac{q^4}{\left(\omega_0^2-\omega^2\right)^2+\gamma^2\omega^2}\right]E_0^2\cos^2(kr-\omega t)\text{sen}^2\theta. \tag{13.119}$$

Como $<\cos^2\omega t>=1/2$, temos que o valor médio temporal $\langle dU/d\Omega\rangle$ é:

$$\left\langle\frac{dU}{d\Omega}\right\rangle=\left[\frac{\omega^4q^4}{16\pi^2\varepsilon_0^2m^2c^3\left[\left(\omega_0^2-\omega^2\right)^2+\gamma^2\omega^2\right]}\right]\left(\frac{E_0^2}{2}\right)\text{sen}^2\theta. \tag{13.120}$$

Considerando que a energia eletromagnética incidente[5] é $\langle S\rangle=E_0^2/2\mu_0c$ e a relação (13.120), temos que a seção de choque diferencial, calculada por $d\sigma/d\Omega=\langle dU/d\Omega\rangle/\langle S\rangle$, é:

$$\frac{d\sigma}{d\Omega}=\left[\frac{\omega^4q^4}{16\pi^2\varepsilon_0^2m^2c^3\left[\left(\omega_0^2-\omega^2\right)^2+\gamma^2\omega^2\right]}\right]\varepsilon_0\mu_0\text{sen}^2\theta. \tag{13.121}$$

Integrando sobre o ângulo sólido, $d\Omega=\text{sen}\theta d\theta d\phi$, obtemos a seção de choque total como:

$$\sigma=\frac{8\pi}{3}\left[\frac{\omega^4q^4}{\left[4\pi\varepsilon_0mc^2\right]^2\left[\left(\omega_0^2-\omega^2\right)^2+\gamma^2\omega^2\right]}\right]. \tag{13.122}$$

Vamos analisar algumas situações interessantes. No limite de baixas frequências $\omega<<\omega_0$, a seção de choque se reduz a:

$$\sigma=\frac{8\pi}{3}\left[\frac{\omega^2q^2}{\left(4\pi\varepsilon_0mc^2\right)\omega_0^2}\right]^2. \tag{13.123}$$

Esta é a seção de choque de Rayleigh. Usando $\omega=2\pi f$ e $c=\lambda f$, em que f e λ são a frequência e o comprimento de onda da radiação eletromagnética emitida, podemos reescrever a seção de choque na forma:

$$\sigma=\frac{8\pi^3}{3}\left[\frac{q^2}{m\varepsilon_0\omega_0^2}\right]^2\frac{1}{\lambda^4}. \tag{13.124}$$

Esta equação mostra que a seção de choque de espalhamento por elétrons ligados é inversamente proporcional à quarta potência do comprimento de onda. Portanto, no espectro visível da radiação eletromagnética, a luz com menor comprimento de onda (cor azul), é a mais espalhada (tem a maior seção de choque). Essa é uma explicação da física clássica para a cor azul do céu.

No limite de altas frequências $\omega>>\omega_0$, a seção de choque, dada em (13.122), se reduz a:

$$\sigma=\frac{8\pi}{3}\left[\frac{q^2}{4\pi\varepsilon_0mc^2}\right]^2.$$

[5] Este é o caso de incidência normal.

Note que esta é a seção de choque de Thomson obtida no caso de elétrons livres. Portanto, os elétrons ligados excitados por uma radiação de alta frequência espalham a radiação eletromagnética incidente como se fossem elétrons livres.

No limite em que a frequência da radiação incidente é comparável a frequência natural de oscilação dos elétrons ($\omega \simeq \omega_0$), a seção de choque, equação (13.122), é:

$$\sigma = \frac{8\pi}{3}\left[\frac{\omega_0^2 q^4}{\left[4\pi\varepsilon_0\gamma mc^2\right]^2}\right]. \tag{13.125}$$

Neste caso, temos a condição de espalhamento ressonante, e as ondas com frequência ω_0 são espalhadas intensamente. Por exemplo, ao incidir ondas eletromagnéticas produzidas por uma fonte de sódio em um gás de sódio, o espalhamento será máximo e ele ficará bem iluminado. Essa é uma descrição clássica para o fenômeno da fluorescência.

13.10 Exercícios Resolvidos

EXERCÍCIO 13.1

O potencial vetor de um dipolo elétrico é dado por [veja a equação (13.56)]:

$$\vec{A}(r,\theta,t) = \frac{\omega q_0 \mu_0 l}{4\pi r}\operatorname{sen}\omega\left(t - \frac{r}{c}\right)\left[-\hat{r}\cos\theta + \hat{\theta}\operatorname{sen}\theta\right].$$

Utilizando a condição de Lorenz $\vec{\nabla}\cdot\vec{A}(\vec{r},t) + \varepsilon_0\mu_0\partial V(\vec{r},t)/\partial t = 0$, determine o potencial escalar elétrico associado.

SOLUÇÃO

Da condição de Lorenz, temos que o potencial escalar elétrico é dado por:

$$V(\vec{r},t) = -\frac{1}{\varepsilon_0\mu_0}\int\left[\vec{\nabla}\cdot\vec{A}(\vec{r},t)\right]dt.$$

Usando o operador divergente em coordenadas esféricas, podemos escrever:

$$V(r,\theta,t) = -\frac{1}{\varepsilon_0\mu_0}\int\left\{\frac{1}{r^2}\frac{\partial\left[r^2\vec{A}_r(r,\theta,t)\right]}{\partial r} + \frac{1}{r\operatorname{sen}\theta}\frac{\partial\left[\operatorname{sen}\theta\vec{A}_\theta(r,\theta,t)\right]}{\partial\theta}\right\}dt.$$

Substituindo nesta equação a expressão do potencial vetor dada no enunciado deste exercício, temos:

$$V(r,\theta,t) = -\frac{1}{\varepsilon_0\mu_0}\int\left\{\frac{1}{r^2}\frac{\partial\left[-\frac{r^2\omega q_0\mu_0 l}{4\pi r}\cos\theta\operatorname{sen}\omega\left(t-\frac{r}{c}\right)\right]}{\partial r}\right.$$
$$\left.+\frac{1}{r\operatorname{sen}\theta}\frac{\partial\left[\frac{\omega q_0\mu_0 l}{4\pi r}\operatorname{sen}^2\theta\operatorname{sen}\omega\left(t-\frac{r}{c}\right)\right]}{\partial\theta}\right\}dt.$$

Efetuando as derivadas e agrupando os termos semelhantes, obtemos:

$$V(r,\theta,t)=\frac{q_0 l\cos\theta}{4\pi\varepsilon_0 r^2}\int\left[-\omega\,\mathrm{sen}\,\omega\left(t-\frac{r}{c}\right)-\frac{r\omega^2}{c}\cos\omega\left(t-\frac{r}{c}\right)\right]dt.$$

Integrando, obtemos finalmente que:

$$V(r,\theta,t)=\frac{q_0 l\cos\theta}{4\pi\varepsilon_0}\left[\frac{1}{r^2}\cos\omega\left(t-\frac{r}{c}\right)-\frac{\omega}{rc}\,\mathrm{sen}\,\omega\left(t-\frac{r}{c}\right)\right].$$

No limite em que $\omega\to 0$, temos que $V(r,\theta)=q_0 l\cos\theta/4\pi\varepsilon_0 r^2$, que é o potencial eletrostático.

EXERCÍCIO 13.2

Considere uma antena linear de comprimento l com corrente elétrica $I=I_0\cos\left(2\pi z'/\lambda-\omega t\right)$. Utilizando a aproximação de dipolo elétrico, calcule a potência média irradiada.

SOLUÇÃO

Uma antena linear pode ser considerada como a superposição de vários dipolos elétricos. Assim, podemos estender os resultados obtidos na Seção 13.6 para calcular a radiação emitida pela antena. Na Seção 13.6, mostramos que a componente radial do vetor de Poynting de um dipolo elétrico é $\vec{S}=E_\theta B_\phi \hat{r}$.

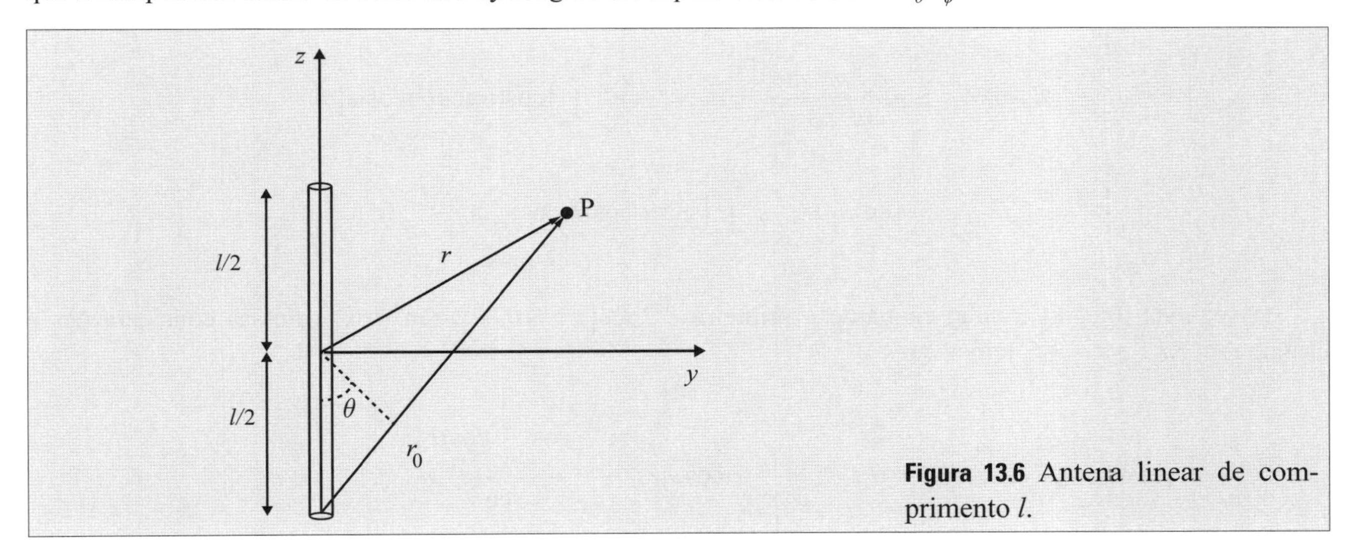

Figura 13.6 Antena linear de comprimento l.

A componente E_θ para um único dipolo elétrico é dada em (13.63). Logo, para um diferencial de dipolo elétrico, podemos escrever que:

$$dE_\theta(r,\theta,t)=-\frac{\omega l dI\,\mathrm{sen}\,\theta}{4\pi\varepsilon_0 r_0 c^2}\cos\omega\left(t-\frac{r_0}{c}\right)$$

em que r_0 é a distância de um dipolo na base da antena ao ponto de observação (veja a Figura 13.6) e dI é o elemento diferencial de corrente associado ao dipolo. Como $I=I_0\cos\left(2\pi z'/\lambda\right)$ é a corrente elétrica na antena, temos que $dI=I_0\cos\left(2\pi z'/\lambda\right)dz'/l$. Logo, a relação anterior pode ser escrita como:

$$dE_\theta(r,\theta,t) = -\frac{\omega \operatorname{sen}\theta}{4\pi\varepsilon_0 r_0 c^2}\cos\omega\left(t-\frac{r_0}{c}\right)I_0\cos\left(\frac{2\pi z'}{\lambda}\right)dz'.$$

Integrando, obtemos:

$$E_\theta(r,\theta,t) = -\int_{-l/2}^{l/2}\frac{\omega \operatorname{sen}\theta}{4\pi\varepsilon_0 r_0 c^2}\cos\omega\left(t-\frac{r_0}{c}\right)I_0\cos\left(\frac{2\pi z'}{\lambda}\right)dz'.$$

Pela Figura 13.6, temos que $r_0 = r + z'\cos\theta$, em que r é a distância de um ponto qualquer da antena ao ponto de observação. Assim, podemos escrever que:

$$E_\theta(r,\theta,t) = -\int_{-l/2}^{l/2}\frac{\omega \operatorname{sen}\theta}{4\pi\varepsilon_0 (r+z'\cos\theta) c^2}\cos\omega\left(t-\frac{r+z'\cos\theta}{c}\right)I_0\cos\left(\frac{2\pi z'}{\lambda}\right)dz'.$$

Como $r >> z'$, podemos desprezar o termo $z'\cos\theta$ no denominador. Por outro lado, temos que $\omega z'\cos\theta / c = 2\pi z' / \lambda$. Assim, temos:

$$E_\theta(r,\theta,t) = -\int_{-l/2}^{l/2}\frac{\omega \operatorname{sen}\theta}{4\pi\varepsilon_0 r c^2}\cos\left[\omega\left(t-\frac{r}{c}\right)-\frac{2\pi z'\cos\theta}{\lambda}\right]I_0\cos\left(\frac{2\pi z'}{\lambda}\right)dz'.$$

Definindo $u = 2\pi z' / \lambda$, temos que $du = (2\pi / \lambda)dz'$. Por simplicidade, vamos considerar uma antena em que seu comprimento é igual a meio comprimento de onda da radiação emitida ($l = \lambda / 2$). Neste caso, em que z' está no intervalo $[-\lambda / 4, \lambda / 4]$, a variável auxiliar $u = 2\pi z' / \lambda$ está no intervalo $[-\pi / 2, \pi / 2]$. Usando a propriedade $\cos(a+b) = \cos a\cos b - \operatorname{sen} a \operatorname{sen} b$, podemos escrever a equação anterior em termos da variável u como:

$$E_\theta(r,\theta,t) = -\frac{\omega I_0 \lambda \operatorname{sen}\theta}{8\pi^2\varepsilon_0 r c^2}\left\{\cos\omega\left(t-\frac{r}{c}\right)\int_{-\pi/2}^{\pi/2}\left[\cos(u\cos\theta)\cos u\right]du\right.$$

$$\left.-\operatorname{sen}\omega\left(t-\frac{r}{c}\right)\int_{-\pi/2}^{\pi/2}\left[\operatorname{sen}(u\cos\theta)\cos u\right]du\right\}.$$

A segunda integral é nula, enquanto a primeira é $2\cos\left[\pi\cos\theta/2\right]/\operatorname{sen}^2\theta$. Com essas considerações e usando $\omega = 2\pi f$ e $c = \lambda f$, temos que:

$$E_\theta(r,\theta,t) = \frac{I_0}{2\pi\varepsilon_0 r c}\cos\omega\left(t-\frac{r}{c}\right)\frac{\cos\left[\frac{\pi}{2}\cos\theta\right]}{\operatorname{sen}\theta}.$$

O campo magnético auxiliar, calculado por $H_\phi = E_\theta / (\mu_0 c)$, é

$$H_\phi(r,\theta,t) = \frac{I_0}{2\pi r}\cos\omega\left(t-\frac{r}{c}\right)\frac{\cos\left[\frac{\pi}{2}\cos\theta\right]}{\operatorname{sen}\theta}.$$

O módulo do vetor de Poynting, calculado por $E_\theta H_\phi$, é:

$$S_r(r,\theta,t) = \frac{\mu_0 c I_0^2}{4\pi^2 r^2}\cos^2\omega\left(t - \frac{r}{c}\right)\frac{\cos^2\left[\frac{\pi}{2}\cos\theta\right]}{\text{sen}^2\theta}.$$

A potência média irradiada, calculada por $\langle dP / d\Omega \rangle = \langle r^2 S_r(r,\theta,t) \rangle$, é:

$$\left\langle \frac{dP}{d\Omega} \right\rangle = \frac{\mu_0 c I_0^2}{8\pi^2}\frac{\cos^2\left[\frac{\pi}{2}\cos\theta\right]}{\text{sen}^2\theta}.$$

13.11 Exercícios Complementares

1. Resolva a equação de onda para o potencial vetor.
2. Um dipolo elétrico tem carga elétrica dada por $q = q_0 \cos\omega(t - r/c)$. Partindo da equação (13.17), calcule o potencial escalar elétrico gerado em um ponto qualquer. Utilize este resultado para determinar o potencial vetor associado.
3. Uma espira circular de raio a é percorrida por uma corrente elétrica $I = I_0 \cos\omega t'$. Utilizando a equação (13.17), calcule o potencial escalar elétrico.
4. O potencial vetor de um dipolo magnético é dado por [veja a equação (13.80)]:

$$\vec{A}(r,t) = \hat{\phi}\frac{\mu_0 I_0 \pi a^2 \text{sen}\theta}{4\pi r}\left\{\frac{\cos\left[\omega(t - r/c)\right]}{r} - \frac{\omega}{c}\text{sen}\left[\omega(t - r/c)\right]\right\}.$$

   Utilizando a condição de Lorenz, determine o potencial escalar elétrico associado.
5. Resolva a equação integral (13.95) e mostre que o potencial vetor magnético gerado por uma antena linear é dado por:

$$\vec{A}(r,t) = \hat{k}\frac{\mu_0 I_0 e^{i(kr-\omega t)}}{2\pi r k}\left[\frac{\cos\left(\frac{kd\cos\theta}{2}\right) - \cos\left(k\frac{d}{2}\right)}{\text{sen}^2\theta}\right].$$

6. Calcule o campo magnético, o potencial escalar elétrico e o campo elétrico associados ao potencial vetor do exercício anterior.
7. Mostre que $\vec{J}_\omega(\vec{r}' \cdot \hat{n}) = [\vec{J}_\omega(\vec{r}' \cdot \hat{n}) + (\hat{n} \cdot \vec{J}_\omega)\vec{r}']/2 + [\vec{r}' \times \vec{J}_\omega \times \hat{n})]/2.$
8. Mostre que $\int [\vec{J}_\omega(\vec{r}' \cdot \hat{r}) + (\hat{r} \cdot \vec{J}_\omega)\vec{r}']dv' = \int [\vec{r}'(\vec{r}' \cdot \hat{r})\partial\rho_\omega / \partial t]dv'$.
9. Considere $r >> r'$ e $\lambda >> r'$ e mostre que o potencial vetor, dado pela expressão (13.27), pode ser expandido na forma:

$$\vec{A}(\vec{r},t) = \frac{\mu_0}{4\pi}\frac{e^{ikr}}{r}\frac{\partial \vec{p}_\omega(t)}{\partial t} + \frac{\mu_0}{4\pi}\frac{e^{ikr}}{r}\left(\frac{1}{r} - ik\right)\vec{m}(t) \times \hat{r}$$

$$+ \frac{\mu_0}{8\pi}\frac{e^{ikr}}{r}\left(\frac{1}{r} - ik\right)\int \vec{r}'\left(\vec{r}' \cdot \hat{n}\right)\frac{\partial \rho(t)}{\partial t}dv'.$$

10. Utilize o resultado do problema anterior e mostre que o potencial vetor de um dipolo elétrico, com momento $\vec{p} = \hat{k}p_0 e^{-i\omega t}$, é:

$$\vec{A}(r,t) = -\frac{i\omega\mu_0}{4\pi}\frac{e^{ikr}}{r}p_\omega(t)\left(\hat{r}\cos\theta - \hat{\theta}\operatorname{sen}\theta\right).$$

Utilizando a condição de Lorenz, determine o potencial escalar elétrico associado.

11. Utilize a expansão multipolar do Exercício 13.9 e calcule o potencial vetor de uma espira circular transportando uma corrente elétrica $I = I_0 e^{-i\omega t}$.

12. Utilize a expansão multipolar do Exercício 13.9 e discuta a radiação eletromagnética emitida por um quadrupolo elétrico.

13. Calcule a potência irradiada por uma antena linear alimentada por uma de suas extremidades.

14. Escreva uma rotina computacional para calcular o potencial vetor, o potencial escalar elétrico, o campo elétrico, o campo magnético e a energia eletromagnética emitida por: (a) um dipolo elétrico oscilante, (b) um dipolo magnético oscilante, (c) um quadrupolo elétrico oscilante e (d) uma antena linear.

15. A potência média irradiada por uma antena de comprimento d é dada por $dP/d\Omega = cI_0^2\mu_0 k^4 d^4 \operatorname{sen}^2\theta / 128\pi^2$. Escreva uma rotina computacional e discuta a variação dessa potência em função dos parâmetros do problema.

CAPÍTULO 14

Radiação de Cargas Elétricas em Movimento

14.1 Introdução

No Capítulo 13, estudamos o campo eletromagnético e a radiação eletromagnética emitida por densidades de cargas elétricas e correntes elétricas variáveis no tempo. Neste capítulo, estudaremos o campo eletromagnético gerado por cargas elétricas pontuais em movimento. Mostraremos que a radiação eletromagnética emitida (isto é, a energia que se desprende da carga e se propaga no espaço) pela carga elétrica está diretamente relacionada com a sua aceleração.

O desenvolvimento matemático deste capítulo é extremamente entediante. Com a finalidade de facilitar a leitura e permitir uma melhor compreensão dos princípios físicos envolvidos na radiação eletromagnética emitida por uma carga elétrica, muitos detalhes dos cálculos matemáticos foram omitidos no texto principal e apresentados em forma de exercícios resolvidos no final do capítulo.

14.2 Potenciais de Liénard-Wiechert

Na Seção 13.2, foram apresentadas as soluções das equações de onda para os potenciais escalar elétrico e vetor magnético, no caso de distribuições contínuas de cargas elétricas. Nesta seção, vamos particularizar os resultados obtidos no capítulo anterior para o caso de uma carga elétrica pontual. Para essa finalidade, vamos considerar uma carga pontual em um meio de permissividade elétrica ε, descrevendo com velocidade $\vec{v}_p$ uma trajetória representada pelo vetor $\vec{r}_p(t')$, conforme mostra a Figura 14.1.

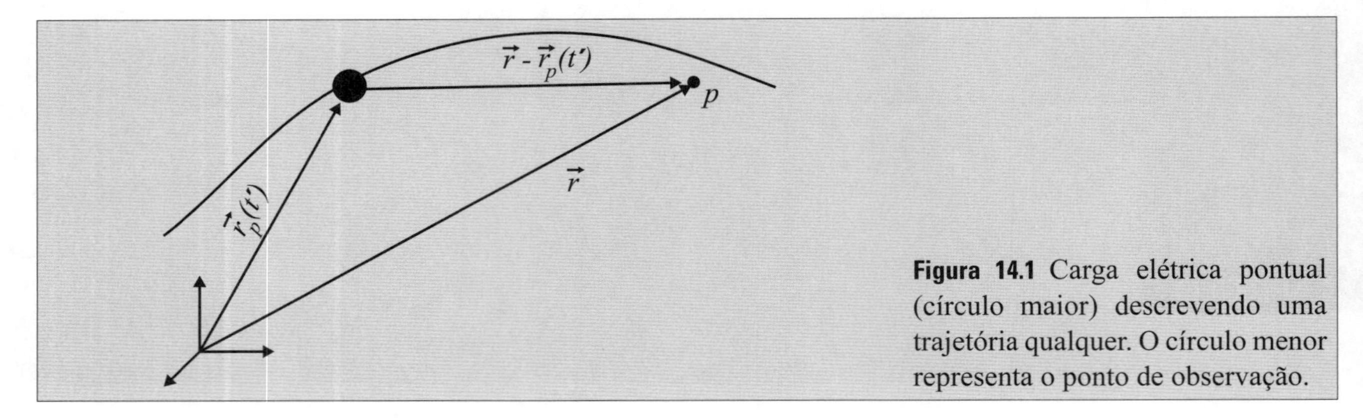

Figura 14.1 Carga elétrica pontual (círculo maior) descrevendo uma trajetória qualquer. O círculo menor representa o ponto de observação.

A densidade de uma carga pontual em movimento pode ser representada por uma função delta de Dirac como $\rho = q\delta[\vec{r}' - \vec{r}_p(t')]$. Substituindo essa densidade de carga elétrica na equação (13.16), podemos escrever que:

$$V(\vec{r},t) = \frac{q}{4\pi\varepsilon}\iint \frac{\delta\left[|\vec{r}' - \vec{r}_p(t')|\right]}{|\vec{r} - \vec{r}'|}\delta\left[t' - t + |\vec{r} - \vec{r}'|/v\right]dt'dv' \tag{14.1}$$

em que v é a velocidade de propagação da onda eletromagnética no meio considerado.[1] Integrando na variável v', obtemos:

$$V(\vec{r},t) = \frac{q}{4\pi\varepsilon}\int \frac{\delta\left[\overbrace{t' - t + \left|\vec{r} - \vec{r}_p(t')\right|/v}^{t''}\right]dt'}{|\vec{r} - \vec{r}_p(t')|}. \tag{14.2}$$

Vamos definir uma nova variável $t'' = t' - t + |\vec{r} - \vec{r}_p(t')|/v$, em que t é o tempo atual da observação. Tomando a derivada desta expressão em relação a t', obtemos:

$$\frac{\partial t''(t',t,\vec{r}_p)}{\partial t'} = \left[1 + \frac{1}{v}\frac{\partial}{\partial t'}|\vec{r} - \vec{r}_p(t')|\right]. \tag{14.3}$$

É importante ressaltar que o módulo do vetor posição $\left|\vec{r} - \vec{r}_p(t')\right|$ depende explicitamente das coordenadas espaciais e implicitamente do tempo retardado. Aplicando a regra da cadeia para derivar o segundo termo na expressão anterior, podemos escrever:

$$\frac{\partial t''(t',t,\vec{r}_p)}{\partial t'} = \left[1 + \frac{1}{v}\vec{\nabla}_{r_p}|\vec{r} - \vec{r}_p(t')| \cdot \frac{\partial \vec{r}_p(t',\vec{r})}{\partial t'}\right]. \tag{14.4}$$

A derivada $\partial\vec{r}_p(t',\vec{r})/\partial t'$ é a velocidade $\vec{v}_p(t')$ da partícula e $\vec{\nabla}_{r_p}|\vec{r} - \vec{r}_p| = -\hat{e}_{\vec{r}-\vec{r}_p} = -(\vec{r} - \vec{r}_p)/|\vec{r} - \vec{r}_p|$. Assim, temos:

[1] Neste capítulo, usamos a seguinte notação: $v_p \rightarrow$ velocidade da carga; $v \rightarrow$ velocidade de propagação da onda e $v' \rightarrow$ volume.

$$\frac{\partial t''(t',t,\vec{r}_p)}{\partial t'} = \left[1 - \frac{\vec{v}_p(t')}{v} \cdot \frac{\left(\vec{r} - \vec{r}_p(t')\right)}{\left|\vec{r} - \vec{r}_p(t')\right|}\right]. \tag{14.5}$$

Para um dado ponto fixo no espaço em que t e $\vec{r}$ são constantes, temos que $\partial t''(t',t,\vec{r})/\partial t' = dt''/dt'$. Assim, da relação anterior podemos escrever o elemento diferencial dt' como:

$$dt' = \frac{vR(t')}{\left[vR(t') - \vec{v}_p(t') \cdot \vec{R}(t')\right]} dt'' \tag{14.6}$$

em que o vetor $\vec{R}(t')$ e o seu módulo $R(t')$ são dados por $\vec{R}(t') = \vec{r} - \vec{r}_p(t')$ e $R(t') = |\vec{r} - \vec{r}_p(t')|$. Substituindo $t'' = t' - t + |\vec{r} - \vec{r}_p(t')|/v$ e a relação (14.6) em (14.2), obtemos:

$$V(\vec{r},t) = \frac{qv}{4\pi\varepsilon} \int \frac{\delta\left(t''\right)}{\left[vR(t'') - \vec{v}_p(t') \cdot \vec{R}(t'')\right]} dt''. \tag{14.7}$$

Usando a propriedade da função delta de Dirac, $\int f(t')\delta\left(t''\right)dt'' = f(t')\ \big|_{t''=0}$, para integrar a expressão anterior, temos:

$$V(\vec{r},t) = \frac{q}{4\pi\varepsilon} \frac{1}{\left[R(t'') - \frac{\vec{v}_p(t'')}{v} \vec{R}(t'')\right]_{t''=0}}. \tag{14.8}$$

Aplicando a condição $t'' = 0$ na equação $t'' = t' - t + |\vec{r} - \vec{r}_p(t')|/v$, temos que $t' = t - |\vec{r} - \vec{r}_p(t')|/v$. Isso implica que a relação (14.8) deve ser calculada no tempo retardado t'. Dessa forma, o potencial escalar elétrico gerado por uma carga elétrica pontual em movimento é dado por:

$$\boxed{V(\vec{r},t) = \frac{q}{4\pi\varepsilon} \frac{1}{\left[R(t') - \frac{\vec{v}_p(t')}{v} \cdot \vec{R}(t')\right]}.} \tag{14.9}$$

Este é o potencial elétrico de Liénard[2]-Wiechert[3]. É importante ressaltar que o potencial escalar elétrico, calculado no tempo atual, depende da posição da carga em um instante anterior. No caso particular, no qual a carga está se movendo no vácuo, temos que $\varepsilon = \varepsilon_0$ e $v = c$, em que c é a velocidade de propagação da onda eletromagnética no vácuo.

Note que se a carga está em repouso, temos que $\vec{v}_p(t') = 0$, de modo que o potencial escalar elétrico se reduz àquele obtido no caso eletrostático [veja a equação (2.20)]. Se a velocidade da carga é pequena comparada com a velocidade de propagação da onda eletromagnética no meio ($\vec{v}_p << v$), o potencial escalar elétrico também tem a mesma forma matemática do caso eletrostático.

Agora, vamos calcular o potencial vetor de uma carga pontual em movimento. Devemos mencionar que a equação do potencial vetor, gerado por uma densidade arbitrária de corrente elétrica, é análoga à equação (13.16) para o potencial escalar elétrico, em que a densidade de carga elétrica (ρ) é substituída pelo vetor

---

[2] Alfred Marie Liénard (2/4/1869-29/4/1958), físico e engenheiro francês.

[3] Emil Johann Wiechert (26/12/1861-19/3/1928), físico alemão.

densidade de corrente elétrica ($\vec{J}$) e a constante $(1/4\pi\varepsilon)$ é substituída por $(\mu/4\pi)$. Com essas considerações, podemos escrever o potencial vetor de uma carga pontual em movimento, cuja densidade de corrente elétrica é $\vec{J} = q\vec{v}_p\delta\left[\vec{r}' - \vec{r}_p'(t')\right]$, como:

$$\vec{A}(\vec{r},t) = \frac{\mu q\vec{v}_p}{4\pi}\int \frac{\delta\left[\vec{r}' - \vec{r}_p'(t')\right]}{\left|\vec{r}' - \vec{r}'\right|}\delta\left[t' - t + \left|\vec{r} - \vec{r}_p(t')\right|/v\right]dt'dv'. \tag{14.10}$$

Integrando na variável v′, temos:

$$\vec{A}(\vec{r},t) = \frac{q\vec{v}_p\mu}{4\pi}\int \frac{\delta\left[t' - t + \left|\vec{r} - \vec{r}_p(t')\right|/v\right]dt'}{\left|\vec{r} - \vec{r}_p(t')\right|}. \tag{14.11}$$

Multiplicando e dividindo por ε e usando $\varepsilon\mu = 1/v^2$, obtemos:

$$\vec{A}(\vec{r},t) = \frac{\vec{v}_p}{v^2}\overbrace{\left[\frac{q}{4\pi\varepsilon}\int \frac{\delta\left[t' - t + \left|\vec{r} - \vec{r}_p(t')\right|/v\right]dt'}{\left|\vec{r} - \vec{r}_p(t')\right|}\right]}^{V(\vec{r},t)}. \tag{14.12}$$

O termo entre colchetes é o potencial escalar elétrico, calculado na equação (14.2). Portanto, o potencial vetor e o potencial escalar elétrico de Liénard-Wiechert são relacionados por: $\vec{A}(\vec{r},t) = (\vec{v}_p/v^2)V(\vec{r},t)$. Assim, usando o potencial escalar elétrico calculado em (14.9), podemos escrever o potencial vetor de Liénard-Wiechert como:

$$\boxed{\vec{A}(\vec{r},t) = \frac{\vec{v}_p}{v^2}\left[\frac{q}{4\pi\varepsilon}\cdot\frac{1}{R(t') - \dfrac{\vec{v}_p(t')}{v}\cdot\vec{R}(t')}\right].} \tag{14.13}$$

Note que, se a carga estiver em repouso ($\vec{v}_p = 0$), o potencial vetor é nulo, de modo que não existe nenhum campo magnético associado.

14.3 Campos de Liénard-Wiechert

O campo elétrico gerado por uma carga pontual em movimento pode ser obtido pela equação $\vec{E}(\vec{r},t) = -\vec{\nabla}V(\vec{r},t) - \partial\vec{A}(\vec{r},t)/\partial t$, em que $V(\vec{r},t)$ e $\vec{A}(\vec{r},t)$ são os potenciais de Liénard-Wiechert obtidos na seção anterior. O gradiente do potencial escalar elétrico é (os detalhes deste cálculo estão no Exercício Resolvido 14.10):

$$\vec{\nabla}V(\vec{r},t) = \frac{qv\left\{\vec{v}_p(t')\left[vR(t') - \vec{R}(t')\cdot\vec{v}_p(t')\right] - \left[v^2 - v_p^2(t') + \vec{R}(t')\cdot\vec{a}_p(t')\right]\right\}\vec{R}(t')}{4\pi\varepsilon\left[vR(t') - \vec{v}_p(t')\cdot\vec{R}(t')\right]^3}. \tag{14.14}$$

A derivada temporal do potencial vetor é dada por (veja o Exercício Resolvido 14.11):

$$\frac{\partial \vec{A}(\vec{r},t)}{\partial t} = \frac{q}{4\pi\varepsilon\left[vR(t') - \vec{v}_p(t')\cdot\vec{R}(t')\right]^3}\left\{\left[vR(t') - \vec{v}_p(t')\cdot\vec{R}(t')\right]\left[\vec{a}_p R(t') - v\vec{v}_p(t')\right]\right.$$
$$\left. + R(t')\left[v^2 - v_p^2(t') + \vec{R}(t')\cdot\vec{a}_p(t')\right]\vec{v}_p(t')\right\}. \tag{14.15}$$

Substituindo estas expressões na equação $\vec{E}(r,t) = -\vec{\nabla}V(r,t) - \partial\vec{A}(r,t)/\partial t$, temos que:

$$\vec{E}(\vec{r},t) = \frac{q}{4\pi\varepsilon\left[vR(t') - \vec{v}_p(t')\cdot\vec{R}(t')\right]^3}\left\{-v\left\{\vec{v}_p(t')\left[vR(t') - \vec{R}(t')\cdot\vec{v}_p(t')\right]\right.\right.$$
$$\left. -\left[v^2 - v_p^2(t') + \vec{R}(t')\cdot\vec{a}_p(t')\right]\vec{R}(t')\right\} - \left[vR(t') - \vec{v}_p(t')\cdot\vec{R}(t')\right]$$
$$\left.\times\left[\vec{a}_p(t')R(t') - v\vec{v}_p(t')\right] - R(t')\left[v^2 - v_p^2(t') + \vec{R}(t')\cdot\vec{a}_p(t')\right]\vec{v}_p(t')\right\}.$$

Este é o campo elétrico de Liénard-Wiechert. Após uma manipulação algébrica, podemos mostrar que $\vec{E}(\vec{r},t) = \vec{E}_v(\vec{r},t) + \vec{E}_a(\vec{r},t)$ (esta tarefa está proposta no Exercício Complementar 1), em que

$$\boxed{\vec{E}_v(\vec{r},t) = \frac{q\left[1-\beta^2(t')\right]\left[\vec{R}(t') - \vec{\beta}(t')R(t')\right]}{4\pi\varepsilon\left[R(t') - \vec{\beta}(t')\cdot\vec{R}(t')\right]^3}} \tag{14.16}$$

$$\vec{E}_a(\vec{r},t) = \frac{q\left\{\left[\vec{R}(t') - R(t')\vec{\beta}(t')\right]\vec{R}(t')\cdot\vec{a}_p(t') - \left[R(t') - \vec{\beta}(t')\cdot\vec{R}(t')\right]R(t')\vec{a}_p(t')\right\}}{4\pi\varepsilon v^2\left[R(t') - \vec{\beta}(t')\cdot\vec{R}(t')\right]^3}. \tag{14.17}$$

Nestas relações, $\vec{\beta}(t') = \vec{v}_p(t')/v$, $\beta(t') = v_p(t')/v$ e $\vec{R}(t') = \vec{r} - \vec{r}_p(t')$. Note que a contribuição $\vec{E}_v$ independe da aceleração da carga ($\vec{a}_p$), enquanto a contribuição $\vec{E}_a$ é diretamente proporcional a ela. Assim, temos que $\vec{E}_a \to 0$, quando $\vec{a}_p \to 0$. Note também que $\vec{E}_v$ tem uma dependência em $1/R^2$, enquanto $\vec{E}_a$ tem uma dependência em $1/R$.

A componente $\vec{E}_a$ pode ser escrita na forma:

$$\boxed{\vec{E}_a = \frac{q\left[\vec{R}(t')\times\left[\vec{R}(t') - \vec{\beta}(t')R(t')\right]\times\vec{a}_p(t')\right]}{4\pi\varepsilon v^2\left[R(t') - \vec{\beta}(t')\cdot\vec{R}(t')\right]^3}.} \tag{14.18}$$

O campo magnético é obtido pelo rotacional do potencial vetor magnético. Usando a relação $\vec{A}(\vec{r},t) = [\vec{v}_p(t')/v^2]V(\vec{r},t)$, temos:

$$\vec{B}(\vec{r},t) = \vec{\nabla}\times\left[\frac{\vec{v}_p(t')}{v^2}V(\vec{r},t)\right]. \tag{14.19}$$

Usando a identidade $\vec{\nabla}\times(\vec{v}V) = V(\vec{\nabla}\times\vec{v}) - \vec{v}\times\vec{\nabla}V$, obtemos:

$$\vec{B}(\vec{r},t)=\frac{1}{v^2}\left\{V(r,t)\left[\vec{\nabla}\times\vec{v}_p(t')\right]-\vec{v}_p(t')\times\vec{\nabla}V(r,t)\right\}. \quad (14.20)$$

Usando a expressão para o potencial elétrico e seu gradiente (Veja o Exercício Resolvido 14.10), juntamente com a relação $\vec{\nabla}\times\vec{v}_p(t')=\vec{a}_p(t')\times\vec{R}(t')/[vR(t')-\vec{v}_p(t')\cdot\vec{R}(t')]$ (veja o Exercício Resolvido 14.4) podemos escrever o campo magnético como:

$$\vec{B}(\vec{r},t)=\frac{q\vec{a}_p(t')\times\vec{R}(t')}{4\pi\varepsilon v^2\left[vR(t')-\vec{v}_p(t')\cdot\vec{R}(t')\right]^2}-\vec{v}_p(t')\times\frac{qv\left\{\left[c^2-v_p^2(t')+\vec{R}(t')\cdot\vec{a}_p(t')\right]\vec{R}(t')\right\}}{4\pi\varepsilon v^2\left[vR(t')-\vec{v}_p(t')\cdot\vec{R}(t')\right]^3}. \quad (14.21)$$

Este é o campo magnético de Liénard-Wiechert.

Após uma manipulação algébrica, podemos mostrar que $\vec{B}(\vec{r},t)=\vec{B}_v(\vec{r},t)+\vec{B}_a(\vec{r},t)$ (esta tarefa está proposta no Exercício Complementar 2), em que

$$\vec{B}_v(\vec{r},t)=-\frac{q\vec{R}(t')\times\left\{\left[1-\beta^2(t')\right]\vec{\beta}(t')\right\}}{4\pi\varepsilon v\left[R(t')-\vec{\beta}(t')\cdot\vec{R}(t')\right]^3} \quad (14.22)$$

é um termo que não depende da aceleração da carga e decresce com $1/R^2$ e

$$\vec{B}_a(\vec{r},t)=-\frac{q\vec{R}(t')\times\left\{\frac{1}{c^2}\left[\vec{a}_p(t')\left[R(t')-\vec{\beta}(t')\cdot\vec{R}(t')\right]+\vec{\beta}(t')\left[\vec{R}(t')\cdot\vec{a}_p(t')\right]\right]\right\}}{4\pi\varepsilon v\left[R(t')-\vec{\beta}(t')\cdot\vec{R}(t')\right]^3} \quad (14.23)$$

é um termo que depende diretamente da aceleração da carga e decresce com $1/R$. Isso implica que $\vec{B}_a\to 0$ quando $\vec{a}_p\to 0$.

O campo magnético dado nas relações (14.22) e (14.23) pode ser escrito em função do campo elétrico na forma (veja o Exercício Complementar 3):

$$\boxed{\vec{B}(\vec{r},t)=\frac{1}{v}\left[\frac{\vec{R}(t')}{R(t')}\times\vec{E}(r,t)\right].} \quad (14.24)$$

Considerando o campo elétrico na forma $\vec{E}=\vec{E}_v+\vec{E}_a$ e o campo magnético auxiliar $\vec{H}=(\vec{B}_v+\vec{B}_a)/\mu$, temos que o vetor de Poynting, calculado por $\vec{S}=\vec{E}\times\vec{H}$, é $\vec{S}=(\vec{E}_v\times\vec{B}_v+\vec{E}_v\times\vec{B}_a+\vec{E}_a\times\vec{B}_v+\vec{E}_a\times\vec{B}_a)/\mu$. A componente $\vec{S}_{vv}=(\vec{E}_v\times\vec{B}_v)/\mu$ decai com $1/R^4$, enquanto $\vec{S}_{va}=(\vec{E}_v\times\vec{B}_a)/\mu$ e $\vec{S}_{av}=(\vec{E}_a\times\vec{B}_v)/\mu$ decaem com $1/R^3$. Por outro lado, a componente $\vec{S}_{aa}=(\vec{E}_a\times\vec{B}_a)/\mu$ decresce com $1/R^2$.

Como a potência eletromagnética irradiada pela carga é a integral do vetor de Poynting sobre uma superfície, cujo elemento diferencial de área é proporcional a R^2, temos que a contribuição $\int\vec{S}_{vv}\cdot d\vec{a}$ decai com $1/R^2$, enquanto $\int\vec{S}_{av}\cdot d\vec{a}$ e $\int\vec{S}_{va}\cdot d\vec{a}$ decrescem com $1/R$. Entretanto, a integral $\int\vec{S}_{aa}\cdot d\vec{a}$ independe de coordenada R. Assim, somente os termos do campos elétrico e magnético proporcionais à aceleração contribuem para a energia eletromagnética que se propaga no espaço. Portanto, podemos concluir que:

(1) *A radiação eletromagnética emitida por uma carga elétrica descrevendo um movimento não acelerado é desprezível.*

(2) *Somente cargas aceleradas emitem radiação eletromagnética.*

EXEMPLO 14.1

Determine os campos elétrico e magnético gerados por uma carga pontual em movimento retilíneo e uniforme em um meio de permissividade elétrica ε_0.

SOLUÇÃO

O campo elétrico gerado por uma carga elétrica em movimento retilíneo e uniforme (aceleração é nula) é dado pela equação (14.16). Como a velocidade da carga é constante, temos que $\vec{\beta}(t') \to \vec{\beta}$. Neste caso, o campo elétrico é:

$$\vec{E}_v(\vec{r},t) = \frac{q\left[1-\beta^{2\prime}\right]\left[\vec{R}(t') - \vec{\beta}R(t')\right]}{4\pi\varepsilon_0\left[R(t') - \vec{\beta}\cdot\vec{R}(t')\right]^3}. \qquad \text{(E14.1)}$$

É importante ressaltar que o vetor $\vec{R}(t')$ que aparece nesta expressão do campo elétrico é dado por $\vec{R}(t') = \vec{r} - \vec{r}_p(t')$, em que $\vec{r}_p(t')$ se refere à posição da carga no tempo retardado t'. É interessante escrever esse campo elétrico em função do vetor $\vec{R}_p(t) = \vec{r} - \vec{r}_p(t)$, em que $\vec{r}_p(t)$ representa as coordenadas da carga elétrica no tempo atual.

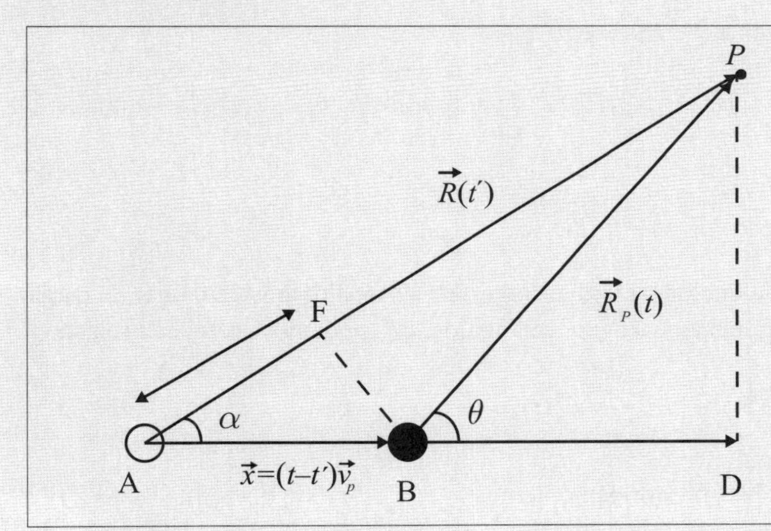

Figura 14.2 Carga em movimento retilíneo e uniforme. Os círculos cheio e vazio representa a posição da carga no tempo atual e anterior, respectivamente.

A Figura 14.2 mostra um esquema no qual a carga se move da posição A para a posição B e a radiação emitida por ela no ponto A é observada no ponto P. Nesta figura, o vetor $\vec{R}(t')$ mede a distância da carga ao ponto de observação P quando ela estava na posição A no instante anterior t'. O vetor $R_p(t)$ representa a distância da carga ao ponto P quando ela está na posição B e no instante atual t.

A distância entre a posição atual e a posição anterior é dada por $\vec{x} = \overline{AB} = (t-t')\vec{v}_p$, em que $\vec{v}_p$ é a velocidade da carga. Pela Figura 14.2, podemos escrever o vetor $\vec{R}(t')$ como a seguinte soma vetorial $\vec{R}(t') = \vec{R}_p(t) + \vec{x}$. Usando $\vec{x} = (t-t')\vec{v}_p$, temos

$$\vec{R}(t') = \vec{R}_p(t) + (t-t')\vec{v}_p. \qquad \text{(E14.2)}$$

O mesmo intervalo de tempo que a carga leva para passar da posição anterior A para a posição atual B, a radiação eletromagnética emitida por ela na posição A leva para atingir o ponto de observação P com uma velocidade c. Portanto, o módulo do vetor $\vec{R}(t')$, que representa a distância percorrida pela radiação eletromagnética do ponto A ao ponto P, no intervalo de tempo $(t-t')$, pode ser escrito como:

$$R(t') = c(t-t').$$

Desta equação, podemos tirar que $(t-t') = R(t')/c$. Substituindo este valor na equação (E14.2), temos:

$$\vec{R}_p(t) = \vec{R}(t') - \vec{\beta}R(t') \qquad \textbf{(E14.3)}$$

em que $\vec{\beta} = \vec{v}_p / c$. Note que esse termo, que aparece no numerador da expressão (E14.1), relaciona o vetor $\vec{R}(t') - \vec{\beta}R(t')$ com a posição atual da carga.

Agora, vamos escrever o termo $R(t') - \vec{\beta} \cdot \vec{R}(t')$, que aparece no denominador da equação (E14.1), em função da posição atual da carga. Do triângulo retângulo FAB, mostrado na Figura 14.2, temos que $\overline{FA} / \overline{AB} = \cos\alpha$, em que α é o ângulo entre os vetores $\vec{R}(t')$ e $\vec{v}_p$. Analogamente, temos que $\overline{FB} / \overline{AB} = \text{sen}\,\alpha$. Substituindo $(t-t') = R(t')/c$ na relação $\overline{AB} = (t-t')v_p$, temos que $\overline{AB} = v_p R(t')/c = \beta R(t')$. Assim, os segmentos $\overline{FA}$ e $\overline{FB}$ podem ser escritos como:

$$\overline{FA} = \overline{AB}\cos\alpha = \beta R(t')\cos\alpha = \vec{\beta} \cdot \vec{R}(t')$$

$$\overline{FB} = \overline{AB}\,\text{sen}\,\alpha = \beta R(t')\,\text{sen}\,\alpha.$$

Da Figura 14.2, temos que $\overline{FP} = \overline{AP} - \overline{FA}$. Como $\overline{AP} = R(t')$ e $\overline{FA} = \vec{\beta} \cdot \vec{R}(t')$ (veja o conjunto de equações anterior), temos que:

$$\overline{FP} = R(t') - \vec{\beta} \cdot \vec{R}(t').$$

Esta relação é exatamente a quantidade que queremos escrever em termos da posição atual da carga. Por outro lado, aplicando o teorema de Pitágoras ao triângulo retângulo FBP, podemos escrever a relação:

$$\left(\overline{FP}\right)^2 + \left(\overline{FB}\right)^2 = R_p^2(t).$$

Usando os valores de $\overline{FP}$ e $\overline{FB}$ calculados anteriormente, temos:

$$\left[R(t') - \vec{\beta} \cdot \vec{R}(t')\right]^2 + \beta^2 R^2(t')\,\text{sen}^2\alpha = R_p^2(t).$$

Do triângulo retângulo PAD, temos que $\overline{PD} = R(t')\,\text{sen}\,\alpha$. Por outro lado, do triângulo retângulo PBD, temos que $\overline{PD} = R_p(t)\,\text{sen}\,\theta$. Logo, temos que $R(t')\,\text{sen}\,\alpha = R_p(t)\,\text{sen}\,\theta$, de modo que a equação anterior pode ser escrita como:

$$\left[R(t') - \vec{\beta} \cdot \vec{R}(t')\right]^2 + \beta^2 R_p^2\,\text{sen}^2\theta = R_p^2.$$

Desta equação, podemos escrever que:

$$\left[R(t') - \vec{\beta} \cdot \vec{R}(t')\right] = R_p(t)\left[1 - \beta^2\text{sen}^2\theta\right]^{1/2}. \qquad \textbf{(E14.4)}$$

Substituindo (E14.3), (E14.4) em (E14.1), temos que o campo elétrico gerado pela carga em movimento retilíneo e uniforme, escrito em termos da sua posição atual, é:

$$\vec{E}(\vec{r},t)=\frac{q\left[1-\beta^2\right]}{4\pi\varepsilon_0\left[1-\beta^2\text{sen}^2\theta\right]^{3/2}}\frac{\vec{R}_p(t)}{R_p^3(t)} \tag{E14.5}$$

Note que, para carga em repouso ($\beta=0$) ou em movimento não relativístico ($\beta\to 0$), o campo elétrico gerado por ela se reduz ao campo eletrostático [veja a equação (2.6)].

O campo magnético pode ser obtido por $\vec{B}(\vec{r},t)=[\hat{R}(t')\times\vec{E}(\vec{r},t)]/c$, em que $\hat{R}(t')=\vec{R}(t')/R(t')$, sendo $\vec{R}(t')=\vec{R}_p(t)+\vec{\beta}R(t')$. Portanto, o campo magnético gerado por uma carga elétrica em movimento retilíneo e uniforme pode ser escrito na forma:

$$\vec{B}(\vec{r},t)=\frac{1}{c}\frac{\vec{R}_p(t)+\vec{\beta}R(t')}{R(t')}\times\frac{q\left[1-\beta^2\right]}{4\pi\varepsilon_0\left[1-\beta^2\text{sen}^2\theta\right]^{3/2}}\frac{\vec{R}_p(t)}{R_p^3(t)}.$$

Efetuando o produto vetorial, temos:

$$\vec{B}(\vec{r},t)=\frac{q\left[1-\beta^2\right]}{4\pi\varepsilon_0 c\left[1-\beta^2\text{sen}^2\theta\right]^{3/2}}\frac{\vec{\beta}\times\vec{R}_p(t)}{R_p^3(t)}. \tag{E14.6}$$

Note que o campo magnético depende da velocidade da carga elétrica. Em um referencial inercial, em que a carga está em repouso ($\vec{\beta}=0$), não existe campo magnético gerado por ela. Entretanto, para movimento não relativístico, em que $\beta\to 0$, o campo magnético gerado pela carga elétrica se reduz a:

$$\vec{B}(\vec{r},t)=\frac{q}{4\pi\varepsilon_0 c}\frac{\vec{\beta}\times\vec{R}_p(t)}{R_p^3(t)}.$$

Multiplicando e dividindo esta equação por μ_0 e usando $\vec{\beta}=\vec{v}_p/c$, temos que:

$$\vec{B}(\vec{r},t)=\frac{\mu_0 q}{4\pi}\frac{\vec{v}_p\times\vec{R}_p(t)}{R_p^3(t)}.$$

Esta expressão é equivalente à lei de Biot-Savart para uma carga pontual em movimento. Generalizando a equação anterior para um pequeno circuito elétrico percorrido por uma corrente elétrica, obtemos a lei de Biot-Savart, equação (5.10), discutida no Capítulo 5 (veja o Exercício Resolvido 14.12). No capítulo seguinte, mostraremos que os campos elétrico e magnético gerados por uma carga pontual em movimento retilíneo e uniforme são facilmente obtidos a partir do formalismo covariante das equações de Maxwell.

EXEMPLO 14.2

Discuta a radiação eletromagnética emitida por uma carga elétrica descrevendo um movimento retilíneo, com aceleração constante.

SOLUÇÃO

Como já foi discutido na Seção 14.3, somente os termos dos campos elétrico e magnético dependentes da aceleração contribuem para a radiação. Assim, a potência irradiada pela carga é $P = \int \vec{S}_{aa} \cdot d\vec{a}$, em que $\vec{S}_{aa}(\vec{r},t) = \frac{1}{\mu_0}[\vec{E}_a(\vec{r},t) \times \vec{B}_a(\vec{r},t)]$. Usando a relação $\vec{B}_a(\vec{r},t) = [\vec{R}(t') \times \vec{E}_a(\vec{r},t)] / cR(t')$, podemos escrever a componente do vetor de Poynting $\vec{S}_{aa}$ como:

$$\vec{S}_{aa}(\vec{r},t) = \frac{1}{\mu_0}\left[\frac{\vec{E}_a(\vec{r},t) \times \vec{R}(t') \times \vec{E}_a(\vec{r},t)}{cR(t')}\right].$$

Usando a identidade do triplo produto vetorial $(\vec{a} \times \vec{b} \times \vec{c}) = (\vec{a} \cdot \vec{c})\vec{b} - (\vec{a} \cdot \vec{b})\vec{c}$, a equação anterior se escreve na forma:

$$\vec{S}_{aa}(\vec{r},t) = \frac{1}{\mu_0 cR(t')}\left\{\vec{R}(t')E_a^2(\vec{r},t) - \left[\vec{E}_a(\vec{r},t) \cdot \vec{R}(t')\right]\vec{E}_a(\vec{r},t)\right\}.$$

Pela equação (14.18), o vetor $\vec{E}_a$ é perpendicular ao vetor $\vec{R}$. Assim, o produto escalar entre eles é identicamente nulo, de modo que o vetor de Poynting se reduz a:

$$\vec{S}_{aa}(\vec{r},t) = \frac{E_a^2(\vec{r},t)}{\mu_0 c}\frac{\vec{R}(t')}{R(t')} = \frac{E_a^2(\vec{r},t)}{\mu_0 c}\hat{R}(t') \tag{E14.7}$$

em que $\hat{R}(t') = \vec{R}(t') / R(t')$ é o vetor unitário. Para o caso em que a carga se move no vácuo, o campo elétrico $\vec{E}_a(\vec{r},t)$ é dado por [veja a equação 14.17]:

$$\vec{E}_a(\vec{r},t) = \frac{q\left\{\left[\vec{R}(t') - R(t')\vec{\beta}(t')\right]\vec{R}(t') \cdot \vec{a}_p(t') - \left[R(t') - \vec{\beta}(t') \cdot \vec{R}(t')\right]R(t')\vec{a}_p(t')\right\}}{4\pi\varepsilon_0 c^2\left[R(t') - \vec{\beta}(t') \cdot \vec{R}(t')\right]^3}.$$

Como o movimento é retilíneo, o vetor velocidade $\vec{\beta}$ é paralelo ao vetor aceleração $\vec{a}_p$. Além disso, os vetores $\vec{\beta}$ e $\vec{a}_p$ formam o mesmo ângulo (θ) com o vetor $\vec{R}$. Com essa consideração, temos que $\vec{R}(t') \cdot \vec{a}_p(t') = R(t')\vec{a}_p(t')\cos\theta$ e $\vec{\beta}(t') \cdot \vec{R}(t') = \beta(t')R(t')\cos\theta$. Assim, podemos escrever o vetor $\vec{E}_a$ como

$$\vec{E}_a(\vec{r},t) = \frac{q\left\{\left[\vec{R}(t') - R(t')\vec{\beta}(t')\right]R(t')a_p(t')\cos\theta - [R(t') - \beta(t')R(t')\cos\theta]R(t')\vec{a}_p(t')\right\}}{4\pi\varepsilon_0 c^2\,[R(t') - \beta(t')R(t')\cos\theta]^3}. \tag{E14.8}$$

Tomando o produto $E_a^2 = \vec{E}_a \cdot \vec{E}_a$, temos:

$$E_a^2(\vec{r},t) = \frac{q^2}{16\pi^2\varepsilon_0^2 c^4\left[R(t') - \beta(t')R(t')\cos\theta\right]^6}\Big\{\Big[\left[\vec{R}(t') - R(t')\vec{\beta}(t')\right]R(t')a_p\cos\theta$$
$$-\left[R(t') - \beta(t')R(t')\cos\theta\right]R(t')\vec{a}_p\Big]\times\Big[\left[\vec{R}(t') - R(t')\vec{\beta}(t')\right]R(t')a_p\cos\theta$$
$$-\left[R(t') - \beta(t')R(t')\cos\theta\right]R(t')\vec{a}_p\Big]\Big\}.$$

Após uma manipulação algébrica (veja o Exercício Complementar 4), obtemos:

$$E_a^2(\vec{r},t) = \frac{q^2 a_p^2 \operatorname{sen}^2\theta}{16\pi^2\varepsilon_0^2 c^4 R^2(t')\left[1 - \beta(t')\cos\theta\right]^6}. \quad \textbf{(E14.9)}$$

Substituindo (E14.9) em (E14.7) temos:

$$\vec{S}_{aa}(\vec{r},t) = \frac{q^2 a_p^2 \operatorname{sen}^2\theta}{16\pi^2\varepsilon_0^2 \mu_0 c^5 R^2(t')\left[1 - \beta(t')\cos\theta\right]^6}\hat{R}(t').$$

A potência no instante t por unidade de ângulo sólido, calculada por $dP/d\Omega = (\vec{S}_{aa}\cdot\hat{n}R^2)$, é:

$$\left[\frac{dP}{d\Omega}\right]_t = \frac{q^2 a_p^2 \operatorname{sen}^2\theta}{16\pi^2\varepsilon_0^2 \mu_0 c^5\left[1 - \beta(t')\cos\theta\right]^6}. \quad \textbf{(E14.10)}$$

A potência irradiada pela carga no instante anterior t' é diferente daquela medida no instante atual t. Usando a regra da cadeia, podemos escrever que:

$$\left[\frac{dP}{d\Omega}\right]_{t'} = \left[\frac{dP}{d\Omega}\right]_t \frac{dt}{dt'}.$$

Como $dt/dt' = [R(t') - \vec{R}(t')\cdot\vec{\beta}(t')]/R(t') = 1 - \beta(t')\cos\theta$ (veja o Exercício Resolvido 14.8), temos:

$$\left[\frac{dP}{d\Omega}\right]_{t'} = \left[\frac{dP}{d\Omega}\right]_t \left[1 - \beta(t')\cos\theta\right].$$

Substituindo (E14.10) na equação anterior, temos:

$$\left[\frac{dP}{d\Omega}\right]_{t'} = \frac{q^2 a_p^2 \operatorname{sen}^2\theta}{16\pi^2\varepsilon_0^2 \mu_0 c^5\left[1 - \beta(t')\cos\theta\right]^5}.$$

A potência total emitida pela partícula no ângulo sólido, $d\Omega = \operatorname{sen}\theta\, d\theta\, d\phi$, é:

$$[P]_{t'} = \int_0^{2\pi}\int_0^{\pi} \frac{q^2 a_p^2 \operatorname{sen}^2\theta}{16\pi^2\varepsilon_0^2 \mu_0 c^5\left[1 - \beta(t')\cos\theta\right]^5}\operatorname{sen}\theta\, d\theta\, d\phi.$$

Integrando e usando a relação $\varepsilon_0\mu_0 = 1/c^2$, temos:

$$[P]_{t'} = \frac{q^2 a^2}{6\pi\varepsilon_0 c^3\left[1-\beta(t')\cos\theta\right]^6}.$$

EXEMPLO 14.3

Discuta a radiação eletromagnética emitida por uma carga pontual, descrevendo um movimento no qual a aceleração é perpendicular a sua velocidade.

SOLUÇÃO

Por simplicidade, vamos considerar que a velocidade e a aceleração da carga são dadas por $\vec{v}_p = v\hat{k}$ e $\vec{a}_p = a\hat{i}$. Para calcular a radiação emitida pela carga, precisamos obter somente o termo do campo elétrico que depende da sua aceleração. Esse termo é dado por [veja a equação (14.17)]:

$$\vec{E}_a(\vec{r},t) = \frac{q\left\{\left[\vec{R}(t') - R(t')\vec{\beta}(t')\right]\vec{R}(t')\cdot\vec{a}_p(t') - \left[R(t') - \vec{\beta}(t')\cdot\vec{R}(t')\right]R(t')\vec{a}_p(t')\right\}}{4\pi\varepsilon_0 c^2\left[R(t') - \vec{\beta}(t')\cdot\vec{R}(t')\right]^3}. \quad \textbf{(E14.11)}$$

Usando $\vec{v}_p = v\hat{k}$, podemos escrever o termo $R(t') - \vec{\beta}(t')\cdot\vec{R}(t')$ como:

$$R(t') - \vec{\beta}(t')\cdot\vec{R}(t') = R(t') - \frac{v}{c}\hat{k}\cdot\vec{R}(t') = R(t')\left[1-\beta(t')\cos\theta\right]$$

em que θ é o ângulo entre os vetores $\hat{k}$ e $\vec{R}(t')$. Por outro lado, podemos escrever as seguintes relações: $\vec{R}(t') - R(t')\vec{\beta}(t') = \vec{R}(t') - R(t')\beta(t')\hat{k}$; $R\vec{a}_p = Ra\hat{i}$ e $\vec{R}(t')\cdot\vec{a}_p = R(t')a\,\text{sen}\,\theta\cos\phi$. Com essas considerações, podemos reescrever a equação (E14.11) como:

$$\vec{E}_a(\vec{r},t) = \frac{q}{4\pi\varepsilon_0 c^2 R^3(1-\beta(t')\cos\theta)^3}\left\{\left[\vec{R}(t') - R(t')\beta(t')\hat{k}\right]Ra\,\text{sen}\,\theta\cos\phi \right.$$
$$\left. -R\left[1-\beta(t')\cos\theta\right]R(t')a\hat{i}\right\}.$$

Escrevendo o vetor $\vec{R}$ em função do vetor unitário $\hat{R} = \vec{R}/R$ e simplificando R, temos:

$$\vec{E}_a(\vec{r},t) = \frac{q\left\{\left[\hat{R}(t') - \beta(t')\hat{k}\right]a\,\text{sen}\,\theta\cos\phi - \left[1-\beta(t')\cos\theta\right]a\hat{i}\right\}}{4\pi\varepsilon_0 c^2 R(t')\left[1-\beta(t')\cos\theta\right]^3}.$$

O quadrado do campo elétrico é:

$$E_a^2(\vec{r},t) = C\Big\{\Big[\hat{R}(t') - \beta(t')\hat{k}\Big]^2 a^2 \text{sen}^2\theta \cos^2\phi + \Big[1 - \beta(t')\cos\theta\Big]^2 a^2$$
$$-2\Big[1 - \beta(t')\cos\theta\Big] a\hat{i} \cdot \Big[\hat{R}(t') - \beta(t')\hat{k}\Big] a\,\text{sen}\theta\cos\phi\Big\}$$

em que $C = q^2 / 16\pi^2\varepsilon_0^2 c^4 R^2(t')\big[1 - \beta(t')\cos\theta\big]^6$. Efetuando o produto escalar, obtemos:

$$E_a^2(\vec{r},t) = C\Big\{\Big[\hat{R}(t')\cdot\hat{R}(t') + \beta^2(t')\hat{k}\cdot\hat{k} - 2\beta(t')\hat{R}(t')\cdot\hat{k}\Big] a^2 \text{sen}^2\theta\cos^2\phi + \Big[1 - \beta(t')\cos\theta\Big]^2 a^2$$
$$-2\Big[1 - \beta(t')\cos\theta\Big] a^2 \text{sen}\theta\cos\phi \cdot \Big[\hat{i}\cdot\hat{R}(t') - \beta(t')\hat{i}\cdot\hat{k}\Big]\Big\}.$$

Usando as relações: $\hat{R}\cdot\hat{R} = 1$, $\hat{k}\cdot\hat{k} = 1$, $\hat{R}\cdot\hat{k} = \cos\theta$, $\hat{i}\cdot\hat{R} = \text{sen}\theta\cos\phi$ e $\hat{i}\cdot\hat{k} = 0$, podemos escrever:

$$E_a^2(\vec{r},t) = C\Big\{\Big[1 + \beta^2(t') - 2\beta(t')\cos\theta\Big] a^2 \text{sen}^2\theta\cos^2\phi$$
$$+\Big[1 - \beta(t')\cos\theta\Big]^2 a^2 - 2\Big[\Big[1 - \beta(t')\cos\theta\Big] a^2 s\,\text{sen}\theta\cos\phi\Big]\text{sen}\theta\cos\phi\Big\}.$$

Colocando o termo $\text{sen}^2\theta\cos^2\phi$ em evidência e substituindo o valor do coeficiente C definido anteriormente, temos:

$$E_a^2(\vec{r},t) = \frac{q^2 a^2}{16\pi^2\varepsilon_0^2 c^4 R^2(t')\big[1 - \beta(t')\cos\theta\big]^6}\Big\{\Big[\beta^2(t') - 1\Big]\text{sen}^2\theta\cos^2\phi + \Big[1 - \beta(t')\cos\theta\Big]^2\Big\}.$$

O módulo do vetor de Poynting, calculado por $S = E_a^2 / \mu_0 c$, é:

$$S = \frac{q^2 a^2}{16\pi^2\mu_0\varepsilon_0^2 c^5 R^2\big[1 - \beta(t')\cos\theta\big]^6}\Big\{\Big[\beta^2(t') - 1\Big]\text{sen}^2\theta\cos^2\phi + \Big[1 - \beta(t')\cos\theta\Big]^2\Big\}.$$

A potência no tempo t por unidade de ângulo sólido, calculada por $dP / d\Omega = S \cdot R^2$, é:

$$\left[\frac{dP}{d\Omega}\right]_t = \frac{q^2 a^2}{16\pi^2\varepsilon_0 c^3\big[1 - \beta(t')\cos\theta\big]^6}\Big[\Big[\beta^2(t') - 1\Big]\text{sen}^2\theta\cos^2\phi + \Big[1 - \beta(t')\cos\theta\Big]^2\Big].$$

A potência irradiada pela carga no tempo anterior t' é dada por $\big[dP / d\Omega\big]_{t'} = \big[dP / d\Omega\big]_t (dt / dt')$ (veja o exemplo anterior). Usando $dt / dt' = 1 - \beta(t')\cos\theta$, temos que $\big[dP / d\Omega\big]_{t'} = \big[dP / d\Omega\big]_t \big(1 - \beta\cos\theta\big)$. Portanto,

$$\left[\frac{dP}{d\Omega}\right]_{t'} = \frac{q^2 a^2}{16\pi^2\varepsilon_0 c^3\big[1 - \beta(t')\cos\theta\big]^5}\Big\{\Big[\beta^2(t') - 1\Big]\text{sen}^2\theta\cos^2\phi + \Big[1 - \beta(t')\cos\theta\Big]^2\Big\}.$$

14.4 Exercícios Resolvidos

EXERCÍCIO 14.1

Calcule $\vec{\nabla} \times \vec{R}(t')$, em que $\vec{R}(t') = \vec{r} - \vec{r}_p(t')$.

SOLUÇÃO

O rotacional do vetor $\vec{R}(t') = \vec{r} - \vec{r}_p(t')$ pode ser escrito como

$$\vec{\nabla} \times \vec{R}(t') = \vec{\nabla} \times \vec{r} - \vec{\nabla} \times \vec{r}_p(t'). \tag{R14.1}$$

O rotacional do vetor $\vec{r}$ é nulo. Usando $\vec{r}_p(t') = \hat{i}x_p(t') + \hat{j}y_p(t') + \hat{k}z_p(t')$ e o operador $\vec{\nabla}$ em coordenadas retangulares, podemos escrever o rotacional do vetor $\vec{r}_p(t')$ como:

$$\vec{\nabla} \times \vec{r}_p(t') = \left[\frac{\partial z_p(t')}{\partial y} - \frac{\partial y_p(t')}{\partial z}\right]\hat{i} + \left[\frac{\partial x_p(t')}{\partial z} - \frac{\partial z_p(t')}{\partial x}\right]\hat{j} + \left[\frac{\partial y_p(t')}{\partial x} - \frac{\partial x_p(t')}{\partial y}\right]\hat{k}.$$

Usando a regra da cadeia, temos:

$$\vec{\nabla} \times \vec{r}_p(t') = \left[\frac{\partial z_p(t')}{\partial t'}\frac{\partial t'}{\partial y} - \frac{\partial y_p(t')}{\partial t'}\frac{\partial t'}{\partial z}\right]\hat{i} + \left[\frac{\partial x_p(t')}{\partial t'}\frac{\partial t'}{\partial z} - \frac{\partial z_p(t')}{\partial t'}\frac{\partial t'}{\partial x}\right]\hat{j} + \left[\frac{\partial y_p(t')}{\partial t'}\frac{\partial t'}{\partial x} - \frac{\partial x_p(t')}{\partial t'}\frac{\partial t'}{\partial y}\right]\hat{k}.$$

Como $v_{px}(t') = \partial x_p(t')/\partial t'$, $v_{py}(t') = \partial y_p(t')/dt'$ e $v_{pz}(t') = \partial z_p(t')/dt'$, esta relação pode ser escrita na forma:

$$\vec{\nabla} \times \vec{r}_p(t') = -\vec{v}_p(t') \times \vec{\nabla} t'$$

em que $\vec{v}_p(t')$ é a velocidade da partícula. Substituindo a relação anterior na equação (R14.1), temos:

$$\vec{\nabla} \times \vec{R}(t') = \vec{v}_p(t') \times \vec{\nabla} t'.$$

Usando $\vec{\nabla} t' = -\vec{R}(t')/[vR(t') - \vec{R}(t') \cdot \vec{v}_p(t')]$, calculado no Exercício Resolvido 14.3, temos:

$$\boxed{\vec{\nabla} \times \vec{R}(t') = -\vec{v}_p(t') \times \frac{\vec{R}(t')}{vR(t') - \vec{R}(t') \cdot \vec{v}_p(t')}.}$$

EXERCÍCIO 14.2

Calcule $\left[\vec{R}(t')\cdot\vec{\nabla}\right]\vec{R}(t')$, em que $\vec{R}(t')=\vec{r}-\vec{r}_p(t')$.

SOLUÇÃO

Como $\vec{R}(t')=\vec{r}-\vec{r}_p(t')$, temos:

$$\left[\vec{R}(t')\cdot\vec{\nabla}\right]\vec{R}(t')=\left[\vec{R}(t')\cdot\vec{\nabla}\right]\vec{r}-\left[\vec{R}(t')\cdot\vec{\nabla}\right]\vec{r}_p(t').$$

Usando $\vec{r}=\hat{i}x+\hat{j}y+\hat{k}z$, $\vec{r}_p(t')=\hat{i}x_p(t')+\hat{j}y_p(t')+\hat{k}z_p(t')$ e o operador $\vec{\nabla}$ em coordenadas retangulares, podemos escrever que:

$$\left[\vec{R}(t')\cdot\vec{\nabla}\right]\vec{R}(t')=\left[\hat{i}R_x\frac{\partial x}{\partial x}+\hat{j}R_y\frac{\partial y}{\partial y}+\hat{k}R_z\frac{\partial z}{\partial z}\right]-\left[\hat{i}R_x\frac{\partial x_p(t')}{\partial x}+\hat{j}R_y\frac{\partial y_p(t')}{\partial y}+\hat{k}R_z\frac{\partial z_p(t')}{\partial z}\right].$$

Efetuando as derivadas no primeiro termo e usando a regra da cadeia para derivar o segundo termo, temos:

$$\left[\vec{R}(t')\cdot\vec{\nabla}\right]\vec{R}(t')=\left[\hat{i}R_x+\hat{j}R_y+\hat{k}R_z\right]-\left[\hat{i}R_x\frac{\partial x_p(t')}{\partial t'}\frac{\partial t'}{\partial x}+\hat{j}R_y\frac{\partial y_p(t')}{\partial t'}\frac{\partial t'}{\partial y}+\hat{k}R_z\frac{\partial z_p(t')}{\partial t'}\frac{\partial t'}{\partial z}\right].$$

Usando $\vec{R}(t')=\hat{i}R_x+\hat{j}R_y+\hat{k}R_z$, $v_{px}(t')=\partial x_p(t')/\partial t'$, $v_{py}(t')=\partial y_p(t')/\partial t'$ e $v_{pz}(t')=\partial z_F(t')/\partial t'$, podemos escrever a equação anterior na forma:

$$\left[\vec{R}(t')\cdot\vec{\nabla}\right]\vec{R}(t')=\vec{R}(t')-\left[\hat{i}v_{px}(t')R_x\frac{\partial t'}{\partial x}+\hat{j}v_{py}(t')R_y\frac{\partial t'}{\partial y}+\hat{k}v_{pz}(t')R_z\frac{\partial t'}{\partial z}\right].$$

Usando $\vec{v}_p(t')=\hat{i}v_{px}(t')+\hat{j}v_{py}(t')+\hat{k}v_{pz}(t')$, obtemos:

$$\left[\vec{R}(t')\cdot\vec{\nabla}\right]\vec{R}(t')=\vec{R}-\vec{v}_p(t')\left[\vec{R}(t')\cdot\vec{\nabla}t'\right].$$

EXERCÍCIO 14.3

Calcule $\vec{\nabla}R(t')$ e $\vec{\nabla}t'$ em que $R(t')=\left|\vec{r}-\vec{r}_p(t')\right|$ e $t'=t-\left|\vec{r}-\vec{r}_p(t')\right|/v$, sendo v a velocidade de propagação da radiação.

SOLUÇÃO

O gradiente do tempo retardado $t' = t - \left|\vec{r} - \vec{r}_p(t')\right| / v$ é:

$$\vec{\nabla} t' = -\frac{1}{v} \vec{\nabla} \left|\vec{r} - \vec{r}_p(t')\right| = -\frac{1}{v} \vec{\nabla} R(t') \tag{R14.2}$$

em que $R(t') = \left|\vec{r} - \vec{r}_p(t')\right|$. O gradiente $\vec{\nabla} R(t')$ pode ser escrito como $\vec{\nabla} R(t') = \vec{\nabla}[\vec{R}(t') \cdot \vec{R}(t')]^{1/2}$. A derivada do termo no lado direito, pode ser calculada da seguinte forma:

$$\vec{\nabla}\left[\vec{R}(t') \cdot \vec{R}(t')\right]^{1/2} = \frac{1}{2}\left[\vec{R}(t') \cdot \vec{R}(t')\right]^{-1/2} \vec{\nabla}\left[\vec{R}(t') \cdot \vec{R}(t')\right] = \frac{1}{2R(t')} \vec{\nabla}\left[\vec{R}(t') \cdot \vec{R}(t')\right].$$

Logo, $\vec{\nabla} R(t')$ pode ser escrito como:

$$\vec{\nabla} R(t') = \frac{1}{2R(t')} \vec{\nabla}\left[\vec{R}(t') \cdot \vec{R}(t')\right]. \tag{R14.3}$$

Usando a identidade $\vec{\nabla}(\vec{A} \cdot \vec{B}) = \vec{A} \times (\vec{\nabla} \times \vec{B}) + \vec{B} \times (\vec{\nabla} \times \vec{A}) + (\vec{A} \cdot \vec{\nabla})\vec{B} + (\vec{B} \cdot \vec{\nabla})\vec{A}$, podemos escrever a expressão anterior na forma:

$$\begin{aligned} \vec{\nabla} R(t') = \frac{1}{2R(t')} \Big\{ & \vec{R}(t') \times \left[\vec{\nabla} \times \vec{R}(t')\right] + \vec{R}(t') \times \left[\vec{\nabla} \times \vec{R}(t')\right] \\ & + \left[\vec{R}(t') \cdot \vec{\nabla}\right] \vec{R}(t') + \left[\vec{R}(t') \cdot \vec{\nabla}\right] \vec{R}(t') \Big\}. \end{aligned}$$

Agrupando os termos semelhantes, temos:

$$\vec{\nabla} R(t') = \frac{1}{R(t')} \left\{ \vec{R}(t') \times \left[\vec{\nabla} \times \vec{R}(t')\right] + \left[\vec{R}(t') \cdot \vec{\nabla}\right] \vec{R}(t') \right\}. \tag{R14.4}$$

Substituindo as relações $\vec{\nabla} \times \vec{R}(t') = \vec{v}_p(t') \times \vec{\nabla} t'$ (veja o Exercício Resolvido 14.1) e $[\vec{R}(t') \cdot \vec{\nabla}]\vec{R}(t') = \vec{R}(t') - \vec{v}_p(t')[\vec{R}(t') \cdot \vec{\nabla} t']$ (veja o Exercício Resolvido 14.2) na relação anterior, temos:

$$\vec{\nabla} R(t') = \frac{1}{R(t')} \left\{ \vec{R}(t') \times \left[\vec{v}_p(t') \times \vec{\nabla} t'\right] + \vec{R}(t') - \vec{v}_p(t') \left[\vec{R}(t') \cdot \vec{\nabla} t'\right] \right\}. \tag{R14.5}$$

Usando a identidade vetorial $\vec{A} \times (\vec{B} \times \vec{C}) = \vec{B}(\vec{A} \cdot \vec{C}) - \vec{C}(\vec{A} \cdot \vec{B})$ para reescrever o primeiro termo no lado direito da equação anterior, temos:

$$\vec{\nabla} R(t') = \frac{1}{R(t')} \left\{ \vec{v}_p(t')\left[\vec{R}(t') \cdot \vec{\nabla} t'\right] - \vec{\nabla} t' \left[\vec{R}(t') \cdot \vec{v}_p(t')\right] + \vec{R}(t') - \vec{v}_p(t')\left[\vec{R}(t') \cdot \vec{\nabla} t'\right] \right\}.$$

O primeiro termo cancela o último, de modo que:

$$\vec{\nabla} R(t') = \frac{1}{R(t')} \left\{ \vec{R}(t') - \vec{\nabla} t' \left[\vec{R}(t') \cdot \vec{v}_p(t')\right] \right\}. \tag{R14.6}$$

Substituindo (R14.6) em (R14.2), temos:

$$\vec{\nabla}t' = -\frac{1}{vR(t')}\left\{\vec{R}(t') - \vec{\nabla}t'\left[\vec{R}(t')\cdot\vec{v}_p(t')\right]\right\}.$$

Logo, $\vec{\nabla}t'$ é dado por:

$$\boxed{\vec{\nabla}t' = -\frac{\vec{R}(t')}{vR(t') - \vec{R}(t')\cdot\vec{v}_p(t')}.}$$

Substituindo esse valor $\vec{\nabla}t'$ na relação (R14.2), temos que:

$$\boxed{\vec{\nabla}R(t') = -v\vec{\nabla}t' = \frac{v\vec{R}(t')}{vR(t') - \vec{R}(t')\cdot\vec{v}_p(t')}.} \quad \textbf{(R14.7)}$$

EXERCÍCIO 14.4

Calcule $\vec{\nabla}\times\vec{v}_p(t')$, sendo $\vec{v}_p(t')$ a velocidade da partícula.

SOLUÇÃO

O rotacional do vetor $\vec{v}_p(t')$ em coordenadas retangulares é:

$$\vec{\nabla}\times\vec{v}_p(t') = \left[\frac{\partial v_{pz}(t')}{\partial y} - \frac{\partial v_{py}(t')}{\partial z}\right]\hat{i} + \left[\frac{\partial v_{px}(t')}{\partial z} - \frac{\partial v_{pz}(t')}{\partial x}\right]\hat{j} + \left[\frac{\partial v_{py}(t')}{\partial x} - \frac{\partial v_{px}(t')}{\partial y}\right]\hat{k}.$$

Usando a regra da cadeia, podemos escrever essa relação na forma:

$$\vec{\nabla}\times\vec{v}_p(t') = \left[\frac{\partial v_{pz}(t')}{\partial t'}\frac{\partial t'}{\partial y} - \frac{\partial v_{py}(t')}{\partial t'}\frac{\partial t'}{\partial z}\right]\hat{i} + \left[\frac{\partial v_{px}(t')}{\partial t'}\frac{\partial t'}{\partial z} - \frac{\partial v_{pz}(t')}{\partial t'}\frac{\partial t'}{\partial x}\right]\hat{j} + \left[\frac{\partial v_{py}(t')}{\partial t'}\frac{\partial t'}{\partial x} - \frac{dv_{px}(t')}{dt'}\frac{\partial t'}{\partial y}\right]\hat{k}.$$

Como $a_{px}(t') = \partial v_{px}(t')/\partial t'$, $a_{py}(t') = \partial v_{py}(t')/\partial t'$ e $a_{pz}(t') = \partial v_{pz}(t')/\partial t'$, temos:

$$\vec{\nabla}\times\vec{v}_p(t') = -\vec{a}_p(t')\times\vec{\nabla}t'$$

em que $\vec{a}_p(t')$ é a aceleração da partícula. Usando a relação $\vec{\nabla}t' = -\vec{R}(t')/[vR(t') - \vec{R}(t')\cdot\vec{v}_p(t')]$, calculada no Exercício Resolvido (14.3), temos:

$$\boxed{\vec{\nabla}\times\vec{v}_p(t') = \vec{a}_p(t')\times\frac{\vec{R}(t')}{vR(t') - \vec{R}(t')\cdot\vec{v}_p(t')}.}$$

EXERCÍCIO 14.5

Calcule $[\vec{R}(t')\cdot\vec{\nabla}]\vec{v}_p(t')$, em que $\vec{R}(t')=\vec{r}-\vec{r}_p(t')$.

SOLUÇÃO

Usando o operador $\vec{\nabla}$ em coordenadas retangulares, podemos escrever o termo $[\vec{R}(t')\cdot\vec{\nabla}]\vec{v}_p(t')$ explicitamente como:

$$\left[\vec{R}(t')\cdot\vec{\nabla}\right]\vec{v}_p(t')=\left[R_x(t')\frac{\partial\vec{v}_p(t')}{\partial x}+R_y(t')\frac{\partial\vec{v}_p(t')}{\partial y}+R_z(t')\frac{\partial\vec{v}_p(t')}{\partial z}\right].$$

Usando a regra da cadeia, podemos escrever que:

$$\left[\vec{R}(t')\cdot\vec{\nabla}\right]\vec{v}_p(t')=\left[R_x(t')\frac{\partial\vec{v}_p(t')}{\partial t'}\frac{\partial t'}{\partial x}+R_y(t')\frac{\partial\vec{v}_p(t')}{\partial t'}\frac{\partial t'}{\partial y}+R_{z(t')}(t')\frac{\partial\vec{v}_p(t')}{\partial t'}\frac{\partial t'}{\partial z}\right].$$

Como $\vec{a}_p(t')=\partial\vec{v}_p(t')/\partial t'$, temos que:

$$\left[\vec{R}(t')\cdot\vec{\nabla}\right]\vec{v}_p(t')=\vec{a}_p(t')\left[R_x(t')\frac{\partial t'}{\partial x}+R_y(t')\frac{\partial t'}{\partial y}+R_z(t')\frac{\partial t'}{\partial z}\right].$$

O termo entre colchetes no lado direito pode ser escrito como o produto escalar entre dois vetores. Assim, obtemos:

$$\left[\vec{R}(t')\cdot\vec{\nabla}\right]\vec{v}_p(t')=\vec{a}_p(t')\overbrace{\left[\hat{i}R_x(t')+\hat{j}R_y(t')+\hat{k}R_z(t')\right]}^{\vec{R}(t')}\cdot\overbrace{\left[\hat{i}\frac{\partial t'}{\partial x}+\hat{j}\frac{\partial t'}{\partial y}t'+\hat{k}\frac{\partial t'}{\partial z}\right]}^{\vec{\nabla}t'}.$$

Note que o termo no primeiro colchete é o vetor $\vec{R}(t')$ e o termo no segundo colchete é $\vec{\nabla}t'$. Logo, a relação anterior pode ser escrita na forma:

$$\boxed{\left[\vec{R}(t')\cdot\vec{\nabla}\right]\vec{v}_p(t')=\vec{a}_p(t')\left[\vec{R}(t').\vec{\nabla}t'\right].}$$

EXERCÍCIO 14.6

Calcule $[\vec{v}_p(t')\cdot\vec{\nabla}]\vec{R}(t')$, em que $\vec{R}(t')=\vec{r}-\vec{r}_p(t')$.

SOLUÇÃO

Usando $\vec{R}(t')=\vec{r}-\vec{r}_p(t')$, podemos escrever $[\vec{v}_p(t').\vec{\nabla}]\vec{R}(t')=[\vec{v}_p(t').\vec{\nabla}]\vec{r}-[\vec{v}_p(t').\vec{\nabla}]\vec{r}_p(t')$. Usando o operador $\vec{\nabla}$ em coordenadas retangulares e efetuando o produto escalar no lado direito desta equação temos:

$$\vec{v}_p(t')\cdot\vec{\nabla}]\vec{R}(t')=\left[v_{px}(t')\frac{\partial\vec{r}}{\partial x}+v_{py}(t')\frac{\partial\vec{r}}{\partial y}+v_{pz}(t')\frac{\partial\vec{r}}{\partial z}\right]-\left[v_{px}(t')\frac{\partial\vec{r}_p(t')}{\partial x}+v_{py}(t')\frac{\partial\vec{r}_p(t')}{\partial y}+v_{pz}(t')\frac{\partial\vec{r}_p(t')}{\partial z}\right].$$

Como $\vec{r}=\hat{i}x+\hat{j}y+\hat{k}z$, temos que $\partial\vec{r}/\partial x=\hat{i}$, $\partial\vec{r}/\partial y=\hat{j}$ e $\partial\vec{r}/\partial z=\hat{k}$. Com essa consideração e usando a regra da cadeia para efetuar a derivada do termo no segundo colchete, obtemos:

$$\vec{v}_p(t')\cdot\vec{\nabla}]\vec{R}(t')=\left[\hat{i}v_{px}(t')+\hat{j}v_{py}(t')+\hat{k}v_{pz}(t')\right]+\left[v_{px}(t')\frac{\partial\vec{r}_p(t')}{\partial t'}\frac{\partial t'}{\partial x}+v_{py}(t')\frac{\partial\vec{r}_p(t')}{\partial t'}\frac{\partial t'}{\partial y}\right.$$
$$\left.+v_{pz}(t')\frac{\partial\vec{r}_p(t')}{\partial t'}\frac{\partial t'}{\partial z}\right].$$

Usando $\hat{i}v_{px}+\hat{j}v_{py}+\hat{k}v_{pz}=\vec{v}_p(t')$ e $\vec{v}_p(t')=\partial\vec{r}_p(t')/\partial t'$, podemos escrever que:

$$\vec{v}_p(t')\cdot\vec{\nabla}]\vec{R}(t')=\vec{v}_p(t')-\vec{v}_p(t')\overbrace{\left[v_{px}(t')\frac{\partial t'}{\partial x}+v_{py}(t')\frac{\partial t'}{\partial y}+v_{pz}(t')\frac{\partial t'}{\partial z}\right]}^{\vec{v}_p(t')\cdot\vec{\nabla}(t')}.$$

O termo entre colchetes pode ser escrito na forma $[\vec{v}_p(t')\cdot\vec{\nabla}t']$. Portanto, a equação anterior é:

$$\boxed{[\vec{v}_p(t')\cdot\vec{\nabla}]\vec{R}(t')=\vec{v}_p(t')-\vec{v}_p(t')\left[\vec{v}_p(t')\cdot\vec{\nabla}t'\right].}$$

EXERCÍCIO 14.7

Calcule $\vec{\nabla}[vR(t')-\vec{v}_p(t')\cdot\vec{R}(t')]$, em que $\vec{R}(t')=\vec{r}-\vec{r}_p(t')$ e $R(t')=\left|\vec{r}-\vec{r}_p(t')\right|$.

SOLUÇÃO

O gradiente do termo $\vec{\nabla}[vR(t')-\vec{v}_p(t')\cdot\vec{R}(t')]$ pode ser escrito como:

$$\vec{\nabla}[vR(t')-\vec{v}_p(t')\cdot\vec{R}(t')]=v\vec{\nabla}R(t')-\vec{\nabla}[\vec{v}_p(t')\cdot\vec{R}(t')] \quad \textbf{(R14.8)}$$

O termo $\vec{\nabla}R(t')$ foi calculado no Exercício Resolvido (14.3) e o resultado é $\vec{\nabla}R(t')=-v\nabla t'$. Vamos calcular o termo $\vec{\nabla}[\vec{v}_p(t')\cdot\vec{R}(t')]$. Usando a identidade vetorial, $\vec{\nabla}(\vec{A}\cdot\vec{B})=\vec{A}\times(\vec{\nabla}\times\vec{B})+\vec{B}\times(\vec{\nabla}\times\vec{A})+(\vec{A}\cdot\vec{\nabla})\vec{B}+(\vec{B}\cdot\vec{\nabla})\vec{A}$, podemos escrever o termo $\vec{\nabla}[\vec{v}_p(t')\cdot\vec{R}(t')]$ na forma:

$$\vec{\nabla}\left[\vec{v}_p(t')\cdot\vec{R}(t')\right]=\vec{v}_p(t')\times\left[\vec{\nabla}\times\vec{R}(t')\right]+\vec{R}(t')\times\left[\vec{\nabla}\times\vec{v}_p(t')\right]+\left[\vec{v}_p(t')\cdot\vec{\nabla}\right]\vec{R}(t')+\left[\vec{R}(t')\cdot\vec{\nabla}\right]\vec{v}_p(t').$$

Os termos entre colchetes na expressão anterior já foram calculados nos Exercícios Resolvidos (14.1), (14.4), (14.6) e (14.5). Os resultados são: (1) $\vec{\nabla}\times\vec{R}(t')=\vec{v}_p(t')\times\vec{\nabla}t'$. (2) $\vec{\nabla}\times\vec{v}_p(t')=-\vec{a}_p(t')\times\vec{\nabla}t'$. (3)

$[\vec{R}(t')\cdot\vec{\nabla}]\vec{v}_p(t') = \vec{a}_p(t')[\vec{R}(t')\cdot\nabla t']$. (4) $[\vec{v}_p(t')\cdot\vec{\nabla}]\vec{R}(t') = \vec{v}_p(t') - \vec{v}_p(t')[\vec{v}_p(t')\cdot\vec{\nabla}t']$. Portanto, podemos reescrever a expressão anterior como:

$$\vec{\nabla}\left[\vec{v}_p(t')\cdot\vec{R}(t')\right] = \vec{v}_p(t')\times\left[\vec{v}_p(t')\times\vec{\nabla}t'\right] - \vec{R}(t')\times\left[\vec{a}_p(t')\times\vec{\nabla}t'\right]$$
$$+\vec{v}_p(t') - \vec{v}_p(t')\left[\vec{v}_p(t')\cdot\vec{\nabla}t'\right] + \vec{a}_p(t')\left[\vec{R}(t')\cdot\vec{\nabla}t'\right].$$

Usando a identidade $\vec{A}\times(\vec{B}\times\vec{C}) = \vec{B}(\vec{A}\cdot\vec{C}) - \vec{C}(\vec{A}\cdot\vec{B})$ para reescrever o primeiro e o segundo termos, obtemos:

$$\vec{\nabla}\left[\vec{v}_p(t')\cdot\vec{R}(t')\right] = \vec{v}_p(t')\left[\vec{v}_p(t')\cdot\vec{\nabla}t'\right] - \vec{\nabla}t'\left[\vec{v}_p(t')\cdot\vec{v}_p(t')\right] - \vec{a}_p(t')\left[\vec{R}(t')\cdot\vec{\nabla}t'\right]$$
$$+\vec{\nabla}t'\left[\vec{R}(t')\cdot\vec{a}_p(t')\right] + \vec{v}_p(t') - \vec{v}_p(t')\left[\vec{v}_p(t')\cdot\vec{\nabla}t'\right] + \vec{a}_p(t')\left[\vec{R}(t')\cdot\vec{\nabla}t'\right].$$

O primeiro termo se cancela com o sexto e o terceiro se cancela com o último. Dessa forma, temos que:

$$\vec{\nabla}\left[\vec{v}_p(t')\cdot\vec{R}(t')\right] = \vec{v}_p(t') + \left[\vec{R}(t')\cdot\vec{a}_p(t') - v_p^2(t')\right]\vec{\nabla}t'. \qquad \textbf{(R14.9)}$$

Substituindo $\vec{\nabla}R(t') = -v\vec{\nabla}t'$ [veja a relação (R14.2) do Exercício Resolvido 14.3] e a relação (R14.9) em (R14.8) temos que:

$$\vec{\nabla}[vR(t') - \vec{v}_p(t')\cdot\vec{R}(t')] = -v^2\vec{\nabla}t' - \left\{\vec{v}_p(t') + \left[\vec{R}(t')\cdot\vec{a}_p(t') - v_p^2(t')\right]\vec{\nabla}t'\right\}.$$

Agrupando os termos semelhantes, obtemos:

$$\boxed{\vec{\nabla}[vR(t') - \vec{v}_p(t')\cdot\vec{R}(t')] = -\vec{v}_p(t') + \left[v_p^2(t') - v^2 - \vec{R}(t')\cdot\vec{a}_p(t')\right]\vec{\nabla}t'.} \qquad \textbf{(R14.10)}$$

EXERCÍCIO 14.8

Usando a expressão do tempo retardado $t' = t - |(\vec{r} - \vec{r}_p(t')|/v$, calcule a derivada $\partial t'/\partial t$.

SOLUÇÃO

Usando a expressão $t' = t - |\vec{r} - \vec{r}_p(t')|/v$, podemos escrever que $t = t' + |\vec{r} - \vec{r}_p(t')|/v$. Derivando esta expressão em relação ao tempo retardado t', temos:

$$\frac{\partial t\left(t', \vec{r}_p\right)}{\partial t'} = 1 + \frac{\partial}{\partial t'}\left[\frac{|\vec{r} - \vec{r}_p(t')|}{v}\right].$$

Como o termo $|\vec{r} - \vec{r}_p(t')|$ depende explicitamente das coordenadas espaciais e implicitamente do tempo retardado t', devemos usar a regra da derivação em cadeia. Assim, temos:

$$\frac{\partial t(t', \vec{r}_p)}{\partial t'} = 1 + \frac{1}{v}\nabla_{r_p}|\vec{r} - \vec{r}_p(t')|\cdot\frac{\partial \vec{r}_p(t')}{\partial t'}.$$

Como $\partial \vec{r}_p(t')/\partial t' = \vec{v}_p(t')$ e $\nabla_{r_p} |\vec{r} - \vec{r}_p(t')| = -e_{\vec{r}-\vec{r}_p} = [\vec{r} - \vec{r}_p(t')]/\left|\vec{r} - \vec{r}_p(t')\right|$, podemos escrever que:

$$\frac{\partial t(t',\vec{r}_p)}{\partial t'} = 1 - \frac{\vec{v}_p(t')\cdot\vec{R}(t')}{vR(t')}$$

em que $\vec{R}(t') = \vec{r} - \vec{r}_p(t')$. Efetuando a operação algébrica, obtemos:

$$\frac{\partial t\left(t',\vec{r}_p\right)}{\partial t'} = \frac{vR(t') - \vec{v}_p(t')\cdot\vec{R}(t')}{vR(t')}.$$

A relação inversa é:

$$\boxed{\frac{\partial t'\left(t,\vec{r}_p\right)}{\partial t} = \frac{vR(t')}{vR(t') - \vec{v}_p(t')\cdot\vec{R}(t')}.}$$

EXERCÍCIO 14.9

Calcule $\partial \vec{R}(t')/\partial t$ e $\partial R(t')/\partial t$, sendo $\vec{R}(t') = \vec{r} - \vec{r}_p(t')$.

SOLUÇÃO

A derivada do vetor $\vec{R}(t') = \vec{r} - \vec{r}_p(t')$ em relação à coordenada temporal é:

$$\frac{\partial \vec{R}(t')}{\partial t} = \frac{\partial\left[\vec{r} - \vec{r}_p(t')\right]}{\partial t}.$$

Como o vetor $\vec{r}$ não depende do tempo, temos que $\partial \vec{R}(t')/\partial t = -\partial \vec{r}_p(t')/\partial t$. Note que o vetor $\vec{r}_p(t')$ depende indiretamente do tempo atual t. Assim, usando a regra da cadeia, podemos escrever:

$$\frac{\partial \vec{R}(t')}{\partial t} = -\frac{\partial \vec{r}_p(t')}{\partial t'}\frac{\partial t'}{\partial t} = -\vec{v}_p(t')\frac{\partial t'}{\partial t}.$$

Substituindo a relação $\partial t'/\partial t = vR(t')/[vR(t') - \vec{v}_p(t')\cdot\vec{R}(t')]$, calculada no Exercício Resolvido 14.8, na equação anterior, temos:

$$\boxed{\frac{\partial \vec{R}(t')}{\partial t} = -\vec{v}_p(t')\frac{vR(t')}{[vR(t') - \vec{v}_p(t')\cdot\vec{R}(t')]}.}$$

A derivada do módulo do vetor $\vec{R}(t')$ em relação à coordenada temporal é:

$$\frac{\partial R(t')}{\partial t} = \frac{\partial\left|\vec{r} - \vec{r}_p(t')\right|}{\partial t}.$$

Usando a regra da cadeia para derivar o lado direito, temos:

$$\frac{\partial R(t')}{\partial t} = \vec{\nabla}_{r_p} \left|\vec{r} - \vec{r}_p(t')\right| \cdot \frac{\partial \vec{r}_p(t')}{\partial t'} \frac{\partial t'}{\partial t}.$$

Como $\vec{v}_p(t') = \partial \vec{r}_p(t') / \partial t'$ e $\vec{\nabla}_{r_p} \left|\vec{r} - \vec{r}_p(t')\right| = \vec{R}(t') / R(t')$ podemos escrever que:

$$\frac{\partial R(t')}{\partial t} = -\frac{\vec{v}_p(t') \cdot \vec{R}(t')}{R(t')} \frac{\partial t'}{\partial t}.$$

Substituindo o valor $\partial t' / \partial t = vR(t') / [vR(t') - \vec{v}_p(t') \cdot \vec{R}(t')]$, obtido no Exercício Resolvido 14.8, obtemos:

$$\boxed{\frac{\partial R(t')}{\partial t} = -\frac{v\vec{v}_p(t') \cdot \vec{R}(t')}{[vR(t') - \vec{v}_p(t') \cdot \vec{R}(t')]}.}$$

EXERCÍCIO 14.10

O potencial escalar elétrico gerado por uma carga pontual em movimento é dado por:

$$V(\vec{r}, t) = \frac{qv}{4\pi\varepsilon[vR(t') - \vec{v}_p(t') \cdot \vec{R}(t')]}.$$

Calcule o gradiente deste potencial.

SOLUÇÃO

O gradiente do potencial escalar elétrico é:

$$\vec{\nabla} V(\vec{r}, t) = \vec{\nabla}\left[\frac{q}{4\pi\varepsilon} \frac{v}{\left[vR(t') - \vec{v}_p(t') \cdot \vec{R}(t')\right]}\right].$$

Derivando, temos:

$$\vec{\nabla} V(\vec{r}, t) = \frac{-qv}{4\pi\varepsilon\left[vR(t') - \vec{v}_p(t') \cdot \vec{R}(t')\right]^2} \vec{\nabla}\left[vR(t') - \vec{v}_p(t') \cdot \vec{R}(t')\right].$$

O cálculo do termo $\vec{\nabla}\left[vR(t') - \vec{v}_p(t') \cdot \vec{R}(t')\right]$ está feito no Exercício Resolvido 14.7. Logo, o gradiente do potencial escalar elétrico é:

$$\vec{\nabla} V(\vec{r}, t) = \frac{qv\left\{\vec{v}_p(t') + \left[v^2 - v_p^2(t') + \vec{R}(t') \cdot \vec{a}_p(t')\right]\vec{\nabla} t'\right\}}{4\pi\varepsilon\left[vR(t') - \vec{v}_p(t') \cdot \vec{R}(t')\right]^2}.$$

Usando a relação $\vec{\nabla}t' = -\vec{R}(t')/[vR(t') - \vec{R}(t')\cdot\vec{v}_p(t')]$, obtida no Exercício Resolvido 14.3, podemos escrever que:

$$\vec{\nabla}V(\vec{r},t) = \frac{qv\left\{\vec{v}_p(t') + \left[v^2 - v_p^2(t') + \vec{R}(t')\cdot\vec{a}_p(t')\right]\left[\frac{-\vec{R}(t')}{vR(t') - \vec{R}(t')\cdot\vec{v}_p(t')}\right]\right\}}{4\pi\varepsilon\left[vR(t') - \vec{v}_p(t')\cdot\vec{R}(t')\right]^2}.$$

Simplificando, temos:

$$\boxed{\vec{\nabla}V(\vec{r},t) = \frac{qv\left\{\vec{v}_p(t')\left[vR(t') - \vec{R}(t')\cdot\vec{v}_p(t')\right] - \left[v^2 - v_p^2(t') + \vec{R}(t')\cdot\vec{a}_p(t')\right]\right\}\vec{R}}{4\pi\varepsilon\left[vR(t') - \vec{v}_p(t')\vec{R}(t')\right]^3}.} \quad \textbf{(R14.11)}$$

EXERCÍCIO 14.11

O potencial vetor gerado por uma carga pontual em movimento é dado por:

$$\vec{A}(\vec{r},t) = \frac{\vec{v}_p(t')}{v^2}\left[\frac{q}{4\pi\varepsilon}\cdot\frac{1}{R(t') - \frac{\vec{v}_p(t')}{v}\cdot\vec{R}(t')}\right].$$

Calcule a derivada temporal deste potencial vetor.

SOLUÇÃO

A derivada temporal do potencial vetor é:

$$\frac{\partial\vec{A}(\vec{r},t)}{\partial t} = \frac{\partial}{\partial t}\left[\frac{\vec{v}_p(t')}{v^2}\frac{q}{4\pi\varepsilon_0}\frac{v}{\left[vR(t') - \vec{v}_p(t')\cdot\vec{R}(t')\right]}\right].$$

Efetuando a derivada, temos:

$$\frac{\partial\vec{A}(\vec{r},t)}{\partial t} = \frac{q}{4\pi\varepsilon v\left[vR(t') - \vec{v}_p(t')\cdot\vec{R}(t')\right]}\frac{\partial\vec{v}_p(t')}{\partial t} - \frac{\vec{v}_p(t')}{v}\frac{q}{4\pi\varepsilon\left[vR(t') - \vec{v}_p(t')\cdot\vec{R}(t')\right]^2}\frac{\partial}{\partial t}\left[vR(t') - \vec{v}_p(t')\cdot\vec{R}(t')\right].$$

Colocando o termo $q/4\pi\varepsilon v\left[vR(t') - \vec{v}_p(t')\cdot\vec{R}(t')\right]^2$ em evidência, usando a regra da cadeia para derivar o termo $\partial\vec{v}_p(t')/\partial t$ e efetuando a derivada do produto no segundo termo, obtemos:

$$\frac{\partial\vec{A}(\vec{r},t)}{\partial t} = \frac{q}{4\pi\varepsilon v\left[vR(t') - \vec{v}_p(t')\cdot\vec{R}(t')\right]^2}\left\{\frac{\partial\vec{v}_p(t')}{\partial t'}\frac{\partial t'}{\partial t}\left[vR(t') - \vec{v}_p(t')\cdot\vec{R}(t')\right] - \vec{v}_p(t')\left[v\frac{\partial R(t')}{\partial t} - \vec{v}_p(t')\frac{\partial\vec{R}(t')}{\partial t} - \vec{R}(t')\cdot\frac{\partial\vec{v}_p(t')}{\partial t}\right]\right\}.$$

Como $\vec{a}_p(t') = \partial\vec{v}_p(t')/\partial t'$ e $\partial\vec{v}_p(t')/\partial t = [\partial\vec{v}_p(t')/\partial t']\cdot(\partial t'/\partial t) = \vec{a}_p(t')(\partial t'/\partial t)$, podemos escrever:

$$\frac{\partial\vec{A}(\vec{r},t)}{\partial t} = \frac{q}{4\pi\varepsilon v\left[vR(t') - \vec{v}_p(t')\cdot\vec{R}(t')\right]^2}\left\{\vec{a}_p(t')\left[vR(t') - \vec{v}_p(t')\cdot\vec{R}(t')\right]\frac{\partial t'}{\partial t}\right.$$
$$\left.-\vec{v}_p(t')\left[v\frac{\partial R(t')}{\partial t} - \vec{v}_p(t')\frac{\partial\vec{R}(t')}{\partial t} - \vec{R}(t')\cdot\vec{a}_p(t')\frac{\partial t'}{\partial t}t'\right]\right\}.$$

Substituindo as derivadas $\partial\vec{R}(t')/\partial t = -\vec{v}_p(t')(\partial t'/\partial t)$ e $\partial R(t')/\partial t = -[\vec{v}_p(t')\cdot\vec{R}(t')/R(t')](\partial t'/\partial t)$, que foram calculadas no Exercício Resolvido 14.9, temos:

$$\frac{\partial\vec{A}(\vec{r},t)}{\partial t} = \frac{q}{4\pi\varepsilon v\left[vR(t') - \vec{v}_p(t')\cdot\vec{R}(t')\right]^2}\left\{\vec{a}_p(t')\left[vR(t') - \vec{v}_p(t')\cdot\vec{R}(t')\right]\right.$$
$$\left.+\vec{v}_p(t')\left[v\frac{\vec{v}_p\cdot\vec{R}}{R} - v_p^2(t') + \vec{R}(t')\cdot\vec{a}_p(t')\right]\right\}\frac{\partial t'}{\partial t}.$$

Como $\partial t'/\partial t = vR(t')/[vR(t') - \vec{v}_p(t')\cdot\vec{R}(t')]$ (veja o Exercício Resolvido 14.8), podemos escrever que:

$$\frac{\partial\vec{A}(\vec{r},t)}{\partial t} = \frac{q}{4\pi\varepsilon v\left[vR(t') - \vec{v}_p(t')\cdot\vec{R}(t')\right]^2}\left\{\vec{a}_p(t')\left[vR(t') - \vec{v}_p(t')\cdot\vec{R}(t')\right]\right.$$
$$\left.+\vec{v}_p(t')\left[v\frac{\vec{v}_p\cdot\vec{R}(t')}{R(t')} - v_p^2(t') + \vec{R}(t')\cdot\vec{a}_p(t')\right]\right\}\left[\frac{vR(t')}{vR(t') - \vec{v}_p(t')\cdot\vec{R}(t')}\right].$$

Efetuando a multiplicação e somando $\pm v^2$, temos:

$$\frac{\partial\vec{A}(\vec{r},t)}{\partial t} = \frac{q}{4\pi\varepsilon\left[vR(t') - \vec{v}_p(t')\cdot\vec{R}(t')\right]^3}\left\{\vec{a}_p(t')\left[vR(t') - \vec{v}_p(t')\cdot\vec{R}(t')\right]R(t')\right.$$
$$\left.+\vec{v}_p\left[v\frac{\vec{v}_p(t')\cdot\vec{R}(t')}{R(t')} - v_p^2(t') + \vec{R}(t')\cdot\vec{a}_p(t') + v^2 - v^2\right]R(t')\right\}.$$

Agrupando as parcelas $v\vec{v}_p(t')\cdot\vec{R}(t')/R(t')$ e $-v^2$:

$$\frac{\partial\vec{A}(\vec{r},t)}{\partial t} = \frac{q}{4\pi\varepsilon\left[vR(t') - \vec{v}_p(t')\cdot\vec{R}(t')\right]^3}\left\{\vec{a}_p(t')\left[vR(t') - \vec{v}_p(t')\cdot\vec{R}(t')\right]R(t')\right.$$
$$\left.+\vec{v}_p\left[v^2 - v_p^2(t') + \vec{R}(t')\cdot\vec{a}_p(t')\right]R(t') + \vec{v}_p(t')\left[v\frac{\vec{v}_p\cdot\vec{R}}{R(t')} - v^2\right]R(t')\right\}.$$

Colocando v em evidência e efetuando a álgebra no último termo, temos:

$$\frac{\partial \vec{A}(\vec{r},t)}{\partial t} = \frac{q}{4\pi\varepsilon\left[vR(t') - \vec{v}_p(t')\cdot\vec{R}(t')\right]^3}\left\{\vec{a}_p(t')\left[vR(t') - \vec{v}_p(t')\cdot\vec{R}(t')\right]R(t') - \right.$$
$$\left. + \vec{v}_p\left[v^2 - v_p^2(t') + \vec{R}(t')\cdot\vec{a}_p(t')\right]R(t') - v\vec{v}_p(t')\left[vR(t') - \vec{v}_p(t')\cdot\vec{R}(t')\right]\right\}.$$

Colocando $[vR(t') - \vec{v}_p(t')\cdot\vec{R}(t')]$ em evidência e agrupando o primeiro com o terceiro termo, obtemos:

$$\frac{\partial \vec{A}(\vec{r},t)}{\partial t} = \frac{q}{4\pi\varepsilon\left[vR(t') - \vec{v}_p(t')\cdot\vec{R}(t')\right]^3}\left\{\left[vR(t') - \vec{v}_p(t')\cdot\vec{R}(t')\right]\left[\vec{a}_p(t')R(t') - v\vec{v}_p(t')\right]\right.$$
$$\left. + R(t')\left[v^2 - v_p^2(t') + \vec{R}(t')\cdot\vec{a}_p(t')\right]\vec{v}_p(t')\right\}.$$

EXERCÍCIO 14.12

Partindo da expressão para o campo magnético de uma carga elétrica pontual em movimento, deduza a lei de Biot-Savart para o campo magnético gerado por um circuito transportando uma corrente elétrica I.

SOLUÇÃO

No Exemplo 14.1, foi mostrado que o campo magnético gerado por uma carga elétrica pontual em movimento não relativístico é dado por:

$$\vec{B}(\vec{r}) = \frac{\mu_0}{4\pi}\frac{q\vec{v}\times(\vec{r} - \vec{r}')}{|\vec{r} - \vec{r}'|^3}.$$

A corrente elétrica que flui em um fio condutor pode ser interpretada como "infinitas" cargas elétricas em movimento. Portanto, podemos supor que o campo magnético gerado por um circuito transportando uma corrente elétrica é a superposição dos campos magnéticos produzidos pelas diversas cargas elétricas pontuais em movimento no interior do fio condutor. Neste cenário, o campo magnético de um pequeno volume contendo uma diferencial de cargas elétricas dQ pode ser obtido tomando a derivada da equação anterior. Assim, podemos escrever que:

$$d\vec{B}(\vec{r}) = \frac{\mu_0}{4\pi}\frac{dQ\vec{v}\times(\vec{r} - \vec{r}')}{|\vec{r} - \vec{r}'|^3}.$$

Como $I = dQ / dt$ e $\vec{v} = d\vec{l} / dt$, o termo $\vec{v}dQ$ pode ser substituído por $Id\vec{l}$. Assim, o campo magnético total gerado por um circuito transportando uma corrente elétrica I, obtido a partir da integração da equação anterior, é:

$$\vec{B}(\vec{r}) = \frac{\mu_0}{4\pi}\int\frac{Id\vec{l}\times(\vec{r} - \vec{r}')}{|\vec{r} - \vec{r}'|^3}.$$

Esta é a lei de Biot-Savart, que foi discutida na Seção 5.4.

14.5 Exercícios Complementares

1. Mostre que o campo elétrico gerado por uma carga pontual pode ser escrito como $\vec{E}(\vec{r},t) = \vec{E}_v(\vec{r},t) + \vec{E}_a(\vec{r},t)$, em que $\vec{E}_v(\vec{r},t)$ e $\vec{E}_a(\vec{r},t)$ são dados nas equações (14.16) e (14.17).
2. Mostre que o campo magnético gerado por uma carga pontual pode ser escrito como $\vec{B}(\vec{r},t) = \vec{B}_v(\vec{r},t) + \vec{B}_a(\vec{r},t)$, em que $\vec{B}_v(\vec{r},t)$ e $\vec{B}_a(\vec{r},t)$ são dados nas equações (14.22) e (14.23).
3. Mostre que os campos elétrico e magnético de Liénard-Wiechert são relacionados por $\vec{B}(\vec{r},t) = [\hat{R} \times \vec{E}(\vec{r},t)] / v$.
4. Partindo da relação (2) do Exemplo 14.2, mostre a relação (E14.9).
5. Partindo da força magnética que um campo magnético exerce sobre uma carga pontual, deduza a força de interação magnética entre dois circuitos elétricos.
6. Considere uma carga pontual descrevendo um movimento circular uniforme. Calcule os campos elétrico e magnético e a radiação eletromagnética emitida pela carga.
7. Considere uma carga pontual efetuando um movimento retilíneo com aceleração dependente do tempo. Calcule os campos elétrico e magnético e a radiação emitida.
8. Quando uma carga elétrica se movimenta em um meio com velocidade superior à velocidade da luz naquele meio, ela emite radiação eletromagnética denominada radiação Cerenkov. Faça uma discussão qualitativa e quantitativa desse fenômeno.
9. Escreva uma rotina computacional para calcular o campo eletromagnético e a energia eletromagnética emitida por uma carga elétrica em movimento retilíneo uniformemente acelerado.
10. Escreva uma rotina computacional para calcular o campo eletromagnético e a energia eletromagnética emitida por uma carga elétrica em movimento circular.

CAPÍTULO 15

Eletrodinâmica Relativística

15.1 Introdução

No capítulo anterior, mostramos que os campos eletromagnéticos gerados por cargas elétricas pontuais dependem do termo $\vec{\beta} = \vec{v}_p / v$, em que $\vec{v}_p$ é a velocidade da carga e v é a velocidade de propagação da onda eletromagnética emitida. Nos casos nos quais $v_p << v$, temos que $\vec{\beta} \to 0$, de modo que os campos elétrico e magnético podem ser calculados pelas lei de Coulomb e Biot-Savart, sem perda de generalidade. Entretanto, à medida que a velocidade da carga se aproxima da velocidade da luz, existe uma correção relativística para os campos eletromagnéticos que não está contemplada nas leis estáticas. Neste capítulo, vamos rediscutir as equações de Maxwell, levando em consideração a teoria da relatividade restrita de Einstein.[1]

15.2 Transformação de Galileu

Na mecânica clássica não relativística, as coordenadas medidas em dois referenciais inerciais (referencial em repouso ou em movimento retilíneo e uniforme) são relacionadas pela transformação de Galileu,[2] em que o tempo é considerado independente do referencial. Essa hipótese implica que o mesmo evento físico, visto por dois observadores em referenciais inerciais distintos, ocorre no mesmo tempo, mas em posições diferentes.

Para obter a relação entre as coordenadas medidas por dois observadores inerciais, vamos considerar um referencial K em repouso e um referencial K' em movimento retilíneo e uniforme. Por simplicidade, vamos supor que o referencial K' se move com velocidade constante paralela ao eixo x_3, conforme mostra a Figura 15.1.

[1] Albert Einstein (14/3/1879-18/4/1955), físico alemão. Elaborou a teoria da relatividade e ganhou o prêmio Nobel em 1921 por seu trabalho sobre efeito fotoelétrico.

[2] Galileu Galilei (15/2/1564-8/1/1642), astrônomo, físico e matemático italiano. Deu contribuições importantes nas áreas da astronomia, mecânica clássica e óptica.

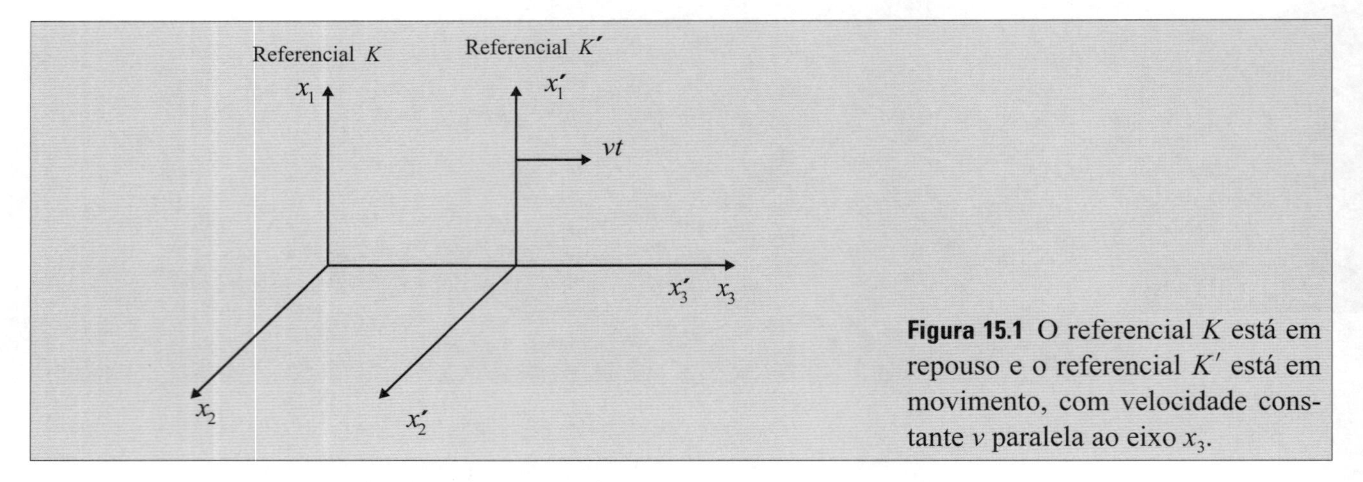

Figura 15.1 O referencial K está em repouso e o referencial K' está em movimento, com velocidade constante v paralela ao eixo x_3.

De acordo com a transformação de Galileu, as coordenadas x_i' medidas em relação ao referencial K' se relacionam com as coordenadas x_i medidas no referencial K por:

$$\begin{cases} x_1' = x_1 \\ x_2' = x_2 \\ x_3' = x_3 - vt \\ t' = t \end{cases}. \tag{15.1}$$

A relação inversa entre as coordenadas é:

$$\begin{cases} x_1 = x_1' \\ x_2 = x_2' \\ x_3 = x_3' + vt \\ t = t' \end{cases}. \tag{15.2}$$

Note que, para obter a transformação inversa, basta substituir x_i' por x_i e trocar o sinal da velocidade na relação 15.1.

Vamos escrever a segunda lei de Newton ($\vec{F} = m\vec{a}$) para dois referenciais inerciais, segundo uma transformação de Galileu. No referencial K, as componentes da lei de Newton são: $F_1 = m\ddot{x}_1$, $F_2 = m\ddot{x}_2$ e $F_3 = m\ddot{x}_3$, em que $\ddot{x}_i$ é a aceleração da partícula.[3] Por outro lado, no referencial K', elas são: $F_1' = m\ddot{x}_1'$, $F_2' = m\ddot{x}_2'$ e $F_3' = m\ddot{x}_3'$. Analisando as relações entre as coordenadas, temos que $\ddot{x}_1' = \ddot{x}_1$; $\ddot{x}_2' = \ddot{x}_2$ e $\ddot{x}_3' = \ddot{x}_3$, uma vez que a velocidade relativa entre os referenciais é constante e $t' = t$. Portanto, a lei de Newton $\vec{F} = m\vec{a}$ tem a mesma forma, em dois referenciais inerciais sob uma transformação de Galileu.

Agora, vamos discutir como dois observadores inerciais descrevem a equação da onda eletromagnética. No referencial K em repouso, a equação de onda para o campo elétrico é:

$$\nabla^2 E(\vec{r},t) - \frac{1}{c^2}\frac{\partial^2 E(\vec{r},t)}{\partial t^2} = 0. \tag{15.3}$$

Para escrever essa equação de onda no referencial K' em movimento, devemos buscar uma relação entre as derivadas nos dois referenciais. A derivada do campo elétrico em relação à coordenada x_1 é:

[3] As derivadas dx/dt e d^2x/dt^2 são em geral, representadas por $\dot{x}$ e $\ddot{x}$, respectivamente.

$$\frac{\partial E(\vec{r},t)}{\partial x_1} = \frac{\partial E(\vec{r}',t')}{\partial x_1'}\frac{\partial x_1'}{\partial x_1} + \frac{\partial E(\vec{r}',t')}{\partial t'}\frac{\partial t'}{\partial x_1}. \tag{15.4}$$

Usando $x_1' = x_1$ e $t = t'$, temos que $\partial x_1' / \partial x_1 = 1$ e $\partial t' / \partial x_1 = 0$. Assim, a derivada do campo elétrico em relação à coordenada x_1 é:

$$\frac{\partial E(\vec{r},t)}{\partial x_1} = \frac{\partial E(\vec{r}',t')}{\partial x_1'}. \tag{15.5}$$

Portanto, as derivadas segundas em relação às coordenadas x_1 e x_1' são relacionadas por $\partial^2 / \partial x_1^2 = \partial / \partial x_1'^2$. Analogamente, temos que $\partial^2 / \partial x_2^2 = \partial / \partial x_2'^2$ e $\partial^2 / \partial x_3^2 = \partial / \partial x_3'^2$.
Para a coordenada temporal, temos:

$$\frac{\partial E(\vec{r},t)}{\partial t} = \frac{\partial E(\vec{r}',t')}{\partial t'}\frac{\partial t'}{\partial t} + \frac{\partial E(\vec{r}',t')}{\partial x_3'}\frac{\partial x_3'}{\partial t}. \tag{15.6}$$

Como $t' = t$ e $x_3' = x_3 - vt$, temos que $\partial t' / \partial t = 1$ e $\partial x_3' / \partial t = -v$. Logo:

$$\frac{\partial E(\vec{r},t)}{\partial t} = \left[\frac{\partial}{\partial t'} - v\frac{\partial}{\partial x_3'}\right]E(\vec{r}',t'). \tag{15.7}$$

A derivada segunda $\partial^2 / \partial t^2$ pode ser escrita como:

$$\frac{\partial^2}{\partial t^2} = \left[\frac{\partial}{\partial t'} - v\frac{\partial}{\partial x_3'}\right]^2 = \frac{\partial^2}{\partial t'^2} + v^2\frac{\partial^2}{\partial x_3'^2} - 2v\frac{\partial^2}{\partial x_3'\partial t'}. \tag{15.8}$$

Substituindo as derivadas parciais $\partial^2 / \partial x_i^2$ ($i = 1, 2, 3, 4$) na equação (15.3), temos:

$$\nabla'^2 E(\vec{r}',t') - \frac{1}{c^2}\frac{\partial^2 E(\vec{r}',t')}{\partial t'^2} - \frac{v^2}{c^2}\frac{\partial^2 E(\vec{r}',t')}{\partial x_3'^2} + \frac{2v^2}{c^2}\frac{\partial^2 E(\vec{r}',t')}{\partial x_3'\partial t'} = 0. \tag{15.9}$$

Esta é a equação de onda para o campo elétrico, descrita pelo observador no referencial em movimento. Note que ela não tem a mesma forma da equação escrita pelo observador no referencial em repouso. Isso mostra que a equação de onda para os campos eletromagnéticos não é covariante sob uma transformação de Galileu. Portanto, devemos buscar uma nova transformação de coordenadas, para que as leis do eletromagnetismo também sejam covariantes em referenciais inerciais.

15.3 Transformação de Lorentz

Na transformação de Galileu, a principal hipótese é que o tempo é o mesmo para qualquer referencial inercial. Por outro lado, a transformação de Lorentz[4] considera que a velocidade da luz (c), e não o tempo, independe do referencial.

[4] Hendrik Antoon Lorentz (10/7/1853-04/2/1928), físico nascido em Arnhem, nos Países Baixos.

Para obter a transformação de Lorentz, vamos considerar que um pulso eletromagnético com velocidade c é emitido por uma fonte quando dois referenciais inerciais estão coincidentes. A distância percorrida pela frente de onda em um instante t, medido no referencial em repouso (referencial K), é $r = ct$, enquanto a distância percorrida em um instante t' medido no referencial em movimento (referencial K') é $r' = ct'$. Considerando $\vec{r} = \hat{i}x_1 + \hat{j}x_2 + \hat{k}x_3$ e $\vec{r}\,' = \hat{i}x_1' + \hat{j}x_2' + \hat{k}x_3'$, podemos escrever as relações $r^2 - c^2t^2 = 0$ e $(r')^2 - c^2(t')^2 = 0$ na forma:

$$\sum_{j=1}^{3} x_j^2 - c^2t^2 = 0; \quad \sum_{j=1}^{3} x_j'^2 - c^2t'^2 = 0 \tag{15.10}$$

em que o índice j representa as três coordenadas espaciais. Definindo as coordenadas $x_4 = ict$ e $x_4' = ict'$, as relações em (15.10) podem ser escritas como:

$$\sum_{\mu=1}^{4} x_\mu^2 = 0; \quad \sum_{\mu=1}^{4} x_\mu'^2 = 0 \tag{15.11}$$

em que o índice μ representa as três coordenadas espaciais e a coordenada temporal.

Antes de continuar essa discussão, é importante mencionar que, em uma análise tensorial mais completa, a coordenada temporal é usualmente definida como $x' = ct$, e quadrivetores contravariante e covariante são definidos como $X^\mu = (ct, x^1, x^2, x^3)$ e $X_\mu = (-ct, x_1, x_2, x_3)$, respectivamente. Note que a diferença entre esses quadrivetores é a troca de sinal da coordenada temporal. Com essas definições, o termo $r^2 - c^2t^2$ pode ser escrito como o produto escalar entre um vetor contravariante e um vetor covariante, isto é, $r^2 - c^2t^2 = X_\mu \cdot X^\mu$. Como neste capítulo faremos uma discussão apenas para introduzir os conceitos relativísticos no caso da eletrodinâmica, não utilizaremos esses dois tipos de quadrivetores.

As coordenadas nos dois referenciais inerciais devem ser relacionadas por:

$$x_\mu' = \sum_\nu \lambda_{\mu\nu} x_\nu \tag{15.12}$$

em que $\lambda_{\mu\nu}$ são os elementos da matriz de transformação (matriz de Lorentz), que devem obedecer à seguinte lei de ortogonalidade:

$$\sum_\nu \lambda_{\mu\nu}\lambda_{\gamma\nu} = \delta_{\mu\gamma}. \tag{15.13}$$

Vamos considerar que o referencial K' se move em relação ao referencial em repouso K, com velocidade constante paralela ao eixo x_3, conforme mostra a Figura 15.1. Neste caso, em que $x_1' = x_1$ e $x_2' = x_2$, a matriz de Lorentz pode ser escrita na forma:

$$\lambda = \begin{pmatrix} 1 & 0 & 0 & 0 \\ 0 & 1 & 0 & 0 \\ 0 & 0 & \lambda_{33} & \lambda_{34} \\ 0 & 0 & \lambda_{43} & \lambda_{44} \end{pmatrix}. \tag{15.14}$$

Usando esta matriz, podemos escrever a relação entre as coordenadas, equação(15.12), como:

$$\begin{pmatrix} x_1' \\ x_2' \\ x_3' \\ x_4' \end{pmatrix} = \begin{pmatrix} 1 & 0 & 0 & 0 \\ 0 & 1 & 0 & 0 \\ 0 & 0 & \lambda_{33} & \lambda_{34} \\ 0 & 0 & \lambda_{43} & \lambda_{44} \end{pmatrix} \begin{pmatrix} x_1 \\ x_2 \\ x_3 \\ x_4 \end{pmatrix}. \tag{15.15}$$

Desta equação matricial, temos que $x_3' = \lambda_{33}x_3 + \lambda_{34}x_4$. No caso particular em que $x_3' = 0$ (referencial K' está sobre a partícula), devemos ter $x_3 = vt$. Usando essa informação e $x_4 = ict$, podemos tirar da relação $\lambda_{33}x_3 + \lambda_{34}x_4 = 0$ que:

$$\left[vt + \frac{\lambda_{34}}{\lambda_{33}} ict \right] = 0. \tag{15.16}$$

Assim, temos que $\lambda_{34} = i\beta\lambda_{33}$, em que $\beta = v / c$.

A condição de ortogonalidade da matriz de Lorentz, $\lambda\lambda^T = I$, pode ser escrita explicitamente como:

$$\begin{pmatrix} 1 & 0 & 0 & 0 \\ 0 & 1 & 0 & 0 \\ 0 & 0 & \lambda_{33} & \lambda_{34} \\ 0 & 0 & \lambda_{43} & \lambda_{44} \end{pmatrix} \cdot \begin{pmatrix} 1 & 0 & 0 & 0 \\ 0 & 1 & 0 & 0 \\ 0 & 0 & \lambda_{33} & \lambda_{43} \\ 0 & 0 & \lambda_{34} & \lambda_{44} \end{pmatrix} = \begin{pmatrix} 1 & 0 & 0 & 0 \\ 0 & 1 & 0 & 0 \\ 0 & 0 & 1 & 0 \\ 0 & 0 & 0 & 1 \end{pmatrix}. \tag{15.17}$$

Efetuando o produto matricial, obtemos as seguintes equações:

$$\begin{cases} \lambda_{33}^2 + \lambda_{34}^2 = 1 \\ \lambda_{44}^2 + \lambda_{43}^2 = 1 \\ \lambda_{33}\lambda_{43} + \lambda_{44}\lambda_{34} = 0. \end{cases} \tag{15.18}$$

Substituindo $\lambda_{34} = i\beta\lambda_{33}$ na primeira relação (15.18), temos $\lambda_{33}^2\left(1-\beta^2\right) = 1$. Desta equação, podemos escrever que $\lambda_{33} = \gamma$, em que $\gamma = 1/\sqrt{1-\beta^2}$. Substituindo $\lambda_{33} = \gamma$ na relação $\lambda_{34} = i\beta\lambda_{33}$, temos que $\lambda_{34} = i\beta\gamma$.

Por outro lado, substituindo $\lambda_{34} = i\beta\gamma$ e $\lambda_{33} = \gamma$ na terceira relação (15.18), podemos escrever que $\gamma\left(\lambda_{43} + i\beta\lambda_{44}\right) = 0$. Desta equação, podemos tirar que $\lambda_{43} = -i\beta\lambda_{44}$. Colocando esse valor de λ_{43} na segunda relação de (15.18), temos $\lambda_{44}^2\left(1-\beta^2\right) = 1$. Logo, temos que $\lambda_{44} = \gamma$. Substituindo $\lambda_{44} = \gamma$ na relação $\lambda_{43} = -i\beta\lambda_{44}$, obtemos $\lambda_{43} = -i\beta\gamma$.

Usando os elementos de matriz determinados anteriormente, ($\lambda_{33} = \lambda_{44} = \gamma$; $\lambda_{34} = i\beta\gamma$ e $\lambda_{43} = -i\beta\gamma$), temos que a matriz de Lorentz é dada por:

$$\lambda = \begin{pmatrix} 1 & 0 & 0 & 0 \\ 0 & 1 & 0 & 0 \\ 0 & 0 & \gamma & i\beta\gamma \\ 0 & 0 & -i\beta\gamma & \gamma \end{pmatrix}. \tag{15.19}$$

Utilizando os elementos desta matriz na equação (15.12), temos que as coordenadas x_i' medidas no referencial K' se relacionam com as coordenadas x_i medidas no referencial K por:

$$\begin{cases} x_1' = x_1 \\ x_2' = x_2 \\ x_3' = \gamma\left(x_3 - vt\right) \\ t' = \gamma\left(t - \dfrac{\beta}{c}x_3\right) \end{cases} . \tag{15.20}$$

Para baixas velocidades em que $v << c$, temos que $\beta = v / c \to 0$ e $\gamma = (1-\beta^2)^{-1/2} \to 1$. Nesse limite (chamado de limite não relativístico), a transformação de Lorentz se reduz à tranformação de Galileu.

As relações (15.20) fornecem as coordenadas x_i' em função das coordenadas x_i. Seguindo os mesmos procedimentos descritos anteriormente, podemos obter uma relação inversa entre as coordenadas x_i e x_i' (veja o Exercício Complementar 1). O resultado é:

$$\begin{cases} x_1 = x_1' \\ x_2 = x_2' \\ x_3 = \gamma\left(x_3' + vt'\right) \\ t = \gamma\left(t' + \dfrac{\beta}{c}x_3\right) \end{cases} . \tag{15.21}$$

Note que estas relações podem ser obtidas facilmente, trocando x_i' por x_i, t' por t (e vice-versa) e invertendo o sinal da velocidade (β) nas relações (15.20).

Com a transformação de coordenadas de Lorentz, as leis da física permanecem covariantes (têm a mesma forma) em qualquer referencial inercial. No Exemplo 15.1, é feita uma ilustração da covariância da equação de onda para o campo elétrico.

EXEMPLO 15.1

Mostre que a equação de onda para os campos eletromagnéticos são covariantes, segundo uma transformação de Lorentz.

SOLUÇÃO

No referencial em repouso (K), a equação de onda para o campo elétrico é:

$$\left[\frac{\partial^2}{\partial x_1^2} + \frac{\partial^2}{\partial x_2^2} + \frac{\partial^2}{\partial x_3^2} - \frac{1}{c^2}\frac{\partial^2}{\partial t^2}\right] E(r,t) = 0 . \tag{E15.1}$$

Para relacionar as derivadas no referencial em repouso ($\partial / \partial x_i$) com as derivadas no referencial em movimento ($\partial / \partial x_i'$), devemos usar a regra da derivação em cadeia. Assim, podemos escrever a derivada $\partial / \partial x_1$ como:

$$\frac{\partial}{\partial x_1} = \frac{\partial x_1'}{\partial x_1}\frac{\partial}{\partial x_1'} . \tag{E15.2}$$

Como $x_1' = x_1$, temos que $\partial x_1' / \partial x_1 = 1$. Logo, temos que $\partial / \partial x_1 = \partial / \partial x_1'$. Analogamente, temos que $\partial / \partial x_2 = \partial / \partial x_2'$.
Por outro lado, usando a regra da cadeia, podemos escrever a derivada $\partial / \partial x_3$ como:

$$\frac{\partial}{\partial x_3} = \frac{\partial x_3'}{\partial x_3}\frac{\partial}{\partial x_3'} + \frac{\partial t'}{\partial x_3}\frac{\partial}{\partial t'}. \tag{E15.3}$$

Como $x_3' = \gamma(x_3 - vt)$, temos que $\partial x_3' / \partial x_3 = \gamma$. Usando $t' = \gamma(t - \beta x_3 / c)$, temos que $(\partial t' / \partial x_3) = -(\beta\gamma / c)$. Substituindo $\partial x_3' / \partial x_3 = \gamma$ e $(\partial t' / \partial x_3) = -(\beta\gamma / c)$ em (E15.3) e usando $\gamma = (1 - v^2 / c^2)^{-1/2}$ e $\beta = v / c$, obtemos:

$$\frac{\partial}{\partial x_3} = \frac{1}{\sqrt{1 - v^2/c^2}}\frac{\partial}{\partial x_3'} - \frac{v/c^2}{\sqrt{1 - v^2/c^2}}\frac{\partial}{\partial t'}. \tag{E15.4}$$

Usando a regra da cadeia, podemos escrever a derivada $\partial / \partial t$ como:

$$\frac{\partial}{\partial t} = \frac{\partial x_3'}{\partial t}\frac{\partial}{\partial x_3'} + \frac{\partial t'}{\partial t}\frac{\partial}{\partial t'}. \tag{E15.5}$$

Como $x_3' = \gamma(x_3 - vt)$, temos que $\partial x_3' / \partial t = -v\gamma$. Por outro lado, da relação $t' = \gamma(t - \beta x_3 / c)$ obtemos que $\partial t' / \partial t = \gamma$. Substituindo $\partial x_3' / \partial t = -v\gamma$ e $\partial t' / \partial t = \gamma$ em (E15.5) e usando $\gamma = (1 - v^2 / c^2)^{-1/2}$, temos:

$$\frac{\partial}{\partial t} = -\frac{v}{\sqrt{1 - v^2/c^2}}\frac{\partial}{\partial x_3'} + \frac{1}{\sqrt{1 - v^2/c^2}}\frac{\partial}{\partial t'}. \tag{E15.6}$$

Usando a relação entre as derivadas parciais nos dois referenciais inerciais, podemos escrever a equação de onda para o campo elétrico no referencial em movimento (K') [equação (E15.1)] na forma:

$$\left[\frac{\partial^2}{\partial x_1'^2} + \frac{\partial^2}{\partial x_2'^2} + \left(\frac{1}{\sqrt{1 - v^2/c^2}}\frac{\partial}{\partial x_3'} - \frac{v/c^2}{\sqrt{1 - v^2/c^2}}\frac{\partial}{\partial t'}\right)^2 \right.$$
$$\left. -\frac{1}{c^2}\left(-\frac{v}{\sqrt{1 - v^2/c^2}}\frac{\partial}{\partial x_3'} + \frac{1}{\sqrt{1 - v^2/c^2}}\frac{\partial}{\partial t'}\right)^2\right]E(r', t') = 0.$$

Efetuando a operação algébrica, temos:

$$\left[\frac{\partial^2}{\partial x_1'^2} + \frac{\partial^2}{\partial x_2'^2} + \frac{\partial^2}{\partial x_3^{2\prime}} - \frac{1}{c^2}\frac{\partial^2}{\partial t^{2\prime}}\right]E(r', t') = 0.$$

Note que esta equacão de onda tem a mesma forma matemática daquela em (E15.1). Portanto, a equação de onda para o campo elétrico é covariante sob uma transformação de Lorentz. A mesma conclusão vale para o campo magnético e para as equações de Maxwell, conforme mostraremos adiante.

15.4 Transformação de Velocidade

De acordo com a transformação de Lorentz, a relação entre as coordenadas em dois referenciais inerciais é dada pelo conjunto de equações (15.20). Tomando o diferencial dessas equações, temos:

$$\begin{cases} dx_1' = dx_1 \\ dx_2' = dx_2 \\ dx_3' = \gamma\left(dx_3 - vdt\right) \\ dt' = \gamma dt\left(1 - \frac{\beta}{c}v_3\right) \end{cases}. \tag{15.22}$$

em que $v_3 = dx_3 / dt$. A velocidade medida no referencial em repouso é $v_i = dx_i / dt$, enquanto a velocidade medida no referencial em movimento é $v_i' = dx_i' / dt'$. Como $dx'_1 = dx_1$, temos que $v'_1 = dx_1 / dt'$. Usando a relação $dt' = \gamma dt(1 - \beta v_3 / c)$, podemos escrever v_1' como:

$$v_1' = \frac{dx_1}{dt'} = \frac{dx_1}{dt\left[\gamma\left(1 - \frac{\beta}{c}v_3\right)\right]} = \frac{v_1}{\gamma\left(1 - \frac{\beta}{c}v_3\right)}. \tag{15.23}$$

Analogamente, temos:

$$v_2' = \frac{dx_2}{dt'} = \frac{dx_2}{dt\left[\gamma\left(1 - \frac{\beta}{c}v_3\right)\right]} = \frac{v_2}{\gamma\left(1 - \frac{\beta}{c}v_3\right)}. \tag{15.24}$$

e

$$v_3' = \frac{dx_3'}{dt'} = \frac{\gamma\left(dx_3 - vdt\right)}{\gamma dt\left(1 - \frac{\beta}{c}v_3\right)} = \frac{v_3 - v}{\left(1 - \frac{\beta}{c}v_3\right)}. \tag{15.25}$$

Da equação(15.25), temos que se a velocidade medida no referencial em repouso é c, a velocidade observada no referencial em movimento também é c. Isso mostra que a velocidade da luz é uma constante universal, que é um dos postulados da teoria da relatividade especial de Einstein.

15.5 Contração do Espaço e Dilatação Temporal

Duas consequências da teoria da relatividade especial são a contração do espaço e a dilatação do tempo. Primeiramente, vamos discutir a relação entre os tempos medidos por dois observadores inerciais para a existência de dois eventos. Em relação a um referencial K' colocado sobre um objeto que se move com velocidade constante, dois eventos ocorridos no tempo t_0' e no tempo t_1' tem as mesmas coordenadas espaciais, isto é, $[x_1'^{(0)} = x_1'^{(1)};\ x_2'^{(0)} = x_2'^{(1)};\ x_3'^{(0)} = x_3'^{(1)}]$, em que $x_i'^{(0)}$ e $x_i'^{(1)}$ representam as coordenadas espaciais do primeiro e segundo eventos, respectivamente. No referencial K, fixo no laboratório, esses dois eventos terão coordenadas $[x_1', x_2', x_3', t_0]$ e $[x_1^1, x_2^1, x_3^1, t_1]$, respectivamente. Usando a invariância entre os dois referenciais inerciais, podemos escrever que:

$$\begin{aligned}&\left[x_1^{(1)}-x_1^{(0)}\right]^2+\left[x_2^{(1)}-x_2^{(0)}\right]^2+\left[x_3^{(1)}-x_3^{(0)}\right]^2-c^2\left(t_1-t_0\right)^2\\&=\left[x_1'^{(1)}-x_1'^{(0)}\right]^2+\left[x_2'^{(1)}-x_2'^{(0)}\right]^2+\left[x_3'^{(1)}-x_3'^{(0)}\right]^2-c^2\left(t_1'-t_0'\right)^2.\end{aligned} \tag{15.26}$$

Usando o fato de que $x_i'^{(0)} = x_i'^{(1)}$ e defindo as relações $\Delta x_i = [x_i^{(1)} - x_i^{(0)}]$, $\Delta t = [t_1 - t_0]$ e $\Delta t' = [t_1' - t_0']$, podemos escrever a relação anterior na forma:

$$\left(\Delta t'\right)^2 = \left(\Delta t\right)^2\left\{1-\frac{1}{c^2}\left[\frac{\left(\Delta x_1\right)^2}{\left(\Delta t\right)^2}+\frac{\left(\Delta x_2\right)^2}{\left(\Delta t\right)^2}+\frac{\left(\Delta x_3\right)^2}{\left(\Delta t\right)^2}\right]\right\}. \tag{15.27}$$

Como $v_i = \Delta x_i / \Delta t$, podemos escrever que:

$$\boxed{\Delta t' = \Delta t\sqrt{1-\frac{v^2}{c^2}}.} \tag{15.28}$$

em que $v^2 = \left(v_1^2 + v_2^2 + v_3^2\right)$. A variação de tempo $(\Delta t')$ medida no referencial da partícula é chamado de tempo próprio. No limite diferencial, temos: $dt' = dt\sqrt{1 - v^2 / c^2}$.

A equação anterior mostra que, no caso não relativístico em que $v << c$, os tempos medidos nos dois referenciais inerciais são iguais. Por outro lado, no caso relativístico em que $v \simeq c$, o tempo medido no referencial fixo no laboratório (Δt) é maior que o tempo próprio $(\Delta t')$ medido no referencial da partícula. Este fenômeno é chamado de dilatação do tempo.

Para encontrar uma relação entre os comprimentos de um objeto medidos por dois observadores inerciais, vamos considerar uma barra de comprimento L se movendo com velocidade constante. No referencial (K') colocado sobre a barra, $x_3'^{(0)}$ representa a coordenada do ponto inicial, enquanto $x_3'^{(1)}$ representa a coordenada do ponto final da barra. Portanto, neste referencial, o comprimento da barra é $L' = x_3'^{(1)} - x_3'^{(0)}$. Usando a relação $x_3' = \gamma\left(x_3 - vt\right)$, temos que:

$$L' = x_3'^{(1)} - x_3'^{(0)} = \gamma\left[x_3^{(1)} - vt\right] - \gamma\left[x_3^{(0)} - vt\right] = \gamma\overbrace{\left[x_3^{(1)} - x_3^{(0)}\right]}^{L}. \tag{15.29}$$

Definindo $L = x_3^{(1)} - x_3^{(0)}$ como o comprimento da barra medido no referencial fixo no laboratório temos:

$$\boxed{L = L'\sqrt{1-\frac{v^2}{c^2}}.} \tag{15.30}$$

Essa relação mostra que no caso não relativístico $(v << c)$ o comprimento da barra medido nos dois referenciais inerciais são iguais. Entretanto, no caso relativístico $(v \simeq c)$, o comprimento da barra (L) medido no referencial do laboratório é menor que o comprimento (L') medido no referencial colocado sobre ela própria. Esse fenômeno é chamado de contração do espaço.

15.6 Quadrivetores em Mecânica

O espaço quadridimensional (chamado de espaço de Minkowski)[5] é formado pelas três coordenadas espaciais e o tempo. Nesse sistema de coordenadas espaço-tempo, podemos definir quadrivetores para a posição, velocidade e momento. O quadrivetor posição é definido como $X_\mu = (x_1, x_2, x_3, x_4)$, em que x_1, x_2 e x_3 representam as coor-

[5] Hermann Minkowski (22/6/1864-12/1/1909), matemático alemão.

denadas espaciais e $x_4 = ict$ representa a coordenada temporal. Assim, o quadrivetor posição pode ser escrito na forma $X_\mu = (\vec{r}, ict)$, em que $\vec{r}$ representa as três coordenadas espaciais.

O elemento de linha no espaço quadridimensional, definido por $ds = \sqrt{dx_\mu dx_\mu}$, é um invariante sob uma transformação de Lorentz. Usando as componentes do quadrivetor posição, esse elemento de linha pode ser escrito na forma $ds = \sqrt{dr^2 - c^2 dt^2}$. Note que o tempo próprio, definido como $dt' = dt\sqrt{1 - v^2 / c^2}$, pode ser escrito em termos do elemento de linha ds. De fato, fazendo uma manipulação algébrica, podemos escrever que $dt' = \sqrt{[i^2(-c^2 dt^2 + dr^2)] / c^2} = (i / c)\sqrt{dr^2 - c^2 dt^2}$. Logo, temos que $dt' = (i / c)ds$.

O quadrivetor velocidade é definido como a derivada do quadrivetor posição em relação ao tempo próprio dt', isto é, $V_\mu = dX_\mu / dt'$. Usando a regra da cadeia, podemos escrever que $V_\mu = (dX_\mu / dt)(dt / dt')$. Como $dx_i / dt = v_i$ e $dt / dt' = \left(1 - v^2 / c^2\right)^{-1/2}$, temos que:

$$\boxed{V_\mu = \left[\frac{v_1}{\left(1 - v^2 / c^2\right)^{1/2}}, \frac{v_2}{\left(1 - v^2 / c^2\right)^{1/2}}, \frac{v_3}{\left(1 - v^2 / c^2\right)^{1/2}}, \frac{ic}{\left(1 - v^2 / c^2\right)^{1/2}}\right].} \tag{15.31}$$

O quadrivetor velocidade pode ser escrito na forma $V_\mu = \left(\gamma\vec{v}, i\gamma c\right)$, em que $\vec{v}$ representa o vetor velocidade. O quadrivetor momento linear é definido como $P_\mu = m_0 V_\mu$, sendo m_0 a massa de repouso da partícula. Assim, usando o quadrivetor velocidade, temos:

$$\boxed{P_\mu = m_0\left[\frac{v_1}{\left(1 - v^2 / c^2\right)^{1/2}}, \frac{v_2}{\left(1 - v^2 / c^2\right)^{1/2}}, \frac{v_3}{\left(1 - v^2 / c^2\right)^{1/2}}, \frac{ic}{\left(1 - v^2 / c^2\right)^{1/2}}\right].} \tag{15.32}$$

Podemos definir $P_i = m_0 v_i / \left(1 - v^2 / c^2\right)^{1/2}$, para $i = 1,2,3$ e $P_4 = im_0 c / \left(1 - v^2 / c^2\right)^{1/2}$. Multiplicando a componente P_4 por c/c e definindo $m = m_0 / \left(1 - v^2 / c^2\right)^{1/2}$ como a massa relativística da partícula, temos que $P_4 = (i / c)mc^2$. Portanto, o quadrivetor momento pode ser escrito na forma $P_\mu = (\vec{P}, iE_c / c)$, em que $E_c = mc^2$ é a energia da partícula. Note que as três primeiras componentes do quadrivetor momento representam as componentes do momento linear, enquanto a quarta componente representa a energia.

15.7 Quadrivetores em Eletrodinâmica

Nesta seção, vamos introduzir quadrivetores para descrever os campos eletromagnéticos. O operador nabla no espaço tridimensional foi definido como: $\vec{\nabla} = \hat{x}_1\partial / \partial x_1 + \hat{x}_2\partial / \partial x_2 + \hat{x}_3\partial / \partial x_3$. Esse operador pode ser generalizado para o espaço quadridimensional como:[6]

$$\nabla = \hat{x}_1\frac{\partial}{\partial x_1} + \hat{x}_2\frac{\partial}{\partial x_2} + \hat{x}_3\frac{\partial}{\partial x_3} + \hat{x}_4\frac{\partial}{\partial x_4}. \tag{15.33}$$

Em uma notação mais compacta, temos:

$$\nabla = \sum_\mu \hat{x}_\mu\frac{\partial}{\partial x_\mu} = \hat{x}_\mu\frac{\partial}{\partial x_\mu}. \tag{15.34}$$

O último termo na relação anterior está escrito na notação de Einstein, em que o índice repetido representa uma soma.

---

[6] Neste livro, usamos o símbolo ∇ (em negrito) para representar o quadrigradiente.

Vamos escrever a equação de conservação da carga elétrica $\vec{\nabla}\cdot\vec{J}+\partial\rho/\partial t=0$, no espaço quadridimensional. Esta equação pode ser escrita explicitamente na forma:

$$\frac{\partial J_1}{\partial x_1}+\frac{\partial J_2}{\partial x_2}+\frac{\partial J_3}{\partial x_3}+\frac{\partial(ic\rho)}{\partial ict}=0. \qquad \textbf{(15.35)}$$

Definindo $J_4=ic\rho$, o último termo pode ser escrito como $\partial J_4/\partial x_4$. Assim, a equação de conservação da carga elétrica é escrita no espaço quadridimensional como:

$$\frac{\partial J_1}{\partial x_1}+\frac{\partial J_2}{\partial x_2}+\frac{\partial J_3}{\partial x_3}+\frac{\partial J_4}{\partial x_4}=0. \qquad \textbf{(15.36)}$$

Esta equação pode ser escrita na forma $\sum_{\mu=1}^{4}(\partial J_\mu/\partial x_\mu)=0$, ou simplesmente $\partial J_\mu/\partial x_\mu=0$, na notação de Einstein. Nesta relação, definimos o quadrivetor densidade de corrente elétrica como:

$$\boxed{J_\mu=\left(\vec{J},ic\rho\right)=J_1\hat{x}_1+J_2\hat{x}_2+J_3\hat{x}_3+J_4\hat{x}_4\,.} \qquad \textbf{(15.37)}$$

Os três primeiros termos (J_1, J_2, J_3) representam as componentes do vetor densidade de corrente elétrica e $J_4=ic\rho$ representa a densidade de cargas elétricas.

Agora, vamos escrever a condição de Lorenz $\nabla\cdot\vec{A}(r,t)+\varepsilon_0\mu_0\partial V(r,t)/\partial t=0$, no espaço quadridimensional. Escrevendo explicitamente, temos:

$$\frac{\partial A_1}{\partial x_1}+\frac{\partial A_2}{\partial x_2}+\frac{\partial A_3}{\partial x_3}+\frac{\partial(iV/c)}{\partial(ict)}=0. \qquad \textbf{(15.38)}$$

Definindo $A_4=iV/c$, o último termo pode ser escrito na forma $\partial A_4/\partial x_4$, de modo que a condição de Lorenz no espaço quadridimensional é:

$$\frac{\partial A_1}{\partial x_1}+\frac{\partial A_2}{\partial x_2}+\frac{\partial A_3}{\partial x_3}+\frac{\partial A_4}{\partial x_4}=0. \qquad \textbf{(15.39)}$$

Esta equação pode ser escrita como $\sum_{\mu=1}^{4}\partial A_\mu/\partial x_\mu=0$, ou simplesmente $\partial A_\mu/\partial x_\mu=0$ na notação de Einstein. Nesta equação, temos que

$$\boxed{A_\mu=\left(\vec{A},iV/c\right)=A_1\hat{x}_1+A_2\hat{x}_2+A_3\hat{x}_3+(iV/c)\hat{x}_4} \qquad \textbf{(15.40)}$$

é o quadrivetor potencial.

O análogo do operador laplaciano $(\nabla^2=\vec{\nabla}\cdot\vec{\nabla})$ no espaço quadridimensional é o operador d'alembertiano,[7] definido por $\Box^2=\nabla\cdot\nabla$. Usando $x_4=ict$ em (15.33), podemos escrever o operador d'alembertiano na forma:

[7] Nome dado em homenagem ao matemático e físico francês Jean Rond d'Alembert (16/11/1717-29/10/1783). Na literatura, o operador d'alembertiano também é representado pelo símbolo $\Box$.

$$\Box^2 = \frac{\partial^2}{\partial x_i \partial x_i} - \frac{1}{c^2}\frac{\partial^2}{\partial t^2}. \quad (15.41)$$

Com essa definição do operador d'alembertiano, a equação de onda para o campo elétrico, $\nabla^2 - (1/c^2)\partial^2/\partial t^2)\vec{E}(\vec{r},t) = 0$, no espaço quadridimensional se escreve como:

$$\boxed{\Box^2 \vec{E}(\vec{r},t) = 0.} \quad (15.42)$$

Uma equação análoga vale para o campo magnético, isto é, $\Box^2 \vec{B}(\vec{r},t) = 0$.

A equação de onda para o potencial vetor, $[\nabla^2 - (1/c^2)\partial^2/\partial t^2]\vec{A}(\vec{r},t) = -\mu_0 \vec{J}(\vec{r},t)$, se escreve no espaço quadridimensional na forma:

$$\Box^2 A_l(\vec{r},t) = -\mu_0 J_l(\vec{r},t) \quad (15.43)$$

em que A_l $(l = 1,2,3)$ são as componentes do quadrivetor potencial e J_l $(l = 1,2,3)$ são as componentes do quadrivetor corrente.

Para representar a equação de onda, $[\nabla^2 - (1/c^2)\partial^2/\partial t^2]V(\vec{r},t) = -\rho/\varepsilon_0]$, no espaço quadridimensional, vamos multiplicá-la por i/c, e usar a relação $\varepsilon_0 = 1/\mu_0 c^2$. Assim, obtemos:

$$\left[\nabla^2 - \frac{1}{c^2}\frac{\partial^2}{\partial t^2}\right]\frac{iV(\vec{r},t)}{c} = -\mu_0 ic\rho. \quad (15.44)$$

Usando $iV(r,t)/c = A_4$, $ic\rho = J_4$ e a definição do operador d'alembertiano, temos:

$$\Box^2 A_4(\vec{r},t) = -\mu_0 J_4(\vec{r},t). \quad (15.45)$$

Podemos observar que as equações de onda para o potencial vetor, equação(15.43), e para o potencial escalar elétrico, equação(15.45), podem ser escritas em uma única equação:

$$\boxed{\Box^2 A_\mu(\vec{r},t) = -\mu_0 J_\mu(\vec{r},t).} \quad (15.46)$$

As três primeiras componentes desta equação representam a equação de onda para o potencial vetor, enquanto a quarta componente representa a equação de onda para o potencial escalar elétrico.

15.8 Tensor Eletromagnético

No espaço quadridimensional, os campos eletromagnéticos podem ser obtidos a partir do quadrivetor potencial A_μ. Para mostrar esse fato, vamos lembrar que, no espaço tridimensional, a componente E_1 do campo elétrico é:

$$E_1 = -\frac{\partial V}{\partial x_1} - \frac{\partial A_1}{\partial t}. \quad (15.47)$$

Multiplicando e dividindo por i/c, temos:

$$\frac{i}{c}E_1 = -\frac{\partial(iV/c)}{\partial x_1} + \frac{\partial A_1}{\partial(ict)}. \tag{15.48}$$

Usando as relações $iV/c = A_4$, $ict = x_4$ e a definição do quadrivetor potencial dada em (15.40), podemos reescrever a relação anterior como:

$$\frac{i}{c}E_1 = \frac{\partial A_1}{\partial x_4} - \frac{\partial A_4}{\partial x_1}. \tag{15.49}$$

Seguindo um procedimento análogo, temos que:

$$\frac{i}{c}E_2 = \frac{\partial A_2}{\partial x_4} - \frac{\partial A_4}{\partial x_2} \tag{15.50}$$

$$\frac{i}{c}E_3 = \frac{\partial A_3}{\partial x_4} - \frac{\partial A_4}{\partial x_3} \tag{15.51}$$

As componentes do campo magnético, obtidas pelo rotacional do potencial vetor, são:

$$B_1 = \frac{\partial A_3}{\partial x_2} - \frac{\partial A_2}{\partial x_3} \tag{15.52}$$

$$B_2 = \frac{\partial A_1}{\partial x_3} - \frac{\partial A_3}{\partial x_1} \tag{15.53}$$

$$B_3 = \frac{\partial A_2}{\partial x_1} - \frac{\partial A_1}{\partial x_2}. \tag{15.54}$$

Note que todas as componentes do campo elétrico envolvem a componente A_4 do quadrivetor potencial A_μ. Por outro lado, as componentes do campo magnético não dependem de A_4.

Analisando as relações (15.49)-(15.54), podemos definir o tensor eletromagnético como:

$$F_{\mu\nu} = \frac{\partial A_\nu}{\partial x_\mu} - \frac{\partial A_\mu}{\partial x_\nu}. \tag{15.55}$$

Note que $F_{\mu\nu} = -F_{\nu\mu}$ e $F_{\mu\mu} = 0$, de modo que o tensor eletromagnético é antissimétrico. As componentes dos campos elétrico e magnético dadas pelas relações (15.49)-(15.54) são escritas em termos do tensor eletromagnético como:

$$F_{12} = \frac{\partial A_2}{\partial x_1} - \frac{\partial A_1}{\partial x_2} = B_3 \qquad F_{13} = \frac{\partial A_3}{\partial x_1} - \frac{\partial A_1}{\partial x_3} = -B_2 \tag{15.56}$$

$$F_{14} = \frac{\partial A_4}{\partial x_1} - \frac{\partial A_1}{\partial x_4} = -\frac{i}{c}E_1 \qquad F_{23} = \frac{\partial A_3}{\partial x_2} - \frac{\partial A_2}{\partial x_3} = B_1 \tag{15.57}$$

$$F_{24} = \frac{\partial A_4}{\partial x_2} - \frac{\partial A_2}{\partial x_4} = -\frac{i}{c}E_2 \qquad F_{34} = \frac{\partial A_4}{\partial x_3} - \frac{\partial A_3}{\partial x_4} = -\frac{i}{c}E_3 \tag{15.58}$$

Portanto, o tensor eletromagnético pode ser representado pela seguinte forma matricial:

$$F = \begin{pmatrix} 0 & B_3 & -B_2 & -\frac{i}{c}E_1 \\ -B_3 & 0 & B_1 & -\frac{i}{c}E_2 \\ B_2 & -B_1 & 0 & -\frac{i}{c}E_3 \\ \frac{i}{c}E_1 & \frac{i}{c}E_2 & \frac{i}{c}E_3 & 0 \end{pmatrix}. \tag{15.59}$$

15.9 Equações de Maxwell na Forma Covariante

Nesta seção, vamos mostrar como as equações de Maxwell são escritas em termos do tensor eletromagnético. Primeiramente, vamos considerar a equação $\vec{\nabla} \cdot \vec{B} = 0$, que é escrita explicitamente como:

$$\frac{\partial B_1}{\partial x_1} + \frac{\partial B_2}{\partial x_2} + \frac{\partial B_3}{\partial x_3} = 0. \tag{15.60}$$

Usando $B_1 = F_{23}$, $B_2 = F_{31}$ e $B_3 = F_{12}$, podemos escrever:

$$\frac{\partial F_{23}}{\partial x_1} + \frac{\partial F_{31}}{\partial x_2} + \frac{\partial F_{12}}{\partial x_3} = 0. \tag{15.61}$$

Fazendo $\lambda = 1$, $\mu = 2$ e $\nu = 3$, temos:

$$\frac{\partial F_{\mu\nu}}{\partial x_\lambda} + \frac{\partial F_{\nu\lambda}}{\partial x_\mu} + \frac{\partial F_{\lambda\mu}}{\partial x_\nu} = 0. \tag{15.62}$$

A lei de Faraday $\vec{\nabla} \times \vec{E} = -\partial \vec{B} / \partial t$ é escrita explicitamente como:

$$\begin{aligned} &\hat{x}_1\left[\frac{\partial E_3}{\partial x_2} - \frac{\partial E_2}{\partial x_3}\right] + \hat{x}_2\left[\frac{\partial E_1}{\partial x_3} - \frac{\partial E_3}{\partial x_1}\right] + \hat{x}_3\left[\frac{\partial E_2}{\partial x_1} - \frac{\partial E_1}{\partial x_2}\right] \\ &= -\left[\hat{x}_1\frac{\partial B_1}{\partial t} + \hat{x}_2\frac{\partial B_2}{\partial t} + \hat{x}_3\frac{\partial B_3}{\partial t}\right]. \end{aligned} \tag{15.63}$$

Usando as relações $E_3 = c / iF_{43}$, $E_2 = c / iF_{42}$ e $B_1 = F_{23}$, podemos escrever a componente $\hat{x}_1$ na forma:

$$\frac{c}{i}\left[\frac{\partial F_{43}}{\partial x_2}-\frac{\partial F_{42}}{\partial x_3}\right]=-\frac{\partial F_{23}}{\partial t}. \tag{15.64}$$

Multiplicando o denominador dessa equação por ic e usando $ict = x_4$ e $F_{43} = -F_{34}$, obtemos:

$$\frac{\partial F_{34}}{\partial x_2}+\frac{\partial F_{42}}{\partial x_3}+\frac{\partial F_{23}}{\partial x_4}=0. \tag{15.65}$$

Fazendo $\lambda = 2$, $\mu = 3$ e $\nu = 4$, temos que $\partial F_{\mu\nu}/\partial x_\lambda + \partial F_{\nu\lambda}/\partial x_\mu + \partial F_{\lambda\mu}/\partial x_\nu = 0$. Note que esta é a mesma equação obtida em (15.62). As componentes $\hat{x}_2$ e $\hat{x}_3$ da lei de Faraday também podem ser representadas pela equação (15.62) (veja o Exercício Resolvido 15.1). Portanto, as equações de Maxwell, $\vec{\nabla}\cdot\vec{B}=0$ e $\vec{\nabla}\times\vec{E}=-\partial\vec{B}/\partial t$, são escritas em termos do tensor eletromagnético na forma da equação (15.62).

A lei de Gauss $\vec{\nabla}\cdot\vec{E}=\rho/\varepsilon_0$ é escrita explicitamente como:

$$\frac{\partial E_1}{\partial x_1}+\frac{\partial E_2}{\partial x_2}+\frac{\partial E_3}{\partial x_3}=\frac{\rho}{\varepsilon_0}. \tag{15.66}$$

Usando $E_1 = c/iF_{41}$, $E_2 = c/iF_{42}$ e $E_3 = c/iF_{43}$, podemos escrever que:

$$\left[\frac{\partial F_{41}}{\partial x_1}+\frac{\partial F_{42}}{\partial x_2}+\frac{\partial F_{43}}{\partial x_3}+\frac{\partial F_{44}}{\partial x_4}\right]=\frac{ic\rho}{c^2\varepsilon_0}. \tag{15.67}$$

A componente F_{44} foi adicionada à equação anterior, porque ela é nula. Usando $ic\rho = J_4$ e $c^2 = 1/\varepsilon_0\mu_0$, temos que:

$$\left[\frac{\partial F_{41}}{\partial x_1}+\frac{\partial F_{42}}{\partial x_2}+\frac{\partial F_{43}}{\partial x_3}+\frac{\partial F_{44}}{\partial x_4}\right]=\mu_0 J_4. \tag{15.68}$$

Esta equação pode ser escrita na seguinte forma:

$$\sum_{\mu=1}^{4}\frac{\partial F_{4\mu}}{\partial x_\mu}=\mu_0 J_4. \tag{15.69}$$

No espaço tridimensional, a lei de Ampère-Maxwell, $\vec{\nabla}\times\vec{B}=\mu_0\vec{J}+\varepsilon_0\mu_0\partial\vec{E}/\partial t$, é escrita explicitamente como:

$$\begin{aligned}&\hat{x}_1\left[\frac{\partial B_3}{\partial x_2}-\frac{\partial B_2}{\partial x_3}\right]+\hat{x}_2\left[\frac{\partial B_1}{\partial x_3}-\frac{\partial B_3}{\partial x_1}\right]+\hat{x}_3\left[\frac{\partial B_2}{\partial x_1}-\frac{\partial B_1}{\partial x_2}\right]\\&=\hat{x}_1\left[\mu_0 J_1+\varepsilon_0\mu_0\frac{\partial E_1}{\partial t}\right]+\hat{x}_2\left[\mu_0 J_2+\varepsilon_0\mu_0\frac{\partial E_2}{\partial t}\right]+\\&+\hat{x}_3\left[\mu_0 J_3+\varepsilon_0\mu_0\frac{\partial E_3}{\partial t}\right].\end{aligned} \tag{15.70}$$

Usando as relações $B_3 = F_{12}$, $B_2 = F_{31}$ e $E_1 = c/iF_{41}$, podemos escrever a componente $\hat{x}_1$ na forma:

$$\left[\frac{\partial F_{12}}{\partial x_2}-\frac{\partial F_{31}}{\partial x_3}\right]=\left[\mu_0 J_1+\varepsilon_0\mu_0\frac{c}{i}\frac{\partial F_{41}}{\partial t}\right]. \tag{15.71}$$

Usando $\varepsilon_0\mu_0 = 1/c^2$ e as relações $x_4 = ict$, $F_{31} = -F_{13}$ e $F_{41} = -F_{14}$, temos:

$$\frac{\partial F_{11}}{\partial x_1}+\frac{\partial F_{12}}{\partial x_2}+\frac{\partial F_{13}}{\partial x_3}+\frac{\partial F_{14}}{\partial x_4}=\mu_0 J_1. \tag{15.72}$$

O termo $\partial F_{11}/\partial x_1$ foi adicionado, porque ele é nulo. Esta equação pode ser escrita como:

$$\sum_{\mu=1}^{4}\frac{\partial F_{1\mu}}{\partial x_\mu}=\mu_0 J_1. \tag{15.73}$$

As componentes $\hat{x}_2$ e $\hat{x}_3$ da lei de Ampère-Maxwell podem ser escritas, respectivamente, como $\sum_{\mu=1}^{4}\partial F_{2\mu}/\partial x_\mu = \mu_0 J_2$ e $\sum_{\mu=1}^{4}\partial F_{3\mu}/\partial x_\mu = \mu_0 J_3$ (veja o Exercício Resolvido 15.2). Portanto, a lei de Ampère-Maxwell é escrita em termos do tensor eletromagnético como:

$$\boxed{\sum_{\mu=1}^{4}\frac{\partial F_{\lambda\mu}}{\partial x_\mu}=\mu_0 J_\lambda\,.} \tag{15.74}$$

em que $\lambda = 1,2,3$. Note que a equação (15.69) pode ser obtida fazendo $\lambda = 4$ em (15.74). Logo, a lei de Gauss, $\vec{\nabla}\cdot\vec{E} = \rho/\varepsilon_0$, e a lei de Ampère-Maxwell, $\vec{\nabla}\times\vec{B} = \mu_0\vec{J} + \varepsilon_0\mu_0\partial\vec{E}/\partial t$, são escritas em termos do tensor eletromagnético na forma da equação (15.74).

15.10 Transformação do Tensor Eletromagnético

O tensor eletromagnético deve ter a mesma forma em qualquer referencial inercial. Se o tensor eletromagnético no referencial em repouso é dado pela equação (15.55), o tensor em um referencial em movimento deve ser:

$$F'_{\mu\nu}=\frac{\partial A'_\nu}{\partial x'_\mu}-\frac{\partial A'_\mu}{\partial x'_\nu}. \tag{15.75}$$

De acordo com (15.59), podemos escrever o tensor F' como:

$$F'=\begin{pmatrix} 0 & B'_3 & -B'_2 & -\frac{i}{c}E'_1 \\ -B'_3 & 0 & B'_1 & -\frac{i}{c}E'_2 \\ B'_2 & -B'_1 & 0 & -\frac{i}{c}E'_3 \\ \frac{i}{c}E'_1 & \frac{i}{c}E'_2 & \frac{i}{c}E'_3 & 0 \end{pmatrix}. \tag{15.76}$$

Usando os tensores F e F', podemos encontrar uma relação entre os campos elétricos e magnéticos medidos em dois referenciais inerciais. O quadrivetor A_μ no referencial K está relacionado com o quadrivetor A'_μ no referencial K' por meio de uma transformação de Lorentz, isto é:

$$A'_\nu = \sum_\rho \lambda_{\nu\rho} A_\rho; \qquad A'_\mu = \sum_\sigma \lambda_{\mu\sigma} A_\sigma \tag{15.77}$$

em que $\lambda_{\nu\rho}$ são os elementos da matriz de Lorentz. Substituindo (15.77) em (15.75), temos:

$$F'_{\mu\nu} = \lambda_{\nu\rho} \frac{\partial A_\rho}{\partial x'_\mu} - \lambda_{\mu\sigma} \frac{\partial A_\sigma}{\partial x'_\nu}. \tag{15.78}$$

Usando a regra da derivação em cadeia, podemos reescrever a relação anterior na forma:

$$F'_{\mu\nu} = \lambda_{\nu\rho} \frac{\partial A_\rho}{\partial x_\sigma}\left(\frac{\partial x_\sigma}{\partial x'_\mu}\right) - \lambda_{\mu\sigma} \frac{\partial A_\sigma}{\partial x_\rho}\left(\frac{\partial x_\rho}{\partial x'_\nu}\right). \tag{15.79}$$

As componentes do quadrivetor posição em dois referenciais inerciais estão relacionadas por $x_\rho = \lambda_{\nu\rho} x'_\nu$ e $x_\sigma = \lambda_{\mu\sigma} x'_\mu$. Derivando essas relações, temos que $\partial x_\rho / \partial x'_\nu = \lambda_{\nu\rho}$ e $\partial x_\sigma / \partial x'_\mu = \lambda_{\mu\sigma}$. Substituindo estas relações na equação (15.79), obtemos:

$$F'_{\mu\nu} = \lambda_{\mu\sigma}\lambda_{\nu\rho} \overbrace{\left(\frac{\partial A_\rho}{\partial x_\sigma} - \frac{\partial A_\sigma}{\partial x_\rho}\right)}^{F_{\sigma\rho}}. \tag{15.80}$$

De acordo com a equação (15.55), o termo entre parênteses é o tensor $F_{\sigma\rho}$ no referencial em repouso (K). Portanto, o tensor $F'_{\mu\nu}$ no referencial K' e o tensor $F_{\sigma\rho}$ no referencial K são relacionados por:

$$F'_{\mu\nu} = \lambda_{\mu\sigma}\lambda_{\nu\rho} F_{\sigma\rho}. \tag{15.81}$$

Esta equação pode ser escrita na forma matricial como:

$$F' = \lambda F \lambda^T \tag{15.82}$$

em que λ e λ^T representam a matriz de Lorentz e sua transposta. Escrevendo esta relação explicitamente em termos matriciais, temos:

$$F' = \begin{pmatrix} 1 & 0 & 0 & 0 \\ 0 & 1 & 0 & 0 \\ 0 & 0 & \gamma & i\beta\gamma \\ 0 & 0 & -i\beta\gamma & \gamma \end{pmatrix} \cdot \begin{pmatrix} 0 & B_3 & -B_2 & -\frac{i}{c}E_1 \\ -B_3 & 0 & B_1 & -\frac{i}{c}E_2 \\ B_2 & -B_1 & 0 & -\frac{i}{c}E_3 \\ \frac{i}{c}E_1 & \frac{i}{c}E_2 & \frac{i}{c}E_3 & 0 \end{pmatrix} \cdot \begin{pmatrix} 1 & 0 & 0 & 0 \\ 0 & 1 & 0 & 0 \\ 0 & 0 & \gamma & -i\beta\gamma \\ 0 & 0 & i\beta\gamma & \gamma \end{pmatrix}. \tag{15.83}$$

Efetuando o produto, obtemos:

$$F' = \begin{bmatrix} 0 & B_3 & -\gamma(B_2 - \beta E_1/c) & -i\gamma(E_1/c - \beta B_2) \\ -B_3 & 0 & \gamma(B_1 + \beta E_2/c) & -i\gamma(\beta B_1 + E_2/c) \\ \gamma(B_2 - \beta E_1/c) & -\gamma(B_1 + \beta E_2/c) & 0 & -iE_3/c \\ i\gamma(E_1/c - \beta B_2) & i\gamma(\beta B_1 + E_2/c) & iE_3/c & 0 \end{bmatrix}. \quad (15.84)$$

Comparand o as equações matriciais (15.76) e (15.84), temos que os campos elétrico e magnético nos dois referenciais inerciais são relacionados por:

$$\begin{cases} E_1' = \gamma(E_1 - vB_2), & B_1' = \gamma\left(B_1 + \dfrac{v}{c^2}E_2\right) \\ E_2' = \gamma(E_2 + vB_1), & B_2' = \gamma\left(B_2 - \dfrac{v}{c^2}E_1\right). \\ E_3' = E_3, & B_3' = B_3. \end{cases} \quad (15.85)$$

Nesta transformação, E' e B' representam os campos elétrico e magnético no referencial K' em movimento, enquanto E e B representam os campos correspondentes no referencial K em repouso. A transformação inversa pode ser obtida trocando nas relações anteriores E' por E, B' por B (e vice versa) e invertendo o sinal da velocidade. Assim, temos:

$$\begin{cases} E_1 = \gamma(E_1' + vB_2'), & B_1 = \gamma\left(B_1' - \dfrac{v}{c^2}E_2'\right) \\ E_2 = \gamma(E_2' - vB_1'), & B_2 = \gamma\left(B_2' + \dfrac{v}{c^2}E_1'\right). \\ E_3 = E_3', & B_3 = B_3' \end{cases} \quad (15.86)$$

15.11 Campos de Carga Pontual em Movimento Uniforme

Como um simples exemplo de aplicação do desenvolvimento teórico apresentado nas seções anteriores, vamos discutir como dois observadores inerciais medem os campos elétrico e magnético gerados por uma carga pontual em movimento retilíneo e uniforme. Vamos considerar um referencial K' colocado sobre a própria carga e um referencial K em repouso no laboratório, conforme mostra a Figura 15.2.

Para o observador no referencial K', a carga está em repouso, de modo que o campo magnético ($\overrightarrow{B'}$) observado por ele é nulo. Por outro lado, esse observador verifica que o campo elétrico gerado pela carga pontual no ponto P, é um campo estático dado por:

$$\vec{E}'(\vec{r}\,') = \hat{x}_1 \frac{qx_1'}{4\pi\varepsilon_0 r'^3} + \hat{x}_2 \frac{qx_2'}{4\pi\varepsilon_0 r'^3} + \hat{x}_3 \frac{qx_3'}{4\pi\varepsilon_0 r'^3} \quad (15.87)$$

em que $r' = \sqrt{x_1'^2 + x_2'^2 + x_3'^2}$ é o módulo do vetor que localiza o ponto P em relação ao referencial K'.

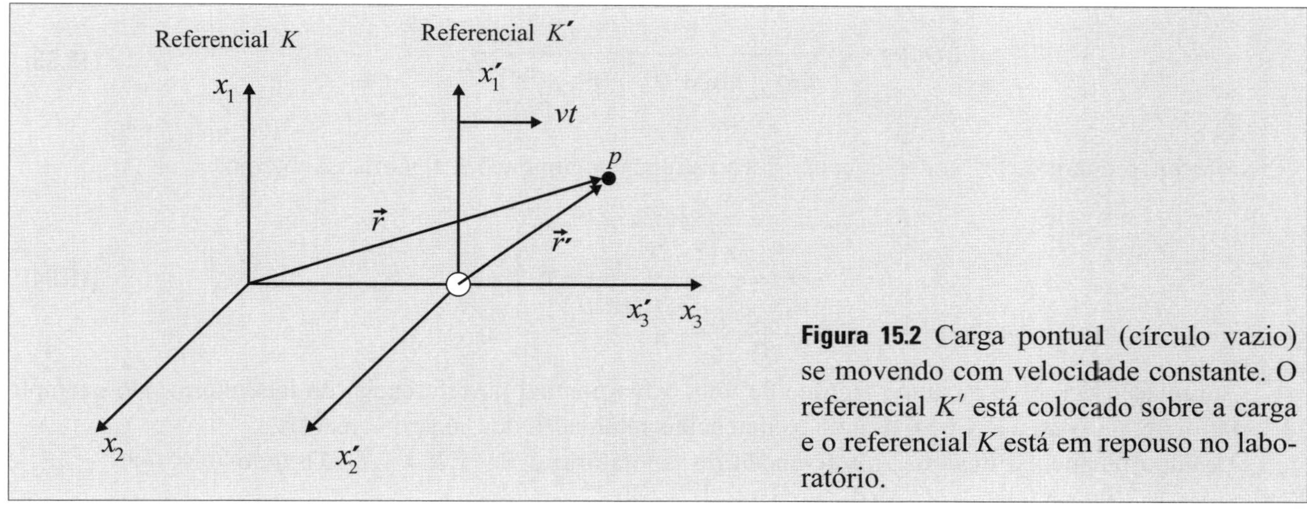

Figura 15.2 Carga pontual (círculo vazio) se movendo com velocidade constante. O referencial K' está colocado sobre a carga e o referencial K está em repouso no laboratório.

Para um observador no referencial K em repouso no laboratório, a carga está em movimento retilíneo e uniforme, de modo que ele observa tanto o campo elétrico quanto o campo magnético. De acordo com a transformação (15.86), os campos elétrico e magnético medidos no referencial do laboratório (K) são relacionados com os campos medidos no referencial próprio da partícula (K') por:

$$E_1 = \gamma E_1', \qquad E_2 = \gamma E_2', \qquad E_3 = E_3' \tag{15.88}$$

$$B_1 = -\gamma \frac{v}{c^2} E_2', \qquad B_2 = \gamma \frac{v}{c^2} E_1', \qquad B_3 = 0. \tag{15.89}$$

Assim, o campo elétrico no referencial do laboratório é $\vec{E}(\vec{r}) = \hat{x}_1 \gamma E_1' + \hat{x}_2 \gamma E_2' + \hat{x}_3 E_3'$. Usando a equação (15.87) podemos escrever o campo elétrico no referencial do laboratório como:

$$\vec{E}(\vec{r}) = \frac{q}{4\pi\varepsilon_0 \left(x_1'^2 + x_2'^2 + x_3'^2\right)^{3/2}} \left[\hat{x}_1 \gamma x_1' + \hat{x}_2 \gamma x_2' + \hat{x}_3 x_3' \right]. \tag{15.90}$$

Vamos considerar que, no instante $t = 0$, as origens dos dois referenciais são coincidentes. Neste caso, de acordo com as relações (15.20), temos que as coordenadas são relacionadas por $x_1' = x_1$, $x_2' = x_2$ e $x_3' = \gamma x_3$. Substituindo estas relações em (15.90), temos:

$$\vec{E}(\vec{r}) = \frac{q}{4\pi\varepsilon_0 \left(x_1^2 + x_2^2 + \gamma^2 x_3^2\right)^{3/2}} \left[\hat{x}_1 \gamma x_1 + \hat{x}_2 \gamma x_2 + \hat{x}_3 \gamma x_3 \right]. \tag{15.91}$$

Como $\vec{r} = \hat{x}_1 x_1 + \hat{x}_2 x_2 + \hat{x}_3 x_3$, podemos escrever que:

$$\vec{E}(\vec{r}) = q\gamma \frac{\vec{r}}{4\pi\varepsilon_0 \left(x_1^2 + x_2^2 + \gamma^2 x_3^2\right)^{3/2}}. \tag{15.92}$$

Escrevendo as coordenadas (x_1, x_2, x_3) em função das coordenadas esféricas $x_1 = r\,\mathrm{sen}\,\theta \cos\phi$, $x_2 = r\,\mathrm{sen}\,\theta\,\mathrm{sen}\,\phi$ e $x_3 = r\cos\theta$, a relação anterior pode ser escrita como:

$$\vec{E}(r,\theta) = q\gamma \frac{\vec{r}}{4\pi\varepsilon_0 \left(r^2 \text{sen}^2\theta + \gamma^2 r^2 \cos^2\theta\right)^{3/2}}. \qquad (15.93)$$

Colocando o termo $r^2\gamma^2$ em evidência e após algumas manipulações algébricas, obtemos:

$$\boxed{\vec{E}(\vec{r}) = \frac{q\left(1-\beta^2\right)\vec{r}}{4\pi\varepsilon_0 r^3 \left[1-\beta^2 \text{sen}^2\theta\right]^{3/2}}.} \qquad (15.94)$$

Esta relação descreve o campo elétrico de uma carga pontual no referencial do laboratório. No exemplo 14.1 ela foi obtida [veja a (E14.5)] usando os potenciais retardados de Liénard-Wiechert.

O campo magnético medido no referencial do laboratório é $\vec{B} = \hat{x}_1 B_1 + \hat{x}_2 B_2$. Usando $B_1 = -(\gamma v / c^2)E_2'$ e $B_2 = (\gamma v / c^2)E_1'$ [veja a relação (15.89)], temos:

$$\vec{B}(\vec{r}) = \frac{\gamma v}{c^2}\left[-\hat{x}_1 E_2'(\vec{r}) + \hat{x}_2 E_1'(\vec{r})\right]. \qquad (15.95)$$

Pela relação (15.87), temos que $E_1' = (qx_1' / 4\pi\varepsilon_0 r'^3)$ e $E_2' = (qx_2' / 4\pi\varepsilon_0 r'^3)$. Assim, podemos escrever a relação anterior na forma:

$$\vec{B}(\vec{r}) = \frac{\gamma v}{c^2}\frac{q}{4\pi\varepsilon_0 r'^3}\left(-\hat{x}_1 x_2' + \hat{x}_2 x_1'\right). \qquad (15.96)$$

No instante $t = 0$, quando os dois referenciais são coincidentes, as coordenadas são relacionadas por $x_1' = x_1$, $x_2' = x_2$ e $x_3' = \gamma x_3$. Assim, temos que $r'^3 = \left(x_1^2 + x_2^2 + \gamma^2 x_3^2\right)^{3/2}$. Usando essa relação, multiplicando a equação anterior por μ_0 / μ_0 e usando $\varepsilon_0\mu_0 = 1/c^2$, temos:

$$\vec{B}(\vec{r}) = \frac{\gamma\mu_0 q v}{4\pi\left(x_1^2 + x_2^2 + \gamma^2 x_3^2\right)^{3/2}}\left(-\hat{x}_1 x_2 + \hat{x}_2 x_1\right). \qquad (15.97)$$

O termo no denominador desta equação pode ser escrito na forma $\left(x_1^2 + x_2^2 + \gamma^2 x_3^2\right)^{3/2} = r^3\gamma^3\left[1-\beta^2\text{sen}^2\theta\right]^{3/2}$, de modo que:

$$\vec{B}(\vec{r}) = \frac{\mu_0 q v}{4\pi r^3 \gamma^2 \left[1-\beta^2\text{sen}^2\theta\right]^{3/2}}\left(-\hat{x}_1 x_2 + \hat{x}_2 x_1\right). \qquad (15.98)$$

Como $\vec{v} = v_3\hat{x}_3$, o termo $v(-\hat{x}_1 x_2 + \hat{x}_2 x_1)$ pode ser escrito na forma $\vec{v}\times\vec{r}$. Com essa consideração e usando $\gamma^2 = 1/\left(1-\beta^2\right)$, temos:

$$\vec{B}(\vec{r}) = \frac{\mu_0 q\left(1-\beta^2\right)}{4\pi\left[1-\beta^2\text{sen}^2\theta\right]^{3/2}}\frac{\vec{v}\times\vec{r}}{r^3}. \qquad (15.99)$$

Esta relação foi obtida no Exemplo 14.1 [veja a (E14.6)], utilizando os potenciais de Liénard-Wiechert.

15.12 Efeito Doppler Relativístico

Para introduzir o efeito Doppler, vamos considerar um cenário no qual uma fonte emite ondas que se propagam no espaço e chegam até um observador. Se ambos estiverem em repouso, ele observa ondas com a mesma frequência que foi emitida pela fonte. Entretanto, se a fonte emissora das ondas e/ou o observador estiverem em movimento, haverá uma diferença entre a frequência da onda emitida e aquela medida pelo observador. Este fenômeno é conhecido como efeito Doppler.[8]

O efeito Doppler é inerente ao movimento ondulatório, não sendo uma característica particular das ondas eletromagnéticas. O movimento relativo entre a fonte de onda e o observador pode ser relativístico ou não relativístico. Uma discussão sobre o efeito Doppler não relativístico está proposta no Exercício Complementar 4. Nesta seção, vamos discutir o efeito Doppler relativístico. Para isso, vamos considerar que uma fonte de onda em um referencial inercial K emite uma onda eletromagnética, cujo campo elétrico é dado por:

$$\vec{E}(\vec{r},t) = \hat{r}_1 E_0 e^{i(\vec{k}\cdot\vec{r}-\omega t)}. \tag{15.100}$$

Em outro referencial inercial K', o campo elétrico associado a essa onda eletromagnética será descrita por:

$$\vec{E}'(\vec{r}',t') = \hat{r}_1' E_0 e^{i(\vec{k}'\cdot\vec{r}'-\omega' t)}. \tag{15.101}$$

As fases desses campos elétricos devem ser invariantes sob uma transformação de Lorentz. Isso implica que $\vec{k}\cdot\vec{r} - \omega t = \vec{k}'\cdot\vec{r}' - \omega' t'$. Então, temos:

$$k_1'x_1' + k_2'x_2' + k_3'x_3' - \omega' t' = k_1x_1 + k_2x_2 + k_3x_3 - \omega t. \tag{15.102}$$

Usando a transformação de coordenadas, $x_1 = x_1'$, $x_2 = x_2'$, $x_3 = \gamma\left(x_3' + v_R t'\right)$ e $t = \gamma\left(t' + \frac{\beta}{c}x_3'\right)$, podemos escrever que:

$$k_1'x_1' + k_2'x_2' + k_3'x_3' - \omega' t' = k_1x_1' + k_2x_2' + k_3\gamma\left(x_3' + v_R t'\right) - \omega\gamma\left(t' + \frac{\beta}{c}x_3'\right). \tag{15.103}$$

Aqui, v_R representa a velocidade relativa entre os dois referenciais inerciais. Efetuando o produto e agrupando os termos semelhantes, temos:

$$k_1'x_1' + k_2'x_2' + k_3'x_3' - \omega' t' = k_1x_1' + k_2x_2' + \gamma\left(k_3 - \omega\frac{v_R}{c^2}\right)x_3' - \gamma\left(\omega - k_3 v_R\right)t'. \tag{15.104}$$

Comparando os termos em (x_1', x_2', x_3' e t') de ambos lados, podemos escrever que:

$$\begin{cases} k_1' = k_1 \\ k_2' = k_2 \\ k_3' = \gamma\left(k_3 - \dfrac{v_R\omega}{c^2}\right) \\ \omega' = \gamma\left(\omega - v_R k_3\right) \end{cases}. \tag{15.105}$$

[8] Johann Christian Andreas Doppler (29/11/1803-17/3/1853), físico austríaco.

Note que a componente k_3' no referencial K' é diferente da componente k_3 no referencial K. Este fato mostra que a direção de propagação da onda no referencial K' é diferente da observada no referencial K. Este fenômeno é chamado de aberração da luz.

Usando $\gamma = \left(1 - v_R^2 / c^2\right)^{-1/2}$ e $k_3 = \omega / v$, em que v é a velocidade de propagação da onda eletromagnética, podemos escrever a relação entre as frequências na forma:

$$\omega' = \frac{\left(1 - \frac{v_R}{v}\right)}{\sqrt{1 - \frac{v_R^2}{c^2}}}\omega.$$

Substituindo $\omega = 2\pi f$, obtemos:

$$\boxed{f' = \frac{\left(1 - \frac{v_R}{v}\right)}{\sqrt{1 - \frac{v_R^2}{c^2}}} f.}$$

Esta equação estabelece a relação entre as frequências medidas nos dois referenciais inerciais. Note que, no limite não relativístico, em que $v_R \ll c$, esta expressão se reduz a:

$$f' = \left(1 - \frac{v_R}{v}\right) f.$$

que é a mesma relação encontrada para o efeito Doppler não relativístico. Se $v_R = 0$, temos que $f' = f$.

15.13 Exercícios Resolvidos

EXERCÍCIO 15.1

Mostre que as componentes 2 e 3 da lei de Faraday podem ser escritas na forma: $\partial F_{\mu\nu} / \partial x_\lambda + \partial F_{\nu\lambda} / \partial x_\mu + \partial F_{\lambda\mu} / \partial x_\nu = 0$.

SOLUÇÃO

De acordo com a equação (15.63), a componente 2 da lei de Faraday é $(\partial E_1 / \partial x_3 - \partial E_3 / \partial x_1) = -\partial B_2 / \partial t$. Usando as relações $E_1 = c / iF_{41}$, $E_3 = -c / iF_{34}$ e $B_2 = F_{31}$, temos:

$$\frac{c}{i}\left[\frac{\partial F_{41}}{\partial x_3} + \frac{\partial F_{34}}{\partial x_1}\right] = -\frac{\partial F_{31}}{\partial t}.$$

Multiplicando por $1 / ic$ e usando $ict = x_4$ e $F_{31} = -F_{13}$, obtemos:

$$\frac{\partial F_{34}}{\partial x_1} + \frac{\partial F_{41}}{\partial x_3} + \frac{\partial F_{13}}{\partial x_4} = 0.$$

Fazendo $\lambda = 1$, $\mu = 3$ e $\nu = 4$, podemos escrever:

$$\boxed{\frac{\partial F_{\mu\nu}}{\partial x_\lambda} + \frac{\partial F_{\nu\lambda}}{\partial x_\mu} + \frac{\partial F_{\lambda\mu}}{\partial x_\nu} = 0.}$$

De acordo com a equação (15.63), a componente 3 da lei de Faraday é $(\partial E_2 / \partial x_1 - \partial E_1 / \partial x_2) = -\partial B_3 / \partial t$. Usando as relações $E_1 = c / iF_{41}$, $E_2 = c / iF_{42}$ e $B_3 = F_{12}$, temos:

$$\frac{c}{i}\left(\frac{\partial F_{42}}{\partial x_1} - \frac{\partial F_{41}}{\partial x_2}\right) = -\frac{\partial F_{12}}{\partial t}.$$

Multiplicando por $1 / ic$ e usando $ict = x_4$ e $F_{42} = -F_{24}$, obtemos:

$$\frac{\partial F_{24}}{\partial x_1} + \frac{\partial F_{41}}{\partial x_2} + \frac{\partial F_{12}}{\partial x_4} = 0.$$

Fazendo $\lambda = 1$, $\mu = 2$ e $\nu = 4$, temos $\partial F_{\mu\nu} / \partial x_\lambda + \partial F_{\nu\lambda} / \partial x_\mu + \partial F_{\lambda\mu} / \partial x_\nu = 0$.

EXERCÍCIO 15.2

Mostre que as componentes 2 e 3 da lei de Ampère-Maxwell podem ser escritas na forma: $\sum_{\mu=1}^{4} \partial F_{\alpha\mu} / \partial x_\mu = \mu_0 J_\alpha$.

SOLUÇÃO

Usando as relações $B_1 = F_{23}$, $B_3 = F_{12}$ e $E_2 = c / iF_{42}$, podemos escrever a componente 2 da lei de Ampère-Maxwell, equação (15.70), como:

$$\left[\frac{\partial F_{23}}{\partial x_3} - \frac{\partial F_{12}}{\partial x_1}\right] = \left[\mu_0 J_2 + \varepsilon_0 \mu_0 \frac{c}{i}\frac{\partial F_{42}}{\partial t}\right].$$

Usando $c^2 = 1 / \varepsilon_0 \mu_0$, $x_4 = ict$, $F_{12} = -F_{21}$ e $F_{42} = -F_{24}$, temos:

$$\frac{\partial F_{21}}{\partial x_1} + \frac{\partial F_{22}}{\partial x_2} + \frac{\partial F_{23}}{\partial x_3} + \frac{\partial F_{24}}{\partial x_4} = \mu_0 J_2.$$

O termo $\partial F_{22} / \partial x_2$ foi adicionado, porque ele é nulo. Esta equação pode ser escrita na forma:

$$\boxed{\sum_{\mu=1}^{4} \frac{\partial F_{2\mu}}{\partial x_\mu} = \mu_0 J_2.}$$

Usando as relações $B_1 = F_{23}$, $B_2 = F_{31}$ e $E_3 = c / iF_{43}$, a componente 3 da lei de Ampère-Maxwell, equação (15.70), pode ser escrita como:

$$\left[\frac{\partial F_{31}}{\partial x_1} - \frac{\partial F_{23}}{\partial x_2}\right] = \left[\mu_0 J_3 + \varepsilon_0 \mu_0 \frac{c}{i}\frac{\partial F_{43}}{\partial t}\right].$$

Como $c^2 = 1/\varepsilon_0\mu_0$, $x_4 = ict$, $F_{23} = -F_{32}$, $F_{43} = -F_{34}$ e $F_{33} = 0$, temos:

$$\frac{\partial F_{31}}{\partial x_1} + \frac{\partial F_{32}}{\partial x_2} + \frac{\partial F_{33}}{\partial x_3} + \frac{\partial F_{34}}{\partial x_4} = \mu_0 J_3.$$

Esta equação pode ser escrita na forma:

$$\boxed{\sum_{\mu=1}^{4} \frac{\partial F_{3\mu}}{\partial x_\mu} = \mu_0 J_3.}$$

15.14 Exercícios Complementares

1. Considere um referencial em repouso (K) e um referencial inercial (K') se movendo com velocidade constante e paralela ao eixo x_3. Utilize a transformação de Lorentz e obtenha as coordenadas x_μ em função das coordenadas x'_μ.
2. Um observador está em um referencial em repouso (K) e outro observador está em um referencial inercial (K') se movendo paralelamente ao eixo x_3. Utilize a transformação de Lorentz e obtenha os campos elétrico e magnético E' e B' em função do campos E e B.
3. Mostre que os termos $\vec{E} \cdot \vec{B}$ e $E^2 - c^2B^2$ são invariantes, segundo uma transformação de Lorentz.
4. Utilize os conceitos da Física Clássica e discuta o efeito Doppler não relativístico.
5. Discuta o efeito Doppler relativístico, considerando que o vetor que vai do observador à fonte faz um ângulo θ com o eixo x_3.
6. Escreva uma rotina computacional para discutir quantitativamente o efeito Doppler nos casos (a) não relativístico e (b) relativístico.
7. Escreva uma rotina computacional para calcular os campos elétrico e magnético de uma carga em movimento retilíneo uniforme relativístico.

CAPÍTULO 16

Movimento de Partículas em Campos Elétricos e Magnéticos

16.1 Introdução

Neste capítulo, estudaremos o movimento de partículas carregadas em presença de campos elétrico e magnético. Iniciaremos este estudo utilizando o conceito de força e a lei de Newton[1] e, em seguida, faremos uma discussão utilizando o conceito de energia a partir da formulação lagrangiana. No final do capítulo, utilizaremos a formulação lagrangiana para descrever o campo eletromagnético.

16.2 Partícula em Presença de um Campo Elétrico

Nesta seção, discutiremos o movimento de partículas carregadas em presença de um campo elétrico constante. Primeiramente, vamos considerar uma partícula com carga elétrica q com velocidade paralela ao campo elétrico, conforme mostra a Figura 16.1(a). Para carga elétrica positiva, a força elétrica tem o sentido do campo elétrico, enquanto para carga negativa a força elétrica tem sentido contrário.

De acordo com a segunda lei de Newton, a partícula descreve um movimento retilíneo, com aceleração dada por $\vec{a} = \vec{F} / m = q\vec{E} / m$. Considerando o campo elétrico no sentido do eixo y ($\vec{E} = \hat{j}E$) e integrando esta equação no tempo, obtemos a velocidade

$$\vec{v} = \hat{j}\left(v_0 + \frac{qE}{m}t \right).$$

[1] Isaac Newton (25/12/1642-20/3/1727), físico, matemático, astrônomo e filósofo inglês. Ele deu importantes contribuições nas áreas de matemática, mecânica e óptica.

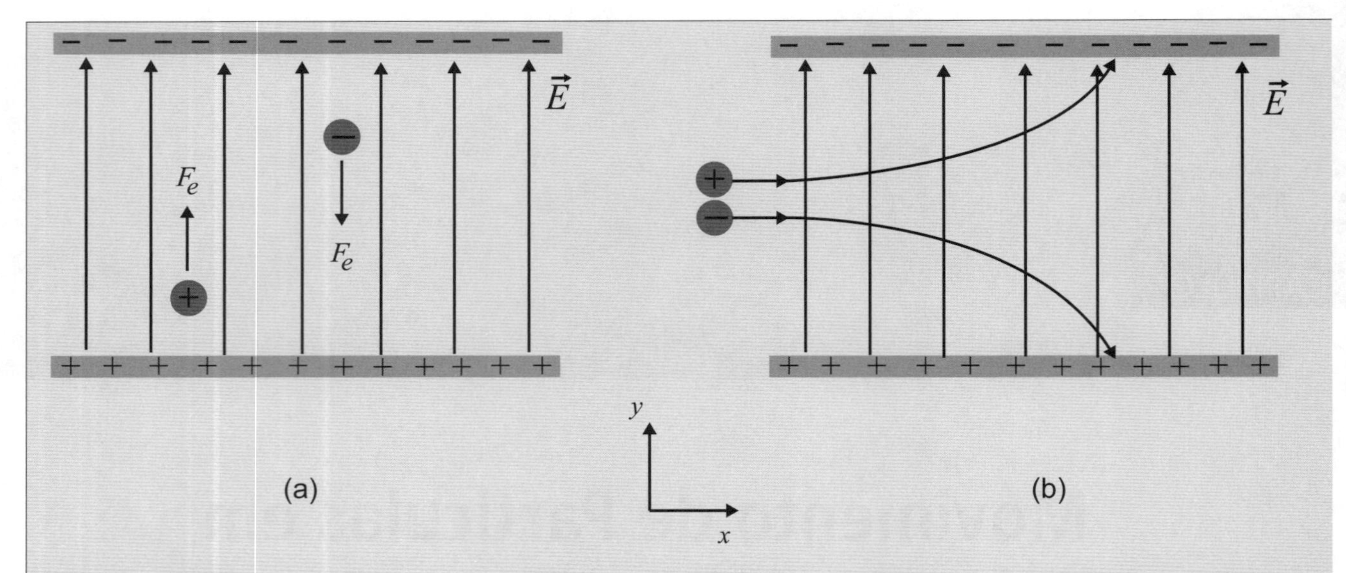

Figura 16.1 Partícula lançada com velocidade paralela/antiparalela ao campo elétrico (a). Em (b), a partícula é lançada perpendicularmente à direção do campo.

Integrando mais uma vez no tempo, obtemos a posição da partícula:

$$y = \hat{j}\left[y_0 + v_0 t + \frac{qE}{2m} t^2 \right]. \tag{16.1}$$

Assim, a partícula descreve um movimento com aceleração $a = qE/m$. Esse movimento acelerado pode ser progressivo ($a > 0$) ou retardado ($a < 0$), dependendo do sinal da carga elétrica da partícula.

No caso em que a partícula tem velocidade inicial constante e perpendicular ao campo elétrico. O movimento pode ser decomposto em dois. Na direção perpendicular ao campo (paralela à velocidade da partícula), não existe força elétrica, de modo que a partícula descreverá um movimento retilíneo e uniforme. Na direção do campo elétrico, existe uma força elétrica, de modo que a partícula descreverá um movimento retilíneo uniformemente variado [veja a Figura 16.1(b)].

Agora, vamos considerar um caso mais geral em que o campo elétrico é aplicado ao longo do eixo y e a velocidade inicial da partícula é $\vec{v} = \hat{i}v_{0_x} + \hat{j}v_{0_x}$. Neste caso, a partícula terá um movimento retilíneo e uniforme na direção do eixo x, com as seguintes características: $a_x = 0$, $v_x = v_{0x}$ e $x = x_0 + v_{ox}t$. No eixo y, ela terá um movimento acelerado, com aceleração dada por $a_y = qE/m$. A velocidade nessa direção, obtida pela integração da equação para a_y, é $v_y = v_{0_y} + (qE/m)t$. A coordenada y, obtida pela integração no tempo da equação para v_y, é $y = y_0 + v_{0y}t + (qE/m)t^2/2$, em que $v_{0y} = 0$.

Para encontrar a trajetória da partícula, devemos escrever a equação para a coordenada y em função da coordenada x. Da equação $x = x_0 + v_{ox}t$, temos que $t = (x - x_0)/v_{ox}$. Substituindo esse valor de t na equação para a coordenada y, podemos escrevê-la como:

$$y = y_0 + v_{0y}\left[\frac{(x - x_0)}{v_{ox}}\right] + \frac{qE}{2m}\left[\frac{(x - x_0)}{v_{ox}}\right]^2. \tag{16.2}$$

Esta expressão mostra que a trajetória de uma partícula com carga elétrica q, com velocidade perpendicular ao campo elétrico, é uma parábola, conforme mostra a Figura 16.1 (b). Esse cenário físico pode ser utilizado para determinar a relação entre a carga e a massa de uma partícula (veja o Exemplo 16.1 e Exercício Resolvido 16.1)

Uma partícula com carga elétrica $-q$ é lançada com velocidade constante $\vec{v} = \hat{i}v_{0x}$ em um campo elétrico $\vec{E} = \hat{j}E_0$ gerado por um capacitor. Determine o ponto em que a partícula atinge a placa do capacitor.

SOLUÇÃO

A Figura 16.2 ilustra essa situação física, no caso de uma partícula com carga elétrica negativa.

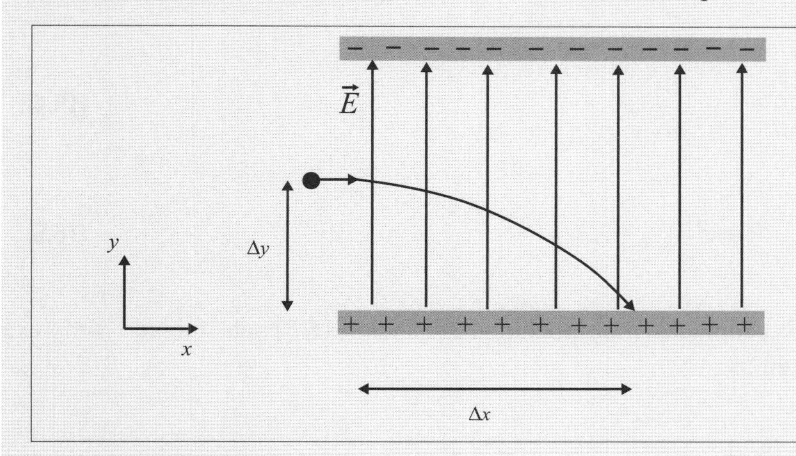

Figura 16.2 Movimento de uma partícula carregada negativamente em um campo elétrico constante.

A trajetória da partícula é uma parábola determinada pela equação (16.2). Neste caso, em que $v_{0y} = 0$, a variação $\Delta y = y - y_0$ é:

$$\Delta y = \frac{qE_0}{2m}\left[\frac{(x - x_0)}{v_{ox}}\right]^2.$$

Desta equação, temos que a distância $\Delta x = x - x_0$ que a partícula atinge a placa positiva é:

$$\Delta x = \sqrt{\frac{2m\Delta y}{qE_0}}v_{ox}.$$

Esse experimento pode ser utilizado para determinar a razão entre a carga e a massa da partícula. De fato, de acordo com a equação anterior, temos que:

$$\frac{q}{m} = \frac{2\Delta y}{E_0}\left[\frac{v_{ox}}{\Delta x}\right]^2.$$

16.3 Partícula em Presença de um Campo Magnético

No estudo do movimento de partículas carregadas eletricamente em campo magnético, também devemos levar em consideração o seu momento magnético. Nesta seção, discutiremos apenas o caso de partícula sem momento magnético, de modo que a força que atua sobre ela é $\vec{F} = q\vec{v} \times \vec{B}$. Essa equação mostra que uma partícula com velocidade paralela ao campo terá um movimento retilíneo e uniforme, uma vez que nenhuma força magnética atuará sobre ela.

Para determinar a trajetória da partícula, no caso em que a velocidade é perpendicular ao campo magnético, vamos considerar uma partícula com uma velocidade dada por $\vec{v} = \hat{i}v_{0x} + \hat{j}v_{0y}$, que entra em uma região do espaço em que existe um campo magnético constante dado por $\vec{B} = -\hat{k}B_0$. Neste caso, a força magnética que atua sobre ela, calculada por $\vec{F} = q\vec{v} \times \vec{B}$, é

$$\vec{F} = -\hat{i}qv_{0y}B_0 + \hat{j}qv_{0x}B_0. \tag{16.3}$$

Utilizando a segunda lei de Newton ($\vec{F} = md\vec{v} / dt$), podemos escrever as seguintes equações de movimento para as componentes $\hat{i}$ e $\hat{j}$:

$$\frac{dv_{0x}}{dt} = -\frac{qB_0}{m}v_{0y} \tag{16.4}$$

$$\frac{dv_{0y}}{dt} = \frac{qB_0}{m}v_{0x}. \tag{16.5}$$

Para resolver estas equações diferenciais acopladas, multiplicamos a equação (16.5) pela unidade complexa i e somamos com a equação (16.4). Assim, temos:

$$\frac{d\left(v_{0x} + iv_{0y}\right)}{dt} = i\omega\left(v_{0x} + iv_{0y}\right) \tag{16.6}$$

em que $\omega = qB_0 / m$. Definindo a variável complexa $\tilde{v} = v_{0x} + iv_{0y}$, podemos escrever a equação (16.6) na forma $d\tilde{v} / dt = i\omega\tilde{v}$. Integrando no tempo, obtemos:

$$\ln\tilde{v} - \ln v_0 = i\omega(t - t_0) \tag{16.7}$$

em que v_0 e t_0 são constantes. Tomando a exponencial em ambos os lados e usando $\tilde{v} = v_{0x} + iv_{0y}$, podemos escrever que:

$$v_{0x} + iv_{0y} = v_0 e^{i\omega(t-t_0)}. \tag{16.8}$$

Separando a parte real e a parte imaginária, temos:

$$v_{0x} = v_0 \cos\omega\left(t - t_0\right) \tag{16.9}$$

$$v_{0y} = v_0 \operatorname{sen}\omega\left(t - t_0\right). \tag{16.10}$$

Destas equações, temos que $v_0 = (v_{0x}^2 + v_{0y}^2)^{1/2}$. Integrando no tempo as equações para v_{0x} e v_{0y}, obtemos as coordenadas da posição da partícula:

$$x = \frac{v_0}{\omega}\operatorname{sen}\omega\left(t - t_0\right) \tag{16.11}$$

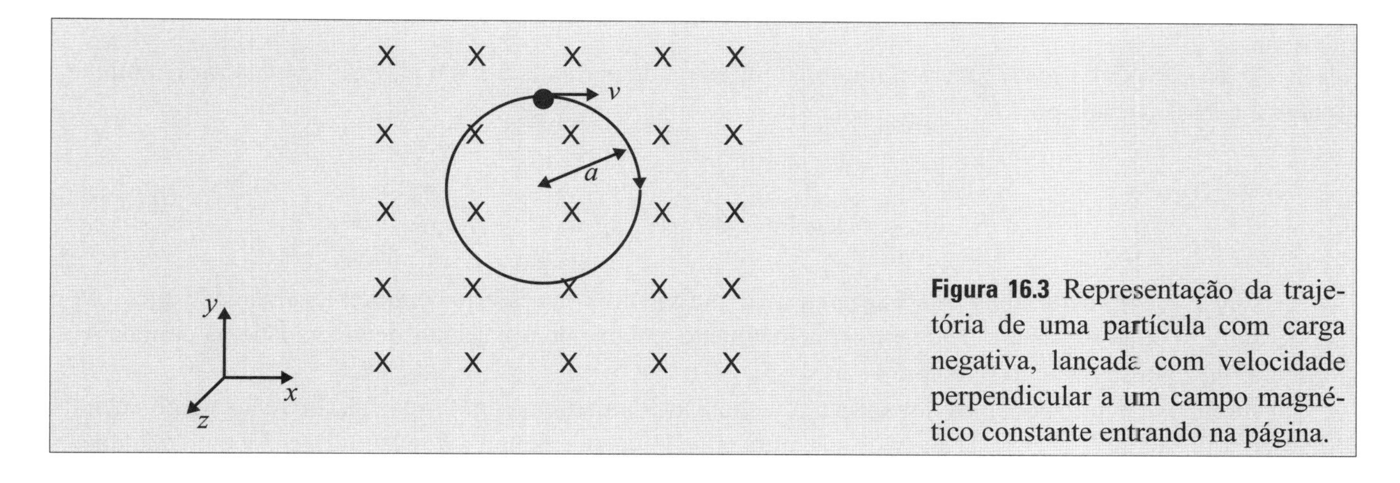

Figura 16.3 Representação da trajetória de uma partícula com carga negativa, lançada com velocidade perpendicular a um campo magnético constante entrando na página.

$$y = -\frac{v_0}{\omega}\cos\omega(t - t_0). \tag{16.12}$$

Estas equações representam uma circunferência no plano xy de raio $r = v_0 / \omega$. Portanto, uma partícula com carga elétrica q, lançada em uma região de campo magnético constante com velocidade perpendicular ao campo, descreverá uma órbita circular de raio $r = v_0 / \omega = v_0 m / qB_0$, conforme mostra a Figura 16.3. A frequência angular deste movimento é $\omega = qB_0 / m$

EXEMPLO 16.2

Uma partícula carregada é acelerada a partir de uma diferença de potencial elétrico e lançada em uma câmara na qual existe um campo magnético constante e perpendicular a sua velocidade inicial. Ela descreve uma semicircunferência de raio a e atinge um ponto situado a uma distânica d do ponto de entrada. Determine a razão entre a carga elétrica e massa da partícula.

SOLUÇÃO

Vamos considerar que a partícula tem velocidade $\vec{v} = \hat{i}v_0$ e o campo magnético é $\vec{B} = -\hat{k}B_0$. Neste caso, a trajetória da partícula é uma semicircunferência no plano xy, cujas coordenadas são dadas por $x = (v_0 m / qB_0)\text{sen}\,\omega(t - t_0)$ e $y = -(v_0 m / qB_0)\cos\omega(t - t_0)$. Uma representação dessa situação física para uma partícula com carga elétrica negativa está mostrada na Figura 16.4.

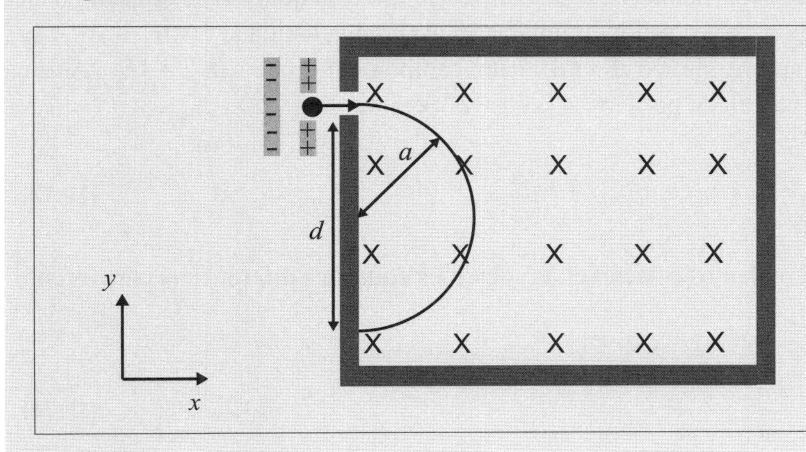

Figura 16.4 Esquema de um experimento utilizado para determinar a razão q/m de uma partícula. A partícula descreve uma trajetória circular de raio a e atinge a placa em um ponto d.

De acordo com a seção anterior, o raio da trajetória da partícula é $r = v_0 m / qB_0$. Logo, a razão entre a carga e a massa é dada por:

$$\frac{q}{m} = \frac{v_0}{rB_0}. \tag{E16.1}$$

Note que, para determinar a razão q/m nesse experimento, é necessário conhecer a velocidade inicial da partícula. Ela pode ser determinada experimentalmente, colocando um seletor de velocidade na entrada da câmara (veja a discussão no Exemplo 16.3).

Alternativamente, podemos determinar a velocidade da partícula em termos da diferença de potencial elétrico utilizada para acelerá-la antes de sua entrada na região de campo magnético. Desprezando qualquer tipo de perda de energia, temos que a energia potencial elétrica é totalmente convertida em energia cinética. Assim, podemos escrever a seguinte equação matemática:

$$q\Delta V = \frac{mv_0^2}{2}.$$

Desta relação, temos que a velocidade inicial da partícula é $v_0^2 = 2q\Delta V / m$. Substituindo essa relação em E16.1, obtemos:

$$\frac{q}{m} = \frac{2\Delta V}{r^2 B_0^2}.$$

Pela Figura 16.4, o raio da trajetória da partícula é $r = d / 2$. Assim, temos:

$$\frac{q}{m} = \frac{8\Delta V}{d^2 B_0^2}.$$

Portanto, a razão q/m pode ser determinada em função da diferença de potencial ΔV, da distância d e do campo magnético B_0.

16.4 Partícula em Presença de Campos Elétrico e Magnético

Nesta seção, discutiremos o movimento de uma partícula carregada em uma região na qual existe um campo elétrico e um campo magnético. Como exemplo, vamos considerar uma partícula com velocidade $\vec{v} = \hat{i}v_x + \hat{j}v_y + \hat{k}v_z$, que entra em uma região em que há um campo magnético $\vec{B} = \hat{k}B_{0z}$ e um campo elétrico $\vec{E} = \hat{j}E_{0y} + \hat{k}E_{0z}$. A força eletromagnética atuando sobre a partícula, calculada por $\vec{F} = q(\vec{E} + \vec{v} \times \vec{B})$, é:

$$\vec{F} = \hat{i}qv_y B_{0z} + \hat{j}q\left(E_{0y} - v_x B_{0z}\right) + \hat{k}qE_{0z}. \tag{16.13}$$

Usando a lei de Newton, $\vec{F} = md\vec{v} / dt$, podemos e escrever as seguintes equações diferenciais para as componentes x, y e z:

$$\frac{dv_x}{dt} = \frac{qB_{0z}}{m} v_y \tag{16.14}$$

$$\frac{dv_y}{dt} = \frac{q}{m}\left(E_{0y} - v_x B_{0z}\right) \quad \textbf{(16.15)}$$

$$\frac{dv_z}{dt} = \frac{qE_{0z}}{m}. \quad \textbf{(16.16)}$$

A equação diferencial ao longo do eixo z pode ser integrada imediatamente, de modo que a coordenada z da trajetória da partícula é dada por:

$$z = z_0 + v_{0z}t + \frac{qE_{0z}}{2m}t^2. \quad \textbf{(16.17)}$$

As equações diferenciais ao longo dos eixos x e y são acopladas e devem ser resolvidas simultaneamente. Para resolvê-las, vamos utilizar o método descrito na seção anterior. Multiplicando a equação (16.15) pela unidade complexa i e somando com a equação (16.14), obtemos:

$$\frac{d\left(v_x + iv_y\right)}{dt} = \frac{iq}{m}\left(E_{0y} - v_x B_{0z}\right) + \frac{qB_{0z}}{m}v_y. \quad \textbf{(16.18)}$$

Isolando o campo elétrico no lado direito, temos:

$$\frac{d\left(v_x + iv_y\right)}{dt} + \frac{iqB_{0z}}{m}\left(v_x + iv_y\right) = \frac{iqE_{0y}}{m}. \quad \textbf{(16.19)}$$

Definindo as variáveis complexas $\tilde{v} = v_x + iv_y$ e $\tilde{E} = E_{0x} + iE_{0y}$, obtemos:

$$\frac{d\tilde{v}}{dt} + \frac{iqB_{0z}}{m}\tilde{v} = \frac{iqE_{0y}}{m}. \quad \textbf{(16.20)}$$

A solução geral desta equação é $\tilde{v} = \tilde{v}_h + \tilde{v}_p$, em que $\tilde{v}_h$ é solução da equação diferencial homogênea associada e $\tilde{v}_p$ é a solução particular da equação diferencial não homogênea. A solução da equação homogênea é $\tilde{v}_h = \tilde{A}e^{-i\omega t}$, em que $\tilde{A}$ é uma constante complexa.

Para encontrar a solução particular, propomos uma solução do tipo $\tilde{v}_p = C$ e substituímos na equação anterior. Assim, temos que:

$$\frac{iqB_{0z}}{m}C = \frac{iqE_{0y}}{m}. \quad \textbf{(16.21)}$$

Desta relação, obtemos que $C = E_{0y} / B_{0z}$. Portanto, $\tilde{v}_p = E_{0y} / B_{0z}$, de modo que a solução geral é:

$$\left(v_x + iv_y\right) = Ae^{-i\omega t} + \frac{E_{0y}}{B_{0z}}. \quad \textbf{(16.22)}$$

Separando a parte real e imaginária, podemos escrever:

$$v_x = A\cos(\omega t + \phi) + \frac{E_{0y}}{B_{0z}} \tag{16.23}$$

$$v_y = -A\text{sen}(\omega t + \phi) \tag{16.24}$$

em que ϕ é uma fase arbitrária. Integrando no tempo, obtemos:

$$x = x_0 + \frac{A}{\omega}\text{sen}(\omega t + \phi) + \frac{E_{0y}t}{B_{0z}} \tag{16.25}$$

$$y = y_0 + \frac{A}{\omega}\cos(\omega t + \phi). \tag{16.26}$$

Estas equações definem a trajetória da partícula no plano xy. Note que, na ausência de campo elétrico, a partícula estará sujeita somente à força magnética e descreverá uma trajetória circular. No caso geral, a trajetória da partícula será um cicloide. A sua projeção no plano xy depende da razão E_{0y} / B_{0z}. A Figura 16.5 mostra algumas trajetórias para a partícula, nos casos em que $E_{0y} = 0,2B_{0z}$, $E_{0y} = B_{0z}$ e $E_{0y} = 1,5B_{0z}$.

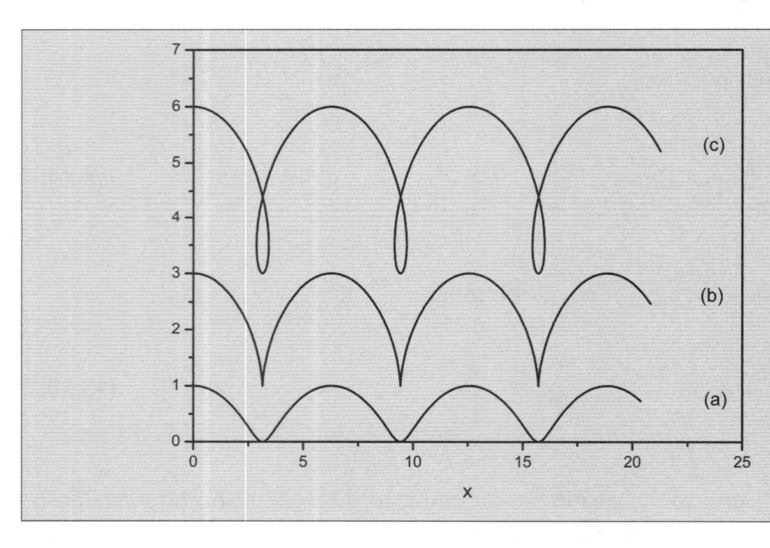

Figura 16.5 Trajetórias para uma partícula carregada em presença de um campo elétrico e magnético, nos casos em que $E_{0y} = 0,2B_0$ (a), $E_{0y} = B_0$ (b) e $E_{0y} = 1,5B_0$ (c).

EXEMPLO 16.3

Discuta o movimento de uma partícula com carga q e velocidade $\vec{v} = \hat{i}v_x$ que entra em uma região na qual existe um campo magnético ao longo do eixo z e um campo elétrico ao longo do eixo y.

SOLUÇÃO

Vamos considerar que os campos são dados por $\vec{B} = -\hat{k}B_0$, $\vec{E} = -\hat{j}E_0$, conforme mostra a Figura 16.6. Neste cenário, a força eletromagnética atuando sobre a partícula, calculada por $\vec{F} = q(\vec{E} + \vec{v} \times \vec{B})$, é dada por:

$$\vec{F} = \hat{j}q\,(-E_0 + v_x B_0). \quad \text{(E16.2)}$$

Existem três casos interessantes para analisar. No primeiro deles, em que vale a relação $v_x B_0 > E_0$, a força total que atua sobre a partícula é positiva, de modo que ela segue a trajetória 1 mostrada na Figura 16.6. Em outro caso, em que $v_x B_0 < E_0$, a força total que atua sobre a partícula é negativa, de modo que ela segue a trajetória 3 mostrada na Figura 16.6. No caso em que $v_x B_0 = E_0$, a força total atuando sobre a partícula é nula, de modo que ela descreve um movimento retilíneo e uniforme com velocidade $v_x = E_0 / B_0$, conforme a trajetória 2 da Figura 16.6.

Portanto, esse arranjo de campos elétrico e magnético perpendiculares entre si funciona como um seletor de velocidade, podendo ser utilizado para determinar com mais precisão a velocidade da partícula no experimento de Thomson (veja o Exercício Resolvido 16.1) ou no experimento do espectrômetro de massa (veja o Exemplo 16.2).

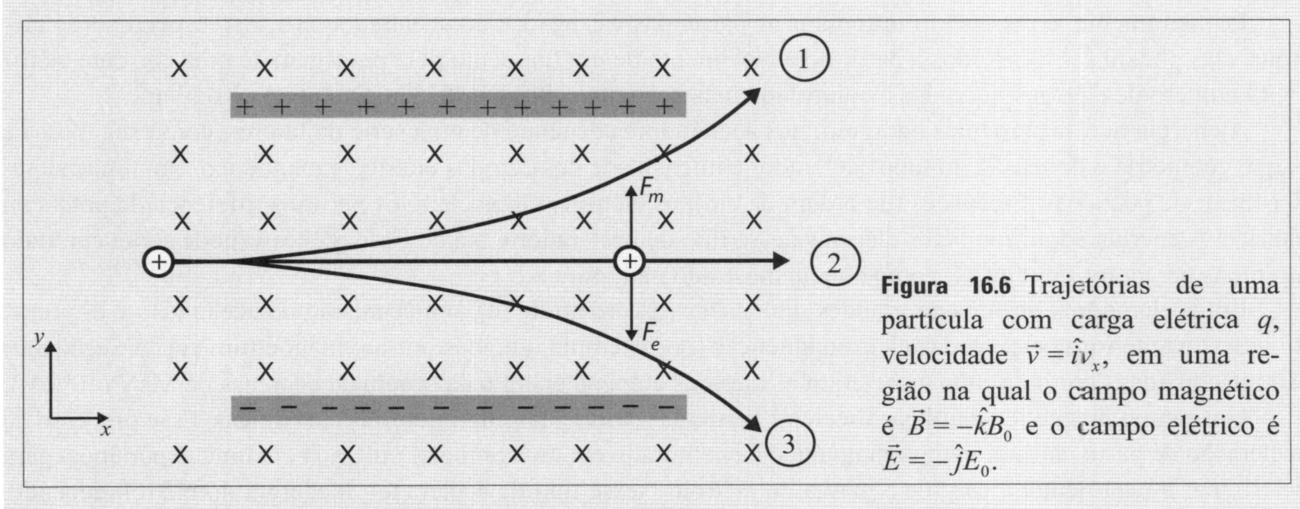

Figura 16.6 Trajetórias de uma partícula com carga elétrica q, velocidade $\vec{v} = \hat{i}v_x$, em uma região na qual o campo magnético é $\vec{B} = -\hat{k}B_0$ e o campo elétrico é $\vec{E} = -\hat{j}E_0$.

Nos parágrafos anteriores, foi feita uma análise qualitativa da trajetória da partícula. Agora, vamos fazer uma análise quantitativa do seu movimento. Como a força resultante atuando sobre a partícula ao longo do eixo x é nula, ela descreve um movimento uniforme ao longo dessa direção, cuja coordenada é $x = x_0 + v_x t$. Usando a equação(E16.2) e a segunda lei de Newton, podemos escrever a seguinte equação de movimento para a componente y:

$$\frac{dv_y}{dt} = \frac{q}{m}\left[-E_0 + v_x B_0\right].$$

Integrando esta equação, obtemos:

$$v_y = v_{0y} + \frac{q}{m}\left[-E_0 + v_x B_0\right]t.$$

Portanto, ao longo do eixo y, a partícula descreve um movimento acelerado, cuja aceleração é $a = q(-E_0 + v_x B_0) / m$. Usando o fato de que $v_y = dy / dt$, $v_{0y} = 0$ e integrando no tempo a equação anterior, temos que a coordenada y da trajetória da partícula é:

$$y = y_0 + \frac{q}{2m}\left[-E_0 + v_x B_0\right]t^2.$$

Note que, se $v_x B_0 > E_0$, a aceleração é positiva, de modo que a trajetória da partícula é uma parábola com concavidade para cima (trajetória 1 na Figura 16.6). No caso em que $v_x B_0 < E_0$, a aceleração é negativa e a trajetória da partícula é uma parábola com concavidade para baixo (trajetória 3 da Figura 16.6). Se $v_x B_0 = E_0$, a aceleração é nula e a trajetória da partícula é uma linha reta ao longo do eixo x (trajetória 2 na Figura 16.6).

16.5 Princípios Básicos de Aceleradores de Partículas

Um acelerador de partículas é constituído, basicamente, por um tubo reto ou curvilíneo, no interior do qual existem campos elétrico e magnético utilizados para acelerar e mudar a trajetória das partículas carregadas eletricamente. Nesta seção, faremos uma breve descrição do princípio básico de funcionamento desses aceleradores, sem entrar nos detalhes técnicos inerentes a cada tipo de acelerador.

Primeiramente, é necessário introduzir as partículas carregadas no acelerador. No caso específico de elétrons, eles podem ser fornecidos a partir do aquecimento de um filamento pela passagem de uma corrente elétrica. O número de elétrons liberados é controlado pela corrente elétrica utilizada para aquecer o filamento.

A energia que as partículas adquirem nos aceleradores depende de uma série de fatores, como sua massa e carga, geometria e dimensão do tubo acelerador e intensidade dos campos elétrico e magnético. Em um acelerador linear de pequenas dimensões (da ordem de cm), os elétrons são acelerados por uma diferença de potencial elétrico. A energia adquirida pelos elétrons nesse tipo de acelerador é baixa. Esse processo pode ser encontrado em tubos geradores de raios X, como aquele mostrado na Figura 8.8.

Em aceleradores lineares de grandes dimensões (da ordem de m), o mecanismo de aceleração é diferente do descrito anteriormente. Ondas eletromagnéticas (por exemplo, geradas por um magnétron, veja a Seção 8.6) são introduzidas dentro do tubo e aceleram os elétrons até uma energia da ordem de centenas de MeV (10^6 eV).

Um campo magnético é útil para acelerar partículas carregadas em trajetórias curvilíneas. Esse processo de aceleração de partículas por campo magnético é encontrado em uma ampola, utilizada em uma experiência para determinar a razão entre a carga e a massa do elétron. Nesse tipo de acelerador, a energia do elétron depende, entre outros fatores, do raio da órbita e da intensidade do campo magnético. Em um equipamento típico, com campo magnético de 0,1 T e uma órbita circular com 0,05 m de raio, a energia adquirida pelo elétron, calculada por $E = (qrB)^2 / 2$, m, é aproximadamente 2,2 MeV. Portanto, para acelerar partículas com energia mais elevada, é necessário construir aceleradores curvilíneos, com grandes raios de curvatura.

Um ciclotron[2] é um acelerador constituído por duas partes metálicas em forma de semicírculos.[3] Em um ciclotron, as partículas são aceleradas por uma combinação de campo elétrico e magnético. No estágio inicial, elas são aceleradas por uma diferença de potencial elétrico e lançadas em um dos tubos semicirculares no qual existe um campo magnético que as fazem descrever uma trajetória circular. Então, elas são novamente aceleradas por uma diferença de potencial elétrico e lançadas no outro tubo semicircular, sendo aceleradas pelo campo magnético ali existente em outra trajetória circular, com um raio maior que o raio da trajetória anterior. Assim, a partícula descreve, dentro do tubo acelerador, uma curva em forma de espiral. Para um ciclotron típico, com dimensões da ordem de 0,5 m de raio e um campo magnético da ordem de 1 T, a energia final adquirida por um próton, calculada por $E = (\text{qrB})^2 / 2\text{m}$, é aproximadamente 11,97 MeV.

O acelerador síncrotron é um equipamento projetado para acelerar elétrons até que eles alcancem velocidades relativísticas. Ele é formado por uma combinação de aceleradores linear e curvilíneo, cujas dimensões são bem maiores que as dimensões dos aceleradores descritos anteriormente. Por exemplo, a parte principal do acelerador no Laboratório Nacional de Luz Síncrotron (LNLS), em Campinas (SP), tem um diâmetro de

---

[2] O ciclotron foi projetado por E. O. Lawrene e M. S. Livingston, em 1934, para acelerar prótons e dêuterons (partícula composta por um próton e um nêutron).

[3] Estas partes são, em geral, chamadas de D, devido a sua semelhança com a letra D.

aproximadamente 30 m. Além disso, o processo de aceleração utilizado é bem mais complexo que os processos descritos anteriormente.

Nesse acelerador, os elétrons são acelerados em vários estágios até atingirem uma energia final da ordem de GeV (10^9 eV). Em um primeiro estágio, é utilizado um acelerador linear de grande porte (o LNLS de Campinas tem comprimento da ordem de 18 m) que, usando ondas eletromagnéticas, acelera os elétrons até uma energia de aproximadamente 120 MeV. Em seguida, esses elétrons entram em um acelerador circular de dimensões medianas, no qual são acelerados até adquirir energia da ordem de 500 MeV. Em seguida, eles são introduzidos no anel principal com raio aproximado de 30 m em que são acelerados até uma energia em torno de 1,37 GeV. Os elétrons nessa faixa de energia e descrevendo trajetórias circulares emitem radiação eletromagnética nas faixas do visível, ultravioleta e raios *X*. A radiação eletromagnética emitida nesse processo é separada por frequência e canalizada em diferentes saídas, em que é utilizada para irradiar materiais com a finalidade de investigar suas propriedades fundamentais.

Para concluir esta seção, vamos mencionar os grandes aceleradores de partículas. Por exemplo, o acelerador LHC (*Large Hadron Collider*) tem uma circunferência de aproximadamente 27 km e está localizado na fronteira entre a França e a Suíça. Esse acelerador foi projetado para acelerar partículas pesadas (hádrons) até uma energia da ordem de TeV (10^{12} eV). Sem entrar nos detalhes técnicos envolvidos no funcionamento do LHC, o processo para acelerar as partículas também é baseado na utilização de campos elétrico e magnético. O objetivo desse acelerador é promover a colisão entre partículas pesadas para quebrá-las em suas partículas elementares e estudar suas interações fundamentais.

16.6 Efeito Hall

Nas seções anteriores, discutimos as trajetórias de partículas isoladas em presença de campos elétrico e magnético. Nesta seção, vamos estender essa análise para discutir o movimento de cargas elétricas no interior de meios materiais. Quando uma placa metálica é colocada em presença de um campo elétrico e magnético, os elétrons livres em seu interior ficam sujeitos a uma força eletromagnética. Como consequência, eles se acumulam em um dos lados da placa, criando um campo elétrico no interior do material. Este efeito é conhecido como efeito Hall.[4]

Para discutir o efeito Hall, vamos considerar, por simplicidade, um campo elétrico aplicado ao longo do eixo x, $\vec{E} = \hat{i}E_x$, e um campo magnético aplicado ao longo do eixo z, $\vec{B} = \hat{k}B_z$, conforme mostra a Figura 16.7.

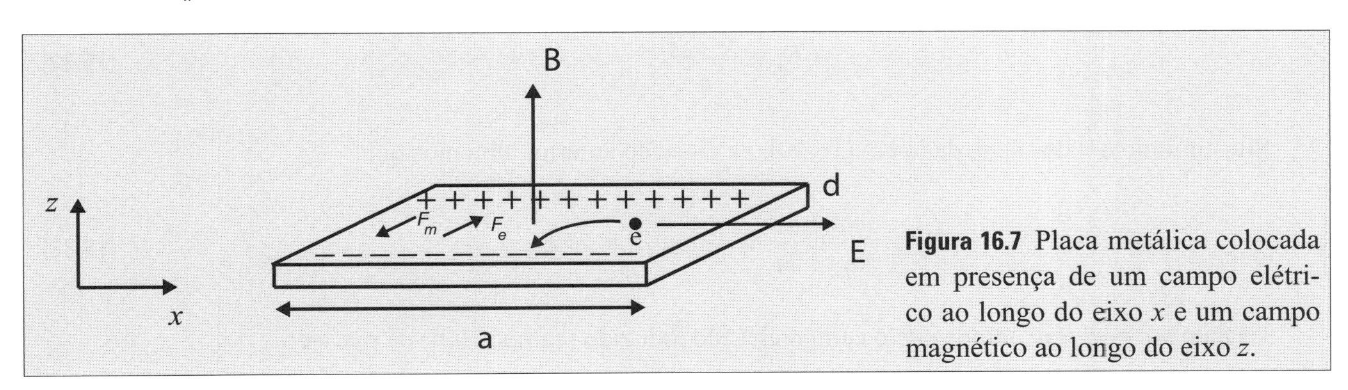

Figura 16.7 Placa metálica colocada em presença de um campo elétrico ao longo do eixo x e um campo magnético ao longo do eixo z.

Na ausência de campo magnético, os elétrons se moveriam paralelamente ao eixo x, devido ao campo elétrico aplicado ao longo dessa direção. Entretanto, com a aplicação do campo magnético na direção do eixo z, os elétrons se movem no sentido negativo de y e se acumulam em uma das extremidades da placa, uma vez que eles devem ficar confinados aos limites dela. Esse excesso de cargas elétricas negativas em uma extremidade e positiva na outra induz um campo elétrico, chamado de campo Hall, ao longo do eixo y. Assim, o campo elétrico total é $\vec{E} = \hat{i}E_x + \hat{j}E_y$.

[4] Edwin Herbert Hall (7/11/1855-20/11/1938), físico norte-americano.

A força total atuando sobre os elétrons é $\vec{F} = \vec{F}_e + \vec{F}_m + \vec{F}_{am}$, em que $\vec{F}_e = q\vec{E}$ é a força elétrica, $\vec{F}_m = q\vec{v} \times \vec{B}$ representa a força magnética e $\vec{F}_{am} = -\gamma\vec{v}$, sendo γ um parâmetro, representa a força de amortecimento causada por todas as interações dos elétrons no interior do material. No caso mais geral, os elétrons se movem no plano xy, de modo que sua velocidade é $\vec{v} = \hat{i}v_x + \hat{j}v_y$. Assim, a força de amortecimento é $\vec{F}_{am} = -\gamma(\hat{i}v_x + \hat{j}v_y)$. Portanto, a força total atuando sobre os elétrons, calculada por $\vec{F} = q(\vec{E} + \vec{v} \times \vec{B}) - \gamma\vec{v}$, é

$$\vec{F} = q(\hat{i}E_x + \hat{j}E_y + \hat{i}v_y B_z - \hat{j}v_x B_z) - \hat{i}\gamma v_x - \hat{j}\gamma v_y. \tag{16.27}$$

Usando a segunda lei de Newton, ($\vec{F} = md\vec{v} / dt$), obtemos as seguintes equações diferenciais:

$$m\frac{dv_x}{dt} = qE_x + qv_y B_z - \gamma v_x \tag{16.28}$$

$$m\frac{dv_y}{dt} = qE_y - qv_x B_z - \gamma v_y. \tag{16.29}$$

Considerando que os elétrons se movem com velocidade constante, temos que $dv_x / dt = dv_y / dt = 0$. Com essa consideração e definindo $\omega_c = qB_z / m$ e $\tau = 1/\gamma$, podemos escrever estas equações na forma:

$$v_x = \frac{q\tau}{m}E_x + \tau\omega_c v_y \tag{16.30}$$

$$v_y = \frac{q\tau}{m}E_y - \tau\omega_c v_x. \tag{16.31}$$

Na condição de equilíbrio ao longo do eixo y, a força elétrica anula a força magnética, de modo que $v_y = 0$. Substituindo $v_y = 0$ na equação (16.31), temos:

$$E_y = \frac{m\omega_c v_x}{q}. \tag{16.32}$$

Substituindo o valor de v_x dado em (16.30), na equação anterior, obtemos que:

$$E_y = \frac{m\omega_c}{q}\left(\frac{q\tau}{m}E_x + \tau\omega_c v_y\right) = \tau\omega_c E_x. \tag{16.33}$$

Usando $\omega_c = qB_z / m$, temos que o campo elétrico induzido (campo Hall) na placa é:

$$E_y = \frac{\tau q B_z E_x}{m}. \tag{16.34}$$

Usando a relação $\sigma = nq^2\tau / m$ (veja o Exemplo 9.3), que conecta o parâmetro de espalhamento τ com a condutividade elétrica σ, temos:

$$E_y = \left[\frac{\sigma B_z}{nq}\right]E_x. \tag{16.35}$$

O potencial elétrico Hall que aparece ao longo do eixo y, calculado por $V_H = E_y b$, em que b é a largura da placa, é:

$$V_H = \left[\frac{\sigma E_x}{nq}\right] bB_z. \tag{16.36}$$

Multiplicando e dividindo esta expressão pela espessura da placa d, temos que a tensão Hall é reescrita na forma:

$$V_H = \left[\frac{j_x db}{nqd}\right] B_z = \left[\frac{I_x}{nqd}\right] B_z, \tag{16.37}$$

em que $j_x = \sigma E_x$ é a densidade de corrente elétrica ao longo do eixo x e $I_x = j_x db$ é a corrente elétrica fluindo ao longo da placa. Note que a tensão Hall é linear com o campo magnético aplicado. Note também que, medindo a tensão Hall e a corrente elétrica que flui na placa, podemos determinar o módulo do campo magnético aplicado. Essa técnica é utilizada para construir sensores à base do efeito Hall, para medir experimentalmente campo magnético.

A Figura 16.8 mostra um esquema experimental para determinar a tensão Hall em uma placa.

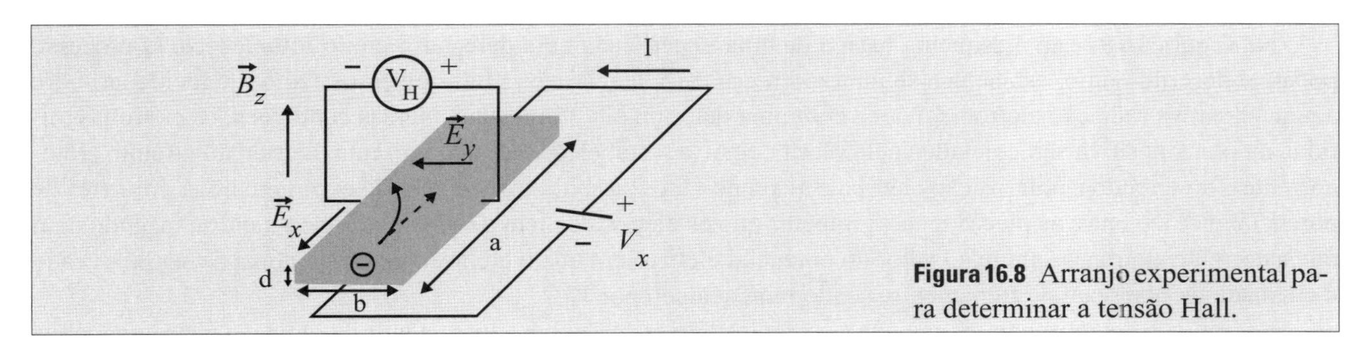

Figura 16.8 Arranjo experimental para determinar a tensão Hall.

Outra grandeza importante no efeito Hall é o coeficiente Hall R_H, definido por $R_H = E_y / B_z j_x$. Assim, usando (16.35), temos:

$$R_H = \left[\frac{1}{nq}\right]. \tag{16.38}$$

A medida experimental do coeficiente Hall determina o número de portadores e o sinal de sua carga. Nos materiais em que $R_H < 0$, os portadores de carga têm sinal negativo, sendo, portanto, elétrons. Esse é o caso típico de compostos metálicos. Por outro lado, nos materiais em que $R_H > 0$, os portadores de carga têm sinal positivo e são chamados de buracos. Este é o caso típico dos compostos semicondutores.

Nesta seção, discutimos o efeito Hall clássico, no qual a tensão Hall em função do campo magnético é uma função contínua. Um efeito Hall quântico foi observado pela primeira vez pelo físico alemão Klaus von Klitzing em sistemas bidimensionais em baixas temperaturas e submetidos a forte campo magnético. Nesses sistemas, o potencial Hall em função do campo magnético apresenta uma estrutura com patamares indicando que a voltagem Hall é quantizada. Klaus von Klitzing, ganhou o prêmio nobel de Física de 1995 por sua descoberta do efeito Hall quântico. Hoje, existem outros tipos de efeito Hall, entre os quais podemos citar: efeito Hall anômalo, efeito Hall de spin, efeito Hall quântico de spin.[5]

[5] Para detalhes sobre outros tipos de efeito Hall, recomendamos a leitura de textos específicos sobre o assunto, como os citados na bibliografia.

16.7 Efeito Fotoelétrico

O efeito fotoelétrico é a emissão de elétrons da superfície de um metal provocada pela radiação eletromagnética. A primeira observação do efeito fotoelétrico foi feita por Hertz, por ocasião de sua experiência para detectar ondas eletromagnéticas. Em seu experimento, ele observou que a intensidade da faísca na placa receptora aumentava quando ela estava exposta à luz emitida pela placa emissora da radiação eletromagnética (veja o esquema mostrado na Figura 8.3 do Capítulo 8).

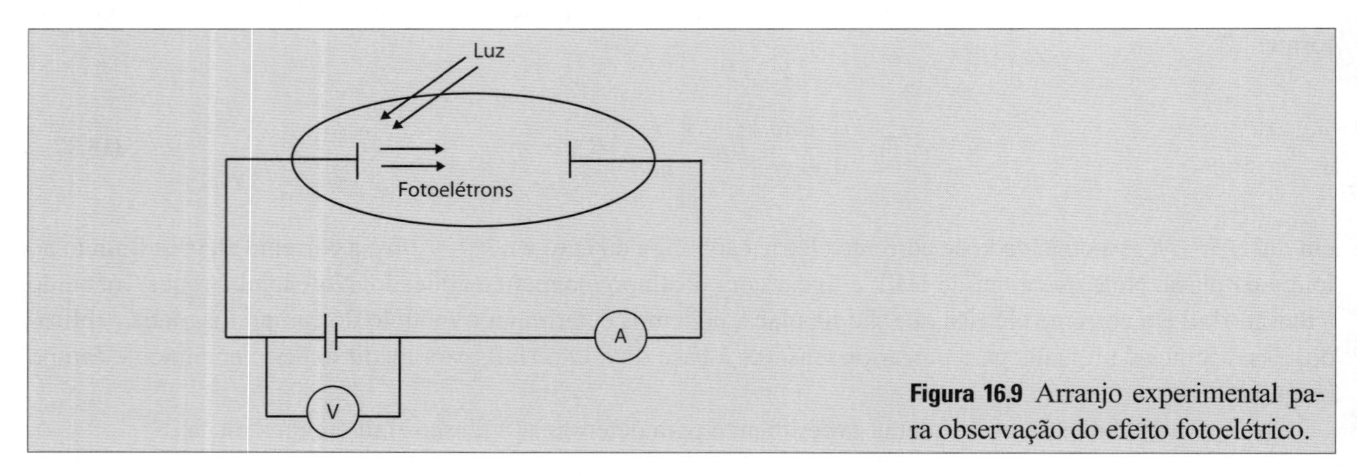

Figura 16.9 Arranjo experimental para observação do efeito fotoelétrico.

Na Figura 16.9, está o esquema básico de uma experiência para detectar o efeito fotoelétrico. O processo pode ser descrito como: estabelece-se uma diferença de potencial entre duas placas metálicas e incide-se sobre a placa positiva radiação eletromagnética com uma determinada frequência. Nessas condições, os elétrons emitidos na placa positiva são coletados pela placa negativa, estabelecendo uma corrente elétrica no circuito (fotocorrente). Invertendo a polarização elétrica e mantendo todas as outras condições do experimento, a diferença de potencial elétrico entre as placas tende a impedir que os elétrons saltem de uma placa para a outra, fazendo com que a corrente elétrica se anule. O valor do potencial elétrico em que o efeito fotoelétrico deixa de ser observado é chamado de potencial de frenamento, sendo representado por V_0.

É verificado experimentalmente que a corrente elétrica varia com a intensidade da radiação eletromagnética e com a diferença de potencial fornecida pela fonte de tensão. Por outro lado, o potencial de frenamento é independente da intensidade da energia eletromagnética, mas depende da frequência da radiação incidente.

A Figura 16.10 mostra uma observação experimental da fotocorrente em função da voltagem, para dois valores da intensidade de energia eletromagnética (I_{E1} e I_{E2}) que atinge uma das placas. Note que, quanto maior a intensidade de energia, maior a corrente elétrica.

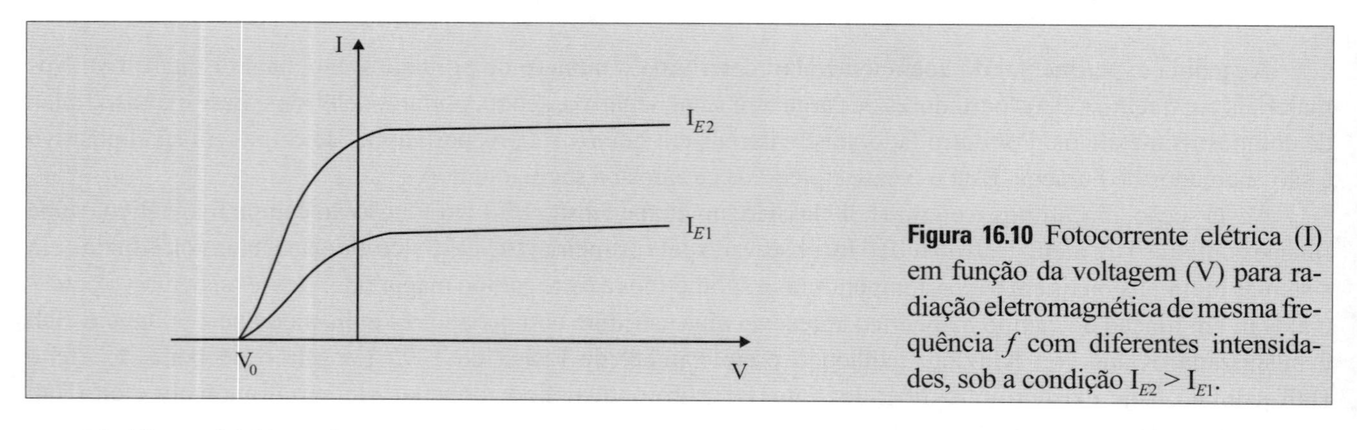

Figura 16.10 Fotocorrente elétrica (I) em função da voltagem (V) para radiação eletromagnética de mesma frequência f com diferentes intensidades, sob a condição $I_{E2} > I_{E1}$.

Na Figura 16.11, está representada a fotocorrente em função da voltagem, para dois valores da frequência da radiação eletromagnética. Note que, quanto maior a frequência, maior o módulo do potencial de frenamento.

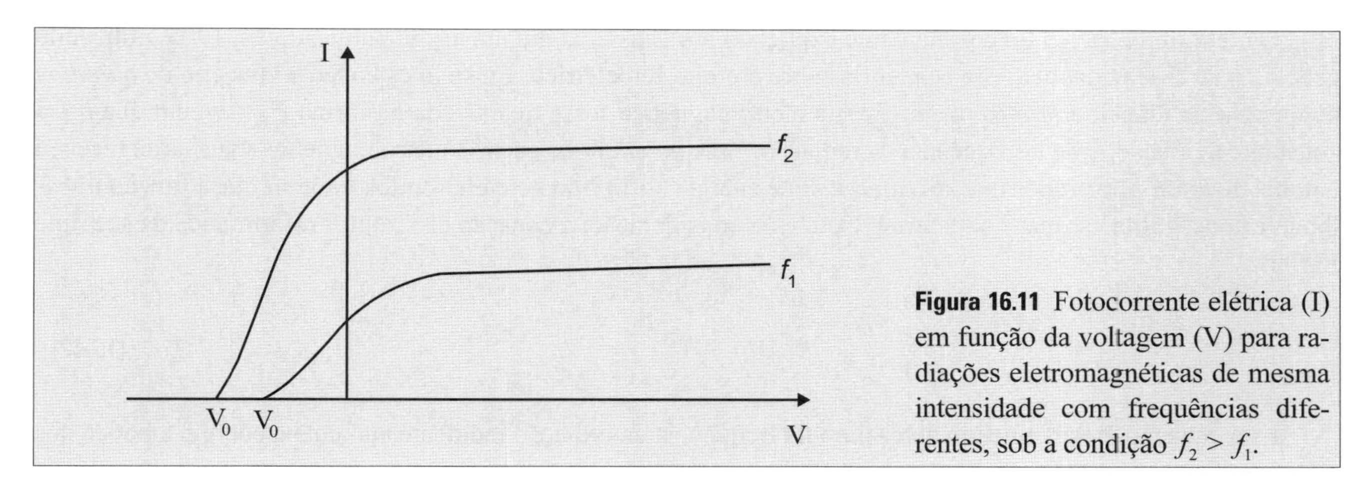

Figura 16.11 Fotocorrente elétrica (I) em função da voltagem (V) para radiações eletromagnéticas de mesma intensidade com frequências diferentes, sob a condição $f_2 > f_1$.

A primeira tentativa de explicação do efeito fotoelétrico foi feita usando um modelo simples, baseado nos conceitos da física clássica. Nesse modelo, um elétron na superfície do material está sujeito a uma diferença de potencial fornecida pela fonte de tensão (bateria). Ao ser irradiado por uma onda eletromagnética, ele adquire uma energia cinética (E_c). Se a energia absorvida pelo elétron (E_p) for maior que a energia (W) que o prende à superfície do material, ele salta da placa. Este cenário pode ser matematicamente descrito pela seguinte equação:

$$E_c = E_p - W, \tag{16.39}$$

em que W é a função trabalho e depende de cada material.

Na situação em que o potencial elétrico é invertido, a energia associada ao potencial de frenamento V_0 deve ser igual à energia cinética adquirida pelo elétron. Assim, temos matematicamente que:

$$E_c = \frac{mv^2}{2} = qV_0. \tag{16.40}$$

Combinando estas duas equações, podemos escrever:

$$qV_0 = E_p - W. \tag{16.41}$$

Na teoria eletromagnética clássica, a energia transportada pela radiação eletromagnética, calculada pela média do vetor de Poynting, é proporcional ao quadrado da amplitude do campo elétrico (veja a Seção 8.3). Assim, quanto maior a intensidade do campo elétrico, maior a energia eletromagnética E_p. De acordo com a equação (16.39), um acréscimo em E_p aumenta a energia cinética dos elétrons e, consequentemente, a intensidade da fotocorrente, como era observado experimentalmente. Por outro lado, segundo a equação (16.41), um acréscimo na energia E_p eleva o valor do potencial crítico (V_0) para a ocorrência do efeito fotoelétrico. Assim, esse potencial deveria depender da intensidade da radiação eletromagnética incidente. Entretanto, esse fato não é observado experimentalmente, de modo que esse modelo clássico não explica completamente o efeito fotoelétrico.

O efeito fotoelétrico é um dos fenômenos físicos observados e discutidos no final do século XIX e início do século XX, que questionaram a validade da física clássica para a descrição de problemas na escala atômica.[6]

[6] O efeito Compton, a radiação de corpo negro (veja o Exercício Resolvido 11.1 do Capítulo 11) e o calor específico dos sólidos foram outros fenômenos que questionaram a validade da física clássica e deram origem à física quântica.

O efeito fotoelétrico foi corretamente explicado por Einstein,[7] em um artigo publicado em 1905, utilizando conceitos de física quântica. Em sua teoria sobre o efeito fotoelétrico, Einstein estendeu o conceito de *quantum* de energia de Planck e propôs que a energia eletromagnética fosse quantizada na forma $E_p = hf$, em que h é a constante de Planck e f é a frequência da radiação. Esse *quantum* de energia eletromagnética mais tarde recebeu o nome de *fóton*. Ele propôs que se o *quantum* de energia absorvido pelo elétron fosse maior que a função trabalho, ele conseguiria escapar do material. Com essa consideração, a equação (16.39) foi reformulada da seguinte forma:

$$E_c = hf - W. \tag{16.42}$$

Esta equação mostra que um acréscimo na frequência da radiação incidente aumenta a energia cinética dos elétrons e, consequentemente, a intensidade da fotocorrente, como era observado experimentalmente.

Analisando a equação anterior, podemos definir a frequência mínima (ou frequência de corte f_0) como aquela que anula a energia cinética dos elétrons. Assim, temos que $W = hf_0$, de modo que $E_c = h(f - f_0)$. Substituindo $E_p = hf$ e $W = hf_0$ na equação (16.41), temos que:

$$qV_0 = h(f - f_0). \tag{16.43}$$

Portanto, o potencial de frenamento (potencial crítico para a ocorrência do efeito fotoelétrico) depende da frequência da radiação incidente, mas não de sua intensidade, como é observado experimentalmente. Este cenário está representado na Figura 16.11.

16.8 Formulação Lagrangiana: Caso Não Relativístico

Nesta seção, vamos usar a formulação lagrangiana para discutir o movimento de partículas não relativísticas em campos elétricos e magnéticos. Na mecânica clássica, a ação para um sistema físico é definida como:

$$\boxed{\mathcal{A} = \int_{t_1}^{t_2} L(u,\dot{u})dt.} \tag{16.44}$$

em que $L(u,\dot{u})$ é a lagrangiana definida como $L = T - U$, em que T é a energia cinética e U é a energia potencial. Aqui, u representa uma coordenada generalizada e $\dot{u} = du / dt$ a velocidade generalizada a ela associada.

Para o sistema passar do ponto a no instante t_1 para o ponto b no instante t_2, a ação definida em (16.44) tem que ser mínima. Calculando a variação $\delta\mathcal{A}$ e impondo que ela seja nula, obtemos a equação de Lagrange[8] (veja o Exercício Complementar 1):

$$\boxed{\frac{d}{dt}\left[\frac{\partial L}{\partial \dot{u}}\right] - \left[\frac{\partial L}{\partial u}\right] = 0.} \tag{16.45}$$

Esta equação descreve o movimento de uma partícula submetida à ação de um potencial. Nas subseções seguintes, ilustraremos o uso da equação de Lagrange com exemplos simples.

[7] A. Einstein, *Annalen der Physik* 17(1905) 132. Einstein ganhou o prêmio Nobel em 1921 por seus trabalhos sobre o efeito fotoelétrico.

[8] Joseph Louis Lagrange (25/1/1736-10/4/1813), matemático italiano.

16.8.1 Partícula Livre

Como uma primeira ilustração, vamos discutir o movimento de uma partícula livre não relativística. Neste caso, não existe nenhuma força atuando sobre ela, de modo que não existe uma energia potencial associada ao movimento. Assim, a lagrangiana de uma partícula livre não relativística contém somente o termo cinético:

$$L = \frac{1}{2}mv^2. \tag{16.46}$$

Para essa lagrangiana, temos que $\partial L / \partial r = 0$ e $\partial L / \partial v = mv$. Portanto, de acordo com a equação de Lagrange, podemos escrever que $d(mv) / dt = 0$, de modo que v é constante. Logo, a partícula descreve um movimento retilíneo e uniforme, cuja trajetória tem coordenada $r = r_0 + vt$.

16.8.2 Partícula em Campo Elétrico

Quando uma partícula com carga elétrica é colocada em um campo elétrico, ela adquire uma energia potencial dada por $U_e = qV$, em que V é o potencial escalar elétrico (veja a Seção 2.4). Neste caso, a lagrangiana não relativística é:

$$\boxed{L = T - U_e = \frac{1}{2}mv^2 - qV.} \tag{16.47}$$

Para essa lagrangiana, temos que $\partial L / \partial r = -qdV / dr$ e $\partial L / \partial v = mv$. Portanto, de acordo com a equação de Lagrange, temos a seguinte equação de movimento $d(mv) / dt + qdV / dr = 0$. Note que esta equação pode ser escrita na forma $F = qE$, em que $E = -dV / dr$ é o campo elétrico. Integrando a equação de movimento, obtemos que a velocidade adquirida pela partícula é:

$$v = v_0 + \frac{qE}{m}t. \tag{16.48}$$

Integrando mais uma vez, temos que a coordenada da posição da partícula é $r = r_0 + v_0t + (qEt^2)/(2m)$. Esta equação para a coordenada r foi obtida na Seção 16.2, utilizando o conceito de força e a segunda lei de Newton.

16.8.3 Partícula em Campo Elétrico e Magnético

Quando uma partícula carregada eletricamente é colocada em presença de um campo elétrico e de um campo magnético, ela fica sujeita à força de Lorentz $\vec{F} = q(\vec{E} + \vec{v} \times \vec{B})$. Na seção anterior, mostramos que a energia de uma partícula carregada em presença de campo elétrico é $U_e = qV$, em que V é o potencial escalar elétrico. Por outro lado, ao movimento de uma partícula carregada em presença de um campo magnético, podemos associar a seguinte energia $U_m = -q\vec{v} \cdot \vec{A}$, sendo $\vec{A}$ o potencial vetor (veja o Exercício Complementar 14). Portanto, a lagrangiana de uma partícula não relativística colocada em presença de um campo elétrico e magnético pode ser escrita na forma:

$$L = T - (U_e + U_m) = \frac{1}{2}mv^2 + qv\hat{r} \cdot \vec{A} - qV. \tag{16.49}$$

Para mostrar que essa lagrangiana realmente descreve o movimento da partícula carregada em presença dos campos elétrico e magnético, vamos obter a equação de movimento. Usando a lagrangiana anterior, temos que $\partial L / \partial v = mv + q\hat{r} \cdot \vec{A}$. Esta relação pode ser escrita na forma:

$$\frac{\partial L}{\partial v} = (\vec{p} + q\vec{A}) \cdot \hat{r} \tag{16.50}$$

em que $\vec{p} = m\vec{v}$ é o momento linear da partícula. Neste ponto, podemos definir o momento generalizado de uma partícula colocada em presença de um campo eletromagnético como $\vec{P} = \vec{p} + q\vec{A}$.

A derivada da lagrangiana, dada em (16.49) em relação à coordenada r, é:

$$\frac{\partial L}{\partial r} = q\frac{\partial(\vec{v} \cdot \vec{A})}{\partial r} - q\left(\frac{\partial V}{\partial r}\right). \tag{16.51}$$

Multiplicando o lado direito desta equação por $\hat{r} \cdot \hat{r}$, temos:

$$\frac{\partial L}{\partial r} = q\left[\hat{r}\frac{\partial(\vec{v} \cdot \vec{A})}{\partial r} - \hat{r}\frac{\partial V}{\partial r}\right] \cdot \hat{r}. \tag{16.52}$$

Os termos entre colchetes podem ser escritos na forma: $\hat{r}\partial(\vec{v} \cdot \vec{A}) / \partial r = \vec{\nabla}(\vec{v} \cdot \vec{A})$ e $\hat{r}\partial V / \partial r = \vec{\nabla} V$. Logo,

$$\frac{\partial L}{\partial r} = q\left[\nabla(\vec{v} \cdot \vec{A}) - \vec{\nabla} V\right] \cdot \hat{r}. \tag{16.53}$$

Substituindo (16.50) e (16.53) na equação de Lagrange (16.45), obtemos:

$$\frac{d}{dt}(\vec{p} + q \cdot \vec{A}) \cdot \hat{r} = q\left[\vec{\nabla}(\vec{v} \cdot \vec{A}) - \vec{\nabla} V\right] \cdot \hat{r}. \tag{16.54}$$

Para que esta equação seja sempre verdadeira, é necessário que os coeficientes que multiplicam o vetor unitário $\hat{r}$ sejam iguais.

Assim, usando a identidade $\nabla(\vec{v} \cdot \vec{A}) = (\vec{v} \cdot \vec{\nabla})\vec{A} + (\vec{A} \cdot \vec{\nabla})\vec{v} + \vec{A} \times (\vec{\nabla} \times \vec{v}) + \vec{v} \times (\vec{\nabla} \times \vec{A})$ no primeiro termo do lado direito, podemos escrever que:

$$\frac{d}{dt}\left(\vec{p} + q\vec{A}\right) = q\left[(\vec{v} \cdot \vec{\nabla})\vec{A} + (\vec{A} \cdot \vec{\nabla})\vec{v} + \vec{A} \times \vec{\nabla} \times \vec{v} + \vec{v} \times \vec{\nabla} \times \vec{A} - \vec{\nabla} V\right]. \tag{16.55}$$

O segundo e o terceiro termos do lado direito se anulam para v constante, de modo que:

$$\frac{d\vec{p}}{dt} + q\frac{d\vec{A}}{dt} = q\left[(\vec{v} \cdot \nabla)\vec{A} + \vec{v} \times \vec{\nabla} \times \vec{A} - \vec{\nabla} V\right]. \tag{16.56}$$

A derivada $d\vec{A} / dt$ pode ser escrita como:

$$\frac{d\vec{A}(r,t)}{dt} = \frac{\partial \vec{A}(r,t)}{\partial t} + \frac{\partial \vec{A}(r,t)}{\partial r} \cdot \frac{dr}{dt}. \tag{16.57}$$

Como $dr / dt = v$, temos:

$$\frac{d\vec{A}(r,t)}{dt} = \frac{\partial \vec{A}(r,t)}{\partial t} + v\frac{\partial \vec{A}(r,t)}{\partial r}. \tag{16.58}$$

Esta equação pode ser escrita na forma:

$$\frac{d\vec{A}(r,t)}{dt}=\frac{\partial\vec{A}(r,t)}{\partial t}+\left(\vec{v}\cdot\hat{r}\frac{\partial}{\partial r}\right)\vec{A}(r,t)=\frac{\partial\vec{A}(r,t)}{\partial t}+\left(\vec{v}\cdot\nabla\right)\vec{A}(r,t). \quad \textbf{(16.59)}$$

Substituindo (16.59) em (16.56), obtemos:

$$\frac{d\vec{p}}{dt}+q\left[\frac{\partial\vec{A}(r,t)}{\partial t}+\left(\vec{v}\cdot\vec{\nabla}\right)\vec{A}(r,t)\right]=q\left[(\vec{v}\cdot\vec{\nabla})\vec{A}+\vec{v}\times\vec{\nabla}\times\vec{A}-\vec{\nabla}V\right]. \quad \textbf{(16.60)}$$

O terceiro termo do lado esquerdo se cancela com o primeiro do lado direito, de modo que:

$$\frac{d\vec{p}}{dt}=q\left[-\frac{\partial\vec{A}(r,t)}{\partial t}-\vec{\nabla}V(r,t)\right]+q\vec{v}\times\vec{\nabla}\times\vec{A}. \quad \textbf{(16.61)}$$

Usando o fato de que $\vec{F}=d\vec{p}/dt$, $\vec{B}=\vec{\nabla}\times\vec{A}$ e $\vec{E}=-\partial\vec{A}/\partial t-\vec{\nabla}V$, obtemos, finalmente, que:

$$\vec{F}=q(\vec{E}+\vec{v}\times\vec{B}) \quad \textbf{(16.62)}$$

que é a forma usual da força eletromagnética atuando sobre uma partícula carregada eletricamente. Portanto, a lagrangiana dada em (16.49) descreve o movimento de uma partícula carregada sob a ação de campos elétrico e magnético.

16.9 Formulação Lagrangiana: Caso Relativístico

Nesta seção, vamos usar a formulação lagrangiana para discutir o movimento de partículas relativísticas em campos elétrico e magnético. Vamos iniciar esta discussão considerando uma partícula livre. Neste caso em que não existe nenhuma força atuando sobre ela, temos que $d\vec{P}/dt=0$.

Como foi discutido na Seção 15.6, o momento linear relativístico é $P=m_0\gamma v$, em que m_0 é a massa de repouso da partícula e $\gamma=(1-v^2/c^2)^{-1/2}$. Portanto, podemos escrever a segunda lei de Newton $d\vec{P}/dt=0$ na forma:

$$\frac{d\left(m_0\gamma v\right)}{dt}=0. \quad \textbf{(16.63)}$$

A lagrangiana de uma partícula livre não depende da posição x (ela depende somente da velocidade), de modo que $(\partial L/\partial x)=0$. Neste caso, a equação de Lagrange, (16.45), se reduz a:

$$\frac{d}{dt}\left[\frac{\partial L}{\partial v}\right]=0. \quad \textbf{(16.64)}$$

Comparando as equações (16.63) e (16.64), temos que $\partial L/\partial v=m_0\gamma v$. Logo, podemos escrever a lagrangiana para a partícula livre na forma,[9] $L_0=\int m_0\gamma v dv$. Usando $\gamma=(1-v^2/c^2)^{-1/2}$, temos:

[9] Aqui foi usada a notação L_0 para representar a lagrangiana de uma partícula livre.

$$L_0 = \int m_0 \frac{vdv}{\sqrt{1-(v/c)^2}}. \tag{16.65}$$

Para integrar esta equação, definimos a variável auxiliar $z = [1-(v/c)^2]^{1/2}$, de modo que $dv = -c^2(1-(v/c)^2)^{1/2} dz / v$. Assim, a equação anterior é escrita como $L_0 = -m_0 c^2 \int dz$. Integrando essa equação e substituindo o valor da variável auxiliar z, obtemos que a lagrangiana de uma partícula livre relativística é:

$$L_0 = -m_0 c^2 \sqrt{1-(v/c)^2} = -m_0 c^2 / \gamma. \tag{16.66}$$

Agora, vamos escrever a lagrangiana para uma partícula relativística em presença de campos elétrico e magnético. Como já foi discutido na seção anterior, a energia potencial de uma partícula carregada colocada em presença de campos elétrico e magnético é dada por $U = qV - q\vec{v} \cdot \vec{A}$. Assim, a lagrangiana de interação de uma partícula com campo elétrico e magnético tem a forma:

$$L_{int} = -qV + q\vec{v} \cdot \vec{A}. \tag{16.67}$$

A lagrangiana total é soma do termo cinético (L_0) e de interação (L_{int}):

$$\boxed{L = -m_0 c^2 \sqrt{1-(v/c)^2} - qV + q\vec{v} \cdot \vec{A}.} \tag{16.68}$$

O momento linear canonicamente conjugado, calculado por $P = \partial L / \partial v$, é:

$$P = -\frac{mv}{\sqrt{1-(v/c)^2}} + qA. \tag{16.69}$$

A lagrangiana de interação (L_{int}) pode ser escrita em termos dos quadrivetores velocidade $\mathbf{V} = (\gamma v_1, \gamma v_2, \gamma v_3, i\gamma c)$ e potencial $\mathbf{A} = (A_1, A_2, A_3, iV/c)$ na forma $L_{int} = (q/\gamma)\mathbf{V} \cdot \mathbf{A}$ (veja o Exercício Resolvido 16.2). Logo, a lagrangiana de uma partícula relativística em presença de um campo elétrico e magnético é escrita como:

$$L = -m_0 c^2 \sqrt{1-(v/c)^2} + \frac{q}{\gamma} \mathbf{V} \cdot \mathbf{A}. \tag{16.70}$$

Efetuando o produto escalar no último termo, obtemos:

$$\boxed{L = -m_0 c^2 \sqrt{1-(v/c)^2} + \frac{q}{\gamma} V_\mu A_\mu.} \tag{16.71}$$

Vale lembrar que, na notação de Einstein, índices repetidos implicam uma soma.

Para obter a equação de movimento de uma partícula relativística em presença de campos elétrico e magnético, vamos utilizar o princípio da mínima ação, $\delta \int L dt = 0$. Usando a lagrangiana dada em (16.71) e a relação $dt = \gamma d\tau$, em que $d\tau$ é o elemento diferencial de tempo próprio, temos (veja a Seção 15.5):

$$\delta \int \left[-m_0 c^2 \sqrt{1-(v/c)^2} + \frac{q}{\gamma} V_\mu A_\mu \right] \gamma d\tau = 0. \tag{16.72}$$

Usando a relação $V_\mu = dx_\mu / d\tau$, podemos escrever que:

$$\delta\int\left[-m_0c^2d\tau + qdx_\mu A_\mu\right] = 0. \quad \textbf{(16.73)}$$

Tomando as variações, obtemos:

$$\int\left[-m_0c^2\delta\left(d\tau\right) + q\delta(dx_\mu)A_\mu + qdx_\nu\delta A_\nu\right] = 0. \quad \textbf{(16.74)}$$

Usando as relações $\delta\left(d\tau\right) = -V_\mu d\delta(x_\mu)/c^2$ (veja o Exercício Resolvido 16.3) e $\delta(A_\nu) = (\partial A_\nu/\partial x_\mu)\delta x_\mu$, temos:

$$\int\left[\left[m_0V_\mu + qA_\mu\right]d\left(\delta x_\mu\right) + q\frac{\partial A_\nu}{\partial x_\mu}\delta x_\mu dx_\nu\right] = 0. \quad \textbf{(16.75)}$$

O primeiro termo pode ser integrado por partes. Para isso vamos fazer: (1) $u = \left[m_0V_\mu + qA_\mu\right]$ de modo que $du = [\partial(m_0V_\mu + qA_\mu)/\partial x_\nu]dx_\nu$; (2) $dv = d\left(\delta x_\mu\right)$, de modo que $v = \delta x_\mu$. Assim, integrando por partes ($\int udv = uv - \int vdu$) o primeiro termo da equação anterior, temos:

$$\left[m_0V_\mu + qA_\mu\right]\delta x_\mu - \int\frac{\partial}{\partial x_\nu}\left[m_0V_\mu + qA_\mu\right]dx_\nu\delta x_\mu + \int q\frac{\partial A_\nu}{\partial x_\mu}\delta x_\mu dx_\nu = 0. \quad \textbf{(16.76)}$$

O primeiro termo é nulo. Efetuando a derivada no segundo termo, obtemos:

$$\int\left[-m_0\frac{\partial V_\mu}{\partial x_\nu} + q\left(-\frac{\partial A_\mu}{\partial x_\nu} + \frac{\partial A_\nu}{\partial x_\mu}\right)\right]\delta x_\mu dx_\nu = 0. \quad \textbf{(16.77)}$$

O termo entre parênteses é o tensor eletromagnético $F_{\mu\nu}$ (veja a Seção 15.8). Assim, essa equação pode ser escrita na forma:

$$\int\left[-m_0\frac{\partial V_\mu}{\partial x_\nu}dx_\nu + qF_{\mu\nu}dx_\nu\right]\delta x_\mu = 0. \quad \textbf{(16.78)}$$

Usando a relação $(\partial V_\mu/\partial x_\nu)dx_\nu = dV_\mu$ e $dx_\nu = V_\nu d\tau$, temos:

$$\int\left[-m_0\frac{dV_\mu}{d\tau} + qF_{\mu\nu}V_\nu\right]d\tau\delta x_\mu = 0. \quad \textbf{(16.79)}$$

Para que esta equação seja sempre verdadeira, é necessário que o integrando se anule. Logo,

$$\boxed{m_0\frac{dV_\mu}{d\tau} = qF_{\mu\nu}V_\nu.} \quad \textbf{(16.80)}$$

Esta é a equação de movimento para uma partícula relativística em presença de um campo elétrico e magnético [veja o Exercício Resolvido 16.4].

16.10 Lagrangiana para o Campo Eletromagnético

Nas seções anteriores, utilizamos o formalismo lagrangiano para descrever o movimento de partículas carregadas eletricamente em campos elétrico e magnético. Nesta seção, vamos mostrar que a formulação lagrangiana também pode ser utilizada para descrever os campos eletromagnéticos. Para essa finalidade, vamos considerar a densidade lagrangiana:

$$\boxed{L = -\frac{1}{4} F_{\mu\nu} F_{\mu\nu} + \mu_0 J_\mu A_\mu .} \tag{16.81}$$

Aplicando o princípio da mínima ação, temos:

$$\delta \int \left[-\frac{1}{4} F_{\mu\nu} F_{\mu\nu} + \mu_0 J_\mu A_\mu \right] dv dt = 0. \tag{16.82}$$

Tomando a variação, temos:

$$\int \left[-\frac{1}{4} \delta(F_{\mu\nu}) F_{\mu\nu} - \frac{1}{4} F_{\mu\nu} \delta(F_{\mu\nu}) + \mu_0 \delta(J_\mu) A_\mu + \mu_0 J_\mu \delta(A_\mu) \right] dv dt = 0. \tag{16.83}$$

A quantidade $\delta(J_\mu)$ é nula, no caso em que a densidade de corrente é constante. Agrupando o primeiro e segundo termos, podemos escrever:

$$\int \left[-\frac{1}{2} \delta(F_{\mu\nu}) F_{\mu\nu} + \mu_0 J_\mu \delta(A_\mu) \right] dv dt = 0. \tag{16.84}$$

Usando a relação $F_{\mu\nu} = \partial A_\nu / \partial x_\mu - \partial A_\mu / \partial x_\nu$, temos:

$$\int \left[-\frac{1}{2} \delta \left(\frac{\partial A_\nu}{\partial x_\mu} - \frac{\partial A_\mu}{\partial x_\nu} \right) F_{\mu\nu} + \mu_0 J_\mu \delta(A_\mu) \right] dv dt = 0. \tag{16.85}$$

Tomando a variação no primeiro termo, obtemos:

$$\int \left[-\frac{1}{2} F_{\mu\nu} \frac{\partial \delta(A_\nu)}{\partial x_\mu} + \frac{1}{2} F_{\mu\nu} \frac{\partial \delta(A_\mu)}{\partial x_\nu} + \mu_0 J_\mu \delta(A_\mu) \right] dv dt = 0. \tag{16.86}$$

Usando o fato de que $F_{\mu\nu} = -F_{\nu\mu}$, podemos escrever:

$$\int \left[\frac{1}{2} F_{\nu\mu} \frac{\partial \delta(A_\nu)}{\partial x_\mu} + \frac{1}{2} F_{\mu\nu} \frac{\partial \delta(A_\mu)}{\partial x_\nu} + \mu_0 J_\mu \delta(A_\mu) \right] dv dt = 0. \tag{16.87}$$

Invertendo os índices no primeiro termo e somando com o segundo, temos:

$$\int \left[F_{\mu\nu} \frac{\partial \delta(A_\mu)}{\partial x_\nu} + \mu_0 J_\mu \delta(A_\mu) \right] dv dt = 0. \tag{16.88}$$

Integrando o primeiro termo por partes, obtemos:

$$\int \left[\frac{\partial F_{\mu\nu}}{\partial x_\nu} + \mu_0 J_\mu \right] \delta(A_\mu) dv dt = 0. \quad \textbf{(16.89)}$$

Para que esta equação seja sempre verdadeira, é preciso que o integrando seja nulo. Logo, podemos escrever que:

$$\boxed{\frac{\partial F_{\mu\nu}}{\partial x_\nu} = -\mu_0 J_\mu .} \quad \textbf{(16.90)}$$

Esta equação, que já foi obtida na Seção 15.9 usando outro método de cálculo, representa as duas equações de Maxwell não homogêneas: a lei de Gauss, $\vec{\nabla} \cdot \vec{E} = \rho / \varepsilon_0$, e a lei de Ampère-Maxwell, $\vec{\nabla} \times \vec{B} = \mu_0 \vec{J} + \varepsilon_0 \mu_0 \partial \vec{E} / \partial t$.

16.11 Exercícios Resolvidos

EXERCÍCIO 16.1

Uma partícula com carga elétrica negativa entra em uma região de campo elétrico constante, gerado por um capacitor de placas paralelas de comprimento a. A partícula atinge um anteparo colocado a uma distância d do capacitor. Determine a relação entre a carga e a massa da partícula, em função dos parâmetros do experimento.

SOLUÇÃO

Este cenário foi idealizado na experiência de Thomson[10] para determinar a relação entre a carga e a massa de uma partícula. Por simplicidade, vamos considerar que a partícula tem velocidade inicial $\vec{v} = v_{0x}\hat{i}$ e o campo elétrico é $\vec{E} = -E_0\hat{j}$. Uma representação desta situação física está mostrada na Figura 16.12.

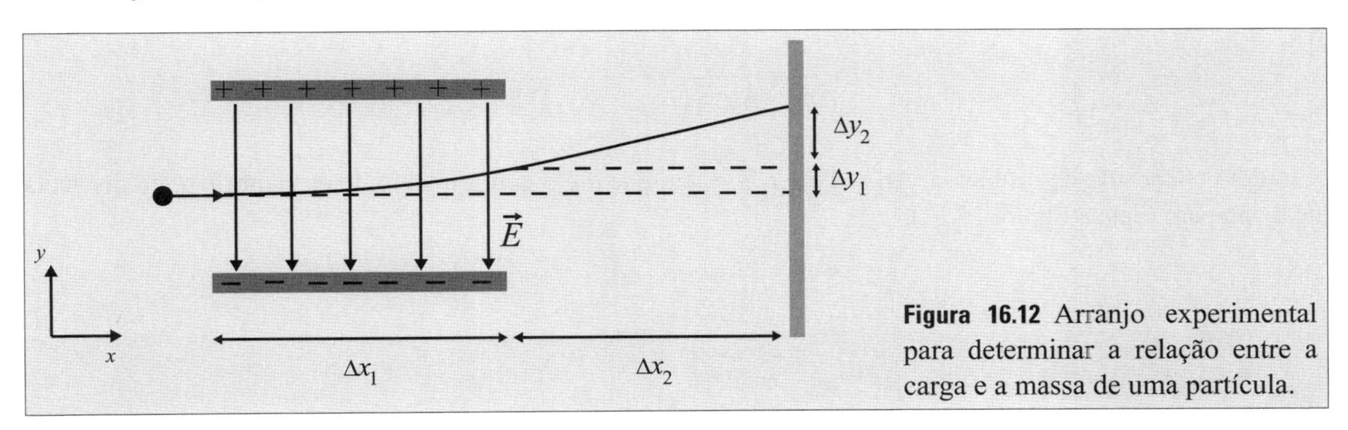

Figura 16.12 Arranjo experimental para determinar a relação entre a carga e a massa de uma partícula.

No interior do capacitor, a partícula está submetida a uma força $\vec{F} = -qE_0\hat{j}$, de modo que ela descreve um movimento retilíneo acelerado ao longo do eixo y e um movimento retilíneo e uniforme ao longo do eixo x. A sua trajetória é uma parábola dada pela função (16.2). Assim, a quantidade $\Delta y_1 = y - y_0$, que mede o desvio sofrido pela partícula em relação a sua trajetória inicial, é

[10] Joseph John Thomson (18/12/1856-30/8/1940), físico britânico.

$$\Delta y_1 = \frac{qE_0}{2m}\left[\frac{\Delta x_1}{v_{ox}}\right]^2,$$

em que $\Delta x_1 = a$ é o comprimento das placas do capacitor.

O tempo que a partícula leva para percorrer a distância Δx_1 com velocidade constante v_{0x} é $t_1 = \Delta x_1 / v_{0x}$. A velocidade da partícula ao longo do eixo y pode ser determinada por $v_{y1} = v_{0y} + (qE / m)t_1$. Como $v_{0y} = 0$ e usando $t_1 = \Delta x_1 / v_{0x}$, temos que a velocidade final da partícula quando ela deixa a região do capacitor é $v_{y1f} = (qE\Delta x_1 / mv_{0x})$.

Na região fora do capacitor, não existe força atuando sobre a partícula, de modo que ela está em movimento retilíneo e uniforme com velocidades $v_{x2} = v_{0x}$ e $v_{y2} = v_{y1f} = (qE_0\Delta x_1 / mv_{0x})$. As coordenadas x e y de sua trajetória nessa região são dadas por $x_2 = x_{02} + v_{ox}t_2$ e $y_2 = y_{02} + v_{y2}t_2$, respectivamente. Da equação para a coordenada y, temos que $\Delta y_2 = y_2 - y_{02} = v_{y2}t_2$, em que t_2 é o tempo necessário para a partícula atingir o anteparo. Esse tempo t_2, obtido pela equação $x_2 = x_{02} + v_{ox}t_2$, é $t_2 = (x_2 - x_{0_2}) / v_{ox}$. Assim, Δy_2, que representa o desvio na trajetória da partícula na região externa ao capacitor, é:

$$\Delta y_2 = v_{y2}\left[\frac{\Delta x_2}{v_{ox}}\right]$$

em que $\Delta x_2 = (x_2 - x_{0_2})$. Substituindo $v_{y2} = (qE_0\Delta x_1 / mv_{0x})$ na equação anterior, temos:

$$\Delta y_2 = \frac{qE_0\Delta x_1\Delta x_2}{mv_{ox}^2}.$$

O desvio total, calculado por $\Delta y = \Delta y_1 + \Delta y_2$, é:

$$\Delta y = \frac{qE_0}{2m}\left[\frac{\Delta x_1}{v_{ox}}\right]^2 + \frac{qE_0\Delta x_1\Delta x_2}{mv_{ox}^2}.$$

Desta equação, temos que:

$$\frac{q}{m} = \frac{2v_{ox}^2\Delta y}{E_0\Delta x_1\left(\Delta x_1 + 2\Delta x_2\right)}.$$

Pelo enunciado do problema, $\Delta x_1 = a$ e $\Delta x_2 = d$, em que a é o comprimento do capacitor e d é a distância até o anteparo (veja a Figura 16.12).

EXERCÍCIO 16.2

Mostre que a lagrangiana de interação $L_{int} = -qV + q\vec{v}\cdot\vec{A}$ pode ser escrita na forma $(q / \gamma)\mathbf{V}\cdot\mathbf{A}$, em que **V** e **A** são os quadrivetores velocidade e potencial, respectivamente.

SOLUÇÃO

Para verificar essa relação, vamos partir da lagrangiana de interação $L_{int} = (q / \gamma)\mathbf{V}\cdot\mathbf{A}$ e mostrar que ela pode ser escrita em termos dos potenciais escalar elétrico e vetor magnético. Usando as relações do quadrivetor velocidade $\mathbf{V} = (\gamma v_1, \gamma v_2, \gamma v_3, i\gamma c)$ e quadrivetor potencial $\mathbf{A} = (A_1, A_2, A_3, iV / c)$, podemos escrever a lagrangiana $L_{int} = (q / \gamma)\mathbf{V} \cdot \mathbf{A}$ como:

$$L_{int} = \frac{q}{\gamma}(\gamma v, i\gamma c)(A, iV / c).$$

Efetuando o produto, temos:

$$L_{int} = -qV + q\vec{v} \cdot \vec{A}.$$

EXERCÍCIO 16.3

Mostre que $\delta(d\tau) = -V_\mu d(\delta x_\mu) / c^2$, em que $d\tau = (i / c)\sqrt{dx_\mu dx_\mu}$.

SOLUÇÃO

A variação $\delta(d\tau)$ pode ser escrita como:

$$\delta(d\tau) = \frac{\partial(d\tau)}{\partial x_\mu}\delta(dx_\mu) = \frac{\partial(d\tau)}{\partial x_\mu}d(\delta x_\mu).$$

Usando $d\tau = (i / c)\sqrt{dx_\mu dx_\mu}$, podemos escrever:

$$\delta(d\tau) = \frac{\partial\left(\frac{i}{c}\sqrt{dx_\mu dx_\mu}\right)}{\partial x_\mu}d(\delta x_\mu).$$

Efetuando a derivada e usando novamente a relação $\sqrt{dx_\mu dx_\mu} = (c / i)d\tau$, temos:

$$\delta(d\tau) = -\frac{1}{c^2}\frac{dx_\mu}{d\tau}d(\delta x_\mu).$$

Como $V_\mu = dx_\mu / d\tau$, obtemos finalmente que:

$$\delta(d\tau) = -\frac{1}{c^2}V_\mu d(\delta x_\mu).$$

EXERCÍCIO 16.4

Mostre que a equação $m_0 dV_\mu / d\tau = qF_{\mu\nu}V_\nu$ representa as componentes da força que atua sobre uma partícula sujeita à ação de um campo elétrico e um campo magnético.

SOLUÇÃO

Usando a relação $V_\mu = \gamma v_\mu$, podemos escrever a equação de movimento na forma:

$$m_0 \frac{dV_\mu}{d\tau} = qF_{\mu\nu}\gamma v_\mu. \tag{R16.1}$$

Para $\mu = 1$, esta equação de movimento se escreve como:

$$m_0 \frac{d\gamma v_1}{d\tau} = q\left[F_{11}\gamma v_1 + F_{12}\gamma v_2 + F_{13}\gamma v_3 + F_{14}\gamma v_4\right].$$

Usando o fato de que $F_{11} = 0$, $F_{12} = B_3$, $F_{13} = -B_2$, $F_{14} = -\frac{i}{c}E_1$ e $v_4 = ic\gamma$, temos:

$$\frac{d(m_0\gamma v_1)}{\gamma d\tau} = q\left[v_2B_3 - v_3B_2 + E_1\right].$$

Usando as relações $\gamma d\tau = dt$ e $p_1 = m_0\gamma v_1$, temos:

$$\frac{dp_1}{dt} = q\left[v_2B_3 - v_3B_2 + E_1\right].$$

Esta é a componente 1 da força eletromagnética que atua sobre a partícula.
Analogamente, fazendo $\mu = 2$ na equação de movimento (R16.1), temos:

$$m_0 \frac{d\gamma v_2}{d\tau} = q\left[F_{21}\gamma v_1 + F_{22}\gamma v_2 + F_{23}\gamma v_3 + F_{24}\gamma v_4\right].$$

Usando o fato de que $F_{21} = -B_3$, $F_{22} = 0$, $F_{23} = B_1$, $F_{24} = -\frac{i}{c}E_2$ e $v_4 = ic\gamma$, podemos escrever que:

$$\frac{d(m_0\gamma v_2)}{\gamma d\tau} = q\left[-v_1B_3 + v_3B_1 + E_2\right].$$

Usando as relações $\gamma d\tau = dt$ e $p_2 = m_0\gamma v_2$, obtemos:

$$\frac{dp_2}{dt} = q\left[v_3B_1 - v_1B_3 + E_2\right].$$

Essa é a componente 2 da força eletromagnética.
Fazendo $\mu = 3$ na equação de movimento (R16.1), temos:

$$m_0 \frac{d\gamma v_3}{d\tau} = q\left[F_{31}\gamma v_1 + F_{32}\gamma v_2 + F_{33}\gamma v_3 + F_{34}\gamma v_4\right].$$

Usando $F_{31} = B_2$, $F_{32} = -B_1$, $F_{33} = 0$, $F_{34} = -\frac{i}{c}E_3$ e $v_4 = ic\gamma$, obtemos:

$$\frac{d(m_0\gamma v_3)}{\gamma d\tau} = q\left[v_1B_2 - v_2B_1 + E_3\right].$$

Como $\gamma d\tau = dt$ e $p_3 = m_0\gamma v_3$, temos:

$$\frac{dp_3}{dt} = q\left[v_1 B_2 - v_2 B_1 + E_3\right].$$

Esta é a componente 3 da força eletromagnética. Portanto, de acordo com a segunda lei de Newton, ($\vec{F} = d\vec{p} / dt$), podemos escrever a força total que atua sobre a partícula na forma:

$$F = q\left[\vec{E} + \vec{v} \times \vec{B}\right].$$

16.12 Exercícios Complementares

1. Utilize a ação $\mathcal{A} = \int_{t_1}^{t_2} L(u,\dot{u})dt$ e o método variacional para obter a equação de Lagrange.
2. Utilize a formulação lagrangiana para discutir o movimento de uma partícula sujeita à interação gravitacional.
3. Uma partícula com carga elétrica q é lançada em um região na qual existe um campo elétrico perpendicular a sua velocidade. Discuta qualitativa e quantitativamente o movimento da partícula, utilizando (a) formulação lagrangiana e (b) a segunda lei de Newton.
4. Utilizando a formulação lagrangiana, discuta o movimento de uma partícula sujeita à ação de um campo magnético.
5. A hamiltoniana é definida como $\mathcal{H} = T + U$, em que T é a energia cinética e U é a energia potencial. Escreva a hamiltoniana para uma partícula carregada e sem spin em presença de: (a) um campo elétrico e (b) um campo magnético. (c) Repita o item (b), considerando também o spin da partícula.
6. Utilizando a formulação hamiltoniana, discuta o movimento de uma partícula carregada em presença de um campo elétrico e magnético.
7. Uma partícula com uma carga elétrica q e velocidade inicial $\vec{v}_0$ penetra em um campo elétrico uniforme $\vec{E}_0$. Considerando que os vetores $\vec{v}_0$ e $\vec{E}_0$ formam um ângulo θ, determine a trajetória da partícula.
8. Discuta qualitativa e quantitativamente o movimento de uma partícula com carga q, que é lançada com velocidade $\vec{v} = v_{0x}\hat{i} + v_{0y}\hat{j} + v_{0z}\hat{k}$, em uma região na qual existe um campo elétrico dado por $\vec{E} = \hat{i}E_0 x$.
9. Em uma região do espaço, existe um campo magnético $\vec{B} = \hat{k}B_0$ e um campo elétrico no plano xz dado por $\vec{E} = \hat{i}E_{0x} + \hat{k}E_{0z}$. Encontre a trajetória de uma partícula carregada que entra nessa região, com uma velocidade constante em uma direção arbitrária.
10. Em uma região, existe um campo magnético ao longo da direção z dado por $\vec{B} = \hat{k}B_0$, e um campo elétrico no plano xy dado por $\vec{E} = \hat{i}E_{0x} + \hat{j}E_{0y}$. Discuta o movimento de uma partícula carregada, que é lançada nessa região com uma velocidade $\vec{v} = v_{0x}\hat{i} + v_{0y}\hat{j} + v_{0z}\hat{k}$.
11. Uma partícula de massa m e carga q cai verticalmente sobre um longo plano condutor mantido a potencial elétrico nulo. Determine a força que atua sobre a partícula e o tempo de queda.
12. Uma região do espaço tem um campo magnético não uniforme, de modo que a intensidade do campo é menor no interior da região do que nas extremidades. Faça uma discussão qualitativa e quantitativa da trajetória de uma partícula nesse campo.
13. Discuta qualitativa e quantitativamente (do ponto de vista clássico e do ponto de vista quântico) o movimento de uma partícula sem carga e com um momento magnético, que é lançada em uma região em que existe um gradiente de campo magnético. (Este arranjo experimental foi utilizado por Stern-Gerlach para mostrar a quantização do spin.)

14. Considere uma partícula com carga q em movimento em um campo magnético uniforme. Mostre que podemos associar uma energia magnética $U_m = -q\vec{v} \cdot \vec{A}$, em que $\vec{v}$ é a velocidade da partícula e $\vec{A}$ é o potencial vetor.

15. Utilizando a equação de Lagrange $\frac{\partial}{\partial x_\mu}\left[\partial L / \partial(\partial \eta / \partial x_\mu)\right] - \left[\partial L / \partial \eta\right] = 0$, mostre que a lagrangiana $L = \frac{1}{4} F_{\alpha\beta} F_{\alpha\beta} + \mu_0 J_\alpha A_\alpha$ fornece as equações de Maxwell não homogêneas.

16. A lagrangiana do campo eletromagnético $L = \frac{1}{4} F_{\alpha\beta} F_{\alpha\beta} + \mu_0 J_\alpha A_\alpha$ não considera o efeito de massa. Adicione um termo a essa lagrangiana para considerar a massa do fóton e obtenha as equações de movimento correspondentes. (A lagrangiana com essa característica é conhecida como lagrangiana de Proca.)

17. Considere uma partícula carregada que entra em uma região em que existe um campo magnético constante e perpendicular a sua velocidade. Escreva uma rotina computacional e mostre que a trajetória da partícula é uma circunferência.

18. As coordenadas da posição de uma partícula em uma região em que existem campos elétrico e magnético são dadas por $x = x_0 + (A/\omega)\text{sen}(\omega t + \phi) + E_{0y} t / B_0$ e $y = y_0 - (A/\omega)\cos(\omega t + \phi)$. Escreva uma rotina computacional para calcular as possíveis trajetórias da partícula, em função dos parâmetros envolvidos no problema.

19. Escreva uma rotina computacional para calcular as trajetórias da partícula discutida nos Exercícios 9 e 10.

Apêndices

Apêndice A

Constantes Físicas

Nome	Símbolo	Valor (SI)
Carga do elétron	$-e$	$-1,602\times10^{-19}$ C
Carga do próton	e	$1,602\times10^{-19}$ C
Constante de Boltzmann	k_B	$1,381\times10^{-23}$ J/K
Constante gravitacional	G	$6,673\times10^{-11}$ N·m^2/kg^2
Constante de Planck	h	$6,026\times10^{-34}$ Js
Constante de Rydberg	R_∞	$1,097\times10^{7}$ m^{-1}
Constante de Stefan-Boltzmann	σ	$5,670\times10^{-8}$ W/(m$^2K^4$)
Constante universal dos gases	R	8,314 J/(mol K)
Magneton de Bohr	μ_B	$9,274\times10^{-24}$ J/T
Massa do elétron	m_e	$9,110\times10^{-31}$ kg
Massa do próton	m_p	$1,673\times10^{-27}$ kg
Momento magnético do elétron	μ_e	$9,284\times10^{-24}$ J/T
Momento magnético do próton	μ_p	$1,410\times10^{-26}$ J/T
Número de Avogadro	N_A	$6,023\times10^{23}$ mol^{-1}
Raio de Bohr	r_0	$5,292\times10^{-11}$ m
Permeabilidade magn. do vácuo	μ_0	$4\pi\times10^{-7}$ H/m
Permissividade elet. do vácuo	ε_0	$8,854\times10^{-12}$ C^2/(Nm)
Velocidade da luz no vácuo	c	$2,998\times10^{8}$ m/s

Apêndice B

Sistemas de Coordenadas

Coordenadas cilíndricas/Coordenadas retangulares

$$x = r\cos\theta, \quad y = r\mathrm{sen}\,\theta, \quad z = z \tag{B.1}$$

$$\hat{r} = \hat{i}\cos\theta + \hat{j}\mathrm{sen}\,\theta, \quad \hat{\theta} = \left(-\hat{i}\cos\theta + \hat{j}\mathrm{sen}\,\theta\right), \quad \hat{k} = \hat{k} \tag{B.2}$$

$$\hat{i} = \hat{r}\cos\theta - \hat{\theta}\mathrm{sen}\,\theta, \quad \hat{j} = \hat{r}\cos\theta + \hat{\theta}\mathrm{sen}\,\theta, \quad \hat{k} = \hat{k} \tag{B.3}$$

Coordenadas esféricas/Coordenadas retangulares

$$x = r\mathrm{sen}\,\theta\cos\phi, \quad y = r\mathrm{sen}\,\theta\mathrm{sen}\,\phi, \quad z = r\cos\theta \tag{B.4}$$

$$\begin{cases} \hat{r} &= \hat{i}\mathrm{sen}\,\theta\cos\phi + \hat{j}\mathrm{sen}\,\theta\mathrm{sen}\,\phi + \hat{k}\cos\theta \\ \hat{\theta} &= \hat{i}\cos\theta\cos\phi + \hat{j}\cos\theta\mathrm{sen}\,\phi - \hat{k}\mathrm{sen}\,\theta \\ \phi &= -\hat{i}\mathrm{sen}\,\phi + \hat{j}\cos\phi \end{cases} \tag{B.5}$$

$$\begin{cases} \hat{i} &= \hat{r}\mathrm{sen}\,\theta\cos\phi + \hat{\theta}\cos\theta\cos\phi - \hat{\phi}\mathrm{sen}\,\phi \\ \hat{j} &= \hat{r}\mathrm{sen}\,\theta\sin\phi + \hat{\theta}\cos\theta\mathrm{sen}\,\phi + \hat{\phi}\cos\phi \\ \hat{k} &= \hat{r}\cos\theta - \hat{\theta}\mathrm{sen}\,\theta \end{cases} \tag{B.6}$$

Apêndice C

Operadores Vetoriais

Coordenadas Retangulares

Gradiente
$$\vec{\nabla} V = \hat{i}\frac{\partial V}{\partial x} + \hat{j}\frac{\partial V}{\partial y} + \hat{k}\frac{\partial V}{\partial z}$$

Rotacional
$$\vec{\nabla} \times \vec{F} = \hat{i}\left[\frac{\partial F_z}{\partial y} - \frac{\partial F_y)}{\partial z}\right] + \hat{j}\left[\frac{\partial F_x}{\partial z} - \frac{\partial F_z}{\partial x}\right] + \hat{k}\left[\frac{\partial F_y}{\partial x} - \frac{\partial F_x}{\partial y}\right]$$

Divergente
$$\vec{\nabla} \cdot \vec{F} = \frac{\partial F_x}{\partial x} + \frac{\partial F_y}{\partial y} + \frac{\partial F_z}{\partial z}$$

Laplaciano
$$\nabla^2 V = \frac{\partial^2 V}{\partial x^2} + \frac{\partial^2 V}{\partial y^2} + \frac{\partial^2 V}{\partial z^2}$$

Coordenadas Cilíndricas

Gradiente
$$\vec{\nabla} V = \hat{r}\frac{\partial V}{\partial r} + \hat{\theta}\frac{1}{r}\frac{\partial V}{\partial \theta} + \hat{k}\frac{\partial V}{\partial z}$$

Rotacional
$$\vec{\nabla} \times \vec{F} = \hat{r}\left[\frac{1}{r}\frac{\partial F_z}{\partial \theta} - \frac{\partial F_\theta}{\partial z}\right] + \hat{\theta}\left[\frac{\partial F_r}{\partial z} - \frac{\partial F_z}{\partial r}\right] + \hat{k}\frac{1}{r}\left[\frac{\partial (rF_\theta)}{\partial r} - \frac{\partial F_r}{\partial \theta}\right]$$

Divergente
$$\vec{\nabla} \cdot \vec{F} = \frac{1}{r}\frac{\partial (rF_r)}{\partial r} + \frac{1}{r}\frac{\partial F_\theta}{\partial \theta} + \frac{\partial F_z}{\partial z}$$

Laplaciano
$$\nabla^2 V = \frac{1}{r}\frac{\partial}{\partial r}\left(r\frac{\partial V}{\partial r}\right) + \frac{1}{r^2}\frac{\partial^2 V}{\partial \theta^2} + \left(\frac{\partial^2 V}{\partial z^2}\right)$$

Coordenadas Esféricas

Gradiente
$$\vec{\nabla} V = \hat{r}\frac{\partial V}{\partial r} + \hat{\theta}\frac{1}{r}\frac{\partial V}{\partial \theta} + \hat{\phi}\frac{1}{r\,\mathrm{sen}\,\theta}\frac{\partial V}{\partial \phi}$$

Rotacional
$$\vec{\nabla} \times \vec{F} = \frac{\hat{r}}{r\,\mathrm{sen}\,\theta}\left[\frac{\partial (\mathrm{sen}\,\theta F_\phi)}{\partial \theta} - \frac{\partial F_\theta}{\partial \phi}\right] + \frac{\hat{\theta}}{r}\left[\frac{1}{\mathrm{sen}\,\theta}\frac{\partial F_r}{\partial \phi} - \frac{\partial (rF_\phi)}{\partial r}\right] + \frac{\hat{\phi}}{r}\left[\frac{\partial (rF_\theta)}{\partial r} - \frac{\partial F_r}{\partial \theta}\right]$$

Divergente
$$\vec{\nabla} \cdot \vec{F} = \frac{1}{r^2}\frac{\partial}{\partial r}(r^2 F_r) + \frac{1}{r\,\mathrm{sen}\,\theta}\frac{\partial}{\partial \theta}(\mathrm{sen}\,\theta F_\theta) + \frac{1}{r\,\mathrm{sen}\,\theta}\frac{\partial F_\phi}{\partial \phi}$$

Laplaciano
$$\nabla^2 V = \frac{1}{r^2}\frac{\partial}{\partial r}\left(r^2\frac{\partial V}{\partial r}\right) + \frac{1}{r^2\,\mathrm{sen}\,\theta}\frac{\partial}{\partial \theta}\left(\mathrm{sen}\,\theta\frac{\partial V}{\partial \theta}\right) + \frac{1}{r^2\,\mathrm{sen}^2\theta}\left(\frac{\partial^2 V}{\partial \phi^2}\right)$$

Apêndice D

Identidades Vetoriais

$$\vec{\nabla}\times\vec{\nabla}\times\vec{E}=\vec{\nabla}(\vec{\nabla}\cdot\vec{E})-\nabla^{2}\vec{E} \tag{D.1}$$

$$\vec{\nabla}\times\left(V\vec{E}\right)=\left(\vec{\nabla}V\right)\times\vec{E}+V(\vec{\nabla}\times\vec{E}) \tag{D.2}$$

$$\vec{\nabla}\cdot(V\vec{E})=V(\vec{\nabla}\cdot\vec{E})+\vec{E}\cdot\left(\vec{\nabla}V\right) \tag{D.3}$$

$$\vec{\nabla}\cdot(\vec{E}\times\vec{H})=(\vec{\nabla}\times\vec{E})\cdot\vec{H}-(\vec{\nabla}\times\vec{H})\cdot\vec{E} \tag{D.4}$$

$$\vec{\nabla}\times(\vec{E}\times\vec{H})=(\vec{H}\cdot\vec{\nabla})\vec{E}-(\vec{E}\cdot\vec{\nabla})\vec{H}+\vec{E}(\vec{\nabla}\cdot\vec{H})-\vec{H}(\vec{\nabla}\cdot\vec{E}) \tag{D.5}$$

$$\vec{\nabla}(\vec{E}\cdot\vec{H})=(\vec{H}\cdot\vec{\nabla})\vec{E}-\vec{E}\times(\vec{\nabla}\times\vec{H})+(\vec{E}\cdot\vec{\nabla})\vec{H}-\vec{H}\times(\vec{\nabla}\times\vec{E}) \tag{D.6}$$

$$\int\left(\vec{\nabla}\times\vec{F}\right)\cdot d\vec{s}=\oint_{C}\vec{F}\cdot d\vec{l} \tag{D.7}$$

$$\int\left(\vec{\nabla}\cdot\vec{F}\right)dv=\oint_{S}\vec{F}\cdot d\vec{s} \tag{D.8}$$

$$\oint_{C}(\vec{a}\cdot\vec{r})d\vec{l}=\left(\frac{1}{2}\oint_{C}\vec{r}\times d\vec{l}\right)\times\vec{a} \tag{D.9}$$

Apêndice E

Integrais

$$\int \frac{dx}{\left(x^2+a^2\right)^{1/2}} = \ln\left[x+\left(x^2+a^2\right)^{1/2}\right] \tag{E.1}$$

$$\int \frac{xdx}{\left(x^2+a^2\right)^{1/2}} = \left(x^2+a^2\right)^{1/2} \tag{E.2}$$

$$\int \frac{dx}{(a^2+x^2)^{3/2}} = \frac{x}{a^2(a^2+x^2)^{1/2}} \tag{E.3}$$

$$\int \frac{xdx}{\left(x^2+a^2\right)^{3/2}} = -\frac{1}{\left(x^2+a^2\right)^{1/2}} \tag{E.4}$$

$$\int \frac{x^3dx}{\left(x^2+a^2\right)^{3/2}} = \frac{x^2+2a^2}{\left(x^2+a^2\right)^{1/2}} \tag{E.5}$$

$$\int \cos(mx)\cos(nx)dx = \frac{\text{sen}(m-n)x}{2(m-n)} + \frac{\text{sen}(m+n)x}{2(m+n)} \qquad \text{se } m \neq n \tag{E.6}$$

$$\int \text{sen}(mx)\cos(nx)dx = -\frac{\cos(m-n)x}{2(m-n)} - \frac{\cos(m+n)x}{2(m+n)} \qquad \text{se } m \neq n \tag{E.7}$$

$$\int \cos^2 mxdx = \frac{x}{2} + \frac{\text{sen}(2mx)}{4m} \tag{E.8}$$

$$\int \cos^3 mxdx = \frac{\text{sen}(mx)}{m} - \frac{\text{sen}^3(mx)}{3m} \tag{E.9}$$

$$\int \operatorname{sen}(mx)\cos(mx)dx = \frac{\operatorname{sen}^2(mx)}{2m} \tag{E.10}$$

$$\int \operatorname{sen}(mx)\operatorname{sen}(nx)dx = \frac{\operatorname{sen}(m-n)x}{2(m-n)} - \frac{\operatorname{sen}(m+n)x}{2(m+n)} \qquad \text{se } m \neq n \tag{E.11}$$

$$\int \operatorname{sen}^2(mx)dx = \frac{x}{2} - \frac{\operatorname{sen}(2mx)}{4m} \tag{E.12}$$

$$\int \operatorname{sen}^3(mx)dx = -\frac{\cos mx}{m} + \frac{\cos^3 mx}{3m} \tag{E.13}$$

$$\int_0^{2\pi} \frac{dx}{a + b\operatorname{sen}x}dx = \frac{2\pi}{\sqrt{a^2 - b^2}} \tag{E.14}$$

$$\int_0^{2\pi} \frac{dx}{a + b\cos x}dx = \frac{2\pi}{\sqrt{a^2 - b^2}} \tag{E.15}$$

Bibliografia

[1] Matemática

ARFKEN, G. *Mathemathical methods for physicist.* Academic Press, New York, 1970.
BOAS, M. L. *Mathemathical methods in the physical sciences.* John Wiley, New York, 1966.
BOYCE, W. E.; DIPRIMA, R. C. *Equações diferenciais elementares e problemas de valores de contorno.* 3. ed. Editora Guanabara Dois, Rio de Janeiro, 1979.
BUTKOV, E. *Física Matemática.* Editora Guanabara Dois, Rio de Janeiro, 1978.
LEITHOLD, L. *O Cálculo vol.* 1. 3. ed. Harper-Row do Brasil, São Paulo, 1977.
SPIEGEL, M. R. *Manual de fórmulas e tabelas matemáticas.* McGraw-Hill, São Paulo, 1973.

[2] Eletromagnetismo (referências básicas)

ALONSO, M.; FINN, E. *Física um curso universitário vol. 1.* Edgard Blucher, São Paulo, 1972.
CHAVES, A. *Física básica: Eletromagnetismo.* LTC Editora, Rio de Janeiro, 2007.
FEYNMAN, R. P. *The Feynman Lectures on Physics vol. 2.* Addison-Wesley, Massachussets, 1963.
HALLIDAY, D.; RESNICK, R.; WALKER, J. *Fundamentos de Física: Eletromagnetismo.* LTC Editora, Rio de Janeiro, 2010.
NUSSENZVEIG, H. M. *Eletromagnetismo-Curso de física básica.* Edgard Blucher, São Paulo, 1997.
PURCEL, E. M. *Eletricidade e magnetismo.* Edgard Blucher, São Paulo, 1973.
TIPLER, P. A.; MOSCA, G. *Física: eletricidade e magnetismo, óptica.* LTC Editora, Rio de Janeiro, 2006.

[3] Eletromagnetismo (referências avançadas)

CORSON, D. R.; LORRAIN, P. *Introduction to electromagnetic fields and waves.* W. H. Freeman and Company, London, 1962.
EYGES, L. *The classical electromagnetic field.* Dover Publications, New York, 1972.
GRIFFITHS, D. *Introduction to electrodynamics.* 3. ed. Prentice Hall, New Jersey, 1999.
HEALD, M. A.; MARION, J. B. *Classical electromagnetic radiation.* 3. ed. Saunders College Publishing, 1995.
JACKSON, J. D. *Classical electrodynamics.* 3. ed. John Willey, New York, 1999.

JEFIMENKO, O. D. *Solutions of Maxwell equations for electric and magnetic fields in arbitrary media.* Am. Jour. Phys. 60, (1992) 889.
LANDAU, Lev; LIFSHITZ, E. *Teoria do Campo.* Editora Mir, Moscou, 1980.
PANOSFSKY, W. K. H.; PHILLIPS, M. *Electricity and magnetism.* Addison-Wesley, Massachussetts, 1962.
PLONSEY, R.; COLLIN R. E. *Principle and applications of electromagnetic fields.* McGraw-Hill, New York, 1961.
REITZ, J. R.; MILFORD, F. J.; CHRISTY, R. W. *Fundamentos da teoria eletromagnética.* Campus, Rio de Janeiro, 1980.
ZANGWILL, A. *Modern Electrodynamics.* Cambridge University Press, Cambridge, 2013.

[4] Óptica

HECHT, E. *Optics*. 2. ed. Addison-Wesley, Massachussetts, 1978.
FOWLES, G. R. *Introduction to modern optics.* 2. ed. Dover Publications, New York, 1975.

[5] Mecânica clássica

GOLDSTEIN, H. *Classical mechanics*. Addison-Wesley, Massachussetts, 1950.
LANDAU, L.; LIFSHITZ, E. *Mecânica.* Editora Mir, Moscou, 1978.
LEMOS, N. A. *Mecânica analítica.* Livraria da Física, São Paulo, 2007.
NETO, J. B. *Mecânica newtoniana, lagrangiana, hamiltoneana.* Livraria da Física, São Paulo 2004.
SYMON, K. R. *Mecânica*. Campus, Rio de Janeiro, 1982.

[6] Estrutura da matéria

CARUSO, F.; OGURI, V. *Física moderna: Origens clássicas e fundamentos quânticos.* 2. ed. LTC Editora, Rio de Janeiro, 2016.
EISBERG, R.; RESNICK, R. *Física quântica.* 2. ed. Campus, Rio de Janeiro, 1983.
LOPES, J. L. *A estrutura quântica da matéria.* 2. ed. Ed. UFRJ, Rio de Janeiro, 1993.

[7] Termodinâmica e magnetismo

COEY, J. M. D. *Magnetism and magnetic materials.* Cambridge University Press, Cambridge, 2009.
CRAIK, D. *Magnetism: principles and applications.* John Wiley, New York, 1995.
DE OLIVEIRA, N. A.; VON RANKE, P. J. *Theoretical aspects of the magnetocaloric effect.* Physics Reports, 489, (2010) 89.
JILLES, D. *Introduction to magnetism and magnetic materials.* Chapman-Hall, New York, 1990.
KITTEL, C. *Introdução à física do estado sólido.* Editora Guanabara Dois, Rio de Janeiro, 1978.
MORISH, A. H. *The physical principle of magnetism.* John Wiley, New York, 1965.
REIF, F. *Fundamentals of statistical and thermal physics.* McGraw-Hill, Singapore, 1984.

[8] Monopolos magnéticos

DIRAC, P. A. M. *Quantised singularities in the electromagnetic field.* Proceedings of the Royal Society of London, A133 (1931) 60.
DIRAC, P. A. M. *The theory of magnetic poles.* Physical Review 74 (1948) 817.
NAMBU, Y. *Strings, monopoles, and gauge fields.* Physical Review D 10 (1974) 4262.
'T HOOFT, G. *Magnetic monopoles in unified gauge theories.* Nuclear Physics B 79 (1974) 276.
POLYAKOV, A. M. *Particle spectrum in quantum field theory.* JETP Lett. 20 (1974).

WEINBERG, E. J.; PILJIN Y. *Magnetic monopole dynamics, supersymmetry and duality.* Physics Reports 438 (2007) 65.

CASTELNOVO, C.; MOESSNER, R.; SONDHI, S. L. *Magnetic monopoles in spin ice.* Nature 451 (2008) 42.

[9] Metamateriais

ELEFTHERIADES, G. V.; BALMAIN, K. G. *Negative-refraction metamaterials: fundamental principles and applications.* John Wiley, New York, 2005.

CAI, W.; SHALAEV, V. M. *Optical metamaterials: fundamentals and applications.* Springer, New York, 2005.

BUSCH, K.; VON FREYMANN, G.; LINDEN, S.; MINGALEEV, S. F.; TKESHELASHVILI, L.; WEGENER, M. *Periodic nanostructures for photonics.* Physics Reports 444 (2007) 101.

PENDRY, J. B.; SMITH, D. R. *The quest for superlens.* Scientific American, 57 (2006) 60.

PENDRY, J. B. *Negative refraction.* Contemporary Physics, 45 (2004) 191.

VESELAGO, V. G. *The electrodynamics of substances with simultaneously negative μ and ε.* Sovieth Physics Uspekhi, 10 (1968) 509.

[10] Spintrônica e efeito Hall

ZUTIC, I.; FABIAN J.; SARMA S. D. *Spintronics: fundamentals and applications.* Reviews of Modern Physics 71 (2004) 2472.

BAIBICH, M. *et al. Giant magnetoresistance of (001)Fe/(001)Cr magnetic superlattices.* Physical Review Letters 61 (1988) 2472.

BINASCH, G. *et al. Enhanced magnetoresistance in layered magnetic structure with antiferromagnetic interlayer exchange.* Physical Review B 39 (1999) 4828.

KLITZING, K . V.; DORDA, G.; PEPPER, M. *New method for high-accuracy determination of the fine-structure constant based on quantized Hall resistance*. Physical Review Letters 45 (1980) 494.

NAGAOSA, N.; SINOVA, J; ONODA, S.; MACDONAL, A. H.; ONG, N. P. *Anomalous Hall effect*. Rev. Mod. Phys. 82, (2010) 1539.

Índice

M

O

P

R

S

T

V